全国注册建筑师资格考试丛书

二级注册建筑师资格考试教材

· 2 ·

建筑设计 建筑材料与构造

全国注册建筑师资格考试教材编委会 编
曹纬浚 主编

中国建筑工业出版社

图书在版编目(CIP)数据

二级注册建筑师资格考试教材. 2,建筑设计、建筑材料与构造 / 全国注册建筑师资格考试教材编委会编；曹纬浚主编. — 北京：中国建筑工业出版社,2022.12
（全国注册建筑师资格考试丛书）
ISBN 978-7-112-28095-7

Ⅰ.①二… Ⅱ.①全… ②曹… Ⅲ.①建筑设计－资格考试－自学参考资料②建筑材料－资格考试－自学参考资料③建筑构造－资格考试－自学参考资料 Ⅳ.①TU

中国版本图书馆CIP数据核字(2022)第202789号

责任编辑：黄　翊　徐　冉　张　建
责任校对：张惠雯

全国注册建筑师资格考试丛书
二级注册建筑师资格考试教材
·2·
建筑设计　建筑材料与构造
全国注册建筑师资格考试教材编委会　编
曹纬浚　主编
*
中国建筑工业出版社出版、发行（北京海淀三里河路9号）
各地新华书店、建筑书店经销
北京红光制版公司制版
北京云浩印刷有限责任公司印刷
*
开本：787毫米×1092毫米　1/16　印张：47½　字数：1155千字
2022年12月第一版　2022年12月第一次印刷
定价：**146.00**元（含增值服务）
ISBN 978-7-112-28095-7
(40105)

版权所有　翻印必究
如有印装质量问题，可寄本社图书出版中心退换
（邮政编码 100037）

全国注册建筑师资格考试教材
编委会

主任委员 赵春山

副主任委员 于春普 曹纬浚

主　　　编 曹纬浚

副 主 编 姜忆南

主编助理 曹 京 陈 璐

编　　委（以姓氏笔画为序）

于春普　王又佳　王昕禾　叶　飞
冯　东　冯　玲　刘　捷　刘　博
许　萍　孙　伟　李　英　汪琪美
陈　岚　陈　璐　陈向东　赵春山
荣玥芳　侯云芬　姜忆南　贾昭凯
晁　军　钱民刚　郭保宁　黄　莉
曹　京　曹纬浚　穆静波　魏　鹏

序

赵春山

（住房和城乡建设部执业资格注册中心原主任）

我国正在实行注册建筑师执业资格制度，从接受系统建筑教育到成为执业建筑师之前，首先要得到社会的认可，这种社会的认可在当前表现为取得注册建筑师执业注册证书，而建筑师在未来怎样行使执业权力，怎样在社会上进行再塑造和被再评价从而建立良好的社会资源，则是另一个角度对建筑师的要求。因此在如何培养一名合格的注册建筑师的问题上有许多需要思考的地方。

一、正确理解注册建筑师的准入标准

我们实行注册建筑师制度始终坚持教育标准、职业实践标准、考试标准并举，三者之间相辅相成、缺一不可。所谓教育标准就是大学专业建筑教育。建筑教育是培养专业建筑师必备的前提。一个建筑师首先必须经过大学的建筑学专业教育，这是基础。职业实践标准是指经过学校专门教育后又经过一段有特定要求的职业实践训练积累。只有这两个前提条件具备后才可报名参加考试。考试实际就是对大学建筑教育的结果和职业实践经验积累结果的综合测试。注册建筑师的产生都要经过建筑教育、实践、综合考试三个过程，而不能用其中任何一个去代替另外两个过程，专业教育是建筑师的基础，实践则是在步入社会以后通过经验积累提高自身能力的必经之路。从本质上说，注册建筑师考试只是一个评价手段，真正要成为一名合格的注册建筑师还必须在教育培养和实践训练上下功夫。

二、关注建筑专业教育对职业建筑师的影响

应当看到，我国的建筑教育与现在的人才培养、市场需求尚有脱节的地方，比如在人才知识结构与能力方面的实践性和技术性还有欠缺。目前在建筑教育领域实行了专业教育评估制度，一个很重要的目的是想以评估作为指挥棒，指挥或者引导现在的教育向市场靠拢，围绕着市场需求培养人才。专业教育评估在国际上已成为一种通行的做法，是一种通过社会或市场评价教育并引导教育围绕市场需求培养合格人才的良好机制。

当然，大学教育本身与社会的具体应用需要之间有所区别，大学教育更侧重于专业理论基础的培养，所以我们就从衡量注册建筑师第二个标准——实践标准上来解决这个问题。注册建筑师考试前要强调专业教育和三年以上的职业实践。现在专门为报考注册建筑师提供一个职业实践手册，包括设计实践、施工配合、项目管理、学术交流四个方面共十项具体实践内容，并要求申请考试人员在一名注册建筑师指导下完成。

理论和实践是相辅相成的关系，大学的建筑教育是基础理论与专业理论教育，但必须

要给学生一定的时间使其把理论知识应用到实践中去，把所学和实践结合起来，提高自身的业务能力和专业水平。

大学专业教育是作为专门人才的必备条件，在国外也是如此。发达国家对一个建筑师的要求是：没有经过专门的建筑学教育是不能称之为建筑师的，而且不能进入该领域从事与其相关的职业。企业招聘人才也首先要看他们是否具备扎实的基本知识和专业本领，所以大学的本科建筑教育是必备条件。

三、注意发挥在职教育对注册建筑师培养的补充作用

在职教育在我国有两个含义：一种是后补充学历教育，即本不具备专业学历，但工作后经过在职教育通过社会自学考试，取得从事现职业岗位要求的相应学历；还有一种是继续教育，即原来学的本专业和其他专业学历，随着科技发展和自身业务领域的拓宽，原有的知识结构已不适应了，于是通过在职教育去补充相关知识。由于我国建筑教育在过去一段时期底子薄，培养数量与社会需求差距很大。改革开放以后为了满足快速发展的建筑市场需求，一批没有经过规范的建筑教育的人员进入了建筑师队伍。而要解决好这一历史问题，提高建筑师队伍整体职业素质，在职教育有着重要的补充作用。

继续教育是在职教育的一种行之有效的教育形式，它特指具有专业学历背景的在职人员从业后，因社会的发展使得原有知识需要更新，要通过参加新知识、新技术的学习以调整原有知识结构、拓宽知识范围。它在性质上与在职培训相同，但又不能完全画等号。继续教育是有计划性、目标性、提高性的，从整体人才队伍和个人知识总体结构上作调整和补充。当前，社会在职教育在制度上和措施上还不够完善，质量很难保证。有一些人把在职读学历作为"镀金"，把继续教育当作"过关"。虽然最后证明拿到了，但实际的本领和水平并没有相应提高。为此需要我们做两方面的工作，一是要让我们的建筑师充分认识到在职教育是我们执业发展的第一需求；二是我们的教育培训机构要完善制度、改进措施、提高质量，使参加培训的人员有所收获。

四、为建筑师创造一个良好的职业环境

要向社会提供高水平、高质量的设计产品，关键还是要靠注册建筑师的自身素质，但也不可忽视社会环境的影响。大众审美的提高可以让建筑师感受到社会的关注，增强自省意识，努力创造出一个经受得住大众评价的作品。但目前实际上建筑师的很多设计思想受开发商与业主方面很大的影响，有时建筑水平并不完全取决于建筑师，而是取决于开发商与业主的喜好。有的业主审美水平不高，很多想法往往只是自己的意愿，这就很难做出与社会文化、科技、时代融合的建筑产品。要改善这种状态，首先要努力创造尊重知识、尊重人才的社会环境。建筑师要维护自己的职业权利，大众要尊重建筑师的创作成果，业主不要把个人喜好强加于建筑师。同时建筑师自身也要提高自己的素质和修养，增强社会责任感，建立良好的社会信誉。要让创造出的作品得到大众的尊重，首先自己要尊重自己的劳动成果。

五、认清差距，提高自身能力，迎接挑战

目前中国的建筑师与国际水平还存在着一定差距，而面对信息化时代，如何缩小差距

以适应时代变革和技术进步，及时调整并制定新的对策，成为建筑教育需要探讨解决的问题。

我们现在的建筑教育不同程度地存在重艺术、轻技术的倾向。在注册建筑师资格考试中明显感觉到建筑师们在相关的技术知识包括结构、设备、材料方面的把握上有所欠缺，这与教育有一定的关系。学校往往比较注重表现能力方面的培养，而技术方面的教育则相对不足。尽管这些年有的学校进行了一些课程调整，加强了技术方面的教育，但从整体来看，现在的建筑师在知识结构上还是存在缺欠。

建筑是时代发展的历史见证，它凝固了一个时期科技、文化发展的印记，建筑师如果不能与时代发展相适应，努力学习和掌握当代社会发展的科学技术与人文知识，提高建筑的科技、文化内涵，就很难创造出高水平的作品。

当前，我们的建筑教育可以利用互联网加强与国外信息的交流，了解和掌握国外在建筑方面的新思路、新理念、新技术。这里想强调的是，我们的建筑教育还是应该注重与社会发展相适应。当今，社会进步速度很快，建筑所蕴含的深厚文化底蕴也在不断地丰富、发展。现代建筑创作不能单一强调传统文化，要充分运用现代科技发展成果，使建筑在经济、安全、健康、适用和美观方面得到全面体现。在人才培养上也要与时俱进。加强建筑师科技能力的培养，让他们学会适应和运用新技术、新材料去进行建筑创作。

一个好的建筑要实现它的内在和外表的统一，必须要做到：建筑的表现、材料的选用、结构的布置以及设备的安装融为一体。但这些在很多建筑中还做不到，这说明我们一些建筑师在对新结构、新设备、新材料的掌握和运用上能力不够，还需要加大学习的力度。只有充分掌握新的结构技术、设备技术和新材料的性能，建筑师才能够更好地发挥创造水平，把技术与艺术很好地融合起来。

中国加入WTO以后面临国外建筑师的大量进入，这对中国建筑设计市场将会有很大的冲击，我们不能期望通过政府设立各种约束限制国外建筑师的进入而自保，关键是要使国内建筑师自身具备与国外建筑师竞争的能力，充分迎接挑战、参与竞争，通过实践提高我们的设计水平，为社会提供更好的建筑作品。

前　言

一、本套书出版历程介绍

1994年9月，建设部、人事部下发了《建设部、人事部关于建立注册建筑师制度及有关工作的通知》（建设［1994］第598号），决定实行注册建筑师制度，并于1995年组织了第一次全国一级注册建筑师资格考试。北京市规划委员会委托曹纬浚先生主持整个北京市建筑设计行业考生的培训。参加考试培训的老师均来自北京市各大设计院和高等院校，都是在各自的专业领域具有较深造诣的专家。培训班受到广大考生的欢迎，当时在北京市以外，除西藏、台湾两地，其余29个省市自治区均有考生慕名来京参加考前培训。

自2000年起，本套书的主编、作者与中国建筑工业出版社正式合作。主编曹纬浚组织各科目的授课老师将教案整理成书，"一、二级注册建筑师考试教材"和"历年真题与解析"配套出版。本套丛书的编写紧扣考试大纲，正确阐述规范、标准的条文内容，并尽量包含高频试题、典型试题的考点。根据每年新修订、颁布的法律法规、标准规范和当年试题的命题情况进行修订更新，并悉心听取广大考生、学员的建议。自一、二级教材第一版正式出版以来，除2015、2016停考的两年外，每年都修订再版，是目前图书市场上出版最早、流传较广、内容严谨、口碑销量俱佳的一套注册建筑师考试用书。

二十余年来，本套丛书已经帮助几万名考生通过考试，并获得了一、二级注册建筑师执业资格。住房和城乡建设部执业资格注册中心原主任赵春山，盛赞本套书为我国注册建筑师制度的实行作出了贡献，还亲自为本套书撰写了序言。

二、套书架构与使用说明

2021年底、2022年初，住房和城乡建设部与人社部先后发布了全国一、二级注册建筑师资格考试新大纲。一级注册建筑师资格考试2023年过渡，2024年正式执行新大纲；二级注册建筑师资格考试2023年正式执行新大纲。新大纲将一级注册建筑师考试科目由原来的9门改为6门，对二级注册建筑师的4门考试科目进行了调整。

为迎接全新的注册建筑师考试，基于新大纲的变化，整套书包含了"一级注册建筑师资格考试教材"（6本）与专门针对建筑方案设计（作图题）的通关必刷题（1本）、"二级注册建筑师资格考试教材"（4本）、"二级注册建筑师资格考试考前冲刺"（3本），以及一、二级注册建筑师资格考试历年真题与冲刺试卷（2本）。

读者可以利用"注册建筑师资格考试教材"掌握各科、各板块的知识点，且在各科教材上，编写者均对重点复习内容予以标注，以便考生更好地抓住重点。除了要掌握相应的规范、标准外，教材还按板块归纳总结了历年真题，学习与做题互动，有助于考生巩固知识点，加深理解和记忆。

中国建筑工业出版社为更好地满足考生需求，除了出版纸质教材外，还配套准备了一、二级注册建筑师资格考试数字资源，包括导学课程、考试大纲、科目重难点手册、备考指导。考生可以选择适宜的方式进行复习。

值得一提的是,"二级注册建筑师资格考试考前冲刺"是为应对二级注册建筑师资格考试,全新策划的3本书,旨在帮助考生从总体上建立注册建筑师所需掌握的知识体系,并通过结构化的考点与历年真题对应解析,帮助考生达到速记考点的目的。

三、本分册编写说明

本分册除依据新大纲编写外,还依据了自2022年起发布实施的多本强制性工程建设规范(以下简称"通用规范",通用规范中的全部条文均必须严格执行)编写。每章前都列出了该章的考试大纲要求和复习重点。

二级"建筑设计知识和建筑材料、构造"是二级注册建筑师新增加的考试科目。本分册参考了一级注册建筑师"建筑设计知识"科目的相关内容,并根据二级新大纲关于"了解国家有关碳达峰、碳中和等相关目标要求""绿色和可持续发展、城市设计""历史遗产保护"和"既有建筑改造"等方面的要求,在各章增加了相应的内容。

第一章"建筑设计原理"全面讲述了公共建筑的空间组合方法、形式美学法则、居住建筑的套型设计、建筑室内设计与建筑色彩等重点知识内容;简要介绍了绿色建筑的概念、节能设计及评价方法、既有建筑改造的基本原则等内容。

第二章"城市规划基础知识"内容主要包括:城市的形成、城市规划思想发展演变的重要理论;城乡规划体系以及国土空间规划的主要工作内容;城市性质、城市人口、城市用地以及城市组成要素的规划原理;居住区规划理论与方法;城市设计的概念认知、基本理论与工作内容;景观设计的产生与发展历程;重要的城乡规划法规和技术规范。

第三章"中国传统建筑知识"内容主要包括中国传统建筑的主要特征、经典案例及其保护与利用的相关知识,同时补充了历史建筑保护的相关知识。

第四章"建筑设计标准与规范"中除了保留原有针对儿童、中小学生、老年人、残疾人等特殊群体的规范要求之外,新增了部分新近发布的有关安全、绿色和可持续发展的相关规范或标准,适当补充了与设计工作关系密切、通用性较强的部分规范或标准。

第五章"建筑材料"内容主要包括:建筑材料的分类及常用建筑材料的类别;建筑材料的物理性质和力学性质及评价指标、影响因素;各类建筑材料(如无机胶凝材料、混凝土、墙体材料、建筑钢材、木材、建筑塑料、胶粘剂、防水材料、绝热材料、吸声材料、装饰材料等)的技术性质(包括物理力学性质、耐久性、安全性、环保性等)、使用范围;绿色建材的概念、绿色建筑设计中对材料的要求等。

第六章"建筑构造"系统性介绍了建筑物的构造组成和基本原理,总结、提炼了各级、各项现行设计规范、标准、规程中的重要考点。

四、编写分工

"全国二级注册建筑师资格考试教材"的作者:

第1分册:魏鹏。

第2分册:第一章晁军,第二章荣玥芳,第三章刘捷,第四章姜忆南,第五章侯云芬,第六章陈岚。

第3分册:第一章钱民刚,第二章黄莉,第三章冯东,第四、五章叶飞,第六章汪琪美,第七章刘博,第八章李英,第九章许萍,第十章贾昭凯、贾岩,第十一章冯玲。

第4分册：第一章陈向东，第二章穆静波，第三章孙伟。

除上述作者外，多年来曾参与或协助本套书编写、修订的人员有：张思浩、翁如璧、耿长孚、王其明、姜中光、何力、任朝钧、曾俊、林焕枢、张文革、李德富、吕鉴、朋改非、杨金铎、周慧珍、刘宝生、李魁元、尹桔、张英、陶维华、郝昱、赵欣然、霍新民、何玉章、颜志敏、曹一兰、徐华萍、周庄、陈庆年、王志刚、张炳珍、何承奎、孙国樑、李广秋、栾彩虹、翟平。

在此预祝各位考生取得好成绩，考试顺利过关！

全国注册建筑师资格考试教材编委会
2022年9月

微信服务号
微信号：JZGHZX

注：本套丛书为一、二级注册建筑师的考生分别建立了交流服务群，用于交流并收集考生在看书过程中发现的问题，以对本丛书进行迭代优化，并及时发布考试动态、共享行业最新资讯；欢迎大家扫码加群，相互交流与促进！

配套增值服务说明

中国建筑工业出版社为更好地服务于考生、满足考生需求，除了出版纸质教材书籍外，还同步配套准备了注册建筑师考试增值服务内容。考生可以选择适宜的方式进行复习。

兑换增值服务将会获得什么？

如何兑换增值服务？

扫描封面二维码，刮开涂层，输入兑换码，即可享有上述免费增值服务内容。

注：增值服务自激活成功之日起生效，如果无法兑换或兑换后无法使用，请及时与我社联系。

客服电话：4008-188-688（周一至周五 9:00～17:00）。

目　录

序 ……………………………………………………………… 赵春山
前言
配套增值服务说明
第一章　建筑设计原理 ……………………………………………… 1
　第一节　公共建筑设计原理 ……………………………………… 1
　　一、公共建筑的总体环境布局 …………………………………… 1
　　二、公共建筑的功能关系与空间组合 …………………………… 1
　　三、公共建筑的造型艺术 ………………………………………… 5
　　四、公共建筑的技术与经济问题 ………………………………… 5
　　五、公共建筑的无障碍设计 ……………………………………… 6
　第二节　居住建筑设计原理 ……………………………………… 8
　　一、住宅套型与家庭人口构成 …………………………………… 8
　　二、住宅套型设计 ………………………………………………… 9
　　三、住宅建筑类型的特点与设计 ………………………………… 12
　　四、公寓、宿舍建筑设计 ………………………………………… 13
　第三节　建筑构图原理 …………………………………………… 14
　第四节　室内设计原理 …………………………………………… 19
　第五节　建筑色彩知识 …………………………………………… 20
　第六节　绿色建筑 ………………………………………………… 23
　第七节　既有建筑改造的相关技术 ……………………………… 29
　习题 ………………………………………………………………… 33
　参考答案及解析 …………………………………………………… 38
第二章　城市规划基础知识 ………………………………………… 44
　第一节　城市规划理论与城乡规划体系 ………………………… 44
　　一、城市的形成 …………………………………………………… 44
　　二、城市规划思想发展 …………………………………………… 45
　　三、城乡规划体系概述 …………………………………………… 56
　　四、国土空间规划 ………………………………………………… 57
　第二节　国土空间规划的工作内容 ……………………………… 60
　　一、国土空间规划的调查研究与基础资料 ……………………… 60
　　二、总体规划的主要内容 ………………………………………… 60
　　三、详细规划的主要内容 ………………………………………… 63
　　四、专项规划 ……………………………………………………… 64
　第三节　城市性质与城市人口 …………………………………… 65

第四节　城市用地 ··· 66
　　第五节　城市的组成要素及规划布局 ······················ 71
　　　一、城乡规划层面 ·· 71
　　　二、城市规划层面 ·· 71
　　第六节　城市总体布局 ··· 77
　　　一、城市用地功能组织 ······································ 77
　　　二、城市总体布局的方案比较 ···························· 77
　　　三、旧城总体布局的调整与完善 ························· 78
　　　四、城市综合交通体系规划 ······························· 78
　　　五、城市绿地系统规划 ····································· 82
　　　六、城市总体艺术布局 ····································· 82
　　第七节　城市公用设施规划 ··································· 84
　　第八节　城市规划中的技术经济分析 ······················· 93
　　第九节　居住区规划 ·· 94
　　第十节　城市规划的实施 ····································· 108
　　第十一节　城市设计 ·· 110
　　第十二节　景观设计 ·· 116
　　第十三节　城乡规划法规和技术规范 ····················· 121
　　　一、城乡规划有关法规 ····································· 121
　　　二、城市规划技术规范 ····································· 130
　　习题 ··· 144
　　参考答案及解析 ··· 147

第三章　中国传统建筑知识 ······································· 154
　　第一节　中国古代建筑的发展历程 ························· 154
　　　一、原始社会时期（约距今9000～4000年） ········· 154
　　　二、奴隶社会时期（公元前21世纪～前476年）··· 154
　　　三、封建社会初期（公元前475～公元581年） ···· 155
　　　四、封建社会中期（公元581～1279年）············· 157
　　　五、封建社会后期（公元1279～1911年）··········· 159
　　第二节　中国古代建筑的特征 ······························· 161
　　第三节　中国建筑历史知识 ·································· 163
　　第四节　中国的世界遗产及历史文化名城保护 ·········· 190
　　　一、中国世界文化遗产名录 ······························· 190
　　　二、历史文化名城保护 ····································· 190
　　　三、中国历史文化名城 ····································· 192
　　　四、历史建筑保护 ·· 193
　　习题 ··· 194
　　参考答案及解析 ··· 199

第四章 建筑设计标准与规范 …… 204
第一节 民用建筑设计标准与规范 …… 204
一、《民用建筑设计统一标准》GB 50352—2019（节选） …… 204
二、《住宅设计规范》GB 50096—2011（节选） …… 214
三、《托儿所、幼儿园建筑设计规范》JGJ 39—2016
（2019年版）（节选） …… 219
四、《中小学校设计规范》GB 50099—2011（节选） …… 223
五、《文化馆建筑设计规范》JGJ 41—2014（节选） …… 225
六、《办公建筑设计标准》JGJ/T 67—2019（节选） …… 231
七、《商店建筑设计规范》JGJ 48—2014（节选） …… 233
八、《饮食建筑设计标准》JGJ 64—2017（节选） …… 240
九、《宿舍建筑设计规范》JGJ 36—2016（节选） …… 243
十、《老年人照料设施建筑设计标准》
JGJ 450—2018（节选） …… 246
十一、《城市公共厕所设计标准》CJJ 14—2016（节选） …… 250
十二、《装配式住宅建筑设计标准》
JGJ/T 398—2017（节选） …… 253
十三、《装配式住宅设计选型标准》
JGJ/T 494—2022（节选） …… 257

第二节 建筑专项设计标准与规范 …… 261
一、《建筑设计防火规范》GB 50016—2014
（2018年版）（略） …… 261
二、《无障碍设计规范》GB 50763—2012（节选） …… 261
三、《绿色建筑评价标准》GB/T 50378—2019（节选） …… 267
四、《装配式建筑评价标准》GB 51129—2017（节选） …… 270
五、《建筑节能与可再生能源利用通用规范》
GB 55015—2021（节选） …… 272
六、《既有建筑维护与改造通用规范》
GB 55022—2021（节选） …… 274
七、《民用建筑工程室内环境污染控制标准》
GB 50325—2020（节选） …… 276

第三节 其他常考标准与规范 …… 279
习题 …… 280
参考答案及解析 …… 286

第五章 建筑材料 …… 295
第一节 材料科学知识与建筑材料的基本性质 …… 295
一、材料科学知识 …… 295
二、建筑材料的基本性质 …… 298
第二节 气硬性无机胶凝材料 …… 306

一、石灰 …………………………………………………………………… 306
　　二、建筑石膏 ……………………………………………………………… 307
　　三、水玻璃 ………………………………………………………………… 309
　　四、菱苦土 ………………………………………………………………… 310
第三节　水泥 ………………………………………………………………………… 310
　　一、硅酸盐水泥 …………………………………………………………… 310
　　二、掺混合材料的硅酸盐水泥 …………………………………………… 313
　　三、通用硅酸盐水泥的选用 ……………………………………………… 314
　　四、通用硅酸盐水泥的技术性质 ………………………………………… 316
　　五、水泥的贮存 …………………………………………………………… 316
　　六、通用水泥的质量等级 ………………………………………………… 317
　　七、其他品种水泥 ………………………………………………………… 317
第四节　混凝土 ……………………………………………………………………… 318
　　一、普通混凝土组成材料的技术要求 …………………………………… 318
　　二、普通混凝土的主要技术性质 ………………………………………… 322
　　三、普通混凝土的配合比设计 …………………………………………… 330
　　四、其他品种混凝土 ……………………………………………………… 330
第五节　建筑砂浆 …………………………………………………………………… 332
　　一、砂浆的技术性质 ……………………………………………………… 332
　　二、抹面砂浆 ……………………………………………………………… 333
第六节　墙体材料 …………………………………………………………………… 334
　　一、烧结类墙体材料 ……………………………………………………… 334
　　二、非烧结类墙体材料 …………………………………………………… 336
第七节　建筑钢材 …………………………………………………………………… 339
　　一、钢材的分类 …………………………………………………………… 339
　　二、建筑钢材的主要力学性能 …………………………………………… 340
　　三、影响建筑钢材性能的主要因素 ……………………………………… 341
　　四、建筑钢材的标准与选用 ……………………………………………… 344
　　五、建筑钢材的防锈与防火 ……………………………………………… 346
第八节　木材 ………………………………………………………………………… 348
　　一、木材的分类与构造 …………………………………………………… 348
　　二、木材的主要性质 ……………………………………………………… 349
　　三、木材的干燥、防腐与防火 …………………………………………… 351
　　四、木材的应用 …………………………………………………………… 352
第九节　建筑塑料与胶粘剂 ………………………………………………………… 353
　　一、高分子化合物基本知识 ……………………………………………… 353
　　二、塑料 …………………………………………………………………… 354
　　三、胶粘剂 ………………………………………………………………… 356

第十节　防水材料 359
　　一、沥青的分类 359
　　二、石油沥青 359
　　三、煤沥青 360
　　四、改性石油沥青 360
　　五、防水材料 361

第十一节　绝热材料与吸声材料 367
　　一、绝热材料 367
　　二、吸声材料 371
　　三、隔声材料 374

第十二节　装饰材料 374
　　一、装饰材料的定义及选用 374
　　二、装饰材料的种类 375
　　三、无机装饰材料 375
　　四、有机装饰材料 384
　　五、建筑内部装修材料的耐火等级 388

第十三节　绿色建材与绿色建筑设计对材料的要求 389
　　一、绿色建筑材料 389
　　二、绿色乡土材料 389
　　三、绿色建材生产 390
　　四、绿色建筑设计对材料的要求 390

习题 391

参考答案及解析 396

第六章　建筑构造 406

第一节　建筑构造综述 406
　　一、建筑的本质 406
　　二、建筑构造的研究对象 406
　　三、建筑物的构造组成 406
　　四、建筑构造设计的基本原则 408
　　五、建筑物的分类 409
　　六、建筑物的等级 413

第二节　地基、基础和地下室构造 430
　　一、《建筑与市政地基基础通用规范》GB 55003—2021 430
　　二、地基 431
　　三、基础埋深的确定原则 431
　　四、基础的种类 432
　　五、地下室的有关问题 435

第三节　墙体构造 450
　　一、墙体的分类 450

二、墙体的保温与节能构造…………………………………… 455
　　三、建筑工程抗震构造………………………………………… 480
　　四、墙体的隔声构造…………………………………………… 488
　　五、墙体的细部构造…………………………………………… 498
　　六、隔断墙的构造……………………………………………… 505
　　七、混凝土小型空心砌块的构造……………………………… 511
第四节　楼板、建筑地面、路面构造 516
　　一、现浇钢筋混凝土楼板和现浇钢筋混凝土梁的尺寸……… 516
　　二、预制钢筋混凝土楼板的构造……………………………… 517
　　三、建筑地面构造……………………………………………… 518
　　四、关于路面的一些问题……………………………………… 535
　　五、阳台和雨篷的构造………………………………………… 542
第五节　楼梯、电梯、台阶和坡道构造 544
　　一、楼梯的有关问题…………………………………………… 544
　　二、楼梯的细部尺寸…………………………………………… 549
　　三、楼梯的防火要求…………………………………………… 554
　　四、板式楼梯与梁式楼梯……………………………………… 554
　　五、楼梯的细部构造…………………………………………… 555
　　六、台阶与坡道………………………………………………… 556
　　七、电梯、自动扶梯和自动人行道…………………………… 557
第六节　屋顶构造 559
　　一、屋顶的基本类型…………………………………………… 559
　　二、平屋顶的构造……………………………………………… 562
　　三、瓦屋面（坡屋面）的构造………………………………… 579
　　四、玻璃采光顶………………………………………………… 588
　　五、太阳能光伏系统…………………………………………… 591
第七节　门窗选型与构造 594
　　一、门窗概述…………………………………………………… 594
　　二、门窗的设计………………………………………………… 598
　　三、门窗的安装构造…………………………………………… 607
　　四、建筑遮阳…………………………………………………… 612
　　五、特殊门窗…………………………………………………… 614
第八节　建筑工业化的有关问题 619
　　一、建筑工业化………………………………………………… 619
　　二、建筑模数协调标准………………………………………… 621
　　三、装配式建筑构造…………………………………………… 622
第九节　建筑装饰装修构造 631
　　一、建筑内部装修设计防火…………………………………… 631
　　二、装饰装修工程做法要求汇总……………………………… 638

三、住宅室内装饰装修及防水要求 …………………………………… 663
  第十节　幕墙构造 ……………………………………………………… 669
　　一、幕墙的定义 …………………………………………………… 669
　　二、幕墙的基本规定 ……………………………………………… 669
　　三、幕墙的分类 …………………………………………………… 669
　　四、玻璃幕墙概述 ………………………………………………… 669
　　五、框支承玻璃幕墙的构造 ……………………………………… 674
　　六、全玻璃幕墙的构造 …………………………………………… 675
　　七、点支承玻璃幕墙的构造 ……………………………………… 677
　　八、玻璃幕墙工程质量检验 ……………………………………… 679
　　九、双层幕墙的构造 ……………………………………………… 681
　　十、金属幕墙与石材幕墙的构造 ………………………………… 683
  第十一节　变形缝构造 ………………………………………………… 688
　　一、变形缝概述 …………………………………………………… 688
　　二、变形缝的设置要求 …………………………………………… 689
　　三、变形缝构造 …………………………………………………… 691
  第十二节　老年人照料设施建筑和无障碍设计的构造措施 ………… 700
　　一、老年人照料设施建筑的构造要点 …………………………… 700
　　二、建筑物的无障碍设计 ………………………………………… 704
  第十三节　绿色建筑构造 ……………………………………………… 714
　　一、总则 …………………………………………………………… 714
　　二、术语 …………………………………………………………… 714
　　三、基本规定 ……………………………………………………… 714
　　四、提高与创新 …………………………………………………… 716
  习题 …………………………………………………………………… 716
  参考答案及解析 ……………………………………………………… 726

第一章 建筑设计原理

本章考试大纲：掌握公共建筑、居住建筑设计的基本原理；掌握建筑的功能布局、交通组织、空间组合等常用设计手法。了解国家有关碳达峰、碳中和等相关目标要求；了解绿色建筑的设计原则和既有建筑改造的相关技术。

本章复习重点：公共建筑的空间组合模式与应用、建筑形式美学规律及代表案例、建筑无障碍设计知识；居住建筑套型与套内空间设计；绿色建筑概念与评价标准；建筑节能与碳排放的基本概念；既有建筑改造的技术措施。

由于本章内容为二级注册建筑师考试新增内容，因此本章例题与习题为一级注册建筑师考试相关历年真题，为考生提供参考。

第一节 公共建筑设计原理

建筑师要处理好公共建筑的总体环境布局、功能关系与空间组合、造型艺术、技术经济等问题。

一、公共建筑的总体环境布局

1. 总体环境布局的基本组成

创造室外空间环境时，主要考虑公共建筑的内在因素和外在因素。公共建筑自身的功能、经济及美观属于内在因素，而城市规划、周围环境、地段状况等属于外在因素。室外空间环境包括下列几个基本组成部分：建筑群体、广场道路、绿化设施、雕塑壁画、建筑小品、灯光造型的艺术效果等。此外，建筑师还应处理好室外环境空间与建筑、场所、绿地的关系。

2. 总体环境布局的空间与环境

勒·柯布西耶认为"……对空间的占有是存在之第一表征；然而任何空间都存在于环境之中，故提高人造环境的物理素质及其艺术性，就必然成为提高现代生活质量的重要构成因素"。在设计公共建筑时，其空间组合不能脱离总体环境孤立地进行，而应把它放在特定的环境之中，即考虑自然环境与人工环境的结合。

3. 群体建筑环境的空间组合

公共建筑群体空间组合，一般包含两个方面：一是在特定的条件下，需要采用比较分散的布局，而产生群体空间组合；二是以公共建筑群组成各种形式的组团或中心，如市政中心（加拿大多伦多市政厅、巴西巴西利亚三权广场）、商业中心（瑞典魏林比商业中心、英国伦敦哈罗城市中心）、展览中心（美国西雅图世界博览会）及娱乐中心等。

二、公共建筑的功能关系与空间组合

公共建筑是人们进行社会活动的场所，在公共建筑的功能问题中，功能分区、人流疏

散、空间组成以及建筑与室外环境的联系等，是核心问题。其中最突出的则是建筑空间的使用性质和人流活动的问题。

（一）公共建筑的空间组成

各种公共建筑的使用性质和类型尽管不同，但都可以分成主要使用部分、次要使用部分（或称辅助部分）和交通联系部分。设计中应首先抓住这三大部分的关系进行排列组合，逐一解决各种矛盾问题，以求得功能关系的合理与完善。在这三部分的构成关系中，交通联系空间的配置往往起到关键作用。

交通联系部分一般可分为：水平交通、垂直交通和枢纽交通三种基本空间形式。

1. 水平交通

常采用过道、过厅、通廊等空间形式。设计时应直截了当，忌曲折多变，与各部分空间均应有密切联系，具备良好的采光与通风。

公共建筑的水平走道长度与宽度主要根据功能需要、防火规定及空间感受来确定。

2. 垂直交通

常采用楼梯（直跑、双跑或三跑楼梯）、电梯、自动扶梯，以及坡道等形式。公共建筑中楼梯的位置与数量应依据功能需要和消防要求而定。应靠近交通枢纽，布置均匀、有主次且应与使用者的人流量相适应。

坡道可以满足公共建筑的某些特殊功能需求，坡道的坡度一般 8%～15%，人流集中部位可为 6%～12%。坡道所占建筑面积一般是楼梯的 4 倍。

公共建筑的电梯位置宜选在人流集中、明显易找的交通枢纽地带。自动扶梯适合连续不间断载乘人流，角度为 30°左右，单股人流的自动扶梯宽度一般为 810mm，每小时运送人数为 5000～6000 人。

3. 枢纽交通

考虑到人流的集散、方向的转换、空间的过渡，以及与通道、楼梯等空间的衔接等，需要设置门厅、过厅等空间形式，起到交通枢纽与空间过渡的作用。枢纽交通应使用方便、空间得体、结构合理、装修适当、经济有效，应兼顾使用功能和空间意境的创造。

（二）公共建筑的功能分区

功能分区的概念是：将空间按不同功能要求进行分类，并根据它们之间联系的密切程度加以组合、划分。

功能分区的原则是：分区明确、联系方便，并按主、次，内、外，闹、静关系合理安排，使其各得其所；同时还要根据实际使用要求，按人流活动的顺序关系安排位置。空间组合、划分时要以主要空间为核心，次要空间的安排要有利于主要空间功能的发挥；对外联系的空间要靠近交通枢纽，内部使用的空间要相对隐蔽；空间的联系与隔离要在深入分析的基础上恰当处理。

（三）公共建筑的人流聚集与疏散

公共建筑在人流组织上，可以归纳为平面和立体两种方式。中小型公共建筑的人流活动比较简单，多采用平面组织方式。有些公共建筑，由于功能要求比较复杂，需要采用立体方式组织人流活动，如大型交通建筑。

公共建筑的人流疏散，有连续性的（医院、商店、旅馆）、集中性的（影剧院、会堂、体育馆)、兼有连续和集中性的(展览馆、学校、铁路客运站)。

(四) 公共建筑的空间组合

1. 分隔性空间组合

分隔性空间组合的特点是以交通空间为联系手段组合各类房间,常称之为"走道式"建筑布局,广泛运用于办公、学校、医院、宿舍等建筑,有内廊式(走道在中间,联系两侧房间)和外廊式(走道位于一侧,联系单面房间)两种布置方式。

2. 连续性空间组合

展览类型的公共建筑,为满足参观路线的要求,在空间组合上要求有一定的连续性。基本上可分为5种形式:串联式、放射式、串联兼通道式、串联兼放射式、综合性大厅式。

3. 观演性空间组合

观演类型的公共建筑(体育馆、影剧院、音乐厅、歌舞厅、娱乐城),一般有大型的空间作为组合的中心,围绕大型空间布置服务性空间。服务性空间与大型空间应联系密切,并构成空间整体。

4. 高层性空间组合

高层公共建筑(酒店、办公楼、多功能大厦)的空间组合反映在交通组织上,是以垂直交通系统为主,有板式和塔式两种(而低层公共建筑的空间组合,常以水平交通为主)。

5. 综合性空间组合

一些功能要求复杂的公共建筑,常采用综合形式的空间组合,如文化宫、俱乐部、大型会议和办公场所;这类公共建筑的空间与体形是相辅相成的,应灵活运用各种空间组合手段(表1-1)。

公共建筑的空间组合形式与特点　　　　　表 1-1

	常见建筑类型	空间形式与特点
分隔性空间组合 (内廊式、外廊式)	行政办公建筑	(1) 分段布置; (2) 分层布置。 特点:开窗尺度小而有规律,气氛庄重,突出主要入口
	学校建筑	(1) 分清主与次、闹与静的空间分区; (2) 通过走道、门厅、过厅联系。 特点:开窗面积、进深较大;采光要求高。要考虑成股集中人流的疏散,门厅宽敞
	医院	一般门、急诊部对外,住院部安静在内,中间通过医技部连接。 特点:功能要求复杂,环境要求宁静舒展,建筑造型平静淡雅
	旅馆	大量小开间房间,走道式空间组合。 特点:裙房部分的公共性与客房部分的私密性形成鲜明对比

续表

	常见建筑类型	空间形式与特点
连续性空间组合 （串联式、放射式、串联+通道、放射+串联、综合大厅式）	各类观展建筑 陈列馆 博物馆 美术馆 ……	串联式：流线紧凑，方向单一，简洁明确，观众流程不重复、不逆行、不交叉。但活动流线不够灵活，容易拥挤，不利于展厅单独开放
		放射式：参观路线简洁紧凑，实用灵活，各个陈列空间可以单独开放。但枢纽空间容易造成迂回交叉，停滞不畅
		串联+通道式：各主要空间可单独联通，又能通过通道联系，布局机动灵活，适应性强，展厅可单独开放，空间综合使用效率高。但造价高，占地偏多
		放射+串联式：观众可从枢纽空间通往各个陈列厅，又可沿着走道或过厅穿行至各个陈列厅。空间灵活、紧凑、适应性强，兼备串联、放射与通道联系的优点。但枢纽空间通风采光不易，人流量大时易拥挤、混乱
		综合大厅式：展览陈列空间和人流活动皆组合在综合性的大型空间中。环境开敞通透，实用机动灵活，空间利用紧凑，流动方向自然。但往往需要人工照明和机械通风装置
观演性空间组合	体育建筑	比赛大厅为主体空间，在坐席下部的倾斜空间中穿插布置门厅、休息厅以及辅助用房等。空间应保证体育运动的基本要求、观众席位有良好的视线和音质。此外还要注意： （1）观众、运动员、宾客等各种人流线分开，出入口符合疏散数量和宽度要求； （2）主席台布置在视觉质量较好的位置； （3）充分利用观众席下空间，练习场所要靠近比赛大厅； （4）新闻媒体空间要联系方便，控制室要视线良好； （5）合理选择大跨空间形式
	影剧院建筑	以门厅、观众厅、舞台等几个空间序列进行布置。要妥善解决视线设计、安全防火和人流疏散问题。视觉和听觉质量标准要高于体育建筑

续表

	常见建筑类型	空间形式与特点
高层性空间组合 （板式、塔式）	宾馆 写字楼 多功能大厦 ……	板式：高层部分平面类似板块，多为矩形。 特点：进深一般较小，容易争取自然通风、采光。但结构上不利于抵抗平行短向的水平侧推力
		塔式：常将主要实用空间布置在外围，而将垂直交通、设备管道、盥洗厕所等辅助用房布置在中心部位。 特点：可缩短水平交通的距离和争取采光，做到空间主次分明。可构成刚性较强的框筒结构系统，提高整体建筑刚度
综合性空间组合	文化馆 俱乐部 大型会议中心 ……	对不同使用性质的空间，通过各种交通联系手段组合，形成一个综合性的空间环境。 特点：各体量之间通过大与小、高与低、空与实、粗与细、隔与透等对比手段，使室内外达到一个完整的建筑空间组合体系

三、公共建筑的造型艺术

公共建筑的造型不仅有下面所列三个方面的内容，还包括民族形式、地域文化、构图技巧以及形式美的规律等。

（一）公共建筑造型艺术的基本特点

多样统一既是建筑艺术形式普遍认同的法则，自然也是公共建筑造型创作的重要依据。形式美的法则用于建筑艺术形式的创作时，常被称为"建筑构图原理"。建筑的空间与实体是对立统一的两个方面，运用一定的构图技巧把它解决好，是建筑艺术创作中的核心问题。只有处理好"多样统一""形式与内容的统一""正确对待传统与革新"等问题，才能创作出好的建筑作品。

（二）室内空间环境艺术

《公共建筑设计原理》（第五版）着重分析了室内空间与比例尺度的关系、围透划分与序列导向的关系这两方面问题。其中西班牙巴塞罗那博览会德国馆，采用了围中有透、透中有围、围透结合的方法，从而创造出流动性的空间。

（三）室外空间环境艺术

公共建筑的形体与空间是建筑造型艺术中矛盾的两个方面，它们之间互为依存，不可分割。公共建筑外部形体的艺术形式离不开统一与变化的构图原则。构图中应注意"主从关系、对比与协调、均衡与稳定、节奏与韵律"等方面的关系。常用的韵律手法有连续的韵律、渐变的韵律、起伏的韵律、交错的韵律（巴塞罗那博览会德国馆）等。

四、公共建筑的技术与经济问题

建筑空间和体形的构成要以一定的工程技术条件作为手段。建筑的空间要求和建筑技术的发展是相互促进的。选择技术形式时要满足功能要求，符合经济原则。

（一）公共建筑与结构技术

公共建筑常用的三种结构形式：混合结构、框架结构、空间结构。

1. 混合结构

常为砖砌墙体、钢筋混凝土梁板体系，梁板跨度不大，承重墙平面呈矩形网格布置，适用于房间不大、层数不多的建筑（如学校、办公楼、医院）。其承重墙要尽量均匀、交圈，上下层对齐，洞口大小有限，墙体高厚比要合理，大房间在上，小房间在下。

2. 框架结构

承重与非承重构件分工明确，空间处理灵活，适用于高层或空间组合复杂的建筑。

3. 空间结构（大跨度结构）

充分发挥材料性能，提供中间无柱的巨大空间，满足特殊的使用要求。

空间结构有悬索、空间薄壁、充气薄膜、空间网架等形式，结合结构、构造课程，了解受力特点和造型的关系，记住国内外著名实例。

（二）公共建筑与设备

公共建筑的设备布置包含恰当安排设备用房，解决好建筑、结构与设备上的各种矛盾，注意减噪、防火、隔热。结合设备课程，了解采暖、空调、照明各种系统的选型原则和适用范围。

1. 采暖系统

热水系统舒适、稳定，适用于居住建筑和托幼建筑。蒸汽系统加热快，适用于间歇采暖建筑如会堂、剧场。

2. 空调系统

集中空调服务面大，机房集中、管理方便、风速及噪声低，但机房大、风道粗、层高要求大、风量不易调节、运行费用大，不适用于小风量的复杂空间。风机盘管系统，室温可调，适用于空间复杂、灵活并需调温的建筑（如宾馆、实验室）。

3. 人工照明

保证舒适而又科学的照度、适宜的亮度分布和防止眩光，创造良好的空间气氛；此外，还要考虑灯具本身的美观。

（三）公共建筑与经济

应当把一定的建筑标准作为考虑建筑经济问题的基础，设计要符合国家规定的建筑标准，防止铺张浪费，也不可片面追求低标准而降低建筑质量。

要注意节约建筑面积和体积，计算和控制建筑的有效面积系数、使用面积系数、结构面积系数和体积系数等指标，节约用地，降低造价，以期获得较好的经济效益。

建议结合建筑经济课程深入学习。

五、公共建筑的无障碍设计

1. 基本理念和原则

无障碍设计的基本理念是：尽最大可能考虑所有人群的使用要求，做到真正的"以人为本"，包括各类残疾人、老年人、儿童、孕妇、外国人和有临时障碍的普通人。

无障碍设计的基本原则是：满足各类障碍人群或特定目标人群在室外空间、交通空间、卫生设施、生活空间、专有公共空间的通行与使用要求，尤以视力障碍、肢体障碍、听力障碍人群为主。

2. 公共建筑外环境与场地的无障碍设计

（1）场地无障碍设计

必须做好从城市无障碍空间到建筑空间的衔接，应设置无障碍标识，并形成系统。

（2）停车场无障碍设计

将通行方便、距离建筑出入口最近的停车位安排给残疾人使用。

3. 公共建筑交通空间的无障碍设计

（1）出入口和坡道

应保证建筑室内外无障碍设计的连续性，尤其是无障碍通行路线的畅通衔接。尽量采用平坡出入口，无障碍坡道应设在方便和醒目位置，并保障在任何气候条件下的安全方便。

（2）无障碍通道

首先要满足轮椅正常通行和回转的宽度，人流较多或者较长的公共走廊还要考虑两个轮椅交错的宽度。通道应尽可能做成正交形式。医院、诊所等障碍人士较多的建筑空间需在两侧墙面 850~900mm 和 650~700mm 两个高度设连续的走廊扶手。通道界面应使用高对比色彩。

（3）无障碍楼梯与台阶

不宜采用弧形楼梯，楼梯两侧宜设双侧扶手，保持连贯；踏面应采用防滑材料和构造。楼梯照明和色彩应能够突显踏面位置，并设置必要标识和提示。

（4）无障碍电梯

建筑内设电梯时，至少应设一部无障碍电梯，电梯轿厢尺寸、控制按钮、扶手、照明应符合无障碍使用要求。

4. 公共建筑卫生设施的无障碍设计

分为专用独立式无障碍卫生间和无障碍厕位两类。科研、办公、司法、体育、医疗康复、大型交通建筑内的公共区域至少要有一个专用无障碍卫生间。独立式无障碍卫生间要能满足残疾人、需陪护不同性别家人、携带婴儿以及其他一些特殊情况人士的使用。无障碍厕位包括男、女至少各一套卫生设备，门宜外开，并保证轮椅的回转空间；无障碍厕位应设坐便和安全抓杆。

> **例1-1** （2010）作为大型观演性公共建筑，影剧院不同于体育馆的特点是（　）。
> A　观众环绕表演区观赏
> B　有视线和声学方面的设计要求
> C　围绕大型空间均匀布置服务性空间
> D　按照门厅、观赏区、表演区的空间序列布局
> **解析**：参见《公共建筑设计原理》（第五版）P128，影剧院在空间组合上区别于其他大跨空间的独特形式，通常以门厅、观众厅、舞台等几个空间序列进行布置。故本题应选D。

7

A 选项"观众环绕表演区观赏"是体育建筑的典型空间组合形式。B 选项"有视线和声学方面的设计要求"是观演建筑观众区的共有特征,只是具体质量要求有所差别。C 选项"围绕大型空间均匀布置服务性空间",并要求与大型空间有比较密切的联系,使之构成完整的空间整体,是观演建筑的共有特征。

答案:D

例 1-2 (2021)维特鲁威提出的建筑三原则是( )。
A 适用、坚固、美观   B 适用、经济、美观
C 经济、适用、坚固   D 经济、坚固、美观

解析:参见《公共建筑设计原理》(第五版)卷首语。公元前 1 世纪,古罗马建筑理论家维特鲁威在其著作《建筑十书》中明确指出建筑应具备三个基本要求:适用、坚固、美观。

答案:A

第二节 居住建筑设计原理

一、住宅套型与家庭人口构成

住宅建筑应能提供不同的套型居住空间供各种不同户型的住户使用。户型是根据住户家庭人口构成(如人口规模、代际数和家庭结构)的不同而划分的住户类型。套型则是指为满足不同户型住户的生活居住需要而设计的不同类型的居住空间。

(一)家庭人口构成

不同的家庭人口构成形成不同的住户户型,而不同的住户户型则需要不同的住宅套型设计。进行住宅套型设计时,首先必须了解住户的家庭人口构成情况。家庭人口构成可从户人口规模、户代际数和家庭人口结构三方面考量。

1. 户人口规模

户人口规模指住户家庭人口的数量,对住宅套型的建筑面积指标和需布置的床位数具有决定意义。在具体时期和地区的住宅建设中,不同户人口规模在总户数中所占比例将影响不同住宅套型的修建比例。

2. 户代际数

户代际数指住户家庭常住人口的代际数。随着社会发展,多代户家庭趋于分解。在住宅套型设计中,要使几代人能够各得其所、相对独立,又使其相互联系、相互关照。

3. 家庭人口结构

家庭人口结构指住户家庭成员的关系网络。由于性别、辈分、姻亲关系等不同,可分为单身户、夫妻户、核心户、主干户、联合户及其他户。核心户是指一对夫妻和其未婚子女所组成的家庭;主干户是指一对夫妻和其一对已婚子女所组成的家庭;联合户是指一对夫妻和其多对已婚子女所组成的家庭。

(二)套型与家庭生活模式

住户的家庭生活行为模式是影响住宅套型空间组合的主要因素。家庭生活行为模式可

分为家务型、休养型、交际型、家庭职业型、文化型、"宾馆"型等。

（三）套型居住环境与生理

住宅套型作为一户居民家庭的居住空间环境，其空间形式必须满足人的生理活动需求，其空间的环境质量也必须符合人体生理上的需要。应当按照人的生理需要划分空间，同时保证良好的套型空间环境质量。

（四）套型居住环境与心理

人对居住空间环境的共同心理需求可归纳为：安全感与心理健康、私密性与开放性、自主性与灵活性、意境与趣味、自然回归性等。

二、住宅套型设计

（一）住宅各功能空间

1. 居住空间

一套住宅根据不同的套型标准和居住对象，可以划分为卧室、起居室、工作学习室、餐室等。

2. 厨卫空间

厨卫空间是住宅设计的核心部分，它对住宅的功能与质量起着关键作用。

3. 交通及其他辅助空间

（1）交通联系空间

包括门斗或前室、过道、过厅及户内楼梯等。

（2）贮藏空间

一套住宅中可以合理利用空间布置贮藏设施。

（3）室外空间

住宅的室外活动空间，包括阳台、露台以及低层住宅的户内庭院。

（4）其他设施

包括晾晒设施、垃圾处理等。

4. 套型各功能空间平面设计要点

（1）居住空间

卧室可分为主卧室、次卧室、客房和工人房等。主卧室通常为夫妻共同居住，除布置双人床、衣柜、床头柜等家具外，尚需根据具体家庭模式考虑一定灵活空间，如放置婴儿床、书架、书桌等。其房间短边净尺寸不宜小于 3000mm，因为顺房间短边放床后尚应留一门位和人行活动面积。空间允许时，床宜采用岛式布置。次卧室可以最小净尺寸不宜小于 2100mm，这是考虑单人床短边外加一门位和人行活动面积（图 1-1）。

起居室的家具一般有沙发、茶几、视听柜、储物柜等。起居室的平面尺寸与住宅套型面积标准、家庭成员数量等有关，看电视、听音响的适当距离以及空间视觉感受决定了起居室的开间尺寸，一般宜在 3000~4000mm，沙发和视听柜可沿房间对边布置，也可沿房间对角布置；在有条件的套型中，可将学习空间分离，形成独立或半独立房间。工作间家具有书桌椅、书柜架、计算机桌椅等，面积可参考次卧室考虑，短边最小尺寸为 2100mm；餐室的主要家具有餐桌椅、酒柜等，短边最小尺寸不小于 2100mm，以保证就餐和通行需要（图 1-2）。

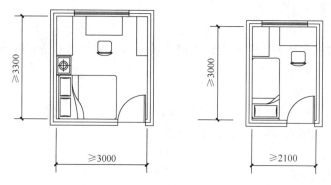

图 1-1 卧室平面尺寸与家具布置

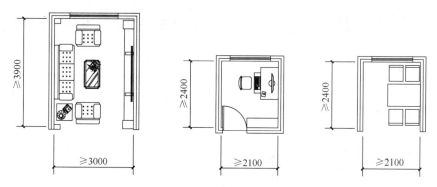

图 1-2 起居室、工作学习室、餐室平面尺寸与家具布置

(2) 厨卫空间

厨房、卫生间既是住宅辅助部分也是核心功能空间。厨卫内设备及管线多，安装后移动、改装困难，设计时必须精益求精，周密安排。

厨房设备主要有：洗涤池、案桌、炉灶、贮物柜、烤箱、微波炉、洗碗机、冰箱、餐桌等。厨房设备的布置方式可分为单排、双排、L形、U形等。单排布置时，净宽不小于1500mm，双排布置时，其两排设备的净距不小于900mm。

住宅卫生间基本设备有便器、淋浴器、浴盆、盥洗台、洗衣机等。可以根据功能分成多个分区，如洗脸和洗衣可置于前室，厕所和洗浴放在内部或各自单独设置。条件许可时，一户住宅可设置多个卫生间。

(3) 交通及其他辅助空间

住宅入口处宜设置前室或门斗，用于户内外空间缓冲过渡，有利隔声、防寒。其净宽不宜小于1200mm。通往主卧室、次卧室的过道净宽不宜小于1000mm，通往辅助用房的过道净宽不应小于900mm。当一户的住房分层设置时，垂直交通联系可采用户内楼梯。每套住宅尚应保证有一部分落地的贮藏空间。

住宅外部空间包括阳台、露台、户内庭院。阳台按使用功能可分为生活阳台和服务阳台，按平面形式可分为凸阳台、凹阳台、半凸半凹阳台、封闭式阳台。阳台设计要保证安全、牢固、耐久。露台是指顶部无覆盖遮挡的露天平台，通常做成花园式露台，可美化环境，加强屋顶隔热保温性能。

（二）住宅套型空间组合设计

1. 户内功能分区

（1）内外分区。按空间使用功能的私密程度的层次划分，卧室、书房、主人卫生间等为私密区，应安排在最内部。

（2）动静分区。会客厅、起居室、餐厅、厨房和家务室是住宅中的动区；卧室、书房是静区。有时也可将父母与孩子的活动按动静分区来考虑。

（3）洁污分区。主要体现为有烟气、污水及垃圾污染的区域和清洁卫生区域的区分。

（4）合理分室。住宅的合理分室是把不同的功能空间分别独立出来，避免空间功能的合用与重叠。合理分室包括生理分室和功能分室两方面。生理分室与家庭成员的性别、年龄、人数、辈分、婚姻关系等因素有关。功能分室是把不同的功能空间分离，避免互相干扰，提高使用质量。

2. 套型朝向及通风组织

（1）单朝向套型

一套住宅只有一个朝向时，应避免最不利朝向，如北方地区应避免北向，南方地区应避免西向。单朝向时，套内通风较难解决，可用于对通风要求不高的北方地区；在严寒地区还有利于防寒。

（2）每套有相对或相邻两个朝向

此类套型有利于组织套内通风，但应注意厨房、卫生间与居室间的气流组织，避免油烟等有害气体对居住环境的污染。

（3）利用平面凹凸及设置内天井来组织朝向及通风

这种处理方式常可起到增加房屋进深的作用，有利于节约用地。

3. 套型的空间组织

套型的空间组织千变万化。目前常见的大致有：

（1）餐室厨房型（DK型）

是指炊事与就餐合用同一空间的形式，适用于小面积、人口少的住户。采用DK式空间，必须注意油烟的排除及采光通风问题的解决。另有一种D·K型，将就餐空间与厨房紧邻并适当隔离，使就餐与炉灶分开，避免油烟污染。

（2）小方厅型（B·D型）

用兼作就餐和家务的小方厅组织套内空间。家庭人口多、卧室不足、生活标准较低时采用。

（3）起居型（LBD型）

将起居空间独立出来，并以其为中心组织套内空间，有利于动静分区。这种形式又可分为以下几种：

1）L·BD型：仅将起居独立，睡眠与用餐合一；

2）L·B·D型：将起居、用餐、睡眠均分离开来；

3）B·LD型：将睡眠独立，起居、用餐合一。

（4）起居、餐厨合一型（LDK型）

将起居、用餐、炊事等活动设于同一空间中，国外较多见，但不大符合我国生活习惯。主要是我国烹饪时油烟较大，易对起居产生污染。

（5）三维空间组合型

包括变层高住宅、复式住宅和跃层住宅等形式。

4. 空间可灵活分隔的住宅体系

（1）SAR体系住宅

由荷兰建筑师提出的一套住宅设计理论和方法，也叫支撑体住宅体系。它将住宅的设计和建造分为两部分：支撑体和填充体。SAR体系住宅具有很大的灵活性和可变性。套型面积可大可小，套型单元可分可合，并为居住者参与设计提供了可能。

（2）大开间住宅

这种住宅使用大开间结构，一般将楼梯间、厨房、卫生间相对固定，其余空间不作分隔，而由住户自行选择空间划分形式。

三、住宅建筑类型的特点与设计

（一）低层住宅设计

低层住宅一般指1~3层的住宅建筑。可分为低层住宅（一般标准低层住宅）和别墅（较高标准低层住宅）。低层住宅接近自然，有较强的认同感和归属感，但建设经济性差。

一般有水平组合和垂直组合两种。水平组合包括独立式住宅、并联式住宅、联排式住宅、聚合式住宅。垂直组合又包括两种：一种是各层平面相同或相似，在垂直方向上进行重复或悬挑叠加；另一种是不同户在垂直方向上交叉组合，共同形成一个住宅单元体。

（二）多层住宅设计

1. 平面类型和特点

多层住宅是指4~6层的住宅。按交通廊的组织可分为梯间式、外廊式、内廊式、跃廊式；按拼联方式可分为拼联式、独立单元式（点式）；按垂直组合形式可分为台阶式、跃层式、复式、变层高式等。

2. 适应性与可变性

适应性是指住宅实体空间的用途具有多种可能性，以适应不同住户居住。可变性是指住宅空间具有一定可改性，住户可以在使用中根据需要改变住宅空间。

3. 标准化与多样性

住宅建筑既要便于社会化大生产，又要满足住户多样化需求。前者是手段，后者是目的，两者相辅相成。

（三）高层住宅设计

建筑高度大于27m的住宅称为高层住宅，按平面类型分为塔式、单元式和通廊式。塔式一般每层布置4~8户，平面紧凑灵活，私密性较差；单元式通常由多个住宅单元组合而成，一般一个单元只设一部楼梯，电梯每层服务2~4户，组合灵活，私密性强；通廊式高层住宅是由共用廊道联系多组竖向交通核，包括内廊式、外廊式、跃廊式。

四、公寓、宿舍建筑设计[①]

公寓建筑一般是为非家庭住户或商贸人员提供居所的居住类建筑类型。宿舍通常指各类学校、企事业单位等机构免费提供或出租给本机构学生、职工集体居住，集中管理的非住宅居住建筑。

（一）公寓（宿舍）建筑的类型

按入住对象，可分为老年公寓、学生公寓（宿舍）、商务公寓、员工公寓（宿舍）；按管理模式，可分为自助管理、委托管理和旅馆式管理三种模式；按建筑高度，可分为低层、中高层和高层公寓；按楼栋组合形态，可分为通廊式和单元式。

（二）公寓居住单元设计

1. 居住单元的空间类型

居住单元内居室可为单间，也可为多间。单居室单元的居室空间可为单床间、双床间或多床间，其起居空间和睡眠空间常同处一室或稍作划分；多居室单元一般居室仅为寝卧之用，单元内配置公共起居厅、公共卫生间、公共小厨房等配套设施，适用于同类社会群体或家庭住户使用。

2. 居住单元空间设计

（1）居室设计。居室面积应根据居住对象和生活要求采用适宜的标准。居室应有良好的朝向，内部除家具外，还应配置一定的贮藏空间。

（2）起居厅（室）设计。一般分为单居室独用起居厅和多居室公用起居厅。单居室单元宜将睡眠空间与起居空间适当分隔。多居室单元可形成较大的独立起居厅，以满足多种起居生活需要。

（3）卫生间设计。公寓卫生间可设置在居室入口走廊一侧、居室外墙一侧或两相邻居室之间。

（4）厨房设计。厨房应争取良好的采光和通风条件，位置宜与起居室空间毗邻。

（三）公共活动与辅助空间设计

公寓楼内一般按需设置相应公共活动空间和生活辅助用房。一般根据需要设置管理室、会客室、活动室、公共卫生间、卫生清洁间、洗衣房等。

例 1-3 （2010）制约住宅起居室开间大小的主要因素为（ ）。
A 观看电视的适当距离　　　　B 坐在沙发上交谈的距离
C 沙发的大小尺寸　　　　　　D 沙发摆放方式
解析： 参见《住宅建筑设计原理》（第四版）P16，起居室的平面尺寸与住宅套型面积标准，家庭成员多寡，看电视、听音响的适宜距离以及空间给人的视觉感受有关。
答案： A

[①] 以上内容参见：龙灏，等. 住宅建筑设计原理（第四版）[M]. 北京：中国建筑工业出版社，2019. 中国建筑学会. 建筑设计资料集（第三版）第2分册[M]. 北京：中国建筑工业出版社，2017.

第三节 建筑构图原理

建筑的发展表现为复杂的矛盾运动形式，建筑的形式与内容是对立统一的辩证关系。建筑发展演进的三个主导因素是：功能和使用要求、精神和审美要求，以及以必要的物质技术手段来达到前面的两个要求。可结合彭一刚院士的《建筑空间组合论》（第三版）学习本节内容，并应掌握以下几方面知识：

（一）功能与空间

建筑总是有它具体的目的和使用要求的，这在建筑中被称为"功能"，所以美国芝加哥学派的现代主义建筑大师路易斯·沙利文提出了"形式追随功能"的理念。

人们经常提及的"建筑形式"，是由空间、体形、轮廓、虚实、凹凸、色彩、质地、装饰等要素集合而形成的复杂的概念。这些要素有的和功能保持着紧密而直接的联系；有的和功能的联系并不直接、紧密；有的则几乎和功能没有联系。基于这一事实，我们不能笼统地认为一切形式均来自功能。

1. 功能对空间形式的规定性

容器有盛放物品的功能；反过来，这一功能对容器的空间形式也具有以下三个方面的规定性：

（1）量的规定性：具有合适的大小和容量，足以容纳物品。

（2）形的规定性：具有合适的形状以适应所盛放的特定物品。

（3）质的规定性：所围合的空间具有适当的物理条件，如温、湿度等，以防止物品受到损害或变质。

2. 功能对于单一空间形式的规定性

房间是组成建筑最基本的单位，它通常是以单一空间的形式存在的。不同性质的房间，具有不同的空间形式。如果把"房间或厅堂"看成是容器，它盛放的是人或人们的活动，那么它也必须具有上述三个方面的规定性。

3. 功能对于多空间组合形式的规定性

空间组合形式是千变万化的，但是不论这种变化是何等复杂，它终究要反映不同功能联系的特点。基于此，可以概括出下列 5 种具有典型意义的空间组合形式：

（1）用"走道"来连接各使用空间。

（2）各使用空间围绕着"楼梯"来布置。

（3）以"广厅"直接连接各使用空间。

（4）各使用空间互相串联套，直接连通。

（5）以大空间为中心，周围环绕小空间。

（二）空间与结构

建筑空间，是人们凭借着一定的物质材料，从自然空间中围隔出来的——由原来的自然空间变为人造空间。所围隔的空间必须具有确定的量（大小、容积）、确定的形（形状）、确定的质（能避风雨、御寒暑、可通风采光等）。空间可分为：符合使用功能的适用空间、符合审美要求的视觉空间、符合材料性能和力学规律的结构空间。

不同的结构形式不仅能适应不同的功能要求，而且也各具独特的表现力。美籍芬兰裔建筑师埃罗·沙里宁认为"每一个时代都是用它当代的技术来创造自己的建筑。但是没有任何一个时代拥有过像我们现在处理建筑上所拥有的这样神奇的技术"。

（1）以墙和柱承重的梁板结构体系；

（2）框架结构体系；

（3）大跨度结构体系；

（4）悬挑结构体系；

（5）其他结构体系（剪力墙、井筒、充气结构等）。

（三）形式美的原则

1. 形式美的原则——多样统一

古今中外的建筑，尽管在形式处理方面有极大差别，但凡属优秀作品，必然遵循一个共同的准则——多样统一。多样统一，也称有机统一，也就是在统一中求变化，在变化中求统一。强调有秩序的变化。应当指出"形式美的原则"与"审美观念"是两种不同范畴；前者是绝对的，后者是相对的。

2. 形式美的若干基本规律

（1）以简单的几何形状求统一

古代美学家认为，简单、肯定的几何形状可以引起人的美感。现代建筑大师勒·柯布西耶也强调："原始的体形是美的体形，因为它能使我们清晰地辨认。"这些观点可以从古今中外的许多建筑实例中得到证实。

（2）主从与重点

在由若干要素组成的整体中，每一要素在整体中所占的比重和所处的地位，将会影响到整体的统一性。倘使所有要素都竞相突出自己，或者都处于同等重要地位，不分主次，就会削弱整体的完整统一性。在一个有机统一体中，各组成部分应当有主与从的差别；有重点与一般的差别；有核心与外围组织的差别。否则难免流于松散、单调而失去统一。

（3）均衡与稳定

人类从与重力做斗争的实践中逐渐形成一整套与重力有联系的审美观念，这就是均衡与稳定。对称的形式天然就是均衡的，但也可以用不对称的形式来保持均衡。除了静态的均衡外，也可依靠运动来求得平衡，这种形式的均衡称为动态均衡。古典建筑的设计思想更多的是从静态均衡的角度来考虑问题，近现代建筑师还往往用动态均衡的观点来考虑问题。

和均衡相关联的是稳定。均衡所涉及的主要是建筑构图中各要素左与右、前与后之间相对轻重关系的处理，稳定所涉及的则是建筑整体上下轻重关系的处理。

（4）对比与微差

建筑功能和技术赋予建筑以各种形式上的差异性。对比与微差研究的是如何利用这些差异性来求得建筑形式上的完美统一。对比指的是要素之间显著的差异，微差指的是不显著的差异。就形式美而言，两者都是不可缺少的。对比可以借彼此之间的烘托陪衬来突出各自的特点以求得变化，微差则可以借助相互之间的共同性以求得和谐。

对比和微差只限于同一性质的差异之间。

（5）韵律与节奏

爱好节奏和谐之类的美的形式是人类生来就有的自然倾向。韵律美是一种以具有条理性、重复性和连续性为特征的美的形式。韵律美有几种不同的类型：①连续的韵律；②渐变韵律；③起伏韵律；④交错韵律。借助韵律，既可加强整体的统一性，又可以求得丰富多彩的变化。

（6）比例与尺度

比例研究的是物体长、宽、高三个方向量度之间关系的问题。和谐的比例可以产生美感。怎样才能获得和谐的比例，人类至今并无统一的看法。有人用圆、正方形、正三角形等具有定量制约关系的几何图形作为判别比例关系的标准；至于长方形的比例，有人提出1∶1.618的"黄金分割"或称"黄金比"；现代建筑师勒·柯布西耶把比例和人体尺度结合起来，提出一种独特的"模度"体系。毕达哥拉斯学派（亦称南意大利学派）最早发现了"黄金分割"规律。

然而，还不能仅从形式本身来判别怎样的比例才能产生美的效果。脱离材料的力学性能而追求一种绝对的、抽象的比例是荒唐的。良好的比例一定要正确反映事物内在的逻辑性。功能对于比例的影响也不容忽视。美不能离开目的性，"美"和"善"是不可分割的。不同的民族由于文化传统的不同，往往也会创造出独特的比例形式。构成良好比例的因素是极其复杂的，既有绝对的一面，又有相对的一面，企图找到一个放在任何地方都适合的、绝对美的比例，事实上是办不到的。

和比例相联系的另一个范畴是尺度。尺度所研究的是建筑物的整体或局部给人感觉上的大小印象和其真实大小之间的关系问题。尺度涉及真实大小和尺寸，但不能把尺寸的大小和尺度的概念混为一谈。尺度一般不是指要素真实尺寸的大小，而是指要素给人感觉上的大小印象和其真实大小之间的关系（表1-2）。

建筑形式美规律的例析　　　　　表1-2

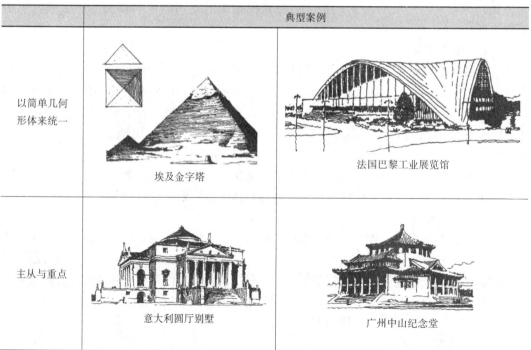

续表

	典型案例	
均衡与稳定	承德普乐寺平面	德国包豪斯校舍平面
对比与微差	人民英雄纪念碑	巴黎圣母院
韵律与节奏	威尼斯圣马可广场总督宫	西安大雁塔
比例与尺度	巴黎凯旋门几何比例分析	中国历史博物馆的尺度

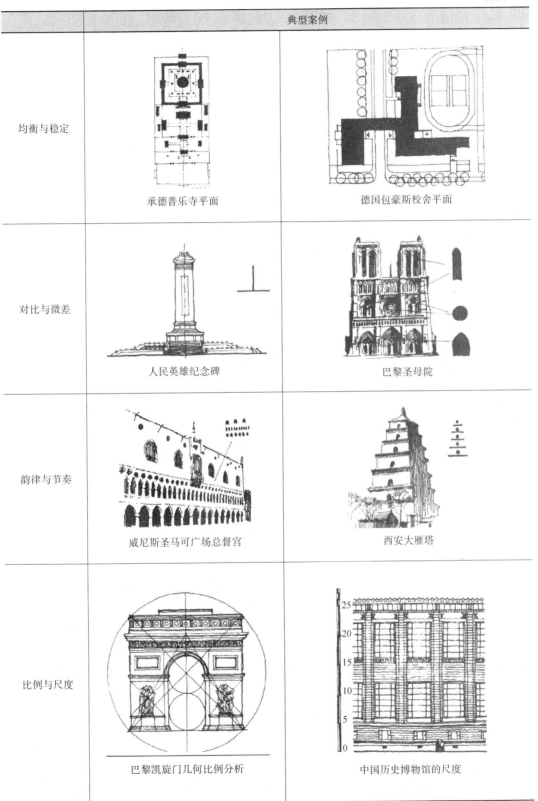

（四）内部空间处理

单一空间的体量与尺度、形状与比例、围与透、分隔与界面处理、色彩与质感。

多空间组合中的对比与变化、重复与再现、衔接与过渡、渗透与层次、引导与暗示、节奏与序列。

建筑空间有内、外之分，在一般情况下，人们常常用有无屋顶当作区分内、外部空间的标志。日本建筑师芦原义信在《外部空间设计》一书中也是用这种方法来区分的。

（五）外部体形处理

外部体形是内部空间的反映，要考虑建筑个性与性格特征的表现，体量组合与立面处理（主从分明，有机结合、对比与变化、稳定与均衡、比例与尺度、虚实凹凸、色彩与质感、装饰与细部）。

（六）群体组合

建筑与环境关系要有机联系、统一和谐。建筑要结合地形设计。运用对称、轴线引导与转折、向心等手法，可通过结合地形、体形重复、形式与风格一致等手段获得统一与和谐。

（七）当代西方建筑的审美特点

从近代到20世纪末的近二百年历史中，建筑的审美观念发生了两次重大转折：

1. 从古典建筑的构图原理到现代建筑的技术美学

古典建筑的美学思想历史悠久，古希腊的亚里士多德系统论述了形式美的原则，即"多样统一"，毕达哥拉斯学派提出了"黄金分割"规律。1924年，拉普森所著《建筑构图原理》在英国出版。工业革命后，建筑功能日趋复杂，新的建筑类型日益增多；再也不能把它容纳到古典建筑简单的空间形式之中，于是便引发了新建筑运动。古典建筑形式虽然遭到了否定，但是它所依据的美学思想却依然存在。

2. 从现代建筑的技术美学到当代建筑的审美特点

（1）变异的美学特征

1）追求多义与含混，例如日本建筑师黑川纪章设计的名古屋市现代美术馆，在建筑形式上运用各种要素相互冲突又相互包容，创造出包含模糊信息的建筑区域。

2）追求个性表现，例如美国建筑师盖里设计的加利福尼亚航天博物馆，用各种几何形体塑造出奇特怪异的形象，使建筑像一个无法复制的雕塑品，充分表现了作者独特的个性。

3）怪诞与滑稽，如高松伸设计的"织阵"像一个怪异的"仿生机器"，功能失去了对形式的制约，表现出极大的随意性。

4）残破、扭曲、畸变，如盖里的自宅，设计力图造成一种不完美、残缺的形象。

（2）多元化的创作倾向

1）历史主义的倾向；

2）乡土主义倾向；

3）追求高技术的倾向；

4）解构主义倾向；

5）有机综合和可持续发展。

第四节 室内设计原理

(一) 室内设计基本概念

室内设计是指运用一定的物质技术手段与经济能力，根据对象所处的特定环境，对内部空间进行创造与组织，形成安全、卫生、舒适、优美、生态的内部环境，满足人们对物质与精神生活的需要。

1. 室内设计的演化（室内简史）

室内设计是与建筑设计同步产生的，两者的发展息息相关。室内设计的演化与两大因素有关：一是地理因素，二是文化因素。

（1）中国传统室内设计特征

中国传统室内设计的基本特征：内外空间一体化、建筑布局灵活化、陈设多样化、构件装饰化、图案象征化。

（2）西方室内设计学科的确立与发展

西方室内设计涉及范围广泛，内容丰富多彩。20世纪初期，现代主义建筑运动兴起，室内设计也受到影响，终于从单纯装饰的束缚中解脱出来，并促成了室内设计的相对独立发展。1957年，美国室内设计师学会成立，标志着室内设计学科的确立。

（3）晚期现代主义对室内设计的影响

现代建筑从形式单一逐渐演变成形式的多样化，路易斯·康认为一个建筑应该由两部分构成——"服务空间"和"被服务空间"，这种做法已经偏离了沙利文"形式追随功能"的初衷，把结构和构造转变为了一种装饰[①]。

2. 室内设计的程序

室内设计的过程可分为以下几个阶段，即：设计准备阶段、方案设计阶段、深化设计（初步设计）阶段、施工图设计阶段、现场配合阶段、评价阶段。

(二) 室内环境与质量控制

1. 室内空间环境要素

室内空间环境要素包括：家具、陈设、绿化、标志等，除了实用功能外，还有组织空间、丰富空间和营造宜人环境的作用。

2. 室内的设备控制

室内各类设备的控制对保持室内环境质量有着重要的作用，如：温度、湿度、洁净度等。需精准控制的主要设备系统包括：给水排水系统、电气设备系统、空调系统等。

3. 室内的声学要求

（1）在室内空间和界面设计方面应避免产生各种声学缺陷。

（2）在材料选择方面应该合理使用吸声材料，以便为室内空间创造舒适的声环境。

4. 室内的光学要求

主要是采光和照明。

[①] 在美国，引领现代主义室内设计的三个主要学派：格罗皮乌斯领导下的哈佛学派、密斯指引下的国际式风格，以及克兰布鲁克艺术学院的所谓"匡溪学派"。

其他室内设计风格或流派的具体内容，详见《建筑设计资料集1》（第三版）和《室内设计原理》。

5. 材料与构造

（1）材料选择主要考虑室内空间特性（公共性、私密性）和材料性能（保温、吸声、隔声、防火、防水等）。

（2）构造设计要注意"安全可靠、坚固适用；造型美观、具有特色；造价合适、便于施工；考虑工业化、装配化"。

（三）室内设计原则

1. 空间的组织

室内空间的限定与组织的主要处理方式：围合、界面差异、界面升降、界面倾斜、多重限定、并联、串联、中心放射、主从关系、包含、减法、变形、穿插等。

2. 形式美的原则

多样统一是形式美的原则；具体来说，又包含以下几个方面：均衡与稳定，韵律与节奏，对比与微差，重点与一般。

（四）室内设计评价原则

室内设计评价在发达国家已经发展成比较成熟的体系，在我国还处于起步阶段。评价的原则主要有：功能原则、美学原则、技术经济原则、人性化原则、生态可持续原则、继承与创新原则等。

（五）室内设计与心理学

1. 马斯洛层次需求理论

该理论是美国著名社会心理学家、第三代心理学的开创者亚伯拉罕·马斯洛（A. H. Maslow）提出的。马斯洛认为人都潜藏着7种不同层次的需要：生理、安全、社交、尊重、认知、审美和自我实现。

2. 气泡理论

该理论是萨默（R. Sommer）提出的，包括密切距离、个人距离、社会（社交）距离和公共（公众）距离。

第五节 建筑色彩知识

色彩是人眼所看见的光色和物色现象的产物，以电磁波的形式引起的视觉体验，其中可见光只是整个电磁波中 380～780nm 的很小一部分（$1nm=10^{-9}m$）[①]。

（一）色彩的基础知识

1. 光与色彩的关系

所有色彩都是由可见光谱中不同波长的光波组成。当光照射到物体上时，一部分被吸收，一部分被反射，反射的光色即人眼所见到的物体表面的色彩。

2. 光色与物色

色彩的三原色分为光色的三原色及物色的三原色。两个光色原色的混合色与一个物色的原色相同。两个物色原色的混合色与一个光色的原色相同。

光色的混合称为加色混合。两个光色混合时，其色相在二色之间，明度是二色的明度

---

① 参见《建筑设计资料集（第三版）》第1分册。

之和，彩度弱于二色中的强色。光色三原色等量混合时为白色。

颜色的混合称为减色混合。当两个颜色混合时，其色相在二色之间，明度低于二色，彩度不一定减弱。颜色三原色等量混合时为黑色或灰色。

3. 色彩三要素

用明度（V）、色相（H）、彩度（C）的物理量来衡量色彩。

（1）明度：色彩的深浅或明暗程度称为明度。

（2）色相：红、橙、黄、绿、青、蓝、紫等色调称为色相。

（3）彩度：色彩的纯度或鲜艳程度称为彩度。

4. 色彩系统与色卡

色彩大致可以分为两类，第一类是以色度学理论为基础的表色系统，如美国的孟塞尔颜色系统、CIE 颜色系统、瑞典 NCS 色彩系统、中国 CNCS 色彩系统等。第二类是以应用为目的的各种实物的色卡体系，如德国的 RAL 工业标准色彩体系、美国的 PANTONE 色彩体系、日本的 DIC 色彩体系等。

（二）色彩的认知

不同的色彩并置时，由于人的视觉器官或视觉联想的作用，会给人带来不同的主观感受。

1. 色彩的温度感

不同的色彩常会产生不同的温度感。例如红、黄色令人感觉温暖，青、绿色令人感觉寒冷。故前者称为暖色系，后者称为冷色系。但色彩的冷暖又是相对的。紫与橙并列，紫就倾向于冷色，紫与青并列紫就倾向于暖色。绿、紫在彩度高时近于冷色，而黄绿、紫红在彩度高时近于暖色。

2. 色彩的对比现象

同一色彩在背景色彩或相邻色彩不同时，会产生不同的感觉，这种现象称为同时对比，在并列的两种色彩的接触边缘上最显著，故接触周边越长或面积相差越大时，影响越大。一块色彩的明度高于背景，或与冷色背景互补时，这块色彩有扩大感，反之则有缩小感，此即所谓光渗现象。

当色彩的面积增大时，在感觉上有彩度增强、明度升高的现象，因此在确定大面积色彩时，不能以小面积色彩样板来决定。

在注视甲色 20~30s 后，迅速移视乙色时，感觉乙色带有甲色的补色。例如看了黄色墙壁后再看红花，感觉红花带有紫色，这种现象称为连续对比。在注视一个色彩图形一段时间之后，忽然移视任意背景，即出现一个同样形状的补色图形，即补色的残像。

在建筑色彩设计时，要经常利用或避免这种现象，来提高视觉条件或消除视觉疲劳等。

在医院中一般避免使用与紫色邻近的色彩，以防病人相视时，面部蒙上不健康的黄绿色。在手术室里为了避免医生在高照度下注视血色过久而产生的补色残像，宜采用淡青绿色（或淡青色）为室内背景。为了使运动员的动作看得更清晰，在体育馆内宜采用青绿色等的装修背景。

两色并列时的对比变化：

明度对比：两个明暗不同的色彩并列时，明的更明，暗的更暗。

彩度对比：两个强弱不同的色彩并列时，强的更强，弱的更弱。
色相对比：两个色相不同的色彩并列时，在色相环上有分别向相反方向偏移的感觉。

3. 色彩的空间感

色彩的距离感觉，以色相和明度影响最大。一般高明度的暖色系色彩感觉凸出、扩大，称为凸出色或近感色；低明度的冷色系色彩感觉后退、缩小，称为后退色或远感色。如白和黄的明度最高，凸出感也最强，青和紫的明度最低，后退感最显著。但色彩的距离感也是相对的，且与其背景色彩有关，如绿色在较暗处也有凸出的倾向。

在建筑色彩设计时，常利用色彩的距离感来调整建筑物的尺度感和距离感。

将一个色彩图样置于另一个色彩背景上，在观测条件相同时，能清楚地识别图样色彩的最大距离，称为色彩的识别距离。它随着图样与背景两色之间的明度差、色相差及彩度差的增大而增大。其中以明度差的影响最大。

4. 色彩的重量感

色彩的重量感以明度的影响最大，一般是暗色感觉重而明色感觉轻。同时彩度强的暖色感觉重，彩度弱的冷色感觉轻。

在建筑色彩设计中，为了达到安定、稳重的效果，宜采用重感色，如机械设备的基座及各种装修台座等。为了要达到灵活、轻快的效果，宜采用轻感色，如行走在车间上部的吊车、悬挂在顶棚上的灯具、风扇等。通常室内的色彩处理多是自上而下，由轻到重的。

5. 色彩的醒目性

色彩的醒目性指其易于引起人们注意的性质，具有醒目性的色彩，从较远处就能识别出来。建筑色彩的醒目性主要受其色相的影响，同时也取决于其与背景之间的关系。

色彩的诱目性指在眼睛无意观看的情况下，易于引起注意的性质。具有诱目性的色彩，从较远处能明显地识别出来。建筑色彩的诱目性主要受其色相的影响。

光色的诱目性顺序是红＞青＞黄＞绿＞白；物体色的诱目性是红色＞橙色与黄色。例如：殿堂、牌楼等的红色柱子，走廊、楼梯间铺设的红色地毯等就特别诱目。

建筑色彩的诱目性还取决于它本身和其背景色彩的关系，例如在黑色或中灰色的背景下，诱目的顺序是黄、橙、红、绿、青，在白色背景下的顺序是青、绿、红、橙、黄。各种安全标志常利用色彩的诱目性。

6. 照明效果

色彩在照度高的地方，明度升高，彩度增强；在照度低的地方，则明度感觉随着色相不同而变。一般绿、青绿及青色系的色彩显得明亮，而红、橙及黄色系的色彩发暗。

室内配色的明度对室内的照度影响很大，故可应用色彩（主要是明度）来调节室内的照度及照度分布，同时由于照度的不同，色彩的效果也不同。

如中国古建筑的配色，墙、柱、门窗多为红色，而檐下额枋、雀替、斗栱都是青绿色，晴天时明暗对比很强，青绿色使檐下不致漆黑，阴天时青绿色有深远的效果，能增强立体感。

7. 色彩疲劳感

色彩的彩度越强，对人的刺激越大，就越易使人疲劳。一般暖色系的色彩，疲劳感较冷色系的色彩大，绿色则不显著。许多色相在一起，明度差或彩度差较大时，易感觉疲劳。故建筑色彩设计时，色相数不宜过多，彩度不宜过高。

色彩的疲劳感能引起彩度减弱，明度升高，逐渐呈灰色（略带黄），此为色觉的褪色现象。

8. 混色效果

将不同的色彩交错均匀布置时，从远处看去，呈现此二色的混合感觉。在建筑色彩设计时，要考虑远近相宜的色彩组合，如黑白石子掺和的水刷石呈现灰色，青砖勾红缝的清水砖墙呈现紫褐色等。

9. 安全色

安全色是表达安全信息含义的颜色，能使人迅速发现或分辨安全标志和提醒注意，以防发生事故。适用于各类公共建筑及场所、工矿企业、交通运输等；但不适用于灯光、荧光颜色和航空、航海、内河航运及其他目的而使用的颜色。

安全色规定为红、蓝、黄、绿四种颜色。

安全色的含义及使用范围如表 1-3 所示。

安全色的含义及其使用范围　　　　　　　　　表 1-3

安全色	含义	使用范围
红色	禁止、停止、防火和危险	禁止标志、停止信号、消防设施
蓝色	指令，必须遵守的规定	指令标志
黄色	警告、注意	警告标志、行车道中线、起重设备的外伸、悬吊部分、警戒标志、安全帽
绿色	提示、安全状态、通行	提示标志、车间内安全通道、安全防护设备的位置

例 1-4　（2009） 在较长时间看了红色的物体后看白色的墙面，会感到墙面带有（　　）。

　　A　红色　　　　B　橙色　　　　C　灰色　　　　D　绿色

解析： 参见《建筑设计资料集》（第三版）P27 "色彩的对比"，在注视某种颜色后，再转移注视第二种颜色，第二种颜色就会受第一种颜色的补色影响，即补色残像现象。红色的补色是绿色，所以墙面会感到带有绿色。

答案： D

例 1-5　（2008） 太阳能采暖建筑分为（　　）。

　　A　主动式和被动式　　　　　　B　吸热式和蓄热式
　　B　连续式和间歇式　　　　　　D　机械式和自然式

解析： 参见《生态与可持续建筑》44 页。以供暖为主的太阳能建筑可分为主动系统与被动系统两大类。

答案： A

第六节　绿　色　建　筑[①]

（一）中国的绿色建筑的发展

可持续发展的概念可以追溯到 20 世纪 60～70 年代的全球能源危机和环境污染问题。

---

① 以上具体内容参见《绿色建筑评价标准》GB/T 50378—2019。

美国作家雷切尔·卡逊（Rachel Carson）的著作《寂静的春天》于1962年出版，最早将可持续发展理念与绿色建筑相关联。

自1992年巴西里约热内卢联合国环境与发展大会以来，中国政府大力推动了绿色建筑的发展。

1999年，第20届世界建筑师大会在北京召开，通过了《北京宪章》，大会指出要建立人居环境循环体系。

2001年5月，建设部住宅产业化促进中心研究和编制了《绿色生态住宅小区建设要点与技术导则》，全面提高住宅小区节能、节水、节地水平，控制总体治污，带动绿色产业发展，实现社会、经济、环境效益的统一。

2002年10月底，我国又出台了《中华人民共和国环境影响评价法》，明确要从源头上、总体上控制开发建设活动对环境的不利影响。

2004年，建设部制定《建筑节能试点示范工程（小区）管理办法》；科技奥运十大项目之一的"绿色建筑标准及评估体系研究"项目通过验收，应用于奥运建设项目。

2006年、2014年、2019年发布和更新了《绿色建筑评价标准》GB/T 50378，完善和规范了绿色建筑的设计、施工和运营的评价系统；此后出台了《民用建筑绿色设计规范》JGJ/T 229—2010、《健康建筑评价标准》T/ASC 02—2021、《绿色生态城区评价标准》GB/T 51255—2017、《建筑碳排放计算标准》GB/T 51366—2019、《绿色校园评价标准》GB/T 51356—2019等一系列规范、标准，为绿色建筑的规范化良性发展提供了保障。

（二）绿色建筑的含义与评价

1. 绿色建筑的定义

根据《绿色建筑评价标准》GB/T 50378—2019，绿色建筑是指在全寿命期内，节约资源、保护环境、减少污染，为人们提供健康、适用、高效的使用空间，最大限度地实现人与自然和谐共生的高质量建筑。

与绿色建筑紧密相关的概念是健康建筑，健康建筑指在满足建筑功能的基础上，为建筑使用者提供更加健康的环境、设施和服务，促进建筑使用者身心健康、实现健康性能提升的建筑。

2. 绿色建筑评价标准

（1）绿色建筑的指标体系

绿色建筑评价指标体系由安全耐久、健康舒适、生活便利、资源节约、环境宜居5类指标组成，且每类指标均包括控制项和评分项；评价指标体系还统一设置加分项。控制项的评定结果应为达标或不达标；评分项和加分项的评定结果应为分值（表1-4）。

绿色建筑评价分值 表1-4

	控制项基础分值	评价指标评分项满分值					提高与创新加分项满分值
		安全耐久	健康舒适	生活便利	资源节约	环境宜居	
预评价分值	400	100	100	70	200	100	100
评价分值	400	100	100	100	200	100	100

绿色建筑评价的总得分计算公式为：

$$Q = (Q_0 + Q_1 + Q_2 + Q_3 + Q_4 + Q_5 + Q_A)/10$$

式中　Q——总得分；

Q_0——控制项基础分值，当满足所有控制项的要求时取 400 分；

$Q_1 \sim Q_5$——分别为评价指标体系 5 类指标（安全耐久、健康舒适、生活便利、资源节约、环境宜居）评分项得分；

Q_A——提高与创新加分项得分。

绿色建筑划分为基本级、一星级、二星级、三星级 4 个等级。当满足全部控制项要求时，绿色建筑等级应为基本级。

（2）绿色建筑星级等级规定：

一星级、二星级、三星级 3 个等级的绿色建筑均应满足本标准全部控制项的要求，且每类指标的评分项得分不应小于其评分项满分值的 30%。

一星级、二星级、三星级 3 个等级的绿色建筑均应进行全装修，全装修工程质量、选用材料及产品质量应符合国家现行有关标准的规定。

当总得分分别达到 60 分、70 分、85 分且满足相关技术要求时，绿色建筑等级分别为一星级、二星级、三星级。

（3）绿色建筑的评价过程与基本要求

绿色建筑评价应以单栋建筑或建筑群为评价对象。评价对象应落实并深化上位法定规划及相关专项规划提出的绿色发展要求；涉及系统性、整体性的指标，应基于建筑所属工程项目的总体进行评价。绿色建筑评价应在建筑工程竣工后进行。在建筑工程施工图设计完成后，可进行预评价。

申请评价方应对参评建筑进行全寿命期技术和经济分析，选用适宜技术、设备和材料，对规划、设计、施工、运行阶段进行全过程控制，并应在评价时提交相应分析、测试报告和相关文件。申请评价方应对所提交资料的真实性和完整性负责。

评价机构应对申请评价方提交的分析、测试报告和相关文件进行审查，出具评价报告，确定等级。

（三）绿色建筑的生态策略

绿色建筑的生态策略是从建筑师的角度帮助建筑师开始思考，并着手绿色建筑的设计，实现绿色建筑的功能，其设计方法与建筑师目前习惯的方法有差异。绿色建筑的生态策略设计主要包括主动式设计与被动式设计。

绿色建筑的主动式设计即通过集成技术手段实现绿色建筑的功能。被动式是在适应地域气候和利用自然环境的同时，通过建筑物本身的设计，来控制能量、光、空气等的流动来获得舒适的室内环境的设计方法，并用机械设施和技术手段补充不足部分。

从系统角度分析绿色建筑的生态策略，可概括为能源系统、植物系统、水系统、风环境系统、光环境系统、声环境系统、道路交通系统的策略。

1. 能源系统

绿色建筑能源策略，大多是通过建筑智能控制手段，针对气候环境、资源利用、能源效率和环境保护四个方面，充分利用和开发新的材料与构造技术。可总结为以下几点：

（1）充分利用自然采光；

（2）智能化遮阳系统；

（3）改善隔热保温性能；

(4) 充分利用自然通风;
(5) 设置热量收集系统;
(6) 采取降温隔热措施;
(7) 太阳能发电材料的应用;
(8) 利用热压原理,促进空气流通。

2. 植物系统

绿色建筑植物系统的生态策略设计更多的是侧重于规划阶段的功能组织和单体建筑式的设计方法。依据生态规划、城市规划、城市设计的指导,在绿色建筑系统功能分区的基础上,首先对植物系统进行组织,为建筑系统提供良好的场地环境,同时将建筑系统对环境的负面影响降到最低;然后对建筑的外围护结构进行植物系统配置与设计,进一步实现建筑的节能与环保,并提供更多的生态服务功能、景观效益和可能的游憩空间,最后还可以借助室内环境的绿化与植物配置,最大限度地发挥绿色建筑系统的服务功能。

另外,还要尊重植物学、生态学和景观学原则,包括系统性原则、适地适树原则、生物多样性原则和多样统一的美学原则。

3. 水系统

绿色建筑水系统主要由自来水供给系统、建筑污水、废水排放系统、雨水收集利用与排放系统、再生水回用系统、景观水体系统等组成,在一些高档建筑中供水系统还包括直饮水供水系统、地下水或地表水的引水及供水系统等。

绿色建筑要实现节水目标,就需要提高水资源利用率,即将废水、雨水回用,增添必要的贮存和处理设施,采用水资源循环利用模式,形成降雨—渗透/调蓄—蒸发—降雨的自然水循环。

4. 风环境系统

绿色建筑的风环境是决定人们舒适、健康水平的重要因素之一,也是影响建筑能耗的重要因素。合理的建筑自然通风可以带走室内过多热量,降低室内空气温度,加速皮肤汗液挥发,提高人体的舒适感;通风换气可以保持室内空气新鲜、洁净。

城市规划和建筑设计时都要考虑风的影响,避免建筑群体布局出现对人不利的风速以及街巷风和高楼风。建筑朝向选择应当考虑主导风向因素,在夏季合理利用主导风向来组织自然通风,在冬季避开不利的风向,减少建筑围护结构的散热以及门窗的冷风渗透。

5. 光环境系统

光环境包括自然光环境和人工光环境。良好的建筑光环境可取得好的经济与环境效益。对人工光环境,即照明质量的要求可概括为三个层次:明亮、舒适、有艺术表现力,三者融为一体的照明是最佳的照明。

绿色建筑光环境的生态策略包含三个方面:保护环境、节约能源和促进健康。具体可遵循以下原则:

(1) 积极采用被动式建筑光环境设计措施;
(2) 充分利用天然采光;
(3) 采用绿色节能照明设备。

6. 声环境系统

绿色建筑声环境包括有效利用自然声,通过现代科技手段,营造出亲近自然、舒适健康的声环境，使之成为自然与人类社会和谐共生、满足不同条件下人类心理、生理及社会的需求。声环境生态策略要点：

（1）适应地域、地形、地貌特点；
（2）利用绿化降噪；
（3）合理组织功能分区；
（4）利用自然声；
（5）合理运用电声。

7. 道路交通系统

现代的交通道路系统生态策略上可理解为应用生态学的基本原理，根据经济、社会、自然等方面的因素，通过生态策略将道路系统内的尾气、粉尘、噪声等污染降至最低，并协调经济、交通、土地利用、环境、能源消费、道路建设、减少污染、自然资源利用与再生等方面的相互关系，为实现整体效益的协调统一创造一个舒适和谐的环境。

绿色建筑生态交通包括生态策略、空间及景观策略、交通出行及管理策略三方面。

（四）节能建筑和太阳能建筑

节能的含义：狭义的理解是节约传统能源；广义的理解是"开发利用可持续能源"和"有效用能"。节能建筑在技术处理上有两种处理方式，一种是加强围护结构的绝热性能，另一种是利用太阳能。

太阳能是一种典型的可持续能源，具有清洁、安全、长期性的特点。太阳能建筑是指经过良好的设计，达到优化利用太阳能效果的建筑。以供暖为主的太阳能建筑可分为主动系统和被动系统两大类。

1. 主动系统

主动式供暖系统主要由集热器、管道、储热物质以及散热器等组成。系统的循环动力由水泵或风机提供。这种系统初次投资较大，单纯采暖时较少采用，可用于提供热水或兼作采暖系统。

2. 被动系统

其特点是将建筑物的全部或一部分既作为集热器，又作为贮热器和散热器，无需管道和风机、水泵。被动式系统又分为间接得热系统和直接得热系统两类。

（1）间接得热系统有：特朗伯（Trombe）集热墙、水墙、载水墙（充水墙）和毗连日光间或温室四种类型。

1）特朗伯墙的主要构造为：在建筑物向阳面设 400mm 厚的混凝土集热墙，墙的向阳面涂以深色涂层，以加强吸热。墙的上、下设可关闭的通风口，从而构成主要的集热、储热和散热器。为保证集热效果，并保护墙面不受室外环境污染与侵蚀，在集热墙外 80mm 处装玻璃或透明材料，以构成空气间层。

2）水墙是利用水的比热较混凝土大得多的特点，以其取代混凝土作储热体的一种做法。由于水具有对流传热的性能，会把所吸收的太阳辐射热较快地传到墙体内表面，造成室温的较大波动，故储热性能不如混凝土稳定。

3）载水墙（充水墙）采用向混凝土墙的空腔内充水的办法，兼有水的储热容量大和固体材料无对流传热两方面的集热优势。

4）毗连日光间既可以提高主要空间的使用效果，又可大幅度减少房屋的热损失；此外，日光间还可以构成良好的生态环境。夏季，日光间可以开窗通风并采用遮阳措施，避免室内过热；因而具有较好的推广前景。

（2）直接得热系统一般利用向阳面的玻璃窗直接得到太阳辐射热，是一种最简单的太阳能建筑形式。为了减少热损失，夜间应覆盖绝热窗帘。夏季白天可将采光部位以外的透明部分用绝热材料覆盖，以减少进热；夜间则将绝热层全部移除，以利于向外散热。对于居住建筑，窗面积与地面面积比（窗地比）应为 1/5～1/3。墙、地板以及其他储热构件的表面面积至少应 5 倍于向阳面玻璃的面积。

（五）提高资源效率（resource efficiency）的建筑设计原则

建筑对资源消耗巨大，提高资源利用效率是未来建筑的发展趋势。在建筑领域，提高资源效能包括节能、节地、节水、节材、节工、节时以及低碳减排措施。这里主要讨论从建筑形体、围护系统、总体布局等方面提高建筑资源效率。

1. 建筑维护结构的节能

建筑冬季采暖室内外的失热量与室内外温差、散热面积，以及散热时间成正比，而与围护结构的总热阻成反比。也就是说建筑总体热阻具有很大的节能潜力。

2. 建筑平面形式的节能

（1）建筑体形系数

建筑热工学将建筑物的散热面积与建筑体积之比值称为该建筑的"体形系数"。体形系数越小越有利于节能。从建筑平面形式看，圆形最有利于节能；正方形也是良好的节能型平面；长宽比大的是耗能型平面。这一点，无论从冬季失热还是从夏季得热的角度，分析的结果都是一样的。耗能型平面的建筑，从总平面图上看相对的周边长度大，占地较多；围护结构消耗的材料、人工等费用相对也高。

（2）太阳能建筑的体形系数

太阳能建筑的体形系数应该考虑方向性，即应当分析不同方向的外围面积与建筑体积的比值与建筑节能的关系。例如，一座供白天使用的东西向建筑，东向体形系数大一些好，因为可以早得太阳热，多得太阳热，便于上午直接使用，并可贮热下午用。同理，如果是晚上使用为主的居住建筑，西向体形系数大些会更有利。

（3）建筑容积系数

对于太阳能建筑而言，还应当考虑建筑容积系数，即考虑建筑物的散热外表面积与建筑的内部容积的比值。建筑容积等于建筑体积减去围护结构体积。在体形系数相等的情况下，容积系数大的使用空间小，围护结构体积大，也就是使用面积小，结构面积大，构造方案欠佳。

3. 建筑群体布局的节能

（1）通过简单分析可知，在面积与体积相同的情况下，分散布置的建筑外墙面积是集中布置的建筑外墙面积的 3 倍，因而两种布置的建筑能耗比也是 3:1。

（2）分散布置的建筑，人流、物流路线较长，交通运输的能耗较大。

（3）集中布置的建筑在用地、耗材和造价等方面均低于分散布置的建筑。

（4）两种布置方案在噪声控制和自然通风组织上的差别并不明显，集中布置的方案完全可以处理好，从而获得很好的效益。

（5）集中布置建筑占地少，可以争取较大的绿地面积，污染性能源消耗少，对环境的污染也少，所以集中布置有利于环保。

（六）零碳建筑

零碳建筑又称净零碳建筑（zero carbon buildings，ZCB），由世界绿色建筑委员会提出。从定性上讲，零碳建筑是在建筑全寿命期内，通过减少碳排放和增加碳汇实现建筑的零碳排放。

气候变化是人类面临的全球性问题，为避免温室气体过快增长对生态系统的威胁，各国约定协作减排温室气体，中国由此提出"双碳"目标，即中国二氧化碳排放力争于2030年前达到峰值，努力争取2060年前实现碳中和。

零碳建筑是绿色建筑的进一步拓展，是"双碳"目标的建筑举措，零碳建筑除了强调建筑围护结构的被动式节能设计外，将建筑能源需求转向太阳能、风能、浅层地热能、生物质能等可再生能源，为人类、建筑与环境和谐共生找到最佳的解决方案。

第七节　既有建筑改造的相关技术[①]

当前我国既有建筑面积已超过 600 亿 m^2，很多既有建筑都存在抗灾能力弱、运行能耗高、使用功能差、环境舒适度低等问题。火灾、风灾、地震、雪灾等自然灾害对不少既有建筑会造成巨大威胁。既有建筑的改造、修缮有利于延长建筑使用寿命，提高安全性、环境舒适度、建筑环保性能，保持城市和建筑历史风貌。

（一）既有建筑维护与改造的总体原则

根据《既有建筑维护与改造通用规范》GB 55022—2021，既有建筑的维护应符合下列基本规定：

（1）应保障建筑的使用功能；

（2）应维持建筑达到设计工作年限；

（3）不得降低建筑的安全性与抗灾性能。

根据《既有建筑维护与改造通用规范》GB 55022—2021，既有建筑的改造应符合下列基本规定：

（1）应满足改造后的建筑安全性需求；

（2）不得降低建筑的抗灾性能；

（3）不得降低建筑的耐久性。

（二）功能空间改造

1. 功能改造的基本原则

既有建筑功能改造过程首先应符合当地城市规划部门的规划要求，与城市环境统一协调，经过规范审批鉴定程序才可进行，坚决杜绝私改乱改。改造涉及建筑类型转变时，应首先符合相应的建筑设计法规、规范。功能改造还应满足结构稳定性及消防疏散要求，并考虑建筑的节能环保性能，如就地取材、采用新的建造技术等。

2. 建筑平面空间拓展

（1）小柱网空间的空旷化改造

---

① 本节详细内容参阅：《既有建筑维护与改造通用规范》GB 55022—2021；王清勤，唐曹明. 既有建筑改造技术指南［M］. 北京：中国建筑工业出版社，2012.

小柱网空间在改造中通过减少原有结构空间中的分隔，扩大柱网单元内的空间尺寸的技术称为空旷化改造。一般采用加固原有结构体系中保留的横竖向构件，或在功能允许的位置新增结构构件，以支撑取消了的横竖向构件所负担荷载的方式进行；还可采用新的结构体系代替原有结构体系，只保留现有的建筑围合界面的方式。平面空间改造可采用拆除分隔墙体、局部拆除个别柱子 2 种方式。

（2）小开间房屋的空旷化改造

小开间房屋的空旷化改造是指利用新技术、新材料等，通过拆除或部分拆除两个或多个小开间房屋之间的分割构件以达到扩大空间的目的，或者是采用其他结构体系来部分替换原有结构体系形成新的大空间。

3. 建筑的竖向空间拓展

（1）直接增层

直接增层首先要求承重结构有一定承载潜力。直接在旧建筑的主体结构上加高，增层荷载全部或部分由旧建筑的基础、墙、柱来承担。在增层部分建筑平面设计时，需要尽量使分隔与原建筑的结构体系一致，使房间的隔墙尽量落在原建筑梁柱位置，房屋中的烟囱及上下水管、煤气、暖气、电器设备的布置尽量一致。直接增层时要尽量做到：增层结构截面小于原低层截面；增层尽量采用大空间、轻巧结构；增层结构刚度要小于下部结构。

（2）套建增层

原房屋地基基础和承重结构不满足在原房屋上直接增层时，或者对于增层后的空间有更高的要求而无法与原有建筑直接相接时，可采用套建增层的方式来实现竖向空间的拓展。采用套建增层技术时应最大限度地减轻增层部分建筑物自身的重量，尽量维持原有建筑的正常使用。

（3）室内加层

室内加层适用于原建筑室内层高较大的建筑，原大尺度的空间改造目标为形成宜人的小尺度空间，或者要求对建筑外立面不允许变化但又必须增层改造的建筑。室内加层可以是满铺式整体增层，也可以是局部夹层形式。

4. 加装电梯

既有多层住宅加装电梯改造时，加装电梯不应与卧室紧邻布置，当起居室受条件限制需要紧邻布置时，应采取有效隔声和减振措施；加强电梯机房的减震、隔声、吸声处理。采用橡胶带式曳引方式替换现有的钢丝绳式曳引方式，减少曳引轮与曳引绳摩擦产生的噪声；注意电梯门的安装同轴性，并且加强门轨道润滑，以减少噪声。

（三）安全性改造

1. 结构改造

既有建筑结构改造应明确改造后的使用功能和后续设计工作年限。在后续设计工作年限内，未经检测鉴定或设计许可，不得改变改造后结构的用途和使用环境。当原结构承载能力不足时，应先加固结构。

既有建筑结构改造时，新设基础应考虑其对原基础的影响。除应满足地基承载力要求外，还应按变形协调原则进行地基变形验算，同时应评估新设基础施工对既有建筑地基的影响。既有建筑结构改造应进行抗震鉴定和设计。

2. 防火与疏散改造

(1) 既有建筑的火灾危险性分析与评价

对既有建筑进行定期、科学的火灾风险评价，可使建设方、使用者和消防管理部门了解建筑物存在的火灾隐患以及发生火灾的可能性及其后果的严重程度，更加客观、准确地认识火灾的危险性。

(2) 既有建筑的防火性能改善

在既有建筑的改造设计中，若改变了改造范围内建筑的间距，或与之相关的改造范围外建筑的间距，其间距不应低于消防间距标准的要求。

既有建筑改造过程中，建筑物耐火等级是根据使用要求变化的。对于未达到现行建筑设计规范中要求的耐火等级的既有建筑，应优先采取措施提高构件的耐火性能，如增加混凝土保护层厚度、钢构件涂刷防火涂料等。

若在既有建筑改造过程中，建筑物无法达到更高一级耐火等级的要求，应考虑改变使用功能，使其与所评估的建筑物的耐火等级相适应，从而更为经济合理地利用既有建筑。

(3) 既有建筑的安全疏散改造

如果一栋既有建筑（尤其是高层建筑）存在安全疏散隐患（主要指疏散出口不足等），在自身结构不允许作较大改动的情况下，设置户外自救逃生设备是一种较好的选择。

(4) 消防系统改造

既有建筑由于建筑年代不同，其建设时遵照的消防标准也有差异，加之既有建筑可能存在消防设施陈旧、老化，不能正常运行，加大了火灾风险，部分项目不具备完全满足现行设计规范和施工验收规范的条件，需要采用一些特殊技术手段加强消防系统：

1) 利用性能化的防火设计方法和评价技术，对既有建筑防火安全性进行整体评价，结合既有建筑的现有条件确定消防系统改造策略方案。

2) 消防系统的改造应优先采用现行的国家或地方防火设计规范和标准进行消防系统新增或改造设计，并按相关规范进行安装和使用及维护管理。

3) 在不具备完全满足现行防火设计规范的条件时，消防系统的改造应利用经济适用的消防系统替代技术，提高建筑消防安全。如简易自动喷水灭火系统、楼梯间直灌正压送风系统、独立火灾自动探测报警系统等。

(四) 围护结构节能改造

既有建筑围护结构节能改造的重点是在保证不破坏原有结构体系并尽量减少墙和屋面荷重的前提下，针对外墙、屋面、门窗等部分进行改造。具体包括以下内容：

1. 墙体节能改造

外墙保温改造主要是在保证围护结构安全、防火安全的前提下，提高热工性能，确保热桥部位不结露。

目前，我国外墙体保温隔热主要有三种形式，即外墙外保温、外墙内保温和夹芯保温。外墙外保温技术无需临时搬迁，基本不影响用户的室内活动和正常生活，内保温及夹芯保温系统具有自身无法避免的问题，因此既有建筑改造不建议采用外墙内保温，推荐采用外墙外保温，目前外墙外保温已成为我国既有建筑墙体保温改造的主要形式。

2. 屋面节能改造

屋面保温隔热改造时，采用干铺倒置屋面、架空屋面以及种植屋面等形式，提高屋面的热工性能，改善室内热环境。

（1）干铺保温隔热屋面可采用正置屋面（保温层在防水层下）、倒置式屋面（保温层在防水层上）两种形式。

（2）坡屋面分为瓦材钉挂型、瓦材粘铺型、有细石混凝土整浇层、无细石混凝土整浇层四种构造类型。

（3）架空屋面隔热一般是在坡屋顶中设进风口和出气口，利用屋顶内外的热压差和迎风面的风压差，组织空气对流，形成屋顶内的自然通风，以减少由屋顶传入室内的辐射热，从而达到隔热降温的目的。

（4）种植屋面是在屋顶上种植植物，利用植被的蒸腾和光合作用吸收太阳辐射热，从而达到隔热降温的目的。种植屋面温度变化较小，保温隔热性能好，是一种生态型的节能屋面。

3. 楼、地面节能改造

楼板保温对象包括楼层间楼板、底部自然通风架空楼板以及底面接触室外空气的外挑楼板三种。楼板保温可将保温层设置在楼板结构层上表面（板面保温）或楼板结构层下表面（板底保温），在可能的情况下，宜设置在楼板结构层上表面。

地板辐射供热是一种对房间热微气候进行调节的供热系统。采用这种采暖方式，房间温度分布均匀，房间内温差小，热舒适度高。由于地板采暖盘管全部暗埋在楼板中，使用寿命长，耐腐蚀，可节约维修费用，而且管理方便，不占用使用面积，卫生条件好，无噪声。

4. 外门窗与幕墙节能改造

（1）外窗的节能改造设计需要综合考虑安全、隔声、通风、采光和节能等性能要求，提高门窗的气密性、遮阳系数，降低门窗的传热系数，减少传热、空气渗透冷、热损失带来的冬季采暖及夏季空调负荷。

（2）在寒冷、夏热冬冷、夏热冬暖地区，采用遮阳措施减少窗或透明玻璃幕墙的辐射传热是降低建筑能耗的主要途径。

（五）既有建筑设施设备改造

1. 给水排水改造

（1）与城市公共供水管道连接的户外管道及其附属设施，应经验收合格后使用；

（2）生活给水系统应充分利用市政供水管网的压力直接供水；

（3）在实行雨污分流的地区，雨水和污水管道不应混接；

（4）雨水系统的改造，应按照当地雨水排水系统规划的要求，更新原有不满足要求的雨水排水系统。

2. 供暖、通风改造

（1）当供暖、通风及空调系统不能满足使用功能的要求，或有较大节能潜力时，应对相关设备或全系统进行改造；

（2）供暖、通风及空调系统改造的内容，应根据建筑物的用途、规模、使用特点、室外气象条件、负荷变化情况等因素，通过对用户的影响程度比较确定。

3. 电气设备改造

既有建筑电气改造工程的设计，应在对既有建筑供配电系统、照明系统和防雷接地系统现场检查、评定的基础上,根据改造后建筑物的用电负荷情况和使用要求进行供配电系统、照明系统和防雷接地系统设计。

> **例 1-6** (2004)"可防卫空间"理论是由何人提出的?
> A 简·雅各布斯 B 厄斯金
> C 纽曼 D 克里斯托夫·亚历山大
> **解析**:参见《环境心理学》P212,"可防卫空间"理论是由美国建筑师纽曼提出的。
> **答案**:C

习 题

1-1 (2021) 维特鲁威提出的建筑三原则是( )。
 A 适用、坚固、美观 B 适用、经济、美观
 C 经济、适用、坚固 D 经济、坚固、美观

1-2 (2021) 题 1-2 图表现的是( )。

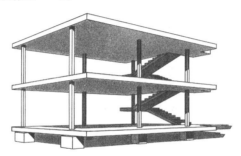

题 1-2 图

 A 勒·柯布西耶多米诺体系 B 风格派的时空构成
 C 包豪斯的时空构成 D 勒·柯布西耶的雪铁龙住宅

1-3 (2021) 以下关于赖特的罗伯茨住宅(题 1-3 图),说法错误的是( )。

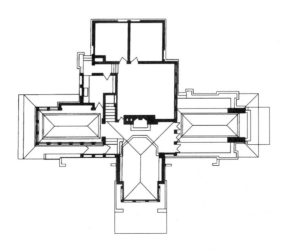

题 1-3 图 罗伯茨住宅平面图

　　　　A 草原风格　　　　　　　　　　　　B 以壁炉为中心
　　　　C 采用一字形平面　　　　　　　　　D 屋檐出挑深远

1-4 (2021) 勒·柯布西耶设计的法国马赛公寓在住宅形式上属于（　　）。
　　　　A 内廊式住宅　　　　　　　　　　　B 外廊式住宅
　　　　C 内廊跃层式住宅　　　　　　　　　D 外廊跃层式住宅

1-5 (2021) 以下建筑空间组织形式为序列式的建筑类型是（　　）。
　　　　A 宿舍楼　　　B 办公楼　　　C 教学楼　　　D 航站楼

1-6 (2021) 以下哪种空间最有利于声场分布均匀（　　）。
　　　　A 正八边形　　B 三角形　　　C 圆形　　　　D 长方形

1-7 (2021) 以下突出体现建筑体型适应气候环境特点的设计作品是（　　）。
　　　　A 日本东京中银舱体大楼　　　　　　B 日本神户六甲集合住宅
　　　　C 印度孟买干城章嘉公寓　　　　　　D 加拿大蒙特利尔 Habitat

1-8 (2021) 以下不属于"服务"与"被服务"空间分离的建筑作品是（　　）。
　　　　A 索尔克生物研究所　　　　　　　　B 理查德医学研究中心
　　　　C 劳埃德大厦　　　　　　　　　　　D 华盛顿国家美术馆东馆

1-9 (2021) 关于混合结构的公共建筑设计的说法，错误的是（　　）。
　　　　A 承重墙的布置应当均匀，应符合规范
　　　　B 围护结构门洞大小应有一定的限制
　　　　C 楼层上下承重墙应尽量对齐，避免大空间压到小空间上
　　　　D 墙体的高度和厚度应在合理允许范围之内

1-10 (2021) 为减少对城市的干扰，城市中心商业综合体建筑的停车设计不宜采用（　　）。
　　　　A 地下停车库　　　　　　　　　　　B 路边停车场
　　　　C 屋面停车场　　　　　　　　　　　D 多层停车库

1-11 (2021) 以下关于老年人住宅设计的说法，错误的是（　　）。
　　　　A 应远离普通住宅居住区独立设置
　　　　B 应与所提供的养老服务和运行模式相适应
　　　　C 应布置在日照、通风条件较好的地段
　　　　D 应具备灵活性和可变性

1-12 (2021) 关于为视觉障碍者考虑的设计做法，错误的是（　　）。
　　　　A 设置连续且具有引导作用的装饰材料
　　　　B 设置发声标志
　　　　C 楼梯踏步采用光滑的材料
　　　　D 盲文铭牌可用于无障碍电梯的低位横向按钮

1-13 (2021) "低碳"的概念是（　　）。
　　　　A 减少对煤炭的使用，减少二氧化碳的浓度
　　　　B 降低室内二氧化碳的浓度，提高空气质量
　　　　C 减少二氧化碳的排放，降低温室效应
　　　　D 减少含碳材料的使用

1-14 (2021) 下列材料全部属于"绿色建材"的是（　　）。
　　　　A 玻璃，钢材，石材　　　　　　　　B 钢材，黏土砖，生土
　　　　C 钢材，木材，生土　　　　　　　　D 铝材，混凝土，石材

1-15 (2019) 分割、削减手法可使简单的形体变得丰富，下列哪个作品主要采用了这一手法？

A 拉维莱特公园

B Casa Rotonda

C 德国 Vitra 家具博物馆

D 加拿大蒙特利尔 Habitat 67

1-16 (2019) 柯布西耶把比例和人体尺度结合在一起，提出独特的（ ）。
A "模度"体系　　　　　　　　B 相似要素
C 原始体形　　　　　　　　　D 黄金比例

1-17 (2019) 题 1-17 图所示建筑群平面图采用的是哪种空间组织形式？（ ）
A 单元式和网格式　　　　　　B 轴线式和网格式
C 庭院式和网格式　　　　　　D 轴线式和庭院式

1-18 (2019) 下列建筑均采用连续性空间组织方式的是（ ）。
A 歌舞厅，剧院，陈列馆
B 体育馆，影剧院，音乐堂
C 博物馆，陈列馆，美术馆
D 办公，学校，酒店

1-19 (2019) 题 1-19 图所示图底反转地图用于分析（ ）。
A 建筑实体与外部空间
B 建筑内部空间
C 建筑功能空间
D 城市机动车交通组织

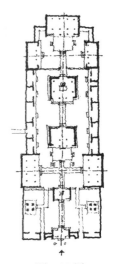
题 1-17 图

题 1-19 图

1-20 (2019) 路易斯·康设计的理查德医学研究楼（题1-20图）采取的空间组织方式是（ ）。

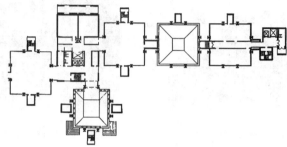

题 1-20 图

  A 轴线对称式 B 庭院式 C 网格式 D 单元式

1-21 (2019)"少就是多"的言论出自于（ ）。
  A 赖特   B 格罗皮乌斯
  C 密斯·凡·德·罗   D 柯布西耶

1-22 (2019)炎热地区不利于组织住宅套型内部通风的平面是（ ）。

1-23 (2019)住宅私密性层次和分区错误的是（ ）。
  A 户外走道、楼梯间是公共区域 B 会客厅、餐厅是半公共区
  C 次卧、家庭娱乐室是半私密区 D 主卧室、卫生间是私密区

1-24 (2019)北京紫禁城中位于中轴线三层汉白玉台阶上的三大殿是（ ）。
  A 太和殿，乾清宫，保和殿 B 太和殿，中和殿，保和殿
  C 太和殿，保和殿，交泰殿 D 太和殿，交泰殿，坤宁宫

1-25 (2019)题1-25图所示，适合办公人员沟通交流的布局方式是（ ）。

题 1-25 图

  A 外廊式 B 内走道式 C 内天井式 D 开放式

1-26 (2019)下图所示黑色部分为核心筒，哪种核心筒布局方式有利于高层办公楼筒体结构抵抗侧力和各向自然采光？

  A 中央型 B 单侧型 C 分散型 D 两侧型

1-27 (2019) 下图所示住宅套型的餐厅和厨房组合关系中,不利于烹饪油烟隔离的是(　　)。

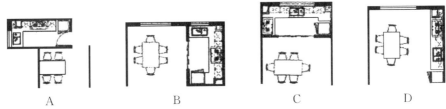

1-28 (2019) 下图所示,属于拜占庭建筑室内风格的是(　　)。

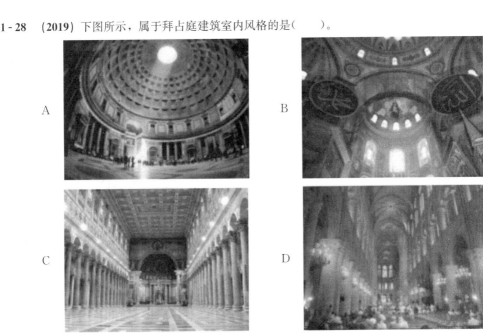

1-29 (2019) 关于室内装修选材的说法,错误的是(　　)。
　　A 室内装修石材包括天然石材和人造石材
　　B 陶板和釉面砖都属于陶瓷材料
　　C 快餐厅室内空间通常选用柔软的地毯材料
　　D 幼儿园适合选用木质墙身下护角

1-30 (2019) 下图所示,藏族民居的室内是(　　)。

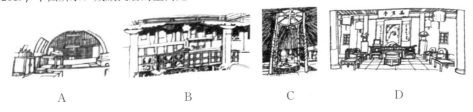

1-31 (2019) 下述哪类公共建筑的室内需要利用灯具和舒适的阴影效果来增强物体的立体感和艺术效果?
　　A 美术馆的陈列室　　　　　　　　B 体育馆的比赛大厅
　　C 教学楼的教室　　　　　　　　　D 医院的手术室

1-32 (2019) 关于色彩温度感的描述,错误的是(　　)。

37

A　紫色与橙色并列时，紫色倾向于暖色　　B　紫色与青色并列时，紫色倾向于暖色
　　C　红色与绿色并列时，红色倾向于暖色　　D　蓝色与绿色并列时，蓝色倾向于冷色

1-33　(2019) 低层住宅的层数是（　　）。
　　A　4～7层　　　　B　3～6层　　　　C　3～5层　　　　D　1～3层

1-34　(2019) 下列不属于一类高层民用建筑的是（　　）。
　　A　建筑高度50m的住宅建筑　　　　B　建筑高度55m的办公建筑
　　C　建筑高度30m的医院建筑　　　　D　建筑高度30m存书100万册的图书馆

1-35　(2019) 工程设计中，编制概算书属于下列哪个阶段？
　　A　方案设计　　　B　技术设计　　　C　初步设计　　　D　施工图设计

1-36　(2019) 以下关于室内设计图纸，错误的是（　　）。
　　A　平面图中应标明房间名称、门窗编号
　　B　平面铺地应标明尺寸、材质、颜色、标高等
　　C　顶平面图中应该包括灯具、喷淋等设施
　　D　顶平面图中应反映平、立面图中的门窗位置和编号

1-37　(2019) 下列关于评价建筑面积指标经济性的说法正确的是（　　）。
　　A　有效面积越大，越经济　　　　B　结构面积越大，越经济
　　C　交通面积越大，越经济　　　　D　用地面积越大，越经济

1-38　(2019) 下列关于格式塔视觉理论的说法，正确的是（　　）。
　　A　大面积比小面积易成图形　　　　B　开放形态比封闭系统易成图形
　　C　不对称形态易成图形　　　　　　D　水平和垂直形态比斜向形态易成图形

1-39　(2019) 以下中国民居建筑中对干热性气候有较好适应性的是（　　）。
　　A　北京四合院　　　　　　　　B　新疆阿以旺
　　C　云南干阑式建筑　　　　　　D　福建土楼

1-40　(2019) 下列不属于可再生能源的是（　　）。
　　A　太阳能　　　B　生物能　　　C　潮汐能　　　D　天然气

1-41　(2019) 下列建筑材料不属于可循环利用的是（　　）。
　　A　门窗玻璃　　　B　黏土砖　　　C　钢结构　　　D　铝合金门窗

1-42　(2019) 在绿色建筑全生命周期中碳排放主要在（　　）。
　　A　建筑材料运输过程　　　　B　建筑施工过程
　　C　建筑使用过程　　　　　　D　建筑拆除过程

1-43　(2019) 根据中国建筑热工气候分区，武汉和天津分别属于（　　）。
　　A　夏热冬暖，夏热冬冷　　　　B　温和地区，寒冷地区
　　C　湿热型，干热型　　　　　　D　夏热冬冷，寒冷

参考答案及解析

1-1　**解析**：参见《公共建筑设计原理》（第五版）卷首语。公元前1世纪，古罗马建筑理论家维特鲁威在其著作《建筑十书》中明确指出建筑应具备三个基本要求：适用、坚固、美观。
　　答案：A

1-2　**解析**：勒·柯布西耶对空间的解放基于框架结构承重这一技术手段的支持。他于1914年就构思了"多米诺系统"，用钢筋混凝土柱承重取代了墙体承重。建筑师可以随意划分室内空间，设计出室内空间连通流动、室内外空间交融的建筑作品。
　　答案：A

1-3　**解析**：罗伯茨住宅是赖特设计的"草原住宅"中最具代表性的作品。建筑采用十字形平面，壁

炉在十字形平面的中央。根据房间使用要求的不同，其横、竖两翼分别为 1 层和 2 层两种高度。室内空间丰富；建筑立面横向舒展，墙体高低错落，屋檐出挑深远。

答案：C

1-4 解析：马赛公寓在住宅形式上属于内廊跃层式住宅。内廊跃式高层住宅每隔 1～2 层设有公共走道，电梯可以隔 1～2 层停靠，大大提高了电梯的利用率，既节约交通面积，又减少干扰。

答案：C

1-5 解析：序列式平面布局是指呈序列排布的平面形式，有明确的通道流线和顺序关系。A、B、C 三类建筑都是走道式平面布局。只有航站楼因为进、出站的交通流线和功能需求，其空间组织具有非常明确的序列关系。

答案：D

1-6 解析：圆形空间容易造成声聚焦；三角形和长方形空间的声场分布均匀度都不及正八边形。

答案：A

1-7 解析：查尔斯·柯里亚设计的印度孟买干城章嘉公寓位于孟买附近的海滨区域，建筑朝向以西为主，朝西开窗，这是主导风向和主要景观的朝向。柯里亚提出"中间区域"的概念，在居住区域与室外之间创造了一个具有保护作用的区域，遮挡下午的阳光并阻挡季风；中间区域主要由两层的花园平台构成。在这栋高层塔楼的设计中，柯里亚完美地解决了季风、西晒和景观这三个主要矛盾。

答案：C

1-8 解析：路易斯·康设计的索尔克生物研究中心、理查德医学研究中心都突出体现了"服务"与"被服务"空间分离的概念。理查德·罗杰斯设计的劳埃德大厦也包括三个主塔和三个服务性质的塔体的分离空间形式。

答案：D

1-9 解析：混合结构的公共建筑设计，为了保持结构的合理性，应尽量避免大空间上布置小空间。C 选项与此原则相反，因此是错误的。

答案：C

1-10 解析：路边停车场的设置会导致道路通行能力降低、城市道路环境景观恶化、交通事故发生率提高，对城市干扰较大，故不适合在城市中心商业综合体设置路边停车场。

答案：B

1-11 解析：根据《老年人照料设施建筑设计标准》JGJ 450—2018 第 1.0.8 条，老年人照料设施建筑设计应适应运营模式，保证照料服务有效开展；故 B 正确。第 4.1.1 条，老年人照料设施建筑基地应选择在日照充足、通风良好的地段；故 C 正确。第 4.1.2 条，老年人照料设施建筑基地应选择在交通方便、基础设施完善、公共服务设施使用方便的地段；故 A 错误。

答案：A

1-12 解析：根据《无障碍设计规范》GB 50763—2012 第 3.6.1 条，无障碍楼梯的踏面应平整防滑或在踏面前缘设防滑条；故选项 C 错误。

答案：C

1-13 解析：根据《京都议定书》，面对全球气候变化，亟须世界各国协同降低或控制二氧化碳排放；这也是"低碳"概念的由来。

答案：C

1-14 解析：绿色建材，又称生态建材、环保建材和健康建材，指健康型、环保型、安全型的建筑材料。石材不可再生，存在辐射危险，不属于绿色建材；黏土砖破坏土地资源；玻璃、混凝土生产能耗大、污染多；故 A、B、D 都不属于绿色建材，故本题应选 C。

答案：C

1-15 解析：B是马里奥·博塔设计的位于瑞士斯塔比奥的圆房子（Casa Rotonda），该建筑采用了分割与削减相结合的形体处理手法。

答案：B

1-16 解析：参见《建筑空间组合论》第四章 形式美的原则"六、比例与尺度"：著名的现代建筑大师勒·柯布西耶把比例和人体尺度结合在一起，提出了独特的"模度"体系。模度既是数学与美学的结合（黄金分割、直角规线、斐波那契数列），又与人体关联，模度的每一个数值都与人体的某一个部位吻合，符合人体的尺度比例。模度的四个关键数值分别为人的垂手高86cm、脐高113cm、身高183cm和举手高226cm。模度体系被广泛应用于诸如马赛公寓、母亲住宅等柯布西耶的建筑作品中。

答案：A

1-17 解析：题 1-3图所示是一座具有明确中轴线、多进院落布局的中国古代建筑群体组合平面图，故采用的是轴线式和庭院式空间组织形式。

答案：D

1-18 解析：参见《公共建筑设计原理》第5.2节 连续性的空间组合，观展类型的公共建筑，如博物馆、陈列馆、美术馆等，为了满足参观路线的要求，在空间组合上多要求有一定的连续性。这种类型的空间布局又可分为以下5种形式：串联式、放射式、串联兼通道式、兼有放射和串联式，以及综合性大厅式。

答案：C

1-19 解析：参见《城市规划原理》第3节 城市设计的基本理论与方法"1.1 图底理论"P559：图底理论从分析建筑实体和开放虚体之间的相对比例关系着手，试图通过比较不同时期城市图底关系的变化，分析城市空间发展的规律和方向。故选项A正确。

答案：A

1-20 解析：理查德医学研究楼采取了单元式平面组合形式。该建筑反映了路易斯·康的"服务与被服务"空间之间的理想关系，即各自独立并通过结构和机械系统连接起来。服务空间（辅助用房、楼梯间）被分离出来，以塔楼的形式与被服务空间（实验室、工作室）组合成一个功能单元，这种单元组合方式不仅使各生物实验室相对独立，也使建筑得以"自由生长"（该楼落成两年后，又在医学楼旁加建出了生物楼）。

答案：D

1-21 解析：密斯·凡·德·罗与格罗皮乌斯、勒·柯布西耶、赖特齐名，并称20世纪中期现代建筑四大师。1928年，密斯曾提出著名的"少就是多"的建筑处理原则。这个原则在他的巴塞罗那世界博览会德国馆的设计中得到了充分体现。

答案：C

1-22 解析：A、B、C三个住宅平面均为南北通透（或东西通透）的套型平面，有利于户内通风；而D属于一梯多户的塔楼住宅平面，塔楼建筑密度高，但容易出现暗厨、暗卫，在炎热地区不利于组织住宅套型内部通风。

答案：D

1-23 解析：参见《住宅建筑设计原理》（第四版）"1.3.1 套型空间的组合分析"，在住宅建筑设计中，户门外的走道、平台、公共楼梯间等空间属于公共区；会客、宴请、与客人共同娱乐及公用卫生间等空间属于半公共区；家务活动、儿童教育和家庭娱乐等区域是半私密区；书房、卧室、卫生间属于私密区。故C选项将次卧归为半私密区是错误的。

答案：C

1-24 解析：北京紫禁城中位于中轴线上的三大殿是太和殿、中和殿、保和殿，这三座大殿在整个都城中轴线最核心位置，是明清封建王朝国家权力机构的核心所在。

答案：B

1-25 解析：在办公建筑的平面布置中，如仅从方便人员沟通交流的角度考虑，外廊、内走道及内天井式的布局，都不如开放式空间更便于人员的沟通与交流。

答案：D

1-26 解析：办公建筑设计应尽量使办公用房得到充分的自然采光和通风。题中4个高层结构核心筒布局中，只有A选项能够既满足结构抗侧力要求，又能使有效的自然采光和通风的办公面积最大化。

答案：A

1-27 解析：题目所示4种住宅套型餐、厨组合平面图中，就烹饪油烟隔离而言，A、B、C户型都能实现厨房烹饪油烟的隔离；只有D户型的开敞式厨房布局，对中餐制作无法实现油烟的有效隔离。

答案：D

1-28 解析：参见《外国建筑史》第6章，拜占庭建筑的第一个特点是集中式建筑形制；第二个特点是穹顶、帆拱、鼓座的运用；第三个特点是希腊十字式平面；第四个特点是内部装饰——于平整的墙面贴彩色大理石板，穹顶的弧形表面装饰马赛克或粉画。B图符合上述特点；A图是古罗马的万神庙，C图是拉丁十字式巴西利卡，D图是哥特式教堂。

答案：B

1-29 解析：快餐厅地面装修材料的选用应优先考虑环保、易清理、耐磨的材料，C选项在快餐厅室内选用地毯显然不妥。

答案：C

1-30 解析：题目中A图是陕北民居窑洞的室内，C图是蒙古包内景，D图是满汉宅邸厅堂的典型布置；B图展示的是藏族民居的室内。

答案：B

1-31 解析：柔和的灯光和适度的阴影效果在体育馆的比赛厅、教学楼的教室和医院手术室中采用，均无法达到相应的视物功能要求。而柔和舒适的灯光所营造出的立体感和艺术效果，比较符合美术馆陈列室的功能需要。

答案：A

1-32 解析：色彩本身并无冷暖的温度差别，是视觉色彩引起人们对冷暖感觉的心理联想。暖色是指红、红橙、橙、黄橙、红紫等色彩；冷色是指蓝、蓝紫、蓝绿等色彩。当紫色与橙色并列时，紫色应该是偏冷的，所以A错误。

答案：A

1-33 解析：参考《民用建筑设计统一标准》GB 50352—2019 条文说明第3.1.2条，民用建筑高度和层数的分类主要是按照现行国家标准《建筑设计防火规范》GB 50016 和《城市居住区规划设计标准》GB 50180 来划分的。当建筑高度是按照防火标准分类时，其计算方法按现行国家标准《建筑设计防火规范》GB 50016 执行。一般建筑按层数划分时，公共建筑和宿舍建筑1～3层为低层，4～6层为多层，大于或等于7层为高层；住宅建筑1～3层为低层，4～9层为多层，10层及以上为高层。

答案：D

1-34 解析：参见《建筑设计防火规范》GB 50016—2014（2018年版）第5.1.1条，高层民用建筑根据其建筑高度、使用功能和楼层的建筑面积可分为一类和二类，民用建筑的分类应符合表5.1.1的规定。

民用建筑的分类　　　　　　　表 5.1.1

名称	高层民用建筑		单、多层民用建筑
	一类	二类	
住宅建筑	建筑高度大于 54m 的住宅建筑（包括设置商业服务网点的住宅建筑）	建筑高度大于 27m，但不大于 54m 的住宅建筑（包括设置商业服务网点的住宅建筑）	建筑高度不大于 27m 的住宅建筑（包括设置商业服务网点的住宅建筑）
公共建筑	1. 建筑高度大于 50m 的公共建筑； 2. 建筑高度 24m 以上部分任一楼层建筑面积大于 1000m² 的商店、展览、电信、邮政、财贸金融建筑和其他多种功能组合的建筑； 3. 医疗建筑、重要公共建筑、独立建造的老年人照料设施； 4. 省级及以上的广播电视和防灾指挥调度建筑、网局级和省级电力调度建筑； 5. 藏书超过 100 万册的图书馆、书库	除一类高层公共建筑外的其他高层公共建筑	1. 建筑高度大于 24m 的单层公共建筑； 2. 建筑高度不大于 24m 的其他公共建筑

答案：A

1-35　解析：参见《建筑工程设计文件编制深度规定》（2016 年版）第 3.1.1 条，初步设计文件应包括以下内容：

　　1　设计说明书，包括设计总说明、各专业设计说明；对于涉及建筑节能、环保、绿色建筑、人防、装配式建筑等，其设计说明应有相应的专项内容；

　　2　有关专业的设计图纸；

　　3　主要设备或材料表；

　　4　工程概算书；

　　5　有关专业计算书（计算书不属于必须交付的设计文件，但应按本规定相关条款的要求编制）。

答案：C

1-36　解析：根据建筑制图规范要求，顶平面应以仰视角度反映出顶棚平面图，顶平面图无法反映低于顶棚标高的平、立面图中的门窗位置和编号。

答案：D

1-37　解析：建筑的有效面积是评价建筑面积经济性的指标之一。建筑平面的设计布局应能在满足功能需求的前提下，得到最大化的有效使用面积，所以有效面积越大，越经济。

答案：A

1-38　解析：格式塔心理学派的创始人最早提出了五项格式塔原则，分别是简单、接近、相似、闭合、连续。后来又延伸出一些其他的格式塔原则，比如对称性原则、主体/背景原则、命运共同体原则等。本题 D 选项正是对应了这五项原则中的"简单"原则，即水平和垂直形态比斜向形态易成图形。

答案：D

1-39　解析：南疆气候干燥炎热、风沙大、雨水少，且日照时间长、昼夜温差大；这一区域的建筑应特别注意防风沙兼顾防热。阿以旺就形成于南疆的干热地区。这种房屋连成一片，庭院在四周。带天窗的前室叫阿以旺，又称"夏室"，有起居、会客等多种用途；后室又称冬室，做卧室，一般不开窗。

1-40 解析：天然气是地球在长期演化过程中，需在一定区域且特定条件下，经历漫长的地质演化才能形成的自然资源；一旦消耗，在相当长时间内不可再生；故 D 选项天然气属于不可再生能源。而太阳能、潮汐能、生物能（植物、动物及其排泄物、垃圾及有机废水等）均属于可再生能源。

答案：D

1-41 解析：门窗玻璃、钢结构的钢材和铝合金门窗型材都是可回收、可循环利用的建筑材料。而黏土砖的原材料是由挖掘土壤得到的，对耕地造成破坏；因此，黏土砖也是国家明令禁止使用的建筑材料。

答案：B

1-42 解析：绿色建筑全生命周期是指建筑从建造、使用到拆除的全过程。因建筑设计合理使用年限一般能达到 50 年甚至更长，所以碳排放主要是在建筑的使用过程中产生。

答案：C

1-43 解析：参见《民用建筑热工设计规范》GB 50176—2016 中表 4.1.2 的规定，并经查附录 A 表 A.0.1 可知，武汉属于夏热冬冷 A 区（3A 气候区），天津属于寒冷 B 区（2B 气候区），故 D 选项是正确的。

答案：D

第二章　城市规划基础知识

本章考试大纲：了解城市规划、城市设计的主要内容；了解居住区规划基本原理；了解城市空间、环境生态、景观园林及安全防灾等相关知识。

本章复习重点：城市规划思想发展历史的代表性理论、人物及案例，居住区的用地、交通、绿地、公共服务设施的规划布局基本原理，城市用地分类及规划建设用地标准，城市的组成要素及规划布局，城市设计、景观设计的基本理论和方法。

由于本章内容为二级注册建筑师考试新增内容，因此本章例题与习题为一级注册建筑师考试相关历年真题，为考生提供参考。

第一节　城市规划理论与城乡规划体系

一、城市的形成

（一）城市的形成

随着人类生产的发展，农业从畜牧业中分离，产生了固定的居民点。由于生产力的提高，产生了以物易物的生产品交换，也就是我国古代《易经》所说的"日中为市，致天下之民，聚天下之货，交易而退，各得其所"。随着交换频繁，逐渐出现了专门从事交易的商人，交易场所也由临时的改为固定的市。由于生活需要的多样化，劳动分工的加强，出现了专门的手工业者。商业与手工业从农业中分离出来，一些具有商业及手工业职能的居民点就形成了城市。可以说城市是生产发展和人类第二次劳动大分工的产物。据考证，人类历史上最早的城市出现在公元前3000年左右。中国春秋战国时期，在《墨子》文献中，记载有关于城市建设与攻防战术的内容，各诸侯国之间攻伐频繁，也正是在这个时期，形成了中国古代历史上一个筑城的高潮。

农业社会时代的城市称为古代城市，工业化时代的城市称为近代城市。

（二）城市的含义

古代城市：城是一种防御的构筑物，市是交易场所。

现代城市：包含人口数量、产业结构及社会行政三层意义的聚居地。

城市定义：城市是一定社会的物质空间形态，其人口具有一定规模，居民大多数从事非农业生产活动的聚居地。

（三）城市的特征

(1) 城市是一定地域的政治、经济、文化中心。

(2) 城市是人类物质文明和精神文明发展的产物，是历史文化的积淀。

(3) 城市是一个社会化、多功能、有机的整体，是一个复杂的、动态的综合体。

城市的产生、发展和建设，受社会、经济、文化、科学技术及地理环境等多种因素影响。城市是由于人类在聚居中对防御、生产、生活等方面的要求而产生，并随着这些要求的变化而发展。人类聚居形成社会，城市建设要适应和满足社会的需求，同时也受到科学技术发展的促进和制约。

（四）城镇化

城镇化，也可称为城市化，是工业革命后的重要现象，城镇化速度的加快已成为历史的趋势。我国当前正处于城镇化加速发展的重要时期，城市的规模、数量急剧扩张。

城镇化，简单来说就是农业人口和农用土地向非农业人口和城市用地转化的现象及过程；具体包括以下三个方面：

（1）人口职业的转变：由农业转变为非农业的第二、第三产业，表现为农业人口不断减少，非农业人口不断增加。

（2）产业结构的转变：工业革命后，工业不断发展，第二、第三产业的比重不断提高，第一产业的比重相对下降。

（3）土地及地域空间的转变：农业用地转化为非农业用地；分散、低密度的居住形式转变为集中成片、高密度的居住形式；与自然环境接近的空间转变为以人工环境为主的空间形态。

二、城市规划思想发展

城市规划是为了合理地制定城市规模和发展方向，实现城市的经济和社会发展目标，对城市物质空间建设及其时间顺序安排的综合部署。其目的是为城市社会的生存和发展建立一个良好的时空秩序，以满足市民的物质文明和精神文明日益发展的需要。

城市规划涉及政治、经济、文化、科学技术、建筑、地理、历史、资源、环境、美学、艺术等方面内容。城市规划是一门综合学科。

城市规划理论是随着人类社会的不断发展而发展的，因此，城市规划是一门动态的、发展中的学科。

（一）古代的城市规划理论

1. 中国古代城市规划的概况

中国古代，关于城镇修建、房屋建造的论述多是以阴阳、五行、堪舆学的方式出现，许多理论和学说散见于《周礼》《商君书》《管子》和《墨子》等政治、伦理、经史书中。

中国奴隶社会的城市是在奴隶主封地中心（邑）的基础上发展起来的。商代开始出现了我国的城市雏形，如：商代早期建设的河南偃师商城、中期建设的位于今天郑州的商城、安阳的殷墟和位于今天湖北的盘龙城。周代召公和周公曾去相土勘测选址，进行了有目的、有计划、有步骤的城市建设，这是中国历史上第一次有明确记载的城市规划事件。

成书于春秋战国之际的《周礼·考工记》记述了周代王城建设的空间布局："匠人营国，方九里，旁三门。国中九经九纬，经涂九轨。左祖右社，面朝后市。市朝一夫。"书中还记述了按照封建等级，不同级别的城市建设形制，如"都""王城"和"诸侯城"等都规定城市用地面积、道路宽度、城门数目、城墙高度等方面的等级差别；同时还有城外的郊、田、林、牧地的相关论述，强调整体观念和长远发展。《周礼·考工记》记述的周代城市建设的空间布局的形制，对中国古代城市规划实践活动产生了深远的影响。如隋唐时代由宇文恺创建的长安城，元代刘秉忠规划的元大都等城市，其布局严整、分区明确，以宫城为中心，道路、街坊、市肆的位置以中轴线对称布置。从秦汉到明清，中国历代城市规划思想，反映了中国古代宗法礼制文化，体现了以儒家为代表的维护礼制、皇权至上

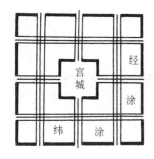

图2-1 周王城平面想象图

的理念（图2-1）。

战国时代的城市布局，丰富了城市规划理念，伍子胥提出了"相土尝水，象天法地"的规划思想。他主持规划建造了吴国国都阖闾城，充分考虑了江南水乡的特点——水网、交通、排水布局——展示了水乡城市规划的高超技巧。越国的范蠡按照《孙子兵法》为国都选址。临淄城的规划则因地制宜，根据自然地形布局，南北向取直，东西向沿河曲折，防洪排涝设施精巧实用，并与防御功能完美结合。鲁国济南城也打破严格对称格局，与水体和谐布置。赵国的国都建设考虑北方特点，高台建设，壮丽的视觉效果与城市防御功能相得益彰。而江南淹国国都淹城，城与河浑然一体，自然蜿蜒，利于防御。《管子》立正篇："凡立国都，非于大山之下，必于广川之上。高毋近旱而水用足，下毋近水而沟防省。因天材，就地利，故城郭不必中规矩，道路不必中准绳。"从思想上打破了《周礼》单一模式的束缚，强调了人工环境与自然环境的和谐。《商君书》则更多地从城乡关系、区域经济和交通布局的角度，对城市的发展和城市的管理制度进行了阐述。秦统一中国后，发展了"象天法地"的理念，即强调方位，以天体星象坐标为依据，布局灵活具体。

西汉国都长安的城市布局并不规则（图2-2），没有贯穿全城的对称轴线，说明周礼制布局没有得到实现。东汉洛邑城（即今之洛阳）空间规划布局为长方形，整个城市的南北轴线上分布了宫殿，强调了皇权，周礼制的规划思想理念得到全面的体现。

三国时期，魏王邺城规划继承了战国时期以宫城为中心的规划思想，功能分区明确、结构严谨，城市交通干道轴线与城门对齐，道路分级明确（图2-3）。邺城的规划布局对以后的中国古代城市规划思想的发展产生了重要影响。吴国国都迁都于金陵，其城市用地依自然地势发展，以石头山、长江险要为界，皇宫位于城市南北中轴线上，重要建筑以此对称布局。金陵是周礼制城市规划思想和与自然结合的规划理念相结合的典范。

公元7世纪，由宇文恺规划建造的隋唐长安城，整个城市布局严整，分区明确，以宫城为中心，"官民不相参"（图2-4）。城市道路系统、坊里、市肆的位置以中轴线对称布局。里坊制在唐长安得到进一步发展。

五代后周世宗柴荣在显德二年，为改、扩建东京（汴梁）而发布的诏书，论述了城市改建和扩建要解决的问题，是中国古代关于城市建设的一份杰出文件，为研究中国古代"城市规划和管理问题"提供了代表性文献。宋代开封城按此诏书进行了有规划的城市扩建。随着商品经济的发展，在开封城中开始出现了开放的街巷制，延续数千年的里坊制度逐渐被废除，这是中国古代城市规划思想的重要发展。

元代由刘秉忠规划建设的元大都（图2-5），明清时代在元大都基础上建造的北京城（图2-6、图2-7），都是根据当时的政治、经济、文化发展的需求，结合了当地的地形地貌特点，按照《周礼·考工记》所述的王城空间布局制度而规划建设的都城。整个城市以宫城为中心，功能分区明确，布局严整，道路、街坊、市肆以南北中轴线对称布置，充分体现了皇权至上和封建社会的等级秩序；城市住宅院落、大型公共建筑的组合、形式、规模、色彩，也都主次尊卑等级分明，中轴对称。这是中国封建社会后期的都城代表，充分表明中国儒家思想对中国古代城市规划思想的深刻影响，反映了中国古代宗法礼制的文化理念和"天人合一"的中国古代哲学思想。

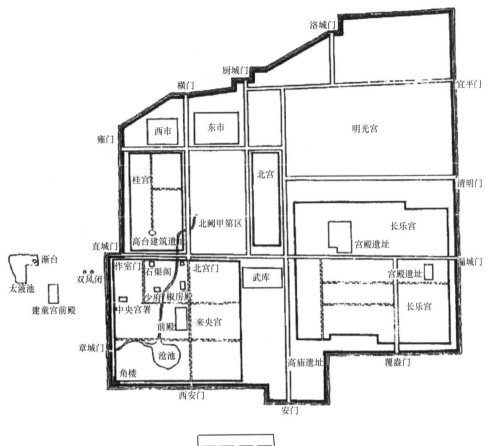

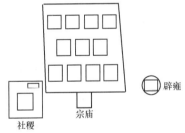

图 2-2 西汉国都长安城

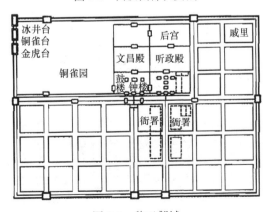

图 2-3 魏王邺城

47

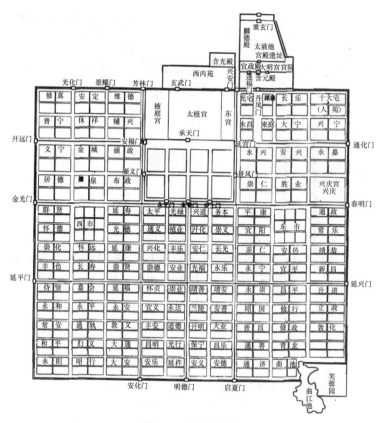

图 2-4　隋唐长安城

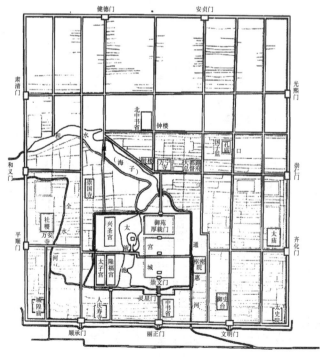

图 2-5　元大都

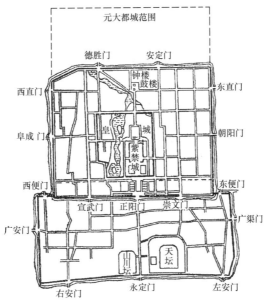

图 2-6 明北京城

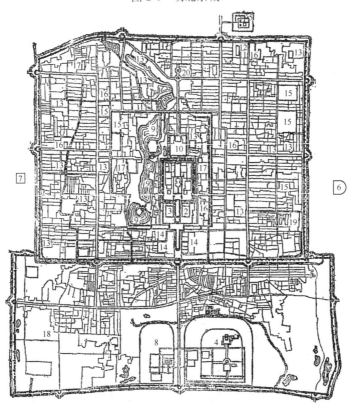

图 2-7 清北京城

1—宫殿；2—太庙；3—社稷坛；4—天坛；5—地坛；6—日坛；7—月坛；8—先农坛；
9—西苑；10—景山；11—文庙；12—国子监；13—清王府公主府；14—衙门；15—仓库；
16—佛寺；17—道观；18—伊斯兰礼拜寺；19—贡院；20—钟鼓楼

2. 西方古代城市规划概况

西方古代，公元前 500 年的古希腊城邦时期，在城市建设中有希波丹姆模式，提出了方格形的道路系统和广场设在城中心等建设原则。此模式，在米列都城和提姆加得城得到完整体现（图 2-8、图 2-9）。以城市广场为中心，反映了古希腊的市民民主文化。

公元前 1 世纪，古罗马建筑师维特鲁威的著作《建筑十书》，是西方古代最完整的古典建筑典籍，内有城市规划的论述。

欧洲中世纪城市多为自发成长。1889 年，维也纳建筑师卡美洛西特出版的《按照艺术原则进行城市设计》一书，对欧洲中世纪城市进行描述，这是一本较早的城市设计论著。它力争从城市美学和艺术角度解决大城市的环境和社会问题。

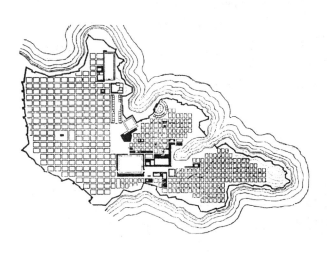

图 2-8　米列都城　　　　　　图 2-9　罗马帝国盛期的提姆加得城

（二）近现代城市规划理论

在工业革命之后，城市急剧膨胀，城市矛盾日益尖锐。如居住拥挤、环境恶化、交通堵塞等问题，直接危害人民生活和社会发展。为解决这些矛盾，在欧美先后提出了种种城市规划思想、理论。

1. 空想社会主义的城市

空想社会主义的城市规划理论是针对资本主义城市的城乡对立而提出的改革方案。其中有：

（1）托马斯·莫尔（Thomas More）在 16 世纪提出的"乌托邦"对后来的城市规划理论产生了一定的影响。

（2）康帕内拉（Tommaso Campanelta）1602 年的著作《太阳城》。

（3）傅立叶（Charles Fourier）以名为"法郎吉"（Phalange）生产者联合会为单位的组织社会化大生产等。

（4）罗伯特·欧文（Robert Owen）在 19 世纪初提出建立"新协和村"（New Harmony）。他们的学说，把城市当作一个社会经济范畴，并为适应新的生活而变化。

2. "田园城市" 理论

1898 年英国人霍华德（Ebenezer Howard）提出"田园城市"理论。在他的著作《明天——一条引向真正改革的和平道路》中，提出"城市应与乡村结合"，他以一个"田园城市"的规划图解方案更具体地阐述其理论（图2-10）。规划人口3万人，占地400hm²。城市部分由一系列同心圆和6条放射线路组成，中心是占地20hm²的公园，沿公园可建公共建筑，包括：市政厅、音乐厅、剧院、图书馆、医院等，它们的外面一圈是公园，公园外圈是商店，再外一圈是住宅，住宅外面是宽128m的林荫道，大道当中是学校、儿童游戏场及教堂，大道另一面又是一圈住宅。城市外围有2000hm²土地供农牧业生产。霍华德的理论把城市当作一个整体来研究，联系城乡关系，对人口密度、城市经济、城市绿化的重要性等问题提出了见解，对现代城市规划学科的建立起了重要作用。

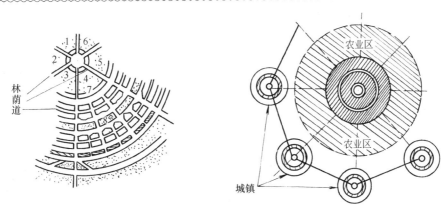

图2-10 霍华德"田园城市"方案图
1—图书馆；2—医院；3—博物馆；4—市政厅；5—音乐厅；6—剧院；7—水晶宫；8—学校运动场

霍华德的这一理论受到了广泛重视，在英国也出现了两座以"田园城市"为名的建设实践，第一座是1903年伦敦东北的莱奇沃斯（Letchworth），第二座是1919年伦敦附近的韦林（Welwyn）。

3. 卫星城规划的理论与实践

1898年霍华德（Ebenezer Howard）提出了"田园城市"理论，他的追随者雷蒙德·昂温（Raymond Unwin）进一步将其发展成为在大城市外围建立城镇，以疏散人口、控制大城市规模的理论。1915年，美国学者泰勒（Graham Romeyn Taylor）正式提出"卫星城"的概念，1918年他出版了《*Satellite Cities：A Study of Industrial Suburbs*》一书。同时期，美国规划师惠依顿也提出在大城市周围用绿地围起来，限制其发展，在绿地之外建设卫星城，设有工业企业并和大城市保持一定的联系。

卫星城的形成和发展经历了以下三个阶段：

（1）第一阶段 卧城

1912～1920年，巴黎制订了郊区的居住建设规划，意图在距巴黎16km的范围内建立28座居住城市；这里没有生活服务设施，生产工作和文化生活的需求尚需去巴黎解决，一般称这种城镇为"卧城"。

（2）第二阶段 半独立式卫星城

1918年，芬兰建筑师伊利尔·沙里宁（Eliel Saarinen）与荣格（Bertel Jung）为赫尔辛基新区明克尼米-哈格（Munkkiniemi-Haaga）制订了一个17万人口的规划方案，因该方案远远超出了当时的财政经济和政治处理能力，故其中只有一小部分得以实施。该规划方案体现了沙里宁提出的"有机疏散"理论。这类卫星城不同于"卧城"，除了居住建筑外，还设有一定数量的工厂及服务设施。

(3) 第三阶段　独立式卫星城

① 20世纪40年代

1946年（英）斯蒂夫尼奇（Stevenage），它开辟了完整步行街的先例。

1947年（英）哈洛（Harlow），由《市镇设计》的作者吉伯德（F. Gibberd）规划，在哈洛新城中，佩里（C. Perry）有关"邻里单位"的理论得以实现。

1947年（英）考文垂（Coventry），考文垂的步行街以开敞的楼梯及连廊连接二层商场，并分隔成院落。

其中，哈洛是英国第一代卫星城的代表。同一时期，还有法国的勒阿弗尔（Le Havre）；该城由佩雷（Auguste Perret）规划设计，受法国建筑师加尼埃（Tony Garnier）"工业城市"的影响。

② 20世纪50年代

1950年（瑞典）魏林比（Vallinby），它是斯德哥尔摩的六个卫星城镇之一，距母城16公里。与这个时期的其他卫星城不同，它对母城有较大的依赖性，是半独立式的卫星城。

1956年（英）坎伯诺尔德（Cumbernauld），是位于英国北部苏格兰格拉斯哥附近的一座新城，坎伯诺尔德是英国第二代卫星城的代表，其住宅建筑群环绕布置在市中心周边，与市中心保持尽可能短的距离。

③ 20世纪60年代

1965年（法）塞尔吉-蓬图瓦兹（Cergy-Pontoise），同一时期在巴黎外围一共建了5座新城，现塞尔吉与蓬图瓦兹已经合并为一座城市。

1967年（英）米尔顿-凯恩斯（Milton-Keynes），位于英格兰中部，为英国的经济重镇，还是英国新城镇建设的成功典范；米尔顿-凯恩斯是英国第三代卫星城的代表。

现阶段的卫星城，为多中心敞开式城市结构，用高速交通线把卫星城和主城联系起来，主城的功能扩散到卫星城中去。为了控制大城市人口过分膨胀，疏散大城市的部分工业和人口，同时也是为了抵消大城市对周围地区人口的吸引力。

4.《雅典宪章》与《马丘比丘宪章》

1922年勒·柯布西耶写了《明日的城市》一书，提出了巴黎改造方案。主张减少市中心的建筑密度、增加人口密度。建筑向高层发展，增加道路宽度及两旁的空地、绿地，大胆改变大城市的传统形式的结构布局。

正当勒·柯布西耶提出空间集中的规划理论时，另一位建筑师却提出了反集中的空间分散规划理论。赖特在1935年发表了题为"广亩城市：一个新的社区规划"的论文，充分反映了他所倡导的美国化的规划思想，强调城市中人的个性，反对集体主义。他相信电话和小汽车的力量，认为大都市将死亡，美国人将走向乡村。勒·柯布西耶与赖特规划理论的共性是：城市中有大量绿化空间，都已经开始思考以电话和汽车为代表的新技术变革对城市产生的影响。

1933年国际现代建筑协会（CIAM）在雅典开会，制定了《城市规划大纲》，后称为

《雅典宪章》。大纲首先提出城市要与其周围影响地区作为一个整体来研究，城市规划的目的是解决居住、工作、游憩与交通四大活动功能的正常运行，城市规划的核心是解决好城市功能分区。

1978年12月，一批著名的建筑师、规划师在秘鲁的利马集会，对《雅典宪章》的实践作了评价，认为《雅典宪章》的某些原则是正确的，但认为城市规划追求功能分区的办法，忽略了城市中人与人之间多方面的联系，而应创造一个综合的、多功能的生活环境。同时提出，私人车辆要服从公共运输系统的发展，要注意在发展交通与能源"危机"之间取得平衡，提出了生活环境与自然环境的和谐问题。会后发表了《马丘比丘宪章》，其中还提出了生活环境与自然环境的和谐问题。

5. 邻里单位与小区规划

1929年美国建筑师克拉伦斯·佩里（Clarence Perry）提出了"邻里单位"的居住区规划思想。"邻里单位"是组成居住区的基本单元，其中设置小学使幼儿上学不穿越马路，并以此控制与计算人口和用地规模，后来考虑了设置日常生活需要的公共设施。第二次世界大战后，欧洲发展为"小区规划"理论。一般按交通干道划分小区成为居住区构成的基本单元，把居住建筑、公共建筑、绿地等进行综合安排，一般的生活服务可在小区内解决。

6. 有机疏散理论

为解决城市膨胀而产生的"城市病"，伊利尔·沙里宁在1943年发表的《城市——它的发展、衰败与未来》一书中完善了有机疏散理论。他从生物有机体的细胞成长现象中受到启示，认为把扩大的城市范围划分为不同的集中点所使用的区域，这种区域内又可分为不同活动所需要的地段。他是把无秩序的集中变为有秩序的分散，把密集地区分为一个个的集镇或地区，彼此之间用绿化带分隔，以便城市居民接近大自然。

7. 区域规划和国土规划

城市的日益发展和城市问题的复杂化，使人们认识到不能就城市论城市，必须从区域、国土的范围来研究有关社会、经济、资源、交通等各方面问题。从地区着眼，对社会、经济的发展和生产力分布进行整体思考和规划调节。西方区域规划理论从20世纪后期发展起来，英国格迪斯提出了集合城市（组团城市）和区域规划概念。欧美一些国家实行了经济区规划，大城市也把区域作为一个经济单位、社会单位和城市体系来研究，并进行了大城市地区的规划。

例2-1 （2021）城市规划应努力创造一个综合的、多功能的生活环境，不要过分追求功能分区，这一主张出自（　　）。

　　A 雅典宪章　　　　　　　　B 马丘比丘宪章
　　C 威尼斯宪章　　　　　　　D 华盛顿宪章

　　解析：根据《城市规划原理》（第四版）P33，《马丘比丘宪章》认为城市规划过于追求功能分区的做法，忽略了城市中人与人之间多方面的联系，其主张城市规划应努力创造一个综合的多功能的生活环境；故本题应选B。

　　答案：B

例 2-2 （2021）针对大城市过度膨胀所带来的弊病，提出有机疏散理论的是（　）。
　　A　霍华德　　　　B　赖特
　　C　勒·柯布西耶　　D　伊利尔·沙里宁
解析：根据《城市规划原理》（第四版）P28~34，霍华德提出田园城市理论，赖特提出广亩城市思想，勒·柯布西耶提出巴黎改建设想方案和光明城市思想，伊利尔·沙里宁提出有机疏散理论；故本题应选D。
答案：D

（三）城乡规划学科的新发展

通过深入的科学研究，科学地预测未来，不断地及时地调节和完善城市规划。规划学科的发展主要表现在如下方面：

1. 宏观研究的扩展与微观研究的深入

城市规划，在宏观上从形体扩展到社会、经济及城市之间、城乡之间与城市体系的宏观问题；在微观上深入研究住房、就业、交通、社会服务等问题。

2. 交叉科学研究城市问题

各种学科的交叉，丰富更新本学科的理论与实践、更广泛地应用新的科学技术手段。如系统论、控制论、信息论及计算机、数理分析、遥感遥测等新观念、新技术在城市规划中应用等。

3. 重视城市规划的时间要素

通过城市的产生、发展、兴衰的变化规律，研究历史与现状。

20世纪60年代以来，世界范围内社会、经济的战略思想转变和更新，对城市规划的理论和实践提出了新的要求。

4. 可持续发展的概念

1978年联合国世界环境与发展大会第一次在国际社会正式提出"可持续发展"的观念。

1987年联合国世界环境与发展委员会发表了《我们共同的未来》，全面阐述了可持续发展的理念，核心是实现经济、社会和环境之间的协调发展，它的影响已成为全球共识和指导各国社会经济发展的总原则。它具有现代意义的发展观，它所追求的是社会、经济和环境目标的协调统一，给后人的生存与发展留有余地。城市化的快速发展带来了巨大的社会效益和经济效益，但也造成广泛的"城市病"，面对错综复杂的城市问题，可持续发展的战略思想要求转变建筑与城市规划的狭义认识和传统理念，适应时代发展的需要，要研究社会、经济、环境、资源、文化等方面的综合发展目标，纳入统一的城乡发展规划中来，落实到物质环境的建设上，从而促进城市可持续发展。例如环境保护是城市发展的组成部分，环境质量是发展水平和发展质量的根本标志，环境权利和环境义务是一致的、统一的。

5. 人居环境科学

人居环境科学是为建筑更符合人类理想的聚居环境，在20世纪下半叶国际上逐渐发展起来的一门综合性学科。它以包括乡村、集镇、城市等在内的所有人类聚居环境为研究对象，着重研究人与环境之间的相互关系，强调把人类聚居作为一个整体，从政治、社会、文化、技术等方面，全面地、系统地、综合地加以研究，促使人居环境的可持续发展，使人类生存环境越来越美好。

6. 建设生态城市

为了摆脱城市负面困扰，使人们充分享受城市的优越条件，20世纪下半叶出现生态城市概念。

我国城市规划专家黄光宇教授对其的解释为：生态城市是应用生态学原理和现代科学技术手段来协调城市、社会、经济、工程等人工生态系统与自然生态系统之间的关系，以提高人类对城市生态系统的自我调节与发展的能力，使社会、经济、自然复合生态系统结构合理，功能协调，物质、能量、信息高效利用，生态良性循环。

在生态学理论的发展下，人们认识到自然环境是一个庞大、复杂的生态系统，人类本身是其中一个组成部分，只有保持系统各部分的平衡，人类生存的载体及其本身才能持续发展。节能减排、应对全球气候变化、保护地球、保护物种，已成为全人类的共同任务；因此，城市发展有利于环境生态，与自然环境和谐发展，才是正确的最高标准。建设生态城市，按照生态学的规律来规划城市、建设城市和改造城市。

7. "全球城"理论

发达国家在20世纪70年代完成了城市化进程（城市化水平≥70%），步入后城市化阶段。80年代的世界经济的发展，90年代信息技术的革命，相继出现了"全球城"和全球化理论。世界经济结构变化，资本、劳动力、产业及经济中心全球性的流动、迁移、集聚促使全球城市体系的多极化。建筑综合体实现更高效率，以跨国集团总部为标志的"全球城"开始出现。在世界各地具有国际性质的大城市，纷纷建起了具有国际意义的中央商务区，即"CBD"。地方建筑传统受到挑战。

8. 北京宪章

1999年6月，国际建筑师协会（UIA）第20届世界建筑师大会在北京召开，大会一致通过了吴良镛院士起草的《北京宪章》，《北京宪章》总结了百年来建筑发展的历程，并在剖析和整合20世纪的历史与现实、理论与实践、成就与问题及各种新思路和新观点的基础上，展望了21世纪建筑学的前进方向。

9. "碳达峰"和"碳中和"

在2021年3月5日，国务院2021年政府工作报告中指出：扎实做好碳达峰、碳中和各项工作，制定2030年前碳排放达峰行动方案，优化产业结构和能源结构。"做好碳达峰、碳中和工作"被列为2021年重点任务之一，"十四五"规划也将加快推动绿色低碳发展列入其中。我国力求2030年实现碳达峰，2060年前实现碳中和。

(四) 当代城市规划思想方法的变革

社会、经济、文化的发展变化是思想方法变革的基础。

(1) 由单向的封闭思想方法，转向复合发散型的思想方法。包括系统内外的多条思维和反馈。

(2) 由静态最终理想状态的思想方法转向动态过程的思想方法。

(3) 由刚性规划的思想方法转向弹性规划的思想方法。刚性思想缺乏多种选择性，弹性规划表现在规模、时效期和用地形态上的必要弹性等。

（4）由指令性的思想方法，转向引导性的思想方法。指令思想是把城市规划看作控制发展的枢纽；引导性是强调规划在城市发展过程的引导作用。

三、城乡规划体系概述

城乡规划体系是通过规划法规体系、规划行政体系、规划技术体系以及规划运作体系来共同构建的，详见图2-11。城乡规划体系的演进常表现在规划行政、规划编制和开发控制三个方面所发生的重大变革。

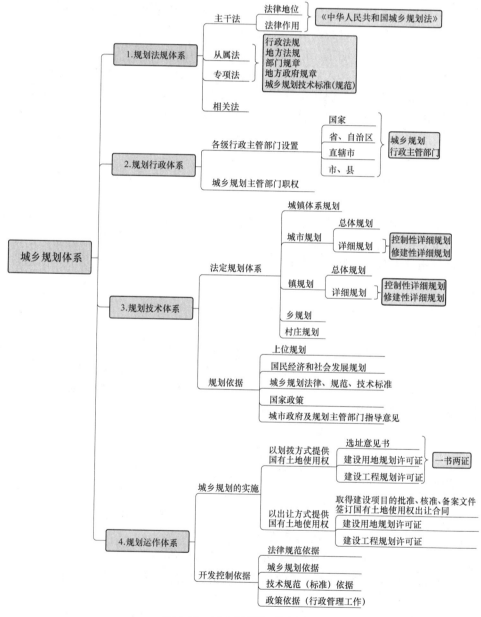

图 2-11 城乡规划体系示意图

注：依据《中华人民共和国城乡规划法》及《城市规划原理》（第四版）绘制。

四、国土空间规划

国土空间规划是国家空间发展的指南、可持续发展的空间蓝图,是各类开发保护建设活动的基本依据。建立国土空间规划体系并监督实施,将主体功能区规划、土地利用规划、城乡规划等空间规划融合为统一的国土空间规划,实现"多规合一",强化国土空间规划对各专项规划的指导约束作用,是党中央、国务院作出的重大部署。

(一)主要目标

2020年——基本建立国土空间规划体系,逐步建立"多规合一"的规划编制审批体系、实施监督体系、法规政策体系和技术标准体系;基本完成市县以上各级国土空间总体规划编制,初步形成全国国土空间开发保护"一张图"。

2025年——健全国土空间规划法规政策和技术标准体系;全面实施国土空间监测预警和绩效考核机制;形成以国土空间规划为基础,以统一用途管制为手段的国土空间开发保护制度。

2035年——全面提升国土空间治理体系和治理能力现代化水平,基本形成生产空间集约高效、生活空间宜居适度、生态空间山清水秀、安全和谐、富有竞争力和可持续发展的国土空间格局。

(二)总体框架

1. 分级分类建立国土空间规划

国土空间规划是对一定区域国土空间开发保护在空间和时间上作出的安排,包括总体规划、详细规划和相关专项规划。

国家、省、市县编制国土空间总体规划,各地结合实际编制乡镇国土空间规划。

相关专项规划是指在特定区域(流域)、特定领域,为体现特定功能,对空间开发保护利用作出的专门安排,是涉及空间利用的专项规划。

国土空间总体规划是详细规划的依据、相关专项规划的基础;相关专项规划要相互协同,并与详细规划做好衔接(图2-12)。

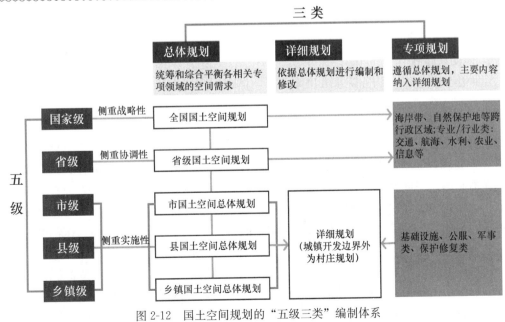

图2-12 国土空间规划的"五级三类"编制体系

2. 明确各级国土空间总体规划编制重点

全国国土空间规划是对全国国土空间作出的全局安排，是全国国土空间保护、开发、利用、修复的政策和总纲，侧重战略性，由自然资源部会同相关部门组织编制，由党中央、国务院审定后印发。

省级国土空间规划是对全国国土空间规划的落实，指导市县国土空间规划编制，侧重协调性。由省级政府组织编制，经同级人大常委会审议后，报国务院审批。

市县和乡镇国土空间规划是本级政府对上级国土空间规划要求的细化落实，是对本行政区域开发保护作出的具体安排，侧重实施性。

需报国务院审批的城市国土空间总体规划，由市政府组织编制，经同级人大常委会审议后，由省级政府报国务院审批；其他市县及乡镇国土空间规划由省级政府根据当地实际，明确规划编制审批内容和程序要求。各地可因地制宜，将市县与乡镇国土空间规划合并编制，也可以几个乡镇为单元编制乡镇级国土空间规划。

3. 强化对专项规划的指导约束作用

海岸带、自然保护地等专项规划及跨行政区域或流域的国土空间规划，由所在区域或上一级自然资源主管部门牵头组织编制，报同级政府审批；涉及空间利用的某一领域专项规划，如交通、能源、水利、农业、信息、市政等基础设施，公共服务设施，军事设施，以及生态环境保护、文物保护、林业草原等专项规划，由相关主管部门组织编制。相关专项规划可在国家、省和市、县层级编制，不同层级、不同地区的专项规划可结合实际选择编制的类型和精度。

4. 在市县及以下编制详细规划

详细规划是对具体地块用途和开发建设强度等作出的实施性安排，是开展国土空间开发保护活动、实施国土空间用途管制、核发城乡建设项目规划许可、进行各项建设等的法定依据。在城镇开发边界内的详细规划，由市县自然资源主管部门组织编制，报同级政府审批；在城镇开发边界外的乡村地区，以一个或几个行政村为单元，由乡镇政府组织编制"多规合一"的实用性村庄规划，作为详细规划，报上一级政府审批。

（三）编制要求

1. 体现战略性

全面落实党中央、国务院重大决策部署，体现国家意志和国家发展规划的战略性，自上而下编制各级国土空间规划，对空间发展作出战略性、系统性安排。

2. 提高科学性

坚持生态优先、绿色发展，尊重自然规律、经济规律、社会规律和城乡发展规律，因地制宜开展规划编制工作；坚持节约优先、保护优先、自然恢复为主的方针，在资源环境承载能力和国土空间开发适宜性评价的基础上，科学有序统筹布局生态、农业、城镇等功能空间，划定生态保护红线、永久基本农田、城镇开发边界等空间管控边界以及各类海域保护线，强化底线约束，为可持续发展预留空间。

3. 加强协调性

强化国家发展规划的统领作用，强化国土空间规划的基础作用。国土空间总体规划要统筹和综合平衡各相关专项领域的空间需求。详细规划要依据批准的国土空间总体规划进行编制和修改。相关专项规划要遵循国土空间总体规划，不得违背总体规划强制性内容，其主要内容要纳入详细规划。

4. 注重操作性

按照谁组织编制、谁负责实施的原则，明确各级各类国土空间规划编制和管理的要点。明确规划约束性指标和刚性管控要求，同时提出指导性要求。制定实施规划的政策措施，提出下级国土空间总体规划和相关专项规划、详细规划的分解落实要求，健全规划实施传导机制，确保规划能用、管用、好用。

（四）实施与监管

1. 强化规划权威

规划一经批复，任何部门和个人不得随意修改、违规变更，防止出现换一届党委和政府改一次规划。

2. 改进规划审批

按照谁审批、谁监管的原则，分级建立国土空间规划审查备案制度。精简规划审批内容，管什么就批什么，大幅缩减审批时间。减少需报国务院审批的城市数量，直辖市、计划单列市、省会城市及国务院指定城市的国土空间总体规划由国务院审批。相关专项规划在编制和审查过程中应加强与有关国土空间规划的衔接及"一张图"的核对，批复后纳入同级国土空间基础信息平台，叠加到国土空间规划"一张图"上。

3. 健全用途管制制度

以国土空间规划为依据，对所有国土空间分区、分类实施用途管制。

（1）在城镇开发边界内的建设，实行"详细规划＋规划许可"的管制方式。

（2）在城镇开发边界外的建设，按照主导用途分区，实行"详细规划＋规划许可"和"约束指标＋分区准入"的管制方式。

（3）对以国家公园为主体的自然保护地、重要海域和海岛、重要水源地、文物等实行特殊保护制度。因地制宜制定用途管制制度，为地方管理和创新活动留有空间。

4. 监督规划实施

依托国土空间基础信息平台，建立健全国土空间规划动态监测评估预警和实施监管机制。

5. 推进"放管服"改革

以"多规合一"为基础，统筹规划、建设、管理三大环节，推动"多审合一""多证合一"。优化现行建设项目用地（海）预审、规划选址以及建设用地规划许可、建设工程规划许可等审批流程，提高审批效能和监管服务水平。

（五）法规政策与技术保障

1. 完善法规政策体系

研究制定国土空间开发保护法，加快国土空间规划相关法律法规建设。梳理与国土空间规划相关的现行法律法规和部门规章，对"多规合一"改革涉及突破现行法律法规规定的内容和条款，按程序报批，取得授权后施行，并做好过渡时期的法律法规衔接。完善适应主体功能区要求的配套政策，保障国土空间规划有效实施。

2. 完善技术标准体系

按照"多规合一"要求，由自然资源部会同相关部门负责构建统一的国土空间规划技术标准体系，修订完善国土资源现状调查和国土空间规划用地分类标准，制定各级各类国土空间规划编制办法和技术规程。

3. 完善国土空间基础信息平台

以自然资源调查监测数据为基础，采用国家统一的测绘基准和测绘系统，整合各类空间关联数据，建立全国统一的国土空间基础信息平台。以国土空间基础信息平台为底板，结合各级各类国土空间规划编制，同步完成县级以上国土空间基础信息平台建设，实现主体功能区战略和各类空间管控要素精准落地，逐步形成全国国土空间规划"一张图"，推进政府部门之间的数据共享以及政府与社会之间的信息交互。

第二节 国土空间规划的工作内容

一、国土空间规划的调查研究与基础资料

调研是国土空间规划编制的基础，通过调研能够理清城市发展的历史、地理、自然、文化的背景及社会经济发展的状况和条件，找出决定城市建设发展的主要矛盾。开展资源环境承载能力和国土空间开发适宜性评价（简称"双评价"），分析区域资源禀赋与环境条件，研判国土空间开发利用问题和风险，识别生态、农业、城镇等不同开发保护利用方式的适宜程度，为编制国土空间规划提供基础性依据。

当前国土空间规划编制统一采用第三次全国国土调查数据作为规划现状底数和底图基础，统一采用2000国家大地坐标系和1985国家高程基准作为空间定位基础。

二、总体规划的主要内容

（一）省级国土空间规划

根据《省级国土空间规划编制指南》（试行），省级国土空间规划的重点管控性内容包括：

（1）目标与战略：明确省级国土空间发展的总体定位，确定国土空间开发保护目标；落实全国国土空间规划纲要确定的省级国土空间规划指标要求，完善指标体系。制定省级国土空间开发保护战略，推动形成主体功能约束有效、科学适度有序的国土空间布局体系。

（2）开发保护格局：完善和细化省级主体功能区，按照主体功能定位划分政策单元，确定协调引导要求，明确管控导向。明确生态屏障、生态廊道和生态系统保护格局；确定生态保护与修复重点区域；构建生物多样性保护网络；优先保护以自然保护地体系为主的生态空间，明确省域各类自然保护地布局、规模和名录。推进现代农业规模化发展；明确种植业、畜牧业、养殖业等农产品主产区，优化农业生产结构和空间布局。确定城镇体系的等级和规模结构、职能分工，提出区域协调重点地区的空间格局，引导大、中、小城市和小城镇协调发展；确定城镇空间发展策略，促进集中集聚集约发展；优化民生领域重要设施的空间布局；加强产城融合，完善产业集群布局。加强生态空间、农业空间和城镇空间的有机互动；促进形成省域国土空间网络化。确定省域三条控制线的总体格局和重点区域，明确市、县划定任务，提出管控要求，将三条控制线的成果在市、县、乡级国土空间规划中落地。

（3）资源要素保护与利用：统筹各类自然资源的保护利用，确定自然资源利用上线和

环境质量安全底线；建立永久基本农田储备区制度；明确省域内大中型能源矿产、金属矿产和非金属矿产的勘查开发区域，明确禁止、限制矿产资源勘查开采的空间；提出存量围填海的利用方向；明确无居民海岛保护利用的底线要求，加强特殊用途海岛保护；确定资源节约集约利用的目标、指标与实施策略；明确统筹地上地下空间，以及其他对省域发展产生重要影响的资源开发利用要求。系统建立包括国家文化公园、世界遗产、各级文物保护单位、历史文化名城名镇名村、传统村落、历史建筑、非物质文化遗产、未核定公布为文物保护单位的不可移动文物、地下文物埋藏区、水下文物保护区等在内的历史文化保护体系，编撰名录；构建历史文化与自然景观网络；构建历史文化与自然景观网络。

（4）基础支撑体系：明确省级重大基础设施项目、建设时序安排，确定重点项目表；构建与国土空间开发保护格局相适应的基础设施支撑体系；明确重大基础设施廊道布局要求。提出防洪排涝、抗震、防潮、人防、地质灾害防治等防治标准和规划要求，明确应对措施；明确省级综合防灾减灾重大项目布局及时序安排，并纳入重点项目表。

（5）生态修复和国土综合整治：提出修复和整治目标、重点区域、重大工程。

（6）区域协调与规划传导：确保省际生态格局完整、环境协同共治、产业优势互补，基础设施互联互通，公共服务共建共享。明确分区发展指引和管控要求，促进整体保护和修复；明确省域重点区域的引导方向和协调机制；建设用地资源向中心城市和重点城市倾斜，使优势地区有更大发展空间；促进解决资源枯竭型城市、传统工矿城市发展活力不足的问题；明确主体功能定位和管控导向，促进各类要素合理流动和高效集聚；完善全民所有自然资源资产收益管理制度，健全自然资源资产收益分配机制，作为区域协调的重要手段。统筹市县国土空间开发保护需求，实现发展的持续性和空间的合理性。协调各专项规划空间安排。

规划成果包括规划文本、附表、图件、说明和专题研究报告，以及基于国土空间基础信息平台的国土空间规划"一张图"等。

（二）市级国土空间总体规划

根据《市级国土空间总体规划编制指南（试行）》，市级国土空间规划的主要编制内容包括：

（1）落实主体功能定位，明确空间发展目标战略：确定城市性质和国土空间发展目标，提出国土空间开发保护战略；确定国土空间开发保护的量化指标。

（2）优化空间总体格局，促进区域协调、城乡融合发展：完善区域协调格局，发挥综合交通对区域网络化布局的引领和支撑作用；重点解决资源和能源、生态环境、公共服务设施和基础设施、产业空间和邻避设施布局等区域协同问题。优先确定生态保护空间，明确自然保护地等生态重要和生态敏感地区，构建重要生态屏障、廊道和网络，形成连续、完整、系统的生态保护格局和开敞空间网络体系，维护生态安全和生物多样性。保障农业发展空间，优化农业生产空间布局；明确具备整治潜力的区域，以及生态退耕、耕地补充的区域。融合城乡发展空间，明确城镇体系的规模等级和空间结构，提出村庄布局优化的原则和要求；完善城乡基础设施和公共服务设施网络体系。彰显地方特色空间，系统保护自然景观资源和历史文化遗存，划定自然和人文资源的整体保护区域。协同地上地下空间，提出地下空间和重要矿产资源保护开发的重点区域；提出城市地下空间的开发目标、规模、重点区域、分层分区和协调连通的管控要求。统筹陆海空间，确定生态保护红线，并提出海岸带两侧陆海功能衔接要求，制定陆域和海域功能相互协调的规划对策。明确战略性的预留空间，应对未来发展的不确定性。

（3）强化资源环境底线约束，推进生态优先、绿色发展：明确重要资源利用上限，划定各类控制线。提出历史文化、矿产资源等其他需要保护和控制的底线要求。制定水资源供需平衡方案，明确水资源利用上限；优化生产、生活、生态用水结构和空间布局，建设节水型城市。制定能源供需平衡方案；优化能源结构，提高可再生能源比例，建设低碳城市。明确海洋、河湖水系、湿地、蓄滞洪区和水源涵养地的保护范围，确定海岸线、河湖自然岸线的保护措施；明确天然林、生态公益林、基本草原等为主体的林地、草地保护区域。

（4）优化空间结构，提升连通性，促进节约集约、高质量发展：注重城乡融合、产城融合，优化城市功能布局和空间结构，改善空间连通性和可达性，促进形成高质量发展的新增长点。优化城市功能布局和空间结构，划分规划分区。确定全域主要用地用海的规模和比例，制定市域国土空间功能结构调整表；提出城乡建设用地集约利用的目标和措施。确定中心城区各类建设用地总量和结构，制定中心城区城镇建设用地结构规划表；提出不同规划分区的用地结构优化导向，鼓励土地混合使用。优化建设用地结构和布局，促进产业园区与城市服务功能的融合，保障发展实体经济的产业空间；促进产城融合、职住平衡。提高空间连通性和交通可达性，明确综合交通系统发展目标，优化综合交通网络，完善物流运输系统布局，促进新业态发展，增强交通服务能力。坚持公交引导城市发展，提出与城市功能布局相融合的公共交通体系与设施布局。

（5）完善公共空间和公共服务功能，营造健康、舒适、便利的人居环境：优化居住和公共服务设施用地布局，完善开敞空间和慢行网络，提高人居环境品质。完善服务功能，改善服务的便利性；确定中心城区公共服务设施用地总量和结构比例。优化居住用地结构和布局，改善职住关系；确定中心城区人均居住用地面积；严控高层高密度住宅。完善社区生活圈，建设全年龄友好健康城市。优化中心城区城市道路网结构和布局，提高中心城区道路网密度。构建系统安全的慢行系统，建设步行友好城市。确定结构性绿地、城乡绿道、市级公园等重要绿地以及重要水体的控制范围，划定中心城区的绿线、蓝线，并提出控制要求。确定中心城区绿地与开敞空间的总量、人均用地面积和覆盖率指标。

（6）保护自然与历史文化，塑造具有地域特色的城乡风貌：加强自然和历史文化资源的保护，突显本地特色优势。明确和整合各级文物保护单位、历史文化名城名镇名村、历史城区、历史文化街区、传统村落、历史建筑等历史文化遗存的保护范围，统筹划定包括城市紫线在内的各类历史文化保护线；明确整体保护和促进活化利用的空间要求。提出全域山水人文格局的空间形态引导和管控原则。明确空间形态重点管控地区，提出开发强度分区和容积率、密度等控制指标，以及高度、风貌、天际线等空间形态控制要求。明确有景观价值的制高点、山水轴线、视线通廊等，严格控制新建超高层建筑。对乡村地区分类分区提出特色保护、风貌塑造和高度控制等空间形态管控要求。

（7）完善基础设施体系，增强城市安全韧性：构建集约高效、智能绿色、安全可靠的现代化基础设施体系，提高城市综合承载能力，建设韧性城市。提出市域重要交通廊道和能源通道空间布局，以及市域重大水利工程布局安排。提出中心城区基础设施的规模和网络化布局要求，明确廊道控制要求，鼓励新建城区提出综合管廊布局方案。确定主要灾害类型的防灾减灾目标和设防标准,划示灾害风险区。明确各类重大防灾设施标准、布局要求与防灾减灾措施;优化防洪排涝通道和蓄滞洪区,划定洪涝风险控制线,修复自然生态系统。完善应急空间网络,提出网络化、分布式的应急避难场所、疏散通道的布局要求。预留一定应急用地和大型危险品存储用地,科学划定安全防护和缓冲空间。确定重要基础设施用地控制范围,划定中心城区重要基础设施的黄线。

（8）推进国土整治修复与城市更新,提升空间综合价值:分类开展整治、修复与更新,提高国土空间的品质和价值。明确生态系统修复的目标、重点区域和重大工程,维护生态系统,改善生态功能。提出农用地综合整治、低效建设用地整治等综合整治目标、重点区域和重大工程,建设美丽乡村。明确实施城市有机更新的重点区域,优化功能布局和开发强度。

（9）建立规划实施保障机制,确保一张蓝图干到底:提出对下位规划和专项规划的指引;制定近期行动计划;提出规划实施保障措施和机制,以"一张图"为支撑完善规划全生命周期管理。

规划成果包括规划文本、附表、图件、说明、专题研究报告、国土空间规划"一张图"相关成果等。

（三）乡镇级国土空间总体规划

乡镇级国土空间总体规划的工作内容由各省（自治区、直辖市）根据本地实际制定,体现落地性、实施性和管控性,突出土地用途和全域管控,对具体地块的用途作出确切的安排,对各类空间要素进行有机整合,充分融合原有的土地利用规划和村庄建设规划。

乡镇级总体规划的内容应当包括:对县级规划的战略、目标任务和约束性指标的具体落实;对生态保护修复、耕地和永久基本农田保护目标任务的具体安排;统筹产业发展空间;住宅、道路、供水、排水、供电、垃圾收集、畜禽养殖场所等农村生产、生活基础设施和公共服务设施的建设用地布局、建设要求;对历史文化遗产保护、防灾减灾等的具体安排。根据需要并结合实际,在乡（镇）域范围内,以一个村或几个行政村为单元编制"多规合一"的实用性村庄规划,规划成果纳入国土空间基础信息平台统一实施管理。

三、详细规划的主要内容

（一）控制性详细规划

《城市规划编制办法》对控制性详细规划的内容提出以下明确要求:

（1）确定规划范围内不同性质用地的界线,确定各类用地内适建、不适建或者有条件地允许建设的建筑类型。

（2）确定各地块建筑高度、建筑密度、容积率、绿地率等控制指标;确定公共设施配套要求、交通出入口方位、停车泊位、建筑后退红线距离等要求。

（3）提出各地块的建筑体量、体形、色彩等城市设计指导原则。

（4）根据交通需求分析,确定地块出入口位置、停车泊位、公共交通场站用地范围和站点位置、步行交通以及其他交通设施。规定各级道路的红线、断面、交叉口形式及渠化措施、控制点坐标和标高。

（5）根据规划建设容量,确定市政工程管线位置、管径和工程设施的用地界线,进行管线综合;确定地下空间开发利用的具体要求。

（6）制定相应的土地使用与建筑管理规定。

另外，控制性详细规划确定的各地块的主要用途、建筑密度、建筑高度、容积率、绿地率、基础设施和公共服务设施配套规定应当作为强制性内容。图纸比例为1/2000或1/1000。

（二）修建性详细规划

《城市规划编制办法》确定了修建性详细规划的内容：

（1）建设条件分析及综合技术经济论证。

（2）建筑、道路和绿地等的空间布局和景观规划设计，布置总平面图。

（3）对住宅、医院、学校和托幼等建筑进行日照分析。

（4）根据交通影响分析，提出交通组织方案和设计方案。

（5）市政工程管线规划设计和管线综合。

（6）竖向规划设计。

（7）估算工程量、拆迁量和总造价，分析投资效益。

修建性详细规划文件为规划设计说明书及图纸。图纸包括：规划范围现状图、规划总平面图、各项专业规划图、竖向规划和反映规划意图的透视效果图等。图纸比例一般为1/1000～1/500。

（三）村庄规划

村庄规划是乡村地区开展国土空间开发保护活动、实施国土空间用途管制、核发城乡建设项目规划许可、进行各项建设等的法定依据。村庄规划的主要内容包括：

（1）安排村域范围内的农业生产用地布局及为其配套服务的各项设施。

（2）确定村庄居住、公共设施、道路、工程设施等用地布局。

（3）确定村庄内的给水、排水、供电等工程设施及其管线走向、敷设方式。

（4）确定垃圾分类及转运方式，明确垃圾收集点、公厕等环境卫生设施的分布、规模。

（5）确定防灾减灾、防疫设施分布和规模。

（6）对村口、主要水体、特色建筑、街景、道路以及其他重点地区的景观提出规划设计。

（7）对村庄分期建设时序进行安排，提出3～5年内近期项目的具体安排，并对近期建设的工程量、总造价、投资效益等进行估算和分析。

（8）提出保障规划实施的措施和建议。

四、专项规划

相关专项规划是指在特定区域（流域）、特定领域，为体现特定功能，对空间开发保护利用作出的专门安排，是涉及空间利用的专项规划。其强调的是专门性，一些专项规划针对海岸带、自然保护地及跨行政区域或流域等特定区域编制；也可针对空间利用的某一领域，如交通、能源、水利、农业、信息、市政等基础设施，公共服务设施，军事设施，以及生态环境保护、文物保护、林业草原等领域编制专项规划。相关专项规划可在国家、省和市、县层级编制，不同层级、不同地区的专项规划可结合实际选择编制的类型和精度。

第三节　城市性质与城市人口

(一) 城市性质与类型

1. 城市性质的含义

城市性质是指城市在国家经济和社会发展中的地位和作用，在全国城市网络中的分工和职能。城市性质体现城市的个性，反映其所在区域的政治、经济、社会、地理、自然等因素的特点。

确定城市性质，是确定城市发展方向和布局的依据，有利于突出规划结构的特点，为规划方案提供可靠的技术经济依据。

城市性质是由城市形成与发展的主导因素的特点所决定，由主要部门职能所体现。

2. 城市类型

我国城市按行政等级可分为全国性中心城市（首都及直辖市）、区域性中心城市（省会城市以及计划单列市）、地方性中心城市（地级市）和县城。

我国城市按职能分为：工业城市、交通港口城市、综合中心城市、县城、特殊职能城市。

3. 城市规模

城市规模是以城市人口规模和用地规模表示城市的大小，通常以城市人口规模来表示。当前，我国城镇化正处于深入发展的关键时期，为了更好地实施人口和城市分类管理，满足经济社会发展需要，将城市规模划分标准调整如表 2-1 所示：

城市规模划分标准　　　　表 2-1

城市规模		人口规模（以城区常住类型为统计口径）
小城市	Ⅱ 型小城市	20 万以下的城市
	Ⅰ 型小城市	20 万以上 50 万以下的城市
中等城市		50 万以上 100 万以下的城市
大城市	Ⅱ 型大城市	100 万以上 300 万以下的城市
	Ⅰ 型大城市	300 万以上 500 万以下的城市
特大城市		500 万以上 1000 万以下的城市
超大城市		1000 万以上的城市

注：1. 本表是依据《国务院关于调整城市规模划分标准的通知》（国发〔2014〕51 号）文编制的。
　　2. 城区是指在市辖区和不设区的市、区、市政府驻地的实际建设连接到的居民委员会所辖区域和其他区域。
　　3. 常住人口包括：居住在本乡镇街道，且户口在本乡镇街道或户口待定的人；居住在本乡镇街道，且离开户口登记地所在的乡镇街道半年以上的人；户口在本乡镇街道，且外出不满半年或在境外工作学习的人。

(二) 城市人口

1. 城市人口含义

城市人口是指那些与城市的活动有密切关系的人口，他们常年居住生活在城市范围内，构成该城市的社会主体，是城市经济发展的动力，建设的参与者，又都是城市服务的对象。他们依赖城市以生存，又是城市的主人。城市人口规模与城镇地区的界定及人口统计口径直接相关。

2. 城市人口构成

（1）年龄构成：分托儿（0～3 岁）、幼儿（4～6 岁）、小学（7～11 岁）、中学（12～

16岁)、成年（17~60岁)、老年（61岁以上）六个组。

（2）性别构成：反映男女人口之间的数量和比例关系。

（3）家庭构成：反映城市人口的家庭人口数量、性别、辈分等组合情况。

（4）劳动构成：在城市总人口中，分为劳动人口和非劳动人口，劳动人口中又分为基本人口和服务人口。

（5）职业构成：按行业性质分为12类，按产业类型划分为第一产业、第二产业和第三产业。

3. 城市人口变化的主要表现

（1）自然增长。自然增长率 $=\dfrac{\text{本年出生人口数}-\text{本年死亡人口数}}{\text{年平均人数}}\times 1000$（‰） (2-1)

（2）机械增长。机械增长率 $=\dfrac{\text{本年迁入人口数}-\text{本年迁出人口数}}{\text{年平均人数}}\times 1000$（‰） (2-2)

（3）人口平均增长速度。人口平均增长率 $=\sqrt[\text{年限}]{\dfrac{\text{期末人口数}}{\text{期初人口数}}}-1$

$\quad\quad\quad\quad\quad\quad\quad\quad\quad\quad\quad =\text{人口平均发展速度}-1$ (2-3)

4. 城市人口规模预测方法

城市人口规模的预测方法主要有综合增长率法、时间序列法、增长曲线法、劳动平衡法，以及职工带眷系数法等。

第四节　城　市　用　地

城市用地是指用于城市建设和满足城市机能运转所需要的土地，它们既是指已经建设利用的土地，也包括已列入城市建设规划区范围而尚待开发使用的土地。城市的一切建设工程，都必然要落实到土地上，而城市规划的重要工作内容之一是制定城市土地利用规划，通过规划，确定城市用地的规模与范围，以及用地的功能组合与合理利用等。

城市用地具有自然属性、社会属性、经济属性和法律属性，具有使用价值和经济价值，具有行政区划、用途区划和地权区划。

城市是一个有机的整体，城市的各项机能是相互依存、相互制约的。城市用地是根据城市机能的需求，按比例、规模合理组合利用的。为了科学地制定城市规划，合理利用国土资源，世界各国都对城市用地分类与规划建设用地标准作了规定，对城市（镇）规划编制、管理具有指导作用。

依据《中华人民共和国城乡规划法》（以下简称《城乡规划法》），为统筹城乡发展，科学合理地利用土地资源，我国修订发布了《城市用地分类与规划建设用地标准》GB 50137—2011，该标准于2012年1月1日开始实施。

（一）用地分类

根据《城市用地分类与规划建设用地标准》GB 50137—2011，用地分类包括城乡用地分类、城市建设用地分类两部分，应按土地使用的主要性质进行划分。

1. 城乡用地分类

城乡用地共分为2大类、9中类、14小类。2大类的名称、代码和用地内容如表2-2的规定。

城乡用地分类（大类）和代码 表2-2

类别代码	类别名称	内容
H	建设用地	包括城乡居民点建设用地、区域交通设施用地、区域公用设施用地、特殊用地、采矿用地及其他建设用地等
E	非建设用地	水域、农林用地及其他非建设用地等

2. 城市建设用地分类

城市建设用地共分为8大类、35中类、42小类。8大类的名称、代码和用地内容如表2-3所列。

城市建设用地分类（大类）和代码 表2-3

类别代码	类别名称	内容
R	居住用地	住宅和相应服务设施的用地
A	公共管理与公共服务设施用地	行政、文化、教育、体育、卫生等机构和设施的用地，不包括居住用地中的服务设施用地
B	商业服务业设施用地	商业、商务、娱乐康体等设施用地，不包括居住用地中的服务设施用地
M	工业用地	工矿企业的生产车间、库房及其附属设施用地，包括专用铁路、码头和附属道路、停车场等用地，不包括露天矿用地
W	物流仓储用地	物资储备、中转、配送等用地，包括附属道路、停车场以及货运公司车队的站场等用地
S	道路与交通设施用地	城市道路、交通设施等用地，不包括居住用地、工业用地等内部的道路、停车场等用地
U	公用设施用地	供应、环境、安全等设施用地
G	绿地与广场用地	公园绿地、防护绿地、广场等公共开放空间用地

此外，2020年11月17日自然资源部印发《国土空间调查、规划、用途管制用地用海分类指南（试行）》，指导国土调查、国土空间规划编制和用途管制工作，当前部分地区的规划编制与管理工作已开始使用该指南作为用地分类方式。

（二）规划建设用地标准

1. 一般规定

（1）用地面积应按平面投影计算。每块用地只可计算一次，不得重复。

（2）城市（镇）总体规划宜采用1/10000或1/5000比例尺的图纸进行建设用地分类计算，控制性详细规划宜采用1/2000或1/1000比例尺的图纸进行用地分类计算。现状和规划的用地分类计算应采用同一比例尺。

（3）用地的计量单位应为万平方米（公顷），代码为"hm^2"。数字统计精度应根据图纸比例尺确定，1/10000图纸应精确至个位，1/5000图纸应精确至小数点后一位，1/2000和1/1000图纸应精确至小数点后两位。

（4）城市建设用地统计范围与人口统计范围必须一致，人口规模应按常住人口进行统计。

（5）规划建设用地标准应包括规划人均城市建设用地面积标准、规划人均单项城市建设用地面积标准和规划城市建设用地结构三部分。

2. 规划人均城市建设用地面积标准

（1）规划人均城市建设用地面积指标应根据现状人均城市建设用地面积指标、城市

（镇）所在的气候区以及规划人口规模，按《城市用地分类与规划建设用地标准》GB 50137—2011 表 4.2.1 人均居住用地面积指标（m^2/人）的规定综合确定，并应同时符合表中允许采用的规划人均城市建设用地面积指标和允许调整幅度双因子的限制要求。

（2）新建城市（镇）的规划人均城市建设用地面积指标宜在 85.1～105.0m^2/人内确定。

（3）首都的规划人均城市建设用地面积指标应在 105.1～115.0m^2/人内确定。

（4）边远地区、少数民族地区城市（镇）以及部分山地城市（镇）、人口较少的工矿业城市（镇）、风景旅游城市（镇）等，不符合规范规定时，应专门论证确定规划人均城市建设用地面积指标，且上限不得大于 150.0m^2/人。

3. 规划人均单项城市建设用地面积标准

（1）规划人均居住用地面积指标应符合表 2-4 所列人均居住用地面积指标（m^2/人）的规定。

人均居住用地面积指标（m^2/人）   表 2-4

建筑气候区划	Ⅰ、Ⅱ、Ⅵ、Ⅶ气候区	Ⅲ、Ⅳ、Ⅴ气候区
人均居住用地面积	28.0～38.0	23.0～36.0

注：本表引自《城市用地分类与规划建设用地标准》GB 50137—2011。

（2）规划人均公共管理与公共服务设施用地面积不应小于 5.5m^2/人。

（3）规划人均道路与交通设施用地面积不应小于 12.0m^2/人。

（4）规划人均绿地与广场用地面积不应小于 10.0m^2/人，其中人均公园绿地面积不应小于 8.0m^2/人。

4. 规划城市建设用地结构

居住用地、公共管理与公共服务设施用地、工业用地、道路与交通设施用地和绿地与广场用地五大类主要用地规划占城市建设用地的比例宜符合表 2-5 的规定。

规划城市建设用地结构   表 2-5

用地名称	占城市建设用地比例（%）
居住用地	25.0～40.0
公共管理与公共服务设施用地	5.0～8.0
工业用地	15.0～30.0
道路与交通设施用地	10.0～25.0
绿地与广场用地	10.0～15.0

注：本表引自《城市用地分类与规划建设用地标准》GB 50137—2011。

工矿城市（镇）、风景旅游城市（镇）以及其他具有特殊情况的城市（镇），其规划城市建设用地结构可根据实际情况具体确定。

（三）城市用地条件分析与适用性评价

我国现在国土空间规划中实施双评价体系，双评价是编制国土空间规划的前提和基础，也是国土空间规划编制过程中系统研究分析的重要组成部分。双评价由"资源环境承载力评价"和"国土空间开发适宜性评价"两部分构成。资源环境承载力评价是指在一定发展阶段、经济技术水平和生产生活方式、一定地域范围内，资源环境要素能够支撑的农业生产、城镇建设等人类活动的最大规模。国土空间开发适宜性评价是指在维系生态系统健康的前提下，综合考虑资源环境要素和区位条件以及特定国土空间，进行农业生产、城镇建设等人类活动的适宜度。

1. 自然条件的分析

（1）地质条件

表现在城市用地选择和工程建设的工程地质分析。

1）建筑地基：建筑地基分为天然地基和人工地基。无需经过处理可以直接承受建筑物荷载的地基称为天然地基；反之，需通过地基处理技术处理的地基称为人工地基。

2）滑坡与崩塌：斜坡上的岩土体在重力作用下整体向下滑动的地质现象称为滑坡；峭斜坡上的岩土体突然崩落、滚动，堆积在山坡下的地质现象称为崩塌。

3）冲沟：冲沟是由间断流水在地表冲刷形成的沟槽。

4）地震：地震是一种自然地质现象，又称地动、地振动，是地壳快速释放能量过程中造成的振动，期间会产生地震波的一种自然现象。

5）矿藏：是指地下埋藏的各种矿物的总称。

（2）水文条件及水文地质条件

1）水文条件。江河湖泊等水体可作城市水源，还对水运交通、改善气候、除污、排雨水、美化环境发挥作用。

2）水文地质。指地下水存在形式、含水层厚度、矿化度、硬度、水温及动态等。

（3）气候条件

1）太阳辐射。是确定建筑的日照标准、间距、朝向及热工设计的依据。

2）风象。对城市规划与建设的防风、通风、工程抗风设计和环境保护等有发多方面影响。风象是以风向与风速两个量来表示（图2-13）。

工业有害气体对下风侧污染系数 = $\dfrac{风向频率}{平均风速}$。为减轻工业对居住的污染影响，因风向不同，其用地布置方式也不同，如图2-14所示。

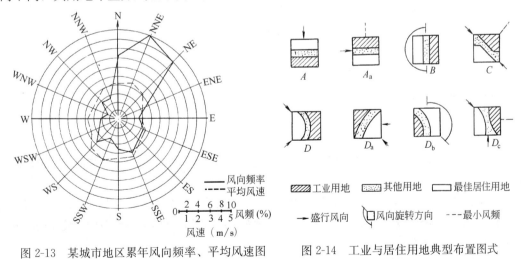

图2-13 某城市地区累年风向频率、平均风速图　　图2-14 工业与居住用地典型布置图式

3）温度。纬度由赤道向北每增加一度，气温平均降1.5℃。如城市上空出现逆温层或"热岛效应"，在规划布局时，应重视绿化、水面对气温的调节作用。

4) 降水与湿度。对城市排水和防洪有重大影响。

（4）地形条件

地形条件对城乡规划与建设的影响如下：

1) 影响城乡规划布局、平面结构和空间布局。

2) 地面高程和用地间的高差，是用地竖向规划、地面排水和防洪设计的依据。

3) 地面坡度，对规划建设有多方面影响。依据《城乡建设用地竖向规划规范》CJJ 83—2016 的规定，城乡建设用地选择及用地布局应充分考虑竖向规划的要求，并应符合下列规定：

① 城镇中心区用地应选择地质、排水防涝及防洪条件较好且相对平坦和完整的用地，其自然坡度宜小于 20%，规划坡度宜小于 15%。

② 居住用地宜选择向阳、通风条件好的用地，其自然坡度宜小于 25%，规划坡度宜小于 25%。

③ 工业、物流用地宜选择便于交通组织和生产工艺流程组织的用地，其自然坡度宜小于 15%，规划坡度宜小于 10%。

④ 超过 8m 的高填方区宜优先用作绿地、广场、运动场等开敞空间。

⑤ 应结合低影响开发的要求进行绿地、低洼地、滨河水系周边空间的生态保护、修复和竖向利用。

⑥ 乡村建设用地宜结合地形，因地制宜，在场地安全的前提下，可选择自然坡度大于 25% 的用地。

4) 地形与小气候的形成，有利于合理布置建筑。如阳坡建楼，以获得良好日照等。

5) 地貌对通信、电波有一定影响。

城市用地的自然条件评定，通常是将用地分为以下三类：

一类用地：是用地自然条件优越，一般不需或只稍加工程措施即可用于建设的用地。

二类用地：是需采取一定工程措施，改善条件后才能修建的用地。

三类用地：是不适于修建的用地。

在山丘地区，一般是按坡度的适用程度划分为 <10%、10%～25%、>25% 三类（也有分为 0～8%、8%～15%、15%～25%、>25% 四类）。

2. 城市用地的建设条件分析

城市用地的建设条件分析通常关注对建设条件产生影响的人为因素。

（1）建设现状条件

分析内容有三方面：

1) 城市用地布局结构。是指布局结构能否适应发展，对生态环境的影响，与城市内、外交通的关系等。

2) 城市设施。是指公共服务设施和市政设施现状的质量、数量、容量与利用的潜力等。

3) 社会、经济构成。是指人口结构、分布密度、产业结构和就业结构对用地建设的影响。

（2）工程准备条件

视自然条件不同而异。

（3）基础设施条件

含用地本身和邻近地区中可利用的条件。

第五节　城市的组成要素及规划布局

在城乡一体化的新时期，城市的组成要素及规划布局分为城乡规划和城市规划两大层面。

一、城乡规划层面

根据当地自然条件和社会经济发展实际，在保护耕地和生态环境的基础上，将市域内的全部土地规划为建设用地和非建设用地两大类。

建设用地的组成要素，是由支撑城乡居民生产生活的城乡居民点、区域交通、区域公用设施、特殊用地、采矿和其他六大功能设施用地所构成。其规划布局是根据各项功能特点及技术规范，遵循城乡统筹、合理布局、节约土地、集约发展的原则，在保护自然资源、生态环境和历史文化遗产，防止污染和其他公害，保障公共卫生和公共安全的基础上，科学地做好各项功能用地的规划布局。

非建设用地规划，是为统筹城乡生产生活，改善城乡生态环境，保护耕地等自然资源，防止污染和其他公害、灾害，科学、合理地划定非建设用地范围。具体组成要素包括水域、农林用地和其他不能建设的空闲地等。

二、城市规划层面

城市是由居住、公共管理与公共服务设施、商业服务设施、工业、物流仓储、道路交通设施、公用设施、绿地与广场八类功能要素所组成。

(一) 居住用地及规划布局

承担居住功能和居住生活的场所称为居住用地，是城市机能的主要组成部分。

1. 居住用地的内容组成与用地分类

(1) 用地内容组成

居住用地内容组成包括住宅用地和相应服务设施用地。

(2) 用地分类（参见《城市用地分类与规划建设用地标准》GB 50137—2011）

一类居住用地：设施齐全、环境良好、以低层住宅为主。

二类居住用地：设施较齐全、环境良好、以多、中、高层住宅为主。

三类居住用地：设施、环境较差，以需要加以改造的简陋住宅为主。

2. 居住用地的选择与分布

(1) 用地的选择原则

1) 有良好的自然条件。

2) 与工业保持环保距离，靠近就业区。

3) 用地数量与形态要适当集中布置。

4) 依托现有城区，充分利用原有设施。

(2) 居住用地的分布

1) 分布方式分集中布置和分散布置两种。

2) 居住密度分布是根据居住用地分类和集聚效益而定。

3. 居住用地组织与规模

（1）居住用地组织原则

1）服从总体规划的功能结构和综合效益，内部构成要体现生活的秩序与效能。

2）用地规模要结合城市道路系统。

3）配备公共设施要经济合理、方便、安全。

4）符合居民生活行为规律。

5）配合城市行政管理考虑居民组织的适宜规模。

（2）居住用地组织方式

居住区规划按照居民在合理的步行距离内满足基本生活需求的原则，分为十五分钟生活圈居住区、十分钟生活圈居住区、五分钟生活圈居住区及居住街坊4级。

4. 居住用地指标

在我国，按新国标规定，城市居住用地占城市建设用地一般为25%～40%，人均指标在Ⅰ、Ⅱ、Ⅵ、Ⅶ气候区一般控制在28～38m²/人，在Ⅲ、Ⅳ、Ⅴ气候区为23～36m²/人。

（二）公共管理与公共服务设施用地及规划布置

公共管理与公共服务设施是指政府控制以保障城市基础民生需求的、非营利的公益性服务设施。城市公共设施的内容和规模，在一定程度上反映了城市生活的质量和水平，其组织与分布直接影响到城市的布局结构。

1. 公共管理与公共服务设施用地分类

按照《城市用地分类与规划建设用地标准》GB 50137—2011的规定，城市公共管理与公共服务设施用地包括：行政办公、文化设施、教育科研、体育、医疗卫生、社会福利、文物古迹、外事、宗教共9个中类功能设施用地。

（1）行政办公用地包括：党政机关、社会团体、事业单位等办公机构及相关设施用地。

（2）文化设施用地包括：图书、展览等公共文化活动设施用地。

（3）教育科研用地包括：高等院校、中等专业学校、中学、小学、科研事业单位及其附属设施用地，包括为学校配建的独立地段的学生生活用地。

（4）体育用地包括：体育场地和体育训练基地等用地，不包括学校等机构专用的体育设施用地。

（5）医疗卫生用地包括：医疗、保健、卫生、防疫、康复和急救等设施用地。

（6）社会福利用地包括：为社会提供福利和慈善服务的福利院、养老院、孤儿院等用地。

（7）文物古迹用地包括：古遗址、古墓葬、古建筑、石窟寺、近代的代表性建筑、革命纪念建筑等用地，不包括已作其他用途的文物古迹用地。

（8）外事用地包括：外国驻华使馆、领事馆、国际机构及其生活设施等用地。

（9）宗教用地系指宗教活动场所用地。

依据《城市公共设施规划规范》GB 50442—2008的规定，城市公共设施用地分类应与城市用地分类相对应，分为：行政办公、商业金融、文化娱乐、体育、医疗卫生、教育科研设计和社会福利设施7类用地。

2. 公共设施用地指标

城市公共管理与公共服务设施用地指标是由城市规模、城市性质、特点，社会、经济发展水平及使用要求所决定。根据新国标，此类用地是城市建设用地结构中五大类主要用地之一，其用地占城市建设用地的比例为5%～8%。规划人均公共设施用地面积不应小于5.5m²/人。

3. 公共设施的规划布局

根据不同性质的公共设施和不同的服务对象，其规划用地宜采用集中与分散相结合的布置方式。在城市总体规划阶段。要对全市性和地区性一级的公共设施进行用地分布，组织城市和地区的公共活动中心。在详细规划阶段，则根据总体规划和地区建设的实际需要，结合规划地区的其他设施内容，对其公共设施用地进行具体布置，以形成居住区级、山区级和不同专业的公共中心。

公共设施规划要求如下：

（1）公共设施项目要合理配置。
（2）各类公共设施要按照与居民生活的密切程度确定合理的服务半径。
（3）公共设施的分布要结合城市交通组织来考虑。
（4）根据公共设施本身的特点及其对环境的要求进行布置。
（5）公共设施布置要考虑城市景观组织的要求。
（6）公共设施的分布要考虑合理的建设时序。
（7）公共设施的布置要充分利用城市原有基础。

（三）商业服务业设施用地及规划布置

城市商业服务业设施用地（B）是指主要通过市场配置的服务设施，包括政府独立投资或合资建设的设施（如剧院、音乐厅等）用地。

1. 商业服务业设施用地分类

（1）商业用地，包括零售商业、批发市场、餐饮、旅馆等用地。
（2）商务用地，包括金融保险、艺术传媒、其他商务（含贸易、设计、咨询等技术服务办公）等用地。
（3）娱乐康体用地，包括娱乐、康体用地。
（4）公用设施营业网点用地，包括加油加气站和独立地段的电信、邮政、供水、燃气、供电、供热等营业网点用地。
（5）其他服务设施用地，包括业余学校、民营培训机构、私人诊所、宠物医院、殡葬、汽车修理站等服务设施用地。

2. 商业服务业设施用地指标

商业服务业设施用地指标是根据城市的性质，规模大小，社会、经济发展水平，以及市民的实际需求而决定。参照《城市公共设施规划规范》GB 50442—2008，商业服务业设施规划用地指标宜符合表2-6的规定。

3. 商业服务业设施用地的规划布置

商业服务业设施用地的规划布置，根据自身的分类特点宜按市级、区级和地区分级设置，形成相应等级和规模的商业服务中心。各级商业服务中心规划用地规模宜为：小城市市级中心为30～40hm²；中等城市的市级中心为40～60hm²，区级中心为10～20hm²；大城市的市级中心为60～240hm²，区级中心为20～100hm²；地区级中心为12～40hm²。

商业金融设施规划用地指标　　　　　　　　　　　　　表 2-6

分项 \ 城市规模	小城市	中等城市	大城市 I	大城市 II	大城市 III
占中心城区规划用地比例（%）	3.1～4.2	3.3～4.4	3.5～4.8	3.8～5.3	4.2～5.9
人均规划用地（m²/人）	3.3～4.4	3.3～4.3	3.2～4.2	3.2～4.0	3.2～4.0

市级中心服务人口为50万～100万人，服务半径不超过8km；区级中心服务人口为50万人以下，服务半径不超过4km；地区中心服务人口为10万人以下，服务半径不超过1.5km。

商业服务业中心规划用地应有良好的交通条件，但不宜沿城市交通干道两侧布置。

在历史文化保护城区不宜布置新的大型商服设施用地。

商品批发市场宜根据经营的商品门类选址布局，且不得污染环境。

商业服务业设施根据与居民生活的密切程度，可按不同门类分别设在居住区内，或远离居住区单独设置。

（四）工业用地及规划布局

工业是城市形成与发展的主要因素，工业提供大量就业岗位，也带动了其他各项事业的发展。工业给城市以生命力，其布置方式也直接影响城市空间布局及城市健康发展。

1. 城市工业用地及其占地规模

（1）工业用地内容：包括为工矿企业服务的办公室、仓库、食堂等附属设施用地。

（2）工业用地分类：根据工业对居住和公共环境无干扰、有一定干扰或有严重干扰分为一类工业用地、二类工业用地和三类工业用地。

（3）工业占地规模：根据新国标，工业用地应占规划城市建设用地的15%～30%为宜。规划人均工业用地面积指标一般为10～25m²/人之间，最多不大于30m²/人，在特大城市应为18m²/人以下。

2. 工业用地规划布局的基本要求

（1）对建设用地要求。工业布局要求用地形状、大小、地形、水源、能源、工程地质、水文地质，要符合工业的具体特点和需求。

（2）交通运输要求。工业建设与工业生产需要大量设备和物资，工业布局与运输方式的关系十分密切。在工业生产中一般采用铁路、水路、公路和连续运输等多种运输方式。

（3）防止工业对城市环境的污染。工业生产中排出大量废水、废气、废渣和噪声，使空气、水、土壤和环境受到污染。在规划中工业合理布局，有利于城市环境卫生。减少对城市污染的措施有：①工业不宜过分集中在一个地段；②工业布置要综合考虑风向、风速、季节、地形等影响因素；③设置必要的防护带；④对废水、废渣要及时处理、综合利用。

（4）工业区与居住区的位置。为减少劳动人流上下班的交通消耗，工业区与居住区距离步行应不超过30min。当工厂本身过长，工业区与居住区距离过大时应组织公共交通在规划中,应均衡分布工业区。

(5) 工业区和城市各部分的发展,应保持紧凑集中,互不妨碍,节约用地。

(6) 相关企业之间应开展必要的协作、资源的综合利用,减少市内运输。

3. 工业在城市中的布局

根据工业生产的类别、环境影响、货运量及用地规模,分为布置在远离城区的工业、城市边缘的工业和城市内及居住区内的工业。对各种工业的特点,必须细致分析,才能使布局真正科学合理。

(五) 物流仓储用地

物流仓储用地是为组织城市生产和生活而设置的物资储备、中转、配送等用地,包括附属道路、停车场及货运公司车队的站场等用地。

1. 物流仓储用地分类

从对居住和公共环境的影响,可分为三类:

一类用地基本无干扰、污染和安全隐患。

二类用地有一定干扰、污染和安全隐患。

三类用地为易燃、易爆和剧毒等危险品的专用物流仓储用地。

2. 仓库用地布置原则

(1) 满足仓库用地的技术要求。

(2) 有利于交通运输。

(3) 有利于建设和经营使用。

(4) 有足够用地和发展余地。

(5) 沿河布置仓库时,必须留出为居民生活、游憩利用的岸线。

(6) 注意环保、防止污染、保证城市安全。

(六) 道路与交通设施用地及规划布局

城市道路是连接城市内各项功能用地的纽带,是城市内人流物流的载体,是城市机能的重要组成部分。

1. 道路与交通设施用地分类

根据新国标,城市道路与交通设施用地分类如下:

(1) 城市道路用地,包括快速路、主干路、次干路、支路及其交叉口用地。

(2) 城市轨道交通用地,包括独立地段的城市轨道交通地面以上部分的线路、站点用地。

(3) 交通枢纽用地,包括铁路客货运站、公路长途客运站、港口客运码头、公交枢纽及其附属设施用地。

(4) 交通场站用地,包括公共交通场站[含城市轨道交通车辆基地及附属设施,公共汽(电)车首末站、停车场(库)、保养场、出租汽车场站设施等用地,轮渡、缆车、索道等的地面部分及附属设施用地],以及社会停车场(即独立地段的公共停车场和停车库用地)。

(5) 其他交通设施用地,除以上之外的交通设施用地,包括教练场等用地。

2. 城市道路与交通设施用地指标

根据新国标,规划人均道路与交通设施用地面积不应小于 $12m^2/人$;在规划城市建设用地结构中，城市道路与交通设施用地是五大类主要用地之一，其用地占城市规划建设用地的比例为10%~25%。

3. **城市道路与交通设施用地规划**

城市道路交通规划必须以总体规划为基础，满足城市功能对交通运输的需求，优化城市用地布局，提高城市的运转效能，提供安全、高效、经济、舒适和低公害的交通条件。

城市道路与交通设施规划的具体布局和要求，请参阅《城市综合交通体系规划标准》GB/T 51328—2018并将在本章第六节城市总体布局中详述。

（七）**公用设施**

城市公用设施，是城市供应、环境、安全的基础设施，是城市生产、生活正常运行的保障。

1. **公用设施分类**

（1）供应设施，包括供水、供电、供（燃）气、供热、通信、广播电视等设施。

（2）环境设施，包括排水、环卫等设施。

（3）安全设施，包括消防、防洪等设施。

（4）其他公用设施，除以上之外的公用设施，包括防灾救灾、施工、养护、维修等设施。

2. **公用设施规划**

公用设施规划，根据公用设施的功能性质的分类特点和不同的技术要求，根据国家规范和当地的实际情况做出全面、科学合理的规划。近些年，由于气候、地质变化异常，自然灾害频发，给城市和人民的生命财产造成巨大损失。加强城市公用设施的规划建设，确保城市安全运行，刻不容缓。城市公用设施规划的具体内容和要求，将在本章第七节中详述。

（八）**城市绿地与广场**

城市绿地是以绿色植被为主的城市开放空间，具有调节气候、净化空气、生态美化、避险防灾、卫生隔离、安全防护的功能；城市广场是以游憩、纪念、集会、避险等功能为主的公共活动场地。绿地与广场是城市公共开放空间用地，是城市机能必不可少的构成要素。

1. **绿地与广场分类**

（1）公园绿地：是指向公众开放，以游憩为主要功能，兼具生态、美化、防灾等作用的绿地，包括城市中的综合公园、社区公园、专类公园、带状公园以及街旁绿地。公园绿地与城市的居住、生活密切相关，是城市绿地的重要部分。

（2）防护绿地：是指对城市具有卫生、隔离和安全防护功能的绿地，包括城市卫生隔离带、道路防护绿地、城市高压走廊绿带、防风林、城市组团隔离带等。

（3）广场用地：是指以游憩、纪念、集会和避险等功能为主的城市公共活动场地。不包括以交通集散为主的广场用地。

2. **绿地与广场的用地规模**

依新国标，城市绿地与广场的用地规模应占规划城市建设用地的10%~15%。

3. 城市绿地与广场规划

(1) 城市园林绿地系统规划的具体内容要求、规划布局将在本章第六节中详述。

(2) 城市广场规划。

第六节 城市总体布局

城市总体布局是城市的社会、经济、环境及工程技术与建筑空间组合的综合反映，是一项为城市合理发展奠定基础的全局性工作。

一、城市用地功能组织

城市总体布局是通过城市用地组成的不同形态体现出来的，其核心是城市用地功能组织。城市功能组织是根据城市的性质、规模，分析城市用地和建设条件，研究各项用地的基本要求，及它们之间的内在联系，安排好位置，处理好它们的关系，有利于城市健康发展。

城市用地功能组织可从下面几方面着手：

(一) 点、面结合，城乡统一安排

城市的存在，必须以周围地区的生产发展和需要为前提。城市作为一个点，周围地区作为面，点、面结合，在分析地区工农业生产、地区交通运输、地区水利及矿产资源的综合利用对城市总体布局影响的基础上，必须把城市与农村、工业与农业、市区与郊区作为一个整体，统一考虑、全面安排、合理制定城市总体布局。

(二) 功能明确、重点安排城市主要用地

工业生产是现代城市发展的主要组成。工业布局直接关系到城市的发展规模和方向。综合考虑工业布置与居住生活、交通运输、公共绿地关系，兼顾新、旧区的发展，是城市用地功能组织的重要内容。

(三) 规划结构清晰、内外交通便捷

结构清晰是反映了城市各主要组成用地功能明确、相互协调，有安全、便捷的交通联系。在规划中应做到以下几点：

(1) 城市用地各组成部分力求完整、避免穿插。

(2) 充分考虑各功能分区之间有便捷的交通联系。

(3) 反对从形式出发，必须因地制宜地探求切合实际的城市用地布局。

(四) 规划建设阶段配合协调、留有发展余地

一个城市的形成，需要二三十年。需要不断发展、不断改造、更新、完善、提高。因此制定城市总体布局时，要有一个良好的开端。

(1) 要合理确定第一期建设方案，建设用地力求紧凑、合理、经济、方便。

(2) 城市建设各阶段要互相衔接、配合协调。

(3) 加强预见性，布局中留有发展余地，规划布局要有"弹性"。

二、城市总体布局的方案比较

城市总体布局反映城市各项用地的内在联系，综合比较是城市规划设计中的重要工作方法。因此，城市总体布局需要多作几个不同的规划方案，探求一个经济合理、技术先进的综合方案。

在方案比较中，需抓住城市规划建设中的主要矛盾，提出不同的解决办法和措施。方案比较的内容如下：
（1）地理位置及工程地质条件；
（2）占地、迁居情况；
（3）生产协作情况；
（4）交通运输情况；
（5）环境保护情况；
（6）居住用地组织情况；
（7）防洪、防震、人防工程措施；
（8）市政工程及公用设施；
（9）城市总体布局合理；
（10）城市造价，估算近期建设的总投资。

上述各点力求文字条理清楚，数据准确明了，图纸形象深刻。

三、旧城总体布局的调整与完善

城市总体布局是整个城市空间的利用和组合，必须动态地、综合地解决城市问题。旧城总体布局的调整与完善要做好下列方面工作：

（1）因势利导地利用城市外部的动力，使城市内外部结构协调发展。

城市越现代化，综合效益越高，吸引力越大，影响越远；城市规模越大，城市结构越松散，越要求灵活性，以适应外部社会经济环境条件的变化。

（2）充实完善城市基础设施，使城市上下部结构协调发展。
（3）调整城市用地结构，使城市在发展中取得平衡。

四、城市综合交通体系规划

城市综合交通（简称"城市交通"）应包括出行的两端都在城区内的城市内部交通，和出行至少有一端在城区外的城市对外交通（包括两端均在城区外，但通过城区组织的城市过境交通）。按照城市综合交通的服务对象可划分为城市客运与货运交通。

（一）城市对外交通

城市对外交通运输方式包括铁路、公路、水运（港口）和航空（机场）。

1. 城市对外交通衔接规定

城市对外交通衔接应符合以下规定：
（1）城市的各主要功能区对外交通组织均应高效、便捷。
（2）各类对外客货运系统，应优先衔接可组织联运的对外交通设施，在布局上结合或邻近布置。
（3）规划人口规模100万人及以上城市的重要功能区、主要交通集散点，以及规划人口规模50万～100万人的城市，应能15min到达高、快速路网，30min到达邻近铁路、公路枢纽，并至少有一种交通方式可在60min内到达邻近机场。

2. 对外交通设施规划

对外交通设施规划应符合下列规定：

(1) 城市重大对外交通设施规划要充分考虑城市的远景发展要求。

(2) 市域内对外交通通道、综合客运枢纽和城乡客运设施的布局应符合市域城镇发展要求。

(3) 承担城市通勤交通的对外交通设施，其规划与交通组织应符合城市交通相关标准及要求，并与城市内部交通体系统一规划。

(4) 城市规划区内，同一对外交通走廊内相同走向的铁路、公路线路宜集中设置。

(5) 城市道路上过境交通量大于等于10000pcu/d，宜布局独立的过境交通通道。

(二) 城市道路系统规划

1. 一般规定

(1) 城市道路系统应保障城市正常经济社会活动所需的步行、非机动车和机动车交通的安全、便捷与高效运行。

(2) 城市道路系统规划应结合城市的自然地形、地貌与交通特征，因地制宜进行规划，并应符合以下原则：

1) 与城市交通发展目标相一致，符合城市的空间组织和交通特征。

2) 道路网络布局和道路空间分配应体现以人为本、绿色交通优先，以及窄马路、密路网、完整街道的理念。

3) 城市道路的功能、布局应与两侧城市的用地特征、城市用地开发状况相协调。

4) 体现历史文化传统，保护历史城区的道路格局，反映城市风貌。

5) 为工程管线和相关市政公用设施布设提供空间。

6) 满足城市救灾、避难和通风的要求。

(3) 承担城市通勤交通功能的公路应纳入城市道路系统统一规划。

(4) 中心城区内道路系统的密度不宜小于 $8km/km^2$。

2. 城市道路的功能等级

按照城市道路所承担的城市活动特征，城市道路应分为干线道路、支线道路，以及联系两者的集散道路3个大类；城市快速路、主干路、次干路和支路4个中类和8个小类。不同城市应根据城市规模、空间形态和城市活动特征等因素确定城市道路类别的构成。干线道路应承担城市中、长距离联系交通；集散道路和支线道路共同承担城市中、长距离联系交通的集散和城市中、短距离交通的组织（表2-7）。

城市道路功能等级划分与规划要求　　　　表 2-7

大类	中类	小类	功能说明	设计速度 (km/h)	高峰小时服务交通量推荐（双向 pcu）
干线道路	快速路	Ⅰ级快速路	为城市长距离机动车出行提供快速、高效的交通服务	80～100	3000～12000
		Ⅱ级快速路	为城市长距离机动车出行提供快速交通服务	60～80	2400～9600

续表

大类	中类	小类	功能说明	设计速度(km/h)	高峰小时服务交通量推荐(双向 pcu)
干线道路	主干路	Ⅰ级主干路	为城市主要分区（组团）间的中、长距离联系交通服务	60	2400～5600
		Ⅱ级主干路	为城市分区（组团）间中、长距离联系以及分区（组团）内部主要交通联系服务	50～60	1200～3600
		Ⅲ级主干路	为城市分区（组团）间联系以及分区（组团）内部中等距离交通联系提供辅助服务，为沿线用地服务较多	40～50	1000～3000
集散道路	次干路	次干路	为干线道路与支线道路的转换以及城市内中、短距离的地方性活动组织服务	30～50	300～2000
支线道路	支路	Ⅰ级支路	为短距离地方性活动组织服务	20～30	—
		Ⅱ级支路	为短距离地方性活动组织服务的街坊内道路、步行、非机动车专用路等	—	—

3. 城市道路红线宽度

（1）城市道路的红线宽度应优先满足城市公共交通、步行与非机动车交通通行空间的布设要求，并应根据城市道路承担的交通功能和城市用地开发状况，以及工程管线、地下空间、景观风貌等布设要求综合确定。

（2）城市道路的红线宽度（快速路包括辅路），规划人口规模50万人及以上城市不应超过70m，20万～50万人的城市不应超过55m，20万人以下城市不应超过40m。

（3）城市道路红线宽度还应符合下列规定：

1）对城市公共交通、步行与非机动车，以及工程管线、景观等无特殊要求的城市道路，红线宽度取值应符合表2-8确定。

无特殊要求的城市道路红线宽度取值   表2-8

道路分类	快速路(不包括辅路)		主干路			次干路	支路	
	Ⅰ	Ⅱ	Ⅰ	Ⅱ	Ⅲ		Ⅰ	Ⅱ
双向车道数（条）	4～8	4～8	6～8	4～6	4～6	2～4	2	—
道路红线宽度（m）	25～35	25～40	40～50	40～45	40～45	20～35	14～20	—

2）城市道路红线还应符合如下步行与非机动车道的布设要求：

① 人行道最小宽度不应小于2.0m，且应与车行道之间设置物理隔离；

② 大型公共建筑和大、中运量城市公共交通站点800m范围内，人行道最小通行宽度不应低于4.0m；城市土地使用强度较高地区，各类步行设施网络密度不宜低于14km/km^2，其他地区各类步行设施网络密度不应低于8km/km^2。

3）城市应保护与延续历史街巷的宽度与走向。

4. 干线道路系统

（1）干线道路规划应以提高城市机动化交通运行效率为原则。

（2）干线道路上的步行、非机动车道应与机动车道隔离。

（3）干线道路不得穿越历史文化街区与文物保护单位的保护范围，以及其他历史地段。

（4）干线道路的选择应满足下列规定：

1）不同规模城市干线道路的选择宜符合表2-9的规定。

城市干线道路等级选择要求　　　　　　　　　　　　　　表2-9

规划人口规模（万人）	最高等级干线道路
≥200	Ⅰ级快速路或Ⅱ级快速路
100～200	Ⅱ级快速路或Ⅰ级主干路
50～100	Ⅰ级主干路
20～50	Ⅱ级主干路
≤20	Ⅲ级主干路

2）带形城市可参照上一档规划人口规模的城市选择。当中心城区长度超过30km时，宜规划Ⅰ级快速路；超过20km时，宜规划Ⅱ级快速路。

5. 集散道路与支路道路

（1）城市集散道路和支线道路系统应保障步行、非机动车和城市街道活动的空间，避免引入大量通过性交通。

（2）次干路主要起交通的集散作用，其里程占城市总道路里程的比例宜为5%～15%。

（3）城市居住街坊内道路应优先设置为步行与非机动车专用道路。

（4）城市不同功能地区的集散道路与支线道路密度，应结合用地布局和开发强度综合确定，街区尺度宜符合表2-10的规定。城市不同功能地区的建筑退线应与街区尺度相协调。

不同功能区的街区尺度推荐值　　　　　　　　　　　　　表2-10

类别	街区尺度（m）		路网密度（km/km²）
	长	宽	
居住区	≤300	≤300	≥8
商业区与就业集中的中心区	100～200	100～200	10～20
工业区、物流园区	≤600	≤600	≥4

注：工业区与物流园区的街区尺度根据产业特征确定；对于服务型园区，街区尺度应小于300m，路网密度应大于8km/km²。

6. 其他功能道路

（1）承担城市防灾救援通道的道路应符合下列规定：

1）次干路及以上等级道路两侧的高层建筑应根据救援要求确定道路的建筑退线。

2）立体交叉口宜采用下穿式。

3）道路宜结合绿地与广场、空地布局。

4）7度地震设防的城市每个疏散方向应有不少于2条对外放射的城市道路。

5）承担城市防灾救援的通道应适当增加通道方向的道路数量。

（2）旅游道路、公交专用路、非机动车专用路、步行街等具有特殊功能的道路，其断面应与承担的交通需求特征相符合。以旅游交通组织为主的道路应减少其所承担的城市交通功能。

五、城市绿地系统规划

城市绿地系统规划的任务是：制定城市各类绿地的用地指标，选定各项绿地的用地范围，合理安排整个城市的绿地布局。

（一）城市绿地的功能

(1) 保护环境：防风沙、保水土、净化空气、降低噪声。

(2) 改善城市面貌、提供休息游览场所。

(3) 有利于战备、防震、抗灾。

（二）城市绿地分类

绿地应按主要功能进行分类，并可分为大类、中类、小类三个层次。

(1) 公园绿地（G1）：向公众开放，以游憩为主要功能，兼具生态、景观、文教和应急避险等功能，有一定游憩和服务设施的绿地。

此大类下设综合公园（G11）、社区公园（G12）、专类公园（G13）、游园（G14）4个中类。

(2) 防护绿地（G2）：用地独立，具有卫生、隔离、安全、生态防护功能，游人不宜进入的绿地。主要包括卫生隔离防护绿地、道路及铁路防护绿地、高压走廊防护绿地、公用设施防护绿地等。

(3) 广场绿地（G3）：以游憩、纪念、集会和避险等功能为主的城市公共活动场地。绿化占地比例宜大于或等于35%；绿化占地比例大于或等于65%的广场用地计入公园绿地。

(4) 附属绿地（XG）：附属于各类建设用地（除"绿地与广场用地"）的绿化用地。包括居住用地附属绿地、公共管理与公共服务设施用地附属绿地、商业服务业设施用地附属绿地、工业用地附属绿地、物流仓储用地附属绿地、道路与交通设施用地附属绿地、公用设施用地附属绿地共7个中类。不再重复参与城市建设用地平衡。

(5) 区域绿地（EG）：位于城市建设用地之外，具有城乡生态环境及自然资源和文化资源保护、游憩健身、园林苗木生产等功能的绿地。不参与建设用地汇总，不包括耕地。

此大类下设风景游憩绿地（EG1）、生态保育绿地（EG2）、区域设施防护绿地（EG3）、生产绿地（EG4）4个中类[①]。

（三）城市绿地的规划布置

(1) 均衡分布，连成完整的园林绿地系统，做到点、线、面相结合。

(2) 因地制宜，与河湖山川自然环境相结合。其布置形式有块状、带状、楔形、环形或穿插分布。

六、城市总体艺术布局

（一）城市总体艺术布局要求

1. 城市总体艺术布局与城市规划的关系

一个城市规划，不仅要创造良好的生产、生活环境，而且应有优美的城市景观。城市

---

① 依据《城市绿地分类标准》CJJ/T 85—2017。

总体艺术布局，是根据城市的性质、规模、现状条件、城市用地总体规划，形成城市建设艺术布局的基本构思，确定城市建设艺术骨架。在详细规划中，要根据总体规划的艺术布局，进行城市空间组合，以达到城市建设艺术的整体与局部的协调统一。

2. **城市总体艺术布局与城市面貌的关系**

城市艺术布局，要体现城市美学要求，为城市环境中自然美与人工美的综合，如建筑、道路、桥梁的布置与山势、水面、林木的良好结合；城市艺术面貌，是自然与人工、空间与时间、静态与动态的相互结合、交替变化而构成。

3. **城市总体艺术布局的协调统一要求**

（1）艺术布局与适用、经济的统一。
（2）近期艺术面貌与远期艺术面貌的统一。
（3）整体与局部、重点与非重点的统一。要点、线、面相结合。
（4）历史条件、时代精神、不同风格、不同处理手法的统一。
（5）艺术布局与施工技术条件的统一。

4. **城市艺术面貌与环境保护、公用设施、城市管理密不可分**

（二）自然环境、历史条件、工程设施与城市艺术布局关系密切

1. **自然环境的利用**

（1）平原地区，规划布局紧凑整齐。为避免城市艺术布局单调，有时采用挖低补高、堆山积水、加强绿化、建筑高低配置得当，道路广场、主景对景的尺度处理适宜的手段，给城市创造丰富而有变化的立体空间，如北京。

（2）丘陵山川地区的城市规划布局，应充分结合地形条件。如兰州位于黄河河谷地带，采取分散与集中相结合的布局，城市分为四个相对独立的地区；拉萨建筑依山建设、层层叠叠，主体空间感较强。

（3）临河湖水域的城市，应充分利用水域进行城市艺术布局，如杭州、苏州、威尼斯等城市。

2. **历史条件的利用**

对历史遗留下来的文化遗产和艺术面貌、要分情况进行保留、改造、迁移、拆除、恢复等多种方式的处理。

3. **结合城市工程设施、组织城市艺术面貌**

结合城市的防洪、排涝、蓄水、护坡、护堤等工程设施，进行城市艺术面貌的处理。如北京的陶然亭公园、天津的水上公园的形成就是良好的范例。建筑是景观的重要组成部分，在完成景观规划设计后再进行工程施工，更能确保景观设计质量。

（三）城市景观设计

城市景观是城市形态特征给人们带来的视觉感受，是城市艺术的具体表现形式。一个优美的城市景观和优秀的环境艺术，是一个城市文明进步的象征和精神风貌的具体体现。

城市景观设计是根据城市的性质规模、社会文化、地形地貌、河湖水系、名胜古迹、林木绿化、有价值的建筑及可利用的优美景物，经研究分析后，通过艺术手段的再创造，将其组织到城市的总体艺术布局之中。例如利用地形可创造优美的山城、水城、平原型等不同特征的城市景观；根据社会文化背景可塑造美好的政治性、历史性、商业性、工业性、旅游性的不同特色的城市景观。

1. 城市景观的特征

①人工性与复合性；②地域性与文化性；③功能性与结构性；④复杂性与密集性；⑤可识别性与识别方式的多样性。

2. 城市景观规划设计原则

①适用经济原则；②美学原则；③时代原则；④大众原则；⑤地方特色原则；⑥生态原则；⑦整体原则。

3. 城市景观的类型

①街道景观；②广场景观；③建筑景观；④雕塑景观；⑤绿色景观；⑥山水景观；⑦特色景观。

第七节 城市公用设施规划

城市基础设施是为物质生产和人民生活提供一般条件的公共设施，是城市赖以生存和发展的基础。城市公用设施规划包括给水、排水、供电、通信、燃气、供热、防洪、消防、环卫、用地竖向及管线综合等工程系统规划。

（一）城市供水工程规划

城市给水工程系统由城市取水工程、净水工程、输配水工程等组成。

1. 城市用水量的估算

城市用水包括生活用水量、生产用水量、消防用水量和其他用水量等。

居住区生活用水量标准见表2-11。

居住区生活用水量标准　　　　　表2-11

室内给水设备情况	用水量[L/（人·d）]		时变化系数$K_{时}$
	平均日	最高日	
室内无给水排水卫生设备，从集中给水龙头取水	10～40	20～60	2.5～2.0
室内有给水龙头，但无卫生设备	20～70	40～90	2.8～1.8
室内有给水排水卫生设备，但无淋浴设备	55～100	85～130	1.8～1.5
室内有给水排水卫生设备，并有淋浴设备	90～160	130～190	1.7～1.4
室内有给水排水卫生设备，并有淋浴设备和集中式热水供应	130～190	170～220	1.5～1.3

2. 取水工程位置和用地要求

（1）水源选择的原则

1）水源水量必须充沛，保证枯水期供水充足。

2）取用良好水质的水源。

3）根据城市布局，可选一个或几个水源，或集中供水或分散供水，或二者结合。

4）选择水源要考虑当前、近期和远期对水量、水质的要求。

5）选择水源，要考虑吸水、输水方便，施工、运输、管理、维护的安全经济。

6）坚持开源节流的方针，协调与其他经济部门的关系。

7）选择水源时还应考虑取水工程本身与其他各种条件。
8）保证安全供水。

（2）水源的卫生防护

在水源周围建立的卫生防护地带分为：警戒区和限制区（图2-15）。

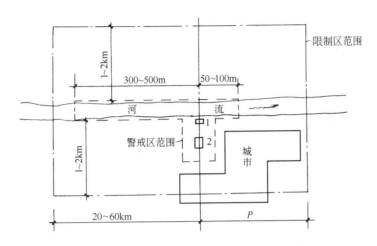

图2-15 水源卫生防护范围示意

P—从净水构筑物到下流距离（一般到城市下游），根据风向、潮水和航行可能带来的污染决定；1—取水构筑物；2—净水构筑物

1）地表水源取水点周围半径100m的水域内，严禁捕捞、停靠船只、游泳和从事可能污染水源的任何活动，并应设有明显的范围标志。地表水源取水点上游1000m至下游100m的水域，不得排入工业废水和生活污水，其沿岸防护范围不得堆放废渣，不得设立有害化学物品仓库、堆站或装卸垃圾、粪便和有毒物品的码头，沿岸农田不得使用工业废水或生活污水灌溉及施用持久性或剧毒的农药，不得从事放牧等有可能污染该段水域水质的活动。

2）饮用水地下水源一级保护区位于开采井的周围，二级保护区位于一级保护区外，以保证集水有足够的滞后时间。以防止病原菌以外的其他污染。准保护区位于二级保护区外的主要补给区，以保护水源地的补给水源水量和水质。

（3）水厂的选址要求

1）水厂应选择在工程地质条件较好的地方。
2）水厂应尽可能选择在不受洪水威胁的地方，否则应考虑防洪措施。
3）水厂周围应具有较好的环境卫生条件和安全防护条件。
4）水厂应尽量设置在交通方便、靠近电源的地方。
5）水厂选址要考虑近、远期发展的需要。
6）当取水地点距离用水区较近时，水厂一般设置在取水设施附近。
7）井群应布置在城市上游，井管之间要保持一定的间距。

3. 给水管网规划

城市用水是通过输水干管和敷设配水管网送到用户的，输水管不少于两条。管网布置有树枝状和环状两种形式（图2-16、图2-17）。

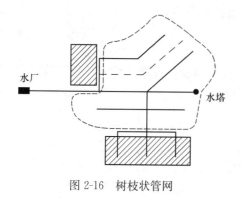

图 2-16 树枝状管网

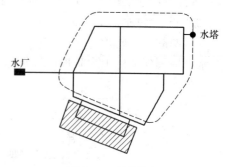

图 2-17 环状管网

(二) 城市排水工程规划

城市排水工程系统由雨水排放工程、污水处理与排放工程组成。

排水工程一是把污水、废水集中并送到适当地点进行处理，达到卫生要求后再排放到水体中；二是把雨水及时排除；三是污水的综合利用。

1. 城市排水量的估算

(1) 生活污水量，可参考表 2-12。

(2) 工业废水量包括生产污水和生产废水两种，由工厂提供数值。

(3) 雨水量，根据降雨强度和汇水面积计算。

居住区生活污水量　　　　　　　　　　表 2-12

室内卫生设备情况	平均日污水量[L/(人·d)]
室内无给水排水卫生设备，从集中给水龙头取水，由室外排水管道排水	10～40
室内有给水排水设备，但无水冲式厕所	20～70
室内有给水排水卫生设备，但无淋浴设备	55～100
室内有给排水卫生设备和淋浴设备	90～160
室内有给水排水卫生设备，并有淋浴和集中热水供应	130～190

2. 排水工程的组成和排水系统

排水工程包括排水管道和污水处理厂两部分。

(1) 排水制度有分流制和合流制两种。

1) 分流制排水系统是将生活污水、工业废水和雨水分别在两个或两个以上各自独立的管渠内排除的系统；分流制包括完全分流制和不完全分流制两种。

2) 合流制排水系统是将生活污水、工业废水和雨水混合在一个管渠内排除的系统；合流制包括直排式合流制和截流式合流制两种。

(2) 排水系统的几种布置形式：截流布置、扇形布置、分区布置和分散布置（图 2-18）。

3. 污水处理厂的用地选择

污水处理厂应设在城市水体的下游、地势较低、便于城市污水汇流入厂内，远离居住

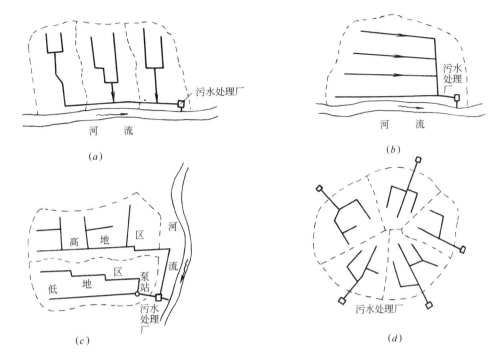

图 2-18 排水系统布置形式
(a) 截流布置；(b) 扇形布置；(c) 分区布置；(d) 分散布置

区之处。

(1) 其厂址选择应与排水管道系统布置以及水系规划统一考虑，充分考虑地形的影响。

(2) 宜设在水体附近，便于处理后的污水就近排入水体。

(3) 尽可能与回用处理后污水的主要用户靠近。

(4) 其厂址选择应注意城市近、远期发展问题。

(5) 不宜设在雨季易受水淹的低洼处；靠近水体的污水处理厂不应受到洪水威胁。

(三) 城市电力系统规划

城市电力系统工程由城市电源工程和城市输配电网络工程组成。

1. 城市电源工程

城市电源工程具有自身发电或从区域电网上获取电源，为城市提供电源的功能。城市电源工程主要有城市电厂、区域变电所（站）等电源设施。城市电厂是专为本城市服务的火力发电厂、水力发电厂（站）、核能发电厂（站）、风力发电厂、地热发电厂等电厂。区域变电所（站）是区域电网上供给城市电源所接入的变电所（站），通常是≥110kV 电压的高压变电所（站）或超高压变电所（站）。

2. 城市输配电网络工程

城市输配电网络工程由城市输送电网与配电网组成。城市输送电网含有城市变电所（站）和从城市电厂、区域变电所（站）接入的输送电线路等设施。城市变电所通常为≥10kV 电压的变电所。城市输送电线路以架空电缆为主，重点地段采用直埋电缆、管道电缆等敷设形式。输送电网具有将城市电源输入城区，并将电源变压进入城市配电网的功能。

3. 城市供电工程系统规划

(1) 城市供电工程系统规划的主要内容

根据城市规划编制层次，城市供电工程系统规划也分为总体规划和详细规划两个层次。

1) 总体规划主要内容：确定用电标准，预测城市供电负荷；选择供电电源，进行供电电源规划；确定城市供电电压等级和变电设施容量、数量，进行变电设施布局；布局高、中压送电网和高压走廊；布局中、低压配电网；制订城市供电设施保护措施。

2) 详细规划主要内容：计算供电负荷；选择和布局规划范围内的变配电设施；规划设计高压配电网；规划设计低压配电网。

(2) 城市供电设施规划要点

城市电力设施通常分为城市发电厂和变电所两种基本类型。城市电力供应可以由城市发电厂直接提供，也可由外地发电厂经高压长途输送至电源变电所，再进入城市电网。变电所除变换电压外，还起到集中电力和分配电力的作用，并控制电力流向和调整电压。

1) 城市发电厂选址要点

城市发电厂有火力发电厂、水力发电站、风力发电厂、太阳能发电厂等。目前我国作为城市电源的发电厂以火电厂和水电站为主。水电站布局往往距离城市较远，但一些火电厂需要在城市内部和边缘地区进行选址布局。

2) 城市电源变电所选址要点

① 位于城市的边缘或外围，便于进出线。

② 宜避开易燃、易爆设施，避开大气严重污染地区及严重烟雾区。

③ 应满足防洪、抗震的要求：220～500kV变电所的所址标高，宜高于百年一遇洪水水位；35～110kV变电所的所址标高，宜高于五十年一遇洪水水位。变电所所址应有良好的地质条件。

④ 不得布置在国家重点保护的文化遗址或有重要开采价值的矿藏上，并协调与风景名胜区、军事设施、通信设施、机场等的关系。电力系统距电台、机场导航等均应有足够的距离（表2-13）。

干扰源与天线尖端最小距离   表2-13

干 扰 源	与天线尖端最小距离（km）	干 扰 源	与天线尖端最小距离（km）
60kV以上输电线	2.0	高于35kV变电所	2.0
35kV以下送电线	1.0	35kV以下变电所	5.5

(四) 城市供热系统规划

城市采暖有分散和集中两种供热方式。分散式小锅炉房供热，耗煤多，有污染，逐步淘汰。分散式电供热，清洁热源是发展方向；集中供热有热电厂供热和区域锅炉房供热两种方式，这是城市现代化的要求。

供热系统是由热源、管网和热用户散热器三部分组成。供热载体分水载热体和蒸汽载热体两种。

供热管网一般为地下敷设，在不影响市容时可架空供热管网。其管网空间位置，应满足交通及其他各种管线的间距要求。

（五）城市燃气系统规划

城市燃气工程系统由燃气气源工程、储气工程、输配气管网工程等组成。城市燃气系统规划，要以城市工业、民用燃气的要求，对城市燃气作综合安排，确定燃气系统方式、气源、储备站的位置及规模。

1. 城市燃气的分类

（1）按燃气用途分类

1）远距离输气干管；

2）城市燃气管道；

3）工业企业燃气管道。

（2）根据燃气管输气压力分类

1）低压燃气管道：$P<0.01$MPa；

2）中压燃气管道：A　0.2MPa$<P\leqslant0.4$MPa；B　0.01MPa$\leqslant P\leqslant 0.2$MPa；

3）次高压燃气管：A　0.8MPa$<P\leqslant1.6$MPa；B　0.4MPa$<P\leqslant0.8$MPa；

4）高压燃气管：　A　2.5MPa$<P\leqslant4.0$MPa；B　1.6MPa$<P\leqslant2.5$MPa。

（3）按燃气管敷设方式分类

1）地下燃气管道；

2）架空燃气管道（工厂中常用）。

（4）按燃气气源分类

城市燃气主要包括天然气、液化石油气和人工煤气三类。

2. 燃气气源设施规划要点

城市燃气气源设施主要是煤气制气厂、天然气门站、液化石油气供应基地等规模较大的供气设施。

城市燃气输配设施的规划要点：由于燃气易燃易爆的特点，这些设施布局时除了应满足系统本身的要求外，还应尽量保证设施与周边建筑或用地的安全距离，减少安全隐患。

3. 管网的布置要求

燃气管网在城市中的布置，应满足交通、各种管线的防护及建筑安全的要求。

4. 选址要求

燃气厂、焦化厂、储气站、调压站、液化石油气储配站、灌瓶站、液化石油气供应站的选址，应位于交通便利、经济安全、对环境无污染地段。

（六）城市防灾工程系统规划

1. 城市防灾工程体系的构成与功能

城市防灾指防御或防止灾害的发生，同时包括对城市灾害的监测、预报、防护、抗御、救援和灾后恢复重建等多方面的工作。城市防灾系统主要由城市消防、防洪（潮、汛）、抗震、防空袭等系统及救灾生命线系统等组成。

（1）城市消防系统

城市消防系统有消防站（队），消防给水管网、消火栓等设施。消防系统的功能是日常防范火灾、及时发现与迅速扑灭各种火灾，避免或减少火灾损失。

（2）城市防洪（潮、汛）系统

城市防洪（潮、汛）系统有防洪（潮、汛）堤、截洪沟、泄洪沟、分洪闸、防洪闸、排涝泵站等设施。城市防洪系统的功能是采用避、拦、堵、截、导等各种方法，抗御洪水和潮汛的侵袭，排除城区涝渍，保护城市安全。

(3) 城市抗震系统

城市抗震系统主要在于加强建筑物、构筑物等的抗震强度，合理设置避灾疏散场地和道路。

(4) 城市人民防空袭系统

城市人防系统的功能是提供战时市民防御空袭，核战争时提供安全空间和物资供应。城市人民防空袭系统（简称人防系统）包括防空袭指挥中心、专业防空设施、防空掩体工事、地下建筑、地下通道以及战时所需的地下仓库、水厂、变电站、医院等设施。城市人防设施在满足安全要求的前提下，应尽可能成为城市日常活动的场所。

(5) 城市救灾生命线系统

城市救灾生命线系统由城市急救中心、疏运通道以及给水、供电、燃气、通信等设施组成。城市救灾生命线系统的功能是在发生各种城市灾害时，提供医疗救护，运输以及供水、电、通信调度等物质条件。

2. 城市防灾标准

(1) 城市防洪标准

防护对象的防洪标准应以防御的洪水或潮水的重现期表示；对于特别重要的防护对象，可采用可能最大洪水表示。防洪标准可根据不同防护对象的需要，采用设计一级或设计、校核两级。

防洪工程设计是以洪峰流量和水位为依据的，而洪水的大小通常是以某一频率的洪水量来表示。防洪工程的设计是以工程性质、防范范围及其重要性的要求，选定某一频率作为计算洪峰流量的设计标准的。通常洪水的频率用重现期的倒数代替表示，例如重现期为50年的洪水，其频率为2%；重现期愈大，设计标准也就越高。

城市防护区根据其政治、经济地位的重要性、常住人口或当量经济规模指标，可分为Ⅰ～Ⅳ四个防护等级，其重要性和防洪标准应符合《防洪标准》GB 50201—2014 的确定。

(2) 城市抗震标准

城市的抗震标准即为抗震设防烈度，抗震设防烈度一般情况下可采用基本烈度。地震基本烈度指一个地区今后一段时期内，在一般场地条件下可能遭遇的最大地震烈度，即现行《中国地震烈度区划图》规定的烈度。

我国工程建设从地震基本烈度6度开始设防，抗震设防烈度有6、7、8、9、10 几个等级（一般可以把"设防烈度为6度、7度……"简述为"6度、7度……"）。6度及6度以下的城市一般为非重点抗震防灾城市。但并不是说，这些城市不需要考虑抗震问题；6度地震区内的重要城市与国家重点抗震城市和位于7度以上（含7度）地区的城市，都必须考虑城市抗震问题，编制城市抗震防灾规划。

对于建筑来说，可以根据其重要性确定不同的抗震设计标准；根据建筑的重要性，可分为甲、乙、丙、丁四类建筑，各类建筑的抗震设防标准应符合《建筑抗震设计规范》GB 50011—2010（2016年版）的规定。

(3) 城市消防标准

城市的消防标准主要体现在建、构筑物的防火设计上。在城市消防工作中，国家或地方制定的这些与消防有关的法律、规范、标准是重要依据。与城市消防密切相关的规范、标准有《建筑设计防火规范》GB 50016—2014（2018年版）、《消防站建筑设计标准》GNJ 1—81、《城镇消防站布局与技术装备配备标准》GNJ 1—82等。

（4）城市人防标准

城市人防规划需要确定人防工程的大致总量规模，由此确定人防设施的布局。预测城市人防工程总量首先需要确定城市战时留城人口数。一般说来，战时留城人口约占城市总人口的30%～40%。按人均1～1.5m² 的人防工程面积标准，则可推算出城市所需的人防工程面积。

在居住区规划中，按照有关标准，在成片居住区内应按总建筑面积的2%设置人防工程，或按地面建筑总投资的6%左右进行安排。居住区防空地下室的战时用途应以居民掩蔽为主，规模较大的居住区的防空地下室项目应尽量配套齐全。

3. 城市主要防灾设施规划布局要点

（1）消防站规划布局要点

1）我国城市消防站的设置要求

① 在接警5min后，消防队可到达责任区边缘，消防站责任区的面积宜为4～7km²；

② 1.5万～5万人的小城镇可设1处消防站，5万人以上的小城镇可设1～2处；

③ 沿海、内河港口城市，应考虑设置水上消防站；

④ 一些地处城市边缘或外围的大中型企业，消防队接警后难以在5min内赶到，应设专用消防站；

⑤ 易燃、易爆危险品生产运输量大的地区，应设特种消防站。

2）城市消防站布局要求

① 消防站应位于责任区的中心。

② 消防站应设于交通便利的地点，如城市干道一侧或十字路口附近。

③ 消防站应与医院、小学、幼托以及人流集中的建筑保持50m以上的距离，以防相互干扰。

④ 消防站应确保自身的安全，与危险品或易燃易爆品的生产储运设施或单位保持200m以上间距，且位于这些设施的上风向或侧风向。

（2）防洪堤设置要点

根据城市的具体情况，防洪堤可能在河道一侧修建，也可能在河道两侧修建。在城市中心区的堤防工程，宜采用防洪墙，防洪墙可采用钢筋混凝土结构，也可采用混凝土和浆砌石防洪墙。

堤顶和防洪墙顶标高一般为设计洪（潮）水位加上超高，当堤顶设防浪墙时，堤顶标高应高于洪（潮）水位0.5m以上。

（3）人防设施规划布局要点

1）避开易遭到袭击的重要军事目标，如军事基地、机场、码头等。

2）避开易燃易爆品生产储运单位和设施，控制距离应大于50m。

3）避开有害液体和有毒重气体贮罐，距离应大于100m。

4）人员掩蔽所距人员工作生活地点不宜大于200m。

（4）避震疏散通道和疏散场地规划布局要点

1）避震疏散场地分类

城市避震和震时疏散可分为就地疏散、中程疏散和远程疏散。就地疏散指城市居民临时疏散至居所或工作地点附近的公园、操场或其他旷地；中程疏散指居民疏散至约1~2km半径内的空旷地带；远程疏散指城市居民使用各种交通工具疏散至外地的过程。

疏散场地可划分为：紧急避震疏散场所（临时、就近避难场所，通常选择城市内的小公园、小花园、小广场、专业绿地、高层建筑中的避难层、间等）、固定避震疏散场所（较长时间避难、集中性救援场所，通常选择公园、广场、体育场馆、大型人防工程、停车场、空地、绿化隔离带及公共设施等）、中心避震疏散场所（规模大、功能全、起避难中心作用的固定避难疏散场所）三种类型。

2）疏散通道规划布局要点

城市内疏散通道的宽度不应小于15m，一般为城市主干道，通向市内疏散场地和郊外旷地，或通向长途交通设施。对于100万人口以上的大城市，至少应有两条以上不经过市区的过境公路，其间距应大于20km。

城市的出入口数量应符合以下要求：中小城市不少于4个，大城市和特大城市不少于8个。与城市出入口相连接的城市主干道两侧应保证建筑倒塌后不阻塞交通。

紧急避震疏散场所内外的避震疏散通道有效宽度不宜低于4m，固定避震疏散场所内外的避震疏散主通道有效宽度不宜低于7m。与城市主入口、中心避震疏散场所、市政府抗震救灾指挥中心相连的救灾主干道不宜低于15m。避震疏散主通道两侧的建筑应能保证疏散通道的安全畅通。

3）疏散场地规划布局要点

避震疏散场所的规模应符合以下标准：紧急避震疏散场所的用地不宜小于$0.1hm^2$，固定避震疏散场所不宜小于$1hm^2$，中心避震疏散场所不宜小于$50hm^2$。

紧急避震疏散场所的服务半径宜为500m，步行大约10min之内可以到达；固定避震疏散场所的服务半径宜为2~3km，步行大约1h之内可以到达。

应对避震疏散场所用地和避震疏散通道提出规划要求。新建城区应根据需要，规划建设一定数量的防灾据点、防灾公园。在进行避震疏散规划时，应充分利用城市的绿地和广场作为避震疏散场所；明确设置防灾据点和防灾公园的规划建设要求，改善避震疏散条件。

避震疏散场所应具有畅通的周边交通环境和配套设施。避震疏散场所不应规划建设在不适宜用地的范围内。避震疏散场所距次生灾害危险源的距离应满足国家现行重大危险源和防火的有关标准规范要求；四周有次生火灾或爆炸危险源时，应设防火隔离带或防火树林带。

例2-3 （2021）城市抗震防灾规划中属于中心避难场所的是（　　）。
A　城市防灾公园　　　　　B　临时避难绿地
C　紧急避难绿地　　　　　D　隔离缓冲绿带

解析：根据《城市规划原理》（第四版）P470，中心避震疏散场所是规模较大，功能较全，起避难中心作用的固定避震疏散场所。场所内一般设抢险救灾部队营地、医疗抢救中心和重伤员转运中心等，故本题应选 A。

答案：A

第八节 城市规划中的技术经济分析

(一) 城市建设用地平衡表的作用及内容

(1) 反映城市土地使用的水平和比例，作为制定规划的依据之一。
(2) 用以比较城市之间建设用地情况。
(3) 作为规划管理中审定城市建设用地的依据。

城市建设用地平衡表，见表 2-14。

城市建设用地平衡表　　　　表 2-14

用地代码	用地名称		用地面积（hm²）		占城市建设用地比例（%）		人均城市建设用地面积（m²/人）	
			现状	规划	现状	规划	现状	规划
R	居住用地							
A	公共管理与公共服务设施用地							
	其中	行政办公用地						
		文化设施用地						
		教育科研用地						
		体育用地						
		医疗卫生用地						
		社会福利用地						
		……						
B	商业服务业设施用地							
M	工业用地							
W	物流仓储用地							
S	道路与交通设施用地							
	其中：城市道路用地							
U	公用设施用地							
G	绿地与广场用地							
	其中：公园绿地							
H11	城市建设用地				100	100		
备注：＿＿＿＿年现状常住人口＿＿＿＿万人								
＿＿＿＿年规划常住人口＿＿＿＿万人								

(二) 合理确定城市各项用地的比例

城市各项建设用地在一定条件下存在一定的比例关系。2010年12月颁布的新国家标准《城市用地分类与规划建设用地标准》GB 50137—2011，是城市总体规划用地的控制标准，也是详细规划指标的依据。城市用地标准包括：

（1）规划人均城市建设用地面积指标，见表2-15。

规划人均城市建设用地面积指标（m²/人）　　　　　表 2-15

气候区	现状人均城市建筑用地面积指标	允许采用的规划人均城市建设用地面积指标	允许调整幅度		
			规划人口规模≤20.0万人	规划人口规模20.1万~50.0万人	规划人口规模>50.0万人
Ⅰ、Ⅱ、Ⅵ、Ⅶ	≤65.0	65.0~85.0	>0.0	>0.0	>0.0
	65.1~75.0	65.0~95.0	+0.1~+20.0	+0.1~+20.0	+0.1~+20.0
	75.1~85.0	75.0~105.0	+0.1~+20.0	+0.1~+20.0	+0.1~+15.0
	85.1~95.0	80.0~110.0	+0.1~+20.0	-5.0~+20.0	-5.0~+15.0
	95.1~105.0	90.0~110.0	-5.0~+15.0	-10.0~+15.0	-10.0~+10.0
	105.1~115.0	95.0~115.0	-10.0~-0.1	-15.0~-0.1	-20.0~-0.1
	>115.0	≤115.0	<0.0	<0.0	<0.0
Ⅲ、Ⅳ、Ⅴ	≤65.0	65.0~85.0	>0.0	>0.0	>0.0
	65.1~75.0	65.0~95.0	+0.1~+20.0	+0.1~20.0	+0.1~+20.0
	75.1~85.0	75.0~100.0	-5.0~+20.0	-5.0~+20.0	-5.0~+15.0
	85.1~95.0	80.0~105.0	-10.0~+15.0	-10.0~+15.0	-10.0~+10.0
	95.1~105.0	85.0~105.0	-15.0~+10.0	-15.0~+10.0	-15.0~+5.0
	105.1~115.0	90.0~110.0	-20.0~-0.1	-20.0~-0.1	-25.0~-5.0
	>115.0	≤110.0	<0.0	<0.0	<0.0

注：1. 气候区应符合《建筑气候区划标准》GB 50178—93 的规定，具体应按本标准附录B执行。
　　2. 新建城市（镇）、首都的规划人均城市建设用地面积指标不适用本表。

（2）规划人均居住用地面积指标，见表2-4。
（3）规划城市建设用地结构，见表2-5。

（三）强化城市功能，提高土地利用率

城市建设用地必须付出一定投资，具备一定市政工程和公用设施，才能发挥它的使用价值。根据土地开发程度和地段繁华程度，将城市土地按土地性质分类，按土地级差效益分级，用以提高城市用地利用率和用地的经济性。

第九节　居住区规划

本节内容主要基于《城市居住区规划设计标准》GB 50180—2018；其他有关城市居住区规划设计与建设的技术资料，关于住区空间结构模式及住宅群体组织模式等方面的内

容，参考《建筑设计资料集（第三版）》"第 2 分册 居住"第二章 住宅规划。

（一）总则

1. 新版《居住区标准》制定的意义及其主要修订内容

为了应对《城市居住区规划设计规范》GB 50180—93 已不能完全适应现阶段城市居住区规划建设管理工作所面临挑战的现状，2018 年 12 月 1 日《城市居住区规划设计标准》GB 50180—2018（以下简称新版《居住区标准》）正式颁布实施。

新版《居住区标准》制定的意义：确保居住生活环境宜居适度、科学合理、经济有效地利用土地和空间，保障城市居住区规划设计质量，规范城市居住区的规划、建设与管理。

新版《居住区标准》的主要修订内容：

（1）适用范围从居住区的规划设计扩展至城市规划的编制以及城市居住区的规划设计。

（2）调整居住区分级控制方式与规模，统筹、整合、细化了居住区用地与建筑相关控制指标；优化了配套设施和公共绿地的控制指标和设置规定。

（3）与现行相关国家标准、行业标准、建设标准进行对接与协调；删除了工程管线综合及竖向设计的有关技术内容；简化了术语概念。

2. 新版《居住区标准》的适用范围

新版《居住区标准》适用于城市规划的编制以及城市居住区的规划设计。

3. 城市居住区规划建设的基本原则

城市居住区规划设计应遵循创新、协调、绿色、开放、共享的发展理念，营造安全、卫生、方便、舒适、美丽、和谐以及多样化的居住生活环境。

（二）术语解析

（1）城市居住区：城市中住宅建筑相对集中布局的地区，简称居住区。

（2）十五分钟生活圈居住区：以居民步行 15min 可满足其物质与生活文化需求为原则划分的居住区范围；一般由城市干路或用地边界线所围合，居住人口规模为 50000～100000 人（17000～32000 套住宅），配套设施完善的地区。

（3）十分钟生活圈居住区：以居民步行 10min 可满足其基本物质与生活文化需求为原则划分的居住区范围；一般由城市干路、支路或用地边界线所围合，居住人口规模为 15000～25000 人（5000～8000 套住宅），配套设施齐全的地区。

（4）五分钟生活圈居住区：以居民步行 5min 可满足其基本生活需求为原则划分的居住区范围；一般由支路及以上级城市道路或用地边界线所围合，居住人口规模为 5000～12000 人（1500～4000 套住宅），配建社区服务设施的地区。

（5）居住街坊：由支路等城市道路或用地边界线围合的住宅用地，是住宅建筑组合形成的居住基本单元；居住人口规模在 1000～3000 人（300～1000 套住宅，用地面积 2～4hm²），并配建有便民服务设施。

（6）住宅建筑平均层数：一定用地范围内，住宅建筑总面积与住宅建筑基底总面积的比值所得的层数。

（三）基本规定

1. 居住区规划设计的基本原则

居住区规划设计应坚持以人为本的基本原则，遵循适用、经济、绿色、美观的建筑方

针,并应符合下列规定:
(1) 应符合城市总体规划及控制性详细规划。
(2) 应符合所在地气候特点与环境条件、经济社会发展水平和文化习俗。
(3) 应遵循统一规划、合理布局、节约土地、因地制宜、配套建设、综合开发的原则。
(4) 应为老年人、儿童、残疾人的生活和社会活动提供便利的条件和场所。
(5) 应延续城市的历史文脉、保护历史文化遗产并与传统风貌相协调。
(6) 应采用低影响开发的建设方式,并应采取有效措施促进雨水的自然积存、自然渗透与自然净化。
(7) 应符合城市设计对公共空间、建筑群体、园林景观、市政等环境设施的有关控制要求。

2. 居住区规划选址的安全性原则

居住区应选择在安全、适宜居住的地段进行建设,并应符合下列规定:
(1) 不得在有滑坡、泥石流、山洪等自然灾害威胁的地段进行建设。
(2) 与危险化学品及易燃易爆品等危险源的距离,必须满足有关安全规定。
(3) 存在噪声污染、光污染的地段,应采取相应的降低噪声和光污染的防护措施。
(4) 土壤存在污染的地段,必须采取有效措施进行无害化处理,并应达到居住用地土壤环境质量的要求。

本条明确了居住区规划选址必须遵守的安全性原则,为强制性条文。居住区是城市居民居住生活的场所,其选址的安全性、适宜性规定是居民安居生活的基本保障。

3. 居住区规划布局的安全性要求

住区规划设计应统筹考虑居民的应急避难场所和疏散通道,并应符合国家有关应急防灾的安全管控要求。

4. 居住区分级控制规模的划分

居住区按照居民在合理的步行距离内满足基本生活需求的原则,可分为十五分钟生活圈居住区、十分钟生活圈居住区、五分钟生活圈居住区及居住街坊共4级,其分级控制规模应符合表2-16的规定。

居住区分级控制规模　　　　　　　　表2-16

距离与规模	十五分钟生活圈居住区	十分钟生活圈居住区	五分钟生活圈居住区	居住街坊
步行距离(m)	800～1000	500	300	—
居住人口(人)	50000～100000	15000～25000	5000～12000	1000～3000
住宅数量(套)	17000～32000	5000～8000	1500～4000	300～1000

5. 居住区应配套建设的各项设施和绿地

居住区应根据其分级控制规模,对应规划建设配套设施和公共绿地,并应符合下列规定:
(1) 新建居住区,应满足统筹规划、同步建设、同期投入使用的要求。

(2) 旧区可遵循规划匹配、建设补缺、综合达标、逐步完善的原则进行改造。

6. 居住区规划建设与历史文化遗产保护

涉及历史城区、历史文化街区、文物保护单位及历史建筑的居住区规划建设项目，必须遵守国家有关规划的保护与建设控制规定。

7. 低影响开发的基本原则

居住区应有效组织雨水的收集与排放，并应满足地表径流控制、内涝灾害防治、面源污染治理及雨水资源化利用的要求。

8. 地下空间的适度开发利用

居住区地下空间的开发利用应适度，应合理控制用地的不透水面积并留足雨水自然渗透、净化所需的土壤生态空间。

9. 必须执行的相关标准

居住区的工程管线规划设计应符合现行国家标准《城市工程管线综合规划规范》GB 50289 的有关规定；居住区的竖向规划设计应符合现行行业标准《城乡建设用地竖向规划规范》CJJ 83 的有关规定。

(四) 用地与建筑

1. 各级生活圈居住区的用地构成及控制指标

各级生活圈居住区用地应合理配置、适度开发，其控制指标应符合下列规定：

（1）十五分钟生活圈居住区用地控制指标应符合表 2-17 的规定。

十五分钟生活圈居住区用地控制指标　　　　表 2-17

建筑气候区划	住宅建筑平均层数类别	人均居住区用地面积（m²/人）	居住区用地容积率	居住区用地构成（%）				
				住宅用地	配套设施用地	公共绿地	城市道路用地	合计
Ⅰ、Ⅶ	多层Ⅰ类（4～6层）	40～54	0.8～1.0	58～61	12～16	7～11	15～20	100
Ⅱ、Ⅵ		38～51	0.8～1.0					
Ⅲ、Ⅳ、Ⅴ		37～48	0.9～1.1					
Ⅰ、Ⅶ	多层Ⅱ类（7～9层）	35～42	1.0～1.1	52～58	13～20	9～13	15～20	100
Ⅱ、Ⅵ		33～41	1.0～1.2					
Ⅲ、Ⅳ、Ⅴ		31～39	1.1～1.3					
Ⅰ、Ⅶ	高层Ⅰ类（10～18层）	28～38	1.1～1.4	48～52	16～23	11～16	15～20	100
Ⅱ、Ⅵ		27～36	1.2～1.4					
Ⅲ、Ⅳ、Ⅴ		26～34	1.2～1.5					

注：居住区用地容积率是生活圈内，住宅建筑及其配套设施地上建筑面积之和与居住区用地总面积的比值。

（2）十分钟生活圈居住区用地控制指标应符合表 2-18 的规定。

（3）五分钟生活圈居住区用地控制指标应符合表 2-19 的规定。

十分钟生活圈居住区用地控制指标　　　　　　　　　　表2-18

建筑气候区划	住宅建筑平均层数类别	人均居住区用地面积（m²/人）	居住区用地容积率	居住区用地构成(%)				
				住宅用地	配套设施用地	公共绿地	城市道路用地	合计
Ⅰ、Ⅶ	低层（1～3层）	49～51	0.8～0.9	71～73	5～8	4～5	15～20	100
Ⅱ、Ⅵ		45～51	0.8～0.9					
Ⅲ、Ⅳ、Ⅴ		42～51	0.8～0.9					
Ⅰ、Ⅶ	多层Ⅰ类（4～6层）	35～47	0.8～1.1	68～70	8～9	4～6	15～20	100
Ⅱ、Ⅵ		33～44	0.9～1.1					
Ⅲ、Ⅳ、Ⅴ		32～41	0.9～1.2					
Ⅰ、Ⅶ	多层Ⅱ类（7～9层）	30～35	1.1～1.2	64～67	9～12	6～8	15～20	100
Ⅱ、Ⅵ		28～33	1.2～1.3					
Ⅲ、Ⅳ、Ⅴ		26～32	1.2～1.4					
Ⅰ、Ⅶ	高层Ⅰ类（10～18层）	23～31	1.2～1.6	60～64	12～14	7～10	15～20	100
Ⅱ、Ⅵ		22～28	1.3～1.7					
Ⅲ、Ⅳ、Ⅴ		21～27	1.4～1.8					

五分钟生活圈居住区用地控制指标　　　　　　　　　　表2-19

建筑气候区划	住宅建筑平均层数类别	人均居住区用地面积（m²/人）	居住区用地容积率	居住区用地构成（%）				
				住宅用地	配套设施用地	公共绿地	城市道路用地	合计
Ⅰ、Ⅶ	低层（1～3层）	46～47	0.7～0.8	76～77	3～4	2～3	15～20	100
Ⅱ、Ⅵ		43～47	0.8～0.9					
Ⅲ、Ⅳ、Ⅴ		39～47	0.8～0.9					
Ⅰ、Ⅶ	多层Ⅰ类（4～6层）	32～43	0.8～1.1	74～76	4～5	2～3	15～20	100
Ⅱ、Ⅵ		31～40	0.9～1.2					
Ⅲ、Ⅳ、Ⅴ		29～37	1.0～1.2					
Ⅰ、Ⅶ	多层Ⅱ类（7～9层）	28～31	1.2～1.3	72～74	5～6	3～4	15～20	100
Ⅱ、Ⅵ		25～29	1.2～1.4					
Ⅲ、Ⅳ、Ⅴ		23～28	1.3～1.6					
Ⅰ、Ⅶ	高层Ⅰ类（10～18层）	20～27	1.4～1.8	69～72	6～8	4～5	15～20	100
Ⅱ、Ⅵ		19～25	1.5～1.9					
Ⅲ、Ⅳ、Ⅴ		18～23	1.6～2.0					

2. 居住街坊的各项控制指标

居住街坊用地与建筑控制指标应符合表2-20的规定。

居住街坊用地与建筑控制指标　　　　　　　　　　表2-20

建筑气候区划	住宅建筑平均层数类别	住宅用地容积率	建筑密度最大值（%）	绿地率最小值（%）	住宅建筑高度控制最大值（m）	人均住宅用地面积最大值（m²/人）
Ⅰ、Ⅶ	低层（1～3层）	1.0	35	30	18	36
	多层Ⅰ类（4～6层）	1.1～1.4	28	30	27	32
	多层Ⅱ类（7～9层）	1.5～1.7	25	30	36	22
	高层Ⅰ类（10～18层）	1.8～2.4	20	35	54	19
	高层Ⅱ类（19～26层）	2.5～2.8	20	35	80	13

续表

建筑气候区划	住宅建筑平均层数类别	住宅用地容积率	建筑密度最大值（%）	绿地率最小值（%）	住宅建筑高度控制最大值（m）	人均住宅用地面积最大值（m²/人）
Ⅱ、Ⅵ	低层（1~3层）	1.0、1.1	40	28	18	36
	多层Ⅰ类（4~6层）	1.2~1.5	30	30	27	30
	多层Ⅱ类（7~9层）	1.6~1.9	28	30	36	21
	高层Ⅰ类（10~18层）	2.0~2.6	20	35	54	17
	高层Ⅱ类（19~26层）	2.7~2.9	20	35	80	13
Ⅲ、Ⅳ、Ⅴ	低层（1~3层）	1.0~1.2	43	25	18	36
	多层Ⅰ类（4~6层）	1.3~1.6	32	30	27	27
	多层Ⅱ类（7~9层）	1.7~2.1	30	30	36	20
	高层Ⅰ类（10~18层）	2.2~2.8	22	35	54	16
	高层Ⅱ类（19~26层）	2.9~3.1	22	35	80	12

注：1. 住宅用地容积率是居住街坊内，住宅建筑及其便民服务设施地上建筑面积之和与住宅用地总面积的比值；
  2. 建筑密度是居住街坊内，住宅建筑及其便民服务设施建筑基底面积与该居住街坊用地面积的比率（%）；
  3. 绿地率是居住街坊内绿地面积之和与该居住街坊用地面积的比率（%）。

本条为强制性条文，明确规定了居住街坊的各项控制指标。新版《居住区标准》对居住区的开发强度提出了限制要求。不鼓励高强度开发居住用地及大面积建设高层住宅建筑，并对容积率、住宅建筑控制高度提出了较为适宜的控制范围。在相同的容积率控制条件下，对住宅建筑控制高度最大值进行了控制，既能避免住宅建筑群比例失态的"高低配"现象的出现，又能为合理设置高低错落的住宅建筑群留出空间。高层住宅建筑形成的居住街坊由于建筑密度低，应设置更多的绿地空间，因此对绿地率指标也相应进行了调整。

3. 采取低层（或多层）高密度布局形式的居住街坊各项控制指标

当住宅建筑采用低层或多层高密度布局形式时，居住街坊用地与建筑控制指标应符合表 2-21 的规定。

低层或多层高密度居住街坊用地与建筑控制指标　　　表 2-21

建筑气候区划	住宅建筑层数类别	住宅用地容积率	建筑密度最大值（%）	绿地率最小值（%）	住宅建筑高度控制最大值（m）	人均住宅用地面积（m²/人）
Ⅰ、Ⅶ	低层（1~3层）	1.0、1.1	42	25	11	32~36
	多层Ⅰ类（4~6层）	1.4、1.5	32	28	20	24~26
Ⅱ、Ⅵ	低层（1~3层）	1.1、1.2	47	23	11	30~32
	多层Ⅰ类（4~6层）	1.5~1.7	38	28	20	21~24
Ⅲ、Ⅳ、Ⅴ	低层（1~3层）	1.2、1.3	50	20	11	27~30
	多层Ⅰ类（4~6层）	1.6~1.8	42	25	20	20~22

本条为强制性条文。在城市旧区改建等情况下，建筑高度受到严格控制，居住区可采用低层高密度或多层高密度的布局方式，结合气候区分布，其绿地率可酌情降低，建筑密度可适当提高。多层高密度宜采用围合式布局，同时利用公共建筑的屋顶绿化改善居住环境，并形成开放便捷、尺度适宜的生活街区。

4. 新建各级生活圈居住区配建公共绿地的有关规定

新建各级生活圈居住区应配套规划建设公共绿地，并应集中设置具有一定规模，且能开展休闲、体育活动的居住区公园；公共绿地控制指标应符合表2-22的规定。

公共绿地控制指标　　　　　　　表 2-22

类别	人均公共绿地面积（m^2/人）	居住区公园		备注
		最小规模（hm^2）	最小宽度（m）	
十五分钟生活圈居住区	2.0	5.0	80	不含十分钟生活圈及以下级居住区的公共绿地指标
十分钟生活圈居住区	1.0	1.0	50	不含五分钟生活圈及以下级居住区的公共绿地指标
五分钟生活圈居住区	1.0	0.4	30	不含居住街坊的绿地指标

注：居住区公园中应设置10%～15%的体育活动场地。

本条为强制性条文。为落实《中共中央国务院关于进一步加强城市规划建设管理工作的若干意见》提出的"合理规划建设广场、公园、步行道等公共活动空间，方便居民文体活动，促进居民交流。强化绿地服务居民日常活动的功能，使市民在居家附近能够见到绿地、亲近绿地"的精神，新版《居住区标准》提高了各级生活圈居住区公共绿地配建指标。

5. 旧区改建公共绿地的控制规定

当旧区改建确实无法满足表2-22的规定时，可采取多点分布以及立体绿化等方式改善居住环境，但人均公共绿地面积不应低于相应控制指标的70%。

6. 居住街坊内的绿地设置

居住街坊内的绿地应结合住宅建筑布局设置集中绿地和宅旁绿地；绿地的计算方法应符合本节"（八）技术指标与用地面积计算方法"第2条的规定。

7. 居住街坊集中绿地控制标准

居住街坊内集中绿地的规划建设，应符合下列规定：

(1) 新区建设不应低于0.50m^2/人，旧区改建不应低于0.35m^2/人。

(2) 宽度不应小于8m。

(3) 在标准的建筑日照阴影线范围之外的绿地面积不应少于1/3，其中应设置老年人、儿童活动场地。

本条为强制性条文。集中绿地应设置供幼儿、老年人在家门口日常户外活动的场地，因此本条对其最小规模和最小宽度进行了规定，以保证居民能有足够的空间进行户外活动。

8. 住宅建筑间距控制的一般原则

住宅建筑与相邻建、构筑物的间距应在综合考虑日照、采光、通风、管线埋设、视觉卫生、防灾等要求的基础上统筹确定，并应符合现行国家标准《建筑设计防火规范》GB 50016 的有关规定。

9. 住宅建筑的日照标准

住宅建筑的间距应符合表 2-23 的规定；对特定情况，还应符合下列规定：

住宅建筑日照标准 表 2-23

建筑气候区划	Ⅰ、Ⅱ、Ⅲ、Ⅶ气候区		Ⅳ气候区		Ⅴ、Ⅵ气候区
城区常住人口（万人）	≥50	<50	≥50	<50	无限定
日照标准日	大寒日			冬至日	
日照时数（h）	≥2		≥3		≥1
有效日照时间带（当地真太阳时）	8时～16时			9时～15时	
计算起点	底层窗台面				

注：1. 底层窗台面是指距室内地坪 0.9m 高的外墙位置。
　　2. 本表中的城区常住人口以 50 万为分界点，是以《中华人民共和国城市规划法》第四条为依据制定的（市区和近郊非农业人口≥50 万人为大城市；≥20 万人、<50 万人为中等城市；<20 万为小城市）；虽然目前《中华人民共和国城市规划法》已废止，但新版《居住区标准》仍沿用了前版《居住区规范》对城市规模划分的人口规模节点。

（1）老年人居住建筑日照标准不应低于冬至日日照时数 2h。

（2）在原设计建筑外增加任何设施不应使相邻住宅原有日照标准降低，既有住宅建筑进行无障碍改造加装电梯除外。

（3）旧区改建项目内新建住宅建筑日照标准不应低于大寒日日照时数 1h。

住宅建筑正面间距可参考表 2-24 全国主要城市不同日照标准的间距系数来确定日照间距，不同方位的日照间距系数控制可采用表 2-25 不同方位日照间距折减系数进行换算。"不同方位的日照间距折减"指以日照时数为标准，按不同方位布置的住宅折算成不同日照间距。表 2-24、表 2-25 通常应用于条式平行布置的新建住宅建筑，作为推荐指标仅供规划设计人员参考，对于精确的日照间距和复杂的建筑布置形式须另作测算。

全国主要城市不同日照标准的间距系数 表 2-24

序号	城市名称	纬度（北纬）	冬至日			大寒日		
			正午影长率	日照 1h	正午影长率	日照 1h	日照 2h	日照 3h
1	漠河	53°00′	4.14	3.88	3.33	3.11	3.21	3.33
2	齐齐哈尔	47°20′	2.86	2.68	2.43	2.27	2.32	2.43
3	哈尔滨	45°45′	2.63	2.46	2.25	2.10	2.15	2.24
4	长春	43°54′	2.39	2.24	2.07	1.93	1.97	2.06
5	乌鲁木齐	43°47′	2.38	2.22	2.06	1.92	1.96	2.04
6	多伦	42°12′	2.21	2.06	1.92	1.79	1.83	1.91

续表

序号	城市名称	纬度（北纬）	冬至日			大寒日		
			正午影长率	日照1h	正午影长率	日照1h	日照2h	日照3h
7	沈阳	41°46′	2.16	2.02	1.88	1.76	1.80	1.87
8	呼和浩特	40°49′	2.07	1.93	1.81	1.69	1.73	1.80
9	大同	40°00′	2.00	1.87	1.75	1.63	1.67	1.74
10	北京	39°57′	1.99	1.86	1.75	1.63	1.67	1.74
11	喀什	39°32′	1.96	1.83	1.72	1.60	1.61	1.71
12	天津	39°06′	1.92	1.80	1.69	1.58	1.61	1.68
13	保定	38°53′	1.91	1.78	1.67	1.56	1.60	1.66
14	银川	38°29′	1.87	1.75	1.65	1.54	1.58	1.64
15	石家庄	38°04′	1.84	1.72	1.62	1.51	1.55	1.61
16	太原	37°55′	1.83	1.71	1.61	1.50	1.54	1.60
17	济南	36°41′	1.74	1.62	1.54	1.44	1.47	1.53
18	西宁	36°35′	1.73	1.62	1.53	1.43	1.47	1.52
19	青岛	36°04′	1.70	1.58	1.50	1.40	1.44	1.50
20	兰州	36°03′	1.70	1.58	1.50	1.40	1.44	1.49
21	郑州	34°40′	1.61	1.50	1.43	1.33	1.36	1.42
22	徐州	34°19′	1.58	1.48	1.41	1.31	1.35	1.40
23	西安	34°18′	1.58	1.48	1.41	1.31	1.35	1.40
24	蚌埠	32°57′	1.50	1.40	1.34	1.25	1.28	1.34
25	南京	32°04′	1.45	1.36	1.30	1.21	1.24	1.30
26	合肥	31°51′	1.44	1.35	1.29	1.20	1.23	1.29
27	上海	31°12′	1.41	1.32	1.26	1.17	1.21	1.26
28	成都	30°40′	1.38	1.29	1.23	1.15	1.18	1.24
29	武汉	30°38′	1.38	1.29	1.23	1.15	1.18	1.24
30	杭州	30°19′	1.36	1.27	1.22	1.14	1.17	1.22
31	拉萨	29°42′	1.33	1.25	1.19	1.11	1.15	1.20
32	重庆	29°34′	1.33	1.24	1.19	1.11	1.14	1.19
33	南昌	28°40′	1.28	1.20	1.15	1.07	1.11	1.16
34	长沙	28°12′	1.26	1.18	1.13	1.06	1.09	1.14
35	贵阳	26°35′	1.19	1.11	1.07	1.00	1.03	1.08
36	福州	26°05′	1.17	1.10	1.05	0.98	1.01	1.07
37	桂林	25°18′	1.14	1.07	1.02	0.96	0.99	1.04
38	昆明	25°02′	1.13	1.06	1.01	0.95	0.98	1.03
39	厦门	24°27′	1.11	1.03	0.99	0.93	0.96	1.01
40	广州	23°08′	1.06	0.99	0.95	0.89	0.92	0.97
41	南宁	22°49′	1.04	0.98	0.94	0.88	0.91	0.96
42	湛江	21°02′	0.98	0.92	0.88	0.83	0.86	0.91
43	海口	20°00′	0.95	0.89	0.85	0.80	0.83	0.88

注：本表按沿纬向平行布置的6层条式住宅（楼高18.18m，首层窗台距室外地面1.35m）计算。

不同方位日照间距折减换算系数　　　　　表2-25

方位	0°～15°（含）	15°～30°（含）	30°～45°（含）	45°～60°（含）	>60°
折减系数值	1.00L	0.90L	0.80L	0.90L	0.95L

注：1. 表中方位为正南向（0°）偏东、偏西的方位角；
　　2. L为当地正南向住宅的标准日照间距（m）；
　　3. 本表指标仅适用于无其他日照遮挡的平行布置的条式住宅建筑。

本条为强制性条文。日照标准是确定住宅建筑间距的基本要素。日照标准的建立是提升居住区环境质量的必要条件，是保障环境卫生、建立可持续社区的基本要求，也是保护社会公平的重要手段。

（五）配套设施

1. 居住区配套设施规划建设基本原则

配套设施应遵循配套建设、方便使用、统筹开放、兼顾发展的原则进行配置，其布局应遵循集中和分散兼顾、独立和混合使用并重的原则，并应符合下列规定：

（1）十五分钟和十分钟生活圈居住区配套设施，应依照其服务半径相对居中布局。

（2）十五分钟生活圈居住区配套设施中，文化活动中心、社区服务中心（街道级）、街道办事处等服务设施宜联合建设并形成街道综合服务中心，其用地面积不宜小于1hm^2。

（3）五分钟生活圈居住区配套设施中，社区服务站、文化活动站（含青少年、老年活动站）、老年人日间照料中心（托老所）、社区卫生服务站、社区商业网点等服务设施，宜集中布局、联合建设，并形成社区综合服务中心；其用地面积不宜小于0.3hm^2。

（4）旧区改建项目应根据所在居住区各级配套设施的承载能力合理确定居住人口规模与住宅建筑容量；当不匹配时，应增补相应的配套设施或对应控制住宅建筑增量。

2. 居住区配套设施设置要求

居住区配套设施分级设置应符合《居住区标准》附录B的要求。

3. 居住区配套设施的分级配置标准

配套设施用地及建筑面积控制指标，应按照居住区分级对应的居住人口规模进行控制，并应符合《居住区标准》的规定（表2-26）。

配套设施控制指标（m^2/千人） 表2-26

类别		十五分钟生活圈居住区		十分钟生活圈居住区		五分钟生活圈居住区		居住街坊	
		用地面积	建筑面积	用地面积	建筑面积	用地面积	建筑面积	用地面积	建筑面积
总指标		1600~2910	1450~1830	1980~2660	1050~1270	1710~2210	1070~1820	50~150	80~90
其中	公共管理与公共服务设施A类	1250~2360	1130~1380	1890~2340	730~810	—	—	—	—
	交通场站设施S类	—	—	70~80	—	—	—	—	—
	商业服务业设施B类	350~550	320~450	20~240	320~460	—	—	—	—
	社区服务设施R12、R22、R32	—	—	—	—	1710~2210	1070~1820	—	—
	便民服务设施R11、R21、R31	—	—	—	—	—	—	50~150	80~90

注：1. 十五分钟生活圈居住区指标不含十分钟生活圈居住区指标，十分钟生活圈居住区指标不含五分钟生活圈居住区指标，五分钟生活圈居住区指标不含居住街坊指标；

2. 配套设施用地应含与居住区分级对应的居民室外活动场所用地；未含高中用地、市政公用设施用地，市政公用设施应根据专业规划确定。

4. 居住区配套设施的配置标准和设置规定

各级居住区配套设施规划建设应符合《居住区标准》附录C的规定。

5. 居住区配套设施需配建停车场（库）的配建要求

居住区相对集中设置且人流较多的配套设施应配建停车场（库），并应符合下列规定：
（1）停车场（库）的停车位控制指标，不宜低于《居住区标准》的规定（表2-27）。

配建停车场（库）的停车位控制指标（车位/100m² 建筑面积） 表2-27

名称	非机动车	机动车
商场	≥7.5	≥0.45
菜市场	≥7.5	≥0.30
街道综合服务中心	≥7.5	≥0.45
社区卫生服务中心（社区医院）	≥1.5	≥0.45

（2）商场、街道综合服务中心机动车停车场（库）宜采用地下停车、停车楼或机械式停车设施。
（3）配建的机动车停车场（库）应具备公共充电设施安装条件。

6. 居住区内的居民停车场（库）设置规定

居住区应配套设置居民机动车和非机动车停车场（库），并应符合下列规定：
（1）机动车停车应根据当地机动化发展水平、居住区所处区位、用地及公共交通条件综合确定，并应符合所在地城市规划的有关规定。
（2）地上停车位应优先考虑设置多层停车库或机械式停车设施，地面停车位数量不宜超过住宅总套数的10%。
（3）机动车停车场（库）应设置无障碍机动车位，并应为老年人、残疾人专用车等新型交通工具和辅助工具留有必要的发展余地。
（4）非机动车停车场（库）应设置在方便居民使用的位置。
（5）居住街坊应配置临时停车位。
（6）新建居住区配建机动车停车位应具备充电基础设施安装条件。

（六）道路

1. 居住区道路规划建设的基本原则

居住区内道路的规划设计应遵循安全便捷、尺度适宜、公交优先、步行友好的基本原则，并应符合现行国家标准《城市综合交通体系规划标准》GB/T 51328 的有关规定。

2. 居住区路网系统的规划建设要求

居住区的路网系统应与城市道路交通系统有机衔接，并应符合下列规定：
（1）居住区应采取"小街区、密路网"的交通组织方式，路网密度不应小于8km/km²；城市道路间距不应超过300m，宜为150～250m，并应与居住街坊的布局相结合。
（2）居住区内的步行系统应连续、安全、符合无障碍要求，并应便捷连接公共交通站点。
（3）在适宜自行车骑行的地区，应构建连续的非机动车道。
（4）旧区改建，应保留和利用有历史文化价值的街道、延续原有的城市肌理。

3. 居住区各级城市道路规划建设要求

居住区内各级城市道路应突出居住使用功能特征与要求，并应符合下列规定：
（1）两侧集中布局了配套设施的道路，应形成尺度宜人的生活性街道；道路两侧建筑退线距离，应与街道尺度相协调。

（2）支路的红线宽度，宜为14～20m。

（3）道路断面形式应满足适宜步行及自行车骑行的要求，人行道宽度不应小于2.5m。

（4）支路应采取交通稳静化措施，适当控制机动车行驶速度。

4. 居住街坊附属道路的设置要求

居住街坊内附属道路的规划设计应满足消防、救护、搬家等车辆的通达要求，并应符合下列规定：

（1）主要附属道路至少应有两个车行出入口连接城市道路，其路面宽度不应小于4.0m；其他附属道路的路面宽度不宜小于2.5m。

（2）人行出入口间距不宜超过200m。

（3）最小纵坡不应小于0.3%，最大纵坡应符合《居住区标准》的规定（表2-28）；机动车与非机动车混行的道路，其纵坡宜按照或分段按照非机动车道要求进行设计。

附属道路最大纵坡控制指标（%）　　　　　表2-28

道路类别及其控制内容	一般地区	积雪或冰冻地区
机动车道	8.0	6.0
非机动车道	3.0	2.0
步行道	8.0	4.0

5. 居住区道路边缘与建、构筑物的最小间距

居住区道路边缘至建筑物、构筑物的最小距离，应符合《居住区标准》的规定（表2-29）。

居住区道路边缘至建筑物、构筑物最小距离（m）　　　　　表2-29

与建、构筑物关系		城市道路	附属道路
建筑物面向道路	无出入口	3.0	2.0
	有出入口	5.0	2.5
建筑物山墙面向道路		2.0	1.5
围墙面向道路		1.5	1.5

注：道路边缘对于城市道路是指道路红线；附属道路分两种情况：道路断面设有人行道时，指人行道的外边线；道路断面未设人行道时，指路面边线。

（七）居住环境

1. 居住环境规划建设的基本原则

居住区规划设计应尊重气候及地形地貌等自然条件，并应塑造舒适宜人的居住环境。

2. 居住区规划设计的空间布局原则

居住区规划设计应统筹庭院、街道、公园及小广场等公共空间，形成连续、完整的公共空间系统，并应符合下列规定：

（1）宜通过建筑布局形成适度围合、尺度适宜的庭院空间。

（2）应结合配套设施的布局塑造连续、宜人、有活力的街道空间。

（3）应构建动静分区合理、边界清晰连续的小游园、小广场。

（4）宜设置景观小品美化生活环境。

3. 居住区公共绿地的规划建设要求

居住区内绿地的建设及其绿化应遵循适用、美观、经济、安全的原则，并应符合下列规定：

（1）宜保留并利用已有的树木和水体。

（2）应种植适宜当地气候和土壤条件、对居民无害的植物。

（3）应采用乔、灌、草相结合的复层绿化方式。

（4）应充分考虑场地及住宅建筑冬季日照和夏季遮阴的需求。

（5）适宜绿化的用地均应进行绿化，并可采用立体绿化的方式丰富景观层次、增加环境绿量。

（6）有活动设施的绿地应符合无障碍设计要求并与居住区的无障碍系统相衔接。

（7）绿地应结合场地雨水排放进行设计，并宜采用雨水花园、下凹式绿地、景观水体、干塘、树池、植草沟等具备调蓄雨水功能的绿化方式。

4. 硬质铺装的透水性要求

居住区公共绿地活动场地、居住街坊附属道路及附属绿地的活动场地的铺装，在符合有关功能性要求的前提下应满足透水性要求。

5. 光污染控制

居住街坊内附属道路、老年人及儿童活动场地、住宅建筑出入口等公共区域应设置夜间照明；照明设计不应对居民产生光污染。

6. 降低不利因素影响的措施

居住区规划设计应结合当地主导风向、周边环境、温度湿度等微气候条件，采取有效措施降低不利因素对居民生活的干扰，并应符合下列规定：

（1）应统筹建筑空间组合、绿地设置及绿化设计，优化居住区的风环境。

（2）应充分利用建筑布局、交通组织、坡地绿化或隔声设施等方法，降低周边环境噪声对居民的影响。

（3）应合理布局餐饮店、生活垃圾收集点、公共厕所等容易产生异味的设施，避免气味、油烟等对居民产生影响。

7. 既有居住区的更新改造

既有居住区对生活环境进行的改造与更新，应包括无障碍环境建设、绿色节能改造、配套设施完善、市政管网更新、机动车停车优化、居住环境品质提升等。

（八）技术指标与用地面积计算方法

1. 居住区用地范围的计算规则

居住区用地面积应包括住宅用地、配套设施用地、公共绿地和城市道路用地，其计算方法应符合下列规定。

（1）居住区范围内与居住功能不相关的其他用地以及本居住区配套设施以外的其他公共服务设施用地，不应计入居住区用地。

（2）当周界为自然分界线时，居住区用地范围应算至用地边界。

（3）当周界为城市快速路或高速路时，居住区用地边界应算至道路红线或其防护绿地边界；快速路或高速路及其防护绿地不应计入居住区用地。

(4) 当周界为城市干路或支路时,各级生活圈的居住区用地范围应算至道路中心线。

(5) 居住街坊用地范围应算至周界道路红线,且不含城市道路。

(6) 当与其他用地相邻时,居住区用地范围应算至用地边界。

(7) 当住宅用地与配套设施(不含便民服务设施)用地混合时,其用地面积应按住宅和配套设施的地上建筑面积占该幢建筑总建筑面积的比率分摊计算,并应分别计入住宅用地和配套设施用地。

2. 居住街坊内绿地及集中绿地的计算规则

居住街坊内绿地面积的计算方法应符合下列规定:

(1) 满足当地植树绿化覆土要求的屋顶绿地可计入绿地。绿地面积计算方法应符合所在城市绿地管理的有关规定。

(2) 当绿地边界与城市道路邻接时,应算至道路红线;当与居住街坊附属道路邻接时,应算至路面边缘;当与建筑物邻接时,应算至距房屋墙脚 1.0m 处;当与围墙、院墙邻接时,应算至墙脚。

(3) 当集中绿地与城市道路邻接时,应算至道路红线;当与居住街坊附属道路邻接时,应算至距路面边缘 1.0m 处;当与建筑物邻接时,应算至距房屋墙脚 1.5m 处(图 2-19)。

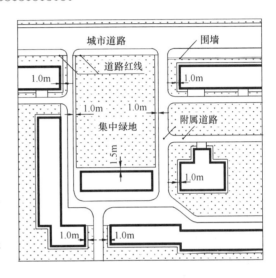

图 2-19 居住街坊内绿地的计算规则示意

3. 综合技术指标

居住区综合技术指标应符合表 2-30 的要求。

居住区综合技术指标 表 2-30

		项目	计量单位	数值	所占比例(%)	人均面积指标(m²/人)
各级生活圈居住区指标	居住区用地	总用地面积	hm²	▲	100	▲
		其中 住宅用地	hm²	▲	▲	▲
		配套设施用地	hm²	▲	▲	▲
		公共绿地	hm²	▲	▲	▲
		城市道路用地	hm²	▲	▲	—
	居住总人口		人	▲	—	—
	居住总套(户)数		套	▲	—	—
	住宅建筑总面积		万 m²	▲	—	—

续表

项　　目			计量单位	数值	所占比例（%）	人均面积指标（m²/人）
居住街坊指标	用地面积		hm²	▲	—	▲
	容积率		—	▲	—	—
	地上建筑面积其中	总建筑面积	万 m²	▲	100	—
		住宅建筑	万 m²	▲	▲	—
		便民服务设施	万 m²	▲	▲	—
	地下总建筑面积		万 m²	▲	▲	—
	绿地率		%	▲	—	—
	集中绿地面积		m²	▲	—	▲
	住宅套（户）数		套	▲	—	—
	住宅套均面积		m²/套	▲	—	—
	居住人数		人	▲	—	—
	住宅建筑密度		%	▲	—	—
	住宅建筑平均层数		层	▲	—	—
	住宅建筑高度控制最大值		m	▲	—	—
	停车位其中	总停车位	辆	▲	—	—
		地上停车位	辆	▲	—	—
		地下停车位	辆	▲	—	—
	地面停车位		辆	▲	—	—

注：▲为必列指标。

（九）居住区配套设施设置规定及控制要求（略）

详见《居住区标准》附录 B、附录 C。

第十节　城市规划的实施

（一）城市规划实施的工作进程

城市建设是国家经济建设和文化建设的重要组成部分。一个城市，从提出规划任务到各项工程建设开始，必须分阶段进行，逐步深化。各项工程建设都以规划为遵循，以各项法规、规范、条例、指标等文件规定进行设计，经批准后才能施工建设。其阶段分为：

1. 城市规划工作

包括总体规划和详细规划的编制和管理，经有关部门批准后，作为各项工程修建设计的依据。

2. 修建设计

是单项工程建设项目的设计，是建设施工的依据，由专业设计部门承担。

3. 建设实施

城市规划和修建设计的各个阶段在着手进行之前，都必须具备明确的任务书。规划设计图纸和文件完成后，必须按照规定的程序申报，审批后才能实施。

（二）建设的条件

1. 建设用地

按规定的手续进行征用。

2. 建设资金

可采用多种渠道、来源和方式来筹集城市建设资金。

3. 建设力量

包括规划设计技术力量和施工技术力量（人、设备、材料）。

4. 制定必要的法令、法规、条例

它是保证城市规划实施的重要措施。

（三）城市建设管理

城市规划进行土地使用和建设项目管理主要是对各项建设活动实行审批或许可、监督检查以及对违法建设行为进行查处等管理工作。通过对各项建设活动进行规划管理，保证各项建设能够符合城市规划的内容和要求；限制和杜绝超出经法定程序批准的规划所确定的内容，从而保证法定规划得到全面和有效的实施。

1. 城市建设管理的任务和内容

（1）建设用地管理；

（2）房屋修建管理；

（3）环境管理；

（4）园林绿化管理；

（5）道路交通管理。

2. 建设管理的方法和步骤

（1）城市用地管理

1）建设项目位置及用地面积的确定，是根据城市规划布局和建设项目内容要求，在综合分析用地周围环境的基础上确定的。

2）确定建设用地的步骤，是建设需征地时，用地单位持国家批准的有关文件，向城市规划行政主管部门申请。经城市规划行政主管部门审核批准后，核发建设用地规划许可证后，建设单位向土地管理部门办理国有土地使用证。

3）禁止擅自改变城乡规划所确定的各类用地的用途。

（2）房屋修建管理

建设单位持计划部门和上级主管部门对该项任务的批准文件和该工程的设计图纸，向城市规划行政主管部门提出申请，经城市规划行政主管部门审批，核发建设工程规划许可证后，才能向建设部门办理开工手续。

（3）监督检查

为确保建设工程能按规划许可证的规定组织施工，城市规划行政主管部门应派专人到现场验线检查、竣工验收，对违法占地和违章建筑，随时进行检查，及时予以处理。

县级以上地方人民政府城乡规划主管部门按照国务院规定，对建设工程是否符合规划条件予以核实。未经核实或者经核实不符合规划条件的，建设单位不得组织竣工验收。建设单位应当在竣工验收后六个月内向城乡规划主管部门报送有关竣工验收资料。

3. 健全用途管制制度

以国土空间规划为依据，对所有国土空间分区分类实施用途管制。在城镇开发边界内的建设，实行"详细规划＋规划许可"的管制方式；在城镇开发边界外的建设，按照主导用途分区，实行"详细规划＋规划许可"和"约束指标＋分区准入"的管制方式；对以国家公园为主体的自然保护地、重要海域和海岛、重要水源地、文物等，实行特殊保护制度。因地制宜地制定用途管制制度，为地方管理和创新活动留有空间。

4. 近期建设计划

城市、县、镇人民政府应当根据城市总体规划、镇总体规划、土地利用总体规划和年度计划以及国民经济和社会发展规划，制定近期建设规划，报总体规划审批机关备案。

近期建设规划应当以重要基础设施、公共服务设施和中低收入居民住房建设，以及生态环境保护为重点内容，明确近期建设的时序、发展方向和空间布局。近期建设规划的规划期限为五年。

（四）监督规划实施

1. 强化规划权威

规划一经批复，任何部门和个人不得随意修改、违规变更，防止出现换一届党委和政府改一次规划。下级国土空间规划要服从上级国土空间规划，相关专项规划、详细规划要服从总体规划；坚持先规划、后实施，不得违反国土空间规划，进行各类开发建设活动；坚持"多规合一"，不在国土空间规划体系之外另设其他空间规划。相关专项规划的有关技术标准应与国土空间规划衔接。因国家重大战略调整、重大项目建设或行政区划调整等确需修改规划的，须先经规划审批机关同意后，方可按法定程序进行修改。对国土空间规划编制和实施过程中的违规违纪违法行为，要严肃追究责任。

2. 加强规划监督

依托国土空间基础信息平台，建立健全国土空间规划动态监测评估预警和实施监管机制。上级自然资源主管部门要会同有关部门组织对下级国土空间规划中各类管控边界、约束性指标等管控要求的落实情况进行监督检查，将国土空间规划执行情况纳入自然资源执法督察内容。

第十一节 城 市 设 计

（一）基本认识

城市设计是营造美好人居环境和宜人空间场所的重要理念与方法，通过对人居环境多层级空间特征的系统辨识，多尺度要素内容的统筹协调，以及对自然、文化保护与发展的整体认识，运用设计思维，借助形态组织和环境营造方法，依托规划传导和政策推动，实现国土空间整体布局的结构优化，生态系统的健康持续，历史文脉的传承发展，功能组织的活力有序，风貌特色的引导控制，公共空间的系统建设，达成美好人居环境和宜人空间场所的积极塑造。

根据城市设计概念的演化与发展情况，我们对城市设计的定义概括总结为：**城市设计是根据城市发展的总体目标，融合社会、经济、文化、心理等主要元素，对空间要素作出形态的安排，制定出指导空间形态设计的政策性安排。**

(二) 城市设计与城市规划、建筑设计的关系（图 2-20）

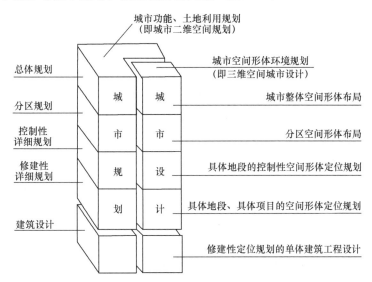

图 2-20 城市设计与城市规划、建筑设计的关系

城市规划是以城市社会发展需要来确定城市功能和土地利用为主要内容的二维空间的规划工作，是城市设计的基础。城市设计的重点是以城市空间形体环境为主要内容的三维空间的规划设计工作。它是城市规划的重要组成部分，应贯穿于城市规划的全过程，是城市二维空间规划的继续。建筑设计是建筑单体工程的设计工作，是城市规划、城市设计的继续和具体化。在建筑设计中，应从城市整体角度考虑建筑单体设计，用于塑造良好的整体建筑环境。现代城市规划和城市设计始于 20 世纪 20 年代的现代建筑运动。1933 年国际现代建筑协会（CIAM）制定的《雅典宪章》奠定了现代城市规划和城市设计的理论基础。

1. 与城市规划的关系

城市设计贯穿于城市规划的各阶段及各层次，既有分析与策划内容，又有具体形体表达的内容。城市设计是以人为中心的从总体环境出发的规划设计工作。

（1）城市总体规划阶段

1）城市整体社会文化氛围的研究与策划；

2）实现城市性质与城市形象的衔接；

3）进行城市尺度的物质框架景观规划；

4）进行城市尺度三维空间形态概念规划；同时，制定有关社会经济政策，尤其是具体的市容景观实施管理条例。

（2）详细规划阶段

1）群体建筑空间设计；

2）单体细部设计及周边环境设计；

3）局部地段的设计应是组成城市整体文化风貌与景观的有机元素。

2. 与建筑设计的关系

城市设计与建筑学的联系可以体现在定位、定量、定形、定调；城市设计与建筑设计的融合；建筑师的"城市设计观"等方面。

（三）城市设计的性质、任务

城市设计的性质就是对城市中区域性、局部地段或某个子系统的空间形体环境的创作构思，为了达到社会、经济审美和技术方面的目的，分析并解决城市区域性或大范围局部地段的统一设计和管理问题。

城市设计的任务就是为人们的各种活动创造出具有一定空间形式的物质环境，内容包括各种建筑、市政公用设施，园林绿化等方面，必须综合体现社会、经济、城市功能、审美等各方面的要素，因此也称为综合环境设计。

（四）城市设计的原则与方法

1. 原则

（1）整体统筹。从人与山水林田湖草沙生命共同体的整体视角出发，坚持区域协同、陆海统筹、城乡融合，协调生态、生产和生活空间，系统改善人与环境的关系。

（2）以人为本。坚持以人民为中心，满足公众对于国土空间的认知、审美、体验和使用需求，不断提升人民群众的安全感、获得感和幸福感。

（3）因地制宜。尊重地域特点，延续历史脉络，结合时代特征，充分考虑自然条件、历史人文和建设现状，营建有特色的城市空间。

（4）问题导向。分析城市功能、空间形态、风貌与品质方面存在的主要问题，从目标定位、空间组织、实施机制等方面提出解决方案和实施措施。

2. 方法

（1）在统一指导下进行多专业的总体设计。

（2）在统一设计纲领的基础上分别进行专业设计，然后进行综合，这样就要求从事城市各种工程设计的人员，都自觉地按照城市设计的总体意图进行各自的工程设计。

（五）城市设计的类型

城市设计包括：①城市总体空间设计；②城市开发区设计；③城市中心设计；④城市广场设计；⑤城市干道和商业街设计；⑥城市居住区设计；⑦城市园林绿地设计；⑧城市地下空间设计；⑨城市旧区保护与更新设计；⑩大学校园及科技研究园设计；⑪博览中心设计；⑫建设项目的细部空间设计。

（六）城市设计的内容及深度

城市设计的内容涵盖空间关系、时间过程、政策框架三部分的内容。

1. 空间关系

城市设计的空间内容主要包括土地利用、交通和停车系统、建筑的体量和形式及开敞空间的环境设计。土地利用的设计是在城市规划的基础上细化安排不同性质的内容，并考虑地形和现状因素。建筑体量和形式取决于建设项目的功能和使用要求。要考虑容积率、建筑密度、建筑高度、体量、尺度、比例及建筑风格等。交通和停车系统的功能性很强，对城市整体形象的影响也很大。开敞空间包括广场、公园绿地、运动场、步行街、庭院及建筑文物保护区等。

2. 时间过程

城市设计既与空间有关,又与时间有关。一方面城市设计需要理解空间中的时间周期以及不同社会活动的时间组织;另一方面,城市设计需要设计和组织环境的改变,允许无法避免的时间流逝。另外,城市设计方案、政策等具体内容也应随着时间逐步实施调整。

3. 政策框架

作为一种管理手段,城市设计的目的是制定一系列指导城市建设的政策框架,在此基础上进行建筑或环境的进一步设计与建设。因此,城市设计必须反映社会和经济需求,需要研究与策划城市的整体社会文化氛围,制定有关的社会经济政策。

(七) 城市设计的理论思潮

自工业革命以来,城市设计从最初的物质环境目标发展到包含人文关怀、精神要素、环境目标等丰富内涵,推动城市设计理论发展的代表人物、理论、观点总结如表 2-31 所示。

城市设计的理论思潮 表 2-31

内容	代表人物	说明
强调建筑与空间的视觉质量	卡米洛·西谛	代表作《城市建设艺术》,呼吁城市建设者向过去丰富而自然的城镇形态学习,明确表述了空间设计的艺术原则
	戈登·库伦	代表作《城镇景观》,进一步强化了空间设计的艺术原则,即认为视觉组合在城镇景观中应处绝对支配地位,提出了"景观序列"的概念
	埃德蒙·N·培根	认为城市设计的目的就是通过纪念性要素构成城市的脉络结构来满足市民感性的城市体验。强调城市形态的美学关系和视觉感受,提出了"同时运动系统"理论。主持了费城城市设计,代表作《城市设计》
	阿尔多·罗西	在 20 世纪后期,新理性主义学派代表人物,倡导重新认识公共空间的重要意义,通过重建城市空间秩序来整顿现代城市的面貌。阿尔多·罗西在《城市建筑》一书中提出,各种类型的城市形态不是新的创造,而是以城市本身作为来源,重新应用已有的类型而已
	罗伯·克里尔和里昂·克里尔	新理性主义学派代表人物。罗伯·克里尔在《城市空间》一书中收集和定义了各种街道、广场,将其视为构成城市空间的基本要素,并称之为"城市空间的形态系列"。城市设计的核心任务就是重新应用城市的"原型",保护传统城市的基本特征
	芦原义信	代表作《外部空间设计》提出了积极空间、消极空间、加法空间、减法空间等一系列概念;《街道的美学》以街道的视觉秩序的创造作为建筑平面布局形成设计的出发点,分别从街道的自然特征、美学规律、人文特色出发,由浅至深论述如何发掘建筑平面布局形成设计中的视觉秩序规律
	兰西克	代表作《找寻失落的空间:都市设计理论》根据现代城市空间的变迁以及历史实例的研究,归纳出三种研究城市空间形态的城市设计理论:图底理论、连接理论、场所理论。同时对应地将这三种理论又归纳为三种关系,即形态关系、拓扑关系和类型关系

续表

内容	代表人物	说明
与人、空间和行为的社会特征密切相关	埃利尔·沙里宁	代表作《城市：它的发展、衰败与未来》、匡溪艺术设计学院。强调社会环境的重要性，关心城市所表达出的文化气质与精神内涵，提倡物质与精神完整统一的城市设计方法。城市设计应当照顾到城市社会的所有问题——物质的、社会的、文化的和美学的，并且逐步地在长时期内，把它们纳入连贯一致的物质秩序中去。关于城市设计的方法，他提出三维空间的观点，强调整体性、全面性和动态性，尤其是把对人的关心放在首要位置，提出以人为本的设计前提，成为现代城市设计的突破点
	克里斯汀·诺伯格—舒尔茨	提出五种空间图式、场所精神理论。在《场所精神》中提出了行为与建筑环境之间应有的内在联系。场所不仅具有实体空间的形式，而且还有精神上的意义
	凯文·林奇	代表作《城市形态》中从历史和形态的角度对城市形式的不同属性进行了探讨，例如城市的大小、密度、特征和模式等。《城市意象》中提出城市意象五要素，分别为路径、边界、节点、地区和标志物
	小组10	设计思想的基本出发点是对人的关怀和对社会的关注。认为现代城市是复杂多样的，应该表现为各种流动形态的和谐交织城市的环境美，还应该反映出对象的循环变化。提出簇群城市的概念（Cluster City）表达了关于流动、生长和变化的思想
	简·雅各布斯	在其著作《美国大城市的死与生》中，严厉抨击了现代主义者的城市设计基本观念，并宣扬了当代城市设计的理念。她认为城市永远不会成为艺术品，因为艺术是生活的抽象，而城市是生动、复杂而积极的生活本身
	扬·盖尔	在北欧对公共空间的研究产生了广泛的影响，他的著作《交往与空间》从当代社会生活中的室外活动入手研究，对人们如何使用街道、人行道、广场、庭院、公园等公共空间进行了深入的调查分析，研究怎样的建筑和环境设计能够更好地支持社会交往和公共生活，提出户外空间规划设计的有效途径
	克里斯托弗·亚历山大	代表作有《关于形式合成的纲要》《城市并非树形》《建筑模式语言》《俄勒冈实验》等。尊重城市的有机生长，强调使用者参与过程，在《俄勒冈实验》中，基于校园整体形态及不同使用者的功能需求，他提出有机秩序、参与、分片式发展、模式、诊断和协调六个建设原则
	威廉·H.怀特	在20世纪70年代对纽约的小型城市广场、公园与其他户外空间的使用情况进行了长达三年的观察和研究，在《小城市空间的社会生活》中描述了城市空间质量与城市活动之间的密切关系。事实证明，物质环境的一些小小改观，往往能显著地改善城市空间的使用状况
城市设计目标的探索	凯文·林奇	在1981年出版的《关于美好城市形态的理论》中定义了城市设计的五个功能纬度： ① 生命力：衡量场所形态与功能契合的程度，以及满足人的生理需求的能力； ② 感觉：场所能被使用者清晰感知并构建于相关时空的程度； ③ 适宜性：场所的形态与空间肌理要符合使用者存在和潜在的行为模式； ④ 可达性：接触其他的人、活动、资源、服务、信息和场所的能力，包括可接触要素的质量与多样性； ⑤ 控制性：使用场所和在其中工作或居住的人创造、管理可达空间和活动的程度

续表

内容	代表人物	说明
城市设计目标的探索	伊恩·本特利等	在《建筑环境共鸣设计》中对城市设计的目标和原则提出了七个关键问题：可达性、多样性、可识别性、活力、视觉适宜性、丰富性、个性化。其后，考虑到城市形态和行为模式对生态的影响，又加入了资源效率、清洁和生态支撑三项原则
	新都市主义协会	1933年成立后发表了《新都市主义宪章》，倡导在下列原则下，重新建立公共政策和开发实践： ① 邻里在用途与人口构成上的多样性； ② 社区应该对步行和机动车交通同样重视； ③ 城市必须由形态明确和普遍易达的公共场所和社区设施所形成； ④ 城市场所应当由反映地方历史、气候、生态和建筑传统的建筑设计和景观设计所构成
	乔纳森·巴奈特	1967年参与创办美国第一所城市设计机构——纽约城市设计小组，代表作为《作为公共政策的城市设计》和《城市设计概论》，认为城市设计是一种公共政策

（八）城市设计的特征

（1）城市设计是一项空间形体环境设计，它强调城市空间环境的整体性，它具有高度的思想艺术与功能技术相统一的特征。

（2）构成城市整体形象的五个重点区位是边缘、节点、路径、区域、标志物。城市设计应突出抓好这五大重点的形体设计工作（凯文·林奇在《城市意象》一书中说："构成人们心理的城市印象的基本成分有五种，即路径、边界、场地、节点、标志物五元素"）。其设计要点是：

1）重场所，重城市空间形体的整体性和艺术性；
2）重"混合土地利用"的多样性；
3）重连贯性，即新老并存，渐进发展；
4）重人的尺度，要创造舒适、亲切宜人的步行环境，重空间比例；
5）易识别性，重视城市标志、信号，这是联系人与空间的媒介；
6）适用性，即建筑和城市空间的功能，要适应市民生活不断变化的需要。

（3）城市设计是以创造一个优美的城市形态，提高城市空间环境质量为目的，其研究重点在于构成城市空间的基本要素的组合——即对城市的自然地理、人文历史、社会环境、建筑环境、人们行为、空间视觉的研究。城市设计渗透在城市规划的每个阶段，是多学科、多专业的三维空间的整体规划。因此，城市设计具有空间环境的整体特征。

例2-4 （2021）以下哪个不是乔纳森·巴奈特在《作为公共政策的城市设计》中提出的观点（　　）。

A 日常决策过程才是城市设计真正的媒介
B 设计城市而不是设计建筑物

C 城市设计是为了实现理想蓝图
D 主要注重城市开发的连续性

解析：参见《城市规划原理》(第四版) P600，乔纳森·巴奈特在1974年出版的《作为公共政策的城市设计》一书中提出："日常的决策过程才是城市设计真正的媒介"（故A正确）；"设计城市，而不是设计建筑物"（故B正确）；城市设计"通过一个日复一日的连续的决策过程创造出来，而不是为了建立完美的终极理论和理想蓝图"（故C错误）；"城市设计是一个城市塑造的过程，要注重城市形成的连续性"（故D正确）。故本题应选C。

答案：C

第十二节 景观设计

（一）景观设计概述

景观设计学是关于景观的分析、规划布局、设计、改造、管理、保护和恢复的科学和艺术综合的学科。景观设计学是一门建立在广泛的自然科学和人文与艺术科学基础上的应用学科。

1. 景观设计的内容与作用

美国学者理查德·多伯提出，环境设计是比建筑设计范围更大、比规划的意义更综合、比工程技术更敏感的艺术。这是一项实用的艺术，胜过一切传统的考虑。这种艺术实践与人的机能密切联系，使人们周围的物有了视觉秩序，而且加强和表现了人所拥有的领域。

景观设计是以塑造建筑外部的空间视觉形象为主要内容的艺术设计，是一个综合性很强的环境系统设计。它的环境系统是以园林专业所涵盖的内容为基础，它的设计概念是以城市规划专业总揽全局的思维方法为主导，它的设计系统是以美术与建筑专业的构成要素为主体。

美化环境，改善人类生存空间的治理，创造人与自然、人与人之间的和谐是景观设计的最终目的，也是最重要的作用。

2. 景观设计学的发展

（1）中国园林景观的发展

中国的园林景观发源于公元前11世纪的奴隶社会末期，至19世纪末中国古典园林的发展历史可以分为殷周至汉代的生成期、南北朝的转折期、隋唐的全盛期和宋代以来的成熟时期及成熟后期四个阶段（表2-32）。

中国园林景观发展历程　　　　　　　　　　　　　　　　表2-32

时期	代表	内容
生成期	殷、周朴素的囿	中国最早见之于文字记载的园林是《诗经·灵台》篇中记述的灵囿。灵囿是在植被茂盛、鸟兽蕃繁的地段，掘沼筑台（灵沼、灵台），作为游憩、生活的境域
	秦汉建筑宫苑和"一池三山"	秦始皇统一中国后，营造宫室，规划宏伟壮丽。这些宫室营建活动中也有园林建设，如"引渭水为池，筑为蓬、瀛"。 汉代，在囿的基础上发展出新的园林形式——苑，其中分布着宫室建筑

续表

时期	代表	内容
生成期	西汉山水建筑园	西汉时已有贵族、富豪的私园，规划比宫苑小，内容仍不脱囿和苑的传统，以建筑组群结合自然山水，如梁孝王刘武的梁园。这种园林形式一直延续到东汉末期
转折期	南北朝自然山水园、佛寺丛林和游览胜地	南北朝时期园林是山水、植物和建筑相互结合组成的山水园，这时期的园林可称作自然山水园或写实山水园。 南北朝时佛教兴盛，广建佛寺。佛寺建筑采用宫殿形式，宏伟壮丽并附有庭园。尤其是不少贵族官僚以舍宅为寺，原有宅园成为寺庙的园林部分。很多寺庙建于郊外，或选山水胜地营建。这些寺庙不仅是信徒朝拜进香的圣地，也逐渐成为风景游览胜地
全盛期	隋代山水建筑宫苑	隋炀帝杨广即位后，在东京洛阳大力营建宫殿苑囿。别苑中以西苑最著名，其风格明显受到南北朝自然山水园的影响，以湖、渠水系为主体，将宫苑建筑融于山水之中。这是中国园林从建筑宫苑演变到山水建筑宫苑的转折点
全盛期	唐代宫苑和游乐地、自然园林式别业山居、写意山水园	唐朝国力强盛，长安城宫苑壮丽。大内三苑以西苑最为优美，苑中有假山、湖池、渠流连环。长安城东南隅有芙蓉园、曲江池，在一定时间内向公众开放，实为古代一种公共游乐地。 盛唐时期，园林方面开始体现山水之情的创作，反映了唐代自然式别业山居是在充分认识自然美的基础上，运用艺术和技术手段来造景、借景而构成优美的园林境域。 从中晚唐到宋，士大夫们要求深居市井也能闹处寻幽，于是在宅旁葺园地，在近郊置别业，蔚为风气。这种根据造园者对山水的艺术认识和生活需求，因地制宜地表现山水真情和诗情画意的园，称为写意山水园
成熟时期及成熟后期	北宋山水宫苑	北宋时建筑技术和绘画都有发展，政和七年（1117年）始筑万岁山，后更名艮岳。艮岳主山寿山，岗连阜属，西延为平夷之岭，有瀑布、溪涧、池沼形成的水系。在这样一个山水兼完的境域中，树木草花群植成景，亭台楼阁因势布列。这种全景式的表现山水、植物和建筑之胜的园林，称为山水宫苑
成熟时期及成熟后期	元、明、清宫苑	元、明、清三代建都北京，大力营造宫苑，历经营建，完成了西苑三海、故宫御花园、圆明园、清漪园、静宜园、静明园及承德避暑山庄等著名宫苑。这些园林是在唐宋写意山水园的基础上发展起来的，强调主观的意兴与心绪表达，重视掇山、叠石、理水等技巧，突出山水之美，注重园林的文学趣味，称为文人山水园

注：根据徐清《景观设计学》内容整理。

（2）国外园林景观的发展

国外园林景观的起源有中部文明（起源于美索不达米亚）、东部文明（起源于印度、中国、日本和东南亚）和西部文明（起源于埃及）三大类型，不同文明社会的景观设计风格整体上自成体系，同时又相互借鉴和影响，且18世纪以来不同文明之间的交流和杂糅更为明显（表2-33）。

国外园林景观发展历程　　　　　　　　　　　　　　　　表 2-33

代表	内容
古埃及	古埃及是人类文明最早的发源地，但由于地理原因，埃及的自然环境不适于森林生长，因此埃及人很早就开始重视人工种植树木和其他植物，园艺技术发展得很早。本土植物主要有棕榈、埃及榕、无花果、葡萄、芦苇等。埃及人居住的房屋大多是低矮的平屋顶，富人的住宅周边建有精美的庭院。 埃及的金字塔举世闻名，它不仅体现了古埃及人对于法老的尊重和敬畏，同时也是迄今为止最为壮观的人造景观之一。金字塔的艺术感染力就在于原始的人造体量和周边环境形成的尼罗河三角洲独特风光
两河流域	幼发拉底与底格里斯两河流域的是美索不达米亚文明的发源地，得益于适宜的气候和地理条件，两河流域的植被相当多样和发达，人们崇拜较为高大的植物。 美索不达米亚地区的景观以新巴比伦城的空中花园为代表，整个花园是建在台地之上，远处看像自然的山丘，被誉为世界七大奇迹之一。另外一个壮观的文明遗址是乌尔山岳台，是类似山体的高台建筑，有坡道和阶梯通达台顶，顶上有神堂等祭祀建筑
古希腊	古希腊是欧洲文明的发源地，以爱琴海文化为核心。克里特岛是爱琴海文化的典型代表，敞开式的建筑面向景观，并建有美丽花园，显示出和平时代的特点。另一个代表地是迈锡尼，出于防卫的需要，建筑形式多为军事堡垒，这也形成了希腊独特的人工景观遗址——"卫城"。 古希腊民主思想盛行，一方面体现在大量公共空间的产生，如圣林——神庙和周边树林以及雕塑等艺术品形成的景观；另一方面则体现在公共体育场地的建设，其周边植被茂密成荫，没有赛事时便成为公众的消夏之所，这也是现代公园的雏形
古罗马	古罗马在奴隶制国家历史当中显得格外辉煌，它的城市规划、建筑、景观比起以往有了巨大的发展，所有这些都成为丰富的文化遗产。罗马鼎盛时期，其版图内的城市数以千计，形成了多样化的城市景观。古罗马有 11 条供水渠道，诸多给水排水工程中最引人注目的是大型输水道，其造型给人们留下了无与伦比的美感。古罗马时期城市建设中一个非常重要的内容是广场建设，广场的发展经历了从简单的开放场地到有完整围合空间的过程
中世纪欧洲	中世纪欧洲城市在拜占庭和哥特两种建筑风格的影响下，形成了与古罗马情趣各异的城市景观。非理智的中世纪景观对于后世有两个方面的主要影响：一是成为 18～19 世纪浪漫主义的灵感；二是成为非对称构图的美学标准及指导。中世纪欧洲城市中，教堂成为最主要的公共建筑，也是最能体现当时建筑成就的遗产，诸多的教堂对丰富城市景观起到了重要的作用
文艺复兴时期	文艺复兴时期，人们重新审视古希腊和古罗马的文化遗产，也注意到了自然界的蓬勃生机，城市建设、建筑与景观设计都上升到了一个全新的高度。<u>这一时期的城市景观代表有威尼斯水城、圣马可广场等。</u> <u>16 世纪下半叶，人们的审美发生转变，在设计上出现了和严谨的古典样式相异的巴洛克风格。</u>巴洛克式景观给观赏者带来了戏剧般的视觉效果，同时，它对光学和透视的灵活运用对现代景观而言仍是很好的范例
16～18 世纪法国	法国的文化和艺术变革深受意大利文艺复兴的影响，因此在 16 世纪末和 17 世纪初的法国庭园设计中，仍延续了意大利风格。虽然很多城堡的总体布局和建筑风格并没有向开放型转变，但庭院的细部还是受到了意大利风格的影响。同时，17 世纪的法国，有很多园林表现了人们对巴洛克风格的偏爱，通过喷泉、灌木来表现一种透视和运动的态势，设计手法相比于意大利更加统一和细致。 <u>这一时期对后世景观设计影响最大的是法国勒·诺特式造园风格的形成，代表作品为凡尔赛宫的庭院设计。</u>法国的景观在意大利的影响下延伸出了特有的风格，成为欧洲景观设计的典范

续表

代表	内容
18世纪英国	18世纪初，受17世纪风景画家克劳德、王白辛等人绘画作品的影响，陆续有园林设计师采用了不规则的自然形式进行园林设计，但并未形成风尚。英国式自然风景园林的兴起和发展加速了英国景观设计从古典主义向浪漫主义的转化，在当时受到了很高的评价。其代表人物威廉·肯特被尊称为"现代造园之父"。他所创造的是一种综合的设计手法，这种手法后来演化成很多相异的流派。虽然这种风格1760年后就在英国销声匿迹，但是在欧洲其他国家却受到了欢迎
19世纪	18世纪晚期至19世纪，社会环境非常复杂，各个国家的建筑风格杂糅。同时，随着园艺科学发展，欧洲兴起了一种在园林设计中追求异国情调的潮流，园林里出现了形态各异的花卉，这种花园式的景观要求设计者对植物的维护和特性有足够的专业知识

注：根据徐清《景观设计学》内容整理。

(3) 现代景观设计的产生与发展

19世纪随着西方城市工业化的发展和城市居住条件的恶化，人们向往郊区和乡间村镇良好的居住环境，自然主义运动诞生。19世纪中叶，美国造园先驱唐宁（A. J. Downing）在浪漫郊区设想中，表达了对工业城市的逃避和突破美国方格网道路格局的意愿。他在新泽西公园规划中设计了自然型的道路，住宅处于植被当中，住宅区中建有公园，形成了城市—乡村连续体的设计理念，对20世纪现代景观设计产生了很大的影响。美国现代景观设计的创始人奥姆斯特德和英国建筑师沃克斯合作设计了纽约中央公园，广受公众赞赏，掀起了美国的城市公园运动，拉开现代景观设计的序幕。

3. 景观设计的要素

景观设计的造型要素包括点、线、面、体、色彩、质感等。景观设计的构成要素包括地形、水体、园路、景观建筑、植物等。

4. 景观造景艺术手法

景观设计的造景艺术手法丰富多样，常用的手法有：对景与借景、隔景与障景、对比与调和、尺度与比例、节奏与韵律、对称与平衡、引导与示意。

(二) 国家公园规划

国家公园是以保护具有国家代表性的自然生态系统为主要目的、实现自然资源科学保护和合理利用的特定陆域或海域，是保护自然资源的重要形式。根据2013年世界自然保护联盟（International Union for Conservation of Nature，简称IUCN）发布的《世界自然保护联盟自然保护地管理分类应用指南》，国家公园属于自然保护地的一类，旨在保护大面积的自然或接近自然的生态系统。

1. 美国国家公园规划

美国国家公园的规划实践始于1910年前后，当时黄石国家公园开始制定一些建设性规划，以更好地从公园的整体角度布置道路、游步道、游客接待设施和管理设施等。之后，其他国家公园开始仿效这种做法。1914年，马克·丹尼尔斯（Mark Daniels）被任命为第一任美国国家公园"总监和景观工程师"（General Superintendent and Landscape Engineer）。丹尼尔斯认为，美国国家公园需要系统规划（Systematic Planning）。1916年，美国景观建筑师学会的詹姆斯·普芮呼吁为每个国家公园制定"综合性的总体规划"

(Comprehensive General Plans）。但直到 20 世纪 30 年代，大规模的综合性规划才得以开展。大体来说，美国国家公园的规划发展分为 3 个阶段，即物质形态规划阶段、综合行动计划阶段和决策体系阶段。20 世纪 90 年代以后，美国开始采用规划决策体系。规划内容强调层次性，不仅包括各种层次的目标规划，也包括实施细节；规划的主要成果包括 4 个部分：总体管理规划、战略规划、实施计划和年度执行计划。不同层次的规划解决不同的问题：总体管理规划主要解决目标确定的问题；战略规划主要解决项目的优先顺序问题；实施计划解决资金落实情况下的项目实施问题；年度完成计划在具体操作层次提供一种逻辑性强、有据可循、理性的决策模式。

2. 我国国家公园体制建设

近年来，国家公园已在世界各国得到推广并取得良好成效，我国也出台了一系列文件、政策，着力推进国家公园试点，落实建立国家公园体制，推进生态文明建设和绿色发展。中共中央十八届三中全会提出，建立国土空间开发保护制度与国家公园体制；2015 年我国启动 10 个国家公园体制试点建设；2017 年 9 月，中共中央办公厅、国务院办公厅发布《建立国家公园体制总体方案》，首次明确国家公园的定义为"由国家批准设立并主导管理，边界清晰，以保护具有国家代表性的大面积自然生态系统为主要目的，实现自然资源科学保护和合理利用的特定陆地或海洋区域。国家公园的首要功能是重要自然生态系统的原真性、完整性保护，同时兼具科研、教育、游憩等综合功能"；2019 年 6 月，中共中央办公厅、国务院办公厅印发《关于建立以国家公园为主体的自然保护地体系的指导意见》，随后《国家公园设立规范》GB/T 39373—2020 和《国家公园总体规划技术规范》GB/T 39736—2020 发布。这一系列顶层政策的出台，标志着我国的国家公园体制建设已上升为国家战略，也意味着在生态文明建设背景下，我国即将迈入自然保护地治理体系与治理能力现代化的新阶段。

（三）城镇历史景观保护

2011 年 11 月 10 日，联合国教科文组织（UNESCO）大会通过《关于城市历史景观的建议书》，将城市历史景观（historic urban landscape）定义为"文化和自然价值及属性在历史上层层积淀而产生的城市区域，其超越了'历史中心'或'整体'的概念，包括更广泛的城市背景及其地理环境"。这一定义为在一个可持续发展的大框架内以全面综合的方式识别、评估、保护和管理城市历史景观打下了基础。

城市历史景观方法旨在维持人类环境的质量，在承认其动态性质的同时提高城市空间的生产效用和可持续利用，以及促进社会和功能方面的多样性。该方法将城市遗产保护目标与社会和经济发展目标相结合。其核心在于城市环境与自然环境之间、今世后代的需要与历史遗产之间可持续的平衡关系。城市历史景观方法将文化多样性和创造力看作促进人类发展、社会发展和经济发展的重要资产，它提供了一种手段，用于管理自然和社会方面的转变，确保当代干预行动与历史背景下的遗产和谐地结合在一起，并且考虑地区环境。城市历史景观方法借鉴地方社区的传统和看法，同时也尊重国内和国际社会的价值观。因此，大会决议要求联合国教科文组织成员国针对自身的特有情况明确实施城市历史景观方法的关键步骤，大致包括以下 6 项行动计划：

（1）对城市的自然、文化和人类资源展开全面的调查和图录。

（2）通过参与性规划以及与利益相关方的磋商，就需要保护并传之后代的价值达成共识、鉴别、明确承载这些价值的特征。

（3）评估这些特征面对社会经济压力和气候变化影响的脆弱性。

（4）将城市遗产价值、特征及其脆弱性纳入更广泛的城市发展框架，框架应明确在规划、设计和实施发展项目中需要特别注意的遗产敏感区域。

（5）使遗产保护和发展行动成为优先事项。

（6）为每个确认的遗产保护和发展项目建立合适的合作伙伴关系和当地管理框架，为公共和私营部门不同主体间的各类活动制定协调机制。

城市历史景观的概念并不是要取代既有的学说以及保护方法，而是作为一个整合建成环境保护政策与实践的工具。城市历史景观的目标在于确立一系列的操作原则，保证城市保护模式能够尊重城市不同历史文化脉络的价值、传统及其环境，帮助重新定义城市遗产在空间发展过程中的中心地位。

第十三节　城乡规划法规和技术规范

城市规划的法规体系包括主干法、从属法规、专项法以及相关法。

（1）主干法

《中华人民共和国城乡规划法》（以下简称《城乡规划法》）是我国城乡规划领域的主干法。

（2）从属法规与专项法规

从城乡规划行政管理角度出发，我国城乡规划法规体系的从属法规和专项法规主要在《城乡规划法》的几个重要维度展开，对城乡规划的若干重要领域进行了深入细致的界定。包括城乡规划管理、城乡规划组织编制和审批管理、城乡规划行业管理、城乡规划实施管理，以及城乡规划实施监督检查管理。

（3）部门规章

（4）相关法

在我国，与城乡规划相关的法律法规覆盖法律法规体系的各个层面，涉及土地与自然资源保护与利用、历史文化遗产保护、市政建设等众多领域，是城乡规划活动在涉及相关领域时的重要依据。同时，城乡规划作为政府行为，还必须符合国家行政程序法律的有关规定。

一、城乡规划有关法规

（一）《城乡规划法》（全文）

中华人民共和国城乡规划法

（2007年10月28日第十届全国人民代表大会常务委员会第三十次会议通过；
2019年4月23日第十三届全国人民代表大会常务委员会第十次会议通过决议，
对其作了局部修改）

第一章　总　　则

第一条　为了加强城乡规划管理，协调城乡空间布局，改善人居环境，促进城乡经济社会全面协调可持续发展，制定本法。

第二条　制定和实施城乡规划，在规划区内进行建设活动，必须遵守本法。

本法所称城乡规划，包括城镇体系规划、城市规划、镇规划、乡规划和村庄规划。城市规划、镇规划分为总体规划和详细规划。详细规划分为控制性详细规划和修建性详细规划。

本法所称规划区，是指城市、镇和村庄的建成区以及因城乡建设和发展需要，必须实行规划控制的区域。规划区的具体范围由有关人民政府在组织编制的城市总体规划、镇总体规划、乡规划和村庄规划中，根据城乡经济社会发展水平和统筹城乡发展的需要划定。

第三条　城市和镇应当依照本法制定城市规划和镇规划。城市、镇规划区内的建设活动应当符合规划要求。

县级以上地方人民政府根据本地农村经济社会发展水平，按照因地制宜、切实可行的原则，确定应当制定乡规划、村庄规划的区域。在确定区域内的乡、村庄，应当依照本法制定规划，规划区内的乡、村庄建设应当符合规划要求。

县级以上地方人民政府鼓励、指导前款规定以外的区域的乡、村庄制定和实施乡规划、村庄规划。

第四条　制定和实施城乡规划，应当遵循城乡统筹、合理布局、节约土地、集约发展和先规划后建设的原则，改善生态环境，促进资源、能源节约和综合利用，保护耕地等自然资源和历史文化遗产，保持地方特色、民族特色和传统风貌，防止污染和其他公害，并符合区域人口发展、国防建设、防灾减灾和公共卫生、公共安全的需要。

在规划区内进行建设活动，应当遵守土地管理、自然资源和环境保护等法律、法规的规定。

县级以上地方人民政府应当根据当地经济社会发展的实际，在城市总体规划、镇总体规划中合理确定城市、镇的发展规模、步骤和建设标准。

第五条　城市总体规划、镇总体规划以及乡规划和村庄规划的编制，应当依据国民经济和社会发展规划，并与土地利用总体规划相衔接。

第六条　各级人民政府应当将城乡规划的编制和管理经费纳入本级财政预算。

第七条　经依法批准的城乡规划，是城乡建设和规划管理的依据，未经法定程序不得修改。

第八条　城乡规划组织编制机关应当及时公布经依法批准的城乡规划。但是，法律、行政法规规定不得公开的内容除外。

第九条　任何单位和个人都应当遵守经依法批准并公布的城乡规划，服从规划管理，并有权就涉及其利害关系的建设活动是否符合规划的要求向城乡规划主管部门查询。

任何单位和个人都有权向城乡规划主管部门或者其他有关部门举报或者控告违反城乡规划的行为。城乡规划主管部门或者其他有关部门对举报或者控告，应当及时受理并组织核查、处理。

第十条　国家鼓励采用先进的科学技术，增强城乡规划的科学性，提高城乡规划实施及监督管理的效能。

第十一条　国务院城乡规划主管部门负责全国的城乡规划管理工作。

县级以上地方人民政府城乡规划主管部门负责本行政区域内的城乡规划管理工作。

第二章　城乡规划的制定

第十二条　国务院城乡规划主管部门会同国务院有关部门组织编制全国城镇体系规划，用于指导省域城镇体系规划、城市总体规划的编制。

全国城镇体系规划由国务院城乡规划主管部门报国务院审批。

第十三条　省、自治区人民政府组织编制省域城镇体系规划，报国务院审批。

省域城镇体系规划的内容应当包括：城镇空间布局和规模控制，重大基础设施的布局，为保护生态环境、资源等需要严格控制的区域。

第十四条　城市人民政府组织编制城市总体规划。

直辖市的城市总体规划由直辖市人民政府报国务院审批。省、自治区人民政府所在地的城市以及国务院确定的城市的总体规划，由省、自治区人民政府审查同意后，报国务院审批。其他城市的总体规划，由城市人民政府报省、自治区人民政府审批。

第十五条　县人民政府组织编制县人民政府所在地镇的总体规划，报上一级人民政府审批。其他镇的总体规划由镇人民政府组织编制，报上一级人民政府审批。

第十六条　省、自治区人民政府组织编制的省域城镇体系规划，城市、县人民政府组织编制的总体规划，在报上一级人民政府审批前，应当先经本级人民代表大会常务委员会审议，常务委员会组成人员的审议意见交由本级人民政府研究处理。

镇人民政府组织编制的镇总体规划，在报上一级人民政府审批前，应当先经镇人民代表大会审议，代表的审议意见交由本级人民政府研究处理。

规划的组织编制机关报送审批省域城镇体系规划、城市总体规划或者镇总体规划，应当将本级人民代表大会常务委员会组成人员或者镇人民代表大会代表的审议意见和根据审议意见修改规划的情况一并报送。

第十七条　城市总体规划、镇总体规划的内容应当包括：城市、镇的发展布局，功能分区，用地布局，综合交通体系，禁止、限制和适宜建设的地域范围，各类专项规划等。

规划区范围、规划区内建设用地规模、基础设施和公共服务设施用地、水源地和水系、基本农田和绿化用地、环境保护、自然与历史文化遗产保护以及防灾减灾等内容，应当作为城市总体规划、镇总体规划的强制性内容。

城市总体规划、镇总体规划的规划期限一般为二十年。城市总体规划还应当对城市更长远的发展作出预测性安排。

第十八条　乡规划、村庄规划应当从农村实际出发，尊重村民意愿，体现地方和农村特色。

乡规划、村庄规划的内容应当包括：规划区范围，住宅、道路、供水、排水、供电、垃圾收集、畜禽养殖场所等农村生产、生活服务设施、公益事业等各项建设的用地布局、建设要求，以及对耕地等自然资源和历史文化遗产保护、防灾减灾等的具体安排。乡规划还应当包括本行政区域内的村庄发展布局。

第十九条　城市人民政府城乡规划主管部门根据城市总体规划的要求，组织编制城市的控制性详细规划，经本级人民政府批准后，报本级人民代表大会常务委员会和上一级人民政府备案。

第二十条　镇人民政府根据镇总体规划的要求，组织编制镇的控制性详细规划，报上一级人民政府审批。县人民政府所在地镇的控制性详细规划，由县人民政府城乡规划主管部门根据镇总体规划的要求组织编制，经县人民政府批准后，报本级人民代表大会常务委员会和上一级人民政府备案。

第二十一条　城市、县人民政府城乡规划主管部门和镇人民政府可以组织编制重要地块的修建性详细规划。修建性详细规划应当符合控制性详细规划。

第二十二条　乡、镇人民政府组织编制乡规划、村庄规划，报上一级人民政府审批。村庄规划在报送审批前，应当经村民会议或者村民代表会议讨论同意。

第二十三条　首都的总体规划、详细规划应当统筹考虑中央国家机关用地布局和空间安排的需要。

第二十四条　城乡规划组织编制机关应当委托具有相应资质等级的单位承担城乡规划的具体编制工作。

从事城乡规划编制工作应当具备下列条件，并经国务院城乡规划主管部门或者省、自治区、直辖市人民政府城乡规划主管部门依法审查合格，取得相应等级的资质证书后，方可在资质等级许可的范围内从事城乡规划编制工作：

（一）有法人资格；
（二）有规定数量的经国务院城乡规划主管部门注册的规划师；
（三）有规定数量的相关专业技术人员；
（四）有相应的技术装备；
（五）有健全的技术、质量、财务管理制度。

规划师执业资格管理办法，由国务院城乡规划主管部门会同国务院人事行政部门制定。

编制城乡规划必须遵守国家有关标准。

第二十五条　编制城乡规划，应当具备国家规定的勘察、测绘、气象、地震、水文、环境等基础资料。

县级以上地方人民政府有关主管部门应当根据编制城乡规划的需要，及时提供有关基础资料。

第二十六条　城乡规划报送审批前，组织编制机关应当依法将城乡规划草案予以公告，并采取论证会、听证会或者其他方式征求专家和公众的意见。公告的时间不得少于三十日。

组织编制机关应当充分考虑专家和公众的意见，并在报送审批的材料中附具意见采纳情况及理由。

第二十七条　省域城镇体系规划、城市总体规划、镇总体规划批准前，审批机关应当组织专家和有关部门进行审查。

第三章　城乡规划的实施

第二十八条　地方各级人民政府应当根据当地经济社会发展水平，量力而行，尊重群众意愿，有计划、分步骤地组织实施城乡规划。

第二十九条　城市的建设和发展，应当优先安排基础设施以及公共服务设施的建设，妥善处理新区开发与旧区改建的关系，统筹兼顾进城务工人员生活和周边农村经济社会发展、村民生产与生活的需要。

镇的建设和发展，应当结合农村经济社会发展和产业结构调整，优先安排供水、排水、供电、供气、道路、通信、广播电视等基础设施和学校、卫生院、文化站、幼儿园、福利院等公共服务设施的建设，为周边农村提供服务。

乡、村庄的建设和发展，应当因地制宜、节约用地，发挥村民自治组织的作用，引导村民合理进行建设，改善农村生产、生活条件。

第三十条　城市新区的开发和建设，应当合理确定建设规模和时序，充分利用现有市政基础设施和公共服务设施，严格保护自然资源和生态环境，体现地方特色。

在城市总体规划、镇总体规划确定的建设用地范围以外，不得设立各类开发区和城市新区。

第三十一条　旧城区的改建，应当保护历史文化遗产和传统风貌，合理确定拆迁和建设规模，有计划地对危房集中、基础设施落后等地段进行改建。

历史文化名城、名镇、名村的保护以及受保护建筑物的维护和使用，应当遵守有关法律、行政法规和国务院的规定。

第三十二条　城乡建设和发展，应当依法保护和合理利用风景名胜资源，统筹安排风景名胜区及周边乡、镇、村庄的建设。

风景名胜区的规划、建设和管理，应当遵守有关法律、行政法规和国务院的规定。

第三十三条　城市地下空间的开发和利用，应当与经济和技术发展水平相适应，遵循统筹安排、综合开发、合理利用的原则，充分考虑防灾减灾、人民防空和通信等需要，并符合城市规划，履行规划审批手续。

第三十四条　城市、县、镇人民政府应当根据城市总体规划、镇总体规划、土地利用总体规划和年度计划以及国民经济和社会发展规划，制定近期建设规划，报总体规划审批机关备案。

近期建设规划应当以重要基础设施、公共服务设施和中低收入居民住房建设以及生态环境保护为重点内容，明确近期建设的时序、发展方向和空间布局。近期建设规划的规划期限为五年。

第三十五条　城乡规划确定的铁路、公路、港口、机场、道路、绿地、输配电设施及输电线路走廊、通信设施、广播电视设施、管道设施、河道、水库、水源地、自然保护区、防汛通道、消防通道、核电站、垃圾填埋场及焚烧厂、污水处理厂和公共服务设施的用地以及其他需要依法保护的用地，禁止擅自改变用途。

第三十六条　按照国家规定需要有关部门批准或者核准的建设项目，以划拨方式提供国有土地使用权的，建设单位在报送有关部门批准或者核准前，应当向城乡规划主管部门申请核发选址意见书。

前款规定以外的建设项目不需要申请选址意见书。

第三十七条　在城市、镇规划区内以划拨方式提供国有土地使用权的建设项目，经有关部门批准、核准、备案后，建设单位应当向城市、县人民政府城乡规划主管部门提出建设用地规划许可申请，由城市、县人民政府城乡规划主管部门依据控制性详细规划核定建设用地的位置、面积、允许建设的范围，核发建设用地规划许可证。

建设单位在取得建设用地规划许可证后，方可向县级以上地方人民政府土地主管部门申请用地，经县级以上人民政府审批后，由土地主管部门划拨土地。

第三十八条　在城市、镇规划区内以出让方式提供国有土地使用权的，在国有土地使用权出让前，城市、县人民政府城乡规划主管部门应当依据控制性详细规划，提出出让地块的位置、使用性质、开发强度等规划条件，作为国有土地使用权出让合同的组成部分。未确定规划条件的地块，不得出让国有土地使用权。

以出让方式取得国有土地使用权的建设项目，建设单位在取得建设项目的批准、核准、备案文件和签订国有土地使用权出让合同后，向城市、县人民政府城乡规划主管部门领取建设用地规划许可证。

城市、县人民政府城乡规划主管部门不得在建设用地规划许可证中，擅自改变作为国有土地使用权出让合同组成部分的规划条件。

第三十九条　规划条件未纳入国有土地使用权出让合同的，该国有土地使用权出让合同无效；对未取得建设用地规划许可证的建设单位批准用地的，由县级以上人民政府撤销有关批准文件；占用土地的，应当及时退回；给当事人造成损失的，应当依法给予赔偿。

第四十条　在城市、镇规划区内进行建筑物、构筑物、道路、管线和其他工程建设的，建设单位或者个人应当向城市、县人民政府城乡规划主管部门或者省、自治区、直辖市人民政府确定的镇人民政府申请办理建设工程规划许可证。

申请办理建设工程规划许可证，应当提交使用土地的有关证明文件、建设工程设计方案等材料。需要建设单位编制修建性详细规划的建设项目，还应当提交修建性详细规划。对符合控制性详细规划和规划条件的，由城市、县人民政府城乡规划主管部门或者省、自治区、直辖市人民政府确定的镇人民政府核发建设工程规划许可证。

城市、县人民政府城乡规划主管部门或者省、自治区、直辖市人民政府确定的镇人民政府应当依法将经审定的修建性详细规划、建设工程设计方案的总平面图予以公布。

第四十一条　在乡、村庄规划区内进行乡镇企业、乡村公共设施和公益事业建设的，建设单位或者个人应当向乡、镇人民政府提出申请，由乡、镇人民政府报城市、县人民政府城乡规划主管部门核发乡村建设规划许可证。

在乡、村庄规划区内使用原有宅基地进行农村村民住宅建设的规划管理办法，由省、自治区、直辖市制定。

在乡、村庄规划区内进行乡镇企业、乡村公共设施和公益事业建设以及农村村民住宅建设，不得占用农用地；确需占用农用地的，应当依照《中华人民共和国土地管理法》有关规定办理农用地转用审批手续后，由城市、县人民政府城乡规划主管部门核发乡村建设规划许可证。

建设单位或者个人在取得乡村建设规划许可证后，方可办理用地审批手续。

第四十二条　城乡规划主管部门不得在城乡规划确定的建设用地范围以外作出规划许可。

第四十三条　建设单位应当按照规划条件进行建设；确需变更的，必须向城市、县人民政府城乡规划主管部门提出申请。变更内容不符合控制性详细规划的，城乡规划主管部门不得批准。城市、县人民政府城乡规划主管部门应当及时将依法变更后的规划条件通报同级土地主管部门并公示。

建设单位应当及时将依法变更后的规划条件报有关人民政府土地主管部门备案。

第四十四条　在城市、镇规划区内进行临时建设的，应当经城市、县人民政府城乡规划主管部门批准。临时建设影响近期建设规划或者控制性详细规划的实施以及交通、市容、安全等的，不得批准。

临时建设应当在批准的使用期限内自行拆除。

临时建设和临时用地规划管理的具体办法，由省、自治区、直辖市人民政府制定。

第四十五条 县级以上地方人民政府城乡规划主管部门按照国务院规定对建设工程是否符合规划条件予以核实。未经核实或者经核实不符合规划条件的，建设单位不得组织竣工验收。

建设单位应当在竣工验收后6个月内向城乡规划主管部门报送有关竣工验收资料。

第四章 城乡规划的修改

第四十六条 省域城镇体系规划、城市总体规划、镇总体规划的组织编制机关，应当组织有关部门和专家定期对规划实施情况进行评估，并采取论证会、听证会或者其他方式征求公众意见。组织编制机关应当向本级人民代表大会常务委员会、镇人民代表大会和原审批机关提出评估报告并附具征求意见的情况。

第四十七条 有下列情形之一的，组织编制机关方可按照规定的权限和程序修改省域城镇体系规划、城市总体规划、镇总体规划：

（一）上级人民政府制定的城乡规划发生变更，提出修改规划要求的；

（二）行政区划调整确需修改规划的；

（三）因国务院批准重大建设工程确需修改规划的；

（四）经评估确需修改规划的；

（五）城乡规划的审批机关认为应当修改规划的其他情形。

修改省域城镇体系规划、城市总体规划、镇总体规划前，组织编制机关应当对原规划的实施情况进行总结，并向原审批机关报告；修改涉及城市总体规划、镇总体规划强制性内容的，应当先向原审批机关提出专题报告，经同意后，方可编制修改方案。

修改后的省域城镇体系规划、城市总体规划、镇总体规划，应当依照本法第十三条、第十四条、第十五条和第十六条规定的审批程序报批。

第四十八条 修改控制性详细规划的，组织编制机关应当对修改的必要性进行论证，征求规划地段内利害关系人的意见，并向原审批机关提出专题报告，经原审批机关同意后，方可编制修改方案。修改后的控制性详细规划，应当依照本法第十九条、第二十条规定的审批程序报批。控制性详细规划修改涉及城市总体规划、镇总体规划的强制性内容的，应当先修改总体规划。

修改乡规划、村庄规划的，应当依照本法第二十二条规定的审批程序报批。

第四十九条 城市、县、镇人民政府修改近期建设规划的，应当将修改后的近期建设规划报总体规划审批机关备案。

第五十条 在选址意见书、建设用地规划许可证、建设工程规划许可证或者乡村建设规划许可证发放后，因依法修改城乡规划给被许可人合法权益造成损失的，应当依法给予补偿。

经依法审定的修建性详细规划、建设工程设计方案的总平面图不得随意修改；确需修改的，城乡规划主管部门应当采取听证会等形式，听取利害关系人的意见；因修改给利害关系人合法权益造成损失的，应当依法给予补偿。

第五章 监 督 检 查

第五十一条 县级以上人民政府及其城乡规划主管部门应当加强对城乡规划编制、审批、实施、修改的监督检查。

第五十二条 地方各级人民政府应当向本级人民代表大会常务委员会或者乡、镇人民代表大会报告城乡规划的实施情况,并接受监督。

第五十三条 县级以上人民政府城乡规划主管部门对城乡规划的实施情况进行监督检查,有权采取以下措施:

(一)要求有关单位和人员提供与监督事项有关的文件、资料,并进行复制;

(二)要求有关单位和人员就监督事项涉及的问题作出解释和说明,并根据需要进入现场进行勘测;

(三)责令有关单位和人员停止违反有关城乡规划的法律、法规的行为。

城乡规划主管部门的工作人员履行前款规定的监督检查职责,应当出示执法证件。被监督检查的单位和人员应当予以配合,不得妨碍和阻挠依法进行的监督检查活动。

第五十四条 监督检查情况和处理结果应当依法公开,供公众查阅和监督。

第五十五条 城乡规划主管部门在查处违反本法规定的行为时,发现国家机关工作人员依法应当给予行政处分的,应当向其任免机关或者监察机关提出处分建议。

第五十六条 依照本法规定应当给予行政处罚,而有关城乡规划主管部门不给予行政处罚的,上级人民政府城乡规划主管部门有权责令其作出行政处罚决定或者建议有关人民政府责令其给予行政处罚。

第五十七条 城乡规划主管部门违反本法规定作出行政许可的,上级人民政府城乡规划主管部门有权责令其撤销或者直接撤销该行政许可。因撤销行政许可给当事人合法权益造成损失的,应当依法给予赔偿。

第六章 法 律 责 任

第五十八条 对依法应当编制城乡规划而未组织编制,或者未按法定程序编制、审批、修改城乡规划的,由上级人民政府责令改正,通报批评;对有关人民政府负责人和其他直接责任人员依法给予处分。

第五十九条 城乡规划组织编制机关委托不具有相应资质等级的单位编制城乡规划的,由上级人民政府责令改正,通报批评;对有关人民政府负责人和其他直接责任人员依法给予处分。

第六十条 镇人民政府或者县级以上人民政府城乡规划主管部门有下列行为之一的,由本级人民政府、上级人民政府城乡规划主管部门或者监察机关依据职权责令改正,通报批评;对直接负责的主管人员和其他直接责任人员依法给予处分:

(一)未依法组织编制城市的控制性详细规划、县人民政府所在地镇的控制性详细规划的;

(二)超越职权或者对不符合法定条件的申请人核发选址意见书、建设用地规划许可证、建设工程规划许可证、乡村建设规划许可证的;

(三)对符合法定条件的申请人未在法定期限内核发选址意见书、建设用地规划许可证、建设工程规划许可证、乡村建设规划许可证的;

(四)未依法对经审定的修建性详细规划、建设工程设计方案的总平面图予以公布的;

（五）同意修改修建性详细规划、建设工程设计方案的总平面图前未采取听证会等形式听取利害关系人的意见的；

（六）发现未依法取得规划许可或者违反规划许可的规定在规划区内进行建设的行为，而不予查处或者接到举报后不依法处理的。

第六十一条　县级以上人民政府有关部门有下列行为之一的，由本级人民政府或者上级人民政府有关部门责令改正，通报批评；对直接负责的主管人员和其他直接责任人员依法给予处分：

（一）对未依法取得选址意见书的建设项目核发建设项目批准文件的；

（二）未依法在国有土地使用权出让合同中确定规划条件或者改变国有土地使用权出让合同中依法确定的规划条件的；

（三）对未依法取得建设用地规划许可证的建设单位划拨国有土地使用权的。

第六十二条　城乡规划编制单位有下列行为之一的，由所在地城市、县人民政府城乡规划主管部门责令限期改正，处合同约定的规划编制费1倍以上2倍以下的罚款；情节严重的，责令停业整顿，由原发证机关降低资质等级或者吊销资质证书；造成损失的，依法承担赔偿责任：

（一）超越资质等级许可的范围承揽城乡规划编制工作的；

（二）违反国家有关标准编制城乡规划的。

未依法取得资质证书承揽城乡规划编制工作的，由县级以上地方人民政府城乡规划主管部门责令停止违法行为，依照前款规定处以罚款；造成损失的，依法承担赔偿责任。

以欺骗手段取得资质证书承揽城乡规划编制工作的，由原发证机关吊销资质证书，依照本条第一款规定处以罚款；造成损失的，依法承担赔偿责任。

第六十三条　城乡规划编制单位取得资质证书后，不再符合相应的资质条件的，由原发证机关责令限期改正；逾期不改正的，降低资质等级或者吊销资质证书。

第六十四条　未取得建设工程规划许可证或者未按照建设工程规划许可证的规定进行建设的，由县级以上地方人民政府城乡规划主管部门责令停止建设；尚可采取改正措施消除对规划实施的影响的，限期改正，处建设工程造价百分之五以上百分之十以下的罚款；无法采取改正措施消除影响的，限期拆除，不能拆除的，没收实物或者违法收入，可以并处建设工程造价百分之十以下的罚款。

第六十五条　在乡、村庄规划区内未依法取得乡村建设规划许可证或者未按照乡村建设规划许可证的规定进行建设的，由乡、镇人民政府责令停止建设、限期改正；逾期不改正的，可以拆除。

第六十六条　建设单位或者个人有下列行为之一的，由所在地城市、县人民政府城乡规划主管部门责令限期拆除，可以并处临时建设工程造价一倍以下的罚款：

（一）未经批准进行临时建设的；

（二）未按照批准内容进行临时建设的；

（三）临时建筑物、构筑物超过批准期限不拆除的。

第六十七条　建设单位未在建设工程竣工验收后六个月内向城乡规划主管部门报送有关竣工验收资料的，由所在地城市、县人民政府城乡规划主管部门责令限期补报；逾期不补报的，处一万元以上五万元以下的罚款。

第六十八条 城乡规划主管部门作出责令停止建设或者限期拆除的决定后，当事人不停止建设或者逾期不拆除的，建设工程所在地县级以上地方人民政府可以责成有关部门采取查封施工现场、强制拆除等措施。

第六十九条 违反本法规定，构成犯罪的，依法追究刑事责任。

第七章 附 则

第七十条 本法自2008年1月1日起施行。《中华人民共和国城市规划法》同时废止。

（二）《中华人民共和国土地管理法》

（三）《城市国有土地使用权出让转让规划管理办法》

（四）《中华人民共和国环境保护法》（以下简称《环境保护法》）

（五）《中华人民共和国文物保护法》（以下简称《文物保护法》）

（六）城市紫线、黄线、蓝线、绿线管理办法

（1）《城市紫线管理办法》

（2）《城市绿线管理办法》

（3）《城市绿线划定技术规范》GB/T 51163—2016

（4）《城市蓝线管理办法》

（5）《城市黄线管理办法》

二、城市规划技术规范

相继出台的相关城市规划设计方面的技术性规范、标准，用以指导具体的城市规划，如城镇体系规划，县、镇域规划，开发区规划，居住区规划，各类城市基础设施规划，如道路交通规划的制定。

（一）《城市用地分类与规划建设用地标准》GB 50137—2011（以下简称《用地标准》）

新《用地标准》为住房和城乡建设部批准的国家标准，自2012年1月1日起施行。制定标准的目的在于统一全国城市用地分类，科学地编制、审批、实施城市规划，统筹城乡发展、合理经济地使用土地，保证城乡正常发展。该标准适用于设市的城乡规划和城市的总体规划工作和城市用地统计工作。

城市用地应按土地使用的主要性质进行划分和归类。

在"规划建设用地标准"一章中指出，编制和修订城乡规划和城市总体规划应以本标准作为城市建设用地（以下简称建设用地）的远期规划控制标准。城市建设用地应包括分类中的居住用地、公共管理与公共服务设施用地、商业服务业设施用地、工业用地、物流仓储用地、道路与交通设施用地、公用设施用地、绿地与广场用地八大类，不应包括水域和其他用地。

在计算建设用地标准时，人口计算范围必须与用地计算范围相一致，人口数宜以非农业人口数为准。

规划建设用地标准应包括规划人均建设用地指标、规划人均单项建设用地指标和规划建设用地结构三部分。

规划人均建设用地指标根据我国气候区划分相应地分为七级。同时，根据现状人均城市建设用地面积指标，允许采用的规划人均城市建设用地面积指标从 65～115m² 不等。

新《用地标准》提出，编制和修订城市总体规划时，要确定四大类主要用地的规划人均单项用地指标，分别是：居住用地 23～38m²/人；公共管理与公共服务设施用地≥5.5m²/人；道路与交通设施用地≥12m²/人；绿地与广场用地≥10m²/人，其中公园绿地≥8m²/人。

规划人均建设用地结构也按照上述五大类用地规定了具体的面积标准：居住用地 25%～40%，工业用地 15%～30%，道路与交通设施用地 10%～25%，绿地与广场用地 10%～15%，公共管理与公共服务设施用地 5%～8%。

《用地标准》是编制和修订城市总体规划时，确定城市建设用地的远期规划控制标准的重要法定标准依据。

（二）《海绵城市建设评价标准》GB/T 51345—2018

海绵城市建设的技术路线与方法：技术路线由传统的"末端治理"转为"源头减排、过程控制、系统治理"；管控方法由传统的"快排"转为"渗、滞、蓄、净、用、排"，通过控制雨水的径流冲击负荷和污染负荷等，实现海绵城市建设的综合目标。

1. 基本规定

海绵城市建设的评价应以城市建成区为评价对象，对建成区范围内的源头减排项目、排水分区及建成区整体的海绵效应进行评价。其评价的结果应为以排水分区为单元进行统计，达到本标准要求的城市建成区面积占城市建成区总面积的比例。其评价内容由考核内容和考查内容组成，达到本标准要求的城市建成区应满足所有考核内容的要求，考查内容应进行评价，但结论不影响评价结果的判定。

海绵城市建设评价应对典型项目、管网、城市水体等进行监测，以不少于 1 年的连续监测数据为基础，结合现场检查、资料查阅和模型模拟进行综合评价。

对源头减排项目实施有效性的评价，应根据建设目标、技术措施等，选择有代表性的典型项目进行监测评价。每类典型项目应选择 1～2 个监测项目，对接入市政管网、水体的溢流排水口或检查井处的排放水量、水质进行监测。

2. 评价内容

海绵城市建设效果从项目建设与实施的有效性、能否实现海绵效应等方面进行评价。

评价内容与要求中的年径流总量控制率及径流体积控制、源头减排项目实施有效性、路面积水控制与内涝防治、城市水体环境质量、自然生态格局管控与水体生态性岸线保护应为考核内容；地下水埋深变化趋势、城市热岛效应缓解应为考查内容。

（三）《城市居住区规划设计标准》GB 50180—2018

《城市居住区规划设计标准》自 1994 年 2 月 1 日起施行，2002 年、2016 年分别进行了两次局部修订。2018 年 12 月 1 日经过全面修订的该标准正式施行，其具体内容见本章第九节。

（四）《镇规划标准》GB 50188—2007

1. 镇村体系规划

（1）镇域镇村体系规划应依据县（市）域城镇体系规划中确定的中心镇、一般镇的性质、职能和发展规模进行制定。

(2) 镇域镇村体系规划应包括以下主要内容：
1) 调查镇区和村庄的现状，分析其资源和环境等发展条件，预测一、二、三产业的发展前景以及劳力和人口的流向趋势。
2) 落实镇区规划人口规模，划定镇区用地规划发展的控制范围。
3) 根据产业发展和生活提高的要求，确定中心村和基层村，结合村民意愿，提出村庄的建设调整设想。
4) 确定镇域内主要道路交通，公用工程设施、公共服务设施以及生态环境、历史文化保护、防灾减灾防疫系统。

2. 镇区和村庄的规模分级

镇区和村庄的规划规模应按人口数量划分为特大、大、中、小型四级。

在进行镇区和村庄规划时，应以规划期末常住人口的数量按表 2-34 的分级确定级别。

规划规模分级（人） 表 2-34

规划人口规模分级	镇 区	村 庄
特 大 型	>50000	>1000
大 型	30001～50000	601～1000
中 型	10001～30000	201～600
小 型	≤10000	≤200

3. 建设用地选择

（1）建设用地应符合下列规定：
1) 应避开河洪、海潮、山洪、泥石流、滑坡、风灾、发震断裂等灾害影响以及生态敏感的地段。
2) 应避开水源保护区、文物保护区、自然保护区和风景名胜区。
3) 应避开有开采价值的地下资源和地下采空区以及文物埋藏区。

（2）在不良地质地带严禁布置居住、教育、医疗及其他公众密集活动的建设项目。因特殊需要布置本条严禁建设以外的项目时，应避免改变原有地形、地貌和自然排水体系，并应制订整治方案和防止引发地质灾害的具体措施。

4. 居住用地规划

居住建筑的布置应根据气候、用地条件和使用要求，确定建筑的标准、类型、层数、朝向、间距、群体组合、绿地系统和空间环境，并应符合下列规定：

（1）应符合所在省、自治区、直辖市人民政府规定的镇区住宅用地面积标准和容积率指标，以及居住建筑的朝向和日照间距系数。

（2）应满足自然通风要求，在现行国家标准《建筑气候区划标准》GB 50178 的Ⅱ、Ⅲ、Ⅳ气候区，居住建筑的朝向应符合夏季防热和组织自然通风的要求。

（五）《城乡规划工程地质勘察规范》CJJ 57—2012（节选）

3 基 本 规 定

3.0.1 城乡规划编制前，应进行工程地质勘察，并应满足不同阶段规划的要求。

3.0.2 规划勘察的等级可根据城乡规划项目重要性等级和场地复杂程度等级，按本规范附录A划分为甲级和乙级。

3.0.3 规划勘察应按总体规划、详细规划两个阶段进行。专项规划或建设工程项目规划选址，可根据规划编制需求和任务要求进行专项规划勘察。

3.0.4 规划勘察前应取得下列资料：

 1 规划勘察任务书；

 2 各规划阶段或专项规划的设计条件，包括城乡类别说明，规划区的范围、性质、发展规模、功能布局、路网布设、重点建设区或建设项目的总体布置和项目特点等；

 3 与规划阶段相匹配的规划区现状地形图、城乡规划图等。

4 总体规划勘察

4.1 一般规定

4.1.1 总体规划勘察应以工程地质测绘和调查为主，并辅以必要的地球物理勘探、钻探、原位测试和室内试验工作。

4.1.2 总体规划勘察应调查规划区的工程地质条件，对规划区的场地稳定性和工程建设适宜性进行总体评价。

4.2 勘察要求

4.2.1 总体规划勘察应包括下列工作内容：

 1 搜集、整理和分析相关的已有资料、文献；

 2 调查地形地貌、地质构造、地层结构及地质年代、岩土的成因类型及特征等条件，划分工程地质单元；

 3 调查地下水的类型、埋藏条件、补给和排泄条件、动态规律、历史和近期最高水位，采取代表性的地表水和地下水试样进行水质分析；

 4 调查不良地质作用、地质灾害及特殊性岩土的成因、类型、分布等基本特征，分析对规划建设项目的潜在影响并提出防治建议；

 5 对地质构造复杂、抗震设防烈度6度及以上地区，分析地震后可能诱发的地质灾害；

 6 调查规划区场地的建设开发历史和使用概况；

 7 按评价单元对规划区进行场地稳定性和工程建设适宜性评价。

4.2.2 总体规划勘察前应搜集下列资料：

 1 区域地质、第四纪地质、地震地质、工程地质、水文地质等有关的影像、图件和文件；

 2 地形地貌、遥感影像、矿产资源、文物古迹、地球物理勘探等资料；

 3 水文、气象资料，包括水系分布、流域范围、洪涝灾害以及风、气温、降水等；

 4 历史地理、城址变迁、既有土地开发建设情况等资料；

 5 已有地质勘探资料。

4.2.3 总体规划勘察的工程地质测绘和调查工作应符合本规范第6章的规定。

4.2.4 总体规划勘察的勘探点布置应符合下列规定：

 1 勘探线、点间距可根据勘察任务要求及场地复杂程度等级，按表4.2.4确定；

 2 每个评价单元的勘探点数量不应少于3个；

 3 钻入稳定岩土层的勘探孔数量不应少于勘探孔总数的1/3。

勘探线、点间距（m） 表4.2.4

场地复杂程度等级	勘探线间距	勘探点间距
一级场地（复杂场地）	400～600	<500
二级场地（中等复杂场地）	600～1000	500～1000
三级场地（简单场地）	800～1500	800～1500

4.2.5 总体规划勘察的勘探孔深度应满足场地稳定性和工程建设适宜性分析评价的需要，并应符合下列规定：

1 勘探孔深度不宜小于30m，当深层地质资料缺乏时勘探孔深度应适当增加；

2 在勘探孔深度内遇基岩时，勘探孔深度可适当减浅；

3 当勘探孔底遇软弱土层时，勘探孔深度应加深或穿透软弱土层。

4.2.6 采取岩土试样和进行原位测试的勘探孔数量不应少于勘探孔总数的1/2，必要时勘探孔宜全部采取岩土试样和进行原位测试。

4.2.7 总体规划勘察的不良地质作用和地质灾害调查应符合本规范第7章的规定。

4.3 分析与评价

4.3.1 总体规划勘察的资料整理、分析与评价应包括下列内容：

1 已有资料的分类汇总、综合研究；

2 现状地质环境条件、地震可能诱发的地质灾害程度；

3 各评价单元的场地稳定性；

4 各评价单元的工程建设适宜性；

5 工程建设活动与地质环境之间的相互作用、不良地质作用或人类活动可能引起的环境工程地质问题。

4.3.2 总体规划勘察应根据总体规划阶段的编制要求，结合各场地稳定性、工程建设适宜性的分析与评价成果，在规划区地质环境保护、防灾减灾、规划功能分区、建设项目布置等方面提出相关建议。

5 详细规划勘察

5.1 一般规定

5.1.1 详细规划勘察应根据场地复杂程度、详细规划编制对勘察工作的要求，采用工程地质测绘和调查、地球物理勘探、钻探、原位测试和室内试验等综合勘察手段。

5.1.2 详细规划勘察应在总体规划勘察成果的基础上，初步查明规划区的工程地质与水文地质条件，对规划区的场地稳定性和工程建设适宜性作出分析与评价。

5.2 勘察要求

5.2.1 详细规划勘察应包括下列工作内容：

1 搜集、整理和分析相关的已有资料；

2 初步查明地形地貌、地质构造、地层结构及成因年代、岩土主要工程性质；

3 初步查明不良地质作用和地质灾害的成因、类型、分布范围、发生条件，提出防治建议；

4 初步查明特殊性岩土的类型、分布范围及其工程地质特性；

5 初步查明地下水的类型和埋藏条件，调查地表水情况和地下水位动态及其变化规律，评价地表水、地下水、土对建筑材料的腐蚀性；

6 在抗震设防烈度 6 度及以上地区，评价场地和地基的地震效应；

7 对各评价单元的场地稳定性和工程建设适宜性作出工程地质评价；

8 对规划方案和规划建设项目提出建议。

5.2.2 详细规划勘察前应搜集下列资料：

1 总体规划勘察成果资料；

2 地貌、气象、水文、地质构造、地震、工程地质、水文地质和地下矿产资源等有关资料；

3 既有工程建设、不良地质作用和地质灾害防治工程的经验和相关资料；

4 详细规划拟定的城乡规划用地性质、对拟建各类建设项目控制指标和配套基础设施布置的要求。

5.2.3 详细规划勘察的工程地质测绘和调查工作应符合本规范第 6 章的规定。

5.2.4 详细规划勘察的勘探线、点的布置应符合下列规定：

1 勘探线宜垂直地貌单元边界线、地质构造带及地层分界线；

2 对于简单场地（三级场地），勘探线可按方格网布置；

3 规划有重大建设项目的场地，应按项目的规划布局特点，沿纵、横主控方向布置勘探线；

4 勘探点可沿勘探线布置，在每个地貌单元和不同地貌单元交界部位应布置勘探点，在微地貌和地层变化较大的地段、活动断裂等不良地质作用发育地段可适当加密；

5 勘探线、点间距可按表 5.2.4 确定。

勘探线、点间距（m）　　　　　　　　　　　　　表 5.2.4

场地复杂程度等级	勘探线间距	勘探点间距
一级场地（复杂场地）	100～200	100～200
二级场地（中等复杂场地）	200～400	200～300
三级场地（简单场地）	400～800	300～600

5.2.5 详细规划勘察的勘探孔可分一般性勘探孔和控制性勘探孔，其深度可按表 5.2.5 确定，并应满足场地稳定性和工程建设适宜性分析评价的要求。

勘探孔深度（m）　　　　　　　　　　　　　表 5.2.5

场地复杂程度等级	一般性勘探孔	控制性勘探孔
一级场地（复杂场地）	>30	>50
二级场地（中等复杂场地）	20～30	40～50
三级场地（简单场地）	15～20	30～40

注：勘探孔包括钻孔和原位测试孔。

5.2.6 控制性勘探孔不应少于勘探孔总数的 1/3，且每个地貌单元或布置有重大建设项目地块均应有控制性勘探孔。

5.2.7 遇下列情况之一时，应适当调整勘探孔深度：

1 当场地地形起伏较大时，应根据规划整平地面高程调整孔深；

2 当遇有基岩时，控制性勘探孔应钻入稳定岩层一定深度，一般性勘探孔应钻至稳定岩层层面；

 3 在勘探孔深度内遇有厚层、坚实的稳定土层时，勘探孔深度可适当减浅；

 4 当有软弱下卧层时，控制性勘探孔的深度应适当加大，并应穿透软弱土层。

5.2.8 详细规划勘察采取岩土试样和原位测试工作应符合下列规定：

 1 采取岩土试样和进行原位测试的勘探孔，宜在平面上均匀分布；

 2 采取岩土试样和进行原位测试的勘探孔的数量宜占勘探孔总数的1/2，在布置有重大建设项目的地块或地段，采取岩土试样和进行原位测试的勘探孔不得少于6个；

 3 各主要岩土层均应采取试样或取得原位测试数据；

 4 采取岩土试样和原位测试的竖向间距，应根据地层特点和岩土层的均匀程度确定。

5.2.9 详细规划勘察的不良地质作用和地质灾害调查应符合本规范第7章的规定。

5.2.10 详细规划勘察的水文地质勘察应符合下列规定：

 1 应调查对工程建设有较大影响的地下水埋藏条件、类型和补给、径流、排泄条件，各层地下水水位和变化幅度；

 2 应采取代表性的水样进行腐蚀性分析，取样地点不宜少于3处；

 3 当需绘制地下水等水位线时，应根据地下水的埋藏条件统一量测地下水位；

 4 宜设置监测地下水变化的长期观测孔。

5.3 分析与评价

5.3.1 详细规划勘察资料的整理应采用定性与定量相结合的综合分析方法，对场地稳定性和工程建设适宜性应进行定性或定量分析。

5.3.2 详细规划勘察的分析与评价应包括下列内容：

 1 地质环境条件对规划建设项目的影响；

 2 不良地质作用和地质灾害及人类工程活动对规划建设项目的影响，并提出防治措施建议；

 3 地下水类型和埋藏条件及对规划建设项目的影响；

 4 各类建设用地的地基条件和施工条件；

 5 各类建设用地的场地稳定性和工程建设适宜性。

5.3.3 详细规划勘察应根据详细规划编制要求，结合各场地稳定性、工程建设适宜性的分析与评价成果，提出下列建议：

 1 拟建重大工程地基基础方案；

 2 各类建设用地内适建、不适建或有条件允许建设的建筑类型和土地开发强度；

 3 城市地下空间和地下资源开发利用条件；

 4 各类拟规划建设项目的平面及竖向布置方案。

（六）《城市综合交通体系规划标准》GB/T 51328—2018

 《城市综合交通体系规划标准》为国家标准，编号为GB/T 51328—2018，自2019年3月1日起实施。国家标准《城市道路交通规划设计规范》GB 50220—95、行业标准《城市道路绿化规划与设计规范》CJJ 75—97的第3.1节和第3.2节同时废止。

2.0.10 当量小汽车 passenger car unit

 以4～5座的小客车为标准车，作为各种类型车辆换算道路交通量的当量车种，单位为pcu。不同车种的换算系数宜按本标准附录A第A.0.1条的规定取值。

4.0.1 城市综合交通体系应与城市空间布局协同规划,通过用地布局优化引导城市职住空间的匹配、合理布局城市各级公共与生活服务设施,将居民出行距离控制在合理范围内,并应符合下列规定:

1 城区的居民通勤出行平均出行距离宜符合表4.0.1的规定,规划人口规模超过1000万人及以上的超大城市可适当提高。

居民通勤出行(单程)平均出行距离的控制要求　　　表4.0.1

规划人口规模(万人)	≥500	300~500	100~300	50~100	<50
通勤出行距离(km)	≤9	≤7	≤6	≤5	≤4

2 城区内生活出行,采用步行与自行车交通的出行比例不宜低于80%。

10 步行与非机动车交通

10.1 一般规定

10.1.1 步行与非机动车交通系统由各级城市道路的人行道、非机动车道、过街设施,步行与非机动车专用路(含绿道)及其他各类专用设施(如:楼梯、台阶、坡道、电扶梯、自动人行道等)构成。

10.1.3 步行与非机动车交通通过城市主干路及以下等级道路交叉口与路段时,应优先选择平面过街形式。

10.1.4 城市宜根据用地布局,设置步行与非机动车专用道路,并提高步行与非机动车交通系统的通达性。河流和山体分隔的城市分区之间,应保障步行与非机动车交通的基本连接。

10.1.5 城市内的绿道系统应与城市道路上布设的步行与非机动车通行空间顺畅衔接。

10.1.6 当机动车交通与步行交通或非机动车交通混行时,应通过交通稳静化措施,将机动车的行驶速度限制在行人或非机动车安全通行速度范围内。

10.2 步行交通

10.2.1 步行交通是城市最基本的出行方式。除城市快速路主路外,城市快速路辅路及其他各级城市道路红线内均应优先布置步行交通空间。

10.2.2 根据地形条件、城市用地布局和街区情况,宜设置独立于城市道路系统的人行道、步行专用通道与路径。

10.2.3 人行道最小宽度不应小于2.0m,且应与车行道之间设置物理隔离。

10.2.4 大型公共建筑和大、中运量城市公共交通站点800m范围内,人行道最小通行宽度不应低于4.0m;城市土地使用强度较高地区,各类步行设施网络密度不宜低于14km/km^2,其他地区各类步行设施网络密度不应低于8km/km^2。

10.2.5 人行道、行人过街设施应与公交车站、城市公共空间、建筑的公共空间顺畅衔接。

10.2.6 城市应结合各类绿地、广场和公共交通设施设置连续的步行空间;当不同地形标高的人行系统衔接困难时,应设置步行专用的人行梯道、扶梯、电梯等连接设施。

10.3 非机动车交通

10.3.2 适宜自行车骑行的城市和城市片区,除城市快速路主路外,城市快速路辅路及其他各级城市道路均应设置连续的非机动车道。并宜根据道路条件、用地布局与非机动车交通特征设置非机动车专用路。

10.3.3 适宜自行车骑行的城市和城市片区，非机动车道的布局与宽度应符合下列规定：
1 最小宽度不应小于2.5m；
2 城市土地使用强度较高和中等地区各类非机动车道网络密度不应低于8km/km²；
3 非机动车专用路、非机动车专用休闲与健身道、城市主次干路上的非机动车道，以及城市主要公共服务设施周边、客运走廊500m范围内城市道路上设置的非机动车道，单向通行宽度不宜小于3.5m，双向通行不宜小于4.5m，并应与机动车交通之间采取物理隔离；
4 不在城市主要公共服务设施周边及客运走廊500m范围内的城市支路，其非机动车道宜与机动车交通之间采取非连续性物理隔离，或对机动车交通采取交通稳静化措施。

10.3.4 当非机动车道内电动自行车、人力三轮车和物流配送非机动车流量较大时，非机动车道宽度应适当增加。

12 城 市 道 路

12.1 一般规定

12.1.2 城市道路系统规划应结合城市的自然地形、地貌与交通特征，因地制宜进行规划，并应符合以下原则：
1 与城市交通发展目标相一致，符合城市的空间组织和交通特征；
2 道路网络布局和道路空间分配应体现以人为本、绿色交通优先，以及窄马路、密路网、完整街道的理念；
3 城市道路的功能、布局应与两侧城市的用地特征、城市用地开发状况相协调；
4 体现历史文化传统，保护历史城区的道路格局，反映城市风貌；
5 为工程管线和相关市政公用设施布设提供空间；
6 满足城市救灾、避难和通风的要求。

12.1.3 承担城市通勤交通功能的公路应纳入城市道路系统统一规划。

12.1.4 中心城区内道路系统的密度不宜小于8km/km²。

12.2 城市道路的功能等级

12.2.1 按照城市道路所承担的城市活动特征，城市道路应分为干线道路、支线道路，以及联系两者的集散道路三个大类；城市快速路、主干路、次干路和支路四个中类和八个小类。不同城市应根据城市规模、空间形态和城市活动特征等因素确定城市道路类别的构成，并应符合下列规定：
1 干线道路应承担城市中、长距离联系交通，集散道路和支线道路共同承担城市中、长距离联系交通的集散和城市中、短距离交通的组织。
2 应根据城市功能的连接特征确定城市道路中类。城市道路中类划分与城市功能连接、城市用地服务的关系应符合表12.2.1的规定。

不同连接类型与用地服务特征所对应的城市道路功能等级 表12.2.1

连接类型 \ 用地服务	为沿线用地服务很少	为沿线用地服务较少	为沿线用地服务较多	直接为沿线用地服务
城市主要中心之间连接	快速路	主干路	—	—

续表

用地服务 连接类型	为沿线用地服务很少	为沿线用地服务较少	为沿线用地服务较多	直接为沿线用地服务
城市分区（组团）间连接	快速路/主干路	主干路	主干路	—
分区（组团）内连接	—	主干路/次干路	主干路/次干路	—
社区级渗透性连接	—	—	次干路/支路	次干路/支路
社区到达性连接	—	—	支路	支路

12.2.2 城市道路小类划分应符合表12.2.2的规定。

城市道路功能等级划分与规划要求　　表12.2.2

大类	中类	小类	功能说明	设计速度（km/h）	高峰小时服务交通量推荐（双向pcu）
干线道路	快速路	Ⅰ级快速路	为城市长距离机动车出行提供快速、高效的交通服务	80～100	3000～12000
		Ⅱ级快速路	为城市长距离机动车出行提供快速交通服务	60～80	2400～9600
	主干路	Ⅰ级主干路	为城市主要分区（组团）间的中、长距离联系交通服务	60	2400～5600
		Ⅱ级主干路	为城市分区（组团）间中、长距离联系以及分区（组团）内部主要交通联系服务	50～60	1200～3600
		Ⅲ级主干路	为城市分区（组团）间联系以及分区（组团）内部中等距离交通联系提供辅助服务，为沿线用地服务较多	40～50	1000～3000
集散道路	次干路	次干路	为干线道路与支线道路的转换以及城市内中、短距离的地方性活动组织服务	30～50	300～2000
支线道路	支路	Ⅰ级支路	为短距离地方性活动组织服务	20～30	
		Ⅱ级支路	为短距离地方性活动组织服务的街坊内道路、步行、非机动车专用路等		

12.3 城市道路网布局

12.3.3 干线道路系统应相互连通，集散道路与支线道路布局应符合不同功能地区的城市活动特征。

12.3.4 道路交叉口相交道路不宜超过4条。

12.3.5 城市中心区的道路网络规划应符合以下规定：

　　1 中心区的道路网络应主要承担中心区内的城市活动，并宜以Ⅲ级主干路、次干路和支路为主；

　　2 城市Ⅱ级主干路及以上等级干线道路不宜穿越城市中心区。

12.3.7 规划人口规模100万及以上的城市主要对外方向应有2条以上城市干线道路，其他对外方向宜有2条城市干线道路；分散布局的城市，各相邻片区、组团之间宜有2条以上城市干线道路。

12.3.8 带形城市应确保城市长轴方向的干线道路贯通，且不宜少于两条，道路等级不宜低于Ⅱ级主干路。

12.3.11 道路选线应避开泥石流、滑坡、崩塌、地面沉降、塌陷、地震断裂活动带等自然灾害易发区；当不能避开时，必须在科学论证的基础上提出工程和管理措施，保证道路的安全运行。

12.4 城市道路红线宽度与断面空间分配

12.4.1 城市道路的红线宽度应优先满足城市公共交通、步行与非机动车交通通行空间的布设要求，并应根据城市道路承担的交通功能和城市用地开发状况，以及工程管线、地下空间、景观风貌等布设要求综合确定。

12.4.2 城市道路红线宽度（快速路包括辅路），规划人口规模50万及以上城市不应超过70m，20万～50万的城市不应超过55m，20万以下城市不应超过40m。

12.4.3 城市道路红线宽度还应符合下列规定：

  1 对城市公共交通、步行与非机动车，以及工程管线、景观等无特殊要求的城市道路，红线宽度取值应符合表12.4.3确定。

无特殊要求的城市道路红线宽度取值　　　　表12.4.3

道路分类	快速路(不包括辅路)		主干路			次干路	支路	
	Ⅰ	Ⅱ	Ⅰ	Ⅱ	Ⅲ		Ⅰ	Ⅱ
双向车道数（条）	4～8	4～8	6～8	4～6	4～6	2～4	2	—
道路红线宽度（m）	25～35	25～40	40～50	40～45	40～45	20～35	14～20	

  2 布设和预留城市轨道交通线路的城市道路，道路红线宽度应符合本标准第9.3.8条的规定；

  3 布设有轨电车的道路，道路红线应符合本标准第9.4.3条的规定；

  4 城市道路红线应符合本标准第10.2.3条、第10.2.4条和第10.3.3条规定的步行与非机动车道布设要求；

  5 大件货物运输通道可按要求适度加宽车道和道路红线，满足大型车辆的通行要求；

  6 城市应保护与延续历史街巷的宽度与走向。

12.4.4 道路横断面布置应符合所承载的交通特征，并应符合下列规定：

  1 道路空间分配应符合不同运行速度交通的安全行驶要求；

  2 城市道路的横断面布置应与道路承担的交通功能及交通方式构成相一致；当道路横断面变化时，道路红线应考虑过渡段的设置要求；

  3 设置公交港湾、人行立体过街设施、轨道交通站点出入口等的路段，不应压缩人行道和非机动车道的宽度，红线宜适当加宽；

  4 城市Ⅰ级快速路可根据情况设置应急车道。

12.4.5 干线道路平面交叉口用地应在方便行人过街的基础上适度展宽。

12.4.7 全方式出行中自行车出行比例高于10%的城市，布设主要非机动车通道的次干路宜采用三幅路形式，对于自行车出行比例季节性变化大的城市宜采用单幅路；其他次干路可采用单幅路；支路宜采用单幅路。

12.5 干线道路系统

12.5.2 干线道路选择应满足下列规定：

1 不同规模城市干线道路的选择宜符合表12.5.2的规定；

城市干线道路等级选择要求　　　　　　　　　表12.5.2

规划人口规模（万人）	最高等级干线道路
≥200	Ⅰ级快速路或Ⅱ级快速路
100～200	Ⅱ级快速路或Ⅰ级主干路
50～100	Ⅰ级主干路
20～50	Ⅱ级主干路
≤20	Ⅲ级主干路

2 带形城市可参照上一档规划人口规模的城市选择。当中心城区长度超过30km时，宜规划Ⅰ级快速路；超过20km时，宜规划Ⅱ级快速路。

12.5.3 不同规划人口规模城市的干线道路网络密度可按表12.5.3规划。城市建设用地内部的城市干线道路的间距不宜超过1.5km。

不同规模城市的干线道路网络密度　　　　　　　表12.5.3

规划人口规模（万人）	干线道路网络密度（km/km²）
≥200	1.5～1.9
100～200	1.4～1.9
50～100	1.3～1.8
20～50	1.3～1.7
≤20	1.5～2.2

12.5.4 干线道路上的步行、非机动车道应与机动车道隔离。

12.5.5 干线道路不得穿越历史文化街区与文物保护单位的保护范围，以及其他历史地段。

12.5.6 干线道路桥梁与隧道车行道布置及路缘带宽度宜与衔接道路相同。

12.5.8 规划人口规模100万及以上的城市，放射性干线道路的断面应留有潮汐车道设置条件。

12.6 集散道路与支线道路

12.6.1 城市集散道路和支线道路系统应保障步行、非机动车和城市街道活动的空间，避免引入大量通过性交通。

12.6.3 城市不同功能地区的集散道路与支线道路密度，应结合用地布局和开发强度综合确定，街区尺度宜符合表12.6.3的规定。城市不同功能地区的建筑退线应与街区尺度相协调。

不同功能区的街区尺度推荐值　　　　　　　　　表12.6.3

类别	街区尺度（m）		路网密度（km/km²）
	长	宽	
居住区	≤300	≤300	≥8
商业区与就业集中的中心区	100～200	100～200	10～20
工业区、物流园区	≤600	≤600	≥4

注：工业区与物流园区的街区尺度根据产业特征确定，对于服务型园区，街区尺度应小于300m，路网密度应大于8km/km²。

12.6.4 城市居住街坊内道路应优先设置为步行与非机动车专用道路。

12.8 城市道路绿化

12.8.1 城市道路绿化的布置和绿化植物的选择应符合城市道路的功能，不得影响道路交通的安全运行，并应符合下列规定：

1 道路绿化布置应便于养护；

2 路侧绿带宜与相邻的道路红线外侧其他绿地相结合；

3 人行道毗邻商业建筑的路段，路侧绿带可与行道树绿带合并；

4 道路两侧环境条件差异较大时，宜将路侧绿带集中布置在条件较好的一侧；

5 干线道路交叉口红线展宽段内，道路绿化设置应符合交通组织要求；

6 轨道交通站点出入口、公共交通港湾站、人行过街设施设置区段，道路绿化应符合交通设施布局和交通组织的要求。

12.8.2 城市道路路段的绿化覆盖率宜符合表12.8.2的规定。城市景观道路可在表12.8.2的基础上适度增加城市道路路段的绿化覆盖率；城市快速路宜根据道路特征确定道路绿化覆盖率。

城市道路路段绿化覆盖率要求　　　　　　　　　表12.8.2

城市道路红线宽度（m）	>45	30～45	15～30	<15
绿化覆盖率（%）	20	15	10	酌情设置

注：城市快速路主辅路并行的路段，仅按照其辅路宽度适用上表。

12.9.1 承担城市防灾救援通道的道路应符合下列规定：

1 次干路及以上等级道路两侧的高层建筑应根据救援要求确定道路的建筑退线；

2 立体交叉口宜采用下穿式；

3 道路宜结合绿地与广场、空地布局；

4 7度地震设防的城市每个疏散方向应有不少于2条对外放射的城市道路；

5 承担城市防灾救援的通道应适当增加通道方向的道路数量。

13 停车场与公共加油加气站

13.1.2 停车场按停放车辆类型可分为非机动车停车场和机动车停车场；按用地属性可分为建筑物配建停车场和公共停车场。停车位按停车需求可分为基本车位和出行车位。

13.1.4 机动车停车场应规划电动汽车充电设施。公共建筑配建停车场、公共停车场应设置不少于总停车位10%的充电停车位。

13.2 非机动车停车场

13.2.2 公共交通站点及周边，非机动车停车位供给宜高于其他地区。

13.2.3 非机动车路内停车位应布设在路侧带内,但不应妨碍行人通行。

13.2.4 非机动车停车场可与机动车停车场结合设置,但进出通道应分开布设。

13.2.5 非机动车的单个停车位面积宜取 1.5~1.8m²。

13.3 机动车停车场

13.3.3 机动车停车位供给应以建筑物配建停车场为主、公共停车场为辅。

13.3.4 建筑物配建停车位指标的制定应符合以下规定:

1 住宅类建筑物配建停车位指标应与城市机动车拥有量水平相适应;

2 非住宅类建筑物配建停车位指标应结合建筑物类型与所处区位差异化设置。医院等特殊公共服务设施的配建停车位指标应设置下限值,行政办公、商业、商务建筑配建停车位指标应设置上限值。

13.3.5 机动车公共停车场规划应符合以下规定:

1 规划用地总规模宜按人均 0.5~1.0m² 计算,规划人口规模 100 万及以上的城市宜取低值;

2 在符合公共停车场设置条件的城市绿地与广场、公共交通场站、城市道路等用地内可采用立体复合的方式设置公共停车场;

3 规划人口规模 100 万及以上的城市公共停车场宜以立体停车楼(库)为主,并应充分利用地下空间;

4 单个公共停车场规模不宜大于 500 个车位;

5 应根据城市的货车停放需求设置货车停车场,或在公共停车场中设置货车停车位(停车区)。

13.3.6 机动车路内停车位属临时停车位,其设置应符合以下规定:

1 不得影响道路交通安全及正常通行;

2 不得在救灾疏散、应急保障等道路上设置;

3 不得在人行道上设置;

4 应根据道路运行状况及时、动态调整。

13.3.7 地面机动车停车场用地面积,宜按每个停车位 25~30m² 计。停车楼(库)的建筑面积,宜按每个停车位 30~40m² 计。

附录 A 车辆换算系数

A.0.1 当量小汽车换算系数宜符合表 A.0.1 的规定。

当量小汽车换算系数　　　　表 A.0.1

序号	车种	换算系数
1	自行车	0.2
2	两轮摩托	0.4
3	三轮摩托或微型汽车	0.6
4	小客车或小于3t的货车	1.0
5	旅行车	1.2
6	大客车或小于9t的货车	2.0
7	9t~15t货车	3.0
8	铰接客车或大平板拖挂货车	4.0

习　题

2-1　(2019)从春秋到明清,各朝都城布局都遵循的形制是(　　)。
　　　A　里坊制　　　　B　城郭之制　　　　C　开放式街巷制　　D　左祖右社之制
2-2　(2019)控制性详细规划阶段,规划五线中的紫线是指(　　)。
　　　A　绿化保护线　　B　城市道路　　　　C　文物保护线　　　D　市政设施范围线
2-3　(2019)巴西利亚这座城市是体现了雅典宪章的经典作品,它是一个(　　)。
　　　A　功能城市　　　B　田园城市　　　　C　广亩城市　　　　D　生态城市
2-4　(2019)城市森林公园、湿地、绿化隔离带属于(　　)。
　　　A　公园绿地　　　B　生产绿地　　　　C　附属绿地　　　　D　其他绿地
2-5　(2019)如图所示路网布局属于典型集中式和环形放射布局的是(　　)。

A

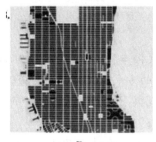
B

C

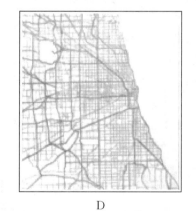
D

2-6　(2019)20世纪30年代在美国和欧洲出现了"邻里单位"的居住区规划思想,决定和控制"邻里单位"规模的是(　　)。
　　　A　幼儿园　　　　B　小学　　　　　　C　商场　　　　　　D　教堂
2-7　(2019)在居住区规划的技术经济指标中,不能体现居住环境质量的是(　　)。
　　　A　人均居住用地　B　人均公共绿地　　C　建筑密度　　　　D　住宅套型
2-8　(2019)在下列古城中,可作为研究中国古代城市扩建问题的代表案例是(　　)。
　　　A　曹魏邺城　　　B　元大都　　　　　C　宋代开封　　　　D　秦都咸阳
2-9　(2019)居住区规划综合指标中必列的指标是(　　)。
　　　A　高层住宅占比　　　　　　　　　　　B　住宅总建筑面积
　　　C　人口密度　　　　　　　　　　　　　D　绿化覆盖率

2-10 (2019)《清明上河图》描绘的是哪个朝代的城市？
    A　北宋东京　　　　B　明南京　　　　　C　隋洛阳　　　　　D　唐长安

2-11 (2019)城市设计最基本的，也是最有特色的成果形式是(　　)。
    A　概念　　　　　B　模型　　　　　C　导则　　　　　D　总图

2-12 (2019)下列控制性详细规划指标中，不属于规定性指标的是(　　)。
    A　建筑形式　　　B　建筑密度　　　C　建筑退线　　　D　用地面积

2-13 (2019)凯文·林奇提出的城市意向地图的调查方法是一种(　　)。
    A　层次分析法　　B　线性规划法　　C　价值评估法　　D　感知评价法

2-14 (2019)为获得"山重水复疑无路，柳暗花明又一村"的空间体验，常用的景观设计手法是(　　)。
    A　借景　　　　　B　障景　　　　　C　框景　　　　　D　对景

2-15 (2019)对热岛效应描述错误的是(　　)。
    A　白天比晚上明显　　　　　　　　　B　城市规模越大越明显
    C　不利于污染物扩散　　　　　　　　D　城市建成区气温高于外围郊区

2-16 (2019)总体规划中，属于禁建区的是(　　)。
    A　基本农田保护区　　　　　　　　　B　环境协调区
    C　绿化隔离区　　　　　　　　　　　D　城市生态绿地

2-17 (2019)生态城市规划设计中，不属于绿色出行方式的是(　　)。
    A　私家车交通　　B　轨道　　　　　C　自行车　　　　D　步行

2-18 (2019)城市生态规划属于城市规划内容中的(　　)。
    A　总体规划　　　B　区域规划　　　C　详细规划　　　D　专项规划

2-19 (2019)如题 2-19 图所示，雨花台烈士陵园的路径形式是(　　)。

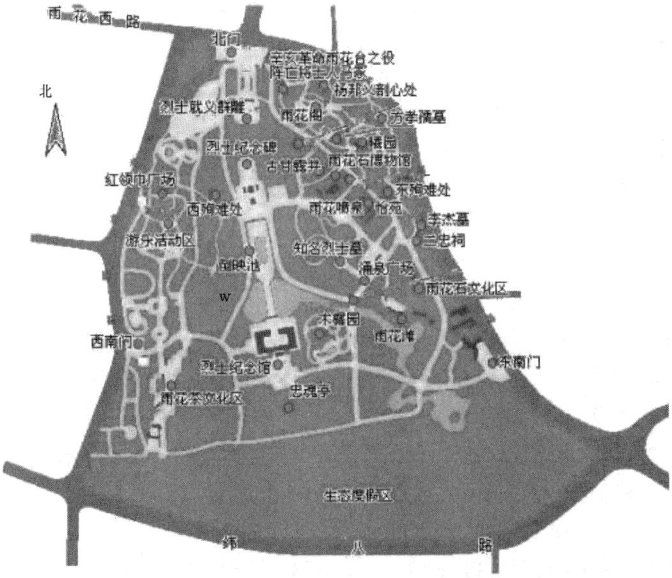

题 2-19 图

    A　闭合　　　　　B　串联　　　　　C　并联　　　　　D　放射

2-20 (2019)结合风玫瑰图（题 2-20 图）分析，下列适合城市总体规划布局的是(　　)。
    A　(a)　　　　　　B　(b)　　　　　　C　(c)　　　　　　D　(d)

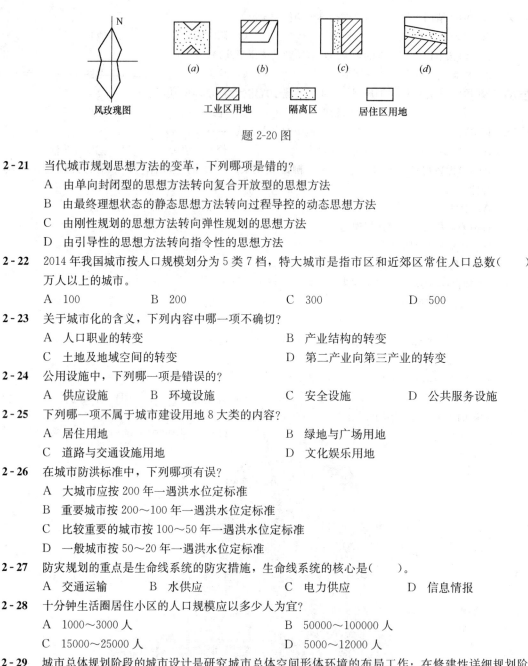

题 2-20 图

2-21 当代城市规划思想方法的变革，下列哪项是错的？
A 由单向封闭型的思想方法转向复合开放型的思想方法
B 由最终理想状态的静态思想方法转向过程导控的动态思想方法
C 由刚性规划的思想方法转向弹性规划的思想方法
D 由引导性的思想方法转向指令性的思想方法

2-22 2014年我国城市按人口规模划分为5类7档，特大城市是指市区和近郊区常住人口总数（　　）万人以上的城市。
A 100　　　　　B 200　　　　　C 300　　　　　D 500

2-23 关于城市化的含义，下列内容中哪一项不确切？
A 人口职业的转变　　　　　　B 产业结构的转变
C 土地及地域空间的转变　　　D 第二产业向第三产业的转变

2-24 公用设施中，下列哪一项是错误的？
A 供应设施　　B 环境设施　　C 安全设施　　D 公共服务设施

2-25 下列哪一项不属于城市建设用地8大类的内容？
A 居住用地　　　　　　　　　B 绿地与广场用地
C 道路与交通设施用地　　　　D 文化娱乐用地

2-26 在城市防洪标准中，下列哪项有误？
A 大城市应按200年一遇洪水位定标准
B 重要城市按200～100年一遇洪水位定标准
C 比较重要的城市按100～50年一遇洪水位定标准
D 一般城市按50～20年一遇洪水位定标准

2-27 防灾规划的重点是生命线系统的防灾措施，生命线系统的核心是（　　）。
A 交通运输　　B 水供应　　　C 电力供应　　D 信息情报

2-28 十分钟生活圈居住小区的人口规模应以多少人为宜？
A 1000～3000人　　　　　　　B 50000～100000人
C 15000～25000人　　　　　　D 5000～12000人

2-29 城市总体规划阶段的城市设计是研究城市总体空间形体环境的布局工作；在修建性详细规划阶段的城市设计是研究（　　）具体项目的空间形体环境的定位工作。
A 分区内　　　B 特定地段　　C 重点地区　　D 建设区

2-30 城市设计的五个重点区位是：边缘、（　　）、路径、区域、标志物。
A 重要地段　　B 重要工程　　C 节点　　　　D 城市广场

2-31 我国春秋战国时代，在城市规划思想发展史上有一本从思想上完全打破了周礼单一模式束缚的名著是（　　）。
A 墨子　　　　B 孙子兵法　　C 管子·立正篇　D 商君书

2-32 城市总体规划图的图纸比例，大中城市与小城市分别应为（　　）。

A 1/15000 或 1/10000，1/5000

B 1/200000 或 1/10000，1/5000

C 1/25000 或 1/10000，1/5000

D 1/60000 或 1/20000，1/10000

2-33 关于十五分钟生活圈居住区合理规模的表述，下列哪一项是错的？

A 人口以 5 万～10 万为宜

B 满足居民生活需要的步行距离

C 居住区配套公建规模按居住建筑面积百分比计算

D 城市道路间距宜为 150～250m

2-34 根据《中华人民共和国土地管理法》规定，下列哪一种说法有误？

A 城市市区土地属于国家所有，即全民所有

B 农村和城市郊区的土地，属于农民集体所有

C 宅基地和自留地、自留山，属于农民集体所有

D 土地使用权可以依法转让

2-35 下列哪种说法不符合《城市国有土地使用权出让转让规划管理办法》？

A 城市国有土地使用权出让前，应当制定控制性详细规划

B 规划设计条件及附图，出让方和受让方不得擅自变更

C 受让方如需改变原规划设计条件，必须通过国土局批准

D 城市用地分等定级，应根据城市各地段的现状和规划要求等因素确定

2-36 下列哪一项内容不符合"城市紫线、黄线、蓝线管理办法"？

A 城市紫线是指城市规划确定的铁路用地的控制线

B 城市绿线是指城市各类绿地范围的控制线

C 城市蓝线是指城市规划确定的江、河、湖、渠和湿地等城市地表水体保护和控制的地域界线

D 城市黄线是指城市规划确定的基础设施用地的控制线

2-37 下列哪一项内容符合《镇规划标准》？

A 村庄、集镇，按其地位和职能分为基层村、一般镇、中心镇 3 个层次

B 镇区和村庄的规划规模应按人口数量划分为特大、大、中、小型 4 级

C 大型中心村＞1000 人，大型中心镇＞10000 人

D 村镇建设用地按照土地使用的主要性质划分为 8 大类

参考答案及解析

2-1 **解析：** 古代都城为了保护统治者的安全，有城与郭的设置。从春秋一直到明清，各朝的都城都有城郭之制，"筑城以卫君，造郭以守民"。城与郭，二者的职能很明确。城，用来保护国君；郭，用来看管人民。故 B 选项正确。

A 选项"里坊制"是中国古代主要的城市和乡村规划的基本单位与居住管理制度的复合体，起源于汉代的棋盘式街道，兴盛于三国时期。C 选项"开放式街巷制"始于北宋定都开封后，里坊制度瓦解，开放式街巷制形成。D 选项"左祖右社之制"出自《周礼·考工记》，虽然《周礼》的王城空间布局制度对古代城市具有一定影响，但不能把它作为一条贯穿古代城市规划的主线，因为这种影响并不是所有城市都体现出来的；例如春秋战国的齐临淄、燕下都、赵邯郸、郑韩故城均未采用"左祖右社之制"。

答案： B

2-2 **解析：** 城市规划五线包括："红线""绿线""蓝线""紫线"和"黄线"。"紫线"是指各类历史文化遗产与风景名胜资源保护控制线，包括各级重点文物保护单位、历史文化保护区、风景名

胜区、历史建筑群、重要地下文物埋藏区等保护范围。A 选项属于"绿线"，D 选项属于"黄线"，B 选项"城市道路"不在城市规划五线之中。

答案：C

2-3 解析：巴西利亚是雅典宪章"功能城市"的实践体现，在 1933 年出版的《光明城》（The Radiant City）一书中，勒·柯布西耶认为当时全球所有的城市都是垃圾、混乱、丑陋、毫无功能性，丝毫体现不出设计之美，功能之美。巴西利亚的规划体现了柯布西耶"形式理性主义"的规划思想和功能城市的精神，是当时以最新科学技术成就和艺术哲学观念解决城市建设问题的范例。

答案：A

2-4 解析：参见《城市规划原理》（第四版）"2.1 城市绿地的分类"P433：其他绿地（G5）包括风景名胜区、水源保护区、郊野公园、森林公园、自然保护区、风景林地、城市绿化隔离带、野生动植物园、湿地、垃圾填埋场恢复绿地等。若按该教材作答，应选 D。

若参考《城市绿地分类标准》CJJ/T 85—2017 第 2.0.4 条表 2.0.4-1，城市湿地公园和森林公园等具有特定主题内容的绿地属于其他专类公园（G139）。

答案：D

2-5 解析：参见《城市规划原理》（第四版）"2.1 集中式布局的城市"P275：集中式的城市布局就是城市各项主要用地集中成片布置，其优点是便于设置较为完善的生活服务设施，城市各项用地紧凑、节约，有利于保证生产经济活动联系的效率和方便居民生活。集中式的城市布局又可划分为网格状和环形放射两种类型。后者在大中城市比较常见，由放射形和环形的道路网组成，城市交通的通达性较好，有较强的向心紧凑发展的趋势，往往具有高密度、展示性、富有生命力的市中心；但最大的问题在于有可能造成市中心的拥挤和过度聚集，一般不适于小城市。C 选项符合集中式中的环形放射状布局特征。

答案：C

2-6 解析：参见《城市规划原理》（第四版）P33："邻里单位"思想要求在较大的范围内统一规划居住区，使每一个"邻里单位"成为组成居住区的"细胞"。首先考虑的是幼儿上学不要穿越交通干道，"邻里单位"内要设置小学，以此决定并控制"邻里单位"的规模。

答案：B

2-7 解析：居住区的环境指标包括：人口密度、套密度、人均居住用地面积、人均住宅建筑面积、绿地率、人均绿地面积、人均公共绿地面积、日照间距等。居住区的建设强度指标包括：容积率、建筑密度、总建筑面积等。居住区的环境质量体现在建设强度较低、人均占有绿化及各类建筑设施的面积较大方面，故选项 A、B、C 能体现居住环境质量。

答案：D

2-8 解析：东京城（开封）发展至五代时，由于人口的快速增长，人口密度和建筑密度大为增加。五代后周世宗柴荣在显德二年（公元 955 年）四月发布改、扩建东京城的诏书，阐明扩建的原因和具体措施。之后宋代开封城按此诏书进行了有规划的城市改、扩建：扩大城市用地，改善旧城拥挤现象，疏浚运河，改善防火、绿化及公共卫生状况。这是中国古代城市规划思想的重大发展，成为研究中国古代城市改、扩建问题的代表性案例。

答案：C

2-9 解析：参见《城市居住区规划设计标准》GB 50180—2018"附录 A 技术指标与用地面积计算方法"表 A.0.3，各级生活圈居住区指标包括：总用地面积（住宅用地、配套设施用地、公共绿地、城市道路用地）、居住总人口、居住总套（户）数、住宅总建筑面积。其中并不包括选项 A、C、D。

答案：B

2-10 解析：张择端的《清明上河图》描绘的是北宋东京（开封）的街景，此画生动记录了当时的城市面貌和社会各阶层人民的生活状况；是北宋风俗画中仅存的精品，属国宝级文物，现藏于北京故宫博物院。

答案：A

2-11 解析：参见《城市规划原理》（第四版）"4.2.3 城市设计导则"P606：城市设计最基本的，也是最有特色的成果形式是设计导则。

答案：C

2-12 解析：参见《城市规划原理》（第四版）"第2节 规定性控制要素"P315：规定性指标（指令性指标）指该指标是必须遵照执行，不能更改。包括：用地性质、用地面积、建筑密度、建筑限高（上限）、建筑后退红线、容积率（单一或区间）、绿地率（下限）、交通出入口方位（机动车、人流、禁止开口路段）、停车泊位及其他公共设施（中小学、幼托、环卫、电力、电信、燃气设施等）。指导性指标（引导性指标）是指该指标是参照执行的，并不具有强制约束力。包括：人口容量，建筑形式、风格、体量、色彩要求，以及其他环境要求。选项中B、C、D均为规定性指标，而选项A为指导性指标。

答案：A

2-13 解析：参见《城市意向》（凯文·林奇著）P134：我们使用了两个基本方法把可印象性的基本概念用于美国的城市：请一小批市民座谈他们的环境印象，以及对受过训练的观察者在现场的环境印象作系统的考察。所以，凯文·林奇最早采用认知地图的方法对人们头脑中记忆的城市形象进行研究，从而得出认知形象的一般特征。

答案：D

2-14 解析：景观设计手法包括：主从与对比，对景与借景，隔景与障景，引导与暗示，渗透与延伸，尺度与比例，质感与肌理，节奏与韵律。选项A"借景"是在视力所及的范围内，将好的景色组织到园林视线中；选项C"框景"为利用门框、窗框等，有选择地摄取空间的优美景色，形成如嵌入镜框中的图画的造景手法；选项D"对景"为从甲点观赏乙点，从乙点观赏甲点的手法。而选项B"障景"则是为引导游人转变方向而屏障景物的手法，最符合诗句的意境。

答案：B

2-15 解析：参见《城市规划原理》（第四版）P201：在大中城市，由于建筑密集，绿地、水面偏少，生产与生活活动过程散发大量的热量，出现市区气温比郊外要高的现象，即所谓"热岛效应"。

选项A：相比于郊区，城市上空大气比较混浊，温室气体含量较高，从而增强了大气逆辐射，产生了保温作用。而郊区温室气体含量较少，保温作用不明显，日落后迅速降温。所以热岛效应主要表现在夜晚，此选项错误。

选项B：因城市化是造成"热导效应"的内因，故城市规模越大，热岛效应也越明显；正确。

选项C：由于热岛中心区域（城市建成区）的近地面气温高，大气做上升运动，与周围地区（郊区）形成气压差异，周围地区近地面大气向中心区辐射，从而在城市中心区域形成低压旋涡，造成大气污染物质在热岛中心区域聚集，故不利于污染物的扩散；正确。

选项D：根据"热导效应"的定义，此选项正确。

答案：A

2-16 解析：参见《城市规划原理》（第四版）P297 表 13-4-1，禁止建设区包括自然与文化遗产核心区、风景名胜区核心区、文保单位保护范围、基本农田保护区、河湖湿地绝对生态控制区、城区绿线控制范围、铁路及城市干道绿化带、水源一级保护区及核心区、山区泥石流高易发区、坡度大于 25%或相对高度超过 250m 的山体、大型市政通道控制带，以及矿产资源的禁止开采区。查该表可知 B、D 属于适宜建设区中的低密度控制区，C 属于限制建设区。

答案：A

149

2-17 解析：绿色出行就是采用对环境影响较小的出行方式；既节约能源、提高能效、减少污染，又有益于健康、兼顾效率；包括：搭乘公共汽车、地铁等公共交通工具或者步行、骑自行车等。
答案：A

2-18 解析：参见《城市规划原理》（第四版）P177、234、256、363，城市专项规划是对某一专项所进行的空间布局规划，包括城市交通与道路规划、城市生态与环境规划、城市工程设施规划、城乡住区规划、城市设计、城市更新与遗产保护规划等。
答案：D

2-19 解析：园林道路系统的布局形式包括：串联式、并联式、放射式等，雨花台为串联式，即由中间的主环路串联外围各景点。
答案：B

2-20 解析：参见《城市规划原理》（第四版）P198、199：某城市地区累年风向频率、平均风速图，俗称风玫瑰。在城市规划布局中，为了减轻工业排放的有害气体对居住区的危害，一般工业区应按当地盛行风向位于居住区的下风向：①如果全年只有一个盛行风向，且与此相对的方向风频最小，或最小风频风向与盛行风向转换夹角大于90°，则工业用地应放在最小风频的上风向，居住区位于其下风向；②如全年拥有两个方向的盛行风时，应避免使有污染的工业处于两盛行风向的上风方向，工业及居住区一般可布置在盛行风向的两侧。由题2-20图的风玫瑰图可知，当地主导风向为南北风向，工业区与居住区应避开主导风向，而布置于东西两侧。
答案：C

2-21 解析：参见《城市规划原理》（第四版）"第4节 当代城市规划思想方法的变革"P43~P45：①由单向封闭型的思想方法转向复合开放型的思想方法；②由最终理想状态的静态思想方法转向过程调控的动态思想方法；③由刚性规划的思想方法转向弹性规划的思想方法；④由指令性的思想方法转向引导性的思想方法。故选项D的说法不正确。
答案：D

2-22 解析：2014年11月20日发布的《国务院关于调整城市规模划分标准的通知》，对原有城市规模划分标准进行了调整，明确了新的城市规模划分标准。将城市分为5类7档：
（1）城区常住人口50万以下的城市为小城市（其中20万以上50万以下的城市为Ⅰ型小城市，20万以下的城市为Ⅱ型小城市）；
（2）城区常住人口50万以上100万以下的城市为中等城市；
（3）城区常住人口100万以上500万以下的城市为大城市（其中300万以上500万以下的城市为Ⅰ型大城市，100万以上300万以下的城市为Ⅱ型大城市）；
（4）城区常住人口500万以上1000万以下的城市为特大城市；
（5）城区常住人口1000万以上的城市为超大城市。
答案：D

2-23 解析：参见《城市规划原理》（第四版）"第3节 城镇化"P12：城镇化，也可以称为城市化；这一概念最简单的解释就是农业人口和农用土地向非农业人口和城市用地转化的现象及过程，具体包括以下几个方面：（1）人口职业的转变；（2）产业结构的转变；（3）土地及地域空间的转变。
答案：D

2-24 解析：参见《城市用地分类与规划建设用地标准》GB 50137—2011 第3.3.2条"表3.3.2 城市建设用地分类和代码"：公用设施用地（U）包括：供应（U1）、环境（U2）、安全设施用地（U3）及其他公用设施用地（U9）。选项D并不包括在内。
答案：D

2-25 解析：参见《城市用地分类与规划建设用地标准》GB 50137—2011 第3.3.2条"表3.3.2 城市建设用地分类和代码"：城市建设用地共分为8大类、35中类、42小类，其中8大类分别为：居住用地（R）、公共管理与公共服务设施用地（A）、商业服务业设施用地（B）、工业用地（M）、物流仓储用地（W）、道路与交通设施用地（S）、公用设施用地（U）、绿地与广场用地（G）。选项 D 不包括在 8 大类之内。

答案：D

2-26 解析：参见《防洪标准》GB 50201—2014 第 4.2.1 条表 4.2.1：

城市防护区的防护等级和防洪标准　　　　表 4.2.1

防护等级	重要性	常住人口（万人）	当量经济规模（万人）	防洪标准[重现期（年）]
Ⅰ	特别重要	≥150	≥300	≥200
Ⅱ	重要	<150，≥50	<300，≥100	200～100
Ⅲ	比较重要	<50，≥20	<100，≥40	100～50
Ⅳ	一般	<20	<20	50～20

表中没有出现 A 选项中的"大城市"防洪标准。

答案：A

2-27 解析：《城市规划原理》（第四版）P465：城市生命线系统由城市急救中心、疏运通道以及给水、供电、燃气、通信等设施组成。其中，电力供应是生命线系统的核心。

答案：C

2-28 解析：参见《城市居住区规划设计标准》GB 50180—2018 第 2.0.3 条：十分钟生活圈居住区是以居民步行十分钟可满足其基本物质与生活文化需求为原则划分的居住区范围；一般由城市干路、支路或用地边界线所围合，居住人口规模为 15000～25000 人（约 5000～8000 套住宅），配套设施齐全的地区。

答案：C

2-29 解析：参见《城市规划原理》（第四版）第 19 章 "4.2.3 城市设计导则"：城市设计以公共利益作为设计目标，因此为了控制不同的机构和民间开发者的城市开发活动，在开发设计的评价和审查时，就必须以城市设计导则为标准，对城市某特定地段、特定设计要素提出基于整体的综合设计要求。因此，修建性详细规划阶段的城市设计是研究特定地段具体项目的空间形体环境的定位工作。

答案：B

2-30 解析：凯文·林奇在《城市意象》中将城市设计内容分为五类元素：道路、边界、地区、节点、地标。

答案：C

2-31 解析：参见《城市规划原理》（第四版）P20：《管子》是中国古代城市规划思想发展史上一本革命性的，也是极为重要的著作，它的意义在于打破了城市单一的周制布局模式，从城市功能出发，建立了理性思维和与自然环境和谐的准则，其影响极为深远；故 C 选项正确。A 选项《墨子》著于春秋战国时期，书中记载了有关城市建设与攻防战术的内容，还记载了城市规模大小如何与城郊农田和粮食的储备保持相应的关系，以有利于城市的防守。B 选项《孙子兵法》是战国时期的著作，越国范蠡就按照《孙子兵法》为国都规划选址。D 选项《商君书》也是战国时期的重要著作，它主要阐述城市的发展及城市管理制度。

答案：C

2-32 解析：参见《城市规划编制办法实施细则》第七条 "（二）城市总体规划的主要图纸"：城市现状图的图纸比例：大中城市为 1/10000 或 1/25000；小城市为 1/5000。故 C 选项正确。

答案：C

2-33 解析：参见《城市居住区规划设计标准》GB 50180—2018 第 5.0.3 条：配套设施用地及建筑面积控制指标，应按照居住区分级对应的居住人口规模进行控制，并应符合表 5.0.3 的规定。故 C

项错误。

第2.0.2条规定：十五分钟生活圈居住区是以居民步行十五分钟可满足其物质与生活文化需求为原则划分的居住区范围；一般由城市干路或用地边界线所围合，居住人口规模为50000～100000人（约17000～32000套住宅），配套设施完善的地区。故A、B选项正确。

第6.0.2.1款规定：居住区应采取"小街区、密路网"的交通组织方式，路网密度不应小于8km/km²；城市道路间距不应超过300m，宜为150～250m，并应与居住街坊的布局相结合。故D选项正确。

答案：C

2-34 解析：《中华人民共和国土地管理法》第九条规定：城市市区的土地属于国家所有。农村和城市郊区的土地，除由法律规定属于国家所有的以外，属于农民集体所有；宅基地和自留地、自留山，属于农民集体所有。故A、C选项正确，B选项表述不完整。

第二条规定：中华人民共和国实行土地的社会主义公有制，即全民所有制和劳动群众集体所有制。全民所有，即国家所有土地的所有权由国务院代表国家行使。任何单位和个人不得侵占、买卖或者以其他形式非法转让土地。土地使用权可以依法转让。国家为了公共利益的需要，可以依法对土地实行征收或者征用并给予补偿。国家依法实行国有土地有偿使用制度。但是，国家在法律规定的范围内划拨国有土地使用权的除外。故D选项正确。

答案：B

2-35 解析：《城市国有土地使用权出让转让规划管理办法》第五条规定：出让城市国有土地使用权，出让前应当制定控制性详细规划。出让的地块，必须具有城市规划行政主管部门提出的规划设计条件及附图。故A选项正确。

第七条规定：城市国有土地使用权出让、转让合同必须附具规划设计条件及附图。规划设计条件及附图，出让方和受让方不得擅自变更。在出让、转让过程中确需变更的，必须经城市规划行政主管部门批准。故B选项正确。

第八条规定：城市用地分等定级应当根据城市各地段的现状和规划要求等因素确定。土地出让金的测算应当把出让地块的规划设计条件作为重要依据之一。在城市政府的统一组织下，城市规划行政主管部门应当和有关部门进行城市用地分等定级和土地出让金的测算。故D选项正确。

第十条规定：通过出让获得的土地使用权再转让时，受让方应当遵守原出让合同附具的规划设计条件，并由受让方向城市规划行政主管部门办理登记手续。受让方如需改变原规划设计条件，应当先经城市规划行政主管部门批准。C选项"必须通过国土局批准"错误。

答案：C

2-36 解析：《城市绿线管理办法》第二条说明，本办法所称城市绿线，是指城市各类绿地范围的控制线。《城市黄线管理办法》第二条说明，本办法所称城市黄线，是指对城市发展全局有影响的、城市规划中确定的、必须控制的城市基础设施用地的控制界线。《城市蓝线管理办法》第二条说明，本办法所称城市蓝线，是指城市规划确定的江、河、湖、库、渠和湿地等城市地表水体保护和控制的地域界线。《城市紫线管理办法》第二条说明，本办法所称城市紫线，是指国家历史文化名城内的历史文化街区和省、自治区、直辖市人民政府公布的历史文化街区的保护范围界线，以及历史文化街区外经县级以上人民政府公布保护的历史建筑的保护范围界线。故A选项错误。

答案：A

2-37 解析：《镇规划标准》GB 50188—2007第3.1.1条规定：镇域镇村体系规划应依据县（市）域城镇体系规划中确定的中心镇、一般镇的性质、职能和发展规模进行制定。

第3.1.2条第3款规定：根据产业发展和生活提高的要求，确定中心村和基层村，结合村民意愿，提出村庄的建设调整设想。故 A 选项错误。

第3.1.3条规定：镇区和村庄的规划规模应按人口数量划分为特大、大、中、小型 4 级；故 B 选项正确。根据表 3.1.3，大型村庄 601～1000 人，大型镇区 30001～50000 人；故 C 选项错误。

第4.1.1条规定：镇用地应按土地使用的主要性质划分为：居住用地、公共设施用地、生产设施用地、仓储用地、对外交通用地、道路广场用地、工程设施用地、绿地、水域和其他用地 9 大类、30 小类；故 D 选项错误。

答案：B

第三章 中国传统建筑知识

本章考试大纲：了解中国传统建筑的主要特征、经典案例及其保护与利用的相关知识。

本章复习重点：中国古代各历史时期建筑特点、代表作品、建筑成就，中国传统建筑的特征，中国古代各传统建筑类型的主要特点及代表作品，建筑遗产保护的原则和方法。

由于本章内容为二级注册建筑师考试新增内容，因此本章例题与习题为一级注册建筑师考试相关历年真题，为考生提供参考。

第一节 中国古代建筑的发展历程

一、原始社会时期（约距今9000～4000年）

在新石器时代的后期，人类从栖息于巢与穴，进步到有意识地建造房屋，出现了干阑式与木骨泥墙的房屋。干阑的实例如浙江余姚河姆渡村发现的建筑遗址，距今约六七千年，已有榫卯技术。木骨泥墙房屋实例以西安半坡村和陕西临潼姜寨最具代表性。姜寨有五座"大房子"共同面向一个广场，每座"大房子"周围环绕着若干或圆或方的小房子，其布局反映了母系氏族社会聚落的特色。二者属于仰韶文化时期的居住遗址，其中的"大房子"是仰韶文化时期母系氏族社会议事的地方。龙山文化时期的居住遗址以西安客省庄的一座吕字形平面的房屋为例，房屋面积比仰韶时期的变小，室内有供存贮的窖穴，表现了父系氏族社会私有财产的出现，建筑技术的进步是地面上铺有"白灰面"。近年在浙江余杭区的瑶山与汇观山发现有祭坛，为土筑的，呈长方形。在内蒙古大青山和辽宁喀左县东山嘴发现用石块堆成的方形和圆形的祭坛；在辽宁建平县发现了一处内中有女神像的中国最古老的神庙遗址。这些考古发现，使人们对于中国原始社会的建筑水平有了进一步的了解。

二、奴隶社会时期（公元前21世纪～前476年）

此阶段包括夏、商、西周、春秋时期。

（一）夏（约公元前2070～前1600年）

夏代的城市遗址在河南王城岗、山西夏县及河南淮阳平粮台有所发现。有人认为河南偃师市二里头遗址是夏代都城之一。已发现宫殿遗址两处，其中一号宫殿最大，是我国迄今发现的规模较大的廊院式建筑，二号宫殿是一座更为完整的廊院式建筑。

（二）商（公元前1600～前1046年）

商代是我国奴隶社会大发展的时期，青铜工艺已达到纯熟程度，已有甲骨文等文字记述的历史。建筑技术明显提高。著名遗址有：①郑州商城，可能是商王仲丁时的隞都。②黄陂盘龙城商城遗址，夯土台基上平行排列三座殿堂，可能是商代某一诸侯国的宫殿。③河南偃师市尸乡沟早商城址，已发掘出两座庭院式建筑。④殷墟，是商代晚期的都城遗址，位于河南安阳小屯村。中国考古界多年来对殷墟做过细致的考古发掘工作，对于它的宫殿、墓葬等已有较清楚的认识。它的建筑建于长方形土台上，长面朝前，有纵有横，说明布局已具庭院的雏形。它的墓葬为土圹木椁墓，深达十几米，四出羡道，有很多随葬的人与物。安阳殷墟已列入世界文化遗产名录。

（三）西周（公元前1046～前771年）

西周时在奴隶主内部已有按宗法分封的制度，规定了严格的等级。表现在城市的规模上就是诸侯的城按公、侯、伯、子、男的等级确定，且规模不准超过王城的1/3、1/5、1/9。否则即是"僭越"。西周最具代表性的建筑遗址是陕西岐山凤雏村的"中国第一四合院"，是一处二进院的建筑。另外在湖北圻春出土了一处建筑遗址，为干阑式建筑。西周在建筑上突出的成就是瓦的发明，使建筑脱离了"茅茨土阶"的简陋状态。

（四）春秋（公元前770～前476年）

春秋时期宫殿建筑的特色是"高台榭、美宫室"。这一方面是高台建筑有利于防刺客、防洪水、可供帝王享受登临之乐；另一方面也是由于建筑技术的原因，当时要修建高大的建筑，要依傍土台才能建造成功。近年对秦国都城雍城的考古工作中出土了36cm×14cm×6cm的青灰色砖和质地坚硬有花纹的空心砖，说明我国早在春秋时期已开始了用砖的历史。此时期杰出的工匠为公输般——鲁班（姓公输，名般，鲁国人，因古时"般"与"班"通用，故又常被后人称为鲁班），被后世奉为多种行业工匠的祖师爷。

三、封建社会初期（公元前475～公元581年）

此阶段包括：战国、秦、汉、三国、两晋、南北朝。

（一）战国（公元前475～前221年）

战国时战乱频仍，"筑城以卫君，造郭以守民"，此前对诸侯国城址大小的限制已失去控制。城市规模扩大是这一时期的特点。战国七雄各国的都城都很大，以齐国的临淄为例：大城南北长5km、东西宽约4km，城内居民达7万户，街道上车毂相碰，人肩相摩。大城西南角有小城，推测是齐国宫殿所在地，其中有高达16m的夯土台。在陕西咸阳市东郊发掘的秦咸阳一号宫殿是一座以夯土台为核心，周围用空间较小的木构架建筑环绕的台榭式建筑。该建筑具有采暖、排水、冷藏、洗浴等设施，显示了战国时期高级建筑已达到的水平。当时的木工技术，从河南、湖南等地出土的战国墓的棺椁上，可看到已有形式多样的榫卯，说明木工已达到很高的水平。在河北平山县的战国中山王䰼的墓中出土了一块铜板错银的"兆域图"，该图大体上是按一定比例制作的，有名称、尺寸、地形位置的说明，并有国王诏令。此图被誉为中国现在已知的最早的建筑总平面图。

（二）秦（公元前221～前206年）

秦始皇灭六国，统一天下。他每灭一国，就在咸阳北坂上仿建那一国的宫室，这在建筑技术、建筑风格上起到了交流融会作用。秦代的都城与宫殿均不遵周礼，而是在跨渭水南北广阔地区，弥山跨谷地修建。脍炙人口的阿房宫是秦始皇拟建的朝宫的前殿。《史记》记载："先作前殿阿房，东西五百步，南北五十丈，上可以坐万人，下可以建五丈旗。周驰为阁道，自殿下直抵南山。表南山之巅以为阙。络为复道，自阿房渡渭、属之咸阳……"把数千米以外的天然地形，组织到建筑空间中来。这种超尺度的构图手法，气魄之大，正是秦这个伟大帝国气势的反映。秦始皇的陵墓——骊山陵，尚未进行考古发掘，陵体遗存边长350余米，残高仍在 43m 以上。附近农民耕地时，常有一些建筑构件出土，近年在墓东侧发掘出的"兵马俑"，轰动世界，"秦俑学"已成为一种专门学科。史书中说墓中具有天文地理、宫观百官、奇珍异宝，当非臆测。修驰道、筑长城、也是秦代的重要建设。

（三）汉（公元前 206～公元 220 年，包括王莽新朝）

西汉在渭水南岸建长安城，其中包括了秦代未毁的部分宫殿。因受地形限制，城市的外轮廓曲折，附会为北像北斗、南像南斗，俗称"斗城"。城内布局全未按礼制对都城的规定，宫殿与民居杂处。全城面积 36km²，有城门 12 座，城内有五座宫城、八街九陌、168 闾里。在汉长安南郊出土了 11 座"礼制建筑"，应为王莽九庙遗址。其中一座周边有圜水的建筑，仍属有土台核心的木构建筑。分布在西安附近的 11 处西汉陵墓，其地上部分形制大体与秦始皇陵相似，为方形截锥体土阜。陵区仿宫殿形式，四面设陵墙、陵门，陵旁有寝殿、便殿等设施[①]。

东汉于公元 25 年定都洛阳。都城内有东西二宫，两宫之间以阁道相通。文献上记载东汉的宫室中有椒房、温室殿、冰室等可以防寒祛暑的房屋，说明建筑已然注意到居住条件的改善。汉代遗存至今的地面以上建筑有墓前的石阙、墓表、石享堂、石象生，如：四川雅安高颐墓阙、北京西郊东汉幽州书佐秦君墓表、山东肥城孝堂山郭巨墓石享堂等。另外就是崖墓、砖石墓等中的明器、画像砖、画像石、壁画等间接的建筑形象资料。石墓中的石制仿木构件，显示了一些汉代建筑信息，但因石与木性质的不同，形象表现受局限，只能供参考。

（四）三国（公元 220～265 年）

此时期是东汉末魏、蜀、吴三国鼎立的战乱年代。位于河北临漳县的邺城，原是齐桓公所置的城，后属晋。三国时曹操以此为南征北战的大本营，城市的建设具有新的格局，文献上对此城记述颇多，城的面积为 6.5km²，有中轴线，有明确的分区，是中国第一座轮廓方正的都城。此城早已毁于兵燹，再加上漳河屡次泛滥，地上遗存已很少，有人认为它是隋唐长安城的蓝本。

（五）两晋、南北朝（公元 265～581 年）

此阶段包括：西晋 { 十六国、北魏 { 东魏—北齐 / 西魏—北周 } / 东晋、宋、齐、梁、陈 }

佛寺、佛塔及石窟寺的出现，是本时期建筑最大的成就。佛教虽然于西汉末年已传入中国，但未兴盛。直到此时，由于战乱，百姓不堪其苦，寄希望于来世；帝王崇佛，大力提倡佛教，佛教才得以大兴。文献记载：南朝佛寺有 500 余所，北朝仅洛阳一地，就有佛寺 1367 所。公元 516 年，北魏胡灵太后在洛阳建的永宁寺塔，是一座方形平面的 9 层木塔，高达 40 余丈，《洛阳伽蓝记》对其描述甚详。现存的河南登封嵩山嵩岳寺塔，建于北魏正光四年（公元 523 年），是一座 15 层的密檐式塔，是我国地面之上真正的建筑遗存中最早的一座。石窟寺自印度传入，与中国开凿崖墓技术结合，很快地得到推广。敦煌莫高窟、大同云冈石窟、洛阳龙门石窟是最著名的三处。石窟中有许多反映当时建筑形象的雕刻，如塔、殿宇的屋顶、斗栱、柱等。在河北定兴有一座北齐的义慈惠石柱、柱顶上有一

---

① 潘谷西. 中国建筑史（第七版）[M]. 北京：中国建筑工业出版社，2015：33-34.

座小殿，有梭柱、平直檐口、屋面瓦脊等建筑细部的形象，是研究北朝建筑的重要资料。南朝仅存有陵墓，以地面上的石刻墓表及石象生、辟邪较为出色。

综观此阶段历时千余年，以汉代为高潮。中国建筑作为一个独特的体系，到汉代已经确立。木构架体系、院落式布局等特点已基本定型。后期由于佛教哲学与艺术的传入，以及中国社会中玄学的兴起，建筑形象趋于雄浑而带巧丽的风格。东晋和南朝是我国自然式山水风景园林的奠基时期。

四、封建社会中期（公元581～1279年）

此阶段包括隋、唐、五代、宋、辽、金。

（一）隋（公元581～618年）

隋代最突出的建筑成就就是新建一座都城——大兴城。隋文帝杨坚以汉长安城内宫殿与民居杂处，不便于民，水苦涩，不宜饮用为由，在汉长安的东南创建了一座全新的都城。城的面积达84km^2。城的外廓方正，城内有纵横干道各三条，称为"六街"。中轴线北端是宫城，宫城前是皇城。全城设108个坊和两个市。每个坊都有坊墙围绕。城的东南隅曲江所在的低洼地段，辟为供居民游赏的园林，这在世界城市建设史上，都是值得称赞的举措。大兴城布局严整，街道平直，功能分区明确，规划设计得井井有条。这主要出自哲匠宇文恺之手。宇文恺是一位杰出的建筑家，隋代的东都也是由他规划设计的。他考证"明堂"，广引文献，并用1/100比例尺制图、做模型。他还有许多具有巧思的建筑创作。隋代对佛教十分重视，隋文帝建国之初，曾诏令全国各州建"仁寿塔"，是方形平面五层的楼阁式木塔，可能有标准图，今塔已无一遗存。隋代遗存至今最著名的建筑是河北赵县的安济桥，是一座敞肩拱桥，它比欧洲同样类型的桥要早700年。桥由28道石券并列而成，跨度达37.47m。"两涯嵌四穴，盖以杀怒水之激荡"。这种两端做成空腹拱的做法，不仅可减轻桥的自重，更可以减低洪水的冲击力。此桥在技术上、造型上都达到了很高的水平。桥的建造人是隋匠李春，这在中国一向不重视工匠的古代，能留下匠人的名字，是极难可贵的。隋代遗存的另一建筑是山东济南柳埠的神通寺四门塔，是一座平面为方形的单层石塔，建于隋大业七年（公元611年）。

（二）唐（公元618～907年）

唐代将隋代的大兴城改称长安城，作为都城，继续加以完善。后来因为宫殿不敷使用，在长安城东北隅城墙之外龙首原上修建了一座大明宫，大明宫逐渐成为唐代的政治中心。大明宫遗址已经考古发掘，其中的主要建筑含元殿、麟德殿等按遗址做了复原设计。大明宫的尺度比明清北京紫禁城的尺度要大得多，就是非主殿的麟德殿也是明清正殿太和殿面积的3倍。唐代最宏伟的木构建筑当推武则天所建的"明堂"。文献记载它的平面为方形，约合98m见方，高约合86m，是一座底部为方形而顶部为圆形的3层楼阁。建造如此复杂的高层建筑，工期只用10个月，由此可见当时的建筑设计与施工技术已臻于成熟。据近年对明堂遗址的考古发掘，其平面尺寸与结构同文献记载基本一致。

中国历史上曾有过多次"灭法"，即消灭宗教的活动，如著名的"三武一宗"灭佛（北魏太武帝灭佛、北周武帝灭佛、唐武宗灭佛、后周世宗灭佛）。从北魏到五代，佛教建筑被拆毁殆尽，再加上木构建筑材料本身的不耐久，致使中国现存的木构佛殿很少有年代很早的。最早的一座是山西五台的南禅寺大殿（唐建中三年，即公元782年）。建于唐大中十一年（公元857年）的佛光寺东大殿是唐代会昌灭法以后所建。佛光寺东大殿是现存唐代木构建筑中规模最大，质量最好的一座，但以之与敦煌壁画上所绘的唐代佛寺中殿阁楼台恢宏的建筑群相比，仍不免简约。不过仅就佛光寺东大殿来看，其结构的有机、木构件的雄劲，已能让人领会到唐代木构建筑所达到的高水平。它的木构用料已具模数、斗栱功能分明，尤其是脊檩之下只用大叉手而不施侏儒柱，表明唐代匠人已经了解三角形为稳定形的原理。它的屋顶平缓、出檐深远，造型庄重美观，建筑技术与艺术达到了和谐统一。

唐代的木塔无一幸存到今天，砖塔则尚有数座，如西安大慈恩寺的大雁塔、兴教寺玄奘墓塔，这两座塔属于楼阁式塔。西安荐福寺小雁塔、河南登封法王寺塔和云南大理崇圣寺千寻塔，三者属于密檐式塔。唐代的单层塔多属于高僧的墓塔，如河南登封净藏禅师塔、山西平顺海会院明惠大师塔等。唐塔一般是方形平面，单层塔壁，以木楼板木扶梯分层。净藏禅师塔是八角形平面，是已知唐塔中用八角形平面的首例。

唐代帝陵的特点是"因山为穴"。18座唐陵中有16座是利用天然山体凿隧道修筑的。以唐高宗李治与武则天的乾陵为例，以阙及神道形成前导空间，在建筑布局上有显著进步。每座陵都有若干陪葬墓。经考古发掘的永泰公主墓等若干陪葬墓中的壁画、明器等为了解唐代宫廷生活与唐代建筑形象提供了珍贵资料。

唐代对各等级住宅的堂、舍、门屋的间数、架数、屋顶形式以及装饰等，均有制度规定。盛唐时，显贵住宅趋于奢丽。安史之乱后，长安有些豪宅修建过度，规模庞大，装修华丽，使用高级木料，一时号为"木妖"。

（三）五代（公元907～960年）

这又是一个多战乱的时代，北方尤甚。相对地说南方的吴越、前蜀、南汉等较为稳定。此时期重要的建筑遗物如：苏州虎丘的云岩寺塔。该塔原为9层，现存7层，是一座八角形平面、双层塔壁的砖塔。它是砖塔由唐代的方形平面单层塔壁，向宋塔的多边形平面、有塔心室转变的首例。南京栖霞山舍利塔也是此时期的遗物。前蜀王建墓位于成都近郊，是中国属于王一级的墓最早被正式考古发掘的，在建筑史上有一定价值，墓中棺床的石刻较著名。

（四）宋（公元960～1279年）

宋代建都汴梁，即今开封，汴梁原为州治所在，作为国都过于狭隘。再加上宋代手工业商业活跃繁荣，自古以来的城市里坊制度被突破，拆除坊墙，临街设市肆，沿巷建住房，形成开放性城市。这是中国城市史上一个重要的转折点。宋代的建筑风格趋向于精致绮丽，屋顶形式丰富多样，装修细巧，门、窗、勾阑等棂格花样很多。留存至今的木构殿堂尚有不少，常以山西太原晋祠圣母殿（宋天圣年间初建，崇宁元年重建）和河北正定隆兴寺摩尼殿（宋皇祐四年即公元1052年建）为宋代建筑的代表作。其实，它们尚不能充分地表现出宋代建筑的风格与实际达到的水平。可以从宋代的"界画"上看到宋代的重楼飞阁是如何的华丽繁复。汴梁地处南北两种建筑风格之间，同时受北方唐代的壮硕与南方五代秀丽风格的影响，形成了宋代建筑的风格。

宋塔遗存至今的尚有许多，有砖塔、石塔还有琉璃贴面的琉璃塔。如河北定县开元寺料敌塔，是现存最高的砖塔，高84m。河南开封祐国寺塔，俗称铁塔，是第一座砌琉璃面砖的塔。福建泉州开元寺双石塔，是现存最高的石塔。

宋崇宁二年（公元1103年）颁布的《营造法式》，内容包括了"以材为祖"的木作做法及各工种的功限料例，附有图样。全书共 34 卷，是一部极有价值的术书，作者是宋代的将作监李诫。李诫字明仲，河南管城县人。李诫是很有学问的人，他广读文献，并深入工匠做了解，写成此书。据传他参考的书中有一本《木经》是五代哲匠喻皓所著。

自南北朝时胡床、交椅等高足坐具传入中原以来，室内家具日渐多样，桌椅等垂足坐家具逐渐取代了供跪坐的几案等。从五代《韩熙载夜宴图》上可见一斑。至宋代，垂足坐家具已基本普及，这影响了建筑的室内高度。

宋代的造园之风甚炽，从宫廷、州县公署到市肆和一般士庶，都热衷于造园。宋徽宗的"艮岳"更成为亡宋的导火线。

南宋定都临安，即今杭州。建筑规模不大，但精致，属南方风格，多采用穿斗架，即使是官方所建寺观，也具南方地方风格。

（五）辽（公元 907～1125 年）

辽是由北方契丹族统治的朝代，与北宋对峙。辽的统治者积极吸取汉族文化，辽代建筑可视为唐代建筑的延续。辽代遗留至今的两处最著名的古建筑，一处是蓟县（今天津市蓟州区）独乐寺的山门和观音阁（公元 984 年），另一处是山西应县佛宫寺释迦塔（公元 1056 年）。前者是现存最大的木构楼阁的精品，后者是现存年代最早而且是独一无二的楼阁式木塔。观音阁外观 2 层，内部 3 层，中间有一夹层。释迦塔俗名应县木塔，塔高 67.31m，斗栱式样有 60 余种，外观 5 层，有 4 个夹层，实为 9 层，夹层中均有斜撑构件，结构合乎力学原理。由辽代这两座木构建筑的技术与艺术所达到的水平，可以反过来推断唐及北宋中原地区木构建筑达到了何等的高水平。

（六）金（公元 1115～1234 年）

金破宋都汴梁时，拆迁若干宫殿苑囿中的建筑及太湖石等至中都，并带去图书、文物及工匠等。在中都兴建的宫殿被称为"工巧无遗力，所谓穷奢极侈者"。宫殿用彩色琉璃瓦屋面，红色墙垣，白色汉白玉华表、石阶、栏杆，色彩浓郁亮丽，开中国建筑用色强烈之始。金代的地方建筑中用减柱造、移柱造之风盛行，被认为"制度不经"。如五台山佛光寺文殊殿，内柱仅留两根，是减柱造极端之例。北京西郊的卢沟桥，长 265m，是金代所建的一座联拱石桥。桥栏望柱头上的石狮子极多，以数不清到底有多少而著称。

综观此阶段历时 700 余年，以唐代为高潮。长安城规模之大，列为人类进入资本主义社会之前城市中的世界第一。这时期遗留下来的陵墓、木构佛殿、石窟寺、塔、桥及城市宫殿遗址，在布局上、造型上都是气概雄伟、技术与艺术均有很高水平，建筑物中的雕塑、壁画尤为精美。唐代是中国建筑发展的最高峰，唐代的大建筑群布局舒展，前导空间流畅，个体建筑结构合理有机，斗栱雄劲。建筑风格明朗、雄健、伟丽。本阶段中国建筑体系达到成熟。

五、封建社会后期（公元 1279～1911 年）

此阶段包括元、明、清。

（一）元（公元 1279～1368 年）

元代是由蒙古族统治的朝代，是中国由少数民族建立的列入正统的第一个统一的大帝国。此前的各少数民族建立的国家只是局部的地方政权。元代在建筑上最重大的成就是完全新建了一座都城——大都。元大都基本上符合《周礼·考工记》中所述的"王城之制"。

它位于金中都的东北方，城的外廓近于方形，除北面开二门外，其余三面都是开三门。宫城靠南，宫城以北是漕运终点的商业区，太庙在东侧，社稷坛在西侧，布局上基本符合"方九里，旁三门……面朝后市、左祖右社"的规矩。大都的街道取棋盘状，在南北走向的干道之间平行排列着称为"胡同"的小巷，是成排四合院住宅院落之间的通道。元大都是一座规划周密的城市，街道平直，市政工程完备，郭守敬引西山和昌平水源解决了漕运问题。元大都的规划设计人有刘秉忠和阿拉伯人也黑迭耳。元代的宫殿多用工字殿，这是继承宋代传统。元代宫殿的特色是使用多彩琉璃、高级木料紫檀、金色红色装饰，壁上挂毛或丝制品的帐幕等。宫殿中出现盝顶殿、棕毛殿、畏吾儿殿、石造浴室、石皮藏室等。

元代的木构建筑趋于简化，用料及加工都较粗放。主要表现是斗栱缩小，柱与梁直接联络，多做彻上明造，减柱仍在采用。通常以山西洪洞县广胜寺下寺正殿作为元代建筑的代表作。山西芮城的道观永乐宫是元初的建筑，以内中的壁画著称。永乐宫原址在山西永济，因修三门峡水库而移建芮城，是我国文物保护迁建古建筑较成功的一例。

元代引进了若干新的建筑类型，如大都中的大圣寿万安寺（妙应寺）白塔，是一座覆钵式塔（喇嘛塔），是尼泊尔匠人阿尼哥所建。在河南登封有一座由郭守敬建造的观星台，是中国最早的一座天文台。居庸关云台原是一座过街塔的塔座，上面原有三座覆钵式塔。元代的戏曲极盛行，元曲与唐诗、宋词并称，与之相应的戏台建筑很多，至今在山西临汾等多处仍有元代戏台留存。

（二）明（公元1368～1644年）

明代曾在南京、临濠（凤阳）、北京先后三次建造都城和宫殿，建设经验丰富，有一批熟练的工官与工匠。明成祖在元大都的基址上建设北京城。在用砖甓砌元大都的土城时，去掉了北边不发达的五里，向南边扩展一里。到嘉靖年间加建外城时，从南郊开始，中途收口，形成了北京城特有的凸字形外轮廓。北京城有一条从南到北约长7.5km的中轴线。中轴线通过紫禁城，最重要的建筑都位于这条中轴线上。紫禁城宫殿规划设计严整、造型壮丽、功能完备，是院落式建筑群的最高典范。明代在北京还建造了各种坛庙，如：太庙、社稷、天、地、日、月、先农、先蚕等坛，并修建了衙署、仓廪、寺观、府邸等。重要建筑均采用楠木，规模及造型严谨规整。明代的13座陵墓位于昌平天寿山麓。它的地形选择和神道等前导空间的处理都很成功。明长陵的祾恩殿木构架中的12根金丝楠木柱，柱高约23m，最大柱径达1.17m，蔚为壮观。

明代制砖的数量与质量均有很大提高，不仅把大都的土墙改为砖甓，万里长城以及许多州、府、县的砖城墙也多是明代所建。砌砖技术的大发展，出现了完全不用木料，以砖拱券为结构的无梁殿。最著名的一处是南京灵谷寺的无量殿。明代的琉璃制品也达到了极高水平，色彩及纹饰丰富。南京报恩寺塔，高80余米，塔身遍饰有佛像、力士、飞天等纹饰的彩色琉璃砖，绚丽壮观，被列为当时世界七大建筑奇迹之一，可惜在太平天国时被毁。山西大同的九龙壁和山西洪洞广胜寺上寺飞虹塔也是明代的琉璃建筑，可以略见明代琉璃的风采。

在明代，中国佛塔增加一种类型，即在北京大正（真）觉寺仿印度佛陀伽耶大塔建造的一座金刚宝座式塔。

明代家具用花梨、紫檀等质地坚实的名贵木料，构件断面小，榫卯严紧密实，不多加装饰，造型与受力情况和谐一致。美观高雅，明式家具驰誉世界。

明初朱元璋曾明令禁止宅旁多留隙地营造花园，但明中叶后，江南富庶之地，私家造园之风甚炽。明末吴江人计成著有《园冶》一书，记述反映了明代造园理论与艺术水平。

明代修建北京宫殿、坛庙、陵墓的工匠来自全国各地，其中主力来自江南，以徐杲、蒯祥最为杰出。蒯祥能"目量意营""随手图之无不称上意"，人称"蒯鲁班"。

(三) 清（公元 1644～1911 年）

清代定都北京，没有沿用过去每改朝换代均要焚毁前朝宫室以煞王气的传统，继续使用了明代的紫禁城，在使用中加以完善。清代在建筑方面最突出的成就表现在皇家苑囿的建设上。除了在北京城内的三海多有建树之外，在西郊所建的三山五园和在承德所建的避暑山庄都达到了很高的水平。私家园林也大有发展，江南园林达到极盛。中国园林影响所及，不仅是近邻的日本、朝鲜，18世纪时更远及欧洲。中国园林成为世界园林渊源之一。

清代为满族统治的朝代，在西藏、青海、甘肃、内蒙古等地修建了若干喇嘛庙。清初在拉萨修建的布达拉宫、在呼和浩特修建的席力图召，都是汉藏混合式的建筑。在承德避暑山庄周围修建的"外八庙"结合山坡地形，仿建布达拉宫等建筑，融合了汉藏两式建筑而有所创新，使中国建筑有了一个新的发展。

清代于雍正十二年（公元 1734 年）颁布了工部《工程做法则例》，列出了27种单体官式建筑的各种构件的尺寸。改宋式的以"材""契"为模数的方法为以"斗口"为模数，简化了计算，标准化程度提高，有利于预制构件、缩短工期，程式化程度加大了。清代承担宫廷建筑设计的是七世世袭的"样房"雷氏家族，人称"样式雷"，他们制作的建筑模型称为"烫样"。

民居、祠堂、会馆书院等民间建筑，尚有少量的明代实物遗存，主要是清代的。其中在技术上、艺术上，以及反映时代生活方面，蕴藏着很多宝贵的经验，值得学习汲取。这方面的研究探索工作也已然起步，有待于进一步开展。

综观此阶段历经600余年，其中元代除受宋代影响外，呈现出若干新的趋向。明清建筑则成为中国封建社会建筑的最后一个高潮。明代在经历数个民族统治的朝代之后以一切恢复正统为国策，在建筑方面制定了各类建筑的等级标准。明代修建的紫禁城宫殿、天坛、太庙、陵墓等都是规则严整的杰出之作。清代的造园和创造出体量极大的汉藏混合式建筑也是值得肯定的发展。

第二节 中国古代建筑的特征

(一) 木构架体系，"墙倒屋不塌"

中国建筑中的重要建筑都是采用木构架的，墙只起围护作用。木构架的主要类型有抬梁式、穿斗式两种。由此体系而派生出以下特点：

1. 重视台基

为防止木柱根部受潮（包括土墙）需台基高出地面。逐渐，台基的高低与形式成为显示建筑物等级的标志。如王府台基高度有规定、太和殿用3层须弥座汉白玉台基等。

台基露出地面的部分称为台明。在宋代《营造法式》中有四种地盘概念，即单槽、双槽、分心槽和金箱斗底槽。辽代建筑山西应县佛宫寺释迦塔、天津蓟县独乐寺观音阁及山西五台唐代遗构佛光寺东大殿都是金箱斗底槽。按柱网分布,一般明清建筑平面由明间(宋称当心间)、次间、稍间、尽间等对称构成。

2. 屋身灵活

由于墙不承重,可以任意设置或取消,可亭可仓可室可厅。墙体可厚可薄,开窗可大可小,以适应各种不同的使用要求与气候。

屋身墙体及檐柱,汉唐至宋元时期注重使用侧脚(角)与收分(又称收溜)做法,以提高建筑稳定性。柱身收分在明清时期逐渐取代唐宋梭柱流行的卷杀做法,工匠口诀"溜多少,升多少"即指侧脚与收溜做法。

3. 屋顶呈曲线或曲面

"上欲尊,而宇欲卑,吐水疾而霤远。"屋顶以举折或举架形成上陡下缓的坡度曲线,以取得屋面雨水以最快的速度下注而远离屋身。檐部平缓又取得"反宇向阳"多纳日照的好处。中国建筑的曲线坡屋顶有如建筑的冠冕,优美而实惠。屋角起翘,"如鸟斯革、如翚斯飞"。

屋顶翼角有"冲三翘四"之说。组合屋顶在宋代多见,如清代尚存的十字脊等。屋顶除硬山、悬山、攒尖、歇山及庑殿之外,还有盔顶、囤顶、半坡及盝顶(平顶)等多种做法;民间及园林建筑中常有勾连搭或抱厦做法,以解决大空间问题;另有砖石生土发券、穿窿及无梁殿做法等。

4. 重要建筑使用斗栱

斗栱原为起承重作用的构件,随着结构功能的变化,斗栱成为建筑物等级的标志。

斗栱按位置主要分为柱头科、平身科及角科,分别对应《营造法式》的柱头铺作、补间铺作和转角铺作。单"攒"单"朵"斗栱可分解为斗形(斗、升)、弓形(栱类)、方形截面(枋类)和板类四大构件类型。斗栱可使屋檐出挑深远,并具有较好的装饰作用;此外,它还有突出的抗震性能,也是唐宋至明清官式建筑定义下的典型等级象征。

5. 装饰构造而不去构造装饰

仅对必需的构造加以艺术处理,而不是另外添加装饰物。如在石柱础上加以雕饰,梁、柱做卷杀,形成梭柱、月梁。屋顶尖端接缝处加屋脊。脊端、屋檐等有穿钉处加设吻兽、垂兽、仙人走兽、帽钉等以防雨、防滑落。甚至油漆彩画也是由于木材需要防腐而引起的,在必需的条件下,加以美化处理,而非纯粹的装饰。

例 3-1 (2021) 中国古代木构建筑的外檐柱及角柱在前、后檐及两山处向内倾斜的做法称为( )。

    A 生起   B 侧脚   C 举折   D 推山

解析: 参见《中国建筑史》(第七版)第 8.2.1 节:"宋、辽建筑的檐柱由当心间向两端升高,因此檐口呈一缓和曲线,这在《营造法式》中称为生起""为使建筑有较好的稳定性,宋代建筑规定外檐柱在前、后檐均向内倾斜柱高的 10/1000,在两山向内倾斜 8/1000,而角柱则两个方向都有倾斜。这种做法称为侧脚";故 B 正确。

另据第 8.2.4 节"在计算屋架举高时,由于各檩升高的幅度不一致,所以求得的屋面横断面坡度不是一根直线,而是若干折线组成的,宋称举折""推山是庑殿建筑处理屋顶的一种特殊手法。由于立面上的需要,将正脊向两端推出,从而四条垂脊由45°斜直线变为柔和曲线,并使屋顶正面和山面的坡度与步架距离都不一致"。

答案: B

(二) 院落式布局

用单体建筑围合成院落,建筑群以中轴线为基准,由若干院落组合,利用单体建筑的体量大小和在院中所居位置来区别尊卑内外,符合中国封建社会的宗法观念。中国的宫殿、庙宇、衙署、住宅都属院落式。另外,院落式平房比单幢的高层木楼阁在防救火灾方面大为有利。

(三) 有规划的城市

历史上大多数朝代的都城都比附于《周礼·考工记》的王城之制,虽不是完全体现,但大多数都是外形方正,街道平直,按一定规划建造的。包括州县等城市也是如此。只有在自然条件极为特殊的地段,才偶然有不规则形状的城存在。

(四) 山水式园林

中国园林园景构图采用曲折的自由布局,因借自然,模仿自然,与中国的山水画、山水诗文有共同的意境。与欧洲大陆的古典园林惯用的几何图形、树木修剪、人为造作的气氛,大异其趣,强调"虽由人作,宛自天开"。

(五) 特有的建筑观

视建筑等同于舆服车马,不求永存。从来不把建筑作为一种学术。崇尚俭朴,把"大兴土木"一贯列为劳民伤财的事。对于崇伟新巧的建筑,贬多于褒。技术由师徒相传,以实地操作、心传口授为主。读书人很少有人关心建筑,术书极少,这些建筑观影响了中国建筑的进步。

第三节 中国建筑历史知识

(一) 城市

都城的制度:"匠人营国,方九里,旁三门,国中九经九纬,经涂九轨,左祖右社,面朝后市……"(《周礼·考工记·匠人》)(图3-1)。

中国历代都城规模大小的顺序:①隋大兴城(唐长安城,图3-2);②北魏洛阳城(图3-3);③明、清北京城(图3-4、图3-5);④元大都(图3-6);⑤隋、唐洛阳;⑥明南京城(图3-7);⑦汉长安城(图3-8)。

中国第一座轮廓方正的都城:曹魏邺城(图3-9)。

北宋东京平面想象图见图3-10。

中国五大古都:西安、洛阳、开封、南京、北京。

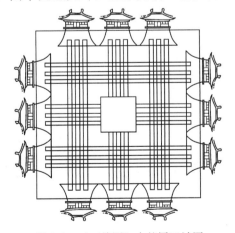

图3-1 《三礼图》中的周王城图

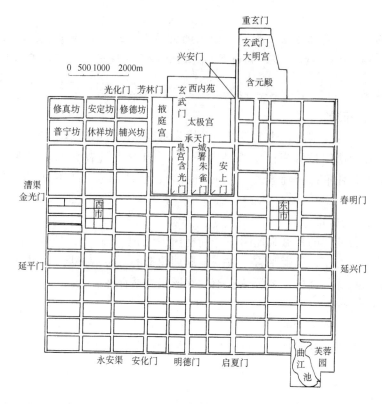

图 3-2 唐长安城复原图

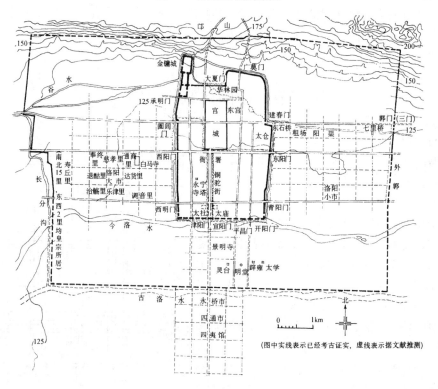

图 3-3 北魏洛阳城平面推想图

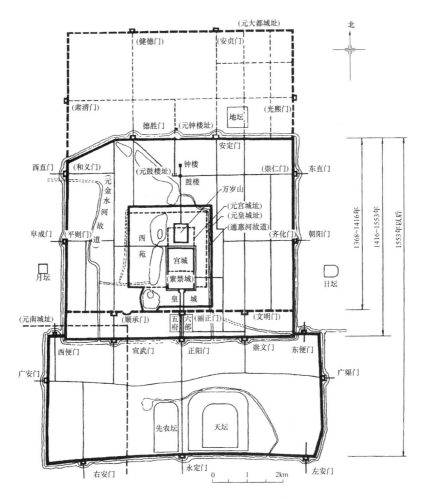

图 3-4 明北京发展三阶段示意图

中国七大古都：以上五处加安阳、杭州。

金中都、元大都、明清北京城址变迁图（应会默画）。元大都是与《周礼·考工记》王城之制最接近的。

列入世界文化遗产的中国城市：平遥古城、丽江古城。

唐长安城为里坊制，为封闭型，宋汴梁、临安转变为开放型，沿街设市，沿巷建住房。

（二）宫殿

周制三朝五门：外朝，即决定国家大事之朝；治朝，即王视事之朝；内朝，即办理皇族内部事务、宴会之朝。五门包括皋门、库门、雉门、应门、路门。

外朝　　　　　　治朝　　　　　　内朝

皋门　库门　雉门　应门　　　　路门

东西堂制：大朝居中，两侧为常朝。汉代开东西堂制之先声，晋、南北朝（北周除外）均行东西堂制。隋及以后均行三朝纵列之周制。

165

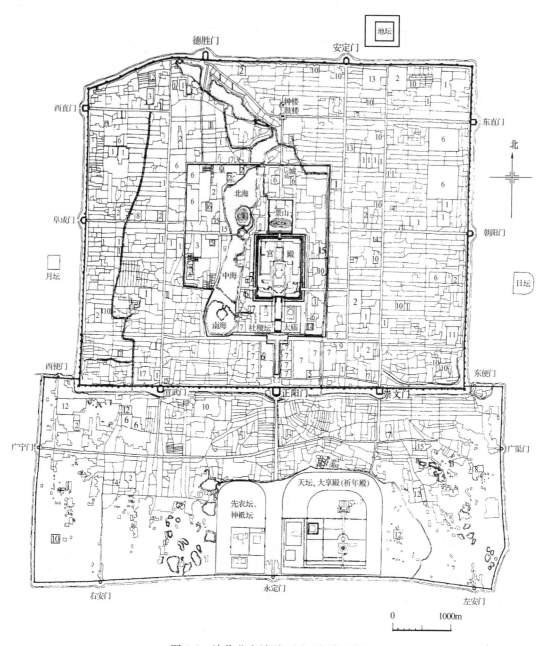

图 3-5 清代北京城平面图（乾隆时期）
1—亲王府；2—佛寺；3—道观；4—清真寺；5—天主教堂；6—仓库；7—衙署；8—历代帝王庙；9—满洲堂子；
10—官手工业局及作坊；11—贡院；12—八旗营房；13—文庙、学校；14—皇史宬（档案库）；
15—马圈；16—牛圈；17—驯象所；18—义地、养育堂

  隋、唐的三朝五门：承天门、太极门、朱明门、两仪门、甘露门。外朝承天门、中朝太极殿、内朝两仪殿。

  唐代宫殿雄伟，尺度大。大明宫主殿含元殿建于龙首原上，前有长达75m的龙尾道。麟德殿面积达5000余平方米，约为清太和殿的3倍（图3-11）。

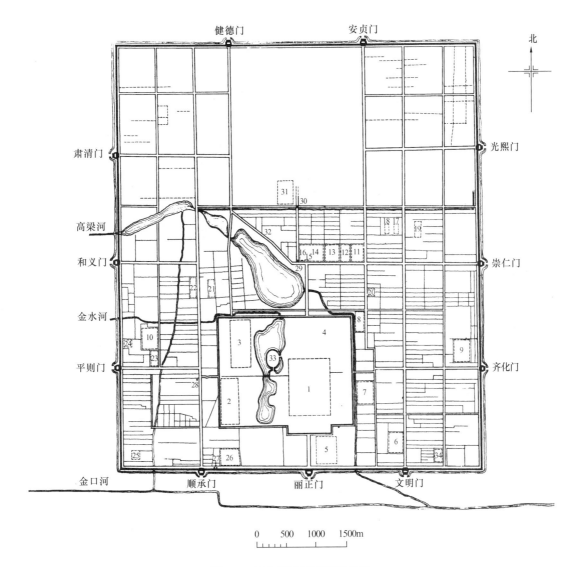

图 3-6 元大都平面复原想象图

1—大内；2—隆福宫；3—兴圣宫；4—御苑；5—南中书省；6—御史台；7—枢密院；8—崇真万寿宫（天师宫）；9—太庙；10—社稷；11—大都路总管府；12—巡警二院；13—倒钞库；14—大天寿万宁寺；15—中心阁；16—中心台；17—文宣王庙；18—国子监学；19—柏林寺；20—太和宫；21—大崇国寺；22—大承华普庆寺；23—大圣寿万安寺；24—大永福寺（青塔寺）；25—都城隍庙；26—大庆寿寺；27—海云可庵双塔；28—万松老人塔；29—鼓楼；30—钟楼；31—北中书省；32—斜街；33—琼华岛；34—太史院

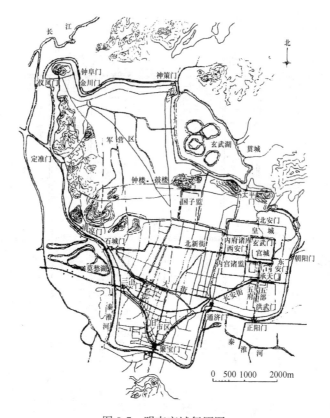

图 3-7 明南京城复原图

注：明南京城的规划突破隋唐以来方整对称的都城形制，结合地形和城防
需要，保留旧城，新辟新区，形成不规则的格局

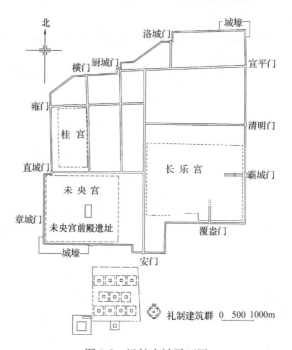

图 3-8 汉长安城平面图

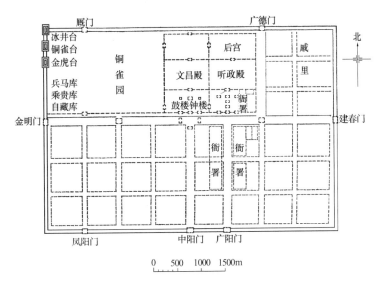

图 3-9 曹魏邺城平面想象图

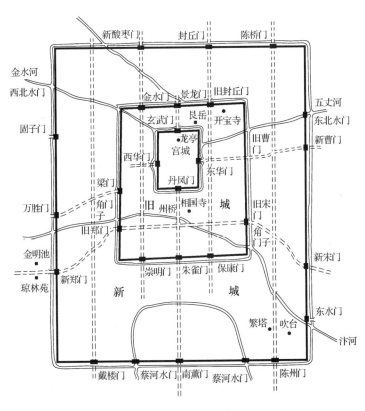

图 3-10 北宋东京平面想象图

宋代宫殿创造性发展的特点是御街千步廊制度。另一特点是使用工字形殿。

轴心舍：工字形殿的唐代名称，用于官署。

元代宫殿喜用工字形殿。受游牧生活、藏传佛教及西亚建筑影响，用多种色彩的琉璃，金、红色装饰，挂毡毯毛皮帷幕。建盝顶殿、棕毛殿、畏吾儿殿、石造浴室等。

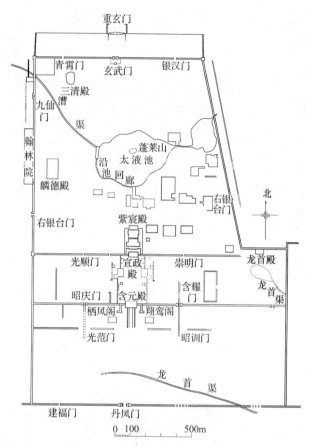

图 3-11 唐大明宫重要建筑遗址图

明、清紫禁城宫殿应作全面了解，清北京故宫总平面如图 3-12 所示。

（三）坛庙

坛，即祭祀天、地、日、月、桑、农等自然物的建筑。

庙，即祭祀帝王祖先的建筑。

大祭，即皇帝亲自祭祀；中祭，即皇帝派大臣代祭；望祭，即不设庙，只朝所祭方向遥祭。

圜丘，即祭天的坛。

天坛（图 3-13、图 3-14），即应了解其历史概况，默绘其总平面示意图，指出其设计成功之处。

孔庙，即应了解孔庙布局的特点。

（四）陵墓

四出羡道。商、周帝王陵墓的形制，由东、西、南、北四方，以斜坡道及踏步由地面通向墓室（图 3-15）。

封土，即帝王陵墓地表以上陵体。

方上，即累土为堆，呈截顶方锥体形的封土。

中国已发现最早的一幅建筑总平面图是河北平山县战国中山国王䶮墓出土的一块铜板兆域图。

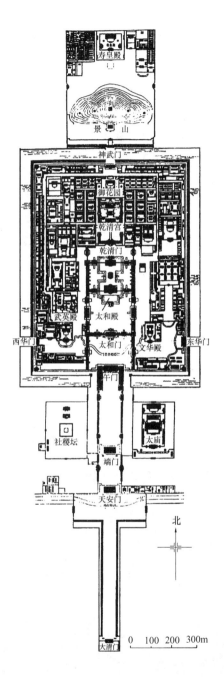

图 3-12 清北京故宫总平面图

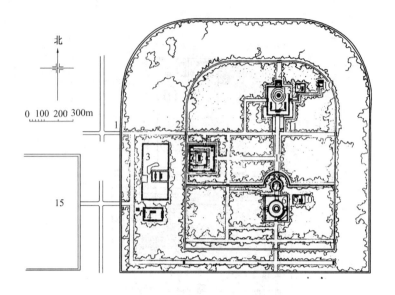

图 3-13　北京天坛总平面图
1—天坛西门；2—西天门；3—神乐署；4—牺牲所；5—斋宫；
6—圜丘；7—皇穹宇；8—成贞门；9—神厨神库；10—宰牲亭；
11—具服台；12—祈年门；13—祈年殿；14—皇乾殿；
15—先农坛；16—丹陛桥

图 3-14　天坛祈年殿外观

图 3-15 河南安阳市后岗殷代四出羡道大墓

兆域，即墓地的界址。

黄肠题凑，即汉代帝王陵制，用柏木段垒成墓室，柏木心为黄色，木段头皆朝内，故称。

陵邑。汉陵各设陵邑，即小城市。迁各地豪富及前朝官吏来居住，名为守陵，实是强干弱枝，便于管理统治。

唐代陵墓，特点为"因山为穴"。以乾陵为例，了解其布局特点。

五音姓利。阴阳堪舆术先按姓分属五音（宫、商、角、徵、羽）而择地不同。宋代国姓赵，属角音，墓地要"东南地穹、西北地垂"，故宋陵由高向低而建。

明十三陵。选址、布局、单体建筑均具很高水平（图 3-16），应对其作评述。

（五）宗教建筑

佛寺布局的演变：以塔为主，前塔后殿，塔殿并列，塔另置别院或山门前，塔可有可无。

明、清佛寺建筑典型布局：山门，钟鼓楼，天王殿，大雄宝殿，配殿，藏经楼，另附各种院。

佛教四大名山：①山西五台山（文殊菩萨道场）；②四川峨眉山（普贤菩萨道场）；③安徽九华山（地藏菩萨道场）；④浙江普陀山（观音菩萨道场）。

道教名山：江西龙虎山，江苏茅山，湖北武当山，四川青城山，山东崂山，陕西华山，江西三清山。其中武当山主峰天柱峰上的石城，名曰"紫禁城"。

道教建筑之特点：①以"宫""观""院"等命名，不以寺称；②所奉神像蓄发长须，穿中式衣袍；③不以塔为膜拜对象；④常有洞天福地等园林布置。

伊斯兰教礼拜寺建筑特点：①不供偶像；②设向圣地麦加朝拜的龛；③不用动物图像做装饰，用可兰经文、植物及几何图案做装饰；④设有邦克楼、望月楼、浴室等。

中国伊斯兰教四大寺：①广州怀圣寺（俗名狮子寺）；②泉州清净寺（俗名麒麟寺）；③杭州真教寺（俗名凤凰寺）；④扬州仙鹤寺。

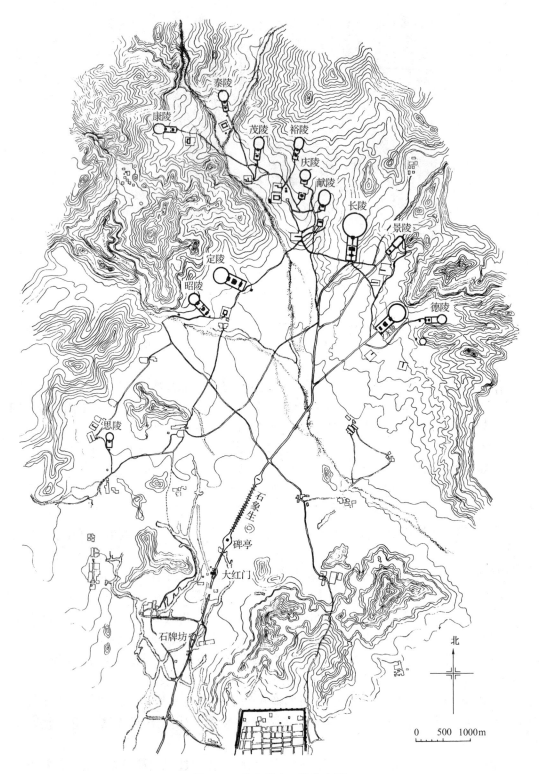

图 3-16 北京明十三陵分布图

舍宅为寺。南北朝盛行的社会风尚。致仕之人舍出住宅作佛寺，以前厅为佛殿，后堂为讲堂。

最具代表性的著名古建筑，应记其地点、年代、特色：

(1) 佛光寺东大殿：山西五台，唐大中十一年（公元857年）建，是现存最大的唐代木构建筑（图3-17、图3-18）。

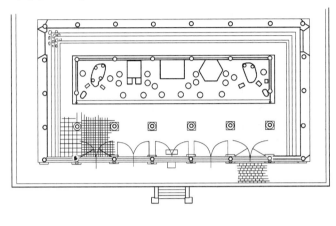

图3-17 山西五台佛光寺东大殿平面图

(2) 南禅寺大殿：山西五台，唐建中三年（公元782年）建，是现存最早的木构建筑（图3-19）。

(3) 隆兴寺摩尼殿：河北正定，北宋皇佑四年（公元1052年）建，四出抱厦，山面朝前（图3-20）。

(4) 独乐寺观音阁及山门：辽统和二年（公元984年）重建，结构合理（图3-21）。

(5) 晋祠圣母殿：山西太原，宋崇宁元年（公元1102年）重修，殿前有鱼沼飞梁（图3-22）。

(6) 永乐宫：山西芮城，元中统三年（公元1262年）建，殿内壁画极珍贵。

(7) 清净寺：福建泉州，元至正年间（公元1341～1368年）重修，保持外来影响。

(8) 布达拉宫：西藏拉萨，清顺治二年（公元1645年）重建，最大的藏传佛教寺院。

(9) 席力图召：内蒙古呼和浩特，清康熙三十五年（公元1696年）重建，汉藏混合式喇嘛庙。

中国佛塔的五种主要类型（举例，绘示意图）：

(1) 楼阁式塔：山西应县佛宫寺释迦塔（图3-23）。

(2) 密檐塔：河南登封嵩岳寺塔（图3-24）。

(3) 单层塔：山东济南神通寺四门塔（图3-25）。

(4) 喇嘛塔：北京妙应寺白塔（图3-26）。

(5) 金刚宝座式塔：北京大正觉寺金刚宝座塔（图3-27）。

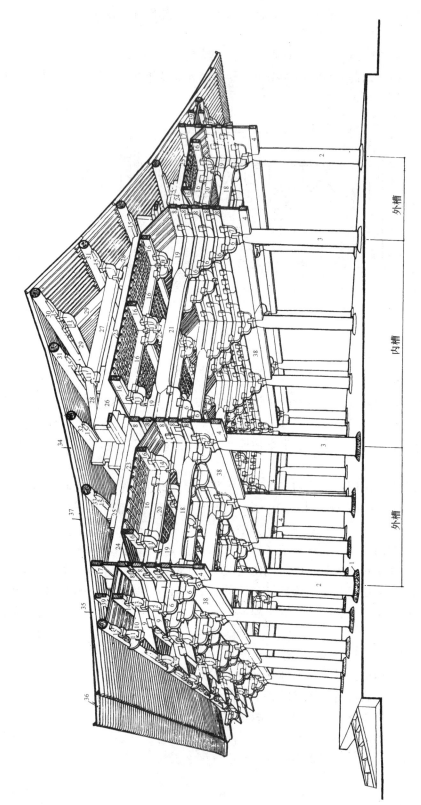

图 3-18 五台佛光寺东大殿梁架示意图

1—柱础；2—檐柱；3—内槽柱；4—阑额；5—栌斗；6—华栱；7—泥道栱；8—柱头方；9—下昂；10—耍头；11—令栱；12—瓜子栱；13—慢栱；14—罗汉方；15—替木；16—平棋方；17—压槽方；18—明乳栿；19—半驼峰；20—素方；21—四椽明栿；22—驼峰；23—平闇；24—草乳栿；25—脊槫；26—四椽草栿；27—平梁；28—托脚；29—叉手；30—脊槫；31—上平槫；32—中平槫；33—下平槫；34—槫；35—檐槫；36—飞子（复原）；37—望板；38—栱眼壁；39—牛脊方

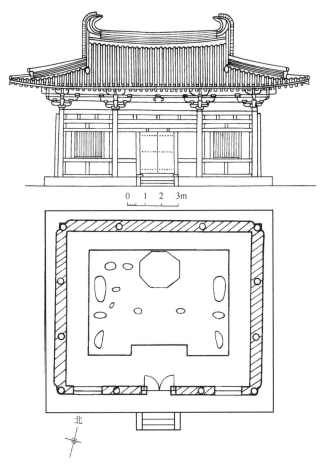

图 3-19 山西五台南禅寺大殿立面、平面图

图 3-20 河北正定隆兴寺摩尼殿剖面图

177

图 3-21 蓟县独乐寺观音阁外观

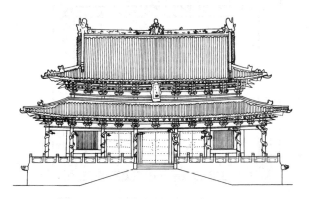

图 3-22 山西太原晋祠圣母殿立面图

图 3-23 山西应县佛宫寺释迦塔外观

图 3-24 河南登封嵩岳寺砖塔平、立面图　　图 3-25 山东济南神通寺四门塔外观

图 3-26 北京妙应寺白塔立面图　　图 3-27 北京大正觉寺金刚宝座塔

其他名塔：
河北定县开元寺料敌塔：宋塔，现存最高的砖塔，高 84m。
河南开封祐国寺塔：宋塔，俗称铁塔，是第一座砌琉璃面砖的塔。
福建泉州开元寺双石塔：宋塔，是现存最高的石塔。

179

南京报恩寺琉璃塔：明建，已毁，被当时誉为世界建筑七大奇迹之一。
河北正定广惠寺华塔：造型华丽，是塔的一种类型，也可视为金刚宝座。
经幢：河北赵县陀罗尼经幢（图3-28）。
石窟寺：在山崖上开凿出来的洞窟形佛寺。
著名石窟寺：甘肃敦煌石窟、山西大同云冈石窟、河南洛阳龙门石窟、山西太原天龙山石窟、甘肃天水麦积山石窟、新疆拜城克孜尔石窟。

（六）住宅

了解古代住宅依靠的间接资料：文献、图画、壁画、画像石、画像砖、明器。

唐代的住宅制度见《唐会要·舆服志》："……王公以下舍屋不得施重栱藻井，三品以上堂屋不得过五间九架、厅厦两头，门屋不得过五间五架。五品以上堂舍不得过三间五架，门屋不得过一间两架……士庶公私第宅皆不得造楼阁临视人家……又庶人所造堂舍不得过三间四架，门屋一间两架，仍不得辄施装饰。"

现存明代住宅，在山西、安徽、江西、浙江、福建等地均有遗存。

1. 庭院式住宅

（1）北京四合院：有单进院、二进院、三进院及多进院，通常多是"三正两耳"的"五间口"院落（图3-29）。

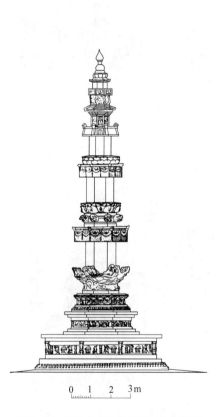

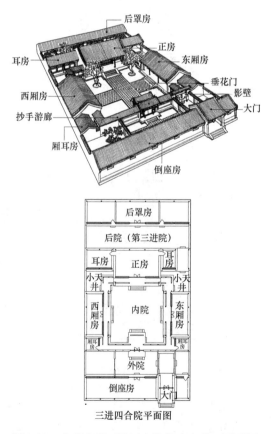

图3-28 河北赵县陀罗尼经幢立面图　　图3-29 北京典型三进四合院住宅鸟瞰、平面图

(2) 云南白族住宅穿斗式：云南白族民居的照壁与正房和两侧楼房构成"三坊一照壁"的格局；此外，更高等级的还有"四合五天井""六合同春"等套院格局。

将云南白族四合院与北京四合院加以比较：首先从主房的方位来看，北京四合院的主房以坐北朝南为贵；而白族民居的主房一般为坐西向东。其次，北京四合院的住宅大多是1层的平房，而白族民居基本上都是2层（图3-30）。

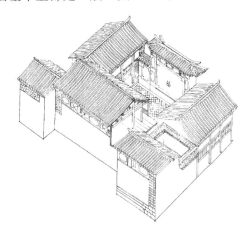

图3-30 云南白族住宅穿斗式

(3) 晋陕窄院：大体比例为1.5∶1或2∶1，单坡屋顶的俗称"四水归一"。
(4) 东北大院：以"一正四厢"的两进院为基本形制。
(5) 云南"一颗印"：其典型格局是"三间四耳倒八尺"（图3-31）。
(6) 徽州天井院：可形成带两个天井的二进院，其中间两厅合脊，俗称"一脊翻两堂"。
(7) 浙江天井院：大型天井院以"十三间头"最常见，当地俗称"五凤楼"（图3-32）。

图3-31 "一颗印"住宅剖视

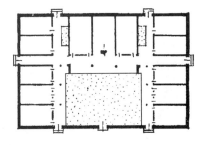

图3-32 东阳"十三间头"

(8) 苏南地区天井院：典型案例有明代的吴县东山尊让堂，平面呈倒"凸"字形（图3-33）。
(9) 闽粤天井院：有两种基本形制，即"爬狮""四点金"，以及由前两者串联构成"三座落"。

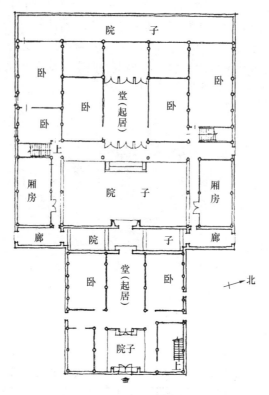

图 3-33 江苏吴县东山尊让堂一层平面图

2. 永定客家土楼

永定土楼分为圆楼和方楼两种。圆楼的典型案例有承启楼（图3-34），方楼的典型案例有遗经楼（图3-35）。

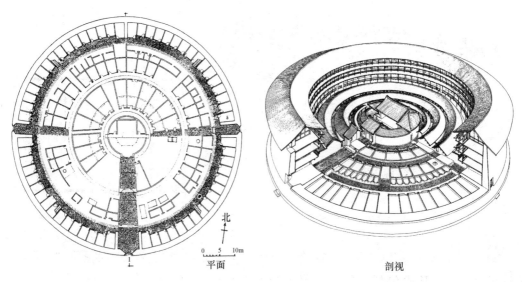

图 3-34 福建永定客家圆楼承启楼
(林嘉书、林浩、阎亚宁《客家土楼与客家文化》第31页图)

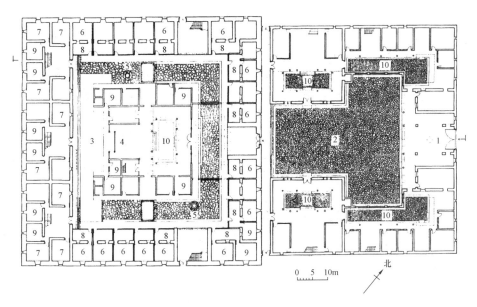

图 3-35 福建永定客家方楼遗经楼平面
（林嘉书、林浩、阎亚宁《客家土楼与客家文化》第 55、第 56 页图）
1—前门；2—前院；3—院；4—祖堂；5—公井；6—饭堂；7—卧室；
8—厨房；9—仓库；10—天井

3. 窑洞

分为三种基本类型——靠崖窑、下沉式窑院（地坑院）和砖砌锢窑。靠崖窑的典型案例有河南巩县（今巩义市）康店村中的明清"康百万庄园"窑群（图 3-36）。

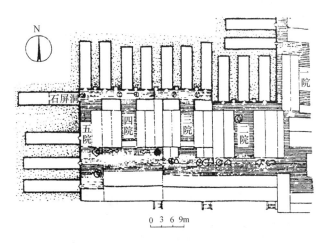

图 3-36 河南巩县康百万庄园靠崖窑群平面图
（陆元鼎《民居史论与文化》刘金钟、韩耀舞一文之图 4）

4. 其他

其他住宅形式包括：毡包、藏式碉房、西南干阑（图 3-37）、新疆"阿以旺"（图 3-38）。

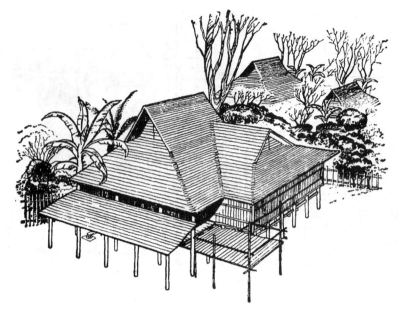

图 3-37 云南景洪县傣族住宅图

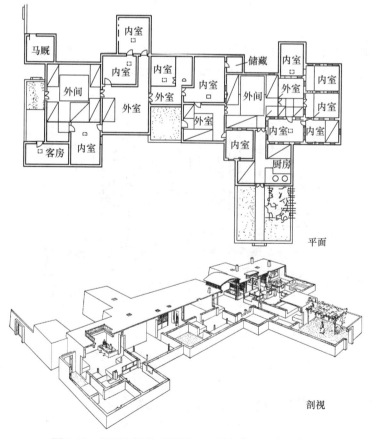

图 3-38 新疆和田县"阿以旺—阿克赛乃"大型住宅

例 3-2 (2021) 关于窑洞的说法，错误的是(　　)。
A 窑洞的前身是原始社会穴居中的横穴
B 窑洞分靠崖窑、下沉窑院及锢窑等类型
C 窑口处安排日常起居，尽端处安排炉灶和火炕
D 窑洞具有冬暖夏凉、防火隔声等优点

解析：参见《中国建筑史》（第七版）第 3.1.2 节："窑洞的前身是原始社会穴居中的横穴"，故 A 正确。另据第 3.2.4 节"窑洞主要有三种：①开敞式靠崖窑；②下沉式窑院（地坑院）；③砖砌的锢窑"，故 B 正确。另据"一般临窑口空气充足处，安排灶、炕及日常起居，深处用于贮藏"，故 C 错误。另据"窑洞……具有冬暖夏凉、防火隔声、经济适用、少占农田等优点"，故 D 正确。

答案：C

（七）园林

中西方园林大异其趣。中国园林以表现自然意趣为目的，师法自然，以山水为景观骨干，"虽由人作，宛自天开"。与欧洲古典园林追求轴线对称，几何图形，分行列队，树木修剪，显示人力的做法，大不相同。

中国园林发展的五个历史阶段：①汉以前以帝王贵族狩猎苑囿为主体；②魏、晋、南北朝山水园奠基（园林成为真正的艺术）；③唐代风景园全面发展；④两宋造园普及；⑤明、清是园林的最后兴盛时期。

三山五园：清代皇家在北京西郊所建的园林（图 3-39）。三山包括翁山（万寿山）、玉泉山、香山；五园包括：清漪园（颐和园）、静明园、静宜园、畅春园、圆明园。

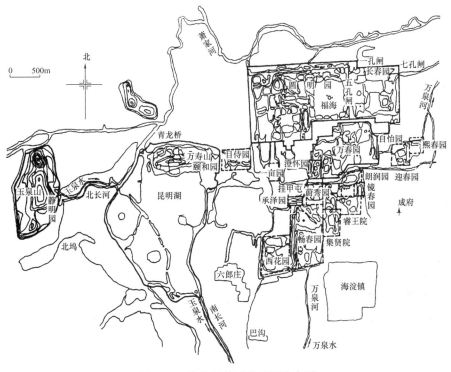

图 3-39　北京西郊清代苑园分布图

江南名园：位于无锡的有寄畅园，位于苏州的有留园（图3-40）、拙政园、沧浪亭、狮子林、网师园、环秀山庄，位于扬州的有个园、小盘谷，位于南京的有瞻园。

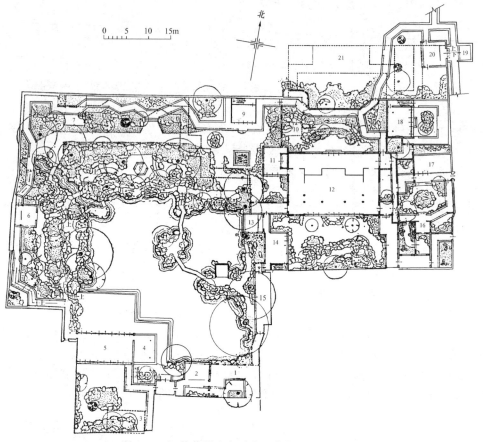

图3-40 江苏苏州市寒碧庄（今留园）平面图
1—寻真阁（今古木交柯）；2—绿荫；3—听雨楼；4—明瑟楼；5—卷石山房（今涵碧山房）；6—餐秀轩（今闻木樨香轩）；7—半野堂；8—个中亭（今可亭）；9—定翠阁（今远翠阁）；10—原为佳晴喜雨快雪之亭，今已迁建；11—汲古得修绠；12—传径堂（今五峰仙馆）；13—垂阴池馆（今清风池馆）；14—霞啸（今西楼）；15—西奕（今曲溪楼）；16—石林小屋；17—揖峰轩；18—还我读书处；19—冠云台；20—亦吾庐，今为佳晴喜雨快雪之亭；21—花好月圆人寿

例3-3 （2021） 现存圆明园西洋建筑残迹原属于哪座清代皇家园林？
A 畅春园　　B 长春园　　C 绮春园　　D 万春园

解析： 参见《中国建筑史》（第七版）P197："其中长春园还有一区欧洲式园林，内有巴洛克式宫殿、喷泉和规则式植物布置（现存圆明园西洋建筑残迹即属之）"，故B正确。

答案： B

（八）构造、部件及装修

1. 木构架的两种主要形式

（1）抬梁式如图3-41所示。

（2）穿斗式如图3-42所示。

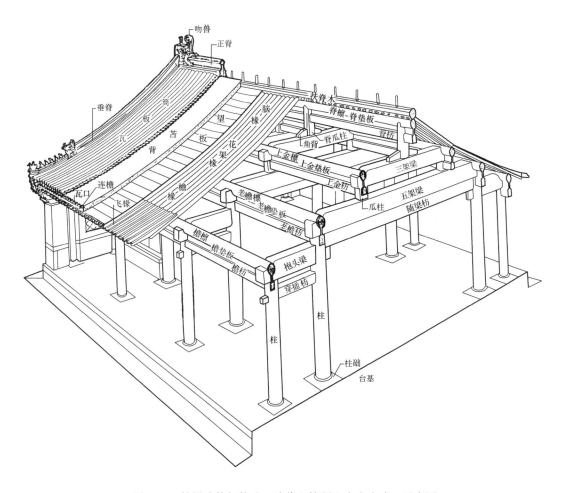

图 3-41 抬梁式构架构造（清代七檩硬山大木小式）示意图

2. 屋顶的五种主要形式（图 3-43）

(1) 庑殿顶——四阿顶；
(2) 歇山顶——九脊顶、厦两头；
(3) 悬山顶——不厦两头；
(4) 硬山顶；
(5) 攒尖顶。

另有盝顶、盔顶等。

3. 其他部件

柱顶石——即柱础的清式名称，柱下的承载构件。

櫍——柱与础之间的垫，起隔潮作用。

梭柱——上下端或仅上端做卷杀之柱。

生起——檐柱由当心间向两端逐间升高，使檐口呈一缓和曲线；宋《营造法式》规定，次间柱升高 2 寸，以下依次递增 2 寸。

侧脚——宋《营造法式》规定：檐柱向内倾柱高的 10/1000，两山檐柱向内倾 8/1000，角柱两个方向都倾，以增加建筑物的稳定性。

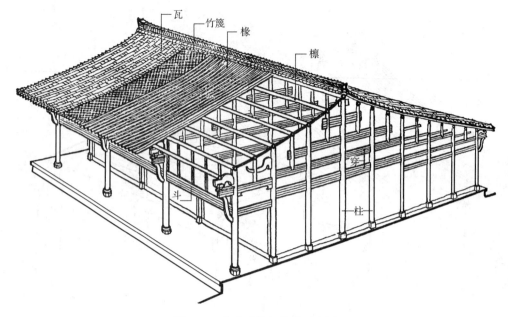

图 3-42 穿斗式构架构造示意图

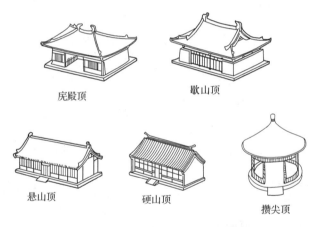

图 3-43 中国古代建筑屋顶——单体形式图

宋《营造法式》的四种地盘图，考生应会画、会分辨：
①金厢斗底槽；②单槽；③双槽；④分心槽。

副阶周匝。在主体建筑之外，加一圈回廊，《营造法式》称之为"副阶周匝"。

普拍方之变化。唐代尚未见，宋开始有，宽于阑额。宽度减小渐与阑额趋于一致。明清时阑额宽，普拍方窄于阑额，改称平板枋。

斗栱之演变趋势：①由大而小；②由简而繁；③由雄壮而纤巧；④由结构的而装饰的；⑤由真结构的而假刻的；⑥分布由疏朗而繁密。

举架与举折——定屋架坡度的方法。清式为举架，由檐部逐步架加大坡度。宋式先定脊槫高度，逐步架减小坡度。

推山与收山。推山是加长庑殿顶正脊长度的做法。有推山的年代晚（明及以后）。收山是歇山顶两山向内收进的做法，收进大的年代早，清代只收进一檩径。

建筑色彩的等级。春秋时期——天子丹，诸侯黝、大夫苍，士黈（黄色），以红色为最尊贵。清代以黄色为最尊贵，以下次序是：赤、绿、青、蓝、黑、灰。

清代彩画三种：（由尊至卑）和玺，旋子，苏式。

宋式雕刻分类——剔地起突（高浮雕），压地隐起华（浅浮雕），减地平钑（线刻），素平。

正脊两端构件——晋始用鸱尾，唐鸱尾，宋鸱尾、龙尾、鱼尾，元鸱吻，明、清吻兽。

仙人走兽——《大清会典》规定顺序为：仙人骑鸡、龙、凤、狮子、海马、天马、押鱼、狻猊、獬豸、斗牛。走兽共九只，出列时必须为奇数，只有太和殿例外，加了一只"行什"，共十只。

平闇与平棊——小方格的天花板为平闇，年代早。平棊为大方格的。

铺首——门上的供推拉叩门的构件。

螭首——螭是龙子之一，在碑首，殿阶上常用石刻成龙首形。

象眼——台阶侧面三角形的部分，宋式象眼层层凹入，《营造法式》规定凹入三层，每层凹入半寸至一寸。另外在中国建筑中凡呈直角三角形的部位常称象眼。

须弥座——尊贵的台座，源于佛教圣山须弥山，用于佛像及佛殿的基座。

石柱——北齐义慈惠石柱是位于河北定兴的一处石刻纪念柱。柱顶有一三开间的小殿，殿的歇山顶、梭柱等反映了南北朝建筑的形象（图3-44）。

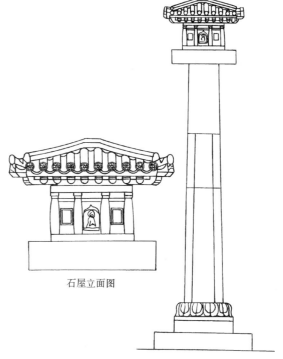

图3-44 河北定兴北齐义慈惠石柱立面图

（九）其他

历代建筑哲匠：春秋——鲁班，西汉——阳城延，北魏——杨衒之，隋——宇文恺，五代——喻皓，宋——李诫，明——蒯祥，清——样式雷。

古代建筑术书：《周礼·考工记·匠人》《木经》，宋《营造法式》，清工部《工程做法则例》《鲁班营造正式》《园冶》。此外，尚有《清式营造则例》及《营造法原》二书，前者为近代建筑学家梁思成研究清式建筑之专著；后者为近代建筑营造家姚补云有关江南地区古建筑的讲义，由刘敦桢、张至刚审核、增补。

宋《营造法式》，作者李诫，共34卷，3555条，包括释名、各作制度、功限、料例和图样，是研究我国古代建筑最重要的术书。

明《园冶》，作者计成，内容"由绘而园，水石之外，旁及土木"。

下列各名句的出处：

"凿户牖以为室，当其无，有室之用，故有之以为利，无之以为用。"——老子《道德经》。

"天子以四海为家，非壮丽，无以重威。"——萧何在向刘邦解释为什么未央宫要建得壮丽时所说。

"虽由人作，宛自天开。"——计成《园冶》。

第四节 中国的世界遗产及历史文化名城保护

一、中国世界文化遗产名录

1. 中国世界文化遗产（38处）

长城；明清故宫（北京故宫、沈阳故宫）；秦始皇陵及兵马俑；莫高窟；周口店北京人遗址；武当山古建筑群；拉萨布达拉宫历史建筑群（含罗布林卡和大昭寺）；承德避暑山庄及其周围寺庙；曲阜孔庙、孔林和孔府；庐山国家公园；平遥古城；苏州古典园林；丽江古城；北京皇家园林—颐和园；北京皇家祭坛—天坛；大足石刻；皖南古村落—西递、宏村；明清皇家陵寝；龙门石窟；青城山—都江堰；云冈石窟；高句丽王城、王陵及贵族墓葬；澳门历史城区；殷墟；开平碉楼与村落；福建土楼；五台山；登封"天地之中"历史建筑群；杭州西湖文化景观；元上都遗址；红河哈尼梯田文化景观；丝绸之路：长安—天山廊道的路网；大运河；土司遗址；左江花山岩画文化景观；鼓浪屿：历史国际社区；良渚古城遗址；泉州：宋元中国的世界海洋商贸中心。

2. 中国世界自然遗产（14处）

黄龙风景名胜区；九寨沟风景名胜区；武陵源风景名胜区；三江并流保护区；四川大熊猫栖息地；中国南方喀斯特；三清山国家公园；中国丹霞；澄江化石遗址；新疆天山；湖北神农架；青海可可西里；梵净山；黄渤海候鸟栖息地。

3. 中国世界文化和自然混合遗产（4处）

泰山；黄山；峨眉山—乐山大佛；武夷山。

二、历史文化名城保护

历史文化名城保护是我们从事建筑设计和进行城市建设过程中必须面对的重要课题，应该受到每一位建筑师的关注。2005年10月1日，由建设部和国家质检总局联合发布的《历史文化名城保护规划规范》开始实施。2008年国务院又颁布了《历史文化名城名镇名村保护条例》（第524号条例，于同年7月1日起执行 2017年10月7日修订）。2019年4月1日《历史文化名城保护规划标准》开始实施，同时《历史文化名城保护规划规范》废止。

《历史文化名城保护规划标准》GB/T 50357—2018（节选）

1 总 则

1.0.3 保护规划必须应保尽保，并应遵循下列原则：

1 保护历史真实载体的原则；
2 保护历史环境的原则；
3 合理利用、永续发展的原则；
4 统筹规划、建设、管理的原则。

3 历史文化名城

3.1 一般规定

3.1.1 历史文化名城保护应包括下列内容：

  1 城址环境及与之相互依存的山川形胜；

  2 历史城区的传统格局与历史风貌；

  3 历史文化街区和其他历史地段；

  4 需要保护的建筑，包括文物建筑、历史建筑、已登记尚未核定公布为文物保护单位的不可以动文物、传统风貌建筑等；

  5 历史环境要素；

  6 非物质文化遗产以及优秀传统文化。

3.1.5 历史文化名城保护规划应包括下列内容：

  1 城址环境保护；

  2 传统格局与历史风貌的保持与延续；

  3 历史地段的维修、改善与整治；

  4 文物保护单位和历史建筑的保护和修缮。

3.1.6 历史文化名城保护规划应划定历史城区、历史文化街区和其他历史地段、文物保护单位、历史建筑和地下文物埋藏区的保护界限，并应提出相应的规划控制和建设要求。

3.2 保护界限

3.2.4 历史文化名城保护规划应当划定历史建筑的保护范围界限。历史文化街区内历史建筑的保护范围应为历史建筑本身，历史文化街区外历史建筑的保护范围应包括历史建筑本身和必要的建设控制地带。

3.2.5 当历史街区的保护范围与文物保护单位的保护范围和建设控制地带出现重叠时，应坚持从严保护的要求，应按更为严格的控制要求执行。

3.3 格局与风貌

3.3.2 历史文化名城保护规划应对体现历史城区传统格局特征的城垣轮廓、空间布局、历史轴线、街巷肌理、重要空间节点等提出保护措施，并应展现文化内在关联。

3.3.3 历史文化名城保护规划应运用城市设计方法，对体现历史城区历史风貌特征的整体形态以及建筑的高度、体量、风格、色彩等提出总体控制和引导要求。并应强化历史城区的风貌管理，延续历史文脉，协调景观风貌。

3.3.4 历史文化名城保护规划应明确历史城区的建筑高度控制要求，包括历史城区建筑高度分区、重要视线通廊及视域内建筑高度控制、历史地段保护范围内的建筑高度控制等。

3.4 道路交通

3.4.1 历史城区应保持或延续原有的道路格局，保护有价值的街巷系统，保持特色街巷的原有空间尺度和界面。

3.4.5 历史城区内道路交叉口的改造，应充分考虑历史街道的原有空间特征。

3.5 市政工程

3.5.3 历史城区市政管线布置和市政管线建设应结合用地布局、道路条件、现状管网情况以及市政需求预测结果确定，并符合下列规定：

  1 应根据居民基本生活需求，合理确定市政管线建设的优先次序；

2 应因地制宜确定排水体制，在有条件的地区推广雨水低影响开发建设模式；

3 管线宜采用地下敷设的方式，当受条件限制需要采用架空或沿墙敷设的方式时，应进行隐蔽和美化处理；

4 当在狭窄地段敷设管线无法满足国家现行相关标准的安全间距要求时，可采用新技术、新工艺，以满足管线安全运营管理要求。

3.6 防灾和环境保护

3.6.1 防灾和环境保护设施应满足历史城区历史风貌的保护要求。

3.6.2 历史城区必须健全防灾安全体系。

4 历史文化街区

4.1 一般规定

4.1.2 历史文化街区保护规划应确定保护的目标和原则，严格保护历史风貌，维持整体空间尺度，对街区内的历史街巷和外围景观提出具体的保护要求。

4.1.3 历史文化街区保护规划应达到详细规划深度要求。历史文化街区保护规划应对保护范围内的建筑物、构筑物提出分类保护与整治要求。对核心保护范围应提出建筑的高度、体量、风格、色彩、材质等具体控制要求和措施，并应保护历史风貌特征。建设控制地带应与核心保护范围的风貌协调，至少应提出建筑高度、体量、色彩等控制要求。

4.1.4 历史文化街区增建设施的外观、绿化景观应符合历史风貌的保护要求。

4.1.5 历史文化街区保护规划应包括改善居民生活环境、保持街区活力、延续传统文化的内容。

4.2 保护界限

4.3 保护与整治

4.3.4 当对历史文化街区内与历史风貌有冲突的建筑物、构筑物采取拆除重建的方式时，应符合历史风貌的保护要求；当采取拆除不建的方式时，宜多增加公共开放空间，提高历史文化街区的宜居性。

5 文物保护单位与历史建筑

5.0.3 应对具有一定历史价值、科学价值、艺术价值的建筑物、构筑物进行全面普查、整理、确定，并应提出列入历史建筑保护名录的建议。

5.0.4 应科学评估历史建筑的历史价值、科学价值、艺术价值以及保存状况，提出历史建筑的场地环境、平面布局、立面形式、装饰细部等具体的修缮维护要求，所有修缮维护、设施添加或结构改变等行为均不得破坏历史建筑的历史特征、艺术特征、空间和风貌特色。

5.0.5 保护规划应对历史建筑保护范围内的各项建设活动提出管控要求，历史建筑保护范围内新建、扩建、改建的建筑，应在高度、体量、立面、材料、色彩、功能等方面与历史建筑相协调，并不得影响历史建筑风貌的展示。

5.0.6 历史建筑应保持和延续原有使用功能；确需改变功能的，应保护和提示原有的文化特征，并不得危害历史建筑的安全。

三、中国历史文化名城

中国的历史文化名城按照各个城市的特点主要分为以下七类：

古都型——以都城时代的历史遗存物、古都的风貌为特点，如北京、西安；

传统风貌型——保留一个或几个历史时期积淀的有完整建筑群的城市，如平遥、韩城；

风景名胜型——由建筑与山水环境的叠加而显示出鲜明个性特征的城市，如桂林、苏州；

地方及民族特色型——由地域特色或独自的个性特征、民族风情、地方文化构成城市风貌主体的城市，如丽江、拉萨；

近现代史迹型——反映历史上某一事件或某个阶段的建筑物或建筑群为其显著特色的城市，如上海、遵义；

特殊职能型——城市中的某种职能在历史上占有极突出的地位，如"盐城"自贡、"瓷都"景德镇；

一般史迹型——以分散在全城各处的文物古迹为历史传统体现主要方式的城市，如长沙、济南。

中国历史文化名城由国务院审批，目前已公布三批及31座增补城市，共计129座。

第一批历史文化名城，1982年公布，24个：

北京、承德、大同、南京、苏州、扬州、杭州、绍兴、泉州、景德镇、曲阜、洛阳、开封、江陵、长沙、广州、桂林、成都、遵义、昆明、大理、拉萨、西安、延安。

第二批历史文化名城，1986年公布，38个：

上海、天津、沈阳、武汉、南昌、重庆、保定、平遥、呼和浩特、镇江、常熟、徐州、淮安、宁波、歙县、寿县、亳州、福州、漳州、济南、安阳、南阳、商丘、襄樊、潮州、阆中、宜宾、自贡、镇远、丽江、日喀则、韩城、榆林、武威、张掖、敦煌、银川、喀什。

第三批历史文化名城，1994年公布，37个：

正定、邯郸、新绛、代县、祁县、哈尔滨、吉林、集安、衢州、临海、长汀、赣州、青岛、聊城、邹城、临淄、郑州、浚县、随州、钟祥、岳阳、肇庆、佛山、梅州、海康、柳州、琼山、乐山、都江堰、泸州、建水、巍山、江孜、咸阳、汉中、天水、同仁。

增补城市42座（2001~2022年）：山海关区、凤凰县、濮阳市、安庆市、泰安市、海口市、金华市、绩溪县、吐鲁番市、特克斯县、无锡市、南通市、北海市、宜兴市、嘉兴市、太原市、中山市、蓬莱市、会理县、库车县、伊宁市、泰州市、会泽县、烟台市、青州市、湖州市、齐齐哈尔市、常州市、瑞金市、惠州市、温州市、高邮市、永州市、龙泉市、长春市、蔚县、辽阳市、通海县、黟县、桐城市、抚州市、九江市。

截至2022年3月28日，国务院已将141座城市列为国家历史文化名城，并对这些城市的文化遗迹进行了重点保护。

四、历史建筑保护

(一) 历史建筑保护的基本原则

1. 真实性 (authenticity) 与完整性 (integrity) 是历史建筑保护的核心原则

真实性原则之意包含真实的（real）、原初的（original）、有价值的（worthy），在历史建筑保护的工作中，指真实性、可靠性、原真性等。真实性的内涵大致可以归结为：①物质形态的真实性；②技术工艺的真实性；③环境场所的真实性；④社会生活的真实性等几个方面。

完整性（integrity）原则是历史建筑保护的另一个基本原则。关于完整性的界定，《实施〈世界遗产公约〉的操作指南》有如下论述："完整性用来衡量自然和/或文化遗产及其特征的整体性和无缺憾状态"。如果我们把历史建筑看作动态的、复合的、多维的整体，而非静态的、独立的、一元的"对象"，完整性便应包括社会、功能、结构和美学等方面的内容。

2. 衍生原则

在真实性原则与完整性原则基础上，在历史建筑保护实践中，形成了一些衍生原则，如合理利用原则、最小干预原则、日常维护保养原则、档案记录原则、慎重选择保护技术原则、可识别原则、可逆原则、原址保护原则、不提倡重建原则等。下面对其中重要的几项进一步说明。

（二）历史建筑保护的方法

应科学评估历史建筑的历史价值、科学价值、艺术价值以及保存状况，提出历史建筑的场地环境、平面布局、立面形式、装饰细部等具体的修缮维护要求，所有修缮维护、设施添加或结构改变等行为均不得破坏历史建筑的历史特征、艺术特征、空间和风貌特色。

具体做法包括：

（1）立法：依法保护，根据文物保护法对日常使用、修缮改建进行规范处理。

（2）保存：保存历史建筑信息，对整体或主要部位进行测绘、留存，作为日后修缮依据。

（3）维护：日常维护。

（4）防范：加强防火防盗等日常管理，消除安全隐患。

（5）定时修缮：对于已遭破坏的地方要及时修缮。

习　题

3-1 (2019)我国北方地区古代官式建筑主要采用的木结构体系是（　　）。
　　A 干阑式　　　　B 抬梁式　　　　C 穿斗式　　　　D 井干式

3-2 (2019)题3-2图所示中国古代建筑屋顶形式依次是（　　）。

题 3-2 图

　　A 硬山、悬山、庑殿、歇山、卷棚　　　　B 悬山、硬山、歇山、庑殿、卷棚
　　C 悬山、硬山、庑殿、歇山、卷棚　　　　D 硬山、卷棚、庑殿、悬山、歇山

3-3 (2019)角楼与护城河是明清北京城中哪一个区域的边界？
　　A 皇城　　　　B 内城　　　　C 宫城　　　　D 外城

3-4 (2019)华夏传统文化中以五色土来象征东西南北五个方位，其中心部分铺的是（　　）。
　　A 青土　　　　B 赤土　　　　C 黄土　　　　D 白土

3-5 (2019)题3-5图所示蓟县独乐寺观音阁剖面图，对其描述错误的是（　　）。
　　A 采用"双槽"结构　　　　　　　　B 上檐柱头铺作双抄双下昂

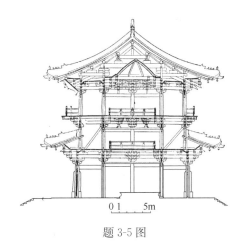

题 3-5 图

  C 上、下层檐柱采用叉柱造   D 外观 2 层，内部 3 层

3-6 (2019)宋代《营造法式》中规定作为造屋的尺度标准是( )。

  A 间   B 材   C 斗口   D 斗栱

3-7 (2019)唐代建筑的典型特征是( )。

  A 斗栱结构职能鲜明，数量少，出檐深远

  B 屋顶陡峭，组合复杂

  C 木架采用各种彩画，色彩华丽

  D 大量采用格子门窗，装饰效果强

3-8 (2019)中国建筑师主导的传统复兴潮流的标志性作品是( )。

  A 南京中山陵   B 北京协和医院西区

  C 南京金陵大学北大楼   D 金陵女子大学

3-9 (2019)杨廷宝主持的近代中国建筑事务所是( )。

  A 基泰工程司   B 华盖建筑事务所

  C 华信工程司   D 中国工程司

3-10 (2019)厚重的夯土墙是下列哪种传统民居的特征?
 A 福建土楼 B 云南一颗印
 C 河南靠崖窑洞 D 北京四合院

3-11 (2019)题 3-11 图是下列哪种传统建筑构筑类型?

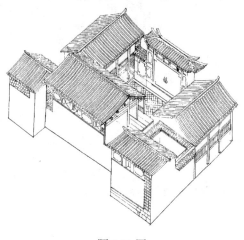

题 3-11 图

 A 云南白族穿斗结构 B 四川彝族木拱架
 C 广西壮族干阑式住宅 D 安徽汉族穿斗式

3-12 (2019)在题 3-12 图所示四合院中,哪个房间用作客房?

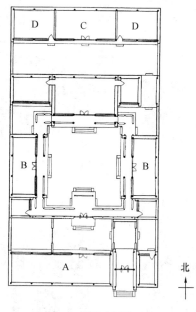

题 3-12 图

 A A房间 B B房间 C C房间 D D房间

3-13 (2019)寄畅园龙光塔的理景手法是(　　)。
 A 框景 B 对景
 C 借景 D 补景

3-14 (2019)颐和园中谐趣园是模仿哪个江南园林?
A 吴江退思园 B 苏州留园
C 苏州拙政园 D 无锡寄畅园

3-15 (2019)题3-15图所示为私家园林剖面,其厅堂形制为(　　)。

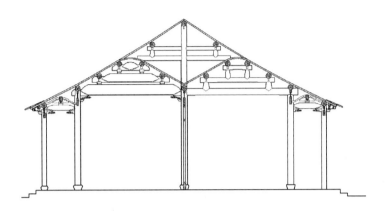

题 3-15 图

A 四面厅 B 鸳鸯厅
C 花篮厅 D 楼厅

3-16 (2019)题3-16图所示平面图是哪座园林?

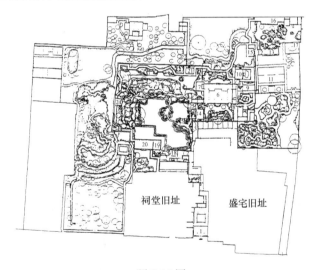

题 3-16 图

A 拙政园 B 个园 C 寄畅园 D 留园

3-17 (2019)平遥属于我国历史文化名城中的哪一种类型(　　)。
A 风景名胜型 B 民族及民间特色型
C 传统城市风貌型 D 历史古都型

3-18 具有以祠堂为中心、中轴对称且基本居住模式是单元式住宅特征的民居是(　　)。
A 北京四合院 B 新疆阿以旺 C 福建客家土楼 D 徽州民居

3-19 西安半坡村遗址中的建筑结构形式属于(　　)。
A 抬梁式 B 穿斗式 C 木骨泥墙式 D 井干式

3-20 世界上最早的一座敞肩拱桥是（　　）。
　　A　法国泰克河上的赛兰特桥　　　　B　汴梁的虹桥
　　C　河北赵县的安济桥　　　　　　　D　北京的卢沟桥

3-21 清代太和殿与唐代大明宫麟德殿的体量之比为（　　）。
　　A　二者大小相近　　　　　　　　　B　为麟德殿的2倍
　　C　为麟德殿的3倍　　　　　　　　 D　只相当于麟德殿的1/3

3-22 宋代东京汴梁城的特点是（　　）。
　　A　里坊制度　　　　　　　　　　　B　面积与长安城相同
　　C　大内居于城的正中　　　　　　　D　沿街设肆，里坊制破坏

3-23 明代北京城的城址与元大都及金中都的关系是（　　）。
　　A　在金中都城址上加以扩大　　　　B　在元大都城址上略向南移并加大
　　C　在元大都之东另建新城　　　　　D　与元大都完全一致

3-24 用砖甃万里长城的是（　　）。
　　A　秦代　　　　B　汉代　　　　C　隋代　　　　D　明代

3-25 清代皇家园林中的"三山五园"指的是下列哪五园？
　　A　颐和园、万春园、圆明园、静明园、静宜园
　　B　清漪园、长春园、畅春园、静明园、静宜园
　　C　畅春园、静明园、静宜园、清漪园、圆明园
　　D　畅春园、圆明园、颐和园、长春园、万春园

3-26 沧浪亭、豫园、瞻园、个园分别位于（　　）。
　　A　苏州、上海、扬州、南京　　　　B　南京、上海、苏州、扬州
　　C　扬州、上海、南京、苏州　　　　D　苏州、上海、南京、扬州

3-27 "虽由人作，宛自天开"是哪本书中的话？
　　A　《营造法式》　　　　　　　　　B　《鲁班正式》
　　C　《园冶》　　　　　　　　　　　D　《扬州画舫录》

3-28 历代帝王陵墓中"因山为穴"的是（　　）。
　　A　明代　　　　B　唐代　　　　C　宋代　　　　D　元代

3-29 我国现存木构建筑年代最早的是（　　）。
　　A　五台山佛光寺东大殿　　　　　　B　正定隆兴寺摩尼殿
　　C　五台山南禅寺大殿　　　　　　　D　蓟县独乐寺观音阁

3-30 宋代建筑方面重要的术书是（　　）。
　　A　《营造法原》　　　　　　　　　B　《营造法式》
　　C　《鲁班正式》　　　　　　　　　D　《园冶》

3-31 在主体建筑外加一圈周围廊的做法在《营造法式》中称作（　　）。
　　A　回廊　　　B　檐廊　　　C　抄手游廊　　　D　副阶周匝

3-32 《营造法式》中规定的"侧脚"指的是（　　）。
　　A　山墙向内侧倾斜　　　　　　　　B　外檐柱向内倾斜
　　C　檐柱向当心间向两端逐渐升高　　D　即"移柱法"

3-33 垂花门与抄手游廊是哪地民居常有的建筑？
　　A　山西民居　　　B　福建土楼　　　C　徽州民居　　　D　北京四合院

3-34 窑洞式民居分布于哪一带？
　　A　东北地区　　　　　　　　　　　B　河南、山西、陕西
　　C　内蒙古地区　　　　　　　　　　D　河北、山东

3-35 天坛中祭天的建筑是哪一座?
A 祈年殿　　　B 圜丘　　　C 皇穹宇　　　D 斋宫

3-36 下列建筑中哪一类不属于宗教建筑?
A 塔　　　B 石窟　　　C 道观　　　D 祠堂

3-37 中国营造学社的创始人是（　　）。
A 梁思成、刘敦桢　　　　　　B 单士元
C 朱启钤　　　　　　　　　　D 罗哲文

3-38 下列哪座城市是以其独特的不规则城市布局在中国都市建筑史上占有重要地位的?
A 唐长安　　　B 明南京　　　C 明清北京　　　D 北宋东京

参考答案及解析

3-1 **解析：** 参见《中国建筑史》（第七版）"绪论 中国古代建筑的特征"，我国木构建筑的结构体系主要有穿斗式与抬梁式两种。穿斗式木构架广泛应用于江西、湖南、四川等南方地区；抬梁式木构架多用于北方地区及宫殿、庙宇等规模较大的建筑物。

答案： B

3-2 **解析：** 参见《中国建筑史》（第七版）"绪论 中国古代建筑的特征"图 0-5(a)，题 3-2 图所示中国古代单体建筑的屋顶式样从左至右依次为：悬山、硬山、庑殿、歇山和卷棚。

答案： C

3-3 **解析：** 参见《中国建筑史》（第七版）"2.2.6 元大都与明清北京的建设"，作为皇城核心部分的宫城（紫禁城）位居全城中心部位，四面都有高大的城门，城的四角建有华丽的角楼，城外围以护城河。

答案： C

3-4 **解析：** 在中国的五行观念中，金、木、水、火、土分别对应白、青、黑、红、黄五色土；五行中黄色居中（题 3-4 解表）。北京社稷坛（即今中山公园五色土）就是按照五行观念设置坛台铺土的（参见《中国建筑史》（第七版）"4.2.2 北京社稷坛"）。

五行元素对应色彩、方位、四神示意　　　题 3-4 解表

五行元素	金	木	水	火	土
五行色彩	白	青	黑	赤	黄
五行方位	西	东	北	南	中
五行与四神	白虎	青龙	玄武	朱雀	—

答案： C

3-5 **解析：** 参见《中国建筑史》（第七版）"5.2.1 佛教寺院"中的"3）天津蓟县独乐寺"：观音阁面阔五间，进深四间八椽；外观 2 层，内部 3 层（中间有一夹层）；平面为"金厢斗底槽"式样（非"双槽"结构）；上、下层柱的交接采用叉柱造的构造方式；上檐柱头铺作双抄双下昂；梁架分明栿与草栿两部分。

答案： A

3-6 **解析：** "凡构屋之制，皆以材为祖"是北宋将作监李诫主持修编的《营造法式》（卷四《大木作制度一》）中规定的造屋尺度标准。另见《中国建筑史》（第七版）"图 8-11 宋《营造法式》大木作用材之制"。

答案： B

3-7 **解析：** 唐代建筑的斗栱体现了鲜明的结构职能，一般只在柱头上设斗栱或在柱间只用一组简单

的斗栱，以增加承托屋檐的支点。屋顶舒展平远，墙体为夯土，在北方地区尤其需通过斗栱造成深远的出檐，以防雨水淋湿墙体，造成坍塌。门窗以直棂窗为主，朴实无华。琉璃瓦的运用比北魏时多，但多半用于屋脊、檐口部位。唐代的朱白彩画主要体现为阑额上间断的白色长条，即《营造法式》所谓"七朱八白"。由此可见，唐代的建筑风貌是严整开朗、朴实无华的。

B、C、D选项皆为宋代建筑特征。

答案：A

3-8　解析：参见《中国建筑史》（第七版）"14.2 传统复兴：三种设计模式"P414："以1925年南京中山陵设计竞赛为标志，中国建筑史开始了传统复兴的建筑设计活动"。南京中山陵为中国建筑师吕彦直设计；是4个建筑作品中，唯一由中国建筑师主导的传统复兴潮流的标志性作品。

北京协和医院由美国建筑师沙特克和赫士（Shattuck & Hussey，另译赫西）主持完成。南京金陵大学北大楼是20世纪10年代末，教会大学转向后期"中国式"的转折之作，设计者是美国建筑师史摩尔（A. G. Small）。南京金陵女子大学是在美国建筑师亨利·墨菲（Henry Killam Murphy）的主持下，由吕彦直协助墨菲完成的作品。

答案：A

3-9　解析：参见《中国建筑史》（第七版）"13.3.2 建筑五宗师"P400："杨廷宝1927年从美国学成归国，进入基泰工程司"。与梁思成同样毕业于宾夕法尼亚大学建筑系的杨廷宝，多次在全美建筑学生竞赛中获奖；新中国成立后，设计有和平宾馆等著名现当代建筑。南杨北梁，即是指杨廷宝与梁思成。

中国工程司的创办人为阎子亨。天津华信工程司为沈理源于1931年经营。成立于1933年的华盖建筑事务所（取"中华盖楼"之意）的合伙人为赵深、陈植、童寯。

答案：A

3-10　解析：参见《中国建筑史》（第七版）"3.2.3 福建永定客家土楼"：客家人的住宅，由于移民之故，以群聚一楼为主要方式，楼高耸而墙厚实，用土夯筑而成，称为土楼。

答案：A

3-11　解析：参见《中国建筑史》（第七版）P92 图3-9，题3-11图是云南白族的穿斗式住宅，即白族民居建筑"三坊一照壁，四合五天井"的基本形制。

答案：A

3-12　解析：在题3-12图中，房间A位于坎宅巽门的大门左侧，是倒座房的位置。参见《中国建筑史》（第七版）P100：倒座主要用作门房、客房、客厅。靠近大门的一间多用于门房或男仆居室，大门以东的小院为塾；倒座西部小院内设厕所。前院属对外接待区，非请不得入内。

答案：A

3-13　解析：寄畅园位于无锡惠山东麓，初建于明正德年间，旧名"凤谷行窝"，后更名为"寄畅园"。寄畅园的选址很成功，西靠惠山，东南有锡山，可在丛树缝隙中看见锡山上的龙光塔，将园外景色借入园内，巧妙地将远景与园林融为一体，是借景手法的著名实例。

答案：C

3-14　解析：参见《中国建筑史》（第七版）P204：谐趣园仿无锡寄畅园手法……富于江南园林意趣；和北海静心斋一样，同是清代园囿中成功的园中之园。

答案：D

3-15　解析：题3-15图是鸳鸯厅，前后两坡屋顶内两重轩，即两榀卷棚所营造的对称性空间模式；如拙政园的"三十六鸳鸯馆"和"十八曼陀罗花馆"。四面厅主要为便于四面观景，四周绕以围廊，长窗装于步柱之间，不做墙壁；如拙政园"远香堂"、沧浪亭"面水轩"等。苏州等地的建筑带有垂柱，呈花篮状雕刻装饰（类似北京四合院的垂莲柱造型建筑构造）为花篮厅；如狮子林"荷花厅"。楼厅有上、下楼层空间。

200

答案：B

3-16 解析：参见本教材图 3-40，答案选 D。
答案：D

3-17 解析：参见本教材本章第四节 中国的世界遗产及历史文化名城保护"（三）中国历史文化名城"，传统风貌型——保留一个或几个历史时期积淀的完整建筑群的城市，如平遥、韩城。平遥为 1986 年颁布的第二批历史文化名城之一。
答案：C

3-18 解析：参见《中国建筑史》（第七版）"3.2.3 福建永定客家土楼"，客家土楼的特征：第一，以祠堂为中心；第二，无论圆楼、方楼、弧形楼，均中轴对称；第三，基本居住模式是单元式住宅。故 C 选项正确。
答案：C

3-19 解析：参见《中国建筑史》（第七版）第 1 章 古代建筑发展概况 P19：仰韶文化时期的西安半坡村遗址墙体多采用木骨架上扎结枝条后再涂泥的做法，屋顶往往也是在树枝扎结的骨架上涂泥而成；此即是黄河流域由穴居发展而来的木骨泥墙房屋。

中国古代建筑的主要类型有：干阑式、毡包式、窑洞式、井干式，以及木构架建筑等。其中以木构架承重建筑应用、分布最广，木构架建筑体系主要有抬梁式和穿斗式两种。
答案：C

3-20 解析：参见《中国建筑史》（第七版）"1.4.1 隋" P38：隋代留下的建筑物有著名的河北赵县安济桥（又叫赵州桥），它是世界上最早出现的敞肩拱桥（或称空腹拱桥），是我国古代建筑的瑰宝。负责建造此桥的匠人是李春。
答案：C

3-21 解析：参见《中国建筑史》（第七版）"1.4.2 唐" P39：（唐代）大明宫中的麟德殿面积约为故宫太和殿的 3 倍。
答案：D

3-22 解析：参见《中国建筑史》（第七版）"1.4.4 宋" P42：唐以前的封建都城实行夜禁和里坊制度……但到了宋代，日益发展的手工业和商业必然要求突破这种封建统治的桎梏，都城汴梁也无法再采取里坊制度和夜禁，而仅保留了"坊"的名称。
答案：D

3-23 解析：参见本教材图 3-4，由该图可知明代北京城址是在当时元大都城市的基础上将城墙向南迁移，并将元大都西南金中都遗址纳入外城的扩大部分；结合外城的城墙建设，最终形成凸字形平面形态。
答案：B

3-24 解析：甓（音同皱），砌筑的意思。在明代，砖已普遍用于民居的砌筑（元代之前，木架建筑均以土墙为主，砖仅用于铺地、台基、墙基等处）。在秦、汉时期至隋代，长城主要以夯土、毛石砌筑为主；明以后才普遍采用砖墙。参见《中国建筑史》（第七版）"1.5.2 明" P49 页"明代……各地的城墙和北疆的边墙——长城也都用砖包砌筑"。
答案：D

3-25 解析：参见本章第三节 中国建筑历史知识"（七）园林"中的"三山五园"词条。三山五园是北京西郊皇家园林的代表，至清代形成。其园林中的"三山"是万寿山、香山和玉泉山；五园是颐和园（也叫清漪园）、静宜园、静明园、圆明园及畅春园。
答案：C

3-26 解析：参见本章第三节 中国建筑历史知识"（七）园林"中的"江南名园"词条，沧浪亭在苏州，豫园在上海，瞻园是南京的名园，个园在扬州。江南私家园林，又称文人园林，以苏州、扬州为代表；南京和上海的名园也非常经典。

答案：D

3-27 解析：《园冶》成书于明代，作者为计成，字无否。计成在总结实践经验的基础上，阐述了"虽由人作，宛自天开"的造园理念。是我国古代最系统的园林艺术论著。

《营造法式》和《鲁班正式》（又名《鲁班营造正式》《鲁班经》）均以古代建筑构造为主要内容，分别为北宋李诫主持修编和明代民间工匠流传的匠作手册。后者内容涵盖数术、医药方面的内容。《扬州画舫录》作者为清代李斗，该书被称为清代扬州的百科全书。

答案：C

3-28 解析：因唐代皇族为拓跋鲜卑后人，祖先来自东北山区，其民族性，辅以唐代流行的风水观念，葬俗以"因山为穴"为当时皇家陵墓制度。汉代四川崖墓及部分皇陵也有类似"因山为穴"的情况。宋代皇陵以截顶方锥形夯土台为形制；元代皇陵葬俗比较隐秘，或为衣冠冢方式。明代为适应南方多雨的地理及气候条件，多采用覆钵式陵墓。

答案：B

3-29 解析："三武一宗"中的唐会昌五年的武宗灭法，使得当时的五台山佛光寺被毁。后于唐大中十一年（公元857年）重建；而建于唐建中三年（公元782年）的南禅寺，由于位置偏僻，木构大殿得以幸免于难，留存至今，故其建造年代早于佛光寺东大殿。南禅寺大殿是中国目前保留最早的唐代木构建筑。

正定隆兴寺摩尼殿为宋构；蓟县独乐寺观音阁为辽代木构遗存。

答案：C

3-30 解析：北宋伴随王安石变法，将作监李诫主持修编《营造法式》一书；随着王安石变法的失败，《营造法式》逐渐流入江南民间；对后期官式做法及江南地区的匠作流派有深刻的影响。

《营造法原》为清末姚承祖编写；《园冶》为明末计成所著，是我国古代最系统的园林艺术论著；《鲁班正式》为明代民间工匠流传的匠作手册，主要流传于民间。

答案：B

3-31 解析：副阶周匝，即指主体建筑之外附着的一圈周围廊，是来自《营造法式》的概念。辽代应县木塔外观六层檐（内部五层明层，四层暗层），其最低的一重檐为典型的"副阶周匝"实物。

回廊、檐廊是带屋顶的形成回路的廊子及檐下走道比较通识的定义。抄手游廊指的是平面接近L形或I形的衔接正房、厢房及垂花门等门户的四段廊子，主要在北京四合院中使用。

答案：D

3-32 解析：B选项是"柱侧脚之制"，檐柱向内倾斜形成挤压力，可防止梁柱节点的开卯拔榫，使木构架更为稳固。侧脚可见于我国古代的木屋架及家具。C选项为"角柱生起之制"，即檐柱的高度从当心间的平柱，向两端角柱逐间增高的做法。D选项"移柱法"是在室内空间中，移动个别柱子的位置，可形成大空间，但破坏了结构的整体性，故仅在金、元时期流行一时。

答案：B

3-33 解析：垂花门与抄手游廊是北京四合院的建筑要素。

答案：D

3-34 解析：参见《中国建筑史》（第七版）"3.1.2住宅构筑类型"中的"7）窑洞"P96；主要分布地：豫西、晋中、陇东、陕北、新疆吐鲁番一带。主要流行于黄土高原和干旱少雨、气候炎热的吐鲁番一带。

答案：B

3-35 解析：北京天坛是明、清两朝的皇帝们初春祈谷、夏至祈雨、冬至祀天的坛庙建筑群。在天坛建筑群中，祈年殿是祈谷、祈雨的场所；皇穹宇是昊天上帝的祭祀空间；斋宫是明清皇帝在天坛的斋戒场所；天坛中祭天的建筑是坛台式建筑"圜丘"。

答案：B

3-36　解析：A 选项——塔是印度窣堵坡（灵骨塔）与中国楼阁等建筑形制相结合的建筑形式，在佛教、伊斯兰教及道教等宗教建筑中都有塔。B 选项——石窟是印度宗教建筑空间的一种，早期石窟与僧侣的修行及中心塔有关。C 选项——道观是中国本土宗教建筑，借鉴了佛教建筑的组织形式。D 选项——祠堂是中国式的祭祀空间，祭祀对象为天、地、君、亲、师等，此祭祀活动非宗教行为。

答案：D

3-37　解析：参见《中国建筑史》（第七版）"13.2 建筑设计机构和职业团体"P396：中国营造学社是近代中国最重要的建筑学术研究团体，成立于1929 年，由创建人朱启钤担任社长，于1946 年停办。

答案：C

3-38　解析：参见《中国建筑史》（第七版）"2.2.7 明南京的建设"P76：明南京以独特的不规则城市布局而在中国都城建设史上占有重要地位。4 个选项中的唐长安、明清北京和及北宋东京都是方整平面构成的都城格局，有着棋盘式的格局及平面轮廓。

答案：B

第四章 建筑设计标准与规范

本章考试大纲：理解国家及行业颁布的各项现行建筑专业技术规范、标准，能正确运用于工程实践；掌握关于中小型民用建筑和相关场地环境的消防、防护等安全规定，以及针对儿童、中小学生、老年人、残疾人等特殊群体的规范要求。

本章针对儿童、中小学生、老年人、残疾人等特殊群体的、通用性较强的标准和规范，此外根据行业发展趋势的要求，补充了部分新近发布的相关规范或标准，如《装配式住宅建筑设计标准》JGJ/T 398—2017、《装配式住宅设计选型标准》JGJ/T 494—2022、《既有建筑维护与改造通用规范》GB 55022—2021、《建筑节能与可再生能源利用通用规范》GB 55015—2021 等内容。

本章例题为一级注册建筑师考试近两年真题，习题为二级注册建筑师考试历年真题。

第一节 民用建筑设计标准与规范

本节内容包括《民用建筑设计统一标准》和民用建筑中常见类型的专用设计标准（民用建筑按使用功能可分为居住建筑和公共建筑两大类）。这类标准的编制重在满足建筑物的使用功能和安全、卫生等方面的基本要求，在学习过程中应侧重对强制性条文的理解与记忆。

一、《民用建筑设计统一标准》GB 50352—2019（节选）

3 建 筑 分 类

3.1.2 民用建筑按地上建筑高度或层数进行分类应符合下列规定：

1 建筑高度不大于27.0m的住宅建筑、建筑高度不大于24.0m的公共建筑及建筑高度大于24.0m的单层公共建筑为低层或多层民用建筑；

2 建筑高度大于27.0m的住宅建筑和建筑高度大于24.0m的非单层公共建筑，且高度不大于100.0m的，为高层民用建筑；

3 建筑高度大于100.0m为超高层建筑。

注：建筑防火设计应符合现行国家标准《建筑设计防火规范》GB 50016 有关建筑高度和层数计算的规定。

3.2.1 民用建筑的设计使用年限应符合表3.2.1的规定。

设计使用年限分类　　　　　　　　表3.2.1

类别	设计使用年限（年）	示例
1	5	临时性建筑
2	25	易于替换结构构件的建筑

续表

类别	设计使用年限（年）	示例
3	50	普通建筑和构筑物
4	100	纪念性建筑和特别重要的建筑

注：此表依据《建筑结构可靠性设计统一标准》GB 50068，并与其协调一致。

4 规 划 控 制

4.2.1 建筑基地应与城市道路或镇区道路相邻接，否则应设置连接道路，并应符合下列规定：

1 当建筑基地内建筑面积小于或等于 3000m² 时，其连接道路的宽度不应小于 4.0m；

2 当建筑基地内建筑面积大于 3000m²，且只有一条连接道路时，其宽度不应小于 7.0m；当有两条或两条以上连接道路时，单条连接道路宽度不应小于 4.0m。

4.2.3 建筑物与相邻建筑基地及其建筑物的关系应符合下列规定：

1 建筑基地内建筑物的布局应符合控制性详细规划对建筑控制线的规定；

2 建筑物与相邻建筑基地之间应按建筑防火等国家现行相关标准留出空地或道路；

3 当相邻基地的建筑物毗邻建造时，应符合现行国家标准《建筑设计防火规范》GB 50016 的有关规定；

4 新建建筑物或构筑物应满足周边建筑物的日照标准；

条文说明：对于城市更新项目，"不得降低"日照标准分为两种情况：周边既有建筑物改造前满足日照标准的，应保证其改造后仍符合相关日照标准的要求；周边既有建筑物改造前未满足日照标准的，改造后不可再降低其原有的日照水平。

5 紧贴建筑基地边界建造的建筑物不得向相邻建筑基地方向开设洞口、门、废气排出口及雨水排泄口。

4.2.4 建筑基地机动车出入口位置，应符合所在地控制性详细规划，并应符合下列规定：

1 中等城市、大城市的主干路交叉口，自道路红线交叉点起沿线 70.0m 范围内不应设置机动车出入口；

2 距人行横道、人行天桥、人行地道（包括引道、引桥）的最近边缘线不应小于 5.0m；

3 距地铁出入口、公共交通站台边缘不应小于 15.0m；

4 距公园、学校及有儿童、老年人、残疾人使用建筑的出入口最近边缘不应小于 20.0m。

4.3.1 除骑楼、建筑连接体、地铁相关设施及连接城市的管线、管沟、管廊等市政公共设施以外，建筑物及其附属的下列设施不应突出道路红线或用地红线建造：

1 地下设施，应包括支护桩、地下连续墙、地下室底板及其基础、化粪池、各类水池、处理池、沉淀池等构筑物及其他附属设施等；

2 地上设施，应包括门廊、连廊、阳台、室外楼梯、凸窗、空调机位、雨篷、挑檐、装饰构架、固定遮阳板、台阶、坡道、花池、围墙、平台、散水明沟、地下室进风及排风口、地下室出入口、集水井、采光井、烟囱等。

4.3.2 经当地规划行政主管部门批准,既有建筑改造工程必须突出道路红线的建筑突出物应符合下列规定:

 1 在人行道上空:

 1) 2.5m 以下,不应突出凸窗、窗扇、窗罩等建筑构件;2.5m 及以上突出凸窗、窗扇、窗罩时,其深度不应大于 0.6m。

 2) 2.5m 以下,不应突出活动遮阳;2.5m 及以上突出活动遮阳时,其宽度不应大于人行道宽度减 1.0m,并不应大于 3.0m。

 3) 3.0m 以下,不应突出雨篷、挑檐;3.0m 及以上突出雨篷、挑檐时,其突出的深度不应大于 2.0m。

 4) 3.0m 以下,不应突出空调机位;3.0m 及以上突出空调机位时,其突出的深度不应大于 0.6m。

 2 在无人行道的路面上空,4.0m 以下不应突出凸窗、窗扇、窗罩、空调机位等建筑构件;4.0m 及以上突出凸窗、窗扇、窗罩、空调机位时,其突出深度不应大于 0.6m。

4.5.2 建筑高度的计算应符合下列规定:

 2 下列突出物不计入建筑高度内:

 1) 局部突出屋面的楼梯间、电梯机房、水箱间等辅助用房占屋顶平面面积不超过 1/4 者;

 2) 突出屋面的通风道、烟囱、装饰构件、花架、通信设施等;

 3) 空调冷却塔等设备。

5 场 地 设 计

5.1.2 建筑间距应符合下列规定:

 2 建筑间距应符合本标准第 7.1 节建筑用房天然采光的规定,有日照要求的建筑和场地应符合国家相关日照标准的规定。

5.2.1 基地道路应符合下列规定:

 2 沿街建筑应设连通街道和内院的人行通道,人行通道可利用楼梯间,其间距不宜大于 80.0m;

 5 基地内宜设人行道路,大型、特大型交通、文化、娱乐、商业、体育、医院等建筑,居住人数大于 5000 人的居住区等车流量较大的场所应设人行道路。

 条文说明:小规模的居住小区由于车流量较小,可根据基地内条件设置人行道路,但 5000 人的居住区,每户按 3.2 人计,5000 人即为 1562 户,按每户 0.5 机动车停车位计算,5000 人的居住区应配置 780 辆机动车,车流量较大,为保证居住小区内的交通安全,有必要设置人行道,避免上下班出入高峰时行人无法通行。

5.2.2 基地道路设计应符合下列规定:

 1 单车道路宽不应小于 4.0m,双车道路宽住宅区内不应小于 6.0m,其他基地道路宽不应小于 7.0m;

 3 人行道路宽度不应小于 1.5m,人行道在各路口、入口处的设计应符合现行国家标准《无障碍设计规范》GB 50763 的相关规定;

 4 道路转弯半径不应小于 3.0m,消防车道应满足消防车最小转弯半径要求;

 5 尽端式道路长度大于 120.0m 时,应在尽端设置不小于 12.0m×12.0m 的回车场地。

5.2.4 建筑基地内地下机动车车库出入口与连接道路间宜设置缓冲段，缓冲段应从车库出入口坡道起坡点算起，并应符合下列规定：

1 出入口缓冲段与基地内道路连接处的转弯半径不宜小于5.5m；

2 当出入口与基地道路垂直时，缓冲段长度不应小于5.5m；

3 当出入口与基地道路平行时，应设不小于5.5m长的缓冲段再汇入基地道路；

4 当出入口直接连接基地外城市道路时，其缓冲段长度不宜小于7.5m。

5.2.5

2 无障碍停车设施要求如表5.2.5：

无障碍停车位数量要求　　　　　　　　　　　表5.2.5

类型	停车位数量		
	≤50辆	50～100辆	>100辆
城市广场	≥1个	≥2个	≥总停车数的2%
城市绿地	≥1个	≥2个	≥总停车数的2%
公共建筑	≥1个		≥总停车数的2%
居住区	≥总停车数的0.5%，若设有多个停车场，每处≥1个		

5.2.6 室外机动车停车场的出入口数量应符合下列规定：

1 当停车数为50辆及以下时，可设1个出入口，宜为双向行驶的出入口；

2 当停车数为51辆～300辆时，应设置2个出入口，宜为双向行驶的出入口；

3 当停车数为301辆～500辆时，应设置2个双向行驶的出入口；

4 当停车数大于500辆时，应设置3个出入口，宜为双向行驶的出入口。

5.2.7 室外机动车停车场的出入口设置应符合下列规定：

1 大于300辆停车位的停车场，各出入口的间距不应小于15.0m；

2 单向行驶的出入口宽度不应小于4.0m，双向行驶的出入口宽度不应小于7.0m。

5.2.8 室外非机动车停车场应设置在基地边界线以内，出入口不宜设置在交叉路口附近，停车场布置应符合下列规定：

1 停车场出入口宽度不应小于2.0m；

2 停车数大于等于300辆时，应设置不少于2个出入口；

3 停车区应分组布置，每组停车区长度不宜超过20.0m。

5.3.2 建筑基地内道路设计坡度应符合下列规定：

1 基地内机动车道的纵坡不应小于0.3%，且不应大于8%，当采用8%坡度时，其坡长不应大于200.0m。当遇特殊困难纵坡小于0.3%时，应采取有效的排水措施；个别特殊路段，坡度不应大于11%，其坡长不应大于100.0m，在积雪或冰冻地区不应大于6%，其坡长不应大于350.0m；横坡宜为1%～2%。

2 基地内非机动车道的纵坡不应小于0.2%，最大纵坡不宜大于2.5%；困难时不应大于3.5%，当采用3.5%坡度时，其坡长不应大于150.0m；横坡宜为1%～2%。

3 基地内步行道的纵坡不应小于0.2%，且不应大于8%，积雪或冰冻地区不应大于4%；横坡应为1%～2%；当大于极限坡度时，应设置为台阶步道。

207

5.4.2 地下建筑顶板上的绿化工程应符合下列规定：
1 地下建筑顶板上的覆土层宜采取局部开放式，开放边应与地下室外部自然土层相接；并应根据地下建筑顶板的覆土厚度，选择适合生长的植物。
2 地下建筑顶板设计应满足种植覆土、综合管线及景观和植物生长的荷载要求。
3 应采用防根穿刺的建筑防水构造。

6 建筑物设计

6.1.3 多功能用途的公共建筑中，各种场所有可能同时使用同一出口时，在水平方向应按各部分使用人数叠加计算安全疏散出口和疏散楼梯的宽度；在垂直方向，地上建筑应按楼层使用人数最多一层计算以下楼层安全疏散楼梯的宽度，地下建筑应按楼层使用人数最多一层计算以上楼层安全疏散楼梯的宽度。

6.2.3 建筑出入口应根据场地条件、建筑使用功能、交通组织以及安全疏散等要求进行设置。

6.3.2 室内净高应按楼地面完成面至吊顶、楼板或梁底面之间的垂直距离计算；当楼盖、屋盖的下悬构件或管道底面影响有效使用空间时，应按楼地面完成面至下悬构件下缘或管道底面之间的垂直距离计算。

6.3.3 建筑用房的室内净高应符合国家现行相关建筑设计标准的规定，地下室、局部夹层、走道等有人员正常活动的最低处净高不应小于2.0m。

6.4.7 地下室不应布置居室；当居室布置在半地下室时，必须采取满足采光、通风、日照、防潮、防霉及安全防护等要求的相关措施。

6.6.2 卫生器具配置的数量应符合国家现行相关建筑设计标准的规定。男女厕位的比例应根据使用特点、使用人数确定。在男女使用人数基本均衡时，男厕厕位（含大、小便器）与女厕厕位数量的比例宜为1∶1～1∶1.5；在商场、体育场馆、学校、观演建筑、交通建筑、公园等场所，厕位数量比不宜小于1∶1.5～1∶2。

6.6.4 厕所和浴室隔间的平面尺寸应根据使用特点合理确定，并不应小于表6.6.4的规定。交通客运站和大中型商店等建筑物的公共厕所，宜加设婴儿尿布台和儿童固定座椅。交通客运站厕位隔间应考虑行李放置空间，其进深尺寸宜加大0.2m，便于放置行李。

厕所和浴室隔间的平面尺寸　　　　表6.6.4

类别	平面尺寸（宽度m×深度m）
外开门的厕所隔间	0.9×1.2（蹲便器） 0.9×1.3（坐便器）
内开门的厕所隔间	0.9×1.4（蹲便器） 0.9×1.5（坐便器）
医院患者专用厕所隔间（外开门）	1.1×1.5（门闩应能里外开启）
无障碍厕所隔间（外开门）	1.5×2.0（不应小于1.0×1.8）
外开门淋浴隔间	1.0×1.2（或1.1×1.1）
内设更衣凳的淋浴隔间	1.0×（1.0+0.6）

6.6.5 卫生设备间距应符合下列规定：
1 洗手盆或盥洗槽水嘴中心与侧墙面净距不应小于0.55m；居住建筑洗手盆水嘴中

心与侧墙面净距不应小于 0.35m。

　　2　并列洗手盆或盥洗槽水嘴中心间距不应小于 0.7m。

　　3　单侧并列洗手盆或盥洗槽外沿至对面墙的净距不应小于 1.25m；居住建筑洗手盆外沿至对面墙的净距不应小于 0.6m。

　　4　双侧并列洗手盆或盥洗槽外沿之间的净距不应小于 1.8m。

　　5　并列小便器的中心距离不应小于 0.7m，小便器之间宜加隔板，小便器中心距侧墙或隔板的距离不应小于 0.35m，小便器上方宜设置搁物台。

　　6　单侧厕所隔间至对面洗手盆或盥洗槽的距离，当采用内开门时，不应小于 1.3m；当采用外开门时，不应小于 1.5m。

　　7　单侧厕所隔间至对面墙面的净距，当采用内开门时不应小于 1.1m，当采用外开门时不应小于 1.3m；双侧厕所隔间之间的净距，当采用内开门时不应小于 1.1m，当采用外开门时不应小于 1.3m。

　　8　单侧厕所隔间至对面小便器或小便槽的外沿的净距，当采用内开门时不应小于 1.1m，当采用外开门时不应小于 1.3m；小便器或小便槽双侧布置时，外沿之间的净距不应小于 1.3m（小便器的进深最小尺寸为 350mm）。

　　9　浴盆长边至对面墙面的净距不应小于 0.65m；无障碍盆浴间短边净宽度不应小于 2.0m，并应在浴盆一端设置方便进入和使用的坐台，其深度不应小于 0.4m。

6.7.1　台阶设置应符合下列规定：

　　1　公共建筑室内外台阶踏步宽度不宜小于 0.3m，踏步高度不宜大于 0.15m，且不宜小于 0.1m；

　　2　踏步应采取防滑措施；

　　3　室内台阶踏步数不宜少于 2 级，当高差不足 2 级时，宜按坡道设置；

　　4　台阶总高度超过 0.7m 时，应在临空面采取防护设施；

6.7.2　坡道设置应符合下列规定：

　　1　室内坡道坡度不宜大于 1∶8，室外坡道坡度不宜大于 1∶10；

　　2　当室内坡道水平投影长度超过 15.0m 时，宜设休息平台，平台宽度应根据使用功能或设备尺寸所需缓冲空间而定；

　　3　坡道应采取防滑措施；

　　4　当坡道总高度超过 0.7m 时，应在临空面采取防护设施；

6.7.3　阳台、外廊、室内回廊、内天井、上人屋面及室外楼梯等临空处应设置防护栏杆，并应符合下列规定：

　　1　栏杆应以坚固、耐久的材料制作，并应能承受现行国家标准《建筑结构荷载规范》GB 50009 及其他国家现行相关标准规定的水平荷载。

　　2　当临空高度在 24.0m 以下时，栏杆高度不应低于 1.05m；当临空高度在 24.0m 及以上时，栏杆高度不应低于 1.1m。上人屋面和交通、商业、旅馆、医院、学校等建筑临开敞中庭的栏杆高度不应小于 1.2m。

　　3　栏杆高度应从所在楼地面或屋面至栏杆扶手顶面垂直高度计算，当底面有宽度大于或等于 0.22m，且高度低于或等于 0.45m 的可踏部位时，应从可踏部位顶面起算。

　　4　公共场所栏杆离地面 0.1m 高度范围内不宜留空。

6.7.4 住宅、托儿所、幼儿园、中小学及其他少年儿童专用活动场所的栏杆必须采取防止攀爬的构造。当采用垂直杆件做栏杆时,其杆件净间距不应大于0.11m。

6.8.2 当一侧有扶手时,梯段净宽应为墙体装饰面至扶手中心线的水平距离,当双侧有扶手时,梯段净宽应为两侧扶手中心线之间的水平距离。当有凸出物时,梯段净宽应从凸出物表面算起。

6.8.3 梯段净宽除应符合现行国家标准《建筑设计防火规范》GB 50016及国家现行相关专用建筑设计标准的规定外,供日常主要交通用的楼梯的梯段净宽应根据建筑物使用特征,按每股人流宽度为0.55m+(0~0.15)m的人流股数确定,并不应少于两股人流。(0~0.15)m为人流在行进中人体的摆幅,公共建筑人流众多的场所应取上限值。

6.8.4 当梯段改变方向时,扶手转向端处的平台最小宽度不应小于梯段净宽,并不得小于1.2m。当有搬运大型物件需要时,应适量加宽。直跑楼梯的中间平台宽度不应小于0.9m。

6.8.5 每个梯段的踏步级数不应少于3级,且不应超过18级。

6.8.7 楼梯应至少于一侧设扶手,梯段净宽达三股人流时应两侧设扶手,达四股人流时宜加设中间扶手。

6.8.8 室内楼梯扶手高度自踏步前缘线量起不宜小于0.9m。楼梯水平栏杆或栏板长度大于0.5m时,其高度不应小于1.05m。

6.8.9 托儿所、幼儿园、中小学校及其他少年儿童专用活动场所,当楼梯井净宽大于0.2m时,必须采取防止少年儿童坠落的措施。

6.8.10 楼梯踏步的宽度和高度应符合表6.8.10的规定。

楼梯踏步最小宽度和最大高度(m) 表6.8.10

楼梯类别		最小宽度	最大高度
住宅楼梯	住宅公共楼梯	0.260	0.175
	住宅套内楼梯	0.220	0.200
宿舍楼梯	小学宿舍楼梯	0.260	0.150
	其他宿舍楼梯	0.270	0.165
老年人建筑楼梯	住宅建筑楼梯	0.300	0.150
	公共建筑楼梯	0.320	0.130
托儿所、幼儿园楼梯		0.260	0.130
小学校楼梯		0.260	0.150
人员密集且竖向交通繁忙的建筑和大、中学校楼梯		0.280	0.165
其他建筑楼梯		0.260	0.175
超高层建筑核心筒内楼梯		0.250	0.180
检修及内部服务楼梯		0.220	0.200

注:螺旋楼梯和扇形踏步离内侧扶手中心0.250m处的踏步宽度不应小于0.220m。

6.9.1 电梯设置应符合下列规定:

1 电梯不应作为安全出口；

3 高层公共建筑和高层宿舍建筑的电梯台数不宜少于2台，12层及12层以上的住宅建筑的电梯台数不应少于2台，并应符合现行国家标准《住宅设计规范》GB 50096的规定；

4 电梯的设置，单侧排列时不宜超过4台，双侧排列时不宜超过2排×4台；

7 电梯候梯厅的深度应符合表6.9.1的规定；

候梯厅深度 表6.9.1

电梯类别	布置方式	候梯厅深度
住宅电梯	单台	$\geqslant B$，且$\geqslant 1.5$m
	多台单侧排列	$\geqslant B_{max}$，且$\geqslant 1.8$m
	多台双侧排列	$\geqslant$相对电梯B_{max}之和，且<3.5m
公共建筑电梯	单台	$\geqslant 1.5B$，且$\geqslant 1.8$m
	多台单侧排列	$\geqslant 1.5B_{max}$，且$\geqslant 2.0$m 当电梯群为4台时$\geqslant 2.4$m
	多台双侧排列	$\geqslant$相对电梯B_{max}之和，且<4.5m
病床电梯	单台	$\geqslant 1.5B$
	多台单侧排列	$\geqslant 1.5B_{max}$
	多台双侧排列	$\geqslant$相对电梯B_{max}之和

注：B为轿厢深度，B_{max}为电梯群中最大轿厢深度。

6.9.2 自动扶梯、自动人行道应符合下列规定：

1 自动扶梯和自动人行道不应作为安全出口。

2 出入口畅通区的宽度从扶手带端部算起不应小于2.5m，人员密集的公共场所其畅通区宽度不宜小于3.5m。

4 栏板应平整、光滑和无突出物；扶手带顶面距自动扶梯前缘、自动人行道踏板面或胶带面的垂直高度不应小于0.9m。

5 扶手带中心线与平行墙面或楼板开口边缘间的距离：当相邻平行交叉设置时，两梯（道）之间扶手带中心线的水平距离不应小于0.5m，否则应采取措施防止障碍物引起人员伤害。

6 自动扶梯的梯级、自动人行道的踏板或胶带上空，垂直净高不应小于2.3m。

7 自动扶梯的倾斜角不宜超过30°，额定速度不宜大于0.75m/s；当提升高度不超过6.0m，倾斜角小于等于35°时，额定速度不宜大于0.5m/s；当自动扶梯速度大于0.65m/s时，在其端部应有不小于1.6m的水平移动距离作为导向行程段。

8 倾斜式自动人行道的倾斜角不应超过12°，额定速度不应大于0.75m/s。当踏板的宽度不大于1.1m，并且在两端出入口踏板或胶带进入梳齿板之前的水平距离不小于1.6m时，自动人行道的最大额定速度可达到0.9m/s。

11 当自动扶梯或倾斜式自动人行道呈剪刀状相对布置时，以及与楼板、梁开口部位侧边交错部位，应在产生的锐角口前部1.0m范围内设置防夹、防剪的预警阻挡设施。

6.10.3 墙身防潮、防渗及防水等应符合下列规定：

1 砌筑墙体应在室外地面以上、位于室内地面垫层处设置连续的水平防潮层；室内相邻地面有高差时，应在高差处墙身贴邻土壤一侧加设防潮层；

2 室内墙面有防潮要求时，其迎水面一侧应设防潮层；室内墙面有防水要求时，其迎水面一侧应设防水层；

3 防潮层采用的材料不应影响墙体的整体抗震性能；

6.11.6 窗的设置应符合下列规定：

2 公共走道的窗扇开启时不得影响人员通行，其底面距走道地面高度不应低于2.0m；

3 公共建筑临空外窗的窗台距楼地面净高不得低于0.8m，否则应设置防护设施，防护设施的高度由地面起算不应低于0.8m；

4 居住建筑临空外窗的窗台距楼地面净高不得低于0.9m，否则应设置防护设施，防护设施的高度由地面起算不应低于0.9m。

6.11.7 当凸窗窗台高度低于或等于0.45m时，其防护高度从窗台面起算不应低于0.9m；当凸窗窗台高度高于0.45m时，其防护高度从窗台面起算不应低于0.6m。

6.11.9 门的设置应符合下列规定：

3 双面弹簧门应在可视高度部分装透明安全玻璃；

4 推拉门、旋转门、电动门、卷帘门、吊门、折叠门不应作为疏散门；

6 全玻璃门应选用安全玻璃或采取防护措施，并应设防撞提示标志；

7 门的开启不应跨越变形缝；

8 当设有门斗时，门扇同时开启时两道门的间距不应小于0.8m；

6.13.3 厕所、浴室、盥洗室等受水或非腐蚀性液体经常浸湿的楼地面应采取防水、防滑的构造措施，并设排水坡坡向地漏。有防水要求的楼地面应低于相邻楼地面15.0mm。经常有水流淌的楼地面应设置防水层，宜设门槛等挡水设施，且应有排水措施，其楼地面应采用不吸水、易冲洗、防滑的面层材料，并应设置防水隔离层。

条文说明：对厕浴间、厨房等有水或有浸水可能的楼地面应采取防水构造和排水措施。防水层沿墙面处翻起高度不宜小于250mm；遇门洞口处可采取防水层向外水平延展措施，延展宽度不宜小于500mm，向外两侧延展宽度不宜小于200mm。

6.14.2 屋面排水坡度应根据屋顶结构形式、屋面基层类别、防水构造形式、材料性能及当地气候等条件确定，且应符合表6.14.2的规定，并应符合下列规定：

1 屋面采用结构找坡时不应小于3%，采用建筑找坡时不应小于2%；

2 瓦屋面坡度大于100%以及大风和抗震设防烈度大于7度的地区，应采取固定和防止瓦材滑落的措施；

3 卷材防水屋面檐沟、天沟纵向坡度不应小于1%，金属屋面集水沟可无坡度；

4 当种植屋面的坡度大于20%时，应采取固定和防止滑落的措施。

屋面的排水坡度 表6.14.2

屋面类别		屋面排水坡度（%）
平屋面	防水卷材屋面	≥2、<5
瓦屋面	块瓦	≥30
	波形瓦	≥20
	沥青瓦	≥20
金属屋面	压型金属板、金属夹芯板	≥5
	单层防水卷材金属屋面	≥2
种植屋面	种植屋面	≥2、<50
采光屋面	玻璃采光顶	≥5

6.16.4
　　自然排放的烟道和排风道宜伸出屋面，同时应避开门窗和进风口。伸出高度应有利于烟气扩散，并应根据屋面形式、排出口周围遮挡物的高度、距离和积雪深度确定，伸出平屋面的高度不得小于0.6m。伸出坡屋面的高度应符合下列规定：
　　1 当烟道或排风道中心线距屋脊的水平面投影距离小于1.5m时，应高出屋脊0.6m；
　　2 当烟道或排风道中心线距屋脊的水平面投影距离为1.5m～3.0m时，应高于屋脊，且伸出屋面高度不得小于0.6m；
　　3 当烟道或排风道中心线距屋脊的水平面投影距离大于3.0m时，可适当低于屋脊，但其顶部与屋脊的连线同水平线之间的夹角不应大于10°，且伸出屋面高度不得小于0.6m。

7 室 内 环 境

7.1.3 有效采光窗面积计算应符合下列规定：
　　1 侧面采光时，民用建筑采光口离地面高度0.75m以下的部分不应计入有效采光面积；
　　2 侧窗采光口上部的挑檐、装饰板、防火通道及阳台等外部遮挡物在采光计算时，应按实际遮挡参与计算。

7.2.2 采用直接自然通风的空间，通风开口有效面积应符合下列规定：
　　1 生活、工作的房间的通风开口有效面积不应小于该房间地面面积的1/20；
　　2 厨房的通风开口有效面积不应小于该房间地板面积的1/10，并不得小于0.6m²；
　　3 进出风开口的位置应避免设在通风不良区域，且应避免进出风开口气流短路。

7.2.4 厨房、卫生间的门的下方应设进风固定百叶或留进风缝隙。
　　条文说明：厨房、卫生间门的下方常设有效面积不小于0.02m²的进风固定百叶或留有距地15mm高的进风缝是为了组织进风，促进室内空气循环。

住宅建筑室内允许噪声级[①] 表4

房间名称	允许噪声级（A声级，dB）	
	昼间	夜间
卧室	≤45	≤37
起居室（厅）	≤45	

---

① 本表节选自本标准7.4.1条文说明。

住宅建筑空气声隔声标准[①]　　　　　　　　表5

构件名称	空气声隔声单值评价量+频谱修正量（dB）	
分户墙、分户楼板	计权隔声量+粉红噪声频谱修正量 $R_w + C$	＞45
分隔住宅和非居住用途空间的楼板	计权隔声量+交通噪声频谱修正量 $R_w + C_{tr}$	＞51
交通干线两侧卧室、起居室（厅）的窗	计权隔声量+交通噪声频谱修正量 $R_w + C_{tr}$	≥30
其他窗	计权隔声量+交通噪声频谱修正量 $R_w + C_{tr}$	≥25

二、《住宅设计规范》GB 50096—2011（节选）

《住宅设计规范》为国家标准，自2012年8月1日起实施。原《住宅设计规范》GB 50096—1999（2003年版）同时废止。

3　基　本　规　定

3.0.1　住宅设计应符合城镇规划及居住区规划的要求，并应经济、合理、有效地利用土地和空间。

3.0.2　住宅设计应使建筑与周围环境相协调，并应合理组织方便、舒适的生活空间。

3.0.3　住宅设计应以人为本，除应满足一般居住使用要求外，尚应根据需要满足老年人、残疾人等特殊群体的使用要求。

3.0.4　住宅设计应满足居住者所需的日照、天然采光、通风和隔声的要求。

3.0.5　住宅设计必须满足节能要求，住宅建筑应能合理利用能源。宜结合各地能源条件，采用常规能源与可再生能源结合的供能方式。

3.0.6　住宅设计应推行标准化、模数化及多样化，并应积极采用新技术、新材料、新产品，积极推广工业化设计、建造技术和模数应用技术。

3.0.7　住宅的结构设计应满足安全、适用和耐久的要求。

3.0.8　住宅设计应符合相关防火规范的规定，并应满足安全疏散的要求。

3.0.9　住宅设计应满足设备系统功能有效、运行安全、维修方便等基本要求，并应为相关设备预留合理的安装位置。

3.0.10　住宅设计应在满足近期使用要求的同时，兼顾今后改造的可能。

4　技术经济指标计算

4.0.1　住宅设计应计算下列技术经济指标：

——各功能空间使用面积（m^2）；

——套内使用面积（m^2/套）；

——套型阳台面积（m^2/套）；

[①] 本表节选自本标准7.4.1条文说明。

——套型总建筑面积（m²/套）；

——住宅楼总建筑面积（m²）。

4.0.2 计算住宅的技术经济指标，应符合下列规定：

1 各功能空间使用面积应等于各功能空间墙体内表面所围合的水平投影面积；

2 套内使用面积应等于套内各功能空间使用面积之和；

3 套型阳台面积应等于套内各阳台的面积之和；阳台的面积均应按其结构底板投影净面积的一半计算；

4 套型总建筑面积应等于套内使用面积、相应的建筑面积和套型阳台面积之和；

5 住宅楼总建筑面积应等于全楼各套型总建筑面积之和。

4.0.3 套内使用面积计算，应符合下列规定：

1 套内使用面积应包括卧室、起居室（厅）、餐厅、厨房、卫生间、过厅、过道、贮藏室、壁柜等使用面积的总和；

2 跃层住宅中的套内楼梯应按自然层数的使用面积总和计入套内使用面积；

3 烟囱、通风道、管井等均不应计入套内使用面积；

4 套内使用面积应按结构墙体表面尺寸计算；有复合保温层时，应按复合保温层表面尺寸计算；

5 利用坡屋顶内的空间时，屋面板下表面与楼板地面的净高低于1.20m的空间不应计算使用面积，净高在1.20～2.10m的空间应按1/2计算使用面积，净高超过2.10m的空间应全部计入套内使用面积；坡屋顶无结构顶层楼板，不能利用坡屋顶空间时不应计算其使用面积；

6 坡屋顶内的使用面积应列入套内使用面积中。

4.0.4 套型总建筑面积计算，应符合下列规定：

1 应按全楼各层外墙结构外表面及柱外沿所围合的水平投影面积之和求出住宅楼建筑面积，当外墙设外保温层时，应按保温层外表面计算；

2 应以全楼总套内使用面积除以住宅楼建筑面积得出计算比值；

3 套型总建筑面积应等于套内使用面积除以计算比值所得面积，加上套型阳台面积。

4.0.5 住宅楼的层数计算应符合下列规定：

1 当住宅楼的所有楼层的层高不大于3.00m时，层数应按自然层数计；

2 当住宅和其他功能空间处于同一建筑物内时，应将住宅部分的层数与其他功能空间的层数叠加计算建筑层数。当建筑中有一层或若干层的层高大于3.00m时，应对大于3.00m的所有楼层按其高度总和除以3.00m进行层数折算，余数小于1.50m时，多出部分不应计入建筑层数，余数大于或等于1.50m时，多出部分应按一层计算；

3 层高小于2.20m的架空层和设备层不应计入自然层数；

4 高出室外设计地面小于2.20m的半地下室不应计入地上自然层数。

5 套内空间

5.1.1 住宅应按套型设计，每套住宅应设卧室、起居室（厅）、厨房和卫生间等基本功能空间。

5.1.2 套型的使用面积应符合下列规定：

1 由卧室、起居室（厅）、厨房和卫生间等组成的套型，其使用面积不应小于30m²；

2 由兼起居的卧室、厨房和卫生间等组成的最小套型，其使用面积不应小于22m²。

5.2.1 卧室的使用面积应符合下列规定：
   1 双人卧室不应小于 9m²；
   2 单人卧室不应小于 5m²；
   3 兼起居的卧室不应小于 12m²。

5.2.2 起居室（厅）的使用面积不应小于 10m²。

5.2.3 套型设计时应减少直接开向起居厅的门的数量。起居室（厅）内布置家具的墙面直线长度宜大于 3m。

5.2.4 无直接采光的餐厅、过厅等，其使用面积不宜大于 10m²。

5.3.1 厨房的使用面积应符合下列规定：
   1 由卧室、起居室（厅）、厨房和卫生间等组成的住宅套型的厨房使用面积，不应小于 4.0m²；
   2 由兼起居的卧室、厨房和卫生间等组成的住宅最小套型的厨房使用面积，不应小于 3.5m²。

5.3.2 厨房宜布置在套内近入口处。

5.3.3 厨房应设置洗涤池、案台、炉灶及排油烟机、热水器等设施或为其预留位置。

5.3.4 厨房应按炊事操作流程布置。排油烟机的位置应与炉灶位置对应，并应与排气道直接连通。

5.3.5 单排布置设备的厨房净宽不应小于 1.50m；双排布置设备的厨房其两排设备之间的净距不应小于 0.90m。

5.4.1 每套住宅应设卫生间，应至少配置便器、洗浴器、洗面器三件卫生设备或为其预留设置位置及条件。三件卫生设备集中配置的卫生间的使用面积不应小于 2.50m²。

5.4.2 卫生间可根据使用功能要求组合不同的设备。不同组合的空间使用面积应符合下列规定：
   1 设便器、洗面器时不应小于 1.80m²；
   2 设便器、洗浴器时不应小于 2.00m²；
   3 设洗面器、洗浴器时不应小于 2.00m²；
   4 设洗面器、洗衣机时不应小于 1.80m²；
   5 单设便器时不应小于 1.10m²。

5.4.3 无前室的卫生间的门不应直接开向起居室（厅）或厨房。

5.4.4 卫生间不应直接布置在下层住户的卧室、起居室（厅）、厨房和餐厅的上层。

5.4.5 当卫生间布置在本套内的卧室、起居室（厅）、厨房和餐厅的上层时，均应有防水和便于检修的措施。

5.5.1 住宅层高宜为 2.80m。

5.5.2 卧室、起居室（厅）的室内净高不应低于 2.40m，局部净高不应低于 2.10m，且局部净高的室内面积不应大于室内使用面积的 1/3。

5.5.3 利用坡屋顶内空间作卧室、起居室（厅）时，至少有 1/2 的使用面积的室内净高不应低于 2.10m。

5.5.4 厨房、卫生间的室内净高不应低于 2.20m。

5.5.5 厨房、卫生间内排水横管下表面与楼面、地面净距不得低于 1.90m，且不得影响门、窗扇开启。

5.6.2 阳台栏杆设计必须采用防止儿童攀登的构造，栏杆的垂直杆件间净距不应大于0.11m，放置花盆处必须采取防坠落措施。

5.6.3 阳台栏板或栏杆净高，六层及六层以下不应低于1.05m；七层及七层以上不应低于1.10m。

5.7.1 套内入口过道净宽不宜小于1.20m；通往卧室、起居室（厅）的过道净宽不应小于1.00m；通往厨房、卫生间、贮藏室的过道净宽不应小于0.90m。

5.7.3 套内楼梯当一边临空时，梯段净宽不应小于0.75m；当两侧有墙时，墙面之间净宽不应小于0.90m，并应在其中一侧墙面设置扶手。

5.7.4 套内楼梯的踏步宽度不应小于0.22m；高度不应大于0.20m，扇形踏步转角距扶手中心0.25m处，宽度不应小于0.22m。

5.8.1 窗外没有阳台或平台的外窗，窗台距楼面、地面的净高低于0.90m时，应设置防护设施。

5.8.2 当设置凸窗时应符合下列规定：

    1 窗台高度低于或等于0.45m时，防护高度从窗台面起算不应低于0.90m；

    2 可开启窗扇窗洞口底距窗台面的净高低于0.90m时，窗洞口处应有防护措施。其防护高度从窗台面起算不应低于0.90m；

    3 严寒和寒冷地区不宜设置凸窗。

5.8.7 各部位门洞的最小尺寸应符合表5.8.7的规定。

门洞最小尺寸　　　　表5.8.7

类　别	洞口宽度（m）	洞口高度（m）	类　别	洞口宽度（m）	洞口高度（m）
共用外门	1.20	2.00	厨房门	0.80	2.00
户（套）门	1.00	2.00	卫生间门	0.70	2.00
起居室（厅）门	0.90	2.00	阳台门（单扇）	0.70	2.00
卧室门	0.90	2.00			

注：1. 表中门洞口高度不包括门上亮子高度，宽度以平开门为准。
    2. 洞口两侧地面有高低差时，以高地面为起算高度。

6 共 用 部 分

6.1.1 楼梯间、电梯厅等共用部分的外窗，窗外没有阳台或平台，且窗台距楼面、地面的净高小于0.90m时，应设置防护设施。

6.1.2 公共出入口台阶高度超过0.70m并侧面临空时，应设置防护设施，防护设施净高不应低于1.05m。

6.1.3 外廊、内天井及上人屋面等临空处的栏杆净高，六层及六层以下不应低于1.05m，七层及七层以上不应低于1.10m。防护栏杆必须采用防止儿童攀登的构造，栏杆的垂直杆件间净距不应大于0.11m。放置花盆处必须采取防坠落措施。

6.1.4 公共出入口台阶踏步宽度不宜小于0.30m，踏步高度不宜大于0.15m，并不宜小于0.10m，踏步高度应均匀一致，并应采取防滑措施。台阶踏步数不应少于2级，当高差不足2级时，应按坡道设置；台阶宽度大于1.80m时，两侧宜设置栏杆扶手，高度应为0.90m。

6.2.1 十层以下的住宅建筑，当住宅单元任一层的建筑面积大于650m^2，或任一套房的户门至安全出口的距离大于15m时，该住宅单元每层的安全出口不应少于2个。

6.2.2 十层及十层以上且不超过十八层的住宅建筑，当住宅单元任一层的建筑面积大于650m^2，或任一套房的户门至安全出口的距离大于10m时，该住宅单元每层的安全出口不应少于2个。

6.2.3 十九层及十九层以上的住宅建筑，每层住宅单元的安全出口不应少于2个。

6.2.4 安全出口应分散布置，两个安全出口的距离不应小于5m。

6.2.5 楼梯间及前室的门应向疏散方向开启。

6.3.1 楼梯梯段净宽不应小于1.10m，不超过六层的住宅，一边设有栏杆的梯段净宽不应小于1.00m。

6.3.2 楼梯踏步宽度不应小于0.26m，踏步高度不应大于0.175m。扶手高度不应小于0.90m。楼梯水平段栏杆长度大于0.50m时，其扶手高度不应小于1.05m。楼梯栏杆垂直杆件间净空不应大于0.11m。

6.3.3 楼梯平台净宽不应小于楼梯梯段净宽，且不得小于1.20m。楼梯平台的结构下缘至人行通道的垂直高度不应低于2.00m。入口处地坪与室外地面应有高差，并不应小于0.10m。

6.3.4 楼梯为剪刀梯时，楼梯平台的净宽不得小于1.30m。

6.3.5 楼梯井净宽大于0.11m时，必须采取防止儿童攀滑的措施。

6.4.1 属下列情况之一时，必须设置电梯：

  1 七层及七层以上住宅或住户入口层楼面距室外设计地面的高度超过16m时；

  2 底层作为商店或其他用房的六层及六层以下住宅，其住户入口层楼面距该建筑物的室外设计地面高度超过16m时；

  3 底层做架空层或贮存空间的六层及六层以下住宅，其住户入口层楼面距该建筑物的室外设计地面高度超过16m时；

  4 顶层为两层一套的跃层住宅时，跃层部分不计层数，其顶层住户入口层楼面距该建筑物室外设计地面的高度超过16m时。

6.4.2 十二层及十二层以上的住宅，每栋楼设置电梯不应少于两台，其中应设置一台可容纳担架的电梯。

6.4.3 十二层及十二层以上的住宅每单元只设置一部电梯时，从第十二层起应设置与相邻住宅单元联通的联系廊。联系廊可隔层设置，上下联系廊之间的间隔不应超过五层。联系廊的净宽不应小于1.10m，局部净高不应低于2.00m。

6.4.4 十二层及十二层以上的住宅由两个及两个以上的住宅单元组成，且其中有一个或一个以上住宅单元未设置可容纳担架的电梯时，应从第十二层起设置与可容纳担架的电梯联通的联系廊。联系廊可隔层设置，上下联系廊之间的间隔不应超过五层。联系廊的净宽不应小于1.10m，局部净高不应低于2.00m。

6.4.5 七层及七层以上住宅电梯应在设有户门和公共走廊的每层设站。住宅电梯宜成组集中布置。

6.4.6 候梯厅深度不应小于多台电梯中最大轿厢的深度，且不应小于1.50m。

6.4.7 电梯不应紧邻卧室布置。当受条件限制，电梯不得不紧邻兼起居的卧室布置时，应采取隔声、减振的构造措施。

6.5.1 住宅中作为主要通道的外廊宜作封闭外廊,并应设置可开启的窗扇。走廊通道的净宽不应小于1.20m,局部净高不应低于2.00m。

6.6.1 七层及七层以上的住宅,应对下列部位进行无障碍设计:
 1 建筑入口;
 2 入口平台;
 3 候梯厅;
 4 公共走道。

6.6.3 七层及七层以上住宅建筑入口平台宽度不应小于2.00m,七层以下住宅建筑入口平台宽度不应小于1.50m。

6.9.1 卧室、起居室(厅)、厨房不应布置在地下室;当布置在半地下室时,必须对采光、通风、日照、防潮、排水及安全防护采取措施,并不得降低各项指标要求。

6.9.2 除卧室、起居室(厅)、厨房以外的其他功能房间可布置在地下室,当布置在地下室时,应对采光、通风、防潮、排水及安全防护采取措施。

6.9.3 住宅的地下室、半地下室做自行车库和设备用房时,其净高不应低于2.00m。

6.9.4 当住宅的地上架空层及半地下室做机动车停车位时,其净高不应低于2.20m。

6.9.6 直通住宅单元的地下楼、电梯间入口处应设置乙级防火门,严禁利用楼、电梯间为地下车库进行自然通风。

三、《托儿所、幼儿园建筑设计规范》JGJ 39—2016(2019年版)(节选)

1.0.2 本规范适用于新建、扩建、改建托儿所、幼儿园和相同功能的建筑设计。

1.0.3 托儿所、幼儿园的规模应符合表1.0.3-1的规定。

托儿所、幼儿园的规模　　　　　　表1.0.3-1

规　模	托儿所(班)	幼儿园(班)
小型	1~3	1~4
中型	4~7	5~8
大型	8~10	9~12

3.1.3 托儿所、幼儿园的服务半径宜为300m。

3.2.2 四个班及以上的托儿所、幼儿园建筑应独立设置。三个班及以下时,可与居住、养老、教育、办公建筑合建,但应符合下列规定:
 1 此款删除;
 1A 合建的既有建筑应经有关部门验收合格,符合抗震、防火等安全方面的规定,其基地应符合本规范第3.1.2条规定;
 2 应设独立的疏散楼梯和安全出口;
 3 出入口处应设置人员安全集散和车辆停靠的空间;
 4 应设独立的室外活动场地,场地周围应采取隔离措施;
 5 建筑出入口及室外活动场地范围内应采取防止物体坠落措施。

3.2.3 托儿所、幼儿园应设室外活动场地,并应符合下列规定:

1 幼儿园每班应设专用室外活动场地，人均面积不应小于2m²。各班活动场地之间宜采取分隔措施。

2 幼儿园应设全园共用活动场地，人均面积不应小于2m²。

2A 托儿所室外活动场地人均面积不应小于3m²。

2B 城市人口密集地区改、扩建的托儿所，设置室外活动场地确有困难时，室外活动场地人均面积不应小于2m²。

3 地面应平整、防滑、无障碍、无尖锐突出物，并宜采用软质地坪。

4 共用活动场地应设置游戏器具、沙坑、30m跑道等，宜设戏水池，储水深度不应超过0.30m。游戏器具下地面及周围应设软质铺装。宜设洗手池、洗脚池。

5 室外活动场地应有1/2以上的面积在标准建筑日照阴影线之外。

3.2.8 托儿所、幼儿园的活动室、寝室及具有相同功能的区域，应布置在当地最好朝向，冬至日底层满窗日照不应小于3h。

3.2.8A 需要获得冬季日照的婴幼儿生活用房窗洞开口面积不应小于该房间面积的20%。

4.1 一般规定

4.1.3 托儿所、幼儿园中的生活用房不应设置在地下室或半地下室。

4.1.3A 幼儿园生活用房应布置在三层及以下。

4.1.3B 托儿所生活用房应布置在首层。当布置在首层确有困难时，可将托大班布置在二层，其人数不应超过60人，并应符合有关防火安全疏散的规定。

4.1.4 托儿所、幼儿园的建筑造型和室内设计应符合幼儿的心理和生理特点。

4.1.5 托儿所、幼儿园建筑窗的设计应符合下列规定：

1 活动室、多功能活动室的窗台面距地面高度不宜大于0.60m；

2 当窗台面距楼地面高度低于0.90m时，应采取防护措施，防护高度应从可踏部位顶面起算，不应低于0.90m；

3 窗距离楼地面的高度小于或等于1.80m的部分，不应设内悬窗和内平开窗扇；

4 外窗开启扇均应设纱窗。

4.1.6 活动室、寝室、多功能活动室等幼儿使用的房间应设双扇平开门，门净宽不应小于1.20m。

4.1.7 严寒地区托儿所、幼儿园建筑的外门应设门斗，寒冷地区宜设门斗。

4.1.8 幼儿出入的门应符合下列规定：

1 当使用玻璃材料时，应采用安全玻璃；

2 距离地面0.60m处宜加设幼儿专用拉手；

3 门的双面均应平滑、无棱角；

4 门下不应设门槛；平开门距离楼地面1.20m以下部分应设防止夹手设施；

5 不应设置旋转门、弹簧门、推拉门，不宜设金属门；

6 生活用房开向疏散走道的门均应向人员疏散方向开启，开启的门扇不应妨碍走道疏散通行；

7 门上应设观察窗，观察窗应安装安全玻璃。

4.1.9 托儿所、幼儿园的外廊、室内回廊、内天井、阳台、上人屋面、平台、看台及室外楼梯等临空处应设置防护栏杆，栏杆应以坚固、耐久的材料制作。防护栏杆的高度应从可踏部位顶面起算，且净高不应小于1.30m。防护栏杆必须采用防止幼儿攀登和穿过的构造，当采用垂直杆件做栏杆时，其杆件净距离不应大于0.09m。

4.1.10　距离地面高度1.30m以下，婴幼儿经常接触的室内外墙面，宜采用光滑易清洁的材料；墙角、窗台、暖气罩、窗口竖边等阳角处应做成圆角。

4.1.11　楼梯、扶手和踏步等应符合下列规定：

1　楼梯间应有直接的天然采光和自然通风；

2　楼梯除设成人扶手外，应在梯段两侧设幼儿扶手，其高度宜为0.60m；

3　供幼儿使用的楼梯踏步高度宜为0.13m，宽度宜为0.26m；

4　严寒地区不应设置室外楼梯；

5　幼儿使用的楼梯不应采用扇形、螺旋形踏步；

6　楼梯踏步面应采用防滑材料，踏步踢面不应漏空，踏步面应做明显警示标识；

7　楼梯间在首层应直通室外。

4.1.12　幼儿使用的楼梯，当楼梯井净宽度大于0.11m时，必须采取防止幼儿攀滑措施。楼梯栏杆应采取不易攀爬的构造，当采用垂直杆件做栏杆时，其杆件净距不应大于0.09m。

4.1.13　幼儿经常通行和安全疏散的走道不应设有台阶，当有高差时，应设置防滑坡道，其坡度不应大于1：12。疏散走道的墙面距地面2m以下不应设有壁柱、管道、消火栓箱、灭火器、广告牌等突出物。

4.1.14　托儿所、幼儿园建筑走廊最小净宽不应小于表4.1.14的规定。

走廊最小净宽度（m）　　　　　　　　　　　　　　表4.1.14

房间名称	走廊布置	
	中间走廊	单面走廊或外廊
生活用房	2.4	1.8
服务、供应用房	1.5	1.3

4.1.15　建筑室外出入口应设雨篷，雨篷挑出长度宜超过首级踏步0.50m以上。

4.1.16　出入口台阶高度超过0.30m，并侧面临空时，应设置防护设施，防护设施净高不应低于1.05m。

4.1.17　托儿所睡眠区、活动区，幼儿园活动室、寝室，多功能活动室的室内最小净高不应低于表4.1.17的规定。

室内最小净高（m）　　　　　　　　　　　　　　表4.1.17

房间名称	最小净高
托儿所睡眠区、活动区	2.8
幼儿园活动室、寝室	3.0
多功能活动室	3.9

注：改、扩建的托儿所睡眠区和活动区室内净高不应小于2.6m。

4.1.17A　厨房、卫生间、试验室、医务室等使用水的房间不应设置在婴幼儿生活用房的上方。

4.1.17B 城市居住区按规划要求应按需配套设置托儿所。当托儿所独立设置有困难时,可联合建设。

4.2 托儿所生活用房

4.2.1 托儿所生活用房应由乳儿班、托小班、托大班组成,各班应为独立使用的生活单元。宜设公共活动空间。

4.2.4 托儿所和幼儿园合建时,托儿所应单独分区,并应设独立安全出入口,室外活动场地宜分开。

4.3 幼儿园生活用房

4.3.1 幼儿园的生活用房应由幼儿生活单元、公共活动空间和多功能活动室组成。公共活动空间可根据需要设置。

4.3.2 幼儿生活单元应设置活动室、寝室、卫生间、衣帽储藏间等基本空间。

4.3.3 幼儿园生活单元房间的最小使用面积不应小于表4.3.3的规定,当活动室与寝室合用时,其房间最小使用面积不应小于$105m^2$。

幼儿生活单元房间的最小使用面积(m^2)　　　　表4.3.3

房间名称		房间最小使用面积
活动室		70
寝室		60
卫生间	厕所	12
	盥洗室	8
衣帽储藏间		9

4.3.4 单侧采光的活动室进深不宜大于6.60m。

4.3.5 设置的阳台或室外活动平台不应影响生活用房的日照。

4.3.13 卫生间所有设施的配置、形式、尺寸均应符合幼儿人体尺度和卫生防疫的要求。卫生洁具布置应符合下列规定:

　　1　盥洗池距地面的高度宜为0.50～0.55m,宽度宜为0.40～0.45m,水龙头的间距宜为0.55～0.60m;

　　2　大便器宜采用蹲式便器,大便器或小便器之间均应设隔板,隔板处应加设幼儿扶手。厕位的平面尺寸不应小于0.70m×0.80m(宽×深),坐式便器的高度宜为0.25～0.30m。

4.4 服务管理用房

4.4.2 托儿所、幼儿园建筑应设门厅,门厅内应设置晨检室和收发室,宜设置展示区、婴幼儿和成年人使用的洗手池、婴幼儿车存储等空间,宜设卫生间。

4.4.3 晨检室(厅)应设在建筑物的主入口处,并应靠近保健观察室。

4.5 供应用房

4.5.1 供应用房宜包括厨房、消毒室、洗衣间、开水间、车库等房间,厨房应自成一区,并与婴幼儿生活用房应有一定距离。

4.5.2A 厨房使用面积宜每人$0.40m^2$,且不应小于$12m^2$。

4.5.3 厨房加工间室内净高不应低于3.00m。

四、《中小学校设计规范》GB 50099—2011（节选）

4.1.1 中小学校应建设在阳光充足、空气流动、场地干燥、排水通畅、地势较高的宜建地段。校内应有布置运动场地和提供设置基础市政设施的条件。

4.1.4 城镇完全小学的服务半径宜为500m，城镇初级中学的服务半径宜为1000m。

4.1.5 学校周边应有良好的交通条件，有条件时宜设置临时停车场地。学校的规划布局应与生源分布及周边交通相协调。与学校毗邻的城市主干道应设置适当的安全设施，以保障学生安全跨越。

4.1.6 学校主要教学用房设置窗户的外墙与铁路路轨的距离不应小于300m，与高速路、地上轨道交通线或城市主干道的距离不应小于80m。当距离不足时，应采取有效的隔声措施。

4.1.7 学校周界外25m范围内已有邻里建筑处的噪声级不应超过现行国家标准规定的限值。

4.3.2 各类小学的主要教学用房不应设在四层以上，各类中学的主要教学用房不应设在五层以上。

4.3.3 普通教室冬至日满窗日照不应少于2h。

4.3.6 中小学校体育用地的设置应符合下列规定：

　　2 室外田径场及足球、篮球、排球等各种球类场地的长轴宜南北向布置。长轴南偏东宜小于20°，南偏西宜小于10°。

4.3.7 各类教室的外窗与相对的教学用房或室外运动场地边缘间的距离不应小于25m。

5.1.8 各教室前端侧窗窗端墙的长度不应小于1.00m。窗间墙宽度不应大于1.20m。

5.2.2 普通教室内的课桌椅布置应符合下列规定：

　　1 中小学校普通教室课桌椅的排距不宜小于0.90m，独立的非完全小学可为0.85m；

　　2 最前排课桌的前沿与前方黑板的水平距离不宜小于2.20m；

　　3 最后排课桌的后沿与前方黑板的水平距离应符合下列规定：

　　　　1）小学不宜大于8.00m；

　　　　2）中学不宜大于9.00m；

　　4 教室最后排座椅之后应设横向疏散走道；自最后排课桌后沿至后墙面或固定家具的净距不应小于1.10m；

　　5 中小学校普通教室内纵向走道宽度不应小于0.60m，独立的非完全小学可为0.55m；

　　6 沿墙布置的课桌端部与墙面或壁柱、管道等墙面突出物的净距不宜小于0.15m；

　　7 前排边座座椅与黑板远端的水平视角不应小于30°。

5.12.1 各类小学宜配置能容纳2个班的合班教室。当合班教室兼用于唱游课时，室内不应设置固定课桌椅，并应附设课桌椅存放空间。兼作唱游课教室的合班教室应对室内空间进行声学处理。

5.12.2 各类中学宜配置能容纳一个年级或半个年级的合班教室。

5.12.3 容纳3个班及以上的合班教室应设计为阶梯教室。

5.12.4 阶梯教室梯级高度依据视线升高值确定。阶梯教室的设计视点应定位于黑板底边缘的中点处。前后排座位错位布置时，视线的隔排升高值宜为0.12m。

5.12.6 合班教室课桌椅的布置应符合下列规定：

　　1 每个座位的宽度不应小于0.55m，小学座位排距不应小于0.85m，中学座位排距不应小于0.90m；

2 教室最前排座椅前沿与前方黑板间的水平距离不应小于2.50m，最后排座椅的前沿与前方黑板间的水平距离不应大于18.00m；

3 纵向、横向走道宽度均不应小于0.90m，当座位区内有贯通的纵向走道时，若设置靠墙纵向走道，靠墙走道宽度可小于0.90m，但不应小于0.60m；

4 最后排座位之后应设宽度不小于0.60m的横向疏散走道；

5 前排边座座椅与黑板远端间的水平视角不应小于30°。

6.2.24 学生宿舍不得设在地下室或半地下室。

6.2.25 宿舍与教学用房不宜在同一栋建筑中分层合建，可在同一栋建筑中以防火墙分隔贴建。学生宿舍应便于自行封闭管理，不得与教学用房合用建筑的同一个出入口。

6.2.26 学生宿舍必须男女分区设置，分别设出入口，满足各自封闭管理的要求。

6.2.29 学生宿舍每室居住学生不宜超过6人。居室每生占用使用面积不宜小于3.00m²。当采用单层床时，居室净高不宜低于3.00m；当采用双层床时，居室净高不宜低于3.10m；当采用高架床时，居室净高不宜低于3.35m。

注：居室面积指标内未计入储藏空间所占面积。

6.2.30 学生宿舍的居室内应设储藏空间，每人储藏空间宜为0.30~0.45m³，储藏空间的宽度和深度均不宜小于0.60m。

7.2.1 中小学校主要教学用房的最小净高应符合表7.2.1的规定。

主要教学用房的最小净高（m） 表7.2.1

教室	小学	初中	高中
普通教室、史地、美术、音乐教室	3.00	3.05	3.10
舞蹈教室	4.50		
科学教室、实验室、计算机教室、劳动教室、技术教室、合班教室	3.10		
阶梯教室	最后一排（楼地面最高处）距顶棚或上方突出物最小距离为2.20m		

8.1.5 临空窗台的高度不应低于0.90m。

8.2.1 中小学校内，每股人流的宽度应按0.60m计算。

8.2.2 中小学校建筑的疏散通道宽度最少应为2股人流，并应按0.60m的整数倍增加疏散通道宽度。

8.2.3 中小学校建筑的安全出口、疏散走道、疏散楼梯和房间疏散门等处每100人的净宽度应按表8.2.3计算。同时，教学用房的内走道净宽度不应小于2.40m，单侧走道及外廊的净宽度不应小于1.80m。

安全出口、疏散走道、疏散楼梯和房间疏散门每100人的净宽度（m） 表8.2.3

所在楼层位置	耐火等级		
	一、二级	三级	四级
地上一、二层	0.70	0.80	1.05
地上三层	0.80	1.05	—
地上四、五层	1.05	1.30	—
地下一、二层	0.80	—	—

8.2.4 房间疏散门开启后,每樘门净通行宽度不应小于0.90m。

8.3.1 中小学校的校园应设置2个出入口。出入口的位置应符合教学、安全、管理的需要,出入口的布置应避免人流、车流交叉。有条件的学校宜设置机动车专用出入口。

8.3.2 中小学校校园出入口应与市政交通衔接,但不应直接与城市主干道连接。校园主要出入口应设置缓冲场地。

8.4.3 校园道路每通行100人道路净宽为0.70m,每一路段的宽度应按该段道路通达的建筑物容纳人数之和计算,每一路段的宽度不宜小于3.00m。

8.5.1 校园内除建筑面积不大于200m²,人数不超过50人的单层建筑外,每栋建筑应设置2个出入口。非完全小学内,单栋建筑面积不超过500m²,且耐火等级为一、二级的低层建筑可只设1个出入口。

8.5.2 教学用房在建筑的主要出入口处宜设门厅。

8.5.3 教学用建筑物出入口净通行宽度不得小于1.40m,门内与门外各1.50m范围内不宜设置台阶。

8.6.2 中小学校的建筑物内,当走道有高差变化应设置台阶时,台阶处应有天然采光或照明,踏步级数不得少于3级,并不得采用扇形踏步。当高差不足3级踏步时,应设置坡道。坡道的坡度不应大于1∶8,不宜大于1∶12。

8.7.2 中小学校教学用房的楼梯梯段宽度应为人流股数的整数倍。梯段宽度不应小于1.20m,并应按0.60m的整数倍增加梯段宽度。每个梯段可增加不超过0.15m的摆幅宽度。

8.7.3 中小学校楼梯每个梯段的踏步级数不应少于3级,且不应多于18级,并应符合下列规定:

  1 各类小学楼梯踏步的宽度不得小于0.26m,高度不得大于0.15m;
  2 各类中学楼梯踏步的宽度不得小于0.28m,高度不得大于0.16m;
  3 楼梯的坡度不得大于30°。

8.7.4 疏散楼梯不得采用螺旋楼梯和扇形踏步。

8.7.5 楼梯两梯段间楼梯井净宽不得大于0.11m,大于0.11m时,应采取有效的安全防护措施。两梯段扶手间的水平净距宜为0.10~0.20m。

8.8.1 每间教学用房的疏散门均不应少于2个,疏散门的宽度应通过计算;同时,每樘疏散门的通行净宽度不小于0.90m。当教室处于袋形走道尽端时,若教室内任一处距教室门不超过15.00m,且门的通行净宽度不小于1.50m时,可设1个门。

五、《文化馆建筑设计规范》JGJ 41—2014(节选)

3 选址和总平面

3.2.1 文化馆建筑的总平面设计应符合下列规定:

  1 功能分区应明确,群众活动区宜靠近主出入口或布置在便于人流集散的部位;
  2 人流和车辆交通路线应合理,道路布置应便于道具、展品的运输和装卸;
  3 基地至少应设有两个出入口,且当主要出入口紧邻城市交通干道时,应符合城乡规划的要求并应留出疏散缓冲距离。

3.2.2 文化馆建筑的总平面应划分静态功能区和动态功能区，且应分区明确、互不干扰，并应按人流和疏散通道布局功能区。静态功能区与动态功能区宜分别设置功能区的出入口。

3.2.3 文化馆应设置室外活动场地，并应符合下列规定：

    1 应设置在动态功能区一侧，并应场地规整、交通方便、朝向较好；

    2 应预留布置活动舞台的位置，并应为活动舞台及其设施设备预留必要的条件。

4 建筑设计

4.1.4 文化馆的群众活动区域内应设置无障碍卫生间。

4.1.5 文化馆设置儿童、老年人的活动用房时，应布置在三层及三层以下，且朝向良好和出入安全、方便的位置。

4.1.6 群众活动用房应采用易清洁、耐磨的地面；严寒地区的儿童和老年人的活动室宜做暖性地面。

4.1.7 排演用房、报告厅、展览陈列用房、图书阅览室、教学用房、音乐、美术工作室等应按不同功能要求设置相应的外窗遮光设施。

4.2 群众活动用房

4.2.1 群众活动用房宜包括门厅、展览陈列用房、报告厅、排演厅、文化教室、计算机与网络教室、多媒体视听教室、舞蹈排练室、琴房、美术书法教室、图书阅览室、游艺用房等。

4.2.2 门厅应符合下列规定：

    1 位置应明显，方便人流疏散，并具有明确的导向性；

    2 宜设置具有交流展示功能的设施。

4.2.3 展览陈列用房应符合下列规定：

    1 应由展览厅、陈列室、周转房及库房等组成，且每个展览厅的使用面积不宜小于$65m^2$；小型馆的展览厅、陈列室宜与门厅合并布置；大型馆的陈列室宜与门厅或走廊合并布置；

    2 展览厅内的参观路线应顺畅，并应设置可灵活布置的展板和照明设施；

    3 宜以自然采光为主，并应避免眩光及直射光；

    4 展览厅、陈列室的出入口的宽度和高度应满足安全疏散和搬运展品及大型版面的要求；

    5 展墙、展柜应满足展物保护、环保、防潮、防淋及防盗的要求，并应保证展物的安全；

    6 展墙、展柜应符合展览陈列品的规格要求，并应结构牢固耐用，材质和色彩应符合展览陈列品的特点；独立展柜、展台不应与地面固定；展柜的开启应方便、安全、可靠；

    7 展览陈列厅宜预留多媒体及数字放映设备的安装条件；

    8 展览陈列厅应满足展览陈列品的防霉、防蛀要求，并宜设置温度、湿度监测设施及防止虫菌害的措施；

    9 展览厅、陈列室可按现行行业标准《博物馆建筑设计规范》JGJ 66执行。

4.2.4 报告厅应符合下列规定：

    1 应具有会议、讲演、讲座、报告、学术交流等功能，也可用于娱乐活动和教学；

2 规模宜控制在300座以下，并应设置活动座椅，且每座使用面积不应小于$1.0m^2$；

3 应设置讲台、活动黑板、投影幕等，并宜配备标准主席台和贵宾休息室；

4 应预留投影机、幻灯机、扩声系统等设备的安装条件，并应满足投影、扩声等使用功能要求；声学环境宜以建筑声学为主，且扩声指标不应低于现行国家标准《厅堂扩声系统设计规范》GB 50371中会议类二级标准的要求；

5 当规模较小或条件不具备时，报告厅宜与小型排演厅合并为多功能厅。

4.2.5 排演厅应符合下列规定：

1 排演厅宜包括观众厅、舞台、控制室、放映室、化妆间、厕所、淋浴更衣间等功能用房。

2 观众厅的规模不宜大于600座，观众厅的座椅排列和每座使用面积指标可按现行行业标准《剧场建筑设计规范》JGJ 57执行。当观众厅为300座以下时，可将观众厅做成水平地面、伸缩活动座椅。

3 当观众厅规模超过300座时，观众厅的座位排列、走道宽度、视线及声学设计、放映室及舞台设计，应符合现行国家标准《剧场建筑设计规范》JGJ 57、《剧场、电影院和多用途厅堂建筑声学设计规范》GB/T 50356的有关规定。

4 排演厅应配置电动升降吊杆、舞台灯光及音响等舞台设施。排演厅舞台高度应满足排练演出和舞台机械设备的安装尺度要求。

5 化妆间、淋浴更衣间等舞台附属用房应满足演出活动时演员的基本使用要求。

6 排演厅宜具备剧目排演、审查及电影放映等多种用途；当设置小型剧场或影剧院时，排演厅不宜再重复设置。

4.2.6 文化教室应包括普通教室（小教室）和大教室，并应符合下列规定：

1 普通教室宜按每40人一间设置，大教室宜按每80人一间设置，且教室的使用面积不应小于$1.4m^2$/人；

2 文化教室课桌椅的布置及有关尺寸，不宜小于现行国家标准《中小学校设计规范》GB 50099有关规定；

3 普通教室及大教室均应设黑板、讲台，并应预留电视、投影等设备的安装条件；

4 大教室可根据使用要求设为阶梯地面，并应设置连排式桌椅。

4.2.7 计算机与网络教室应符合下列规定：

1 平面布置应符合现行国家标准《中小学校设计规范》GB 50099对计算机教室的规定，且计算机桌应采用全封闭双人单桌，操作台的布置应方便教学；

2 50座的教室使用面积不应小于$73m^2$，25座的教室使用面积不应小于$54 m^2$；

3 室内净高不应小于3.0m；

4 不应采用易产生粉尘的黑板；

5 各种管线宜暗敷设，竖向走线宜设管井；

6 宜北向开窗；

7 宜配置相应的管理用房；

8 宜与文化信息资源共享工程服务点、电子图书阅览室合并设置，且合并设置时，应设置国家共享资源接收终端，并应设置统一标识牌。

4.2.8 多媒体视听教室宜具备多媒体视听、数字电影、文化信息资源共享工程服务等功能，并应符合下列规定：

1 可按文化馆的规模和需求，分别设置或合并设置不同功能空间；

2 规模宜控制在每间 100～200 人，且当规模较小时，宜与报告厅等功能相近的空间合并设置；

3 应预留投影机、投影幕、扩声系统、播放机的安装条件；

4 室内装修应满足声学要求，且房间门应采用隔声门。

4.2.9 舞蹈排练室应符合下列规定：

1 宜靠近排演厅后台布置，并应设置库房、器材储藏室等附属用房；

2 每间的使用面积宜控制在 80～200m²；用于综合排练室使用时，每间的使用面积宜控制在 200～400m²；每间人均使用面积不应小于 6m²；

3 室内净高不应低于 4.5m；

4 地面应平整，且宜做有木龙骨的双层木地板；

5 室内与采光窗相垂直的一面墙上，应设置高度不小于 2.10m（包括镜座）的通长照身镜，且镜座下方应设置不超过 0.30m 高的通长储物箱，其余三面墙上应设置高度不低于 0.90m 的可升降把杆，把杆距墙不宜小于 0.40m；

6 舞蹈排练室的墙面应平直，室内不得设有独立柱及墙壁柱，墙面及顶棚不得有妨碍活动安全的突出物，采暖设施应暗装；

7 舞蹈排练室的采光窗应避免眩光，或设置遮光设施。

4.2.10 琴房应符合下列规定：

1 琴房的数量可根据文化馆的规模进行确定，且使用面积不应小于 6m²/人；

2 琴房墙面不应相互平行，墙体、地面及顶棚应采用隔声材料或做隔声处理，且房间门应为隔声门，内墙面及顶棚表面应做吸声处理；

3 琴房内不宜有通风管道等穿过；当需要穿过时，管道及穿墙洞口处应做隔声处理；

4 不宜设在温度、湿度常变的位置，且宜避开直射阳光，并应设具有吸声效果的窗帘。

4.2.11 美术书法教室设计应符合下列规定：

1 美术教室应为北向或顶部采光，并应避免直射阳光；人体写生的美术教室，应采取遮挡外界视线的措施；

2 教室墙面应设挂镜线，且墙面宜设置悬挂投影幕的设施，室内应设洗涤池；

3 教室的使用面积不应小于 2.8m²/人，教室容纳人数不宜超过 30 人，准备室的面积宜为 25m²；

4 书法学习桌应采用单桌排列，其排距不宜小于 1.20m，且教室内的纵向走道宽度不应小于 0.70m；

5 有条件时，美术教室、书法教室宜单独设置，且美术教室宜配备教具储存室、陈列室等附属房间，教具储存室宜与美术教室相通。

4.2.12 图书阅览室宜包括开架书库、阅览室、资料室、书报储藏间等，并应符合下列规定：

1 应设于文化馆内静态功能区；

2 阅览室应光线充足，照度均匀，并应避免眩光及直射光；

3 宜设儿童阅览室，并宜临近室外活动场地；

4 阅览桌椅的排列间隔尺寸及每座使用面积，可按现行行业标准《图书馆建筑设计规范》JGJ 38执行；阅览室使用面积可根据服务人群的实际数量确定，也可多点设置阅览角；

5 室内应预留布置书刊架、条形码管理系统、复印机等的空间。

4.2.13 游艺室应符合下列规定：

1 文化馆应根据活动内容和实际需要设置大、中、小游艺室，并应附设管理及储藏空间，大游艺室的使用面积不应小于$100m^2$，中游艺室的使用面积不应小于$60m^2$，小游艺室的使用面积不应小于$30m^2$；

2 大型馆的游艺室宜分别设置综合活动室、儿童活动室、老人活动室及特色文化活动室，且儿童活动室室外宜附设儿童活动场地。

4.3 业务用房

4.3.1 文化馆的业务用房应包括录音录像室、文艺创作室、研究整理室、计算机机房等。

4.3.2 录音录像室应符合下列规定：

1 录音录像室应包括录音室和录像室，且录音室应由演唱演奏室和录音控制室组成；录像室宜由表演空间、控制室、编辑室组成，编辑室可兼作控制室；小型录像室的使用面积宜为$80\sim130m^2$，室内净高宜为5.5m，单独设置的录音室使用面积可取下限。常用录音室、录像室的适宜尺寸应符合表4.3.2的规定。

常用录音室、录像室的适宜尺寸　　　　表4.3.2

类型	适宜尺寸（高：宽：长）
小型	1.00∶1.25∶1.60
标准型	1.00∶1.60∶2.50

2 大型馆可分设专用的录音室和录像室，中型馆可分设也可合设录音室和录像室，小型馆宜合设为录音室和录像室。

3 录音录像室应布置在静态功能区内最为安静的部位，且不得邻近变电室、空调机房、锅炉房、厕所等易产生噪声的地方，其功能分区宜自成一区。

4 录音录像室的室内应进行声学设计，地面宜铺设木地板，并应采用密闭隔声门；不宜设外窗，并应设置空调设施。

5 演唱演奏室和表演空间与控制室之间的隔墙应设观察窗。

6 录音录像室不应有与其无关的管道穿越。

4.3.3 文艺创作室应符合下列规定：

1 文艺创作室宜由若干文学艺术创作工作间组成，且每个工作间的使用面积宜为$12m^2$；

2 应设在静区，并宜与图书阅览室邻近；

3 应设在适合自然采光的朝向，且外窗应设有遮光设施。

4.3.4 研究整理室应符合下列规定：

1 研究整理室应由调查研究室、文化遗产整理室和档案室等组成；有条件时，各部分宜单独设置；

2 应具备对当地地域文化、群众文化、群众艺术和馆藏文物、非物质文化遗产开展调查、研究的功能，并应具备鉴定编目的功能，也可兼作本馆出版物编辑室，使用面积不宜小于24m²；

3 应设在静态功能区，并宜邻近图书阅览室集中布置；

4 文化遗产整理室应设置试验平台及临时档案资料存放空间；

5 档案室应设在干燥、通风的位置；不宜设在建筑的顶层和底层。资料储藏用房的外墙不得采用跨层或跨间的通长窗，其外墙的窗墙比不应大于1∶10；

6 档案室应采取防潮、防蛀、防鼠措施，并应设置防火和安全防范设施；门窗应为密闭的，外窗应设纱窗；房间门应设防盗门和甲级防火门；

7 对于档案室的门，高度宜为2.1m，宽度宜为1.0m，室内地面、墙面及顶棚的装修材料应易于清扫、不易起尘；

8 档案室内的资料储藏宜设置密集架、档案柜等装具，且装具排列的主通道净宽不应小于1.20m，两行装具间净宽不应小于0.80m，装具端部与墙的净距离不应小于0.60m；

9 档案室应防止日光直射，并应避免紫外线对档案、资料的危害；

10 档案资料储藏用房的楼面荷载取值可按现行行业标准《档案馆建筑设计规范》JGJ 25执行。

4.3.5 计算机机房应包括计算机网络管理、文献数字化、网站管理等用房，并应符合现行国家标准《电子信息系统机房设计规范》GB 50174的有关规定。

4.4 管理、辅助用房

4.4.1 文化馆的管理用房应由行政办公室、接待室、会计室、文印打字室及值班室等组成，且应设于对外联系方便、对内管理便捷的部位，并宜自成一区。管理用房的建筑面积可按现行行业标准《办公建筑设计规范》JGJ 67的有关规定执行。辅助用房应包括休息室，卫生、洗浴用房，服装、道具、物品仓库，档案室、资料室，车库及设备用房等。

4.4.2 行政办公室的使用面积宜按每人5m²计算，且最小办公室使用面积不宜小于10m²。档案室、资料室、会计室应设置防火、防盗设施。接待室、文印打字室、党政办公室宜设置防火、防盗设施。

4.4.3 卫生、洗浴用房应符合下列规定：

1 文化馆建筑内应分层设置卫生间；

2 公用卫生间应设室内水冲式便器，并应设置前室；公用卫生间服务半径不宜大于50m，卫生设施的数量应按男每40人设一个蹲位、一个小便器或1m小便池，女每13人设一个蹲位；

3 洗浴用房应按男女分设，且洗浴间、更衣间应分别设置，更衣间前应设前室或门斗；

4 洗浴间应采用防滑地面，墙面应采用易清洗的饰面材料；

5 洗浴间对外的门窗应有阻挡视线的功能。

4.4.4 服装、道具、物品仓库应布置在相应使用场所及通道附近,并应防潮、通风,必要时可设置机械排风。

4.4.5 设备用房应包括锅炉房、水泵房、空调机房、变配电间、电信设备间、维修间等。设备用房应采取措施,避免粉尘、潮气、废水、废渣、噪声、振动等对周边环境造成影响。

六、《办公建筑设计标准》JGJ/T 67—2019（节选）

4.1 一般规定

4.1.3 办公建筑应进行节能设计,并符合现行国家标准《公共建筑节能设计标准》GB 50189和《民用建筑热工设计规范》GB 50176的有关规定。办公建筑在方案与初步设计阶段应编制绿色设计专篇,施工图设计文件应注明对绿色建筑相关技术施工与建筑运营管理的技术要求。

4.1.5 办公建筑的电梯及电梯厅设置应符合下列规定：

1 四层及四层以上或楼面距室外设计地面高度超过12m的办公建筑应设电梯。

2 乘客电梯的数量、额定载重量和额定速度应通过设计和计算确定。

3 乘客电梯位置应有明确的导向标识,并应能便捷到达。

4 消防电梯应按现行国家标准《建筑设计防火规范》GB 50016进行设置,可兼作服务电梯使用。

5 电梯厅的深度应符合表4.1.5的规定。

6 3台及以上的客梯集中布置时,客梯控制系统应具备按程序集中调控和群控的功能。

7 超高层办公建筑的乘客电梯应分层分区停靠。

电梯厅的深度要求　　　　　　　　　　　　　　表4.1.5

布置方式	电梯厅深度
单台	大于等于$1.5B$
多台单侧布置	大于等于$1.5B'$,当电梯并列布置为4台时应大于等于2.40m
多台双侧布置	大于等于相对电梯B'之和,并小于4.50m

注：B为轿厢深度,B'为并列布置的电梯中最大轿厢深度。

4.1.6 办公建筑的窗应符合下列规定：

1 底层及半地下室外窗宜采取安全防范措施；

2 当高层及超高层办公建筑采用玻璃幕墙时应设置清洗设施,并应设有可开启窗或通风换气装置；

3 外窗可开启面积应按现行国家标准《公共建筑节能设计标准》GB 50189的有关规定执行；外窗应有良好的气密性、水密性和保温隔热性能,满足节能要求；

4 不利朝向的外窗应采取合理的建筑遮阳措施。

4.1.7 办公建筑的门应符合下列规定：

1 办公用房的门洞口宽度不应小于1.00m,高度不应小于2.10m；

2 机要办公室、财务办公室、重要档案库、贵重仪表间和计算机中心的门应采取防盗措施，室内宜设防盗报警装置。

4.1.8 办公建筑的门厅应符合下列规定：

1 门厅内可附设传达、收发、会客、服务、问讯、展示等功能房间（场所）；根据使用要求也可设商务中心、咖啡厅、警卫室、快递储物间等；

2 楼梯、电梯厅宜与门厅邻近设置，并应满足消防疏散的要求；

3 严寒和寒冷地区的门厅应设门斗或其他防寒设施；

4 夏热冬冷地区门厅与高大中庭空间相连时宜设门斗。

4.1.9 办公建筑的走道应符合下列规定：

1 宽度应满足防火疏散要求，最小净宽应符合表4.1.9的规定。

走道最小净宽　　　　　　　　表4.1.9

走道长度（m）	走道净宽（m）	
	单面布房	双面布房
≤40	1.30	1.50
>40	1.50	1.80

注：高层内筒结构的回廊式走道净宽最小值同单面布房走道。

2 高差不足0.30m时，不应设置台阶，应设坡道，其坡度不应大于1:8。

4.1.11 办公建筑的净高应符合下列规定：

1 有集中空调设施并有吊顶的单间式和单元式办公室净高不应低于2.50m；

2 无集中空调设施的单间式和单元式办公室净高不应低于2.70m；

3 有集中空调设施并有吊顶的开放式和半开放式办公室净高不应低于2.70m；

4 无集中空调设施的开放式和半开放式办公室净高不应低于2.90m；

5 走道净高不应低于2.20m，储藏间净高不宜低于2.00m。

4.2 办公用房

4.2.2 办公用房宜有良好的天然采光和自然通风，并不宜布置在地下室。办公室宜有避免西晒和眩光的措施。

4.2.3 普通办公室应符合下列规定：

1 宜设计成单间式办公室、单元式办公室、开放式办公室或半开放式办公室；

2 开放式和半开放式办公室在布置吊顶上的通风口、照明、防火设施等时，宜为自行分隔或装修创造条件，有条件的工程宜设计成模块式吊顶；

3 带有独立卫生间的办公室，其卫生间宜直接对外通风采光，条件不允许时，应采取机械通风措施；

4 机要部门办公室应相对集中，与其他部门宜适当分隔；

5 值班办公室可根据使用需要设置，设有夜间值班室时，宜设专用卫生间；

6 普通办公室每人使用面积不应小于$6m^2$，单间办公室使用面积不宜小于$10m^2$。

4.3 公共用房

4.3.1 公共用房宜包括会议室、对外办事厅、接待室、陈列室、公用厕所、开水间、健身场所等。

4.3.2 会议室应符合下列规定：

1 按使用要求可分设中、小会议室和大会议室。

2 中、小会议室可分散布置。小会议室使用面积不宜小于30m²，中会议室使用面积不宜小于60m²。中、小会议室每人使用面积：有会议桌的不应小于2.00m²/人，无会议桌的不应小于1.00m²/人。

3 大会议室应根据使用人数和桌椅设置情况确定使用面积，平面长宽比不宜大于2:1，宜有音频视频、灯光控制、通信网络等设施，并应有隔声、吸声和外窗遮光措施；大会议室所在层数、面积和安全出口的设置等应符合国家现行有关防火标准的规定。

4 会议室应根据需要设置相应的休息、储藏及服务空间。

4.4 服务用房

4.4.4 汽车库应符合下列规定：

1 应符合现行国家标准《汽车库、修车库、停车场设计防火规范》GB 50067、《车库建筑设计规范》JGJ 100的规定；

2 停车方式应根据车型、柱网尺寸及结构形式等确定；

3 设有电梯的办公建筑，当条件允许时应至少有一台电梯通至地下汽车库；

4 汽车库内可按管理方式和停车位的数量设置相应的值班室、控制室、储藏室等辅助房间；

5 汽车库内应按相关规定集中设置或预留电动汽车专用车位。

4.4.5 非机动车库应符合下列规定：

1 净高不得低于2.00m；

2 每辆自行车停放面积宜为1.50~1.80m²；

3 非机动车及二轮摩托车应以自行车为计算当量进行停车当量的换算。

4.4.6 员工餐厅、厨房可根据建筑规模、供餐方式和使用人数确定使用面积，并应符合现行行业标准《饮食建筑设计标准》JGJ 64的有关规定。

5 防火设计

5.0.1 办公建筑的耐火等级应符合下列规定：

1 A类、B类办公建筑应为一级；

2 C类办公建筑不应低于二级。

5.0.2 办公综合楼内办公部分的安全出口不应与同一楼层内对外营业的商场、营业厅、娱乐、餐饮等人员密集场所的安全出口共用。

5.0.3 办公建筑疏散总净宽度应按总人数计算，当无法额定总人数时，可按其建筑面积9m²/人计算。

5.0.4 机要室、档案室、电子信息系统机房和重要库房等隔墙的耐火极限不应小于2h，楼板不应小于1.5h，并应采用甲级防火门。

七、《商店建筑设计规范》JGJ 48—2014（节选）

4 建筑设计

4.1 一般规定

4.1.1 商店建筑可按使用功能分为营业区、仓储区和辅助区等三部分。商店建筑的内外均应做好交通组织设计，人流与货流不得交叉，并应按现行国家标准《建筑设计防火规范》GB 50016 的规定进行防火和安全分区。

4.1.2 营业区、仓储区和辅助区等的建筑面积应根据零售业态、商品种类和销售形式等进行分配，并应能根据需要进行取舍或合并。

4.1.3 商店建筑外部的招牌、广告等附着物应与建筑物之间牢固结合，且凸出的招牌、广告等的底部至室外地面的垂直距离不应小于5m。招牌、广告的设置除应满足当地城市规划的要求外，还应与建筑外立面相协调，且不得妨碍建筑自身及相邻建筑的日照、采光、通风、环境卫生等。

4.1.4 商店建筑设置外向橱窗时应符合下列规定：
   1 橱窗的平台高度宜至少比室内和室外地面高 0.20m；
   2 橱窗应满足防晒、防眩光、防盗等要求；
   3 采暖地区的封闭橱窗可不采暖，其内壁应采取保温构造，外表面应采取防雾构造。

4.1.5 商店建筑的外门窗应符合下列规定：
   1 有防盗要求的门窗应采取安全防范措施；
   2 外门窗应根据需要，采取通风、防雨、遮阳、保温等措施；
   3 严寒和寒冷地区的门应设门斗或采取其他防寒措施。

4.1.6 商店建筑的公用楼梯、台阶、坡道、栏杆应符合下列规定：
   1 楼梯梯段最小净宽、踏步最小宽度和最大高度应符合表 4.1.6 的规定；

楼梯梯段最小净宽、踏步最小宽度和最大高度 表 4.1.6

楼梯类别	梯段最小净宽（m）	踏步最小宽度（m）	踏步最大高度（m）
营业区的公用楼梯	1.40	0.28	0.16
专用疏散楼梯	1.20	0.26	0.17
室外楼梯	1.40	0.30	0.15

   2 室内外台阶的踏步高度不应大于 0.15m 且不宜小于 0.10m，踏步宽度不应小于 0.30m；当高差不足两级踏步时，应按坡道设置，其坡度不应大于 1:12；
   3 楼梯、室内回廊、内天井等临空处的栏杆应采用防攀爬的构造，当采用垂直杆件做栏杆时，其杆件净距不应大于 0.11m；栏杆的高度及承受水平荷载的能力应符合现行国家标准《民用建筑设计通则》GB 50352 的规定；
   4 人员密集的大型商店建筑的中庭应提高栏杆的高度，当采用玻璃栏板时，应符合现行行业标准《建筑玻璃应用技术规程》JGJ 113 的规定。

4.1.7 大型和中型商店的营业区宜设乘客电梯、自动扶梯、自动人行道；多层商店宜设置货梯或提升机。

4.1.8 商店建筑内设置的自动扶梯、自动人行道除应符合现行国家标准《民用建筑设计通则》GB 50352 的有关规定外，还应符合下列规定：
   1 自动扶梯倾斜角度不应大于 30°，自动人行道倾斜角度不应超过 12°；
   2 自动扶梯、自动人行道上下两端水平距离 3m 范围内应保持畅通，不得兼作他用；
   3 扶手带中心线与平行墙面或楼板开口边缘间的距离、相邻设置的自动扶梯或自动人行道的两梯（道）之间扶手带中心线的水平距离应大于 0.50m，否则应采取措施，以防对人员造成伤害。

4.1.9 商店建筑的无障碍设计应符合现行国家标准《无障碍设计规范》GB 50763 的有关规定。

4.1.10 商店建筑宜利用天然采光和自然通风。

4.1.11 商店建筑采用自然通风时，其通风开口的有效面积不应小于该房间（楼）地板面积的 1/20。

4.1.12 商店建筑应进行节能设计，并应符合现行国家标准《公共建筑节能设计标准》GB 50189 的规定。

4.2 营业区

4.2.1 营业厅设计应符合下列规定：

1 应按商品的种类、选择性和销售量进行分柜、分区或分层，且顾客密集的销售区应位于出入方便区域；

2 营业厅内的柱网尺寸应根据商店规模大小、零售业态和建筑结构选型等进行确定，应便于商品展示和柜台、货架布置，并应具有灵活性。通道应便于顾客流动，并应设有均匀的出入口。

4.2.2 营业厅内通道的最小净宽度应符合表 4.2.2 的规定。

营业厅内通道的最小净宽度　　　　　　　　　　　　　　表 4.2.2

通道位置		最小净宽度（m）
通道在柜台或货架与墙面或陈列窗之间		2.20
通道在两个平行柜台或货架之间	每个柜台或货架长度小于 7.50m	2.20
	一个柜台或货架长度小于 7.50m 另一个柜台或货架长度为 7.50～15.00m	3.00
	每个柜台或货架长度为 7.50～15.00m	3.70
	每个柜台或货架长度大于 15.00m	4.00
	通道一端设有楼梯时	上下两个梯段宽度之和再加 1.00m
柜台或货架边与开敞楼梯最近踏步间距离		4.00m，并不小于楼梯间净宽度

注：1. 当通道内设有陈列物时，通道最小净宽度应增加该陈列物的宽度；
　　2. 无柜台营业厅的通道最小净宽可根据实际情况，在本表的规定基础上酌减，减小量不应大于 20%；
　　3. 菜市场营业厅的通道最小净宽宜在本表的规定基础上再增加 20%。

4.2.3 营业厅的净高应按其平面形状和通风方式确定，并应符合表 4.2.3 的规定。

营业厅的净高　　　　　　　　　　　　　　表 4.2.3

通风方式	自然通风			机械排风和自然通风相结合	空气调节系统
	单面开窗	前面敞开	前后开窗		
最大进深与净高比	2∶1	2.5∶1	4∶1	5∶1	—
最小净高（m）	3.20	3.20	3.50	3.50	3.00

注：1. 设有空调设施、新风量和过渡季节通风量不小于 20m³/(h·人)，并且有人工照明的面积不超过 50m² 的房间或宽度不超过 3m 的局部空间的净高可酌减，但不应小于 2.40m；
　　2. 营业厅净高应按楼地面至吊顶或楼板底面障碍物之间的垂直高度计算。

4.2.4 营业厅内或近旁宜设置附加空间或场地,并应符合下列规定:

1 服装区宜设试衣间;

2 宜设检修钟表、电器、电子产品等的场地;

3 销售乐器和音响器材等的营业厅宜设试音室,且面积不应小于$2m^2$。

4.2.5 自选营业厅设计应符合下列规定:

1 营业厅内宜按商品的种类分开设置自选场地;

2 厅前应设置顾客物品寄存处、进厅闸位、供选购用的盛器堆放位及出厅收款位等,且面积之和不宜小于营业厅面积的8%;

3 应根据营业厅内可容纳顾客人数,在出厅处按每100人设收款台1个(含0.60m宽顾客通过口);

4 面积超过$1000m^2$的营业厅宜设闭路电视监控装置。

4.2.6 自选营业厅的面积可按每位顾客$1.35m^2$计,当采用购物车时,应按$1.70m^2$/人计。

4.2.7 自选营业厅内通道最小净宽度应符合表4.2.7的规定,并应按自选营业厅的设计容纳人数对疏散用的通道宽度进行复核。兼作疏散的通道宜直通至出厅口或安全出口。

自选营业厅内通道最小净宽度   表4.2.7

通道位置		最小净宽度(m)	
		不采用购物车	采用购物车
通道在两个平行货架之间	靠墙货架长度不限,离墙货架长度小于15m	1.60	1.80
	每个货架长度小于15m	2.20	2.40
	每个货架长度为15~24m	2.80	3.00
与各货架相垂直的通道	通道长度小于15m	2.40	3.00
	通道长度不小于15m	3.00	3.60
货架与出入闸位间的通道		3.80	4.20

注:当采用货台、货区时,其周围留出的通道宽度,可按商品的可选择性进行调整。

4.2.8 购物中心、百货商场等综合性建筑,除商店建筑部分应符合本规范规定外,饮食、文娱等部分的建筑设计应符合国家现行有关标准的规定。

4.2.9 大型和中型商店建筑内连续排列的商铺应符合下列规定:

1 各商铺的作业运输通道宜另设;

2 商铺内面向公共通道营业的柜台,其前沿应后退至距通道边线不小于0.50m的位置;

3 公共通道的安全出口及其间距等应符合现行国家标准《建筑设计防火规范》GB 50016的规定。

4.2.10 大型和中型商店建筑内连续排列的商铺之间的公共通道最小净宽度应符合表4.2.10的规定。

连续排列的商铺之间的公共通道最小净宽度　　　　表 4.2.10

通道名称	最小净宽度（m）	
	通道两侧设置商铺	通道一侧设置商铺
主要通道	4.00，且不小于通道长度的 1/10	3.00，且不小于通道长度的 1/15
次要通道	3.00	2.00
内部作业通道	1.80	—

注：主要通道长度按其两端安全出口间距离计算。

4.2.11 大型和中型商场内连续排列的饮食店铺的灶台不应面向公共通道，并应设置机械排烟通风设施。

4.2.12 大型和中型商场内连续排列的商铺的隔墙、吊顶等装修材料和构造，不得降低建筑设计对建筑构件及配件的耐火极限要求，并不得随意增加荷载。

4.2.13 大型和中型商店应设置为顾客服务的设施，并应符合下列规定：

   1 宜设置休息室或休息区，且面积宜按营业厅面积的 1.00%～1.40% 计；

   2 应设置为顾客服务的卫生间，并宜设服务问讯台。

4.2.14 供顾客使用的卫生间设计应符合下列规定：

   1 应设置前室，且厕所的门不宜直接开向营业厅、电梯厅、顾客休息室或休息区等主要公共空间；

   2 宜有天然采光和自然通风，条件不允许时，应采取机械通风措施；

   3 中型以上的商店建筑应设置无障碍专用厕所，小型商店建筑应设置无障碍厕位；

   4 卫生设施的数量应符合现行行业标准《城市公共厕所设计标准》CJJ 14 的规定，且卫生间内宜配置污水池；

   5 当每个厕所大便器数量为 3 具及以上时，应至少设置 1 具坐式大便器；

   6 大型商店宜独立设置无性别公共卫生间，并应符合现行国家标准《无障碍设计规范》GB 50763 的规定；

   7 宜设置独立的清洁间。

4.2.15 仓储式商店营业厅的室内净高应满足堆高机、叉车等机械设备的提升高度要求。货架的布置形式应满足堆高机、叉车等机械设备移动货物时对操作空间的要求。

4.2.16 菜市场设计应符合下列规定：

   1 在菜市场内设置商品运输通道时，其宽度应包括顾客避让宽度；

   2 商品装卸和堆放场地应与垃圾废弃物场地相隔离；

   3 菜市场内净高应满足通风、排除异味的要求；其地面、货台和墙裙应采用易于冲洗的面层，并应有良好的排水设施；当采用明沟排水时，应加盖箅子，沟内阴角应做成弧形。

4.2.17 大型和中型书店设计应符合下列规定：

   1 营业厅宜按书籍文种、科目等划分范围或层次，顾客较密集的售书区应位于出入方便区域；

   2 营业厅可按经营需要设置书展区域；

   3 设有较大的语音、声像售区时，宜提供试听设备或设试听、试看室；

   4 当采用开架书廊营业方式时，可利用空间设置夹层，其净高不应小于 2.10m；

5 开架书廊和书库储存面积指标，可按400～500册/m² 计；书库底层入口宜设置汽车卸货平台。

4.2.18 中药店设计应符合下列规定：

1 营业部分附设门诊时，面积可按每一名医师10m² 计（含顾客候诊面积），且单独诊室面积不宜小于12m²；

2 饮片、药膏、加工场和熬药间均应符合国家现行有关卫生和防火标准的规定。

4.2.19 西医药店营业厅设计应按药品性质与医疗器材种类进行分区、分柜设置。

4.2.20 家居建材商店应符合下列规定：

1 底层宜设置汽车卸货平台和货物堆场，并应设置停车位；

2 应根据所售商品的种类和商品展示的需要，进行平面分区；

3 楼梯宽度和货梯选型应便于大件商品搬运；

4 商品陈列和展示应符合国家现行有关卫生和防火标准的规定。

4.3 仓储区

4.3.1 商店建筑应根据规模、零售业态和需要等设置供商品短期周转的储存库房、卸货区、商品出入库及与销售有关的整理、加工和管理等用房。储存库房可分为总库房、分部库房、散仓。

4.3.2 储存库房设计应符合下列规定：

1 单建的储存库房或设在建筑内的储存库房应符合国家现行有关防火标准的规定，并应满足防盗、通风、防潮和防鼠等要求；

2 分部库房、散仓应靠近营业厅内的相关销售区，并宜设置货运电梯。

4.3.3 食品类商店仓储区应符合下列规定：

1 根据商品的不同保存条件，应分设库房或在库房内采取有效隔离措施；

2 各用房的地面、墙裙等均应为可冲洗的面层，并不得采用有毒和容易发生化学反应的涂料。

4.3.4 中药店的仓储区宜按各类药材、饮片及成药对温湿度和防霉变等的不同要求，分设库房。

4.3.5 西医药店的仓储区应设置与商店规模相适应的整理包装间、检验间及按药品性质、医疗器材种类分设的库房；对无特殊储存条件要求的药品库房，应保持通风良好、空气干燥、无阳光直射，且室温不应大于30℃。

4.3.6 储存库房内存放商品应紧凑、有规律，货架或堆垛间的通道净宽度应符合表4.3.6的规定。

货架或堆垛间的通道净宽度　　　　表4.3.6

通道位置	净宽度（m）
货架或堆垛与墙面间的通风通道	＞0.30
平行的两组货架或堆垛间手携商品通道，按货架或堆垛宽度选择	0.70～1.25
与各货架或堆垛间通道相连的垂直通道，可以通行轻便手推车	1.50～1.80
电瓶车通道（单车道）	＞2.50

注：1. 单个货架宽度为0.30～0.90m，一般为两架并靠成组；堆垛宽度为0.60～1.80m；
　　2. 储存库房内电瓶车行速不应超过75m/min，其通道宜取直，或设置不小于6m×6m的回车场地。

4.3.7 储存库房的净高应根据有效储存空间及减少至营业厅垂直运距等确定,应按楼地面至上部结构主梁或桁架下弦底面间的垂直高度计算,并应符合下列规定:
 1 设有货架的储存库房净高不应小于2.10m;
 2 设有夹层的储存库房净高不应小于4.60m;
 3 无固定堆放形式的储存库房净高不应小于3.00m。

4.3.8 当商店建筑的地下室、半地下室用作商品临时储存、验收、整理和加工场地时,应采取防潮、通风措施。

4.4 辅助区

4.4.1 大型和中型商店辅助区包括外向橱窗、商品维修用房、办公业务用房,以及建筑设备用房和车库等,并应根据商店规模和经营需要进行设置。

4.4.2 大型和中型商店应设置职工更衣、工间休息及就餐等用房。

4.4.3 大型和中型商店应设置职工专用厕所,小型商店宜设置职工专用厕所,且卫生设施数量应符合现行行业标准《城市公共厕所设计标准》CJJ 14 的规定。

4.4.4 商店建筑内部应设置垃圾收集空间或设施。

5 防火与疏散

5.1 防火

5.1.1 商店建筑防火设计应符合现行国家标准《建筑设计防火规范》GB 50016 的规定。

5.1.2 商店的易燃、易爆商品储存库房宜独立设置;当存放少量易燃、易爆商品储存库房与其他储存库房合建时,应靠外墙布置,并应采用防火墙和耐火极限不低于1.50h的不燃烧体楼板隔开。

5.1.3 专业店内附设的作坊、工场应限为丁、戊类生产,其建筑物的耐火等级、层数和面积应符合现行国家标准《建筑设计防火规范》GB 50016 的规定。

5.1.4 除为综合建筑配套服务且建筑面积小于1000m²的商店外,综合性建筑的商店部分应采用耐火极限不低于2.00h的隔墙和耐火极限不低于1.50h的不燃烧体楼板与建筑的其他部分隔开;商店部分的安全出口必须与建筑其他部分隔开。

5.1.5 商店营业厅的吊顶和所有装修饰面,应采用不燃材料或难燃材料,并应符合建筑物耐火等级要求和现行国家标准《建筑内部装修设计防火规范》GB 50222 的规定。

5.2 疏散

5.2.1 商店营业厅疏散距离的规定和疏散人数的计算应符合现行国家标准《建筑设计防火规范》GB 50016 的规定。

5.2.2 商店营业区的底层外门、疏散楼梯、疏散走道等的宽度应符合现行国家标准《建筑设计防火规范》GB 50016 的规定。

5.2.3 商店营业厅的疏散门应为平开门,且应向疏散方向开启,其净宽不应小于1.40m,并不宜设置门槛。

5.2.4 商店营业区的疏散通道和楼梯间内的装修、橱窗和广告牌等均不得影响疏散宽度。

5.2.5 大型商店的营业厅设置在五层及以上时,应设置不少于2个直通屋顶平台的疏散楼梯间。屋顶平台上无障碍物的避难面积不宜小于最大营业层建筑面积的50%。

八、《饮食建筑设计标准》JGJ 64—2017（节选）

4.1 一般规定

4.1.1 饮食建筑的功能空间可划分为用餐区域、厨房区域、公共区域和辅助区域四个区域。区域的划分及各类用房的组成宜符合表4.1.1的规定。

饮食建筑的区域划分及各类用房组成　　　　　　表 4.1.1

区域分类		各类用房举例
用餐区域		宴会厅、各类餐厅、包间等
厨房区域	餐馆、食堂、快餐店	主食加工区（间）[包括主食制作、主食热加工区（间）等]、副食加工区（间）[包括副食粗加工、副食细加工、副食热加工区（间）等]、厨房专间（包括冷荤间、生食海鲜间、裱花间等）、备餐区（间）、餐用具洗消间、餐用具存放区（间）、清扫工具存放区（间）等
	饮品店	加工区（间）[包括原料调配、热加工、冷食制作、其他制作及冷藏区（间）等]、冷（热）饮料加工区（间）[包括原料研磨配制、饮料煮制、冷却和存放区（间）等]、点心和简餐制作区（间）、食品存放区（间）、裱花间、餐用具洗消间、餐用具存放区（间）、清扫工具存放区（间）等
公共区域		门厅、过厅、等候区、大堂、休息厅（室）、公共卫生间、点菜区、歌舞台、收款处（前台）、饭票（卡）出售（充值）处及外卖窗口等
辅助区域		食品库房（包括主食库、蔬菜库、干货库、冷藏库、调料库、饮料库）、非食品库房、办公用房及工作人员更衣间、淋浴间、卫生间、清洗间、垃圾间等

注：1. 厨房专间、冷食制作间、餐用具洗消间应单独设置。
　　2. 各类用房可根据需要增添、删减或合并在同一空间。

4.1.2 用餐区域每座最小使用面积宜符合表4.1.2的规定。

用餐区域每座最小使用面积（m²/座）　　　　　　表 4.1.2

分类	餐馆	快餐店	饮品店	食堂
指标	1.3	1.0	1.5	1.0

注：快餐店每座最小使用面积可以根据实际需要适当减少。

4.1.3 附建在商业建筑中的饮食建筑，其防火分区划分和安全疏散人数计算应按现行国家标准《建筑设计防火规范》GB 50016 中商业建筑的相关规定执行。

4.1.4 厨房区域和食品库房面积之和与用餐区域面积之比宜符合表4.1.4的规定。

厨房区域和食品库房面积之和与用餐区域面积之比　　　　　　表 4.1.4

分类	建筑规模	厨房区域和食品库房面积之和与用餐区域面积之比
餐馆	小型	≥1∶2.0
	中型	≥1∶2.2
	大型	≥1∶2.5
	特大型	≥1∶3.0
快餐店、饮品店	小型	≥1∶2.5
	中型及中型以上	≥1∶3.0

续表

分类	建筑规模	厨房区域和食品库房面积之和与用餐区域面积之比
食堂	小型	厨房区域和食品库房面积之和不小于30m²
	中型	厨房区域和食品库房面积之和在30m²的基础上按照服务100人以上每增加1人增加0.3m²
	大型及特大型	厨房区域和食品库房面积之和在300m²的基础上按照服务1000人以上每增加1人增加0.2m²

注：1. 表中所示面积为使用面积。
  2. 使用半成品加工的饮食建筑以及单纯经营火锅、烧烤等的餐馆，厨房区域和食品库房面积之和与用餐区域面积之比可根据实际需要确定。

4.1.5 位于二层及二层以上的餐馆、饮品店和位于三层及三层以上的快餐店宜设置乘客电梯；位于二层及二层以上的大型和特大型食堂宜设置自动扶梯。

4.1.6 建筑物的厕所、卫生间、盥洗室、浴室等有水房间不应布置在厨房区域的直接上层，并应避免布置在用餐区域的直接上层。确有困难布置在用餐区域直接上层时应采取同层排水和严格的防水措施。

4.1.7 用餐区域、厨房区域、食品库房等用房应采取防鼠、防蝇和防其他有害动物及防尘、防潮、防异味、通风等有效措施。

4.1.8 用餐区域、公共区域和厨房区域的楼地面应采用防滑设计，并应满足现行行业标准《建筑地面工程防滑技术规程》JGJ/T 331中的相关要求。

4.1.9 位于建筑物内的成品隔油装置，应设于专门的隔油设备间内，且设备间应符合下列要求：
  1 应满足隔油装置的日常操作以及维护和检修的要求；
  2 应设洗手盆、冲洗水嘴和地面排水设施；
  3 应有通风排气装置。

4.1.10 使用燃气的厨房设计应符合现行国家标准《城镇燃气设计规范》GB 50028的相关规定。

4.1.11 餐饮建筑应进行无障碍设计，并应符合现行国家标准《无障碍设计规范》GB 50763的规定。

4.2 用餐区域和公共区域

4.2.1 用餐区域的室内净高应符合下列规定：
  1 用餐区域不宜低于2.6m，设集中空调时，室内净高不应低于2.4m；
  2 设置夹层的用餐区域，室内净高最低处不应低于2.4m。

4.2.2 用餐区域采光、通风应良好。天然采光时，侧面采光窗洞口面积不宜小于该厅地面面积的1/6。直接自然通风时，通风开口面积不应小于该厅地面面积的1/16。无自然通风的餐厅应设机械通风排气设施。

4.2.3 用餐区域的室内各部分面层均应采用不易积垢、易清洁的材料。

4.2.4 食堂用餐区域售饭口（台）应采用光滑、不渗水和易清洁的材料。

4.2.5 公共区域的卫生间设计应符合下列规定：
  1 公共卫生间宜设置前室，卫生间的门不宜直接开向用餐区域，卫生洁具应采用水冲式；
  2 卫生间宜利用天然采光和自然通风，并应设置机械排风设施；

3 未单独设置卫生间的用餐区域应设置洗手设施，并宜设儿童用洗手设施；

4 卫生设施数量的确定应符合现行行业标准《城市公共厕所设计标准》CJJ 14 对餐饮类功能区域公共卫生间设施数量的规定及现行国家标准《无障碍设计规范》GB 50763 的相关规定；

5 有条件的卫生间宜提供为婴儿更换尿布的设施。

4.3 厨房区域

4.3.1 餐馆、快餐店和食堂的厨房区域可根据使用功能选择设置下列各部分：

1 主食加工区（间）——包括主食制作和主食热加工区（间）；

2 副食加工区（间）——包括副食粗加工、副食细加工、副食热加工区（间）及风味餐馆的特殊加工间；

3 厨房专间——包括冷荤间、生食海鲜间、裱花间等，厨房专间应单独设置隔间；

4 备餐区（间）——包括主食备餐、副食备餐区（间）、食品留样区（间）；

5 餐用具洗涤消毒间与餐用具存放区（间），餐用具洗涤消毒间应单独设置。

4.3.2 饮品店的厨房区域可根据经营性质选择设置下列各部分：

1 加工区（间）——包括原料调配、热加工、冷食制作、其他制作区（间）及冷藏场所等，冷食制作应单独设置隔间；

2 冷、热饮料加工区（间）——包括原料研磨配制、饮料煮制、冷却和存放区（间）等；

3 点心、简餐等制作的房间内容可参照本标准第 4.3.1 条规定的有关部分；

4 餐用具洗涤消毒间应单独设置。

4.3.3 厨房区域应按原料进入、原料处理、主食加工、副食加工、备餐、成品供应、餐用具洗涤消毒及存放的工艺流程合理布局，食品加工处理流程应为生进熟出单一流向，并应符合下列规定：

1 副食粗加工应分设蔬菜、肉禽、水产工作台和清洗池，粗加工后的原料送入细加工区不应反流；

2 冷荤成品、生食海鲜、裱花蛋糕等应在厨房专间内拼配，在厨房专间入口处应设置有洗手、消毒、更衣设施的通过式预进间；

3 垂直运输的食梯应原料、成品分设。

4.3.4 使用半成品加工的饮食建筑以及单纯经营火锅、烧烤等的餐馆，可在本标准第 4.3.3 条的基础上根据实际情况简化厨房的工艺流程。使用外部供应预包装的成品冷荤、生食海鲜、裱花蛋糕等可不设置厨房专间。

4.3.5 厨房区域各类加工制作场所的室内净高不宜低于 2.5m。

4.3.6 厨房区域各类加工间的工作台边或设备边之间的净距应符合食品安全操作规范和防火疏散宽度的要求。

4.3.7 厨房区域加工间天然采光时，其侧面采光窗洞口面积不宜小于地面面积的 1/6；自然通风时，通风开口面积不应小于地面面积的 1/10。

4.3.8 厨房区域各加工场所的室内构造应符合下列规定：

1 楼地面应采用无毒、无异味、不易积垢、不渗水、易清洗、耐磨损的材料；

2 楼地面应处理好防水、排水，排水沟内阴角宜采用圆弧形；

3 楼地面不宜设置台阶;

4 墙面、隔断及工作台、水池等设施均应采用无毒、无异味、不透水、易清洁的材料,各阴角宜做成曲率半径为 3cm 以上的弧形;

5 厨房专间、备餐区等清洁操作区内不得设置排水明沟,地漏应能防止浊气逸出;

6 顶棚应选用无毒、无异味、不吸水、表面光洁、耐腐蚀、耐湿的材料,水蒸气较多的房间顶棚宜有适当坡度,减少凝结水滴落;

7 粗加工区(间)、细加工区(间)、餐用具洗消间、厨房专间等应采用光滑、不吸水、耐用和易清洗材料墙面。

4.3.9 厨房区域各加工区(间)内宜设置洗手设施;厨房区域应设拖布池和清扫工具存放空间,大型以上饮食建筑宜设置独立隔间。

4.3.10 厨房有明火的加工区应采用耐火极限不低于 2.00h 的防火隔墙与其他部位分隔,隔墙上的门、窗应采用乙级防火门、窗。

4.3.11 厨房有明火的加工区(间)上层有餐厅或其他用房时,其外墙开口上方应设置宽度不小于 1.0m、长度不小于开口宽度的防火挑檐;或在建筑外墙上下层开口之间设置高度不小于 1.2m 的实体墙。

4.4 辅助区域

4.4.1 饮食建筑辅助部分主要由食品库房、非食品库房、办公用房、工作人员更衣间、淋浴间、卫生间、值班室及垃圾和清扫工具存放场所等组成,上述空间可根据实际需要选择设置。

4.4.2 饮食建筑食品库房宜根据食材和食品分类设置,并应根据实际需要设置冷藏及冷冻设施,设置冷藏库时应符合现行国家标准《冷库设计规范》GB 50072 的相关规定。

4.4.3 饮食建筑食品库房天然采光时,窗洞面积不宜小于地面面积的 1/10。饮食建筑食品库房自然通风时,通风开口面积不应小于地面面积的 1/20。

4.4.4 工作人员更衣间应邻近主、副食加工场所,宜按全部工作人员男女分设。更衣间入口处应设置洗手、干手消毒设施。

4.4.5 饮食建筑辅助区域应按全部工作人员最大班人数分别设置男、女卫生间,卫生间应设在厨房区域以外并采用水冲式洁具。卫生间前室应设置洗手设施,宜设置干手消毒设施。前室门不应朝向用餐区域、厨房区域和食品库房。卫生设施数量应符合现行行业标准《城市公共厕所设计标准》CJJ 14 的规定。

4.4.6 清洁间和垃圾间应合理设置,不应影响食品安全,其室内装修应方便清洁。垃圾间位置应方便垃圾外运。垃圾间内应设置独立的排气装置,垃圾应分类储存、干湿分离,厨余垃圾应有单独容器储存。

九、《宿舍建筑设计规范》JGJ 36—2016(节选)

《宿舍建筑设计规范》为行业标准,自 2017 年 6 月 1 日起实施。其中,第 4.2.5、7.3.4 条为强制性条文,必须严格执行。

4 建 筑 设 计

4.1 一般规定

4.1.2 每栋宿舍应设置管理室、公共活动室和晾晒衣物空间。公共用房的设置应防止对居室产生干扰。

4.1.3 宿舍应满足自然采光、通风要求。宿舍半数及半数以上的居室应有良好朝向。

4.1.4 宿舍中的无障碍居室及无障碍设施设置要求应符合现行国家标准《无障碍设计规范》GB 50763 的相关规定。

4.1.7 宿舍的公共出入口位于阳台、外廊及开敞楼梯平台的下部时，应采取防止物体坠落伤人的安全防护措施。

4.2 居室

4.2.2 居室床位布置应符合下列规定：
  1 两个单床长边之间的距离不应小于 0.60m，无障碍居室不应小于 0.80m；
  2 两床床头之间的距离不应小于 0.10m；
  3 两排床或床与墙之间的走道宽度不应小于 1.20m，残疾人居室应留有轮椅回转空间。

4.2.3 居室应有储藏空间。

4.2.4 贴邻公用盥洗室、公用厕所、卫生间等潮湿房间的居室、储藏室的墙面应在相邻墙体的迎水面作防潮处理。

4.2.5 居室不应布置在地下室。

4.2.6 中小学宿舍居室不应布置在半地下室，其他宿舍居室不宜布置在半地下室。

4.2.7 宿舍建筑的主要入口层应设置至少一间无障碍居室。

4.3 辅助用房

4.3.1 公用厕所应设前室或经公用盥洗室进入。公用厕所、公用盥洗室不应布置在居室的上方。除附设卫生间的居室外，公用厕所及公用盥洗室与最远居室的距离不应大于 25m。

4.3.2 公用厕所、公用盥洗室卫生设备的数量应根据每层居住人数确定，设备数量不应少于表 4.3.2 的规定。

公用厕所、公用盥洗室内洁具数量　　　　表 4.3.2

项　目	设备种类	卫生设备数量
男厕	大便器	8 人以下设一个；超过 8 人时，每增加 15 人或不足 15 人增设一个
男厕	小便器	每 15 人或不足 15 人设一个
男厕	小便槽	每 15 人或不足 15 人设 0.7m
男厕	洗手盆	与盥洗室分设的厕所至少设一个
男厕	污水池	公用厕所或公用盥洗室设一个
女厕	大便器	5 人以下设一个；超过 5 人时，每增加 6 人或不足 6 人增设一个
女厕	洗手盆	与盥洗室分设的卫生间至少设一个
女厕	污水池	公用卫生间或公用盥洗室设一个
盥洗室（男、女）	洗手盆或盥洗槽龙头	5 人以下设一个；超过 5 人时，每增加 10 人或不足 10 人增设一个

注：公用盥洗室不应男女合用。

4.3.4 居室内的附设卫生间，其使用面积不应小于2m²。设有淋浴设备或2个坐（蹲）便器的附设卫生间，其使用面积不宜小于3.5m²。4人以下设1个坐（蹲）便器，5～7人宜设置2个坐（蹲）便器，8人以上不宜附设卫生间。3人以上居室内附设卫生间的厕位和淋浴宜设隔断。

4.3.5 夏热冬暖地区应在宿舍建筑内设淋浴设施，其他地区可根据条件设分散或集中的淋浴设施，每个浴位服务人数不应超过15人。

4.3.9 宿舍建筑内设有公用厨房时，其使用面积不应小于6m²。公用厨房应有天然采光、自然通风的外窗和排油烟设施。

4.3.12 宿舍建筑应设置垃圾收集间。

4.4 层高和净高

4.4.1 居室采用单层床时，净高不应低于2.60m；采用双层床或高架床时，净高不应低于3.40m。

4.5 楼梯、电梯

4.5.1 宿舍楼梯应符合下列规定：

1 楼梯踏步宽度不应小于0.27m，踏步高度不应大于0.165m；楼梯扶手高度自踏步前缘线量起不应小于0.90m，楼梯水平段栏杆长度大于0.50m时，其高度不应小于1.05m；

2 开敞楼梯的起始踏步与楼层走道间应设有进深不小于1.20m的缓冲区；

3 疏散楼梯不得采用螺旋楼梯和扇形踏步；

4 楼梯防护栏杆最薄弱处承受的最小水平推力不应小于1.50kN/m。

4.5.2 中小学宿舍楼梯应符合现行国家标准《中小学校设计规范》GB 50099的相关规定。

4.5.4 六层及六层以上宿舍或居室最高入口层楼面距室外设计地面的高度大于18m时，应设置电梯。

4.6 门窗和阳台

4.6.2 宿舍窗外没有阳台或平台，且窗台距楼面、地面的净高小于0.90m时，应设置防护措施。

4.6.3 中小学校宿舍居室不应采用玻璃幕墙。

4.6.5 宿舍的底层外窗以及其他各层中窗台下沿距下面屋顶平台或大挑檐等高差小于2m的外窗，应采取安全防范措施。

4.6.6 居室应设吊挂窗帘的设施。卫生间、洗浴室和厕所的窗应有遮挡视线的措施。

4.6.7 居室和辅助房间的门净宽不应小于0.90m，阳台门和居室内附设卫生间的门净宽不应小于0.80m。门洞口高度不应低于2.10m。居室居住人数超过4人时，居室门应带亮窗，设亮窗的门洞口高度不应低于2.40m。

4.6.9 宿舍顶部阳台应设雨罩，高层和多层宿舍建筑的阳台、雨罩均应做有组织排水。宿舍阳台、雨罩应做防水。

4.6.10 多层及以下的宿舍开敞阳台栏杆净高不应低于1.05m；高层宿舍阳台栏板栏杆净高不应低于1.10m；学校宿舍阳台栏板栏杆净高不应低于1.20m。

5 防火与安全疏散

5.1 防火

5.1.2 柴油发电机房、变配电室和锅炉房等不应布置在宿舍居室、疏散楼梯间及出入口门厅等部位的上一层、下一层或贴邻,并应采用防火墙与相邻区域进行分隔。

5.1.3 宿舍建筑内不应设置使用明火、易产生油烟的餐饮店。学校宿舍建筑内不应布置与宿舍功能无关的商业店铺。

5.1.4 宿舍内的公用厨房有明火加热装置时,应靠外墙设置,并应采用耐火极限不小于2.0h的墙体和乙级防火门与其他部分分隔。

5.2 安全疏散

5.2.1 除与敞开式外廊直接相连的楼梯间外,宿舍建筑应采用封闭楼梯间。当建筑高度大于32m时应采用防烟楼梯间。

5.2.2 宿舍建筑内的宿舍功能区与其他非宿舍功能部分合建时,安全出口和疏散楼梯宜各自独立设置,并应采用防火墙及耐火极限不小于2.0h的楼板进行防火分隔。

5.2.3 宿舍建筑内疏散人员的数量应按设计最大床位数量及工作管理人员数量之和计算。

5.2.4 宿舍建筑内安全出口、疏散通道和疏散楼梯的宽度应符合下列规定:

1 每层安全出口、疏散楼梯的净宽应按通过人数每100人不小于1.00m计算,当各层人数不等时,疏散楼梯的总宽度可分层计算,下层楼梯的总宽度应按本层及以上楼层疏散人数最多一层的人数计算,梯段净宽不应小于1.20m;

2 首层直通室外疏散门的净宽度应按各层疏散人数最多一层的人数计算,且净宽不应小于1.40m;

3 通廊式宿舍走道的净宽度,当单面布置居室时不应小于1.60m,当双面布置居室时不应小于2.20m;单元式宿舍公共走道净宽不应小于1.40m。

5.2.5 宿舍建筑的安全出口不应设置门槛,其净宽不应小于1.40m,出口处距门的1.40m范围内不应设踏步。

5.2.6 宿舍建筑内应设置消防安全疏散示意图以及明显的安全疏散标识,且疏散走道应设置疏散照明和灯光疏散指示标志。

十、《老年人照料设施建筑设计标准》JGJ 450—2018(节选)

3 基 本 规 定

3.0.1 老年人照料设施应适应所在地区的自然条件与社会、经济发展现状,符合养老服务体系建设规划和城乡规划的要求,充分利用现有公共服务资源和基础设施,因地制宜地进行设计。

3.0.2 各类老年人照料设施应面向服务对象并按服务功能进行设计。服务对象的确定应符合国家现行有关标准的规定,且应符合表3.0.2的规定;服务功能的确定应符合国家现行有关标准的规定。

老年人照料设施的基本类型及服务对象　　　　表 3.0.2

基本类型 服务对象	老年人全日照料设施		老年人日间照料设施
	护理型床位	非护理型床位	
能力完好老年人	—	—	▲
轻度失能老年人	—	▲	▲

续表

服务对象 \ 基本类型	老年人全日照料设施		老年人日间照料设施
	护理型床位	非护理型床位	
中度失能老年人	▲	▲	▲
重度失能老年人	▲	—	—

注：▲为应选择。

3.0.3 与其他建筑上下组合建造或设置在其他建筑内的老年人照料设施应位于独立的建筑分区内，且有独立的交通系统和对外出入口。

4 基地与总平面

4.2.4 道路系统应保证救护车辆能停靠在建筑的主要出入口处，且应与建筑的紧急送医通道相连。

4.3.1 老年人全日照料设施应为老年人设室外活动场地；老年人日间照料设施宜为老年人设室外活动场地。老年人使用的室外活动场地应符合下列规定：

　　1 应有满足老年人室外休闲、健身、娱乐等活动的设施和场地条件。

　　2 位置应避免与车辆交通空间交叉，且应保证能获得日照，宜选择在向阳、避风处。

　　3 地面应平整防滑、排水畅通，当有坡度时，坡度不应大于2.5%。

4.3.2 老年人集中的室外活动场地应与满足老年人使用的公用卫生间邻近设置。

5 建 筑 设 计

5.1 用房设置

5.1.1 老年人照料设施建筑应设置老年人用房和管理服务用房，其中老年人用房包括生活用房、文娱与健身用房、康复与医疗用房。各类老年人照料设施建筑的基本用房设置应满足照料服务和运营模式的要求。

5.1.2 老年人照料设施的老年人居室和老年人休息室不应设置在地下室、半地下室。

5.1.3 老年人全日照料设施中，为护理型床位设置的生活用房应按照料单元设计；为非护理型床位设置的生活用房宜按生活单元或照料单元设计。生活用房设置应符合下列规定：

　　1 当按照料单元设计时，应设居室、单元起居厅、就餐、备餐、护理站、药存、清洁间、污物间、卫生间、盥洗、洗浴等用房或空间，可设老年人休息、家属探视等用房或空间。

　　2 当按生活单元设计时，应设居室、就餐、卫生间、盥洗、洗浴、厨房或电炊操作等用房或空间。

5.1.4 照料单元的使用应具有相对独立性，每个照料单元的设计床位数不应大于60床。失智老年人的照料单元应单独设置，每个照料单元的设计床位数不宜大于20床。

5.1.5 老年人全日照料设施的文娱与健身用房设置应满足老年人的相应活动需求，可设阅览、网络、棋牌、书画、教室、健身、多功能活动等用房或空间。

5.1.6 老年人全日照料设施的康复与医疗用房设置应符合下列规定：

　　1 当提供康复服务时，应设相应的康复用房或空间。

2 应设医务室，可根据所提供的医疗服务设其他医疗用房或空间。

5.1.7 老年人全日照料设施的管理服务用房设置应符合下列规定：

1 应设值班、入住登记、办公、接待、会议、档案存放等办公管理用房或空间。

2 应设厨房、洗衣房、储藏等后勤服务用房或空间。

3 应设员工休息室、卫生间等用房或空间，宜设员工浴室、食堂等用房或空间。

5.1.8 老年人日间照料设施的用房设置应符合下列规定：

1 生活用房：应设就餐、备餐、休息室、卫生间、洗浴等用房或空间。

2 文娱与健身用房：应设至少1个多功能活动空间，宜按动态和静态活动的不同需求分区或分室设置。

3 康复与医疗用房：当提供康复服务时，应设相应的康复用房或空间；医疗服务用房宜设医务室、心理咨询室等。

4 管理服务用房：应设接待、办公、员工休息和卫生间、厨房、储藏等用房或空间，宜设洗衣房。

5.2 生活用房

5.2.1 居室应具有天然采光和自然通风条件，日照标准不应低于冬至日日照时数2h。当居室日照标准低于冬至日日照时数2h时，老年人居住空间日照标准应按下列规定之一确定：

1 同一照料单元内的单元起居厅日照标准不应低于冬至日日照时数2h。

2 同一生活单元内至少1个居住空间日照标准不应低于冬至日日照时数2h。

5.2.2 每间居室应按不小于6.00m²/床确定使用面积。

5.2.3 居室设计应符合下列规定：

1 单人间居室使用面积不应小于10.00m²，双人间居室使用面积不应小于16.00m²。

2 护理型床位的多人间居室，床位数不应大于6床；非护理型床位的多人间居室，床位数不应大于4床。床与床之间应有为保护个人隐私进行空间分隔的措施。

3 居室的净高不宜低于2.40m；当利用坡屋顶空间作为居室时，最低处距地面净高不应低于2.10m，且低于2.40m高度部分面积不应大于室内使用面积的1/3。

4 居室内应留有轮椅回转空间，主要通道的净宽不应小于1.05m，床边留有护理、急救操作空间，相邻床位的长边间距不应小于0.80m。

5 居室门窗应采取安全防护措施及方便老年人辨识的措施。

5.6 交通空间

5.6.1 老年人使用的交通空间应清晰、明确、易于识别，且有规范、系统的提示标识；失智老年人使用的交通空间，线路组织应便捷、连贯。

5.6.2 老年人使用的出入口和门厅应符合下列规定：

1 宜采用平坡出入口，平坡出入口的地面坡度不应大于1/20，有条件时不宜大于1/30。

2 出入口严禁采用旋转门。

3 出入口的地面、台阶、踏步、坡道等均应采用防滑材料铺装，应有防止积水的措施，严寒、寒冷地区宜采取防结冰措施。

4 出入口附近应设助行器和轮椅停放区。

5.6.3 老年人使用的走廊,通行净宽不应小于1.80m,确有困难时不应小于1.40m;当走廊的通行净宽大于1.40m且小于1.80m时,走廊中应设通行净宽不小于1.80m的轮椅错车空间,错车空间的间距不宜大于15.00m。

5.6.4 二层及以上楼层、地下室、半地下室设置老年人用房时应设电梯,电梯应为无障碍电梯,且至少1台能容纳担架。

5.6.5 电梯应作为楼层间供老年人使用的主要垂直交通工具,且应符合下列规定:

1 电梯的数量应综合设施类型、层数、每层面积、设计床位数或老年人数、用房功能与规模、电梯主要技术参数等因素确定。为老年人居室使用的电梯,每台电梯服务的设计床位数不应大于120床。

2 电梯的位置应明显易找,且宜结合老年人用房和建筑出入口位置均衡设置。

5.6.6 老年人使用的楼梯严禁采用弧形楼梯和螺旋楼梯。

5.6.7 老年人使用的楼梯应符合下列规定:

1 梯段通行净宽不应小于1.20m,各级踏步应均匀一致,楼梯缓步平台内不应设置踏步。

2 踏步前缘不应突出,踏面下方不应透空。

3 应采用防滑材料饰面,所有踏步上的防滑条、警示条等附着物均不应突出踏面。

5.7 建筑细部

5.7.1 老年人照料设施建筑的主要老年人用房采光窗宜符合表5.7.1的窗地面积比规定。

主要老年人用房的窗地面积比 表5.7.1

房间名称	窗地面积比(A_c/A_d)
单元起居厅、老年人集中使用的餐厅、居室、休息室、文娱与健身用房、康复与医疗用房	≥1:6
公用卫生间、盥洗室	≥1:9

注:A_c—窗洞口面积;A_d—地面面积。

5.7.2 老年人用房东西向开窗时,宜采取有效的遮阳措施。

5.7.3 老年人使用的门,开启净宽应符合下列规定:

1 老年人用房的门不应小于0.80m,有条件时,不宜小于0.90m。

2 护理型床位居室的门不应小于1.10m。

3 建筑主要出入口的门不应小于1.10m。

4 含有2个或多个门扇的门,至少应有1个门扇的开启净宽不小于0.80m。

6 专 门 要 求

6.1 无障碍设计

6.1.1 老年人照料设施内供老年人使用的场地及用房均应进行无障碍设计,并应符合国家现行有关标准的规定。无障碍设计具体部位应符合表6.1.1的规定。

老年人照料设施场地及建筑无障碍设计的具体部位 表6.1.1

场地	道路及停车场	主要出入口、人行道、停车场
	广场及绿地	活动场地、服务设施、活动设施、休憩设施

续表

建筑	交通空间	主要出入口、门厅、走廊、楼梯、坡道、电梯
	生活用房	居室、休息室、单元起居厅、餐厅、卫生间、盥洗室、浴室
	文娱与健身用房	开展各类文娱、健身活动的用房
	康复与医疗用房	康复室、医务室及其他医疗服务用房
	管理服务用房	入住登记室、接待室等窗口部门用房

6.1.2 经过无障碍设计的场地和建筑空间均应满足轮椅进入的要求，通行净宽不应小于0.80m，且应留有轮椅回转空间。

6.1.3 老年人使用的室内外交通空间，当地面有高差时，应设轮椅坡道连接，且坡度不应大于1/12。当轮椅坡道的高度大于0.10m时，应同时设无障碍台阶。

6.1.4 交通空间的主要位置两侧应设连续扶手。

6.1.5 卫生间、盥洗室、浴室，以及其他用房中供老年人使用的盥洗设施，应选用方便无障碍使用的洁具。

6.5 噪声控制与声环境设计

6.5.1 老年人照料设施应位于现行国家标准《声环境质量标准》GB 3096规定的0类、1类或2类声环境功能区。

6.5.2 当供老年人使用的室外活动场地位于2类声环境功能区时，宜采取隔声降噪措施。

6.5.3 老年人照料设施的老年人居室和老年人休息室不应与电梯井道、有噪声振动的设备机房等相邻布置。

6.5.4 老年人用房室内允许噪声级应符合表6.5.4的规定。

老年人用房室内允许噪声级　　　　表6.5.4

房间类别		允许噪声级（等效连续A声级，dB）	
		昼间	夜间
生活用房	居室	≤40	≤30
	休息室	≤40	
文娱与健身用房		≤45	
康复与医疗用房		≤40	

7 建筑设备

7.2.1 老年人照料设施在严寒和寒冷地区应设集中供暖系统，在夏热冬冷地区应设安全可靠的供暖设施。采用电加热供暖应符合国家现行标准的规定。

7.2.5 散热器、热水辐射供暖分集水器必须有防止烫伤的保护措施。

十一、《城市公共厕所设计标准》CJJ 14—2016（节选）
3 基 本 规 定

3.0.4 公共厕所应分为固定式和活动式两种类别，固定式公共厕所应包括独立式和附属式；公共厕所的设计和建设应根据公共厕所的位置和服务对象按相应类别的设计要求进行。

3.0.5 独立式公共厕所应按周边环境和建筑设计要求分为一类、二类和三类。独立式公共厕所类别的设置应符合表3.0.5的规定。

独立式公共厕所类别　　　　　　　　　　表3.0.5

设置区域	类别
商业区、重要公共设施、重要交通客运设施，公共绿地及其他环境要求高的区域	一类
城市主、次干路及行人交通量较大的道路沿线	二类
其他街道	三类

注：独立式公共厕所的二类、三类分别为设置区域的最低标准。

3.0.6 附属式公共厕所应按场所和建筑设计要求分为一类和二类。附属式公共厕所类别的设置应符合表3.0.6的规定。

附属式公共厕所类别　　　　　　　　　　表3.0.6

设置场所	类别
大型商场、宾馆、饭店、展览馆、机场、车站、影剧院、大型体育场馆、综合性商业大楼和二、三级医院等公共建筑	一类
一般商场（含超市）、专业性服务机关单位、体育场馆和一级医院等公共建筑	二类

注：附属式公共厕所的二类为设置场所的最低标准。

3.0.7 应急和不宜建设固定式厕所的公共场所，应设置活动式厕所。

3.0.8 独立式公共厕所平均每厕位建筑面积指标（以下简称厕位面积指标）应为：一类：$5 \sim 7 m^2$；二类：$3 \sim 4.9 m^2$；三类：$2 \sim 2.9 m^2$。

4.1 厕位比例和厕位数量

4.1.1 在人流集中的场所，女厕位与男厕位（含小便站位，下同）的比例不应小于2∶1。

4.1.2 在其他场所，男女厕位比例可按下式计算：

$$R = 1.5w/m \qquad (4.1.2)$$

式中　R——女厕位数与男厕位数的比值；

　　　1.5——女性与男性如厕占用时间比值；

　　　w——女性如厕测算人数；

　　　m——男性如厕测算人数。

4.1.3 公共厕所男女厕位的数量应按本章第4.2节的相关规定确定。

4.1.4 公共厕所男女厕位（坐位、蹲位和站位）与其数量宜符合表4.1.4-1和表4.1.4-2的规定。

男厕位及数量（个）　　　　　　　　　　表4.1.4-1

男厕位总数	坐位	蹲位	站位
1	0	1	0
2	0	1	1
3	1	1	1
4	1	1	2

续表

男厕位总数	坐位	蹲位	站位
5～10	1	2～4	2～5
11～20	2	4～9	5～9
21～30	3	9～13	9～14

注：表中厕位不包含无障碍厕位。

女厕位及数量（个） 表 4.1.4-2

女厕位总数	坐位	蹲位
1	0	1
2	1	1
3～6	1	2～5
7～10	2	5～8
11～20	3	8～17
21～30	4	17～26

注：表中厕位不包含无障碍厕位。

4.1.5 当公共厕所建筑面积为70m²，女厕位与男厕位比例宜为2∶1，厕位面积指标宜为4.67m²/位，女厕占用面积宜为男厕的2.39倍（图4.1.5）。

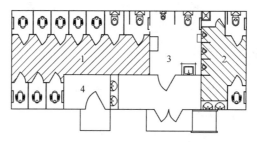

图4.1.5　女厕位与男厕位比例2∶1示意图
1—女厕；2—男厕；3—第三卫生间；4—管理间

4.1.6 当公共厕所建筑面积为70m²，女厕位与男厕位比例应为3∶2，厕位面积指标宜为4.67m²/位，女厕占用面积宜为男厕的1.77倍（图4.1.6）。

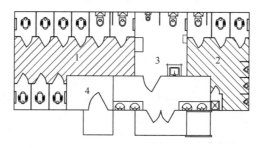

图4.1.6　女厕位与男厕位比例3∶2示意图
1—女厕；2—男厕；3—第三卫生间；4—管理间

十二、《装配式住宅建筑设计标准》JGJ/T 398—2017（节选）

按照装配式住宅的建筑结构体和建筑内装体中全部或部分部件部品采用装配方式建造分类，装配式住宅可分为三大主要类型：一是建筑结构体和建筑内装体均采用装配式建造的住宅建筑；二是主要以建筑结构体采用装配式建造的住宅建筑；三是主要以建筑内装体采用装配式建造的住宅建筑。装配式住宅按建筑主体结构类型分类，其主要类型也可分为装配式混凝土结构、钢结构、木结构以及混合结构住宅建筑等。

装配式住宅围护结构体系通常根据建筑结构体系确定其是建筑结构体还是建筑内装体的组成部分，在剪力墙结构体系中，围护结构通常是建筑结构体的组成部分；在框架结构体系中，围护结构通常是建筑内装体的组成部分。装配式住宅公共设备及管线体系是建筑结构体的组成内容，套内设备及管线体系是建筑内装体的组成内容。

3 基 本 规 定

3.0.1 装配式住宅的安全性能、适用性能、耐久性能、环境性能、经济性能和适老性能等应符合国家现行标准的相关规定。

3.0.2 装配式住宅应在建筑方案设计阶段进行整体技术策划，对技术选型、技术经济可行性和可建造性进行评估，科学合理地确定建造目标与技术实施方案。整体技术策划应包括下列内容：

1. 概念方案和结构选型的确定；
2. 生产部件部品工厂的技术水平和生产能力的评定；
3. 部件部品运输的可行性与经济性分析；
4. 施工组织设计及技术路线的制定；
5. 工程造价及经济性的评估

3.0.3 装配式住宅建筑设计宜采用住宅建筑通用体系，以集成化建造为目标实现部件部品的通用化、设备及管线的规格化。

3.0.4 装配式住宅建筑应符合建筑结构体和建筑内装体的一体化设计要求，其一体化技术集成应包括下列内容：

1. 建筑结构体的系统及技术集成；
2. 建筑内装体的系统及技术集成；
3. 围护结构的系统及技术集成；
4. 设备及管线的系统及技术集成

3.0.5 装配式住宅建筑设计宜将建筑结构体与建筑内装体、设备管线分离。

3.0.6 装配式住宅建筑设计应满足标准化与多样化要求，以少规格多组合的原则进行设计，应包括下列内容：

1. 建造集成体系通用化；
2. 建筑参数模数化和规格化；
3. 套型标准化和系列化；
4. 部件部品定型化和通用化。

3.0.7 装配式住宅建筑设计应遵循模数协调原则，并应符合现行国家标准《建筑模数协调标准》GB/T 50002 的有关规定。

3.0.8 装配式住宅设计除应满足建筑结构体的耐久性要求，还应满足建筑内装体的可变性和适应性要求。

3.0.9 装配式住宅建筑设计选择结构体系类型及部件部品种类时，应综合考虑使用功能、生产、施工、运输和经济性等因素。

3.0.10 装配式住宅主体部件的设计应满足通用性和安全可靠要求。

3.0.11 装配式住宅内装部品应具有通用性和互换性，满足易维护的要求。

3.0.12 装配式住宅建筑设计应满足部件生产、运输、存放、吊装施工等生产与施工组织设计的要求。

3.0.13 装配式住宅应满足建筑全寿命期要求，应采用节能环保的新技术、新工艺、新材料和新设备。

4 建 筑 设 计

4.1 平面与空间

4.1.1 装配式住宅平面与空间设计应采用标准化与多样化相结合的模块化设计方法，并应符合下列规定：

    1 套型基本模块应符合标准化与系列化要求；
    2 套型基本模块应满足可变性要求；
    3 基本模块应具有部件部品的通用性；
    4 基本模块应具有组合的灵活性。

4.1.2 装配式住宅建筑设计应符合建筑全寿命期的空间适应性要求。平面宜简单规整，宜采用大空间布置方式。

4.1.3 装配式住宅平面设计宜将用水空间集中布置，并应结合功能和管线要求合理确定厨房和卫生间的位置。

4.1.4 装配式住宅设备及管线应集中紧凑布置，宜设置在共用空间部位。

4.1.5 装配式住宅形体及其部件的布置应规则，并应符合现行国家标准《建筑抗震设计规范》GB 50011 的规定。

4.2 模数协调

4.2.1 装配式住宅建筑设计应通过模数协调实现建筑结构体和建筑内装体之间的整体协调。

4.2.2 装配式住宅建筑设计应采用基本模数或扩大模数，部件部品的设计、生产和安装等应满足尺寸协调的要求。

4.2.3 装配式住宅建筑设计应在模数协调的基础上优化部件部品尺寸和种类，并应确定各部件部品的位置和边界条件。

4.2.4 装配式住宅主体部件和内装部品宜采用模数网格定位方法。

4.2.5 装配式住宅的建筑结构体宜采用扩大模数 $2nM$、$3nM$ 模数数列。

4.2.6 装配式住宅的建筑内装体宜采用基本模数或分模数，分模数宜为 $M/2$、$M/5$。

4.2.7 装配式住宅层高和门窗洞口高度宜采用竖向基本模数和竖向扩大模数数列，竖向扩大模数数列宜采用 nM。

4.2.8 厨房空间尺寸应符合国家现行标准《住宅厨房及相关设备基本参数》GB/T 11228 和《住宅厨房模数协调标准》JGJ/T 262 的规定。

4.2.9 卫生间空间尺寸应符合国家现行标准《住宅卫生间功能及尺寸系列》GB/T 11977

和《住宅卫生间模数协调标准》JGJ/T 263的规定。

4.3 设计协同

4.3.1 装配式住宅建筑设计应采用设计协同的方法。

4.3.2 装配式住宅建筑设计应满足建筑、结构、给水排水、燃气、供暖、通风与空调设施、强弱电和内装等各专业之间设计协同的要求。

4.3.3 装配式住宅应满足建筑设计、部件部品生产运输、装配施工、运营维护等各阶段协同的要求。

4.3.4 装配式住宅建筑设计宜采用建筑信息模型技术，并将设计信息与部件部品的生产运输、装配施工和运营维护等环节衔接。

4.3.5 装配式住宅的施工图设计文件应满足部件部品的生产施工和安装要求，在建筑工程文件深度规定基础上增加部件部品设计图。

6 建筑内装体及内装部品

6.1 建筑内装体

6.1.1 建筑内装体设计应满足内装部品的连接、检修更换、物权归属和设备及管线使用年限的要求，并应符合下列规定：

  1 共用内装部品不宜设置在套内专用空间内；
  2 设计使用年限较短内装部品的检修更换应避免破坏设计使用年限较长的内装部品；
  3 套内内装部品的检修更换应不影响共用内装部品和其他内装部品的使用。

6.1.2 装配式住宅应采用装配式内装建造方法，并应符合下列规定：

  1 采用工厂化生产的集成化内装部品；
  2 内装部品具有通用性和互换性；
  3 内装部品便于施工安装和使用维修。

6.1.3 装配式住宅建筑设计应合理确定建筑内装体的装配率，装配率应符合现行国家标准《装配式建筑评价标准》GB/T 51129的相关规定。

6.1.4 建筑内装体的设计宜满足干式工法施工的要求。

6.1.5 部品应采用标准化接口，部品接口应符合部品与管线之间、部品之间连接的通用性要求。

6.1.6 装配式住宅应采用装配式隔墙、吊顶和楼地面等集成化部品。

6.1.7 装配式住宅宜采用单元模块化的厨房、卫生间和收纳，并应符合下列规定：

  1 厨房设计应符合干式工法施工的要求，宜优先选用标准化系列化的整体厨房；
  2 卫生间设计应符合干式工法施工和同层排水的要求，宜优先选用设计标准化系列化的整体卫浴；
  3 收纳空间设计应遵循模数协调原则，宜优先选用标准化系列化的整体收纳。

6.1.8 内装部品、设备及管线应便于检修更换，且不影响建筑结构体的安全性。

6.1.9 内装部品、材料和施工的住宅室内污染物限值应符合现行国家标准《住宅设计规范》GB 50096的相关规定。

6.2 隔墙、吊顶和楼地面部品

6.2.1 装配式隔墙、吊顶和楼地面部品设计应符合抗震、防火、防水、防潮、隔声和保温等国家现行相关标准的规定，并满足生产、运输和安装等要求。

6.2.2 装配式隔墙部品应采用轻质内隔墙，并应符合下列规定：
    1 隔墙空腔内可敷设管线；
    2 隔墙上固定或吊挂物件的部位应满足结构承载力的要求；
    3 隔墙施工应符合干式工法施工和装配化安装的要求。

6.2.3 装配式吊顶部品内宜设置可敷设管线的空间，厨房、卫生间的吊顶宜设有检修口。

6.2.4 宜采用可敷设管线的架空地板系统的集成化部品。

6.3 整体厨房、整体卫浴和整体收纳

6.3.1 整体厨房、整体卫浴和整体收纳应采用标准化内装部品，选型和安装应与建筑结构体一体化设计施工。

6.3.2 整体厨房的给水排水、燃气管线等应集中设置、合理定位，并应设置管道检修口。

6.3.3 整体卫浴设计应符合下列规定：
    1 套内共用卫浴空间应优先采用干湿分区方式；
    2 应优先采用内拼式部品安装；
    3 同层排水架空层地面完成面高度不应高于套内地面完成面高度。

6.3.4 整体卫浴的给水排水、通风和电气等管道管线应在其预留空间内安装完成。

6.3.5 整体卫浴应在与给水排水、电气等系统预留的接口连接处设置检修口。

7 围 护 结 构

7.1 一般规定

7.1.1 装配式住宅节能设计应符合国家现行建筑节能设计标准对体形系数、窗墙面积比和围护结构热工性能等的相关规定。

7.1.2 装配式住宅围护结构应根据建筑结构体的类型和地域气候特征合理选择装配式围护结构形式。

7.1.3 建筑外围护墙体设计应符合外立面多样化要求。

7.1.4 建筑外围护墙体应减少部件部品种类，并应满足生产、运输和安装的要求。

7.1.5 装配式住宅外墙宜合理选用装配式预制钢筋混凝土墙、轻型板材外墙。

7.1.6 装配式住宅外墙材料应满足住宅建筑规定的耐久性能和结构性能的要求。

7.1.7 钢结构住宅的外墙板宜采用复合结构和轻质板材，宜选用下列新型外墙系统：
    1 蒸压加气混凝土类材料外墙；
    2 轻质混凝土空心类材料外墙；
    3 轻钢龙骨复合类材料外墙；
    4 水泥基复合类材料外墙。

7.2 外墙与门窗

7.2.1 钢筋混凝土结构预制外墙及钢结构外墙板的构造设计应综合考虑生产施工条件。接缝及门窗洞口等部位的构造节点应符合国家现行标准的相关规定。

7.2.2 供暖地区的装配式住宅外墙应采取防止形成热桥的构造措施。采用外保温的混凝土结构预制外墙与梁、板、柱、墙的连接处，应保持墙体保温材料的连续性。

7.2.3 装配式住宅当采用钢筋混凝土结构预制夹心保温外墙时，其穿透保温材料的连接件应有防止形成热桥的措施。

7.2.4 装配式住宅外墙板的接缝等防水薄弱部位，应采用材料防水、构造防水和结构防

水相结合的做法。

7.2.5 装配式住宅外墙外饰面宜在工厂加工完成，不宜采用现场后贴面砖或外挂石材的做法。

7.2.6 装配式住宅外门窗应采用标准化的系列部品。

7.2.7 装配式住宅门窗应与外墙可靠连接，满足抗风压、气密性及水密性要求，并宜采用带有批水板等的集成化门窗配套系列部品。

十三、《装配式住宅设计选型标准》JGJ/T 494—2022（节选）

3 基本规定

3.0.1 装配式住宅应采用设计选型方法，基于通用部品部件，结合满足项目需求的非通用部品部件进行设计，并应遵循下列原则：

1 应以实现住宅性能目标为基础；
2 应基于系统集成的理念统筹各专业之间的协同；
3 应以工业化建造的思维进行设计、生产、施工、运维等全过程的协调；
4 应少规格、多组合。

3.0.2 装配式住宅应以整体项目为对象，技术策划时应科学合理地制定部品部件及其接口的设计选型方案。

3.0.3 设计选型应包括下列内容：

1 技术体系、技术选型和系统集成设计；
2 部品部件及接口的设计选型和产品集成设计；
3 结合工程中部品部件在生产、储存、组装及现场安装的实际情况与条件，对部品部件及接口等进行设计优化。

3.0.4 装配式住宅应优先选用技术体系成熟、生产工艺完整、安装方法规范、质量保障配套的通用部品部件及其接口。

3.0.5 设计选型中部品部件的尺寸标注形式与内容应符合下列规定：

1 在整体设计图纸中，部品部件的几何尺寸、定位尺寸等可采用标志尺寸；在部品部件的制作、组装及安装等详图中，部品部件的几何尺寸、定位尺寸及部品部件的分尺寸等宜采用制作尺寸，且部品部件应有明确、统一的定位线或基准面。

2 设计选型应对部品部件在制作、组装、安装等过程中的尺寸允许偏差、偏差累积与消除、质量检验与验收标准等内容提出要求。

3.0.6 接口的设计选型应与部品部件相协调，并应符合下列规定：

1 接口性能应满足建筑性能的要求；
2 接口尺寸的选用应考虑相关部品部件的制作及安装允许偏差、组装方式及安装顺序等影响，并应具备容差的能力；
3 在建筑使用阶段需要检修、更换的部品，其接口应符合可逆安装的要求。

3.0.7 通用部品部件的参数应纳入统一的数据库，数据库应支持建造全过程的设计协同和建筑全寿命期的信息共享与有效传递。

4 建筑设计

4.0.1 建筑设计应采用设计选型的方法，统筹各专业对部品部件及其接口进行系统集成。

4.0.2 装配式住宅应根据使用功能建立不同层级模块，并应符合下列规定：

1 装配式住宅应由功能模块组合成套型模块，再由套型模块和交通核模块组合成单元模块，最后由单元模块组合成楼栋；

2 功能模块应由部品部件通过标准化的接口组成，并应满足功能要求；

3 功能模块应包括空间尺寸、空间内部品部件等，应优先选用通用部品部件，应优先确定功能复杂、部品较多的功能模块。

4.0.3 建筑设计确定功能模块尺寸时应与结构、外围护、设备与管线、内装修等系统通用部品部件的选型相结合，装配式住宅功能空间的优先尺寸应符合现行行业标准《工业化住宅尺寸协调标准》JGJ/T 445 的有关规定。

4.0.4 交通核模块设计应包括楼梯间、电梯间、公共管道井及公共走道等的尺寸确定、组合形式、管线布置等内容，并应符合下列规定：

1 楼梯间尺寸应统一。

2 电梯井道尺寸的确定应在电梯选型的基础上进行，并应符合无障碍设计要求。

3 建筑方案设计阶段，建筑专业应与机电专业协同确定公共管道井的位置及尺寸，管道井宜采用方形或矩形截面。

4.0.5 厨房和卫生间进行设计选型时，建筑专业应与机电专业、内装修专业协同确定技术方案、产品规格尺寸和预留装配空间尺寸，宜选用通用部品部件，并应符合下列规定：

1 厨卫的设备与管线应与主体结构相分离；卫生间采用同层排水技术时，应根据管道工况确定降板高度。

2 当采用整体卫生间时，空间的尺寸应根据整体卫生间部品的选型确定，并应符合现行行业标准《装配式整体卫生间应用技术标准》JGJ/T 467 的有关规定。

3 当采用集成式卫生间、集成式厨房时，应根据功能需求确定空间尺寸，并应考虑人员活动空间的尺寸要求、部品与结构或隔墙的接口做法等。

4.0.6 装配式住宅平面应通过模块的排列组合结合结构构件的布置择优确定，并应符合下列规定：

1 平面宜采用大空间的布置方式；

2 平面布置应规则，承重构件布置应上下对齐贯通，外墙洞口应规整有序；

3 宜将厨房、卫生间等用水空间集中布置，结合功能与管线要求确定各功能模块的位置。

4.0.7 装配式住宅立面设计应符合下列规定：

1 应灵活选用外墙板、外门窗、幕墙、阳台板、空调板及遮阳设施等通用部品部件形成丰富的立面效果；

2 可通过部品部件的材质或色彩形成有秩序的变化和有规律的重复，实现立面的多样性。

6 外围护系统

6.0.1 外围护系统应根据住宅的地理位置、气候条件、高度与体形，以及项目定位等，确定其性能目标，选择合适的部品部件。

6.0.2 外墙可分为基层、功能层和装饰层三部分，其设计选型应符合下列规定：

1 可选择一体化方案，即集成基层、功能层和装饰层为一体的墙板部品部件，现场配合相关接口构造可实现外墙围护的性能要求；

2 可选择组合式方案，即基层、功能层和装饰层采用多种部品部件通过现场装配实现外墙围护的性能要求；

3 当采用预制混凝土外墙板时，不宜在外侧粘贴保温层、现场抹灰和现场粘贴瓷砖。

6.0.3 外墙的设计选型应结合建筑立面效果进行排板设计，并应符合下列规定：

1 当选择预制混凝土外挂墙板时，可结合门窗位置选择整间板、横条板、竖条板的布置方式。整间板的宽度宜为建筑开间尺寸，高度宜为建筑层高；横条板宽度宜为1个或多个建筑开间尺寸；竖条板的高度宜为建筑层高或多个建筑层高。

2 当选择蒸压加气混凝土板等轻质条板时，应结合建筑开间尺寸和门窗洞口的布置进行排板设计，减少不规则板的使用。

3 立面设计应考虑接缝位置、接缝构造对立面效果的影响。

8 内装修系统

8.1 一般规定

8.1.1 内装修应根据项目的定位要求和国家现行标准确定性能目标，作为内装修部品选型的依据，并应优选质量稳定、品质高、耐用性强、健康环保的部品。

8.1.2 部品选型时应明确关键设计安装参数及相关要求，包括安装空间、安装方法、基层要求、与结构及机电等专业接口的前置条件及其他安装条件。

8.1.3 内装修应优先对功能复杂、空间狭小、管线集中的建筑空间进行部品选型和布置，并宜在建筑方案设计阶段进行部品选型。

8.1.4 内装修应选用集成度高的通用部品，所选部品应配套完善的系统解决方案。

8.1.5 内装修应优选安装便捷、易更换、易维护的部品，对于易损坏和经常更换的部位宜选择符合可逆安装原则的部品。

8.1.6 内装修部品选型时，应核查产品检测报告，产品性能应符合国家现行有关标准的规定。

8.1.7 板材类内装修部品选型时，应结合建筑设计，通过预排板测算，确定所采用的标准规格，减少现场裁切。

8.2 部品选型

8.2.1 隔墙与墙面系统部品的选型应符合下列规定：

1 防火、防水、防潮、隔声、抗冲击等性能应符合使用空间的功能需求和国家现行有关标准的规定；

2 隔墙应选用非砌筑免抹灰的轻质墙体，可选用龙骨隔墙、轻质条板隔墙、模块化隔墙或其他干式工法施工隔墙；

3 隔墙及墙面宜选用可实现管线分离，且空间利用率高的部品；

4 墙面部品选型应考虑后期维护的便利性，应选用易清洁、易修复、可局部更换的部品；

5 墙面部品选型时，应选用提供阴阳角、接缝、收边收口等配套的部品。

8.2.2 地面系统部品选型应满足承载力、刚度、防水、防滑、耐磨、抗冲击、隔声、防虫防鼠等相关性能的要求，并应符合下列规定：

1 可采用架空地面、非架空干铺地面或其他干式工法施工的地面，宜选用可实现管线分离的部品；

2 地面系统部品选型应考虑后期维护的便利性，应选用易清洁、易修复、可局部更换的部品；

3 地面系统与地面辐射供暖系统结合设置时，宜选用模块式集成部品；

4 地面系统应与建筑地面标高要求相协调，考虑完成面的无障碍要求；

5 应用于厨房、卫生间的地面系统应考虑耐酸碱性的要求。

8.2.3 吊顶系统宜选用与顶面设备及管线结合度高的通用部品，其性能应符合现行行业标准《建筑用集成吊顶》JG/T 413 的有关规定。

8.2.4 厨房部品的选型应结合户型设计考虑布局方案、设备管线敷设方式和路径、预留孔洞位置和尺寸及管道井位置等，并应符合下列规定：

1 厨房宜选用提供整体解决方案的部品，部品应包括楼地面、吊顶、墙面、橱柜和厨房设备及管线；

2 厨房吊顶、墙面、地面应采用燃烧性能 A 级的部品；

3 厨房应选用抗油污、易清洁的部品，燃气灶一侧的墙面应选用耐高温的部品，地面应选择防滑耐磨的部品；

4 厨房柜体宜选用与厨房设备集成度高的部品，并应与墙面有牢固的连接措施。

8.2.5 卫生间的选型应与套型设计相结合，并协调设备管线敷设方式和路径、预留孔洞位置和尺寸以及管道井位置等，宜选择集成度高的整体卫生间部品，并应符合下列规定：

1 可按如厕、淋浴、盆浴、洗漱等几种功能的排列组合进行选型；

2 宜采用干湿分离的布置方式；

3 宜选用同层排水系统技术；

4 应选用提供楼地面、吊顶、墙面和洁具设备及管线整体解决方案的技术体系。

8.2.6 室内门窗宜选用成套供应的部品，选用时应明确所采用门窗的材料、品种、规格等指标以及颜色、开启方式、安装位置、固定方式等要求。

8.2.7 收纳系统应在建筑方案设计阶段结合户型设计进行部品选型，并应符合下列规定：

1 收纳部品的位置设置与尺寸选型应与用户使用习惯和被收纳物品的尺寸相结合；

2 收纳部品选型应结合项目情况和内装总体风格设计定位，并应符合国家现行有关标准的规定。

8.3 接口选型

8.3.1 内装修宜选用通用的连接构造，接口的位置和尺寸应符合模数协调的要求，并应做到连接合理、拆装方便、使用可靠。

8.3.2 不同耐久性的部品相连接时，应考虑更换便利性进行接口设计选型。

8.3.3 部品的接口选型应符合下列规定：

1 套内部品的维修和更换不应影响公共部品的正常使用及结构的安全性；

2 先装部品应为后装部品预留接口，并与后装部品接口匹配；

3 部品连接接口应在内装修方案阶段统筹考虑接口性能、公差、接缝美观等因素影响。

第二节 建筑专项设计标准与规范

一、《建筑设计防火规范》GB 50016—2014（2018年版）（略）

《建筑设计防火规范》GB 50016—2014[①]为国家标准，自2015年5月1日起开始实施。原《建筑设计防火规范》GB 50016—2006及《高层民用建筑设计防火规范》GB 50045—95同时作废。

本次规范修订就民用建筑防火设计相关方面而言，主要在于：

（1）合并了《建筑设计防火规范》和《高层民用建筑设计防火规范》，调整了两项标准间不协调的要求，将住宅建筑的高、多层分类统一按照建筑高度划分；

（2）增加了灭火救援设施和木结构建筑两章，完善了有关灭火救援的要求，系统规定了木结构建筑的防火要求；

（3）补充了建筑保温系统的防火要求；

（4）将消防设施的设置独立成章并完善了有关内容：取消了消防给水系统、室内外消火栓系统和防烟排烟系统设计的要求，这些系统的设计要求分别由相应的国家标准作出规定；

（5）适当提高了高层住宅建筑和建筑高度大于100m的高层民用建筑的防火技术要求；

（6）补充了有顶商业步行街两侧的建筑利用该步行街进行安全疏散时的防火要求；调整补充了建材、家具、灯饰商店营业厅和展览厅的设计疏散人员密度；

（7）完善了防止建筑火灾竖向或水平蔓延的相关要求。

2018年，依据住房和城乡建设部《关于印发2018年工程建设规范和标准编制及相关工作计划的通知》（建标函[2017]306号），本次局部修订完善了老年人照料设施建筑设计的基本防火技术要求。

《建筑设计防火规范》GB 50016是我国民用及工业建筑消防领域的一本重要规范，该规范所规定的建筑设计的防火技术要求，适用于各类厂房、仓库及其辅助设施等工业建筑、公共建筑、居住建筑等民用建筑、储罐或储罐区、各类可燃材料堆场和城市交通隧道工程。因本规范是涉及人身和财产安全的重大国家规范，内容较为重要，尤其是其中的强制性条文。考生应对其进行全面充分的理解和记忆。本节不再摘录具体条款，敬请广大考生配合近年试题，对规范内容自行理解、记忆。

二、《无障碍设计规范》GB 50763—2012（节选）

3.1.1 缘石坡道应符合下列规定：

1 缘石坡道的坡面应平整、防滑；

2 缘石坡道的坡口与车行道之间宜没有高差；当有高差时，高出车行道的地面不应大于10mm；

---

① 《建筑设计防火规范》GB 50016—2014（2018年版）局部修订的条文，自2018年10月1日起实施。此次修订完善了老年人照料设施建筑设计的防火技术要求。

3 宜优先选用全宽式单面坡缘石坡道。

3.1.2　缘石坡道的坡度应符合下列规定：

　　1 全宽式单面坡缘石坡道的坡度不应大于1∶20；

　　2 三面坡缘石坡道正面及侧面的坡度不应大于1∶12；

　　3 其他形式的缘石坡道的坡度均不应大于1∶12。

3.1.3　缘石坡道的宽度应符合下列规定：

　　1 全宽式单面坡缘石坡道的宽度应与人行道宽度相同；

　　2 三面坡缘石坡道的正面坡道宽度不应小于1.20m；

　　3 其他形式的缘石坡道的坡口宽度均不应小于1.50m。

3.2.1　盲道应符合下列规定：

　　1 盲道按其使用功能可分为行进盲道和提示盲道；

　　2 盲道的纹路应凸出路面4mm高；

　　4 盲道的颜色宜与相邻的人行道铺面的颜色形成对比，并与周围景观相协调，宜采用中黄色。

3.2.2　行进盲道应符合下列规定：

　　1 行进盲道应与人行道的走向一致；

　　2 行进盲道的宽度宜为250～500mm；

　　3 行进盲道宜在距围墙、花台、绿化带250～500mm处设置。

3.3.1　无障碍出入口包括以下几种类别：

　　1 平坡出入口；

　　2 同时设置台阶和轮椅坡道的出入口；

　　3 同时设置台阶和升降平台的出入口。

3.3.2　无障碍出入口应符合下列规定：

　　1 出入口的地面应平整、防滑；

　　2 室外地面滤水箅子的孔洞宽度不应大于15mm；

　　4 除平坡出入口外，在门完全开启的状态下，建筑物无障碍出入口的平台的净深度不应小于1.50m；

　　5 建筑物无障碍出入口的门厅、过厅如设置两道门，门扇同时开启时两道门的间距不应小于1.50m；

　　6 建筑物无障碍出入口的上方应设置雨篷。

3.3.3　无障碍出入口的轮椅坡道及平坡出入口的坡度应符合下列规定：

　　1 平坡出入口的地面坡度不应大于1∶20，当场地条件比较好时，不宜大于1∶30。

3.4.1　轮椅坡道宜设计成直线形、直角形或折返形。

3.4.2　轮椅坡道的净宽度不应小于1.00m，无障碍出入口的轮椅坡道净宽度不应小于1.20m。

3.4.3　轮椅坡道的高度超过300mm且坡度大于1∶20时，应在两侧设置扶手，坡道与休息平台的扶手应保持连贯。

3.4.4　轮椅坡道的最大高度和水平长度应符合表3.4.4的规定。

轮椅坡道的最大高度和水平长度　　　　表3.4.4

坡度	1∶20	1∶16	1∶12	1∶10	1∶8
最大高度（m）	1.20	0.90	0.75	0.60	0.30
水平长度（m）	24.00	14.40	9.00	6.00	2.40

注：其他坡度可用插入法进行计算。

3.4.5 轮椅坡道的坡面应平整、防滑、无反光。

3.4.6 轮椅坡道起点、终点和中间休息平台的水平长度不应小于1.50m。

3.5.1 无障碍通道的宽度应符合下列规定：

　　1 室内走道不应小于1.20m，人流较多或较集中的大型公共建筑的室内走道宽度不宜小于1.80m；

　　2 室外通道不宜小于1.50m；

　　3 检票口、结算口轮椅通道不应小于900mm。

3.5.2 无障碍通道应符合下列规定：

　　1 无障碍通道应连续，其地面应平整、防滑、反光小或无反光，并不宜设置厚地毯；

　　2 无障碍通道上有高差时，应设置轮椅坡道；

　　3 室外通道上的雨水箅子的孔洞宽度不应大于15mm。

3.5.3 门的无障碍设计应符合下列规定：

　　1 不应采用力度大的弹簧门并不宜采用弹簧门、玻璃门；当采用玻璃门时，应有醒目的提示标志；

　　2 自动门开启后通行净宽度不应小于1.00m；

　　3 平开门、推拉门、折叠门开启后的通行净宽度不应小于800mm，有条件时，不宜小于900mm；

　　4 在门扇内外应留有直径不小于1.50m的轮椅回转空间；

　　5 在单扇平开门、推拉门、折叠门的门把手一侧的墙面，应设宽度不小于400mm的墙面；

　　6 平开门、推拉门、折叠门的门扇应设距地900mm的把手，宜设视线观察玻璃，并宜在距地350mm范围内安装护门板；

　　7 门槛高度及门内外地面高差不应大于15mm，并以斜面过渡。

3.6.1 无障碍楼梯应符合下列规定：

　　1 宜采用直线形楼梯；

　　2 公共建筑楼梯的踏步宽度不应小于280mm，踏步高度不应大于160mm；

　　3 不应采用无踢面和直角形突缘的踏步；

　　4 宜在两侧均做扶手；

　　5 如采用栏杆式楼梯，在栏杆下方宜设置安全阻挡措施；

　　6 踏面应平整防滑或在踏面前缘设防滑条；

　　7 距踏步起点和终点250～300mm宜设提示盲道。

3.6.2 台阶的无障碍设计应符合下列规定：

  1 公共建筑的室内外台阶踏步宽度不宜小于300mm，踏步高度不宜大于150mm，并不应小于100mm；

  2 踏步应防滑；

  3 三级及三级以上的台阶应在两侧设置扶手。

3.7.1 无障碍电梯的候梯厅应符合下列规定：

  1 候梯厅深度不宜小于1.50m，公共建筑及设置病床梯的候梯厅深度不宜小于1.80m；

  3 电梯门洞的净宽度不宜小于900mm。

3.7.2 无障碍电梯的轿厢应符合下列规定：

  1 轿厢门开启的净宽度不应小于800mm；

  2 在轿厢的侧壁上应设高0.90～1.10m带盲文的选层按钮，盲文宜设置于按钮旁；

  3 轿厢的三面壁上应设高850～900mm扶手，扶手应符合本规范第3.8节的相关规定；

  6 轿厢的规格应依据建筑性质和使用要求的不同而选用。最小规格为深度不应小于1.40m，宽度不应小于1.10m；中型规格为深度不应小于1.60m，宽度不应小于1.40m；医疗建筑与老人建筑宜选用病床专用电梯。

3.8.1 无障碍单层扶手的高度应为850～900mm，无障碍双层扶手的上层扶手高度应为850～900mm，下层扶手高度应为650～700mm。

3.8.2 扶手应保持连贯，靠墙面的扶手的起点和终点处应水平延伸不小于300mm的长度。

3.8.3 扶手末端应向内拐到墙面或向下延伸不小于100mm，栏杆式扶手应向下成弧形或延伸到地面上固定。

3.8.4 扶手内侧与墙面的距离不应小于40mm。

3.8.5 扶手应安装坚固，形状易于抓握。圆形扶手的直径应为35～50mm，矩形扶手的截面尺寸应为35～50mm。

3.9.1 公共厕所的无障碍设计应符合下列规定：

  1 女厕所的无障碍设施包括至少1个无障碍厕位和1个无障碍洗手盆；男厕所的无障碍设施包括至少1个无障碍厕位、1个无障碍小便器和1个无障碍洗手盆；

  2 厕所的入口和通道应方便乘轮椅者进入和进行回转，回转直径不小于1.50m；

  3 门应方便开启，通行净宽度不应小于800mm；

  4 地面应防滑、不积水。

3.9.2 无障碍厕位应符合下列规定：

  1 无障碍厕位应方便乘轮椅者到达和进出，尺寸宜做到2.00m×1.50m，不应小于1.80m×1.00m；

  2 无障碍厕位的门宜向外开启，如向内开启，需在开启后厕位内留有直径不小于1.50m的轮椅回转空间，门的通行净宽不应小于800mm，平开门外侧应设高900mm的横扶把手，在关闭的门扇里侧设高900mm的关门拉手，并应采用门外可紧急开启的插销；

3 厕位内应设坐便器，厕位两侧距地面700mm处应设长度不小于700mm的水平安全抓杆，另一侧应设高1.40m的垂直安全抓杆。

3.9.3 无障碍厕所的无障碍设计应符合下列规定：

　　1 位置宜靠近公共厕所，应方便乘轮椅者进入和进行回转，回转直径不小于1.50m；

　　2 面积不应小于4.00m²；

　　3 当采用平开门，门扇宜向外开启，如向内开启，需在开启后留有直径不小于1.50m的轮椅回转空间，门的通行净宽度不应小于800mm，平开门应设高900mm的横扶把手，在门扇里侧应采用门外可紧急开启的门锁。

3.9.4 厕所里的其他无障碍设施应符合下列规定：

　　1 无障碍小便器下口距地面高度不应大于400mm，小便器两侧应在离墙面250mm处，设高度为1.20m的垂直安全抓杆，并在离墙面550mm处，设高度为900mm的水平安全抓杆，与垂直安全抓杆连接；

　　2 无障碍洗手盆的水嘴中心距侧墙应大于550mm，其底部应留出宽750mm、高650mm、深450mm供乘轮椅者膝部和足尖部的移动空间，并在洗手盆上方安装镜子，出水龙头宜采用杠杆式水龙头或感应式自动出水方式；

　　3 安全抓杆应安装牢固，直径应为30～40mm，内侧距墙不应小于40mm；

　　4 取纸器应设在坐便器的侧前方，高度为400～500mm。

3.12.4 无障碍住房及宿舍的其他规定：

　　1 单人卧室面积不应小于7.00m²，双人卧室面积不应小于10.50m²，兼起居室的卧室面积不应小于16.00m²，起居室面积不应小于14.00m²，厨房面积不应小于6.00m²；

　　2 设坐便器、洗浴器（浴盆或淋浴）、洗面盆三件卫生洁具的卫生间面积不应小于4.00m²；设坐便器、洗浴器二件卫生洁具的卫生间面积不应小于3.00m²；设坐便器、洗面盆二件卫生洁具的卫生间面积不应小于2.50m²；单设坐便器的卫生间面积不应小于2.00m²；

　　3 供乘轮椅者使用的厨房，操作台下方净宽和高度都不应小于650mm，深度不应小于250mm；

　　4 居室和卫生间内应设求助呼叫按钮。

3.13.1 轮椅席位应设在便于到达疏散口及通道的附近，不得设在公共通道范围内。

3.13.2 观众厅内通往轮椅席位的通道宽度不应小于1.20m。

3.13.3 轮椅席位的地面应平整、防滑，在边缘处宜安装栏杆或栏板。

3.13.4 每个轮椅席位的占地面积不应小于1.10m×0.80m。

3.14.1 应将通行方便、行走距离路线最短的停车位设为无障碍机动车停车位。

3.14.3 无障碍机动车停车位一侧，应设宽度不小于1.20m的通道，供乘轮椅者从轮椅通道直接进入人行道和到达无障碍出入口。

3.15.1 设置低位服务设施的范围包括问询台、服务窗口、电话台、安检验证台、行李托运台、借阅台、各种业务台、饮水机等。

3.15.2 低位服务设施上表面距地面高度宜为700～850mm，其下部宜至少留出宽

750mm，高 650mm，深 450mm 供乘轮椅者膝部和足尖部的移动空间。

3.15.3 低位服务设施前应有轮椅回转空间，回转直径不小于 1.50m。

3.15.4 挂式电话离地不应高于 900mm。

7.3.3 停车场和车库应符合下列规定：

  1 居住区停车场和车库的总停车位应设置不少于 0.5% 的无障碍机动车停车位；若设有多个停车场和车库，宜每处设置不少于 1 个无障碍机动车停车位；

  2 地面停车场的无障碍机动车停车位宜靠近停车场的出入口设置。有条件的居住区宜靠近住宅出入口设置无障碍机动车停车位；

  3 车库的人行出入口应为无障碍出入口。设置在非首层的车库应设无障碍通道与无障碍电梯或无障碍楼梯连通，直达首层。

7.4.2 居住建筑的无障碍设计应符合下列规定：

  1 设置电梯的居住建筑应至少设置 1 处无障碍出入口，通过无障碍通道直达电梯厅；未设置电梯的低层和多层居住建筑，当设置无障碍住房及宿舍时，应设置无障碍出入口；

  2 设置电梯的居住建筑，每居住单元至少应设置 1 部能直达户门层的无障碍电梯。

7.4.3 居住建筑应按每 100 套住房设置不少于 2 套无障碍住房。

7.4.4 无障碍住房及宿舍宜建于底层。当无障碍住房及宿舍设在二层及以上且未设置电梯时，其公共楼梯应满足本规范第 3.6 节的有关规定。

7.4.5 宿舍建筑中，男女宿舍应分别设置无障碍宿舍，每 100 套宿舍各应设置不少于 1 套无障碍宿舍；当无障碍宿舍设置在二层以上且宿舍建筑设置电梯时，应设置不少于 1 部无障碍电梯，无障碍电梯应与无障碍宿舍以无障碍通道连接。

8.1.1 公共建筑基地的无障碍设计应符合下列规定：

  1 建筑基地的车行道与人行通道地面有高差时，在人行通道的路口及人行横道的两端应设缘石坡道；

  2 建筑基地的广场和人行通道的地面应平整、防滑、不积水；

  3 建筑基地的主要人行通道当有高差或台阶时应设置轮椅坡道或无障碍电梯。

8.1.2 建筑基地内总停车数在 100 辆以下时应设置不少于 1 个无障碍机动车停车位，100 辆以上时应设置不少于总停车数 1% 的无障碍机动车停车位。

8.1.3 公共建筑的主要出入口宜设置坡度小于 1:30 的平坡出入口。

8.1.5 当设有各种服务窗口、售票窗口、公共电话台、饮水器等时应设置低位服务设施。

8.2.2 办公众办理业务与信访接待的办公建筑的无障碍设施应符合下列规定：

  1 建筑的主要出入口应为无障碍出入口；

  2 建筑出入口大厅、休息厅、贵宾休息室、疏散大厅等人员聚集场所有高差或台阶时应设轮椅坡道，宜提供休息座椅和可以放置轮椅的无障碍休息区；

  3 公众通行的室内走道应为无障碍通道，走道长度大于 60.00m 时，宜设休息区，休息区应避开行走路线；

  4 供公众使用的楼梯宜为无障碍楼梯。

8.2.3 其他办公建筑的无障碍设施应符合下列规定：

  1 建筑物至少应有 1 处为无障碍出入口，且宜位于主要出入口处；

3 多功能厅、报告厅等至少应设置1个轮椅座席。

8.3.2 教育建筑的无障碍设施应符合下列规定：

1 凡教师、学生和婴幼儿使用的建筑物主要出入口应为无障碍出入口、宜设置为平坡出入口；

2 主要教学用房应至少设置1部无障碍楼梯。

8.7.2 文化类建筑的无障碍设施应符合下列规定：

1 建筑物至少应有1处为无障碍出入口，且宜位于主要出入口处；

2 建筑出入口大厅、休息厅（贵宾休息厅）、疏散大厅等主要人员聚集场所有高差或台阶时应设轮椅坡道，宜设置休息座椅和可以放置轮椅的无障碍休息区；

3 公众通行的室内走道及检票口应为无障碍通道，走道长度大于60.00m，宜设休息区，休息区应避开行走路线；

4 供公众使用的主要楼梯宜为无障碍楼梯；

6 公共餐厅应提供总用餐数2%的活动座椅，供乘轮椅者使用。

8.8.2 商业服务建筑的无障碍设计应符合下列规定：

1 建筑物至少应有1处为无障碍出入口，且宜位于主要出入口处；

2 公众通行的室内走道应为无障碍通道；

4 供公众使用的主要楼梯应为无障碍楼梯。

8.8.3 旅馆等商业服务建筑应设置无障碍客房，其数量应符合下列规定：

1 100间以下，应设1～2间无障碍客房；

2 100～400间，应设2～4间无障碍客房；

3 400间以上，应至少设4间无障碍客房。

8.10.1 公共停车场（库）应设置无障碍机动车停车位，其数量应符合下列规定：

1 Ⅰ类公共停车场（库）应设置不少于停车数量2%的无障碍机动车停车位；

2 Ⅱ类及Ⅲ类公共停车场（库）应设置不少于停车数量2%，且不少于2个无障碍机动车停车位；

3 Ⅳ类公共停车场（库）应设置不少于1个无障碍机动车停车位。

8.13.2 城市公共厕所的无障碍设计应符合下列规定：

1 出入口应为无障碍出入口；

2 在两层公共厕所中，无障碍厕位应设在地面层；

3 女厕所的无障碍设施包括至少1个无障碍厕位和1个无障碍洗手盆；男厕所的无障碍设施包括至少1个无障碍厕位、1个无障碍小便器和1个无障碍洗手盆；并应满足本规范第3.9.1条的有关规定；

4 宜在公共厕所旁另设1处无障碍厕所；

5 厕所内的通道应方便乘轮椅者进出和回转，回转直径不小于1.50m；

6 门应方便开启，通行净宽度不应小于800mm；

7 地面应防滑、不积水。

三、《绿色建筑评价标准》GB/T 50378—2019（节选）

2019版《绿色建筑评价标准》修订的主要技术内容是：

（1）重新构建了绿色建筑评价技术的指标体系；

（2）调整了绿色建筑的评价时间节点；

（3）增加了绿色建筑等级；

（4）拓展了绿色建筑内涵；

（5）提高了绿色建筑性能要求。

4 安全耐久

4.1 控制项

4.1.1 场地应避开滑坡、泥石流等地质危险地段，易发生洪涝地区应有可靠的防洪涝基础设施；场地应无危险化学品、易燃易爆危险源的威胁，应无电磁辐射、含氡土壤的危害。

4.1.2 建筑结构应满足承载力和建筑使用功能要求。建筑外墙、屋面、门窗、幕墙及外保温等围护结构应满足安全、耐久和防护的要求。

4.1.3 外遮阳、太阳能设施、空调室外机位、外墙花池等外部设施应与建筑主体结构统一设计、施工，并应具备安装、检修与维护条件。

4.1.4 建筑内部的非结构构件、设备及附属设施等应连接牢固并能适应主体结构变形。

4.1.5 建筑外门窗必须安装牢固，其抗风压性能和水密性能应符合国家现行有关标准的规定。

4.1.6 卫生间、浴室的地面应设置防水层，墙面、顶棚应设置防潮层。

4.1.7 走廊、疏散通道等通行空间应满足紧急疏散、应急救护等要求，且应保持畅通。

4.1.8 应具有安全防护的警示和引导标识系统。

5 健康舒适

5.1 控制项

5.1.1 室内空气中的氨、甲醛、苯、总挥发性有机物、氡等污染物浓度应符合现行国家标准《室内空气质量标准》GB/T 18883 的有关规定。建筑室内和建筑主出入口处应禁止吸烟，并应在醒目位置设置禁烟标志。

5.1.2 应采取措施避免厨房、餐厅、打印复印室、卫生间、地下车库等区域的空气和污染物串通到其他空间；应防止厨房、卫生间的排气倒灌。

5.1.3 给水排水系统的设置应符合下列规定：

  1 生活饮用水水质应满足现行国家标准《生活饮用水卫生标准》GB 5749 的要求；

  2 应制定水池、水箱等储水设施定期清洗消毒计划并实施，且生活饮用水储水设施每半年清洗消毒不应少于 1 次；

  3 应使用构造内自带水封的便器，且其水封深度不应小于 50mm；

  4 非传统水源管道和设备应设置明确、清晰的永久性标识。

5.1.4 主要功能房间的室内噪声级和隔声性能应符合下列规定：

  1 室内噪声级应满足现行国家标准《民用建筑隔声设计规范》GB 50118 中的低限要求；

  2 外墙、隔墙、楼板和门窗的隔声性能应满足现行国家标准《民用建筑隔声设计规范》GB 50118 中的低限要求。

5.1.5 建筑照明应符合下列规定：

  1 照明数量和质量应符合现行国家标准《建筑照明设计标准》GB 50034 的规定；

  2 人员长期停留的场所应采用符合现行国家标准《灯和灯系统的光生物安全性》

GB/T 20145 规定的无危险类照明产品；

3 选用 LED 照明产品的光输出波形的波动深度应满足现行国家标准《LED 室内照明应用技术要求》GB/T 31831 的规定。

5.1.6 应采取措施保障室内热环境。采用集中供暖空调系统的建筑，房间内的温度、湿度、新风量等设计参数应符合现行国家标准《民用建筑供暖通风与空气调节设计规范》GB 50736 的有关规定；采用非集中供暖空调系统的建筑，应具有保障室内热环境的措施或预留条件。

5.1.7 围护结构热工性能应符合下列规定：

1 在室内设计温度、湿度条件下，建筑非透光围护结构内表面不得结露；

2 供暖建筑的屋面、外墙内部不应产生冷凝；

3 屋顶和外墙隔热性能应满足现行国家标准《民用建筑热工设计规范》GB 50176 的要求。

5.1.8 主要功能房间应具有现场独立控制的热环境调节装置。

5.1.9 地下车库应设置与排风设备联动的一氧化碳浓度监测装置。

6 生 活 便 利

6.1 控制项

6.1.1 建筑、室外场地、公共绿地、城市道路相互之间应设置连贯的无障碍步行系统。

6.1.2 场地人行出入口 500m 内应设有公共交通站点或配备联系公共交通站点的专用接驳车。

6.1.3 停车场应具有电动汽车充电设施或具备充电设施的安装条件，并应合理设置电动汽车和无障碍汽车停车位。

6.1.4 自行车停车场所应位置合理、方便出入。

6.1.5 建筑设备管理系统应具有自动监控管理功能。

6.1.6 建筑应设置信息网络系统。

7 资 源 节 约

7.1 控制项

7.1.1 应结合场地自然条件和建筑功能需求，对建筑的体形、平面布局、空间尺度、围护结构等进行节能设计，且应符合国家有关节能设计的要求。

7.1.2 应采取措施降低部分负荷、部分空间使用下的供暖、空调系统能耗，并应符合下列规定：

1 应区分房间的朝向细分供暖、空调区域，并应对系统进行分区控制；

2 空调冷源的部分负荷性能系数（IPLV）、电冷源综合制冷性能系数（SCOP）应符合现行国家标准《公共建筑节能设计标准》GB 50189 的规定。

7.1.3 应根据建筑空间功能设置分区温度，合理降低室内过渡区空间的温度设定标准。

7.1.4 主要功能房间的照明功率密度值不应高于现行国家标准《建筑照明设计标准》GB 50034 规定的现行值；公共区域的照明系统应采用分区、定时、感应等节能控制；采光区域的照明控制应独立于其他区域的照明控制。

7.1.5 冷热源、输配系统和照明等各部分能耗应进行独立分项计量。

7.1.6 垂直电梯应采取群控、变频调速或能量反馈等节能措施；自动扶梯应采用变频感应启动等节能控制措施。

7.1.7 应制定水资源利用方案，统筹利用各种水资源，并应符合下列规定：

1 应按使用用途、付费或管理单元，分别设置用水计量装置；

2 用水点处水压大于0.2MPa的配水支管应设置减压设施，并应满足给水配件最低工作压力的要求；

3 用水器具和设备应满足节水产品的要求。

7.1.8 不应采用建筑形体和布置严重不规则的建筑结构。

7.1.9 建筑造型要素应简约，应无大量装饰性构件，并应符合下列规定：

1 住宅建筑的装饰性构件造价占建筑总造价的比例不应大于2％；

2 公共建筑的装饰性构件造价占建筑总造价的比例不应大于1％。

7.1.10 选用的建筑材料应符合下列规定：

1 500km以内生产的建筑材料重量占建筑材料总重量的比例应大于60％；

2 现浇混凝土应采用预拌混凝土，建筑砂浆应采用预拌砂浆。

8 环 境 宜 居

8.1 控制项

8.1.1 建筑规划布局应满足日照标准，且不得降低周边建筑的日照标准。

8.1.2 室外热环境应满足国家现行有关标准的要求。

8.1.3 配建的绿地应符合所在地城乡规划的要求，应合理选择绿化方式，植物种植应适应当地气候和土壤，且应无毒害、易维护，种植区域覆土深度和排水能力应满足植物生长需求，并应采用复层绿化方式。

8.1.4 场地的竖向设计应有利于雨水的收集或排放，应有效组织雨水的下渗、滞蓄或再利用；对大于10hm²的场地应进行雨水控制利用专项设计。

8.1.5 建筑内外均应设置便于识别和使用的标识系统。

8.1.6 场地内不应有排放超标的污染源。

8.1.7 生活垃圾应分类收集，垃圾容器和收集点的设置应合理并应与周围景观协调。

四、《装配式建筑评价标准》GB 51129—2017（节选）

2 术 语

2.0.1 装配式建筑 prefabricated building[①]

由预制部品部件在工地装配而成的建筑。

2.0.2 装配率 prefabrication ratio

单体建筑室外地坪以上的主体结构、围护墙和内隔墙、装修和设备管线等采用预制部品部件的综合比例。

2.0.3 全装修 decorated

[①] 装配式建筑是一个系统工程，是将预制部品部件通过系统集成的方法在工地装配，实现建筑主体结构构件预制，非承重围护墙和内隔墙非砌筑并全装修的建筑。装配式建筑包括装配式混凝土建筑、装配式钢结构建筑、装配式木结构建筑及装配式混合结构建筑等。

建筑功能空间的固定面装修和设备设施安装全部完成,达到建筑使用功能和性能的基本要求。

3 基 本 规 定

3.0.2 装配式建筑评价应符合下列规定:

1 设计阶段宜进行预评价,并应按设计文件计算装配率;
2 项目评价应在项目竣工验收后进行,并应按竣工验收资料计算装配率和确定评价等级。

3.0.3 装配式建筑应同时满足下列要求:

1 主体结构部分的评价分值不低于20分;
2 围护墙和内隔墙部分的评价分值不低于10分;
3 采用全装修;
4 装配率不低于50%。

4 装 配 率 计 算

4.0.1 装配率应根据表4.0.1中评价项分值按下式计算:

$$P = \frac{Q_1 + Q_2 + Q_3}{100 - Q_4} \times 100\% \quad (4.0.1)$$

式中 P——装配率;

Q_1——主体结构指标实际得分值;

Q_2——围护墙和内隔墙指标实际得分值;

Q_3——装修和设备管线指标实际得分值;

Q_4——评价项目中缺少的评价项分值总和。

装配式建筑评分表 表4.0.1

评价项		评价要求	评价分值	最低分值
主体结构 (50分)	柱、支撑、承重墙、延性墙板等竖向构件	35%≤比例≤80%	20~30*	20
	梁、板、楼梯、阳台、空调板等构件	70%≤比例≤80%	10~20*	
围护墙和 内隔墙 (20分)	非承重围护墙非砌筑	比例≥80%	5	10
	围护墙与保温、隔热、装饰一体化	50%≤比例≤80%	2~5*	
	内隔墙非砌筑	比例≥50%	5	
	内隔墙与管线、装修一体化	50%≤比例≤80%	2~5*	
装修和 设备管线 (30分)	全装修	—	6	6
	干式工法楼面、地面	比例≥70%	6	
	集成厨房	70%≤比例≤90%	3~6*	
	集成卫生间	70%≤比例≤90%	3~6*	
	管线分离	50%≤比例≤70%	4~6*	

注:表中带"*"项的分值采用"内插法"计算,计算结果取小数点后1位。

5 评价等级划分

5.0.1 当评价项目满足本标准第3.0.3条规定,且主体结构竖向构件中预制部品部件的应用比例不低于35%时,可进行装配式建筑等级评价。

5.0.2 装配式建筑评价等级应划分为A级、AA级、AAA级,并应符合下列规定:
1 装配率为60%～75%时,评价为A级装配式建筑;
2 装配率为76%～90%时,评价为AA级装配式建筑;
3 装配率为91%及以上时,评价为AAA级装配式建筑。

五、《建筑节能与可再生能源利用通用规范》GB 55015—2021（节选）

2 基本规定

2.0.1 新建居住建筑和公共建筑平均设计能耗水平应在2016年执行的节能设计标准的基础上分别降低30%和20%。不同气候区平均节能率应符合下列规定:
1 严寒和寒冷地区居住建筑平均节能率应为75%;
2 除严寒和寒冷地区外,其他气候区居住建筑平均节能率应为65%;
3 公共建筑平均节能率应为72%。

2.0.3 新建的居住和公共建筑碳排放强度应分别在2016年执行的节能设计标准的基础上平均降低40%,碳排放强度平均降低$7kgCO_2/(m^2 \cdot a)$以上。

2.0.4 新建、扩建和改建建筑以及既有建筑节能改造均应进行建筑节能设计。建设项目可行性研究报告、建设方案和初步设计文件应包含建筑能耗、可再生能源利用及建筑碳排放分析报告。施工图设计文件应明确建筑节能措施及可再生能源利用系统运营管理的技术要求。

3 新建建筑节能设计

3.1.2 居住建筑体形系数应符合表3.1.2的规定。

居住建筑体形系数限值　　　　　　　　　　表3.1.2

热工区划	建筑层数	
	≤3层	>3层
严寒地区	≤0.55	≤0.30
寒冷地区	≤0.57	≤0.33
夏热冬冷A区	≤0.60	≤0.40
温和A区	≤0.60	≤0.45

3.1.3 严寒和寒冷地区公共建筑体形系数应符合表3.1.3的规定。

严寒和寒冷地区公共建筑体形系数限值　　　　表3.1.3

单栋建筑面积$A(m^2)$	建筑体形系数
300<A≤800	≤0.50
A>800	≤0.40

3.1.4 居住建筑的窗墙面积比应符合表3.1.4的规定;其中,每套住宅应允许一个房间在一个朝向上的窗墙面积比不大于0.6。

居住建筑窗墙面积比限值　　　　　　　表3.1.4

朝向	窗墙面积比				
	严寒地区	寒冷地区	夏热冬冷地区	夏热冬暖地区	温和A区
北	≤0.25	≤0.30	≤0.40	≤0.40	≤0.40
东、西	≤0.30	≤0.35	≤0.35	≤0.30	≤0.35
南	≤0.45	≤0.50	≤0.45	≤0.40	≤0.50

3.1.5 居住建筑的屋面天窗与所在房间屋面面积的比值应符合表3.1.5的规定。

居住建筑屋面天窗面积的限值　　　　　　　表3.1.5

屋面天窗面积与所在房间屋面面积的比值				
严寒地区	寒冷地区	夏热冬冷地区	夏热冬暖地区	温和A区
≤10%	≤15%	≤6%	≤4%	≤10%

3.1.6 甲类公共建筑的屋面透光部分面积不应大于屋面总面积的20%。

3.1.7 设置供暖、空调系统的工业建筑总窗墙面积比不应大于0.50，且屋顶透光部分面积不应大于屋顶总面积的15%。

3.1.13 当公共建筑入口大堂采用全玻幕墙时，全玻幕墙中非中空玻璃的面积不应超过该建筑同一立面透光面积（门窗和玻璃幕墙）的15%，且应按同一立面透光面积（含全玻幕墙面积）加权计算平均传热系数。

3.1.14 外窗的通风开口面积应符合下列规定：

  1 夏热冬暖、温和B区居住建筑外窗的通风开口面积不应小于房间地面面积的10%或外窗面积的45%，夏热冬冷、温和A区居住建筑外窗的通风开口面积不应小于房间地面面积的5%；

  2 公共建筑中主要功能房间的外窗（包括透光幕墙）应设置可开启窗扇或通风换气装置。

3.1.15 建筑遮阳措施应符合下列规定：

  1 夏热冬暖、夏热冬冷地区，甲类公共建筑南、东、西向外窗和透光幕墙应采取遮阳措施；

  2 夏热冬暖地区，居住建筑的东、西向外窗的建筑遮阳系数不应大于0.8。

3.1.17 居住建筑外窗玻璃的可见光透射比不应小于0.40。

3.1.18 居住建筑的主要使用房间（卧室、书房、起居室等）的房间窗地面积比不应小于1/7。

4 既有建筑节能改造设计

4.1.1 民用建筑改造涉及节能要求时，应同期进行建筑节能改造。

4.1.2 节能改造涉及抗震、结构、防火等安全时，节能改造前应进行安全性能评估。

4.1.3 既有建筑节能改造应先进行节能诊断，根据节能诊断结果，制定节能改造方案。节能改造方案应明确节能指标及其检测与验收的方法。

5 可再生能源建筑应用系统设计

5.1.1 可再生能源建筑应用系统设计时,应根据当地资源与适用条件统筹规划。

5.2.10 太阳能热利用系统设计应根据工程所采用的集热器性能参数、气象数据以及设计参数计算太阳能热利用系统的集热效率,且应符合表5.2.10的规定。

太阳能热利用系统的集热效率 η (%)　　　　　表5.2.10

太阳能热水系统	太阳能供暖系统	太阳能空调系统
$\eta \geqslant 42$	$\eta \geqslant 35$	$\eta \geqslant 30$

5.3.1 地源热泵系统方案设计前,应进行工程场地状况调查,并应对浅层或中深层地热能资源进行勘察,确定地源热泵系统实施的可行性与经济性。当浅层地埋管地源热泵系统的应用建筑面积大于或等于5000m^{2}时,应进行现场岩土热响应试验。

5.3.2 浅层地埋管换热系统设计应进行所负担建筑物全年动态负荷及吸、排热量计算,最小计算周期不应小于1年。建筑面积50000m^{2}以上大规模地埋管地源热泵系统,应进行10年以上地源侧热平衡计算。

5.4.3 采用空气源热泵机组供热时,冬季设计工况状态下热泵机组制热性能系数(COP)不应小于表5.4.3规定的数值。

空气源热泵设计工况制热性能系数(COP)　　　　　表5.4.3

机组类型	严寒地区	寒冷地区
冷热风机组	1.8	2.2
冷热水机组	2.0	2.4

六、《既有建筑维护与改造通用规范》GB 55022—2021(节选)

2 基本规定

2.0.1 既有建筑未经批准不得擅自改动建筑物主体结构和改变使用功能。

2.0.2 既有建筑应确定维护周期,并对其进行周期性的检查。

2.0.3 既有建筑的维护应符合下列基本规定:
　1 应保障建筑的使用功能;
　2 应维持建筑达到设计工作年限;
　3 不得降低建筑的安全性与抗灾性能。

2.0.4 既有建筑的改造应符合下列基本规定:
　1 应满足改造后的建筑安全性需求;
　2 不得降低建筑的抗灾性能;
　3 不得降低建筑的耐久性。

2.0.11 既有建筑维护与改造工程应进行质量控制。工程全部完成后,应进行验收。

2.0.12 既有建筑维护与改造工程,应及时收集、整理工程项目各环节的资料,建立、健全项目档案。相关档案资料应妥善保管;既有建筑物管理权移交时,应同时移交建筑物的相关档案。

3 检 查

3.1.1 既有建筑的检查应对建筑、结构以及设施设备分别进行。检查分为日常检查、特定检查两类。

3.1.2 在日常使用维护过程中，应对既有建筑的使用环境以及损伤和运行情况等进行定期的日常检查，检查周期每年不应少于1次。

3.1.3 在雨季、供暖季以及遭受台风、暴雨、大雪和大风等特殊环境前后，应对既有建筑进行特定检查。

3.1.4 既有建筑在实施检查后，应根据检查结果等进行评定，存在下列情况时，应进行检测鉴定：

 1 发现危及使用安全的缺陷、变形和损伤；
 2 达到设计工作年限拟继续使用；
 3 进行纠倾和改造前；
 4 改变用途或使用环境前；
 5 受到自然灾害、人为灾害、环境改变或事故的较大影响；
 6 设备系统的安全性、使用性和系统效能等不符合有关规定和要求；
 7 使用功能改变导致建筑抗震设防类别提高。

4 修 缮

4.1.1 既有建筑应按照房屋修缮计划，依据房屋检查及评定结果进行周期性修缮，当发生危及房屋使用和人身财产安全的紧急情况时，应立即实施应急抢险修缮。

4.1.2 既有建筑经检查和评定确认存在下列影响使用安全或公共安全的问题之一时，应及时进行修缮：

 1 建筑物发生异常变形；
 2 结构构件损坏，承载能力不足；
 3 建筑外饰面及保温层存在脱落危险；
 4 屋面、外墙、门窗等外围护系统渗漏；
 5 消防设施故障；
 6 供水水泵运行中断、设施设备故障；
 7 排水设施堵塞、爆裂；
 8 用电系统的元器件、线路老化导致产生安全风险；
 9 防雷设施故障；
 10 地下建筑被雨水倒灌；
 11 外部环境因素影响，造成建筑不能正常使用。

4.1.3 在实施应急抢险修缮时，应先行通过排险、加固等措施及时解除房屋的险情。

4.1.4 既有建筑修缮前应由专业技术人员对其现状进行现场查勘和评定，并应收集原设计及改扩建图纸、使用情况及报修记录、历年修缮资料、房屋安全使用检查及评定等相关资料，根据检查、查勘和评定结果进行修缮设计，再实施修缮。

4.1.5 修缮设计文件应包括设计依据、修缮要求及方法的说明、修缮内容、修缮用料及用量说明等，根据修缮内容的复杂程度，用文字、符号、图纸等进行书面表达和记录。

5 改 造

5.1.1 既有建筑改造前,应根据改造要求和目标,对所涉及的场地环境、建筑历史、结构安全、消防安全、人身安全、围护结构热工、隔声、通风、采光、日照等物理性能,室内环境舒适度、污染状况、机电设备安全及效能等内容进行检查评定或检测鉴定。

5.1.2 既有建筑的改造,应根据检查或鉴定结果进行设计。

5.1.3 既有建筑改造过程中应避免破坏原结构承重构件,如确需改动的,应对其进行有效处理。

5.2.1 既有建筑改造应编制改造项目设计方案,方案应明确改造范围、改造内容及相关技术指标。

5.2.2 在既有建筑的改造设计中,若改变了改造范围内建筑的间距,以及与之相关的改造范围外建筑的间距时,其间距不应低于消防间距标准的要求。

5.2.3 既有建筑应结合改造消除消防安全隐患,根据建筑物的使用功能、空间与平面特征和使用人员的特点,因地制宜提高建筑主要构件的耐火性能、加强防火分隔、增加疏散设施、提高消防设施的可靠性和有效性。

5.2.4 既有建筑改造后,新建或改造的无障碍设施应与周边无障碍设施相衔接。

5.2.5 既有建筑平改坡改造,应符合下列规定:
  1 应根据原屋顶情况及周围环境选择坡屋面形式及坡度,确保其保温隔热效果和结构安全性;
  2 应利用其原有平屋面排水系统,并应通畅;
  3 坡屋面采取防雷措施,并应利用原有的防雷装置;
  4 新坡顶下空间严禁堆物和另作他用。

5.2.6 既有住宅成套改造,应符合下列规定:
  1 当改变原有结构时,应先进行鉴定,消除安全隐患,确保结构安全;
  2 应集约利用原有空间,合理调整平面和空间布局,增添厨卫设施设备,完善房屋成套使用功能。

5.2.7 既有多层住宅加装电梯改造时,加装电梯不应与卧室紧邻布置,当起居室受条件限制需要紧邻布置时,应采取有效隔声和减振措施。

5.2.8 当既有建筑增加屋面荷载或改变使用功能时,应先做设计方案或评估报告。

5.2.9 既有建筑屋顶绿化改造,及增设太阳能、照明、通风等屋面设施时,应确保屋顶承重安全和防护安全,不应破坏防雷设施的有效性。

5.2.10 既有建筑改造时应对室内环境污染进行严格控制,不得使用国家禁止使用、限制使用的建筑材料。

七、《民用建筑工程室内环境污染控制标准》GB 50325—2020(节选)

1 总 则

1.0.3 本标准控制的室内环境污染物包括氡、甲醛、氨、苯、甲苯、二甲苯和总挥发性有机化合物。

1.0.4 民用建筑工程的划分应符合下列规定:

1 Ⅰ类民用建筑应包括住宅、居住功能公寓、医院病房、老年人照料房屋设施、幼儿园、学校教室、学生宿舍等；

2 Ⅱ类民用建筑应包括办公楼、商店、旅馆、文化娱乐场所、书店、图书馆、展览馆、体育馆、公共交通等候室、餐厅等。

4 工程勘察设计

4.1 一般规定

4.1.1 新建、扩建的民用建筑工程，设计前应对建筑工程所在城市区域土壤中氡浓度或土壤表面氡析出率进行调查，并提交相应的调查报告。未进行过区域土壤中氡浓度或土壤表面氡析出率测定的，应对建筑场地土壤中氡浓度或土壤氡析出率进行测定，并提供相应的检测报告。

4.1.2 民用建筑室内装饰装修设计应有污染控制措施，应进行装饰装修设计污染控制预评估，控制装饰装修材料使用量负荷比和材料污染物释放量，采用装配式装修等先进技术，装饰装修制品、部件宜工厂加工制作、现场安装。

4.1.3 民用建筑室内通风设计应符合现行国家标准《民用建筑设计统一标准》GB 50352 的有关规定；采用集中空调的民用建筑工程，新风量应符合现行国家标准《民用建筑供暖通风与空气调节设计规范》GB 50736 的有关规定。

4.1.4 夏热冬冷地区、严寒及寒冷地区等采用自然通风的Ⅰ类民用建筑最小通风换气次数不应低于 0.5 次/h，必要时应采取机械通风换气措施。

5 工 程 施 工

5.2 材料进场检验

5.2.1 民用建筑工程采用的无机非金属建筑主体材料和建筑装饰装修材料进场时，施工单位应查验其放射性指标检测报告 5.2.2 民用建筑室内装饰装修中采用的天然花岗石石材或瓷质砖使用面积大于 $200m^2$ 时，应对不同产品、不同批次材料分别进行放射性指标的抽查复验。

5.2.3 民用建筑室内装饰装修中所采用的人造木板及其制品进场时，施工单位应查验其游离甲醛释放量检测报告。

5.2.4 民用建筑室内装饰装修中采用的人造木板面积大于 $500m^2$ 时，应对不同产品、不同批次材料的游离甲醛释放量分别进行抽查复验。

5.2.7 民用建筑室内装饰装修中所采用的壁纸（布）应有同批次产品的游离甲醛含量检测报告，并应符合设计要求和本标准的规定。

5.2.8 建筑主体材料和装饰装修材料的检测项目不全或对检测结果有疑问时，应对材料进行检验，检验合格后方可使用。

5.2.9 幼儿园、学校教室、学生宿舍等民用建筑室内装饰装修，应对不同产品、不同批次的人造木板及其制品的甲醛释放量和涂料、橡塑类合成材料的挥发性有机化合物释放量进行抽查复验，并应符合本标准的规定。

5.3 施工要求

5.3.1 采取防氡设计措施的民用建筑工程，其地下工程的变形缝、施工缝、穿墙管（盒）、埋设件、预留孔洞等特殊部位的施工工艺，应符合现行国家标准《地下工程防水技术规范》GB 50108 的有关规定。

5.3.3 民用建筑室内装饰装修时，严禁使用苯、工业苯、石油苯、重质苯及混苯等含苯稀释剂和溶剂。

5.3.4 民用建筑室内装饰装修施工时，施工现场应减少溶剂型涂料作业，减少施工现场湿作业、扬尘作业、高噪声作业等污染性施工，不应使用苯、甲苯、二甲苯和汽油进行除油和清除旧涂层作业。

5.3.7 供暖地区的民用建筑工程，室内装饰装修施工不宜在供暖期内进行。

5.3.8 轻质隔墙、涂饰工程、裱糊与软包、门窗、饰面板、吊顶等装饰装修施工时，应注意防潮，避免覆盖局部潮湿区域。

5.3.10 使用中的民用建筑进行装饰装修施工时，在没有采取有效防止污染措施情况下，不得采用溶剂型涂料进行施工。

6 验 收

6.0.1 民用建筑工程及室内装饰装修工程的室内环境质量验收，应在工程完工不少于7d后、工程交付使用前进行。

6.0.2 民用建筑工程竣工验收时，应检查下列资料：

1 工程地质勘察报告、工程地点土壤中氡浓度或氡析出率检测报告、高土壤氡工程地点土壤天然放射性核素镭-226、钍-232、钾-40含量检测报告；
2 涉及室内新风量的设计、施工文件，以及新风量检测报告；
3 涉及室内环境污染控制的施工图设计文件及工程设计变更文件；
4 建筑主体材料和装饰装修材料的污染物检测报告、材料进场检验记录、复验报告；
5 与室内环境污染控制有关的隐蔽工程验收记录、施工记录；
6 样板间的室内环境污染物浓度检测报告（不做样板间的除外）；
7 室内空气中污染物浓度检测报告。

6.0.4 民用建筑工程竣工验收时，必须进行室内环境污染物浓度检测，其限量应符合表6.0.4的规定。

民用建筑室内环境污染物浓度限量　　表6.0.4

污染物	Ⅰ类民用建筑工程	Ⅱ类民用建筑工程
氡（Bq/m³）	≤150	≤150
甲醛（mg/m³）	≤0.07	≤0.08
氨（mg/m³）	≤0.15	≤0.20
苯（mg/m³）	≤0.06	≤0.09
甲苯（mg/m³）	≤0.15	≤0.20
二甲苯（mg/m³）	≤0.20	≤0.20
TVOC（mg/m³）	≤0.45	≤0.50

注：1 污染物浓度测量值，除氡外均指室内污染物浓度测量值扣除室外上风向空气中污染物浓度测量值（本底值）后的测量值。
　　2 污染物浓度测量值的极限值判定，采用全数值比较法。

6.0.12 民用建筑工程验收时，应抽检每个建筑单体有代表性的房间室内环境污染物浓度，氡、甲醛、氨、苯、甲苯、二甲苯、TVOC的抽检量不得少于房间总数的5%，每个建筑单体不得少于3间，当房间总数少于3间时，应全数检测。

6.0.13 民用建筑工程验收时，凡进行了样板间室内环境污染物浓度检测且检测结果合格的，其同一装饰装修设计样板间类型的房间抽检量可减半，并不得少于3间。

6.0.14 幼儿园、学校教室、学生宿舍、老年人照料房屋设施室内装饰装修验收时，室内空气中氡、甲醛、氨、苯、甲苯、二甲苯、TVOC的抽检量不得少于房间总数的50%，且不得少于20间。当房间总数不大于20间时，应全数检测。

6.0.15 当进行民用建筑工程验收时，室内环境污染物浓度检测点数应符合表6.0.15的规定。

室内环境污染物浓度检测点数设置　　　　表 6.0.15

房间使用面积（m²）	检测点数（个）
<50	1
≥50，<100	2
≥100，<500	不少于3
≥500，<1000	不少于5
≥1000	≥1000m²的部分，每增加1000m²增设1，增加面积不足1000m²时按增加1000m²计算

6.0.16 当房间内有2个及以上检测点时，应采用对角线、斜线、梅花状均衡布点，并应取各点检测结果的平均值作为该房间的检测值。

6.0.17 民用建筑工程验收时，室内环境污染物浓度现场检测点应距房间地面高度0.8m～1.5m，距房间内墙面不小于0.5m。检测点应均匀分布，且应避开通风道和通风口。

6.0.18 当对民用建筑室内环境中的甲醛、氨、苯、甲苯、二甲苯、TVOC浓度检测时，装饰装修工程中完成的固定式家具应保持正常使用状态；采用集中通风的民用建筑工程，应在通风系统正常运行的条件下进行；采用自然通风的民用建筑工程，检测应在对外门窗关闭1h后进行。

6.0.19 民用建筑室内环境中氡浓度检测时，对采用集中通风的民用建筑工程，应在通风系统正常运行的条件下进行；采用自然通风的民用建筑工程，应在房间的对外门窗关闭24h以后进行。Ⅰ类建筑无架空层或地下车库结构时，一、二层房间抽检比例不宜低于总抽检房间数的40%。

第三节　其他常考标准与规范

除上述规范、标准之外，考试仍可涉及的规范、标准如表4-1所示。

其他常考标准与规范汇总表　　　　表 4-1

规范名称	规范编号
《建筑工程设计文件编制深度规定》	2016年11月版
《建筑模数协调标准》	GB/T 50002—2013
《房屋建筑制图统一标准》	GB/T 50001—2017
《建筑制图标准》	GB/T 50104—2010
《总图制图标准》	GB/T 50103—2010
《建筑设计防火规范》	GB 50016—2014（2018年版）
《建筑内部装修设计防火规范》	GB 50222—2017
《城市居住区规划设计标准》	GB 50180—2018

续表

规范名称	规范编号
《住宅建筑规范》	GB 50368—2005
《文化馆建筑设计规范》	JGJ/T 41—2014
《生活垃圾转运站技术规范》	CJJ/T 47—2016
《建筑工程建筑面积计算规范》	GB/T 50353—2013
《建筑地面设计规范》	GB 50037—2013
《民用建筑绿色设计规范》	JGJ/T 229—2010
《海绵城市建设评价标准》	GB/T 51345—2018
《疗养院建筑设计标准》	JGJ/T 40—2019

习　题

4-1　(2019)在一定条件下，允许突出道路红线的建筑突出物是(　　)。
　　A　挑檐　　　　　B　阳台　　　　　C　室外坡道　　　　D　建筑基础

4-2　(2019)民用建筑楼梯梯段两侧设扶手的条件是(　　)。
　　A　梯段净宽达一股人流　　　　　B　梯段净宽达两股人流
　　C　梯段净宽达三股人流　　　　　D　无要求

4-3　(2019)民用建筑室内楼梯的梯段踏步数上、下级限值，正确的是(　　)。
　　A　17级，2级　　B　18级，2级　　C　18级，3级　　D　19级，3级

4-4　(2019)两层独立建造非木结构的老年人照料设施，需满足的最低耐火等级为(　　)。
　　A　一级　　　　　B　二级　　　　　C　三级　　　　　D　四级

4-5　(2019)下列一、二级多层公共建筑位于袋形走道尽端的疏散门至最近安全出口撤离，控制最严格的是(　　)。
　　A　幼儿园　　　　　　　　　　　　B　老年人照料设施
　　C　歌舞娱乐放映游艺场所　　　　　D　医疗建筑

4-6　(2019)每个住宅单元每层相邻两个安全出口的最小水平距离是(　　)。
　　A　5.00m　　　　B　6.00m　　　　C　8.00m　　　　D　10.00m

4-7　(2019)每层为两个防火分区的两层仓库，在满足消防技术要求的前提下，消防救援人员能进入的窗口数量最少应为(　　)。
　　A　1个　　　　　B　2个　　　　　C　4个　　　　　D　8个

4-8　(2019)消防控制室地面采用装修材料的燃烧性能等级不应低于(　　)。
　　A　A级　　　　　B　B_1级　　　　C　B_2级　　　　D　B_3级

4-9　(2019)在一定条件下，汽车库与建筑满足组合要求的是(　　)。

　　A　病房楼／汽车库　　B　老年人建筑／汽车库　　C　幼儿园／汽车库　　D　中小学校教学楼／地下汽车库

4-10　(2019)住宅建筑中，可布置在地下室的房间是(　　)。

A 卧室　　　　　　B 厨房　　　　　　C 卫生间　　　　　　D 起居室

4-11 (2019)住宅套内楼梯踏步最小宽度和最大高度，正确的是(　　)。
A 0.27m 和 0.175m　　　　　　B 0.26m 和 0.17m
C 0.25m 和 0.18m　　　　　　D 0.22m 和 0.20m

4-12 (2019)每套住宅卫生间至少应配置的卫生设备是(　　)。
A 便器一件卫生设备
B 便器、洗面器两件卫生设备
C 便器、洗面器、洗浴器三件卫生设备
D 便器、洗面器、洗浴器和小便器四件卫生设备

4-13 (2019)宿舍建筑内公用厕所与未附设卫生间居室的最远距离是(　　)。
A 20m　　　　　　B 25m　　　　　　C 30m　　　　　　D 50m

4-14 (2019)下列不属于宿舍建筑内每层楼宜设置的房间是(　　)。
A 清洁间　　　　　　B 垃圾收集间　　　　　　C 公共活动室　　　　　　D 开水间

4-15 (2019)办公建筑中，房间窗地面积比值最大的房间是(　　)。
A 绘图室　　　　　　B 办公室　　　　　　C 复印室　　　　　　D 卫生间

4-16 (2019)办公建筑设计分类的主要依据是(　　)。
A 使用功能的重要性　　　　　　B 建筑造型
C 民用建筑耐火等级　　　　　　D 设计使用年限

4-17 (2019)中小学校教室的外窗与室外运动场地边缘间的最小距离是(　　)。
A 10m　　　　　　B 15m　　　　　　C 20m　　　　　　D 25m

4-18 (2019)中小学校建筑墙面及顶棚应采取吸声措施的房间是(　　)。
A 音乐教室　　　　　　B 计算机室　　　　　　C 史地教室　　　　　　D 书法教室

4-19 (2019)幼儿园出入口台阶侧面临空，需设置防护设施的高度为(　　)。
A 超过0.13m　　　　B 超过0.15m　　　　C 超过0.20m　　　　D 超过0.30m

4-20 (2019)幼儿园可与居住建筑合建的最大规模为(　　)。
A 2班　　　　　　B 3班　　　　　　C 4班　　　　　　D 5班

4-21 (2019)下列建筑中日照标准要求最严格的是(　　)。
A 幼儿园生活用房　　B 小学普通教室　　C 宿舍　　D 老年人居室

4-22 (2019)关于文化馆建筑美术教室窗的设计，正确的是(　　)。
A 应为东向或顶部采光　　　　　　B 应为南向或顶部采光
C 应为西向或顶部采光　　　　　　D 应为北向或顶部采光

4-23 (2019)关于图书馆书库的设计，错误的是(　　)。
A 书库的室外场地应排水通畅，防止积水倒灌
B 书库底层地面基层应采用架空地面或其他防潮措施
C 书库室内应防止地面、墙身返潮，不得出现结露现象
D 书库屋里排水方式为有组织外排法时，水箱可直接放置在书库的屋面上

4-24 (2019)电影院直跑楼梯中间平台深度的最小尺寸是(　　)。
A 0.90m　　　　　　B 1.20m　　　　　　C 1.50m　　　　　　D 2.00m

4-25 (2019)医院建筑的耐火等级不应低于(　　)。
A 1级　　　　　　B 2级　　　　　　C 3级　　　　　　D 4级

4-26 (2019)三层及三层以上的医疗用房应设置电梯的最少数量是(　　)。
A 1台　　　　　　B 2台　　　　　　C 3台　　　　　　D 4台

4-27 (2019)关于老年人照料设施楼梯的设置，符合要求的是(　　)。

A 弧形楼梯　　　　B 扇形楼梯　　　　C 螺旋楼梯　　　　D 平行双跑楼梯

4-28 (2019)汽车客运站调度室应邻近的功能空间是（　　）。
A 售票厅　　　　B 补票室　　　　C 医务室　　　　D 发车位

4-29 (2019)汽车客运站的普通旅客候车厅使用面积的计算依据是（　　）。
A 旅客最高聚集人数　　　　　　B 年平均日旅客发送量
C 汽车客运站的站级　　　　　　D 发车位数量

4-30 (2019)小型机动车的最小拐弯半径是（　　）。
A 4.50m　　　　B 6.00m　　　　C 9.00m　　　　D 12.00m

4-31 (2019)餐饮建筑在采取一定措施后，下列功能房间布置正确的是（　　）。
A 浴室可布置在厨房的直接上层
B 卫生间可布置在厨房的直接上层
C 盥洗室可布置在厨房的直接上层
D 盥洗室可布置在用餐区域的直接上层

4-32 (2019)餐饮建筑中可不需要单独设置隔间的是（　　）。
A 备餐间　　　　B 冷荤间　　　　C 裱花间　　　　D 生食海鲜间

4-33 (2019)关于室内无障碍通道的说法，错误的是（　　）。
A 无障碍通道应连续
B 无障碍通道地面应平整、防滑
C 室内走道宽度不应小于1.00m
D 无障碍通道上有高差时，应设置轮椅坡道

4-34 (2019)题4-34图所示提示盲道砖不应设置在盲道的部位是（　　）。
A 起点　　　　　　　　　　　　B 中间段
C 转弯处　　　　　　　　　　　D 终点

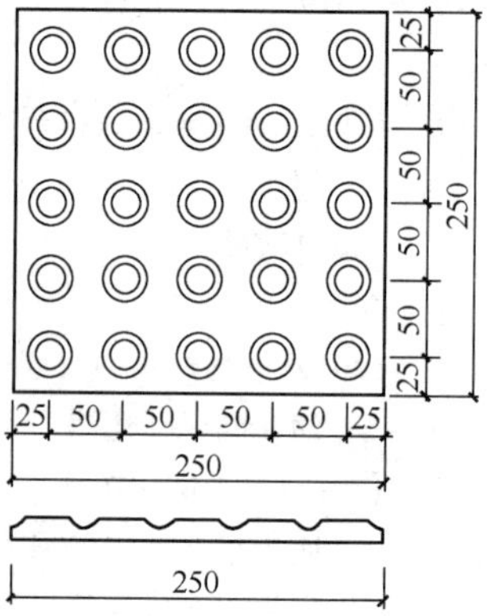

4-35 (2019)某居住小区配有200个机动车停车位，应至少配置无障碍机动车停车位的数量为（　　）。
A 1个　　　　　　　　　　　　B 2个
C 3个　　　　　　　　　　　　D 4个

题4-34图

4-36 (2019)下列中小学校多层教学楼无障碍设施的设置，正确的是（　　）。
A 主要出入口为无障碍出入口
B 应设一台无障碍电梯
C 楼梯均为无障碍楼梯
D 每层均设男女无障碍厕位各1处

4-37 (2019)开展绿色建筑设计评价的基本条件是（　　）。
A 方案设计文件审查通过后　　　B 初步设计文件审查通过后
C 施工图设计文件审查通过后　　D 竣工图文件编制完成后

4-38 (2019)一栋已竣工验收的教学楼，申请绿色建筑运行评价的时间是（　　）。
A 投入使用的同时　　　　　　　B 投入使用1年后
C 投入使用2年后　　　　　　　D 投入使用3年后

4-39 (2018)居住区绿地率计算中的绿地由哪几类绿地组成？
A 公共绿地、宅旁绿地、公共服务设施所属绿地、道路绿地
B 公共绿地、宅旁绿地、组团绿地、道路绿地

C 公共绿地、水面、组团绿地、道路绿地

D 居住区公园、小游园、组团绿地、水面

4-40 (2018)在题 4-40 图中,公共建筑多台单侧排列电梯候梯厅的最小深度应为(   )。

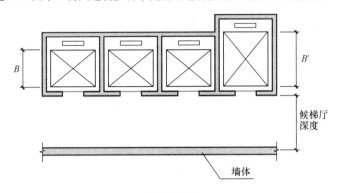

题 4-40 图

注:B 为轿厢深度,B' 为电梯群中最大轿厢深度。

A 1.0B'且应≥1.80m B 1.5B'且应≥2.40m

C 1.5B'且应≥3.00m D 2.0B'且应≥2.40m

4-41 (2018)在题 4-41 图中,屋顶层斜坡的层高计算正确的是(   )。

A a B b C c D d

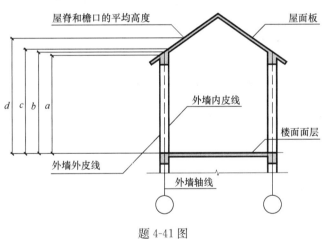

题 4-41 图

4-42 (2018)人流密集场所的台阶最低高度超过多少 m 并侧面临空时,应设防护措施?

A 0.30m   B 0.50m   C 0.70m   D 0.90m

4-43 (2018)下列厂房中,属于丙类厂房的是(   )。

A 油浸变压器室 B 锅炉房 C 金属铸造厂房 D 混凝土构件制作厂房

4-44 (2018)丙类仓库内的防火墙,其耐火极限不应低于(   )。

A 3.00h   B 3.50h   C 4.00h   D 4.50h

4-45 (2018)下列说法中,错误的是(   )。

A 办公室、休息室不应设置在甲、乙类厂房内

B 办公室、休息室设置在丙类厂房内时,应采用耐火极限不低于 2.50h 的防火隔墙和 1.00h 的楼板与其他部位分隔,并应至少设置一个独立的安全出口

C 员工宿舍严禁设置在厂房内

D 员工宿舍设置在丁、戊类仓库内时,应采用耐火极限不低于2.50h的防火隔墙和1.00h的楼板与其他部位分隔,并应设置独立的安全出口

4-46 (2018)下列采用封闭式外廊或内廊布局的多层建筑,可采用敞开式楼梯间的建筑是( )。
A 5层旅馆　　　　B 2层社区医院　　　C 4层教学楼　　　D 6层办公楼

4-47 (2018)位于两个安全出口之间的中学普通教室,面积不大于多少时可设一个疏散门?
A 60m²　　　　　B 75m²　　　　　　C 90m²　　　　　D 120m²

4-48 (2018)下列对封闭楼梯间的要求,说法错误的是( )。
A 封闭楼梯间不应设置卷帘
B 封闭楼梯间必须满足自然通风的要求
C 除楼梯间的出入口和外窗外,封闭楼梯间的墙上不应开设其他门、窗、洞口
D 商场的封闭楼梯间门应采用乙级防火门,并应向疏散方向开启

4-49 (2018)根据《建筑设计防火规范》,题4-49图中住宅的建筑高度应为( )。

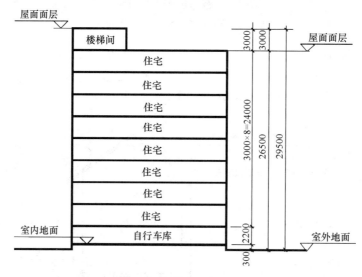

题4-49图

A 26.50m　　　　B 26.20m　　　　　C 24.00m　　　　D 29.50m

4-50 (2018)在下列多层公建袋形走道疏散距离控制中,疏散距离最小的是( )。
A 幼儿园　　　　B 老年人建筑　　　C 医院病房楼　　　D 游艺场所

4-51 (2018)住宅的卧室、起居室的室内净高不应低于2.40m,局部净高不应低于2.10m。局部净高的室内面积不应大于室内使用面积的多少?
A 1/2　　　　　 B 1/3　　　　　　 C 1/4　　　　　　D 1/5

4-52 (2018)中小学校的普通教室必须配备的教学设备中,不包含( )。
A 投影仪接口　　B 显示屏　　　　　C 展示园地　　　　D 储物柜

4-53 (2018)在一定条件下,可以和宿舍居室紧邻布置的房间是( )。
A 电梯井　　　　B 空调机房　　　　C 变电所　　　　　D 公共盥洗室

4-54 (2018)根据《住宅设计规范》,住宅套内楼梯梯段净宽为0.90m,当梯段两侧都有墙时,以下关于楼梯扶手设置的规定,正确的是( )。
A 可不设扶手　　　　　　　　　　　　B 应在其中一侧设置扶手
C 应在两侧均设置扶手　　　　　　　　D 没有明确的规定,视工程具体情况确定

4-55 (2018)旅馆门厅（大堂）内，下列哪一项不是必须设置的功能？
A 商务中心　　　B 旅客休息区　　　C 公共卫生间　　　D 物品寄存处

4-56 (2018)办公建筑中的公共厕所距最远工作点的距离不应大于多少？
A 30m　　　B 40m　　　C 45m　　　D 50m

4-57 (2018)一般情况下中小学主要教学用房设置窗户的外墙，距城市主干道的最小距离（　　）。
A 50m　　　B 60m　　　C 70m　　　D 80m

4-58 (2018)下列用房中，不属于中小学主要教学用房的是（　　）。
A 演示实验室　　　B 标本陈列室　　　C 合班教室　　　D 报刊阅览室

4-59 (2018)中小学校关于教学用房临空外窗开启方式的规定，正确的是（　　）。
A 无论层数均不得外开　　　　　　B 二层及以上不得外开
C 三层及以上不得外开　　　　　　D 可外开也可内开

4-60 (2018)下列中小学建筑中的楼梯梯段宽度设计，错误的是（　　）。
A 1.20m　　　B 1.35m　　　C 1.50m　　　D 1.80m

4-61 (2018)下列关于幼儿园活动室、寝室门窗的说法，正确的是（　　）。
A 房门的净宽不应小于0.90m
B 房门均应向疏散方向开启，且不妨碍走道疏散通行
C 窗台距楼地面高度不应小于0.90m
D 不应设置内悬窗和内平开窗

4-62 (2018)以下关于幼儿园幼儿生活用房的设置，正确的是（　　）。
A 生活用房中的厕所、盥洗室分隔设置
B 厕所采用蹲便器，地面上设置台阶
C 活动室地面采用耐磨防滑的水磨石地面
D 寝室内设置双层床

4-63 (2018)下列文化馆建筑的用房中，不属于群众活动用房的是（　　）。
A 交流展示　　　B 经营性游艺娱乐　　　C 辅导培训　　　D 图书阅览

4-64 (2018)下列用房中，属于文化馆静态功能的房间是（　　）。
A 多媒体视听教室　　　　　　B 计算机与网络教室
C 美术书法教室　　　　　　　D 音乐创作室

4-65 (2018)关于电影院观众厅后墙的声学设计，正确的是（　　）。
A 采取扩散反射措施　　　　　B 采取全频带强吸声措施
C 采取吸声措施　　　　　　　D 采取一般装修措施

4-66 (2018)图书馆中的开架书库的最大允许防火分区面积与下列哪一功能的要求是一样的？
A 特藏书库　　　B 典藏室　　　C 阅览室　　　D 藏阅合一的开架阅览室

4-67 (2018)医院通行推床的通道最小净宽度为（　　）。
A 1.80m　　　B 2.10m　　　C 2.40m　　　D 2.70m

4-68 (2018)下列用房中，不属于疗养院每个护理单元内必须设置的房间是（　　）。
A 疗养院活动室　　　B 护士站　　　C 医生办公室　　　D 理疗室

4-69 (2018)汽车库汽车坡道的纵向坡度大于多少时，坡道上、下端均应设置缓坡段？
A 8%　　　B 10%　　　C 12%　　　D 15%

4-70 (2018)下列关于汽车库消防车道的设置，说法正确的是（　　）。
A ≤50辆的单层汽车库可不设置消防车道
B 51～100辆的单层汽车库可沿建筑的一边设置消防车道
C 101～150辆的多层汽车库可沿建筑一个长边设置消防车道

D 151～200辆的多层汽车库可沿建筑一个长边和另一边设置消防车道

4-71 (2018)根据现行《商店建筑设计规范》，小型商店建筑是指单体建筑中，商店总面积小于多少的建筑？

　　A　1000m² 　　　　B　3000m² 　　　　C　5000m² 　　　　D　10000m²

4-72 (2018)下列关于商店内设置自动扶梯和自动人行道的要求，说法正确的是(　　)。

　　A　自动扶梯倾斜角度不应大于30°，自动人行道倾斜角度不应大于15°

　　B　当提升高度不超过6m时，自动扶梯倾斜角度不应大于35°，自动人行道倾斜角度不应大于12°

　　C　自动扶梯、自动人行道上下两端水平距离3m范围内应保持畅通，不得作为他用

　　D　扶手带中心线与平行墙面或楼板开口边缘间距应大于0.40m

4-73 (2018)无障碍平推出入口的坡度不应大于多少？

　　A　1∶15 　　　　B　1∶20 　　　　C　1∶25 　　　　D　1∶50

4-74 (2018)公共厕所内的无障碍厕位的尺寸是(　　)。

　　A　大型1.80m×1.30m，小型1.60m×0.80m

　　B　大型1.90m×1.40m，小型1.70m×0.90m

　　C　大型2.00m×1.50m，小型1.80m×1.00m

　　D　大型2.10m×1.60m，小型1.90m×1.10m

4-75 (2018)下列关于无障碍升降平台的设置，错误的是(　　)。

　　A　室内外高差大于1.50m的出入口应设置升降平台

　　B　垂直升降平台的基坑应采用防止误入的安全防护措施

　　C　垂直升降平台的深度不应小于1.20m，宽度不应小于900mm，应设扶手、挡板及呼叫控制按钮

　　D　垂直升降平台的传送装置应有可靠的安全防护装置

4-76 (2018)根据《公共建筑节能设计标准》，单栋建筑面积大于多少的为甲类公共建筑？(　　)

　　A　300m² 　　　　B　1000m² 　　　　C　5000m² 　　　　D　10000m²

4-77 (2018)下列公共建筑单一立面窗墙面积比的计算，说法错误的是(　　)。

　　A　凸凹立面朝向应按其各自所在的立面朝向计算

　　B　楼梯间和电梯间的外墙和外窗均应参与计算

　　C　外凸窗的顶部、底部和侧墙的面积不应计入外墙面积

　　D　当凸窗顶部和侧面透光时，外凸窗面积按窗洞口面积计算

4-78 (2018)作为绿色居住建筑，纯装饰性构件的造价不应超过所在单栋建筑总造价的多少？

　　A　0.5% 　　　　B　1% 　　　　C　2% 　　　　D　3%

参考答案及解析

4-1　解析：根据《民用建筑设计统一标准》GB 50352—2019第4.3.2条规定，经当地规划行政主管部门批准，既有建筑改造工程必须突出道路红线的建筑突出物应符合下列规定：

　　1　在人行道上空：

　　　1）2.5m以下，不应突出凸窗、窗扇、窗罩等建筑构件；2.5m及以上突出凸窗、窗扇、窗罩时，其深度不应大于0.6m。

　　　2）2.5m以下，不应突出活动遮阳；2.5m及以上突出活动遮阳时，其宽度不应大于人行道宽度减1.0m，并不应大于3.0m。

　　　3）3.0以下，不应突出雨篷、挑檐；3.0m及以上突出雨篷、挑檐时，其突出的深度不应大于2.0m。

　　　4）3.0m以下，不应突出空调机位；3.0m及以上突出空调机位时，其突出的深度不应大

于 0.6m。

答案：A

4-2 解析：根据《民用建筑设计统一标准》GB 50352—2019 第 6.8.7 条规定，楼梯应至少于一侧设扶手，梯段净宽达三股人流时应两侧设扶手，达四股人流时宜加设中间扶手。

答案：C

4-3 解析：根据《民用建筑设计统一标准》GB 50352—2019 第 6.8.5 条规定，每个梯段的踏步级数不应少于 3 级，且不应超过 18 级。

答案：C

4-4 解析：根据《建筑设计防火规范》GB 50016—2014（2018 年版）第 5.1.3A 条规定，除木结构建筑外，老年人照料设施的耐火等级不应低于三级。

答案：C

4-5 解析：根据《建筑设计防火规范》GB 50016—2014（2018 年版）第 5.5.17 条规定，相比较控制最严格的是歌舞娱乐放映游艺场所。

答案：C

4-6 解析：根据《建筑设计防火规范》GB 50016—2014（2018 年版）第 5.5.2 条规定，建筑内的安全出口和疏散门应分散布置，且建筑内每个防火分区或一个防火分区的每个楼层、每个住宅单元每层相邻两个安全出口以及每个房间相邻两个疏散门最近边缘之间的水平距离不应小于 5m。

答案：A

4-7 解析：根据《建筑设计防火规范》GB 50016—2014（2018 年版）第 7.2.5 条规定，供消防救援人员进入的窗口每个防火分区不应少于 2 个。题目条件是两层仓库且每层两个防火分区。总计应 8 个救援窗口才能满足规范要求。

答案：D

4-8 解析：根据《建筑内部装修设计防火规范》GB 50222—2017 第 4.0.10 条规定，消防控制室等重要房间，其顶棚和墙面应采用 A 级装修材料，地面及其他装修应采用不低于 B1 级的装修材料。

答案：B

4-9 解析：根据《汽车库、修车库、停车场设计防火规范》GB 50067—2014 第 4.1.4 条：汽车库不应与托儿所、幼儿园，老年人建筑，中小学校的教学楼，病房楼等组合建造。当符合下列要求时，汽车库可设置在托儿所、幼儿园，老年人建筑，中小学校的教学楼，病房楼等的地下部分：

  1 汽车库与托儿所、幼儿园，老年人建筑，中小学校的教学楼，病房楼等建筑之间，应采用耐火极限不低于 2.00h 的楼板完全分隔；

  2 汽车库与托儿所、幼儿园，老年人建筑，中小学校的教学楼，病房楼等的安全出口和疏散楼梯应分别独立设置。

答案：D

4-10 解析：根据《住宅建筑规范》GB 50368—2005 第 5.4.1 条规定，住宅的卧室、起居室（厅）、厨房不应布置在地下室。当布置在半地下室时，必须采取采光、通风、日照、防潮、排水及安全防护措施。

答案：C

4-11 解析：根据《住宅设计规范》GB 50096—2011 第 5.7.4 条规定，套内楼梯的踏步宽度不应小于 0.22m；高度不应大于 0.20m，扇形踏步转角距扶手中心 0.25m 处，宽度不应小于 0.22m。

答案：D

4-12 解析：根据《住宅设计规范》GB 50096—2011 第 5.4.1 条规定，每套住宅应设卫生间，应至少配置便器、洗浴器、洗面器三件卫生设备或为其预留设置位置及条件。三件卫生设备集中配置的卫生间的使用面积不应小于 2.50m²。

答案：C

4-13 解析：根据《宿舍建筑设计规范》JGJ 36—2016 第 4.3.1 条规定，公用厕所应设前室或经公用盥洗室进入，前室或公用盥洗室的门不宜与居室门相对。公用厕所、公用盥洗室不应布置在居室的上方。除附设卫生间的居室外，公用厕所及公用盥洗室与最远居室的距离不应大于 25m。
答案：B

4-14 解析：根据《宿舍建筑设计规范》JGJ 36—2016 第 4.3.12 条规定，宿舍建筑应设置垃圾收集间，垃圾收集间宜设置在入口层或架空层。
答案：B

4-15 解析：根据《办公建筑设计标准》JGJ/T 67—2019 第 6.2.3 条：办公建筑的采光标准可采用窗地面积比进行估算，其比值表中办公室的窗地面积比值最大。
答案：B

4-16 解析：根据《办公建筑设计标准》JGJ/T 67—2019 第 1.0.3 条规定，办公建筑设计应依据其使用要求进行分类，并应符合题 4-16 解表的规定。

办公建筑分类　　　　　　　　　　　　题 4-16 解表

类别	示例	设计使用年限
A 类	特别重要办公建筑	100 年或 50 年
B 类	重要办公建筑	50 年
C 类	普通办公建筑	50 年或 25 年

答案：D

4-17 解析：根据《中小学校设计规范》GB 50099—2011 第 4.3.7 条规定，各类教室的外窗与相对的教学用房或室外运动场地边缘间的距离不应小于 25m。
答案：D

4-18 解析：根据《中小学校设计规范》GB 50099—2011 第 5.8.6 条规定，音乐教室的门窗应隔声，墙面及顶棚应采取吸声措施。
答案：A

4-19 解析：根据《托儿所、幼儿园建筑设计规范》JGJ 39—2016 第 4.1.16 条规定，出入口台阶高度超过 0.30m，并侧面临空时，应设置防护设施，防护设施净高不应低于 1.05m。
答案：D

4-20 解析：根据《托儿所、幼儿园建筑设计规范》JGJ 39—2016 第 3.2.2 条规定，4 个班及以上的托儿所、幼儿园建筑应独立设置。3 个班及以下时，可与居住、养老、教育、办公建筑合建。
答案：B

4-21 解析：《托儿所、幼儿园建筑设计规范》JGJ 39—2016、《中小学校设计规范》GB 50099—2011、《宿舍建筑设计规范》JGJ 36—2016、《老年人照料设施建筑设计标准》JGJ 450—2018 对日照的相关规定如下：
1. 托儿所、幼儿园的幼儿生活用房冬至日底层满窗日照不应小于 3h；
2. 小学普通教室冬至日满窗日照不应少于 2h；
3. 宿舍半数及半数以上的居室应有良好朝向；
4. 老年人居室应具有天然采光和自然通风条件，日照标准不应低于冬至日日照时数 2h。
答案：A

4-22 解析：根据《文化馆建筑设计规范》JGJ/T 41—2014 第 4.2.11 条规定，美术书法教室设计应符合下列规定：

1 美术教室应为北向或顶部采光，并应避免直射阳光；人体写生的美术教室，应采取遮挡外界视线的措施。

答案：D

4-23 解析：根据《图书馆建筑设计规范》JGJ 38—2015 第 4.2.7 条：卫生间、开水间或其他经常有积水的场所不应设置在书库内部及其直接上方。

答案：D

4-24 解析：根据《电影院建筑设计规范》JGJ 58—2008 第 6.2.5 条规定，疏散楼梯应符合下列规定：

1 对于有候场需要的门厅，门厅内供入场使用的主楼梯不应作为疏散楼梯；

2 疏散楼梯踏步宽度不应小于 0.28m，踏步高度不应大于 0.16m，楼梯最小宽度不得小于 1.20m，转折楼梯平台深度不应小于楼梯宽度；直跑楼梯的中间平台深度不应小于 1.20m。

答案：B

4-25 解析：根据《综合医院建筑设计规范》GB 51039—2014 第：5.24.1 条规定，医院建筑耐火等级不应低于二级。

答案：B

4-26 解析：根据《综合医院建筑设计规范》GB 51039—2014 第 5.1.4 条规定，电梯的设置应符合下列规定：

1 二层医疗用房宜设电梯；三层及三层以上的医疗用房应设电梯，且不得少于 2 台。

答案：B

4-27 解析：根据《老年人照料设施建筑设计标准》JGJ 450—2018 第 5.6.6 条规定，老年人使用的楼梯严禁采用弧形楼梯和螺旋楼梯。

答案：D

4-28 解析：根据《交通客运站建筑设计规范》JGJ/T 60—2012 第 6.5.6 条规定，调度室应邻近站场、发车位，并应设外门。

答案：D

4-29 解析：根据《交通客运站建筑设计规范》JGJ/T 60—2012 第 6.2.2 条 1 款规定，普通旅客候乘厅的使用面积应按旅客最高聚集人数计算，且每人不应小于 $1.1m^2$。

答案：A

4-30 解析：根据《车库建筑设计规范》JGJ 100—2015 第 4.1.3 条规定，机动车最小转弯半径应符合题 4-30 解表的规定。

机动车最小转弯半径　　　　　　　　　　题 4-30 解表

车型	最小转弯半径 r_1（m）
微型车	4.50
小型车	6.00
轻型车	6.00～7.20
中型车	7.20～9.00
大型车	9.00～10.50

答案：B

4-31 解析：根据《饮食建筑设计标准》JGJ 64—2017 第 4.1.6 条的规定，建筑物的厕所、卫生间、盥洗室、浴室等有水房间不应布置在厨房区域的直接上层，并应避免布置在用餐区域的直接上层。确有困难布置在用餐区域直接上层时应采取同层排水和严格的防水措施。

答案：D

4-32 解析：根据《饮食建筑设计标准》JGJ 64—2017 第 4.3.1 条的规定，餐馆、快餐店和食堂的厨房区域可根据使用功能选择设置下列各部分：

  1 主食加工区（间）——包括主食制作和主食热加工区（间）；
  2 副食加工区（间）——包括副食粗加工、副食细加工、副食热加工区（间）及风味餐馆的特殊加工间；
  3 厨房专间——包括冷荤间、生食海鲜间、裱花间等，厨房专间应单独设置隔间；
  4 备餐区（间）——包括主食备餐、副食备餐区（间）、食品留样区（间）；
  5 餐用具洗涤消毒间与餐用具存放区（间），餐用具洗涤消毒应单独设置。
  答案：A

4-33 解析：根据《无障碍设计规范》GB 50763—2012 第 3.5.1 条的规定，无障碍通道的宽度应符合下列规定：
  1 室内走道不应小于 1.20m，人流较多或较集中的大型公共建筑的室内走道宽度不宜小于 1.80m；
  2 室外通道不宜小于 1.50m；
  3 检票口、结算口轮椅通道不应小于 900mm。
  答案：C

4-34 解析：根据《无障碍设计规范》GB 50763—2012 第 3.2.3 条的规定，提示盲道应符合下列规定：
  1 行进盲道在起点、终点、转弯处及其他有需要处应设提示盲道，当盲道的宽度不大于 300mm 时，提示盲道的宽度应大于行进盲道的宽度。
  答案：B

4-35 解析：根据《无障碍设计规范》GB 50763—2012 第 7.3.3 条的规定，停车场和车库应符合下列规定：
  1 居住区停车场和车库的总停车位应设置不少于 0.5% 的无障碍机动车停车位；若设有多个停车场和车库，宜每处设置不少于 1 个无障碍机动车停车位。
  答案：A

4-36 解析：根据《无障碍设计规范》GB 50763—2012 第 8.3.2 条：教育建筑的无障碍设施应符合下列规定：
  1 凡教师、学生和婴幼儿使用的建筑物主要出入口应为无障碍出入口，宜设置为平坡出入口；
  2 主要教学用房应至少设置 1 部无障碍楼梯；
  3 公共厕所至少有 1 处应满足本规范第 3.9.1 条的有关规定。
  答案：A

4-37 解析：根据《绿色建筑评价标准》GB/T 50378—2019 第 3.1.2 条规定，绿色建筑评价应在建筑工程竣工后进行。在建筑工程施工图设计完成后，可进行预评价。
  答案：C

4-38 解析：根据《绿色建筑评价标准》GB/T 50378—2019，绿色建筑运行评价应在建筑工程竣工验收投入使用后 2 年进行。
  答案：C

4-39 解析：依据《城市居住区规划设计规范》GB 50180—2018 第 7.0.1 条规定，居住区内绿地包括公共绿地、宅旁绿地、公共服务设施所属绿地、道路绿地。
  答案：A

4-40 解析：根据《民用建筑设计统一标准》GB 50352—2019 表 6.9.1 中明确规定，公共建筑电梯单面多台布置时候梯厅深度大于 $1.5B'$ 且应 $\geqslant 2.0m$。当电梯群为 4 台时应大于 2.40m。
  答案：B

4-41 解析：根据《建筑设计防火规范》GB 50016—2014（2018 年版）附录 A 第 A.0.1.1 中明确规

定,屋顶层斜坡的层高计算是室外地面至屋脊和檐口的平均高度。

答案:D

4-42 解析:根据《民用建筑设计统一标准》GB 50352—2019 第 6.7.1.4 条规定台阶最低高度超过 0.70m 时,应在临空面设防护措施。

答案:C

4-43 解析:根据《建筑设计防火规范》GB 50016—2014(2018 年版)规定,油浸变压器室属于丙类厂房。

答案:A

4-44 解析:根据《建筑设计防火规范》GB 50016—2014(2018 年版)规定,丙类仓库内的防火墙,其耐火极限不应低于 4.00h。

答案:C

4-45 解析:根据《建筑设计防火规范》GB 50016—2014(2018 年版)第 3.3.9 条规定,员工宿舍严禁设置在仓库内。

答案:D

4-46 解析:根据《建筑设计防火规范》GB 50016—2014(2018 年版)第 5.5.13 条规定,4 层教学楼可采用敞开式楼梯间。

答案:C

4-47 解析:根据《建筑设计防火规范》GB 50016—2014(2018 年版)第 5.5.15.1 条规定,位于两个安全出口之间的中学普通教室面积不大于 $75m^2$ 时可设一个疏散门。

答案:B

4-48 解析:根据《建筑设计防火规范》GB 50016—2014(2018 年版)第 6.4.2.1 条规定,封闭楼梯间当不能满足自然通风时,应设置机械加压送风系统或采用防烟楼梯间。

答案:B

4-49 解析:根据《建筑设计防火规范》GB 50016—2014(2018 年版)附录 A 第 A.0.1.2 条规定,建筑屋面为平屋面(包括有女儿墙的平屋面)时,建筑高度应为建筑室外设计地面至其屋面面层的高度。

答案:A

4-50 解析:根据《建筑设计防火规范》GB 50016—2014(2018 年版)第 5.5.17 条规定,多层公共建筑袋形走道疏散距离控制中,疏散距离最小的是游艺场所。

答案:D

4-51 解析:根据《建筑设计防火规范》GB 50016—2014(2018 年版)第 5.1.6 条规定,卧室、起居室(厅)的室内净高不应低于 2.40m,局部净高不应低于 2.10m,局部净高的面积不应大于室内使用面积的 1/3。利用坡屋顶内空间作卧室、起居室(厅)时,其 1/2 使用面积的室内净高不应低于 2.10m。

答案:B

4-52 解析:根据《中小学校设计规范》GB 50099—2011 第 5.1.16 条规定,主要教学用房应配置的教学基本设备及设施不包含显示屏。

答案:B

4-53 解析:根据《宿舍建筑设计规范》JGJ 36—2016 第 4.2.4 条规定,宿舍居室可贴邻公用盥洗室,但需采取防潮措施。

答案:D

4-54 解析:根据《住宅设计规范》GB 50096—2011 第 5.7.3 条规定,套内楼梯当一边临空时,梯段净宽不应小于 0.75m;当两侧有墙时,墙面之间净宽不应小于 0.90m,并应在其中一侧墙面设置扶手。

答案：B

4-55　解析：根据《旅馆建筑设计规范》JGJ 62—2014 第4.3.1条规定，旅馆建筑门厅（大堂）应符合下列规定：

　　1 旅馆建筑门厅（大堂）内各功能分区应清晰、交通流线应明确，有条件时可设分门厅；

　　2 旅馆建筑门厅（大堂）内或附近应设总服务台、旅客休息区、公共卫生间、行李寄存空间或区域。商务中心不是必须设置的功能。

答案：A

4-56　解析：根据《办公建筑设计标准》JGJ 67—2019 第4.3.5条规定，公用厕所应符合下列规定：

　　1 公用厕所服务半径不宜大于50m。

答案：D

4-57　解析：根据《中小学校设计规范》GB 50099—2011 第4.1.6条规定，学校教学区的声环境质量应符合现行国家标准《民用建筑隔声设计规范》GB 50118 的有关规定。学校主要教学用房设置窗户的外墙与铁路路轨的距离不应小于300m，与高速路、地上轨道交通线或城市主干道的距离不应小于80m。当距离不足时，应采取有效的隔声措施。

答案：D

4-58　解析：根据《中小学校设计规范》GB 50099—2011 第5.1.2条规定，中小学校专用教室不包括标本陈列室。

答案：B

4-59　解析：根据《中小学校设计规范》GB 50099—2011 第8.1.8.4条规定，教学用房的门窗设置在二层及二层以上的临空外窗的开启扇不得外开。

答案：B

4-60　解析：根据《中小学校设计规范》GB 50099—2011 第8.7.2条规定，中小学校教学用房的楼梯梯段宽度应为人流股数的整数倍。梯段宽度不应小于1.20m，并应按0.60m的整数倍增加梯段宽度。每个梯段可增加不超过0.15m的摆幅宽度。1.50m宽不是0.60m的整数倍，所以C选项是错误的。

答案：C

4-61　解析：根据《托儿所、幼儿园建筑设计规范》JGJ 39—2016（2019年版）第4.1.8条6款规定，幼儿出入的门应符合下列规定：生活用房开向疏散走道的门均应向人员疏散方向开启，开启的门扇不应妨碍走道疏散通行。

答案：B

4-62　解析：根据《托儿所、幼儿园建筑设计规范》JGJ 39—2016（2019年版）第4.3.10条规定，卫生间应由厕所、盥洗室组成，并宜分间或分隔设置。无外窗的卫生间，应设置防止回流的机械通风设施。

答案：A

4-63　解析：根据《文化馆建筑设计规范》JGJ/T 41—2014 第4.2.1条规定，群众活动用房宜包括门厅、展览陈列用房、报告厅、排演厅、文化教室、计算机与网络教室、多媒体视听教室、舞蹈排练室、琴房、美术书法教室、图书阅览室、游艺用房等。不含有经营性游艺娱乐功能的场所。

答案：B

4-64　解析：根据《文化馆建筑设计规范》JGJ/T 41—2014，美术书法教室属于文化馆静态功能的房间。

答案：C

4-65　解析：根据《电影院建筑设计规范》JGJ 58—2008 第5.1.4条规定，观众厅的后墙应采用防止回声的全频带强吸声结构。

答案：B

4-66 解析：根据《图书馆建筑设计规范》JGJ 38—2015 第 6.1.3 条规定，除藏书量超过 100 万册的高层图书馆、书库外的图书馆、书库，建筑耐火等级不应低于二级，特藏书库的建筑耐火等级应为一级。

答案：A

4-67 解析：根据《综合医院建筑设计规范》GB 51039—2014 第 5.1.6 条规定，通行推床的通道，净宽不应小于 2.40m。有高差者应用坡道相接，坡道坡度应按无障碍坡道设计。

答案：C

4-68 解析：根据《疗养院建筑设计标准》JGJ/T 40—2019 第 5.2.1 条规定，疗养用房宜由疗养室、疗养员活动室、医护用房、清洁间、库房、饮水设施、公共卫生间和服务员工作间等组成。

答案：D

4-69 解析：根据《车库建筑设计规范》JGJ 100—2015 第 4.2.10 条 4 款规定，当坡道纵向坡度大于 10% 时，坡道上、下端均应设缓坡坡段，其直线缓坡段的水平长度不应小于 3.6m，缓坡坡度应为坡道坡度的 1/2；曲线缓坡段的水平长度不应小于 2.4m，曲率半径不应小于 20m，缓坡段的中心为坡道原起点或止点（题 4-69 解图）；大型车的坡道应根据车型确定缓坡的坡度和长度。

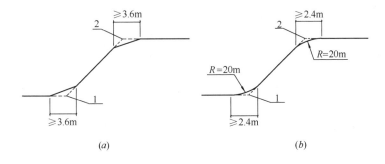

题 4-69 解图　缓坡
1—坡道起点；2—坡道止点
（a）直线缓坡；（b）曲线缓坡

答案：B

4-70 解析：根据《汽车库、修车库、停车场设计防火规范》GB 50067—2014 第 4.3.2 条 1 款规定，除Ⅳ类汽车库和修车库以外，消防车道应为环形，当设置环形车道有困难时，可沿建筑物的一个长边和另一边设置。

答案：D

4-71 解析：根据《商店建筑设计规范》JGJ 48—2014 第 1.0.4 条规定，商店建筑的规模应按单项建筑内的商店总建筑面积进行划分，并应符合题 4-71 解表的规定。

商店建筑的规模划分　　　　　　题 4-71 解表

规模	小型	中型	大型
总建筑面积	<5000m²	5000～20000m²	>20000m²

答案：C

4-72 解析：根据《商店建筑设计规范》JGJ 48—2014 第 4.1.8 条规定，商店建筑内设置的自动扶梯、自动人行道除应符合现行国家标准外，还应符合下列规定：

  1 自动扶梯倾斜角度不应大于30°，自动人行道倾斜角度不应超过12°；

  2 自动扶梯、自动人行道上下两端水平距离3m范围内应保持畅通，不得兼作他用；

  3 扶手带中心线与平行墙面或楼板开口边缘间的距离、相邻设置的自动扶梯或自动人行道的两梯（道）之间扶手带中心线的水平距离应大于0.50m，否则应采取措施，以防对人员造成伤害。

答案：C

4-73 解析：根据《无障碍设计规范》GB 50763—2012第3.3.3条规定，无障碍出入口的轮椅坡道及平坡出入口的坡度应符合下列规定：平坡出入口的地面坡度不应大于1∶20，当场地条件比较好时，不宜大于1∶30。

答案：B

4-74 解析：根据《无障碍设计规范》GB 50763—2012第3.9.2条规定，无障碍厕位应符合下列规定：无障碍厕位应方便乘轮椅者到达和进出，尺寸宜做到2.00m×1.50m，不应小于1.80m×1.00m。

答案：C

4-75 解析：根据《无障碍设计规范》GB 50763—2012第3.7.3条规定，升降平台应符合下列规定：

  1 升降平台只适用于场地有限的改造工程；

  2 垂直升降平台的深度不应小于1.20m，宽度不应小于900mm，应设扶手、挡板及呼叫控制按钮；

  3 垂直升降平台的基坑应采用防止误入的安全防护措施；

  4 斜向升降平台宽度不应小于900mm，深度不应小于1.00m，应设扶手和挡板；

  5 垂直升降平台的传送装置应有可靠的安全防护装置。

答案：A

4-76 解析：根据《公共建筑节能设计标准》GB 50189—2015第3.1.1条规定，公共建筑分类应符合下列规定：

  1 单栋建筑面积大于300m²的建筑，或单栋建筑面积小于或等于300m²但总建筑面积大于1000m²的建筑群，应为甲类公共建筑；

  2 单栋建筑面积小于或等于300m²的建筑，应为乙类公共建筑。

答案：A

4-77 解析：根据《公共建筑节能设计标准》GB 50189—2015第3.2.3条规定，单一立面窗墙面积比的计算应符合下列规定：

  1 凸凹立面朝向应按其所在立面的朝向计算；

  2 楼梯间和电梯间的外墙和外窗均应参与计算；

  3 外凸窗的顶部、底部和侧墙的面积不应计入外墙面积；

  4 当外墙上的外窗、顶部和侧面为不透光构造的凸窗时，窗面积应按窗洞口面积计算；当凸窗顶部和侧面透光时，外凸窗面积应按透光部分实际面积计算。

答案：D

4-78 解析：根据《绿色建筑评价标准》GB/T 50378—2019第7.1.9条规定，建筑造型要素应简约，应无大量装饰性构件，并应符合下列规定：

  1 住宅建筑的装饰性构件造价占建筑总造价的比例不应大于2%；

  2 公共建筑的装饰性构件造价占建筑总造价的比例不应大于1%。

答案：C

第五章 建 筑 材 料

本章考试大纲：了解建筑材料的基本分类；了解各类建筑材料的物理化学性能、材料规格、使用范围；掌握常用建筑材料耐久性、适应性、安全性、环保性等方面的要求。

本章复习重点：建筑材料的分类及常用建筑材料的类别。建筑材料的物理性质和力学性质及评价指标、影响因素。各类建筑材料（如无机胶凝材料、混凝土、墙体材料、建筑钢材、木材、建筑塑料、胶粘剂、防水材料、绝热材料、吸声材料、装饰材料等）的技术性质（包括物理力学性质、耐久性、安全性、环保性等）、使用范围等。

由于本章内容为二级注册建筑师考试新增内容，因此本章例题与习题为一级注册建筑师考试相关历年真题，为考生提供参考。

第一节 材料科学知识与建筑材料的基本性质

一、材料科学知识

材料的组成、结构和构造是决定材料性质的内在因素，要了解材料的性质，必须先了解材料的组成、结构与材料性质之间的关系。

（一）材料的组成

建筑材料的组成分为化学组成和矿物组成。化学组成影响着材料的化学性质，矿物组成影响着材料的物理力学性质。

1. 化学组成

化学组成是指材料的化学成分。**金属材料**以化学元素表示，如钢材中的化学元素有 Fe、C、Si、Mn、S、P 等；**无机非金属材料**通常用各种氧化物表示，如水泥中主要的氧化物包括 CaO、SiO_2、Al_2O_3、Fe_2O_3 等；**有机聚合物**则以有机元素链节重复形式表示，如 C-H。

化学组成影响材料的化学性质；如钢材的主要化学成分为 Fe，所以容易生锈；有机材料由 C-H 化合物及其衍生物组成，所以容易老化。

由于材料的化学成分对其化学性质影响很大，所以通常按照建筑材料的化学组成将其划分为无机材料、有机材料和复合材料三大类，详见表 5-1。

建筑材料的分类　　　　　　　表 5-1

分类			实例
无机材料	非金属材料	天然石材	毛石、料石、石板、碎石、卵石、砂
		烧土制品	黏土砖、黏土瓦、陶器、炻器、瓷器
		玻璃及熔融制品	玻璃、玻璃棉、矿棉、铸石
		胶凝材料	石膏、石灰、菱苦土、水玻璃，以及各种水泥
		砂浆及混凝土	砌筑砂浆、抹面砂浆 普通混凝土、轻骨料混凝土
		硅酸盐制品	灰砂砖、硅酸盐砌块

续表

分类			实例
无机材料	金属材料	黑色金属	铁、钢
		有色金属	铝、铜及其合金
有机材料		植物质材料	木材、竹材
		沥青材料	石油沥青、煤沥青
		合成高分子材料	塑料、合成橡胶、胶粘剂
复合材料		金属—非金属	钢纤混凝土、钢筋混凝土
		无机非金属—有机	玻纤增强塑料、聚合物混凝土、沥青混凝土、人造石
		金属—有机	PVC涂层钢板、轻质金属夹芯板、铝塑板

也可将建筑材料分为金属材料（包括有色金属和黑色金属）、非金属材料（无机材料和有机材料）和复合材料。

2. 矿物组成

将材料中具有特定晶体结构和特定物理力学性能的组织结构称为矿物。矿物组成是指构成材料的矿物种类和数量。如花岗岩的主要矿物组成为长石和石英，酸性岩石多，因此花岗岩强度高，硬度大，耐磨性、耐酸性和抗风化性能均较好；大理石的主要矿物为方解石和白云石，碱性岩石多，因此大理石的强度、硬度、耐磨性均不如花岗岩，不耐酸腐蚀，抗风化性能差，不适用于室外环境中。

3. 相组成

将材料中结构相近、性质相同的均匀部分称为相。同一材料可由多相物质组成。如建筑钢材中就有铁素体、珠光体和渗碳体等基本组织；其中铁素体软，渗碳体硬，它们的比例不同，就能生产出不同性能的钢材。复合材料是宏观层次上的多相组成材料，如铝塑板、轻型金属夹芯板等。

（二）材料的结构

按照尺度可将材料的结构划分为宏观结构、细观结构和微观结构三个层次，是决定材料性质的重要因素之一。

1. 微观结构

材料的微观结构是指原子、分子层次的结构。材料的微观结构决定材料的物理性质，如强度、硬度、熔点、导热、导电性等。

按照材料微观质点的排列特征或联结方式，材料的微观结构分为晶体和非晶体。

（1）晶体结构

在空间上，质点（离子、分子、原子）按特定的规则、呈周期性排列的固体称为晶体。晶体排列示例如图 5-1(a) 所示。

（2）非晶体结构

非晶体结构特征为质点在空间上呈现完全无序排列，故又称为无定形体，如图 5-1(b) 所示。

2. 细观结构

细观结构（也称亚微观结构）是指在光学显微镜下能观察到的结构，主要用于研究材料内部晶粒的大小及形态，晶界与界面，孔隙与微裂纹等。

3. 宏观结构

宏观结构是指可以通过目测或放大镜观察到的结构，根据宏观结构的密实度（或孔隙特征）和构造方式将其细分。

（1）按照建筑材料的宏观构造特征分为如下四类：

1）堆聚结构：由骨料与胶凝材料结合而成的材料，如水泥混凝土、沥青混凝土等；

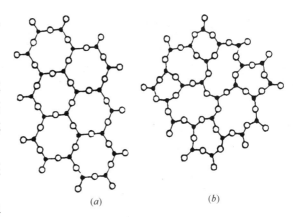

图 5-1　晶体、非晶体的原子排列示意图
(a) 晶体；(b) 非晶体

2）纤维结构：由纤维状物质构成的材料结构，纤维之间存在相当多的孔隙，如木材、玻璃纤维、矿物棉、有机纤维等，平行纤维方向的抗拉强度较高，能用作保温隔热和吸声材料；

3）层状结构：将材料叠合而成的结构，如胶合板、铝塑板等，各层材料性质不同，但叠合后材料综合性质较好，扩大材料的使用范围；

4）散粒结构（粒状结构）：材料呈松散颗粒状的结构，如砂石骨料、膨胀蛭石、膨胀珍珠岩、黏土陶粒等。

（2）按照建筑材料的宏观孔隙特征分为如下三类：

1）致密结构：无孔隙存在的材料，如玻璃、钢材、塑料等，具有吸水率低、强度高、抗渗性好等性质；

2）多孔结构：有粗大孔隙的结构，如加气混凝土、泡沫玻璃、泡沫塑料、泡沫混凝土等；

3）微孔结构：有微细的孔隙结构，如黏土砖、石膏制品等。孔隙率高的材料质量轻、强度较低，但保温、隔热、吸声性能好。

综上所述，建筑材料的性质，就根本来说，取决于其内部（或自身）的组成与结构。一旦材料组成已经确定，无论在什么尺度上的结构，都会在不同方面影响其性能；或者说，材料的内部结构是材料性质的内因，是理解与运用材料的基础。在随后各节有关性能指标的学习，以及各种重要材料的分论中，都要以这个基本观点与方法来作为理解与掌握的基础。

例 5-1　（2019）建筑上常用的有机材料不包括（　　）。

A　木材、竹子　　　　　　B　石棉、蛭石
C　橡胶、沥青　　　　　　D　树脂、塑料

解析：有机材料包括天然植物（如木材、竹材等），沥青材料（石油沥青、煤沥青等）和有机高分子材料（如树脂、橡胶等）。选项B石棉、蛭石为无机非金属材料。

答案：B

二、建筑材料的基本性质

各种建筑物均由建筑材料构建而成。不同的建筑物有不同的功能要求，即使是同一建筑物，其不同部位所起的作用也会有所不同。实现各种功能要求的基本手段之一是合理运用建筑材料。还需指出，不同的建筑物所处的工作环境不尽相同，而且建筑物还要历经寒暑季节的变化。因此，对建筑材料基本性质的要求是多方面的，如物理性质、力学性质、化学性、耐久性和装饰性等。

本部分将简要介绍这些基本性质及其指标，并对其中最重要的指标的测定与计算作简要叙述。

（一）建筑材料的物理参数

1. 密度

材料在绝对密实状态下单位体积的质量，又称质量密度（ρ），可表示为：

$$\rho = \frac{m}{V} \tag{5-1}$$

式中　ρ——密度（质量密度）（g/cm³）；

　　　m——材料在干燥状态下的质量（g）；

　　　V——材料在绝对密实状态下的体积（cm³）。

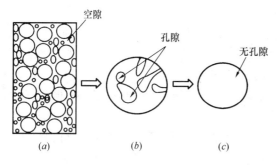

图 5-2　材料不同状态下的体积

绝对密实状态下的体积是指不包括孔隙在内的体积，参见图5-2（c），且与外界条件变化与否无关，只与材料中固体物质的体积有关。测定有孔材料的绝对密实体积时，需将材料磨成细粉，干燥后用李氏瓶（排液置换法）测定。

比重也称相对密度，是指物质密度与标准大气压下4℃水的密度比值，为无量纲。因为标准大气压下4℃水的密度为1g/cm³，所以物质的密度与比重在数值上相同；因此，密度俗称比重。

2. 表观密度

材料在自然状态下单位体积的质量，亦称体积密度（ρ_0），可表示为：

$$\rho_0 = \frac{m}{V_0} \tag{5-2}$$

式中　ρ_0——表观（体积）密度（g/cm³ 或 kg/m³）；

　　　m——材料的质量（g 或 kg）；

　　　V_0——材料在自然状态下的体积（cm³ 或 m³）。

材料自然状态下的体积是指包括内部孔隙在内的体积，如图5-2（b）所示。材料表观密度的大小与其含水情况有关，需要说明含水情况，通常材料的表观密度是指气干状态下的表观密度。材料在烘干状态下的表观密度称为干表观密度。

3. 堆积密度

散粒材料在自然堆积状态下单位体积的质量称为堆积密度（ρ_0'），可表示为：

$$\rho_0' = \frac{m}{V_0'} \tag{5-3}$$

式中 ρ'_0 ——散粒材料的堆积密度（kg/m³）；
　　　m——散粒材料的质量（kg）；
　　　V'_0——散粒材料在自然堆积状态下的体积（m³）。

颗粒材料在堆积状态下的体积，不仅包括材料内部的孔隙，还包括颗粒间的空隙，参见图 5-2（a）所示。

密度（ρ）、表观密度（ρ_0）和堆积密度（ρ'_0）均指材料单位体积的质量，不同之处在于确定单位体积时材料所处的状态不同，所以对于同一材料而言，$\rho>\rho_0>\rho'_0$。

常用建筑材料的密度、表观密度及堆积密度见表 5-2。

常用建筑材料的密度、表观密度及堆积密度　　　表 5-2

材　料	密度 ρ（g/cm³）	表观密度 ρ_0（kg/m³）	堆积密度 ρ'_0（kg/m³）
石 灰 石	2.60	2300～2600	—
花 岗 石	2.80	2500～2800	—
碎石（石灰石）	—	2600～2700	1400～1700
砂	—	2600～2700	1450～1650
黏　　土	2.60	—	1600～1800
普通黏土砖	2.50	1600～1800	—
黏土空心砖	2.50	1000～1400	—
水　　泥	3.10	—	1200～1300
普通混凝土	—	2000～2800	—
轻骨料混凝土	—	800～1900	—
木　　材	1.55	400～800	—
钢　　材	7.85	7850	—
泡沫塑料	—	20～50	—

4. 孔隙率与密实度

孔隙率是指材料中孔隙的体积占材料总体积的百分率（P），可表示为：

$$P = \frac{V_{孔}}{V_0} \times 100\% = \frac{V_0 - V}{V_0} \times 100\% = \left(1 - \frac{V}{V_0}\right) \times 100\% = \left(1 - \frac{\rho_0}{\rho}\right) \times 100\% \quad (5\text{-}4)$$

式中 $V_{孔}$——孔隙体积（cm³）。

材料中固体体积占总体积的百分率称为材料的密实度（D）。孔隙率和密实度两者之和为 1，即 $P+D=1$。材料的孔隙率和密实度直接反映材料的密实程度。

材料孔隙率的大小及孔隙特征对材料的性能（如吸水性、保温性、抗冻性、抗渗性等）有很大的影响。孔隙特征包括孔隙构造（开口与闭口状态）和孔径大小。开口孔隙与外面的大气相连，水与空气能随意进出；而闭口孔隙被封闭在材料内部。一般情况下，孔隙率大的材料适宜作保温材料和吸声材料。同时，还要考虑孔隙的开口与闭口状态。开口孔隙对吸声有利，但对材料的强度、抗渗性、抗冻性等均不利。微小而均匀的闭口孔隙除对材料的抗渗性、抗冻性有利外，还能降低导热系数，使材料具有绝热性能。总之，对于同种材料，孔隙率相同时，其性质不一定相同。孔隙尺寸大小又将孔隙分为大孔、中孔和小孔。

5. 空隙率与填充率

空隙率是指散粒材料在堆积体积中，颗粒间的空隙体积占总体积的百分率（P'），可表示为：

$$P' = \frac{V_{空}}{V'_0} \times 100\% = \frac{V'_0 - V_0}{V'_0} \times 100\% = \left(1 - \frac{V_0}{V'_0}\right) \times 100\% = \left(1 - \frac{\rho'_0}{\rho_0}\right) \times 100\%$$

$$(5\text{-}5)$$

填充率是指散粒材料在堆积体积中，颗粒体积占总体积的百分率，填充率＋空隙率＝1。

空隙率和填充率的大小反映了散粒材料颗粒互相填充的致密程度。在配制混凝土时，为了节约水泥，石子空隙被砂子填充，砂子空隙被水泥填充，所以空隙率和填充率可作为控制砂石级配和计算砂率的依据。

> **例 5-2** （2018）下列材料孔隙率最高的是（　　）。
> A 木材　　　　B 花岗岩　　　　C 泡沫塑料　　　　D 轻质混凝土
> 解析：孔隙率是指材料中孔隙体积占总体积的百分率，反映材料的致密程度，孔隙率越大，材料的表观密度越小，即材料越轻。上述 4 种材料中泡沫塑料最轻，孔隙率最大；花岗岩最重，孔隙率最小。4 种材料的具体孔隙率指标为：木材为 55%～75%，花岗岩为 0.6%～1.5%，泡沫混凝土为 95%～99%，轻质混凝土为 60%。故选项 C 孔隙率最高。
> **答案：C**

（二）建筑材料的物理性质

1. 材料的亲水性和憎水性

材料表面与水或空气中的水汽接触时，会产生不同程度的润湿。材料表面能被水润湿的性质称为亲水性；材料表面不能被水润湿的性质称为憎水性。表面能被水润湿的材料为亲水材料，如砖、混凝土、木材等。表面不会被水润湿的材料为憎水材料，如石蜡、沥青、树脂、橡胶等；憎水材料适合作防水和防潮材料。

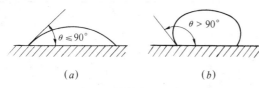

图 5-3　材料润湿示意图
(a) 亲水性材料；(b) 憎水性材料

材料被水湿润的情况可用润湿边角 θ 表示。当材料与水接触时，在材料、水、空气三相的交点处，作沿水滴表面的切线，此切线与材料和水接触面的夹角 θ 被称为润湿边角，如图 5-3 所示。θ 值越小，表明材料越容易被水润湿。$\theta \leqslant 90°$ 时，材料能被水湿润，称为亲水性材料；$\theta > 90°$ 时材料表面不易吸附水，称为憎水性材料。

2. 材料的吸水性和吸湿性

（1）吸水性

吸水性是指材料在水中吸收水分的性质，吸水性的大小用吸水率表示。质量吸水率指材料吸水饱和后，吸入水的质量占材料干燥质量的百分率，可表示为：

$$W_\mathrm{m} = \frac{m_1 - m}{m} \times 100\% \tag{5-6}$$

式中　W_m——材料的质量吸水率（%）；
　　　m_1——材料吸水饱和状态下的质量（g 或 kg）；
　　　m——材料在干燥状态下的质量（g 或 kg）。

材料的吸水性与材料的亲水性、憎水性有关，还与材料的孔隙率和孔隙特征有关。封闭孔隙水分不能进入，粗大开口孔隙，水分不能留存，所以吸水率都较小。微细连通孔隙的孔隙率越大，吸水率就越大；因此，具有很多细微开口孔隙的亲水性材料的吸水性较强。

由于孔隙率和孔隙结构不同，各种材料的吸水率相差很大。如花岗岩等致密岩石的吸水率仅为 0.5%～0.7%，普通混凝土的吸水率为 2%～3%，黏土砖的吸水率为 8%～20%；而加气混凝土、软木等轻质材料的吸水率常大于 100%。

(2) 吸湿性

吸湿性是指材料在潮湿空气中吸收水分的性质，用含水率表示。含水率是指材料内部所含水的质量占材料干质量的百分率，可表示为：

$$W = \frac{m_{湿} - m}{m} \times 100\% \tag{5-7}$$

式中　W——含水率（%）；

　　　$m_{湿}$——材料吸收空气中水分后的质量（g 或 kg）；

　　　m——材料干燥状态下的质量（g 或 kg）。

材料的含水率与孔隙率有关外，还随环境温度和湿度的不同而异。材料含水率与空气湿度达到平衡时的含水率，称为材料的平衡含水率。平衡含水率是一种动态平衡，即材料不断地从空气中吸收水分的同时，也向空气中释放水分，以保持含水率的稳定。可利用石膏、木材等多孔材料的平衡含水特性——当空气干燥时，材料释放水分，反之材料吸收水分——微调节室内湿度，从而保持室内湿度的稳定性，避免产生剧烈变化。

材料吸水或吸湿含水后都会使材料的性质发生改变，如表观密度和导热系数增大、体积膨胀、强度降低；因此，水在材料中会产生不利影响。

3. 材料的耐水性

材料长期在饱和水作用下不破坏，强度也不显著降低的性质称为耐水性。材料的耐水性用软化系数来表示，即材料在水饱和状态下的抗压强度与材料在干燥状态下的抗压强度之比，可用下式表示：

$$K = \frac{f_b}{f_g} \tag{5-8}$$

式中　K——材料的软化系数；

　　　f_b——材料在饱水状态下的抗压强度（MPa）；

　　　f_g——材料在干燥状态下的抗压强度（MPa）。

软化系数的大小表明材料在浸水饱和后保持抗压强度的能力，一般材料遇水后，内部质点的结合力减弱，强度会有不同程度的降低。如花岗岩长期浸泡水中，强度将下降 3%，黏土砖和木材吸水后强度降低更大。材料的软化系数为 0～1。软化系数越小，说明材料吸水后强度降低越多，耐水性越差。通常把软化系数大于 0.85 的材料称为耐水材料。长期受水浸泡或处于潮湿环境的重要结构，必须选用软化系数不低于 0.85 的材料；受潮较轻或次要结构的材料，其软化系数则不宜低于 0.75。

4. 材料的抗渗性

材料抵抗压力水渗透的性质称为抗渗性，或不透水性。材料的抗渗性通常用渗透系数来表示。

$$k = \frac{Qd}{AtH} \tag{5-9}$$

式中　k——材料的渗透系数（cm/h）；

　　　Q——渗水量（cm³）；

　　　d——试件厚度（cm）；

H——静水压力水头（cm）；

t——渗水时间（h）；

A——渗水面积（cm²）。

由式5-9可知，渗透系数是指一定厚度的材料，在单位压力水头作用下，在单位时间内透过单位面积的水量。渗透系数越小，表明材料渗透的水量越少，抗渗性越好。

对于混凝土或砂浆用抗渗等级表示其抗渗性。抗渗等级是以规定的试件在标准试验方法下所能承受的最大水压力来确定。所以，抗渗等级越大，混凝土或砂浆的抗渗性越好。

材料的抗渗性好坏与其孔隙率及孔隙特征有关。开口大孔，水易渗入，材料的抗渗性差；微细连通孔也易渗入水，材料的抗渗性差；闭口孔水不易渗入，即使孔隙率较大，材料的抗渗性也较好。

抗渗性是决定材料耐久性的主要因素，对于地下建筑及水工构筑物，因常受到压力水的作用，所以要求材料具有一定的抗渗性。对于防水材料，则要求具有更高的抗渗性。材料抵抗其他流体渗透的性质，也属于抗渗性。

5. 材料的抗冻性

材料在水饱和状态下，能经受多次冻融循环（冻结和融化）作用而不破坏，强度也不严重降低的性质，称为材料的抗冻性。

材料在冻融循环作用下产生破坏，主要是由于材料内部孔隙中的水结冰时体积膨胀（约9%）所致。冰膨胀对材料孔壁产生巨大的压力，由此产生的拉应力超过材料的抗拉强度极限时，材料内部产生微裂缝，强度下降。所以材料的抗冻性与材料的孔隙率、孔隙构造、孔隙被水充满的程度和材料对水分结冰体积膨胀所产生压力的抵抗能力等因素有关。密实或具有封闭孔隙的材料抗冻性较好。

抗冻性良好的材料，对于抵抗大气温度变化、干湿交替等风化作用的能力通常也较强，所以抗冻性常作为考查材料耐久性的一项指标。处于温暖地区的建筑物，虽无冰冻作用，为抵抗大气的作用，确保建筑物的耐久性，有时也需要对材料提出一定的抗冻性要求。

6. 材料的导热性

在建筑中，除了满足必要的强度及其他性能的要求外，建筑材料还必须具有一定的热工性能，以降低建筑物的使用能耗，创造适宜的生活与生产环境。导热性是建筑材料的一项重要热工性能。

导热性是指材料传递热量的能力。材料的导热性可以用导热系数来表示，导热系数的物理意义是：厚度为1m的材料，当温度改变1K时，在1s时间内通过1m²面积的热量，可用下式表示：

$$\lambda = \frac{Q \cdot a}{(t_1 - t_2) \cdot A \cdot Z} \tag{5-10}$$

式中　λ——材料的导热系数[W/(m·K)]；

　　　Q——总传热量（J）；

　　　a——材料厚度（m）；

(t_1-t_2)——材料两侧绝对温度之差（K）；

　　　A——传热面积（m²）；

　　　Z——传热时间（s）。

材料的导热系数愈小，表示材料的导热性能越差，绝热性能愈好。几种典型材料的热工性质指标见表5-3。

几种典型材料的热工性质指标　　　　表5-3

材料	导热系数 [W/(m·K)]	比热 [J/(g·K)]	材料	导热系数 [W/(m·K)]	比热 [J/(g·K)]
铜	370	0.38	绝热用纤维板	0.05	1.46
钢	55	0.46	玻璃棉板	0.04	0.88
花岗石	2.9	0.80	泡沫塑料	0.03	1.30
普通混凝土	1.8	0.88	冰	2.20	2.05
普通黏土砖	0.55	0.84	水	0.58	4.19
松木（横纹）	0.15	1.63	密闭空气	0.023	1.00

影响建筑材料导热系数的主要因素有：

（1）材料的组成与结构。通常金属材料、无机材料、晶体材料的导热系数分别大于非金属材料、有机材料、非晶体材料。

（2）孔隙率。孔隙率大，含空气多，则材料表观密度小，其导热系数也就小。这是由于空气的导热系数小[为0.023W/(m·K)]的缘故。

（3）孔隙特征。在相同孔隙率的情况下，细小孔隙、闭口孔隙组成的材料比粗大孔隙、开口孔隙的材料导热系数小，因为前者避免了对流传热。

（4）含水情况。当材料含水或含冰时，材料的导热系数会急剧增大，因为水和冰的导热系数分别为0.58W/(m·K)和2.20W/(m·K)。

工程中通常将导热系数小于0.23W/(m·K)的材料称为绝热材料。

> **例5-3** （2018）软化系数用来表示材料的哪种特性？
> A 吸水性　　　　B 吸湿性　　　　C 耐水性　　　　D 抗渗性
> **解析：** 吸水性的指标为吸水率，吸湿性的指标为含水率，耐水性的指标为软化系数，抗渗性的指标为渗透系数或抗渗等级。
> **答案：** C

（三）建筑材料的力学性质

建筑材料要达到稳定、安全、适用，材料的力学性质是首要考虑的基本性质。材料的力学性质是指材料在外力作用下的变形性质和抵抗外力破坏的能力。

1. 材料的强度和强度等级

材料在外力（荷载）作用下抵抗破坏的能力，称为材料的强度。当材料承受外力作用时，内部就产生应力。外力逐渐增加，应力也相应加大，直到质点间作用力不再能够承受时，材料即破坏，此时的极限应力值就是材料的强度。

根据外力作用形式的不同，材料的强度有抗压强度、抗拉强度、抗弯强度及抗剪强度等，如图5-4所示。

材料的抗压强度（f_a）、抗拉强度（f_t）及抗剪强度（f_v）的计算公式如下：

$$f = \frac{F}{A} \tag{5-11}$$

式中 F——材料破坏时的最大荷载（N）；
A——材料受力截面面积（mm²）。

材料的抗弯强度与受力情况、截面形状及支承条件等有关，通常将矩形截面条形试件放在两支点上，中间作用一集中荷载，称为三点弯曲，抗弯强度计算公式为：

$$f_{tm} = \frac{3FL}{2bh^2} \quad (5-12)$$

也有时在跨度的三分点上作用两个相等的集中荷载，称为四点弯曲，则其抗弯强度计算式为：

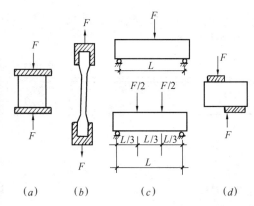

图 5-4 材料受力示意图
(a) 压力；(b) 拉力；(c) 弯曲；(d) 剪切

$$f_{tm} = \frac{FL}{bh^2} \quad (5-13)$$

式中 f_{tm}——抗弯强度（MPa）；
F——弯曲破坏时最大荷载（N）；
L——两支点间的跨距（mm）；
b、h——试件横截面的宽及高（mm）。

各种建筑材料的强度特点差异很大，见表 5-4 所示。

几种常用材料的强度（MPa） 表 5-4

材料	抗压	抗拉	抗弯
花岗石	100～250	7～25	10～14
大理石	50～190	7～25	6～20
烧结普通砖	10～30	—	1.6～4.0
普通混凝土	10～60	1～9	—
松木（顺纹）	30～50	80～120	60～100
建筑钢材	240～1500	240～1500	—

为了使用方便，建筑材料常按其强度高低划分为若干个等级，例如钢材按拉伸试验测得的屈服强度确定钢材的牌号或等级，水泥按抗压强度和抗折强度确定强度等级，普通混凝土按其抗压强度确定强度等级。

为衡量材料轻质高强方面的属性，还需规定一个相关的性能指标，称为比强度。比强度是指材料强度对其表观密度的比值，该值越大，表明该材料具有越好的轻质高强属性。

2. 弹性与塑性

在外力作用下，材料产生变形，外力取消后变形消失，材料能完全恢复原来形状的性质称为弹性。这种外力去除后即可恢复的变形为弹性变形，属可逆变形。弹性变形值与外力成正比，这个比值称为弹性模量（E）。在弹性变形范围内，E 为常数，可表示为：

$$E = \frac{\sigma}{\varepsilon} \quad (5-14)$$

式中 σ——材料的应力（MPa）；
ε——材料的应变。

弹性模量是衡量材料在弹性范围内抵抗变形能力的指标，该值越大，材料抵抗变形的能力越强，材料受力变形越小。

在外力作用下材料产生变形，当外力取消后变形不能恢复，仍保持变形后的形状和尺寸，但不产生裂隙的性质称为塑性。这种不能恢复的变形称为塑性变形，属不可逆变形。

实际上纯弹性材料是没有的，大部分固体材料在受力不大时，表现出弹性变形；当外力达一定值时，则呈现塑性变形。有的材料受力后，弹性变形和塑性变形同时发生；当卸荷后，弹性变形消失，而塑性变形不能消失（如混凝土），这类材料称为弹塑性材料。

3. 材料的脆性和韧性

材料受外力作用，当外力达到一定数值时，材料发生突然破坏，且破坏时无明显的塑性变形，材料的这种性质称为脆性。具有这种性质的材料称脆性材料，如混凝土、玻璃、砖、石等。脆性材料的抗压强度比抗拉强度大很多，即拉压比很小，所以脆性材料不能承受振动和冲击荷载，只适合作承压构件。

材料在冲击、振动荷载作用下，能吸收较大的能量，同时产生较大的变形而不破坏的性质称为韧性（冲击韧性）。一般以测定其冲击破坏时试件所吸收的功作为指标，建筑钢材、木材、建筑塑料等均属于韧性材料。在结构设计中，对于承受动荷载（冲击、振动等）的结构物，所用材料应具有较高的韧性。

4. 硬度

材料的硬度是指材料抵抗较硬物压入其表面的能力，通过硬度可大致推知材料的强度。不同材料硬度的测试方法和表示方法不同，如石料可用刻痕法或磨耗来测定，金属、木材及混凝土等可用压痕法测定，矿物可用刻划法测定（矿物硬度分为10个等级，最硬的10级为金刚石，最软的1级为滑石及白垩石）。常用的布氏硬度HB可用来表示塑料、橡胶及金属等材料的硬度。

（四）材料的化学性质

材料的化学性质指材料与它所处外界环境的物质进行化学反应的能力或在所处环境的条件下保持其组成及结构稳定的能力，如胶凝材料与水作用，钢筋的锈蚀，沥青的老化，混凝土及天然石材在侵蚀性介质作用下受到腐蚀等。

（五）材料的耐久性

材料在使用过程中抵抗周围各种介质的侵蚀而不破坏的性能，称为耐久性。耐久性是材料的一种综合性质，诸如抗渗性、抗冻性、抗风化性、抗老化性、耐化学腐蚀性、耐热性、耐光性、耐磨性等均属耐久性的范围。

例 5-4 （2019）通常用破坏性试验来测试材料的哪项力学性质？

A 硬度　　　　　　　　　　　　B 强度
C 脆性、韧性　　　　　　　　　D 弹性、塑性

解析： 强度是指材料抵抗荷载破坏作用的能力，用破坏性试验测得。

答案： B

第二节 气硬性无机胶凝材料

能将散粒材料或块状材料粘结成为整体的材料为胶凝材料。胶凝材料按照化学成分分为有机胶凝材料和无机胶凝材料两大类，前者以天然或合成的有机高分子化合物为基本成分，如沥青、树脂等；后者以无机化合物为主要成分。无机胶凝材料按硬化条件分为气硬性胶凝材料和水硬性胶凝材料两类。气硬性胶凝材料只能在空气中硬化，也只能在空气中保持和发展强度，如建筑石膏、石灰、水玻璃、菱苦土等。水硬性胶凝材料不仅能在空气中，而且能更好地在水中硬化并保持和发展强度，如各种水泥。气硬性胶凝材料一般只适用于地上干燥环境，水硬性胶凝材料可在地上、地下或水中使用。

一、石灰

石灰是人类最早使用的一种建筑材料，因为石灰的原料来源广泛，工艺简单，成本低廉，使用方便，所以至今仍被广泛应用于建筑工程中。

(一) 石灰的原料与生产

生产石灰的主要原料是以碳酸钙为主要成分的天然岩石，常用的有石灰石、白云石、白垩等。石灰石原料在适当的温度（900～1100℃）下煅烧，碳酸钙分解，释放出 CO_2，得到以 CaO 为主要成分的生石灰，其煅烧反应式如下：

$$CaCO_3 \longrightarrow CaO + CO_2 \uparrow$$

由于石灰原料中含有一些碳酸镁，故生石灰中含有一些 MgO。根据其中 MgO 的含量，生石灰分为钙质石灰（MgO≤5%）和镁质石灰（MgO>5%）。

块状生石灰质量轻，表观密度为 800～1000kg/m³，密度约为 3.2g/cm³，颜色洁白或略带灰色。

(二) 生石灰的消化

生石灰使用前，需加水使之消解为膏状或粉状的消石灰，这个过程称为石灰的"消化"或"熟化"，成品称为消石灰或熟石灰，主要成分为氢氧化钙。石灰消化过程的放热反应化学式表示如下：

$$CaO + H_2O \Longleftrightarrow Ca(OH)_2 + 64.9 kJ/mol$$

生石灰熟化过程中大量放热（64.9kJ/mol），并且体积急剧膨胀（体积可增大 1～2.5 倍）。石灰根据产品加工方法分为块状生石灰、生石灰粉、消石灰粉、石灰膏及石灰乳等。

(三) 石灰的硬化

石灰的硬化是指石灰浆体由可塑性状态逐步转化为具有一定强度固体的过程。石灰浆体的硬化主要经由两个作用过程来完成。

1. 结晶作用

石灰浆在干燥环境中，多余的游离水逐渐蒸发，使颗粒聚结在一起，产生一定的强度；同时，石灰浆体内部形成大量的毛细孔隙。另外，当水分蒸发时，液体中的氢氧化钙达到一定程度的过饱和，从而会产生氢氧化钙的析晶过程，加强了石灰浆中原来的氢氧化钙颗粒之间的结合。这两种增强作用有限，故对石灰浆体的强度增加不大，且遇水后即可丧失。

2. 碳化作用

Ca(OH)$_2$在潮湿条件下与空气中的CO$_2$化合生成CaCO$_3$结晶，析出水分并被蒸发，这一过程称为碳化作用，其反应式如下：

$$Ca(OH)_2 + CO_2 + nH_2O \longrightarrow CaCO_3 + (n+1)H_2O$$

由于空气中二氧化碳的浓度很低，因此硬化过程极为缓慢，碳化作用在很长时间内仅限于表层。

由石灰的结晶作用、碳化作用过程可知，硬化过程中要蒸发大量的水分，引起体积的显著收缩；所以，石灰不宜单独使用，一般要掺入砂、纸筋、麻刀等材料，以减少收缩，增加抗拉强度，并节省石灰。此外，石灰浆的硬化过程很慢，硬化石灰浆体的强度一般不高，强度增长慢，受潮后更低。

（四）石灰的应用

1. 配制石灰砂浆、石灰乳

石灰砂浆可用于砌筑、抹面，石灰乳可用作涂料。

2. 配制石灰土、三合土

石灰土（石灰＋黏土）和三合土（石灰＋黏土＋砂石或炉渣、碎砖等填料），分层夯实，强度及耐水性均较高，可用作基础的垫层等。石灰宜用消石灰粉或磨细生石灰，灰土中的石灰用量一般为灰土总重的6%～10%。在三合土中添加少量水泥成为四合土。

3. 生产灰砂砖、碳化石灰板

将磨细生石灰或消石灰粉与天然砂配合拌匀，加水搅拌，再经陈伏、加压成型和压蒸处理，可制成灰砂砖。

碳化石灰板是将磨细生石灰、纤维状填料（如玻璃纤维）或轻质骨料（如矿渣）搅拌成型，然后以CO$_2$进行人工碳化12～24h，制成的一种轻质板材。另外，石灰还可用来配制无熟料水泥及生产多种硅酸盐制品等。因为石灰耐水性差，所以石灰不宜用于潮湿环境，也不宜用于重要建筑物的基础。

例5-5 （2014）关于建筑用生石灰的说法，错误的是（   ）。
　A　由石灰岩煅烧而成　　　　　　　B　常用立窑烧制，温度达1100℃
　C　呈粉状，体积比原来的石灰岩略大　D　主要成分是氧化钙

解析：生石灰是由天然石灰岩煅烧而成，故A正确；可采用立窑或回转窑煅烧，温度为900～1100℃，故B正确；煅烧后，石灰岩中的碳酸钙分解，形成氧化钙，所以生石灰的主要成分是氧化钙，故D正确；生石灰呈块状，其体积比原来的石灰岩略小，故C错误。

答案：C

二、建筑石膏

（一）建筑石膏的原料与生产

生产建筑石膏的主要原料是天然二水石膏（又称生石膏或软石膏，主要成分为CaSO$_4$·2H$_2$O）。二水石膏在107～170℃煅烧，磨细可得β型半水石膏，即建筑石膏，主要成分为

半水硫酸钙（CaSO$_4$·1/2H$_2$O），密度为 2.5～2.8g/cm^3。

脱硫石膏又称排烟脱硫石膏、硫石膏或 FGD 石膏，是对含硫燃料（煤、油等）燃烧后产生的烟气进行脱硫净化处理得到的工业副产石膏，属于固体废弃物。脱硫石膏板是以脱硫石膏为原料制备的建材，属于利废建材。

（二）建筑石膏的水化、凝结与硬化

半水石膏粉末与水搅拌成浆体，初期具有可塑性，但很快就失去可塑性并产生强度，发展成为具有强度的固体，这个过程称为石膏的凝结和硬化。

半水石膏与水反应，生成二水石膏，其反应式如下：

$$2(CaSO_4 \cdot 1/2H_2O) + 3H_2O \longrightarrow 2(CaSO_4 \cdot 2H_2O)$$

（三）建筑石膏的特性

1. 凝结硬化快

建筑石膏凝结快，一般初凝时间只有 3～5min，终凝时间在 30min 以内。

2. 硬化后体积微膨胀

石膏在凝结硬化时，不像其他胶凝材料（如石灰、水泥）那样出现收缩，反而略有膨胀（膨胀率为 1‰），使石膏硬化体表面光滑饱满、不开裂；可制作出纹理细致的浮雕花饰等装饰制品。

3. 硬化体的孔隙率大

建筑石膏硬化时有大量的水分蒸发，使硬化体的孔隙率高达 50%～60%，所以硬化体的表观密度小，强度较低，导热系数小，吸声性强，吸湿性大，可调节室内的温、湿度。

4. 防火性好，耐热性差

石膏制品本身为不燃材料，同时在遇到火灾时，二水石膏将脱出结晶水，吸热蒸发，并在制品表面形成蒸汽幕和脱水物隔热膜，可有效地减少火焰对内部结构的危害，具有较好的防火性能。但是石膏制品的耐热性差，使用温度应低于 65℃。

5. 耐水性和抗冻性能差

建筑石膏硬化体吸湿性强，吸收的水分会削弱晶体粒子的粘结力，使强度显著降低，因而耐水性差。吸水饱和的石膏制品受冻后，会因孔隙中的水结冰而开裂崩溃，因此抗冻性差。

（四）建筑石膏的应用

建筑石膏可用于室内抹灰、粉刷；生产各种石膏板与多孔石膏制品；制作模型或雕塑；制作吸声板、顶棚、墙面的装饰板；作装饰涂料的填料及人造大理石等。

> **例5-6** （2018）建筑石膏与石灰相比，下列哪项是不正确的？
> A 石膏密度大于石灰密度　　　　B 建筑石膏颜色白
> C 石膏的防潮耐水性差　　　　　D 石膏的价格更高
>
> **解析**：生石灰的密度约为 3.2g/cm^3，建筑石膏的密度为 2.5～2.8g/cm^3，即建筑石膏的密度小于生石灰的密度，故 A 错误；建筑石膏颜色洁白，适用于室内装饰用抹灰、粉刷，故选项 B 正确；建筑石膏制品的化学成分为二水硫酸钙，能溶于水，所以防潮、耐水性差，抗冻性差，故只能用于室内干燥环境中，故选项 C 正确；建筑石膏工艺复杂，价格比石灰高，故选项 D 正确。
>
> **答案**：A

三、水玻璃

(一) 水玻璃的定义

水玻璃是一种能溶于水中的碱金属硅酸盐，常用的有硅酸钠水玻璃和硅酸钾水玻璃。水玻璃主要原料为石英砂、纯碱或含硫酸钠的原料。原料磨细，按一定比例配比，在玻璃熔炉内加热至1300～1400℃，熔融而生成的硅酸钠，冷却后即为固态水玻璃。固态水玻璃在0.3～0.8MPa的蒸压锅内加热，溶解为无色、青绿色至棕色的粘稠液体，即成液态水玻璃。

(二) 水玻璃的特性及应用

1. 抗风化性能好，用作涂料

水玻璃硬化析出的硅酸凝胶可以堵塞毛细孔而提高抗渗性，可涂刷在黏土砖及混凝土制品表面（石膏制品除外，因反应生产硫酸钠在制品表面孔隙中结晶而体积膨胀导致破坏），以提高其表层密实度与抗风化能力。

2. 耐酸性好

水玻璃硬化的主要成分为硅酸凝胶，具有良好的耐酸性（氢氟酸除外），可用于配制耐酸混凝土和砂浆。

3. 良好的耐热性

水玻璃硬化后在高温下不分解，在1200℃强度不降低，可用于配制耐热混凝土和砂浆。

4. 配制防水剂

水玻璃与水泥浆调和配制防水剂，用来堵漏。但因其凝结过速，不宜用于调配水泥防水砂浆或防水混凝土，作为防水层。

5. 用作灌浆材料，加固土壤和地基

水玻璃和氢氧化钙溶液交替注入土壤中，反应析出的硅酸胶体，胶结土壤，填充孔隙，可阻止水分的渗透，提高土壤密实度和强度。

6. 配制水泥促凝剂

水玻璃可以使水泥凝结过速。

7. 耐碱性差、耐水性差

例 5-7 （2019）关于水玻璃性能的说法，正确的是？

A 不存在固态状 　　　　　　B 不能溶解于水
C 耐热性能较差 　　　　　　D 能加速水泥凝结

解析：水玻璃是一种能溶于水中的碱金属硅酸盐，故B错误；常用的有硅酸钠水玻璃和硅酸钾水玻璃。水玻璃的主要原料为石英砂、纯碱或含硫酸钠的物质。原料磨细，按一定比例配比，在玻璃熔炉内加热至1300～1400℃，熔融后生成硅酸钠，冷却后即为固态水玻璃，故选项A错误。固态水玻璃在0.3～0.8MPa的蒸压锅内加热，溶解为无色、青绿色至棕色的黏稠液体，即成液态水玻璃。水玻璃具有良好的粘结性、耐热性、耐酸性，故选项C错误。水玻璃和水泥浆体混合，使其凝结过速，所以可用于配制水泥促凝剂，故选项D正确。

答案：D

四、菱苦土

菱苦土是一种白色或浅黄色的粉末，其主要成分为 MgO。制备菱苦土料浆时不用水拌合（因凝结慢，硬化后强度低），而用氯化镁、硫酸镁及氯化铁等盐的溶液拌合，其中以氯化镁（$MgCl_2 \cdot 6H_2O$）溶液最好，称为氯氧镁水泥。硬化后强度可达 40～60MPa，但吸湿性大，耐水性差。

氯氧镁水泥与植物纤维能很好地粘结，且碱性较弱，不会腐蚀植物纤维（但会腐蚀普通玻璃纤维），建筑工程中常用来制造木屑板、木丝板和氯氧镁水泥木屑地面等。制作氯氧镁水泥地面可掺适量磨细碎砖或粉煤灰等活性混合材料，以提高地面的耐水性；也可掺加耐碱矿物颜料，为地面着色。氯化镁（$MgCl_2 \cdot 6H_2O$）与氯氧镁水泥的适宜重量比为 0.55～0.60；施工时的气温宜为 10～30℃，气温过低将使氯氧镁水泥硬化速度降低；同时也不得浇水养护。氯氧镁水泥地面保温性好、无噪声、不起灰、弹性好、防火、耐磨，宜用于纺织车间及民用建筑中；但不适用于经常受潮、遇水和遭受酸类侵蚀的地方。

第三节 水 泥

水泥属于水硬性胶凝材料，品种很多，按其用途和性能可分为通用水泥、专用水泥与特种水泥三大类。一般建筑工程中常用的是通用水泥，包括硅酸盐水泥（代号 P·I、P·II）、普通硅酸盐水泥（简称普通水泥，代号 P·O）、矿渣硅酸盐水泥（简称矿渣水泥，代号 P·S）、粉煤灰硅酸盐水泥（简称粉煤灰水泥，代号 P·F）、火山灰质硅酸盐水泥（简称火山灰水泥，代号 P·P）和复合硅酸盐水泥（简称复合水泥，代号 P·C）六大种。适应专门用途的水泥称为专用水泥，如道路水泥、砌筑水泥、大坝水泥等；具有比较突出的某种性能的水泥称为特种水泥，如快硬硅酸盐水泥、膨胀水泥等。按主要水硬性物质名称，水泥又可分为硅酸盐水泥、铝酸盐水泥、硫铝酸盐水泥等。

一、硅酸盐水泥

由硅酸盐水泥熟料，0～5％石灰石或粒化高炉矿渣、适量石膏磨细而成的水硬性胶凝材料，称为硅酸盐水泥（即国外通称的波特兰水泥）。硅酸盐水泥分为两种类型，不掺加混合材料的称为 I 型硅酸盐水泥，代号为 P·I；掺加不超过水泥质量 5％的石灰石或粒化高炉矿渣的称为 II 型硅酸盐水泥，代号 P·II。在生产水泥时，需加入适量石膏（$CaSO_4 \cdot 2H_2O$），其目的是延缓水泥的凝结，便于施工。

（一）硅酸盐水泥熟料的矿物组成

硅酸盐水泥熟料是以适当成分的生料（由石灰质原料与黏土质原料等配成）烧至部分熔融，所得以硅酸钙为主要成分的产物。熟料的主要矿物组成有硅酸三钙、硅酸二钙、铝酸三钙与铁铝酸四钙，其中硅酸钙占绝大部分。各矿物组成的性质见表 5-5。若调整熟料中各矿物组成之间的比例，水泥的性质即发生相应的变化。如提高硅酸三钙和铝酸三钙含量，硅酸盐水泥凝结硬化快，早期强度高，可制得快硬水泥；降低硅酸三钙和铝酸三钙的含量，提高硅酸二钙的含量，可制得低热水泥。

硅酸盐水泥熟料矿物组成与主要特征　　　　　　表 5-5

矿物名称	化学式	代号	含量(%)	主要特征		
				硬化速度	28d 水化放热量	强度
硅酸三钙	$3CaO \cdot SiO_2$	C_3S	37～60	快	多	高
硅酸二钙	$2CaO \cdot SiO_2$	C_2S	15～37	慢	少	早期低，后期高
铝酸三钙	$3CaO \cdot Al_2O_3$	C_3A	7～15	最快	最多	低
铁铝酸四钙	$4CaO \cdot Al_2O_3 \cdot Fe_2O_3$	C_4AF	10～18	快	中	低

由于铝酸三钙凝结硬化速度很快，会使水泥浆体出现瞬时凝结的现象，影响水泥的正常使用，掺入石膏可以达到延缓凝结的目的，即石膏起缓凝作用。

（二）硅酸盐水泥的水化及凝结硬化

水泥加水拌合后，成为具有可塑性的水泥浆，水泥颗粒开始水化，随着水化反应的进行，水泥浆逐渐变稠，失去可塑性，但尚未具有强度，这一过程称为"凝结"。随后产生明显的强度并逐渐发展成为坚硬的水泥石，这一过程称为"硬化"。凝结和硬化是人为划分的，实际上是一个连续、复杂的物理化学变化过程。所以，水化是凝结硬化的前提，凝结硬化是水化的结果。

1. 硅酸盐水泥的水化

水泥加水后，在水泥颗粒表面的熟料矿物立即水化，形成水化产物并放出一定的热量：

$$2(3CaO \cdot SiO_2) + 6H_2O = 3CaO \cdot 2SiO_2 \cdot 3H_2O + 3Ca(OH)_2$$
水化硅酸钙

$$2(2CaO \cdot SiO_2) + 4H_2O = 3CaO \cdot 2SiO_2 \cdot 3H_2O + Ca(OH)_2$$

$$3CaO \cdot Al_2O_3 + 6H_2O = 3CaO \cdot Al_2O_3 \cdot 6H_2O$$
水化铝酸三钙

$$4CaO \cdot Al_2O_3 \cdot Fe_2O_3 + 7H_2O = 3CaO \cdot Al_2O_3 \cdot 6H_2O + CaO \cdot Fe_2O_3 \cdot H_2O$$
水化铁酸一钙

硅酸盐水泥中掺入的石膏与铝酸三钙反应生成高硫型水化硫铝酸钙（钙矾石，$3CaO \cdot Al_2O_3 \cdot 3CaSO_4 \cdot 32H_2O$）和单硫型水化硫铝酸钙（$3CaO \cdot Al_2O_3 \cdot CaSO_4 \cdot 12H_2O$），这两种水化物均为难溶于水的晶体，在水泥颗粒表面形成包裹层，阻碍水化进程，实现缓凝。

硅酸盐水泥水化后生成的主要水化产物有凝胶与晶体两类。凝胶有水化硅酸钙（C-S-H）与水化铁酸钙（CFH），晶体有氢氧化钙[$Ca(OH)_2$]、水化铝酸钙（C_3AH_6）与水化硫铝酸钙等。在完全水化的水泥石中，水化硅酸钙凝胶约占 70%，氢氧化钙约占 20%，水化硫铝酸钙约占 7%，其中水化硅酸钙凝胶对水泥石的强度和其他性质起决定性作用。

2. 硅酸盐水泥的凝结硬化

水泥加水生成的胶体状水化产物聚集在颗粒表面，形成凝胶薄膜，使水泥反应减慢，并使水泥浆体具有可塑性。由于生成的胶体状水化产物不断增多，并在某些点接触，构成疏松的网状结构，使浆体失去流动性及可塑性，这就是水泥的凝结。此后由于生成的水化产物（凝胶、晶体）不断增多，它们相互接触、连接到一定程度，建立起较紧密的网状结晶结构，并在网状结构内部不断充实水化产物，使水泥具有初步的强度。接着水化产物不断增加，强度不断提高，最终形成具有较高强度的水泥石，这就是水泥的硬化。

水泥浆硬化后的水泥石是由水化产物（包括凝胶和晶体）、未水化的水泥熟料颗粒、毛细孔（毛细孔水）等组成的不均质体。

（三）硅酸盐水泥石的侵蚀与防止

硅酸盐水泥加水硬化而成的水泥石，在通常使用条件下，具有较好的耐久性，但在某些侵蚀性介质（如流动的软水、酸、镁盐、硫酸盐等）的作用下，硅酸盐水泥石会逐渐被侵蚀，导致强度降低，甚至破坏，这种现象称为水泥石的侵蚀。

1. 引起水泥石侵蚀的原因

（1）水泥石中含有氢氧化钙和水化铝酸钙等易被侵蚀的成分，能溶解于水或与其他物质发生化学反应，生成或易溶于水，或体积膨胀，或松软无胶凝力的新物质，使水泥石遭受侵蚀。

（2）水泥石本身不密实，有很多毛细孔通道，易使侵蚀性介质侵入内部。

（3）腐蚀与通道的相互作用，即腐蚀使孔隙尺寸及数量增加，即增大腐蚀通道；而增大的通道又为腐蚀提供条件。

2. 防止侵蚀的措施

（1）根据工程所处的环境，选择适当品种的水泥。

（2）提高水泥石的密实度。

（3）当侵蚀作用较强时，可在构件表面加做耐侵蚀性高且不透水的保护层，如耐酸石料、塑料、沥青等。

（四）硅酸盐水泥的特性及应用

1. 凝结硬化快，强度高

硅酸盐水泥中含有较多的熟料，硅酸三钙多，水泥的早期强度和后期强度均较高。适用于早期强度要求高的工程及冬期施工的工程，地上、地下重要结构物及高强混凝土和预应力混凝土工程。

2. 抗冻性好

硅酸盐水泥采用较低的水灰比并经充分养护，可获得较低孔隙率的水泥石，具有较高的密实度；因此，适用于严寒地区遭受反复冻融的混凝土工程。

3. 耐侵蚀性差

硅酸盐水泥石中氢氧化钙及水化铝酸钙较多，耐软水及耐化学侵蚀能力差，故不适用于经常与流动的淡水及有水压作用的工程；也不适用于受海水、矿物水、硫酸盐等作用的工程。

4. 耐热性差

硅酸盐水泥石中的水化产物在250～300℃时会产生脱水，强度开始下降；当温度达到700～1000℃时，水化产物分解，水泥石的结构几乎完全破坏。所以，硅酸盐水泥不适用于有耐热、高温要求的混凝土工程。

5. 耐磨性好

硅酸盐水泥强度高、耐磨性好，适用于道路、地面等对耐磨性要求高的工程。

6. 水化放热量多

硅酸盐水泥熟料多，水化放热量大，因此不适用于厚大体积混凝土工程。

二、掺混合材料的硅酸盐水泥

掺混合材料的硅酸盐水泥包括普通硅酸盐水泥、矿渣硅酸盐水泥、火山灰质硅酸盐水泥、粉煤灰硅酸盐水泥和复合硅酸盐水泥。

在生产水泥时，掺入一定量的混合材料，目的是改善水泥的性能，调节水泥的强度等级，增加水泥品种，提高产量，节约水泥熟料，降低成本。

混合材料为天然的或人工的矿物材料，按其性能不同分为活性混合材料和非活性混合材料两大类。

活性混合材料的活性成分为活性氧化硅和活性氧化铝，可以与熟料水化形成的氢氧化钙发生二次水化反应，形成水化硅酸钙和水化铝酸钙，因而使掺混合材料硅酸盐水泥的性能及应用与硅酸盐水泥有很大的差异。

(一) 普通硅酸盐水泥

普通硅酸盐水泥简称普通水泥，其代号为P·O，是由硅酸盐水泥熟料、6%～20%混合材料、适量石膏磨细制成的水硬性胶凝材料。

普通水泥中混合材料掺量少，因此，其性能与硅酸盐水泥相近。与硅酸盐水泥性能相比，硬化稍慢，早期强度稍低，水化热稍小，抗冻性与耐磨性也稍差。在应用范围方面，与硅酸盐水泥也相同，广泛适用于各种混凝土或钢筋混凝土工程。由于普通水泥与硅酸盐水泥水化放热量大，且大部分在早期（3～7d）放出，对于大型基础、水坝、桥墩等厚大体积混凝土构筑物，因水化热积聚在内部不易散发，内部温度可达50～60℃以上，内外温度差所引起的应力，可使混凝土产生裂缝；因此，大体积混凝土工程不宜选用这两种水泥。

(二) 四种掺加活性混合材料较多的硅酸盐水泥

1. 矿渣硅酸盐水泥

由硅酸盐水泥熟料和粒化高炉矿渣、适量石膏磨细制成的水硬性胶凝材料称为矿渣硅酸盐水泥，简称矿渣水泥，代号为P·S。水泥中粒化高炉矿渣掺加量按质量百分比计为20%～70%，并分为A型和B型。A型矿渣掺量大于20%且小于等于50%，代号P·S·A；B型矿渣掺量大于50%且小于等于70%，代号P·S·B。其中允许用0～8%符合标准规定的粉煤灰、火山灰、石灰石、砂岩、窑灰中的一种材料代替。

2. 火山灰质硅酸盐水泥

由硅酸盐水泥熟料和火山灰质混合材料、适量石膏磨细制成的水硬性胶凝材料称为火山灰质硅酸盐水泥，简称火山灰水泥，代号为P·P。水泥中火山灰质混合材料掺加量按质量百分比计为20%～40%。

3. 粉煤灰硅酸盐水泥

由硅酸盐水泥熟料和粉煤灰、适量石膏磨细制成的水硬性胶凝材料称为粉煤灰硅酸盐水泥，简称粉煤灰水泥，代号为P·F。水泥中粉煤灰掺加量按质量百分比计为20%～40%。

4. 复合硅酸盐水泥

由硅酸盐水泥熟料、两种或两种以上混合材料、适量石膏磨细制成的水硬性胶凝材料称为复合硅酸盐水泥，简称复合水泥，代号为P·C。掺入的混合材料占水泥质量的20%～50%。混合材料由符合标准规定的粒化高炉矿渣、粉煤灰、火山灰质混合材料、石灰石和砂岩中的三种（含）以上材料组成，其主要混合材料不低于三种。

5. 上述四种硅酸盐水泥的共同特性

（1）早期强度较低，后期强度增长较快。
（2）环境温、湿度对水泥凝结硬化的影响较大，故适合采用蒸汽养护。
（3）水化热较低，放热速度慢。
（4）抗软水及硫酸盐侵蚀的能力较强。
（5）抗冻性、抗碳化性与耐磨性较差。

上述四种水泥与硅酸盐水泥、普通硅酸盐水泥性质上差异的原因，在于这四种水泥中活性混合材料的掺加量较大，熟料矿物的含量相对减少。另外，活性混合材料中的活性 SiO_2 和活性 Al_2O_3 会与熟料水化形成的 $Ca(OH)_2$ 反应，生成水化硅酸钙和水化铝酸钙，所以这四种水泥中 $Ca(OH)_2$ 的含量很少。

由于所掺入的主要混合材料的性能不同，这四种水泥又具有各自的特性，例如矿渣水泥的耐热性较强，保水性较差，需水量较大，故抗渗性较差；火山灰水泥保水性好，抗渗性好，硬化干缩更显著；粉煤灰水泥干缩性小，因而抗裂性好，且粉煤灰水泥流动性较好，因而配制的混凝土拌合物和易性好。

三、通用硅酸盐水泥的选用

水泥的用途取决于其性能特点，六种通用硅酸盐水泥的性能与选用见表 5-6 和表 5-7。

六种通用硅酸盐水泥的性能　　　　　表 5-6

项目	硅酸盐水泥 P·Ⅰ，P·Ⅱ	普通水泥 P·O	矿渣水泥 P·S	火山灰水泥 P·P	粉煤灰水泥 P·F	复合水泥 P·C
主要成分	以硅酸盐水泥熟料为主，0~5%的混合材料	在硅酸盐水泥熟料中掺加6%~20%的混合材料	在硅酸盐水泥熟料中掺入占水泥质量20%~70%的粒化高炉矿渣	在硅酸盐水泥熟料中掺入占水泥质量20%~40%的火山灰质混合材料	在硅酸盐水泥熟料中掺入占水泥质量20%~40%的粉煤灰	掺入三种以上混合材料，但总量不超过水泥质量的20%~50%
特性	1. 凝结硬化快，早期强度高； 2. 水化热大； 3. 抗冻性好； 4. 耐蚀与耐软水性差； 5. 耐磨性好； 6. 抗碳化能力强	1. 早期强度较高； 2. 水化热较大； 3. 抗冻性较好； 4. 耐腐蚀与耐软水性较差； 5. 耐磨性好； 6. 抗碳化能力较强	1. 早期强度低，后期强度增长快； 2. 水化热小； 3. 抗冻性差； 4. 耐硫酸盐侵蚀及耐水性较好； 5. 抗碳化能力差。 矿渣水泥的独特性能是耐热性、耐磨性均较好	同矿渣水泥的第1~5条； 火山灰水泥的独特性能是内表面积大，因而干缩大、抗渗性较好	同矿渣水泥的第1~5条； 粉煤灰水泥的独特性能是流动性较好、干缩较小、抗裂性较好	同矿渣水泥的第1~5条； 其他性能因掺入混合材料的不同而略有不同
密度 (g/cm³)	3.0~3.15	3.0~3.15	2.8~3.1	2.8~3.1	2.8~3.1	2.8~3.1

通用硅酸盐水泥的选用 表 5-7

混凝土类型		混凝土工程特点及所处环境条件	优先选用	可以选用	不宜选用
普通混凝土	1	在一般气候环境中的混凝土	普通水泥	矿渣水泥、火山灰水泥、粉煤灰水泥、复合水泥	
	2	在干燥环境中的混凝土	普通水泥		火山灰水泥、粉煤灰水泥、矿渣水泥
	3	在高湿度环境中或长期处于水中的混凝土	矿渣水泥、火山灰水泥、粉煤灰水泥、复合水泥	普通水泥	
	4	厚大体积的混凝土	矿渣水泥、火山灰水泥、粉煤灰水泥、复合水泥		硅酸盐水泥、普通水泥
有特殊要求的混凝土	1	要求快硬、高强（>C40）的混凝土	硅酸盐水泥	普通水泥	矿渣水泥、火山灰水泥、粉煤灰水泥、复合水泥
	2	严寒地区的露天混凝土、寒冷地区处于水位升降范围内的混凝土	硅酸盐水泥、普通水泥	矿渣水泥（强度等级>32.5）	火山灰水泥、粉煤灰水泥
	3	严寒地区处于水位升降范围内的混凝土	普通水泥（强度等级>42.5）		火山灰水泥、矿渣水泥、粉煤灰水泥、复合水泥
	4	有抗渗要求的混凝土	普通水泥、火山灰水泥、粉煤灰水泥		矿渣水泥
	5	有耐磨性要求的混凝土	硅酸盐水泥、普通水泥	矿渣水泥（强度等级>32.5）	火山灰水泥、粉煤灰水泥
	6	受侵蚀性介质作用的混凝土	矿渣水泥、火山灰水泥、粉煤灰水泥、复合水泥		硅酸盐水泥、普通水泥

注：当水泥中掺有黏土质混合材时，则不耐硫酸盐腐蚀。

例 5-8 （2014）某工程要求使用快硬混凝土，应优先选用的水泥是（　　）。
A 矿渣水泥 　　　　　　　　B 火山灰水泥
C 粉煤灰水泥　　　　　　　　D 硅酸盐水泥

解析：配制快硬混凝土需要水泥具有凝结硬化快、早期强度高的特点。与其他三种水泥相比，硅酸盐水泥凝结硬化快，早期强度高，故应选 D。

答案：D

四、通用硅酸盐水泥的技术性质

通用硅酸盐水泥有碱含量、不溶物、烧失量、氧化镁、三氧化硫、氯离子含量，以及细度、凝结时间、安定性、强度等技术要求。

（一）细度

水泥的细度是指水泥的粗细程度。水泥颗粒越细，与水起反应的表面积越大，水化速度快，早期强度及后期强度均较高；但硬化收缩较大，成本也较高。若水泥颗粒过粗，则不利于水泥活性的发挥，强度较低。

（二）凝结时间

水泥的凝结时间分为初凝时间和终凝时间。初凝时间为水泥加水至水泥浆开始失去塑性所需时间，终凝时间是指从水泥加水至水泥浆完全失去塑性并开始产生强度所需时间。

（三）体积安定性

水泥的体积安定性是指水泥在凝结硬化过程中，体积变化的均匀性。体积安定性不良，是指水泥硬化后，产生不均匀的体积变化。使用体积安定性不良的水泥，会使构件产生膨胀性裂缝，影响建筑物的质量，甚至引起严重事故。

水泥体积安定性不良的主要原因是熟料中所含的游离氧化钙或游离氧化镁过多，或水泥粉磨时掺入的石膏过量。

（四）强度

水泥的强度是表征水泥质量的重要指标。国家标准规定，水泥的强度应采用胶砂法测定，即水泥与中国ISO标准砂的比例为1:3（质量比），水灰比为0.5，按规定的方法制成40mm×40mm×160mm的试件，在标准温度（20℃±1℃）的水中养护，分别测定其3d与28d的抗压强度与抗折强度，以此划分水泥的强度等级。

国家标准规定，硅酸盐水泥强度等级分为42.5、42.5R、52.5、52.5R、62.5和62.5R六种，其中有代号R的为早强型水泥；普通水泥的强度等级分为42.5、42.5R、52.5和52.5R四种。矿渣硅酸盐水泥、粉煤灰硅酸盐水泥、火山灰硅酸盐水泥强度等级分为32.5、32.5R、42.5、42.5R、52.5和52.5R六种，复合硅酸盐水泥强度等级分为42.5、42.5R、52.5和52.5R四种。

例5-9 （2021）硅酸盐水泥化学指标控制不包括（　　）。

A 三氧化硫　　　　B 氯离子　　　　C 氧化镁　　　　D 水化热

解析：根据《通用硅酸盐水泥》GB 175—2007第7.1条表2，通用硅酸盐水泥的化学指标控制包括不溶物、烧失量、三氧化硫、氧化镁和氯离子5项指标。不包括水化热，故应选D。

答案：D

五、水泥的贮存

水泥在运输与保管时，不得受潮和混入杂物。不同品种和强度等级的水泥应分别贮存。水泥的贮存期不宜过长，因为水泥会吸收空气中的水分和二氧化碳，使颗粒表面水化，甚至碳化，导致胶凝能力降低。通用硅酸盐水泥的贮存期为3个月，因为在一般贮存条件下，3个月后水泥的强度约降低10%～20%；快硬水泥更易吸收空气中的水分，贮存期一般不超过 1 个月。

六、通用水泥的质量等级

根据《通用水泥质量等级》JC/T 452—2009 的规定，判定水泥质量等级的依据是产品标准和实物质量。质量等级划分为优等品（水泥产品标准必须达到国际先进水平，且水泥实物质量水平与国外同类产品相比达到近 5 年内的先进水平）、一等品（水泥产品标准必须达到国际一般水平，且水泥实物质量水平达到国际同类产品的一般水平）和合格品（按我国现行水泥产品标准组织生产，水泥实物质量水平必须达到现行产品标准的要求）。

> **例 5-10** （2019）我国水泥产品有效存放期为自水泥出厂之日起，不超过（　）。
> A 六个月　　　B 五个月　　　C 四个月　　　D 三个月
> **解析**：水泥的存放期不宜过长，以免受潮，降低强度等级。储存期自出厂之日起，通用硅酸盐水泥为 3 个月，故应选 D。
> **答案**：D

七、其他品种水泥

（一）铝酸盐水泥

铝酸盐水泥又称高铝水泥或矾土水泥，是以铝矾土和石灰石为主要原料，适当配合后经煅烧，磨细而成的水泥，主要熟料矿物为铝酸一钙（CA）。铝酸盐水泥水化放热量大，且放热速度快，不得用于大体积混凝土构件；适宜的硬化温度为 15 ℃，不得超过 30 ℃，不适用于高温季节施工，不得采用湿热养护方法。铝酸盐水泥早期强度增长快，具有较高的抗硫酸盐侵蚀能力，耐热性高，所以主要用于紧急抢修工程、需要早期强度高的特殊工程、冬季施工及处于海水中或其他侵蚀性介质作用的工程、耐热混凝土等。

（二）快硬硅酸盐水泥

凡以硅酸盐水泥熟料和适量石膏磨细制成的、以 3 天抗压强度表示强度等级的水硬性胶凝材料，称为快硬硅酸盐水泥，简称快硬水泥。其生产方法与硅酸盐水泥基本相同，提高水泥早期强度增进率的措施有：提高熟料中铝酸三钙与硅酸三钙的含量，适当增加石膏掺量（达 8%）以及提高水泥的粉磨细度等。主要用于配制早强混凝土，适用于紧急抢修工程与低温施工工程。快硬硅酸盐水泥易吸收空气中的水蒸气，存放时应注意防潮，且存放期一般不超过一个月。

（三）膨胀水泥

膨胀水泥是一种在水化过程中体积微膨胀的水泥，按水泥熟料矿物组成特点分为硅酸盐膨胀水泥、铝酸盐膨胀水泥和硫铝酸盐膨胀水泥。膨胀水泥石结构致密、抗渗性高，适用于制作抗渗混凝土，用作填灌预留孔洞、预制构件的接缝及管道接头，用于结构的加固与修补，制作自应力混凝土构件及自应力压力水管和输气管等。

（四）道路硅酸盐水泥

由道路硅酸盐水泥熟料、适量石膏和混合材料磨细制成的水硬性胶凝材料，熟料中铝酸三钙含量不应大于5%，铁铝酸四钙的含量不应小于15%。道路水泥具有良好的耐磨性和抗干缩性能，主要用于配制道路混凝土。

（五）砌筑水泥

砌筑水泥是由硅酸盐水泥熟料加入规定的混合材料和适量石膏，磨细制成的保水性好的水硬性胶凝材料，主要用于配制砌筑砂浆、抹面砂浆等。

第四节　混　凝　土

混凝土是指由胶凝材料、粗细骨料和水按适当的比例配合、拌制成的混合物，再经一定时间后硬化而成的人造石材。

按表观密度的大小分，混凝土分为普通混凝土（表观密度为2000～2800kg/m³，建筑工程中应用最广泛、用量最大）、轻混凝土（表观密度小于1950kg/m³，可用作结构混凝土、保温用混凝土以及结构兼保温混凝土）和重混凝土（表观密度2800kg/m³以上，主要用作核能工程的屏蔽结构材料）三类。

混凝土抗压强度高、耐久性好，组成材料中砂、石占80%，成本低，与钢筋粘结力高（钢筋受拉、混凝土受压，两者膨胀系数相同）；主要缺点为抗拉强度低、受拉时变形能力差、易开裂，自重大。

一般对混凝土质量的基本要求是：具有符合设计要求的强度，与施工条件相适应的施工和易性，以及与工程环境相适应的耐久性。

一、普通混凝土组成材料的技术要求

（一）普通混凝土组成材料的作用

普通混凝土主要是由水泥、水和天然的砂、石骨料所组成的复合材料，通常还掺入一定量的掺合料和外加剂。混凝土组成材料中，砂、石是骨料，对混凝土起骨架作用，同时可起到抑制收缩的作用。水泥和水形成水泥浆体，包裹在粗、细骨料的表面并填充骨料之间的空隙。在混凝土凝结、硬化以前，水泥浆体起着润滑作用，赋予混凝土拌合物流动性，便于施工。在混凝土硬化以后，水泥浆体起着胶粘剂作用，将砂、石骨料粘结成为一个整体，使混凝土产生强度，成为坚硬的人造材料。

（二）水泥

选择水泥要考虑品种与强度等级两个方面。

1. 品种

应根据混凝土工程特点，工程所处环境条件及施工条件，进行合理选择（见表5-7）。

2. 强度等级

水泥的强度等级应与混凝土的设计强度相适应。若用高强度等级水泥配制低强度等级的混凝土，只需用少量水泥就可满足混凝土强度要求，但水泥用量偏少，会影响混凝土拌合物的工作性与密实度，可考虑掺入一定数量的掺合料（如粉煤灰）。若用低强度等级水泥配制高强度等级的混凝土，为满足强度要求，需较多的水泥用量，过多的水泥用量不仅不经济，还会影响混凝土其他技术性质（如硬化收缩增大，会引起混凝土开裂），可以掺加各种减水剂，通过降低水灰比（水胶比）来提高强度。

(三) 细骨料

粒径小于 4.75mm 的骨粒为细骨料,包括天然砂和机制砂。天然砂是由自然生成的、经人工开采和筛分的粒径小于 4.75mm 的岩石颗粒,包括河砂、湖砂、山砂、淡化海砂,但不包括软质、风化的岩石颗粒。机制砂是经除土处理,由机械破碎、筛分制成的、粒径小于 4.75mm 的岩石、矿山尾矿或工业废渣颗粒,但不包括软质、风化的颗粒,俗称人工砂。

配制混凝土时所采用的细骨料的技术要求主要有以下几方面。

1. 有害杂质

凡存在于砂或石子中会降低混凝土性质的成分均称为有害杂质。砂中的有害杂质包括泥、泥块、云母、轻物质、硫化物与硫酸盐、有机物质及氯化物等。其中,泥是指天然砂中粒径小于 $75\mu m$ 的颗粒;泥块是指砂中粒径大于 1.18mm,经水浸洗、手捏后小于 $600\mu m$ 的颗粒。泥、云母、轻物质等能降低骨料与水泥浆的粘结性,泥多还增加混凝土的用水量,从而加大混凝土的收缩,降低抗冻性与抗渗性;硫化物与硫酸盐、有机物质等对水泥有侵蚀作用;有机物还会影响水泥的正常凝结;泥块、轻物质强度较低,会形成混凝土中的薄弱部分,对混凝土的强度造成不利影响;氯盐能引起钢筋混凝土中钢筋的锈蚀,破坏钢筋与混凝土的粘结,使混凝土保护层开裂。

2. 颗粒级配与粗细程度

混凝土用砂的选用,主要应从砂对混凝土和易性与水泥用量(即混凝土的经济性)的影响这两个方面进行考虑。也就是说,主要考虑砂的颗粒级配和粗细程度。

砂的颗粒级配是指砂中不同粒径颗粒的搭配情况。级配良好的砂,具有较小的空隙率和总表面积,配制混凝土时,不仅水泥浆用量较少,而且还可提高混凝土的流动性、密实度和强度。

砂的粗细程度是指不同粒径的砂粒混合在一起后的平均粗细程度,通常有粗砂、中砂与细砂之分。在相同用砂量条件下,中砂的总表面积和空隙率较小,包裹砂粒表面所需的水泥浆少,因此节省水泥。

(四) 粗骨料

骨料中粒径大于 4.75mm 的称为粗骨料,混凝土用粗骨料有碎石和卵石两种。碎石表面粗糙,具有棱角,与水泥浆粘结较好;而卵石多为圆形,表面光滑,与水泥浆的粘结较差。在水泥用量和水用量相同的情况下,碎石拌制的混凝土强度较高,但流动性较小。

普通混凝土用石的技术要求有以下几方面。

1. 有害杂质

包括泥、泥块、硫化物与硫酸盐、有机质等。

2. 颗粒形状

颗粒形状最好为小立方体或球体,应控制针、片状颗粒。针状颗粒是指颗粒长度大于该颗粒所属粒级平均粒径的 2.4 倍,片状颗粒是指颗粒厚度小于平均粒径的 0.4 倍。平均粒径是指该粒级上、下限粒径的平均值。

针、片状颗粒受力后易折断;当含量较多时,会增大石子的空隙率,影响混凝土的工作性能及强度。

3. 颗粒级配和最大粒径

石子颗粒级配是指大、小粒径石子的搭配情况，合理的级配可使石子的空隙率和总表面积均比较小。这样拌制的混凝土，水泥用量少、密实度较好，有利于改善混凝土的和易性并提高强度。

石子公称粒级的上限，称为石子的最大粒径。随着石子最大粒径增大，在质量相同时，其总表面积减小。因此，在条件许可的情况下，石子的最大粒径应尽可能选得大一些，以节约水泥。

4. 强度

碎石的强度用岩石的块体抗压强度或压碎指标表示，卵石的强度用压碎指标表示。

石子的抗压强度，是在母岩中取样制作边长为 50mm 的立方体试件（或直径与高度均为 50mm 的圆柱体试件），在水中浸泡 48h 测强度，要求岩石的抗压强度与混凝土抗压强度之比不小于 1.5。而且，火成岩的抗压强度不宜低于 80MPa，水成岩不宜低于 45MPa，变质岩不宜低于 60MPa。

压碎指标的测定方法为采用一定质量的气干状态下 9.5～19mm 的石子，装入一标准圆筒内，在压力机上施加荷载至 200kN，并稳定 5s，卸荷后称取试样质量 m_0，再用孔径为 2.36mm 的筛筛除被压碎的细粒，称出筛余量 m_1，则压碎指标 Q_a 为：

$$Q_a = \frac{m_0 - m_1}{m_0} \times 100\% \tag{5-15}$$

石子的压碎指标越大，其强度越低。

5. 坚固性

坚固性是指石子在自然风化和其他外界物理化学因素作用下抵抗破裂的能力。

（五）水

拌制和养护混凝土用水，不得影响混凝土的和易性及凝结，不得有损于混凝土的强度发展，不得降低混凝土的耐久性，不得加快钢筋腐蚀并导致预应力钢筋脆断，不得污染混凝土表面。

饮用水、地下水、地表水及经过处理达到要求的工业废水均可用作混凝土拌合用水，宜优先采用符合国家标准的饮用水。若采用其他水源时，其水质应符合《混凝土用水标准》JGJ 63—2006 的规定，特别对水的 pH 值以及不溶物、可溶物、氯化钠、硫化物、硫酸盐等含量均有限制。

（六）外加剂

根据《混凝土外加剂术语》GB/T 8075—2017，混凝土外加剂是混凝土中除凝胶材料、骨料、水和纤维组分以外，在混凝土拌制之前或拌制过程中加入的、用以改善新拌混凝土和（或）硬化混凝土性能，对人、生物及环境安全无有害影响的材料。

混凝土外加剂按其主要使用功能，可分为如下四类：

（1）改善混凝土拌合物流变性能的外加剂，如各种减水剂和泵送剂等；

（2）调节混凝土凝结时间、硬化过程的外加剂，如缓凝剂、早强剂、促凝剂和速凝剂等；

（3）改善混凝土耐久性的外加剂，如引气剂、防水剂和阻锈剂等；

（4）改善混凝土其他性能的外加剂，如膨胀剂、防冻剂和着色剂等。

1. 减水剂

减水剂是指在混凝土坍落度基本相同的条件下,能减少拌合用水量的外加剂。减水剂的作用效果如下:

(1) 在不减少单位用水量的情况下,改善混凝土拌合物工作性,提高流动性;
(2) 在保持一定流动性的前提下,减少用水量,提高强度;
(3) 在保持强度和工作性不变的情况下,减少水泥用量;
(4) 改善混凝土拌合物的可泵性及其他物理力学性能。

常用减水剂有木质素磺酸盐、多环芳香族磺酸盐、聚羧酸减水剂等。

2. 早强剂

早强剂是指能加速混凝土早期强度发展的外加剂,主要用于冬期施工或紧急抢修施工工程中。常用早强剂有氯化物系、硫酸盐系、三乙醇胺。

3. 缓凝剂

缓凝剂是指能延长混凝土凝结时间的外加剂。主要用于高温季节混凝土、大体积混凝土、泵送和滑模混凝土施工以及远距离运输的商品混凝土。常用缓凝剂有糖类及其碳水化合物、羟基羧酸盐、多元醇及其衍生物等有机缓凝剂,磷酸盐、锌盐、硫酸铁、硫酸铜、氟硅酸盐等无机缓凝剂。

4. 引气剂

引气剂是指在混凝土搅拌过程中能引入大量均匀分布、稳定而封闭的微小气泡且能保留在硬化混凝土中的外加剂。常用引气剂有松香类引气剂、木质素磺酸盐类引气剂等。

引气剂可改善混凝土拌合物的和易性,提高混凝土的抗渗性、抗冻性等;但会导致混凝土强度降低。

5. 速凝剂

速凝剂是指能使混凝土迅速凝结硬化的外加剂,主要有铝氧熟料加碳酸盐系速凝剂、硫铝酸盐系速凝剂、水玻璃系速凝剂等;广泛用于喷射混凝土、注浆止水混凝土及抢修补强混凝土工程中,如矿山井巷、隧道涵洞、地下工程等。

6. 防水剂

防水剂是指能提高砂浆、混凝土抗渗性能的外加剂。按化学成分,防水剂分为无机防水剂和有机防水剂。

无机防水剂通过水泥凝结硬化过程中与水发生化学反应,生成物填充在砂浆、混凝土的孔隙内,提高密实度,从而实现防水抗渗作用,包括水玻璃、氯化铁、氯化铝等。有机防水剂有憎水性表面活性剂和天然或合成聚合物乳液水溶性树脂等。

(七)矿物掺合料

矿物掺合料(简称掺合料)是为改善混凝土性能、节约水泥而在混凝土拌合物中掺入的矿物材料,也称矿物外加剂。工程中常采用的矿物掺合料有粉煤灰、磨细矿渣粉、沸石粉、煅烧煤矸石、硅灰等。

粉煤灰的活性较低,掺入混凝土中,可以显著降低水化热,还可以提高抗侵蚀性,是应用最为普遍的矿物掺合料。

硅灰的活性很高,可以大幅度提高混凝土的强度;但其价格较贵,只用于C80以上的高强混凝土中。

例 5-11　(2019) 下列哪种天然砂与水泥的粘结力最强？
　　A　山砂　　　　B　河砂　　　　C　湖砂　　　　D　海砂
解析： 砂子表面粗糙，与水泥浆体粘结力强。光滑表面的砂子与水泥浆体粘结力小。上述四种天然砂中，河砂、湖砂和海砂受水的冲刷，表面光滑；而山砂表面粗糙，与水泥浆体粘结力最强。
答案： A

例 5-12　(2021) 关于砂中含有机物对混凝土影响的说法，正确的是(　　)。
　　A　减缓水泥的凝结　　　　　　B　影响混凝土的抗冻性
　　C　造成混凝土开裂　　　　　　D　影响混凝土的抗渗性
解析： 砂中会降低混凝土性质的成分均称为有害杂质。砂中的有害杂质包括泥、泥块、云母、轻物质、硫化物与硫酸盐、有机物质及氯化物等。其中，硫化物与硫酸盐、有机物质等对水泥有侵蚀作用，有机物还会减缓水泥的凝结；所以正确选项为A。
答案： A

例 5-13　(2019) 下列哪种是混凝土拌制和养护的最佳水源？
　　A　江湖水源　　　B　海洋水源　　　C　饮用水源　　　D　雨雪水源
解析： 拌制和养护混凝土用水，不得影响混凝土的和易性及凝结；不得有损于混凝土的强度发展；不得降低混凝土的耐久性；不得加快钢筋腐蚀并导致预应力钢筋脆断；不得污染混凝土表面。

饮用水、地下水、地表水及经过处理达到要求的工业废水均可作为混凝土的拌合用水，其中宜优先采用符合国家标准的饮用水。若采用其他水源时，水质应符合《混凝土用水标准》JGJ 63—2006 的规定，特别对水的 pH 值以及不溶物、可溶物、氯化钠、硫化物、硫酸盐等含量均有限制。综上所述，最佳水源为饮用水源。
答案： C

二、普通混凝土的主要技术性质

(一) 混凝土拌合物的和易性

混凝土凝结硬化之前称为混凝土拌合物，或新拌混凝土，必须具有良好的和易性（也称工作性）。

1. 和易性概念

和易性是指混凝土拌合物易于施工操作（拌合、运输、浇筑、捣实），并能获得质量均匀、成型密实的混凝土的性能。和易性为一项综合的技术性质，包括流动性（能流动，均匀密实地填满模板的性能）、黏聚性（组成材料之间具有一定的粘结力，不分层、不离析的性能）和保水性（不泌水的性能）。

2. 和易性指标

按《普通混凝土拌合物性能试验方法标准》GB/T 50080—2016 的规定，混凝土拌合物流动性的指标为稠度，可用坍落度（图5-5）、维勃稠度（图5-6）或扩展度表示。坍落度是指混凝土拌合物在自重作用下坍落的高度，坍落度试验方法适用于坍落度值不小于10mm、骨料最大公称粒径不大于40mm 的混凝土拌合物坍落度的测定。维勃稠度试验适用于维勃稠度在 5~30s 的混凝土拌合物维勃稠度的测定。扩展度是指混凝土拌合物坍落后扩展的直径，扩展度试验方法宜用于骨料最大公称粒径不大于40mm，坍落度不小于160mm 的混凝土的扩展度测定，适用于泵送高强混凝土和自密实混凝土。

《混凝土质量控制标准》GB 50164—2011 将混凝土拌合物按照坍落度划分等级（表5-8）。坍落度或扩展度越大，表明混凝土拌合物的流动性越好；维勃稠度越大，说明混凝土拌合物的流动性越差。

混凝土拌合物的黏聚性与保水性无指标，凭直观经验目测评定。

混凝土拌合物的坍落度等级划分　　　　　　　　　　　　　　　　　表5-8

等级	坍落度（mm）	等级	坍落度（mm）
S1	10~40	S4	160~210
S2	50~90	S5	≥220
S3	100~150		

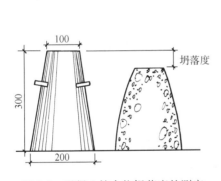

图5-5　混凝土拌合物坍落度的测定

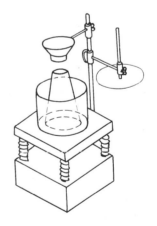

图5-6　维勃稠度仪

3. 坍落度的选择

施工中选择混凝土拌合物的坍落度，一般依据构件截面的大小，钢筋的疏密和捣实的方法来确定。当构件截面尺寸较小或钢筋较密或人工插捣时，坍落度可选择大些。总的原则应是在保证能顺利施工的前提下，坍落度尽量选小些。

4. 影响和易性的因素

（1）浆体的数量和稠度

浆体是由水泥、矿物掺合料和水拌合而成，具有流动性和可塑性，是影响混凝土拌合物和易性的主要因素。原材料一定时，坍落度主要取决于浆体的数量和稠度。增大稠度，即增加用水量，同时增大水胶比，坍落度增大；但混凝土拌合物稳定性降低（即易离析、泌水），同时也会降低硬化混凝土的密实度、强度和耐久性。所以，通常通过保持水胶比不变，调整浆体数量，来满足工作性的要求；也可以通过掺加外加剂来调整和易性。

(2) 砂率

砂率是指混凝土中砂的质量占砂、石总质量的百分比。砂率的变动会使骨料的空隙率与总表面积有显著改变，因而对混凝土拌合物的和易性产生显著影响。砂率过大（总表面积增大）或过小（空隙率过大），在浆体含量不变的情况下，均会使混凝土拌合物的流动性减小。因此，在配制混凝土时，砂率不能过大，也不能过小，应选择合理的砂率值。所谓合理砂率是指在用水量及胶凝材料用量一定的情况下，能使混凝土拌合物获得最大的流动性，且能保持黏聚性及保水性良好时的砂率值，如图5-7(a) 所示。或者，从另一个角度考虑，当采用合理砂率时，能使混凝土拌合物获得所要求的流动性及良好的黏聚性与保水性，而水泥用量最少，如图5-7(b) 所示。

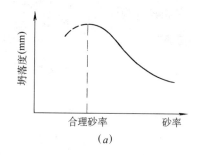 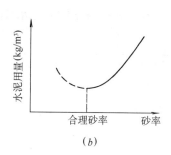

图 5-7　砂率与坍落度、水泥用量的关系

(a) 坍落度与砂率的关系（水和水泥用量一定）；(b) 水泥用量与砂率的关系（达到相同坍落度）

(3) 骨料品种与品质

在骨料用量一定的情况下，采用卵石和河砂拌制的混凝土拌合物，其流动性比用碎石和山砂拌制的好。石子最大粒径较大时，需要包裹的浆体少，流动性好，但容易离析。级配好的骨料拌制的混凝土拌合物的流动性大。

(4) 水泥、矿物掺合料和外加剂

与普通水泥相比，采用矿渣水泥、火山灰水泥的混凝土拌合物流动性较小。但是矿渣水泥的保水性差，尤其在低温时泌水较大。

矿物掺合料不仅自身水化缓慢，优质矿物掺合料还有一定的减水效果；同时，还减慢了水泥的水化速度，使混凝土工作性更加流畅，并防止泌水、离析的发生。

在拌制混凝土拌合物时，加入适量外加剂，如减水剂、引气剂等，能使混凝土在较低水胶比、较小用水量的条件下，仍能获得较高的流动性。

(5) 时间和温度

混凝土拌合物随着时间的延长会变得越来越干稠。混凝土的工作性还受温度的影响，随着环境温度的升高，混凝土的工作性降低很快。

5. 改善和易性的措施

在实际工作中，调整拌合物的和易性（需考虑对混凝土强度、耐久性等的影响），可采取以下措施：

(1) 尽可能采用合理砂率，以提高混凝土的质量与节约水泥。

(2) 改善砂、石级配。

(3) 尽量采用较粗的砂、石。

(4) 当混凝土的配合比初步确定后，如发现拌合物坍落度太小时，可保持水胶比不变，增加适量的浆体，以提高混凝土坍落度，满足施工要求。若坍落度太大时，可增加适量砂、石，从而减小坍落度，达到施工要求；应避免出现离析、泌水等不利现象。

(5) 掺外加剂（减水剂、引气剂），均可提高混凝土的流动性。

（二）混凝土强度

1. 立方体抗压强度

根据《混凝土物理力学性能试验方法标准》GB/T 50081—2019 的规定，制作边长 150mm 的立方体标准试件，在标准条件下（温度 20±2℃，相对湿度 95%以上），养护到 28d 龄期，用标准试验方法测得的抗压强度值称为混凝土立方体抗压强度，用 f_{cu} 表示。

在实际施工中，允许采用非标准尺寸的试件，但试件尺寸越大，测得的抗压强度值越小（原因是大试件环箍效应的相对作用小；另外，存在缺陷的概率增大）。混凝土强度等级小于 C60 时，用非标准试件测得的强度值应乘以尺寸换算系数，对 200mm×200mm×200mm 试件可取为 1.05，对 100mm×100mm×100mm 试件可取为 0.95。

根据《混凝土强度检验评定标准》GB/T 50107—2010 的规定，混凝土的强度等级应按其立方体抗压强度标准值确定。混凝土强度等级采用"C"与立方体抗压强度标准值 $f_{cu,k}$ 表示。

混凝土立方体抗压强度标准值应为按标准方法制作和养护的边长为 150mm 的立方体试件，用标准试验方法在 28d 龄期测得的混凝土抗压强度总体分布中的一个值，强度低于该值的概率应为 5%。

《混凝土质量控制标准》GB 50164—2011 规定，混凝土强度等级应按立方体抗压强度标准值（单位：MPa）划分为 C10、C15、C20、C25、C30、C35、C40、C45、C50、C55、C60、C65、C70、C75、C80、C85、C90、C95 和 C100。

2. 轴心抗压强度

轴心抗压强度又称棱柱体抗压强度。在实际工程中，混凝土受压构件大部分是棱柱体或圆柱体。为了与实际情况相符，在混凝土结构设计以及计算轴心受压构件（如柱子、桁架的腹杆等）时，应采用轴心抗压强度作为设计依据。根据《混凝土物理力学性能试验方法标准》GB/T 50081—2019 的规定，轴心抗压强度应采用 150mm×150mm×300mm 的棱柱体作为标准试件。实验表明，轴心抗压强度为立方体抗压强度的 0.7~0.8。

3. 抗拉强度

混凝土的抗拉强度很低，只有其抗压强度的 1/10~1/20，且这个比值随着强度等级的提高而降低。混凝土抗拉强度对于混凝土的抗裂性具有重要作用，是结构设计中确定混凝土抗裂度的主要指标，有时也用来间接衡量混凝土与钢筋的粘结强度。一般采用劈裂法测定混凝土的劈裂抗拉强度，简称劈拉强度。

根据《混凝土物理力学性能试验方法标准》GB/T 50081—2019 规定，劈裂抗拉强度采用边长为 150mm 的立方体标准试件，按规定的劈裂抗拉装置检测劈拉强度，按下式计算劈裂抗拉强度：

$$f_{ts} = \frac{2F}{\pi A} = 0.637 \frac{F}{A} \tag{5-16}$$

式中　f_{ts}——劈裂抗拉强度（MPa）；
　　　F——破坏荷载（N）；
　　　A——试件劈裂面积（mm²）。

4. 影响混凝土抗压强度的因素

（1）胶凝材料的强度和水胶比

胶凝材料的强度和水胶比是影响混凝土强度最主要的因素。实验证明，胶凝材料的强度愈高，则混凝土的强度愈高；在胶凝材料的组成和强度相同时，混凝土强度随着水胶比的增大而有规律地降低。水胶比越大，多余的水分越多（水泥水化所需的结合水，一般只占水泥质量的23%左右）；当混凝土硬化后，多余的水分就残留在混凝土中形成水泡，或蒸发后形成气孔，大大减少了混凝土抵抗荷载的实际有效断面，而且可能在孔隙周围产生应力集中，使混凝土强度降低。反之，水胶比越小，水泥浆硬化后强度越高，与骨料表面的粘结力也越强，则混凝土的强度也越高。

（2）温度和湿度

养护温度和湿度是保证水泥正常水化的必要条件，是决定水泥水化速度的重要条件。若温度升高，则水泥水化速度加快，混凝土强度发展也就加快；反之，温度降低时，水泥水化速度降低，混凝土强度发展相应迟缓。当温度降至冰点以下时，水泥水化反应停止，混凝土的强度也停止发展，而且还会因混凝土中的水结冰产生体积膨胀而导致开裂。所以混凝土冬期施工时，要特别注意保温养护，以免混凝土早期受冻破坏。

周围环境的湿度对混凝土强度也有显著影响。若湿度不够，混凝土会因失水干燥而影响水泥水化作用的正常进行，甚至停止水化。这将严重降低混凝土的强度，且因水化作用不充分，使混凝土结构疏松，或形成干缩裂缝，从而影响混凝土的耐久性。所以要求在混凝土凝结后（一般在12h以内），表面加以覆盖和浇水。一般硅酸盐水泥、普通水泥和矿渣水泥配制的混凝土，需浇水保温至少7d；使用火山灰水泥、粉煤灰水泥或掺有缓凝型外加剂，或有抗渗要求的混凝土，不少于14d。

总之，已浇筑完毕的混凝土，必须注意在一定时间内使其周围环境保持在一定的温、湿度范围内。而且混凝土施工时，夏季注意浇水，保持必要的湿度，冬季注意保持必要的温度。

（3）龄期

混凝土在正常养护条件下，其强度随龄期的增加而增长，最初的7～14d，强度增长较快；28d以后强度增长变缓；但只要有一定的温、湿度，强度仍会有所增长。

5. 提高混凝土强度的措施

（1）降低水灰比或水胶比

通过掺入高性能减水剂，降低水灰比或水胶比，减少拌合物中的游离水分，从而减少混凝土硬化后留下的孔隙，提高混凝土的密实度和强度。

（2）采用高强度等级水泥或早强类水泥

（3）采用湿热养护——蒸汽养护或蒸压养护

蒸汽养护是将混凝土放在低于100℃的常压蒸汽中养护。目的是提高混凝土的早期强度。

一般混凝土经 16h 左右的蒸汽养护后，其强度可达正常条件下养护 28d 强度的 70%～80%。

蒸压养护是将混凝土放在温度为 175℃ 及 8 个大气压的蒸压釜中进行养护。在这样的条件下养护，水泥水化析出的氢氧化钙不仅能与活性氧化硅结合，而且也能与结晶状态的氧化硅结合；生成结晶较好的水化硅酸钙，使水泥水化、硬化加速，可有效地提高混凝土的强度。

（4）采用机械搅拌与振捣

可提高混凝土的均匀性、密实度与强度，对用水量少、水灰比小的干硬性混凝土，效果显著。

（5）掺入混凝土外加剂和掺合料

在混凝土中掺入早强剂，可显著提高混凝土的早期强度。掺入减水剂，拌合水量减少，降低水胶比，可提高混凝土强度。在混凝土拌合物中，除掺入高效减水剂、复合外加剂外，还同时掺入硅粉、粉煤灰等矿物掺合料，可配制高强度混凝土。

（三）混凝土的变形性能

1. 化学收缩

混凝土的化学收缩是由于水泥水化引起的。这种收缩是不能恢复的，收缩量随龄期的延长而增加；一般在混凝土成型后 40 多天内增长较快，以后就渐趋稳定。总收缩量一般不大。

2. 干湿变形

干湿变形是指混凝土随周围环境湿度变化而产生的湿胀干缩变形。混凝土的湿胀变形量很小，一般无明显破坏作用。但干缩变形对混凝土危害较大。在一般条件下，混凝土的极限收缩值达 $(500～900)×10^{-6}$ 时，会使混凝土表面出现拉应力而导致开裂，严重影响混凝土的耐久性。在工程设计中，通常采用混凝土的线收缩值为 $150×10^{-6}～200×10^{-6}$，即每 1m 收缩 0.15～0.20mm。

影响混凝土干缩的因素主要有水泥的品种、细度与用量，水灰比，骨料的品种与质量，以及养护条件等。一般来说，水泥用量大，水灰比大；砂石用量小时，混凝土干缩值大。

3. 自身收缩

自身收缩是混凝土在初凝之后随着水化的进行，在恒温、恒重条件下体积的减缩，也称为自收缩。自收缩是随着水泥水化的进行，内部孔中的水分被水化反应所消耗，产生毛细孔应力，从而造成硬化水泥石受负压作用而导致收缩。

4. 温度变形

温度变形指混凝土随温度变化产生热胀冷缩的变形。混凝土的温度线胀系数约为 $1×10^{-5}/℃$，即温度每升高 1℃，每 1m 膨胀约 0.01mm。

混凝土硬化期间，由于水化放热产生温升而膨胀，到达温度峰值后，降温期间产生收缩变形。升温期间由于混凝土弹性模量还很低，膨胀变形只产生较小的压应力，且因徐变作用而松弛；降温期间因弹性模量增长，徐变松弛作用减小，在受约束时收缩变形则产生较大的拉应力，当拉应力超过抗拉强度（断裂能）时，产生开裂。降温幅度越大，产生的拉应力越大。

混凝土是热的不良导体，散热较慢，因此大体积混凝土的内部温度较外部高，有时可达 50~70℃；这将使内部混凝土的体积产生较大的相对膨胀，而外部混凝土产生较大收缩。内部膨胀与外部收缩相互制约，在外层混凝土中将产生很大的拉应力，严重时使混凝土产生裂缝。

5. 在荷载作用下的变形

（1）在短期荷载作用下的变形

混凝土是一种弹塑性材料，即在外力作用下，既能产生可恢复的弹性变形，也能产生不可恢复的塑性变形；其应力-应变关系不是直线，而是曲线，如图 5-8 所示。

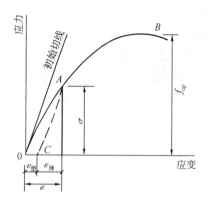

图 5-8 混凝土压应力作用下的应力-应变曲线

（2）徐变

混凝土在长期荷载作用下随时间而增加的变形称为徐变。混凝土的徐变曲线如图 5-9 所示。当混凝土受荷载作用后，即产生瞬时变形，瞬时变形以弹性变形为主。随着荷载持续时间的延长，徐变逐渐增长，以后逐渐变慢，一般延续 2~3 年，之后渐趋于稳定。徐变一般可达 300×10^{-6}~1500×10^{-6}，即 0.3~1.5mm/m。混凝土在变形稳定后，卸去荷载，部分变形可瞬时恢复；部分变形在一段时间内逐渐恢复，称为徐变恢复；但仍会残余大部分不可恢复的永久变形，称为残余变形。

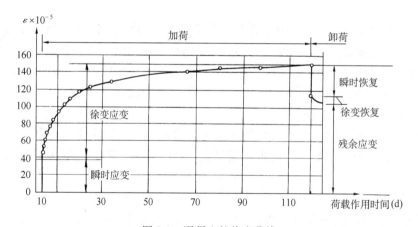

图 5-9 混凝土的徐变曲线

混凝土的徐变能消除钢筋混凝土内的应力集中，使应力较均匀地重新分布，也可消除一部分大体积混凝土因温度变形所产生的破坏应力。但会使预应力钢筋混凝土结构中钢筋的预加应力受到损失。

（四）混凝土的耐久性

耐久性是指混凝土在长期外界因素作用下，抵抗各种物理和化学作用破坏的能力。耐久性是一个综合概念，包括的内容很多：如抗渗性，抗冻性，抗侵蚀性，抗碳化性能和抗碱骨料反应等。这些性能决定着混凝土经久耐用的程度，但必须强调的是脱离具体环境谈混凝土结构的耐久性是不正确的。

1. 抗渗性

混凝土的抗渗性指混凝土抵抗压力水（或油等液体）渗透的性能，是决定混凝土耐久性最基本的因素。因为水能够渗透到混凝土内部是导致破坏的前提，也就是说水或者直接导致膨胀和开裂，或者作为侵蚀性介质扩散进入混凝土内部的载体，所以，抗渗性直接影响混凝土的抗冻性、抗侵蚀性、钢筋锈蚀。

混凝土的抗渗性主要取决于混凝土的密实度及内部孔隙的特征，混凝土孔隙率越低（即密实度越大），连通孔隙越少，微小封闭孔隙越多，抗渗性越好。

2. 抗冻性

指混凝土在水饱和状态下，能经受多次冻融循环作用而不破坏，同时也不严重降低强度的性能。

混凝土的抗冻性用抗冻等级和抗冻标号表示。

决定抗冻性的重要因素是混凝土的密实度、孔隙构造和数量、孔隙的充水程度等。通常以提高混凝土的密实度或掺加引气剂以减小混凝土内孔隙的连通程度等方法提高混凝土的抗冻性。

3. 抗侵蚀性

抗侵蚀性指混凝土抵抗各种化学介质侵蚀的能力，主要取决于混凝土中水泥石的抗侵蚀性。凡提高水泥抗化学侵蚀性的方法均可提高混凝土的抗化学侵蚀性，详见第三节"水泥"中的"硅酸盐水泥石的侵蚀与防止"内容。

4. 抗碳化性能

混凝土的抗碳化性能指混凝土抵抗内部的$Ca(OH)_2$与空气中的CO_2在有水的条件下反应生成$CaCO_3$，导致混凝土内部原来的碱性环境变为中性环境的能力，故又可称为抗中性化的能力。未碳化的混凝土pH＝12～13，在这样的强碱环境中，钢筋表面生成一层厚度为2～6nm的致密钝化膜，使钢材难以进行化学电化学反应，即电化学腐蚀难以进行。碳化后混凝土内部的pH＝8.5～10，接近中性，而中性环境易使钢筋表面的钝化膜遭到破坏；如果钢筋周围又有一定水分和氧时，钢筋就会生锈。

因此，抗碳化性能的高低主要意味着混凝土抗钢筋锈蚀能力的高低，因为混凝土内部的碱性环境是使钢筋得到保护而免遭锈蚀的环境。此外，碳化还会使混凝土碳化层产生拉应力，进而产生微细裂缝，而使混凝土抗拉、抗折强度降低。

通常以提高混凝土密实度或增大混凝土内$Ca(OH)_2$数量等方法提高混凝土的抗碳化性。

5. 抗碱—骨料反应

混凝土中的碱性氧化物（Na_2O、K_2O）与骨料中的活性二氧化硅或活性碳酸盐发生化学反应生成碱硅酸凝胶或碱—碳酸盐凝胶，沉积在骨料与水泥石界面上，吸水后体积膨胀3倍以上，导致混凝土开裂破坏，这种碱性氧化物与骨料中活性成分之间的化学反应称为碱—骨料反应。

为防止碱—骨料反应对混凝土的破坏作用，应严格控制水泥中碱（Na_2O、K_2O）的含量；禁止使用含有活性氧化硅（如蛋白石）或活性碳酸盐的骨料，对骨料应进行碱—骨料反应检验；还可在混凝土配制中加入活性掺合料，以吸收Na^+、K^+，使反应不集中于骨料表面。

例5-14 （2012）某工地进行混凝土抗压强度检测的试块尺寸均为200mm×200mm×200mm，在标准养护条件下28d取得抗压强度值，其强度等级的确定方式是（　　）。

> A 必须按标准立方体尺寸 150mm×150mm×150mm 重做
> B 取所有试块中的最大强度值
> C 可乘以尺寸换算系数 0.95
> D 可乘以尺寸换算系数 1.05
>
> 解析：混凝土抗压强度随着试块尺寸增大，测得的强度值偏小，当试块尺寸为 200mm×200mm×200mm，可以乘以换算系数 1.05 换算为标准尺寸试件的强度。
>
> 答案：D

三、普通混凝土的配合比设计

混凝土配合比，是指为配制有一定性能要求的混凝土，单位体积的混凝土中各组成材料的用量或其之间的比例关系。混凝土配合比设计的任务，就是在满足混凝土工作性、强度和耐久性等技术要求的条件下，比较经济合理地确定水泥、掺合料、外加剂、水、砂和石子等组成材料用量的比例关系。混凝土配合比应根据原材料性能及对混凝土的技术要求进行计算，并经实验室试配试验，再进行调整后确定。

四、其他品种混凝土

（一）轻混凝土

轻混凝土是指干表观密度小于 1950kg/m³ 的混凝土，包括轻骨料混凝土、多孔混凝土和大孔混凝土。

1. 轻骨料混凝土

根据标准《轻骨料混凝土应用技术标准》JGJ/T 12—2019，轻骨料混凝土是用轻粗骨料、轻砂或普通砂、胶凝材料、外加剂和水配制而成的干表观密度不大于 1950kg/m³ 的混凝土。轻骨料混凝土分为全轻混凝土（用轻砂作细骨料，配制而成的轻骨料混凝土）、砂轻混凝土（用普通砂或普通砂中掺加部分轻砂作细骨料，配制而成的轻骨料混凝土）和大孔轻骨料混凝土（用轻粗骨料、水泥、矿物掺合料、外加剂和水配制而成的无砂或少砂的混凝土）。

（1）轻骨料的种类及技术性质

轻骨料按原料来源分为三类：

1）天然轻骨料：如浮石、火山渣等；

2）工业废渣轻骨料：利用工业废料加工而成的，如粉煤灰陶粒、膨胀矿渣珠等；

3）人造轻骨料：利用天然原料加工而成的，如黏土陶粒、页岩陶粒、膨胀珍珠岩等。

轻骨料的性质直接影响轻骨料混凝土的性质，各项技术指标应符合有关规定。其主要技术指标有堆积密度、强度（筒压强度或强度标号）、级配以及吸水率等。

（2）轻骨料混凝土的技术性能

1）强度等级：轻骨料混凝土的强度等级应按立方体抗压强度标准值确定，划分为 CL5.0、CL7.5、CL10、CL15、CL20、CL25、CL30、CL35、CL40、CL45、CL50、CL55、CL60。

2）密度等级：轻骨料混凝土的密度等级划分为600、700、800、900、1000、1100、1200、1300、1400、1500、1600、1700、1800、1900。

(3) 轻骨料混凝土的性能

与普通混凝土相比，轻骨料混凝土的刚度差、变形大、抗震性能好。

2. 多孔混凝土

(1) 加气混凝土

由钙质材料（石灰、水泥）、硅质材料（砂、粉煤灰、矿渣等）和加气剂（铝粉等）拌制、浇筑、切割、养护而成。

加气剂铝粉与氢氧化钙反应生成氢气，在料浆中产生大量的气泡而形成多孔结构，其反应式如下式：

$$Al + 3Ca(OH)_2 + 6H_2O \longrightarrow 3CaO \cdot Al_2O_3 \cdot 6H_2O + 3H_2 \uparrow$$

加气混凝土的表观密度为 $400 \sim 700 kg/m^3$，抗压强度为 $0.5 \sim 1.5 MPa$。

(2) 泡沫混凝土

由水泥浆与泡沫剂拌合后硬化而成，泡沫剂在机械搅拌作用下能产生大量稳定的气泡。常用泡沫剂有松香泡沫剂等。

3. 大孔混凝土

由水泥、水、粗集料配制而成，又称无砂混凝土。有时也加入少量砂子，以提高混凝土强度。大孔混凝土中水泥用量少，所以强度较低，但保温性能好；可制作小型空心砌块和板材，用于非承重的墙体。

（二）聚合物混凝土

聚合物混凝土分为聚合物水泥混凝土（PCC）、聚合物浸渍混凝土（PIC）及聚合物胶结混凝土（PC）。

1. 聚合物水泥混凝土（PCC）

是在水泥混凝土拌合物中再加入高分子聚合物，以聚合物和水泥共同作为胶凝材料制备的混凝土。

2. 聚合物浸渍混凝土（PIC）

是将已经硬化的混凝土干燥后浸入有机单体或聚合物中，使液态有机单体或聚合物渗到混凝土的孔隙或裂缝中，并在其中聚合成坚硬的聚合物，使混凝土和聚合物成为整体。这种混凝土致密度高，几乎不渗透，抗压强度高达200MPa。

3. 聚合物胶结混凝土（PC）

是指以有机高分子聚合物为胶凝材料制作的混凝土，其耐腐蚀性较好。

（三）耐热混凝土

耐热混凝土又称耐火混凝土，是一种能长期经受900℃以上（有的可达1800℃）的高温作用，并在高温下保持所需要的物理力学性能的混凝土。同耐火砖相比，具有工艺简单、使用方便、成本低廉等优点，而且具有可塑性和整体性，便于复杂制品的成型，其使用寿命有的与耐火砖相近，有的比耐火砖长。

耐热混凝土是由胶凝材料、耐热粗细骨料（有时掺入矿粉）和水按比例配制而成，主要用于工业窑炉上。耐热混凝土可用矿渣硅酸盐水泥、铝酸盐水泥以及水玻璃等胶凝材料配制。

（四）耐酸混凝土

耐酸混凝土由水玻璃（加硅氟酸钠促硬剂）、耐酸骨料及耐酸粉料按比例配合而成。能抵抗各种酸（氢氟酸、300℃以上的热磷酸等除外）和大部分腐蚀性气体（如氯气、二氧化硫、三氧化硫等）的侵蚀，不耐高级脂肪酸或油酸的侵蚀。

水玻璃耐酸混凝土的施工环境温度应在10℃以上。施工及养护期间，严禁与水或水蒸气直接接触，并防止烈日暴晒；严禁直接铺设在水泥砂浆或普通混凝土的基层上。施工后必须经过养护，养护后还需进行酸化处理。

水玻璃耐酸混凝土抗压强度一般为10～20MPa。

（五）纤维混凝土

纤维混凝土以普通混凝土为基体，外掺各种纤维材料而成。掺入纤维可以提高混凝土的抗拉强度，降低脆性。常用纤维有钢纤维、聚丙烯纤维等。钢纤维混凝土可用于飞机跑道、高速公路路面、断面较薄的轻薄结构及压力管道等。

> **例 5-15** （2019）制作泡沫混凝土常用泡沫剂的主要原料是(   )。
> A 皂粉　　　　B 松香　　　　C 铝粉　　　　D 石膏
> **解析**：松香，指以松树松脂为原料，通过不同的加工方式得到的非挥发性天然树脂。松香在机械搅拌作用下产生大量稳定的气泡，所以制作泡沫混凝土常用的泡沫剂为松香。
> **答案：B**

第五节　建 筑 砂 浆

建筑砂浆由无机胶凝材料、细骨料、掺合料、水以及根据性能确定的各种组分，按适当比例配合、拌制并经硬化而成的工程材料。分为施工现场拌制的砂浆或由专业生产厂生产的商品砂浆，主要用于砌筑砖石结构或建筑物的内外表面的抹面等。

一、砂浆的技术性质

（一）新拌砂浆的工作性

新拌砂浆必须具备良好的工作性（和易性），即砂浆在搅拌、运输、铺摊过程中易于流动，且不泌水、不分层，并能在粗糙的砌筑材料表面铺抹成均匀的薄层，与砌筑材料良好粘结。砂浆的工作性包括流动性和保水性。

1. 流动性

砂浆的流动性又称稠度，指砂浆在自重或外力作用下流动的性能。流动性良好的砂浆能在砌筑材料表面铺成均匀密实的砂浆层，抹面时也能很好地抹成均匀的薄层。

流动性的指标为沉入量（或稠度值）（mm），即砂浆稠度仪的圆锥体沉入砂浆的深度值。沉入量越大，砂浆越稀，流动性越大；但过稀的砂浆容易泌水。

砂浆流动性与胶凝材料品种及用量、用水量、砂子细度及级配等有关。

2. 保水性

砂浆保水性指砂浆保存水分，不离析泌水的性质，用保水性（％）表示。保水性好的砂浆在运输、停放和施工过程中，水分不易从砂浆中离析，砂浆能保持一定的稠度，使砂浆在施工中能均匀地铺摊在砌体上，形成均匀密实的连接层。保水性不好的砂浆在运输、停放和施工过程中，水分容易泌出，砌筑时水分容易被基层吸收，使砂浆变得干涩，难以铺摊均匀，从而影响胶凝材料的正常水化和硬化，最终影响砌体的质量。

为改善砂浆的保水性，常掺入石灰膏、粉煤灰、塑化剂、微沫剂等。

（二）硬化砂浆的强度等级

按《建筑砂浆基本性能试验方法标准》JGJ/T 70—2009，以边长为 70.7mm 的 3 个立方体试块，按规定方法成型并养护至 28d 后测定的抗压强度平均值（MPa）划分强度等级。根据《砌体结构设计规范》GB 50003—2011 规定，砂浆的强度等级应按下列规定采用：

（1）烧结普通砖、烧结多孔砖、蒸压灰砂普通砖和蒸压粉煤灰普通砖砌体采用的普通砂浆强度等级：M15、M10、M7.5、M5 和 M2.5；蒸压灰砂普通砖和蒸压粉煤灰普通砖砌体采用的专用砌筑砂浆强度等级：Ms15、Ms10、Ms7.5、Ms5.0；

（2）混凝土普通砖、混凝土多孔砖、单排孔混凝土砌块和煤矸石混凝土砌块砌体采用的砂浆强度等级：Mb20、Mb15、Mb10、Mb7.5 和 Mb5；

（3）双排孔或多排孔轻集料混凝土砌块砌体采用的砂浆强度等级：Mb10、Mb7.5 和 Mb5；

（4）毛料石、毛石砌体采用的砂浆强度等级：M7.5、M5 和 M2.5。

（三）粘结力

由于砖石等砌体是靠砂浆粘结成坚固整体的，因此要求砂浆与基层之间有一定的粘结力。一般，砂浆的抗压强度越高，则其与基层之间的粘结力越强。此外，粘结力也与基层材料的表面状态、清洁程度、润湿状况及施工养护条件等有关。

二、抹面砂浆

凡涂抹于建筑物或构筑物表面的砂浆，统称为抹面砂浆。抹面砂浆有保护基层、增加美观的功能。抹面砂浆的强度要求不高，但要求保水性好，与基层的粘结力好，容易抹成均匀平整的薄层，长期使用不会开裂或脱落。

抹面砂浆按其功能不同分为普通抹面砂浆、防水砂浆、装饰砂浆等。

1. 普通抹面砂浆

普通抹面砂浆对建筑物表面起保护作用，且经过砂浆抹面的结构表面平整、光洁和美观。

为了保证抹灰表面的平整，避免开裂和脱落，抹面砂浆一般分为两层或三层进行施工。各层要求（如组成材料、工作性、粘结力等）不同。

底层抹灰主要起与基层的粘结作用。用于砖墙的底层抹灰，多用石灰砂浆；有防水、防潮要求的用水泥砂浆、水泥粉煤灰砂浆；板条墙及顶棚的底层多用聚合物抹灰砂浆或石膏抹灰砂浆；混凝土墙、梁、柱、顶板等底层抹灰多用混合砂浆。

中层抹灰主要为了找平，多用混合砂浆，有时可以省略。

面层抹灰主要起装饰作用，多用细砂配制的混合砂浆和石膏抹灰砂浆等。

2. 特种砂浆

（1）绝热砂浆

绝热砂浆是采用水泥、石灰、石膏等胶凝材料与膨胀珍珠岩、膨胀蛭石、陶粒或聚苯乙烯泡沫颗粒等轻质骨料，按一定比例配制的砂浆，绝热砂浆导热系数为 0.07～0.10W/(m·K)。主要用于屋面隔热层、隔热墙体、工业窑炉、供热管道隔热层等处。

(2) 膨胀砂浆

在水泥砂浆中加入膨胀剂或使用膨胀水泥配制配制砂浆。膨胀砂浆具有一定的膨胀特性，可补偿水泥砂浆的收缩，防止干缩开裂。膨胀砂浆可用于修补工程和装配式大板工程中，依赖其膨胀作用而填充缝隙，以达到粘结密封的目的。

(3) 耐酸砂浆

耐酸砂浆是用水玻璃和氟硅酸钠加入石英砂、花岗岩砂、铸石等耐酸粉料和细骨料配制而成的砂浆，可用于耐酸地面和耐酸容器的内壁防护层。在某些有酸雨腐蚀的地区，耐酸砂浆也可用于建筑物的外墙装饰，以提高建筑物的耐酸腐蚀能力。

(4) 防水砂浆

防水砂浆具有防水、抗渗的作用，砂浆防水层又叫刚性防水层。适用于不受振动和具有一定刚度的混凝土或砖石砌体工程。

防水砂浆可以用普通水泥砂浆制作，也可以在水泥砂浆中掺入防水剂提高砂浆的抗渗性。常用的防水剂有氯化物金属盐类防水剂、硅酸钠类防水剂（常用的有二矾、三矾、四矾、五矾和快燥精等品种）以及金属皂类防水剂等。

(5) 吸音砂浆

由轻质多孔骨料制成的隔热砂浆，具有良好的吸声性能。此外，还可以用水泥、石膏、砂、锯末等配制吸音砂浆。如果在吸音砂浆中掺入玻璃纤维棉、矿物棉等松软的材料能获得更好的吸音效果。

吸音砂浆常用于墙面和顶棚的抹灰。

(6) 防辐射砂浆

在水泥砂浆中加入重晶石粉和重晶石砂可配制具有防 χ 射线和 γ 射线的防辐射砂浆。此类砂浆主要用于射线防护工程。

(7) 聚合物砂浆

聚合物砂浆是在水泥砂浆中加入有机聚合物乳液配制而成，具有粘结力强、干缩小、脆性低、耐腐蚀等特性，用于修补和防护工程。常用聚合物乳液有氯丁橡胶乳液、丁苯橡胶乳液、丙烯酸树脂乳液等。

第六节 墙 体 材 料

一、烧结类墙体材料

烧结砖有红砖和青砖，焙烧窑中为氧化气氛时，原料中含有的铁被充分氧化为氧化铁，因氧化铁为红色，所以烧制的为红砖；焙烧窑中为还原气氛时，原料中的铁为四氧化三铁，为黑色，所以烧制的砖为青砖。青砖较红砖耐碱、耐久。

现代焙烧窑为氧化气氛，所以烧结砖的颜色一般为红色；原料中含铁成分越多，红色越深。

(一) 烧结普通砖

烧结普通砖为无孔或孔洞率小于15%的实心砖，按所用原料，烧结普通砂分为黏土砖（代号N）、页岩砖（代号Y）、煤矸石砖（代号M）、粉煤灰砖（代号F）、建筑渣土砖

(代号 Z)、淤泥砖（代号 U）、污泥砖（代号 W）、固体废弃物砖（代号 G）。

烧结普通砖的表观密度为 1600～1800kg/m³，吸水率 6%～18%，导热系数约为 0.55W/(m·K)。

1. 烧结普通砖的尺寸

烧结普通砖的标准尺寸为 240mm×115mm×53mm，1m³ 的砖砌体需砖数为 512 块。

2. 烧结普通砖的强度等级

根据《烧结普通砖》GB/T 5101—2017 的规定，按 10 块砖样的抗压强度平均值和抗压强度标准值确定强度等级，分为 MU30、MU25、MU20、MU15 和 MU10 共五个等级。

3. 抗风化性能

抗风化性能指砖抵抗干湿变化、温度变化、冻融变化等气候对砖作用的性能。国家标准规定，东北、内蒙古及新疆等严重风化区应作冻融试验，其他地区可用沸煮吸水率与饱和系数指标表示其抗风化性能。

4. 烧结普通砖的应用

烧结普通砖既具有一定的强度，又因其多孔而具有一定的保温隔热性能，因此大量用来作墙体材料、柱、拱、烟囱、沟道及基础。但其中的实心黏土砖属墙体材料革新中的淘汰产品，正在被其他烧结砖、灰砂砖、多孔砖、空心砖或空心砌块等新型墙体材料所取代。废砖破碎后可作混凝土骨料或碎砖三合土。

（二）烧结多孔砖和多孔砌块

这种砖的大面有孔，孔多而小，孔洞率在 15% 以上，孔洞垂直于受压面。表观密度为 1400kg/m³ 左右。

烧结多孔砌块是经焙烧而成，孔洞率大于或等于 33%，孔的尺寸小而数量多的砌块，主要用于承重部位。

根据标准《烧结多孔砖和多孔砌块》GB 13544—2011，烧结多孔砖和多孔砌块的技术要求包括：尺寸允许偏差，外观质量，密度等级，强度等级，孔型、孔结构及孔洞率，泛霜，石灰爆裂，抗风化性能，放射性核素限量等。

1. 规格

砖和砌块的外形一般为直角六面体，与砂浆的结合面上应设有增加结合力的粉刷槽和砌筑砂浆槽。

砖和砌块的长度、宽度、高度尺寸应符合下列要求：

砖规格尺寸（mm）：290、240、190、180、140、115、90。

砌块规格尺寸（mm）：490、440、390、340、290、240、190、180、140、115、90。

2. 强度等级

根据抗压强度分为 MU30、MU25、MU20、MU15、MU10 五个强度等级。

3. 密度等级

砖的密度等级分为 1000、1100、1200、1300 四个等级。

砌块的密度等级分为 900、1000、1100、1200 四个等级。

4. 应用

常用于砌筑六层以下的承重墙。

（三）烧结空心砖和空心砌块

孔洞率在35%以上，孔大而少，孔洞平行于大面和条面。表观密度800~1100kg/m³。

技术要求包括：尺寸允许偏差，外观质量，强度等级，密度等级，孔洞排列及其结构，泛霜，石灰爆裂，抗风化性能，欠火砖（砌块）、酥砖（砌块），以及放射性核素限量等。

1. 尺寸规格

根据《烧结空心砖和空心砌块》GB/T 13545—2014，烧结空心砖和空心砌块外形为直角六面体，长度、宽度、高度规格尺寸应符合下列要求：

长度规格尺寸（mm）：390、290、240、190、180（175）、140；

宽度规格尺寸（mm）：190、180（175）、140、115；

高度规格尺寸（mm）：180（175）、140、115、90。

2. 强度等级

按抗压强度，分为MU10.0、MU7.5、MU5.0、MU3.5四个强度等级。

3. 密度等级

按体积密度，分为800级、900级、1000级、1100级四个密度等级。

4. 应用

主要用于非承重部位。

二、非烧结类墙体材料

（一）蒸养（压）砖

蒸养（压）砖以石灰和含硅材料（砂子、粉煤灰、煤矸石、炉渣、页岩等）加水拌和，经压制成型、蒸汽养护或蒸压养护而成，呈灰色。

蒸汽或蒸压养护条件下，石灰和含硅材料反应生成水化硅酸钙、水化铝酸钙，还有部分没有反应完全的氢氧化钙及氢氧化钙碳化生成的碳酸钙。所以蒸养砖不得用于长期经受200℃高温、急冷急热或有酸性介质侵蚀的建筑部位。

1. 蒸压灰砂实心砖和实心砌块

以石灰和石英砂为主要原料。蒸压灰砂实心砖规格与烧结普通砖一样。大型蒸压灰砂实心砌块指空心率小于15%，长度不小于500mm或高度不小于300mm的蒸压灰砂砌块。按颜色分为本色（N）、彩色（C）两类。

根据《蒸压灰砂实心砖和实心砌块》GB/T 11945—2019，按抗压强度分为MU30、MU25、MU20、MU15、MU10五个强度等级。其中强度等级15级以上可用于基础及其他部位，10级只用于防潮层以上的建筑部位。蒸压灰砂实心砖和实心砌块不应用于长期受热200℃以上，受急冷急热和有酸性介质侵蚀的建筑部位。

2. 粉煤灰砖

主要原料为粉煤灰和石灰。强度等级有MU30、MU25、MU20、MU15、MU10五个。

粉煤灰砖可用于工业与民用建筑的墙体和基础，但用于基础或用于易受冻融和干湿交替作用的部位，必须使用MU15及以上的砖；不得用于长期受热200℃以上部位，受急冷急热和有酸性介质侵蚀的部位。

3. 炉渣砖

炉渣砖又称煤渣砖，以炉渣和石灰制成的，强度等级有MU20、MU15、MU10三个。可用于一般建筑物的内墙与非承重外墙，其使用要点同蒸压灰砂实心砖与粉煤灰砖。

（二）砌块

按照空心率，砌块有实心砌块和空心（空心率35%～50%）砌块；按照尺寸分为大型（高度>980mm）砌块、中型（高度380～800mm）砌块和小型（高度115～380mm）砌块等；按砌块材质分为硅酸盐砌块、混凝土砌块、加气混凝土砌块、轻骨料混凝土砌块等。

1. 普通混凝土小型砌块

根据《普通混凝土小型砌块》GB/T 8239—2014，普通混凝土小型砌块是由水泥、矿物掺合料、砂、石、水等为原材料，经搅拌、振动成型等工艺制成的小型砌块；包括空心砌块（空心率不小于25%，代号H）和实心砌块（空心率小于25%，代号S）。砌块按使用时砌筑墙体的结构和受力情况，分为承重结构用砌块（代号L，简称承重砌块）和非承重结构用砌块（代号N，简称非承重砌块）。

（1）规格尺寸

砌块外形为直角六面体，长度尺寸为390mm，宽度尺寸（mm）为90、120、140、240、290，高度尺寸（mm）为90、140、190。

（2）强度等级

按砌块的抗压强度分级，空心承重砌块有MU7.5、MU10.0、MU15.0、MU20.0、MU25.0；非承重空心砌块有MU5.0、MU7.5、MU10.0；实心承重砌块有MU15.0、MU20.0、MU25.0、MU30.0、MU35.0、MU40.0；非承重实心砌块有MU10.0、MU15.0、MU20.0。

2. 轻集料混凝土小型空心砌块

根据标准《轻集料混凝土小型空心砌块》GB/T 15229—2011，轻集料混凝土小型空心砌块指用轻集料混凝土制成的小型空心砌块。按砌块孔的排数分为：单排孔、双排孔、三排孔和四排孔等。

（1）规格尺寸：主规格尺寸为390mm×190mm×190mm。

（2）密度等级：按砌块密度分为700、800、900、1000、1100、1200、1300、1400八级。

（3）强度等级：按抗压强度分为MU2.5、MU3.5、MU5.0、MU7.5、MU10.0五级。

3. 粉煤灰混凝土小型空心砌块

根据标准《粉煤灰混凝土小型空心砌块》JC/T 862—2008，粉煤灰混凝土小型空心砌块是以粉煤灰、水泥、集料、水为主要组分（也可加入外加剂），制成的混凝土小型空心砌块，代号为FHB。按砌块孔的排数分为单排孔（1）、双排孔（2）和多排孔（D）三类。

（1）规格尺寸：主规格尺寸为390mm×190mm×190mm。

（2）强度等级：按抗压强度分为MU3.5、MU5、MU7.5、MU10、MU15和MU20六个等级。

（3）密度等级：按砌块块体的密度分为600、700、800、900、1000、1200和1400七个等级。

4. 粉煤灰砌块

粉煤灰砌块是以粉煤灰、石灰、石膏及骨料等为原料，加水搅拌、振动成型、蒸汽养护而制成的密实砌块，代号 FB。

（1）规格尺寸：主要规格外形尺寸有 880mm×380mm×240mm 和 880mm×430mm×240mm 两种。

（2）强度等级：按砌块抗压强度分为 10 级和 13 级两个强度等级。

（3）应用：粉煤灰砌块可用于一般建筑的墙体与基础，但常处于高温下的建筑部位与有酸性介质侵蚀的部位不宜使用。

5. 蒸压加气混凝土砌块

蒸压加气混凝土砌块（代号 ACB）由钙质原料（如水泥、石灰等）、硅质原料（如石英砂、粉煤灰、矿渣等）和加气剂（铝粉）按照一定比例混合、发泡、蒸汽养护而成。

根据《蒸压加气混凝土砌块》GB 11968—2006，蒸压加气混凝土砌块的规格尺寸为：长度（L）为 600mm，宽度（B）为 100mm、120mm、125mm、150mm、180mm、200mm、240mm、250mm、300mm，高度（H）为 200mm、240mm、250mm、300mm。

按抗压强度分为 A1.0、A2.0、A2.5、A3.5、A5.0、A7.5、A10 七个强度等级；按干密度分为 B03、B04、B05、B06、B07、B08 六个级别。

加气混凝土砌块质轻、绝热、隔声、耐火，除作墙体材料外，还可用于屋面保温。不能用于基础，处于浸水、高湿和有化学侵蚀介质的环境，建筑的承重部位，以及温度≥80℃的部位。

> **例 5-16**　（2013）下列哪项不是蒸压加气混凝土砌块的主要原料？
> 　　A　水泥、砂子　　B　石灰、矿渣　　C　铝粉、粉煤灰　　D　石膏、黏土
> **解析**：蒸压加气凝土砌块是由钙质原料（如水泥、石灰等）、硅质原料（如石英砂、粉煤灰、矿渣等）和铝粉，在一定的工艺条件下制备而成。石膏和黏土不是主要原料。
> **答案**：D

（三）墙板

1. 石膏板

有纸面石膏板、装饰石膏板和石膏空心条板等。石膏板的燃烧级别为 A 级（即不燃性装修材料），纸面石膏板和纤维石膏板的燃烧级别为 B_1 级（即难燃性装修材料）。可用于非承重内隔墙。

石膏空心条板以天然石膏或化学石膏为原料，加入适量水泥或石灰等辅助胶结料与少量增强纤维，加水成型、抽芯、干燥而成。条板质轻，比强度高，隔热、隔声、防火及加工性好。可用于非承重内隔墙。

2. 碳化石灰板

以磨细生石灰、纤维状填料或轻质骨料为主要原料，经人工碳化制成，多制成空心板，适用于非承重内隔墙、顶棚。

3. 玻璃纤维增强水泥（GRC）空心轻质墙板

以低碱水泥、耐碱玻璃纤维、膨胀珍珠岩为主要原料，加入起泡剂和防水剂等，经成型、养护而成。GRC 板质轻、强度高、隔热、隔声性能好，不燃，主要用于内隔墙。

4. 钢丝网水泥夹芯板

商用名称如泰柏板、GY板、舒乐合板、3D板、万力板等；是以钢丝制成不同的三维空间结构，内有发泡聚苯乙烯或岩棉等为保温芯材的轻质复合墙板。

其他轻质复合墙板还有由外层与芯材组成的板材。外层为各种高强度轻质薄板，如彩色镀锌钢板、铝合金板、不锈钢板、高压水泥板、木质装饰板及塑料装饰板等；用轻质绝热材料作为芯材，如阻燃型发泡聚苯乙烯、发泡聚氨酯、岩棉及玻璃棉等。

第七节 建 筑 钢 材

建筑钢材是指在建筑工程中使用的各种钢质板、管、型材，以及在钢筋混凝土中使用的钢筋、钢丝等。钢的主要元素是铁与碳，含碳量在2%以下。

含碳量大于2%的铁碳合金称为生铁。常用的是灰口生铁，其中碳全部或大部分呈石墨的形式存在，断口呈灰色，故称灰铸铁或简称铸铁。铸铁性脆，无塑性，抗压强度较高，但抗拉强度和抗弯强度低，故建筑中不宜用作结构材料，尤其是屋架结构件。在建筑中常使用铸铁水管，用作上下水管道及其连接件，也用于排水沟、地沟、窨井等盖板。在建筑设备中常用铸铁制作暖气片及各种零件。铸铁也是常用的建筑装修材料，制作门、窗、栏杆、栅栏及某些建筑小品。

> **例5-17 （2019）** 抗压强度高的铸铁不宜用于（　　）。
> A 管井地沟盖板　　　　　　B 上下水管道
> C 屋架结构件　　　　　　　D 围墙栅栏杆
> **解析：** 含碳量大于2%的铁碳合金为生铁，常用的是灰口生铁，其中碳全部或大部分以石墨的形式存在，断口为灰色，称为灰口铸铁，又称灰铸铁，简称铸铁。铸铁为脆性材料，无塑性，抗压强度高，抗拉强度和抗弯强度低，在建筑中不宜用作结构材料，尤其是屋架结构件。在建筑中使用铸铁水管，用于上下水管道及其连接件，也用于排水沟、地沟、窨井盖板等。在建筑设备中常用铸铁制作暖气片及各种零部件。在建筑装饰中常用于制作门、栏杆、栅栏及某些建筑小品。
> **答案：C**

一、钢材的分类

按化学成分，钢材可分为碳素钢与合金钢两大类。

根据含碳量可将碳素钢分为低碳钢（含碳小于0.25%）、中碳钢（含碳0.25%～0.60%）与高碳钢（含碳大于0.60%）。根据合金元素总量可将合金钢分为低合金钢（合金元素总量小于5%）、中合金钢（合金元素总量为5%～10%）与高合金钢（合金元素总量大于10%）。

按钢材在冶炼过程中的脱氧程度可将钢材分为沸腾钢（F）、半镇静钢（b）、镇静钢（Z）及特殊镇静钢（TZ）。沸腾钢在冶炼过程中脱氧不完全，组织不够致密，气泡较多，化学偏析严重，故质量较差，但成本较低。

按钢材中有害杂质（主要为硫和磷）的含量，钢材可分为普通钢、优质钢和高级优质钢。

按用途，钢材可分为结构钢、工具钢和特殊性能钢。

二、建筑钢材的主要力学性能

(一) 抗拉性能

以低碳钢为例，钢材试件在拉伸过程中的应力—应变曲线可分为四个阶段，即弹性阶段（OB 段）、屈服阶段（BC 段）、强化阶段（CD 段）和颈缩阶段（DE 段），详见图 5-10。

1. 屈服点

图 5-10 中，试件被拉伸进入塑性变形屈服段 BC，屈服下限 $C_下$ 所对应的应力 σ_s 称为屈服强度或屈服点。钢材受力达到屈服点后，由于变形迅速发展，尽管尚未破坏，但已不能满足使用要求。故设计中，一般采用 σ_s 作为强度取值的依据。

但对于屈服现象不明显的钢，如中碳钢或高碳钢（硬钢），其应力—应变曲线与低碳钢的明显不同（图 5-11），其抗拉强度高，塑性变形小，屈服现象不明显。对这类钢材难以测得屈服点，故规范规定以产生 0.2% 残余变形时的应力值作为名义屈服点，以 $\sigma_{0.2}$ 表示。

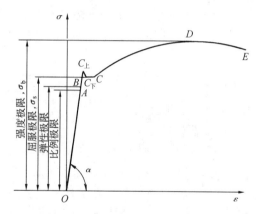

图 5-10　低碳钢受拉的应力—应变曲线

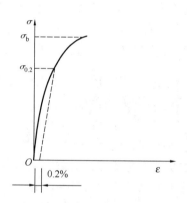

图 5-11　中碳钢或高碳钢受拉的应力—应变曲线

2. 抗拉强度

应力—应变图（图 5-10）中，曲线最高点 D 对应的应力 σ_b 称为抗拉强度。在设计中，屈强比 σ_s/σ_b 有参考价值。钢材的屈强比为 0.6~0.75。在一定范围内，屈强比小则表明钢材在超过屈服点工作时，可靠性较高，较为安全。但屈强比太小，反映钢材不能有效地被利用。

3. 伸长率

伸长率为钢材试件拉断后的伸长值占钢材原标距长度的百分率，反映了钢材的塑性变形能力，伸长率越大，钢材的塑性越好。

$$\text{伸长率 } \delta = \frac{L_1 - L_0}{L_0} \times 100\% \tag{5-17}$$

式中　L_1——试件拉断后标距长度，cm；

　　　L_0——试件原标距长度，cm。

(二) 冲击韧性

冲击韧性指钢材抵抗冲击荷载的能力。冲击韧性值随温度的下降而减小，当温度降低达到某一范围时,急剧下降而呈现脆性断裂,这种现象称为冷脆性。发生冷脆时的温度称为脆性临界温度,其数值越低,说明钢材的低温冲击韧性越好。因此,对直接承受动荷载且可能在负温下工作的重要结构,必须进行冲击韧性检验。脆性临界温度应低于使用环境的最低温度。

(三) 耐疲劳性

材料在交变应力作用下,在远低于抗拉强度时突然发生断裂,这种现象称为疲劳破坏。钢材在交变应力作用下,在规定的周期基数内不发生脆断所承受的最大应力值为疲劳极限。

疲劳破坏经常是突然发生的,因而具有很大的危险性,往往会造成严重的工程质量事故。所以,在实际工程设计和施工中应该给予足够的重视。

(四) 硬度

硬度指钢材表面局部体积抵抗硬物压入而产生塑性变形的能力,通常用布氏硬度 HB(试件单位压痕面积上所承受的荷载)、洛氏硬度(压头压入钢材试件中的深度)和维氏硬度等的量值来表征。

钢材的 HB 值与抗拉强度之间有较好的正相关关系;材料的硬度越高,塑性变形抵抗能力越强,硬度值也越大。故可以通过测定钢材的 HB 值,推算钢材的抗拉强度值。

(五) 冷弯性能

冷弯性能指钢材在常温下承受弯曲变形的能力,反映了钢材在恶劣条件下的塑性,是建筑钢材的一项重要工艺性能。

冷弯性能指标以试件被弯曲的角度(90°,180°)及弯心直径 d 与试件厚度(或直径)a 的比值(d/a)来表示。试验时所采用的弯曲角度越大,弯心直径对试件厚度(或直径)的比值越小,表明对钢材的冷弯性能要求越高。钢材按规定的弯曲角度和弯心直径进行冷弯试验后,如在试件弯曲处未发生裂纹、裂断或起层现象,则认为冷弯性能合格。

> **例 5-18** (2014)建筑钢材的机械性能不包括( )。
> A 强度、硬度 B 冷弯性能、伸长率
> C 冲击韧性、耐磨性 D 耐燃性、耐蚀性
> **解析**:建筑钢材的机械性能有:强度、塑性(伸长率)、冲击韧性、硬度、冷弯性能、耐磨性等。耐燃性和耐蚀性不属于钢材的机械性能,故应选 D。
> **答案**:D

三、影响建筑钢材性能的主要因素

(一) 建筑钢材的晶体组织

钢材中的铁和碳可以由固溶体(Fe 中固溶微量的 C)、化合物(Fe_3C)及它们的混合物的形式构成一定形态的聚合物,称为钢材的组织。常温下,钢材中的基本组织有铁素体、渗碳体和珠光体三种。

1. 铁素体

铁素体是 C 在 α-Fe(铁在常温下形成的体心立方晶格)中的固溶体。α-Fe 原子间的

间隙较小，其溶碳能力较差，在室温下铁素体中含 C 很少（<0.006%），所以铁素体的塑性、韧性良好，而强度与硬度较低。

2. 渗碳体

渗碳体是铁与碳的化合物，分子式为 Fe_3C，其含碳量高达 6.67%。渗碳体的晶格结构复杂，塑性差，性质硬脆，抗拉强度低。

3. 珠光体

珠光体是铁素体与渗碳体的机械混合物，含碳量较低（0.8%），具有层状结构，性质介于铁素体和渗碳体之间；故塑性较好，强度与硬度均较高。

钢材的含碳量不大于 0.8%，其基本组织为铁素体与珠光体。随含碳量的增大，珠光体的相对含量随之增大，铁素体则相应减少，钢材的强度随之提高，而塑性与韧性则相应下降。

建筑钢材的含碳量一般均在 0.8% 以下，其基本组织为铁素体和珠光体，而无渗碳体。所以，建筑钢材既具有较高的强度和硬度，又具有较好的塑性和韧性，因而能够很好地满足各种工程所需的技术性能要求。

（二）化学成分

建筑钢材中除铁元素外，还包含碳（C）、硅（Si）、锰（Mn）、磷（P）、硫（S）、氧（O）等元素，在许多情况下还要考虑各种合金元素。它们对钢材会产生有利或不利的影响，现分述如下。

1. 碳（C）

当含碳量小于等于 0.8% 时，随着含碳量的增加，钢材的强度和硬度提高，塑性和韧性降低，焊接性能、耐腐蚀性也随之下降（图 5-12）。当含碳量大于 1.0% 时，钢材的强度反而下降。含碳量超过 0.3% 时，钢的可焊性显著降低。建筑结构用的钢材多为含碳 0.25% 以下的低碳钢及含碳 0.52% 以下的低合金钢。

2. 合金元素

（1）硅（Si）

当含硅量小于 1% 时，Si 含量的增加可以显著提高钢材的强度及硬度，且对塑性及韧性无显著影响。其原因在于，此时大部分 Si 溶于铁素体中，使铁素体得以强化。正是由于适量的 Si 可以多方面改善钢的力学性能，所以它是钢材的主加合金元素之一。

（2）锰（Mn）

锰可起脱氧去硫作用，故可有效消减因硫引起的热脆性，还可显著改善耐腐及耐磨性，增强钢材的强度及硬度。锰的这些作用的机理在于：锰原子溶于铁素体中使其强化，而且还将珠光体细化，从而提高了强度。

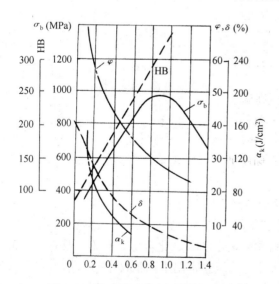

图 5-12 含碳量对碳素钢性能的影响
σ_b—抗拉强度；α_k—冲击韧性；
δ—伸长率；φ—断面收缩率；HB—硬度

3. 有害元素

(1) 硫（S）

硫引发热脆性，大大降低钢材的热加工性和可焊性，使其在热加工过程中易断裂，同时还会降低钢材的冲击韧性、疲劳强度和耐腐蚀性。故建筑钢材要求含硫量低于0.045%。

(2) 磷（P）

磷能引起冷脆性，使钢材在低温下的冲击韧性大为降低。磷还能使钢材的焊接性和冷弯性能变差。但是磷可以提高钢材的强度、硬度、耐磨性和耐腐蚀性。

其他如氧也是钢中的有害元素；氮对钢材性质的影响与碳、磷相似，在有铝、铌、钒等的配合下，氮可作为低合金钢的合金元素。合金元素还有钛、钒、铌等。

(三) 冶炼过程

钢的冶炼过程对钢材的性能有直接的影响。钢在冶炼过程中，使化学成分得以严格控制，其中要特别指出的是要进行脱氧。通过加入脱氧剂（铝、锰、硅等）将氧化铁还原。按脱氧程度分为沸腾钢（脱氧不充分，铸锭时大量CO气体逸出）、镇静钢（脱氧充分），以及介于二者之间的半镇静钢。沸腾钢中S、P、N等有害夹杂偏析严重，氧化夹杂物较多，因而可焊性、冲击韧性等性能均较差。镇静钢与之相反，因而性能良好，半镇静钢则介于二者之间。

(四) 加工处理

1. 冷加工和时效处理

冷加工是指将钢材于常温下进行冷拉、冷轧或冷拔，使其产生塑性变形，从而提高屈服点的过程。冷加工可提高钢材的屈服点，使塑性、韧性和弹性模量降低，但是抗拉强度不变。

经过冷加工后的钢材，在常温下存放15~20天或加热到100~200℃并保持一定时间的处理称为时效处理。时效处理可使屈服点进一步提高，抗拉强度也进一步增大，塑性和韧性继续降低，还可使冷加工产生的内应力消除。钢材的弹性模量在时效处理后恢复。

2. 热处理

钢材的热处理工艺一般包括退火、正火、回火和淬火。

(1) 退火

退火指将钢材加热到723~910℃或更高温度，在退火炉中保温、缓慢冷却的热处理方法。退火能消除钢材中的内应力，改善钢材的显微结构，使晶粒成为均匀细致的组织，以达到降低硬度、提高塑性和韧性的目的。普通低碳钢在冷加工后，可用较低温度(650~700℃)进行再结晶退火，使钢材的塑性和韧性进一步提高。

(2) 正火

正火也称为正常化处理，是指将钢材加热到723~910℃或更高温度后，在空气中冷却的热处理方法。钢材经正火处理后，能获得均匀细致的显微结构，与退火处理相比，钢材的强度和硬度提高，但塑性和韧性减小。

(3) 淬火

淬火是将钢材加热到723~910℃或更高温度并保持一段时间，随即浸入淬冷介质（水或油）中快速冷却的热处理工艺。淬火后钢材的硬度大大提高，但塑性和韧性显著降低。

(4) 回火

回火是将淬火后的钢材在低于723℃以下的温度范围内重新加热，保温一定时间，然后冷却到室温的热处理工艺。根据加热温度，分为高温回火（500～650℃）、中温回火（300～500℃）和低温回火（150～300℃）。加热温度越高，回火后钢材的硬度降低越多，塑性和韧性恢复越好。在淬火后，随即采取高温回火，称为调质处理。经过调质处理的钢材，其强度、塑性和韧性等性能都有所改善。

例 5-19 （2018）钢材的热脆性由哪种元素引起（ ）。
A 硅　　　　B 锰　　　　C 镍　　　　D 硫
解析：硫是钢材中的有害元素，硫含量高的钢材在高温下进行压力加工时，容易脆裂，这种现象称为热脆性，故应选D。
答案：D

四、建筑钢材的标准与选用

（一）建筑钢材的主要钢种

1. 碳素结构钢

按《碳素结构钢》GB/T 700—2006 的规定，碳素结构钢共有四个牌号，牌号由屈服点字母、屈服点数值、质量等级符号与脱氧方法符号组成。例如 Q235-A·F，表示屈服点为 235MPa 的 A 级沸腾钢。牌号增大，含碳量及强度增大，冷弯性和伸长率下降。

碳素结构钢冶炼方便，成本较低，具有良好的塑性及各种加工性能。在恶劣的条件下，如冲击、温度大幅度变化或超载时，具有良好的安全性。但与低合金钢相比，其强度较低，在一些特殊情况下，不能满足性能要求。在建筑工程中，Q235 是常用的钢材种类。

2. 低合金钢高强度结构钢

在碳素结构钢的基础上加入总量小于 5% 的合金元素（如硅、锰、钒等），即得低合金高强度结构钢。

根据国家标准《低合金高强度结构钢》GB/T 1591—2018 的规定，低合金高强度结构钢的状态可分为：热轧状态、正火状态（N）、正火轧制（+N）和热机械轧制（M）。

(1) 热轧状态：钢材未经任何特殊轧制和（或）热处理的状态。

(2) 正火状态（N）：钢材加热到高于相变点温度以上的一个合适的温度，然后在空气中冷却至低于某相变点温度的热处理工艺。

(3) 正火轧制（+N）：最终变形是在一定温度范围内的轧制过程中进行，使钢材达到一种正火后的状态，以便即使正火后也可达到规定的力学性能数值的轧制工艺。

(4) 热机械轧制（M）：钢材的最终变形在一定温度范围内进行的轧制工艺，从而保证钢材获得仅通过热处理无法获得的性能。

低合金高强度结构钢的牌号由代表屈服强度的"屈"字汉语拼音首字母 Q、规定的最小上屈服强度数值、交货状态代号、质量等级符号（B、C、D、E、F）四个部分组成。交货状态为热轧时，交货状态代号 AR 或 WAR 可省略；交货状态为正火或正火轧制状态时，交货状态代号均用 N 表示。如 Q355ND 表示屈服强度不小于 355MPa，交货状态为正火或正火轧制，质量等级为D级。

热轧钢的牌号包括：Q 355、Q390、Q420、Q460；正火、正火轧制钢的牌号包括：Q355N、Q390N、Q420N、Q460N；热机械轧制钢的牌号包括：Q355M、Q390M、Q420M、Q460M、Q500M、Q550M、Q620M、Q690M。

低合金高强度结构钢强度较高，耐腐蚀、耐低温性、抗冲击韧性及使用寿命等综合性能良好，焊接性及冷加工性能好，易于加工和施工。

3. 优质碳素结构钢

优质碳素结构钢的特点是生产过程中对硫、磷等有害杂质控制较严（S<0.035%，P<0.035%），其性能主要取决于含碳量。

优质碳素钢的钢号用两位数字表示，它表示平均含碳量的万分数。根据其含锰量的不同，可分为普通含锰量（含Mn0.25%～0.8%，共20个钢号）和较高含锰量（含Mn0.7%～1.2%，共11个钢号）。例如45Mn即表示含碳量为0.42%～0.52%，含锰量为0.70%～1.00%的优质碳素结构钢。

优质碳素结构钢可用于重要结构的钢铸件、碳素钢丝及钢绞线等。

（二）常用建筑钢材

1. 钢筋

（1）热轧钢筋

热轧钢筋分为热轧光圆钢筋和热轧带肋钢筋，是一般钢筋混凝土结构中应用最多的一种钢材。

根据标准《钢筋混凝土用钢 第1部分：热轧光圆钢筋》GB/T 1499.1—2017，热轧光圆钢筋指经热轧成型，横截面通常为圆形，表面光滑的产品钢筋。

根据标准《钢筋混凝土用钢 第2部分：热轧带肋钢筋》GB/T 1499.2—2018，热轧带肋钢筋指横截面通常为圆形，且表面带肋的混凝土结构用钢材。热轧带肋钢筋分普通热轧带肋钢筋（按热轧状态交货的钢筋）和细晶粒热轧带肋钢筋（在热轧过程中，通过控轧和控冷工艺形成的细晶粒钢筋）两类。

（2）冷拉热轧钢筋与冷拔低碳钢丝

将热轧钢筋在常温下拉伸至超过屈服点（小于抗拉强度）的某一应力，然后卸荷即得冷拉钢筋，冷拉可使屈服点提高17%～27%，但伸长率降低。冷拉后不得有裂纹、起层等现象。冷拉钢筋分为四个等级，冷拉Ⅰ级钢筋适用于钢筋混凝土结构中的受拉钢筋，冷拉Ⅱ、Ⅲ、Ⅳ级钢筋可用作预应力混凝土结构中的预应力筋，但在负温及冲击或重复荷载下易脆断。

将直径为6.6～8mm的Q235（或Q215）热轧盘条，在常温下通过截面小于钢筋截面的拔丝模，经一次或多次拔制，即得冷拔低碳钢丝。冷拔可提高屈服强度40%～60%。材质硬脆，属硬钢类钢丝。其级别可分为甲级及乙级，甲级为预应力钢丝；乙级为非预应力钢丝，用于焊接或绑扎骨架、网片或箍筋。凡伸长率不合格者，不得用于预应力混凝土构件中。

（3）冷轧带肋钢筋

冷轧带肋钢筋由热轧圆盘条经冷轧而成，其表面带有沿长度均匀分布的三面或两面月牙横肋。

冷轧带肋钢筋是采用冷加工方式强化的产品，与传统的冷拔低碳钢丝相比，具有强度高、塑性好、握裹力强、节约钢材、质量稳定等优点。

（4）热处理钢筋

热处理钢筋是钢厂将热轧中碳低合金钢筋经淬火和回火调质热处理而成。强度显著提高，韧性提高，而塑性降低不大，综合性能较好；通常有直径为6mm、8.2mm、10mm三种规格；表面常轧有通长的纵筋与均布的横肋；使用时不能用电焊切割，也不能焊接；可用于预应力混凝土工程中。

（5）预应力混凝土用钢丝及钢绞线

预应力混凝土用钢丝及钢绞线是用优质碳素结构钢经冷加工、再回火、冷轧或绞捻等加工而成，又称优质碳素钢丝及钢绞线。若将预应力钢丝辊压出规律性凹痕，即成刻痕钢丝。钢绞线以一根钢丝为芯，6根钢丝围绕其周围绞合而成七股的钢绞线。

钢丝与钢绞线适用于大荷载、大跨度及曲线配筋的预应力混凝土结构。

（6）冷轧扭钢筋

采用直径为6.5～10mm的低碳热轧盘条钢筋，经冷轧扁和冷扭转而成的具有一定螺距的钢筋。冷轧扭钢筋屈服强度高，与混凝土的握裹力大，因此无需预应力和弯钩即可用于普通混凝土工程，可节约钢材30%；可用于预应力及承重荷载较大的建筑部位，如梁、柱等。

2. 型钢和钢板

（1）热轧型钢

有角钢、工字钢、槽钢、T型钢、H型钢、Z型钢等，主要用于钢结构中。

（2）冷弯薄壁型钢

用2～6mm的薄钢板冷弯或模压而成，有角钢、槽钢等开口薄壁型钢及方形、矩形等空心薄壁型钢。主要用于轻型钢结构。

（3）钢板和压型钢板

用光面轧辊轧制而成的扁平钢材，以平板状态供货的称钢板；以卷状供货的称钢带。主要用碳素结构钢经热轧或冷轧而成。热轧钢板按厚度分为中厚板（厚度>4mm）和薄板（厚度为0.35～4mm）；冷轧钢板只有薄板（厚度为0.2～4mm）一种。

薄钢板经冷压或冷轧成波形、双曲形、V形等形状，称为压型钢板。压型钢板可用有机涂层薄钢板（即彩色钢板）、镀锌薄钢板（俗称白铁皮）等制成，主要用于围护结构、楼板、屋面等。

例5-20 （2019）一般钢筋混凝土结构中大量使用的钢材是（   ）。

A 冷拉钢筋　　　　　　　B 热轧钢筋
C 冷拔钢丝　　　　　　　D 碳素钢丝

解析：一般钢筋混凝土结构中大量使用的钢材是热轧钢筋。

答案：B

五、建筑钢材的防锈与防火

（一）建筑钢材的防锈

1. 钢材锈蚀

当钢材表面与环境介质发生各种形式的化学作用时，就有可能遭到腐蚀；例如，因

受 O_2、SO_2、H_2S 等腐蚀性气体作用而被氧化；当环境潮湿或与含有电解质的溶液接触时，也可能因形成微电池效应而遭电化学腐蚀。即钢材的锈蚀分为化学锈蚀和电化学锈蚀。

2. 钢结构的防锈

防止钢结构锈蚀的常用方法是表面涂刷防锈漆，防锈漆包括底漆和面漆。防锈底漆要求具有较好的附着力和防锈蚀能力；涂刷面漆的目的是防止底漆老化，所以要求有良好的耐候性、耐湿性和耐热性等，且应具有良好的外观色彩。

常用的底漆有红丹、铁红环氧底漆、锌铬黄漆、沥青清漆和环氧富锌漆等。

（1）红丹漆

红丹呈碱性，能与酸性侵蚀性介质起中和作用，红丹还具有氧化能力，能使钢材表面氧化成均匀的薄膜，与内层紧密结合，起到强烈的表面钝化作用，故其防锈效果好。

（2）铁红环氧底漆

是以中分子环氧树脂、铁红防锈颜料、助剂和溶剂等组成漆料，配以胺固化剂的双组分自干涂料；其防锈功能突出，漆膜硬度高，高温附着力强，机械性能好。

（3）锌铬黄漆

锌铬黄漆呈碱性，能与金属结合，使表面钝化，具有优良的防锈能力，且能抵抗海水的侵蚀。

（4）沥青清漆

是以煤焦油沥青以及煤焦油为主要原料，加入稀释剂、改性剂、催干剂等有机溶剂组成；广泛用于水下钢结构和水泥构件的防腐、防渗漏，以及地下管道的内外壁防腐。

（5）环氧富锌漆

是以环氧树脂、锌粉为主要原料，加入增稠剂、填料、助剂、溶剂等组成的特种涂料产品；具有阴极保护作用，防锈能力强，适于用作储罐、集装箱、钢结构、钢管、海洋平台、船舶、海港设施以及恶劣防腐蚀环境的底涂层。

3. 钢筋防锈

埋于混凝土中的钢筋具有一层碱性保护膜，故在碱性介质中不致锈蚀。但氯等卤素的离子可加速钢筋的锈蚀反应，甚至破坏保护膜，造成锈蚀迅速发展。因此，混凝土配筋的防锈措施应考虑：限制水灰比和水泥用量；限制氯盐外加剂的使用；采取措施保证混凝土的密实性；还可以采用掺加防锈剂（如重铬酸盐等）的方法。

（二）建筑钢材的防火

钢结构具有良好的机械性能，尤其是很高的强度，但容易忽视的是在高温时，情况会发生很大的变化。裸露的未作处理的钢结构，耐火极限仅 15min 左右，在温升 500℃ 的环境下，强度迅速降低，甚至会垮塌。因此，对于钢结构，尤其是有可能经历高温环境的钢结构，需要作必要的防火处理。钢结构防火的主要方法是涂敷防火隔热涂层。

按照防火机理，钢结构防火涂料分为：

（1）膨胀型钢结构防火涂料：涂层在高温时膨胀发泡，形成耐火隔热保护层的钢结构防火涂料。干燥时间（表干）≤12h。

（2）非膨胀型钢结构防火涂料：涂层在高温时不膨胀发泡，其自身成为耐火隔热保护层的钢结构防火涂料。干燥时间（表干）≤24h。

按照涂层厚度,钢结构防火涂料分为:

(1) 超薄型钢结构防火涂料:指涂层厚度3mm(含3mm)以内,装饰效果好,高温时膨胀发泡,耐火极限一般在2h以内的钢结构防火涂料,属于膨胀型钢结构防火涂料,一般应用在耐火极限要求在2h以内的钢结构上。

(2) 薄涂型钢结构防火涂料:指涂层厚度大于3mm且小于等于7mm,有一定的装饰效果,高温时膨胀发泡,耐火极限在2h以内的钢结构防火涂料。薄涂型防火涂料属于膨胀型防火涂料,即遇火时膨胀发泡,形成致密、均匀的泡沫层从而隔热防火。一般应用在耐火极限要求在2h以内的钢结构上。

(3) 厚涂型钢结构防火涂料:指涂层厚度大于7mm且小于等于45mm,呈粒状面,密度小,热导率低,耐火极限在2h以上的钢结构防火涂料,属于非膨胀型钢结构防火涂料。这类防火涂料用合适的无机胶结料(如水玻璃、耐火水泥等),再配以无机轻质绝热骨料(如膨胀珍珠岩、膨胀蛭石、漂珠等)等制成。由于厚涂型防火涂料的成分为无机材料,因此其防火性能稳定,长期使用效果好,但其涂料组分的颗粒较大,涂层外观不平整,装饰效果较差,适用于耐火极限要求在2h以上的隐蔽钢结构工程、高层全钢结构及多层厂房钢结构。

例5-21 (2021) 关于薄涂型防火涂料的说法,错误的是( )。
A 属于膨胀型防火涂料
B 受火时形成泡沫层隔热阻火
C 涂刷24h风干后才能防火阻燃
D 涂刷遍数与耐燃阻燃性质无关

解析: 根据防火涂料的涂层厚度,将其分为超薄型防火涂料(涂层厚度≤3mm)、薄型防火涂料(涂层厚度大于3mm,小于等于7mm)和厚型防火涂料(涂层厚度大于7mm)。薄涂型防火涂料属于膨胀型防火涂料(A正确),即遇火时膨胀发泡,形成致密均匀的泡沫层隔热防火(B正确)。涂刷遍数与耐燃阻燃性质无关(D正确)。另据《钢结构防火涂料》GB 14907—2018 第5.2.1条表2,膨胀型防火涂料干燥时间应≤12h,即涂刷12h后才能防火阻燃(C错误)。

答案: C

第八节 木 材

一、木材的分类与构造

(一) 木材的分类
按照外观形状可将木材分为针叶树和阔叶树两大类。

1. 针叶树

针叶树树干通直高大,纹理平顺,材质均匀,表观密度和胀缩变形小,易加工,多数质地较软,故又称为软木树;为建筑工程中的主要用材,多用作承重构件。常用的有红松(也叫东北松)、白松(也叫臭松或臭冷杉)、樟子松(海拉尔松)、鱼鳞松(也叫鱼鳞云杉）、马尾松（也叫本松或宁国松，纹理不匀，多松脂，干燥时有翘裂倾向，不耐腐，易受白蚁侵害。一般只可做小屋架及临时建筑等，不宜用作门窗）及杉木等。

2. 阔叶树

阔叶树质地一般较硬，故又称硬木树；一般强度较高。有些树种具有美丽的纹理，适用于室内装修、制作家具等。常用的有水曲柳、榆木、柞木（又叫麻栎或蒙古栎）、桦木、槭木、椴木（又叫紫椴或籽椴，质较软）、黄菠萝（又叫黄檗或黄柏）及柚木、樟木、榉木等；其中榆木、黄菠萝及柚木等多用作高级木装修等。

（二）木材的构造

木材由树皮、木质部和髓心等部分组成。木质部是木材的主要使用部分，在靠近髓心的部分颜色较深，称为心材；外面颜色较浅的部分称为边材，边材含水量较大，易翘曲变形，抗腐蚀性较差。从横切面上可看到深浅相间的同心圆，称为年轮；其中深色较密实部分是夏秋季生长的，称为夏材；浅色较疏松部分是春季生长的，称为春材。夏材部分越多，木材强度越高，质量越好。

从显微镜下可以看到木材的组织。木材是由无数管状细胞紧密结合而成的，每个细胞都有细胞壁与细胞腔两部分，细胞壁由若干微纤丝组成。其纵向联结较横向牢固，微纤丝间具有极小的空隙，能吸附与渗透水分。

二、木材的主要性质

（一）吸湿性

木材中所含水可分为吸附水与自由水两类。吸附水存在于细胞壁内，被微纤丝吸附；自由水存在于细胞腔与细胞间隙中。

当木材的细胞壁内充满吸附水，细胞腔和细胞间隙中没有自由水时的含水率称为纤维饱和点，一般为20%～35%，平均为30%。纤维饱和点是木材物理力学性质发生改变的转折点，是含水率影响强度和体积变化的临界值。

当木材的含水率与周围空气相对湿度达到平衡时的含水率称为平衡含水率。我国各地木材的平衡含水率一般为10%～18%。木材使用前需干燥至环境的平衡含水率，以防制品变形、开裂。

（二）湿胀干缩

当木材由潮湿状态干燥至纤维饱和点时，其尺寸不变，而继续干燥到其细胞壁中的吸附水开始蒸发时，则木材开始发生体积收缩（干缩）。在逆过程中，即干燥木材吸湿时，随着吸附水的增加，木材将发生体积膨胀（湿胀），直到含水率到达纤维饱和点为止。此后，尽管木材含水量会继续增加，即自由水增加，但体积不再发生膨胀。总之，木材的湿胀干缩变形是由细胞壁内吸附水的变化引起的，而自由水含量的变化不会引起体积变化。即在纤维饱和点之下发生含水量的变化时，会引起湿胀干缩；在大于纤维饱和点时，含水量变化，木材的尺寸不变。

木材的胀缩性随树种的不同而有差异，一般体积密度大的、夏材含量多的，胀缩较大；另外变形也存在方向性，顺纹方向最小，径向较大，弦向最大。胀缩会使木材构件接头松弛或凸起。

(三) 强度

木材在强度方面也表现为各向异性，木材强度有顺纹强度和横纹强度之分。从理论上讲，在不考虑木材的各种缺陷影响的前提下，同一木材，以顺纹抗拉强度为最大；抗弯强度、顺纹抗压、横纹抗剪强度依次递减；横纹抗拉强度、横纹抗压强度比顺纹小得多；见表 5-9。

木材理论上各强度大小关系 表 5-9

抗压		抗拉		抗弯	抗剪	
顺纹	横纹	顺纹	横纹		顺纹	横纹切断
1	$\frac{1}{10} \sim \frac{1}{3}$	2~3	$\frac{1}{20} \sim \frac{1}{3}$	$1\frac{1}{2} \sim 2$	$\frac{1}{7} \sim \frac{1}{3}$	$\frac{1}{2} \sim 1$

影响木材强度的主要因素如下：

1. 含水率

当木材含水率在纤维饱和点以下时，其强度随含水率增加而降低，这是由于吸附水的增加使细胞壁逐渐软化所致。当木材含水率在纤维饱和点以上时，木材的强度等性能基本稳定，不随含水率的变化而变化。含水率对木材的顺纹抗压及抗弯强度影响较大，而对顺纹抗拉强度几乎无影响。

因为含水率会影响木材的强度，所以在测定木材强度时，需要规定木材的含水率。木材标准《木材物理力学试验方法总则》GB/T 1928—2009、《木材顺纹抗压强度试验方法》GB/T 1935—2009 和《木材横纹抗压试验方法》GB/T 1939—2009 等，都规定测定强度时的木材含水率为 12%；并规定木材含水率为 12% 时的强度为标准强度。

2. 负荷时间

木材的长期负荷强度一般为极限强度的 50%~60%。

3. 温度

木材使用时的环境温度长期超过 50℃ 时，强度会因木材的缓慢炭化而明显下降，所以在这种环境下不应使用木结构。

4. 缺陷

木材的缺陷有木节、斜纹、裂纹、腐朽及虫害等。缺陷越多，木材强度越低；其中缺陷使木材顺纹抗拉强度降低最为显著，而对顺纹抗压强度影响较小。所以实测木材强度时，顺纹抗拉强度低于理论值，且低于顺纹抗压强度，最终使木结构设计中的实际强度排序为：抗弯强度最大，其次是顺纹抗压强度、顺纹抗拉强度（参见《木结构设计标准》GB 50005—2017）。

> **例 5-22** （2014）关于木材力学性质的结论，错误的是（   ）。
> A 顺纹抗压强度较高，为 30~70MPa
> B 顺纹抗拉强度最高，能达到顺纹抗压强度的三倍
> C 抗弯强度可达顺纹抗压强度的二倍
> D 顺纹剪切强度相当于顺纹抗压强度

解析：顺纹方向是指木材纤维的生长方向，所以在木材的各种强度中，顺纹抗拉强度最大，是顺纹抗压强度的三倍；其次是抗弯强度，是顺纹抗压强度的二倍；而顺纹剪切强度很低，远小于顺纹抗压强度。所以 D 项说法错误。

答案：D

三、木材的干燥、防腐与防火

(一) 木材的干燥

木材干燥的其目的是防止木材腐蚀、虫蛀、翘曲与开裂，保持尺寸及形状的稳定性，便于作进一步的防腐与防火处理。干燥方法有自然干燥与人工干燥两种方法。

为防止造成木门窗等细木制品在使用中开裂、变形，应将木材采用窑干法进行干燥，含水率不应大于 12%；当受条件限制，除东北落叶松、云南松、马尾松、桦木等易变形的树种外，可采用气干木材，其制作时含水率不应大于当地的平衡含水率。

(二) 木材的防腐

木材的腐朽是由真菌中的腐朽菌寄生引起的。木腐菌在木材中生存与繁殖必须同时具备水分、空气与温度三个条件。当木材含水率在 15%~50%，温度在 25~30℃，又有足够的空气时，木腐菌最适宜繁殖。另外，木材还会受到白蚁、天牛等昆虫的蛀蚀。

木材防腐的常见方式有两种：一个是将木材置于通风干燥的环境中或表面涂油漆等；另一个是用化学防腐剂（如氟化钠、杂酚油）处理。具体处理方法有涂刷法、喷洒法、注入法等。

(1) 涂刷法：指使用刷子将防腐剂涂刷在锯材、层压胶合板、胶合板等板材表面的方法。

(2) 喷洒法：指使用专用喷雾器，将防腐剂喷洒在锯材、层压胶合板、胶合板等板材表面的方法。

以上两种方法不能使防腐剂渗透至木材内部，故防腐效果较差。

(3) 注入法：主要包括加热—冷却法和加压处理法。

1) 加热—冷却法指利用温差造成真空，迫使防腐蚀液体在常压情况下注入木材内部的处理方法；常用的加热—冷却法有热浸法和冷热槽法。前者加热后自然冷却至常温；后者将木材加热后迅速投入另一冷液容器，从而达到降温快的目的。加热—冷却法的优点是设备简单，经济有效；缺点则是加工时间较长，耗油量大，掺入的药量难以控制，多余溶剂无法回收。

2) 加压处理法是利用动力压差迫使防腐蚀液体向低压区流动的方法。本法不但可以控制药量，节省油耗，透入度较深，加工迅速，适于集中加工大量干燥木材；而且也适于处理湿木材，甚至可以进行快速脱水，以提高产品质量。因此，用防腐剂处理锯材、层压胶合板、胶合板时，应采用加压处理法。

(三) 木材的防火

木材防火的常用方法如下：

(1) 表面涂刷防火涂料：常用的防火涂料有膨胀型丙烯酸乳胶防火涂料等；

(2) 表面覆盖难燃或不燃材料：如金属等；

(3) 注入防火剂：如将磷—氮系列及硼化物系列防火剂或磷酸铵和硫酸铵的混合物等浸注。

四、木材的应用

(一) 木材的种类与规格

按加工程度和用途的不同，木材可分为原条、原木、锯材三种，见表5-10。

木材的分类　　　　　　　　　表5-10

分类名称	说　　明	主　要　用　途
原条	系指除去皮、根、树梢的木料，但尚未按一定尺寸加工成规定直径和长度的材料	建筑工程的脚手架、建筑用材、家具等
原木	系指已经除去皮、根、树梢的木料，并已按一定尺寸加工成规定直径和长度的材料	1. 直接使用的原木：用于建筑工程（如屋架、檩、椽等）、桩木、电杆、坑木等； 2. 加工原木：用于胶合板、造船、车辆、机械模型及一般加工用材等
锯材	系指已经加工锯解成材的木料。凡宽度为厚度三倍或三倍以上的，称为板材，不是三倍的称为枋材	建筑工程、桥梁、家具、造船、车辆、包装箱板等

(二) 人造板材

人造板材是以木材或其他含有一定量纤维的植物为原料加工而成。主要包括以下几种：

1. 胶合板

用数张（一般为3～13层，层数为奇数）由原木沿年轮方向旋切的薄片，使其纤维方向相互垂直叠放，经热压而成。胶合板克服了木材各向异性的缺点，材质均匀，强度高，幅面大，平整易于加工，干湿变形小，板面具有美丽的花纹，装饰性好。

胶合板主要用于室内的隔墙罩面、顶棚和内墙装饰、门面装修及各种家具的制作。

2. 纤维板

纤维板是将木材加工的部分剩余物——枝桠材、小径材，经破碎、研磨成木纤维，再加入一定的胶粘剂，经干燥处理、热压成型而成的人造板材。纤维板材质均匀，各向强度一致，不易翘曲开裂与胀缩，无木节、虫眼等缺陷；主要用作室内壁板、门板、地板、家具等。

3. 刨花板

刨花板是将木材加工的部分剩余物——枝桠材、小径材，经削片、刨片制备成刨花碎片，经过干燥加工，并加入胶粘剂拌合后，压制而成的人造板材。刨花板具有质量轻、强度低、隔声、保温、耐久等特点，适用于室内墙面、隔断、顶棚等处的装饰用基面板。

4. 薄木贴面板

薄木贴面板是一种高级的装饰材料，是将珍贵树种（如柚木、桦木、柳桉或树根瘤多的木段）的木材软化后，旋切或刨切成厚为0.1～1mm的薄木片，再用胶粘剂粘贴在基板上而制得。薄木贴面板可压贴在胶合板等的表面，作墙、门等的面板。

例5-23 （2019） 下列哪项不是木材在加工使用前必需的处理？
A 锯解、切材　　　　　　B 充分干燥
C 防腐、防虫　　　　　　D 阻燃、防火

解析：木材使用前需作的处理有：干燥（目的是防止木材腐蚀、虫蛀、翘曲与开裂，保持尺寸及形状的稳定性，便于作进一步的防腐与防火处理）；防腐（木材的腐朽主要是由腐朽菌引起的，腐朽菌在木材中生存与繁殖必须具备水分、空气和温度三个条件；此外，木材还会受到白蚁、天牛等昆虫的蛀蚀）；防火（木材是易燃物质，使用前需作好阻燃、防火处理）。所以，锯解和切材不是必需的处理过程。

答案：A

第九节　建筑塑料与胶粘剂

建筑塑料和胶粘剂属于化学建材，其主要成分是高分子化合物。

一、高分子化合物基本知识

（一）定义

以石油、煤、天然气、水、空气及食盐等为原料制得的低分子化合物单体（如氯乙烯、乙烯、丁烯等），经合成反应得到合成高分子化合物，也称为聚合物。

（二）高分子聚合物分类

1. 按聚合物用途分类

按用途可将聚合物分为塑料、橡胶和纤维三大合成材料。它们在性质上最大的区别是弹性模量不同，橡胶为$10^5 \sim 10^6$MPa，塑料为$10^7 \sim 10^9$MPa，纤维为$10^9 \sim 10^{10}$MPa。在结构上，橡胶是处于高弹态的支链型或体型高分子，较小的作用力就能产生较大的变形，弹性变形大；纤维主要是高度定向的结晶化的线型高分子，不易变形；塑料是常温下处于玻璃态的各种高分子，变形能力介于橡胶和纤维之间，刚性大，难变形。

橡胶的主要品种有乙丙橡胶、丁苯橡胶、丁基橡胶、顺丁橡胶等；纤维主要品种有锦纶（尼龙）、涤纶、腈纶、丙纶等；塑料是主要品种有聚氯乙烯、聚乙烯、聚丙烯、聚苯乙烯、聚甲基丙烯酸甲酯等。

2. 按聚合物对热的性质分类

按对热的性质将聚合物分为热塑性聚合物和热固性聚合物。

热塑性聚合物是线型结构或带支链的高分子聚合物，加热时软化甚至熔化，冷却后硬化，而不起化学变化，这种变化是可逆的，可以重复多次。这类聚合物有聚氯乙烯、聚苯乙烯、聚丙烯及聚甲基丙烯酸甲酯等。热塑性塑料可以再生利用。

热固性聚合物是体型结构聚合物，在加工过程中受热后软化，同时产生化学反应，相邻的分子互相连接而逐渐硬化，最后成为不熔化、不溶解的物质。热固性聚合物只能塑制一次。这里聚合物有酚醛树脂、不饱和树脂、聚硅树脂等。

例 5-24　（2018） 当代三大合成高分子材料中并不含（　　）。
A　合成橡胶　　　　　　　　B　合成涂料
C　合成纤维　　　　　　　　D　各种塑料
解析：当代三大合成高分子材料为合成橡胶、塑料和合成纤维，并不包含合成涂料。
答案：B

二、塑料

（一）塑料的特性

塑料的密度低，一般为 $0.9\sim2.2\text{g/cm}^3$，泡沫塑料的密度更低，为 0.1 g/cm^3 以下；比强度高，超过钢材和铝；耐酸、碱、盐的侵蚀；是电的不良导体，是一种良好的绝缘材料；导热系数一般为 $0.02\sim0.8\text{W/(m·K)}$，是一种良好的保温隔热材料；加工方便。

塑料的缺点是弹性模量低、刚度差；大多数塑料的耐热性差，热塑性塑料的耐热温度为 $60\sim120$℃，热固性塑料的耐热温度稍高，也仅为 150℃左右；热膨胀系数大，具有较大的蠕变性；塑料容易老化，即在各种物理化学因素作用下，高聚物发生降解（聚合度降低）或交联（发生支化、环化、交联等，形成网状结构），导致制品发黏变软，丧失机械强度或僵硬变脆、失去弹性；塑料耐燃性差，多数塑料可燃，并且燃烧时伴随大量有毒烟雾。

例 5-25　（2013） 一般建筑塑料的缺点是（　　）。
A　容易老化　　　　　　　　B　绝缘性差
C　"比强度"低　　　　　　　D　耐蚀性差
解析：建筑塑料具有密度小、比强度大、耐化学腐蚀、耐磨、隔声、绝缘、绝热、抗振、装饰性好等优点；同时，建筑塑料耐老化性差、耐热性差、易燃、刚度差。
答案：A

（二）塑料的组成

塑料是以合成树脂为主要原料，在一定温度和压力下塑制成型的一种合成高分子材料，所以塑料的主要成分是合成树脂；此外还有填充料和助剂等。

1. 合成树脂

合成树脂是用人工合成的高分子聚合物，在塑料中起胶粘剂作用。塑料的性质主要取决于合成树脂的种类、性质和数量。根据树脂用量占塑料的百分率，将塑料分为单组分和多组分塑料。如有机玻璃是由聚甲基丙烯酸甲酯生产的塑料，其树脂含量为 100%，是单组分塑料；但大多数塑料是多组分的，其树脂含量一般为 $30\%\sim60\%$。塑料常用的合成树脂有聚氯乙烯、聚乙烯、聚丙烯、酚醛树脂等。

2. 填充料

填充料又称填料，是向树脂中加入的基本上不参与树脂复杂化学反应的粉状或纤维状物质，以提高塑料的强度、韧性、耐热性、耐老化性、抗冲击性等，同时也降低了塑料的成本。常用的填充料有滑石粉、硅藻土、石灰石粉、云母、石墨、玻璃纤维等。

3. 增塑剂

增塑剂能增加树脂的可塑性，降低了大分子链间的作用力，降低软化温度和熔融温度，减少熔体的黏度，改善了塑料的加工性质。同时，增塑剂能降低塑料的硬度和脆性，使塑料具有较好的韧性、塑性和柔顺性。常用的增塑剂有邻苯二甲酸二丁酯，邻苯二甲酸二辛酯，磷酸酯类等。

4. 固化剂

固化剂又称硬化剂或交联剂，其主要作用是使线型高聚物交联成体型高聚物，从而使树脂具有热固性，制得坚硬的塑料制品。环氧树脂常用胺类、酸酐类化合物，如乙二胺、间苯二胺、邻苯二甲酸酐、顺丁烯二酸酐等作为固化剂。

5. 阻燃剂

阻燃剂又称防火剂，是向树脂等塑料原料中添加的可以减缓或阻止塑料燃烧的物质，能提高塑料的耐燃性和自熄性。常用的阻燃剂有三氧化锑、氢氧化铝、双反丁烯二酸酯等。

（三）常用建筑塑料

目前，已用于建筑工程的热塑性塑料有：聚氯乙烯、聚乙烯、聚丙烯、聚苯乙烯、聚醋酸乙烯（PVAC）、聚偏二氯乙烯（PVDC）、聚甲基丙烯酸甲酯（即有机玻璃，PMMA）、丙烯腈—丁二烯—苯乙烯共聚物（ABS）、聚碳酸酯（PC）等。已用于建筑工程的热固性塑料有：酚醛、脲醛（UF）、环氧、不饱和聚酯、聚酯（PET）、聚氨酯、有机硅（Si）、聚酰胺（即尼龙，PA）、三聚氰胺甲醛树脂（密胺树脂，MF）等。

几种常用建筑塑料的特性与用途见表 5-11。

常用建筑塑料的特性及用途　　　　表 5-11

名称	特性	用途
聚乙烯（PE）	柔韧性好，介电性能和耐化学腐蚀性能优良，成型工艺性好，但刚性差，燃烧时少烟，低压聚乙烯使用温度可达 100℃	防水材料、给排水管和绝缘材料等
聚丙烯（PP）	耐腐蚀性能优良，力学性能和刚性超过聚乙烯，耐疲劳和耐应力开裂性好，可在 100～120℃使用，但收缩率较大，低温脆性大	管材、卫生洁具、模板等
聚氯乙烯（PVC）	耐化学腐蚀性和电绝缘性优良，力学性能较好，具有难燃性，具有自熄性，但耐热性差，升高温度时易发生降解，使用温度低（<60℃）	有软质、硬质、轻质发泡制品，是应用最广泛的一种塑料，如塑料地板、吊顶板、装饰板、塑钢门窗等
聚苯乙烯（PS）	树脂透明，有一定的机械强度，电绝缘性能好，耐辐射，成型工艺性好，但脆性大，耐冲击性和耐热性差，抗溶剂性较差，使用温度 65～95℃	主要以泡沫塑料形式作为隔热材料，也用来制造灯具平顶板等
聚碳酸酯（PC）	无色透明，透光性好，抗冲击性强，耐紫外线辐射，阻燃 B1 级	用作采光顶、门窗玻璃、银行和公共场所等的防护窗、防弹玻璃等

续表

名称	特性	用途
聚四氟乙烯（Teflon 或 PTFE）	氟树脂，俗称"塑料王"，耐高温达 250℃，耐低温到 -196℃，耐腐蚀，高润滑不粘性强，耐候性（塑料中最佳的老化寿命）好，不燃性好	可制成管、棒、带、板、薄膜，用作耐高低温材料、耐腐蚀材料，还可用作防水透气膜。也可制成水分散液，用于绝缘涂层、防粘涂层等
酚醛树脂（PF）	电绝缘性能和力学性能良好，耐水性、耐酸性和耐烧蚀性能优良。酚醛塑料坚固耐用、尺寸稳定、不易变形，使用温度为 120℃	生产各种层压板、玻璃钢制品、涂料和胶粘剂等
环氧树脂（EP）	粘接性和力学性能优良，耐化学药品性（尤其是耐碱性）良好，电绝缘性能好，固化收缩率低，使用温度 180～200℃	主要用于生产玻璃钢、胶粘剂和涂料等产品
不饱和聚酯树脂（UP）	可在低压下固化成型，用玻璃纤维增强后具有优良的力学性能，良好的耐化学腐蚀性和电绝缘性能，但固化收缩率较大	主要用于玻璃钢、涂料和聚酯装饰板、人造石材等
聚氨酯（PUR）	强度高，耐化学腐蚀性优良，耐热、耐油、耐溶剂性好，粘接性和弹性优良	主要以泡沫塑料形式作为隔热材料及优质涂料、胶粘剂、防水涂料和弹性嵌缝材料等
有机硅（Si）	硅树脂具有-Si-O-Si-主键与有机基侧链的聚硅氧烷；是一种热固性塑料；它最突出的性能之一是优异的热氧化稳定性，250℃加热 24 小时后，硅树脂失重仅为 2%～8%；硅树脂的另一突出性能是优异的电绝缘性，它在较宽的温度和频率范围内均能保持良好的绝缘性能	主要作为绝缘漆；还用作耐热、耐候的防腐涂料，金属保护涂料，建筑工程防水、防潮涂料，脱模剂，粘合剂；以及二次加工成有机硅塑料，用于电子、电器和国防工业中，作为半导体封装材料和电子、电器零部件的绝缘材料等

例 5-26 （2019）一般塑钢门窗中的塑料是(   )。
A 聚丙烯（PP）   B 聚乙烯（PE）
C 聚氯乙烯（PVC）   D 聚苯乙烯（PS）
解析： 以聚氯乙烯（PVC）树脂为原料，加入适量添加剂，按适当配比混合，经挤出机制成各种型材，型材经过加工组装成塑钢门窗。聚氯乙烯是应用最广泛的一种塑料，被广泛应用于塑钢门窗、塑料地板、吊顶板等。
答案：C

三、胶粘剂

能直接将两种材料牢固地粘结在一起的物质通称胶粘剂（又称粘合剂、粘接剂或粘结剂等）。胶粘剂用于防水工程、新旧混凝土接缝、室内外装饰工程粘结，以及结构补强加固等。

（一）胶粘剂的组成

1. 粘结料

粘结料又称粘料，是胶粘剂具有粘结特性的必要成分，决定了胶粘剂的性能和用途。

常用的粘结料有天然高分子化合物（如淀粉、动物的皮胶等）、合成高分子化合物（如环氧树脂等）、无机化合物（如水玻璃等）三类，现在主要采用合成高分子化合物。

2. 溶剂

溶剂主要用来溶解粘结料，调节胶粘剂的黏度，增加胶粘剂的涂敷浸润性，使之便于施工，常用的溶剂有二甲苯、丁醇和水等。

3. 固化剂与催化剂

固化剂又称氧化剂，它能使线型分子形成网状的体型结构，从而使胶粘剂固化。加入催化剂是为了加速高分子化合物的硬化过程。

4. 填料

填料可改善胶粘剂的机械性能、温度稳定性和黏度，减少收缩，并可降低胶粘剂的制作成本；但是加入填料会增加胶粘剂的脆性。常用的填料有石英粉、氧化铝粉、金属粉等。

（二）胶粘剂的分类

1. 按固化方式分类

胶粘剂可分为溶剂挥发型、化学反应型和热熔型三类。

2. 按主要成分分类

（1）无机类：硅酸盐及磷酸盐等。

（2）有机类：天然类与合成高分子类。

天然类有葡萄糖衍生物（如淀粉、糊精等）、氨基酸衍生物（如骨胶、鱼胶等）、天然树脂类（如松香、虫胶等）和沥青类。

合成高分子类包括合成树脂类（如热固性的环氧树脂、酚醛树脂和热塑性的聚醋酸乙烯、丙烯酸酯等）和合成橡胶类（如丁苯橡胶、氯丁橡胶、聚氨酯橡胶、硅橡胶、聚硫橡胶等）。

3. 按外观分类

按外观可分为液态、膏状和固态三类。

4. 按强度特性分类

（1）结构胶：结构胶对强度、耐热、耐油和耐水等有较高要求；适用于金属的结构胶，其室温剪切强度要求为 $10\sim30$MPa，10^6 次循环剪切疲劳后强度为 $4\sim8$MPa。

（2）非结构胶：不承受荷载，只起定位作用。

（3）次结构胶：其性能介于结构胶和非结构胶之间。

（三）常用胶粘剂

建筑常用胶粘剂的粘料类型有热固性树脂、热塑性树脂、合成橡胶及混合型粘料。建筑上几种常用胶粘剂的性能与应用见表5-12。

建筑上常用胶粘剂性能与应用　　表5-12

种类		特性	主要用途
热塑性树脂胶粘剂	聚乙烯醇缩甲醛胶粘剂（商品名108胶）	108胶粘结强度高，抗老化，成本低，施工方便；但会释放甲醛等有害气体	粘贴塑胶壁纸、瓷砖、墙布等；加入水泥砂浆中可改善砂浆性能，也可配成地面涂料

续表

种类		特性	主要用途
热塑性树脂胶粘剂	聚醋酸乙烯乳胶（俗称白胶水）	粘结力好，水中溶解度高，常温固化快，稳定性好，成本低；耐水性、耐热性差	粘结各种非金属材料、玻璃、陶瓷、塑料、纤维织物、木材等
	聚乙烯醇胶粘剂	水溶性聚合物，耐热性、耐水性差	适合粘结木材、纸张、织物等；可与热固性胶粘剂并用
热固性树脂胶粘剂	环氧树脂胶粘剂	万能胶，固化速度快，粘结强度高，耐热、耐水、耐冷热冲击性能好，使用方便	适用于混凝土、砖石、玻璃、木材、皮革、橡胶、金属等多种材料的自身粘结与相互粘结。适用于各种材料的快速粘结、固定和修补，不能粘结赛璐珞等塑料
	酚醛树脂胶粘剂	粘结力强，柔韧性好，耐疲劳	粘结各种金属、塑料和其他非金属材料
	聚氨酯胶粘剂	粘结力较强，胶膜柔软，良好的耐低温性与耐冲击性，耐热性差，耐溶剂、耐油、耐水	适于粘结软质材料和热膨胀系数相差较大的两种材料
合成橡胶胶粘剂	丁腈橡胶胶粘剂	弹性及耐候性良好，耐疲劳、耐油、耐溶剂性好，耐热，有良好的混溶性；粘结力弱，成膜缓慢	适用于耐油部件中橡胶与橡胶，橡胶与金属，织物等的粘结，尤其适用于粘结软质聚氯乙烯材料
	氯丁橡胶胶粘剂	粘结力强、内聚强度高、耐热、耐油、耐溶液性好。贮存稳定性差	用于结构的粘结或不同材料的粘结，如橡胶、木材、陶瓷、金属、石棉等不同材料
	聚硫橡胶胶粘剂	很好的弹性、粘结力强，耐油、耐候性好，对气体和蒸汽不渗透，耐老化性好	作密封胶及用于路面、地坪、混凝土的修补、表面密封和防滑；常用于海港、码头及水下建筑物的密封
	硅橡胶胶粘剂	良好的耐紫外线、耐老化性、耐热、耐腐蚀性、粘结力强，防水、防振	用于金属、陶瓷、混凝土，以及部分塑料的粘结；尤其适用于门窗玻璃的安装以及隧道、地铁等地下建筑中瓷砖、岩石接缝间的密封

例 5-27（2014） 关于胶粘剂的说法，错误的是（　　）。
A　不少动植物胶是传统的胶粘剂　　B　目前采用的胶粘剂多为合成树脂
C　结构胶粘剂多为热塑性树脂　　D　环氧树脂胶粘剂俗称"万能胶"

解析：传统的胶粘剂多为动植物胶，如骨胶、松香等。目前采用的胶粘剂多为合成树脂，如环氧树脂、酚醛树脂、丁苯橡胶等；其中环氧树脂胶粘剂俗称"万能胶"。结构胶对强度、耐热、耐油和耐水等有较高要求，常用的有环氧树脂类、聚氨酯类、有机硅类、聚酰胺类等热固性树脂。所以C选项说法错误。

答案：C

第十节 防 水 材 料

防水材料是建筑工程上不可缺少的主要建筑材料之一。包括沥青基防水材料、高聚物改性沥青基防水材料,以及合成高分子防水材料。

一、沥青的分类

沥青属有机胶凝材料,是由很多高分子化合物组成的复杂的混合物,常温下呈固态、半固态或黏稠液态。

按产源,沥青分为地沥青,俗称松香柏油(包括天然沥青和石油沥青)与焦油沥青,俗称煤沥青、柏油、臭柏油(包括煤沥青和页岩沥青等)两大类。建筑工程中主要使用石油沥青,煤沥青也有少量应用。

地沥青来源于石油系统,或天然存在,或经人工提炼而成。地壳中的石油在各种自然因素作用下,经过轻质油分蒸发、氧化和缩聚作用,最后形成的天然产物,称"天然沥青"。石油经各种炼制工艺加工后得到的沥青产品,称"石油沥青"。

焦油沥青为用各种有机物(如煤、页岩、木材等)干馏加工得到的焦油,经再加工得到的产品。焦油沥青按其焦油获得的有机物名称而命名,如煤干馏所得的煤焦油,经再加工得到的沥青为煤沥青;其他还有木沥青、页岩沥青等。

二、石油沥青

(一) 石油沥青的组成和结构

石油沥青为石油经提炼和加工后所得的副产品。由很多高分子碳氢化合物及其非金属(氧、氮、硫等)衍生物混合而成,成分复杂且差异较大,因此一般不作化学分析。通常,从使用的角度出发,将其中的化学成分及物理力学成分相近者划分为若干组,这些组称为"组丛"或"组分"。石油沥青的组丛及其主要特性如下:

1. 油分

油分常温下为淡黄色液体,赋予沥青以流动性。

2. 树脂

树脂常温下为黄色到黑褐色的半固体,赋予沥青以黏性与塑性。

3. 地沥青质

地沥青质也称地沥青,常温下为黑色固体,是决定沥青热稳定性与黏性的主要组分。

此外,石油沥青中还有少量沥青碳、似碳物和石蜡等有害组分。沥青碳和似碳物均为黑色粉末,会降低沥青的粘结力;石蜡会降低沥青的黏性和塑性,增大沥青的温度敏感性。

石油沥青的性质随着组分比例不同而变化。油分和树脂较多时,沥青的流动性、塑性较好,开裂后有一定的自行愈合能力,但温度稳定性较差。当油分和树脂含量较少,而地沥青质较多时,沥青的黏性和温度稳定性较高,但是流动性和塑性较差。

(二) 石油沥青的技术性质

1. 粘结性 (黏性)

石油沥青的黏性反映沥青内部阻碍相对流动的特性。当地沥青质含量较高,有适量树脂，油分含量较少时，则黏性较大。黏稠石油沥青的黏性用针入度表示，如图 5-13 所示。针入度越小，表明沥青的黏度越大，黏性越好。

2. 塑性

塑性指沥青在外力作用下产生变形而不破坏，除去外力后，仍能保持变形后的形状不变的性质，反映沥青开裂后的自愈能力。石油沥青的塑性用延度来表示，如图 5-14 所示。延度越大，塑性越好。

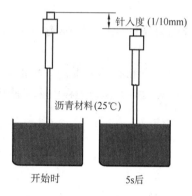

图 5-13 针入度测定示意图

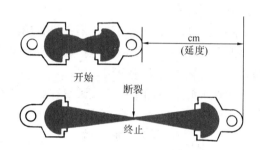

图 5-14 延度测定示意图

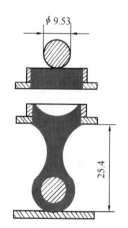

图 5-15 软化点测定示意图

3. 温度敏感性

温度敏感性又称温度稳定性、耐热性，反映了沥青的黏性和塑性随温度升降的变化的性能。石油沥青的温度敏感性用软化点表征，一般采用环球法测定，如图 5-15 所示。软化点高表示沥青的耐热性或温度稳定性好，即温度敏感性小。

4. 大气稳定性

大气稳定性也称抗老化性或耐久性，是指石油沥青抵抗各种自然因素影响的能力。

沥青老化是由于其中的组分发生了递变，即油分—树脂—地沥青质，最终沥青中地沥青质含量增加，沥青变硬、变脆。

三、煤沥青

煤沥青是煤焦厂或煤气厂的副产品，烟煤干馏时得到煤焦油，煤焦油有高温和低温两种，多用高温煤焦油，煤焦油分馏加工提取各种油类（其中重油为常用的木材防腐油）后所剩残渣即为煤沥青。根据蒸馏程度的不同，划分为低温、中温、高温煤沥青三类。建筑工程中多使用低温煤沥青。

与石油沥青相比，煤沥青塑性较差，受力时易开裂，温度稳定性及大气稳定性均较差。但与矿料的表面黏附性较好，防腐性较好。所以煤沥青更常用作防腐材料。

四、改性石油沥青

石油加工厂生产的沥青通常只控制耐热性指标（软化点），其他的性能，如塑性、大气稳定性、低温抗裂性等则很难全面达到要求，从而影响了使用效果。为解决这个问题而采用的方法之一是：在石油沥青中加入某些矿物填充料等改性材料，得到改性石油沥青，或进而生产各种防水制品。

常用的改性材料有合成橡胶、合成树脂及矿物填充料等。

（一）矿物填充料

在石油沥青中加入矿物填充料（粉状，如滑石粉；纤维状，如石棉绒），可提高沥青的黏性和耐热性，减少沥青对温度的敏感性。

（二）合成橡胶

按来源，橡胶可分为天然橡胶与合成橡胶两大类。合成橡胶是指以石油、天然气和煤作为主要原料，人工合成的高弹性聚合物。合成橡胶一般在性能上不如天然橡胶全面，但合成橡胶能在－50～＋150℃温度范围内保持显著的高弹性能。此外，合成橡胶还具有良好的扯断强度、撕裂强度、耐疲劳强度、不透水性、不透气性、耐酸碱性及电绝缘性等。

橡胶按照制品形成过程分为热塑性橡胶（如可反复加工成型的三嵌段热塑性丁苯橡胶）和硫化型橡胶（需经过硫化才能得到制品，大多数合成橡胶属于此类）。

橡胶的硫化又称交联、熟化，是使线性高分子通过交联作用形成网状高分子的工艺过程；从物性上即是塑性橡胶转化为弹性橡胶或硬质橡胶的过程。硫化是橡胶加工中的最后一道工序，最终得到定型的、具有实用价值的橡胶制品。

橡胶是沥青的重要改性材料，常用氯丁橡胶、丁基橡胶。再生橡胶与耐热型丁苯橡胶（SBS）等作为石油沥青的改性材料，其中SBS是对沥青改性效果最好的高聚物。橡胶与沥青之间有较好的混溶性，并可使改性沥青具有橡胶的许多优点，如高温变形性小，低温柔韧性好等。

（三）合成树脂

树脂作为改性材料可提高沥青的耐寒性、耐热性、黏性及不透气性。但由于树脂与石油沥青的相溶性较差，故可用的树脂品种较少，常用的有：古马隆树脂、聚乙烯树脂、聚丙烯树脂、酚醛树脂及天然松香等。

由于树脂与橡胶之间有较好的相溶性，故也可同时加入树脂与橡胶来改善石油沥青的性质，使改性沥青兼具树脂与橡胶的优点与特性。

五、防水材料

（一）防水卷材

防水卷材是建筑工程防水材料的重要品种之一，包括沥青防水卷材、高聚物改性沥青防水卷材和合成高分子防水卷材三大类。

1. 沥青防水卷材

沥青防水卷材必须具备良好的耐水性、温度稳定性、强度、延展性、抗断裂性、柔韧性及大气稳定性等性质。

（1）油毡

石油沥青纸胎油毡，简称油毡，是防水卷材中出现最早的品种。油毡是用低软化点的沥青浸渍原纸，以高软化点沥青涂盖两面，再涂刷或撒布隔离材料（粉状或片状）而制成的纸胎防水卷材。油毡的防水性能较差，耐久年限低，一般只能用作多层防水。

(2) 其他胎体材料的油毡

为了克服纸胎的抗拉能力低、易腐烂、耐久性差的缺点,通过改进胎体材料,使沥青防水卷材的性能得到改善,如玻璃布沥青油毡、玻璃纤维沥青油毡、黄麻织物沥青油毡、铝箔胎沥青油毡。这些油毡的抗拉强度高,柔韧性、延展性、抗裂性和耐久性均较好。

需注意的是,在施工过程中,石油沥青油毡要用石油沥青胶粘结。

(3) 沥青再生胶油毡

这是一种无胎防水卷材,由再生橡胶、10号石油沥青及碳酸钙填充料,经混炼、压延而成。沥青再生胶油毡具有较好的弹性、不透水性、低温柔韧性、热稳定性,以及较高的抗拉强度。这些优点使之适用于水工、桥梁、地下建筑物管道等重要防水工程,以及建筑物变形缝的防水处理。

2. 高聚物改性沥青防水卷材

聚合物改性沥青防水卷材是以合成高分子聚合物为涂盖层,纤维织物或纤维毡为胎体,粉状、胶状、片状或薄膜材料为覆面材料,制成的防水卷材。高聚物改性沥青防水卷材具有高温不流淌、低温不脆裂、拉伸强度高和延伸率较大等优点。

(1) SBS改性沥青防水卷材

SBS改性沥青防水卷材属弹性体沥青防水卷材,以玻纤毡、聚酯毡等增强材料为胎体,以丁苯橡胶(SBS)改性沥青为浸渍涂盖层,表面带有砂粒或覆盖聚乙烯(PE)膜,是一种柔性防水卷材。SBS改性沥青油毡的延伸率高,对结构变形有很好的适应性,具有较强的耐热性、低温柔韧性、弹性及耐疲劳性等,适用于寒冷地区和结构变形频繁的建筑。

(2) APP改性沥青防水卷材

APP改性沥青防水卷材属于塑性体改性沥青防水卷材,以玻纤毡或聚酯毡为胎体,以无规聚丙烯(APP)改性沥青为涂盖层,上面撒上隔离材料,下层覆盖聚乙烯薄膜或撒布细砂制成的防水卷材。该类卷材具有良好的弹塑性、耐热性、耐紫外线照射及耐老化性能,特别适合用作紫外线辐射强烈及炎热地区的屋面防水。

3. 合成高分子防水卷材

合成高分子防水卷材主要有以合成橡胶、合成树脂或这两者的共混体为基料的防水卷材。这类防水卷材具有强度高、延伸率大,弹性及耐高、低温特性好等特点。

(1) 三元乙丙橡胶防水卷材

三元乙丙橡胶是乙烯、丙烯和非共轭二烯烃的三元共聚物。三元乙丙的主要聚合物链是完全饱和的,本质上是无极性的,对极性溶液和化学物具有抗性。这个特性使得三元乙丙橡胶可以抵抗热、光、氧气,尤其是臭氧;是橡胶中耐老化性能最好的。

三元乙丙防水卷材是以三元乙丙橡胶为主体制成的无胎卷材,具有良好的耐候性、耐臭氧性、耐酸碱腐蚀性、耐热性和耐寒性;抗拉强度高达7.0MPa以上,延伸率超过450%,可在$-60 \sim 120$℃的温度内使用;寿命可长达20年以上,是目前耐老化性最好的一种卷材。主要缺点是遇到机油时将产生溶胀。

三元乙丙橡胶防水卷材可用于各种工程的室内外防水和防水修缮,是屋面、地下室和水池防水工程的首选材料。

(2) 聚氯乙烯防水卷材

聚氯乙烯防水卷材是以聚氯乙烯树脂为主要成分的无胎卷材，根据基料的组成和特性分为 S 型（以煤焦油与聚氯乙烯树脂为基料）和 P 型（以增塑的聚氯乙烯树脂为基料）。

聚氯乙烯防水卷材的抗拉强度和伸长率高，对基层伸缩、开裂、变形的适应性强；低温柔韧性好，可在较低温度下施工和应用；具有良好的尺寸稳定性与耐腐蚀性；卷材的搭接除了可用胶粘剂外，还可以用热空气焊接的方法，接缝处较严密。

与三元乙丙橡胶防水卷材相比，除在一般工程中使用外，聚氯乙烯防水卷材更适用于刚性层下的防水层及旧建筑混凝土构件屋面的修缮工程，以及有一定耐腐蚀要求的室内地面工程的防水、防渗工程等。

(3) 氯丁橡胶防水卷材

氯丁橡胶防水卷材以氯丁橡胶为主要原料制成的，其性能与三元乙丙橡胶卷材相似，但多项指标稍差些，尤其是耐低温性能。广泛用于地下室、屋面、桥面、蓄水池等防水层。

(4) 氯化聚乙烯-橡胶共混防水卷材

这类防水卷材不但具有氯化聚乙烯特有的高强度和优异的耐臭氧、耐老化性能，而且具有橡胶所特有的高弹性、高延伸性和良好的低温柔韧性。

(5) 丁基橡胶防水卷材

丁基橡胶（ⅡR）是由异丁烯和少量异戊二烯合成，耐老化性能仅次于三元乙丙橡胶。丁基橡胶防水卷材是以丁基橡胶为主体制成的，具有抗老化、耐臭氧，以及气密性好等特点；此外，它还具有耐热、耐酸碱等性能。丁基橡胶防水卷材的最大特点是耐低温性能好，特别适用于严寒地区的防水工程及冷库的防水工程。

(二) 防水涂料

将防水涂料涂布在基体表面，经溶剂或水分挥发，或各组分间的化学反应，形成具有一定弹性的连续薄膜；使基体表面与水隔绝，并能抵抗一定的水压力，从而起到防水和防潮作用。防水涂料包括无机防水涂料和有机防水涂料。有机防水涂料分为沥青防水涂料、高聚物改性沥青防水涂料和合成高分子防水涂料三大类。

1. 沥青防水涂料

沥青防水涂料的成膜物质是石油沥青，一般分为溶剂型和水乳型。溶剂型防水涂料是将石油沥青直接溶解在汽油等有机溶剂后制得的溶液。沥青溶液施工后所形成的涂膜很薄，一般不单独作为防水涂料使用，只用作沥青类油毡施工时的基层处理剂。水乳型沥青防水涂料是将石油沥青分散于含有乳化剂的水中形成的水分散体。

(1) 冷底子油

冷底子油是一种沥青涂料，将建筑石油沥青（30%～40%）与汽油或其他有机溶剂（60%～70%）相溶合而成，属于常温下的沥青溶液。其黏度小，渗透性好。

在常温下将冷底子油刷涂或喷到混凝土、砂浆或木材等材料表面后，冷底子油即逐渐渗入毛细孔中；待溶剂挥发后，便形成一层牢固的沥青膜，使在其上做的防水层与基层得以牢固粘贴。施工中要求基面洁净、干燥，水泥砂浆找平层的含水率≤10%。

(2) 乳化沥青

乳化沥青是一种冷施工的防水涂料，是沥青微粒（粒径 1 μm）分散在有乳化剂的水中而成的乳胶体。乳化剂可分为阴离子乳化剂（如肥皂、洗衣粉等）、阳离子乳化剂（如双甲基十八烷溴胺等)、非离子乳化剂(如石灰膏、膨润土等)等。

2. 高聚物改性沥青防水涂料

沥青防水涂料通过适当的高聚物改性可以显著提高其柔韧性、弹性、流动性、气密性、耐化学腐蚀性和耐疲劳性。高聚物改性沥青防水涂料通常指用再生橡胶改性沥青或合成橡胶改性沥青制备的水乳型或溶剂型防水涂料。

(1) 水乳型再生橡胶改性沥青防水涂料

该涂料以水为分散剂,具有无毒、无味、不燃等优点。可在常温下冷施工,并可在稍潮湿、无积水的表面施工。涂膜具有一定的柔韧性和耐久性。

(2) SBS改性沥青防水涂料

SBS改性沥青防水涂料是一种水乳型弹性沥青防水涂料。该涂料具有低温柔韧性好、抗裂性好、粘结性能优良、耐老化性能好等优点,可冷施工。

SBS改性沥青防水涂料适用于复杂基层的防水、防潮施工,如卫生间、地下室、厨房、水池等,特别适用于寒冷地区的防水施工。

3. 合成高分子防水涂料

合成高分子防水涂料是以合成橡胶或合成树脂为主要成膜物质,加入其他辅料而配制而成的单组分或多组分防水涂料。

(1) 聚氨酯涂膜防水涂料

聚氨酯涂膜防水涂料属双组分反应型涂膜防水涂料。该涂料涂膜固化时无体积收缩,可形成较厚的防水涂膜。具有弹性高,延伸率大,耐高低温性好,耐油,耐化学药品,耐老化等优点。为高档防水涂料,价格较高。施工时双组分需准确称量拌合,使用较麻烦,且有一定的毒性和可燃性。

聚氨酯涂膜防水涂料广泛应用于屋面、地下工程、卫生间、游泳池等的防水,也可用于室内隔水层及接缝密封,还可用作金属管道、防腐地坪、防腐池的防腐处理等。

(2) 硅橡胶防水涂料

硅橡胶是指主链由硅和氧原子交替而成,硅原子上通常连有两个有机基团的橡胶。具有良好的抗紫外线和耐老化、耐低温、耐热性能。

硅橡胶防水涂料是以硅橡胶乳液为主要基料,掺入无机填料及各种助剂配制而成的乳液型防水涂料。通常由1号和2号组成,1号用于表层和底层,2号用于中间,作为加强层。

这种涂料兼有涂膜防水材料和渗透防水材料两者的优良特性。具有良好的防水性、抗渗透性、成膜性、弹性、粘结性、耐水性和耐高低温性;适应基层变形能力强,可渗入基底,与基底牢固粘结,成膜速度快;可在潮湿基层上施工,无毒、无味、不燃,可配制成各种颜色。

硅橡胶防水涂料适用于地下工程、屋面等的防水、防渗及渗漏修补工程,也是冷藏库优良的隔汽材料;但价格较高。

(3) 聚氯乙烯防水涂料

聚氯乙烯防水涂料是以聚氯乙烯和煤焦油为基料配制而成的水乳型防水涂料,施工时一般要铺设玻纤布、聚酯无纺布等胎体进行增强处理。该类防水涂料弹塑性好、耐寒、耐化学腐蚀、耐老化,可在潮湿的基层上冷施工。聚氯乙烯防水涂料可用于各种一般工程的防水、防渗及金属管道的防腐工程。

4. 无机防水涂料

无机防水涂料宜用于结构主体的背水面施工，解决大量地下室渗漏问题。无机防水涂料有掺外加剂的水泥基防水涂料、水泥基渗透结晶型防水涂料等。

水泥基渗透结晶型防水涂料是1942年德国化学家劳伦斯·杰逊（Lauritz Jensen）在解决水泥船渗漏水的实践中，产生与发明的，称为CCWM（Capillary Crystalline Waterproofing Materials）。水泥基渗透结晶型防水涂料是以特种水泥、石英砂等为基料，渗入多种活性化学物质制成的粉状刚性防水材料，与水作用后，材料中含有的活性化学物质通过载体水向混凝土内部渗透，在混凝土中形成不溶于水的结晶体，堵塞毛细孔道，从而使混凝土致密、防水。

（三）密封材料

密封材料是指嵌填于建筑物的接缝、门窗框四周、玻璃镶嵌部位等处，起到水密、气密作用的材料。

密封材料按外观形状分为不定型密封材料（又称密封膏）与定型密封材料（有密封条、止水带、密封带、密封垫等）。

1. 不定型密封材料

（1）沥青嵌缝油膏

沥青嵌缝油膏是以石油沥青为基料，加入改性材料（如废橡胶粉或硫化鱼油）、稀释剂（如松节油等）及填充剂（石棉绒、滑石粉等），混合而成；主要用在屋面、墙面、沟槽等处，作防水层的嵌缝材料，是一种冷用膏状材料。

施工时，应注意基层表面的清洁与干燥；用冷底子油打底并干燥后，再用油膏嵌缝。油膏表面可加覆盖层（如油毡、塑料等）。

（2）沥青胶

沥青胶即玛琋脂，为沥青与矿质填充料的均匀混合物。填充料可为粉状的，如滑石粉、石灰石粉；也可为纤维状的，如石棉屑、木纤维等。

沥青胶分为热用与冷用两种，主要用于粘贴沥青基防水卷材，也可用作接缝材料等。

（3）聚氨酯密封膏

聚氨酯密封膏是性能最好的密封材料之一。一般用双组分配制，甲乙两组分按比例混合，经固化反应成弹性体。具有较高的弹性、粘结力与防水性，良好的耐油性、耐候性、耐久性及耐磨性。与混凝土的粘结好，且不需打底，故可用于屋面、墙面的水平与垂直接缝，公路及机场跑道的接缝；此外，还可用于玻璃与金属材料的嵌缝以及游泳池工程等。

（4）硅酮密封膏

硅酮密封膏具有优异的耐热、耐寒性和良好的耐候性，分为F类和G类两类。F类为建筑接缝用，G类为镶嵌玻璃用。大多用单组分（聚硅氧烷）配制，施工后与空气中的水分进行交联反应，形成橡胶弹性体。

（5）聚氯乙烯嵌缝接缝膏和塑料油膏

聚氯乙烯嵌缝接缝膏（即聚氯乙烯胶泥）以煤焦油和聚氯乙烯树脂粉为基料，配以增塑剂、稳定剂及填充材料在140℃下塑化而成的热施工防水材料。

塑料油膏则以废旧聚氯乙烯塑料代替聚氯乙烯树脂粉，其余不变。生产的聚氯乙烯嵌缝接缝膏成本低；宜热施工，也可冷施工。

这两种油膏具有良好的粘结性、防水性、弹塑性，还有良好的耐热、耐寒、耐腐蚀和耐老化性。适用于屋面嵌缝，也可用于输供水系统及大型墙板嵌缝。

(6) 丙烯酸类密封膏

丙烯酸密封膏通常为水乳型，有良好的抗紫外线性能及延伸性能，但耐水性不算很好。

(7) 硅橡胶密封材料

硅橡胶是指主链由硅和氧原子交替构成，硅原子上通常连有两个有机基团的橡胶。硅橡胶具有良好的抗紫外线、耐老化、耐腐蚀性。硅橡胶耐低温性能良好，一般在$-55℃$下仍能工作；引入苯基后，可达$-73℃$。硅橡胶的耐热性也非常突出，在$180℃$下可长期工作，在高于$200℃$的环境中也能承受数周或更长时间并保持弹性，瞬时可耐$300℃$以上的高温。

(8) 聚硫橡胶密封材料

聚硫橡胶是由二卤代烷与碱金属或碱土金属的多硫化物缩聚合成的橡胶。当聚硫橡胶与环氧树脂混合后，末端的硫醇基与环氧树脂发生化学反应，从而进入固化后的环氧树脂结构中，形成环氧聚硫橡胶。聚硫橡胶具有较好的韧性，可用作耐受较大压力的容器的密封材料。

(9) 硫化橡胶密封材料

硫化橡胶是指硫化过的橡胶。硫化后生胶内形成空间立体结构，具有较高的弹性、耐热性、拉伸强度以及在有机溶剂中的不溶解性等。

2. 定型密封材料

(1) 止水带

止水带是处理建筑物或地下构筑物接缝用的定型防水材料，常用的有橡胶止水带、塑料止水带、钢带橡胶组合止水带。

1) 橡胶止水带

以橡胶为主要原料制成，具有良好的弹性、耐老化性和抗撕裂性，适应变形能力强。适用于地下构筑物、小型水坝、贮水池、游泳池、屋面及其他建筑物和构筑物的变形接缝防水。

2) 塑料止水带

由聚氯乙烯树脂为主加工而成。耐久性好，用于地下防水工程，隧道、涵洞、坝体、溢洪道、沟渠等的变形接缝防水。

3) 钢带橡胶组合止水带

由可伸缩橡胶和两边配有镀锌钢带所组成的复合体。主要依靠中间的橡胶段在混凝土变形接缝之间被压缩或拉伸而起到密封止水作用，克服了橡胶止水带与混凝土的粘结力差的缺点，提高止水效果。

(2) 遇水自膨胀止水材料

1) 遇水自膨胀橡胶

既有一般橡胶制品的特性，又有遇水自行膨胀止水功能，分为制品型和腻子型。制品型产品适用于各种预制构件接缝防水；腻子型产品适用于现浇混凝土施工缝，还适用于混凝土裂缝漏水治理。

2) BW型止水带

一种断面为四方形的条状自粘型遇水膨胀型止水带，依靠自身的黏性直接粘贴在混凝土施工接缝面，遇水逐渐膨胀，一方面堵塞毛细孔隙，另一方面使其与混凝土界面的接触更加紧密。

3）彩色自粘型橡胶密封带

适用于各种管道接缝的密封，如水槽、卫生洁具与墙面等接缝密封，金属门窗、铝合金瓦楞板、玻璃、塑料、陶瓷等材料的接缝或裂缝的密封。

例 5-28 （2018）冷底子油是以下何种材料？

A 沥青涂料　　　　　　　B 沥青胶
C 防水涂料　　　　　　　D 嵌缝材料

解析：冷底子油是将沥青溶解于汽油、轻柴油或煤油中制成的沥青涂料，可在常温下用于防水工程的底层，故称为冷底子油；故应选 A。

答案：A

例 5-29 （2012）下列橡胶基防水卷材中，耐老化性能最好的是（　　）。

A 丁基橡胶防水卷材　　　B 氯丁橡胶防水卷材
C EPT/IIR 防水卷材　　　D 三元乙丙橡胶

解析：三元乙丙橡胶防水卷材是目前耐老化性最好的一种卷材，使用寿命可达 50 年。与三元乙丙橡胶卷材相比，氯丁橡胶防水卷材除耐低温性稍差外，其他性能基本类似，其使用年限可达 20 年以上。EPT/IIR 防水卷材是以三元乙丙橡胶与丁基橡胶为主要原料制成的弹性防水卷材，配以丁基橡胶的主要目的是降低成本但又能保持原来良好的性能。丁基橡胶防水卷材的最大特点是耐低温性特好，特别适用于严寒地区的防水工程及冷库防水工程，但耐老化性能不如三元乙丙橡胶防水卷材。

答案：D

例 5-30 （2021）地下工程防水混凝土底板迎水面不宜采用下列哪种防水材料？

A 膨润土防水毡　　　　　B 三元乙丙橡胶防水卷材
C 水泥基渗透结晶型防水涂料　D 自粘聚合物改性沥青防水卷材

解析：根据《地下工程防水技术规程》GB 50108—2008 第 4.3.2 条：卷材防水层应铺设在混凝土结构的迎水面。另据第 4.4.2 条：无机防水涂料宜用于结构主体的背水面，有机防水涂料宜用于地下工程主体结构的迎水面。所以，地下工程防水混凝土底板迎水面可以选用膨润土防水毡、三元乙丙橡胶防水卷材和自粘聚合物改性沥青防水卷材（故不应选 A、B、D）。水泥基渗透结晶型防水涂料为无机防水涂料，不宜用于结构主体的迎水面，宜用于背水面；故应选 C。

答案：C

第十一节　绝热材料与吸声材料

一、绝热材料

（一）绝热材料的指标

导热系数是评定材料导热性能的重要指标，导热系数越小，说明材料越不易导热；通常把导热系数<0.23W/(m·K) 的材料称为绝热材料。

在建筑热工中常把材料厚度与导热系数的比（a/λ）称为材料层的热阻，它也是材料绝热性能好坏的评定指标。

（二）影响导热系数的因素

（1）材料的表观密度越小，孔隙率越大，导热系数越小；

（2）孔隙率相同时，孔隙尺寸越大，导热系数越大；连通孔隙比封闭孔隙的导热系数大；

（3）受潮后，导热系数增大。

（4）热流平行于纤维延伸方向时，热流受到阻力小，热流垂直于纤维方向时，热流受到阻力大。

（三）绝热材料的选用

选用时，应考虑其主要性能达到以下指标：

导热系数不宜大于 0.23W/(m·K)，表观密度不宜大于 600kg/m³，块状材料的抗压强度不低于 0.3MPa，同时还应考虑材料的耐久性等。

大多数绝热材料都具有一定的吸湿、吸水能力；实际使用时，表面应做防水层或隔汽层。强度低的绝热材料常与承重材料复合使用。

（四）常用的绝热材料

绝热材料按其化学成分可分为无机绝热材料与有机绝热材料两类：有机绝热材料绝热性能好，但耐火性、耐热性较差，易腐朽；无机绝热材料耐热性好，但是吸水性大。

按外形绝热材料可分为纤维材料、粒状材料及多孔材料三类。常用绝热材料的性质及应用见表 5-13。

常用绝热材料的性能及应用　　　　表 5-13

化学成分	形状	名称	原料与生产	特性 最高使用温度 T_m	导热系数 [W/(m·K)]	体(堆)积密度(kg/m³)	强度(MPa)	应用
无机绝热材料	纤维材料	矿棉 {岩棉/矿渣棉}	玄武岩、高炉矿渣熔融体以压缩空气或蒸汽喷成	不燃，吸声，耐火，价格低，T_m=600℃，吸水性大，弹性小	<0.052	80~110	—	填充用料
		矿棉毡	将熔化沥青喷在纤维表面，经加压而成	T_m=250℃	0.048~0.052	135~160	—	墙、屋顶保温冷库隔热
		矿棉板	以酚醛树脂粘结而成	—	≤0.046	<150	$R_{折}$=0.2	冷库、建筑隔热
		玻璃棉	玻璃熔融物制成的纤维同矿棉一样也可制成制品	含碱 T_m=300℃ 无碱 T_m=600℃	>0.035	80~200	—	围护结构

续表

化学成分	形状	名称	原料与生产	特性 最高使用温度 T_m	导热系数 [W/(m·K)]	体(堆)积密度(kg/m³)	强度(MPa)	应用
无机绝热材料	粒状材料	膨胀蛭石	天然蛭石在850~1000℃煅烧而成	$T_m=1000℃$，不蛀、不腐、吸水大、耐久性差	0.046~0.070	80~200	—	填充墙壁、楼板
		蛭石制品	以水泥、水玻璃、沥青胶结而成	$T_m=600~900℃$	0.079~0.1	300~400	$R_压=0.2~1$	砖、板、管、围护结构
		膨胀珍珠岩	天然珍珠岩煅烧而成	$T_m=800℃$（最低使用温度为-200℃）	0.025~0.048	140~300	—	绝热填充料
		珍珠岩制品	以水泥、水玻璃、沥青胶结而成	$T_m=600℃$	0.058~0.87	300~400	$R_压=0.5~0.1$	同蛭石制品
	多孔材料	泡沫混凝土	原料、生产参见第四节	$T_m=600℃$	0.082~0.186	300~500	$R_压<0.40$	围护结构
		加气混凝土			0.093~0.164	400~900		
		微孔硅酸钙	硅藻土、石灰等拌合、成型、压蒸、烘干而成	$T_m=650℃$	0.047	250	$R_压=0.5$	管道、围护结构
		泡沫玻璃	碎玻璃、发泡剂等在800℃烧成	不透水、气、防火、抗冻、易加工，$T_m=400℃$	0.06~0.13	150~600	$R_压=0.8~1.5$	冷库隔热
有机绝热材料	泡沫塑料	聚苯乙烯	以各种合成树脂，加入一定量的发泡剂、催化剂、稳定剂等辅助材料，经加热发泡而成	吸水小、耐低温、耐酸、碱、油等，$T_m=80℃$	0.031~0.047	21~51	$R_压=0.14~0.36$	屋面、墙面保温、冷库、隔热、复合板、夹层等
		硬质聚氯乙烯		不吸水、耐酸、碱、油等，$T_m=80℃$	≤0.043	≤45	$R_压≥0.18$	
		硬质聚氨酯		透气、吸尘，$T_m=120℃$	0.037~0.055	30~40	$R_压≥0.2$	
		脲醛		最轻、吸水强	0.028~0.041	≤15	$R_压=0.015~0.025$	
	多孔板	软木板	黄菠萝树皮经加工而成	抗渗、防腐，$T_m=120℃$	0.052~0.70	150~350	$R_折>0.25$	冷库隔热
		木丝板	木材下脚料、水玻璃、水泥经加工而成	—	0.11~0.26	300~600	$R_折=0.4~0.5$	顶棚护墙板
		蜂窝板	用牛皮纸、玻璃布、铝片经加工而成	强度比大、导热低、抗震好	—	—	—	结构、非结构保温、隔声

表 5-13 中膨胀蛭石为天然蛭石经高温煅烧而成，体积膨胀可达 20～30 倍。膨胀蛭石可直接用于填充材料，也可用胶凝材料胶结在一起使用。例如，采用 1∶12 左右的水泥（一般以用强度等级 42.5 的普通水泥或早期强度高的水泥为宜，夏季应选用粉煤灰水泥）：膨胀蛭石（体积比）配制成的现浇水泥蛭石绝热保温层，一般现浇用于屋面或夹壁之间。膨胀珍珠岩（珠光砂）的原材料为珍珠岩或松脂岩、黑曜岩，令其快速通过煅烧带，可使体积膨胀约 20 倍。使用温度为 −200～800℃。也可配制水泥膨胀珍珠岩保温层（约 1∶12）等。

岩棉保温材料是常用的 A 级外墙外保温材料，包括岩棉板和岩棉条。岩棉板是原始白棉经过布棉机，分布均匀，再经过高温固化设备加温固化，生产成型的。由于岩棉纤维是横向走，所以岩棉板的纤维层平行于板面。岩棉条是由硬度较好的岩棉板，按一定的间距切割，翻转 90°使用的条状制品，所以岩棉条纤维层垂直于表面。岩棉板和岩棉条纤维层方向不同，因为岩棉条主要是竖丝，垂直于板面的抗拉强度取决于纤维强度；岩棉板没有竖丝板，垂直于板面的抗拉强度取决于纤维间的粘结力，所以岩棉条垂直于板面的抗拉强度高于岩棉板，通常为其 10 倍以上。

其他绝热材料还有：硅藻土（λ 约 0.060，最高使用温度约 900℃，作填充料或制作硅藻土砖等）、发泡黏土（λ 约 0.105，可用作填充料或混凝土轻骨料）、陶瓷纤维（λ 为 0.044～0.049，最高使用温度为 1100～1350℃，可制成毡、毯等，也可用作高温下的吸声材料）、吸热玻璃、热反射玻璃、中空玻璃、窗用绝热薄膜、碳化软化板（λ 为 0.044～0.079，最高使用温度为 130℃，在低温下长期使用时，其性质变化不显著，常用作保冷材料）等。

例 5-31 （2018）以下材料中，常温下导热系数最低的是：
A 玻璃棉板　　　　　　　　B 软木板
C 加气混凝土板　　　　　　D 挤塑聚苯乙烯泡沫塑料板

解析：挤塑聚苯乙烯泡沫塑料板的导热系数为 0.03～0.04 W(m·K)；玻璃棉板的导热系数为 0.035～0.041W(m·K)；软木板的导热系数为 0.052～0.70 W(m·K)；加气混凝土板的导热系数为 0.093～0.164 W(m·K)；所以，在上述 4 种保温材料中，导热系数最小的是挤塑聚苯乙烯泡沫塑料板。

答案：D

例 5-32 （2021）独立建造的托老所，其外墙外保温应采用下列哪种材料？
A 聚苯板　　　B 岩棉板　　　C 酚醛板　　　D 聚氨酯板

解析：岩棉板为 A 级保温材料，特殊处理后的挤塑聚苯板（XPS）、特殊处理后的聚氨酯板（PU）、酚醛板为 B_1 级保温材料。

根据《建筑设计防火规范》第 6.7.4A 条，独立建造或与其他建筑组合建造且老年人照料设施部分的总建筑面积大于 500m² 的老年人照料设施的内、外墙体和屋面保温材料应采用燃烧性能为 A 级的保温材料。所以独立建造的托老所，其外墙保温应采用岩棉板。

答案：B

二、吸声材料

(一) 吸声材料的评价指标及影响因素

1. 吸声系数

评价材料吸声性能好坏的指标是吸声系数,即声波遇到材料表面时,被吸收声能(E)占入射到材料表面全部声能(E_0)之比。吸声系数用 α 表示,即

$$\alpha = \frac{E}{E_0} \tag{5-18}$$

吸声系数与声波的频率和入射方向有关,通常取 125、250、500、1000、2000、4000Hz 六个频率的平均吸声系数作为吸声性能的指标,凡六个频率的平均吸声系数 $\alpha > 0.2$ 的材料称为吸声材料。当门窗开启时,吸声系数相当于1。悬挂的空间吸声体,因有效吸声面积大于计算面积,故吸声系数大于1。

2. 影响因素

吸声材料多数为疏松多孔材料,其吸声系数一般从低频到高频逐渐增大,故对高频和中频声音吸收效果好。若用多孔板罩面,则仍以吸收高频声音为主,穿孔板的孔隙率一般不宜小于 20%。

对于同一种多孔材料,其吸声系数还与以下因素有关:

(1) 多孔材料的厚度

增加多孔材料的厚度,可提高低频声的吸声效果,但对高频声没有多大影响。吸声材料装修时,周边固定在龙骨上,安装在离墙面 5~15mm 处,材料背后空气层的作用相当于增加了材料的厚度。

(2) 多孔材料的孔隙率及孔结构

材料的孔隙率降低时,对低频声的吸声效果有所提高,对高、中频声的吸声效果下降。

材料的孔隙越多,越细小,吸声效果越好。多孔吸声材料应为开口孔,材料内部开放连通的孔隙越多,吸声性能越好;若材料的孔隙为单独的封闭孔隙,则吸声效果降低。

(二) 常用吸声材料的吸声系数

常用吸声材料的吸声系数见表 5-14。

常用吸声材料的吸声系数　　　表 5-14

序号	名称	厚度 (cm)	表观密度 (kg/m³)	各频率下的吸声系数						装置情况
				125Hz	250Hz	500Hz	1000Hz	2000Hz	4000Hz	
1	石膏砂浆(掺有水泥、玻璃纤维)	2.2	—	0.24	0.12	0.09	0.03	0.32	0.83	粉刷在墙上
*2	石膏砂浆(掺有水泥、石棉纤维)	1.3	—	0.25	0.78	0.97	0.81	0.82	0.85	喷射在钢丝网板条上,表面滚平后有 15cm 空气层
3	水泥膨胀珍珠岩板	2	350	0.16	0.46	0.64	0.48	0.56	0.56	贴实

续表

序号	名称	厚度(cm)	表观密度(kg/m³)	各频率下的吸声系数						装置情况
				125Hz	250Hz	500Hz	1000Hz	2000Hz	4000Hz	
4	矿渣棉	3.13 8.0	210 240	0.10 0.35	0.21 0.65	0.60 0.65	0.95 0.75	0.85 0.88	0.72 0.92	贴实
5	沥青矿渣棉毡	6.0	200	0.19	0.51	0.67	0.70	0.85	0.86	贴实
6	玻璃棉 超细玻璃棉	5.0 5.0 5.0 15.0	80 130 20 20	0.06 0.10 0.10 0.50	0.08 0.12 0.35 0.80	0.18 0.31 0.85 0.85	0.44 0.76 0.85 0.85	0.72 0.85 0.86 0.86	0.82 0.99 0.86 0.80	贴实
7	酚醛玻璃纤维板（去除表面硬皮层）	8.0	100	0.25	0.55	0.80	0.92	0.98	0.95	贴实
8	泡沫玻璃	4.0	1260	0.11	0.32	0.52	0.44	0.52	0.33	贴实
9	脲醛泡沫塑料	5.0	20	0.22	0.29	0.40	0.68	0.95	0.94	贴实
10	软木板	2.5	260	0.05	0.11	0.25	0.63	0.70	0.70	贴实
*11	*木丝板	3.0	—	0.10	0.36	0.62	0.53	0.71	0.90	钉在木龙骨上，后留10cm空气层
*12	穿孔纤维板（穿孔率5%，孔径5mm）	1.6	—	0.13	0.38	0.72	0.89	0.82	0.66	钉在木龙骨上，后留5cm空气层
*13	*胶合板（三夹板）	0.3	—	0.21	0.73	0.21	0.19	0.08	0.12	钉在木龙骨上，后留5cm空气层
*14	*胶合板（三夹板）	0.3	—	0.60	0.38	0.18	0.05	0.05	0.08	钉在木龙骨上，后留10cm空气层
*15	*穿孔胶合板（五夹板）（孔径5mm，孔心距25mm）	0.5	—	0.01	0.25	0.55	0.30	0.16	0.19	钉在木龙骨上，后留5cm空气层
*16	*穿孔胶合板（五夹板）（孔径5mm，孔心距25mm）	0.5	—	0.23	0.69	0.86	0.47	0.26	0.27	钉在木龙骨上，后留5cm空气层，但在空气层内填充矿物棉
*17	*穿孔胶合板（五夹板）（孔径5mm，孔心距25mm）	0.5	—	0.20	0.95	0.61	0.32	0.23	0.55	钉在木龙骨上，后留10cm空气层，填充矿物棉
18	工业毛毡	3	370	0.10	0.28	0.55	0.60	0.60	0.59	张贴在墙上
19	地毯	厚	—	0.20	—	0.30	—	0.50	—	铺于木搁栅楼板上
20	帷幕	厚	—	0.10	—	0.50	—	0.60	—	有折叠、靠墙装置

续表

序号	名称	厚度(cm)	表观密度(kg/m³)	各频率下的吸声系数						装置情况
				125Hz	250Hz	500Hz	1000Hz	2000Hz	4000Hz	
*21	木条子	—	—	0.25	—	0.65	—	0.65	—	4cm 木条，钉在木龙骨上，木条之间空开 0.5cm，后填 2.5cm 矿物棉

注：1. 表中名称前有 * 者表示系用混响室法测得的结果，无 * 者系驻波管法测得的结果，混响室法测得的数据比驻波管法约大 0.20；
2. 穿孔板吸声结构，以穿孔率为 0.5%～5%，板厚为 1.5～10mm，孔径为 2～15mm，后面留有孔腔深度为 100～250mm 时，可得较好效果；
3. 序号前有 * 者为吸声结构。

（三）吸声材料及吸声结构

吸声材料及吸声结构（主要有薄板共振吸声结构、单个共振器、穿孔板和特殊吸声结构）如表 5-15 所示。

吸声材料及吸声结构类型　　表 5-15

类别	多孔吸声材料	薄板共振吸声结构	单个共振器	穿孔板	特殊吸声结构
结构图例					
吸声性能	材料内部具有大量互相贯通的微孔或间隙；当入射声波激发微孔内的空气产生振动，使声能转化为热能，从而导致声波衰减；增加材料厚度或在材料背后留有空腔，可改善材料的低、中频吸声性能；材料表面应尽量不用粉刷、油漆，以免降低吸声性能（但可用透声罩面板进行保护）	当声波入射到薄板（或膜）结构时，薄板在声波交变压力激发下振动，使板发生弯曲变形（其边缘被嵌固），出现板的内摩擦损耗，将机械能变为热能；在共振频率时，消耗声能最大，主要吸收低频声	单个共振器是一个密闭的、通过一个小的开口与外部大气相通的容器，具有中频吸声特性；在各种薄板上穿孔并在板后设置空气层，相当于许多单个共振器的并联组合，必要时在空腔中加衬多孔吸声材料，即组成穿孔板共振吸声结构，可获得较宽频带的吸声性能。当入射声波激发孔颈中空气分子振动，由于颈壁和空气分子间的摩擦消耗声能，而产生吸声效果		包括吸声尖劈、帘幕、空间吸声体等；空间吸声体可以根据使用场合的具体条件，把吸声特性的要求与外观艺术处理结合起来考虑，设计成各种形状（如平板形、锥形、球形或不规则形状），可收到良好的声学效果和建筑装饰效果
举例	矿棉 吸声板 木丝板	胶合板 硬质纤维板	穿孔胶合板 穿孔铝板		空间吸声体 帘幕体

例 5-33 （2014） 关于吸声材料的说法，错误的是（   ）。
A 以吸声系数表示其吸声效能
B 吸声效能与声波方向有关
C 吸声效能与声波频率有关
D 多孔材料越厚其高频吸声效能越好

解析： 以吸声系数表示吸声材料的效能，吸声系数与声波的频率和入射方向有关，通常以 125、250、500、1000、2000、4000Hz 六个频率的平均吸声系数作为吸声效能的指标，六个频率的平均吸声系数大于 0.2 的材料为吸声材料。吸声材料多为多孔材料，增加其厚度，可提高低频的吸声效果，但对高频没有多大影响。

答案： D

三、隔声材料

隔声材料是指能减弱或隔断声波传递的材料。隔绝的声音按传播途径可分为空气声和固体声。

1. 空气声

空气声是通过空气传递的声音。依据"质量定律"，厚重材料不易受声波作用，产生振动，隔绝空气声效果好；即材料质量越大，对空气声的隔声效果越好。通常墙体单位面积质量增加 1 倍，则墙体的隔声量增加 6dB。

2. 固体声

固体声是通过固体的撞击或振动传播的声音。为隔绝固体声，应采用不连续的结构形式。对一些有特殊隔声要求的房间，常使房间内所有的墙面、顶棚、地面与结构层分离；或者采用不完全连续的构造，在两者之间加设弹性垫层。即在产生和传递固体声波的结构层中加入橡皮、毛毡、软木等弹性垫层，以阻止或减弱固体声波的传递。

第十二节 装 饰 材 料

一、装饰材料的定义及选用

装饰材料是铺设或涂刷在建筑物表面，起装饰效果的材料。它对主体结构材料起保护作用，还可补充主体结构材料某些功能上的不足，如调节湿度、吸声等功能。

选用装饰材料在外观上应有下列一些基本要求：颜色、光泽、透明性、表面组织、形状尺寸及立体造型等，此外，还应考虑材料的物理、化学和力学方面的基本性能，如一定的强度、耐水性、抗火性、耐磨性等，以提高建筑物的耐火性，降低维修费用。

对于室外装饰材料，要选用耐大气侵蚀性好、不易褪色、不易沾污、不泛霜的材料；对室内装饰，应优先选用环保型材料和不燃烧或难燃烧的材料。在施工、使用过程中会挥发有毒成分和在火灾发生时会产生大量浓烟或有毒气体的材料，应尽量避免使用。

二、装饰材料的种类

(一)按材料的材质分

无机装饰材料,如石材、陶瓷、玻璃、不锈钢、铝合金型材、水泥等;

有机装饰材料,如木材、塑料、有机涂料、纤维织物等;

有机-无机复合材料,如人造大理石、彩色涂层钢板、铝塑板等。

(二)按材料在建筑物中的装饰部位

外墙装饰材料,如天然石材、建筑陶瓷、玻璃制品、装饰混凝土、铝塑板、外墙涂料、铝合金蜂窝板、铝合金装饰板等;

内墙装饰材料,如石材、内墙涂料、墙纸、墙布、玻璃制品、木制品等;

地面装饰材料,如地毯、塑料地板、陶瓷地砖、石材、木地板、地面涂料等;

顶棚装饰材料,如石膏板、纸面石膏板、矿棉吸音板、铝合金板、玻璃、塑料装饰板、涂料等;

屋面装饰材料,如聚氨酯防水涂料、玻璃、玻璃砖、陶瓷、彩色涂层钢板、阳光板、玻璃钢板等。

三、无机装饰材料

(一)天然饰面石材

天然石材是从天然岩体中开采出来,经加工成块状或板状材料的总称。天然岩石根据生成条件,可分为岩浆岩(即火成岩,例如花岗岩、正长岩、玄武岩、辉绿岩等)、沉积岩(即水成岩,例如砂岩、页岩、石灰岩、石膏等)以及变质岩(例如大理岩、片麻岩、石英岩等)。

岩石是矿物的集合体,岩石的性质取决于矿物的性质、含量以及岩石的结构、构造特征等。岩石按其化学组成及结构致密程度,可以分为耐酸岩石(SiO_2 含量不低于 55%)及耐碱岩石(CaO、MgO 含量越高越耐碱)等。

天然石材制品有毛石、料石(可分为毛料石、粗料石、半细料石及细料石等)、板材以及颗粒状石料 4 大类。颗粒状石料包括碎石、卵石(即砾石)及石渣(即石米、米石、米粒石)。石渣规格俗称有大二分(粒径约 20mm)、一分半(粒径约 15mm)、大八厘(粒径约 8mm)、中八厘(粒径约 6mm)、小八厘(粒径约 4mm)以及米粒石(粒径 2~4mm)。

建筑装饰用的天然饰面石材主要有大理石和花岗石两类。

1. 花岗岩

花岗岩属于岩浆岩,主要矿物是长石、云母、石英及少量暗色矿物。花岗岩构造细密、质地坚硬,属硬石材(硬度常用摩氏硬度表征),耐磨,抗压强度高,属于耐酸岩石(但不耐氢氟酸和氟硅酸),化学稳定性好,不易风化变质,耐久,使用寿命为 75~200 年,但是耐火性差,含有的大量石英在 573℃ 和 870℃ 的高温下发生晶型转变,产生体积膨胀,火灾时造成花岗岩爆裂;有些花岗岩含有微量放射性元素。常用于室内外墙面及地面装饰。板材按形状可分为毛光板(MG)、普型板(PX)、圆弧板(HM)、异型板(YX)四种。按表面加工程度可分为细面板材(YG)、镜面板材(JM)及粗面板材(CM)三种。

2. 大理石

我国云南省的大理盛产大理石,故大理石以大理命名。此外,我国的山东、四川、安徽、江苏、浙江、北京、辽宁、广东、福建、湖北等地也出产大理石。

大理石属于变质碳酸盐类岩石，主要矿物成分为方解石和白云石，属于碱性岩石，若用于室外，在空气中遇到二氧化碳、二氧化硫、水汽以及酸性介质等，容易风化与溶蚀，使表面失去光泽，粗糙多孔，降低装饰效果。所以，除汉白玉、艾叶青等杂质少的品种外，大理石一般不宜用于室外。

大理石构造致密、强度较高，但硬度不大，属中硬石材，比花岗石易于加工和表面磨光。

3. 天然石材的放射性

放射性对人体的危害来自两方面：体外辐射（外照射）和体内放射性核素所导致的内照射。天然放射性核素主要有镭-226、钍-232、钾-40。

放射性核素在岩石中的含量有很大差异，一般在碳酸盐岩石中含量较低；在岩浆岩岩石中随氧化硅含量的增加，岩石的酸性增加，其放射性核素含量也有规律地增加。

《建筑材料放射性核素限量》GB 6566—2010，根据装饰装修材料放射性水平大小，将其划分为以下三类：

（1）A 类装饰装修材料

装饰装修材料中天然放射性核素镭-226、钍-232、钾-40 的放射性比活度同时满足 $I_{Ra} \leq 1.0$ 和 $I_r \leq 1.3$ 要求的为 A 类装饰装修材料。A 类装饰装修材料的产销和使用范围不受限制。

（2）B 类装饰装修材料

不满足 A 类装饰装修材料要求但同时满足 $I_{Ra} \leq 1.3$ 和 $I_r \leq 1.9$ 要求的为 B 类装饰装修材料。B 类装饰装修材料不可用于 I 类民用建筑的内饰面，但可用于 II 类民用建筑、工业建筑内饰面及其他一切建筑的外饰面。

（3）C 类装饰装修材料

不满足 A、B 类装饰装修材料要求但满足 $I_r \leq 2.8$ 要求的为 C 类装饰装修材料。C 类装饰装修材料只可用于建筑物的外饰面及室外其他用途。

I_{Ra} 为内照射指数，是指建筑材料中天然放射性核素镭-226 的放射性比活度与标准中规定的限量值之比值。I_r 为外照射指数，是指建筑材料中天然放射性核素镭-226、钍-232 和钾-40 的放射性比活度分别与其各单独存在时标准规定的限量值之比值的和。

例 5-34 （2019）关于大理石，说法正确的是（　　）。

A 并非以云南大理市而命名
B 由石灰石、白云岩变质而成
C 我国新疆、西藏、陕、甘、宁均盛产大理石
D 汉白玉并非大理石中的一种

解析：大理石是由石灰岩和白云岩变质而成（故 B 正确）。其主要造岩矿物为方解石，化学成分为碳酸钙，易被酸腐蚀，故不宜用于室外饰面材料；但是，其中的汉白玉为白色大理石，具有良好的耐风化性能，可以用于室外（故 D 错误）。我国云南的大理盛产大理石，故大理石以云南大理命名（故 A 错误）。此外，我国的大理石产地还有山东、四川、安徽、江苏、浙江、北京、辽宁、广东、福建、湖北等地（故 C 错误）。

答案：B

（二）装饰陶瓷

陶瓷制品是以黏土为主要原料，经配料、制坯、干燥和焙烧制得的成品。装饰陶瓷主要包括陶瓷墙、地砖，卫生陶瓷，琉璃制品等。下面主要介绍室内外装饰常用的装饰陶瓷产品。

1. 内墙面砖

内墙面砖一般都上釉，又称瓷砖、瓷片或釉面砖。内墙面砖按形状分为通用砖和异形配件砖；按釉面色彩分为单色、花色和图案砖。

釉面砖表面光滑、色泽柔和典雅、朴素大方、防火、防潮、耐酸碱腐蚀、易于清洁，主要用于厨房、浴室、卫生间、实验室、医院等场所的室内墙面或台面的装饰。

因釉面砖的坯体吸水率高、抗冻性差、强度低，所以只能用于室内墙面。

2. 墙地砖

指用于地面和室外墙面的陶瓷装饰制品。陶瓷墙地砖有无釉的、彩釉的、仿天然石材的瓷质地砖、劈离砖、麻面砖和广场麻石砖等。

（1）彩釉砖

彩釉墙地砖是一种表面施釉的陶瓷制品，坯体较为密实，强度较高，吸水率不大于10%。在经常接触水的场所，使用釉面地砖要慎重，以防滑倒摔伤人。

（2）彩胎砖

彩胎砖是一种本色无釉、瓷质饰面砖，俗称通体砖。采用仿天然花岗石或大理石的彩色颗粒土原料，混合配料，压制成多彩坯体后，经高温一次烧成。彩胎砖富有花岗石或大理石的纹理，图案细腻柔和，质地同花岗石一样坚硬、耐腐蚀。彩胎砖包括以下几种：

1）麻面砖：压制成表面凹凸不平的麻面坯体，经烧制而成，酷似人工修凿过的天然岩石面。

2）磨光彩胎砖：又称同质砖，表面晶莹润泽，高雅朴素，耐久性强。

3）抛光砖：又称玻化砖，表面经抛光或高温瓷化处理，光泽如镜，富丽华美。

4）劈离砖：陶瓷劈离砖是因焙烧双联砖后可得两块产品而得名，也属于瓷质砖；劈离砖与砂浆附着力强，耐酸碱性好，耐寒性好。

3. 陶瓷锦砖

陶瓷锦砖，又称陶瓷马赛克或纸皮砖、纸皮石等。以优质瓷土为原料，经压制烧成片状的小瓷砖，表面一般不上釉，属瓷质类产品。可用作内、外墙体及地面装饰。反贴在牛皮纸上贴好的锦砖称为一"联"，每联尺寸一般长、宽各约305.5mm（面积为1平方英尺）。单块砖边长不大于50mm。每40联为一箱，每箱可铺贴面积约为3.7m^2。陶瓷锦砖要求吸水率不大于0.2%，耐急冷急热性试验不开裂，与铺贴纸结合牢固、不脱落。脱纸时间不大于40min。使用温度为－20～100℃。

例 5-35 （2019） 关于玻化砖的说法，错误的是（　　）。

A　抗冻性差，不使用在室外

B　色彩典雅，质地坚硬

C　是一种无釉面砖

D　耐腐蚀、抗污性强

> **解析**：玻化砖是瓷质抛光砖的俗称，是通体砖坯体的表面经过研磨抛光而成的一种光亮的砖。色彩典雅，属于通体砖的一种，是无釉面砖。玻化砖吸水率很低、质地坚硬、耐腐蚀、抗污性强、抗冻性好。
> **答案**：A

（三）建筑玻璃

1. 玻璃的定义及特性

玻璃是以石英砂、纯碱、长石及石灰石为原料，在1500～1600℃熔融形成的玻璃液在金属锡液表面急冷制成，也称为浮法玻璃。这种制作玻璃的方法是20世纪50年代由英国皮尔顿玻璃公司的阿士达·皮尔金顿爵士发明的。

玻璃具有透光、透视、隔声、绝热及装饰作用，化学稳定性好、耐酸（氢氟酸除外）性强。玻璃的缺点是性脆、耐急冷急热性差，碱液和金属碳酸盐、氢氟酸会溶蚀玻璃。

建筑玻璃按照用途与性能分为平板玻璃、安全玻璃、绝热玻璃和其他玻璃制品等几类。

2. 平板玻璃

普通平板玻璃以标准箱计，即厚度为2mm的平板玻璃，$10m^2$为一标准箱，重约50kg。

装饰玻璃有磨砂玻璃（即毛玻璃）、压花玻璃（即花纹玻璃、滚花玻璃）、彩色玻璃和激光玻璃（又称光栅玻璃）等，详见表5-16。

平板玻璃的特点及用途   表5-16

品种		工艺过程	特点	用途
普通平板玻璃		未经研磨加工	透明度好、板面平整	用于建筑门窗装配
磨砂玻璃（即毛玻璃）		用机械喷砂和研磨方法进行处理	表面粗糙，使光产生漫射，有透光不透视的特点	用于卫生间、厕所、浴室的门窗，安装时毛面向室内
压花玻璃（即花纹玻璃、滚花玻璃）		在玻璃硬化前用刻纹的滚筒面压出花纹	折射光线不规则，透光不透视，有使用功能又有装饰功能	用于宾馆、办公楼、会议室的门窗，安装时花纹向室内
彩色玻璃	透明彩色玻璃	在玻璃原料中加入金属氧化物而带色	耐腐蚀，抗冲击，易清洗，装饰美观	用于建筑物内外墙面、门窗及对光波作特殊要求的采光部位
	不透明彩色玻璃	在一面喷以色釉，再经烘制而成		
激光玻璃（又称光栅玻璃）		经特殊处理，背面出现全息或其他光栅	光照时会出现绚丽色彩，且可随照射及观察角度的不同，显现不同的变化，典雅华贵，形成梦幻般的视觉氛围	宾馆、商业与娱乐建筑等的内外墙、屏风、装饰画、灯饰等

3. 安全玻璃

安全玻璃是指玻璃破坏时尽管破碎，但不掉落，或者破碎后掉下，但碎块无尖角，所以均不致伤人。《全国民用建筑工程设计技术措施 规划·建筑·景观》规定：安全玻璃是指符合现行国家标准的钢化玻璃、夹层玻璃及由钢化玻璃或夹层玻璃组合加工而成的其他玻璃制品，如安全中空玻璃等。单片半钢化玻璃、单片夹丝玻璃不属于安全玻璃。

（1）钢化玻璃

钢化玻璃分为物理钢化玻璃和化学钢化玻璃。

物理钢化玻璃又称为淬火钢化玻璃，是将普通平板玻璃加热到接近玻璃的软化温度，再将高压冷空气吹向玻璃两面，使其迅速冷却至室温，即可制得物理钢化玻璃。这种玻璃处于内部受拉，外部受压的应力状态。

化学钢化玻璃一般是运用离子交换法进行钢化，即将含有碱金属粒子的硅酸盐玻璃，浸入到熔融状态的锂（Li^+）盐中，使玻璃表层的 Na^+ 离子或 K^+ 离子与 Li^+ 离子发生交换，表面形成 Li^+ 离子交换层。由于 Li^+ 离子的膨胀系数小于 Na^+、K^+ 离子，从而在冷却过程中造成外层收缩较小而内层收缩较大；当冷却到室温时，玻璃处于内层受拉，外层受压的状态。

钢化玻璃内部处于不均匀受力状态，一旦局部发生破碎，便会发生应力释放；玻璃破碎成无数小块，这些小的碎片没有尖锐棱角，不易伤人。另外，钢化玻璃强度比普通平板玻璃大 3~5 倍，抗冲击性能和抗弯性能好，所以钢化玻璃为安全玻璃。比较而言，化学钢化玻璃效果更好，不容易自爆（由于内部的硫化镍发生膨胀而导致），可以钢化薄玻璃；但是处理时间长，价格高。

钢化玻璃主要用于建筑的门窗、隔墙、幕墙、汽车窗玻璃、汽车挡风玻璃、暖房等。安装时不能切割磨削。

（2）半钢化玻璃

半钢化玻璃是介于普通平板玻璃和钢化玻璃之间的一个品种。它兼有钢化玻璃强度高的优点，其强度高于普通玻璃；同时，又避免了钢化玻璃平整度差、易自爆、一旦破坏即整体粉碎等缺点。半钢化玻璃破裂时，整片玻璃的裂纹从受力点开始延伸到边缘，碎片呈放射状，且绝大部分玻璃仍保留在框架内。但尖锐碎片从建筑物上坠落下来，同样会对人造成严重伤害，所以半钢化玻璃不属于安全玻璃，不能用于天窗和有可能发生人体撞击的场合。

（3）夹层玻璃

夹层玻璃是在两片或多片平板玻璃中嵌夹透明塑料薄片，经加热压粘而成的复合玻璃。夹层玻璃透明度好，抗冲击强度高，具有耐热、耐湿、耐火、耐寒等性能，夹层玻璃破碎后不散落。主要用于汽车、飞机的挡风玻璃、防弹玻璃和有特殊要求的门窗、厂房的天窗及一些水下工程等。

（4）夹丝玻璃

夹丝玻璃又称防碎玻璃或钢丝玻璃，是将预先编好的钢丝网压入软化的玻璃中制成的，其优点是较普通玻璃强度高。夹丝玻璃遭受冲击或温度剧变时，丝网使其破而不缺，裂而不散，避免带棱角的小块碎片飞出伤人；如火灾蔓延，夹丝玻璃受热炸裂时，仍能保持固定形态，从而起到隔绝火势的作用，故又称防火玻璃。由于玻璃割破还有铁丝网阻挡，所以夹丝玻璃还具有防盗性能。

夹丝玻璃的线网表面是经过特殊处理的，一般不易生锈；但切口部分处于无处理状态，所以遇水会生锈；生锈严重时，体积膨胀，切口处可能产生裂化，降低边缘强度，从而造成热断裂现象。故建筑规范中认定夹丝玻璃不属于安全玻璃。

4. 绝热玻璃

绝热玻璃是指能控制热量传递，有效保持室内温度的玻璃。绝热包括保温和隔热两方面的要求。当室内外存在温差时，为保持室内温度适宜（即冬暖夏凉），需要保温，则应选用导热系数小的保温材料。隔热主要针对太阳辐射热而言。太阳光分为红外光、可见光和紫外光，其中太阳光的热量主要是红外辐射热。所以在夏季炎热气候条件下，为保持室内温度适宜，要控制太阳光，尤其是红外光。

（1）热反射镀膜玻璃

热反射玻璃镀膜是在玻璃表面镀一层或多层诸如铬、钛或不锈钢等金属及其化合物组成的薄膜，使产品呈现丰富的色彩。对于可见光有适当的透过率，对红外线有较高的反射率，对紫外线有较高吸收率，因此也称阳光控制玻璃。镀膜使玻璃具有单向透视效果。

因为热反射镀膜玻璃具有较高的热反射性能，即将大量太阳光反射，从而控制入射阳光，实现隔热功能，体现冷房效应。主要用于气候炎热地区作为幕墙和门窗玻璃，还可用于制造中空玻璃或夹层玻璃。

（2）Low-E 玻璃

Low-E 即低辐射镀膜玻璃，是镀膜玻璃的一种，是在玻璃表面镀多层金属（如银、铜或锡等）及其化合物组成的膜。其镀膜层具有对可见光较高的透过率和对红外线较高的反射率，体现良好的隔热性能。

（3）吸热玻璃

吸热玻璃是在玻璃中加入卤化银，或在玻璃夹层中加入钼和钨等感光材料的玻璃。吸热玻璃通过吸收大量红外线辐射热而实现隔热功能；同时，吸热玻璃又能保持良好的可见光透过率。适用于需要隔热又需要采光的部位。

（4）中空玻璃

中空玻璃是用两层或两层以上的平板玻璃，四周封严，中间充入干燥气体制得。中空玻璃具有良好的保温、隔热、隔声、防结露性能。可用于需要采暖、空调、防止噪声及无直射光的建筑。用普通平板玻璃制成的中空玻璃不属于安全玻璃，采用钢化玻璃或夹层玻璃制成的安全中空玻璃则属于安全玻璃。

（5）玻璃空心砖

玻璃空心砖是由两块压铸成凹形的玻璃经熔接或胶结而成的空心玻璃制品，具有较高的强度、绝热、隔声、透明度高、耐火等优点。主要用来砌筑透光的内外墙、分隔墙及装有灯光设备的音乐舞台等。

5. 其他玻璃制品

玻璃锦砖又称玻璃马赛克，是由乳浊状半透明玻璃质材料制成的小尺寸玻璃制品，拼贴于纸上成联。玻璃锦砖具有色彩丰富、美观大方、化学稳定性好、热稳定性好、耐风化、易洗涤等优点。主要适用于宾馆、医院、办公楼、住宅等建筑的外墙和内墙饰面。

其他品种还有喷砂玻璃（透光、不透视）、磨花玻璃及喷花玻璃（部分透光透视，部分不透视）、冰花玻璃与刻花玻璃（骨胶水溶液剥落造成冰花或雕刻酸蚀形成图案）等。

例 5-36　（2013）普通玻璃的原料不包括（　　）。
A　明矾石　　　　B　石灰石　　　　C　石英砂　　　　D　纯碱
解析：普通玻璃是由石灰石、石英砂、纯碱、长石等为主要原料制备而成，而选项 A 不是普通玻璃的原料。
答案：A

例 5-37　（2021）下列属于安全玻璃的是（　　）。
A　半钢化玻璃　　B　夹丝玻璃　　　C　夹层玻璃　　　D　中空玻璃
解析：《全国民用建筑工程设计技术措施 规划·建筑·景观》指出：安全玻璃是指符合现行国家标准的钢化玻璃、夹层玻璃及由钢化玻璃或夹层玻璃组合加工而成的其他玻璃制品，如安全中空玻璃等（选项 C 属于）。半钢化玻璃、夹丝玻璃不属于安全玻璃（选项 A、选项 B 不属于）。用普通平板玻璃制成中空玻璃不属于安全玻璃（选项 D 不属于），采用钢化玻璃或夹层玻璃制成的安全中空玻璃则属于安全玻璃。
答案：C

（四）金属装饰制品

金属装饰制品坚固耐用，装饰表面具有独特的质感；同时还可制成各种颜色，表面光泽度高，庄重华贵，安装方便。

目前，装饰工程中常用的金属制品主要有不锈钢（钢板与钢管），彩色钢板（彩色不锈钢板、彩色涂层钢板和彩色压型钢板），铜合金制品，铝合金制品（铝合金板、铝合金门窗）等。

1. 不锈钢

不锈钢是指含铬 12% 以上、具有耐腐蚀性能的高合金钢；此外，还含有镍、钛等合金元素。不锈钢具有良好的耐腐蚀性，表面光泽度高，还可以采用化学氧化法着色。

2. 彩色钢板

彩色钢板是在冷轧板或镀锌板表面涂敷各种耐腐蚀涂层或烤漆而成，耐污染性、耐热性能、耐低温性能均较好，色彩鲜艳。

3. 铜及铜合金

纯铜为紫色，也称为紫铜或红铜，延展性极好，可压延成薄片（紫铜片）和线材，是良好的止水材料和电传导材料。黄铜为铜锌合金，因为黄铜的颜色接近金色，所以黄铜粉俗称金粉，用于调制装饰涂料，代替"贴金"。青铜为铜锡合金。

铜合金主要用于各种装饰板、卫生洁具等。

4. 铝及铝合金

纯铝的密度小（$\rho = 2.7 \text{g/cm}^3$，约是铁的 1/3），熔点低（660℃），塑性好。易于加工，抗腐蚀性能好。因为纯铝为白色，所以铝粉俗称为银粉，可以用于调制各种装饰材料和金属防锈涂料。纯铝的强度很低，可通过加入合金元素（如铜、镁、硅、锰、锌）等方法来强化铝，形成铝合金。铝合金在保持纯铝质轻等优点的同时，还有着较高的强度。

(1) 铝合金的表面处理

为了防止铝合金表面氧化，提高其使用寿命，一般需要采用以下几种方法对铝合金的表面进行处理。

1) 阳极氧化

阳极氧化是在铝及铝合金表面镀一层致密的氧化铝，以防止其进一步氧化。

2) 电泳喷涂

电泳喷涂俗称镀漆。电泳涂料所含的树脂带有碱性基团，经酸中和后形成盐而溶于水；通直流电后，酸根负离子向阳极移动，树脂离子及其包裹的颜料粒子带正电荷向阴极移动，并沉积在阴极上形成涂层。电泳漆膜丰满、均匀、平整、光滑，漆膜的硬度、附着力、耐腐蚀性、抗冲击性能以及渗透性能均较好；但是电泳喷涂设备复杂，投资高，耗电量大。

3) 粉末喷涂

粉末喷涂是用喷粉设备把粉末喷涂到工件的表面；在静电作用下，粉末会均匀地吸附于工件表面，形成粉状的涂层；粉状涂层再经过高温烘烤、流平固化，变成效果各异的最终涂层。

4) 氟碳漆喷涂

氟碳漆喷涂是以氟树脂为主要成膜物质，由于氟树脂引入的氟元素电负性大，碳氟键能强，具有特别优越的耐候性、耐热性、耐低温性、耐化学药品性，而且具有独特的不粘性和低摩擦性。

(2) 常用铝合金装饰制品

1) 铝塑板

铝塑板是由经过表面处理并用涂层烤漆合金板材作为表面，用 PE 塑料作为芯层，高分子粘结膜经过一系列工艺加工，复合而成的新型材料。它具有较好的装饰性以及较强的耐候、耐腐蚀、耐撞击、防火、防潮、隔声、隔热、抗震、质轻、易加工成型、易搬运安装等特性。除可作为幕墙、内外墙，应用于饭店、商场、会议室等的装饰外，还可用作柜台、家具的面层，以及车辆的内外壁等。

2) 铝蜂窝板

铝蜂窝板是表面采用环氧氟碳处理的铝合金板材，中间是铝蜂窝，通过胶粘剂或胶膜采用专用复合冷压工艺或热压技术制成。由于蜂窝材料具有抗高风压、减振、隔热、隔声、保温、耐腐蚀、阻燃和比强度高等优良性能。国外自 20 世纪 60 年代已开始运用于民用各领域，且发展迅速。铝蜂窝板幕墙以其质轻、强度高、刚度大等诸多优点，已被广泛应用于高层建筑的外墙装饰。具有相同刚度的铝蜂窝板重量仅为铝单板的 1/5，钢板的 1/10；相互连接的铝蜂窝芯如同无数个工字钢，芯层分布、固定在整个板面内，使板块更加稳定，其抗风压性能大大超过铝塑板和铝单板，并具有不易变形，表面平整度好的特点。即使铝蜂窝板的分格尺寸很大，也能达到极高的平整度，是建筑幕墙的首选轻质材料。此外，铝蜂窝板也可被用作隔墙、隔断、吊顶等室内装饰材料，车船装饰材料，以及航天材料。

3) 泡沫铝

泡沫铝是在纯铝或铝合金中加入添加剂后，经过发泡工艺制成，同时具有金属和气泡的特征。它密度小、吸收冲击能力强、耐高温、防火性能强、抗腐蚀、隔声降噪、导热系数低、电磁屏蔽性高、耐候性强,是一种新型可再生、回收的多孔轻质材料,孔隙率最大可达98%。

4) 铝蜂窝穿孔吸声吊顶板

铝蜂窝穿孔吸声吊顶板的构造结构为穿孔铝合金面板与穿孔背板,依靠优质胶粘剂与铝蜂窝芯直接粘结成铝蜂窝夹层结构,铝蜂窝芯与面板及背板之间贴了一层吸声布。由于蜂窝铝板内的蜂窝芯被分隔成众多封闭小室,阻止了空气流动,使声波受到阻碍,故提高了吸声系数(可达0.9以上)。同时提高了板材的自身强度,使单块板材的尺寸可以做到更大,进一步加大了设计自由度。背板穿孔的要求与面板相同,吸声布采用优质的无纺布等吸声材料。

铝蜂窝穿孔吸声吊顶板适合用作地铁、影剧院、电台、电视台、纺织厂和噪声超标准的厂房,以及体育馆等大型公共建筑的吸声墙板和吊顶板等。

5. 铅

铅是一种柔软的低熔点(327℃)金属,密度11.3g/cm³,抗拉强度很低(σ_b=20MPa),延展加工性能好。由于铅的熔点低,便于熔铸,易于锤击成型,常用作钢铁管道接口的嵌缝密封材料。

铅能经受浓度80%的热硫酸和浓度92%的冷硫酸侵蚀,所以铅板和铅管是工业上常用的耐腐蚀材料。

铅板是射线的屏蔽材料,能防止χ射线和γ射线的穿透,常用于医院、实验室和工业建筑中的χ射线和γ射线操作室的屏蔽。

例5-38 (2019) 关于不锈钢的说法,正确的是( )。
A 不属于高合金钢 B 含铁、碳元素
C 不含铬、镍元素 D 表面不可抛光、着色

解析:合金元素含量大于10%为高合金钢。不锈钢为含铬12%以上的合金钢,还可以加入镍、钛等合金元素,所以不锈钢属于高合金钢。合金钢具有良好的耐腐蚀性、抛光性,以不锈钢为基板,可用化学氧化法制成彩色不锈钢。所以选项A、C、D错误,本题应选B。

答案:B

(五)石膏装饰制品

石膏制品有各种石膏板、石膏条板、石膏砌块,以及棱角线清晰的石膏线条、花饰、石膏艺术雕像等。石膏制品具有质地轻、强度高、变形小、防火、防蛀、加工性好、易于装饰等特点。

纸面石膏板是将以建筑石膏为主要原料并掺入外加材料制成的石膏芯板,与特种护面纸结合起来制成的一种建筑板材。根据板材的用途不同,纸面石膏板有普通纸面石膏板、防火纸面石膏板和防水纸面石膏板三类。纸面石膏板可用作隔断、吊顶等部位的罩面材料。

装饰石膏板是以建筑石膏为主要原料,掺入适量纤维增强材料等制成的不带护面纸的石膏板材。主要用于室内隔断和吊顶的装饰。

石膏艺术制品以优质建筑石膏为原料制得，主要品种有石膏浮雕艺术线条、线板、花饰、壁炉、罗马柱等。

四、有机装饰材料

（一）木质装饰材料

木材具有美丽的天然纹理，柔和温暖的视觉及触觉特性，给人以古朴、雅致、亲切的质感。因此木材作为装饰材料，具有独特的魅力和价值。

木质装饰材料主要有胶合板、纤维板、刨花板、细木工板、木地板及各类饰面板等。人造板及其制品中甲醛释放限量要符合标准，《室内装饰装修材料 人造板及其制品中甲醛释放限量》GB 18580—2017 的要求，即室内装饰装修人造板及其制品中甲醛释放限量值为 $0.124mg/m^3$，限量标识为 E_1。

（二）塑料装饰制品

塑料装饰制品主要有塑料壁纸、塑料地板、塑料地毯、塑料装饰板、塑料门窗等。

1. 塑料地板

塑料地板是以合成树脂（如聚氯乙烯）为原料，掺入各种填料和助剂混合后，加工而成的地面装饰材料。塑料地板的弹性好，脚感舒适，耐磨性和耐污性强，其表面可以做出仿木材、天然石材、陶瓷地砖等花纹图案。塑料地板施工及维修方便，广泛用于室内地面及交通工具的地面装饰。

2. 塑料装饰板

塑料装饰板是以树脂为浸渍材料或以树脂为基料，经加工制成的具有装饰功能的板材。主要品种有硬质 PVC 板材、塑料贴面板、有机玻璃板等。

3. 塑料壁纸

塑料壁纸是在基材表面涂塑后，再经印花、压花或发泡处理等工艺制成的一种墙面装饰材料。具有装饰效果好、性能优越、粘贴方便、易维修保养等特点。塑料壁纸除了用于室内的墙面装饰外，还可用于顶棚、梁柱的装饰，以及车辆、船舶、飞机等的内表面装饰。

4. 塑料门窗

塑料门窗保温性能好，耐腐蚀性优良，气密性和水密性好，隔声性能好，外观平整美观，色彩鲜艳，装饰效果好。塑料门窗主要采用聚氯乙烯（OVC）塑料。

5. 塑钢门窗

塑钢门窗是由塑料和金属材料复合而成，既具有钢门窗的刚度，又具有塑料门窗的保温性和密封性。常用的塑钢门窗是硬质聚氯乙烯（PVC）塑钢门窗。由于 PVC 导热系数为 $0.163W/(m·K)$，而且塑钢门窗型材结构中的内腔被隔成数个密闭的小空间，故保温效果很好。

（三）装饰涂料

涂料是指涂于物体表面，能形成具有保护、装饰或其他特殊功能的连续膜的材料。涂料是最简单的一种饰面方式，具有工期短、工效高、自重轻、维修方便的特点。

1. 涂料的组成

涂料的组成包括主要成膜物质、次要成膜物质和辅助成膜物质。

（1）主要成膜物质

树脂有天然树脂（虫胶、松香和天然沥青）、合成树脂（酚醛树脂、醇酸树脂、环氧树脂、硝酸纤维）。

（2）次要成膜物质

次要成膜物质包括着色颜料（各种无机或有机颜料，如钛白粉、铁黑、铁红等）和体质颜料（即填料，滑石粉、碳酸钙粉）。

（3）辅助成膜物质

辅助成膜物质有溶剂和助剂。溶剂是挥发性有机溶剂（如松香水、香蕉水、汽油、苯、乙醇）和水；助剂包括催干剂、增塑剂、固化剂等。

2. 油漆

油漆特指用于木材和金属表面的涂料。

（1）天然漆（又名国漆、大漆）

有生漆和熟漆之分，是由天然漆树汁液提炼而成，属于天然树脂漆。天然漆的漆膜坚韧，耐久性、耐酸性、耐水性和耐热性均较好，光泽度高。缺点是漆膜色深、脆、不耐阳光直射，施工时有使人皮肤过敏的毒性等。

（2）清漆

清漆是一种不含颜料的透明油漆，多用于涂刷木器，可显示底色和花纹。清漆主要有油清漆和醇酸清漆等。

（3）色漆

色漆是指加入颜料而呈现某种颜色、具有遮盖力的油漆总称，包括调和漆、磁漆、底漆、防锈漆等。

（4）磁漆

磁漆（瓷漆）是在清漆中加入无机颜料制作而成，因漆膜光亮、坚硬，酷似瓷（磁）器，故得名。磁漆色泽丰富，附着力强。常用的有醇酸磁漆、酚醛磁漆等品种。

（5）调和漆

调和漆是在熟干性油中加入颜料、溶剂、催干剂等调和而成。调和漆质地均匀，漆膜耐蚀、耐晒，经久不裂，遮盖力强，耐久性好。常用的调和漆有油性调和漆、磁性调和漆等品种。

（6）硝基漆

硝基漆的主要成分为硝化棉，即硝酸纤维素，是以精制短棉绒为原料，用硝酸、硫酸的混合酸进行酯化，使纤维素中的-OH基酯化为-ONO_2的产物，硝基漆不属于树脂类油漆。

（7）喷漆

喷漆是清漆或磁漆的一个品种，因采用喷涂法施工而得名。喷漆漆膜坚硬，附着力强，富有光泽，耐酸，耐热性好。常用喷漆由硝化纤维、醇酸树脂、溶剂或掺加颜料等配制而成。

（8）有机硅耐高温防腐漆

有机硅耐高温防腐漆由有机硅树脂、超细锌粉、特种耐高温抗腐蚀颜料、填料、助剂、固化剂、有机溶剂等组成。可常温自干，具有耐热、耐候性、耐腐蚀等优良性能，并具有电绝缘性，可长期耐 400 ℃ 高温。是一种用于高炉、热风炉外壁、高温输气、热排气管道、烟道、热交换器以及其他金属表面要求高温耐腐保护的耐高温防腐漆。

建筑工程中常用生漆、酯胶漆、环氧漆、沥青漆等作为耐酸、防腐漆，用于化工防腐工程。

3. 有机涂料

有机涂料分为溶剂型涂料、乳液型涂料和水溶性涂料。

（1）溶剂型涂料

溶剂型涂料由合成树脂、有机溶剂、颜料、填料等制成。漆膜细腻而坚韧，有较好的耐水性、耐候性及气密性，但易燃，溶剂挥发后对人体有害。常用的有过氯乙烯外墙（地面）涂料、氯化橡胶外墙涂料、聚氨酯系外墙涂料、丙烯酸酯外墙涂料、苯乙烯焦油外墙涂料及聚乙烯醇缩丁醛外墙涂料。

（2）水溶性涂料

水溶性涂料以水溶性树脂、水、颜料、填料制成。耐水性和耐候性差。一般只适用于室内装饰。

（3）乳液型涂料

乳液型涂料又称乳胶漆，由极微细的合成树脂粒子分散在有乳化剂的水中形成乳液，加入颜料、填料制成。此种涂料无毒、不燃，具有一定的透气性，涂膜的耐水性和耐擦洗性好，室内外均可使用。常用的有聚醋酸乙烯乳液内墙涂料、苯丙乳液涂料及丙烯酸乳液涂料等。

4. 常用装饰涂料

（1）苯丙乳液涂料

是以苯乙烯、甲基丙烯酸甲酯、丙烯酸丁酯共聚乳液配制而成。涂料的耐水性、耐污染性、大气稳定性及抗冻性均较好。

（2）丙烯酸乳胶漆

丙烯酸乳胶漆是采用交联型丙烯酸弹性乳液为基料而制成的弹性涂料，其漆膜具有"即时复原"的弹性和优良的伸长率，可在不同温度范围内对已有和即将发生的开裂进行抑制。

（3）有机硅树脂涂料

有机硅一般是指具有 Si-O-Si 主键与有机基侧链的聚硅氧烷。有机硅树脂涂料是以有机硅树脂或改性有机硅树脂为主要成膜物质，是一种元素有机涂料。

元素有机涂料是由元素有机聚合物为主要成膜物质的涂料总称，包括有机硅、有机钛、有机氟、有机铝、有机锆涂料等。元素有机涂料是介于有机高分子和无机化合物之间的一种化合物，具有特殊的热稳定性、绝缘性、耐高温性、耐候性等特点。总之，有机硅树脂涂料是一种价格较贵的耐热性、耐寒性、耐候性突出的绝缘涂料。

5. 有害物质限量

《民用建筑工程室内环境污染控制标准》GB 50325—2020 规定，民用建筑工程室内装修时，严禁使用苯、工业苯、石油苯、重质苯及混苯等含苯稀释剂和溶剂；民用建筑工程室内装修时，不应采用聚乙烯醇水玻璃内墙涂料、聚乙烯醇缩甲醛内墙涂料和树脂以硝化纤维素为主、溶剂以二甲苯为主的水包油型多彩内墙涂料。

例 5-39 （2014）下列油漆中不属于防锈漆的是（　　）。
　　A 锌铬黄漆　　　B 醇酸清漆　　　C 沥青清漆　　　D 红丹底漆

解析：锌铬黄漆是以环氧树脂、锌铬黄等防锈颜料和助剂配成漆基，以混合胺树脂为固化剂的油漆，具有优良的防锈功能。沥青清漆是以煤焦油沥青以及煤焦油为主要原料，加入稀释剂、改性剂、催干剂等有机溶剂制成，广泛用于水下钢结构和水泥构件的防腐、防渗漏，以及地下管道的内外壁防腐。红丹底漆是用红丹与干性油混合而成的油漆，附着力强，防锈性和耐水性好。而醇酸清漆是由酚醛树脂或改性的酚醛树脂与干性植物油经熬炼后，再加入催干剂和溶剂而成，具有较好的耐久性、耐水性和耐酸性，不是防锈漆。

答案：B

（四）织物性装饰材料

1. 纤维

（1）羊毛：羊毛弹性好、不易变形、不易污染、易于染色，制品保温性好，属于高级纤维材料。主要用于生产高级地毯，但使用时应注意防蛀。

（2）聚丙烯腈纤维（腈纶）：腈纶有"合成羊毛""人造羊毛"之称，比羊毛轻，柔软保暖，弹性好，耐酸碱腐蚀，耐晒性最好；但耐磨性很差，易起静电。

（3）聚酰胺纤维（尼龙、锦纶）：聚酰胺纤维坚固柔韧，耐磨性最好，不怕虫蛀、不发霉、不易吸湿、易于清洁；但其弹性差，易吸尘，耐热、耐光性能不够好。是人造纤维中综合性能最好的。

（4）聚丙烯纤维（丙纶）：聚丙烯纤维质轻，弹性好，耐磨性好，耐酸碱性及耐湿性好，易于清洁，阻燃性好；但抗静电性差。

（5）聚酯纤维（涤纶）：聚酯纤维不易皱缩，耐晒，耐磨性较好，仅次于锦纶，尤其在湿润状态下同干燥时一样耐磨；但纤维染色较困难。

各种纤维的性能比较详见表5-17。

各种纤维性能比较　　　　表5-17

特性	羊毛	丙纶	腈纶	涤纶	尼龙
弹性恢复率(%)	97	40	65	68	97
耐磨性	差	很差	很差	差	好
抗污染性	差	很好	差	差	好
易清洗性	差	差	差	差	好
抗起球性	好	很好	好	一般	极好
抗静电性	好	好	好	好	极好
抗化学试剂性能	很差	差	差	差	好
阻燃性	很好	很差	极差	极差	很好
防霉、防蛀	很差	很好	很好	很好	极好

2. 地毯

地毯具有隔热、保温、隔声、防滑和减轻碰撞等作用。地毯按照材质可分为纯毛地毯、混纺地毯、化纤地毯、塑料地毯、橡胶地毯等。此外，地毯的性能取决于所用纤维的特性。

例 5-40　（2021） 织物性锦纶装饰材料的成分是（　　）。
A　聚酯纤维　　　　　　　　　　B　聚酰胺纤维
C　聚丙烯纤维　　　　　　　　　D　聚丙烯腈纤维
解析： 聚酯纤维是涤纶，聚丙烯纤维是丙纶，聚丙烯腈纤维是腈纶，聚酰胺纤维是锦纶。所以织物性锦纶装饰材料的主要成分为聚酰胺纤维。
答案： B

五、建筑内部装修材料的耐火等级

1. 耐火极限

耐火极限是指在标准耐火试验条件下，建筑构件、配件或结构从受到火的作用起，到失掉稳定性、完整性或隔热性为止的时间，单位是小时（h）。

2. 耐火等级

（1）装修材料按其燃烧性能可划分为 4 级，A 级（不燃性装修材料）、B_1 级（难燃性装修材料）、B_2 级（可燃性装修材料）和 B_3 级（易燃性装修材料）。

不燃材料：指在空气中受到火烧或高温作用时，不起火、不燃烧、不碳化的材料，如砖、石、金属材料和其他无机材料。

难燃材料：指在空气中受到火烧或高温作用时，难起火、难燃烧、难碳化的材料，当火源移走后，燃烧或微燃立即停止的材料，如刨花板和经过防火处理的有机材料等。

可燃材料：指在空气中受到火烧或高温作用时，立即起火燃烧且火源移走后仍能继续燃烧或微燃的材料，如木材等。

（2）安装在金属龙骨上燃烧性能等级达到 B_1 级的纸面石膏板、矿棉吸声板，可作为 A 级装修材料使用。

（3）单位面积质量小于 $300g/m^2$ 的纸质、布质壁纸，当直接粘贴在 A 级基材上时，可作为 B_1 级装修材料使用。

（4）常用建筑内部装修材料的燃烧性能等级划分举例见表 5-18。聚氨酯自流平、环氧树脂自流平楼（地）面材料的燃烧性能等级是 B_1 级。

常用建筑内部装修材料燃烧性能等级划分举例　　表 5-18

材料类别	级别	材料举例
各部位材料	A	花岗岩、大理石、水泥制品、混凝土制品、石膏板、石灰制品、黏土制品、玻璃瓷砖、马赛克、钢铁、铝及合金、铜及合金、金属复合板、纤维石膏板、玻镁板、硅酸钙板等
顶棚材料	B_1	纸面石膏板、纤维石膏板、水泥刨花板、矿棉装饰吸声板、玻璃棉装饰吸声板、珍珠岩装饰吸声板、难燃胶合板、难燃中密度纤维板、岩棉装饰板、难燃木材、铝箔复合材料、难燃酚醛胶合板、铝箔玻璃钢复合材料、复合铝箔玻璃棉板等
墙体材料	B_1	纸面石膏板、纤维石膏板、水泥刨花板、矿棉板、玻璃棉板、珍珠岩板、难燃胶合板、难燃中密度纤维板、防火塑料装饰板、多彩涂料、难燃墙纸、难燃墙布、难燃仿花岗岩装饰板、难燃 PVC 塑料护墙板、阻燃模压木质复合板、彩色难燃人造板、难燃玻璃钢、复合铝箔玻璃棉板等

续表

材料类别	级别	材料举例
墙体材料	B₂	各种天然木材、木质人造板、竹材、纸制装饰板、装饰微薄木贴面板、印刷木纹人造板、塑料贴面装饰板、聚酯装饰板、复塑装饰板、胶合板、塑料壁纸、无纺贴墙布、复合壁纸、天然材料壁纸、人造革、实木饰面装饰板、胶合竹夹板等
地面材料	B₁	硬质PVC塑料地板、水泥刨花板、水泥木丝板、氯丁橡胶地板、难燃羊毛地毯等
地面材料	B₂	半硬质PVC塑料地板、PVC卷材地板等
装饰织物	B₁	经阻燃处理的各类难燃织物等
装饰织物	B₂	纯毛装饰布、经阻燃处理的其他织物等
其他装饰材料	B₁	难燃聚氯乙烯塑料、难燃酚醛树脂、聚四氟乙烯塑料、难燃脲醛树脂、硅树脂塑料装饰型材、经难燃处理的各类织物等
其他装饰材料	B₂	经阻燃处理的聚乙烯、聚丙烯、聚氨酯、聚苯乙烯、玻璃钢、化纤织物、木制品等

第十三节　绿色建材与绿色建筑设计对材料的要求

一、绿色建筑材料

绿色建筑材料是指采用清洁生产技术，不用或少用天然资源和能源，大量使用工农业或城市固态废弃物生产的无毒害、无污染、无放射性，达到使用周期后可以回收利用，有利于环境保护和人体健康的建筑材料。绿色建材的定义围绕原料采用、产品制造、使用和废弃物处理4个环节，并实现对地球环境负荷最小和有利于人类健康两大目标，达到"健康、环保、安全及质量优良"4个目标。

绿色建筑材料应当满足以下四个条件：

（1）生产原料尽量使用废渣、垃圾、废液等废弃物，替代不可再生的天然资源。在原材料的采集过程中不会对环境或生态造成破坏。

（2）低能耗制造工艺和无污染生产技术，即生产过程中产生的废水、废渣、废气符合环境保护的要求。

（3）在使用过程中功能齐备，健康、卫生、安全、无有害气体、无有害放射性等。

（4）可循环或回收利用。

绿色建材的品种很多，举例如下：

（1）吸音混凝土：吸音混凝土因具有连续、多孔的内部结构，可与普通混凝土组成复合结构；吸音混凝土是为了减少交通噪声而开发的，可以改变室内的声环境。

（2）植被混凝土：植被混凝土是由高强度粘结剂，用较大粒径的骨料粘结而成。利用骨料间的空隙贮存能使植物生长的基质，通过播种或其他手段，使得多种植物在基质中生长，完成生态环境的植被恢复。

（3）透水性混凝土：也称无砂大孔混凝土；大的孔径有利于雨水渗透，特别适合用于铺设城市公园、居民小区、工业园区、学校、停车场等的地面和路面。

二、绿色乡土材料

绿色乡土材料是指使用各种天然材料，如竹、木、树皮等制造的材料，不仅合理利用其结构和构造，发挥其物理上的特性，而且充分展现了天然材料的质感和色泽的美。

麦秸是一种农作物加工的剩余物，目前大量地在田间地头焚烧，严重污染了环境。以麦秸为原料，配用少量无毒、无害的生态胶粘剂，经切割、锤碎、分级、拌胶、铺装成型、加压、砂光等工序制成的麦秸板，具有质轻、坚固耐用、防蛀、抗水、无毒等特点。可广泛用于制作家具、建筑装修，以及建筑物的隔墙、吊顶及复合地板等。麦秸板已经成为代替木材和轻质墙板的理想材料，一种新型的绿色建材。

石膏蔗渣板是以纯天然石膏和制糖废渣——甘蔗渣为主要原料，采用半干法成型工艺，经混料、铺装、施压、养护、干燥等工序制造而成的。它可广泛应用于室内隔墙、隔断、轻型复合墙体、吊顶、绝缘防静电地板、防火墙、隔声墙，以及制作固定家具等。由于其具有可钉、可刨、可磨的特点，施工甚为方便。还可在其上铺贴壁纸、墙布、木条等任何装饰材料，满足二次装修的要求。由于石膏多孔隙而产生的"呼吸功能"，可起到调节室内生活和工作环境的作用。

稻壳是农业废弃物中的一种，以其为生产材料生产的稻壳板是一种新型建筑材料。

三、绿色建材生产

1. CO_2 排放量

《民用建筑绿色设计规范》JGJ/T 229—2010 的条文说明第 7.3.4 条规定：为降低建筑材料生产过程中对环境的污染，最大限度地减少温室气体排放，保护生态环境，本条鼓励建筑设计阶段选择对环境影响小的建筑体系和建筑材料。在计算建筑材料生产过程排放 CO_2 量时，也必须考虑建筑材料的可再生性。与资源消耗不同的是，回收的建筑材料在循环再生过程同样要排放 CO_2。单位重量建筑材料生产过程中排放 CO_2 的指标 X_i（t/t）详见表 5-19，其中铝材生产过程中的 CO_2 排放量最多。

单位重量建筑材料生产过程中排放 CO_2 的指标 X_i（t/t）　　　　表 5-19

钢材	铝材	水泥	建筑玻璃	建筑卫生陶瓷	实心黏土砖	混凝土砌块	木材制品
2.0	9.5	0.8	1.4	1.4	0.2	0.12	0.2

2. 能耗

《民用建筑绿色设计规范》JGJ/T 229—2010 的条文说明第 7.3.3 条规定：建筑材料从获取原料、加工运输、成品制作、施工安装、维护、拆除、废弃物处理的全寿命周期中会消耗大量能源。在此过程中能耗少的材料更有利于实现建筑的绿色目标。单位重量建筑材料生产过程中消耗能耗的指标 X_i（GJ/t）详见表 5-20，其中单位重量的铝材生产过程中的能耗最高。

单位重量建筑材料生产过程中消耗能耗的指标 X_i（GJ/t）　　　　表 5-20

钢材	铝材	水泥	建筑玻璃	建筑卫生陶瓷	实心黏土砖	混凝土砌块	木材制品
29.0	180.0	5.5	16.0	15.4	2.0	1.2	1.8

四、绿色建筑设计对材料的要求

依据《民用建筑绿色设计规范》JGJ/T 229—2010 的规定，在满足功能要求的情况

下,材料的选择宜符合下列要求:

(1) 宜选用可再循环材料(如钢材、铜材、铝合金型材、玻璃、石膏制品、木材等)和可再利用材料(指在不改变所回收物质形态的前提下,进行材料的直接再利用,或经过再组合、再修复后再利用的材料,包括从旧建筑上拆除下来的材料以及从其他场所回收的旧建筑材料,如砌块、砖石、管材、板材、木地板、木制品、钢材、钢筋等)。

(2) 宜使用以废弃物为原料生产的建筑材料(利用建筑废弃物再生骨料制作的混凝土砌块、水泥制品和配制再生混凝土;使用工业废弃物、农作物秸秆、建筑垃圾、淤泥为原料制作的水泥、混凝土、墙体材料、保温材料等)。

脱硫石膏又称排烟脱硫石膏、硫石膏或FGD石膏,是对含硫燃料(煤、油等)燃烧后产生的烟气进行脱硫净化处理后得到的工业副产品石膏。也可用于生产建筑石膏制品,如脱硫石膏板就是以脱硫石膏为原料制备的建材,属于利废建材。

(3) 应充分利用建筑施工、既有建筑拆除和场地清理时产生的尚可继续利用的材料(如木地板、木板材、木制品、混凝土预制构件、金属、装饰灯具、砌块、砖石、保温材料、玻璃、石膏板、沥青等)。

(4) 宜采用速生的材料及其制品(可快速再生的天然材料指持续更新的速度比传统的开采速度快,即从栽种到收获周期不到10年的材料,包括木、竹、藤、农作物茎秆等);采用木结构时,宜采用速生木材制作的高强复合材料。

(5) 宜采用本地的建筑材料(距离施工现场500km以内的本地建筑材料,减少材料运输过程的资源、能源消耗和环境污染)。

例5-41 (2021) 下列属于利废建材的是( )。
A 脱硫石膏板　　　　　　　　B 旧钢结构型材
C 难以直接回用的玻璃　　　　D 标准尺寸钢结构型材
解析:脱硫石膏又称排烟脱硫石膏、硫石膏或FGD石膏,是对含硫燃料(煤、油等)燃烧后产生的烟气进行脱硫净化处理后得到的工业副产品石膏。脱硫石膏板是以脱硫石膏为原料制备的建材,属于利废建材。
答案:A

习 题

5-1 (2018)建筑材料按照基本成分分类,正确的是( )。
　　A 有机材料、无机材料
　　B 天然材料、人工材料
　　C 胶凝材料、气凝材料、水凝材料
　　D 金属材料、非金属材料、复合材料

5-2 (2018)下列属于有机材料的是( )。
　　A 水玻璃　　　　B 涂料　　　　C 石膏　　　　D 陶瓷

5-3 (2019)按基本成分分类,水泥不属于( )。
　　A 非金属材料　　　　　　　　B 无机材料
　　C 人造材料　　　　　　　　　D 气硬性胶凝材料

5-4 (2019)建筑上常用的有机材料不包括( )。
　　A 木材、竹子　　　　　　　B 石棉、蛭石
　　C 橡胶、沥青　　　　　　　D 树脂、塑料

5-5 (2018)材料密度的俗称是( )。
　　A 自重　　B 密实度　　C 比重　　D 容重

5-6 (2018)下列材料孔隙率最高的是( )。
　　A 木材　　B 花岗岩　　C 泡沫塑料　　D 轻质混凝土

5-7 (2018)软化系数用来表示材料的哪种特性?
　　A 吸水性　　B 吸湿性　　C 耐水性　　D 抗渗性

5-8 (2018)下列材料导热率最大的是( )。
　　A 水　　B 松木　　C 花岗岩　　D 普通混凝土

5-9 (2019)通常用破坏性试验来测试材料的哪项力学性质?
　　A 硬度　　B 强度　　C 脆性、韧性　　D 弹性、塑性

5-10 (2018)材料耐磨性与哪个性质无关?
　　A 表面硬度　　B 抗压强度　　C 外部质感　　D 内部构造

5-11 (2019)材料的耐磨性(用磨损率表示)通常与下列哪项无关?
　　A 强度　　B 硬度　　C 外部温度　　D 内部构造

5-12 (2018)下列不属于脆性材料的是( )。
　　A 灰铸铁　　B 汉白玉　　C 建筑钢材　　D 混凝土

5-13 (2018)建筑石膏与石灰相比,下列哪项是不正确的?
　　A 石膏密度大于石灰密度　　　B 建筑石膏颜色白
　　C 石膏的防潮耐水性差　　　　D 石膏的价格更高

5-14 (2018)地面垫层用的"四合土"其原材料是( )。
　　A 炉渣、砂子、卵石、石灰　　B 碎砖、石灰、中沙、稀土
　　C 砂石、水泥、碎砖、石灰膏　　D 粗砂、碎石、黏土、炉渣

5-15 (2019)关于水玻璃性能的说法,正确的是?
　　A 不存在固态状　　　　　　　B 不能溶解于水
　　C 耐热性能较差　　　　　　　D 能加速水泥凝结

5-16 (2018)厚大体积混凝土不得使用( )。
　　A 普通水泥　　B 矿渣水泥　　C 硅酸盐水泥　　D 粉煤灰水泥

5-17 (2019)我国水泥产品质量水平划分为三个等级,正确的是( )。
　　A 甲等、乙等、丙等　　　　　B 一级品、二级品、三级品
　　C 上类、中类、下类　　　　　D 优等品、一等品、合格品

5-18 (2019)我国水泥产品有效存放期为自水泥出厂之日起,不超过( )。
　　A 六个月　　B 五个月　　C 四个月　　D 三个月

5-19 (2019)配制耐磨性好、强度高于C40的高强混凝土时,不得使用( )。
　　A 硅酸盐水泥　　　　　　　　B 矿渣水泥
　　C 火山灰水泥　　　　　　　　D 普通水泥

5-20 (2019)下列哪种天然砂料与水泥的粘结力最强?
　　A 山砂　　B 河砂　　C 湖砂　　D 海砂

5-21 (2019)下列哪种是混凝土拌制和养护的最佳水源?
　　A 江湖水源　　B 海洋水源　　C 饮用水源　　D 雨雪水源

5-22 (2019)混凝土拌合物的"和易性"不包括( )。

A 流动性　　　　B 纯净性　　　　C 保水性　　　　D 黏聚性

5-23 (2018)低塑性混凝土的坍落度为(　)。
A 接近0　　　　B 10～40mm　　　C 40～80mm　　　D 大于150mm

5-24 (2019)制作泡沫混凝土常用泡沫剂的主要原料是(　)。
A 皂粉　　　　　B 松香　　　　　C 铝粉　　　　　D 石膏

5-25 (2019)蒸压加气混凝土砌块的主要原材料不包括(　)
A 水泥、砂子　　　　　　　　　B 石灰、矿渣
C 铝粉、粉煤灰　　　　　　　　D 石膏、黏土

5-26 (2018)钢材的热脆性由哪种元素引起(　)。
A 硅　　　　　　B 锰　　　　　　C 镍　　　　　　D 硫

5-27 (2019)抗压强度高的铸铁不宜用于(　)。
A 管井地沟盖板　　　　　　　　B 上下水管道
C 屋架结构件　　　　　　　　　D 围墙栅栏杆

5-28 (2019)一般钢筋混凝土结构中大量使用的钢材是(　)。
A 冷拉钢筋　　　B 热轧钢筋　　　C 冷拔钢丝　　　D 碳素钢丝

5-29 (2019)下列哪项不是木材在加工使用前必须的处理？
A 锯解、切材　　　　　　　　　B 充分干燥
C 防腐、防虫　　　　　　　　　D 阻燃、防火

5-30 (2018)下列木材抗弯强度最大的是(　)。
A 北京刺槐　　　B 东北白桦　　　C 湖南杉树　　　D 华山松

5-31 (2018)以下哪项是现存的传统木构建筑？
A 陕西黄帝陵祭祀大殿　　　　　B 江西南昌滕王阁
C 山西应县释迦塔　　　　　　　D 湖北武昌黄鹤楼

5-32 (2018)当代三大合成高分子材料中并不含(　)。
A 合成橡胶　　　　　　　　　　B 合成涂料
C 合成纤维　　　　　　　　　　D 各种塑料

5-33 (2019)下列哪项是塑料的优点？
A 耐老化　　　　B 耐火　　　　　C 耐酸碱　　　　D 弹性模量小

5-34 (2019)一般塑钢门窗中的塑料是(　)。
A 聚丙烯（PP）　　　　　　　　B 聚乙烯（PE）
C 聚氯乙烯（PVC）　　　　　　D 聚苯乙烯（PS）

5-35 (2018)现在使用的塑料地板绝大部分为(　)。
A 聚乙烯地板　　　　　　　　　B 聚丙乙烯地板
C 聚氯乙烯地板　　　　　　　　D 聚乙烯-醋酸乙烯地板

5-36 (2019)常用于轻质采光顶的"阳光板（PC板）"是(　)。
A 环氧玻璃采光板　　　　　　　B 聚苯乙烯透光板
C 聚甲基丙烯酸甲酯有机玻璃　　D 聚碳酸酯板

5-37 (2019)铺路常用的"柏油"是(　)。
A 天然沥青　　　B 石油沥青　　　C 焦油沥青　　　D 地沥青

5-38 (2019)适用于低温（-60℃）或者高温（150℃）的优质嵌缝材料是(　)。
A 硅橡胶　　　　　　　　　　　B 聚硫橡胶
C 聚氯乙烯胶泥　　　　　　　　D 环氧聚硫橡胶

5-39 (2018)下列关于硅橡胶嵌缝材料说法错误的是(　)。

  A 低温柔韧性好（-60℃）   B 耐热性不高（小于等于60℃）
  C 价格比较贵   D 耐腐蚀、耐久

5-40 (2018)冷底子油是以下何种材料？
  A 沥青涂料   B 沥青胶   C 防水涂料   D 嵌缝材料

5-41 (2018)以下材料中，常温下导热系数最低的是（　　）。
  A 玻璃棉板   B 软木板
  C 加气混凝土板   D 挤塑聚苯乙烯泡沫塑料板

5-42 (2019)下列哪项不是绝热材料？
  A 松木板   B 石膏板
  C 泡沫玻璃板   D 加气混凝土板

5-43 (2019)岩棉的主要原料为（　　）。
  A 石英岩   B 玄武岩   C 辉绿岩   D 白云岩

5-44 (2019)下列泡沫塑料，最耐低温的是（　　）。
  A 聚苯乙烯泡沫塑料   B 硬质聚氯乙烯泡沫塑料
  C 硬质聚氨酯泡沫塑料   D 脲醛泡沫塑料

5-45 (2018)以下材料中吸声效果最好的是（　　）。
  A 50mm厚玻璃棉   B 50mm厚脲醛泡沫塑料
  C 44mm厚泡沫玻璃   D 30mm厚毛毯

5-46 (2019)关于吸声材料设置的综合"四防"，正确的是（　　）。
  A 防高温、防寒冬、防老化、防受潮   B 防撞坏、防吸湿、防火燃、防腐蚀
  C 防超厚、防脱落、防变形、防拆盗   D 防共振、防绝缘、防污染、防虫蛀

5-47 (2018)下列哪座建筑并非天然石材所建？
  A 中国赵州桥   B 印度泰姬陵
  C 科威特大塔   D 埃及太阳神庙

5-48 (2018)下列可用于纪念性建筑，并满足耐酸要求的砂岩是（　　）。
  A 硅质砂岩   B 钙质砂岩
  C 铁质砂岩   D 镁质砂岩

5-49 (2019)关于大理石的说法，正确的是（　　）。
  A 并非以云南大理市而命名
  B 由石灰石、白云岩变质而成
  C 我国新疆、西藏、陕、甘、宁均盛产大理石
  D 汉白玉并非大理石中的一种

5-50 (2019)关于玻化砖的说法，错误的是（　　）。
  A 抗冻差，不使用在室外   B 色彩典雅，质地坚硬
  C 是一种无釉面砖   D 耐腐蚀、抗污性强

5-51 (2018)"浮法玻璃"的中文名字来源于一种玻璃成型技术，其发明国家是（　　）。
  A 中国   B 法国   C 英国   D 美国

5-52 (2018)下列有预应力的玻璃是（　　）。
  A 物理钢化玻璃   B 化学钢化玻璃
  C 减薄夹层玻璃   D 电热夹层玻璃

5-53 (2018)点支承地板玻璃应采用（　　）。
  A 夹层玻璃   B 夹丝玻璃
  C 夹层夹丝玻璃   D 钢化夹层玻璃

5-54 (2019)以下不属于"安全玻璃"的是（　　）。
　　　A　镀膜玻璃　　　B　夹丝玻璃　　　C　钢化玻璃　　　D　夹层玻璃

5-55 (2018)关于不锈钢下列说法错误的是（　　）。
　　　A　不属于高合金钢　　　　　　B　含铁、碳、铬、镍
　　　C　含硅、锰、钛、钒　　　　　D　不可着色、抛光

5-56 (2018)下列哪种金属的粉末可以用作调制金属防锈涂料？
　　　A　铜　　　　　B　镁　　　　　C　铁　　　　　D　铝

5-57 (2018)用于调制装饰涂料以代替"贴金"的金属粉末是（　　）。
　　　A　铝粉　　　　B　镁粉　　　　C　铁粉　　　　D　黄铜粉

5-58 (2019)制作金属吊顶面板不应采用（　　）。
　　　A　热镀锌钢板　　　　　　　　B　不锈钢板
　　　C　镀铝锌钢板　　　　　　　　D　碳素钢板

5-59 (2019)关于铝粉（俗称银粉）的用途，下列说法错误的是（　　）。
　　　A　用于调制各种装饰涂料　　　B　用于调制金属防锈涂料
　　　C　用作加气混凝土的发气剂　　D　用于制作泡沫混凝土发泡剂

5-60 (2019)关于不锈钢的说法，正确的是（　　）。
　　　A　不属于高合金钢　　　　　　B　含铁、碳元素
　　　C　不含铬、镍元素　　　　　　D　表面不可抛光、着色

5-61 (2019)关于铅的说法，错误的是（　　）。
　　　A　易于锤击成型　　　　　　　B　抗浓硫酸腐蚀
　　　C　防X、γ射线　　　　　　　 D　高熔点材料

5-62 (2018)弹性地板不适用于（　　）。
　　　A　医院手术室　　　　　　　　B　图书馆阅览室
　　　C　影剧院门厅　　　　　　　　D　超市售货区

5-63 (2018)下列常用地坪涂料面漆，固化温度最低的是（　　）。
　　　A　环氧树脂类　　　　　　　　B　聚氨酯类
　　　C　丙烯酸树脂类　　　　　　　D　乙烯基酯类

5-64 (2019)下列常用作住宅室内墙面涂料的是（　　）。
　　　A　聚乙烯醇系涂料　　　　　　B　过氯乙烯涂料
　　　C　乙丙涂料　　　　　　　　　D　苯丙涂料

5-65 (2019)用于重要公共建筑人流密集的出入口的地毯宜用（　　）。
　　　A　涤纶　　　　B　锦纶　　　　C　腈纶　　　　D　丙纶

5-66 (2019)北宋开封佑国寺塔的主要立面材料为（　　）。
　　　A　铸铁　　　　B　灰砖　　　　C　青石　　　　D　琉璃

5-67 (2018)装修材料的放射性等级中，哪一类可用在教室？
　　　A　A类　　　　B　B类　　　　C　C类　　　　D　B、C类

5-68 (2018)以下哪种材料无需测定其放射性核素限量？
　　　A　汉白玉　　　B　混凝土　　　C　陶瓷　　　　D　铅板

5-69 (2018)以下材料可以称为"绿色建材"的是（　　）。
　　　A　清水混凝土　　　　　　　　B　现场拌制砂浆
　　　C　Q345钢材　　　　　　　　　D　聚乙烯醇水玻璃

5-70 (2018)在生产过程中，二氧化碳排放量最多的材料是（　　）。
　　　A　铝　　　　　B　钢　　　　　C　水泥　　　　D　石灰

5-71 (2018)生产单位重量下列材料,消耗能源最高的是?
　　A　水泥　　　　B　实心黏土砖　　C　铝材　　　　D　钢材

5-72 (2018)不能称为"绿色建筑"的做法是(　　)。
　　A　选用铝合金型材　　　　　　B　更多使用木制品
　　C　采用清水混凝土预制构件　　D　利用当地窑烧黏土砖

5-73 (2019)下列材料不属于"绿色建筑乡土材料"的是(　　)。
　　A　黏土空心砖　　　　　　　　B　石膏蔗渣板
　　C　麦秸板　　　　　　　　　　D　稻壳板

5-74 (2019)下列不被列入"绿色建筑常规材料"的是(　　)。
　　A　吸声混凝土　　　　　　　　B　植被混凝土
　　C　聚合物混凝土　　　　　　　D　透水性混凝土

5-75 (2019)泡沫铝作为"绿色建筑特殊功能材料",下列说法错误的是(　　)。
　　A　是一种超轻金属材料　　　　B　孔隙率可以高达98%
　　C　能用于电磁屏蔽工程　　　　D　发明创制至今已经一个多世纪

5-76 (2019)关于绿色环保纳米涂料性能的说法,错误的是(　　)。
　　A　耐沾污、耐洗刷、抗老化性好　　B　有效抑制细菌、霉菌的生长
　　C　抗紫外线、净化空气、驱除异味　　D　不耐低温、冬季施工多不便

5-77 (2018)幼儿园所选窗帘的耐火等级应为(　　)。
　　A　A级　　　　B　B_1级　　　C　B_2级　　　D　B_3级

5-78 (2018)石膏空心条板的燃烧性能为(　　)。
　　A　不燃　　　　B　难燃　　　　C　可燃　　　　D　易燃

5-79 (2018)配电室的顶棚可以采用以下哪种材料?
　　A　水泥蛭石板　　　　　　　　B　岩棉装饰板
　　C　纸面石膏板　　　　　　　　D　水泥刨花板

5-80 (2019)200mm厚加气混凝土砌块非承重墙,其耐火极限是(　　)。
　　A　2.5h　　　　B　3.5h　　　　C　5.75h　　　D　8.00h

参考答案及解析

5-1 **解析:** 建筑材料按照成分划分为金属材料(包括黑色金属和有色金属)、非金属材料(无机材料和有机材料)和复合材料。也可划分为无机材料(金属材料和非金属材料)、有机材料和复合材料。其中第二种分类方法应用更为普遍。故答案D正确。
答案: D

5-2 **解析:** 水玻璃、石膏和陶瓷属于无机非金属材料。涂料的主要成膜物质为高分子聚合物,属于有机材料。
答案: B

5-3 **解析:** 水泥是由适当组成的生料煅烧而成的人造材料。按照化学成分分类,水泥属于无机非金属材料中的胶凝材料;而且水泥既可以在空气中,也可以在水中硬化,为水硬性胶凝材料,不属于气硬性胶凝材料。故选D。
答案: D

5-4 **解析:** 有机材料包括天然植物(如木材、竹材等),沥青材料(石油沥青、煤沥青等),有机高分子材料(如树脂、橡胶等);石棉和蛭石为无机非金属材料。
答案: B

5-5 **解析:** 密度是指材料在绝对密实状态下单位体积的质量,单位为 g/cm^3。比重(也称相对密度)

是指物质的密度与在标准大气压、4℃的纯水下的密度的比值，比重是无量纲。因为标准大气压，4℃水的密度为$1g/cm^3$，所以物质的密度与比重数值相同，因此，密度俗称比重。密实度是指材料中固体物质的体积占自然状态总体积的百分率，反映材料的致密程度。容重为表观密度的俗称，故应选C。

答案：C

5-6 解析：孔隙率是指材料中孔隙体积占总体积的百分率，反映材料的致密程度，孔隙率越大，材料的表观密度越小，即材料越轻。四种材料中泡沫塑料最轻，孔隙率最大；花岗岩最重，孔隙率最小。四种材料的具体孔隙率值为：木材的孔隙率约为55%~75%，花岗岩孔隙率约为0.6%~1.5%，泡沫塑料的孔隙率约为95%~99%，轻质混凝土的孔隙率约为60%。故选C。

答案：C

5-7 解析：吸水性的指标为吸水率；吸湿性的指标为含水率；耐水性的指标为软化系数；抗渗性的指标为渗透系数或抗渗等级。故选C。

答案：C

5-8 解析：导热率即导热系数，反映材料传递热量的能力；导热系数越大，材料的传热能力越强，保温性能越差。材料的组成成分对其导热性能的影响为：金属材料的导热性能好于非金属材料，无机材料的导热性能好于有机材料。此外，材料的导热性能与孔隙率有关，孔隙率越小，导热性能越好。三种固体材料中，花岗岩孔隙率最小，密实度最大，导热系数最大；其次是普通混凝土，松木孔隙率最大。

水的导热系数为0.58W/(m·K)；松木的导热系数为0.15 W/(m·K)；花岗岩的导热系数为2.9 W/(m·K)；普通混凝土的导热系数为1.8 W/(m·K)。所以，四种物质中，花岗岩的导热率最大。

答案：C

5-9 解析：强度是指材料抵抗荷载破坏作用的能力，通过破坏性试验测得。故选B。

答案：B

5-10 解析：材料的耐磨性是指材料表面抵抗磨损的能力，用磨损率表示。材料的耐磨性与材料的强度、硬度和内部构造有关；一般材料的强度越高，硬度越大；内部构造越致密，材料的耐磨性越好。材料的耐磨性与其表面质感无关。故选C。

答案：C

5-11 解析：材料的耐磨性是指材料表面抵抗磨损的能力，用磨损率表示；耐磨性与材料的强度、硬度和内部构造有关。一般材料的强度越高，硬度越大，内部构造越致密，材料的耐磨性越好。耐磨性与外部温度无关，故应选C。

答案：C

5-12 解析：材料受外力作用，当外力达到一定数值时，材料发生突然破坏，且破坏时无明显的塑性变形，这种性质称为脆性，具有这种性质的材料称脆性材料。脆性材料的抗压强度比抗拉强度大很多；各种非金属材料，如混凝土、石材等属于脆性材料，铸铁也属于脆性材料；脆性材料适合作承压构件。建筑钢材为韧性材料，故应选C。

答案：C

5-13 解析：生石灰的密度约为$3.2g/cm^3$，石膏的密度为$2.5~2.8g/cm^3$（故A错误）；建筑石膏颜色洁白，适用于室内装饰用抹灰、粉刷（故B正确）；建筑石膏制品的化学成分为二水硫酸钙，能溶于水，所以防潮、耐水性差，抗冻性差，只能用于室内干燥环境中（故C正确）；建筑石膏工艺复杂，价格比石灰高（故D正确）。

答案：A

5-14 解析：依据《建筑地面工程施工质量验收规范》GB 50209—2010 第4.6.1条，三合土垫层应采用石灰、砂（可掺入少量黏土）与碎砖的拌和料铺设，其厚度不应小于100mm；四合土垫层应采用水泥、石灰、砂（可掺入少量黏土）与碎砖的拌和料铺设，其厚度不应小于80mm。

四合土是由三合土加少量低强度等级水泥形成的，故应选C。

答案：C

5-15 解析：水玻璃是一种能溶于水中的碱金属硅酸盐，常用的有硅酸钠水玻璃和硅酸钾水玻璃（故B错误）。水玻璃的主要原料为石英砂、纯碱或含硫酸钠的原料。原料磨细，按一定比例配比，在玻璃熔炉内加热至1300～1400℃，熔融而生成的硅酸钠，冷却后即为固态水玻璃（故A错误）。固态水玻璃在0.3～0.8MPa的蒸压锅内加热，溶解为无色、青绿色至棕色的黏稠液体，即成液态水玻璃。水玻璃具有良好的粘结性、耐热性、耐酸性（故C错误）。水玻璃可用于配制建筑涂料及速凝防水剂（因其凝结过速），故关于水玻璃性能说法正确的是D。

答案：D

5-16 解析：厚大体积混凝土应选用水泥水化放热量少的水泥，四个选项中的硅酸盐水泥水化放热量最大，所以厚大体积混凝土不得使用硅酸盐水泥。

答案：C

5-17 解析：我国的水泥质量等级划分为优等品、一等品和合格品三个等级。故选D。

答案：D

5-18 解析：水泥的存放期不宜过长，以免受潮，降低强度等级。储存期自出厂日期算起，通用硅酸盐水泥为三个月。

答案：D

5-19 解析：因为火山灰和粉煤灰活性较低，所以火山灰水泥和粉煤灰水泥不得用于配制耐磨性好、强度高于C40的混凝土。

答案：C

5-20 解析：砂子表面粗糙，与水泥浆体粘结力强。光滑表面的砂子与水泥浆体粘结力小。在选项所给的四种天然砂中，河砂、湖砂和海砂受水的冲刷，表面光滑；而山砂表面粗糙，与水泥浆体粘结力最强。

答案：A

5-21 解析：拌合和养护混凝土用水中不得含有影响水泥正常凝结和硬化的有害物质。污水、pH值小于4、硫酸盐含量（按SO_4^{2-}计）超过1%、含有油脂或糖的水不能拌制混凝土。在钢筋混凝土和预应力混凝土结构中，不得用海水拌制混凝土。适合饮用的水是拌制和养护混凝土的最佳水源。

答案：C

5-22 解析：混凝土拌合物的和易性又称工作性，是指混凝土拌合物易于施工操作，获得成型密实混凝土的性能。包括流动性，黏聚性和保水性三个方面，不包括纯净性。

答案：B

5-23 解析：混凝土拌合物的流动性可用坍落度、维勃稠度和扩展度表示。坍落度小于10mm的干硬性混凝土拌合物用维勃稠度表示，坍落度用于检验坍落度不小于10mm的混凝土拌合物，扩展度用于表示泵送高强混凝土和自密实混凝土。《混凝土质量控制标准》GB 50164—2011将混凝土拌合物按照坍落度划分S1～S5五级。

《混凝土质量控制标准》GB 50164—92按照坍落度将混凝土拌合物分为低塑性混凝土、塑性混凝土、流动性混凝土和大流动性混凝土，分别对应于S1～S5级。所以低塑性混凝土的坍落度对应于S1，即坍落度为10～40mm。

答案：B

5-24 解析：松香是指以松树松脂为原料，通过不同的加工方式得到的非挥发性天然树脂。松香在机械搅拌作用下产生大量稳定的气泡，所以制作泡沫混凝土常用的泡沫剂为松香；故应选 B。

答案：B

5-25 解析：蒸压加气混凝土砌块是以钙质材料（石灰、水泥）、硅质材料（石英砂、粉煤灰、矿渣等）和发气剂（或称加气剂）铝粉制成。所以生产原料中不包括石膏和黏土。

答案：D

5-26 解析：硫是钢材中的有害元素，硫含量高的钢材在高温下进行压力加工时，容易脆裂，这种现象称为热脆性；故应选 D。

答案：D

5-27 解析：含碳量大于 2% 的铁碳合金为生铁，常用的是灰口生铁，其中碳全部或大部分呈石墨的形式存在，断口为灰色，故称为灰铸铁或简称为铸铁。铸铁性脆，无塑性，抗压强度高，抗拉强度和抗弯强度低；在建筑中不宜用作结构材料，尤其是屋架结构件。在建筑中使用铸铁制作上下水管道及其连接件，也用于排水沟、地沟、窨井盖板等。在建筑设备中常用铸铁制作暖气片及各种零部件。此外，铸铁也是一种常见的建筑装修材料，用于制作门、栏杆、栅栏及某些建筑小品。故选 C。

答案：C

5-28 解析：一般钢筋混凝土结构中大量使用的钢材是热轧钢筋。

答案：B

5-29 解析：木材使用前需要的处理有：干燥（目的是防止木材腐蚀、虫蛀、翘曲与开裂，保持其尺寸及形状的稳定性，便于作进一步的防腐与防火处理）；防腐（木材的腐朽主要由木腐菌引起的，木腐菌在木材中生存与繁殖，必须具备水分、空气和温度三个条件；此外，木材还会受到白蚁、天牛等昆虫的蛀蚀）；防火（木材是易燃物质，使用前需做好阻燃、防火处理）。故锯解切材不是木材在加工使用前必须的处理。

答案：A

5-30 解析：北京刺槐抗弯强度为 127MPa，东北白桦的抗弯强度为 90MPa，湖南杉树的抗弯强度为 64MPa，华山松的抗弯强度为 107MPa。另外，白桦、杉树和松为针叶树，刺槐为阔叶树，一般针叶树强度低于阔叶树。所以四种木材中北京刺槐的抗弯强度最大。

答案：A

5-31 解析：陕西黄帝陵祭祀大殿最近一次整修是 1993 年开始，第一期工程 2001 年 8 月竣工。江西南昌滕王阁为江南三大名楼之一，今日的滕王阁是 1989 年重建。湖北武汉的黄鹤楼始建于三国时期吴黄武二年（公元 223 年），现在的黄鹤楼是 1985 年重建的。山西应县释迦塔，因其所在地而俗称为应县木塔，被认定为辽代始建，应县木塔被认为是世界现存最古老、最高的木塔，被誉为"天下第一塔"；故本题应选 C。

答案：C

5-32 解析：当代三大合成高分子材料为合成橡胶、塑料和合成纤维，不包含合成涂料，故应选 B。

答案：B

5-33 解析：塑料的优点是：密度小、比强度大（玻璃钢的比强度超过钢材）、耐化学腐蚀、隔声、绝缘、绝热、抗震、装饰性好等；同时，建筑塑料的缺点是：耐老化性差、耐热性差、不耐火、易燃、弹性模量小、刚度差等。耐酸碱即为耐化学腐蚀，故应选 C。

答案：C

5-34 解析：以聚氯乙烯（PVC）树脂为原料，加入适量添加剂，按适当配比混合，经挤出机制成各种型材，型材经过加工组装成塑钢门窗。聚氯乙烯是应用最广泛的一种塑料，被广泛应用于塑钢门窗、塑料地板、吊顶板等。

答案：C

5-35 解析：聚氯乙烯（PVC）地板是一种非常流行的轻体地面装饰材料，也称为"轻体地板"。聚乙烯主要用于防水材料、给排水管和绝缘材料；聚丙烯主要用于制作管材、卫生洁具等；聚苯乙烯主要以泡沫塑料的形式作为隔热材料。

答案：C

5-36 解析：聚碳酸酯（PC）阳光板是以高性能聚碳酸酯加工而成，具有透明度高、轻质、抗冲击、隔声、隔热、难燃、抗老化等特点，但不耐酸、不耐碱，是一种新型节能环保型塑料板材。环氧树脂代号为 EP，聚苯乙烯代号为 PS，聚甲基丙烯酸甲酯（即有机玻璃）代号为 PMMA。

答案：D

5-37 解析：柏油为煤焦油（即焦油沥青），曾经用作铺设道路路面。但因为煤焦油对人的健康有危害，许多国家已经禁止在道路工程中使用煤焦油。但因为约定俗成的关系，目前人们依然习惯把石油沥青路面称作柏油路。所以铺路常用的"柏油"为石油沥青。

答案：C

5-38 解析：嵌缝材料是嵌堵结构或构件接缝的材料，必须具有良好的柔韧性、弹性，嵌缝后接缝严密、不漏水。硅橡胶耐低温性能良好，一般在－55℃下仍能工作，引入苯基后，可达－73℃；硅橡胶的耐热性能也很突出，在180℃下可长期工作，稍高于200℃也能承受数周或更长时间仍有弹性，瞬时可耐300℃以上的高温。聚硫橡胶具有优异的耐油和耐溶剂性，收缩较小，适用于细小的嵌缝。聚氯乙烯胶泥具有良好的粘结性、尺寸稳定性、耐腐蚀性，低温柔韧性好，可在较低温度下施工和应用。环氧聚硫橡胶具有粘结性好、强度高等特点，适用于变形小，密封要求高的工程。总之，既适合低温（－60℃）环境，又适合高温（150℃）环境的优质嵌缝材料是硅橡胶。

答案：A

5-39 解析：硅橡胶是指主链由硅和氧原子交替构成，硅原子上通常连有两个有机基团的橡胶。硅橡胶耐低温性能良好，一般在－55℃下仍能工作；引入苯基后，可达－73℃。硅橡胶的耐热性能也很突出，在180℃下可长期工作，稍高于200℃也能承受数周或更长时间仍有弹性，瞬时可耐300℃以上的高温，故 B 是错误说法。但是价格较贵，适用于低温或高温下的嵌缝。

答案：B

5-40 解析：冷底子油是将沥青溶解于汽油、轻柴油或煤油中制成的沥青涂料，可在常温下用于防水工程的底层，故称为冷底子油。沥青涂料应该属于防水涂料的一种；此外，防水涂料还包括高聚物改性沥青防水涂料和合成高分子防水涂料。

答案：A

5-41 解析：挤塑聚苯乙烯泡沫塑料导热系数为 0.03～0.04W(m·K)；玻璃棉板的导热系数为 0.035～0.041W(m·K)；加气混凝土板的导热系数为 0.093～0.164W(m·K)；软木板的导热系数为 0.052～0.70 W(m·K)。所以四种保温材料中，导热系数最小的是挤塑聚苯乙烯泡沫塑料。

答案：D

5-42 解析：导热系数小于 0.23W/(m·K)的材料为绝热材料。无机绝热材料有矿渣棉及制品、玻璃棉及制品、膨胀珍珠岩及制品、膨胀蛭石及制品、泡沫混凝土、加气混凝土、泡沫玻璃、微孔硅酸钙等；有机绝热材料有泡沫塑料、松木板、木丝板、蜂窝板等。石膏板常用于室内装饰，不是绝热材料。

答案：B

5-43 解析：岩棉是以玄武岩为主要原料，在 1450℃以上的高温下熔化，高速离心制成的无机纤维。

答案：B

5-44 解析：4 种材料的耐低温情况如下：聚苯乙烯泡沫塑料－100℃，硬质聚氯乙烯泡沫塑料－35℃，硬质聚氨酯泡沫塑料-100℃，脲醛泡沫塑料-200℃。

答案：D

5-45 解析：50mm 厚玻璃棉平均吸声系数为 0.38，50mm 厚脲醛泡沫塑料平均吸声系数为 0.58，44mm 厚泡沫玻璃平均吸声系数为 0.37，30mm 厚毛毯平均吸声系数为 0.33。所以，在四种材料中吸声效果最好的是 50mm 厚脲醛泡沫塑料。

答案：B

5-46 解析：吸声材料为多孔材料，气孔为开口孔，且互相连通。吸声材料强度较低且容易吸湿，所以安装时应注意，防止碰坏，且应考虑胀缩影响；此外，还要防火、防腐和防蛀。所以，吸声材料设置的综合"四防"应为防撞坏、防吸湿、防火燃、防腐蚀。

答案：B

5-47 解析：中国赵州桥、印度泰姬陵和埃及太阳神庙均为采用天然石材建造。科威特大塔 1973 年动工，1977 年 2 月落成。建造此塔是为向市内高层建筑供水，但独具匠心的设计者却把它设计成了既可贮水又可供人游览的高空大塔。此塔主要采用钢筋混凝土作为结构材料。

答案：C

5-48 解析：天然岩石的化学成分中二氧化硅含量大于 63% 的为酸性岩石，耐酸性强。在选项的四种砂岩中，硅质砂岩中二氧化硅含量最高，属于酸性岩石，是可用于纪念性建筑并满足耐酸要求的砂岩。

答案：A

5-49 解析：大理石是由石灰岩和白云岩变质而成；其主要造岩矿物为方解石，化学成分为碳酸钙，易被酸腐蚀，故不宜用于室外饰面材料（B 正确）。但是，其中的汉白玉为白色大理石，具有良好的耐风化性能，可以用于室外（D 错误）。我国的云南的大理盛产大理石，故大理石以云南大理命名（A 错误）。此外，我国的大理石产地还有，山东、四川、安徽、江苏、浙江、北京、辽宁、广东、福建、湖北等地（C 错误）。

答案：B

5-50 解析：玻化砖是瓷质抛光砖的俗称，是以通体砖为坯体，表面经过研磨抛光而成的一种光亮的砖，色彩典雅，属于通体砖的一种，是一种无釉面砖。玻化砖吸水率很低，质地坚硬，耐腐蚀、抗污性强，抗冻性好。故 A 错误。

答案：A

5-51 解析：浮法玻璃是 20 世纪 50 年代由英国皮尔金顿玻璃公司的阿士达·皮尔金顿爵士发明的。该方法是将玻璃熔液流入装有熔融金属锡的容器内，玻璃液浮于锡液表面后自然形成两边平滑的表面，故称为浮法玻璃。

答案：C

5-52 解析：钢化玻璃是一种预应力玻璃，为提高玻璃的强度，通常使用化学或物理的方法（物理方法即淬火，目前建筑玻璃的钢化均用此法）在玻璃表面形成压应力，玻璃承受外力时首先抵消表层应力，从而提高了承载能力，改善了玻璃的抗拉强度。钢化玻璃的主要优点有两条：第一是强度较之普通玻璃提高数倍，抗弯强度是普通玻璃的 3～5 倍，抗冲击强度是普通玻璃 5～10 倍，提高强度的同时亦提高了安全性；第二个优点是其承载能力增大改善了易碎性质，即使钢化玻璃破坏也呈无锐角的小碎片状，极大地降低了对人体的伤害。钢化玻璃耐急冷急热的性质较之普通玻璃有 2～3 倍的提高，一般可承受 150℃ 以上的温差变化，对防止热炸裂也有明显的效果。故本题选项 A、B 均正确。

答案：A、B

5-53 解析：依据《建筑玻璃应用技术规程》JGJ 113—2015 中的第 9 节，地板玻璃设计规定：地板玻璃适宜采用隐框支承或点支承，地板玻璃必须采用夹层玻璃，点支撑地板玻璃必须采用钢化夹层玻璃。

答案：D

5-54 解析：根据《全国民用建筑工程设计技术措施 规划·建筑·景观》，安全玻璃是指符合现行国家标准的钢化玻璃、夹层玻璃及由钢化玻璃或夹层玻璃组合加工而成的其他玻璃制品，如安全中空玻璃等。故选项C、D属于安全玻璃。

镀膜玻璃的概念只是就玻璃的保温、隔热功能而说的，不能笼统地说镀膜玻璃是安全玻璃。故选项A不属于安全玻璃。

夹丝玻璃又称防碎玻璃、钢丝玻璃或防火玻璃，它比普通玻璃强度高，受冲击或温度剧变时，破裂而不碎散，可以避免碎片飞出伤人，且具有能防火、防盗的优点；但夹丝玻璃破裂后，切口处的铁丝网生锈严重时，体积膨胀，可能产生裂化，导致边缘强度降低。故选项B不属于安全玻璃。

答案：A、B

5-55 解析：合金元素含量大于10%为高合金钢。不锈钢为含铬12%以上的合金钢，还可以加入镍、钛等合金元素，所以不锈钢为高合金钢，A错误。合金钢具有良好的耐腐蚀性和抛光性。以不锈钢为基板，可用化学氧化法制成彩色不锈钢，D错误。

答案：A、D

5-56 解析：铝粉（俗称银粉），主要用于调制各种装饰材料和金属防锈涂料。铝粉也用作加气混凝土的发气剂（或称加气剂）。

答案：D

5-57 解析：黄铜粉俗称金粉，用于调制装饰涂料，代替"贴金"。

答案：D

5-58 解析：制作金属吊顶板采用的钢材需要有良好的耐腐蚀性。热镀锌钢板表面有热浸镀或电镀锌层，具有良好的耐腐蚀性。不锈钢板含有12%以上铬合金，耐腐蚀性好。镀锌铝钢板表面有铝锌合金覆盖，锌铝合金钢板具有良好的耐腐蚀、耐热性，热反射率很高，也可用作隔热材料。碳素钢板耐腐蚀差，所以不宜用于制作金属吊顶板。

答案：D

5-59 解析：铝粉（俗称银粉），主要用于调制各种装饰材料和金属防锈涂料。铝粉也可用作加气混凝土的发气剂（或称加气剂）。泡沫混凝土的发泡剂为松香。故D错误。

答案：D

5-60 解析：合金元素含量大于10%为高合金钢。不锈钢为含铬12%以上的合金钢，还可以加入镍、钛等合金元素，所以不锈钢属于高合金钢，A、C错误。合金钢具有良好的耐腐蚀性和抛光性。以不锈钢为基板，可用化学氧化法制成彩色不锈钢，D错误。

答案：B

5-61 解析：铅是一种柔软的低熔点（327℃）金属，D错误。抗拉强度低，延展加工性能好。由于熔点低，所以便于熔铸，易于锤击成型，故常用于钢铁管道接口处的嵌缝密封材料，A正确。铅板和铅管是工业上常用的耐腐蚀材料，能经受浓度为80%的热硫酸和浓度为92%的冷硫酸的侵蚀，B正确。铅板是射线的屏蔽材料，能防止X射线和γ射线的穿透，C正确。

答案：D

5-62 解析：弹性地板不适用于室外环境，也不适合用于经常受到重度荷载或对地面有严重刮擦的区域，如购物中心、大型仓库等公共建筑的入口处和公路、铁路运输车站等。超市售货区属于购物中心不适宜采用弹性地板。

答案：C

5-63 解析：环氧树脂的固化温度为60~80℃，聚氨酯固化温度为80~90℃，丙烯酸树脂的固化温度为 120℃左右，乙烯基酯的固化温度为 110℃左右；所以四个选项中固化温度最低的是 A。

答案：A

5-64 解析：聚乙烯醇系涂料主要有聚乙烯醇水玻璃涂料（106 涂料），是以聚乙烯醇和水玻璃作为成膜物质，加入填料和助剂而成。但是《民用建筑工程室内环境污染控制标准》GB 50325—2020 规定，民用建筑工程室内装修时，不应采用聚乙烯醇水玻璃内墙涂料、聚乙烯醇缩甲醛内墙涂料和树脂以硝化纤维素为主、溶剂以二甲苯为主的水包油型多彩内墙涂料。过氯乙烯涂料常用作地面涂层，苯丙乳液涂料无毒、不燃、有一定的透气性，常用作住宅内墙涂料。

答案：D

5-65 解析：聚丙烯纤维（丙纶）质量轻，耐磨性、耐酸碱性好，回弹性、抗静电性较差，耐燃性较好。聚丙烯腈纤维（腈纶）柔软保暖，弹性好，耐晒性好，耐磨性较差，抗静电性优于丙纶。聚酯纤维（涤纶）耐热、耐晒、耐磨性较好，即兼具丙纶和腈纶的优点，但价格高于这两种纤维。聚酰胺纤维（尼龙或锦纶）坚固柔韧，耐磨性最好。重要公共建筑人流密集的出入口处的地毯应该选择耐磨性好的地毯，所以应该选择锦纶地毯。

答案：B

5-66 解析：北宋开封佑国寺塔因为塔身以褐色的琉璃瓦镶嵌而成，酷似铁色，故俗称铁塔。

答案：D

5-67 解析：《建筑材料放射性核素限量》GB 6566—2010 第 3.2 条，根据装饰装修材料放射性水平大小，将其划分为 A、B、C 三类。(1) 装饰装修材料中天然放射性核素镭-226、钍-232、钾-40 的放射性比活度同时满足 $I_{Ra}\leqslant 1.0$ 和 $I_r\leqslant 1.3$ 要求的为 A 类装饰装修材料，A 类装饰装修材料的产销和使用范围不受限制；(2) 不满足 A 类装饰装修材料要求但同时满足 $I_{Ra}\leqslant 1.3$ 和 $I_r\leqslant 1.9$ 要求的为 B 类装饰装修材料，B 类装饰装修材料不可用于Ⅰ类民用建筑的内饰面，但可用于Ⅱ类民用建筑、工业建筑内饰面及其他一切建筑的外饰面；(3) 不满足 A、B 类装饰装修材料要求但满足 $I_r\leqslant 2.8$ 要求的为 C 类装饰装修材料，C 类装饰装修材料只可用于建筑物的外饰面及室外其他用途。

民用建筑分为Ⅰ类民用建筑和Ⅱ类民用建筑。Ⅰ类民用建筑包括住宅、老年公寓、托儿所、医院、学校、办公楼和宾馆等；Ⅱ类民用建筑包括商场、文化娱乐场所、书店、图书馆、展览馆、体育馆和公共交通候车室、餐厅、理发店等。

教室属于Ⅰ类民用建筑，其室内装修应选择 A 类装饰装修材料。

答案：A

5-68 解析：《建筑材料放射性核素限量》GB 6566—2010 适用于对放射性核素限量有要求的无机非金属类建筑材料，该标准为国内陶瓷、石材等建筑材料企业的生产销售提出了明确的规范。铅为没有放射性的金属，所以铅板无需测定其放射性核素。

答案：D

5-69 解析：根据《绿色建筑评价标准》GB/T 50378—2019 第 7.1.10.2 款规定，现浇混凝土应采用预拌混凝土，建筑砂浆应采用预拌砂浆；故选项 B"现场拌制砂浆"不符合要求。第 7.2.15.2 款规定：Q345 及以上高强钢材用量占钢材总量的比例达到 50%，得 3 分；达到 70%，得 4 分；故选项 C"Q345 钢材"符合要求。聚乙烯醇水玻璃涂料（俗称 106 涂料）耐水性差，不耐擦洗，而且聚乙烯醇类及其各种改性的水溶性涂料档次较低，性能较差，又不同程度含有甲醛，属于淘汰产品；故选项 D"聚乙烯醇水玻璃"不符合要求。混凝土无法循环利用，故选项 A"清水混凝土"不符合要求。

答案：C

5-70 解析：《民用建筑绿色设计规范》JGJ/T 229—2010 条文说明第 7.3.4 条：为降低建筑材料生产过程中对环境的污染，最大限度地减少温室气体排放，保护生态环境，本条鼓励建筑设计阶段选择对环境影响小的建筑体系和建筑材料。由解表可知铝材在生产过程中二氧化碳排放量最多。

单位重量建筑材料生产过程中排放 CO_2 的指标 X_i（t/t）　　题 5-70 解表

钢材	铝材	水泥	建筑玻璃	建筑卫生陶瓷	实心黏土砖	混凝土砌块	木材
2.0	9.5	0.8	1.4	1.4	0.2	0.12	0.2

答案：A

5-71　解析：根据《民用建筑绿色设计规范》JGJ/T 229—2010 条文说明第 7.3.3 条，建筑材料从获取原料、加工运输、产品制作、施工安装、维护、拆除、废弃物处理的全寿命周期中会消耗大量能源。在此过程中能耗少的材料更有利于实现建筑的绿色目标。单位重量建筑材料生产过程中消耗能耗的指标 X_i(GJ/t)见解表，由解表可知，生产单位重量铝材的能耗最高。

单位重量建筑材料生产过程中消耗的指标 X_i(GJ/t)　　题 5-71 解表

钢材	铝材	水泥	建筑玻璃	建筑卫生陶瓷	实心黏土砖	混凝土砌块	木材
29.0	180.0	5.5	16.0	15.4	2.0	1.2	1.8

答案：C

5-72　解析：黏土砖取材于耕地，其生产过程破坏土壤，占用耗地。为了保护珍贵的土地资源，保护耕地；切实做好节能减排，保护生存环境；国家有关部门下了建筑行业施工禁止使用普通黏土烧结砖的禁令。所以选项 D 利用当地窑烧黏土砖不能称为"绿色建筑"的做法。

答案：D

5-73　解析：麦秸是一种农作物加工后的剩余物，以其为原料制成的麦秸板，具有轻质、坚固耐用、防蛀、抗水、无毒等特点，是可代替木材和轻质墙板的新型绿色建材。石膏蔗渣板以纯天然石膏和甘蔗渣为主要原料，可广泛应用于室内隔墙、隔断、轻型复合墙体、吊顶、绝缘防静电地板、防火墙、隔声墙等。具有施工方便、可调节室内环境舒适度的特点。稻壳也是一种农作物加工后的废弃物，以其为原料生产的稻壳板是一种新型建筑材料。黏土空心砖以黏土为原料，属于乡土材料，但由于制作黏土砖侵占耕地，浪费土地资源，且不利于节能减排，故不属于绿色建筑材料。

答案：A

5-74　解析：吸音混凝土具有连续、多孔的内部结构，可与普通混凝土组成复合结构；吸音混凝土是为了减少交通噪声而开发的，可以改变室内的声环境。植被混凝土是由高强度粘结剂把较大粒径的骨料粘结而成，利用骨料间的空隙贮存能使植物生长的基质，通过播种或其他手段得到多种植物在基质中生长，完成生态环境的植被恢复。透水性混凝土也称无砂大孔混凝土，大的孔径有利于雨水渗透，适用于城市公园、居民小区、工业园区、学校、停车场等的地面和路面。聚合物混凝土是指由有机聚合物、无机胶凝材料胶结而成的混凝土，具有抗拉强度高、抗冲击韧性、抗渗性、耐磨性均较好等特点；但是耐热性、耐火性、耐候性较差，主要用于铺设无缝地面，也用于修补混凝土路面和机场跑道面层等。综上所述，聚合物混凝土不属于绿色建材。

答案：C

5-75　解析：泡沫铝是在纯铝或铝合金中加入添加剂后，经过发泡而成一种新型绿色建筑材料（D 错误），兼具金属铝和气泡的特征。孔隙率高达 98%，轻量质，密度为金属铝的 0.1~0.4 倍；耐高温、防火性能强、吸收冲击能力强、抗腐蚀、隔声降噪、电磁屏蔽性好，耐候性强，易加工和安装，可进行表面涂装。

答案：D

5-76　解析：绿色环保纳米抗菌涂料是采用稀土激活无机抗菌剂与纳米材料技术相结合的方式生产的涂料，具有许多独特的性能。涂层耐擦洗、耐老化和耐沾污性好；能有效抑制细菌、霉菌的生长，吸收空气中的有机物及异味；可净化空气中的 CO_2、NO_2、SO_2、NH_3、VOC 及吸烟产生的其他有害气体；抗紫外线辐射，能增加空气中的负离子浓度，改善空气质量，改善睡眠，促进人体新陈代谢；且涂料的耐低温性好。

答案：D

5-77　解析：《建筑内部装修设计防火规范》GB 50222—2017 规定：幼儿园窗帘燃烧性能等级应为 B_1 级。

答案：B

5-78　解析：《建筑内部装修设计防火规范》GB 50222—2017 规定：石膏板燃烧性能等级应为 A 级，即为不燃材料。

答案：A

5-79　解析：《建筑内部装修设计防火规范》GB 50222—2017 规定：消防水泵房、机械加压送风排烟机房、固定灭火系统钢瓶间、配电室、变压器室、发电机房、储油间、通风和空调机房等，其内部所有装修材料均应采用 A 级装修材料。岩棉装饰板、纸面石膏板和水泥刨花板的燃烧性能等级为 B_1 级，水泥蛭石板的燃烧性能等级为 A 级，所以配电室的顶棚可以采用水泥蛭石板。

答案：A

5-80　解析：依据《建筑设计防火规范》GB 50016—2014（2018 年版）中对各类非木结构构件燃烧性能和耐火极限的规定，200mm 厚加气混凝土砌块非承重墙的耐火极限为 8.00h。

答案：D

第六章 建 筑 构 造

本章考试大纲：理解建筑室内外工程各部位的构造要求及各构造层次的作用。掌握建筑室内外工程常用构造的设计，能正确选用材料和做法，并符合规范规定及工艺要求。

本章复习重点：重要考点最多的是建筑装饰装修构造、墙体构造和屋顶构造三个部分，其次是地面和路面构造、幕墙构造、地下室构造、门窗构造和变形缝构造等部分。对于各节中标注的重点内容，考生应加强学习并深入理解和掌握。

由于本章内容为二级注册建筑师考试新增内容，因此本章例题与习题为一级注册建筑师考试相关历年真题，为考生提供参考。

第一节 建筑构造综述

一、建筑的本质

建筑在本质上是为人类的生活和生产而创造的人工空间与环境。建筑的本质包括建筑空间和建筑物实体两个要素，二者是建筑的一体两面，互相依存，缺一不可。

二、建筑构造的研究对象

建筑构造的研究对象不是建筑中的人工空间，而是由基础、墙体、楼板、地坪、屋顶、门窗、楼梯等各种部品按特定原理和方法组合并建造而成的建筑物实体系统。

三、建筑物的构造组成

建筑物实体是一个复杂的、动态的大系统，由结构子系统、围护和分隔子系统以及设备子系统组成：结构子系统是建筑物的承重骨架，由能承受和传递各种作用（荷载）并具有适当刚度的部分组成；围护和分隔子系统由不承重但作为界面围合和分隔空间的部分组成；设备子系统包括给水排水系统、照明系统、电信系统、采暖系统、空调系统、供气系统等。建筑物系统处在不断的运动和变化过程中，可能给建筑物带来诸如变形、开裂等破坏。建筑设计应能适应建筑施工、使用、维修等动态的变化，以提高建筑物的质量和耐久性。

建筑物实体的构造组成一般包括水平建筑构件（地坪、楼板、屋顶等）、竖向建筑构件（基础、墙和柱、门窗等），以及解决上下层交通联系用的楼梯等基本构件，此外，还有阳台、雨篷、台阶、散水等附属构件（图6-1）。

1. 地坪、楼板

地坪是建筑物底层房间与土壤层的隔离构件，除承受作用于其上的荷载外，还具有防水、防潮、保温等功能。实铺地坪必须防潮，空铺地坪则类似于楼板而无顶棚。

楼板是建筑物分隔上下层空间的水平承重构件。楼板把建筑空间在垂直方面划分为若

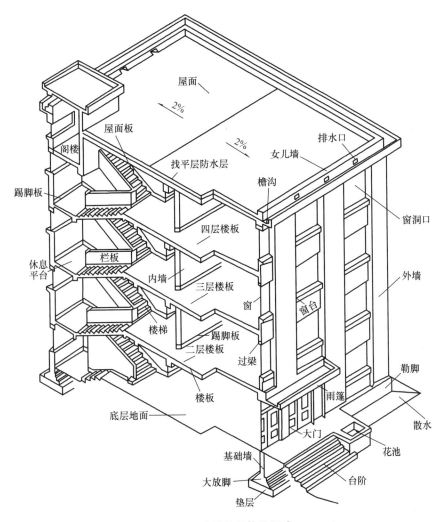

图 6-1 建筑物的构造组成

干层,它既是上层空间的地,又是下层空间的顶,两个方面都要做好处理。尤其是浴厕、厨房等用水房间的楼面处理更要满足防水、防火等方面的要求。

2. 屋顶

屋顶是建筑物最上部的水平承重构件,它承受屋顶的全部荷载,并将荷载传给承重墙或柱。同时屋顶作为围护构件,它抵御着自然界中的雨、雪、太阳辐射等对建筑物顶层空间的影响。

3. 墙和柱

墙是建筑物的竖向围护和分隔构件,外墙起着抵御各种自然界因素对室内侵袭的作用;内墙起着分隔室内空间的作用。在墙体承重结构中,墙体又是竖向承重构件,它承受着屋顶、楼板等传来的荷载,连同墙体自重一起传给基础。

用柱子替代墙体作为建筑物竖向承重构件,可以提高空间的灵活性,同时满足结构的需要。

407

4. 基础

基础是建筑物最下部的承重构件，它承受建筑物的全部荷载，连同其自身重量传递给地基。因此基础必须具有足够的强度、刚度、稳定性和耐久性。

5. 楼梯等竖向交通设施

楼梯是非单层建筑中解决竖向交通的建筑构件。楼梯主要作为楼层间的通道，在处于火灾、地震等事故状态时供人们紧急疏散。楼梯应满足坚固、安全和足够通行能力的要求。高层建筑物中，除设置楼梯外，还应设置电梯。

6. 门窗

门和窗是围护构件上可以启闭的部分。门主要是供人们内外交通之用，有的兼有通风和采光的作用。窗主要是采光、通风和观望之用。根据不同情况，门窗应具有保温、隔热、隔声等功能。

四、建筑构造设计的基本原则

建筑构造设计是对建筑物中的部件、构件、配件进行的详细设计，以达到建造的技术要求并满足使用功能和艺术造型的要求。建筑构造设计是建筑设计的重要组成部分，在进行建筑设计的同时，必须提供切实可行的构造方案和细部节点设计以保证建筑工程的实施。

建筑构造设计通常通过建筑大样图（节点详图）表达，应按照国家有关制图标准的各项要求规范地进行绘制。

在建筑构造设计过程中，应遵守以下基本原则：

（1）满足建筑物的使用功能及变化的要求。建筑构造设计必须最大限度地满足建筑物的使用功能，同时考虑对建筑使用过程中的灵活变化需求的适应，这也是整个设计的根本目的。

（2）确保结构安全可靠。房屋建筑设计不仅要对其进行必要的结构系统计算，在构造设计时，也要认真分析荷载的性质、大小，合理确定构件尺寸，确保其强度、刚度和稳定性，并确保构件间连接可靠。

（3）充分发挥所用材料的各种性能。按照不同的功能要求合理选择材料，根据材料的各项物理、力学和化学等性质进行材料的构造组合和构造连接设计。

（4）注意施工的可能性和现实性，适应建筑工业化的需要。建筑构造应尽量采用标准化设计，采用定型通用构配件，以提高构配件间的通用性和互换性，为构配件生产工业化、施工机械化提供条件。

（5）执行各项建筑法规和技术规范，考虑建筑经济、社会和环境的综合效益。执行建设指导方针，严格遵守各项政策、法规和强制性标准。从材料选择到施工方法都必须注意保护环境，降低资源消耗，节约投资，贯彻可持续发展原则。

（6）注重感官效果及对建筑空间构成的影响。建筑细部构造，直接影响着建筑物的整体艺术效果，因此建筑构造方案应满足人们的审美要求，并与建筑空间艺术协调统一。

综上所述，建筑构造设计的总原则应是坚固适用、先进合理、经济美观和可持续发展。

五、建筑物的分类

建筑物可以依据不同的标准进行分类，常见的分类方法有以下几种：

(一) 按使用功能分类

建筑物按使用功能的不同，具体可划分为以下三种基本类型：

1. 民用建筑

供人们居住和进行公共活动的建筑的总称，可分为居住建筑和公共建筑两大类。

（1）居住建筑：供人们居住使用的建筑，可分为住宅建筑和宿舍建筑。

（2）公共建筑：供人们进行各种公共活动的建筑，可分为交通建筑、商业建筑、餐饮建筑、观演建筑、博物馆建筑、图书馆建筑、会展建筑、体育建筑、旅馆建筑、老年人照料设施建筑、托儿所幼儿园建筑、医疗建筑、教育建筑、纪念建筑、娱乐建筑、广播邮电建筑、市政建筑、宗教建筑、园林建筑等诸多类型。

2. 工业建筑

以工业性生产为主要使用功能的建筑。由生产厂房和生产辅助用房组成，其中生产辅助用房包括仓库及公用辅助用房等。

（1）单层工业厂房：这类厂房主要用于重工业类的生产企业。

（2）多层工业厂房：这类厂房主要用于轻工业类的生产企业。

（3）层次混合的工业厂房：这类厂房主要用于化工类的生产企业。

3. 农业建筑

以农业性生产为主要使用功能的建筑，如粮库、农机站、饲养场等。

(二) 按结构类型分类

结构类型是以承重构件的选用材料与制作方式、传力方法的不同而划分，一般分为以下几种。

1. 砌体结构

这种结构的竖向承重构件是以烧结砖（普通砖、多孔砖）、蒸压砖（灰砂砖、粉煤灰砖）、混凝土砖或混凝土小型空心砌块砌筑的墙体，水平承重构件是钢筋混凝土楼板及屋面板，主要用于多层建筑中。

《砌体结构通用规范》GB 55007—2021 中规定：

本规范为强制性工程建设规范，全部条文必须严格执行。现行工程建设标准中有关规定与本规范不一致的，以本规范的规定为准。

（1）砌体结构工程必须执行本规范。

（2）砌体结构应布置合理、受力明确、传力途径合理，并应保证砌体结构的整体性和稳定性。

（3）砌体结构所处的环境类别应依据气候条件及结构的使用环境条件按表6-1分类。

（4）砌体结构应根据块材类别和性能，选用与其匹配的砌筑砂浆。

（5）砌体结构不应采用非蒸压硅酸盐砖、非蒸压硅酸盐砌块及非蒸压加气混凝土制品。

（6）长期处于200℃以上或急热急冷的部位，以及有酸性介质的部位，不得采用非烧结墙体材料。

砌体结构使用环境分类　　　　　　　　　　表 6-1

环境类别	环境名称	环境条件
1	干燥环境	干燥室内、外环境；室外有防水防护环境
2	潮湿环境	潮湿室内或室外环境，包括与无侵蚀性土和水接触的环境
3	冻融环境	寒冷地区潮湿环境
4	氯侵蚀环境	与海水直接接触的环境，或处于滨海地区的盐饱和的气体环境
5	化学侵蚀环境	有化学侵蚀的气体、液体或固态形式的环境，包括有侵蚀性土壤的环境

（7）砌体结构中的钢筋应采用热轧钢筋或余热处理钢筋。

（8）砌体结构中应推广应用以废弃砖瓦、混凝土块、渣土等废弃物为主要材料制作的块体。

（9）对处于环境类别 1 类和 2 类的承重砌体，所用块体材料的最低强度等级应符合表 6-2 的规定；对配筋砌块砌体抗震墙，表 6-2 中 1 类和 2 类环境的普通、轻骨料混凝土砌块强度等级为 MU10；安全等级为一级或设计工作年限大于 50 年的结构，表 6-2 中材料强度等级应至少提高一个等级。

1 类、2 类环境下块体材料最低强度等级　　　　表 6-2

环境类别	烧结砖	混凝土砖	普通、轻骨料混凝土砌块	蒸压普通砖	蒸压加气混凝土砌块	石材
1	MU10	MU15	MU7.5	MU15	A5.0	MU20
2	MU15	MU20	MU7.5	MU20	—	MU30

（10）夹心墙的外叶墙的砖及混凝土砌块的强度等级不应低于 MU10。

（11）填充墙的块材最低强度等级，应符合下列规定：

1）内墙空心砖、轻骨料混凝土砌块、混凝土空心砌块应为 MU3.5，外墙应为 MU5；

2）内墙蒸压加气混凝土砌块应为 A2.5，外墙应为 A3.5。

（12）下列部位或环境中的填充墙不应使用轻骨料混凝土小型空心砌块或蒸压加气混凝土砌块砌体：

1）建（构）筑物防潮层以下墙体；

2）长期浸水或化学侵蚀环境；

3）砌体表面温度高于 80℃ 的部位；

4）长期处于有振动源环境的墙体。

（13）砌筑砂浆的最低强度等级应符合下列规定：

1）设计工作年限大于和等于 25 年的烧结普通砖和烧结多孔砖砌体应为 M5，设计工作年限小于 25 年的烧结普通砖和烧结多孔砖砌体应为 M2.5；

2）蒸压加气混凝土砌块砌体应为 Ma5，蒸压灰砂普通砖和蒸压粉煤灰普通砖砌体应为 Ms5；

3）混凝土普通砖、混凝土多孔砖砌体应为 Mb5；

4) 混凝土砌块、煤矸石混凝土砌块砌体应为 Mb7.5；

5) 配筋砌块砌体应为 Mb10；

6) 毛料石、毛石砌体应为 M5。

(14) 混凝土砌块砌体的灌孔混凝土强度等级不应低于 Cb20，且不应低于 1.5 倍的块体强度等级。

(15) 设计有抗冻要求的砌体时，砂浆应进行冻融试验，其抗冻性能不应低于墙体块材。

(16) 墙体转角处和纵横墙交接处应设置水平拉结钢筋或钢筋焊接网。

(17) 钢筋混凝土楼、屋面板应符合下列规定：

1) 现浇钢筋混凝土楼板或屋面板伸进纵、横墙内的长度，均不应小于 120mm；

2) 预制钢筋混凝土板在混凝土梁或圈梁上的支承长度不应小于 80mm；当板未直接搁置在圈梁上时，在内墙上的支承长度不应小于 100mm，在外墙上的支承长度不应小于 120mm；

3) 预制钢筋混凝土板端钢筋应与支座处沿墙或圈梁配置的纵筋绑扎，应采用强度等级不低于 C25 的混凝土浇筑成板带；

4) 预制钢筋混凝土板与现浇板对接时，预制板端钢筋应与现浇板可靠连接；

5) 当预制钢筋混凝土板的跨度大于 4.8m 并与外墙平行时，靠外墙的预制板侧边应与墙或圈梁拉结；

6) 钢筋混凝土预制板应相互拉结，并应与梁、墙或圈梁拉结。

(18) 填充墙与周边主体结构构件的连接构造和嵌缝材料应能满足传力、变形、耐久、防护和防止平面外倒塌要求。

(19) 砌筑前需要湿润的块材应对其进行适当浇（喷）水，不得采用干砖或吸水饱和状态的砖砌筑。

(20) 砌体砌筑时，墙体转角处和纵横交接处应同时咬槎砌筑；砖柱不得采用包心砌法；带壁柱墙的壁柱应与墙身同时咬槎砌筑；临时间断处应留槎砌筑；块材应内外搭砌、上下错缝砌筑。

(21) 砌体中的洞口、沟槽和管道等应按照设计要求留出和预埋。

(22) 砌体与构造柱的连接处以及砌体抗震墙与框架柱的连接处均应采用先砌墙后浇柱的施工顺序，并应按要求设置拉结钢筋；砖砌体与构造柱的连接处应砌成马牙槎。

(23) 承重墙体使用的小砌块应完整、无破损、无裂缝。

(24) 采用小砌块砌筑时，应将小砌块生产时的底面朝上反砌于墙上。施工洞口预留直槎时，应对直槎上下搭砌的小砌块孔洞采用混凝土灌实。

(25) 砌体结构的芯柱混凝土应分段浇筑并振捣密实。并应对芯柱混凝土浇灌的密实程度进行检测，检测结果应满足设计要求。

2. 框架结构

这种结构的承重部分是由钢筋混凝土或钢材制作的梁、板、柱形成的骨架承担，外部墙体起围护作用，内部墙体起分隔作用。这种结构可以用于多层建筑和高层建筑中。

3. 钢筋混凝土板墙结构

这种结构的竖向承重构件和水平承重构件均采用钢筋混凝土制作，施工时可以在现场浇筑或在加工厂预制，现场进行吊装。这种结构可以用于多层建筑和高层建筑中。

4. 特种结构

这种结构又称为空间结构。它包括悬索、网架、拱、壳体等结构形式。这种结构多用于大跨度的公共建筑中。大跨度空间结构为 30m 以上跨度的大型空间结构。

（三）按建筑层数或总高度分

1.《民用建筑设计统一标准》GB 50352—2019 的规定

民用建筑按地上建筑高度或层数①进行分类：

（1）建筑高度不大于 27.0m 的住宅建筑、建筑高度不大于 24.0m 的公共建筑及建筑高度大于 24.0m 的单层公共建筑为低层或多层民用建筑；

（2）建筑高度大于 27.0m 的住宅建筑和建筑高度大于 24.0m 的非单层公共建筑，且高度不大于 100.0m 的，为高层民用建筑；

（3）建筑高度大于 100.0m 为超高层建筑。

2.《建筑设计防火规范》GB 50016—2014（2018 年版）的规定

（1）建筑高度大于 27m 的住宅建筑和建筑高度大于 24m 的非单层厂房、仓库和其他民用建筑称为高层建筑。

（2）民用建筑根据其建筑高度和层数可分为单层民用建筑、多层民用建筑和高层民用建筑；高层民用建筑根据其建筑高度、使用功能和楼层建筑面积，可分为一类高层建筑和二类高层建筑；具体划分见表 6-3。

民用建筑的分类　　　　　　　表 6-3

名称	高层民用建筑		单、多层民用建筑
	一类	二类	
住宅建筑	建筑高度大于 54m 的住宅建筑（包括设置商业服务网点的住宅建筑）	建筑高度大于 27m，但不大于 54m 的住宅建筑（包括设置商业服务网点的住宅建筑）	建筑高度不大于 27m 的住宅建筑（包括设置商业服务网点的住宅建筑）
公共建筑	1. 建筑高度大于 50m 的公共建筑； 2. 建筑高度 24m 以上部分任一楼层建筑面积大于 1000m² 的商店、展览、电信、邮政、财贸金融建筑和其他多种功能组合的建筑； 3. 医疗建筑、重要公共建筑、独立建造的老年人照料设施； 4. 省级及以上的广播电视和防灾指挥调度建筑、网局级和省级电力调度建筑； 5. 藏书超过 100 万册的图书馆、书库	除一类高层公共建筑外的其他高层公共建筑	1. 建筑高度大于 24m 的单层公共建筑； 2. 建筑高度不大于 24m 的其他公共建筑

注：1. 宿舍、公寓等非住宅类居住建筑的防火要求，应符合相关公共建筑的规定；
　　2. 在高层建筑主体投影范围外，与建筑主体相连且建筑高度不大于 24m 的附属建筑称为裙房。裙房的防火要求应符合高层民用建筑的规定；
　　3. 商业服务网点指的是设置在住宅建筑的首层或首层及二层，每个分隔单元建筑面积不大于 300m² 的商店、邮政所、储蓄所、理发店等小型营业性用房；
　　4. 重要公共建筑指的是发生火灾可能造成重大人员伤亡、财产损失和严重社会影响的公共建筑。

（四）按施工方法分

施工方法是指建造房屋时所采用的方法，它分为以下几类：

---

① 建筑防火设计应符合现行国家标准《建筑设计防火规范》GB 50016 有关建筑高度和层数计算的规定。

1. 现浇、现砌式

这种施工方法是指主要构件均在施工现场砌筑（如砖墙等）或浇筑（如钢筋混凝土构件等）。

2. 预制、装配式

这种施工方法是指主要构件在加工厂预制，施工现场进行装配。

3. 部分现浇现砌、部分装配式

这种施工方法是一部分构件在现场浇筑或砌筑（大多为竖向构件），一部分构件为预制吊装（大多为水平构件）。

六、建筑物的等级

建筑物的等级包括耐久等级和耐火等级两大部分。

（一）耐久等级

建筑物耐久等级的指标是设计使用年限。设计使用年限的长短是依据建筑物的性质决定的。影响建筑设计使用年限的因素主要是结构构件的选材和结构体系。

《民用建筑设计统一标准》GB 50352—2019 中要求民用建筑的设计使用年限应符合表 6-4 的规定。

民用建筑设计使用年限分类　　　　　　　　　　　　　　　表 6-4

类别	设计使用年限（年）	示例
1	5	临时性建筑
2	25	易于替换结构构件的建筑
3	50	普通建筑和构筑物
4	100	纪念性建筑和特别重要的建筑

注：此表依据《建筑结构可靠性设计统一标准》GB 50068—2018，并与其协调一致。

（二）耐火等级

1. 基本规定

（1）建筑结构材料的防火分类

1）不燃材料：指在空气中受到火烧或高温作用时，不起火、不燃烧、不碳化的材料，如砖、石、金属材料和其他无机材料。用不燃烧性材料制作的建筑构件通常称为"不燃性构件"。

2）难燃材料：指在空气中受到火烧或高温作用时，难起火、难燃烧、难碳化的材料，当火源移走后，燃烧或微燃立即停止的材料。如刨花板和经过防火处理的有机材料。用难燃性材料制作的建筑构件通常称为"难燃性构件"。

3）可燃材料：指在空气中受到火烧或高温作用时，立即起火燃烧且火源移走后仍能继续燃烧或微燃的材料，如木材、纸张等材料。用可燃性材料制作的建筑构件通常称为"可燃性构件"。

（2）耐火极限：耐火极限指的是在标准耐火试验条件下，建筑构件、配件或结构从受到火的作用时起，至失去承载能力、完整性或隔热性时为止所用时间，用小时表示。

2. 民用建筑的耐火等级

《建筑设计防火规范》GB 50016—2014（2018 年版）规定：民用建筑的耐火等级应根据其建筑高度、使用功能、重要性和火灾扑救难度等确定，分为一级、二级、三级和四级。

（1）地下、半地下建筑（室）和一类高层建筑的耐火等级不应低于一级。

（2）单层、多层重要公共建筑和二类高层建筑的耐火等级不应低于二级。

3. 民用建筑构件（非木结构）的燃烧性能和耐火极限

民用建筑构件（非木结构）不同耐火等级建筑相应构件的燃烧性能和耐火极限不应低于表 6-5 的规定。

民用建筑构件（非木结构）不同耐火等级构件的燃烧性能和耐火极限　　　　表 6-5

构件名称		耐火等级			
		一级	二级	三级	四级
墙	防火墙	不燃性 3.00	不燃性 3.00	不燃性 3.00	不燃性 3.00
	承重墙	不燃性 3.00	不燃性 2.50	不燃性 2.00	难燃性 0.50
	非承重外墙	不燃性 1.00	不燃性 1.00	不燃性 0.50	可燃性
	楼梯间和前室的墙、电梯井的墙、住宅建筑单元之间的墙和分户墙	不燃性 2.00	不燃性 2.00	不燃性 1.50	难燃性 0.50
	疏散走道两侧的隔墙	不燃性 1.00	不燃性 1.00	不燃性 0.50	难燃性 0.25
	房间隔墙	不燃性 0.75	不燃性 0.50	难燃性 0.50	难燃性 0.25
柱		不燃性 3.00	不燃性 2.50	不燃性 2.00	难燃性 0.50
梁		不燃性 2.00	不燃性 1.50	不燃性 1.00	难燃性 0.50
楼板		不燃性 1.50	不燃性 1.00	不燃性 0.50	可燃性
屋顶承重构件		不燃性 1.50	不燃性 1.00	可燃性 0.50	可燃性
疏散楼梯		不燃性 1.50	不燃性 1.00	不燃性 0.50	可燃性
吊顶（包括吊顶格栅）		不燃性 0.25	难燃性 0.25	难燃性 0.15	可燃性

注：1. 以木柱承重且墙体采用不燃材料的建筑，其耐火等级应按四级确定；
2. 住宅建筑构件的耐火极限和燃烧性能可按国家标准《住宅建筑规范》GB 50368—2005 的规定执行。

4. 各类非木结构构件的燃烧性能和耐火极限

《建筑设计防火规范》GB 50016—2014（2018 年版）规定的各类非木结构构件的燃烧性能和耐火极限（摘编）见表 6-6。

各类非木结构构件的燃烧性能和耐火极限 表 6-6

序号	构件名称		构件厚度或截面最小尺寸（mm）	耐火极限（h）	燃烧性能
一 承重墙					
1	普通黏土砖、硅酸盐砖、混凝土、钢筋混凝土实体墙		120	2.50	不燃性
			180	83.50	不燃性
			240	5.50	不燃性
			370	10.50	不燃性
2	加气混凝土砌块墙		100	2.00	不燃性
3	轻质混凝土砌块、天然石料的墙		120	1.50	不燃性
			240	3.50	不燃性
			370	5.50	不燃性
二 非承重墙					
1	普通黏土砖墙	不包括双面抹灰	60	1.50	不燃性
			120	3.00	不燃性
		包括双面抹灰（15mm 厚）	150	4.50	不燃性
			180	5.00	不燃性
			240	8.00	不燃性
2	轻质混凝土墙	加气混凝土砌块墙	75	2.50	不燃性
			100	6.00	不燃性
			200	8.00	不燃性
		钢筋加气混凝土垂直墙板墙	150	3.00	不燃性
		粉煤灰加气混凝土砌块墙	100	3.40	不燃性
		充气混凝土砌块墙	150	7.50	不燃性
3	钢筋混凝土墙	大板墙（C20）	60	1.00	不燃性
			120	2.60	不燃性
4	钢龙骨两面钉纸面石膏板隔墙，单位（mm）	20+46(空)+12	78	0.33	不燃性
		2×12+70(空)+2×12	118	1.20	不燃性
		2×12+70(空)+3×12	130	1.25	不燃性
		2×12+75(填岩棉，容重为 100 kg/m³)+2×12	123	1.50	不燃性
		12+75(填 50 玻璃棉)+12	99	0.50	不燃性
		2×12+75(填 50 玻璃棉)+2×12	123	1.00	不燃性
		3×12+75(填 50 玻璃棉)+3×12	147	1.50	不燃性
		12+75(空)+12	99	0.52	不燃性
		12+75(其中 5.0%厚岩棉)+12	99	0.90	不燃性
		15+9.5+75+15	123	1.50	不燃性

续表

序号	构件名称		构件厚度或截面最小尺寸（mm）	耐火极限（h）	燃烧性能
5	钢龙骨两面钉双层石膏板隔墙，单位(mm)	板内掺纸纤维，2×12+75(空)+2×12	123	1.10	不燃性
		18+70(空)+18	106	1.35	不燃性
		2×12+75(空)+2×12	123	1.35	不燃性
		2×12+75(填岩棉，容重为100kg/m³)+2×12	123	2.10	不燃性
6	轻钢龙骨两面钉耐火纸面石膏板隔墙，单位(mm)	3×12+100(岩棉)+2×12	160	2.00	不燃性
		3×15+100(50厚岩棉)+2×12	169	2.95	不燃性
		3×15+100(80厚岩棉)+2×15	175	2.82	不燃性
		3×15+150(100厚岩棉)+3×15	240	4.00	不燃性
		9.5+3×12+100(空)+100(80厚岩棉)+2×12+9.5+12	291	3.00	不燃性
7	混凝土砌块墙	轻集料小型空心砌块	规格尺寸为330mm×140mm	1.98	不燃性
			规格尺寸为330mm×190mm	1.25	不燃性
		轻集料(陶粒)混凝土砌块	规格尺寸为330mm×240mm	2.92	不燃性
			规格尺寸为330mm×290mm	4.00	不燃性
		轻集料小型空心砌块(实体墙体)	规格尺寸为330mm×190mm	4.00	不燃性
		普通混凝土承重空心砌块	规格尺寸为330mm×140mm	1.65	不燃性
			规格尺寸为330mm×190mm	1.93	不燃性
			规格尺寸为330mm×290mm	4.00	不燃性
8	增强石膏板轻质板墙		60	1.28	不燃性
	增强石膏轻质内墙板（带孔）		90	2.50	不燃性
9	水泥聚苯乙烯粒子复合板（纤维复合）墙		60	1.20	不燃性
	水泥纤维加压板墙		100	2.00	不燃性
10	轻集料混凝土条板隔墙	板厚（mm）	90	1.50	不燃性
			120	2.00	不燃性
三 柱					
1	钢筋混凝土矩形柱	截面尺寸（mm²）	180×240	1.20	不燃性
			200×200	1.40	不燃性
			200×300	2.50	不燃性
			240×240	2.00	不燃性
			300×300	3.00	不燃性
			200×400	2.70	不燃性
			200×500	3.00	不燃性
			300×500	3.50	不燃性
			370×370	5.00	不燃性

续表

序号	构件名称		构件厚度或截面最小尺寸（mm）	耐火极限（h）	燃烧性能
2	普通黏土砖柱	截面尺寸（mm²）	370×370	5.00	不燃性
3	钢筋混凝土圆柱	直径（mm）	300	3.00	不燃性
			450	4.00	不燃性
4	有保护层的钢柱	保护层为金属网抹M5砂浆，厚度（mm）	25	0.80	不燃性
			50	1.30	不燃性
		保护层为加气混凝土，厚度（mm）	40	1.00	不燃性
			50	1.40	不燃性
			70	2.00	不燃性
			80	2.33	不燃性
		保护层为C20混凝土，厚度（mm）	25	0.80	不燃性
			50	2.00	不燃性
			100	2.85	不燃性
		保护层为普通黏土砖，厚度（mm）	120	2.85	不燃性
		保护层为陶粒混凝土，厚度（mm）	80	3.00	不燃性
		保护层为薄涂型钢结构防火涂料，厚度（mm）	5.5	1.00	不燃性
			7.0	1.50	不燃性
		保护层为厚涂型钢结构防火涂料，厚度（mm）	15	1.00	不燃性
			20	1.50	不燃性
			30	2.00	不燃性
			40	2.50	不燃性
			50	3.00	不燃性
四 梁					
1	简支的钢筋混凝土梁	非预应力钢筋，保护层厚度（mm）	10	1.20	不燃性
			20	1.75	不燃性
			25	2.00	不燃性
			30	2.30	不燃性
			40	2.90	不燃性
			50	3.50	不燃性
		预应力钢筋或高强度钢丝，保护层厚度（mm）	25	1.00	不燃性
			30	1.20	不燃性
			40	1.50	不燃性
			50	2.00	不燃性

续表

序号	构件名称		构件厚度或截面最小尺寸（mm）	耐火极限（h）	燃烧性能
2	简支的钢筋混凝土梁	有保护层的钢梁	15mm厚LG防火隔热涂料保护层	1.50	不燃性
			20mm厚LY防火隔热涂料保护层	2.30	不燃性
五 楼板和屋顶承重构件					
1	非预应力简支钢筋混凝土圆孔空心楼板	保护层厚度（mm）	10	0.90	不燃性
			20	1.25	不燃性
			30	1.50	不燃性
2	预应力简支钢筋混凝土圆孔空心楼板	保护层厚度（mm）	10	0.40	不燃性
			20	0.70	不燃性
			30	0.85	不燃性
3	四边简支的钢筋混凝土楼板	保护层厚度、板厚（mm）	10、70	1.40	不燃性
			15、80	1.45	不燃性
			20、80	1.50	不燃性
			30、90	1.85	不燃性
4	现浇的整体式梁板	保护层厚度、板厚（mm）	10、100	2.00	不燃性
			15、100	2.00	不燃性
			20、100	2.10	不燃性
			30、100	2.15	不燃性
5	屋面板	钢筋加气混凝土屋面板，保护层厚度10mm	—	1.25	不燃性
		钢筋充气混凝土屋面板，保护层厚度10mm	—	1.60	不燃性
		钢筋混凝土方孔屋面板，保护层厚度10mm	—	1.20	不燃性
		预应力混凝土槽形屋面板，保护层厚度10mm	—	0.50	不燃性
		预应力混凝土槽瓦，保护层厚度10mm	—	0.50	不燃性
		轻型纤维石膏板屋面板	—	0.60	不燃性

续表

序号	构件名称		构件厚度或截面最小尺寸（mm）	耐火极限（h）	燃烧性能
六　吊顶					
1	钢吊顶格栅	钢丝网（板）抹灰	15	0.25	不燃性
		钉石棉板	10	0.85	不燃性
		钉双层石膏板	10	0.30	不燃性
		挂石棉型硅酸钙板	10	0.30	不燃性
		两侧挂0.5mm厚薄钢板，内填容重为100 kg/m³的陶瓷棉复合板	40	0.40	不燃性
2	夹芯板吊顶	双面单层彩钢面岩棉夹芯板吊顶，中间填容重为120kg/m³的岩棉	50	0.30	不燃性
			100	0.50	不燃性
3	钢龙骨，单面钉防火板，填密度100kg/m³的岩棉（mm）	9+75（岩棉）	84	0.50	不燃性
		12+100（岩棉）	112	0.75	不燃性
		2×9+100（岩棉）	118	0.90	不燃性
4	钢龙骨单面钉纸面石膏板(mm)	12+2填缝料+60（空）	74	0.10	不燃性
		12+1填缝料+12+1填缝料+60（空）	86	0.40	不燃性
5	钢龙骨单面钉防火纸面石膏板(mm)	12+50（填60kg/m³的岩棉）	62	0.20	不燃性
		15+1填缝料+15+1填缝料+60（空）	92	0.50	不燃性
七　防火门					
1	木质防火门	木质面板或木质面板内设防火板 (1) 门扇内填充珍珠岩； (2) 门扇内填充氯化镁、氧化镁	（丙级）40～50厚	0.50	难燃性
			（乙级）45～50厚	1.00	难燃性
			（甲级）50～90厚	1.50	难燃性
2	钢木质防火门	(1) 木质面板 1) 钢质或钢木质复合门框、木质骨架，迎（背）火面一面或两面设防火板或不设防火板；门扇内填充珍珠岩，或氯化镁、氧化镁； 2) 木质门框、木质骨架，迎（背）火面一面或两面设防火板；门扇内填充珍珠岩，或氯化镁、氧化镁； (2) 钢质面板 钢质或钢木质复合门框、钢质或木质骨架，迎（背）火面一面或两面设防火板，或不设防火板；门扇内填充珍珠岩，或氯化镁、氧化镁	（丙级）40～50厚	0.50	难燃性
			（乙级）45～50	1.00	难燃性
			（甲级）50～90	1.50	难燃性

续表

序号	构件名称	构件厚度或截面最小尺寸（mm）	耐火极限（h）	燃烧性能
3	钢质防火门	钢质门框、钢质面板、钢质骨架；迎（背）火面一面或两面设防火板，或不设防火板；门扇内填充珍珠岩或氯化镁、氧化镁	（丙级）40～50	0.50	不燃性
			（乙级）45～70	1.00	不燃性
			（甲级）50～90	1.50	不燃性
八　防火窗					
1	钢质防火窗	窗框钢质，窗扇钢质，窗框填充水泥砂浆，窗扇内填充珍珠岩，或氧化镁、氯化镁，或防火板；复合防火玻璃	25～30	1.00	不燃性
			30～38	1.50	不燃性
2	木质防火窗	窗框、窗扇均为木质，或均为防火板和木质复合；窗框无填充材料，窗扇迎（背）火面外设防火板和木质面板，或为阻燃实木；复合防火玻璃	25～30	1.00	难燃性
			30～38	1.50	难燃性
3	钢木复合防火窗	窗框钢质，窗扇木质，窗框填充采用水泥砂浆，窗扇迎（背）火面外设防火板和木质面板，或为阻燃实木；复合防火玻璃	25～30	1.00	难燃性
			30～38	1.50	难燃性
九　防火卷帘					
1	钢质普通型防火卷帘（帘板为单层）	—	1.50～3.00	不燃性
2	钢制复合型防火卷帘（帘板为双层）	—	2.00～4.00	不燃性
3	无机复合防火卷帘（采用多种无机材料复合而成）	—	3.00～4.00	不燃性
4	无机复合轻质防火卷帘（双层、不需水幕保护）	—	4.00	不燃性

注：（略去结构计算部分）
1. 确定墙体的耐火极限不考虑墙上有无洞孔；
2. 墙的总厚度包括抹灰粉刷层；
3. 中间尺寸的构件，其耐火极限建议经试验确定，亦可按插入法计算；
4. 计算保护层时，应包括抹灰粉刷层在内；
5. 现浇的无梁楼板按简支板数据采用；
6. 无防火保护层的钢梁、钢柱、钢楼板和钢屋架，其耐火极限可按0.25h确定；
7. 人孔盖板的耐火极限可参照防火门确定；
8. 防火门和防火窗中的"木质"均为经阻燃处理。

阅读上表时应注意以下的一些规律：

(1) 总体规律

竖向构件强于水平构件，水平构件强于平面构件（如一级耐火，柱、墙为3.00h，梁为2.00h，楼板为1.50h），与结构设计"强柱弱梁"、"强剪弱弯"的要求基本相同。

(2) 选用结构材料的规律

1) 能满足结构要求的，防火基本没有问题（如一级耐火等级承重墙的要求是3.00h，而240mm普通黏土砖墙的耐火极限为5.50h）；

2) 重型材料优于轻型材料（如120mm砖墙的耐火极限为2.50h，120mm轻骨料混凝土条板隔墙的耐火极限为2.00h）；

3) 非预应力构件优于预应力构件（如非预应力圆孔板的耐火极限是0.90～1.50h，而预应力圆孔板的耐火极限是0.40～0.85h）；

4) 同一种材料、同一种厚度在承重构件时与非承重构件时的区别，如100mm厚的加气混凝土砌块墙，在承重构件时的耐火极限是2.00h，在非承重构件时是6.00h。

(3) 常用构件的耐火极限

1) 轻钢龙骨纸面石膏板隔墙：20mm+46（空）mm+12mm的构造，其耐火极限只有0.33h；提高耐火极限的途径可以选用双层石膏板或在中空层中填矿棉等防火材料；

2) 钢筋混凝土结构：钢筋混凝土结构的耐火极限与保护层的厚度有关，如：100mm现浇的整体式梁板，保护层为10mm和15mm时，耐火极限为2.00h；20mm时为2.10h；30mm时为2.15h；

3) 钢结构：无保护层的钢结构耐火极限只有0.25h，要提高耐火极限必须加设保护层（如：选用防火涂料、M5砂浆、C20混凝土、加气混凝土、普通砖等）；

4) 防火门：防火门分为甲级（A1.50）、乙级（A1.00）、丙级（A0.50）三种。材质有木质防火门、钢木质防火门、钢质防火门等类型；

5) 防火窗：防火窗分为甲级（A1.50）、乙级（A1.00）和丙级（A0.50）三种。材质有钢质防火窗、木质防火窗、钢木复合防火窗等类型。

5. 特殊房间的防火要求

(1) 除为满足民用建筑使用功能所设置的附属库房外，民用建筑内不应设置生产车间和其他库房。

(2) 经营、存放和使用甲、乙类火灾危险性物品的商店、作坊和储藏间，严禁附设在民用建筑内。

(3) 燃油或燃气锅炉、油浸变压器、充有可燃油的高压电容器和多油开关的布置要求：

1) 宜设置在建筑外的专用房间内；

2) 确需贴邻民用建筑布置时，应采用防火墙与所贴邻的建筑分隔，且不应贴邻人员密集场所，该专用房间的耐火等级不应低于二级；

3) 确需布置在民用建筑内时，不应布置在人员密集场所的上一层、下一层或贴邻，并应符合下列规定：

① 燃油或燃气锅炉房、变压器室应设置在首层或地下一层靠外墙部位，但常（负）压燃油或燃气锅炉可设置在地下二层或屋顶上；设置在屋顶上的常（负）压燃气锅炉距离

通向屋面的安全出口不应小于6m。采用相对密度（与空气密度的比值）不小于0.75的可燃气体为燃料的锅炉，不得设置在地下或半地下；

② 锅炉房、变压器室的疏散门均应直通室外或安全出口；

③ 锅炉房、变压器室与其他部位之间应采用耐火极限不低于2.00h的防火隔墙和1.50h的不燃性楼板分隔，在隔墙和楼板上不应开设洞口，确需在隔墙上设置门、窗时，应采用甲级防火门、窗；

④ 当锅炉房内设置储油间时，其总储量不应大于1.00m³，且储油间应采用耐火极限不低于3.00h的防火隔墙与锅炉间分隔；确需在防火隔墙上设置门时，应采用甲级防火门；

⑤ 变压器室之间、变压器室与配电室之间，应设置耐火极限不低于2.00h的防火隔墙；

⑥ 应设置火灾报警装置。

(4) 布置在民用建筑内的柴油发电机房应符合下列规定：

1) 宜布置在建筑物的首层或地下一、二层；

2) 不应布置在人员密集场所的上一层、下一层或贴邻；

3) 应采用耐火极限不低于2.00h的防火隔墙和1.50h的不燃性楼板与其他部位分隔，应设置甲级防火门；

4) 机房内设置储油间时，其总储存量不应大于1.00m³，储油间应采用耐火极限不低于3.00h的防火隔墙与发电机间分隔；确需在防火隔墙上开门时，应设置甲级防火门；

5) 应设置火灾报警装置。

例 6-1 （2020）以下墙体中耐火极限值最大的是（　　）。
A　60mm厚普通黏土砖墙（不含粉刷）
B　100mm厚水泥纤维加压板墙
C　120mm厚轻集料混凝土条板墙
D　90mm厚增强石膏板隔墙

解析：查阅《建筑设计防火规范》GB 50016—2014（2018年版）条文说明附录的附表1"各类非木结构构件的燃烧性能和耐火极限"（见本教材表6-6）可知：A、B、C、D各选项墙体的耐火极限值分别为1.50h、2.00h、2.00h、2.50h，其中极限值最大的是D。

答案：D

(5) 除通向避难层错位的疏散楼梯外，建筑内的疏散楼梯间在各层的平面位置不应改变。

除住宅建筑套内的自用楼梯外，地下或半地下建筑（室）的疏散楼梯间应符合下列规定：

1) 室内地面与室外出入口地坪高差大于10m或3层及以上的地下、半地下建筑（室），其疏散楼梯应采用防烟楼梯间；其他地下或半地下建筑（室），其疏散楼梯应采用封闭楼梯间；

2) 应在首层采用耐火极限不低于2.00h的防火隔墙与其他部位分隔并应直通室外，

确需在隔墙上开门时，应采用乙级防火门；

3）建筑的地下或半地下部分与地上部分不应共用楼梯间，确需共用楼梯间时，应在首层采用耐火极限不低于2.00h的防火隔墙和乙级防火门将地下或半地下部分与地上部分的连通部位完全分隔，并应设置明显的标志。

（6）建筑高度大于27m，但不大于54m的住宅建筑，每个单元设置一座疏散楼梯时，疏散楼梯应通至屋面，且单元之间的疏散楼梯应能通过屋面连通，户门应采用乙级防火门。当不能通至屋面或不能通过屋面连通时，应设置2个安全出口。

（7）建筑内设置自动扶梯、敞开楼梯等上、下层相连通的开口时，其防火分区的建筑面积应按上、下层相连通的建筑面积叠加计算。

建筑内设置中庭时，其防火分区的建筑面积应按上、下层相连通的建筑面积叠加计算；当叠加计算后的建筑面积大于《建筑设计防火规范》GB 50016—2014（2018年版）第5.3.1条的规定时，应符合下列规定：

1）与周围连通空间应进行防火分隔：采用防火隔墙时，其耐火极限不应低于1.00h；采用防火玻璃墙时，其耐火隔热性和耐火完整性不应低于1.00h，采用耐火完整性不低于1.00h的非隔热性防火玻璃墙时，应设置自动喷水灭火系统进行保护；采用防火卷帘时，其耐火极限不应低于3.00h，并应符合本规范第6.5.3条的规定；与中庭相连通的门、窗，应采用火灾时能自行关闭的甲级防火门、窗。

2）高层建筑内的中庭回廊应设置自动喷水灭火系统和火灾自动报警系统。

3）中庭应设置排烟设施。

4）中庭内不应布置可燃物。

（8）综合医院建筑防火分区内的病房、产房、手术部、精密贵重医疗设备用房等，均应采用耐火极限不低于2.00h的不燃烧体与其他部位隔开。

6. 建筑防火构造

《建筑设计防火规范》GB 50016—2014（2018年版）规定：

（1）防火墙

1）防火墙应直接设置在建筑的基础或框架、梁等承重结构上，框架、梁等承重结构的耐火极限不应低于防火墙的耐火极限。

2）防火墙应从楼地面基层阻隔至梁、楼板或屋面板的底面基层。当建筑屋顶承重结构和屋面板的耐火极限低于0.50h时，防火墙应高出屋面0.50m以上。

3）建筑外墙为难燃性或可燃性墙体时，防火墙应凸出墙的外表面0.40m以上，且防火墙两侧的外墙均应为宽度均不小于2.00m的不燃性墙体，其耐火极限不应低于外墙的耐火极限。

4）建筑外墙为不燃性墙体时，防火墙可不凸出墙的外表面。紧靠防火墙两侧的门、窗、洞口之间最近边缘的水平距离不应小于2.00m；采取设置乙级防火窗等防止火灾水平蔓延的措施时，该距离不限。

5）防火墙上不应开设门、窗、洞口，确需开设时，应设置不可开启或火灾时能自行关闭的甲级防火门、窗。可燃性气体和甲、乙、丙类液体的管道严禁穿过防火墙。防火墙内不应设置排气道。

6）建筑内的防火墙不宜设置在转角处，确需设置在转角处时，内转角两侧墙上的门、窗、洞口之间最近边缘的水平距离不应小于4.00m；采取设置乙级防火窗等防止火灾水平蔓延的措施时，该距离不限。

7）防火墙的构造应能在防火墙任意一侧的屋架、梁、楼板等受到火灾的影响而破坏时，不会导致防火墙倒塌。

（2）建筑构件和竖井

1）防火隔墙与楼板

① 剧场等建筑的舞台与观众厅之间的隔墙应采用耐火极限不低于3.00h的防火隔墙。

② 医疗建筑内的手术室或手术部、产房、重症监护室、贵重精密医疗装备用房、储藏间、实验室、胶片室等，附设在建筑内的托儿所、幼儿园的儿童活动用房和儿童游乐厅等儿童活动场所、老年人照料设施，应采用耐火极限不低于2.00h的防火隔墙和1.00h的楼板与其他场所或部位分隔，墙上必须设置的门、窗应采用乙级防火门、窗。

③ 民用建筑内的附属库房，剧场后台的辅助用房，宿舍、公寓建筑的公共厨房和其他建筑内的厨房（居住建筑中套内的厨房除外），附设在住宅建筑内的机动车库，应采用耐火极限不低于2.00h的防火隔墙与其他部位分隔，墙上的门、窗应采用乙级防火门、窗，确有困难时，可采用防火卷帘。

④ 建筑内的防火隔墙应从楼地面基层阻隔至梁、楼板或屋面板的底面基层，屋面板的耐火极限不应低于0.50h。

⑤ 建筑外墙上、下层开口之间应设置高度不小于1.20m的实体墙或挑出宽度不小于1.00m、长度不小于开口宽度的防火挑檐。

⑥ 住宅建筑外墙上相邻户开口之间的墙体宽度不应小于1.00m；小于1.00m时，应在开口之间设置凸出外墙不小于0.60m的隔板。

⑦ 附设在建筑内的消防控制室、灭火设备室、消防水泵房和通风空气调节机房、变配电室等房间，应采用耐火极限不低于2.00h的防火隔墙和1.50h的楼板与其他部位分隔。通风、空气调节机房和变配电室开向建筑内的门应采用甲级防火门。消防控制室和其他设备房开向建筑内的门应采用乙级防火门。

2）建筑内的电梯井等竖井

① 电梯井应独立设置，井内严禁敷设可燃气体和甲、乙、丙液体管道，不应敷设与电梯无关的电缆、电线等。电梯井的井壁除应设置电梯门、安全逃生门和通气孔洞外，不应设置其他洞口。

② 电缆井、管道井、排烟道、排气道、垃圾道等竖向井道，应分别独立设置。井壁的耐火极限不应低于1.00h，井壁上的检查门应采用丙级防火门。

③ 建筑内的电缆井、管道井应在每层楼板处采用不低于楼板耐火极限的不燃材料或防火封堵材料封堵。建筑内的电缆井、管道井与房间、走道等相连通的孔隙，应采用防火封堵材料封堵。

④ 建筑内的垃圾道宜靠外墙设置，垃圾道的排气口应直接开向室外，垃圾斗应采用不燃材料制作，并应能自行关闭。

⑤ 电梯层门的耐火极限不应低于1.00h。

⑥ 消防电梯井、机房与相邻电梯井、机房之间应设置耐火极限不低于2.00h的防火隔墙，隔墙上的门应采用甲级防火门。

(3) 建筑缝隙

防烟、排烟、供暖、通风和空气调节系统中的管道及建筑内的其他管道，在穿越防火隔墙、楼板和防火墙处的孔隙应采用防火封堵材料封堵。

(4) 疏散楼梯间、疏散走道和疏散门

1) 疏散楼梯间的设置要求

① 建筑内的疏散楼梯在各层的平面位置不应改变（通向避难层的疏散楼梯除外）。

② 楼梯间应能自然采光和自然通风，并宜靠外墙设置。靠外墙设置时，楼梯间、前室及合用前室外墙上的窗口与两侧门、窗、洞口最近边缘的水平距离不应小于1.00m。

③ 楼梯间内不应设置烧水间、可燃材料储藏室、垃圾道。

④ 楼梯间内不应有影响疏散的凸出物或其他障碍物。

⑤ 封闭楼梯间、防烟楼梯间及其前室，不应设置卷帘（关于封闭楼梯间、防烟楼梯间和室外楼梯的构造要求见本章第五节所述）。

⑥ 楼梯间内不应设置甲、乙、丙类液体管道。

⑦ 封闭楼梯间、防烟楼梯间及其前室内禁止穿过或设置可燃性气体管道。敞开楼梯间内不应设置可燃性气体管道，当住宅建筑的敞开楼梯间内确需设置可燃性气体管道和可燃性气体计量表时，应采用金属管和设置切断气源的阀门。

2) 疏散走道

疏散走道在防火分区处应设置常开甲级防火门。

3) 疏散门

① 民用建筑的疏散门，应采用向疏散方向开启的平开门，不应采用推拉门、卷帘门、吊门、转门和折叠门。人数不超过60人且每樘门的平均疏散人数不超过30人的房间，其疏散门的开启方向不限。

② 开向疏散楼梯或疏散楼梯间的门，当其完全开启时，不应减少楼梯平台的有效宽度。

③ 人员密集场所内平时需要控制人员随意出入的疏散门和设置门禁系统的住宅、宿舍、公寓建筑的外门，应保证火灾时不需使用钥匙等任何工具既能从内部易于打开，并应在显著位置设置具有使用提示的标识。

4) 避难走道

① 避难走道防火隔墙的耐火极限不应低于3.00h，楼板的耐火极限不应低于1.50h。

② 避难走道直通地面的出口不应少于2个，并应设置在不同方向；当避难走道仅与一个防火分区相通且该防火分区至少有1个直通室外的安全出口时，可设置1个直通地面的出口。任一防火分区通向避难走道的门至该避难走道最近直通地面的出口的距离不应大于60m。

③ 避难走道的净宽度不应小于任一防火分区通向该避难走道的设计疏散总净宽度。

④ 避难走道内部装修材料的燃烧性能应为A级。

⑤ 防火分区至避难走道入口处应设置防烟前室，前室的使用面积不应小于6.0m²，开向前室的门应采用甲级防火门，前室开向避难走道的门应采用乙级防火门。

⑥ 避难走道内应设置消火栓、消防应急照明、应急广播和消防专线电话。

(5) 防火卷帘

1) 除中庭外,当防火分隔部位的宽度不大于 30m 时,防火卷帘的宽度不应大于 10m;当防火分隔部位的宽度大于 30m 时,防火卷帘的宽度不应大于该部位宽度的 1/3,且不应大于 20m。

2) 防火卷帘应具有火灾时靠自重自动关闭的功能。

3) 防火卷帘的耐火极限不应低于所设置部位墙体的耐火极限的要求。

4) 防火卷帘应具有防烟功能,与楼板、梁、墙、柱之间的空隙应采用防火封堵材料封堵。

5) 需在火灾时自动降落的防火卷帘,应具有信号反馈功能。

6) 其他要求应符合国家标准《防火卷帘》GB 14102—2005 的规定。

(6) 天桥

1) 天桥应采用不燃材料制作。

2) 封闭天桥与建筑物连接处的门洞宜采取防止火灾蔓延的措施。

3) 连接两座建筑物的天桥、连廊,应采取防止火灾在两座建筑间蔓延的措施。当仅供通行的天桥、连廊采用不燃材料,且建筑物通行的天桥、连廊的出口符合安全出口要求时,该出口可作为安全出口。

(7) 木结构建筑防火

1) 木结构建筑构件的燃烧性能和耐火极限应符合表 6-7 的规定。

木结构建筑构件的燃烧性能和耐火极限 表 6-7

构件名称	燃烧性能和耐火极限(h)
防火墙	不燃性 3.00
承重墙、住宅建筑单元之间的墙和分户墙、楼梯间的墙	难燃性 1.00
电梯井的墙	不燃性 1.00
非承重外墙,疏散走道两侧的隔墙	难燃性 0.75
房间隔墙	难燃性 0.50
承重柱	可燃性 1.00
梁	可燃性 1.00
楼板	难燃性 0.75
屋顶承重构件	可燃性 0.50
疏散楼梯	难燃性 0.50
吊顶	难燃性 0.15

注:1. 除《建筑设计防火规范》GB 50016 另有规定外,当同一座木结构建筑存在不同高度的屋顶时,较低部分的屋顶承重构件和屋面不应采用可燃性构件;采用难燃性屋顶承重构件时,其耐火极限不应低于 0.75h;

2. 轻型木结构建筑的屋顶,除防水层、保温层及屋面板外,其他部分均应视为屋顶承重构件,且不应采用可燃性构件,耐火极限不应低于 0.50h;

3. 当建筑的层数不超过 2 层、防火墙间的建筑面积小于 600m² 且防火墙间的建筑长度小于 60m 时,建筑构件的燃烧性能和耐火极限可按《建筑设计防火规范》GB 50016 有关四级耐火等级建筑的要求确定。

2) 建筑采用木骨架组合墙体时,应符合下列规定:

① 建筑高度不大于 18m 的住宅建筑、建筑高度不大于 24m 的办公建筑和丁、戊类厂房(库房)的房间隔墙和非承重外墙可采用木骨架组合墙体,其他建筑的非承重外墙不得采用木骨架组合墙体;

② 墙体填充材料的燃烧性能应为 A 级；

③ 木骨架组合墙体的燃烧性能和耐火极限应符合表 6-8 的规定，其他要求应符合现行国家标准《木骨架组合墙体技术标准》GB/T 50361—2018 的规定。

木骨架组合墙体的燃烧性能和耐火极限（h） 表 6-8

构件名称	建筑物的耐火等级或类型				
	一级	二级	三级	木结构建筑	四级
非承重外墙	不允许	难燃性 1.25	难燃性 0.75	难燃性 0.75	无要求
房间隔墙	难燃性 1.00	难燃性 0.75	难燃性 0.50	难燃性 0.50	难燃性 0.25

3）甲、乙、丙类厂房（库房）不应采用木结构建筑或木结构组合建筑。丁、戊类厂房（库房）和民用建筑，当采用木结构建筑或木结构组合建筑时，其允许层数和允许建筑高度应符合表 6-9 的规定，木结构建筑中防火墙间的允许建筑长度和每层最大允许建筑面积应符合表 6-10 的规定。

木结构建筑或木结构组合建筑的允许层数和允许建筑高度 表 6-9

木结构建筑的形式	普通木结构建筑	轻型木结构建筑	胶合木结构建筑		木结构组合建筑
允许层数（层）	2	3	1	3	7
允许建筑高度（m）	10	10	不限	15	24

木结构建筑中防火墙间的允许建筑长度和每层最大允许建筑面积 表 6-10

层数（层）	防火墙间的允许建筑长度（m）	防火墙间的每层最大允许建筑面积（m²）
1	100	1800
2	80	900
3	60	600

注：1. 当设置自动喷水灭火系统时，防火墙间的允许建筑长度和每层最大允许建筑面积可按本表的规定增加 1.0 倍；对于丁、戊类地上厂房，防火墙间的每层最大允许建筑面积不限；

2. 体育场馆等高大空间建筑，其建筑高度和建筑面积可适当增加。

4）老年人照料设施，托儿所、幼儿园的儿童用房和活动场所设置在木结构建筑内时，应布置在首层或二层。商店、体育馆和丁、戊类厂房（库房）应采用单层木结构建筑。

5）设置在木结构住宅建筑内的机动车库、发电机间、配电间、锅炉间，应采用耐火极限不低于 2.00h 的防火隔墙和 1.00h 的不燃性楼板与其他部位分隔，不宜开设与室内相通的门、窗、洞口，确需开设时，可开设一樘不直通卧室的单扇乙级防火门。机动车库的建筑面积不宜大于 60m²。

6）管道、电气线路敷设在墙体内或穿过楼板、墙体时，应采取防火保护措施，与墙体、楼板之间的缝隙应采用防火封堵材料填塞密实。住宅建筑内厨房的明火或高温部位及排油烟管道等，应采用防火隔热措施。

7）木结构墙体、楼板及封闭吊顶或屋顶下的密闭空间内应采取防火分隔措施，且水平分隔长度或宽度均不应大于 20m，建筑面积不应大于 300m²，墙体的竖向分隔高度不应大于 3m。轻型木结构建筑的每层楼梯梁处应采取防火分隔措施。

7. 挡烟垂壁

《挡烟垂壁》GA 533—2012 中规定：

(1) 挡烟垂壁是用不燃材料制成，垂直安装在建筑顶棚、横梁或吊顶下，能在火灾时形成一定的蓄烟空间的挡烟分隔设施。

(2) 挡烟垂壁按安装方式分为固定式和活动式两种，按挡烟部件材料的刚度性能分为柔性和刚性挡烟垂壁两种。

(3) 挡烟垂壁应设置永久性标牌，标牌应牢固，标识内容清楚。

(4) 挡烟垂壁的挡烟部件表面不应有裂纹、压坑、缺角、孔洞及明显的凹凸、毛刺等缺陷；金属材料的防锈涂层或镀层应均匀，不应有斑驳、流淌现象。

(5) 挡烟垂壁的组装、拼接或连接等应牢固，符合设计要求，不应有错位和松动现象。

(6) 挡烟垂壁应采用不燃材料制作。

(7) 制作挡烟垂壁的金属板材的厚度不应小于0.8mm，其熔点不应低于750℃。

(8) 制作挡烟垂壁的不燃无机复合板的厚度不应小于10.0mm，其性能应符合《不燃无机复合板》GB 25970 的规定。

(9) 制作挡烟垂壁的无机纤维织物的拉伸断裂强力经向不应低于600N，纬向不应低于300N，其燃烧性能不应低于《建筑材料及制品燃烧性能分级》GB 8624 A级。

(10) 制作挡烟垂壁的玻璃材料应为防火玻璃，其性能应符合《建筑用安全玻璃 第1部分：防火玻璃》GB 15763.1 的规定。

(11) 挡烟垂壁的挡烟高度应符合设计要求，其最小值不应低于500mm，最大值不应大于企业申请检测产品型号的公示值。挡烟垂壁挡烟高度的极限偏差不应大于±5mm。

(12) 采用不燃无机复合板、金属板材、防火玻璃等材料制作刚性挡烟垂壁的单节宽度不应大于2000mm；采用金属板材、无机纤维织物等制作柔性挡烟垂壁的单节宽度不应大于4000mm。挡烟垂壁的单节宽度的极限偏差不应大于±10mm。

8. 汽车库防火

《汽车库、修车库、停车场设计防火规范》GB 50067—2014 中规定：

(1) 汽车库、修车库、停车场的分类应根据停车（车位）数量和总建筑面积确定，并应符合表6-11的规定。

汽车库、修车库、停车场的分类　　　　表6-11

名　称		Ⅰ	Ⅱ	Ⅲ	Ⅳ
汽车库	停车数量（辆）	>300	151～300	51～150	≤50
	总建筑面积 S（m²）	S>10000	5000<S≤10000	2000<S≤5000	S≤2000
修车库	车位数（个）	>15	6～15	3～5	≤2
	总建筑面积 S（m²）	S>3000	1000<S≤3000	500<S≤1000	S≤500
停车场	停车数量（辆）	>400	251～400	101～250	≤100

注：1. 当屋面露天停车场与下部汽车库共用汽车坡道时，其停车数量应计算在汽车库的车辆总数内；

2. 室外坡道、屋面露天停车场的建筑面积可不计入汽车库的建筑面积之内；

3. 公交汽车库的建筑面积可按本表的规定值增加2.0倍。

(2) 汽车库、修车库的耐火等级应分为一级、二级和三级，其构件的燃烧性能和耐火极限均不应低于表 6-12 的规定。

汽车库、修车库构件的燃烧性能和耐火极限（h）　　　　表 6-12

建筑构件名称		耐火等级		
		一级	二级	三级
墙	防火墙	不燃性 3.00	不燃性 3.00	不燃性 3.00
	承重墙	不燃性 3.00	不燃性 2.50	不燃性 2.00
	楼梯间和前室的墙、防火隔墙	不燃性 2.00	不燃性 2.00	不燃性 2.00
	隔墙、非承重外墙	不燃性 1.00	不燃性 1.00	不燃性 0.50
柱		不燃性 3.00	不燃性 2.50	不燃性 2.00
梁		不燃性 2.00	不燃性 1.50	不燃性 1.00
楼板		不燃性 1.50	不燃性 1.00	不燃性 0.50
疏散楼梯、坡道		不燃性 1.50	不燃性 1.00	不燃性 1.00
屋顶承重构件		不燃性 1.50	不燃性 1.00	不燃性 0.50
吊顶（包括吊顶格栅）		不燃性 0.25	不燃性 0.25	难燃性 0.15

注：预制钢筋混凝土构件的节点缝隙或金属承重构件的外露部位应加设防火保护层，其耐火极限不应低于表中相应构件的规定。

(3) 汽车库和修车库的耐火等级应符合下列规定：
1) 地下、半地下和高层汽车库应为一级；
2) 甲、乙类物品运输车的汽车库、修车库和Ⅰ类汽车库、修车库，应为一级；
3) Ⅱ、Ⅲ类汽车库、修车库的耐火等级不应低于二级；
4) Ⅳ类汽车库、修车库的耐火等级不应低于三级。

9. 钢结构防火

《建筑钢结构防火技术规范》GB 51249—2017 中规定：
(1) 钢结构的防火保护可采用下列措施之一或其中几种的复（组）合：
1) 喷涂（抹涂）防火涂料；
2) 包覆防火板；
3) 包覆柔性毡状隔热材料；
4) 外包混凝土、金属网抹砂浆或砌筑砌体。
(2) 钢结构采用喷涂防火涂料保护时，应符合下列规定：
1) 室内隐蔽构件，宜选用非膨胀型防火涂料；
2) 设计耐火极限大于 1.50h 的构件，不宜选用膨胀型防火涂料；
3) 室外、半室外钢结构采用膨胀型防火涂料时，应选用符合环境对其性能要求的产品；
4) 非膨胀型防火涂料涂层的厚度不应小于 10mm；
5) 防火涂料与防腐涂料应相容、匹配。
(3) 钢结构采用包覆防火板保护时，应符合下列规定：
1) 防火板应为不燃材料，且受火时不应出现炸裂和穿透裂缝等现象；

2) 防火板的包覆应根据构件形状和所处部位进行构造设计,并应采取确保安装牢固稳定的措施;

3) 固定防火板的龙骨及粘结剂应为不燃材料。龙骨应便于与构件及防火板连接,粘结剂在高温下应能保持一定的强度,并应能保证防火板的包敷完整。

(4) 钢结构采用包覆柔性毡状隔热材料保护时,应符合下列规定:

1) 不应用于易受潮或受水的钢结构;

2) 在自重作用下,毡状材料不应发生压缩不均的现象。

(5) 钢结构采用外包混凝土、金属网抹砂浆或砌筑砌体保护时,应符合下列规定:

1) 当采用外包混凝土时,混凝土的强度等级不宜低于C20;

2) 当采用外包金属网抹砂浆时,砂浆的强度等级不宜低于M5;金属丝网的网格不宜大于20mm,丝径不宜小于0.6mm;砂浆最小厚度不宜小于25mm;

3) 当采用砌筑砌体时,砌块的强度等级不宜低于MU10。

第二节 地基、基础和地下室构造

一、《建筑与市政地基基础通用规范》GB 55003—2021

本规范为强制性工程建设规范,全部条文必须严格执行。现行工程建设标准中有关规定与本规范不一致的,以本规范的规定为准。

1. 总则

地基基础工程必须执行本规范。

2. 基本规定

(1) 地基基础应满足下列功能要求:

1) 基础应具备将上部结构荷载传递给地基的承载力和刚度;

2) 在上部结构的各种作用和作用组合下,地基不得出现失稳;

3) 地基基础沉降变形不得影响上部结构功能和正常使用;

4) 具有足够的耐久性能;

(2) 在地基基础设计工作年限内,地基基础工程材料、构件和岩土性能应满足安全性、适用性和耐久性要求。

3. 天然地基与处理地基

(1) 地基设计应符合下列规定:

1) 地基计算均应满足承载力计算的要求;

2) 对地基变形有控制要求的工程结构,均应按地基变形设计;

3) 对受水平荷载作用的工程结构或位于斜坡上的工程结构,应进行地基稳定性验算。

(2) 膨胀土地区建(构)筑物的基础埋置深度不应小于1m。

4. 基础

(1) 基础的埋置深度应满足地基承载力、变形和稳定性要求。位于岩石地基上的工程结构,其基础埋深应满足抗滑稳定性要求。

(2) 扩展基础的混凝土强度等级不应低于C25,受力钢筋最小配筋率不应小于0.15%。

(3) 筏形基础、桩筏基础的混凝土强度等级不应低于 C30；筏形基础、桩筏基础底板上下贯通钢筋的配筋率不应小于 0.15%。筏形基础、桩筏基础防水混凝土应满足抗渗要求。

二、地基

（一）建筑地基土层分类

《建筑地基基础设计规范》GB 50007—2011 中规定，作为建筑地基的土层分为岩石、碎石土、砂土、粉土、黏性土和人工填土。

（二）天然地基与人工地基

1. 天然地基

凡天然土层具有足够的承载能力，不需经过人工加固，可直接在其上部建造房屋的土层。天然地基的土层分布及承载力大小由勘测部门实测提供。

2. 人工地基

当土层的承载力较差或虽然土层质地较好，但上部荷载过大时，为使地基具有足够的承载能力，应对土层进行加固。这种经过人工处理的土层叫人工地基。

人工地基的加固处理方法有以下几种：

（1）压实法。利用重锤（夯）、碾压（压路机）和振动法将土层压实。这种方法简单易行，对提高地基承载力收效较大。

（2）换土法。当地基土为淤泥、冲填土、杂填土及其他高压缩性土时，应采用换土法。换土所用材料宜选用中砂、粗砂、碎石或级配石等空隙大、压缩性低、无侵蚀性的材料。换土范围由计算确定。

（3）桩基。在建筑物荷载大、层数多、高度高、地基土又较松软时，一般应采用桩基。常见的桩基有以下几种：预制桩（柱桩）、灌注桩、爆扩桩和其他类型桩（砂桩、碎石桩、灰土桩、扩孔墩等）。

采用桩基时，应在桩顶加做承台梁或承台板，以承托墙柱。

三、基础埋深的确定原则

《建筑地基基础设计规范》GB 50007—2011 中规定：

(1) 基础埋深由以下原则决定
1) 建筑物的用途，有无地下室、设备基础和地下设施，基础的形式和构造；
2) 作用在地基上的荷载大小和性质；
3) 工程地质和水文地质条件；
4) 相邻建筑物的基础埋深；
5) 地基土冻胀和融陷的影响。

（2）在满足地基稳定和变形要求的前提下，基础宜浅埋，当上层地基的承载力大于下层土时，宜利用上层土作持力层。除岩石地基外，基础埋深不宜小于 0.5m。

（3）在抗震设防区，除岩石地基外，天然地基上的箱形和筏形基础其埋置深度不宜小于建筑物高度的 1/15；桩箱或桩筏基础的埋置深度（不计桩长）不宜小于建筑物高度的 1/18～1/20。多层建筑的埋深一般不小于建筑物高度的 1/10。

(4) 基础宜埋置在地下水位以上，当必须埋在地下水位以下时，应采取地基土在施工时不受扰动的措施。当基础埋置在易风化的岩层上，施工时应在基坑开挖后立即铺筑垫层。

(5) 当存在相邻建筑物时，新建建筑物的基础埋深不宜大于原有建筑基础。当埋深大于原有建筑基础时，两基础间应保持一定净距，其数值应根据原有建筑荷载大小、基础形式和土质情况确定。当上述要求不能满足时，应采取分段施工，设临时加固支撑、打板桩、地下连续墙等施工措施或加固原有建筑物地基。

(6) 季节性冻土地区基础埋置深度宜大于场地冻结深度，对于深厚季节冻土地区，当建筑基础底面土层为不冻胀、弱冻胀、冻胀土时，基础埋置深度可以小于场地冻结深度。基底允许冻土层最大厚度应根据当地经验确定。

《建筑地基基础术语标准》GB/T 50941—2014 中规定：浅基础是指埋置深度不超过 5m，或不超过基底最小宽度，在其承载力中不计入基础侧壁岩土摩阻力的基础。深基础是指埋置深度超过 5m，或超过基底最小宽度，在其承载力中计入基础侧壁岩土摩阻力的基础。

四、基础的种类

基础的类型很多，划分方法也不尽相同。从基础的材料及受力来划分，可分为刚性基础（指用砖、灰土、混凝土、三合土等受压强度大、而受拉强度小的刚性材料做成的基础）、柔性基础（指用钢筋混凝土制成的受压和受拉均较强的基础）。从基础的构造形式可分为条形基础、独立基础、筏形基础、箱形基础、桩基础等。下面介绍几种常用基础的构造特点。

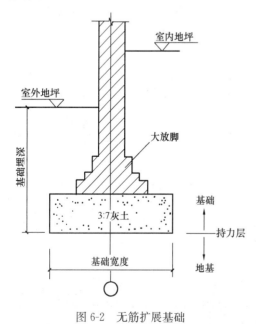

图 6-2 无筋扩展基础

（一）刚性基础（无筋扩展基础）

由于刚性材料的特点，这种基础只适合于受压而不适合受弯、拉、剪力，因此基础剖面尺寸必须满足刚性条件的要求。一般砌体结构房屋的基础常采用刚性基础。图 6-2 为刚性（无筋扩展）基础的构造，其台阶宽高比的允许值见表 6-13。

1. 灰土基础

灰土是经过消解后的生石灰和黏性土按一定的比例拌合而成，其配合比常用石灰：黏性土＝3∶7，俗称"三七"灰土。

灰土基础适合于 6 层和 6 层以下、地下水位较低的砌体结构房屋和墙体承重的工业厂房。灰土基础的厚度与建筑层数有关。4 层及 4 层以上的建筑物，一般采用 450mm；3 层及 3 层以下的建筑物，一般采用 300mm，夯实后的灰土厚度每 150mm 称"一步"，300mm 厚的灰土可称为"两步"灰土。

灰土基础的优点是施工简便，造价较低，就地取材，可以节省水泥、砖石等材料。缺点是它的抗冻、耐水性能差，在地下水位线以下或很潮湿的地基上不宜采用。

刚性（无筋扩展）基础台阶宽高比的允许值　　　　　表6-13

基础种类	质量要求	台阶宽高比的允许值		
		$P_k \leqslant 100$	$100 < P_k \leqslant 200$	$200 < P_k \leqslant 300$
混凝土基础	C15混凝土	1：1.00	1：1.00	1：1.25
毛石混凝土基础	C15混凝土	1：1.00	1：1.25	1：1.50
砖基础	砖不低于MU10，砂浆不低于M5	1：1.50	1：1.50	1：1.50
毛石基础	砂浆不低于M5	1：1.25	1：1.50	—
灰土基础	体积比为3：7或2：8的灰土，其最小干密度：粉土1.55t/m³，粉质黏土1.50t/m³，黏土1.45t/m³	1：1.25	1：1.50	—
三合土基础	体积比1：2：4～1：3：6（石灰：砂：骨料），每层约虚铺220mm，夯至150mm	1：1.50	1：2.00	—

注：1. P_k 为荷载效应标准组合时基础底面处的平均压力值（kPa）；
　　2. 阶梯形毛石基础的每个阶梯伸出宽度，不宜大于200mm；
　　3. 当基础由不同材料叠合组成时，应对接触部分作抗压验算；
　　4. 基础底面处的平均压力值超过300kPa的混凝土基础，尚应进行抗剪验算。对基底反力集中于立柱附近的岩石地基，应进行局部受压承载力验算。

2. 实心砖基础

用作基础的实心砖，其强度等级必须在MU10及以上，砂浆强度等级一般不低于M5。基础的下部要做成阶梯形（大放脚），逐级放大，以使上部的荷载传递到地基上时应力减小，从而满足地基容许承载力的要求。砖基础大放脚常用"两皮一收"和"二一间隔收"两种做法。

砖基础施工简便，适应面广。

为了节省"大放脚"的材料，可在砖基础下部做灰土垫层，形成灰土砖基础（又叫灰土基础）。

3. 毛石基础

毛石是指开采下来未经雕琢成形的石块，采用强度等级不小于M5砂浆砌筑的基础。毛石形状不规则，基础质量与码石块的技术和砌筑方法关系很大，一般应搭板满槽砌筑。毛石基础厚度和台阶高度均不小于100mm，当台阶多于两阶时，每个台阶伸出宽度不宜大于200mm。为便于砌筑上部砖墙，可在毛石基础的顶面浇铺一层60mm厚、强度等级为C10的混凝土找平层。毛石基础的优点是可以就地取材，但整体性欠佳，固有振动的房屋很少采用。

4. 三合土基础

这种基础是石灰、砂、骨料等三种材料，按1：2：4～1：3：6的体积比进行配合，然后在基槽内分层夯实，每层夯实前虚铺220mm，夯实后净剩150mm。三合土铺筑至设计标高后，在最后一遍夯打时，宜浇筑石灰浆，待表面灰浆略为风干后，再铺上一层砂子，最后整平夯实。这种基础在我国南方地区应用很广。它的造价低廉，施工简单，但强度较低，所以只能用于4层以下房屋的基础。

5. 混凝土基础

这是指用混凝土制作的基础。混凝土基础的优点是强度高，整体性好，不怕水。它适用于潮湿的地基或有水的基槽中。有阶梯形和锥形两种。

混凝土基础的厚度一般为300~500mm，混凝土强度等级为C20。混凝土基础的宽高比为1∶1。

6. 毛石混凝土基础

为了节约水泥用量，对于体积较大的混凝土基础，可以在浇筑混凝土时加入20%~30%的毛石，这种基础叫毛石混凝土基础。毛石的尺寸不宜超过300mm。当基础埋深较大时，也可用毛石混凝土做成台阶形，每阶宽度不应小于400mm。如果地下水对普通水泥有侵蚀作用时，应采用矿渣水泥或火山灰水泥拌制混凝土。

（二）扩展基础（柔性基础）

扩展基础采用钢筋混凝土制作，图6-3为阶梯形扩展基础的构造。《建筑地基基础设计规范》GB 50007—2011中规定：

(1) 扩展基础包括柱下独立基础和墙下条形基础两种类型。

(2) 扩展基础的截面有阶梯形和锥形两种形式。

(3) 锥形扩展基础的边缘高度不宜小于200mm，且两个方向的坡度不宜大于1∶3；阶梯形扩展基础的每阶高度宜为300~500mm。

(4) 扩展基础混凝土垫层的厚度不宜小于70mm，垫层混凝土强度等级不宜小于C10。

(5) 柱下扩展基础受力钢筋的最小直径不应小于10mm，间距应为100~200mm。墙下扩展基础纵向分布钢筋的直径不应小于8mm，间距不应大于300mm。

（三）其他类型的基础

1. 筏形基础

筏形基础有梁板式和平板式两种类型。这是连片的钢筋混凝土基础，一般用于荷载集中、地基承载力差的情况下（图6-4）。

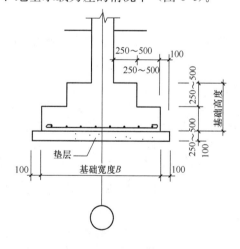

图6-3 阶梯形扩展基础

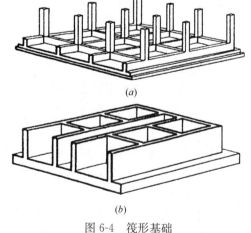

图6-4 筏形基础
(a) 柱下基础；(b) 墙下基础

2. 箱形基础

当筏形基础埋深较深，并有地下室时，一般采用箱形基础。箱形基础由底板、顶板和侧墙组成。这种基础的整体性强，能承受很大的弯矩（图6-5）。

（四）基础的应用

1. 条形基础

这种基础多用于承重墙和自承重墙下部设置的基础，做法采用刚性基础。

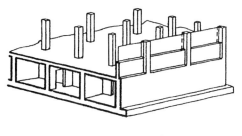

图6-5 箱形基础

2. 独立基础

这种基础多用于柱下基础，其构造做法多为柔性基础。

3. 筏形基础和箱形基础

这些基础多用于高层建筑。

五、地下室的有关问题

建筑物下部的空间叫地下室。

（一）地下室的分类

1. 按使用性质分

（1）普通地下室。普通的地下空间。一般按地下楼层进行设计。

（2）防空地下室。有防空要求的地下空间。防空地下室应妥善解决紧急状态下的人员隐蔽与疏散，应有保证人身安全的技术措施。

2. 按埋入地下深度分

（1）地下室。地下室是指地下室地平面低于室外地坪的高度超过该房间净高1/2者。

（2）半地下室。半地下室是指地下室地面低于室外地坪面高度超过该房间净高1/3，且不超过1/2者。

3. 按建造方式分

（1）单建式：单独建造的地下空间，构造组成包括顶板、侧墙和底板三部分。如地下车库等。

（2）附建式：附件在建筑物下部的地下空间，构造组成只有侧墙和底板两部分。

（二）防空地下室

防空地下室按其重要性分为甲类（以预防核武器为主）和乙类（以预防常规武器为主）防空地下室及居住小区内结合民用建筑异地修建的甲、乙类单建掘开式人防工程设计。《人民防空地下室设计规范》GB 50038—2005中对防空地下室的抗力分级作了如下规定：

（1）甲类：4级(核4级)、4B级(核4B级)、5级(核5级)、6级(核6级)、6B级(核6B级)。

（2）乙类：5级（常5级）、6级（常6级）。

防空地下室用以预防现代战争对人员造成的杀伤。主要预防核武器、常规武器、化学武器、生物武器以及次生灾害和由上部建筑倒塌所产生的倒塌荷载。对于冲击波和倒塌荷载主要通过结构厚度来解决。对于早期核辐射应通过结构厚度及相应的密闭措施来解决。对于化学毒气应通过密闭措施及通风、滤毒来解决。

为解决上述问题，防空地下室的平面中应有防护室、防毒通道（前室）、通风滤毒室、洗消间及厕所等。为保证疏散，地下室的房间出口应不设门，而以空门洞为主。与外界联系的出入口应设置密闭门或防护密闭门。地下室的出入口至少应有两个。其具体做法是一个与地上楼梯连通，另一个与防空通道或专用出口连接。为兼顾平时利用，做到平战结合，可以在外墙上开采光窗并设置采光井。

《人民防空地下室设计规范》GB 50038—2005 和《建筑内部装修设计防火规范》GB 50222—2017 中规定：

1. 密闭隔墙

在染毒区与清洁区之间应设置整体浇筑的钢筋混凝土密闭隔墙，其厚度不应小于 200mm，并应在染毒区一侧墙面用水泥砂浆抹光。当密闭隔墙上有管道穿过时，应采取密闭措施。在密闭隔墙上开设门洞时，应设置密闭门。

2. 内部装修

（1）室内装修应选用防火、防潮的材料，并满足防腐、抗震、环保及其他特殊功能的要求。平战结合的防空地下室，其内部装修应符合国家有关建筑内部装修设计防火规范的规定。

（2）防空地下室的顶板不应抹灰。平时设置吊顶时，应采用轻质、坚固的龙骨，吊顶饰面材料应方便拆卸。密闭通道、防毒通道、洗消间、简易洗消间、滤毒室、扩散室等战时易染毒的房间、通道，其墙面、顶面、地面均应平整光洁，易于清洗。

（3）设置地漏的房间和通道，其地面坡度不应小于 0.5%，坡向地漏，且其地面应比相连的无地漏房间（或通道）的地面低 20mm。

（4）地下民用建筑（包括平战结合的地下人防工程）的顶棚装修材料的燃烧性能不应低于 A 级（即不燃性）。

（三）地下室的组成及有关要求

1. 地下室的组成

地下室属于箱形基础的范围。其组成部分有顶板、底板、侧墙、门窗及楼梯等。

2. 地下室的空间高度

用作人员掩蔽的防空地下室的掩蔽面积标准应按每人 $1.0m^2$ 计算。室内地面至顶板底面高度不应低于 2.4m，梁下净高不应低于 2.0m。《住宅建筑规范》GB 50368—2005 规定，地下机动车库走道净高不应低于 2.20m，车位净高不应低于 2.00m。住宅地下自行车库净高不应低于 2.00m。

3. 人防地下室的材料选择和厚度决定

人防地下室各组成部分所用材料、强度等级及厚度详见表 6-14、表 6-15。

材料强度等级　　表 6-14

构件类别	混凝土		砌体			
	现浇	预制	砖	料石	混凝土砌块	砂浆
基础	C25	—	—	—	—	—
梁、楼板	C25	C25	—	—	—	—
柱	C30	C30	—	—	—	—
内墙	C25	C25	MU10	MU30	MU15	M5
外墙	C25	C25	MU15	MU30	MU15	M7.5

注：1. 防空地下室结构不得采用硅酸盐砖和硅酸盐砌块；
2. 严寒地区，饱和土中砖的强度等级不得低于 MU20；
3. 装配填缝砂浆的强度等级不应低于 M10；
4. 防水混凝土基础底板的混凝土垫层，其强度等级不应低于 C25。

结构构件最小厚度（mm） 表 6-15

构件类别	材料种类			
	钢筋混凝土	砖砌体	料石砌体	混凝土砌块
顶板、中间楼板	200	—	—	—
承重外墙	250	490(370)	300	250
承重内墙	200	370(240)	300	250
临空墙	250	—	—	—
防护密闭门门框墙	300	—	—	—
密闭门门框墙	250	—	—	—

注：1. 表中最小厚度不包括甲类防空地下室防早期核辐射对结构厚度的要求；
   2. 表中顶板、中间楼板最小厚度系指实心楼面，如为密肋板，其实心截面不宜小于100mm；如为现浇空心板，其板顶厚度不宜小于100mm，且其折合厚度均不应小于200mm；
   3. 砖砌体项括号内最小厚度适用于乙类防空地下室和核 6 级、核 6B 级甲类防空地下室；
   4. 砖砌体包括烧结普通砖、烧结多孔砖以及非黏土砖砌体。

（四）地下室的防潮与防水做法

地下室的防潮、防水做法取决于地下室地坪与地下水位的关系。

当设计最高地下水位低于地下室底板 500mm，且基地范围内的土壤及回填土无形成上层滞水的可能时，采用防潮做法。

当设计最高地下水位高于地下室底板标高且地面水可能下渗时，应采用防水做法。

防潮的具体做法是：砌体必须用水泥砂浆砌筑，墙外侧在做好水泥砂浆抹面后，涂冷底子油及热沥青两道，然后回填低渗透性的土，如黏土、灰土等。此外，在墙身与地下室地坪及室内外地坪之间设墙身水平防潮层，以防止土中潮气和地面雨水因毛细管作用沿墙体上升而影响结构。

地下室防水做法应遵守《地下工程防水技术规范》GB 50108—2008 中的有关规定：

1. 地下工程防水设计

地下工程防水的设计和施工应遵循"防、排、截、堵相结合，刚柔相济，因地制宜，综合治理"的原则。

（1）一般规定

1）地下工程的防水设计，应根据地表水、地下水、毛细管水等的作用，以及由于人为因素引起的附近水文地质改变的影响确定。单建式的地下工程，宜采用全封闭、部分封闭的防排水设计；附建式的全地下或半地下工程的防水设防高度，应高出室外地坪高程 500mm 以上。

2）地下工程迎水面主体结构应采用防水混凝土，并应根据防水等级的要求采取其他防水措施。

3）地下工程的变形缝（诱导缝）、施工缝、后浇带、穿墙管（盒）、预埋件、预留通道接头、桩头等细部构造，应加强防水措施。

4）地下工程的排水管沟、地漏、出入口、窗井、风井等，应采取防倒灌措施；严寒、寒冷地区的排水沟应采取防冻措施。

（2）防水等级

1) 地下工程的防水等级应分为四级，各等级防水标准应符合表 6-16 的规定。

地下工程防水标准　　　　　　　　　　　　　　表 6-16

防水等级	防水标准
一级	不允许渗水，结构表面无湿渍
二级	不允许漏水，结构表面可有少量湿渍； 工业与民用建筑：总湿渍面积不应大于总防水面积（包括顶板、墙面、地面）的 1/1000；任意 $100m^2$ 防水面积上的湿渍不超过 2 处，单个湿渍的最大面积不大于 $0.1m^2$； 其他地下工程：总湿渍面积不应大于总防水面积的 2/1000；任意 $100m^2$ 防水面积上的湿渍不超过 3 处，单个湿渍的最大面积不大于 $0.2m^2$；其中，隧道工程还要求平均渗水量不大于 $0.05L/(m^2 \cdot d)$，任意 $100m^2$ 防水面积上的渗水量不大于 $0.15L/(m^2 \cdot d)$
三级	有少量漏水点，不得有线流和漏泥沙； 任意 $100m^2$ 防水面积上的漏水或湿渍点数不超过 7 处，单个漏水点的最大漏水量不大于 $2.5L/d$，单个湿渍的最大面积不大于 $0.3m^2$
四级	有漏水点，不得有线流和漏泥沙； 整个工程平均漏水量不大于 $2L/(m^2 \cdot d)$；任意 $100m^2$ 防水面积上的平均漏水量不大于 $4L/(m^2 \cdot d)$

2) 地下工程不同防水等级的适用范围，应根据工程的重要性和使用中对防水的要求按表 6-17 选定。

不同防水等级的适用范围　　　　　　　　　　　　表 6-17

防水等级	适用范围
一级	人员长期停留的场所；因有少量湿渍会使物品变质、失效的贮物场所及严重影响设备正常运转和危及工程安全运营的部位；极重要的战备工程、地铁车站
二级	人员经常活动的场所；在有少量湿渍的情况下不会使物品变质、失效的贮物场所及基本不影响设备正常运转和工程安全运营的部位；重要的战备工程
三级	人员临时活动的场所；一般战备工程
四级	对渗漏水无严格要求的工程

（3）防水设防要求

1) 地下工程的防水设防要求，应根据使用功能、使用年限、水文地质、结构形式、环境条件、施工方法及材料性能等因素确定。

明挖法地下工程的防水设防要求应按表 6-18 选用。

明挖法地下工程防水设防要求 表6-18

工程部位	主体结构							施工缝							后浇带					变形缝（诱导缝）					
防水措施	防水混凝土	防水卷材	防水涂料	塑料防水板	膨润土防水材料	防水砂浆	金属防水板	遇水膨胀止水条（胶）	外贴式止水带	中埋式止水带	外抹防水砂浆	外涂防水涂料	水泥基渗透结晶型防水涂料	预埋注浆管	补偿收缩混凝土	外贴式止水带	预埋注浆管	遇水膨胀止水条（胶）	防水密封材料	中埋式止水带	外贴式止水带	可卸式止水带	防水密封材料	外贴式防水卷材	外涂防水涂料
防水等级 一级	应选	应选一至二种 →	→	→	→	→	→	应选二种 →	→	→	→	→	→	应选	应选	应选二种 →	→	→	→	应选	应选一至二种 →	→	→	→	→
二级	应选	应选一种 →	→	→	→	→	→	应选一至二种 →	→	→	→	→	→	应选	应选	应选一至二种 →	→	→	→	应选	应选一至二种 →	→	→	→	→
三级	应选	宜选一种 →	→	→	→	→	→	宜选一至二种 →	→	→	→	→	→	宜选	应选	宜选一至二种 →	→	→	→	应选	宜选一至二种 →	→	→	→	→
四级	宜选	—						宜选一种 →	→	→	→	→	→	宜选	应选	宜选一种 →	→	→	→	应选	宜选一种 →	→	→	→	→

2）处于侵蚀性介质中的工程，应采用耐侵蚀的防水混凝土、防水砂浆、防水卷材或防水涂料等防水材料。

3）处于冻融侵蚀环境中的地下工程，其混凝土抗冻融循环不得少于300次。

4）结构刚度较差或受振动作用的工程，宜采用延伸率较大的卷材、涂料等柔性防水材料。

2. 防水做法

（1）防水混凝土

1）防水混凝土可通过调整配合比，或掺加外加剂、掺合料等措施配制而成，其抗渗等级不得小于P6。

2）防水混凝土的施工配合比应通过试验确定，试配混凝土的抗渗等级应比设计要求高0.2MPa。

3）防水混凝土应满足抗渗等级要求，并应根据地下工程所处的环境和工作条件，满足抗压、抗冻和抗侵蚀性等耐久性要求。

4）防水混凝土的设计抗渗等级，应符合表6-19的规定。

防水混凝土设计抗渗等级 表6-19

工程埋置深度 H（m）	设计抗渗等级	工程埋置深度 H（m）	设计抗渗等级
$H<10$	P6	$20 \leqslant H<30$	P10
$10 \leqslant H<20$	P8	$H \geqslant 30$	P12

注：1. 本表适用于Ⅰ、Ⅱ、Ⅲ类围岩（土层及软弱围岩）；
　　2. 山岭隧道防水混凝土的抗渗等级可按国家现行有关标准执行。

5）防水混凝土的环境温度不得高于80℃，处于侵蚀性介质中防水混凝土的耐侵蚀要求应根据介质的性质按有关标准执行。

6）防水混凝土结构底板的混凝土垫层，强度等级不应小于C15，厚度不应小于

100mm，在软弱土层中不应小于150mm。

7）防水混凝土结构，应符合下列规定：

①结构厚度不应小于250mm（附建式地下室为侧墙和底板；单建式地下室为侧墙、底板和顶板）；

②裂缝宽度不得大于0.2mm，并不得贯通；

③钢筋保护层厚度应根据结构的耐久性和工程环境选用，迎水面钢筋保护层厚度不应小于50mm。

8）防水混凝土应连续浇筑，宜少留施工缝。当留设施工缝时，应符合下列规定：

① 墙体水平施工缝不应留在剪力最大处或底板与侧墙的交接处，应留在高出底板表面不小于300mm的墙体上；拱（板）墙结合的水平施工缝，宜留在拱（板）墙接缝线以下150～300mm处；墙体有预留孔洞时，施工缝距孔洞边缘不应小于300mm；

② 垂直施工缝应避开地下水和裂隙水较多的地段，并宜与变形缝相结合。

9）施工缝防水构造形式宜按图6-6～图6-9选用，当采用两种以上构造措施时可进行有效组合。

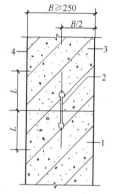

图6-6 施工缝防水构造（一）
钢板止水带 $L\geqslant 150$，橡胶止水带 $L\geqslant 200$，钢边橡胶止水带 $L\geqslant 120$
1—先浇混凝土；2—中埋止水带；
3—后浇混凝土；4—结构迎水面

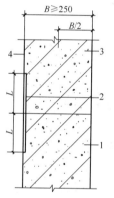

图6-7 施工缝防水构造（二）
外贴止水带 $L\geqslant 150$，外涂防水涂料 $L=200$，外抹防水砂浆 $L=200$
1—先浇混凝土；2—外贴止水带；
3—后浇混凝土；4—结构迎水面

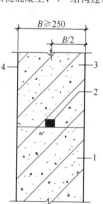

图6-8 施工缝防水构造（三）
1—先浇混凝土；2—遇水膨胀止水条（胶）；
3—后浇混凝土；4—结构迎水面

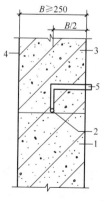

图6-9 施工缝防水构造（四）
1—先浇混凝土；2—预埋注浆管；3—后浇混凝土；4—结构迎水面；5—注浆导管

10）防水混凝土结构内部设置的各种钢筋或绑扎铁丝，不得接触模板。用于固定模板的螺栓必须穿过混凝土结构时，可采用工具式螺栓或螺栓加堵头，螺栓上应加焊方形止水环。拆模后应将留下的凹槽用密封材料封堵密实，并应用聚合物水泥砂浆抹平，见图 6-10。

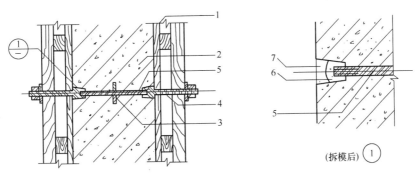

图 6-10 固定模板用螺栓的防水构造
（引自《地下工程防水技术规范》GB 50108—2008）
1—模板；2—结构混凝土；3—止水环；4—工具式螺栓；5—固定模板用螺栓；
6—密封材料；7—聚合物水泥砂浆

11）用于防水混凝土的水泥应符合下列规定：

① 水泥品种宜采用硅酸盐水泥、普通硅酸盐水泥，采用其他品种水泥时应经试验确定；

② 在受侵蚀性介质作用时，应按介质的性质选用相应的水泥品种；

③ 不得使用过期或受潮结块的水泥，并不得将不同品种或强度等级的水泥混合使用。

例 6-2 （2012）某地下 12m 处工程的防水混凝土设计要点中，错误的是：

A 结构厚度应计算确定

B 抗渗等级为 P8

C 结构底板的混凝土垫层，其强度等级不小于 C15

D 混凝土垫层的厚度一般不应小于 150mm

解析：《地下工程防水技术规范》GB 50108—2008 第 4.1.4 条规定：地下 12m 处工程的防水混凝土的设计抗渗等级应为 P8（选项 B 正确）。第 4.1.6 条规定：防水混凝土结构底板的混凝土垫层，强度等级不应小于 C15（选项 C 正确），厚度不应小于 100mm（选项 D 错误），在软弱土层中不应小于 150mm。

答案： D

例 6-3 （2013）图 6-11 所示防水混凝土墙身施工缝的防水构造，下列说法错误的是哪一项？

A $B \geq 250$mm

B 采用钢边橡胶止水带 $L \geq 120$mm

C 采用铁板止水带 $L \geq 150$mm

D 采用橡胶止水带 $L \geq 160$mm

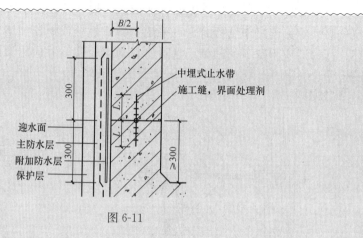

图 6-11

解析：《地下工程防水技术规范》GB 50108—2008 第 4.1.25 条中规定：防水混凝土墙身施工缝防水构造采用橡胶止水带做法时，$L \geqslant 200\text{mm}$。

答案： D

(2) 水泥砂浆防水层

1) 水泥砂浆应包括聚合物水泥防水砂浆、掺外加剂或掺合料的防水砂浆，宜采用多层抹压法施工。

2) 水泥砂浆防水层可用于地下工程主体结构的迎水面或背水面，不应用于受持续振动或温度高于 80℃ 的地下工程防水。

3) 水泥砂浆防水层应在基础垫层、初期支护、围护结构及内衬结构验收合格后施工。

4) 水泥砂浆的品种和配合比设计应根据防水工程要求确定。

5) 聚合物水泥防水砂浆厚度：单层施工宜为 6～8mm，双层施工宜为 10～12mm；掺外加剂或掺合料的水泥防水砂浆厚度宜为 18～20mm。

6) 水泥砂浆防水层的基层混凝土强度或砌体用的砂浆强度均不应低于设计值的 80%。

7) 水泥砂浆防水层各层应紧密粘合，每层宜连续施工；必须留设施工缝时，应采用阶梯坡形槎，但离阴阳角处的距离不得小于 200mm。

8) 水泥砂浆防水层不得在雨天、五级及以上大风中施工。冬期施工时，气温不应低于 5℃。夏季不宜在 30℃ 以上或烈日照射下施工。

9) 水泥砂浆防水层终凝后，应及时进行养护，养护温度不宜低于 5℃，并应保持砂浆表面湿润，养护时间不得少于 14d。

(3) 卷材防水层

1) 卷材防水层宜用于经常处在地下水环境，且受侵蚀性介质作用或受振动作用的地下工程。

2) 卷材防水层应铺设在混凝土结构的迎水面。

3) 卷材防水层用于建筑物地下室时，应铺设在结构底板垫层至墙体防水设防高度的结构基面上；用于单建式的地下工程时，应从结构底板垫层铺设至顶板基面，并应在外围形成封闭的防水层。

4）防水卷材的品种规格和层数，应根据地下工程防水等级、地下水位高低及水压力作用状况、结构构造形式和施工工艺等因素确定。

5）卷材防水层的卷材品种可按表6-20选用，并应符合下列规定：

① 卷材外观质量、品种规格应符合国家现行有关标准的规定；

② 卷材及其胶粘剂应具有良好的耐水性、耐久性、耐刺穿性、耐腐蚀性和耐菌性。

卷材防水层的卷材品种　　表6-20

类　　别	品种名称
高聚物改性沥青类防水卷材	弹性体改性沥青防水卷材
	改性沥青聚乙烯胎防水卷材
	自粘聚合物改性沥青防水卷材
合成高分子类防水卷材	三元乙丙橡胶防水卷材
	聚氯乙烯防水卷材
	聚乙烯丙纶复合防水卷材
	高分子自粘胶膜防水卷材

6）卷材防水层的厚度应符合表6-21的规定。

不同品种卷材的厚度　　表6-21

卷材品种	高聚物改性沥青类防水卷材			合成高分子类防水卷材			
	弹性体改性沥青防水卷材、改性沥青聚乙烯胎防水卷材	自粘聚合物改性沥青防水卷材		三元乙丙橡胶防水卷材	聚氯乙烯防水卷材	聚乙烯丙纶复合防水卷材	高分子自粘胶膜防水卷材
		聚酯毡胎体	无胎体				
单层厚度（mm）	≥4	≥3	≥1.5	≥1.5	≥1.5	卷材≥0.9 粘结料≥1.3 芯材厚度≥0.6	≥1.2
双层总厚度（mm）	≥(4+3)	≥(3+3)	≥(1.5+1.5)	≥(1.2+1.2)	≥(1.2+1.2)	卷材≥(0.7+0.7) 粘结料≥(1.3+1.3) 芯材厚度≥0.5	—

注：自粘聚合物改性沥青防水卷材应执行国家现行标准《自粘聚合物改性沥青防水卷材》GB 23441—2009。

7）阴阳角处应做成圆弧或45°坡角，其尺寸应根据卷材品种确定。在阴阳角等特殊部位，应增做卷材加强层，加强层宽度宜为300～500mm。

8）铺贴卷材严禁在雨天、雪天、五级及以上大风中施工；冷粘法、自粘法施工的环境气温不宜低于5℃。施工过程中下雨或下雪时，应做好已铺卷材的防护工作。

9）防水卷材施工前，基面应干净、干燥，并应涂刷基层处理剂；当基面潮湿时，应涂刷湿固化型胶粘剂或潮湿界面隔离剂。基层处理剂的配制与施工应符合下列要求：

① 基层处理剂应与卷材及其粘结材料的材性相容；

② 基层处理剂喷涂或刷涂应均匀一致，不应露底，表面干燥后方可铺贴卷材。

10) 铺贴各类防水卷材应符合下列规定：

① 应铺设卷材加强层；

② 结构底板垫层混凝土部位的卷材可采用空铺法或点粘法施工，其粘结位置、点粘面积应按设计要求确定；侧墙采用外防外贴法的卷材及顶板部位的卷材应采用满粘法施工；

③ 卷材与基面、卷材与卷材间的粘结应紧密、牢固；铺贴完成的卷材应平整顺直，搭接尺寸应准确，不得产生扭曲和皱褶；

④ 卷材搭接处和接头部位应粘贴牢固，接缝口应封严或采用材性相容的密封材料封缝；

⑤ 铺贴立面卷材防水层时，应采取防止卷材下滑的措施；

⑥ 铺贴双层卷材时，上下两层和相邻两幅卷材的接缝应错开 1/3～1/2 幅宽，且两层卷材不得相互垂直铺贴。

11) 卷材防水层经检查合格后，应及时做保护层，保护层应符合下列规定：

① 顶板卷材防水层上的细石混凝土保护层，应符合下列规定：

a. 采用机械碾压回填土时，保护层厚度不宜小于 70mm；

b. 采用人工回填土时，保护层厚度不宜小于 50mm；

c. 防水层与保护层之间宜设置隔离层。

② 底板卷材防水层上的细石混凝土保护层厚度不应小于 50mm。

③ 侧墙卷材防水层宜采用软质保护材料或铺抹 20mm 厚 1∶2.5 水泥砂浆层。

12) 明挖法地下工程的混凝土和防水层的保护层验收合格后，应及时回填，并应符合下列规定：

① 基坑内杂物应清理干净、无积水；

② 工程周围 800mm 以内宜采用灰土、黏土或亚黏土回填，其中不得含有石块、碎砖、灰渣、有机杂物以及冻土；

③ 回填施工应均匀对称进行，并应分层夯实。

(4) 涂料防水层

1) 涂料防水层应包括无机防水涂料和有机防水涂料。无机防水涂料可选用掺外加剂、掺合料的水泥基防水涂料、水泥基渗透结晶型防水涂料。有机防水涂料可选用反应型、水乳型、聚合物水泥等涂料。

2) 无机防水涂料宜用于结构主体的背水面，有机防水涂料宜用于地下工程主体结构的迎水面，用于背水面的有机防水涂料应具有较高的抗渗性，且与基层有较好的粘结性。

3) 防水涂料品种的选择应符合下列规定：

① 潮湿基层宜选用与潮湿基面粘结力大的无机防水涂料或有机防水涂料，也可采用先涂无机防水涂料而后再涂有机防水涂料构成复合防水涂层；

② 冬期施工宜选用反应型涂料；

③ 埋置深度较深的重要工程，有振动或有较大变形的工程，宜选用高弹性防水涂料；

④ 有腐蚀性的地下环境宜选用耐腐蚀性较好的有机防水涂料，并应做刚性保护层；

⑤ 聚合物水泥防水涂料应选用Ⅱ型产品。

4）采用有机防水涂料时，基层阴阳角应做成圆弧形，阴角直径宜大于 50mm，阳角直径宜大于 10mm，在底板转角部位应增加胎体增强材料，并应增涂防水涂料。

5）防水涂料宜采用外防外涂或外防内涂（图 6-12、图 6-13）。

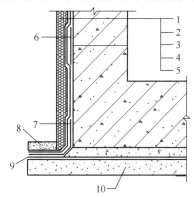
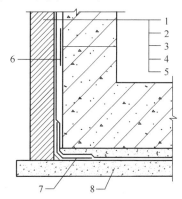

图 6-12　防水涂料外防外涂构造
1—保护墙；2—砂浆保护层；3—涂料防水层；4—砂浆找平层；5—结构墙体；6—涂料防水层加强层；7—涂料防水加强层；8—涂料防水层搭接部位保护层；9—涂料防水层搭接部位；10—混凝土垫层

图 6-13　防水涂料外防内涂构造
1—保护墙；2—砂浆保护层；3—涂料防水层；4—找平层；5—结构墙体；6—涂料防水层加强层；7—涂料防水加强层；8—混凝土垫层

6）掺外加剂、掺合料的水泥基防水涂料厚度不得小于 3.0mm；水泥基渗透结晶型防水涂料的用量不应小于 1.5kg/m²，且厚度不应小于 1.0mm；有机防水涂料的厚度不得小于 1.2mm。

7）无机防水涂料基层表面应干净、平整、无浮浆和明显积水。

8）有机防水涂料基层表面应基本干燥，不应有气孔、凹凸不平、蜂窝麻面等缺陷。涂料施工前，基层阴阳角应做成圆弧形。

9）涂料防水层严禁在雨天、雾天、五级及以上大风时施工，不得在施工环境温度低于 5℃ 及高于 35℃ 或烈日暴晒时施工。涂膜固化前如有降雨可能时，应及时做好已完涂层的保护工作。

10）防水涂料的配制应按涂料的技术要求进行。

11）防水涂料应分层刷涂或喷涂，涂层应均匀，不得漏刷漏涂；接槎宽度不应小于 100mm。

12）铺贴胎体增强材料时，应使胎体层充分浸透防水涂料，不得有露槎及褶皱。

13）有机防水涂料施工完后应及时做保护层，保护层应符合下列规定：

① 底板、顶板应采用 20mm 厚 1∶2.5 水泥砂浆层和 40～50mm 厚的细石混凝土保护层，防水层与保护层之间宜设置隔离层；

② 侧墙背水面保护层应采用 20mm 厚 1∶2.5 水泥砂浆；

③ 侧墙迎水面保护层宜选用软质保护材料或 20mm 厚 1∶2.5 水泥砂浆。

例 6-4　（2021）关于地下工程的水泥基渗透结晶防水涂料，正确用法是（　　）。
A　用量≥1.0kg/m²

> B 用量≥1.5kg/m², 且厚度≥1.0mm
> C 厚度≥1.5mm
> D 用量≥1.0kg/m², 且厚度≥1.5mm
>
> 解析：《地下工程防水技术规范》GB 50108—2008 第 4.4.6 条规定：掺外加剂、掺合料的水泥基防水涂料厚度不得小于 3.0mm；水泥基渗透结晶型防水涂料的用量不应小于 1.5kg/m², 且厚度不应小于 1.0mm（故选项B正确）；有机防水涂料的厚度不得小于 1.2mm。
>
> 答案：B

（5）地下工程种植顶板防水

1) 地下工程种植顶板的防水等级应为一级。

2) 种植土与周边自然土体不相连，且高于周边地坪时，应按种植屋面要求设计。

3) 地下工程种植顶板结构应符合下列规定：

① 种植顶板应为现浇防水混凝土，结构找坡，坡度宜为1%～2%；

② 种植顶板厚度不应小于 250mm，最大裂缝宽度不应大于 0.2mm，并不得贯通；

③ 种植顶板的结构荷载设计应按国家现行标准《种植屋面工程技术规程》JGJ 155—2013 的有关规定执行。

4) 地下室顶板面积较大时，应设计蓄水装置；寒冷地区的设计，冬秋季时宜将种植土中的积水排出。

5) 种植顶板防水设计应包括主体结构防水、管线、花池、排水沟、通风井和亭、台、架、柱等构配件的防排水、泛水设计。

6) 地下室顶板为车道或硬铺地面时，应根据工程所在地区现行建筑节能标准进行绝热（保温）层的设计。

7) 少雨地区的地下工程顶板种植土宜与大于1/2周边的自然土体相连，若低于周边土体时，宜设置蓄排水层。

8) 种植土中的积水宜通过盲沟排至周边土体或建筑排水系统。

9) 地下工程种植顶板的防排水构造应符合下列要求：

① 耐根穿刺防水层应铺设在普通防水层上面；

② 耐根穿刺防水层表面应设置保护层，保护层与防水层之间应设置隔离层；地下建筑顶板种植应采用厚度不小于 70mm 的细石混凝土作保护层；

③ 排（蓄）水层应根据渗水性、储水量、稳定性、抗生物性和碳酸盐含量等因素进行设计；排（蓄）水层应设置在保护层上面，并应结合排水沟分区设置；

④ 排（蓄）水层上应设置过滤层，过滤层材料的搭接宽度不应小于 200mm；

⑤ 种植土层与植被层应符合国家现行标准《种植屋面工程技术规程》JGJ 155—2013 的有关规定。

10) 地下工程种植顶板防水材料应符合下列要求：

① 绝热（保温）层应选用密度小、压缩强度大、吸水率低的绝热材料，不得选用散状绝热材料；

② 耐根穿刺层防水材料的选用应符合国家相关标准的规定或具有相关权威检测机构

出具的材料性能检测报告；

③ 排（蓄）水层应选用抗压强度大且耐久性好的塑料排水板、网状交织排水板或陶粒等轻质材料。

11）已建地下工程顶板的绿化改造应经结构验算，在安全允许的范围内进行。

12）种植顶板应根据原有结构体系合理布置绿化。

13）原有建筑不能满足绿化防水要求时，应进行防水改造。加设的绿化工程不得破坏原有防水层及其保护层。

14）防水层下不得埋设水平管线。垂直穿越的管线应预埋套管，套管超过种植土的高度应大于150mm。

15）种植顶板的泛水部位应采用现浇钢筋混凝土，泛水处防水层高出种植土应大于250mm。

16）泛水部位、水落口及穿顶板管道四周宜设置200～300mm宽的卵石隔离带。

3. 防水层的位置

防水做法应用于外侧（迎水面）时，俗称"外包防水"（图6-14）；只有在修缮工程中才用于内侧（背水面），俗称"内包防水"。

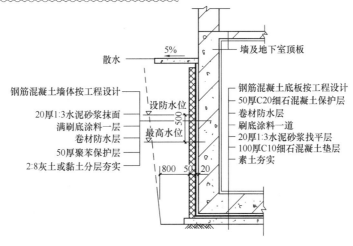

图6-14 外包防水和软保护的做法

4. 地下工程混凝土结构细部构造防水

（1）穿墙管

1）穿墙管（盒）应在浇筑混凝土前预埋。

2）穿墙管与内墙角、凹凸部位的距离应大于250mm。

3）结构变形或管道伸缩量较小时，穿墙管可采用主管直接埋入混凝土内的固定式防水法，主管应加焊止水环或环绕遇水膨胀止水圈，并应在迎水面预留凹槽，槽内应采用密封材料嵌填密实。其防水构造形式宜采用图6-15和图6-16。

4）结构变形或管道伸缩量较大或有更换要求时，应采用套管式防水法，套管应加焊止水环（图6-17）。

5）穿墙管防水施工时应符合下列要求：

① 金属止水环应与主管或套管满焊密实，采用套管式穿墙防水构造时，翼环与套管

应满焊密实,并应在施工前将套管内表面清理干净;

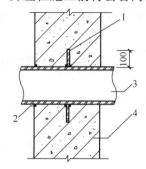
图6-15 固定式穿墙管防水构造(一)
1—止水环;2—密封材料;3—主管;
4—混凝土结构

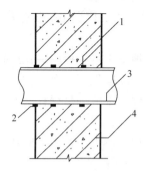
图6-16 固定式穿墙管防水构造(二)
1—遇水膨胀止水圈;2—密封材料;3—主管;
4—混凝土结构

② 相邻穿墙管间的间距应大于300mm;

③ 采用遇水膨胀止水圈的穿墙管,管径宜小于50mm,止水圈应采用胶粘剂满粘固定于管上,并应涂缓胀剂或采用缓胀型遇水膨胀止水圈。

6)穿墙管线较多时,宜相对集中,并应采用穿墙盒方法。穿墙盒的封口钢板应与墙上的预埋角钢焊严,并应从钢板上的预留浇筑孔注入柔性密封材料或细石混凝土(图6-18)。

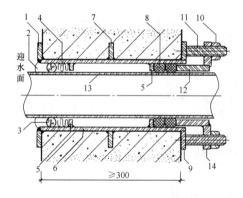
图6-17 套管式穿墙管防水构造
1—翼环;2—密封材料;3—背衬材料;4—充填材料;
5—挡圈;6—套管;7—止水环;8—橡胶圈;
9—翼盘;10—螺母;11—双头螺栓;12—短管;
13—主管;14—法兰盘

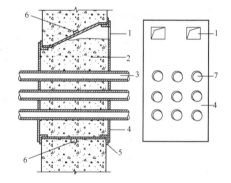
图6-18 穿墙群管防水构造
1—浇筑孔;2—柔性材料或细石混凝土;
3—穿墙管;4—封口钢板;5—固定角钢;
6—遇水膨胀止水条;
7—预留孔

7)当工程有防护要求时,穿墙管除应采取防水措施外,尚应采取满足防护要求的措施。

8)穿墙管伸出外墙的部位,应采取防止回填时将管体损坏的措施。

(2)孔口

1)地下工程通向地面的各种孔口应采取防地面水倒灌的措施。人员出入口高出地面的高度宜为500mm,汽车出入口设置明沟排水时,其高度宜为150mm,并应采取防雨措施。

对于有防雨要求的机动车库出入口和坡道处，应设置不小于出入口和坡道宽度的截水沟和耐轮压沟盖板以及闭合的挡水槛。出入口地面的坡道外端应设置防水反坡。通往地下的坡道低端宜设置截水沟；当地下坡道的敞开段无遮雨设施时，在坡道敞开段的较低处应增设截水沟。

2) 窗井

窗井又称为采光井。它是考虑地下室的平时利用，在外墙的外侧设置的采光竖井。窗井可以在每个窗户的外侧单独设置，也可以将若干个窗井连在一起，中间用墙体分开。

窗井的宽度应不小于1000mm，它由底板和侧墙构成，侧墙可以用砖墙或钢筋混凝土板墙制作，底板一般为钢筋混凝土浇筑，并应有1%～3%的坡度坡向外侧。

窗井的上部应有铸铁箅子或用聚碳酸酯板（阳光板）覆盖，以防物体掉入或人员坠入。

《地下工程防水技术规范》GB 50108—2008中规定窗井应满足以下要求：

① 窗井的底部在最高地下水位以上时，窗井的底板和墙应作防水处理，并宜与主体结构断开（图6-19）；

② 窗井或窗井的一部分在最高地下水位以下时，窗井应与主体结构连成整体，其防水层也应连成整体，并应在窗井内侧设置集水井（图6-20）；

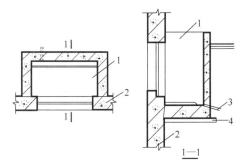 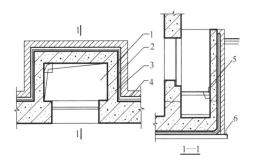

图 6-19 窗井防水构造（一）
1—窗井；2—主体结构；
3—排水管；4—垫层

图 6-20 窗井防水构造（二）
1—窗井；2—防水层；3—主体结构；
4—防水层保护层；5—集水井；6—垫层

③ 无论地下水位高低，窗台下部的墙体和底板均应做防水层；

④ 窗井内的底板，应低于窗下缘300mm，窗井墙应高出地面不得小于500mm。窗井外地面应做散水，散水与墙面间应采用密封材料嵌填。

3) 通风口应与窗井同样处理，竖井窗下缘离室外地面高度不得小于500mm。

(3) 坑、池

1) 坑、池、储水库宜采用防水混凝土整体浇筑，内部应设防水层。受振动作用时应设柔性防水层。

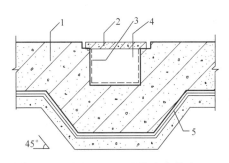

图 6-21 底板下坑、池的防水构造
1—底板；2—盖板；3—坑、池防水层；
4—坑、池；5—主体结构防水层

2) 底板以下的坑、池，其局部底板应相应降低，并应使防水层保持连续（图6-21）。

(4) 地下室防水层设防高度

1) 附建式地下室、半地下室工程的防水设防高度应高出室外地坪 500mm 以上。单建式地下室的卷材防水层应铺设至顶板的表面，在外围形成封闭的防水层。

2) 种植顶板的泛水部位应采用现浇钢筋混凝土，泛水处防水层高出种植土应大于 250mm。

第三节 墙 体 构 造

一、墙体的分类

墙体的分类方法很多，大体有按材料分类，按所在位置分类和按受力特点分类等，下边分别进行介绍。

(一) 按材料和构造分类

1. 砌体墙

《砌体结构设计规范》GB 50003—2011 中规定的墙体材料有：

(1) 烧结普通砖、烧结多孔砖

1) 烧结普通砖：由煤矸石、页岩、粉煤灰或黏土为主要原料，经过焙烧而成的无孔洞的实心砖。分为烧结煤矸石砖、烧结页岩砖、烧结粉煤灰砖或烧结黏土砖等。基本尺寸为 240mm×115mm×53mm。强度等级有 MU30、MU25、MU20、MU15 和 MU10 等几种。

2) 烧结多孔砖：由煤矸石、页岩、粉煤灰或黏土为主要原料，经过焙烧而成的。孔洞率不大于 35%，孔的尺寸小而数量多，主要用于承重部位的砖。强度等级有 MU30、MU25、MU20、MU15 和 MU10 等几种。

(2) 蒸压灰砂普通砖、蒸压粉煤灰普通砖

1) 蒸压灰砂普通砖：以石灰等钙质材料和砂等硅质材料为主要原料，经坯料制备、压制排汽成型、高压蒸汽养护而成的无孔洞的实心砖。基本尺寸为 240mm×115mm×53mm。强度等级有 MU25、MU20、MU15。

2) 蒸压粉煤灰普通砖：以石灰、消石灰（如电石渣）和水泥等钙质材料与粉煤灰等硅质材料及集料（砂等）为主要原料，掺加适量石膏，经坯料制备、压制排汽成型、高压蒸汽养护而成的无孔洞的实心砖。基本尺寸为 240mm×115mm×53mm。强度等级有 MU25、MU20、MU15。

(3) 混凝土普通砖、混凝土多孔砖

1) 混凝土普通砖：以水泥为胶凝材料，以砂、石等为主要集料，加水搅拌、养护制成的实心砖。强度等级有 MU30、MU25、MU20、MU15。主规格尺寸为 240mm×115mm×53mm 或 240mm×115mm×90mm。

2) 混凝土多孔砖：以水泥为胶凝材料，以砂、石等为主要集料，加水搅拌、养护制成的一种多孔的混凝土半盲孔砖。主规格尺寸为 240mm×115mm×90mm、240mm×190mm×90mm 或 190mm×190mm×90mm。强度等级有 MU30、MU25、MU20、MU15。

(4) 混凝土小型空心砌块

混凝土小型空心砌块是普通混凝土小型空心砌块和轻骨料混凝土小型空心砌块的总

称，简称小砌块（或砌块）。普通混凝土小型空心砌块是以碎石或碎卵石为粗骨料制作的混凝土小型空心砌块，主规格尺寸为390mm×190mm×190mm，简称普通小砌块。轻骨料混凝土小型空心砌块是以浮石、火山渣、煤渣、自然煤矸石、陶粒等粗骨料制作的混凝土小型空心砌块，主规格尺寸为390mm×190mm×190mm，简称为轻骨料小砌块。

（5）石材

石材的强度等级有MU100、MU80、MU60、MU50、MU40、MU30和MU20等。

（6）砌筑砂浆

1）烧结普通砖、烧结多孔砖、蒸压灰砂普通砖和蒸压粉煤灰普通砖砌体采用的普通砂浆强度等级：M15、M10、M7.5、M5.0和M2.5；蒸压灰砂普通砖和蒸压粉煤灰普通砖砌体采用的专用砂浆强度等级：Ms15、Ms10、Ms7.5、Ms5.0。

2）混凝土普通砖、混凝土多孔砖、单排孔混凝土砌块和煤矸石混凝土砌块采用的砂浆强度等级：Mb20、Mb15、Mb10、Mb7.5和Mb5。

3）双排孔或多排孔轻集料混凝土砌块砌体采用的砂浆强度等级：Mb10、Mb7.5和Mb5.0。

4）毛料石、毛石砌体采用的砂浆强度等级：M7.5、M5和M2.5。

（7）自承重墙体材料

1）空心砖：空心砖的强度等级：MU10、MU7.5、MU5和MU3.5。

2）轻集料混凝土砌块：轻集料混凝土砌块的强度等级为MU10、MU7.5、MU5和MU3.5。

3）砌筑砂浆：砌筑砂浆用于地上部位时，应采用混合砂浆；用于地下部位时，应采用水泥砂浆。上述砂浆的代号为M。砌筑空心砖的砂浆强度等级有M15、M10、M7.5和M5等几种。用于轻集料混凝土砌块的砂浆的代号为Mb，有Mb15、Mb10、Mb7.5、Mb5等几种。

2. 加气混凝土墙

《蒸压加气混凝土制品应用技术标准》JGJ/T 17—2020中规定：

（1）蒸压加气混凝土制品是蒸压加气混凝土制成的砌块和配筋板材的总称。

（2）蒸压加气混凝土砌块可用作承重、自承重或保温隔热材料。

（3）蒸压加气混凝土板材可分为屋面板、外墙板、隔墙板和楼板，根据结构要求在蒸压加气混凝土内配置经防锈处理的不同规格、不同数量的钢筋网片。

（4）蒸压加气混凝土承重砌块抗压强度等级不应小于A5.0。蒸压加气混凝土砌块用砌筑砂浆的抗压强度等级有Ma2.5、Ma5.0和Ma7.5，强度等级Ma2.5的砌筑砂浆适用于室内自承重墙，Ma5.0、Ma7.5适用于承重砌块砌体的内外墙。

（5）蒸压加气混凝土砌块上下皮应错缝砌筑，搭接长度不得小于块长的1/3；当砌块长度小于300mm时，其搭接长度不得小于块长的1/2；

（6）在下列情况下不得采用蒸压加气混凝土制品：

1）建筑物防潮层以下的外墙；

2）长期处于浸水或化学侵蚀的外墙；

3）表面温度经常处于80℃以上的部位。

（7）地震区以横墙或纵横墙承重为主的蒸压加气混凝土砌块砌体结构房屋，房屋总层数和总高度应符合表6-22的规定。

蒸压加气混凝土砌块砌体结构房屋总层数和总高度限值（m） 表6-22

砌块强度等级（干密度等级）	设防烈度和设计基本地震加速度											
	6		7				8				9	
	0.05g		0.10g		0.15g		0.20g		0.30g		0.40g	
	高度	层数	高度	层数	高度	层数	高度	层数	高度	层数	高度	层数
A5.0（B06、B07）	16	5	16	5	13	4	13	4	10	3	7	2
A7.5（B07）	19	6	19	6	16	5	16	5	13	4	9	3

（8）蒸压加气混凝土砌块承重多层房屋，每层、每开间应设置现浇混凝土圈梁并应符合下列规定：

1）当内横墙为板底圈梁时，截面尺寸不应小于240mm×120mm。

2）当采用预制钢筋混凝土或蒸压加气混凝土楼（屋）盖时，外墙应为高位圈梁，圈梁高度应为板底圈梁高度、坐浆厚度与楼板高度之和。

3）圈梁应配置4根直径为10mm的纵向钢筋，当设防烈度为6度或7度时，箍筋间距不应大于250mm；当设防烈度为8度或9度时，箍筋间距不应大于200mm，混凝土强度等级不应低于C20。

（9）现浇混凝土构造柱的设置应符合表6-23的规定。

蒸压加气混凝土砌块砌体结构构造柱设置要求 表6-23

房屋层数				设置部位	
6度	7度	8度	9度		
一～五	一～四	一～三	一	7度、8度、9度，楼、电梯间的四角，楼梯斜梯段上下端对应的墙体处；外墙四角，横墙与外纵墙交接处，开间不小于4.5m内外墙交接处	每隔15m左右的横墙与外墙交接处
六	五	四	二		隔开间横墙（轴线）与外墙交接处，山墙与内墙交接处
—	六	五	三		内墙（轴线）与外墙交接处，8度、9度，各纵墙与横墙（轴线）交接处

（10）构造柱的截面尺寸不应小于240mm×240mm，纵向应配置4根直径不小于12mm的钢筋，箍筋间距不应大于200mm，混凝土强度等级不应低于C20；应先砌墙后浇柱，且墙柱连接面砌体应预留马牙槎。

（11）蒸压加气混凝土制品墙体的防水设计应符合下列规定：

1）有防水要求的房间，墙面应做防水处理；内墙根部应做配筋混凝土坎梁，坎梁高度不应小于200mm，坎梁混凝土强度等级不应小于C20；

2）外门、窗框与墙体之间以及伸出墙外的雨篷、开敞式阳台、室外空调机搁板、遮阳板、外楼梯根部及水平装饰线脚等处，均应采取防水措施；

3）防潮层宜设置在室外散水坡与室内地坪间的砌体内；

4) 密封胶的厚度宜为板拼缝宽度的1/2，且不应小于8mm。

（12）门窗洞口宜采用蒸压加气混凝土配筋过梁。承重墙体门、窗洞口的过梁宜采用蒸压加气混凝土预制过梁，过梁每侧支承长度不应小于240mm。当采用预制窗台板时，预制窗台板不得嵌入墙内。

《全国民用建筑工程设计技术措施　规划·建筑·景观》（2009年版）中指出：

1）蒸压加气混凝土砌块墙，主要用于建筑物的框架填充墙和非承重内隔墙以及多层横墙承重的建筑。用于外墙时，厚度不应小于200mm；用于内隔墙时，厚度不应小于75mm。

2）加气混凝土砌块用作外墙时应作饰面防护层。

3）强度低于A3.5的加气混凝土砌块非承重墙与楼地面交接处应在墙底部做导墙。导墙可采用烧结砖或多孔砖砌筑，高度应不小于200mm。

3. 其他材料墙体

用于墙体的材料还有轻集料混凝土小型空心砌块、钢筋混凝土板材等。

《全国民用建筑工程设计技术措施　规划·建筑·景观》（2009年版）中指出轻集料混凝土空心砌块墙的设计要点有：

（1）主要用于建筑物的框架填充外墙和内隔墙。

（2）用于外墙或较潮湿房间隔墙时，强度等级不应小于MU5.0，用于一般内墙时强度等级不应小于MU3.5。

（3）抹面材料应与砌块基材特性相适应，以减少抹面层龟裂的可能。宜根据砌块强度等级选用与之相对应的专用抹面砂浆或聚丙烯纤维抗裂砂浆，忌用水泥砂浆抹面。

（4）砌块墙体上不应直接挂贴石材、金属幕墙。

4. 墙体材料的选用

墙体材料的选用必须遵照国家和地方有关禁止或限制使用黏土砖的规定。

5. 砌体强度的影响因素

根据《砌体结构设计规范》GB 50003—2011中的有关规定可知：

（1）砌体强度与块材和砂浆的强度等级都有关，并随块材或砂浆的强度提高而提高。

（2）砌体结构中承重墙的砂浆强度等级不应大于块材的强度等级。

（3）砌体结构中墙、柱的允许高厚比与砂浆的强度等级有关。

（二）按所在位置分类

墙体按所在位置一般分为外墙及内墙两大部分，每部分又各有纵、横两个方向，这样共形成四种墙体，即纵向外墙（又称檐墙）、横向外墙（又称山墙）、纵向内墙、横向内墙。

当楼板支承在横向墙上时，叫横墙承重，这种做法多用于横墙较多的建筑中，如住宅、宿舍、办公楼等。当楼板支承在纵向墙上时，叫纵墙承重。这种做法多用于纵墙较多的建筑中，如中小学等。当一部分楼板支承在纵向墙上，另一部分楼板支承在横向墙上时，叫混合承重。这种做法多用于中间有走廊或一侧有走廊的办公楼中。

（三）按受力特点分类

1. 承重墙

承重墙承受屋顶和楼板等构件传下来的垂直荷载和风力、地震力等水平荷载；因此，墙下应有基础，一般为条形基础。由于所处的位置不同，可分为承重内墙和承重外墙。常用于承重墙的材料有：

实心砖类——孔洞率不大于25%；主要有黏土、页岩、粉煤灰及煤矸石等品种。

蒸压类——蒸压加气混凝土砌块、蒸压灰砂砖、蒸压粉煤灰砖。

多孔砖类——烧结多孔砖，孔洞率应不小于25%；有黏土、页岩、粉煤灰及煤矸石等品种。混凝土多孔砖，孔洞率应不小于30%。

以及混凝土空心砌块类和钢筋混凝土等。

2. 非承重墙

非承重墙又可分为承自重墙、隔墙、框架填充墙和幕墙这4种常见形式。

（1）承自重墙：除承受自身重量，还同时承受风力、地震力等荷载。承自重墙一般都直接落地并有基础。

（2）隔墙：不承托楼板、屋顶等，仅起分隔空间的作用；隔墙一般支承在楼板或梁上。

（3）框架填充墙：框架结构建筑物内填充在柱子之间、只起分隔和围护空间的墙体。

（4）幕墙：悬挂在建筑主体结构上、不承担结构荷载与作用的建筑物外围护墙体。

（四）墙体按构造做法分类

1. 实心墙

单一材料（多孔砖、普通砖、石块、混凝土和钢筋混凝土等）和复合材料（钢筋混凝土与加气混凝土分层复合、实心砖与焦渣分层复合等）砌筑的不留空隙的墙体。

2. 多孔砖、空心砖墙

这种墙体使用的多孔砖，其竖向孔洞虽然减少了砖的承压面积，但是砖的厚度增加，砖的承重能力与普通砖相比还略有增加。表观密度为1350kg/m³（普通砖的表观密度为1800kg/m³）。由于有竖向孔隙，所以保温能力有提高。这是由于空隙是静止的空气层所致。试验证明，190mm的多孔砖墙，相当于240mm的普通砖墙的保温能力。空心砖主要用于框架结构的外围护墙和内分隔墙。目前在工程中广泛采用的陶粒空心砖，就是一种较好的围护墙和内隔墙材料。

3. 空斗墙

空斗墙在我国民间流传很久。这种墙体的材料是普通砖。它的砌筑方法分斗砖与眠砖，砖竖放叫斗砖，平放叫眠砖。

空斗墙不应在抗震设防地区中使用。

4. 复合墙

这种墙体多用于居住建筑，也可用于托儿所、幼儿园、医疗等小型公共建筑。这种墙体的主体结构为普通砖（多孔砖）或钢筋混凝土板材。在其内侧（称为内保温）或外侧（称为外保温）复合轻质保温材料。常用的保温材料有膨胀型聚苯乙烯板（EPS板）、挤塑型聚苯乙烯板（XPS板）、胶粉聚苯颗粒、硬泡聚氨酯（PU）等。

主体结构采用普通砖或多孔砖墙时，其厚度为200~240mm；采用钢筋混凝土板墙时，其厚度应不小于180mm。保温材料的厚度随地区而改变，北京地区为50~110mm，若作空气间层时，其厚度为20mm。

5. 集热蓄热墙

《被动式太阳能建筑技术规范》JGJ/T 267—2012 及条文说明中规定：

(1) 集热蓄热墙又称特朗勃墙，在南向外墙除窗户以外的墙面上覆盖玻璃，墙表面涂成黑色，在墙的上下部位留有通风口，使热风自然对流循环，把热量交换到室内。一部分热量通过热传导传送到墙的内表面，然后以辐射和对流的形式向室内供热；另一部分热量加热玻璃与墙体间夹层内的空气，热空气由墙体上部的风口向室内供热。室内冷空气由墙体下部风口进入墙外的夹层，再由太阳加热进入室内，如此反复循环，向室内供热。

(2) 采用集热蓄热墙时，空气间层宽度宜取其垂直高度的 1/30～1/20。集热蓄热墙空气间层宽度宜为 80～100mm。对流风口面积一般取集热蓄热墙面积的 1%～3%。上下风口垂直间距应尽量拉大。

夏天为避免热风从集热蓄热墙上风口进入室内应关闭上风口，打开空气夹层通向室外的风口，使间层中的热空气排入大气；并可辅之以遮阳板，遮挡阳光的直射；但必须合理地设计，以避免其冬天对集热蓄热墙的遮挡。

(3) 集热蓄热墙设计应符合下列规定：

1) 集热蓄热墙的组成材料应有较大的热容量和导热系数，并应确定其合理厚度。

2) 集热蓄热墙向阳面外侧应安装玻璃或透明材料，并应与集热蓄热墙向阳面保持 100mm 以上的距离。

3) 集热蓄热墙向阳面应选择太阳辐射吸收系数大、耐久性能强的表面涂层进行涂覆。

4) 集热蓄热墙应设置对流风口，对流风口上应设置可自动或便于关闭的保温风门，并宜设置风门逆止阀。

5) 应设置防止夏季室内过热的排气口。

(4) 集热蓄热墙是在玻璃与它所供暖的房间之间设置蓄热体。与直接受益窗比较，由于其良好的蓄热能力，室内的温度波动较小，热舒适性较好。但是集热蓄热墙系统构造较复杂，系统效率取决于集热蓄热墙的蓄热能力、是否设置通风口以及外表面的玻璃性能。集热蓄热墙表面的玻璃应具有良好的透光性和保温性。

二、墙体的保温与节能构造

墙体的保温因素，主要表现在墙体阻止热量传出的能力和防止在墙体表面和内部产生凝结水的能力两大方面。在建筑物理学上属于建筑热工设计部分，一般应以《建筑环境通用规范》GB 55016—2021、《建筑节能与可再生能源利用通用规范》GB 55015—2021、《民用建筑设计统一标准》GB 50352—2019 和《民用建筑热工设计规范》GB 50176—2016 为依据，这里介绍一些基本知识。

(一) 建筑热工设计的基本要求

《建筑环境通用规范》GB 55016—2021 中规定：

(1) 本规范为强制性工程建设规范，全部条文必须严格执行。现行工程建设标准中有关规定与本规范不一致的，以本规范的规定为准。

(2) 建筑热工设计应与地区气候相适应。建筑气候区划应符合本规范附录C的规定。

(3) 建筑设计时，应按建筑所在地的建筑热工设计区划进行保温、防热、防潮设计。

建筑热工设计区划应符合本规范附录 D 的规定。

(4) 严寒、寒冷、夏热冬冷及温和 A 区的建筑应进行保温设计。

(5) 夏热冬暖、夏热冬冷地区及寒冷 B 区的建筑应进行防热设计。

(6) 供暖建筑非透光围护结构中的热桥部位应进行表面结露验算，并应采取保温措施确保热桥内表面温度高于房间空气露点温度。

(7) 屋面、地面、外墙、外窗应能防止雨水和冰雪融化水浸入室内。

(8) 竣工验收时，应按照竣工验收资料对围护结构的保温、防热、防潮性能进行复核。

《建筑节能与可再生能源利用通用规范》GB 55015—2021 中规定：

本规范为强制性工程建设规范，全部条文必须严格执行。现行工程建设标准中有关规定与本规范不一致的，以本规范的规定为准。

1. 总则

(1) 新建、扩建和改建建筑以及既有建筑节能改造工程的建筑节能与可再生能源建筑应用系统的设计、施工、验收及运行管理必须执行本规范。

(2) 建筑节能应以保证生活和生产所必需的室内环境参数和使用功能为前提，遵循被动节能措施优先的原则。应充分利用天然采光、自然通风，改善围护结构保温隔热性能，提高建筑设备及系统的能源利用效率，降低建筑的用能需求。应充分利用可再生能源，降低建筑化石能源消耗量。

2. 新建建筑节能设计

(1) 居住建筑体形系数应符合表 6-24 的规定。

居住建筑体形系数限值　　　　　　　　　　　表 6-24

热工区划	建筑层数	
	≤3层	>3层
严寒地区	≤0.55	≤0.30
寒冷地区	≤0.57	≤0.33
夏热冬冷 A 区	≤0.60	≤0.40
温和 A 区	≤0.60	≤0.45

(2) 严寒和寒冷地区公共建筑体形系数应符合表 6-25 的规定。

严寒和寒冷地区公共建筑体形系数限值　　　　表 6-25

单栋建筑面积 $A(m^2)$	建筑体形系数
$300<A\leqslant 800$	≤0.50
$A>800$	≤0.40

(3) 居住建筑的窗墙面积比应符合表 6-26 的规定；其中，每套住宅应允许一个房间在一个朝向上的窗墙面积比不大于 0.6。

(4) 居住建筑的屋面天窗与所在房间屋面面积的比值应符合表 6-27 的规定。

居住建筑窗墙面积比限值　　　　　　　　　　　　　　　　表 6-26

朝向	窗墙面积比				
	严寒地区	寒冷地区	夏热冬冷地区	夏热冬暖地区	温和A区
北	≤0.25	≤0.30	≤0.40	≤0.40	≤0.40
东、西	≤0.30	≤0.35	≤0.35	≤0.30	≤0.35
南	≤0.45	≤0.50	≤0.45	≤0.40	≤0.50

居住建筑屋面天窗面积的限值　　　　　　　　　　　　　　表 6-27

屋面天窗面积与所在房间屋面面积的比值				
严寒地区	寒冷地区	夏热冬冷地区	夏热冬暖地区	温和A区
≤10%	≤15%	≤6%	≤4%	≤10%

（5）甲类公共建筑的屋面透光部分面积不应大于屋面总面积的 20%。

（6）当公共建筑入口大堂采用全玻幕墙时，全玻幕墙中非中空玻璃的面积不应超过该建筑同一立面透光面积（门窗和玻璃幕墙）的 15%，且应按同一立面透光面积（含全玻幕墙面积）加权计算平均传热系数。

（7）外窗的通风开口面积应符合下列规定：

1）夏热冬暖、温和 B 区居住建筑外窗的通风开口面积不应小于房间地面面积的 10% 或外窗面积的 45%，夏热冬冷、温和 A 区居住建筑外窗的通风开口面积不应小于房间地面面积的 5%；

2）公共建筑中主要功能房间的外窗（包括透光幕墙）应设置可开启窗扇或通风换气装置。

（8）建筑遮阳措施应符合下列规定：

1）夏热冬暖、夏热冬冷地区，甲类公共建筑南、东、西向外窗和透光幕墙应采取遮阳措施；

2）夏热冬暖地区，居住建筑的东、西向外窗的建筑遮阳系数不应大于 0.8。

（9）居住建筑幕墙、外窗及敞开阳台的门在 10Pa 压差下，每小时每米缝隙的空气渗透量 q_1 不应大于 1.5m³，每小时每平方米面积的空气渗透量不应大于 4.5m³。

（10）居住建筑外窗玻璃的可见光透射比不应小于 0.40。

（11）居住建筑的主要使用房间（卧室、书房、起居室等）的房间窗地面积比不应小于 1/7。

3. 可再生能源建筑应用系统设计

（1）新建建筑应安装太阳能系统。

（2）太阳能建筑一体化应用系统的设计应与建筑设计同步完成。建筑物上安装太阳能系统不得降低相邻建筑的日照标准。

（3）太阳能系统与构件及其安装安全，应符合下列规定：

1）应满足结构、电气及防火安全的要求；

2）由太阳能集热器或光伏电池板构成的围护结构构件，应满足相应围护结构构件的安全性及功能性要求；

3）安装太阳能系统的建筑，应设置安装和运行维护的安全防护措施，以及防止太阳能集热器或光伏电池板损坏后部件坠落伤人的安全防护设施。

4. 施工、调试及验收

(1) 墙体、屋面和地面节能工程的施工质量,应符合下列规定:

1) 保温隔热材料的厚度不得低于设计要求;

2) 墙体保温板材与基层之间及各构造层之间的粘结或连接必须牢固;保温板材与基层的连接方式、拉伸粘结强度和粘结面积比应符合设计要求;保温板材与基层之间的拉伸粘结强度应进行现场拉拔试验,且不得在界面破坏;粘结面积比应进行剥离检验;

3) 当墙体采用保温浆料做外保温时,厚度大于 20mm 的保温浆料应分层施工;保温浆料与基层之间及各层之间的粘结必须牢固,不应脱层、空鼓和开裂;

4) 当保温层采用锚固件固定时,锚固件数量、位置、锚固深度、胶结材料性能和锚固力应符合设计和施工方案的要求;

5) 保温装饰板的装饰面板应使用锚固件可靠固定,锚固力应做现场拉拔试验;保温装饰板板缝不得渗漏。

(2) 外墙外保温系统经耐候性试验后,不得出现空鼓、剥落或脱落、开裂等破坏,不得产生裂缝出现渗水;外墙外保温系统拉伸粘结强度应符合本规范的规定,并且破坏部位应位于保温层内。

(3) 外墙和毗邻不供暖空间墙体上的门窗洞口四周墙的侧面,以及墙体上凸窗四周的侧面,应按设计要求采取节能保温措施。严寒和寒冷地区外墙热桥部位,应采取隔断热桥措施,并对照图纸核查。

(4) 建筑门窗、幕墙节能工程应符合下列规定:

1) 外门窗框或附框与洞口之间、窗框与附框之间的缝隙应有效密封;

2) 门窗关闭时,密封条应接触严密;

3) 建筑幕墙与周边墙体、屋面间的接缝处应采用保温措施,并应采用耐候密封胶等密封。

5. 附录 B 建筑分类及参数计算

(1) 公共建筑的分类应符合下列规定:

1) 单栋建筑面积大于 $300m^2$ 的建筑或单栋面积小于或等于 $300m^2$ 但总建筑面积大于 $1000m^2$ 的公共建筑群,应为甲类公共建筑;

2) 除甲类公共建筑外的公共建筑,为乙类公共建筑。

(2) 建筑外窗(包括透光幕墙)的有效通风换气面积应为开启扇面积和窗开启后的空气流通界面面积的较小值。

《民用建筑设计统一标准》GB 50352—2019 中规定:建筑气候分区对建筑的基本要求应符合表 6-28 的规定。

(二) 冬季保温设计要求

《民用建筑热工设计规范》GB 50176—2016 中指出:

(1) 严寒、寒冷地区建筑设计必须满足冬季保温要求,夏热冬冷地区、温和 A 区建筑设计应满足冬季保温要求,夏热冬暖 A 区、温和 B 区宜满足冬季保温要求。

(2) 建筑物的总平面布置、平面和立面设计、门窗洞口设置应考虑冬季利用日照并避开冬季主导风向。

不同区划对建筑的基本要求　　　　　　表 6-28

建筑气候区划名称		热工区划名称	建筑气候区划主要指标	建 筑 基 本 要 求
Ⅰ	ⅠA ⅠB ⅠC ⅠD	严寒地区	1月平均气温≤-10℃ 7月平均气温≤25℃ 7月平均相对湿度≥50%	1. 建筑物必须充分满足冬季保温、防寒、防冻等要求； 2. ⅠA、ⅠB 应防止冻土、积雪对建筑物的危害； 3. ⅠB、ⅠC、ⅠD 区的西部，建筑物应防冰雹、防风沙
Ⅱ	ⅡA ⅡB	寒冷地区	1月平均气温-10~0℃ 7月平均气温18~28℃	1. 建筑物应满足冬季保温、防寒、防冻等要求，夏季部分地区应兼顾防热； 2. ⅡA 区建筑物应防热、防潮、防暴风雨，沿海地带应防盐雾侵蚀
Ⅲ	ⅢA ⅢB ⅢC	夏热冬冷地区	1月平均气温0~10℃ 7月平均气温25~30℃	1. 建筑物应满足夏季防热、遮阳、通风降温要求，并应兼顾冬季防寒； 2. 建筑物应满足防雨、防潮、防洪、防雷电等要求； 3. ⅢA 区应防台风、暴雨袭击及盐雾侵蚀； 4. ⅢB、ⅢC 区北部冬季积雪地区建筑物的屋面应有防积雪危害的措施
Ⅳ	ⅣA ⅣB	夏热冬暖地区	1月平均气温>10℃ 7月平均气温25~29℃	1. 建筑物必须满足夏季遮阳、通风、防热的要求； 2. 建筑物应防暴雨、防潮、防洪、防雷电； 3. ⅣA 区应防台风、暴雨袭击及盐雾侵蚀
Ⅴ	ⅤA ⅤB	温和地区	1月平均气温0~13℃ 7月平均气温18~25℃	1. 建筑物应满足防雨和通风要求； 2. ⅤA 区建筑物应注意防寒，ⅤB 区应特别注意防雷电
Ⅵ	ⅥA ⅥB	严寒地区	1月平均气温0~-22℃ 7月平均气温<18℃	1. 建筑物应充分满足保温、防寒、防冻的要求； 2. ⅥA、ⅥB 应防冻土对建筑物地基及地下管道的影响，并应特别注意防风沙； 3. ⅥC 区的东部，建筑物应防雷电
	ⅥC	寒冷地区		
Ⅶ	ⅦA ⅦB ⅦC	严寒地区	1月平均气温-5~-20℃ 7月平均气温≥18℃ 7月平均相对湿度<50%	1. 建筑物必须充分满足保温、防寒、防冻的要求； 2. 除ⅦD 区外，应防冻土对建筑物地基及地下管道的危害； 3. ⅦB 区建筑物应特别注意积雪的危害； 4. ⅦC 区建筑物应特别注意防风沙，夏季兼顾防热； 5. ⅦD 区建筑物应注意夏季防热，吐鲁番盆地应特别注意隔热、降温
	ⅦD	寒冷地区		

（3）建筑物宜朝向南北或接近朝向南北；体形设计应减少外表面积，平、立面的凹凸不宜过多。建筑物宜布置在向阳、日照遮挡少、避风的地段；严寒及寒冷地区的建筑物应降低体形系数，减小外表面积。

（4）严寒地区和寒冷地区的建筑不应设开敞式楼梯间和开敞式外廊，夏热冬冷 A 区不宜设开敞式楼梯间和开敞式外廊。

（5）严寒地区建筑出入口应设门斗或热风幕等避风设施，寒冷地区建筑出入口宜设门斗或热风幕等避风设施。

（6）外墙、屋面、直接接触室外空气的楼板、分隔采暖房间与非采暖房间的内围护结构等非透光围护结构应进行保温设计。

（7）外窗、透光幕墙、采光顶等透光外围护结构的面积不宜过大，应降低透光围护结构的传热系数值、提高透光部分的遮阳系数值，减少周边缝隙的长度，且应进行保温设计。

(8) 围护结构的保温形式应根据建筑所在地的气候条件、结构形式、采暖运行方式、外饰面层等因素选择，并应进行防潮设计。

(9) 建筑及建筑构件应采取密闭措施，保证建筑气密性要求。

(10) 冬季日照时数多的地区，建筑宜设置被动式太阳能利用措施。日照充足地区宜在建筑南向设置阳光间，阳光间与房间之间的围护结构应具有一定的保温能力。

(三) 夏季防热设计要求

《民用建筑热工设计规范》GB 50176—2016 中指出：

(1) 夏热冬暖和夏热冬冷地区建筑设计必须满足夏季防热要求，寒冷 B 区建筑设计宜考虑夏季防热要求。

(2) 建筑物防热应综合采取有利于防热的建筑总平面布置与形体设计、自然通风、建筑遮阳、围护结构隔热和散热、环境绿化、被动蒸发、淋水降温等措施。

(3) 建筑朝向宜采用南北向或接近南北向，建筑平面、立面设计和门窗设置应有利于自然通风，避免主要房间受东、西向的日晒。

(4) 建筑围护结构外表面宜采用浅色饰面材料，屋面宜采用绿化、涂刷隔热涂料、遮阳等隔热措施。

(5) 建筑设计应综合考虑外廊、阳台、挑檐等的遮阳作用。建筑物的向阳面，东、西向外窗（透光幕墙），应采取有效的遮阳措施。

(6) 房间天窗和采光顶应设置建筑遮阳，并宜采取通风和淋水降温措施。

(7) 夏热冬冷、夏热冬暖和其他夏季炎热的地区，一般房间宜设置电扇调风来改善热环境。

(8) 夏热冬冷地区的长江中、下游地区和夏热冬暖地区建筑的室内地面应采取防泛潮措施。

(四) 严寒和寒冷地区的设计要求

《严寒和寒冷地区居住建筑节能设计标准》JGJ 26—2018 中规定了严寒和寒冷地区居住建筑的节能设计标准，在建筑构造方面主要有如下规定：

(1) 严寒和寒冷地区城镇的气候区属应符合现行国家标准《民用建筑热工设计规范》GB 50176 的规定，严寒地区分为 3 个二级区（1A、1B、1C 区），寒冷地区分为 2 个二级区（2A、2B 区），见表 6-29。

严寒和寒冷地区建筑热工设计二级区划指标　　　表 6-29

二级区划名称	区划指标	
严寒 A 区（1A）	6000≤$HDD18$	
严寒 B 区（1B）	5000≤$HDD18$<6000	
严寒 C 区（1C）	3800≤$HDD18$<5000	
寒冷 A 区（2A）	2000≤$HDD18$<3800	$CDD26$≤90
寒冷 B 区（2B）		$CDD26$>90

注：$CDD26$ 为空调度日数。

(2) 建筑群的总体布置，单体建筑的平面、立面设计，应考虑冬季利用日照并避开冬季主导风向，严寒和寒冷 A 区建筑的出入口应考虑防风设计，寒冷 B 区应考虑夏季通风。

（3）建筑物宜朝向南北或接近朝向南北。建筑物不宜设有三面外墙的房间，一个房间不宜在不同方向的墙面上设置两个或更多的窗。

（4）楼梯间及外走廊与室外连接的开口处应设置窗或门，且该窗和门应能密闭，门宜采用自动密闭措施。

（5）严寒 A、B 区的楼梯间宜供暖，设置供暖的楼梯间的外墙和外窗的热工性能应满足本标准要求。非供暖楼梯间的外墙和外窗宜采取保温措施。

（6）寒冷 B 区建筑的南向外窗（包括阳台的透光部分）宜设置水平遮阳。东、西向的外窗宜设置活动遮阳。当设置了展开或关闭后可以全部遮蔽窗户的活动式外遮阳时，应认定满足本标准对外窗太阳得热系数的要求。

（7）严寒地区除南向外不应设置凸窗，其他朝向不宜设置凸窗；寒冷地区北向的卧室、起居室不应设置凸窗，北向其他房间和其他朝向不宜设置凸窗。当设置凸窗时，凸窗凸出（从外墙面至凸窗外表面）不应大于 400mm；凸窗的传热系数限值应比普通窗降低 15%，且其不透光的顶部、底部、侧面的传热系数应小于或等于外墙的传热系数。当计算窗墙面积比时，凸窗的窗面积应按窗洞口面积计算。

（8）封闭式阳台的保温应符合下列规定：

1）阳台和直接连通的房间之间应设置隔墙和门、窗。

2）当阳台和直接连通的房间之间不设置隔墙和门、窗时，应将阳台作为所连通房间的一部分。阳台与室外空气接触的外围护结构的热工性能和阳台的窗墙面积比均应符合本标准的有关规定。

3）当阳台和直接连通的房间之间设置隔墙和门、窗，且所设隔墙、门、窗的热工性能和窗墙面积比都符合本标准的有关规定时，可不对阳台外表面作特殊热工要求。

（9）外窗（门）框（或附框）与墙体之间的缝隙，应采用高效保温材料填堵密实，不得采用普通水泥砂浆补缝。

（10）外窗（门）洞口的侧墙面应做保温处理，并应保证窗（门）洞口室内部分的侧墙面的内表面温度不低于室内空气设计温、湿度条件下的露点温度，减小附加热损失。

（11）当外窗（门）的安装采用金属附框时，应对附框进行保温处理。

（12）外墙与屋面的热桥部位均应进行保温处理，并应保证热桥部位的内表面温度不低于室内空气设计温、湿度条件下的露点温度，减小附加热损失。

（13）变形缝应采取保温措施，并应保证变形缝两侧墙的内表面温度在室内空气设计温、湿度条件下不低于露点温度。

（14）地下室外墙应根据地下室不同用途，采取合理的保温措施。

（15）应对外窗（门）框周边、穿墙管线和洞口进行有效封堵。应对装配式建筑的构件连接处进行密封处理。

（五）夏热冬冷地区的设计要求

夏热冬冷地区指的是我国长江流域及其周围地区。涉及 16 个省、直辖市、自治区。代表城市有上海、南京、杭州、长沙、重庆、南昌、成都、贵阳等。

《夏热冬冷地区居住建筑节能设计标准》JGJ 134—2010 中指出：

(1) 建筑群的总体布置、单体建筑的平面布置与立面设计应有利于自然通风。

(2) 建筑物宜朝向南北或接近朝向南北。

(3) 东偏北30°至东偏南60°，西偏北30°至西偏南60°范围的外窗应设置挡板式遮阳或可以遮住窗户正面的活动外遮阳，南向的外窗宜设置水平遮阳或可以遮住窗户正面的活动外遮阳。

(4) 外窗可开启面积（含阳台门面积）不应小于外窗所在房间地面面积的5%，多层住宅外窗宜采用平开窗。

(5) 当外窗采用凸窗时，应符合下列规定：

① 计算窗墙面积比时，凸窗的面积按窗洞口面积计算；

② 对凸窗不透明的上顶板、下底板和侧板，应进行保温处理，且板的传热系数不应低于外墙的传热系数的限值要求。

(6) 围护结构的外表面宜采用浅色饰面材料。平屋顶宜采取绿化、涂刷隔热涂料等隔热措施。

（六）夏热冬暖地区的设计要求

夏热冬暖地区指的是我国广东、广西、福建、海南等省、自治区。这个地区的特点是夏季炎热干燥、冬季温和多雨。代表性城市有广州、南宁、福州、海口等。

《夏热冬暖地区居住建筑节能设计标准》JGJ 75—2012中指出：

1. 夏热冬暖地区的子气候区

(1) 北区：建筑节能设计应主要考虑夏季空调，兼顾冬季采暖。代表城市有柳州、英德、龙岩等。

(2) 南区：建筑节能设计应考虑夏季空调，可不考虑冬季采暖。代表城市有南宁、百色、凭祥、漳州、厦门、广州、汕头、香港、澳门等。

2. 设计指标

(1) 夏季空调室内设计计算温度为26℃，计算换气次数1.0次/h。

(2) 北区冬季采暖室内设计计算温度为16℃，计算换气次数1.0次/h。

3. 建筑热工和节能设计

(1) 建筑群的总体规划应有利于自然通风和减轻热岛效应。建筑的平面和立面设计应有利于自然通风。

(2) 居住建筑的朝向宜采用南北向或接近南北向。

(3) 北区内，单元式、通廊式住宅的体形系数不宜大于0.35，塔式住宅的体形系数不宜大于0.40。

(4) 居住建筑南、北向外窗应采取建筑外遮阳措施，建筑外遮阳系数SD不应大于0.9。当采用水平、垂直或综合建筑外遮阳构造时，外遮阳构造的挑出长度不应小于表6-30的规定。

建筑外遮阳构造的挑出长度限值（m）　　　　表6-30

朝向	南			北		
遮阳形式	水平	垂直	综合	水平	垂直	综合
北区	0.25	0.20	0.15	0.40	0.25	0.15
南区	0.30	0.25	0.15	0.45	0.30	0.25

(5) 居住建筑应能自然通风，每户至少应有 1 个居住房间通风开口和通风路径的设计满足自然通风要求。

(6) 居住建筑 1~9 层外窗的气密性能不应低于国家标准《建筑幕墙、门窗通用技术条件》GB/T 31433—2015 中规定的 4 级水平；10 层及 10 层以上外窗的气密性能应满足该规范规定的 6 级水平。

(7) 居住建筑的屋顶和外墙宜采用下列隔热措施：

1) 反射隔热外饰面；
2) 屋顶内设置贴铝箔的封闭空气间层；
3) 用含水多孔材料做屋面或外墙面的面层；
4) 屋面蓄水；
5) 屋面遮阳；
6) 屋面种植；
7) 东、西外墙采用花格构件或植物遮阳。

（七）传热系数与热阻

众所周知，热量通常由围护结构的高温一侧向低温一侧传递，散热量的多少与围护结构的传热面积、传热时间、内表面与外表面的温度差有关。

1. 传热系数

传热系数 K，表示围护结构的不同厚度、不同材料的传热性能。总传热系数 K_0 由吸热、传热和放热三个系数组成，其数值为三个系数之和。这三个系数中的吸热系数和放热系数为常数，传热系数与材料的导热系数 λ 成正比，与材料的厚度 d 成反比，即 $K=\lambda/d$。其中 λ 值与材料的密度和孔隙率有关。密度大的材料，导热系数也大，如砖砌体的导热系数为 0.81W/(m·K)，钢筋混凝土的导热系数为 1.74W/(m·K)。孔隙率大的材料，导热系数则小。如加气混凝土导热系数为 0.22W/(m·K)，膨胀珍珠岩的导热系数为 0.07W/(m·K)。导热系数在 0.23W/(m·K) 及以下的材料叫保温材料。传热系数越小，则围护结构的保温能力越强。5 层及 5 层以上建筑的墙体的传热系数（外保温）为 0.6W/(m²·K)，4 层及 4 层以下建筑为 0.45W/(m²·K)。

2. 热阻

传热阻 R，表示围护结构阻止热流传播的能力。总传热阻 R_0 由吸热阻（内表面换热阻）R_i、传热阻 R 和放热阻（外表面换热阻）R_e 三部分组成。其中 R_i 和 R_e 为常数，R 与材料的导热系数 λ 成反比，与围护结构的厚度 d 成正比，即 $R=1/K=d/\lambda$。热阻值越大，则围护结构保温能力越强。

（八）开窗面积的确定

1. 依据窗墙面积比决定窗洞口大小

窗墙面积比又称为开窗率。指的是窗户洞口面积与房间立面单元面积的比值。

建筑外窗面积一般占外墙总面积的 30% 左右，开窗过大，对节能明显不利。

居住建筑的外窗（包括阳台门玻璃）的传热系数 K 为 2.80W/(m²·K)，相当于热阻 R 为 0.357（m²·K）/W。窗的传热系数是墙体的 4.6~6.2 倍，可见限制窗墙面积比是十分必要的。

地区不同、建筑朝向不同，窗墙面积比的数值也不同。严寒、寒冷地区一般南向窗的窗墙面积比要比东、西向窗,特别是北向窗的窗墙面积比大,目的是在冬季争取更多的阳光;夏热冬冷、夏热冬暖地区的东、西向窗的窗墙面积比要小于南、北向窗,这样做可以避免更多的日晒。

2. 合理选择窗型、窗框和窗玻璃材料

目前,窗的类型很多,要达到不同气候区热工标准的要求,必须合理选择窗型以及窗框和窗玻璃的材料。《民用建筑热工设计规范》GB 50176—2016 附录 C 中列出了采用典型玻璃、配合不同窗框、在典型窗框面积比的情况下,整窗的传热系数,可供设计时选用,如表 6-31 所示。

典型玻璃配合不同窗框的整窗传热系数表　　　　　　　表 6-31

玻璃品种		玻璃中部传热系数 K_{gc} [W/(m²·K)]	整窗传热系数 K[W/(m²·K)]		
			不隔热金属型材 $K_f=10.8$ [W/(m²·K)] 框面积:15%	隔热金属型材 $K_f=5.8$ [W/(m²·K)] 框面积:20%	塑料型材 $K_f=2.7$ [W/(m²·K)] 框面积:25%
透明	3mm 透明玻璃	5.8	6.6	5.8	5.0
	6mm 透明玻璃	5.7	6.5	5.7	4.9
	12mm 透明玻璃	5.5	6.3	5.6	4.8
吸热	5mm 绿色吸热玻璃	5.7	6.5	5.7	4.9
	6mm 蓝色吸热玻璃	5.7	6.5	5.7	4.9
	5mm 茶色吸热玻璃	5.7	6.5	5.7	4.9
	5mm 灰色吸热玻璃	5.7	6.5	5.7	4.9
热反射玻璃	6mm 高透光热反射玻璃	5.7	6.5	5.7	4.9
	6mm 中等透光热反射玻璃	5.4	6.2	5.5	4.7
	6mm 低透光热反射玻璃	4.6	5.5	4.8	4.1
	6mm 特低透光热反射玻璃	4.6	5.5	4.8	4.1
单片 Low-E	6mm 高透光 Low-E 玻璃	3.6	4.7	4.0	3.4
	6mm 中等透光型 Low-E 玻璃	3.5	4.6	4.0	3.3
中空玻璃	6 透明+12 空气+6 透明	2.8	4.0	3.4	2.8
	6 绿色吸热+12 空气+6 透明	2.8	4.0	3.4	2.8
	6 灰色吸热+12 空气+6 透明	2.8	4.0	3.4	2.8
	6 中等透光热反射+12 空气+6 透明	2.4	3.7	3.1	2.5
	6 低透光热反射+12 空气+6 透明	2.3	3.6	3.1	2.4

续表

玻璃品种		玻璃中部传热系数 K_{gc} [W/(m²·K)]	整窗传热系数 K[W/(m²·K)]		
			不隔热金属型材 K_f=10.8 [W/(m²·K)] 框面积:15%	隔热金属型材 K_f=5.8 [W/(m²·K)] 框面积:20%	塑料型材 K_f=2.7 [W/(m²·K)] 框面积:25%
中空玻璃	6 高透光 Low-E+12 空气+6 透明	1.9	3.2	2.7	2.1
	6 中透光 Low-E+12 空气+6 透明	1.8	3.2	2.6	2.0
	6 较低透光 Low-E+12 空气+6 透明	1.8	3.2	2.6	2.0
	6 低透光 Low-E+12 空气+6 透明	1.8	3.2	2.6	2.0
	6 高透光 Low-E+12 氩气+6 透明	1.5	2.9	2.4	1.8
	6 中透光 Low-E+12 氩气+6 透明	1.4	2.8	2.3	1.7

(九) 围护结构的蒸汽渗透

围护结构在内表面或外表面产生凝结水现象是由于水蒸气渗透遇冷后而产生的。

由于冬季室内空气温度和绝对湿度都比室外高,因此,在围护结构的两侧存在着水蒸气分压力差。水蒸气分子由压力高的一侧向压力低的一侧扩散,这种现象叫蒸汽渗透。

材料遇水后,导热系数增大,保温能力会大大降低。为避免凝结水的产生,一般采取控制室内相对湿度、提高围护结构热阻和设置隔气层的做法。

室内相对湿度 Φ 是空气的水蒸气分压力与最大水蒸气分压力的比值。一般以 30%~40% 为极限,住宅建筑的相对湿度以 40%~50% 为佳。

隔汽层应设置于水蒸气渗透路径的来路方向一侧,即保温层的高温一侧。如冬季保温的屋面及外墙的隔汽层应设置在保温层内侧,而冷库或冷藏室的屋面和外墙隔汽层则应设置于保温层的外侧。

(十) 围护结构的绝热构造

1. 围护结构的保温构造

为了满足围护结构的保温要求,在严寒和寒冷地区,外墙、屋面和外门窗的材料、厚度与做法应由热工计算确定。

墙体保温可以采用"低导热系数的新型材料墙体""带有封闭空气间层的复合墙体"及"复合保温材料的墙体(外保温、内保温、夹芯保温)"的做法。

值得注意的是,外贴保温材料,以布置在围护结构靠低温的一侧为好,而将密度大,其蓄热系数也大的材料布置在靠高温的一侧为佳。这是因为保温材料密度小,孔隙多,其导热系数小,则每小时所能吸收或散出的热量也越少。而蓄热系数大的材料布置在内侧,就会使外表面材料热量的少量变化对内表面温度的影响甚微,因而保温能力较好。

当前,我国重点推广的是外保温做法。外保温墙体具有以下优点:

(1) 外保温材料对主体结构有保护作用。

(2) 有利于消除或减弱热桥的影响,若采用内保温,则热桥现象十分严重。

(3) 主体结构在室内一侧,由于蓄热能力较强,对房间的热稳定性有利,可避免室温出现较大波动。

(4) 我们国家的房屋,尤其是住宅大多进行二次装修;采用内保温时,保温层会遭到破坏,外保温则可以避免。

(5) 外保温可以取得较好的经济效益,尤其是可增加使用面积。

《民用建筑热工设计规范》GB 50176—2016 中指出,提高围护结构热阻值可以采取以下措施:

(1) 提高墙体热阻值可采取下列措施:

1) 采用轻质高效保温材料与砖、混凝土、钢筋混凝土、砌块等主墙体材料组成复合保温墙体构造;

2) 采用低导热系数的新型墙体材料;

3) 采用带有封闭空气间层的复合墙体构造设计。

(2) 外墙宜采用热惰性大的材料和构造,提高墙体热稳定性可采取下列措施:

1) 采用内侧为重质材料的复合保温墙体;

2) 采用蓄热性能好的墙体材料或相变材料复合在墙体内侧。

2. 围护结构的隔热构造

《民用建筑热工设计规范》GB 50176—2016 中指出:

(1) 外墙隔热

1) 宜采用浅色外饰面;

2) 可采用通风墙、干挂通风幕墙等;

3) 设置封闭空气间层时,可在空气间层平行墙面的两个表面涂刷热反射涂料,贴热反射膜或铝箔;当采用单面热反射隔热措施时,热反射隔热层应设置在空气温度较高一侧;

4) 采用复合墙体构造时,墙体外侧宜采用轻质材料,内侧宜采用重质材料;

5) 可采用墙面垂直绿化及淋水被动蒸发墙面等;

6) 宜提高围护结构的热惰性指标 D 值;

7) 西向墙体可采用高蓄热材料与低热传导材料组合的复合墙体构造。

(2) 屋面隔热

1) 宜采用浅色外饰面。

2) 宜采用通风隔热屋面。通风屋面的风道长度不宜大于 10m,通风间层高度应大于 0.3m,屋面基层应做保温隔热层,檐口处宜采用导风构造,通风平屋面风道口与女儿墙的距离不应小于 0.6m。需要注意的是,《屋面工程技术规范》GB 50345—2012 中规定架空隔热层的高度宜为 180~300mm,架空板与女儿墙的距离不应小于 250mm。

3) 可采用有热反射材料层(热反射涂料、热反射膜、铝箔等)的空气间层隔热屋面。单面设置热反射材料的空气间层,热反射材料应设在温度较高的一侧。

4)可采用蓄水屋面。水面宜有水浮莲等浮生植物或白色漂浮物。水深宜为0.15～0.2m。

5)宜采用种植屋面。种植屋面的保温隔热层应选用密度小、压缩强度大、导热系数小、吸水率低的保温隔热材料。

6)可采用淋水被动蒸发屋面。

7)宜采用带老虎窗的通气阁楼坡屋面。

8)采用带通风空气层的金属夹芯隔热屋面时,空气层厚度不宜小于0.1m。

(3)门窗、幕墙、采光顶

1)对遮阳要求高的门窗、玻璃幕墙、采光顶隔热宜采用着色玻璃、遮阳型单片Low-E玻璃、着色中空玻璃、热反射中空玻璃、遮阳型Low-E中空玻璃等遮阳型的玻璃系统。

2)向阳面的窗、玻璃门、玻璃幕墙、采光顶应设置固定遮阳或活动遮阳。固定遮阳可考虑阳台、走廊、雨篷等建筑构件的遮阳作用;设计时应进行夏季太阳直射轨迹分析,根据分析结果确定固定遮阳的形状和安装位置。活动遮阳宜设置在室外侧。

3)对于非透光的建筑幕墙,应在幕墙面板的背后设置保温材料;保温材料层的热阻应满足墙体的保温要求且不应小于1.0(m^2·K)/W。

(十一)公共建筑的节能要求

《公共建筑节能设计标准》GB 50189—2015中规定:

1. 一般规定

(1)代表城市的建筑热工设计分区(表6-32)

代表城市的建筑热工设计分区　　　　　　　　表6-32

气候分区及气候子区		代表城市
严寒地区	严寒A区	伊春、海拉尔、满洲里、黑河、嫩江、齐齐哈尔、哈尔滨、牡丹江、大庆、安达、佳木斯、二连浩特
	严寒B区	
	严寒C区	长春、通化、延吉、通辽、四平、抚顺、阜新、沈阳、本溪、鞍山、呼和浩特、包头、赤峰、大同、乌鲁木齐、克拉玛依、酒泉、西宁
寒冷地区	寒冷A区	丹东、大连、张家口、承德、唐山、青岛、洛阳、太原、延安、宝鸡、银川、兰州、拉萨、北京、天津、石家庄、保定、济南、德州、郑州、安阳、徐州、运城、西安、咸阳、吐鲁番
	寒冷B区	
夏热冬冷地区	夏热冬冷A区	南京、蚌埠、南通、合肥、安庆、九江、武汉、岳阳、上海、杭州、宁波、温州、长沙、南昌、株洲、桂林、重庆、南充、宜宾、成都、遵义
	夏热冬冷B区	
夏热冬暖地区	夏热冬暖A区	福州、龙岩、梅州、柳州、泉州、厦门、广州、深圳、湛江、汕头、南宁、北海、梧州、海口、三亚
	夏热冬暖B区	
温和地区	温和A区	昆明、贵阳、丽江、大理、楚雄、曲靖
	温和B区	瑞丽、临沧、澜沧、思茅、江城

(2) 建筑群的总体规划应考虑减轻热岛效应。建筑的总体规划和总平面设计应有利于自然通风和冬季日照。建筑的主朝向宜选择本地区最佳朝向或适宜朝向，且宜避开冬季主导风向。

(3) 建筑设计应遵循被动节能措施优先的原则，充分利用天然采光、自然通风，结合围护结构保温隔热和遮阳措施，降低建筑的用能要求。

(4) 建筑体形宜规整紧凑，避免过多的凹凸变化。

(5) 建筑总平面设计及平面布置应合理确定能源设备机房的位置，缩短能源供应输送距离。同一公共建筑的冷热源机房宜位于或靠近冷热负荷中心位置集中设置。

2. 建筑设计

(1) 严寒地区的甲类公共建筑各单一立面窗墙面积比（包括透光幕墙）均不宜大于0.60。其他地区甲类公共建筑各单一立面窗墙面积比（包括透光幕墙）均不宜大于0.70。

(2) 夏热冬暖、夏热冬冷、温和地区的建筑各朝向外窗（包括透光幕墙）均应采用遮阳措施；寒冷地区的建筑宜采用遮阳措施。当设置外遮阳时应符合下列规定：

1) 东西向宜设置活动外遮阳，南向宜设置水平外遮阳；

2) 建筑外遮阳装置应兼顾通风及冬季日照。

(3) 单一立面外窗（包括透光幕墙）的有效通风换气面积应符合下列规定：

1) 甲类公共建筑的外窗（包括透光幕墙）应设可开启窗扇，其有效通风换气面积不宜小于所在房间外墙面积的10%；当透光幕墙受条件限制无法设置可开启窗扇时，应设置通风换气装置；

2) 乙类公共建筑外窗有效通风换气面积不宜小于窗面积的30%。

(4) 外窗（包括透光幕墙）的有效通风换气面积应为开启扇面积和窗开启后的空气流通界面面积的较小值。

(5) 严寒地区建筑的外门应设置门斗；寒冷地区建筑面向冬季主导风向的外门应设置门斗或双层外门，其他外门宜设置门斗或采取其他减少冷风渗透的措施；夏热冬冷、夏热冬暖和温和地区建筑的外门应采取保温隔热措施。

(6) 建筑中庭应充分利用自然通风降温，并可设置机械排风装置加强自然补风。

(7) 建筑设计应充分利用天然采光。天然采光不能满足照明要求的场所，宜采用导光、反光等装置将自然光引入室内。

(8) 人员长期停留房间的内表面可见光反射比宜符合表6-33的规定：

人员长期停留房间的内表面可见光反射比　　　　表6-33

房间内表面位置	可见光反射比
顶棚	0.7~0.9
墙面	0.5~0.8
地面	0.3~0.5

(9) 电梯应具备节能运行功能。两台及以上电梯集中排列时，应设置群控措施。电梯应具备无外部召唤且轿厢内一段时间无预置指令时，自动转为节能运行模式的功能。

(10) 自动扶梯、自动人行步道应具备空载时暂停或低速运转的功能。

(11) 建筑外门、外窗的气密性分级应符合国家标准《建筑外门窗气密、水密、抗风压性能检测方法》GB/T 7106—2019 中的规定，并应满足下列要求：

1) 10 层及以上建筑外窗的气密性不应低于 7 级；
2) 10 层以下建筑外窗的气密性不应低于 6 级；
3) 严寒和寒冷地区外门的气密性不应低于 4 级。

（十二）防火规范对保温材料应用的规定

《建筑设计防火规范》GB 50016—2014（2018 年版）中指出：

(1) 建筑的内、外保温系统，宜采用燃烧性能为 A 级的保温材料，不宜采用 B_2 级保温材料，严禁采用 B_3 级保温材料；设置保温系统的基层墙体或屋面板的耐火极限应符合本规范的有关规定。

(2) 建筑外墙采用内保温系统时，应符合下列规定：

1) 对于人员密集场所，用火、燃油、燃气等具有火灾危险性的场所以及各类建筑内的疏散楼梯间、避难走道、避难间、避难层等场所或部位，应采用燃烧性能为 A 级的保温材料；
2) 对于其他场所，应采用低烟、低毒且燃烧性能不低于 B_1 级的保温材料；
3) 保温系统应采用不燃材料做防护层。采用燃烧性能为 B_1 级的保温材料时，防护层的厚度不应小于 10mm。

(3) 建筑外墙采用保温材料与两侧墙体构成无空腔复合保温结构体系时，该结构体的耐火极限应符合本规范的有关规定。当保温材料的燃烧性能为 B_1、B_2 级时，保温材料两侧的墙体应采用不燃材料且厚度均不应小于 50mm。

(4) 设置人员密集场所的建筑，其外墙外保温材料的燃烧性能应为 A 级。

(5) 与基层墙体、装饰层之间无空腔的建筑外墙外保温系统，其保温材料应符合下列规定：

1) 住宅建筑：
① 建筑高度大于 100m 时，保温材料的燃烧性能应为 A 级；
② 建筑高度大于 27m，但不大于 100m 时，保温材料的燃烧性能不应低于 B_1 级；
③ 建筑高度不大于 27m 时，保温材料的燃烧性能不应低于 B_2 级。

2) 除住宅建筑和设置人员密集场所的建筑外的其他建筑：
① 建筑高度大于 50m 时，保温材料的燃烧性能应为 A 级；
② 建筑高度大于 24m，但不大于 50m 时，保温材料的燃烧性能不应低于 B_1 级；
③ 建筑高度不大于 24m 时，保温材料的燃烧性能不应低于 B_2 级。

(6) 除设置人员密集场所的建筑外，与基层墙体、装饰层之间有空腔的建筑外墙外保温系统，其保温材料应符合下列规定：

1) 建筑高度大于 24m 时，保温材料的燃烧性能应为 A 级；
2) 建筑高度不大于 24m 时，保温材料的燃烧性能不应低于 B_1 级。

(7) 除上述第（3）条规定的情况外，当建筑的外墙外保温系统按本节规定采用燃烧性能为 B_1、B_2 级的保温材料时，应符合下列规定：

1) 除采用 B_1 级保温材料且建筑高度不大于 24m 的公共建筑或采用 B_1 级保温材料且建筑高度不大于 27m 的住宅建筑外，建筑外墙上的门、窗的耐火完整性不应低于 0.50h；

2）应在保温系统中每层设置水平防火隔离带。防火隔离带应采用 A 级的材料，防火隔离带的高度不应小于 300mm。

（8）建筑的外墙外保温系统应采用不燃材料在其表面设置防护层，防护层应将保温材料完全包覆。除上述第（3）条规定的情况外，当按本节规定采用 B_1、B_2 级的保温材料时，防护层厚度首层不应小于 15mm，其他层不应小于 5mm。

（9）建筑外墙外保温系统与基层墙体、装饰层之间的空腔，应在每层楼板处采用防火封堵材料封堵。

（10）建筑的屋面外保温系统，当屋面板的耐火极限不低于 1.00h 时，保温材料的燃烧性能不应低于 B_2 级。采用 B_1、B_2 级保温材料的外保温系统应采用不燃材料作保护层，保护层的厚度不应小于 10mm。

当建筑的屋面和外墙系统均采用 B_1、B_2 级保温材料时，屋面与外墙之间应采用宽度不小于 500mm 的不燃材料设置防火隔离带进行分隔。

（11）电气线路不应穿越或敷设在燃烧性能为 B_1 或 B_2 级的保温材料中；确需穿越或敷设时，应采取穿金属管并在金属管周围采用不燃隔热材料进行防火隔离等防火保护措施。设置开关、插座等电器配件的部位周围应采取不燃隔热材料进行防火隔离等防火保护措施。

（12）建筑外墙的装饰层应采用燃烧性能为 A 级的材料，但建筑高度不大于 50m 时，可采用 B_1 级材料。

（十三）外墙外保温做法

《外墙外保温工程技术标准》JGJ 144—2019 中指出：外墙外保温系统的基层墙体可以是混凝土墙体或各种砌体墙体。保温层有模塑聚苯板（简称 EPS 板）、挤塑聚苯板（简称 XPS 板）、胶粉聚苯颗粒保温浆料、胶粉聚苯颗粒贴砌浆料、EPS 钢丝网架板和硬泡聚氨酯板等。在正确使用和正常维护的条件下，外保温工程的使用年限不应少于 25 年。外保温工程应进行系统的起端、终端以及檐口、勒脚处的翻包或包边处理。装饰缝、门窗四角和阴阳角等部位应设置增强玻纤网。外保温工程的饰面层宜采用浅色涂料、饰面砂浆等轻质材料。当薄抹灰外保温系统采用燃烧性能等级为 B_1、B_2 级的保温材料时，首层防护层厚度不应小于 15mm，其他层防护层厚度不应小于 5mm 且不宜大于 6mm；并应在外保温系统中每层设置水平防火隔离带。外墙外保温工程的 6 种做法详述如下：

1. 粘贴保温板薄抹灰外保温系统

粘贴保温板薄抹灰外保温系统应由粘结层、保温层、抹面层和饰面层构成（图 6-22）。粘结层材料应为胶粘剂；保温层材料可为 EPS 板、XPS 板和 PUR 板或 PIR 板；抹面层材料应为抹面胶浆，抹面胶浆中满铺玻纤网；饰面层可为涂料或饰面砂浆。保温板应采用点框粘法或条粘法固定在基层墙体上。受负风压作用较大的部位宜增加锚栓辅助固定。保温板宽度不宜大于 1200mm，高度不宜大于

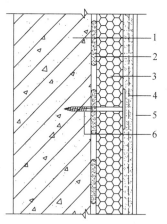

图 6-22 粘贴保温板薄抹灰外保温系统

1—基层墙体；2—胶粘剂；3—保温层；4—抹面胶浆复合玻纤网；5—饰面层；6—锚栓

600mm。保温板应按顺砌方式粘贴,竖缝应逐行错缝。墙角处保温板应交错互锁。门窗洞口四角处保温板不得拼接,应采用整块保温板切割成形。粘贴保温板薄抹灰外保温系统现场检验保温板与基层墙体拉伸粘结强度不应小于 0.10MPa,且应为保温板破坏。

国标图集《外墙外保温建筑构造》10J 121 中指出:EPS 板(模塑聚苯板)厚度的最小限定值为 30mm;XPS 板(挤塑聚苯板)、PUR 板(硬泡聚氨酯板)厚度的最小限定值为 20mm。门窗四角和阴阳角应设局部加强网。门窗洞口四角处保温板不得拼接,应采用整块保温板切割成形;保温板接缝应离开角部至少 200mm。

例 6-5 (2014) 关于 EPS 板薄抹灰外墙外保温系统的做法,错误的是哪一项?
A EPS 板宽度不宜大于 1200mm,高度不宜大于 600mm
B 粘贴时粘胶剂面不得小于 EPS 板面积的 40%
C 门窗洞口四角处用 EPS 板交错拼接
D 门窗四角和阴阳角应设局部加强网
解析:《外墙外保温工程技术标准》JGJ 144—2019 第 6.1.8 条规定门窗洞口四角处保温板不得拼接,应采用整块保温板切割成形。
答案:C

2. 胶粉聚苯颗粒保温浆料外保温系统

胶粉聚苯颗粒保温浆料外保温系统应由界面层、保温层、抹面层和饰面层构成(图 6-23)。保温层材料应为胶粉聚苯颗粒保温浆料,经现场拌合均匀后抹在基层墙体上;抹面层材料应为抹面胶浆,抹面胶浆中满铺玻纤网。胶粉聚苯颗粒保温浆料保温层厚度不宜超过 100mm;宜分遍抹灰,每遍间隔应在前一遍保温浆料终凝后进行,每遍抹灰厚度不宜超过 20mm。

3. EPS 板现浇混凝土外保温系统

EPS 板现浇混凝土外保温系统应以现浇混凝土外墙作为基层墙体,EPS 板为保温层,EPS 板内表面(与现浇混凝土接触的表面)开有凹槽,内外表面均应满涂界面砂浆(图 6-24)。施工时应将 EPS 板置于外模板内侧,并安装辅助固定件。EPS 板表面应做抹面胶浆抹面层,抹面层中满铺玻纤网。EPS 板宽度宜为 1200mm,高度宜为建筑物层

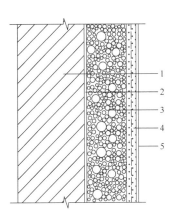

图 6-23 胶粉聚苯颗粒保温浆料外保温系统
1—基层墙体;2—界面砂浆;
3—保温浆料;4—抹面胶浆复合玻纤网;5—饰面层

高。辅助固定件每平方米宜设 2~3 个。水平分隔缝宜按楼层设置。垂直分隔缝宜按墙面面积设置,在板式建筑中不宜大于 30m²,在塔式建筑中宜留在阴角部位。混凝土一次浇注高度不宜大于 1m。EPS 板现浇混凝土外保温系统现场检验 EPS 板与基层墙体的拉伸粘结强度不应小于 0.10MPa,且应为 EPS 板破坏。

4. EPS 钢丝网架板现浇混凝土外保温系统

EPS 钢丝网架板现浇混凝土外保温系统应以现浇混凝土外墙作为基层墙体,EPS 钢丝网架板为保温层,钢丝网架板中的 EPS 板外侧开有凹槽(图 6-25)。施工时应将钢丝网架板置于外墙外模板内侧,并在 EPS 板上安装辅助固定件。钢丝网架板表面应涂抹掺外

加剂的水泥砂浆抹面层，外表可做饰面层。辅助固定件每平方米不应少于 4 个，锚固深度不得小于 50mm。在每层层间宜留水平分隔缝，分隔缝宽度为 15～20mm。分隔缝处的钢丝网和 EPS 板应断开。垂直分隔缝宜按墙面面积设置，在板式建筑中不宜大于 30m²，在塔式建筑中宜留在阴角部位。混凝土一次浇注高度不宜大于 1m。

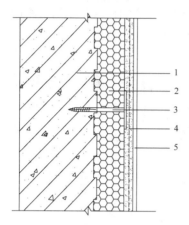

图 6-24 EPS 板现浇混凝土外保温系统
1—现浇混凝土外墙；2—EPS 板；3—辅助固定件；
4—抹面胶浆复合玻纤网；5—饰面层

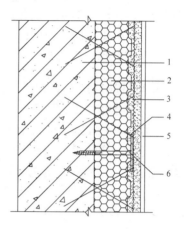

图 6-25 EPS 钢丝网架板现浇混凝土外保温系统
1—现浇混凝土外墙；2—EPS 钢丝网架板；3—掺外加剂的水泥砂浆抹面层；4—钢丝网架；5—饰面层；6—辅助固定件

5. 胶粉聚苯颗粒浆料贴砌 EPS 板外保温系统

胶粉聚苯颗粒浆料贴砌 EPS 板外保温系统应由界面砂浆层、胶粉聚苯颗粒贴砌浆料层、EPS 板保温层、胶粉聚苯颗粒贴砌浆料层、抹面层和饰面层构成（图 6-26）。抹面层中满铺玻纤网，饰面层可为涂料或饰面砂浆。单块 EPS 板面积不宜大于 0.3m²；EPS 板与基层墙体的粘贴面上宜开设凹槽。

6. 现场喷涂硬泡聚氨酯外保温系统

现场喷涂硬泡聚氨酯外保温系统应由界面层、现场喷涂硬泡聚氨酯保温层、界面砂浆层、找平层、抹面层和饰面层组成（图6-27）。抹面层中应满铺玻纤网，饰面层可为涂料

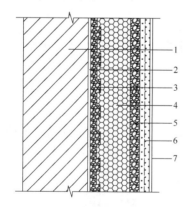

图 6-26 胶粉聚苯颗粒浆料
贴砌 EPS 板外保温系统
1—基层墙体；2—界面砂浆；3—胶粉聚苯颗粒贴砌浆料；4—EPS 板；5—胶粉聚苯颗粒贴砌浆料；
6—抹面胶浆复合玻纤网；7—饰面层

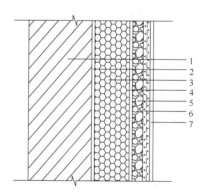

图 6-27 现场喷涂硬泡聚氨酯外保温系统
1—基层墙体；2—界面层；3—喷涂 PUR；
4—界面砂浆；5—找平层；6—抹面胶浆
复合玻纤网；7—饰面层

或饰面砂浆。阴阳角及不同材料的基层墙体交接处应采取适当方式喷涂硬泡聚氨酯，保温层应连续不留缝。硬泡聚氨酯的喷涂厚度每遍不宜大于15mm。

7. 外墙外保温各系统构造特点和适用范围

《全国民用建筑工程设计技术措施 规划·建筑·景观》（2009年版）第二部分中指出：外墙外保温各系统的构造特点和适用范围如表6-34所示。

外墙外保温系统的构造特点和适用范围　　　　表6-34

系统名称	构造特点	适用范围		
		地区	外墙类型	外饰面
EPS板薄抹灰系统	用胶粘剂将EPS保温板粘结在外墙上，表面做玻纤网增强薄抹面层和饰面层	各类气候地区	混凝土和砌体结构外墙	涂料饰面，贴面砖需采取可靠的安全措施
现浇混凝土模板内置EPS保温板系统	EPS保温板内侧开齿槽，表面喷界面砂浆，置于外模板内侧并安装锚栓，浇筑混凝土后墙体与保温板结合一体，之后做玻纤网增强抗裂砂浆薄抹面层和饰面层	主要用于严寒和寒冷地区	现浇钢筋混凝土外墙	涂料饰面
胶粉EPS颗粒保温浆料外保温系统	胶粉EPS颗粒保温浆料经现场拌和后抹在外墙上，表面做玻纤网增强抗裂砂浆面层和饰面层	夏热冬冷和夏热冬暖地区	混凝土和砌体结构外墙	涂料饰面，贴面砖需采取可靠的安全措施
现浇混凝土模板内置钢丝网架EPS保温板系统	单面钢丝网架EPS保温板置于外墙外模板内侧，φ6钢筋作为辅助固定件，浇灌混凝土后钢丝网架板挑头钢丝和φ6钢筋与混凝土结合一体，外抹水泥砂浆厚抹面层	主要用于严寒和寒冷地区	现浇钢筋混凝土外墙	面砖饰面

8. 岩棉薄抹灰外墙外保温工程

《岩棉薄抹灰外墙外保温工程技术标准》JGJ/T 480—2019中规定：

（1）岩棉薄抹灰外墙外保温系统是由岩棉条或岩棉板保温材料、锚栓、胶粘剂、防护层和辅件构成，固定在外墙外表面的非承重保温构造的总称；简称为岩棉外保温系统。可分为岩棉条外保温系统和岩棉板外保温系统两种。

（2）岩棉板是以熔融火成岩为主要原料喷吹成纤维，加入适量热固性树脂胶粘剂及憎水剂，经压制、固化、切割制成的板状制品，其纤维层平行于板的表面。岩棉条是岩棉板按一定的间距切割，翻转90°使用的条状制品，其主要纤维层方向与表面垂直。

岩棉条和岩棉板纤维层方向不同，岩棉条内纤维层的方向垂直于岩棉条的表面，其拉伸强度主要是纤维自身的强度；因此岩棉条的（垂直于板面的抗拉）强度远高于岩棉板，通常是其10倍以上。

（3）防护层是抹面层和饰面层的总称。抹面层是抹在保温层上，中间夹有玻纤网，保护保温层并具有防裂、防水、抗冲击作用的构造层。饰面层是对岩棉外保温系统起装饰和保护作用的外装饰构造层。

（4）在岩棉板与岩棉条的各项性能指标要求中，燃烧性能均应为A（A_1）级；导热系数（平均温度25℃）：岩棉条应≤0.046W/(m·K)，岩棉板应≤0.040W/(m·K)。

（5）岩棉板外保温工程的基层墙体宜为混凝土墙体、实心砌体墙体和强度等级不小于A5.0的蒸压加气混凝土砌块墙体。岩棉外保温工程施工前，应进行基层墙体检查或处理。基层墙体表面应洁净、坚实、平整，无油污和脱模剂等妨碍粘结的附着物，凸起、空鼓和疏松部位应剔除。既有建筑岩棉外保温工程施工前的基层墙面，油渍及污染部分应清洗，起鼓、开裂的面层应剔除，由于拆除、冻害、析盐、侵蚀等所产生的损坏、孔洞应用聚合物砂浆修复。

（6）岩棉条或岩棉板的设计厚度不应小于30mm。

（7）岩棉外保温工程单位面积锚栓数量应符合下列规定：

1）岩棉条外保温工程不应小于5个/m²；

2）岩棉板外保温工程不应小于5个/m²，且不宜大于14个/m²，锚栓中心间距不应小于260mm。

（8）岩棉外保温工程防水防裂设计应符合下列规定：

1）外保温与其他构件接缝处应有柔性防水密封及防裂措施；

2）女儿墙顶、窗台等水平部位宜采用金属板、混凝土板或石材板等压顶处理，并应设置排水构造，排水坡度不应小于5%；

3）窗檐、阳台等檐口部位应设置滴水构造。

（9）岩棉外保温工程中首层墙面、阳台和门窗角部等易受碰撞的部位，应采取附加防撞保护措施，且应满足抗冲击强度10J的要求。

（10）岩棉外保温工程饰面层不宜采用面砖，岩棉外保温系统不应覆盖墙体变形缝。

（11）岩棉外保温工程施工环境应符合下列规定：

1）施工期间以及完工后24h内，环境温度不应低于5℃；

2）夏季应采取遮阳措施，避免阳光直晒工作面；

3）施工时风力不应大于5级；

4）雨天不应施工。

9. 外墙外保温窗（门）洞口节点构造

《严寒和寒冷地区居住建筑节能设计标准》JGJ 26—2018中规定：外窗（门）洞口的侧墙面应做保温处理，并应保证窗（门）洞口室内部分的侧墙面的内表面温度不低于室内空气设计温、湿度条件下的露点温度，减小附加热损失。此条的条文说明：通常窗（门）的厚度小于墙厚，这样墙上洞口的侧面就被窗（门）分成了室内和室外两部分，必须对洞口的侧墙面进行保温处理，否则洞口侧面很容易形成热桥，不仅大大抵消门窗和外墙的良好保温性能，而且容易引起周边结露，在严寒地区尤其要注意。

（十四）防火隔离带的应用

1. 常用的外墙保温材料

（1）A级保温材料：具有密度小、导热能力差、承载能力高、施工方便、经济耐用等特点。如：岩棉、玻璃棉、泡沫玻璃、泡沫陶瓷、发泡水泥等。

（2）B_1级保温材料：大多在有机保温材料中添加大量的阻燃剂，如：特殊处理后的挤塑聚苯板（XPS）、特殊处理后的聚氨酯（PU）、酚醛、胶粉聚苯颗粒等。

（3）B_2级保温材料：一般在有机保温材料中添加适量的阻燃剂。如：模塑聚苯板（EPS）、挤塑聚苯板（XPS）、聚氨酯（PU）、聚乙烯（PE）等。

以上列举的是部分材料在通常情况下的燃烧性能（并非绝对、一成不变的）。在具体工程选用时，应遵照相关规范、标准，按其材性的要求选用。其燃烧性能应以国家认可的检测机构的检测报告结果为准。

2. 《建筑外墙外保温防火隔离带技术规程》 JGJ 289—2012 的规定

（1）防火隔离带是设置在可燃、难燃保温材料外墙外保温工程中，按水平方向分布，采用不燃材料制成，以阻止火灾沿外墙面或在外墙外保温系统内蔓延的防火构造。

（2）防火隔离带的基本规定

1）防火隔离带应与基层墙体可靠连接，应能适应外保温的正常变形而不产生渗透、裂缝和空鼓；应能承受自重、风荷载和室外气候的反复作用而不产生破坏；

2）建筑外墙外保温防火隔离带保温材料的燃烧性能等级应为 A 级；

3）设置在薄抹灰外墙外保温系统中粘贴保温板防火隔离带，宜选用岩棉带防火隔离带。

（3）设计与构造

1）防火隔离带的基本构造应与外墙外保温系统相同，并宜包括胶粘剂、防火隔离带保温板、锚栓、抹面胶浆、玻璃纤维网、饰面层等（图 6-28）。

2）防火隔离带的宽度不应小于 300mm。

3）防火隔离带的厚度宜与外墙外保温系统厚度相同。

4）防火隔离带保温板应与基层墙体全面积粘贴。

5）防火隔离带应使用锚栓辅助连接，锚栓应压住底层玻璃纤维网布。锚栓间距不应大于 600mm，锚栓距离保温板端部不应小于 100mm，每块保温板上锚栓数量不应少于 1 个。当采用岩棉带时，锚栓的扩压盘直径不应小于 100mm。

6）防火隔离带和外墙外保温系统应使用相同的抹面胶浆，且抹面胶浆应将保温材料和锚栓完全覆盖。

7）防火隔离带部位的抹面层应加底层玻璃纤维网布，底层玻璃纤维网布垂直方向超出防火隔离带边缘不应小于 100mm（图 6-29）。水平方向可对接，对接位置离防火隔离带保温板端部接缝位置不应小于 100mm（图 6-30）。当面层玻璃纤维布上下有搭接时，搭接位置距离隔离带边缘不应小于 200mm。

8）防火隔离带应设置在门窗洞口上部，且防火隔离带下边距洞口上沿不应超过 500mm。

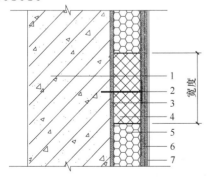

图 6-28 防火隔离带的基本构造

1—基层墙体；2—锚栓；3—胶粘剂；
4—防火隔离带保温板；5—外保温系统的保温材料；6—抹面胶浆＋玻璃纤维网布；7—饰面材料

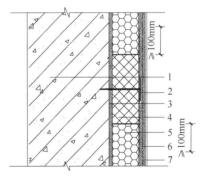

图 6-29 防火隔离带网格布垂直方向搭接

1—基层墙体；2—锚栓；3—胶粘剂；
4—防火隔离带保温板；5—外保温系统的保温材料；6—抹面胶浆＋玻璃纤维网布；7—饰面材料

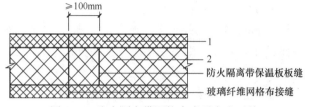

图 6-30 防火隔离带网格布水平方向对接
1—底层玻璃纤维网格布；2—防火隔离带保温板

9）当防火隔离带在门窗洞口上沿时，门窗洞口上部防火隔离带在粘贴时应做玻璃纤维网布翻包处理，翻包的玻璃纤维网布应超出防火隔离带保温板上沿100mm（图6-31）。翻包、底层及面层的玻璃纤维网布不得在门窗洞口顶部搭接或对接，抹面层平均厚度不宜小于6mm。

10）当防火隔离带在门窗洞口上沿，且门窗框外表面缩进基层墙体外表面时，门窗洞口顶部外露部分应设置防火隔离带，且防火隔离带保温板宽度不应小于300mm（图6-32）。

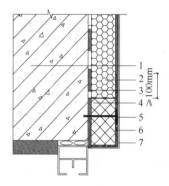

图 6-31 门窗洞口上部防火隔离带做法（一）
1—基层墙体；2—外保温系统的保温材料；
3—胶粘剂；4—防火隔离带保温板；
5—锚栓；6—抹面胶浆+玻璃纤维网布；
7—饰面材料

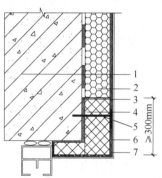

图 6-32 门窗洞口上部防火隔离带做法（二）
1—基层墙体；2—外保温系统的保温材料；
3—胶粘剂；4—防火隔离带保温板；
5—锚栓；6—抹面胶浆+玻璃纤维网布；
7—饰面材料

11）严寒、寒冷地区的建筑外保温采用防火隔离带时，防火隔离带热阻不得小于外墙外保温系统热阻的50%；夏热冬冷地区的建筑外保温采用防火隔离带时，防火隔离带热阻不得小于外墙外保温系统热阻的40%。

12）防火隔离带部位的墙体内表面温度不得低于室内空气设计温湿度条件下的露点温度。

（十五）外墙内保温的六种做法

《外墙内保温工程技术规程》JGJ/T 261—2011 中指出：

（1）外墙内保温的基层为混凝土墙体或砌体墙体。保温层可以采用膨胀型聚苯乙烯（EPS）板、挤塑型聚苯乙烯（XPS）板、硬泡聚氨酯（PU）板、纸蜂窝填充憎水性膨胀珍珠岩保温板、离心法玻璃棉板（毡）、摆锤法岩棉板（毡）。

（2）EPS板、XPS板、PU板（裸板）的单位面积质量不宜超过15kg/m²；采用纸蜂窝填充憎水型膨胀珍珠岩时，应采用锚栓固定，间距不应大于400mm，数量不应少于2个。

（3）内保温工程施工期间和完工后的24h内，基层墙体及环境温度不应低于0℃，平均温度不应低于5℃。

(4) 内保温系统各构造层组成材料的选择，应符合下列规定：

1) 保温板及复合板与基层墙体的粘结，可采用胶粘剂或粘结石膏。当用于厨房、卫生间等潮湿环境或饰面层为面砖时，应采用胶粘剂。

2) 厨房、卫生间等潮湿环境或饰面层为面砖时不得使用粉刷石膏抹面。

3) 无机保温板或保温砂浆的抹面层的增强材料宜采用耐碱玻璃纤维网布。有机保温材料的抹面层为抹面胶浆时，其增强材料可选用涂塑中碱玻璃纤维网布；当抹面层为粉刷石膏时，其增强材料可选用中碱玻璃纤维网布。

4) 当内保温工程用于厨房、卫生间等潮湿环境采用腻子时，应选用耐水型腻子；在低收缩性面板上刮涂腻子时，可选普通型腻子；保温层尺寸稳定性差或面层材料收缩值大时，宜选用弹性腻子，不得选用普通型腻子。

《全国民用建筑工程设计技术措施 规划·建筑·景观》（2009年版）第二部分中指出，外墙内保温设计要点如下：

(1) 外墙内保温节能系统由于难以消除外墙结构性热桥的影响，会使外墙整体保温性能减弱，外墙平均传热系数与主体外墙典型断面传热系数差距较大，因此需要进行平均传热系数的计算。

(2) 严寒和寒冷地区一般情况下不应采用外墙内保温系统。夏热冬冷和夏热冬暖地区可选用。

(3) 公共建筑中采用外墙内保温时宜选用保温层为A级不燃材料的内保温系统。

外墙内保温共有六种做法，分述如下。

1. 复合板内保温系统

(1) 保温层是复合板。复合板是保温层——膨胀型聚苯乙烯（EPS）板、挤塑型聚苯乙烯（XPS）板、硬泡聚氨酯（PU）板或纸蜂窝填充憎水型膨胀珍珠岩保温板与面板——纸面石膏板、无石棉纤维水泥平板或无石棉硅酸钙板的复合。

(2) 构造层次：（由外而内）① 基层墙体（混凝土墙体、砖砌墙体）—② 粘结层（胶粘剂或粘结石膏＋锚栓）—③ 复合板保温层—④ 饰面层（腻子层＋涂料、墙纸或墙布、面砖）（图6-33）。

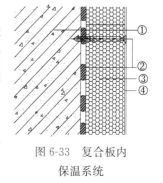

图6-33 复合板内保温系统

2. 有机保温板内保温系统

(1) 保温层是膨胀型聚苯乙烯（EPS）板、挤塑型聚苯乙烯（XPS）板、硬泡聚氨酯（PU）板。

(2) 构造层次：（由外而内）① 基层墙体（混凝土墙体、砌体墙体）—② 粘结层（胶粘剂或粘结石膏）—③ 保温层—④ 防护层（抹面胶浆涂塑中碱玻璃纤维网布）—⑤ 饰面层（腻子层＋涂料、墙纸或墙布、面砖）（图6-34）。

3. 无机保温板内保温系统

(1) 保温层是以无机轻骨料或发泡水泥、泡沫玻璃制作的板材。

(2) 构造层次：（由外而内）① 基层墙体（混凝土墙体、砌体墙体）—② 粘结层（胶粘剂）—③ 保温层—④ 防护层（抹面胶浆＋耐碱玻璃纤维网布）—⑤ 饰面层（腻子层＋涂料、墙纸或墙布、面砖）（图6-35）。

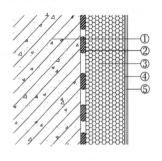

图6-34 有机保温板内保温系统

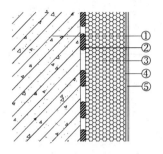

图6-35 无机保温板内保温系统

4. 保温砂浆内保温系统

（1）保温层是以无机轻骨料或聚氨酯颗粒为保温骨料与无机、有机胶凝材料并掺加一定功能添加剂制成的建筑砂浆。

（2）构造层次：（由外而内）① 基层墙体（混凝土墙体、砌体墙体）—② 界面层（界面砂浆）—③ 保温层—④ 防护层（抹面胶浆＋耐碱玻璃纤维网布）—⑤ 饰面层（腻子层＋涂料、墙纸或墙布、面砖）（图6-36）。

5. 喷涂硬泡聚氨酯内保温系统

（1）保温层是喷涂硬泡聚氨酯（PU）。

（2）构造层次：（由外而内）① 基层墙体（混凝土墙体、砌体墙体）—② 界面层（水泥砂浆聚氨酯防潮底漆）—③ 保温层—④ 界面层（专用界面砂浆或专用界面剂）—⑤ 找平层（保温砂浆或聚合物水泥砂浆）—⑥ 防护层（抹面胶浆复合涂塑中碱玻璃纤维网布）—⑦饰面层（腻子层＋涂料、墙纸或墙布、面砖）（图6-37）。

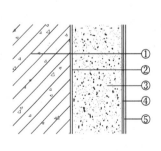

图6-36 保温砂浆内保温系统

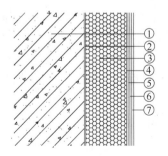

图6-37 喷涂硬泡聚氨酯内保温系统

6. 玻璃棉、岩棉、喷涂硬泡聚氨酯龙骨固定内保温系统

（1）保温层是离心法玻璃棉板（毡）、摆锤法岩棉板（毡）或喷涂硬泡聚氨酯（PU）。

（2）构造层次：（由外而内）① 基层墙体（混凝土墙体、砌体墙体）—② 保温层—③ 隔汽层（PVC、聚丙烯薄膜、铝箔等）—④ 龙骨（建筑用轻钢龙骨或复合龙骨）—⑤ 龙骨固定件（敲击式或旋入式塑料螺栓）—⑥ 防护层（纸面石膏板、无石棉硅酸钙板或无石棉纤维水泥平板＋自攻螺钉）—⑦ 饰面层（腻子层＋涂料、墙纸或墙布、面砖）（图6-38、图6-39）。

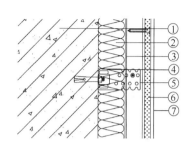

图6-38 玻璃棉、岩棉、喷涂硬泡聚氨酯龙骨固定内保温系统（做法一）

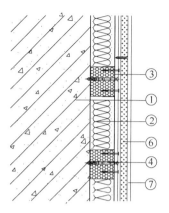

图6-39 玻璃棉、岩棉、喷涂硬泡聚氨酯龙骨固定内保温系统（做法二）

（十六）夹芯板墙体的构造

（1）定义：夹芯板是将厚度为0.4～0.6mm的彩色涂层钢板面板及底板与保温芯材通过胶粘剂复合而成的保温板材。

（2）类型：夹芯板的类型有聚氨酯夹芯板、聚苯乙烯夹芯板和岩棉夹芯板等。

（3）主要性能

1）聚氨酯夹芯板的燃烧性能为B_1级，导热系数为$\leqslant 0.033W/(m\cdot K)$，体积密度为30kg/m³。

2）聚苯乙烯夹芯板为阻燃性、氧指数≥30%，导热系数为$\leqslant 0.041W/(m\cdot K)$、体积密度为18kg/m³。

3）岩棉夹芯板的耐火极限板厚≥80mm时为60min，<80mm时为30min；导热系数为$\leqslant 0.038W/(m\cdot K)$、体积密度为100kg/m³。

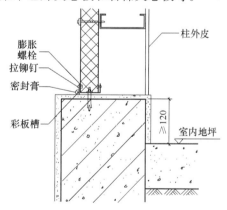

图6-40 夹芯板根部构造

（4）应用：建筑围护结构夹芯板的常用厚度范围为50～100mm。

（5）构造示例：图6-40为夹芯板根部的构造详图。

例6-6 （2011）彩钢夹芯板房屋墙体构造图（图6-41）中，b与H的数值哪一项不对？

A $b=40mm$，$H=90mm$　　　　B $b=60mm$，$H=120mm$
C $b=75mm$，$H=150mm$　　　 D $b=100mm$，$H=180mm$

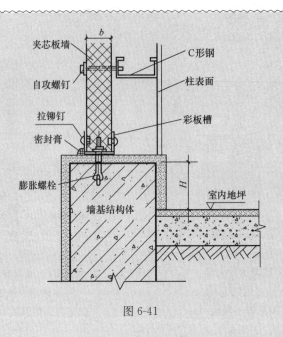

图 6-41

解析：根据《压型钢板、夹芯板屋面及墙体建筑构造》01J925—1 标准图得知：建筑围护结构常用的夹芯板厚度为 50～100mm，H 值的最小尺寸为 ≥120mm。因而选项 A 是不正确的。

答案：A

（十七）外墙夹心保温

《全国民用建筑工程设计技术措施 规划·建筑·景观》（2009 年版）第二部分中指出外墙夹心保温设计要点如下：

（1）应充分估计热桥的影响，节能计算时应取考虑热桥影响后的平均传热系数。

（2）应做好热桥部位的保温构造设计，避免出现内表面结露现象。

（3）夹心保温做法易造成外页墙在温度作用下的裂缝，设计时应注意采取加强和防止雨水渗透措施。

三、建筑工程抗震构造

（一）《建筑与市政工程抗震通用规范》GB 55002—2021

本规范为强制性工程建设规范，全部条文必须严格执行。现行工程建设标准中有关规定与本规范不一致的，以本规范的规定为准。

1. 总则

抗震设防烈度 6 度及以上地区的各类新建、扩建、改建建筑与市政工程必须进行抗震设防，工程项目的勘察、设计、施工、使用维护等必须执行本规范。

2. 基本规定

（1）各类建筑与市政工程的抗震设防烈度不应低于本地区的抗震设防烈度。

(2) 各地区遭受的地震影响，应采用相应于抗震设防烈度的设计基本地震加速度和特征周期表征，并应符合：各地区抗震设防烈度与设计基本地震加速度取值的对应关系应符合表 6-35 的规定。

抗震设防烈度和 Ⅱ 类场地设计基本地震加速度值的对应关系　　　　表 6-35

抗震设防烈度	6 度	7 度		8 度		9 度
Ⅱ 类场地设计基本地震加速度值	0.05g	0.10g	0.15g	0.20g	0.30g	0.40g

(3) 各抗震设防类别建筑与市政工程，其抗震设防标准应符合下列规定：

1）标准设防类，应按本地区抗震设防烈度确定其抗震措施和地震作用，达到在遭遇高于当地抗震设防烈度的预估罕遇地震影响时不致倒塌或发生危及生命安全的严重破坏的抗震设防目标。

2）重点设防类，应按本地区抗震设防烈度提高 1 度的要求加强其抗震措施；但抗震设防烈度为 9 度时应按比 9 度更高的要求采取抗震措施；地基基础的抗震措施应符合有关规定。同时，应按本地区抗震设防烈度确定其地震作用。

3）特殊设防类，应按本地区抗震设防烈度提高 1 度的要求加强其抗震措施；但抗震设防烈度为 9 度时应按比 9 度更高的要求采取抗震措施。同时，应按批准的地震安全性评价的结果且高于本地区抗震设防烈度的要求确定其地震作用。

4）适度设防类，允许比本地区抗震设防烈度的要求适当降低其抗震措施，但抗震设防烈度为 6 度时不应降低。一般情况下，仍应按本地区抗震设防烈度确定其地震作用。

5）当工程场地为 Ⅰ 类时，对特殊设防类和重点设防类工程，允许按本地区设防烈度的要求采取抗震构造措施；对标准设防类工程，抗震构造措施允许按本地区设防烈度降低 1 度，但不得低于 6 度的要求采用。

3. 建筑工程抗震措施

(1) 一般规定

1）建筑设计应根据抗震概念设计的要求明确建筑形体的规则性。不规则的建筑应按规定采取加强措施；特别不规则的建筑应进行专门研究和论证，采取特别的加强措施；不应采用严重不规则的建筑方案。

2）对于框架结构房屋，应考虑填充墙、围护墙和楼梯构件的刚度影响，避免不合理设置而导致主体结构的破坏。

3）建筑的非结构构件及附属机电设备，其自身及与结构主体的连接，应进行抗震设防。

4）围护墙、隔墙、女儿墙等非承重墙体的设计与构造应符合下列规定：

① 采用砌体墙时，应设置拉结筋、水平系梁、圈梁、构造柱等与主体结构可靠拉结。

② 墙体及其与主体结构的连接应具有足够变形能力，以适应主体结构不同方向的层间变形需求。

③ 人流出入口和通道处的砌体女儿墙应与主体结构锚固，防震缝处女儿墙的自由端应予以加强。

(2) 砌体结构房屋

1）多层砌体房屋的层数和高度应符合下列规定：

① 一般情况下，房屋的层数和总高度不应超过表 6-36 的规定。

② 甲、乙类建筑不应采用底部框架—抗震墙砌体结构。乙类的多层砌体房屋应按表 6-36 的规定层数减少 1 层，总高度应降低 3m。

③ 横墙较少的多层砌体房屋，总高度应按表 6-36 的规定降低 3m，层数相应减少 1 层；各层横墙很少的多层砌体房屋，还应再减少 1 层。

④ 采用蒸压灰砂砖和蒸压粉煤灰砖的砌体房屋，当砌体的抗剪强度仅达到普通黏土砖砌体的 70%时，房屋的层数应比普通砖房减少 1 层，总高度应减少 3m；当砌体的抗剪强度达到普通黏土砖砌体的取值时，房屋层数和总高度的要求同普通砖房屋。

丙类砌体房屋的层数和总高度限值（m）　　　　表 6-36

房屋类别		最小抗震墙厚度（mm）	烈度和设计基本地震加速度									
			6 度		7 度				8 度				9 度	
			0.05g		0.10g		0.15g		0.20g		0.30g		0.40g	
			高度	层数	高度	层数	高度	层数	高度	层数	高度	层数	高度	层数
多层砌体房屋	普通砖	240	21	7	21	7	21	7	18	6	15	5	12	4
	多孔砖	240	21	7	21	7	18	6	18	6	15	5	9	3
	多孔砖	190	21	7	18	6	15	5	15	5	12	4	—	—
	小砌块	190	21	7	21	7	18	6	18	6	15	5	9	3
底部框架-抗震墙砌体房屋	普通砖多孔砖	240	22	7	22	7	19	6	16	5				
	多孔砖	190	22	7	19	6	16	5	13	4				
	小砌块	190	22	7	22	7	19	6	16	5				

注：自室外地面标高算起且室内外高差大于 0.6m 时，房屋总高度应允许比本表确定值适当增加，但增加量不应超过 1.0m。

<u>2）砌体房屋应设置现浇钢筋混凝土圈梁、构造柱或芯柱。</u>

3）多层砌体房屋的楼、屋面应符合下列规定：

① 楼板在墙上或梁上应有足够的支承长度，罕遇地震下楼板不应跌落或拉脱。

② 装配式钢筋混凝土楼板或屋面板，应采取有效的拉结措施，保证楼、屋面的整体性。

③ 楼、屋面的钢筋混凝土梁或屋架应与墙、柱（包括构造柱）或圈梁可靠连接；不得采用独立砖柱。跨度不小于 6m 的大梁，其支承构件应采用组合砌体等加强措施，并应满足承载力要求。

4）砌体结构楼梯间应符合下列规定：

① 不应采用悬挑式踏步或踏步竖肋插入墙体的楼梯，8 度、9 度时不应采用装配式楼梯段。

② 装配式楼梯段应与平台板的梁可靠连接。

③ 楼梯栏板不应采用无筋砖砌体。

④ 楼梯间及门厅内墙阳角处的大梁支承长度不应小于500mm，并应与梁连接。

⑤ 顶层及出屋面的楼梯间，构造柱应伸到顶部，并与顶部圈梁连接，墙体应设置通长拉结钢筋网片。

⑥ 顶层以下楼梯间墙体应在休息平台或楼层半高处设置钢筋混凝土带或配筋砖带，并与构造柱连接。

5) 砌体结构房屋尚应符合下列规定：

① 砌体结构房屋中的构造柱、芯柱、圈梁及其他各类构件的混凝土强度等级不应低于C25。

② 对于砌体抗震墙，其施工应先砌墙后浇构造柱、框架梁柱。

(二)《建筑抗震设计规范》GB 50011—2010（2016年版）

对多层砌体房屋和底部框架砌体房屋的抗震构造有如下规定：

1. 一般规定

(1) 本章适用于普通砖（包括烧结、蒸压、混凝土普通砖）、多孔砖（包括烧结、混凝土多孔砖）和混凝土小型空心砌块等砌体承重的多层房屋，底层或底部两层框架—抗震墙砌体房屋[①]。

配筋混凝土小型空心砌块房屋的抗震设计，应符合本规范附录F的规定。

(2) 多层砌体承重房屋的层高，不应超过3.6m。

底部框架—抗震墙砌体房屋的底部，层高不应超过4.5m；当底层采用约束砌体抗震墙时，底层的层高不应超过4.2m[②]。

(3) 多层砌体房屋总高度与总宽度的最大比值，宜符合表6-37的要求。

房屋最大高宽比　　　　表6-37

烈度	6	7	8	9
最大高宽比	2.5	2.5	2.0	1.5

注：1. 单面走廊房屋的总宽度不包括走廊宽度；
2. 建筑平面接近正方形时，其高宽比宜适当减小。

(4) 多层砌体房屋中砌体墙段的局部尺寸限值，宜符合表6-38的要求：

房屋的局部尺寸限值（m）　　　　表6-38

部位	6度	7度	8度	9度
承重窗间墙最小宽度	1.0	1.0	1.2	1.5
承重外墙尽端至门窗洞边的最小距离	1.0	1.0	1.2	1.5

---

① 采用非黏土的烧结砖、蒸压砖、混凝土砖的砌体房屋，块体的材料性能应有可靠的试验数据；当本章未作具体规定时，可按本章普通砖、多孔砖房屋的相应规定执行；
本章中"小砌块"为"混凝土小型空心砌块"的简称；
非空旷的单层砌体房屋，可按本章规定的原则进行抗震设计。

② 当使用功能确有需要时，采用约束砌体等加强措施的普通砖房屋，层高不应超过3.9m。

续表

部位	6度	7度	8度	9度
非承重外墙尽端至门窗洞边的最小距离	1.0	1.0	1.0	1.0
内墙阳角至门窗洞边的最小距离	1.0	1.0	1.5	2.0
无锚固女儿墙（非出入口处）的最大高度	0.5	0.5	0.5	0.5

注：1. 局部尺寸不足时，应采取局部加强措施弥补，且最小宽度不宜小于1/4层高和表列数据的80%；
  2. 出入口处的女儿墙应有锚固。

(5) 多层砌体房屋的建筑布置和结构体系，应符合下列要求：

1) 应优先采用横墙承重或纵横墙共同承重的结构体系。不应采用砌体墙和混凝土墙混合承重的结构体系。

2) 楼梯间不宜设置在房屋的尽端或转角处。

3) 不应在房屋转角处设置转角窗。

4) 横墙较少、跨度较大的房屋，宜采用现浇钢筋混凝土楼、屋盖。

2. 多层砖砌体房屋抗震构造措施

钢筋混凝土构造柱在多层砖砌体结构中的应用，根据历次大地震的经验和大量试验研究，得到了比较一致的结论，即①构造柱能够提高砌体的受剪承载力10%~30%左右，提高幅度与墙体高宽比、竖向压力和开洞情况有关；②构造柱主要是对砌体起约束作用，使之有较高的变形能力；③构造柱应当设置在震害较重、连接构造比较薄弱和易于应力集中的部位。

圈梁能增强房屋的整体性，提高房屋的抗震能力，是抗震的有效措施。

(1) 多层砖砌体房屋的构造柱应符合下列构造要求：

1) 构造柱最小截面可采用180mm×240mm（墙厚为190mm时为180mm×190mm），纵向钢筋宜采用4ϕ12，箍筋间距不宜大于250mm，且在柱上下端应适当加密；6、7度时超过6层、8度时超过5层和9度时，构造柱纵向钢筋宜采用4ϕ14，箍筋间距不应大于200mm；房屋四角的构造柱应适当加大截面及配筋。

2) 构造柱与墙连接处应砌成马牙槎，沿墙高每隔500mm设2ϕ6水平钢筋和ϕ4分布短筋平面内点焊组成的拉结网片或ϕ4点焊钢筋网片，每边伸入墙内不宜小于1m。6、7度时底部1/3楼层，8度时底部1/2楼层，9度时全部楼层，上述拉结钢筋网片应沿墙体水平通长设置。

3) 构造柱与圈梁连接处，构造柱的纵筋应在圈梁纵筋内侧穿过，保证构造柱纵筋上下贯通。

4) 构造柱可不单独设置基础，但应伸入室外地面下500mm，或与埋深小于500mm的基础圈梁相连。

(2) 多层砖砌体房屋现浇混凝土圈梁的构造应符合下列要求：

1) 圈梁应闭合，遇有洞口圈梁应上下搭接。圈梁宜与预制板设在同一标高处或紧靠板底；

2) 圈梁的截面高度不应小于120mm，配筋应符合表6-39的要求。

多层砖砌体房屋圈梁配筋要求　　　　表 6-39

配筋	烈度		
	6、7	8	9
最小纵筋	4φ10	4φ12	4φ14
箍筋最大间距（mm）	250	200	150

（3）6、7 度时长度大于 7.2m 的大房间，以及 8、9 度时外墙转角及内外墙交接处，应沿墙高每隔 500mm 配置 2φ6 的通长钢筋和 φ4 分布短筋平面内点焊组成的拉结网片或 φ4 点焊网片。

（4）坡屋顶房屋的屋架应与顶层圈梁可靠连接，檩条或屋面板应与墙、屋架可靠连接，房屋出入口处的檐口瓦应与屋面构件锚固。采用硬山搁檩时，顶层内纵墙顶宜增砌支承山墙的踏步式墙垛，并设置构造柱。

（5）门窗洞处不应采用砖过梁；过梁支承长度，6～8 度时不应小于 240mm，9 度时不应小于 360mm。

（6）预制阳台，6、7 度时应与圈梁和楼板的现浇板带可靠连接，8、9 度时不应采用预制阳台。

（7）后砌的非承重砌体隔墙、烟道、风道、垃圾道等应符合本规范第 13.3 节的有关规定。

（8）同一结构单元的基础（或桩承台），宜采用同一类型的基础，底面宜埋置在同一标高上，否则应增设基础圈梁并应按 1∶2 的台阶逐步放坡。

有关构造柱的做法见图 6-42。

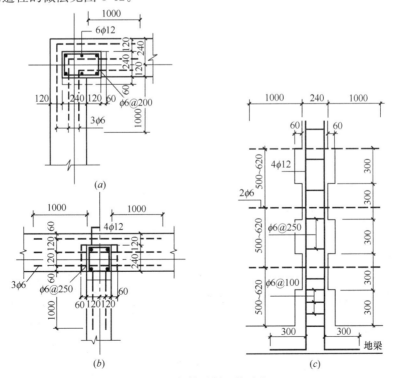

图 6-42　钢筋混凝土构造柱

(三)《非结构构件抗震设计规范》JGJ 339—2015

建筑非结构构件主要包括非承重墙体（砌体结构中的隔墙和框架结构中的填充墙和隔墙）、附着于楼板和屋面板的构件（如女儿墙）、装饰构件和部件，以及固定于楼面的大型储物柜等。

1. 非承重墙体

（1）非承重墙体宜优先采用轻质材料；采用烧结砖墙体时，墙内应设置拉结筋、水平系梁、圈梁、构造柱等构造措施。

（2）多层砌体结构中的非承重墙体的抗震构造应符合下列规定：

1）非承重外墙尽端至门窗洞边的最小距离不应小于1.00m，否则应在洞边设置构造柱。

2）后砌的非承重隔墙应沿墙高每隔500～600mm配置2ϕ6拉结钢筋与承重墙或柱拉结，每边伸入墙内不应少于500mm；8度、9度时，长度大于5m的后砌隔墙，墙顶尚应与楼板或梁拉结，独立墙肢端部或大门洞边宜设钢筋混凝土构造柱。

（3）钢筋混凝土结构中的填充墙的抗震构造应符合下列规定：

1）层间变形较大的框架结构和高层建筑，宜采用钢材或木材为龙骨的隔墙及轻质隔墙。

2）砌体填充墙宜与主体结构采用柔性连接，当采用刚性连接时应符合下列规定：

① 填充墙在平面和竖向的布置宜均匀对称，避免形成薄弱层或短柱；

② 砌体的砂浆强度等级不应低于M5，实心块体的强度等级不宜低于MU2.5，空心块体的强度等级不宜低于MU3.5，墙顶应与框架梁紧密结合；

③ 填充墙应沿框架柱全高每隔500～600mm设2ϕ6拉筋。拉筋伸入墙内的长度，6度、7度时宜沿墙全长贯通，8度、9度时应全长贯通；

④ 墙长大于5m时，墙顶与梁宜有拉结；墙长超过8m或层高的2倍时，宜设置钢筋混凝土构造柱，构造柱间距不宜大于4m，框架结构底部两层的钢筋混凝土构造柱宜加密；填充墙开有宽度大于2m的门洞或窗洞时，洞边宜设钢筋混凝土构造柱；墙高超过4m时，墙体半高宜设置与柱连接且沿墙全长贯通的钢筋混凝土水平系梁。

> **例6-7 （2004）** 对钢筋混凝土结构中的砌体填充墙，下述抗震措施中何者不正确？
>
> A 砌体的砂浆强度等级不应低于M5，墙顶应与框架梁密切结合
>
> B 填充墙应沿框架柱全高每隔500mm设2ϕ6拉筋，拉筋伸入墙内的长度不小于500mm
>
> C 墙长大于5m时，墙顶与梁宜有拉结，墙长超过层高2倍时，设构造柱
>
> D 墙高超过4m时，墙体半高宜设置与柱连接、通长的钢筋混凝土水平系梁
>
> **解析：**《建筑抗震设计规范》GB 50011—2010（2016年版）第13.3.4条规定：填充墙应沿框架柱全高每隔500～600mm设2ϕ6拉筋，6度、7度时宜为墙全长贯通，8度、9度时应为墙全长贯通。
>
> **答案：B**

2. 女儿墙和挑檐

(1) 女儿墙可以采用砖砌体、加气混凝土砌块和现浇钢筋混凝土制作。挑檐多用钢筋混凝土板材外挑，挑出墙外尺寸一般为500mm。

(2) 高层建筑不得采用砌体女儿墙。

(3) 不应采用无锚固的砖砌镂空女儿墙。

(4) 非出入口处无锚固砌体女儿墙的最大高度，6度～8度时不宜超过0.50m；超过0.50m时，人流出入口、通道处或9度时，出屋面的砌体女儿墙应设置构造柱与主体结构锚固，构造柱间距宜取2.00～2.50m①。

(5) 砌体女儿墙顶部应采用现浇的通长钢筋混凝土压顶。

(6) 砌体女儿墙内不宜埋设灯杆、旗杆、大型广告牌等构件。

(7) 因屋面板插入而削弱女儿墙根部时应加强女儿墙与主体结构的连接。

(8) 不应采用无锚固的钢筋混凝土预制挑檐。

《全国民用建筑工程设计技术措施 规划·建筑·景观》（2009年版）第二部分中指出：多层砌体结构建筑墙体的抗震设计要求砌筑女儿墙厚度宜不小于200mm。设防烈度为6度、7度、8度地区无锚固的女儿墙高度不应超过0.5m；超过时应加设构造柱及厚度不小于60mm的钢筋混凝土压顶圈梁。构造柱应伸至女儿墙顶，与现浇混凝土压顶整浇在一起。当女儿墙高度大于等于0.5m或小于等于1.5m时，构造柱间距不应大于3.0m；当女儿墙高度大于1.5m时，构造柱间距应随之减小。位于建筑物出口上方的女儿墙应加强抗震措施。

3. 烟囱

(1) 烟道、风道、垃圾道等不宜削弱墙体；当墙体被削弱时，应对墙体采取加强措施；不宜采用无竖向配筋的附墙烟囱。

(2) 不应采用无竖向配筋的出屋面砌体烟囱。

4. 楼、电梯间和人流通道墙

(1) 楼梯间及人流通道处的墙体，应采用钢丝网砂浆面层加强。

(2) 电梯隔墙不应对主体结构产生不利影响，应避免地震时破坏导致电梯轿厢和配重运行导轨的变形。

(四) 其他

(1) 下列做法不利于抗震：

1) 局部设地下室；

2) 大房间在顶层端部；

3) 楼梯间设在建筑物端部和转角处；

4) 附墙排烟道、自然通风道及垃圾道削弱墙体结构。

(2) 构造柱的施工要求：

1) 构造柱施工时，应先放构造柱的钢筋骨架，再砌砖墙，最后浇筑混凝土。这样做的好处是结合牢固、节省模板。

2) 构造柱两侧的墙体应做到"五进五出"，即每300mm高伸出60mm，每300mm高

---

① 《砌体结构设计规范》GB 50003—2011规定女儿墙中的构造柱间距为4.00m。

再收回 60mm。墙厚为 360mm 时，外侧形成 120mm 厚的保护墙。

3）每层楼板的上下部和地梁上部、顶板下部的各 500mm 处为构造柱的箍筋加密区，加密区的箍筋间距为 100mm。

四、墙体的隔声构造

（一）墙体的隔声要求

墙体的隔声要求包括隔除室外噪声和相邻房间噪声两个方面。

噪声来源于空气传播的噪声和固体撞击传播的噪声两个方面。空气传播的噪声指的是露天中的声音传播、围护结构缝隙中的噪声传播和由于声波振动引起结构振动而传播的声音。撞击传声是物体的直接撞击或敲打物体所引起的撞击声。

围护结构的平均隔声量可按下式求得：

$$R_a = L - L_0 \tag{6-1}$$

式中 R_a——围护结构的平均隔声量（dB）；
　　　L——室外噪声级（dB）；
　　　L_0——室内允许噪声级（dB）。

室外噪声级包括街道噪声、工厂噪声、建筑物室内噪声等多方面。见表 6-40。

各种场所的室外噪声　　　　表 6-40

噪声声源名称	至声源距离（m）	噪声级（dB）	噪声声源名称	至声源距离（m）	噪声级（dB）
安静的街道	10	60	建筑物内高声谈话	5	70～75
汽车鸣喇叭	15	75	室内若干人高声谈话	5	80
街道上鸣高音喇叭	10	85～90	室内一般谈话	5	60～70
工厂汽笛	20	105	室内关门声	5	75
锻压钢板	5	115	机车汽笛声	10～15	100～105

隔声设计的等级标准见表 6-41。

隔声设计的等级标准　　　　表 6-41

特级	一级	二级
特殊标准	较高标准	一般标准

（二）隔声标准

1. 建筑声环境

《建筑环境通用规范》GB 55016—2021 中规定：

（1）民用建筑室内应减少噪声干扰，应采取隔声、吸声、消声、隔振等措施使建筑声环境满足使用功能要求。

（2）噪声与振动敏感建筑在 2 类或 3 类或 4 类声环境功能区时，应在建筑设计前对建筑所处位置的环境噪声、环境振动调查与测定。声环境功能区分类应符合表 6-42 的规定。

声环境功能区分类 表 6-42

声环境功能区类别	区域特征
0 类	指康复疗养区等特别需要安静的区域
1 类	指以居民住宅、医疗卫生、文化教育、科研设计、行政办公为主要功能，需要保持安静的区域
2 类	指以商业金融、集市贸易为主要功能，或者居住、商业、工业混杂，需要维护住宅安静的区域
3 类	指以工业生产、仓储物流为主要功能，需要防止工业噪声对周围环境产生严重影响的区域
4 类	指交通干线两侧一定距离之内，需要防止交通噪声对周围环境产生严重影响的区域，包括 4a 类和 4b 类两种类型。4a 类为高速公路、一级公路、二级公路、城市快速路、城市主干路、城市次干路、城市轨道交通（地面段）、内河航道两侧区域；4b 类为铁路干线两侧区域

（3）建筑物外部噪声源传播至主要功能房间室内的噪声限值及适用条件应符合下列规定：

1）建筑物外部噪声源传播至主要功能房间室内的噪声限值应符合表 6-43 的规定；

主要功能房间室内的噪声限值 表 6-43

| 房间的使用功能 | 噪声限值（等效声级 $L_{Aeq,T}$，dB） ||
	昼间	夜间
睡眠	40	30
日常生活	40	
阅读、自学、思考	35	
教学、医疗、办公、会议	40	

注：1. 当建筑位于 2 类、3 类、4 类声环境功能区时，噪声限值可放宽 5dB；
  2. 夜间噪声限值应为夜间 8h 连续测得的等效声级 $L_{Aeq,8h}$；
  3. 当 1h 等效声级 $L_{Aeq,1h}$ 能代表整个时段噪声水平时，测量时段可为 1h。

2）噪声限值应为关闭门窗状态下的限值；

3）昼间时段应为 6：00～22：00 时，夜间时段应为 22：00～次日 6：00 时。当昼间、夜间的划分当地另有规定时，应按其规定。

2. 空气声隔声标准

《民用建筑隔声设计规范》GB 50118—2010 中的规定：
（1）住宅建筑
1）分户墙、分户楼板及分隔住宅和非居住用途空间楼板的空气声隔声性能，应符合表 6-44 的规定。
2）相邻两户房间之间及住宅和非居住用途空间分隔楼板上下的房间之间的空气声隔声性能，应符合表 6-45 的规定。
3）高要求住宅相邻两户房间之间的空气声隔声性能，应符合表 6-46 的规定。
4）外窗（包括未封闭阳台的门）的空气声隔声性能，应符合表 6-47 的规定。

住宅分户构件空气声隔声标准　　　　　　　　　　　　　表 6-44

构件名称	空气声隔声单值评价量＋频道修正量（dB）	
分户墙、分户楼板（低标准）	计权隔声量（R_w）＋粉红噪声频谱修正量（C）	≥45
分隔住宅和非居住用途空间的楼板	计权隔声量（R_w）＋交通噪声频谱修正量（C_{tr}）	≥51
分户墙、分户楼板（高要求）	计权隔声量（R_w）＋粉红噪声频谱修正量（C）	≥50

房间之间空气声隔声标准　　　　　　　　　　　　　　　表 6-45

房间名称	空气声隔声单值评价量＋频谱修正量（dB）	
卧室、起居室（厅）与邻户房间之间	计权标准化声压级差＋粉红噪声频谱修正量 $D_{nT,w}+C$	≥45
住宅和非居住用途空间分隔楼板上下的房间之间	计权标准化声压级差＋交通噪声频谱修正量 $D_{nT,w}+C_{tr}$	≥51

高要求住宅房间之间空气声隔声标准　　　　　　　　　　表 6-46

房间名称	空气声隔声单值评价量＋频谱修正量（dB）	
卧室、起居室（厅）与邻户房间之间	计权标准化声压级差＋粉红噪声频谱修正量 $D_{nT,w}+C$	≥50
相邻两户的卫生间之间	计权标准化声压级差＋粉红噪声频谱修正量 $D_{nT,w}+C$	≥45

外窗（包括未封闭阳台的门）的空气声隔声标准　　　　　表 6-47

构件名称	空气声隔声单值评价量＋频谱修正量（dB）	
交通干线两侧卧室、起居室（厅）的窗	计权隔声量＋交通噪声频谱修正量 R_w+C_{tr}	≥30
其他窗	计权隔声量＋交通噪声频谱修正量 R_w+C_{tr}	≥25

5）外墙、户（套）门和户内分室墙的空气声隔声性能，应符合表 6-48 的规定。

外墙、户（套）门和户内分室墙的空气声隔声标准　　　　表 6-48

构件名称	空气声隔声单值评价量＋频谱修正量（dB）	
外墙	计权隔声量＋交通噪声频谱修正量 R_w+C_{tr}	≥45
户（套）门	计权隔声量＋粉红噪声频谱修正量 R_w+C	≥25
户内卧室墙	计权隔声量＋粉红噪声频谱修正量 R_w+C	≥35
户内其他分室墙	计权隔声量＋粉红噪声频谱修正量 R_w+C	≥30

（2）学校建筑

1) 教学用房隔墙、楼板的空气声隔声性能，应符合表 6-49 的规定。

教学用房隔墙、楼板的空气声隔声标准　　　　表 6-49

构件名称	空气声隔声单值评价量+频谱修正量（dB）	
语言教室、阅览室的隔墙与楼板	计权隔声量（R_w）+粉红噪声频谱修正量（C）	≥50
普通教室与各种产生噪声的房间之间的隔墙、楼板	计权隔声量（R_w）+粉红噪声频谱修正量（C）	≥50
普通教室之间的隔墙与楼板	计权隔声量（R_w）+粉红噪声频谱修正量（C）	≥45
音乐教室、琴房之间的隔墙与楼板	计权隔声量（R_w）+粉红噪声频谱修正量（C）	≥45

2) 教学用房与相邻房间之间的空气声隔声性能，应符合表 6-50 的规定。

教学用房与相邻房间之间的空气声隔声标准　　　　表 6-50

房间名称	空气声隔声单值评价量+频谱修正量（dB）	
语言教室、阅览室与相邻房间之间	计权标准化声压级差+粉红噪声频谱修正量 $D_{nT,w}+C$	≥50
普通教室与各种产生噪声的房间之间	计权标准化声压级差+粉红噪声频谱修正量 $D_{nT,w}+C$	≥50
普通教室之间	计权标准化声压级差+粉红噪声频谱修正量 $D_{nT,w}+C$	≥45
音乐教室、琴房之间	计权标准化声压级差+粉红噪声频谱修正量 $D_{nT,w}+C$	≥45

（3）医院建筑

1) 医院各类房间隔墙、楼板的空气声隔声性能，应符合表 6-51 的规定。

医院各类房间隔墙、楼板的空气声隔声标准　　　　表 6-51

构件名称	空气声隔声单值评价量+频谱修正量	高要求标准（dB）	低限标准（dB）
病房与产生噪声的房间之间的隔墙、楼板	计权隔声量+交通噪声频谱修正量 R_w+C_{tr}	>55	>50
手术室与产生噪声的房间之间的隔墙、楼板	计权隔声量+交通噪声频谱修正量 R_w+C_{tr}	>50	>45
病房之间及病房、手术室与普通房间之间的隔墙、楼板	计权隔声量+粉红噪声频谱修正量 R_w+C	>50	>45
诊室之间的隔墙、楼板	计权隔声量+粉红噪声频谱修正量 R_w+C	>45	>40
听力测听室的隔墙、楼板	计权隔声量+粉红噪声频谱修正量 R_w+C	—	>50
体外震波碎石室、核磁共振室的隔墙、楼板	计权隔声量+交通噪声频谱修正量 R_w+C_{tr}	—	>50

2) 相邻房间之间的空气声隔声性能，应符合表 6-52 的规定。

相邻房间之间的空气声隔声标准　　　　表 6-52

房间名称	空气声隔声单值评价量＋频谱修正量	高要求标准（dB）	低限标准（dB）
病房与产生噪声的房间之间	计权标准化声压级差＋交通噪声频谱修正量 $D_{nT,w} + C_{tr}$	≥55	≥50
手术室与产生噪声的房间之间	计权标准化声压级差＋交通噪声频谱修正量 $D_{nT,w} + C_{tr}$	≥50	≥45
病房之间及手术室、病房与普通房间之间	计权标准化声压级差＋粉红噪声频谱修正量 $D_{nT,w} + C$	≥50	≥45
诊室之间	计权标准化声压级差＋粉红噪声频谱修正量 $D_{nT,w} + C$	≥45	≥40

（4）旅馆建筑

1) 客房之间的隔墙或楼板、客房与走廊之间的隔墙、客房外墙（含窗）的空气声隔声性能，应符合表 6-53 的规定。

客房墙、楼板的空气声隔声标准　　　　表 6-53

构件名称	空气声隔声单值评价量＋频谱修正量	特级（dB）	一级（dB）	二级（dB）
客房之间的隔墙、楼板	计权隔声量＋粉红噪声频谱修正量 $R_w + C$	>50	>45	>40
客房与走廊之间的隔墙	计权隔声量＋粉红噪声频谱修正量 $R_w + C$	>45	>45	>40
客房外墙（含窗）	计权隔声量＋交通噪声频谱修正量 $R_w + C_{tr}$	>40	>35	>30

2) 客房之间、走廊与客房之间，以及室外与客房之间的空气声隔声性能，应符合表 6-54 的规定。

客房之间、走廊与客房之间以及室外与客房之间的空气声隔声标准　　　　表 6-54

房间名称	空气声隔声单值评价量＋频谱修正量	特级（dB）	一级（dB）	二级（dB）
客房之间	计权标准化声压级差＋粉红噪声频谱修正量 $D_{nT,w} + C$	≥50	≥45	≥40
走廊与客房之间	计权标准化声压级差＋粉红噪声频谱修正量 $D_{nT,w} + C$	≥40	≥40	≥35
室外与客房	计权标准化声压级差＋交通噪声频谱修正量 $D_{nT,w} + C_{tr}$	≥40	≥35	≥30

3) 设有活动隔断的会议室、多用途厅，其活动隔断的空气声隔声性能应符合下式的规定：

$$R_w + C \geqslant 35\text{dB} \qquad (6\text{-}2)$$

式中　R_w——计权隔声量（dB）；

　　　C——粉红噪声频谱修正量（dB）。

（5）办公建筑

办公室、会议室与相邻房间之间的空气声隔声性能，应符合表 6-55 的规定。

办公室、会议室与相邻房间之间的空气声隔声标准　　　表 6-55

房间名称	空气声隔声单值评价量＋频谱修正量（dB）	高要求标准	低限标准
办公室、会议室与产生噪声的房间之间	计权标准化声压级差＋交通噪声频谱修正量 $D_{nT,w}+C_{tr}$	≥50	≥45
办公室、会议室与普通房间之间	计权标准化声压级差＋粉红噪声频谱修正量 $D_{nT,w}+C$	≥50	≥45

3. 撞击声隔声标准

《民用建筑隔声设计规范》GB 50118—2010 中的规定：

（1）住宅（表 6-56）

住宅分户楼板撞击声隔声标准　　　表 6-56

构件名称	撞击声隔声单值评价量（dB）	
卧室、起居室（厅）的分户楼板（一般标准）	计权规范化撞击声压级 $L'_{n,w}$（实验室测量）	<75
	计权规范化撞击声压级 $L'_{nT,w}$（现场测量）	≤75
卧室、起居室（厅）的分户楼板（较高标准）	计权规范化撞击声压级 $L_{n,w}$（实验室测量）	<65
	计权标准化撞击声压级 $L'_{nT,w}$（现场测量）	≤65

（2）学校（表 6-57）

教学用房楼板的撞击声隔声标准　　　表 6-57

构件名称	撞击声隔声单值评价量（dB）	
	计权规范化撞击声压级 $L_{n,w}$（实验室测量）	计权标准化撞击声压级 $L'_{nT,w}$（现场测量）
语言教室、阅览室与上层房间之间的楼板	<65	≤65
普通教室、实验室、计算机房与上层产生噪声房间之间的楼板	<65	≤65
琴房、音乐教室之间的楼板	<65	≤65
普通教室之间的楼板	<75	≤75

注：当确有困难时，可允许普通教室之间楼板的撞击声隔声单值评价量小于或等于 85dB，但在楼板结构上应预留改善的可能条件。

(三) 隔声减噪设计的有关规定

(1)《民用建筑设计统一标准》GB 50352—2019 中的规定：

1) 民用建筑的隔声减噪设计应符合下列规定：

① 民用建筑隔声减噪设计，应根据建筑室外环境噪声状况、建筑物内部噪声源分布状况及室内允许噪声级的需求，确定其防噪措施和设计其相应隔声性能的建筑围护结构。

② 不宜将有噪声和振动的设备用房设在噪声敏感房间的直接上、下层或贴邻布置；当其设在同一楼层时，应分区布置。

③ 当安静要求较高的房间内设置吊顶时，应将隔墙砌至梁、板底面。当采用轻质隔墙时，其隔声性能应符合国家现行有关隔声标准的规定。

④ 墙上的施工留洞或剪力墙抗震设计所开洞口的封堵，应采用满足对应隔声要求的材料和构造。

⑤ 电梯井道和机房不宜与有安静要求的用房贴邻布置，否则应采取隔振、隔声措施。

⑥ 高层建筑的外门窗、外遮阳构件等应采取有效措施防止风啸声的发生。

2) 民用建筑内的建筑设备隔振降噪设计应符合下列规定：

① 民用建筑内产生噪声与振动的建筑设备宜选用低噪声产品，且应设置在对噪声敏感房间干扰较小的位置。当产生噪声与振动的建筑设备可能对噪声敏感房间产生噪声干扰时，应采取有效的隔振、隔声措施。

② 与产生噪声与振动的建筑设备相连接的各类管道应采取软管连接、设置弹性支吊架等措施，控制振动和固体噪声沿管道传播。并应采取控制流速、设置消声器等综合措施，降低随管道传播的机械辐射噪声和气流再生噪声。

③ 当各类管道穿越噪声敏感房间的墙体和楼板时，孔洞周边应采取密封隔声措施；当在噪声敏感房间内的墙体上设置嵌入墙内对墙体隔声性能有显著降低的配套构件时，不得背对背布置，应相互错开位置，并应对所开的洞（槽）采取有效的隔声封堵措施。

(2) 隔除噪声的方法

隔除噪声的方法，包括采用实体结构、增设吸声材料和加做空气层等几个方面。

1) 实体结构隔声

质量定律是指决定墙或其他建筑板材隔声量的基本规律。可表述如下：墙或其他建筑板材的隔声量与其面密度（即单位面积的质量）的对数成正比；即构件材料的面密度越大，越密实，其隔声效果也就越好。双面抹灰的 1/4 砖墙，空气隔声量平均值为 32dB；双面抹灰的 1/2 砖墙，空气隔声量平均值为 45dB；双面抹灰的一砖墙，空气隔声量为 48dB。

如：面临街道的职工住宅，求其隔声量并选择构造形式。

由表 6-40 查出街道上汽车鸣喇叭的噪声级为 75dB，由表 6-44 查出住宅的允许噪声级为 30dB。

根据式 (6-1)：

$$R_a = L - L_0 = 75 - 30 = 45\text{dB}$$

需要隔除的噪声量为 30dB，采用双面抹灰的 1/2 砖墙已基本满足要求，但开窗不宜过大。

2) 吸声材料及吸声结构

吸声材料指的是玻璃棉毡、轻质纤维等材料，一般应放在靠近声源一侧。

① 吸声材料及结构的主要作用：

a. 缩短或调整室内混响时间、控制反射声、消除回声；

b. 降低室内噪声级；

c. 作为隔声结构的内衬材料，用以提高构件隔声量；也可作为管道或消声器的内衬材料，以降低通风管道噪声。

② 吸声材料及吸声结构类型详见第二十三章表23-11-3。

3）采用空气层隔声

夹层墙可以提高隔声效果，中间空气层的厚度以80~100mm为宜。

4）其他隔声措施

《全国民用建筑工程设计技术措施　规划·建筑·景观》（2009年版）中指出：

① 电梯不应与卧室、起居室紧邻布置。受条件限制需要紧邻布置时，必须采取有效的隔声和减振措施；如在电梯井道墙体居室一侧加设隔声墙体。

② 医院体外振波碎石室的围护结构应采用隔声性能较好的墙体材料（如150mm厚钢筋混凝土），或采取隔声和隔振措施。

③ 大板、大模等结构整体性较强的建筑物，应对附着于墙体的传声源部件采取防止结构声传播的措施。

a. 当产生振动的设备附着于墙体时，可在设备与墙体间加设隔振材料或构造；

b. 有可能产生振动的管道，穿墙时应采用隔振构造做法。

④ 空调机房、通风机房、柴油发动机房、泵房及制冷机房应采取吸声降噪措施。

a. 中高频噪声的吸收降噪设计一般采用20~50mm的成品吸声板；

b. 吸声要求较高的部位可采用50~80mm厚吸声玻璃棉等多孔吸声材料并加适当的防护面层；

c. 宽频带噪声的吸声设计可在多孔材料后留50~100mm厚的空腔或80~150mm厚的吸声层；

d. 低频噪声的吸声降噪设计可采用穿孔板共振吸声结构。其板厚通常为2~5mm、孔径为3~6mm、穿孔率宜小于5%；

e. 室内湿度较高或有清洁要求的吸声降噪设计，可采用薄膜覆面的多孔材料或单双层微穿孔板吸声结构。微穿孔板的厚度及孔径均应小于1mm，穿孔率可采用0.5%~3%，空腔深度可取50~200mm。

（四）墙体的隔声性能

（1）相关技术资料指出，常用空气声隔声构造及计权隔声量见表6-58。

常用空气声隔声构造及计权隔声量　　　　表6-58

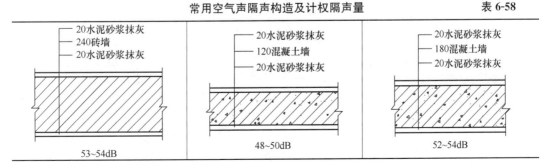

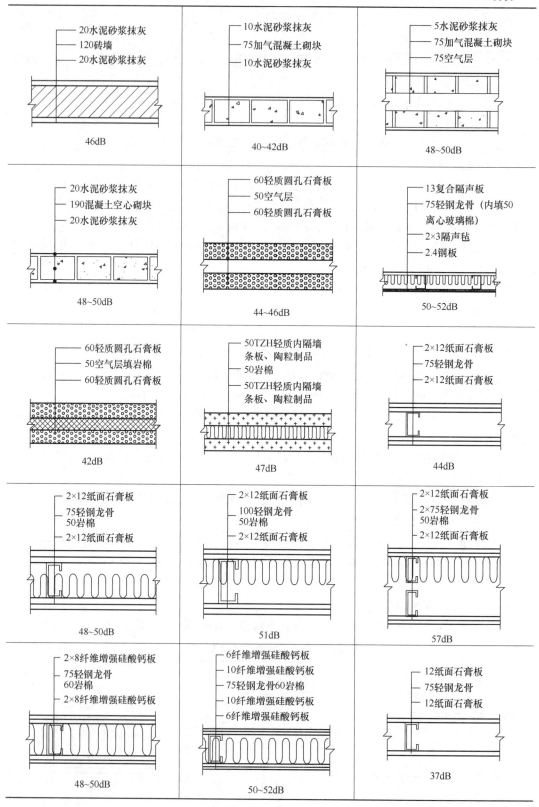

续表

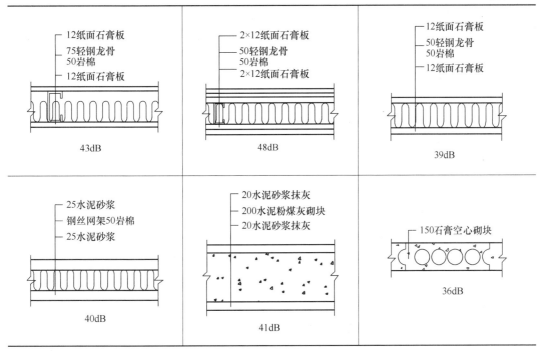

(引自《建筑设计资料集（第三版）第1分册　建筑总论》)

(2)《蒸压加气混凝土制品应用技术标准》JGJ/T 17—2020中指出：蒸压加气混凝土隔墙隔声性能应符合表6-59和表6-60的规定。

蒸压加气混凝土单层隔墙隔声性能　　　　表6-59

隔墙构造	各频率的隔声量（dB）						计权隔声量（dB）
	125（Hz）	250（Hz）	500（Hz）	1000（Hz）	2000（Hz）	4000（Hz）	
100mm厚砌块墙，双面抹灰（每面10mm）	34.7	37.5	33.3	40.1	51.9	56.5	41.0
100mm厚条板墙，双面喷浆（每面3mm）	32.6	31.6	31.9	40.0	47.9	60.9	39.0
150mm厚砌块墙，双面抹灰（每面20mm）	37.4	38.6	38.4	48.6	53.6	57.0	44.0
200mm厚条板墙，双面喷浆（每面5mm）	31.0	37.2	41.1	43.1	51.3	54.7	45.2
250mm厚条板墙，双面喷浆（每面3mm）	42.3	32.8	43.1	49.0	57.0	—	45.6

注：1. 计权隔声量的频率为100～3150Hz；
　　2. 本检测数据均为B05级水泥、矿渣、砂蒸压加气混凝土砌块；
　　3. 抹灰为1∶3∶9（水泥∶石灰∶砂）混合砂浆。

497

蒸压加气混凝土双层隔墙隔声性能　　　　表 6-60

隔墙构造	各频率的隔声量（dB）						计权隔声量（dB）
	125（Hz）	250（Hz）	500（Hz）	1000（Hz）	2000（Hz）	4000（Hz）	
双层 75mm 条板墙，中间空气层 75mm，双面抹灰 5mm	38.6	49.3	49.4	55.6	65.7	69.6	56.0
双层 100mm 砌块墙，中间空气层 45mm，双面抹灰 20mm	38.0	45.5	49.6	56.8	73.5	72.0	54.2
一层 100mm 条板，另一层 5mm 水泥密度板，中间空气层 80mm	31.4	26.5	31.4	50.1	56.9	61.2	42.3

例 6-8　（2011） 图示为高档宾馆客房与走廊间的隔墙，其中哪种隔声效果最差？

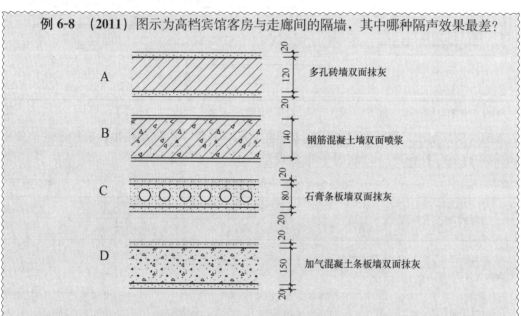

解析： 分析判断和查相关资料得知：选项 A 的隔声量是 43～47dB；选项 B 的隔声量是 50dB；选项 C 的隔声量是 38dB；选项 D 的隔声量是 46dB。另外，选项 C 墙体最薄，面密度最小，这也是隔声最差的一个原因。

答案： C

五、墙体的细部构造

墙身应根据其在建筑物中的位置、作用和受力状态确定墙体厚度、材料及构造做法，材料的选择应因地制宜。外墙应根据当地气候条件和建筑使用要求，采取保温、隔热、隔声、防火、防水、防潮和防结露等措施，并应符合国家现行相关标准的规定。

（一）防潮层

在墙身中设置防潮层的目的是防止土壤中的水分沿基础墙上升和勒脚部位的地面水影

响墙身。它的作用是提高建筑物的耐久性,保持室内干燥卫生。砌筑墙体应在室外地面以上、位于室内地面垫层处设置连续的水平防潮层;当墙基为混凝土、钢筋混凝土或石材时,可不设置水平防潮层。室内相邻地面有高差时,应在高差处墙身贴邻土壤一侧加设垂直防潮层。

室内墙面有防潮要求时,其迎水面一侧应设防潮层;室内墙面有防水要求时,其迎水面一侧应设防水层。

防潮层采用的材料不应影响墙体的整体抗震性能,常用的材料类型如下。

1. 防水砂浆防潮层

具体做法是抹一层20mm的1:2.5水泥砂浆加水泥重量的3%～5%防水粉拌合而成的防水砂浆,另一种是用防水砂浆砌筑4～6皮砖,位置在室内地坪上下(后者应慎用)。

2. 防水卷材防潮层

在防潮层部位先抹20mm厚的砂浆找平层,然后干铺防水卷材一层或用热沥青粘贴一毡二油。防水卷材的宽度应与墙厚一致,或稍大一些。防水卷材沿长度铺设,搭接长度100mm。防水卷材防潮较好,但会使基础墙和上部墙身断开,减弱了砖墙的抗震能力,因此不适用于有抗震设防要求的建筑物墙体。

3. 混凝土防潮层

由于混凝土本身具有一定的防水性能,常把防水要求和结构做法合并考虑。即在室内外地坪之间浇筑60mm厚的C20混凝土防潮层,内放$3\phi6$、$\phi4@250$的钢筋网片。

当室内地坪出现高差或室内地坪低于室外地面时,为避免室内地坪较高一侧土壤或室外地面回填土中的水分侵入墙身,对有高差部分的垂直墙面在填土一侧沿墙设置垂直防潮层(图6-43)。

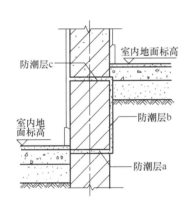

图6-43 特殊部位防潮层

(二)勒脚

外墙墙身下部靠近室外地坪的部分叫勒脚。勒脚的作用是防止地面水、屋檐滴下的雨水的侵蚀,从而保护墙面,保证室内干燥,提高建筑物的耐久性;同时,还有美化建筑外观的作用。勒脚经常采用抹水泥砂浆、水刷石或加大墙厚的办法做成。勒脚的高度一般为室内地坪与室外地坪之高差,也可以根据立面的需要而提高勒脚的高度尺寸。

(三)散水与明沟

《建筑地面设计规范》GB 50037—2013中规定:建筑物四周应设置散水、排水明沟或散水带明沟。散水指的是靠近勒脚下部的水平排水坡,明沟是靠近勒脚下部设置的水平排水沟。它们的作用都是为了迅速排除从屋檐下滴的雨水,防止因积水渗入地基而造成建筑物的下沉。散水的做法应满足以下要求:

1. 散水的宽度

应根据土壤性质、气候条件、建筑物的高度和屋面排水形式确定,宜为600～1000mm;当采用无组织排水时,散水的宽度可按檐口线放出200～300mm。

2. 散水的坡度

宜为3%～5%。当散水采用混凝土时,宜按20～30m间距设置伸缩缝。散水与外墙之间宜设缝,缝宽可为20～30mm,缝内应填沥青类材料。

3. 散水面层材料

常用的有细石混凝土、混凝土、水泥砂浆、卵石、块石、花岗石等,垫层则多用3:7灰土或卵石灌强度等级为M2.5的混合砂浆。

明沟是将积水通过明沟引向下水道,一般在年降雨量为900mm以上的地区才选用。沟宽一般在200mm左右,沟底应有0.5%左右的纵坡。明沟的材料可以用砖、混凝土等。

4. 散水的特殊做法

当建筑物外墙周围有绿化要求时,散水不外露,需采用隐式散水,也称为暗散水或种植散水(图6-44)。其做法是散水在草皮及种植土的底部,散水上面覆土厚度不应大于300mm。散水可采用80mm厚C15混凝土或60mm厚C20混凝土,外墙饰面应做至混凝土的下部,且应对墙身下部作防水处理(如刷1.5mm厚聚合物水泥防水涂料等),其高度不宜小于覆土层以上300mm,并应防止草根对墙体的伤害。

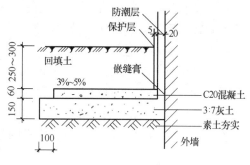

图6-44 种植散水

5. 湿陷性黄土地区建筑物散水构造

湿陷性黄土地区散水应采用现浇混凝土,并应设置厚150mm的3:7灰土或300mm厚的夯实素土垫层;垫层的外缘应超出散水和建筑外墙基底外缘500mm。散水坡度不应小于5%,宜每隔6～10m设置伸缩缝。散水与外墙交接处应设缝,其缝宽和散水的伸缩缝缝宽均宜为20mm,缝内应填柔性密封材料。散水的宽度应符合现行国家标准《湿陷性黄土地区建筑标准》GB 50025的有关规定。沿散水外缘不宜设置雨水明沟。

《湿陷性黄土地区建筑标准》GB 50025—2018中规定:建筑物的周围应设置散水,其坡度不得小于5%。散水外缘应略高于平整后的场地,散水的宽度应符合下列规定:

(1)当屋面为无组织排水时,檐口高度在8m以内宜为1.50m;檐口高度超过8m,每增高4m宜增宽0.25m,但最宽不宜大于2.50m。

(2)当屋面为有组织排水时,非自重湿陷性黄土场地不得小于1.00m,自重湿陷性黄土场地不得小于1.50m。

(3)水池的散水宽度宜为1.00～3.00m,散水外缘超出水池基底边缘不应小于0.20m。喷水池等的回水坡或散水的宽度宜为3.00～5.00m。

(4)高耸结构的散水宜超出基础底边缘1.00m,且宽度不得小于5.00m。

6. 有地下室的建筑物外墙四周散水做法

《地下工程防水技术规范》GB 50108—2008中规定:地下工程上的地面建筑物周围应做散水,宽度不宜小于800mm,散水坡度宜为5%。

7. 散水处外墙保温构造

外墙如果设置了保温层,散水或明沟处的外墙也应设置保温层(图6-45)。

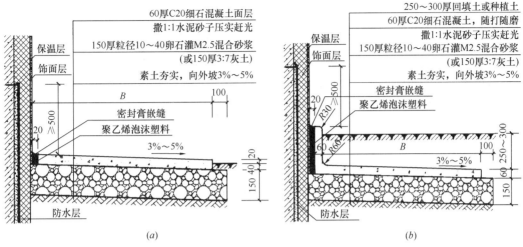

图 6-45 散水处外墙保温构造
(引自国标图集《室外工程》12J 003)
(a) 细石混凝土散水（有、无地下室）；(b) 种植散水（有、无地下室）

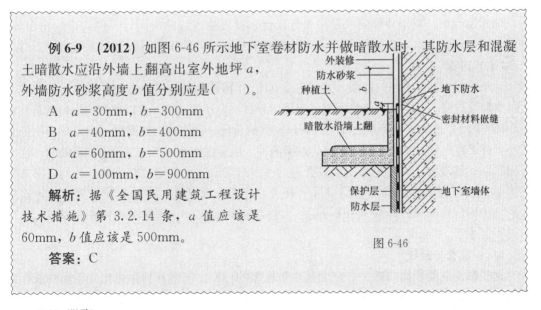

例 6-9 （2012）如图 6-46 所示地下室卷材防水并做暗散水时，其防水层和混凝土暗散水应沿外墙上翻高出室外地坪 a，外墙防水砂浆高度 b 值分别应是（　　）。

A　$a=30$mm，$b=300$mm
B　$a=40$mm，$b=400$mm
C　$a=60$mm，$b=500$mm
D　$a=100$mm，$b=900$mm

解析：据《全国民用建筑工程设计技术措施》第 3.2.14 条，a 值应该是 60mm，b 值应该是 500mm。

答案：C

图 6-46

（四）踢脚

踢脚是外墙内侧或内墙的两侧的下部和室内地坪交接处的构造，目的是防止扫地时污染墙面。踢脚的高度一般在 80～150mm。常用的材料有水泥砂浆、水磨石、木材、缸砖、油漆等，选用时一般应与地面材料一致。有墙裙或墙身饰面可以代替踢脚的，应不再做踢脚。

（五）墙裙

室内墙面有防水、防潮湿、防污染、防碰撞等要求时，应设置墙裙，其高度为1200～1800mm。为避免积灰，墙裙顶部宜与内墙面齐平。《中小学校设计规范》GB 50099—2011 中规定：小学墙裙的高度不宜低于 1.20m，中学墙裙的高度不宜低于 1.40m，舞蹈教室、风雨操场墙裙的高度不宜低于2.10m。

(六) 窗台

窗洞口的下部应设置窗台。窗台根据窗子的安装位置可形成内窗台和外窗台。外窗台是为了防止在窗洞底部积水,并流向室内;外窗台应采取防水、排水构造措施。内窗台则是为了排除窗上的凝结水,以保护室内墙面,或存放东西、摆放花盆等。

窗台的底面檐口处,应做成锐角形或半圆形凹槽（称为"滴水"）,便于排水,以免污染墙面。

外窗台有两种做法:

1. 砖窗台

砖窗台应用较广,有平砌挑砖和立砌挑砖两种做法。表面可抹1:3水泥砂浆,并应有10%左右的坡度。挑出尺寸大多为60mm。

2. 混凝土窗台

这种窗台一般是现场浇筑而成。

内窗台的做法也有两种:

(1) 水泥砂浆抹窗台:一般是在窗台上表面抹20mm厚的水泥砂浆,并应突出墙面5mm为好。

(2) 窗台板:对于装修要求较高而且窗台下设置暖气片的房间,一般均采用窗台板。窗台板可以用预制水泥板或水磨石板。装修要求特别高的房间还可以采用木窗台板。

(七) 过梁

为承受门窗洞口上部的荷载,并把它传到门窗两侧的墙上,以免压坏门窗框,所以在其上部要加设过梁。过梁上的荷载一般呈三角形分布,为计算方便,可以把三角形荷载折算成1/3洞口宽度,过梁只承受其上部1/3洞口宽度的荷载。因而过梁的断面不大,梁内配筋也较小。过梁有钢筋混凝土过梁和钢筋砖过梁两种。抗震设防地区不应采用不加钢筋的过梁。

预制钢筋混凝土过梁是采用比较普遍的一种过梁。过梁的宽度与半砖长相同,基本宽度为115mm。梁长及梁高均与洞口尺寸有关,并应符合模数。有抗震设防要求时,多层砖砌体房屋门窗洞口处不应采用砖过梁;过梁支承长度,6~8度时不应小于240mm,9度时不应小于360mm。

(八) 窗套与腰线

这些都是立面装修的做法。窗套是由带挑檐的过梁、窗台和窗边挑出立砖而构成,外抹水泥砂浆后,可再刷涂料或做其他装饰。腰线是指过梁和窗台形成的上下水平线条,外抹水泥砂浆后,刷涂料或做其他装饰。

(九) 平屋顶的檐部做法

由于檐部做法涉及屋面的部分内容,这里只作一些粗略的介绍。

1. 挑檐板

挑檐板的做法有预制钢筋混凝土板和现浇钢筋混凝土板两种。挑出尺寸不宜过大,一般以500mm左右为宜。

2. 女儿墙

女儿墙是墙身在屋面以上的延伸部分,其厚度可以与下部墙身一致,也可以使墙身适当减薄。女儿墙的高度取决于是否上人,上人屋顶女儿墙高度应不小于1300mm。

3. 斜板挑檐

斜板挑檐是女儿墙和挑檐板，另加斜板共同构成的屋檐做法，其尺寸应符合前两种做法的规定。

（十）管道井、烟道和通风道

(1) 管道井、烟道和通风道应用非燃烧体材料制作，且应分别独立设置，不得共用。

(2) 管道井的设置应符合下列规定：

1) 在安全、防火和卫生等方面互有影响的管线不应敷设在同一管道井内。

2) 管道井的断面尺寸应满足管道安装、检修所需空间的要求。当井内设置壁装设备时，井壁应满足承重、安装要求。

3) 管道井壁、检修门、管井开洞的封堵做法等应符合现行国家标准《建筑设计防火规范》GB 50016 的有关规定。

4) 管道井宜在每层临公共区域的一侧设检修门，检修门门槛或井内楼地面宜高出本层楼地面，且不应小于 0.1m。

5) 电气管线使用的管道井不宜与厕所、卫生间、盥洗室和浴室等经常积水的潮湿场所贴邻设置。

6) 弱电管线与强电管线宜分别设置管道井。

7) 设有电气设备的管道井，其内部环境应保证设备正常运行。

(3) 进风道、排风道和烟道的断面、形状、尺寸和内壁应有利于进风、排风、排烟（气）通畅，防止产生阻滞、涡流、窜烟、漏气和倒灌等现象。

(4) 自然排放的烟道和排风道宜伸出屋面，同时应避开门窗和进风口。伸出高度应有利于烟气扩散，并应根据屋面形式、排出口周围遮挡物的高度、距离和积雪深度确定，伸出平屋面的高度不得小于 0.6m。伸出坡屋面的高度应符合下列规定（图 6-47）：

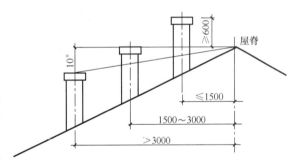

图 6-47 烟道和排风道出屋面的关系

1) 当烟道或排风道中心线距屋脊的水平面投影距离小于 1.5m 时，应高出屋脊 0.6m。

2) 当烟道或排风道中心线距屋脊的水平面投影距离为 1.5～3.0m 时，应高于屋脊，且伸出屋面高度不得小于 0.6m。

3) 当烟道或排风道中心线距屋脊的水平面投影距离大于 3.0m 时，可适当低于屋脊，但其顶部与屋脊的连线同水平线之间的夹角不应大于 10°，且伸出屋面高度不得小于 0.6m。

（十一）室外墙面防水

《建筑外墙防水工程技术规程》JGJ/T 235—2011 中规定（摘编）：

1. 建筑外墙防水的设置原则

(1) 整体防水

在正常使用和合理维护的前提下，下列情况之一的建筑外墙，宜进行墙面整体防水。

1) 年降雨量大于等于 800mm 地区的高层建筑外墙。

2）年降雨量大于等于 600mm 且基本风压大于等于 0.50kN/m² 地区的外墙。
3）年降雨量大于等于 400mm 且基本风压大于等于 0.40kN/m² 地区有外保温的外墙。
4）年降雨量大于等于 500mm 且基本风压大于等于 0.35kN/m² 地区有外保温的外墙。
5）年降雨量大于等于 600mm 且基本风压大于等于 0.30kN/m² 地区有外保温的外墙。
（2）节点防水

除上述 5 种情况应进行外墙整体防水以外，年降雨量大于或等于 400mm 地区的其他建筑外墙还应采用节点构造防水措施。

2. 外墙整体防水层的构造要求

（1）墙体为无外保温外墙时

1）采用涂料饰面时，防水层应设在找平层与涂料饰面层之间，防水层宜采用聚合物水泥防水砂浆或普通防水砂浆。

2）采用块材饰面时，防水层应设在找平层与块材粘结层之间，防水层宜采用聚合物水泥防水砂浆或普通防水砂浆。

3）采用幕墙饰面时，防水层应设在找平层与幕墙饰面之间，防水层宜采用聚合物水泥防水砂浆、普通防水砂浆、聚合物水泥防水涂料、聚合物乳液防水涂料或聚氨酯防水涂料。

（2）墙体为有外保温外墙时

1）采用涂料或块材饰面时，防水层宜设在保温层与墙体基层之间，防水层可采用聚合物水泥防水砂浆或普通防水砂浆。

2）采用幕墙饰面时，设在找平层上的防水层宜采用聚合物水泥防水砂浆、普通防水砂浆、聚合物水泥防水涂料、聚合物乳液防水涂料或聚氨酯防水涂料；当外墙保温层选用矿物棉保温材料时，防水层宜采用防水透气膜。

3）砂浆防水层中可增设耐碱玻纤网格布或热镀锌电焊网增强，并宜用锚栓固定于结构墙体中；

4）防水层的最小厚度应符合表 6-61 的规定。

防水层的最小厚度（mm） 表 6-61

墙体基层种类	饰面层种类	聚合物水泥防水砂浆		普通防水砂浆	防水涂料
		干粉类	乳液类		
现浇混凝土	涂料	3	5	8	1.0
	面砖				—
	幕墙				1.0
砌体	涂料	5	8	10	1.2
	面砖				—
	干挂幕墙				1.2

5）砂浆防水层宜留分格缝，分格缝宜设置在墙体结构不同材料交界处。水平分格缝宜与窗口上沿或下沿平齐；垂直分格缝间距不宜大于 6.00m，且宜与门、窗框两边线对齐。分格缝宽宜为 8～10mm，缝内应采用密封材料作密封处理。

6）外墙防水层应与地下墙体防水层搭接。

3. 外墙节点构造防水的构造要求

（1）基本要求

1）外墙节点构造防水的部位应包括门窗洞口、雨篷、阳台、变形缝、伸出外墙管道、女儿墙压顶、外墙预埋件、预制构件等交接部位。

2）建筑外墙的防水层应设置在迎水面。

3）不同材料的交接处应采用每边不少于150mm的耐碱玻纤网格布或热镀锌电焊网作抗裂增强处理。

（2）构造做法

1）门窗框与墙体间的缝隙宜采用聚合物水泥砂浆或发泡聚氨酯填充；外墙防水层应延伸至门窗框，防水层与门窗框间应预留凹槽，并应嵌填密封材料；门窗上楣的外口应做滴水线；外窗台应设置不小于5%的外排水坡度。

2）雨篷应设置不小于1%的外排水坡度，外口下沿应做滴水线；雨篷与外墙交接处的防水层应连续；雨篷防水层应沿外口下翻至滴水线。

3）阳台应向水落口设置不小于1%的排水坡度，水落口周边应留槽嵌填密封材料。阳台外口下沿应做滴水线。

4）穿过外墙的管道宜采用套管，套管应内高外低，坡度不应小于5%，套管周边应作防水密封处理。

5）女儿墙压顶宜采用现浇钢筋混凝土或金属压顶，压顶应向内找坡，坡度不应小于2%。当采用混凝土压顶时，外墙防水层应延伸至压顶内侧的滴水线部位；当采用金属压顶时，外墙防水层应做到压顶的顶部，金属压顶应采用专用金属配件固定。

6）外墙预埋件四周应用密封材料封闭严密，密封材料与防水层应连续。

六、隔断墙的构造

建筑中不承重，只起分隔室内空间作用的墙体叫隔断墙。通常人们把到顶板下皮的隔断墙叫隔墙，不到顶只有半截的叫隔断。

（一）隔断墙的作用和特点

（1）隔断墙应越薄越好，目的是减轻加给楼板的荷载。

（2）隔断墙的稳定性必须保证，特别要注意与承重墙的拉结。

（3）隔断墙要满足隔声、耐水、耐火的要求。

（4）隔断墙、填充墙应分别采取措施与周边构件可靠连接。

（二）隔断墙的常用做法

1. 块材类隔墙

（1）半砖隔断墙

这种墙是采用115mm厚普通砖的顺砖砌筑而成。它一般可以满足隔声、耐水、耐火的要求。由于这种墙较薄，因而必须注意稳定性的要求。满足砖砌隔墙的稳定性应从以下几个方面入手：

1）隔墙与外墙的连接处应加拉结筋，拉结筋应不少于2根，直径为6mm，伸入隔墙长度为1m。内外墙之间不应留直岔。

2）当墙高大于3m，长度大于5m时，应每隔8～10皮砖砌入一根$\phi 6$钢筋。

3）隔墙上部与楼板相接处，用立砖斜砌，使墙和楼板挤紧。

4）隔墙上有门时，要用预埋铁件或用带有木楔的混凝土预制块，将砖墙与门框拉结牢固。

(2) 加气混凝土砌块隔墙

加气混凝土是一种轻质多孔的建筑材料。它具有密度小、保温效能高、吸声好、尺寸准确和可加工、可切割的特点。在建筑工程中采用加气混凝土制品可降低房屋自重，提高建筑物的功能，节约建筑材料，减少运输量，降低造价。

加气混凝土砌块的尺寸为75mm、100mm、125mm、150mm、200mm厚，长度为500mm。砌筑加气混凝土砌块时，应采用1∶3水泥砂浆，并考虑错缝搭接。为保证加气混凝土砌块隔墙的稳定性，应预先在其连接的墙上留出拉结筋，并伸入隔墙中。钢筋数量应符合抗震设计规范的要求。具体做法同120mm厚砖隔墙。

加气混凝土隔墙上部必须与楼板或梁的底部顶紧，最好加木楔；如果条件许可时，可以加在楼板的缝内以保证其稳定。

(3) 水泥焦渣空心砖隔墙

水泥焦渣空心砖采用水泥、炉渣经成型、蒸养而成。这种砖的密度小，保温隔热效果好。北京地区目前主要生产的空心砖强度等级为MU2.5，一般适合于砌筑隔墙。

砌筑焦渣空心砖隔墙时，应注意墙体的稳定性。在靠近外墙的地方和窗洞口两侧，常采用普通砖砌筑。为了防潮防水，一般在靠近地面和楼板的部位应先砌筑3～5皮砖。

2. 板材类隔墙

(1) 加气混凝土板隔墙

加气混凝土条板厚100mm，宽600mm，具有质轻、多孔、易于加工等优点。加气混凝土条板之间可以用水玻璃矿渣胶粘剂粘结，也可以用聚乙烯醇缩丁醛（108胶）粘结。

在隔墙上固定门窗框的方法有以下几种：

1) 膨胀螺栓法。在门窗框上钻孔，放胀管，拧紧螺钉或钉钉子。

2) 胶粘圆木安装。在加气混凝土条板上钻孔，刷胶，打入涂胶圆木，然后立门窗框，并拧螺钉或钉钉子。

3) 胶粘连接。先立好窗框，用建筑胶粘结在加气混凝土墙板上，然后拧螺钉或钉钉子。

(2) 钢筋混凝土板隔墙

这种隔墙采用普通的钢筋混凝土板，四角加设埋件，并与其他墙体进行焊接连接。厚度50mm左右。

3. 骨架类隔墙

骨架类隔墙由龙骨系统和饰面板组成，龙骨系统可用轻钢龙骨或木龙骨，饰面板常用的有纸面石膏板、水泥纤维板、人造木板等。《住宅装饰装修工程施工规范》GB 50327—2001、《建筑装饰装修工程质量验收标准》GB 50210—2018及相关施工手册中指出：

(1) 一般规定

1) 轻质隔墙的构造、固定方法应符合设计要求。

2) 当轻质隔墙下端用木踢脚覆盖时，饰面板应与地面留有20～30mm缝隙；当用大理石、瓷砖、水磨石等做踢脚板时，饰面板下端应与踢脚板上口齐平，接缝应严密。

3) 轻质隔墙与顶棚和其他墙体的交接处应采取防开裂措施。

4) 接触砖、石、混凝土的龙骨和埋置的木楔应作防腐处理。

(2) 龙骨的安装

1) 轻钢龙骨的安装

① 应按弹线位置固定沿地、沿顶龙骨及边框龙骨，龙骨的边线应与弹线重合；龙骨的端部应安装牢固，龙骨与基体的固定点间距应不大于1m；

② 安装竖向龙骨应垂直，龙骨间距应符合设计要求。竖向龙骨间距与面材宽度（900mm或1200mm宽）有关：一般为300mm、400mm或600mm（应保证每块面板由3根竖向龙骨支撑）；最大间距为600mm；潮湿房间和钢板网抹灰墙，龙骨间距不宜大于400mm；

③ 安装支撑龙骨时，应先将支撑卡安装在竖向龙骨的开口方向，卡距宜为400～600mm，距龙骨两端的距离宜为20～25mm；

④ 安装贯通系列龙骨时，低于3m的隔墙安装一道，3～5m隔墙安装两道；

⑤ 饰面板横向接缝处不在沿地、沿顶龙骨上时，应加横撑龙骨固定；

⑥ 门窗或特殊接点处安装附加龙骨应符合设计要求。

2) 木龙骨的安装

① 木龙骨的横截面积及纵、横向间距应符合设计要求；

② 骨架横、竖龙骨宜采用开半榫、加胶、加钉连接；

③ 安装饰面板前应对龙骨进行防火处理。

3) 骨架隔墙在安装饰面板前应检查骨架的牢固程度以及墙内设备管线、填充材料的安装是否符合设计要求，如有不符合处应采取措施。

(3) 纸面石膏板的安装

1) 石膏板宜竖向铺设，长边接缝应安装在竖龙骨上。但隔断为防火墙时，石膏板应竖向铺设；曲面墙所用石膏板宜横向铺设。

2) 龙骨两侧的石膏板及龙骨一侧的双层板的接缝应错开，不得在同一根龙骨上接缝。

3) 轻钢龙骨应用自攻螺钉固定，木龙骨应用木螺钉固定。沿石膏板周边钉，间距不得大于200mm；板中钉，间距不得大于300mm。螺钉与板边距离应为10～15mm。

4) 安装石膏板时应从板的中部向板的四边固定。钉头略埋入板内，但不得损坏纸面。钉眼应进行防锈处理。

5) 石膏板的接缝应按设计要求进行板缝处理。石膏板与周围墙或柱应留有3mm的槽口，以便进行防开裂处理。施工时，先在槽口处加注嵌缝膏；然后铺板，挤压嵌缝膏，使其和邻近表层紧密接触。

6) 隔墙的限制高度是根据轻钢龙骨的断面、刚度和龙骨间距、墙体厚度、石膏板层数等方面的因素而定。一般轻钢龙骨石膏板隔墙的限制高度为墙厚的30倍左右，隔声隔墙的限制高度为墙厚的20倍左右。单排龙骨隔墙高度为3～5.5m，双排龙骨隔墙高度为3.25～6m。

7) 石膏板隔断以丁字或十字形相接时，阴角处应用腻子嵌满，贴上接缝带；阳角处应做护角。

8) 曲面隔墙应根据曲面要求将沿地、沿顶龙骨切锯成锯齿形，固定在顶面和地面上，然后按较小的间距（一般为150mm）排竖向龙骨。装板时，在曲面的一端加以固定，然后轻轻地逐渐向板的另一端，向骨架方向推动，直到完成曲面为止（石膏板宜横铺）。

9) 纸面石膏板的厚度一般为9mm、12mm。不宜用作潮湿房间的隔墙。

10) 轻钢龙骨纸面石膏板隔墙的燃烧性能是不燃性（A级），耐火极限为0.33~4h，单层中空做法时最小；增加石膏板层数、换用防火或耐火石膏板以及在中空处填岩棉可提高其耐火极限。

11) 轻钢龙骨纸面石膏板隔墙面密度较小，隔声性能在38~53dB。自重荷载也较小，为0.27~0.54kN/m²（与龙骨及石膏层数有关）。

12) 轻钢龙骨纸面石膏板隔墙表面为一般装修时，水平变形标准为≤$1/120H_0$。

13) 石膏板宜使用整板；如需对接时，应靠紧，但不得强压就位。

14) 安装防火墙石膏板时，石膏板不得固定在沿顶、沿地龙骨上；应另设横撑龙骨加以固定。

(4) 胶合板的安装

1) 胶合板安装前应对板背面进行防火处理。

2) 轻钢龙骨应采用自攻螺钉固定。木龙骨采用圆钉固定时，钉距宜为80~150mm，钉帽应砸扁；采用钉枪固定时，钉距宜为80~100mm。

3) 阳角处宜做护角。

4) 胶合板用木压条固定时，固定点间距不应大于200mm。

4. 建筑轻质条板隔墙

《建筑轻质条板隔墙技术规程》JGJ/T 157—2014规定：

(1) 轻质条板隔墙的一般规定

轻质条板隔墙是用于抗震设防烈度为8度和8度以下地区及非抗震设防地区采用轻质材料或大孔洞轻型构造制作的、用于非承重内隔墙的预制条板，轻质条板应符合下列规定：

1) 面密度不大于190kg/m²、长宽比不小于2.5。

2) 按构造做法分为空心条板、实心条板和复合夹芯条板三种类型。

3) 按应用部位分为普通条板、门框板、窗框板和与之配套的异形辅助板材。

(2) 轻质条板的主要规格尺寸

1) 长度的标志尺寸（L）：应为层高减去梁高或楼板厚度及安装预留空间，宜为2200~3500mm。

2) 宽度的标志尺寸（B）：宜按100mm递增。

3) 厚度的标志尺寸（T）：宜按100mm或25mm递增。

(3) 复合夹芯条板的面板与芯材的要求

1) 面板应采用燃烧性能为A级的无机类板材。

2) 芯材的燃烧性能应为B_1级及以上。

3) 纸蜂窝夹芯条板的芯材应为面密度不小于6kg/m²的连续蜂窝状芯材；单层蜂窝厚度不宜大于50mm；大于50mm时，应设置多层的结构。

(4) 轻质条板隔墙的设计

1) 轻质条板隔墙可用作分户隔墙、分室隔墙、外走廊隔墙和楼梯间隔墙等。

2) 条板隔墙应根据使用功能和部位，选择单层条板或双层条板。厚度60mm及以下的条板不得用作单层隔墙。

3）条板隔墙的厚度应满足抗震、防火、隔声、保温等要求。单层条板用作分户墙时，其厚度不应小于120mm；用作分室墙时，其厚度不应小于90mm；双层条板隔墙的单层厚度不宜小于60mm，空间层宜为10~50mm，可作为空气层或填入吸声、保温等功能性材料。

4）双层条板隔墙，两侧墙面的竖向接缝错开距离不应小于200mm。

5）接板安装的单层条板隔墙，其安装高度应符合下列规定：

① 90mm、100mm厚条板隔墙的接板安装高度不应大于3.60m；

② 120mm、125mm厚条板隔墙的接板安装高度不应大于4.50m；

③ 150mm厚条板隔墙的接板安装高度不应大于4.80m；

④ 180mm厚条板隔墙的接板安装高度不应大于5.40m。

6）在抗震设防地区，条板隔墙与顶板、结构梁、主体墙和柱之间的连接应采用钢卡，并应使用胀管螺丝、射钉固定。钢卡的固定应符合下列规定：

① 条板隔墙与顶板、结构梁的连接处，钢卡间距不应大于600mm；

② 条板隔墙与主体墙、柱的连接处，钢卡可间断布置，且间距不应大于1.00m；

③ 接板安装的条板隔墙，条板上端与顶板、结构梁的连接处应加设钢卡进行固定，且每块条板不应少于2个固定点。

7）当条板隔墙需吊挂重物和设备时，不得单点固定。固定点的间距应大于300mm。

8）当条板隔墙用于厨房、卫生间及有防潮、防水要求的环境时，应采取防潮、防水处理构造措施。对于附设水池、水箱、洗手盆等设施的条板隔墙，墙面应作防水处理，且防水高度不宜低于1.80m。

9）当防水型石膏条板隔墙及其他有防水、防潮要求的条板隔墙用于潮湿环境时，下端应做C20细石混凝土条形墙垫，且墙垫高度不应小于100mm，并应做泛水处理。防潮墙垫宜采用细石混凝土现浇，不宜采用预制墙垫。

10）普通型石膏条板和防水性能较差的条板不宜用于潮湿环境及有防潮、防水要求的环境。当用于无地下室的首层时，宜在隔墙下部采取防潮措施。

11）有防火要求的分户隔墙、走廊隔墙和楼梯间隔墙，其燃烧性能和耐火极限均应满足《建筑设计防火规范》GB 50016—2014（2018年版）的要求。

12）对于有保温要求的分户隔墙、走廊隔墙和楼梯间隔墙，应采取相应的保温措施，并可选用复合夹芯条板隔墙或双层条板隔墙。严寒地区、寒冷地区、夏热冬冷地区居住建筑分户墙的传热系数应符合《严寒和寒冷地区居住建筑节能设计标准》JGJ 26—2018和《夏热冬冷地区居住建筑节能设计标准》JGJ 134—2010的规定。

13）条板隔墙的隔声性能应满足《民用建筑隔声设计规范》GB 50118—2010的规定。

14）顶端为自由端的条板隔墙，应做压顶。压顶宜采用通长角钢圈梁，并用水泥砂浆覆盖抹平，也可设置混凝土圈梁，且空心条板顶端孔洞均应局部灌实，每块板应埋设不少于1根钢筋与上部角钢圈梁或混凝土圈梁钢筋连接。隔墙上端应间断设置拉杆与主体结构固定；所有外露铁件均应做防锈处理。

（5）轻质条板隔墙的构造

1）当单层条板隔墙采取接板安装且在限高以内时，竖向接板不宜超过一次，且相邻条板接头位置应至少错开300mm。条板对接部位应设置连接件或定位钢卡，做好定位、加固和防裂处理。双层条板隔墙宜按单层条板隔墙的施工方法进行设计。

2) 当抗震设防地区条板隔墙安装长度超过6.00m时，应设置构造柱，并应采取加固措施。当非抗震设防地区条板隔墙安装长度超过6.00m时，应根据其材质、构造、部位，采用下列加强防裂措施：

① 沿隔墙长度方向，可在板与板之间间断设置伸缩缝，且接缝处应使用柔性粘结材料处理；

② 可采用加设拉结筋的加固措施；

③ 可采用全墙面粘贴纤维网格布、无纺布或挂钢丝网抹灰处理。

3) 条板应竖向排列，排板应采用标准板。当隔墙端部尺寸不足一块标准板宽时，可采用补板，且补板宽度不应小于200mm。

4) 条板隔墙下端与楼地面结合处宜预留安装空隙。且预留空隙在40mm及以下的宜填入1:3水泥砂浆；40mm以上的宜填入干硬性细石混凝土。撤除木楔后的遗留空隙应采用相同强度等级的砂浆或细石混凝土填塞、捣实。

5) 当在条板隔墙上横向开槽、开洞敷设电气暗线、暗管、开关盒时，隔墙的厚度不宜小于90mm，开槽长度不应大于条板宽度的1/2。不得在隔墙两侧同一部位开槽、开洞，其间距应至少错开150mm。板面开槽、开洞应在隔墙安装7d后进行。

6) 单层条板隔墙内不宜设置暗埋的配电箱、控制柜，可采取明装的方式或局部设置双层条板的方式。配电箱、控制柜不得穿透隔墙。配电箱、控制柜宜选用薄型箱体。

7) 单层条板隔墙内不宜横向暗埋水管，当需要敷设水管时，宜局部设置附墙或局部采用双层条板隔墙，也可采用明装的方式。当需要单层条板内部暗埋水管时，隔墙的厚度不应小于120mm，且开槽长度不应大于条板宽度的1/2，并应采取防渗漏和抗裂措施。当低温环境下水管可能产生冰冻或结露时，应进行防冻或防结露设计。

8) 条板隔墙的板与板之间可采用榫接、平接、双凹槽对接方式，并应根据不同材质、不同构造、不同部位的隔墙采取下列防裂措施：

① 应在板与板之间对接缝隙内填满、灌实粘结材料，企口接缝处应采取抗裂措施；

② 条板隔墙阴阳角处以及条板与建筑主体结构结合处应作专门防裂处理。

9) 确定条板隔墙上预留门、窗、洞口位置时，应选用与隔墙厚度相适应的门、窗框。当采用空心条板做门、窗框板时，距板边120～150mm范围内不得有空心孔洞，可将空心条板的第一孔用细石混凝土灌实。

10) 工厂预制的门、窗框板靠门、窗框一侧应设置固定门窗的预埋件。施工现场切割制作的门、窗框板可采用胀管螺丝或其他加固件与门、窗框固定，并应根据门窗洞口大小确定固定位置和数量，且每侧的固定点不应少于3处。

11) 当门、窗框板上部墙体高度大于600mm或门窗洞口宽度超过1.50m时，应采用配有钢筋的过梁板或采取其他加固措施，过梁板两端搭接尺寸每边不应小于100mm。门框板、窗框板与门、窗框的接缝处应采取密封、隔声、防裂等措施。

12) 复合夹芯条板隔墙的门、窗框板洞口周边应有封边条，可采用镀锌轻钢龙骨封闭端口夹芯材料，并应采取加网补强防裂措施。

> **例 6-10** (2021) 下列双层条板隔墙构造正确的是（　　）。
> A 双层 60 无错缝
> B 双层 90 无错缝
> C 双层 60 错缝 200
> D 双层 90 错缝 100
>
> 解析：参见《建筑轻质条板隔墙技术规程》JGJ/T 157—2014 第 4.2.4 条，双层条板隔墙的条板厚度不宜小于 60mm，两板间距宜为 10～50mm，可作为空气层或填入吸声、保温等功能材料。另据第 4.2.5 条，对于双层条板隔墙，两侧墙面的竖向接缝错开距离不应小于 200mm（选项 C 正确），两板间应采取连接、加强固定措施。
>
> 答案：C

5. 隔断墙底部构造

为防潮防水，当构成隔断墙的是空心块材（如空心砖等）或一些不耐潮湿的材料（如加气混凝土、石膏板等）时，隔断墙底部一定高度范围内应换用实心材料或设置混凝土墙垫（条形基础、导墙）等。《全国民用建筑工程设计技术措施　规划·建筑·景观》（2009 年版）第二部分及其他资料指出：

（1）有防水要求的房间，蒸压加气混凝土制品墙体的墙面应作防水处理；内墙根部应做配筋混凝土坎梁，坎梁高度不应小于 200mm，坎梁混凝土强度等级不应小于 C20。

强度低于 A3.5 的加气混凝土砌块非承重墙与楼地面交接处应在墙底部做导墙。导墙可采用烧结砖或多孔砖砌筑，高度应不小于 200mm。

（2）为了防潮防水，水泥焦渣空心砖隔墙一般在靠近地面和楼板的部位应先砌筑 3～5 皮砖（180～300mm）。

（3）石膏板隔墙用于卫浴间、厨房时，应作墙面防水处理，根部应做 C20 混凝土条基，条形基础高度距完成面不低于 100mm。

（4）当防水型石膏条板隔墙及其他有防水、防潮要求的条板隔墙用于潮湿环境时，下端应做 C20 细石混凝土条形墙垫，且墙垫高度不应小于 100mm，并应作泛水处理。

（5）实心块材隔墙可直接在楼地面上砌筑。

6.《装配式混凝土建筑技术标准》 GB/T 51231—2016 的规定

（1）轻质隔墙系统设计应符合下列规定：

1）宜结合室内管线的敷设进行构造设计，避免管线安装和维修更换对墙体造成破坏。

2）应满足不同功能房间的隔声要求。

3）应在吊挂空调、画框等部位设置加强板或采取其他可靠的加固措施。

（2）轻质隔墙系统的墙板接缝处应进行密封处理；隔墙端部与结构系统应有可靠连接。

七、混凝土小型空心砌块的构造

《混凝土小型空心砌块建筑技术规程》JGJ/T 14—2011 中指出：混凝土小型空心砌块包括普通混凝土小型空心砌块（又分为无筋小砌块和配筋小砌块两种）和轻骨料混凝土小型空心砌块两种。基本规格尺寸为 390mm×190mm×190mm。辅助规格尺寸为 290mm×

190mm×190mm 和 190mm×190mm×190mm 两种。

图 6-48 和图 6-49 介绍了两种小砌块的外观。

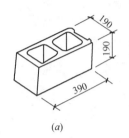 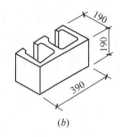 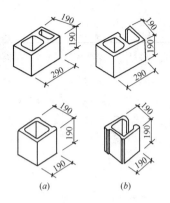

图 6-48 基本规格小砌块
(a)—一般小砌块；(b)芯柱处小砌块

图 6-49 辅助规格小砌块
(a)—一般小砌块；(b)芯柱处小砌块

(一) 砌块的强度等级

(1) 普通混凝土小型空心砌块的强度等级：MU20、MU15、MU10、MU7.5 和 MU5。

(2) 轻骨料混凝土小型空心砌块的强度等级：MU15、MU10、MU7.5、MU5 和 MU3.5。

(3) 砌筑砂浆的强度等级：Mb20、Mb15、Mb10、Mb7.5 和 Mb5。

(4) 灌孔混凝土的强度等级：Cb40、Cb35、Cb30、Cb25 和 Cb20。

(二) 抗震设防允许建造高度

1. 多层混凝土小砌块砌体房屋

墙体厚度为 190mm、8 度设防 0.20g 时，允许建造层数为 6 层，允许建造高度为 18m；8 度设防 0.30g 时，允许建造层数为 5 层，允许建造高度为 15m。层高不应超过 3.60m。

2. 配筋小砌块砌体抗震墙房屋

墙体厚度为 190mm、8 度设防 0.20g 时，允许建造高度为 40m；8 度设防 0.30g 时，允许建造高度为 30m。底部加强部位的层高，抗震等级为一、二级时，不宜大于 3.20m；三、四级时，不宜大于 3.90m。其他部位的层高，抗震等级为一、二级时，不宜大于 3.90m；三、四级时，不宜大于 4.80m。

(三) 建筑设计

1. 平面及竖向设计

平面及竖向均应做墙体的排块设计，排块时应以采用主规格砌块为主，减少辅助规格砌块的用量和种类。

2. 防水设计

室外散水坡顶面以上和室内地面以下的砌体内，应设置防潮层。多雨水地区的单排孔小砌块墙体应作双面粉刷；勒脚应采用防水砂浆粉刷。

3. 耐火极限和燃烧性能

小砌块属于不燃烧体，其耐火极限与砌块的厚度有关，90mm 厚的小砌块耐火极限为

1h；190mm厚的无筋小砌块用于承重墙时，耐火极限为2h；190mm厚配筋小砌块用于承重墙时，耐火极限为3.5h。

4. 隔声性能

（1）190mm厚无筋小砌块墙体双面各抹20mm厚粉刷的空气声计权隔声量可按45dB采用；190mm厚配筋小砌块墙体双面各抹20mm厚粉刷的空气声计权隔声量可按50dB采用。

（2）对隔声要求较高的小砌块建筑，可采用下列措施提高隔声性能：

1）孔洞内填矿渣棉、膨胀珍珠岩、膨胀蛭石等松散材料。

2）在小砌块墙体的一面或双面采用纸面石膏板或其他板材做带有空气隔层的复合墙体构造。

3）对有吸声要求的建筑或其局部，墙体宜采用吸声砌块砌筑。

5. 屋面设计

（1）小砌块建筑采用钢筋混凝土平屋面时，应在屋面上设置保温隔热层。

（2）小砌块住宅建筑宜做成有檩体系坡屋面。当采用钢筋混凝土基层坡屋面时，坡屋面宜外挑出墙面，并应在坡屋面上设置保温隔热层。

（3）钢筋混凝土屋面板及上面的保温隔热防水层中的砂浆找平层、刚性面层等应设置分格缝，并应与周边的女儿墙断开。

（四）节能设计

小砌块建筑的体形系数、窗墙面积比及其对应的窗的传热系数、遮阳系数和空气渗透性能应符合建筑所在气候地区现行居住建筑与公共建筑节能设计标准的规定。

（五）构造要求

（1）抗震设计时：混凝土小砌块的强度等级不应低于MU7.5，其砌筑砂浆强度等级不应低于Mb7.5；配筋小砌块砌体抗震墙，混凝土小砌块的强度等级不应低于MU10，其砌筑砂浆强度等级不应低于Mb10。

（2）地面以下或防潮层以下的墙体、潮湿房间的墙体所用材料的最低强度等级应符合表6-62的要求。潮湿房间每楼层第一皮砌块除灌实外，其强度等级应不低于MU7.5。

地面以下或防潮层以下的墙体、潮湿房间的墙体所用材料的最低强度等级　　　　表6-62

基土潮湿程度	混凝土小砌块	水泥砂浆
稍潮湿的	MU7.5	Mb5
很潮湿的	MU10	Mb7.5
含水饱和的	MU15	Mb10

注：1. 砌块孔洞应采用强度等级不低于C20的混凝土灌实；

2. 对安全等级为一级或设计使用年限大于50年的房屋，表中材料强度等级应至少提高一级。

（3）墙体的下列部位，应采用C20混凝土灌实砌体的孔洞：

1）无圈梁和混凝土垫块的檩条和钢筋混凝土楼板支承面下的一皮砌块；

2）未设置圈梁和混凝土垫块的屋架、梁等构件支承处，灌实宽度不应小于600mm，高度不应小于600mm的砌块；

3）挑梁支承面下，其支承部位的内外墙交接处，纵横各灌实3个孔洞，灌实宽度不小于3皮砌块。

（4）门窗洞口顶部应采用钢筋混凝土过梁。

（5）女儿墙应设置钢筋混凝土芯柱或构造柱，构造柱间距不宜大于4m（或每开间设置），插筋芯柱间距不宜大于1.60m，构造柱或芯柱插筋应伸至女儿墙顶，并与现浇钢筋混凝土压顶整浇在一起。

（6）小砌块墙与后砌隔墙交接处，应沿墙高每400mm在水平灰缝内设置不少于2φ4，横筋间距不大于200mm的焊接钢筋网片。

（六）抗震构造措施

1. 钢筋混凝土圈梁

（1）设置部位：小砌块砌体房屋各楼层均应设置现浇钢筋混凝土圈梁，不得采用槽形砌块代做模板，并应按《混凝土小型空心砌块建筑技术规程》JGJ/T 14—2011 中表7.3.6的要求设置；纵墙承重时，抗震横墙上的圈梁间距应比表内要求适当加密。现浇或装配整体式钢筋混凝土楼、屋盖与墙体有可靠连接的房屋，应允许不另设圈梁，但楼板沿抗震墙体周边均应加强配筋并应与相应的构造柱、芯柱钢筋可靠连接。有错层的多层小砌块砌体房屋，在错层部位的错层楼板位置应设置现浇钢筋混凝土圈梁。

（2）截面尺寸和配筋：现浇混凝土圈梁的截面宽度宜取墙宽且不应小于190mm；基础圈梁的截面宽度宜取墙宽，截面高度不应小于200mm。

（3）其他构造要求：圈梁应闭合，遇有洞口，圈梁应上下搭接。圈梁宜与预制板设在同一标高处或紧靠板底。

2. 钢筋混凝土芯柱

（1）设置部位：小砌块砌体房屋采用芯柱做法时，应按《混凝土小型空心砌块建筑技术规程》JGJ/T 14—2011 的要求设置钢筋混凝土芯柱。

（2）截面尺寸和配筋：小砌块砌体房屋芯柱截面不宜小于120mm×120mm；芯柱的竖向插筋应贯通墙身且与圈梁连接；插筋不应小于1φ12，6度、7度时超过5层、8度时超过4层和9度时，插筋不应小于1φ14（图6-50）。

（3）其他构造要求：芯柱混凝土强度等级，不应低于Cb20；芯柱混凝土应贯通楼板，当采用装配式钢筋混凝土楼盖时，应采用贯通措施；芯柱应伸入室外地面下500mm或与埋深小于500mm的基础圈梁相连。

3. 钢筋混凝土构造柱

（1）设置部位：小砌块砌体房屋同时设置构造柱和芯柱时，应按《混凝土小型空心砌块建筑技术规程》JGJ/T 14—2011 的要求设置现浇钢筋混凝土构造柱。

（2）截面尺寸和配筋：小砌块砌体房屋的构造柱，截面不宜小于190mm×190mm，纵向钢筋不宜少于4φ12，箍筋间距不宜大于250mm，且在柱上下端应适当加密；6度、7度时超过5层、8度时超过4层和9度时，构造柱纵向钢筋宜采用4φ14，箍筋间距不应大于200mm（图6-51）；外墙转角的构造柱应适当加大截面及配筋。

（3）其他构造要求：构造柱与小砌块墙连接处应砌成马牙槎；与构造柱相邻的砌块孔洞，6度时宜填实，7度时应填实，8度、9度时应填实并插筋1φ12；构造柱与圈梁连接处，构造柱的纵筋应在圈梁纵筋内侧穿过，保证构造柱纵筋上下贯通；构造柱可不单独设

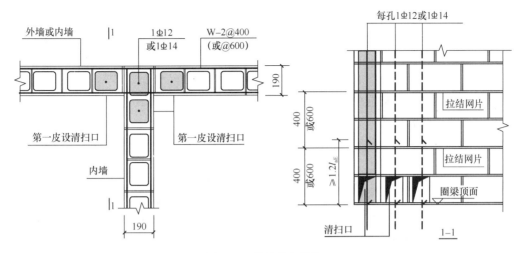

图 6-50　芯柱节点构造

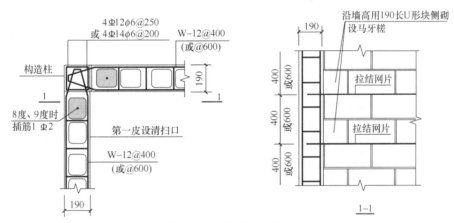

图 6-51　构造柱节点构造

置基础,但应伸入室外地面下 500mm,或与埋深小于 500mm 的基础圈梁相连;必须先砌筑小砌块墙体,再浇筑构造柱混凝土。

4. 女儿墙

小砌块砌体女儿墙高度超过 0.5m 时,应在墙中增设锚固于顶层圈梁的构造柱或芯柱,构造柱间距不大于 3m,芯柱间距不大于 1.6m;女儿墙顶应设置压顶圈梁,其截面高度不应小于 60mm,纵向钢筋不应小于 $2\phi 10$。

(七) 施工要求

(1) 小砌块墙内不得混砌黏土砖或其他墙体材料。镶砌时,应采用实心小砌块(90mm×190mm×53mm) 或与小砌块材料强度同等级的预制混凝土块。

(2) 小砌块砌筑形式应每皮顺砌。当墙、柱(独立柱、壁柱)内设置芯柱时,小砌块必须对孔、错缝、搭砌,上下两皮小砌块搭砌长度应为 195mm;当墙体设构造柱或使用多排孔小砌块及插填聚苯板或其他绝热保温材料的小砌块砌筑墙体时,应错缝搭砌,搭砌长度不应小于 90mm。否则,应在此部位的水平灰缝中设 $\phi 4$ 点焊钢筋网片。网片两端与该位置的竖缝距离不得小于 400mm。墙体竖向通缝不得超过 2 皮小砌块,柱(独立柱、壁柱）宜为3皮。

（3）小砌块在砌筑前与砌筑中均不应浇水，尤其是插填聚苯板或其他绝热保温材料的小砌块。

（八）节点构造

（1）墙身下部节点构造见图6-52。

（2）墙身中部、顶部节点构造见图6-53。

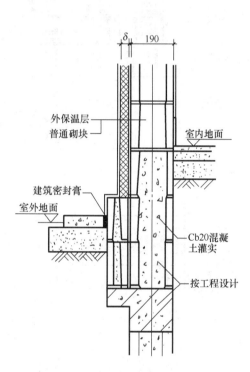

图6-52 墙身下部节点构造

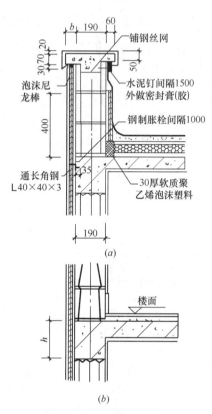

图6-53 墙身节点构造
(a) 顶部节点；(b) 中部节点

第四节 楼板、建筑地面、路面构造

一、现浇钢筋混凝土楼板和现浇钢筋混凝土梁的尺寸

（一）现浇楼板

现浇楼板包括四面支承的单向板、双向板，单面支承的悬挑板等。

1. 单向板

单向板的平面长边与短边之比大于等于3，受力以后，力传给长边为1/8，短边为7/8，故认为这种板受力以后仅向短边传递。单向板的代号如 $\dfrac{B}{80}$，其中B代表板，单向箭头表示主筋摆放方向，80代表板厚为80mm。现浇板的厚度应不大于跨度的1/30，而且不小于60mm。

2. 双向板

双向板的平面长边与短边之比小于等于2，受力后，力向两个方向传递，短边受力大，长边受力小，受力主筋应平行短边，并摆在下部。双向板的代号为 $\underset{100}{\underline{B}}$，B代表板，100代表厚度为100mm，双向箭头表示钢筋摆放方向，板厚的最小值应不大于跨度的1/40且不小于80mm。

平面长边与短边之比介于2～3之间时，宜按双向板计算。

3. 悬臂板

悬臂板主要用于雨罩、阳台等部位。悬臂板只有一端支承，因而受力钢筋应摆在板的上部。板厚应按1/12挑出尺寸取值。挑出尺寸小于或等于500mm时，取60mm；挑出尺寸大于500mm时，取80mm。

（二）现浇梁

现浇梁包括单向梁（简支梁）、双向梁（主次梁），井字梁等类型。

1. 单向梁

梁高一般为跨度的1/12～1/10，板厚包括在梁高之内，梁宽取梁高的1/3～1/2，单向梁的经济跨度为4～6m。

2. 双向梁

又称肋形楼盖。其构造顺序为板支承在次梁上，次梁支承在主梁上，主梁支承在墙上或柱上。次梁的梁高为跨度的1/15～1/10；主梁的梁高为跨度的1/12～1/8，梁宽为梁高的1/3～1/2。主梁的经济跨度为5～8m。主梁或次梁在墙或柱上的搭接尺寸应不小于240mm。梁高包括板厚。密肋板的厚度，次梁间距小于或等于700mm时，取40mm；次梁间距大于700mm时，取50mm。

3. 井字梁

这是肋形楼盖的一种，其主梁、次梁高度相同，一般用于正方形或接近正方形的平面中。板厚包括在梁高之中。

二、预制钢筋混凝土楼板的构造

1. 预制楼板的类型

目前，在我国各城市普遍采用预应力钢筋混凝土构件，少量地区采用普通钢筋混凝土构件。楼板大多预制成空心构件或槽形构件。空心楼板又分为方孔和圆孔两种；槽形板又分为槽口向上的正槽形和槽口向下的反槽形。楼板的厚度与楼板的长度有关，但大多在120～240mm之间，楼板宽度大多为600mm、900mm、1200mm等多种规格。楼板的长度应符合300mm模数的"三模制"。北京地区有1800～6900mm等18种规格。

2. 预制楼板的摆放

预制楼板在墙上或梁上的摆放，根据方向的不同，有横向摆放、纵向摆放、纵横向摆放三种方式。

横向摆放是把楼板支承在横向墙上或梁上，这种摆放叫横墙承重。纵向摆放是把楼板支承在纵向梁或纵向墙上，这种摆放叫纵墙承重。纵横向摆放是楼板分别支承在纵向墙、横向墙或梁上，这叫混合承重。

三、建筑地面构造

建筑地面包括底层地面与楼层地面两大部分。地面属于建筑装修的一部分，各类建筑对地面要求也不尽相同。概括起来，一般应满足以下几个方面的要求。

（一）对地面的要求

1. 坚固耐久

地面直接与人接触，家具、设备也大多都摆放在地面上，因而地面必须耐磨，行走时不起尘土，不起沙，并有足够的强度。

2. 减小吸热

由于人们直接与地面接触，地面则直接吸走人体的热量，为此应选用吸热系数小的材料作地面面层，或在地面上铺设辅助材料，用以减小地面的吸热。如采用木材或其他有机材料（塑料地板等）作地面面层，比一般水泥面的效果要好得多。

3. 满足隔声

上下楼层之间传播的噪声，包括空气声和撞击声；人在某房间顶部的楼板上行走或拖拽物体、物体掉落在该房间顶部的楼板上，在该房间内产生的噪声即属于撞击声。楼板层的隔声包括对撞击声和空气声两种噪声的隔绝性能。一般来说，达到楼板的空气声隔声标准不难，因为目前常用的钢筋混凝土楼板具有较好的隔绝空气声性能；但是对隔绝撞击声则显得不足。撞击声隔声是通过改变撞击声的发声方式或在撞击声的固体传播途径——建筑结构（如楼板）层构件中采取措施，从而增加声衰减。

楼板层隔声措施如下：

（1）楼板隔绝空气声：增加楼板层容重，使楼板密实，避免裂缝、孔洞。

（2）楼板隔绝撞击声（图6-54）。

1) 弹性面层：楼板面层采用地毯、橡胶、软木等弹性材料；

2) 浮筑楼板：用片状、条状或块状的弹性材料将楼板面层与结构层脱开；

3) 吸声顶棚：在楼板下方设置吊顶并在吊顶内铺设吸声材料。

4. 防水要求

用水较多的厕所、盥洗室、浴室、实验室等房间，应满足防水要求。一般应选用密实不透水的材料，并适当做排水坡度。在楼地面的垫层上部有时还应做卷材防水层。

（二）地面的构造组成

综合《建筑地面设计规范》GB 50037—2013、《建筑地面工程施工质量验收规范》GB 50209—2010 和《民用建筑设计统一标准》GB 50352—2019 的相关规定如下：

1. 建筑地面的构造层次

（1）面层：建筑地面直接承受各种物理和化学作用的表面层。

（2）结合层：面层与下面构造层之间的连接层。

（3）找平层：在垫层、楼板或填充层上起抹平作用的构造层。

（4）隔离层：防止建筑地面上各种液体或水、潮气透过地面的构造层。

（5）防潮层：防止地下潮气透过地面的构造层。

（6）填充层：建筑地面中设置起隔声、保温、找坡或暗敷管线等作用的构造层。

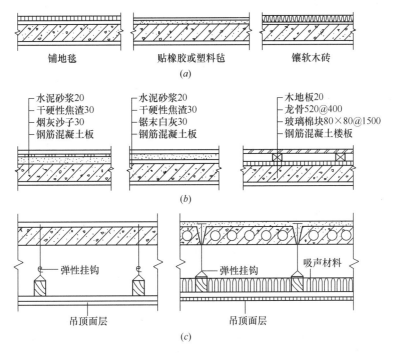

图 6-54 楼板隔绝撞击声构造措施
(a) 弹性面层；(b) 浮筑楼板；(c) 吸声顶棚

(7) 垫层：在建筑地基上设置承受并传递上部荷载的构造层。
(8) 地基：承受底层地面荷载的土层。

2. 基本构造层次

(1) 底层地面：底层地面的基本构造层次宜为面层、垫层和地基；
(2) 楼层地面：楼层地面的基本构造层次宜为面层和楼板。
(3) 附加层次：当底层地面和楼层地面的基本构造层次不能满足使用或构造要求时，可增设结合层、隔离层、填充层、找平层、防水层、防潮层和保温绝热层等其他构造层次（图 6-55）。

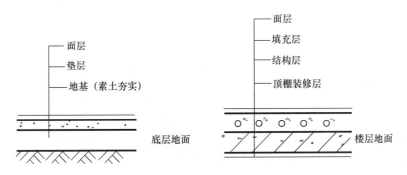

图 6-55 地面构成

（三）地面做法的选择

1. 基本规定

（1）建筑地面采用的大理石、花岗石等天然石材应符合《建筑材料放射性核素限量》GB 6566 的相关规定。

（2）建筑地面采用的胶粘剂、沥青胶结料和涂料应符合《民用建筑工程室内环境污染控制标准》GB 50325 的相关规定。

（3）公共建筑中，人员活动场所的建筑地面，应方便残疾人安全使用，其地面材料应符合《无障碍设计规范》GB 50763、《建筑与市政无障碍通用规范》GB 55019 的相关规定。

（4）木板、竹板楼地面，应根据使用要求及材质特性，采取防火、防腐、防潮、防蛀、通风等相应措施。

（5）建筑物的底层地面标高，宜高出室外地面 150mm。当使用有特殊要求或建筑物预期有较大沉降量等其他原因时，应增大室内外高差。

（6）有水或非腐蚀性液体经常浸湿、流淌的地面，应设置隔离层并采用不吸水、易冲洗、防滑类的面层材料；隔离层应采用防水材料。楼层结构必须采用现浇混凝土制作，当采用装配式钢筋混凝土楼板时，还应设置配筋混凝土整浇层。

（7）需预留地面沟槽、管线时，其地面混凝土工程可分为毛地面和面层两个阶段施工，毛地面混凝土强度等级不应小于 C15。

（8）除有特殊使用要求外，楼地面应满足平整、耐磨、不起尘、环保、防污染、隔声、易于清洁等要求，且应具有防滑性能。

（9）厕所、浴室、盥洗室等受水或非腐蚀性液体经常浸湿的楼地面应采取防水、防滑的构造措施，并设排水坡坡向地漏。有防水要求的楼地面应低于相邻楼地面 15.0mm。经常有水流淌的楼地面应设置防水层，宜设门槛等挡水设施，且应有排水措施，其楼地面应采用不吸水、易冲洗、防滑的面层材料，并应设置防水隔离层。

（10）建筑地面应根据需要采取防潮、防基土冻胀或膨胀、防不均匀沉陷等措施。

（11）存放食品、食料、种子或药物等的房间，其楼地面应采用符合国家现行相关卫生环保标准的面层材料。

（12）受较大荷载或有冲击力作用的楼地面，应根据使用性质及场所选用由板、块材料、混凝土等组成的易于修复的刚性构造，或由粒料、灰土等组成的柔性构造。

2. 建筑地面面层类别及所用材料

建筑地面面层类别及所用材料，应符合表 6-63 的有关规定。

建筑地面面层类别及所用材料 表 6-63

面层类别	材料选择
水泥类整体面层	水泥砂浆、水泥钢（铁）屑、现制水磨石、混凝土、细石混凝土、耐磨混凝土、钢纤维混凝土或混凝土密封固化剂
树脂类整体面层	丙烯酸涂料、聚氨酯涂层、聚氨酯自流平涂料、聚酯砂浆、环氧树脂自流平涂料、环氧树脂自流平砂浆或干式环氧树脂砂浆
板块面层	陶瓷锦砖、耐酸瓷板（砖）、陶瓷地砖、水泥花砖、大理石、花岗石、水磨石板块、条石、块石、玻璃板、聚氯乙烯板、石英塑料板、塑胶板、橡胶板、铸铁板、网纹板、网络地板

续表

面层类别	材料选择
木、竹面层	实木地板、实木集成地板、浸渍纸层压木质地板（强化复合木地板）、竹地板
防静电面层	导静电水磨石、导静电水泥砂浆、导静电活动地板、导静电聚氯乙烯地板
防腐蚀面层	耐酸板块（砖、石材）或耐酸整体面层
矿渣、碎石面层	矿渣、碎石
织物面层	地毯

3. 地面面层的选择

(1) 常用地面

1) 公共建筑中，经常有大量人员走动或残疾人、老年人、儿童活动及轮椅、小型推车行驶的地面，应采用防滑、耐磨、不易起尘的块材面层或水泥类整体面层。

2) 公共场所的门厅、走道、室外坡道及经常用水冲洗或潮湿、结露等容易受影响的地面，应采用防滑面层。

3) 室内环境具有安静要求的地面，其面层宜采用地毯、塑料或橡胶等柔性材料。

4) 供儿童及老年人公共活动的场所地面，其面层宜采用木地板、强化复合木地板、塑胶地板等暖性材料。

5) 地毯的选用，应符合下列要求：

① 有防霉、防蛀、防火和防静电等要求的地面，应按相关技术规定选用地毯；

② 经常有人员走动或小推车行驶的地面，宜采用耐磨、耐压、绒毛密度较高的高分子类地毯。

6) 舞厅、娱乐场所地面宜采用表面光滑、耐磨的水磨石、花岗石、玻璃板、混凝土密封固化剂等面层材料，也可以选用表面光滑、耐磨和略有弹性的木地板。

7) 要求不起尘、易清洗和抗油腻沾污要求的餐厅、酒吧、咖啡厅等地面，宜采用水磨石、防滑地砖、陶瓷锦砖、木地板或耐沾污地毯等面层。

8) 室内体育运动场地、排练厅和表演厅的地面宜采用具有弹性的木地板、聚氨酯橡胶复合面层、运动橡胶面层；室内旱冰场地面，应采用具有坚硬耐磨、平整的现制水磨石面层和耐磨混凝土面层。

9) 存放书刊、文件或档案等纸质库房的地面，珍藏各种文物或艺术品和装有贵重物品的库房地面，宜采用木地板、橡胶地板、水磨石、防滑地砖等不起尘、易清洁的面层；底层地面应采取防潮和防结露措施；有贵重物品的库房，当采用水磨石、防滑地砖面层时，宜在适当范围内增铺柔性面层。

10) 有采暖要求的地面，可选用低温热水地面辐射供暖，面层宜采用地砖、水泥砂浆、木地板、强化复合木地板等。

(2) 有清洁、洁净度指标、防尘和防菌要求的地面

1) 有清洁和弹性要求的地面，应符合下列要求：

① 有清洁使用要求时，宜选用经处理后不起尘的水泥类面层、水磨石面层或板块材面层；

② 有清洁和弹性使用要求时，宜采用树脂类自流平材料面层、橡胶板、聚氯乙烯板

等面层；

③ 有清洁要求的底层地面，宜设置防潮层。当采用树脂类自流平材料面层时，应设置防潮层。

2) 有空气洁净度等级要求的地面，应采用平整、耐磨、不起尘、不易积聚静电的不燃、难燃且宜有弹性与较低的导热系数的材料的面层。此外，面层还应满足不应产生眩光，光反射系数宜为 0.15～0.35，容易除尘、容易清洗的要求。在地面与墙、柱的相交处宜做小圆角。底层地面应设防潮层①。

3) 采用架空活动地板的地面，架空活动地板材料应根据燃烧性能和防静电要求进行选择。架空活动地板有送风、回风要求时，活动地板下应采用现制水磨石、涂刷树脂类涂料的水泥砂浆或地砖等不起尘的面层，还应根据使用要求采取保温、防水措施。

> **例 6-11　(2013)** 有空气洁净度要求的房间不应采用哪一种地面？
> A　普通现浇水磨石地面　　　　B　导静电胶地面
> C　环氧树脂水泥自流平地面　　D　瓷质通体抛光地板砖地面
> **解析：** 综合《建筑地面设计规范》GB 50037—2013 及《洁净厂房设计规范》GB 50073—2013 的相关规定：有空气洁净度要求的房间的地面应满足平整、耐磨、易清洗、不易积聚静电、避免眩光、不开裂等要求，上述 4 种地面中，瓷质通体抛光地板砖地面容易产生眩光，不应采用。
> **答案：** D

(3) 有防腐蚀要求的地面

1) 防腐蚀地面的标高应低于非防腐蚀地面且不宜小于 20mm；也可采用挡水设施（如设置挡水门槛等）。

2) 防腐蚀地面宜采用整体面层。

3) 防腐蚀地面采用块材面层时，其结合层和灰缝应符合下列要求：

① 当灰缝选用刚性材料时，结合层宜采用与灰缝材料相同的刚性材料；

② 当耐酸瓷砖、耐酸瓷板面层的灰缝采用树脂胶泥时，结合层宜采用呋喃胶泥、环氧树脂胶泥、水玻璃砂浆、聚酯砂浆或聚合物水泥砂浆；

③ 当花岗石面层的灰缝采用树脂胶泥时，结合层可采用沥青砂浆、树脂砂浆；当灰缝采用沥青胶泥时，结合层宜采用沥青砂浆。

4) 防腐蚀地面的排水坡度：底层地面不宜小于 2%，楼层地面不宜小于 1%。

5) 需经常冲洗的防腐蚀地面，应设隔离层。隔离层材料可以选用沥青玻璃布油毡、再生胶油毡、石油沥青油毡、树脂玻璃钢等柔性材料。当面层厚度小于 30mm 且结合层为刚性材料时，不应采用柔性材料做隔离层。

6) 防腐蚀地面与墙、柱交接处应设置踢脚板，高度不宜小于 250mm。

(4) 耐磨和耐撞击地面

1) 通行电瓶车、载重汽车、叉车及从车辆上倾卸物件或地面上翻转小型物件的地段，

---

① 空气洁净度等级指标分为 N1～N9 共 9 个等级，可查阅《洁净厂房设计规范》GB 50073—2013。

宜采用现浇混凝土垫层兼面层、细石混凝土面层、钢纤维混凝土面层或非金属骨料耐磨面层、混凝土密封固化剂面层或聚氨酯耐磨地面涂料。

2）通行金属轮车、滚动坚硬的圆形重物、拖运尖锐金属物件等易磨损地面，交通频繁或承受严重冲击的地面，宜采用金属骨料耐磨面层、钢纤维混凝土面层或垫层兼面层，其混凝土强度等级不应低于C30；或采用混凝土垫层兼面层、非金属骨料耐磨面层，其垫层的混凝土强度等级不应低于C25。

3）行驶履带式或带防滑链的运输工具等磨损强烈的地面，宜采用砂结合的块石、花岗石面层、混凝土强度等级不低于C30的预制块面层、水泥砂浆结合铸铁板面层、钢格栅加固的混凝土面层或钢纤维混凝土垫层兼面层。

4）堆放金属块材、铸造砂箱等粗重物料及有坚硬重物经常冲击的地面，宜采用矿渣、碎石等地面。

5）直接安装金属切削机床的地面，其面层应耐磨、密实和整体。宜采用现浇混凝土垫层兼面层、细石混凝土面层、钢纤维混凝土面层、非金属骨料耐磨混凝土面层、混凝土密封固化剂面层或聚氨酯耐磨地面涂料。

6）有气垫运输的地面，其面层应密实、不透气、无缝、不易起尘。宜采用树脂砂浆、耐磨涂料、混凝土密封固化剂等面层。地面坡度不应大于1‰，表面平整度不宜大于1‰，允许偏差为±1mm。

（5）有特殊要求的地面

1）湿热地区非空调建筑的底层地面，可采用微孔吸湿、表面粗糙的面层。

2）采暖厂房建筑的地面，当遇下列情况之一时，应采取局部保温措施：

① 架空或悬挑部分直接对室外的楼层地面的热阻，不应小于外墙的热阻；

② 当厂房建筑物周边无热力管沟时，严寒地区底层地面，沿外墙内侧1.0m范围内应设保温隔热层，其地面热阻不应小于外墙热阻。

3）不发火花的地面，必须采用不发火花材料铺设，地面铺设材料必须经不发火花检验合格后方可使用。不发火花地面的面层材料，应符合下列要求：

① 面层材料，应选用不发火花细石混凝土、不发火花水泥砂浆、不发火花沥青砂浆、木材、橡胶和塑料等；

② 面层采用的碎石，应选用大理石、白云石或其他石灰石加工而成，并以金属或石料撞击时不发生火花为合格；

③ 砂应质地坚硬、表面粗糙，其粒径宜为0.15～5mm，含泥量不应大于3%，有机物含量不应大于0.5%；

④ 水泥应采用强度等级不小于42.5级的普通硅酸盐水泥；

⑤ 面层分格的嵌条应采用不发生火花的材料配制。配制时应随时检查，不得混入金属或其他易发生火花的杂质。

4）湿陷性黄土地区，受水浸湿或积水的底层地面，应按防水地面设计。地面下应做厚度为300～500mm的3∶7灰土垫层。管道穿过地面处，应做防水处理。排水沟宜采用钢筋混凝土制作并应与地面混凝土同时浇筑。

5）有防辐射要求的房间地面，应按工艺要求进行防辐射设计。地面应平整、不起尘、易冲洗，并应有排水措施。底层地面垫层宜设防水层。楼层地面应采用铅板或其他防辐射材料，其厚度、方式、防辐射参数等应符合现行国家标准的规定，并确保防辐射材料的整体性、密闭性；与墙面防辐射材料应形成整体。地面穿管应有防护。

(6) 特殊房间、特殊部位的地面

1) 舞台、展厅等采用玻璃楼面时，应采用安全玻璃，一般应避免采用透光率高的玻璃。

2) 存放食品、饮料或药品等的房间，其存放物有可能与楼地面面层直接接触时，严禁采用有毒性的塑料、涂料或水玻璃等做面层材料。

3) 图书馆的非书资料库、计算机房、档案馆的拷贝复印室、交通工具停放和维修区等用房，楼地面应采用不容易产生火花静电的材料。

4) 各类学校的语言教室，其地面应做防尘地面。

5) 各类学校教室的楼地面和底层地面应选择光反射系数为 0.20～0.30 的饰面材料。

6) 机动车库的楼地面应采用强度高、具有耐磨防滑性能的不燃材料，并应在各楼层设置地漏或排水沟等排水设施。地漏（或集水坑）的中距不宜大于 40m。敞开式车库和有排水要求的停车区域应设不小于 0.5% 的排水坡度和相应的排水系统。机动车库内通车道和坡道的楼地面宜采取限制车速的措施。机动车库内通车道和坡道面层应采取防滑措施，并宜在柱子、墙阳角凸出结构等部位采取防撞措施。

7) 加油、加气站内场地和周边道路不应采用沥青路面，宜采用可行驶重型汽车的水泥混凝土路面或不产生静电火花的路面。

8) 冷库楼地面应采用隔热材料，其抗压强度不应小于 0.25MPa。

9) 室外地面面层宜选择具有渗水、透气性能的饰面材料及垫层材料。面层不得选用釉面或磨光面等反射率较高和光滑的材料，以减少光污染、热岛效应及避免雨雪天气滑跌等情况的发生。

10) 老年人照料设施内供老年人使用的场地及用房均应进行无障碍设计。为保证老年人行走安全，无障碍设施的地面（包括地面、楼面、路面）防滑等级及防滑安全程度应符合《老年人照料设施建筑设计标准》JGJ 450—2018 的有关规定。目前人行地面使用的材料主要为混凝土、地板、地砖、石材和橡塑类材料。

11)《工业建筑防腐蚀设计标准》GB/T 50046—2018 规定：地面面层材料应根据腐蚀性介质的类别及作用情况、防护层使用年限和使用过程中对面层材料耐腐蚀性能和物理力学性能的要求，结合施工、维修的条件，按该规范的要求选用，并应符合下列规定：

a. 整体面层材料、块材及灰缝材料，应对介质具有耐腐蚀性能。常用面层材料在常温下的耐腐蚀性能宜按本标准附录 A 确定。

b. 有大型设备且检修频繁和有冲击磨损作用的地面，应采用厚度不小于 60mm 的块材面层或树脂细石混凝土、密实混凝土、水玻璃混凝土、树脂砂浆等整体面层。

c. 设备较小和使用小型运输工具的地面，可采用厚度不小于 20mm 的块材面层或树脂砂浆、聚合物水泥砂浆等整体面层；无运输工具的地面可采用树脂自流平涂料或防腐蚀耐磨涂料等整体面层。

d. 树脂砂浆、树脂细石混凝土、水玻璃混凝土和涂料等整体面层不宜用于室外。

e. 面层材料应满足使用环境的温度要求；树脂砂浆、树脂细石混凝土和涂料等整体面层，不得用于有明火作用的部位。

f. 操作平台可采用纤维增强塑料格栅地面。

12)《医院洁净手术部建筑技术规范》GB 50333—2013 中规定：洁净手术部的建筑装饰应遵循不产尘、不易积尘、耐腐蚀、耐碰撞、不开裂、防潮防霉、容易清洁、环保节能和符合防火要求的总原则。洁净手术部内地面可选用实用经济的材料，以浅色为宜。洁净手术部内墙面下部的踢脚不得凸出墙面；踢脚与地面交界处的阴角应做成 $R \geqslant 30$mm 的圆角。其他墙体交界处的阴角宜做成小圆角。

（四）地面各构造层次材料的选择及厚度的确定

1. 面层

面层的材料选择和厚度应符合表 6-64 的规定。

面层的材料和厚度　　　　　　表 6-64

面层名称		材料强度等级	厚度（mm）
混凝土（垫层兼面层）		$\geqslant$C20	按垫层确定
细石混凝土		$\geqslant$C20	40～60
聚合物水泥砂浆		$\geqslant$M20	20
水泥砂浆		$\geqslant$M15	20
水泥石屑		$\geqslant$M30	30
现制水磨石		$\geqslant$C20	$\geqslant$30
预制水磨石		$\geqslant$C20	25～30
防静电水磨石		$\geqslant$C20	40
防静电活动地板		—	150～400
矿渣、碎石（兼垫层）		—	80～150
水泥花砖		$\geqslant$MU15	20～40
陶瓷锦砖（马赛克）		—	5～8
陶瓷地砖（防滑地砖、釉面地砖）		—	8～14
花岗石条或块石		$\geqslant$MU60	80～120
大理石、花岗石板		—	20～40
块石		$\geqslant$MU30	100～150
玻璃板（不锈钢压边、收口）		—	12～24
网络地板		—	40～70
木板、竹板	单层	—	18～22
	双层	—	12～20
薄型木板（席纹拼花）		—	8～12
强化复合木地板		—	8～12
聚氨酯涂层		—	1.2
丙烯酸涂料		—	0.25
聚氨酯自流平涂料		—	2～4
聚氨酯自流平砂浆		$\geqslant$80MPa	4～7
聚酯砂浆		—	4～7

续表

面层名称		材料强度等级	厚度（mm）
运动橡胶面层		—	4～5
橡胶板		—	3
聚氨酯橡胶复合面层		—	3.5～6.5（含发泡层、网格布等多种材料）
聚氯乙烯板含石英塑料板和塑胶板		—	1.6～3.2
地毯	单层	—	5～8
	双层		8～10
地面辐射供暖面层	地砖	—	80～150
	水泥砂浆		20～30
	木板、强化复合木地板		12～20

注：1. 双层木板、竹板地板的厚度中不包括毛地板厚；其面层用硬木制作时，板的净厚度宜为12～20mm；
2. 双层强化木地板面层厚度中不包括泡沫塑料垫层、毛板、细木工板、中密度板厚；
3. 涂料的涂刷，不得少于3遍；
4. 现制水磨石、防静电水磨石、防静电水泥砂浆的厚度中包含结合层的厚度；
5. 防静电活动地板、通风活动地板的厚度是指地板成品的高度；
6. 玻璃板、强化复合木地板、聚氯乙烯板宜采用专用胶粘接或粘铺；
7. 地板双层的厚度中包括橡胶海绵垫层的厚度；
8. 聚氨酯橡胶复合面层的厚度中，包含发泡层、网格布等多种材料的厚度。

2. 结合层

（1）以水泥为胶结料的结合层材料，拌合时可掺入适量化学胶（浆）料。

（2）采用块材面层，其结合层和灰缝材料的选择应符合下列要求：

1）当灰缝选用刚性材料时，结合层宜采用与灰缝材料相同的刚性材料；

2）当耐酸瓷砖、耐酸瓷板面层的灰缝采用树脂胶泥时，结合层宜采用呋喃胶泥、环氧树脂胶泥、水玻璃砂浆、聚酯砂浆或聚合物水泥砂浆；

3）当花岗石面层的灰缝采用树脂胶泥时，结合层可采用沥青砂浆、树脂砂浆；当灰缝采用沥青胶泥时，结合层宜采用沥青砂浆。

（3）结合层的厚度应符合表6-65的规定。

结合层材料及厚度 表6-65

面层材料	结合层材料	厚度（mm）
陶瓷锦砖（马赛克）	1:1水泥砂浆	5
水泥花砖	1:2水泥砂浆或1:3干硬性水泥砂浆	20～30
块石	砂、炉渣	60
花岗石条（块）石	1:2水泥砂浆	15～20
	砂	60
大理石、花岗石板	1:2水泥砂浆或1:3干硬性水泥砂浆	20～30
陶瓷地砖（防滑地砖、釉面地砖）	1:2水泥砂浆或1:3干硬性水泥砂浆	10～30
玻璃板（用不锈钢压边收口）	专用胶粘剂粘结	—
	C30细石混凝土表面找平	40
	木板表面刷防腐剂及木龙骨	20

续表

面层材料	结合层材料	厚度（mm）
木地板（实贴）	粘结剂、木板小钉	—
强化复合木地板	泡沫塑料衬垫	3～5
	毛板、细木工板、中密度板	15～18
聚氨酯涂层	1∶2 水泥砂浆	20
	C20～C30 细石混凝土	40
环氧树脂自流平涂料	环氧稀胶泥一道 C20～C30 细石混凝土	40～50
环氧树脂自流平砂浆 聚酯砂浆	环氧稀胶泥一道 C20～C30 细石混凝土	40～50
聚氯乙烯板（含石英塑料板、塑胶板）、橡胶板	专用粘结剂粘贴	—
	1∶2 水泥砂浆	20
	C20 细石混凝土	30
聚氨酯橡胶复合面层、运动橡胶板面层	树脂胶泥自流平层	3
	C25～C30 细石混凝土	40～50
地面辐射供暖面层	1∶3 水泥砂浆	20
	C20 细石混凝土内配钢丝网（中间配加热管）	60
网络地板面层	1∶2～1∶3 水泥砂浆	20

3. 找平层

（1）当找平层铺设在混凝土垫层上时，其强度等级不应小于混凝土垫层的强度等级。混凝土找平层兼面层时，其强度等级不应小于 C20。

（2）找平层材料的强度等级、配合比及厚度应符合表 6-66 的规定。

找平层的强度等级、配合比及厚度　　　　表 6-66

找平层材料	强度等级或配合比	厚度（mm）
水泥砂浆	1∶3	≥15
水泥混凝土	C15～C20	≥30

注：《建筑地面工程施工质量验收规范》GB 50209—2010 中规定：找平层厚度小于 30mm 时，宜采用水泥砂浆；大于 30mm 时，宜采用细石混凝土。

4. 隔离层

建筑地面隔离层的层数应符合表 6-67 的规定

隔离层的层数　　　　表 6-67

隔离层材料	层数（或道数）	隔离层材料	层数（或道数）
石油沥青油毡	1层或2层	防油渗胶泥玻璃纤维布	1布2胶
防水卷材	1层	防水涂膜（聚氨酯类涂料）	2道或3道
有机防水涂料	1布3胶		

注：1. 石油沥青油毡，不应低于 350g/m²；
　　2. 防水涂膜总厚度一般为 1.5～2.0mm；
　　3. 防水薄膜（农用薄膜）作隔离层时，其厚度为 0.4～0.6mm；
　　4. 用于防油渗隔离层可采用具有防油渗性能的防水涂膜材料。

5. 填充层

（1）建筑地面填充层材料的密度宜小于 900kg/m³。

（2）填充层材料的强度等级、配合比及厚度应符合表 6-68 的规定。

填充层的材料强度等级或配合比及其厚度　　　　　　表 6-68

填充层材料	强度等级或配合比	厚度（mm）
水泥炉渣	1:6	30～80
水泥石灰炉渣	1:1:8	30～80
陶粒混凝土	C10	30～80
轻骨料混凝土	C10	30～80
加气混凝土块	M5.0	≥50
水泥膨胀珍珠岩块	1:6	≥50

注：《建筑地面工程施工质量验收规范》GB 50209—2010 中规定：填充层采用隔声垫时，应设置保护层。混凝土保护层的厚度不应小于 30mm。保护层内应配置双向间距不大于 200mm 的 φ6 钢筋网片。

6. 垫层

（1）垫层类型的选择

1）现浇整体面层、以粘结剂结合的整体面层和以粘结剂或砂浆结合的块材面层，宜采用混凝土垫层；

2）以砂或炉渣结合的块材面层，宜采用碎（卵）石、灰土、炉（矿）渣、三合土等垫层；

3）有水及侵蚀介质作用的地面，应采用刚性垫层；

4）通行车辆的面层，应采用混凝土垫层；

5）有防油渗要求的地面，应采用钢纤维混凝土或配筋混凝土垫层。

（2）地面垫层的最小厚度应符合表 6-69 的规定。

垫层最小厚度　　　　　　表 6-69

垫层名称	材料强度等级或配合比	最小厚度（mm）
混凝土垫层	≥C15	80
混凝土垫层兼面层	≥C20	80
砂垫层	—	60
砂石垫层	—	100
碎石（砖）垫层	—	100
三合土垫层	1:2:4（石灰:砂:碎料）	100（分层夯实）
灰土垫层	3:7 或 2:8（熟化石灰：黏性土、粉质黏土、粉土）	100
炉渣垫层	1:6（水泥:炉渣）或 1:1:6（水泥:石灰:炉渣）	80

注：《建筑地面工程施工质量验收规范》GB 50209—2010 中规定：砂垫层的厚度不应小于 60mm；四合土垫层的厚度不应小于 80mm；水泥混凝土垫层的厚度不应小于 60mm；陶粒混凝土垫层的厚度不应小于 80mm。

（3）垫层的防冻要求

1）季节性冰冻地区非采暖房间的地面以及散水、明沟、踏步、台阶和坡道等，当土壤标准冻深大于600mm，且在冻深范围内为冻胀土或强冻胀土，采用混凝土垫层时，应在垫层下部采取防冻害措施（设置防冻胀层）。

2）防冻胀层应采用中粗砂、砂卵石、炉渣、炉渣石灰土以及其他非冻胀材料。

3）采用炉渣石灰土做防冻胀层时，炉渣、素土、熟化石灰的重量配合比宜为7∶2∶1，压实系数不宜小于0.85，且冻前龄期应大于30d。

例6-12　（2021）工业厂房地面垫层的最小厚度宜为（　　）。

A　100mm　　　B　80mm　　　C　60mm　　　D　40mm

解析： 参见《机械工业厂房建筑设计规范》GB 50681—2011 第6.2.3条，混凝土垫层的最小厚度应为80mm（B项正确），混凝土材料强度等级不应低于C15。当垫层兼作面层时，混凝土垫层的最小厚度不宜小于100mm，强度等级不应低于C20。另据《建筑地面设计规范》GB 50037—2013 第4.2.2条，混凝土垫层、钢筋混凝土垫层或钢纤维混凝土垫层的厚度，可按附录C的规定计算确定，且主要荷载为大面积密集堆料、无机床基础的普通金属切削机床或无轨运输车辆等的地面垫层不得小于100mm，其他地面垫层不得小于80mm（选项B正确）。

答案： B

7. 地面的地基

（1）地面垫层应铺设在均匀密实的地基上。对于铺设在淤泥、淤泥质土、冲填土及杂填土等软弱地基上时，应根据地面使用要求、土质情况并按《建筑地基基础设计规范》GB 50007—2011 的规定进行设计与处理。

（2）利用经分层压实的填土作地基的地面工程，应根据地面构造、荷载状况、填料性能、现场条件提出压实填土的设计质量要求。

（3）对灰土地基、砂和砂石地基、土工合成材料地基、粉煤灰地基、强夯地基、注浆地基、预压地基、水泥土搅拌桩复合地基、高压喷射注浆桩复合地基、砂桩地基、振冲桩复合地基、土和灰土挤密桩复合地基、水泥粉煤灰碎石桩复合地基及夯实水泥土桩复合地基等，经处理后的地基强度或承载力应符合设计要求。

（4）地面垫层下的填土应选用砂土、粉土、黏性土及其他有效填料，不得使用过湿土、淤泥、腐殖土、冻土、膨胀土及有机物含量大于8%的土。填料的质量和施工要求，应符合《建筑地基基础工程施工质量验收标准》GB 50202—2018 的有关规定。

（5）直接受大气影响的室外堆场、散水及坡道等地面，当采用混凝土垫层时，宜在垫层下铺设水稳性较好的砂、炉渣、碎石、矿渣、灰土及三合土等材料作为加强层，其厚度不宜小于垫层厚度的规定。

（6）重要的建筑物地面，应计入地基可能产生的不均匀变形及其对建筑物的不利影响，并应符合《建筑地基基础设计规范》GB 50007—2011 的有关规定。

（7）压实填土地基的压实系数和控制含水量，应符合《建筑地基基础设计规范》GB 50007—2011 的有关规定[①]。

---

① 《建筑地面工程施工质量验收规范》GB 50209—2010 规定：填土土块的粒径不应大于50mm。

8. 绝热层

绝热层与地面面层之间应设有混凝土结合层，结合层的厚度不应小于30mm。结合层内应配置双向间距不大于200mm的ϕ6钢筋网片。建筑物勒脚处绝热层应符合下列规定：冻土深度不大于500mm时，应采用外保温做法；冻土深度在500～1000mm时，宜采用内保温做法；冻土深度大于1000mm时，应采用内保温做法；建筑物的基础有防水要求时，应采用内保温做法。

9. 防水层

（1）防水涂料：防水涂料包括聚氨酯防水涂料、聚合物乳液防水涂料、聚合物水泥防水涂料和水乳型沥青防水涂料等水性和反应性防水涂料。平均厚度为1.5～2.0mm。

（2）防水卷材：住宅室内防水工程可选用自粘聚合物改性沥青防水卷材和聚乙烯丙纶复合防水卷材及聚乙烯丙纶复合防水卷材与相配套的聚合物水泥防水粘结料共同组成的复合防水层。平均厚度为1.5mm左右。

（3）防水砂浆：防水砂浆应使用掺外加剂的防水砂浆、聚合物水泥防水砂浆。

（4）防水混凝土

1）防水混凝土中的水泥宜采用硅酸盐水泥、普通硅酸盐水泥；

2）防水混凝土的化学外加剂、矿物掺合料、砂、石及拌合用水应符合规定。

（五）常用地面的构造

1. 整体地面

（1）混凝土或细石混凝土地面，应符合下列要求：

1）混凝土地面采用的石子粗骨料，最大颗粒粒径不应大于面层厚度的2/3，细石混凝土面层采用的石子粒径不应大于15mm。

2）混凝土和细石混凝土的强度等级不应低于C20；耐磨混凝土面层或耐磨细石混凝土面层的强度等级不应低于C30；底层地面的混凝土垫层兼面层的强度等级不应低于C20，其厚度不应小于80mm；细石混凝土面层厚度不应小于40mm。

3）垫层及面层，宜分仓浇筑或留缝。

4）当地面上静荷载或活荷载较大时，宜在混凝土垫层中按荷载计算配置钢筋或在垫层中加入钢纤维，钢纤维的抗拉强度不应小于1000MPa，钢纤维混凝土的弯曲韧度比不应小于0.5。当垫层中仅为构造配筋时，可配置直径为8～14mm，间距为150～200mm的钢筋网。

5）水泥类整体面层需严格控制裂缝时，应在混凝土面层顶面下20mm处配置钢筋直径为4～8mm、间距为100～200mm的双向钢筋网；或面层中加入钢纤维，其弯曲韧度比不应小于0.4，体积率不应小于0.15%。

（2）水泥砂浆地面，应符合下列要求：

1）水泥砂浆的体积比应为1∶2，强度等级不应低于M15，面层厚度不应小于20mm。

2）水泥应采用硅酸盐水泥或普通硅酸盐水泥，其强度等级不应小于42.5级；不同品种、不同强度等级的水泥不得混用，砂应采用中粗砂。当采用石屑时，其粒径宜为3～5mm，且含泥量不应大于3%。

（3）水磨石地面，应符合下列要求：

1）水磨石面层应采用水泥与石粒的拌合料铺设，面层的厚度宜为12~18mm，结合层的水泥砂浆体积比宜为1∶3，强度等级不应小于M10。

2）水磨石面层的石粒，应采用坚硬可磨的白云石、大理石等岩石加工而成，石子应洁净无杂质，其粒径宜为6~15mm。

3）白色或浅色的水磨石，应采用白水泥；深色的水磨石面层，宜采用强度等级不小于42.5级的硅酸盐水泥、普通硅酸盐水泥或矿渣硅酸盐水泥；同颜色的面层应使用同一批号水泥。

4）彩色水磨石面层使用的颜料，应采用耐光、耐碱的无机矿物质颜料，其掺入量宜为水泥重量的3%~6%或由试验确定。

5）水磨石面层分格尺寸不宜大于1m×1m，分格条宜采用铜条、铝合金条等平直、坚挺材料。当金属嵌条对某些生产工艺有害时，可采用玻璃条分格。[1]

（4）自流平地面

《自流平地面工程技术标准》JGJ/T 175—2018中规定：

1）定义：在基层上，采用具有自动流平或稍加辅助流平功能的材料，经现场搅拌后摊铺形成的面层。

2）类型：水泥基自流平地面、树脂自流平地面和树脂水泥复合砂浆自流平地面。

3）基层要求与处理：

① 基层表面不得有起砂、空鼓、起壳、脱皮、疏松、麻面、油脂、灰尘、裂纹等缺陷。

② 基层应为坚固、密实的混凝土层或水泥砂浆层，其抗压强度和表面抗拉强度应符合规范规定。当基层抗压强度和表面抗拉强度未达到规范规定时，应采取补强处理或重新施工。

③ 基层含水率不应大于8%。

④ 有防水防潮要求的地面，基层应包含防水防潮层。

⑤ 楼地面与墙面交接部位、穿楼（地）面的套管等细部构造处，应采用防护处理并验收合格后进行地面施工。

4）自流平地面构造设计：

① 基层有坡度设计时，水泥基自流平砂浆可用于坡度小于或等于1.5%的地面；对于坡度大于1.5%但不超过5%的地面，基层应采用环氧底涂撒砂处理，并应调整自流平砂浆流动度；坡度大于5%的基层不得使用自流平砂浆。

② 面层分格缝的设置应与基层的伸缩缝一致。

③ 面层水泥基自流平地面系统应由基层、自流平界面剂、面层水泥基自流平砂浆、罩面涂层或基层、自流平界面剂、面层水泥基自流平砂浆、底涂层、环氧树脂/聚氨酯薄涂层构成。

④ 垫层水泥基自流平地面系统应由基层、自流平界面剂、垫层水泥基自流平砂浆、

---

[1] 《建筑地面工程施工质量验收规范》GB 50209—2010中规定：有防静电要求的水磨石时，拌合料内应掺入导电材料。结合层稠度宜为30~35mm。防静电面层采用导电金属分格条时，分格条应作绝缘处理，十字交叉处不得碰接。

装饰层构成。

⑤ 树脂自流平地面系统应由基层、底涂层、树脂自流平面层或基层、底涂层、中涂层、树脂自流平面层构成。

⑥ 树脂水泥复合砂浆自流平地面系统应由基层、底涂层、树脂水泥复合砂浆构成。

2. 块料地面

(1) 铺地砖：铺地砖包括陶瓷锦砖、缸砖、陶瓷地砖和水泥花砖，铺地砖应在结合层上铺设。

(2) 天然石材：天然石材包括天然大理石、花岗石（或碎拼大理石、碎拼花岗石）板材，天然石材应在结合层上铺设。铺设大理石、花岗石面层前，板材应浸湿、晾干；结合层与板材应分段同时铺设。

(3) 预制板块：预制板块包括水泥混凝土板块、水磨石板块、人造石板块，应在结合层上铺设。混凝土板块间的缝隙不宜大于 6mm；水磨石板块、人造石板块间的缝隙不应大于 2mm。预制板块面层铺完 24h 后，应用水泥砂浆灌缝至 2/3 高度，再用同色水泥浆擦（勾）缝。

(4) 料石：料石包括天然条石和块石，料石应在结合层上铺设。天然条石的结合层宜采用水泥砂浆；块石的结合层宜采用砂垫层，厚度不应小于 60mm；基层土应为均匀密实的基土或夯实的基土。

(5) 塑料板：塑料板应采用塑料板块材、塑料板焊接或塑料卷材，塑料板应采用胶粘剂在水泥类基层上铺设。铺贴塑料板面层时，室内相对湿度不宜大于 70%，温度宜在 10～32℃ 之间。防静电塑料板的胶粘剂、焊条等应具有防静电功能。

(6) 活动地板：活动地板宜用于有防尘和防静电要求的专用房间的地面。架空高度一般在 50～360mm 之间。其构造要求是：

1) 面板：面板的表面为装饰层、芯材为特制的平压刨花板、底层为镀锌板经胶粘交接形成的活动块材；活动地板面材包括标准地板和异型地板两大类。

2) 金属支架：金属支架由横梁、橡胶垫条和可供调节高度的支架组成，支架应在水泥类面层（或基层）或现浇水泥混凝土基层（或面层）上铺设。基层表面应平整、光洁、不起灰。

3) 构造要求：活动地板在门口处或预留洞口处四周侧边应用耐磨硬质板材封闭或用镀锌钢板包裹，胶条封边。

3. 木（竹）地面

(1) 实木地板、实木集成地板、竹地板

1) 实木地板、实木集成地板、竹地板应采用条材、块材或拼花板材，用空铺或实铺的方式在基层上铺设，实木地板的厚度为 18～20mm，实木集成地板的厚度为 9.5mm。

2) 实木地板、实木集成地板、竹地板可采用双层做法或单层做法。

3) 铺设实木地板、实木集成地板、竹地板时，木格栅（龙骨）的截面尺寸、间距和稳定方法均应符合要求。木格栅（龙骨）固定时，不得损坏基层和预埋管线。木格栅（龙骨）应垫实钉牢，与柱、墙之间留出 20mm 的缝隙，表面应平直，龙骨间距不宜大于 300mm，固定点间距不得大于 600mm。

4) 当面层下铺设垫层地板（毛地板）时，应与龙骨呈 30°或 45°铺钉，板缝应为 2～

3mm，相邻板的接缝应错开。垫层地板的髓心应向上，板间缝隙不应大于 3mm，与柱、墙之间应留出 8～12mm 的空隙，表面应刨平。

5）实木地板、实木集成地板、竹地板铺设时，相邻板材接头位置应错开不小于 300mm 的距离，与柱、墙之间应留出 8～12mm 的空隙。

6）采用实木制作的踢脚线，背面应抽槽并作防潮处理。

7）席纹实木地板、拼花实木地板均应符合上述规定。

（2）浸渍纸层压木质地板（强化木地板）

1）浸渍纸层压木质地板（强化木地板）面层应采用条材或块材，厚度在 8～12mm 之间，以空铺或粘贴方式在基层上铺设。

2）浸渍纸层压木质地板（强化木地板）可采用有垫层或无垫层的方式铺设。

3）浸渍纸层压木质地板（强化木地板）面层铺设时，相邻板材接头位置应错开不小于 300mm 的距离；衬垫层、垫层地板及面层与柱、墙之间均应留出不小于 10mm 的空隙。

4）浸渍纸层压木质地板（强化木地板）面层采用无龙骨的空铺法铺设时，宜在面层与基层之间设置衬垫层。衬垫层应在面层与柱、墙之间的空隙内加设金属弹簧卡或木楔子，其间距宜为 200～300mm。

5）强化木地板安装第一排时，应凹槽靠墙，地板与墙之间应留有 8～10mm 的缝隙。

6）强化木地板房间长度或宽度超过 8m 时，应在适当位置设置伸缩缝。

（3）软木类地板

1）软木类地板包括软木地板或软木复合地板的条材或块材，软木地板应在水泥类基层或垫层上采用粘贴方式铺设，软木复合地板面层应采用空铺方式铺设。

2）软木类地板的垫层地板在铺设时，与柱、墙之间应留出不大于 20mm 的空隙，表面应刮平。

3）软木类地板铺设时，相邻板材接头位置应错开不小于 1/3 板长且不小于 200mm 的距离；软木复合地板铺设时，应在与柱、墙之间的空隙内加设金属弹簧卡或木楔子，其间距宜为 200～300mm。

4）软木类地板面层的厚度一般为 4～8mm，软木复合地板的厚度为 13mm，松木底板的厚度为 22mm。

4. 地毯地面

地毯可以采用地毯块材或地毯卷材，铺贴方法有空铺法或实铺法两种。

（1）空铺法

1）块材地毯宜先拼成整块；

2）块材地毯的块与块之间应挤紧服帖；

3）卷材地毯宜先长向缝合；

4）地毯面层的周边应压入踢脚线下。

（2）实铺法

1）实铺地毯面层采用的金属卡条（倒刺板）、金属压条、专用双面胶带、胶粘剂等材料固定；

2）铺设时，地毯的表面层宜张拉适度，四周应采用卡条固定，门口处宜用金属压条或双面胶带等固定；

3）地毯周边应塞入卡条和踢脚线下；
4）地毯面层应采用胶粘剂或双面胶带与基层粘结牢固；
5）地毯铺装方向，应是绒毛走向的背光方向。

5. 地面辐射供暖地面的面层

（1）整体面层

地面辐射供暖的整体面层宜采用水泥混凝土、水泥砂浆等材料，并应在填充层上铺设。

（2）块材面层

地面辐射供暖的块材面层可以采用缸砖、陶瓷地砖、花岗石、人造石板块、塑料板等板材，并应在垫层上铺设。

（3）木板面层

1）地面辐射供暖的木板面层宜采用实木复合地板、浸渍纸层压木质地板等，应在填充层上铺设；

2）地面辐射供暖的木板面层可采用空铺法或胶粘法（满粘或点粘）铺设；当面层设置垫层地板时，垫层底板的厚度为22mm；

3）地面辐射供暖的木板面层与填充层接触的龙骨、垫层地板、面层地板等应采用胶粘法铺设；

4）地面辐射供暖的木板面层铺设时不得扰动填充层，不得向填充层内楔入任何物件。

（六）地面的细部构造

1. 排泄坡面

（1）当需要排除水或其他液体时，地面应设朝向排水沟或地漏的排泄坡面。排泄坡面较长时，宜设排水沟。排水沟或地漏应设置在不妨碍使用且能迅速排除水或其他液体的位置。

（2）疏水面积和排泄量可控制时，宜在排水地漏周围设置排泄坡面。

2. 地面坡度

（1）底层地面的坡度，宜采用修正地基高程筑坡。楼层地面的坡度，宜采用变更填充层、找平层的厚度或结构起坡。

（2）地面排泄坡面的坡度，应符合下列要求：

1）整体面层或表面比较光滑的块材面层，宜为0.5%～1.5%；

2）表面比较粗糙的块材面层，宜为1%～2%。

（3）排水沟的纵向坡度不宜小于0.5%，排水沟宜设盖板。

3. 隔离层

（1）隔离层是防止建筑地面上各种液体或地下水、潮气渗透地面等作用的构造层；当仅防止地下潮气透过地面时，可称作防潮层。

（2）地漏四周、排水地沟及地面与墙、柱连接处的隔离层，应增加层数或局部采取加强措施。地面与墙、柱连接处隔离层应翻边，其高度不宜小于150mm。

另《建筑地面工程施工质量验收规范》GB 50209—2010中规定，铺设隔离层时，在管道穿过楼板面四周，防水、防油渗材料应向上铺涂，并超过套管的上口；在靠近柱、墙处，应高出面层200～300mm或按设计要求的高度铺涂。阴阳角和管道穿过楼板面的根部应增加铺涂附加防水、防油渗隔离层。

(3) 有水或其他液体流淌的地段与相邻地段之间,应设置挡水或调整相邻地面的高差。

(4) 有水或其他液体流淌的楼层地面孔洞四周翻边高度,不宜小于150mm;平台临空边缘应设置翻边或贴地遮挡,高度不宜小于100mm。

(5) 厕浴间和有防水要求的建筑地面应设置防水隔离层。楼层地面应采用现浇混凝土。楼板四周除门洞外,应做强度等级不小于C20的混凝土翻边,其高度不小于200mm。

4. 台阶、坡道

(1) 在踏步、坡道或经常有水、油脂、油等各种易滑物质的地面上,应采取防滑措施。

(2) 有强烈冲击、磨损等作用的沟、坑边缘以及经常受磕碰、撞击、摩擦等作用的室内外台阶、楼梯踏步的边缘,应采取加强措施。

5. 其他

其他相关技术资料规定,地面构造还应注意以下问题:

(1) 楼面填充层内敷设有管道时,应以管道大小及交叉时所需的尺寸决定填充层厚度。

(2) 上部房间的下部为高湿度房间的地面,宜设置防潮层。

(3) 档案馆建筑、图书馆的书库及非书资料库,当采用填实地面时,应有防潮措施。当采用架空地面时,架空高度不宜小于0.45m,并宜有通风设施。架空层的下部宜采用不小于1%坡度的防水地面,并高于室外地面0.15m。架空层上部的地面宜采用隔潮措施。

(4) 观众厅纵向走道坡度大于1:10时,坡道面层应作防滑处理。

(5) 采暖房间的楼地面,可不采取保温措施;但遇到架空或悬挑部分直接接触室外的采暖房间的楼地面或接触非采暖房间的楼面时,应采取局部保温措施。

(6) 大面积的水泥楼地面、现浇水磨石楼地面的面层宜分格,每格面积不宜超过25m²。

(7) 有特殊要求的水泥地面宜采用在混凝土面层上干撒水泥面、压实赶光(随打随抹)的做法。

(8) 医院的手术室不应设置地漏,否则应有防污染措施。

(9) 底层地面减少结露、防泛潮构造措施

《全国民用建筑工程设计技术措施 规划·建筑·景观》(2009年版)第二部分中指出:夏热冬冷和夏热冬暖地区的建筑,其底层地面为减少梅雨季节的结露,宜采取下列措施:

1) 地面构造层热阻不小于外墙热阻的1/2;

2) 地面面层材料的导热系数要小,使其温度易于适应室温变化;

3) 外墙勒脚部位设置可开启的小窗,加强通风、降低空气温度;

4) 在底层增设500~600mm高地垄墙架空层,架空层彼此连通,并在勒脚处设通风孔及箅子,加强通风、降低空气温度;燃气管道不得穿越此空间。

四、关于路面的一些问题

(一) 一般道路的规定

1. 路面材料

《城镇道路路面设计规范》CJJ 169—2012中规定:

道路路面可分为沥青路面、水泥混凝土路面和砌块路面三大类：

（1）沥青路面面层类型包括沥青混合料、沥青贯入式和沥青表面处治。沥青混合料适用于各交通等级道路；沥青贯入式与沥青表面处治路面适用于中、轻交通道路。

（2）水泥混凝土路面面层类型包括普通混凝土、钢筋混凝土、连续配筋混凝土与钢纤维混凝土，适用于各交通等级道路。

（3）砌块路面适用于支路、广场、停车场、人行道与步行街。

《城市道路工程设计规范》CJJ 37—2012（2016 年版）中规定：

（1）水泥混凝土路面设计

1）水泥混凝土面层应满足强度和耐久性的要求，表面应抗滑、耐磨、平整。面层宜选用设接缝的普通水泥混凝土。面层水泥混凝土的抗弯拉强度不得低于 4.5MPa，快速路、主干路和重交通的其他道路的抗弯拉强度不得低于 5.0MPa。混凝土预制块的抗压强度非冰冻地区不宜低于 50MPa，冰冻地区不宜低于 60MPa。

2）当水泥混凝土路面总厚度小于最小防冻厚度，或路基湿度状况不佳时，需设置垫层。

3）水泥混凝土路面应设置纵、横向接缝。纵向接缝与路线中线平行，并应设置拉杆。横向接缝可分为横向缩缝、胀缝和横向施工缝，快速路、主干路的横向缩缝应加设传力杆；在邻近桥梁或其他固定构筑物处、板厚改变处、小半径平曲线等处，应设置胀缝。

4）水泥混凝土面层自由边缘，承受繁重交通的胀缝、施工缝，小于 90°的面层角隅，下穿市政管线路段，以及雨水口和地下设施的检查井周围，面层应配筋补强。

5）其他水泥混凝土面层类型可根据适用条件按表 6-70 选用。

其他水泥混凝土面层类型的适用条件　　　　表 6-70

面层类型	适用条件
连续配筋混凝土面层、预应力水泥混凝土路面	特重交通的快速路、主干路
沥青上面层与连续配筋混凝土或横缝设传力杆的普通水泥混凝土下面层组成的复合式路面	特重交通的快速路
钢纤维混凝土面层	标高受限制路段、收费站、桥面铺装
混凝土预制块面层	广场、步行街、停车场、支路

（2）沥青混凝土路面设计

1）沥青混凝土路面设计应选用多种损坏模式作为临界状态，并应选用多项设计指标进行控制。

2）城市广场、停车场、公交车站、路口或通行特种车辆的路段，沥青路面结构应根据车辆运行要求进行特殊设计。

2. 路面选择

城市道路宜采用现铺沥青混凝土路面，其特点是噪声小、起尘少、便于维修、不需分格等。0.4t 以下轻型道路、人行道、停车场、广场可以采用透水路面，使雨水通过路面回收再利用。

《城市道路工程设计规范》CJJ 37—2012（2016 年版）中规定：路面面层类型的选用

应符合表 6-71 的规定，并应符合下列规定：

（1）道路经过景观要求较高的区域或突出显示道路线形的路段，面层宜采用彩色。

（2）综合考虑雨水收集利用的道路，路面结构设计应满足透水性的要求，并应符合现行行业标准《透水砖路面技术规程》CJJ/T 188、《透水沥青路面技术规程》CJJ/T 190 和《透水水泥混凝土路面技术规程》CJJ/T 135 的有关规定。

（3）道路经过噪声敏感区域时，宜采用降噪路面。

（4）对环保要求较高的路段或隧道内的沥青混凝土路面，宜采用温拌沥青混凝土。

路面面层类型及适用范围   表 6-71

面层类型	适用范围
沥青混凝土	快速路、主干路、次干路、支路、城市广场、停车场
水泥混凝土	快速路、主干路、次干路、支路、城市广场、停车场
贯入式沥青碎石、上拌下贯式沥青碎石、沥青表面处治和稀浆封层	支路、停车场
砌块路面	支路、城市广场、停车场

3. 路面厚度

（1）沥青混凝土路面：微型车通行的路面厚度一般为 50~80mm，其他车型的路面厚度一般为 100~150mm；

（2）水泥混凝土路面：混凝土的强度等级为 C25，厚度与通行的车型有关，小型车（荷载＜5t）厚度为 120mm；中型车（荷载＜8t）厚度为 180mm；重型车（荷载＜13t）厚度为 220mm。

4. 道牙

道牙（又称立缘石）可以采用石材、混凝土等材料制作。石材道牙的强度等级一般为 MU30，混凝土道牙的强度等级一般为 C30。道牙高出路面一般为 100~200mm，宜设置在中间分隔带、两侧分隔带及路侧带两侧。当设置在中间分隔带及两侧分隔带时，外露高度宜为 150~200mm；当设置在路侧带两侧时，外露高度宜为 100~150mm。若道路两边为排水边沟时，则应采用平道牙。

5. 路面构造

综合《城市道路工程设计规范》CJJ 37—2012（2016 年版）、《城镇道路路面设计规范》CJJ 169—2012 和《城市道路路基设计规范》CJJ 194—2013 中的相关规定：

（1）路面可分为面层、基层和垫层。路面结构层所选材料应满足强度、稳定性和耐久性的要求。

（2）面层应满足结构强度、高温稳定性、低温抗裂性、抗疲劳、抗水损害及耐磨、平整、抗滑、低噪声等表面特性的要求。

（3）基层应具有足够的强度和扩散应力的能力，并应具有良好的水稳定性和抗冻性。基层可采用刚性、半刚性或柔性材料。中或轻交通等级的沥青混凝土路面、现浇混凝土路面、预制混凝土块材路面、石材路面（除透水路面外），其基层可采用 150~300mm 厚的 3∶7 灰土。基层类型宜根据交通等级按表 6-72 选用。

适宜各交通等级的基层类型 表 6-72

交通等级	基层类型
特重	贫混凝土、碾压混凝土、水泥稳定粒料、石灰粉煤灰稳定粒料、水泥粉煤灰稳定粒料
重	水泥稳定粒料、沥青稳定碎石基层、石灰粉煤灰稳定粒料、水泥粉煤灰稳定粒料
中或轻	沥青稳定碎石基层、水泥稳定类、石灰稳定类、水泥粉煤灰稳定类、石灰粉煤灰稳定类或级配粒料基层

(4) 垫层应满足强度和水稳定性的要求。

1) 在下述情况下，应在基层下设置垫层：

① 季节性冰冻地区的中湿或潮湿路段；

② 地下水位高、排水不良，路基处于潮湿或过湿状态；

③ 水文地质条件不良的土质路堑，路床土处于潮湿或过湿状态。

2) 垫层宜采用砂、砂砾等颗粒材料，小于 0.075mm 的颗粒含量不宜大于 5%。

3) 排水垫层应与边缘排水系统相连接，厚度宜大于 150mm，宽度不宜小于基层底面的宽度。

6. 建筑基地道路宽度

(1) 单车行驶的道路宽度不应小于 4.00m，双车行驶的道路宽度不应小于 7.00m。

(2) 人行便道的宽度不应小于 1.50m。

(3) 利用道路边设置停车位时，不应影响有效的通行宽度。

(4)《车库建筑设计规范》JGJ 100—2015 中规定：车行道路改变方向时，应满足车辆最小转弯半径的要求（表 6-73）。

最小转弯半径（m） 表 6-73

车 型	最小转弯半径	车 型	最小转弯半径
微型车	4.50	中型车	7.20～9.00
小型车	6.00	大型车	9.00～10.50
轻型车	6.00～7.20	—	—

(5) 相关资料表明：轻型消防车的最小转弯半径为 9.00～10.00m；重型消防车的最小转弯半径为 12.00m。

(6) 关于消防车道路和场地，《建筑设计防火规范》GB 50016—2014（2018 年版）中规定：

1) 消防车道应符合下列要求：

① 车道的净宽度和净空高度均不应小于 4.0m；

② 转弯半径应满足消防车转弯的要求；

③ 消防车道与建筑之间不应设置妨碍消防车操作的树木、架空管线等障碍物；

④ 消防车道靠建筑外墙一侧的边缘距离建筑外墙不宜小于 5m；

⑤ 消防车道的坡度不宜大于 8%。

2) 环形消防车道至少应有两处与其他车道连通。尽端式消防车道应设置回车道或回车场，回车场的面积不应小于 12m×12m；对于高层建筑，不宜小于 15m×15m；供重型消防车使用时，不宜小于 18m×18m。

消防车道的路面、救援操作场地、消防车道和救援操作场地下面的管道和暗沟等，应能承受重型消防车的压力。

消防车道可利用城乡、厂区道路等，但该道路应满足消防车通行、转弯和停靠的要求。

3）消防车登高操作场地应符合下列规定：

① 场地与厂房、仓库、民用建筑之间不应设置妨碍消防车操作的树木、架空管线等障碍物和车库出入口；

② 场地的长度和宽度分别不应小于15m和10m；对于建筑高度大于50m的建筑，场地的长度和宽度分别不应小于20m和10m；

③ 场地及其下面的建筑结构、管道和暗沟等，应能承受重型消防车的压力；

④ 场地应与消防车道连通，场地靠建筑外墙一侧的边缘距离建筑外墙不宜小于5m，且不应大于10m，场地的坡度不宜大于3%。

7. 建筑基地竖向设计

（1）建筑基地场地设计应符合下列规定：

1）当基地自然坡度小于5%时，宜采用平坡式布置方式；当大于8%时，宜采用台阶式布置方式，台地连接处应设挡墙或护坡；基地临近挡墙或护坡的地段，宜设置排水沟，且坡向排水沟的地面坡度不应小于1%。

2）基地地面坡度不宜小于0.2%；当坡度小于0.2%时，宜采用多坡向或特殊措施排水。

3）当基地外围有较大汇水汇入或穿越基地时，宜设置边沟或排（截）洪沟，有组织进行地面排水。

4）场地设计标高宜比周边城市市政道路的最低路段标高高0.2m以上；当市政道路标高高于基地标高时，应有防止客水进入基地的措施。

5）场地设计标高应高于多年最高地下水位。

（2）建筑基地内道路设计坡度应符合下列规定：

1）基地内机动车道的纵坡不应小于0.3%，且不应大于8%；当采用8%坡度时，其坡长不应大于200.0m。当遇特殊困难，纵坡小于0.3%时，应采取有效的排水措施；个别特殊路段，坡度不应大于11%，其坡长不应大于100.0m，在积雪或冰冻地区不应大于6%，其坡长不应大于350.0m；横坡宜为1%～2%。

2）基地内非机动车道的纵坡不应小于0.2%，最大纵坡不宜大于2.5%；困难时不应大于3.5%，当采用3.5%坡度时，其坡长不应大于150.0m；横坡宜为1%～2%。

3）基地内步行道的纵坡不应小于0.2%，且不应大于8%，积雪或冰冻地区不应大于4%；横坡应为1%～2%；当大于极限坡度时，应设置为台阶步道。

4）基地内人流活动的主要地段，应设置无障碍通道。

（3）建筑基地内应有排除地面及路面雨水至城市排水系统的措施，排水方式应根据城市规划的要求确定。有条件的地区应充分利用场地空间设置绿色雨水设施，采取雨水回收利用措施。

（4）下沉庭院周边和车库坡道出入口处，应设置截水沟。

（5）建筑物底层出入口处应采取措施防止室外地面雨水回流。

(二) 透水路面的构造

透水路面的饰面、垫层等材料及构造均要透水，才能达到透水的效果。垫层不宜选用灰土，宜选用级配砂石。

1.《透水水泥混凝土路面技术规程》CJJ/T 135—2009 的规定

(1) 透水路面一般采用透水水泥混凝土（又称为"无砂混凝土"）。透水水泥混凝土是由粗集料及水泥基胶结料经拌合形成的具有连续孔隙结构的混凝土。

(2) 材料

1) 水泥：采用强度等级为 42.5 级的硅酸盐水泥或普通硅酸盐水泥。水泥不得混用。

2) 集料：采用质地坚硬、耐久、洁净、密实的碎石料。

(3) 透水水泥混凝土路面的分类

透水水泥混凝土路面分为全透水结构路面和半透水结构路面。

1) 全透水结构路面：路表水能够直接通过道路的面层和基层向下渗透至路基土中的道路结构体系。主要应用于人行道、非机动车道、景观硬地、停车场、广场。

2) 半透水结构路面：路表水能够透过面层，不会渗透至路基中的道路结构体系。主要用于荷载<0.4t 的轻型道路。

(4) 透水水泥混凝土路面的其他要求

1) 纵向接缝的间距应为 3.00～4.50m，横向接缝的间距应为 4.00～6.00m，缝内应填柔性材料。

2) 广场的平面分隔尺寸不宜大于 $25m^2$，缝内应填柔性材料。

3) 面层板的长宽比不宜超过 1.3。

4) 当透水水泥混凝土路面的施工长度超过 30m，及与侧沟、建筑物、雨水口、沥青路面等交接处均应设置胀缝。

5) 透水水泥混凝土路面基层横坡宜为 1‰～2‰，面层横坡应与基层相同。

6) 当室外日平均温度连续 5 天低于 5℃时不得施工，室外最高气温达到 32℃及以上时不宜施工。

2.《透水沥青路面技术规程》CJJ/T 190—2012 的规定

(1) 透水沥青路面由透水沥青混合料修筑，路表水可进入路面横向排出或渗入至路基内部。透水沥青混合料的空隙率为 18%～25%。

(2) 透水沥青路面有三种路面结构类型：

1) Ⅰ型：路表水进入表层排入邻近排水设施，由透水沥青上面层、封层、中下面层、基层、垫层和路基组成。适用于需要减小降雨时的路表径流量和降低道路两侧噪声的各类新建、改建道路。

2) Ⅱ型：路表水由面层进入基层（或垫层）后排入邻近排水设施，由透水沥青面层、透水基层、封层、垫层和路基组成。适用于需要缓解暴雨时城市排水系统负担的各类新建、改建道路。

3) Ⅲ型：路表水进入路面后渗入路基，由透水沥青面层、透水基层、透水垫层、反滤隔离层和路基组成。适用于路基土渗透系数大于或等于 $7×10^{-5}$cm/s 的公园、小区道路，停车场，广场和中、轻型荷载道路。

(3) 透水沥青路面的结构层材料

1）透水沥青路面的结构层材料见表6-74。透水基层可选用排水沥青稳定碎石、级配碎石、大粒径透水性沥青混合料、骨架空隙型水泥稳定碎石和透水水泥混凝土。

透水沥青路面的结构层材料 表6-74

路面结构类型	面 层	基 层
透水沥青路面Ⅰ型	透水沥青混合料面层	各类基层
透水沥青路面Ⅱ型	透水沥青混合料面层	透水基层
透水沥青路面Ⅲ型	透水沥青混合料面层	透水基层

2）Ⅰ、Ⅱ型透水结构层下部应设封层，封层材料的渗透系数不应大于80ml/min，且应与上下结构层粘结良好。

3）Ⅲ型透水路面的路基土渗透系数宜大于7×10^{-5}cm/s，并应具有良好的水稳定性。

4）Ⅲ型透水路面的路基顶面应设置反滤隔离层，可选用粒料类材料或土工织物。

3.《透水砖路面技术规程》 CJJ/T 188—2012 的规定

(1) 透水砖路面适用于轻型荷载道路、停车场和广场及人行道、步行街等部位。

(2) 透水砖路面的基本规定：

1）透水砖路面结构层应由透水砖面层、找平层、基层和垫层组成。

2）透水砖路面应满足荷载、透水、防滑等使用功能及抗冻胀等耐久性要求。

3）透水砖路面的设计应满足当地2年一遇的暴雨强度下，持续降雨60min，表面不应产生径流的透（排）水要求；合理使用年限宜为8～10年。

4）透水砖路面下的基土应具有一定的透水性能，土壤透水系数不应小于1.0×10^{-3}mm/s，且土基顶面距离地下水位宜大于1.0m。当不能满足上述要求时，宜增加路面排水设计的内容。

5）寒冷地区透水砖路面结构层宜设置单一级配碎石垫层或砂垫层，并应验算防冻厚度。

6）透水砖路面内部雨水收集可采用多孔管道及排水盲沟等形式。广场路面应根据规模设置纵横雨水收集系统。

例6-13 （2014） 关于透水路面的做法，错误的是下面哪一项？

A 采用透水性地面砖
B 采用透水性混凝土块状面层
C 采用灰土夯实垫层
D 采用砂石级配垫层

解析： 透水路面包括"透水水泥混凝土路面""透水沥青路面"和"透水砖路面"，考虑到透水要求及遇水变形的因素，采用灰土夯实垫层是不正确的。

《透水水泥混凝土路面技术规程》CJJ/T 135—2009 第4.1.5规定：透水水泥混凝土路面的基层与垫层结构应选用：多孔隙水泥稳定碎石、级配砂砾、级配碎石及级配砂砾基层（全透水结构），水泥混凝土基层+稳定土基层或石灰、粉煤灰稳定砂砾基层（半透水结构）。

《透水沥青路面技术规程》CJJ/T 190—2012 第 4.2.4 条规定：Ⅱ型和Ⅲ型透水沥青路面可选用透水基层，Ⅰ型可选用各类基层。

《透水砖路面技术规程》CJJ/T 188—2012 第 5.4.1 条规定：基层类型可包括刚性基层、半刚性基层和柔性基层，可根据地区资源差异选择透水粒料基层、透水水泥混凝土基层、水泥稳定碎石基层等类型，并应具有足够的强度、透水性和水稳定性。

答案：C

五、阳台和雨篷的构造

（一）阳台

阳台是楼房中挑出于外墙面或部分挑出于外墙面的平台。前者叫挑阳台，后者叫凹阳台。阳台周围设栏板或栏杆，便于人们在阳台上休息或存放杂物。

阳台的挑出长度为 1.5m 左右；当挑出长度超过 1.5m 时，应做凹阳台或采取可靠的防倾覆措施。阳台的栏板或栏杆的高度常取 1050mm。

阳台通常是用钢筋混凝土制作的，它分为现浇和预制两种。现浇阳台要注意钢筋的摆放，注意区分是悬挑构件还是一般梁板式构件，并注意锚固。预制阳台一般均做成槽形板。支撑在墙上的尺寸应为 100～120mm。

预制阳台的锚固，应通过现浇板缝或用板缝梁来进行连接。

阳台板上面应预留排水孔。其直径应不小于 32mm，伸出阳台外应有 80～100mm，排水坡度为 1‰～2％。板底面抹灰，喷白浆。

（二）雨篷

在外门的上部常设置雨篷，它可以起遮风、挡雨的作用。雨篷的挑出长度为 1m 左右。挑出尺寸较大者，应解决好防倾覆措施。

钢筋混凝土雨篷也分现浇和预制两种。现浇雨篷可以浇筑成平板式或槽形板式，而预制雨篷则多为槽形板式。

（三）阳台等临空处的防护栏杆

1.《民用建筑设计统一标准》GB 50352—2019 的规定

（1）阳台、外廊、室内回廊、内天井、上人屋面及室外楼梯等临空处应设置防护栏杆，并应符合下列规定：

1）栏杆应以坚固、耐久的材料制作，并应能承受现行国家标准《建筑结构荷载规范》GB 50009 及其他国家现行相关标准规定的水平荷载。

2）当临空高度在 24.0m 以下时，栏杆高度不应低于 1.05m；当临空高度在 24.0m 及以上时，栏杆高度不应低于 1.1m。上人屋面和交通、商业、旅馆、医院、学校等建筑临开敞中庭的栏杆高度不应小于 1.2m。

3）栏杆高度应从所在楼地面或屋面至栏杆扶手顶面垂直高度计算；当底面有宽度大于或等于 0.22m，且高度低于或等于 0.45m 的可踏部位时，应从可踏部位顶面起算。

4）公共场所栏杆离地面 0.1m 高度范围内不宜留空。

（2）住宅、托儿所、幼儿园、中小学及其他少年儿童专用活动场所的栏杆必须采取防止攀爬的构造。当采用垂直杆件做栏杆时，其杆件净间距不应大于0.11m。

2.《托儿所、幼儿园建筑设计规范》JGJ 39—2016（2019年版）的规定

托儿所、幼儿园的外廊、室内回廊、内天井、阳台、上人屋面、平台、看台及室外楼梯等临空处，应设置防护栏杆。防护栏杆的高度应从可踏部位顶面起算，且净高不应小于1.30m。防护栏杆必须采用防止幼儿攀登和穿过的构造；当采用垂直杆件做栏杆时，其杆件净距离不应大于0.09m。

3.《中小学校设计规范》GB 50099—2011的规定

（1）上人屋面、外廊、楼梯、平台、阳台等临空部位必须设防护栏杆；防护栏杆必须牢固、安全，高度不应低于1.10m。防护栏杆最薄弱处承受的最小水平推力应不小于1.5kN/m。

（2）临空窗台的高度不应低于0.90m。

4.《建筑防护栏杆技术标准》JGJ/T 470—2019的规定

（1）建筑防护栏杆的防护高度应符合下列规定：

1）建筑临空部位栏杆的防护高度应符合现行国家标准《住宅设计规范》GB 50096、《民用建筑设计统一标准》GB 50352的相关规定。

2）窗台的防护高度，住宅、托儿所、幼儿园、中小学校及供少年儿童独自活动的场所不应低于0.90m，其余建筑不应低于0.80m。

3）住宅凸窗的可开启窗扇窗洞口底距窗台面的净高低于0.90m时，窗洞口处的防护高度从窗台面起算不应低于0.90m。

（2）建筑防护栏杆的设置应符合下列规定：

1）高层公共建筑的临空防护栏杆宜设实体栏板或半实体栏板；

2）阳台防护栏杆宜有栏板，7层及7层以上的住宅和严寒、寒冷地区住宅阳台的防护栏杆宜采用实体栏板；

3）楼梯防护栏杆应设有扶手；

4）窗的防护栏杆宜贴窗布置，且不应影响可开启窗扇的正常使用。

（3）建筑防护栏杆构件应符合下列规定：

1）阳台、外廊、室内外平台、露台、室内回廊、内天井、上人屋面及室外楼梯、台阶等临空处的防护栏杆、栏板或水平构件的间隙应大于30mm且不应大于110mm；有无障碍要求或挡水要求时，离楼面、地面或屋面100mm高度处不应留空。

2）住宅、托儿所、幼儿园、中小学及供少年儿童独自活动的场所，直接临空的通透防护栏杆垂直杆件的净间距不应大于110mm且不宜小于30mm；应采用防止少年儿童攀登的构造；该类场所的无障碍防护栏杆，当采用双层扶手时，下层扶手的高度不应低于700mm，且扶手到可踏面之间不应设置少年儿童可登援的水平构件。

3）住宅、托儿所、幼儿园、中小学及供少年儿童独自活动场所的楼梯，楼梯井净宽大于110mm时，栏杆扶手应设置防止少年儿童攀滑的措施。

5.《宿舍、旅馆建筑项目规范》GB 55025—2022的规定

（1）本规范为强制性工程建设规范，全部条文必须严格执行。现行工程建设标准中有关规定与本规范不一致的，以本规范的规定为准。

(2) 开敞阳台、外廊、室内回廊、中庭、内天井、上人屋面及室外楼梯等部位临空处应设置防护栏杆或栏板，并应符合下列规定：

1) 防护栏杆或栏板的材料应坚固、耐久；

2) 宿舍类建筑的防护栏杆或栏板垂直净高不应低于1.10m，学校宿舍的防护栏杆或栏板垂直净高不应低于1.20m；

3) 旅馆类建筑的防护栏杆或栏板垂直净高不应低于1.20m；

4) 放置花盆处应采取防坠落措施。

第五节 楼梯、电梯、台阶和坡道构造

一、楼梯的有关问题

(一) 解决建筑物垂直交通和高差的措施

解决建筑物的垂直交通和高差一般采取以下措施：

(1) 坡道：连接室外或室内不同标高的楼面、地面，供人行或车行的斜坡式交通道。其常用坡度为1/12～1/8，自行车坡道不宜大于1/5。

(2) 礓䃥：锯齿形坡道。其锯齿尺寸宽度为50mm，深度为7mm；坡度与坡道相同。

(3) 台阶：连接室外或室内不同标高的楼面、地面，供人行的阶梯式交通道。台阶的坡度宜比楼梯的坡度小，即台阶的宽度宜大于楼梯的踏步宽度，台阶的高度宜小于楼梯的踏步高度。

(4) 楼梯：由连续行走的梯级、休息平台和维护安全的栏杆（或栏板）、扶手以及相应的支承结构组成的作为楼层之间垂直交通用的建筑部件。楼梯坡度为20°～45°，舒适坡度为26°34′，即高宽比为1/2。

(5) 爬梯：多用于专用梯（工作梯、消防梯等）；常用角度为45°～90°，其中最常用的角度为59°（高宽比1∶0.5）、73°（高宽比1∶0.35）和90°。

(6) 电梯、自动扶梯和自动人行道：都是由动力驱动，利用沿刚性导轨运行的箱体或沿固定路线运行的梯级（踏步），进行升降或者平行运送人、货物的机电设备。其中电梯角度为90°；自动扶梯的倾斜角不宜超过30°；自动人行道有水平式和倾斜式，倾斜式自动人行道的倾斜角不应超过12°。

(二) 楼梯数量的确定

《建筑设计防火规范》GB 50016—2014（2018年版）中规定：

1. 公共建筑

<u>公共建筑内每个防火分区或一个防火分区的每个楼层，其安全出口的数量不应少于2个</u>。符合下列条件之一的公共建筑可设置1个疏散楼梯：

除医疗建筑、老年人建筑，托儿所、幼儿园的儿童用房，儿童游乐厅等儿童活动场所和歌舞娱乐放映游艺场所等外，符合表6-75的公共建筑。

2. 居住建筑

(1) 建筑高度不大于27m的建筑，当每个单元任一楼层的建筑面积大于650m²或任一户门至最近楼梯间的距离大于15m时，每个单元每层的楼梯数量不应少于2个。

(2) 建筑高度大于27m、不大于54m的建筑，当每个单元任一楼层的建筑面积大于

650m²，或任一户门至最近楼梯间的距离大于 10m 时，每个单元每层的楼梯数量不应少于 2 个。

可设置 1 个疏散楼梯的公共建筑　　　　表 6-75

耐火等级	最多层数	每层最大建筑面积（m²）	人　数
一、二级	3 层	200	第二层与第三层人数之和不超过 50 人
三级	3 层	200	第二层与第三层人数之和不超过 25 人
四级	2 层	200	第二层人数不超过 15 人

（3）建筑高度大于 54m 的建筑，每个单元每层的楼梯数量不应少于 2 个。

（三）楼梯位置的确定

（1）楼梯应放在明显和易于找到的部位，以方便疏散。

（2）楼梯不宜放在建筑物的角部和边部，以方便水平荷载的传递。

（3）楼梯间应有天然采光和自然通风（防烟式楼梯间可以除外）。

（4）5 层及 5 层以上建筑物的楼梯间，底层应设出入口；4 层及 4 层以下的建筑物，楼梯间可以放置在出入口附近，但不得超过 15m。

（5）楼梯不宜采取围绕电梯的布置形式。

（6）楼梯间一般不宜占用好朝向。

（7）建筑物内主入口的明显位置宜设有主楼梯。

（8）除通向避难层的楼梯外，楼梯间在各层的平面位置不应改变。

（四）楼梯应满足的几点要求

（1）功能方面的要求：楼梯的数量、位置、梯段净宽、楼梯间形式和细部做法等都应满足使用方便和安全疏散的要求。

（2）结构构造方面的要求：楼梯应有足够的承载能力（住宅按 1.5kN/m²，公共建筑按 3.5kN/m² 考虑），足够的采光能力（采光面积不应小于 1/12），较小的变形（允许挠度值为 1/400）等。

（3）防火、安全方面的要求：楼梯间距、楼梯数量均应符合有关的要求。此外，楼梯四周至少有一面墙体为耐火墙体，以保证疏散安全。

（4）施工、经济要求：在选择装配式做法时，应使构件重量适当，不宜过大。

（五）楼梯的类型

1. 按结构材料分类

楼梯按结构材料的不同，可分为钢筋混凝土楼梯、木楼梯、钢楼梯等。钢筋混凝土楼梯因具有坚固、耐久、防火的特点，故应用范围较广。

2. 按平面形式分类

楼梯按平面形式不同，可分为单跑式（直跑式）、双跑式、三跑式、多跑式，以及弧形、螺旋形、剪刀形等多种类型。

3. 楼梯选型的规定

关于楼梯选型，《建筑设计防火规范》GB 50016—2014（2018 年版）、《无障碍设计规范》GB 50763—2012、《宿舍建筑设计规范》JGJ 36—2016、《托儿所、幼儿园建筑设计规范》JGJ 39—2016（2019 年版）、《中小学校设计规范》GB 50099—2011、《老年人照料设施建筑设计标准》JGJ 450—2018 等有以下规定：

（1）疏散用楼梯和疏散通道上的阶梯不宜采用螺旋楼梯和扇形踏步；确需采用时，踏步上、下两级所形成的平面角度不应大于10°，且每级离扶手250mm处的踏步深度不应小于220mm。

（2）宿舍建筑疏散楼梯不得采用螺旋楼梯和扇形踏步。

（3）托儿所、幼儿园建筑中幼儿使用的楼梯不应采用扇形、螺旋形踏步。

（4）中小学校疏散楼梯不得采用螺旋楼梯和扇形踏步。

（5）老年人使用的楼梯严禁采用弧形楼梯和螺旋楼梯。

（六）楼梯间的类型

楼梯间的类型与建筑防火及安全疏散关系密切，选择时应符合《建筑设计防火规范》GB 50016—2014（2018年版）的规定。

1. 室内楼梯间

（1）敞开楼梯间

敞开楼梯间是在楼梯间开口处采用敞开式（不设置疏散门）的楼梯间，敞开楼梯间应符合疏散楼梯的构造要求。

1）疏散用的楼梯间应能天然采光和自然通风，并宜靠外墙设置。靠外墙设置时，楼梯间外墙上的窗口与两侧的门、窗、洞口最近边缘的水平距离不应小于1.00m。

2）疏散用的楼梯间内不应设置烧水间、可燃材料储藏室、垃圾道。

3）疏散用的楼梯间内不应有影响疏散的凸出物或其他障碍物。

4）疏散用的楼梯间内不应设置甲、乙、丙类液体管道。

5）敞开楼梯间内不应设置可燃气体管道，当住宅建筑的敞开楼梯间内确需设置可燃气体管道可燃气体的计量表时，应采用金属管和设置切断气源的阀门。

（2）封闭楼梯间（图6-56）

封闭楼梯间是在楼梯间开口处设置疏散门的楼梯间。封闭楼梯间除应符合疏散楼梯的要求外。还应符合下列规定：

1）不能自然通风和自然通风不能满足要求时，应设置机械加压送风系统或采用防烟楼梯间。

2）除楼梯间的出入口和外窗外，楼梯间的墙上不应开设其他门、窗、洞口。

3）高层建筑，人员密集的公共建筑，人员密集的多层丙类厂房、甲、乙类厂房，其封闭楼梯间的门应采用乙级防火门，并应向疏散方向开启；其他建筑，可采用双向弹簧门。

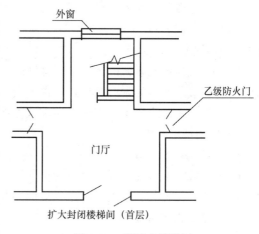

图6-56 封闭式楼梯间

4）疏散用的封闭楼梯间其前室不应设置卷帘。

5）封闭楼梯间禁止穿过或设置可燃气体管道。

6）楼梯间的首层可将走道和门厅等包括在楼梯间内形成扩大的封闭楼梯间，但应采用乙级防火门等与其他走道和房间分隔。

(3) 防烟楼梯间（图 6-57～图 6-59）

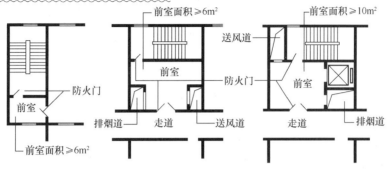

图 6-57 带前室的防烟楼梯间

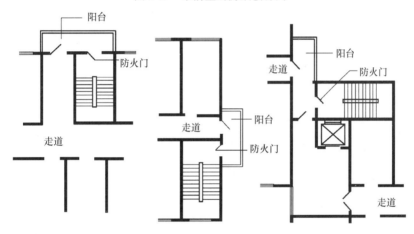

图 6-58 带阳台的防烟楼梯间

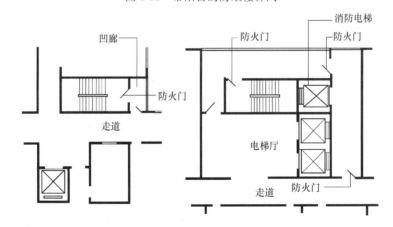

图 6-59 带凹廊的防烟楼梯间

防烟楼梯间是在楼梯间的开口处设置前室、阳台或凹廊的楼梯间。防烟楼梯间除应符合疏散楼梯的要求外，还应符合下列规定：

1) 应设置防烟设施。
2) 前室可与消防电梯间前室合用。

3）疏散走道通向前室以及前室通向楼梯间的门应采用乙级防火门。
4）防烟楼梯间及其前室，不应设置卷帘。
5）防烟楼梯间及其前室内禁止穿过或设置可燃气体管道。
6）除住宅建筑的楼梯间前室外，防烟楼梯间和前室内的墙上不应开设除疏散门和送风口外的其他门、窗、洞口。
7）楼梯间的首层可将走道和门厅等包括在楼梯间前室内形成扩大的前室，但应采用乙级防火门与其他走道和房间分隔。

（4）剪刀楼梯间（图6-60）
1）特点
剪刀楼梯指的是在一个开间或一个进深内，设置两个不同方向的单跑楼梯，中间用防火隔墙分开，从楼梯的任何一侧均可到达上层（或下层）的楼梯。

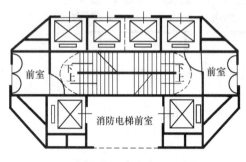

图6-60 剪刀式楼梯平面

2）设置原则
《建筑设计防火规范》GB 50016—2014（2018年版）中指出：高层公共建筑和住宅单元的疏散楼梯，当分散布置确有困难且从任一疏散门或户门至最近疏散楼梯间入口的距离不大于10m时，可采用剪刀楼梯间，但应符合下列规定：

① 高层公共建筑
a. 楼梯间应为防烟楼梯间；
b. 梯段之间应设置耐火极限不低于1.00h的防火隔墙；
c. 楼梯间的前室应分别设置。

② 住宅单元建筑
a. 应采用防烟楼梯间；
b. 梯段之间应设置耐火极限不低于1.00h的防火隔墙；
c. 楼梯间的前室不宜共用；共用时，前室的使用面积不应小于6.00m^2；
d. 楼梯间的前室或共用前室不宜与消防电梯的前室合用；楼梯间的共用前室与消防电梯的前室合用时，合用前室的使用面积不应小于12.00m^2，且短边不应小于2.40m。

（5）室内楼梯间平面形式的确定
关于敞开楼梯间、封闭楼梯间和防烟楼梯间的选择，《建筑设计防火规范》GB 50016—2014（2018年版）中规定：

1）公共建筑
① 一类高层公共建筑和建筑高度大于32m的二类高层公共建筑，其疏散楼梯应采用防烟楼梯间。裙房和建筑高度不大于32m的二类高层公共建筑，其疏散楼梯应采用封闭楼梯间[①]。

② 下列多层公共建筑的疏散楼梯，除与敞开式外廊直接相连的楼梯间外，均应采用封闭楼梯间：

---

① 当裙房与高层建筑主体之间设置防火墙时，裙房的疏散楼梯可按本规范有关单、多层建筑的要求确定。

a. 医疗建筑、旅馆及类似使用功能的建筑;

b. 设置歌舞娱乐放映游艺场所的建筑;

c. 商店、图书馆、展览建筑、会议中心及类似使用功能的建筑;

d. 6层及以上的其他建筑。

③老年人照料设施的疏散楼梯或疏散楼梯间宜与敞开式外廊直接连通,不能与敞开式外廊直接连通的室内疏散楼梯应采用封闭楼梯间。建筑高度大于24m的老年人照料设施,其室内疏散楼梯应采用防烟楼梯间。

建筑高度大于32m的老年人照料设施,宜在32m以上部分增设能连通老年人居室和公共活动场所的连廊,各层连廊应直接与疏散楼梯、安全出口或室外避难场地连通。

2) 住宅建筑

① 建筑高度不大于21m的住宅建筑可采用敞开楼梯间;与电梯井相邻布置的疏散楼梯应采用封闭楼梯间,当户门采用乙级防火门时,仍可采用敞开楼梯间。

② 建筑高度大于21m、不大于33m的住宅建筑应采用封闭楼梯间;当户门采用乙级防火门时,可采用敞开楼梯间。

③ 建筑高度大于33m的住宅建筑应采用防烟楼梯间。户门不宜直接开向前室,确有困难时,每层开向同一前室的户门不应大于3樘且应采用乙级防火门。

2. 室外疏散楼梯(图6-61)

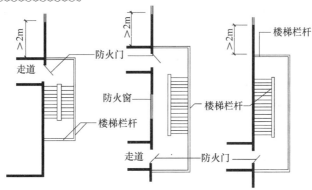

图 6-61 室外疏散楼梯

(1) 栏杆扶手的高度不应小于1.10m,楼梯的净宽度不应小于0.90m。

(2) 倾斜角度不应大于45°。

(3) 梯段和平台均应采取不燃材料制作。平台的耐火极限不应低于1.00h,梯段的耐火极限不应低于0.25h。

(4) 通向室外楼梯的门应采用乙级防火门,并应向室外开启。

(5) 除疏散门外,楼梯周围2m内的墙面上不应设置门、窗、洞口。疏散门不应正对楼梯段。

二、楼梯的细部尺寸

(一) 踏步

踏步是人们上下楼梯脚踏的地方。踏步的水平面叫踏面(又称为踏步宽度),垂直面叫踢面（又称为踏步高度）。踏步的尺寸应根据人体的尺度来确定其数值。

踏步的宽度常用 b 表示，踏步的高度常用 h 表示。$b+h$ 应符合下列关系之一。

$$b+h=450\text{mm} \tag{6-3}$$

$$b+2h=600\sim620\text{mm} \tag{6-4}$$

踏步尺寸应根据使用要求确定，不同类型的建筑物，其要求也不相同。

(1)《民用建筑设计统一标准》GB 50352—2019 中规定楼梯踏步的宽度和高度应符合表 6-76 的规定。梯段内每个踏步高度、宽度应一致，相邻梯段的踏步高度、宽度宜一致。当同一建筑地上、地下为不同使用功能时，楼梯踏步的高度和宽度可分别按表 6-76 的规定执行。当专用建筑设计标准对楼梯有明确规定时，应按国家现行专用建筑设计标准的规定执行。

楼梯踏步最小宽度和最大高度（m） 表 6-76

楼梯类别		最小宽度	最大高度
住宅楼梯	住宅公共楼梯	0.260	0.175
	住宅套内楼梯	0.220	0.200
宿舍楼梯	小学宿舍楼梯	0.260	0.150
	其他宿舍楼梯	0.270	0.165
老年人建筑楼梯	住宅建筑楼梯	0.300	0.150
	公共建筑楼梯	0.320	0.130
托儿所、幼儿园楼梯		0.260	0.130
小学校楼梯		0.260	0.150
人员密集且竖向交通繁忙的建筑和大、中学校楼梯		0.280	0.165
其他建筑楼梯		0.260	0.175
超高层建筑核心筒内楼梯		0.250	0.180
检修及内部服务楼梯		0.220	0.200

注：螺旋楼梯和扇形踏步离内侧扶手中心 0.250m 处的踏步宽度不应小于 0.220m。

(2) 其他规范的规定

1)《民用建筑设计统一标准》GB 50352—2019 规定：踏步应采取防滑措施。

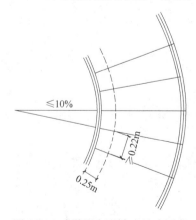

图 6-62 疏散用扇形踏步尺寸要求

2)《建筑设计防火规范》GB 50016—2014（2018 年版）规定：疏散用楼梯和疏散通道上的阶梯不宜采用螺旋楼梯和扇形踏步；确需采用时，踏步上、下两级所形成的平面角度不应大于 10°，且每级离扶手 250mm 处的踏步深度不应小于 220mm（图 6-62）。

3)《住宅设计规范》GB 50096—2011 第 6.3.2 条（强条）规定：楼梯踏步宽度不应小于 0.26m，踏步高度不应大于 0.175m。扶手高度不应小于 0.90m。楼梯水平段栏杆长度大于 0.50m 时，其扶手高度不应小于 1.05m。楼梯栏杆垂直杆件间净空不应大于 0.11m。

4)《宿舍建筑设计规范》JGJ 36—2016 第 4.5.1

条要求宿舍楼梯应符合下列规定：

① 楼梯踏步宽度不应小于 0.27m，踏步高度不应大于 0.165m；楼梯扶手高度自踏步前缘线量起不应小于 0.90m；楼梯水平段栏杆长度大于 0.50m 时，其高度不应小于 1.05m；

② 开敞楼梯的起始踏步与楼层走道间应设有进深不小于 1.20m 的缓冲区；

③ 疏散楼梯不得采用螺旋楼梯和扇形踏步；

④ 楼梯防护栏杆最薄弱处承受的最小水平推力不应小于 1.50kN/m。

5）《托儿所、幼儿园建筑设计规范》JGJ 39—2016（2019 年版）第 4.1.11 条规定：供幼儿使用的楼梯踏步高度宜为 0.13m，宽度宜为 0.26m。幼儿使用的楼梯不应采用扇形、螺旋形踏步；楼梯踏步面应采用防滑材料，踏步踢面不应漏空，踏步面应做明显警示标识。

6）《中小学校设计规范》GB 50099—2011 规定：各类小学（包括小学宿舍楼）楼梯踏步的宽度不得小于 0.26m，高度不得大于 0.15m；各类中学（包括中学宿舍楼）楼梯踏步的宽度不得小于 0.28m，高度不得大于 0.16m。楼梯的坡度不得大于 30°。

7）《综合医院建筑设计规范》GB 51039—2014 规定：综合医院主楼梯宽度不得小于 1.65m，踏步宽度不应小于 0.28m，高度不应大于 0.16m。

（二）梯井

（1）上下两个楼梯段之间上下贯通的空间叫楼梯井。

（2）《建筑设计防火规范》GB 50016—2014（2018 年版）规定：建筑内的公共疏散楼梯，其两梯段及扶手间的水平净距不宜小于 150mm。

（3）《民用建筑设计统一标准》GB 50352—2019 规定：<u>托儿所、幼儿园、中小学校及其他少年儿童专用活动场所，当楼梯井净宽大于 0.2m 时，必须采取防止少年儿童坠落的措施</u>（图 6-63）。

（4）《住宅设计规范》GB 50096—2011 规定：楼梯井净宽大于 0.11m 时，必须采取防止儿童攀滑的措施。

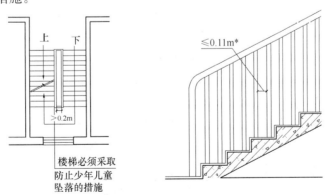

图 6-63 托儿所、幼儿园、中小学及少年儿童
专用活动场所的楼梯设计要求

（引自国标图集《民用建筑设计通则图示》06SJ813）

* 在《托儿所、幼儿园建筑设计规范》JGJ 39—2016（2019 年版）中，此数值已改为 0.09m，且为强制性条文。

(5)《中小学校设计规范》GB 50099—2011 规定：中小学校建筑（包括中小学宿舍楼）楼梯两梯段间楼梯井净宽不得大于 0.11m；大于 0.11m 时，应采取有效的安全防护措施。两梯段扶手间的水平净距宜为 0.10～0.20m。

(6)《托儿所、幼儿园建筑设计规范》JGJ 39—2016（2019 年版）规定：幼儿使用的楼梯，当楼梯井净宽度大于 0.11m 时，必须采取防止幼儿攀滑的措施。楼梯栏杆应采取不易攀爬的构造，当采用垂直杆件做栏杆时，其杆件净距不应大于 0.09m。

（三）楼梯段

1. 楼梯段设计的基本要求

楼梯段又叫楼梯跑，它是楼梯的基本组成部分。楼梯段的宽度取决于通行人数和防火要求。当一侧有扶手时，梯段净宽应为墙体装饰面至扶手中心线的水平距离；当双侧有扶手时，梯段净宽应为两侧扶手中心线之间的水平距离。当有凸出物时，梯段净宽应从凸出物表面算起。梯段净宽除应符合现行国家标准《建筑设计防火规范》GB 50016 及国家现行相关专用建筑设计标准的规定外，供日常主要交通用楼梯的梯段净宽应根据建筑物使用特征，按每股人流宽度为 0.55m＋（0～0.15）m 的人流股数确定，并不应少于两股人流。(0～0.15) m 为人流在行进中人体的摆幅，公共建筑人流众多的场所应取上限值。

2. 楼梯段的最小宽度

(1)《建筑设计防火规范》GB 50016—2014（2018 年版）规定的安全疏散的要求：

1) 公共建筑

① 公共建筑疏散楼梯的净宽度不应小于 1.10m；

② 高层公共建筑疏散楼梯的最小净宽度应符合表 6-77 的规定。

高层公共建筑内疏散楼梯的最小净宽度　　表 6-77

建筑类别	疏散楼梯的最小净宽度（m）
高层医疗建筑	1.30
其他高层公共建筑	1.20

2) 住宅建筑

① 住宅建筑疏散楼梯的净宽度不应小于 1.10m；

② 建筑高度不大于 18m 的住宅建筑中一边设置栏杆的疏散楼梯，其净宽度不应小于 1.00m。

(2) 其他规范的规定

1)《住宅设计规范》GB 50096—2011 规定：

① 楼梯梯段净宽不应小于 1.10m，不超过 6 层的住宅，一边设有栏杆的梯段净宽不应小于 1.00m；

② 套内楼梯当一边临空时，梯段净宽不应小于 0.75m；当两侧有墙时，墙面之间净宽不应小于 0.90m，并应在其中一侧墙面设置扶手。

2)《中小学校设计规范》GB 50099—2011 规定：中小学校教学用房的楼梯宽度应为人流股数的整数倍。梯段宽度不应小于 1.20m，并应按 0.60m 的整数倍增加梯段宽度。每个梯段可增加不超过 0.15m 的摆幅宽度（意即梯段宽度一股人流的基本值为 0.60～0.75m）。

3)《宿舍建筑设计规范》JGJ 36—2016 规定：每层安全出口、疏散楼梯的净宽应按通过人数每 100 人不小于 1.00m 计算；当各层人数不等时，疏散楼梯的总宽度可分层计算；下层楼梯的总宽度应按本层及以上楼层疏散人数最多一层的人数计算；梯段净宽不应小于 1.20m。

4)《老年人照料设施建筑设计标准》JGJ 450—2018 规定：老年人使用的楼梯梯段通行净宽不应小于 1.20m。

5)《综合医院建筑设计规范》GB 51039—2014 规定：主楼梯宽度不得小于 1.65m。

6)《疗养院建筑设计标准》JGJ/T 40—2019 规定：在疗养、理疗、医技门诊用房的建筑物内人流使用集中的楼梯，至少有一部其净宽不宜小于 1.65m。

3. 楼梯段的踏步数
每个梯段的踏步级数不应少于 3 级，且不应超过 18 级。

4. 楼梯段的投影长度

$$楼梯段投影长度=(踏步高度数量-1)×踏步宽度 \qquad (6-5)$$

（四）栏杆和扶手

(1) 楼梯在靠近梯井处应加栏杆或栏板，顶部做扶手。

(2) 楼梯应至少于一侧设扶手；梯段净宽达 3 股人流时应两侧设扶手，达 4 股人流时宜加设中间扶手。

(3) 室内楼梯扶手高度自踏步前缘线量起不宜小于 0.9m；楼梯水平栏杆或栏板长度大于 0.5m 时，其高度不应小于 1.05m。

(4)《中小学校设计规范》GB 50099－2011 规定的中小学校建筑的扶手应符合下列规定：

1) 梯段宽度为 2 股人流时，应至少在一侧设置扶手；

2) 梯段宽度为 3 股人流时，两侧均应设置扶手；

3) 梯段宽度达到 4 股人流时，应加设中间扶手，中间扶手两侧梯段净宽应满足相关要求；

4) 中小学校室内楼梯扶手高度不应低于 0.90m；室外楼梯扶手高度不应低于 1.10m；水平扶手高度不应低于 1.10m；

5) 中小学校的楼梯扶手上应加设防止学生溜滑的设施；

6) 中小学校的楼梯栏杆不得采用易于攀登的构造和花饰；栏杆和花饰的镂空处净距不得大于 0.11m。

(5) 托儿所、幼儿园建筑楼梯除设成人扶手外，还应在靠墙一侧设幼儿扶手，其高度宜为 0.60m。

(6) 老年人照料设施建筑交通空间的主要位置两侧应设连续扶手，其位置、尺寸等设计应符合现行国家标准《无障碍设计规范》GB 50763 的规定。

(7) 室外疏散楼梯栏杆扶手的高度不应小于 1.10m。

（五）休息平台

(1) 梯段改变方向时，扶手转向端处的平台最小宽度不应小于梯段净宽，并不得小于 1.20m；当有搬运大型物件需要时，应适量加宽。

(2) 当两个楼梯段的踏步数不同时，休息平台应从梯段较长的一边计算。

(3) 直跑楼梯的中间平台宽度不应小于0.9m。

(4) 进入楼梯间的门扇应符合下列规定：

1) 当90°开启时宜保持0.60m的平台宽度。侧墙门口距踏步的距离不宜小于0.40m；

2) 门扇开启不占用平台时，其洞口距踏步的距离不宜小于0.40m。居住建筑的距离可略微减小，但不宜小于0.25m（图6-64）。

(5) 楼梯为剪刀式楼梯时，楼梯平台的净宽不得小于1.30m。

(6) 综合医院主楼梯和疏散楼梯的休息平台深度，不宜小于2.00m。

(7) 为方便扶手转弯，休息平台宽度宜取楼梯段宽度再加1/2踏步宽度。

(六) 净空高度

楼梯平台上部及下部过道处的净高不应小于2.0m，梯段净高不应小于2.2m。

梯段净高为自踏步前缘（包括每个梯段最低和最高一级踏步前缘线以外0.3m范围内）量至上方突出物下缘间的垂直高度。

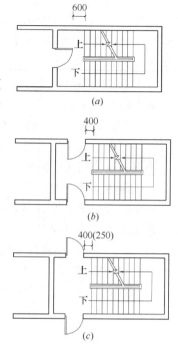

图6-64 休息平台的尺寸
(a) 门正对楼梯间开启；(b) 门侧对楼梯间外开；(c) 门侧对楼梯间内开

三、楼梯的防火要求

(1) 地下室、半地下室的楼梯，应设有楼梯间。

(2) 首层和地下室、半地下室共用楼梯间时，在首层的出入口位置应设有耐火极限不低于2.00h的隔墙和乙级防火门。

(3) 高层建筑中通向屋面的楼梯不宜少于2部。楼梯入口不应穿越其他房间。通向屋面的门应朝屋面方向开启。

(4) 单元式高层住宅的楼梯都应通向屋面。

(5) 商店建筑的营业厅，当高度在24m及以下时，可采用设有防火门的封闭楼梯间。当建筑高度在24m以上时，应采用防烟楼梯间。

(6) 上部为住宅，下部为商业用房的商住楼，商业和住宅部分的楼梯、出入口应分别设置。

(7) 疏散楼梯间和前室的顶棚、墙面和地面均应采用A级装修材料。

四、板式楼梯与梁式楼梯

现浇钢筋混凝土楼梯是在施工现场支模，绑钢筋和浇筑混凝土而成的。这种楼梯的整体性强，但施工工序多，工期较长。现浇钢筋混凝土楼梯有两种做法：一种是板式楼梯，另一种是斜梁式楼梯。

1. 板式楼梯

板式楼梯是将楼梯作为一块板考虑，板的两端支承在休息平台的边梁上，休息平台支承在墙上。板式楼梯的结构简单，板底平整，施工方便。

板式楼梯的水平投影长度在 3m 以内时比较经济。

2. 斜梁式楼梯

斜梁式楼梯是由斜梁支承踏步板，斜梁支承在平台梁上，平台梁再支承在墙上。斜梁可以在踏步板的下面、上面或侧面。

斜梁在踏步板上面时，可以阻止垃圾或灰尘从梯井中落下，而且梯段底面平整，便于粉刷。缺点是梁占据梯段的一段尺寸。斜梁在侧面时，踏步板在梁的中间，踏步板可以取三角形或折板形。斜梁在踏步的下边时，板底不平整，抹面比较费工。

3. 无梁式楼梯

这种楼梯的特点是没有平台梁。休息平台与梯段连成一个整体，直接支承在两端的墙上（或梁上），特点是可以争取空间高度，但板的厚度较大，配筋相对复杂。

五、楼梯的细部构造

1. 踏步

踏步由踏面和踢面所构成。为了增加踏步的行走舒适感，可将踏步突出 20mm 做成凸缘或斜面。

底层楼梯的第一个踏步常做成特殊的样式，或方或圆，以增加美感。栏杆或栏板也有变化，以增加多样感。

踏步表面应注意防滑处理。常用的做法与踏步表面是否抹面有关，如一般水泥砂浆抹面的踏步常不作防滑处理，而水磨石预制板或现浇水磨石面层一般采用水泥加金刚砂做的防滑条。

2. 栏杆和栏板

栏杆和栏板均为保护行人上下楼梯的安全围护措施。在现浇钢筋混凝土楼梯中，栏板可以与踏步同时浇筑，厚度一般不小于 80～100mm。若采用栏杆，应焊接在踏步表面的埋件上或插入踏步表面的预留孔中。栏杆可以采用方钢或圆钢。方钢的断面应在 16mm×16mm～20mm×20mm 之间，圆钢也应采用 $\phi 16\sim\phi 18$ 为宜。连接用铁板应在 30mm×4mm～40mm×5mm 之间。居住建筑的栏杆净距不得大于 0.11m。

3. 扶手

扶手一般用木材、塑料、圆钢管等做成。扶手的断面应考虑人的手掌尺寸，并注意断面的美观。其宽度应在 60～80mm 之间，高度应在 80～120mm 之间。木扶手与栏杆的固定常是通过木螺钉拧在栏杆上部的铁板上，塑料扶手是卡在铁板上，圆钢管扶手则直接焊于栏杆表面上。

4. 顶层栏杆及水平扶手

顶层的楼梯间应加设栏杆及水平扶手，以保证人身的安全。顶层栏杆靠墙处的做法是将铁板伸入墙内，并弯成燕尾形，然后浇灌混凝土，也可以将铁板焊于柱身铁件上。

5. 首层第一个踏步下的基础

首层第一个踏步下应有基础支承。基础与踏步之间应加设地梁。地梁断面尺寸应不小于 240mm×240mm，梁长应等于基础长度。

六、台阶与坡道

1. 台阶

台阶是连接室外或室内不同标高的楼面、地面,供人行的阶梯式交通道。建筑物入口处的室外台阶的长度应大于外门的宽度,可和坡道、花池等结合设计成多种形式。《民用建筑设计统一标准》GB 50352—2019 中要求台阶设置应符合下列规定:

(1) 公共建筑室内外台阶踏步宽度不宜小于 0.3m,踏步高度不宜大于 0.15m,且不宜小于 0.1m。

(2) 踏步应采取防滑措施。

(3) 室内台阶踏步数不宜少于 2 级,当高差不足 2 级时,宜按坡道设置。

(4) 台阶总高度超过 0.7m 时,应在临空面采取防护设施。

(5) 阶梯教室、体育场馆和影剧院观众厅纵走道的台阶设置应符合国家现行相关标准的规定。

2. 坡道

《民用建筑设计统一标准》GB 50352—2019 中要求坡道设置应符合下列规定:

(1) 室内坡道坡度不宜大于 1∶8,室外坡道坡度不宜大于 1∶10。

(2) 当室内坡道水平投影长度超过 15.0m 时,宜设休息平台,平台宽度应根据使用功能或设备尺寸所需缓冲空间而定。

(3) 坡道应采取防滑措施。

(4) 当坡道总高度超过 0.7m 时,应在临空面采取防护设施。

(5) 供轮椅使用的坡道应符合现行国家标准《无障碍设计规范》GB 50763 的有关规定。

(6) 汽车库机动车行车坡道的最大纵向坡度应符合现行行业标准《车库建筑设计规范》JGJ 100—2015 的规定,具体数值见表 6-78。

坡道的最大纵向坡度　　　　　　　　表 6-78

车型	直线坡道		曲线坡道	
	百分比(%)	比值(高∶长)	百分比(%)	比值(高∶长)
微型车 小型车	15.0	1∶6.67	12	1∶8.30
轻型车	13.3	1∶7.50	10	1∶10.00
中型车	12.0	1∶8.30		
大型客车 大型货车	10.0	1∶10.00	8	1∶12.50

(7) 非机动车库斜坡的坡度应符合现行国家标准《车库建筑设计规范》JGJ 100—2015 的规定。踏步式出入口推车斜坡的坡度不宜大于 25%,坡道式出入口推车斜坡的坡度不宜大于 15%。

(8)《托儿所、幼儿园建筑设计规范》JGJ 39—2016(2019 年版)规定:幼儿经常通行和安全疏散的走道不应设有台阶;当有高差时,应设置防滑坡道,其坡度不应大于 1∶12。

七、电梯、自动扶梯和自动人行道

(一) 电梯

电梯的设备组成包括轿厢、平衡重和机房设备（曳引机、控制屏等）。电梯的土建组成包括底坑（地坑）、井道和机房。

1. 设置原则

电梯不应作为安全出口。电梯台数和规格应经计算后确定并满足建筑的使用特点和要求。高层公共建筑和高层宿舍建筑的电梯台数不宜少于2台；12层及12层以上的住宅建筑的电梯台数不应少于2台，并应符合现行国家标准《住宅设计规范》GB 50096的规定。

2. 布置规定

(1) 电梯的设置，单侧排列时不宜超过4台，双侧排列时不宜超过2排×4台。高层建筑电梯分区服务时，每服务区的电梯单侧排列时不宜超过4台，双侧排列时不宜超过2排×4台。当建筑设有电梯目的地选层控制系统时，电梯单侧排列或双侧排列的数量可超出以上的规定合理设置。

(2) 电梯不应在转角处贴邻布置，且电梯井不宜被楼梯环绕设置。

(3) 电梯井道和机房不宜与有安静要求的用房贴邻布置，否则应采取隔振、隔声措施。

(4) 电梯机房应有隔热、通风、防尘等措施，宜有自然采光，不得将机房顶板作水箱底板及在机房内直接穿越水管或蒸汽管。

(5) 专为老年人及残疾人使用的建筑，其乘客电梯应设置监控系统，梯门宜装可视窗，并应符合现行国家标准《无障碍设计规范》GB 50763的有关规定。

(6) 关于消防电梯，《建筑设计防火规范》GB 50016—2014（2018年版）中规定：

1) 消防电梯应分别设置在不同防火分区内，且每个防火分区不应少于1台。

2) 除设置在仓库连廊、冷库穿堂或谷物筒仓工作塔内的消防电梯外，消防电梯应设置前室，并应符合下列规定：

① 除前室的出入口、前室内设置的正压送风口和本规范第5.5.27条规定的户门外，前室内不应开设其他门、窗、洞口；

② 前室或合用前室的门应采用乙级防火门，不应设置卷帘。

③ 消防电梯井、机房与相邻电梯井、机房之间应设置耐火极限不低于2.00h的防火隔墙，隔墙上的门应采用甲级防火门。

④ 消防电梯应符合下列规定：

a. 应能每层停靠；

b. 电梯的载重量不应小于800kg；

c. 电梯从首层至顶层的运行时间不宜大于60s；

d. 电梯的动力与控制电缆、电线、控制面板应采取防水措施；

e. 在首层的消防电梯入口处应设置消防队员专用的操作按钮；

f. 电梯轿厢的内部装修应采用不燃材料；

g. 电梯轿厢内部应设置专用消防对讲电话。

⑤ 消防电梯的井底应设置排水设施，排水井的容量不应小于$2m^3$，排水泵的排水量不应小于10L/s。消防电梯间前室的门口宜设置挡水设施。

(7) 电梯井道、地坑和顶板应坚固，应采用耐火极限不低于 1.00h 的不燃烧体。井道厚度，采用钢筋混凝土墙时，不应小于 200mm；采用砌体承重墙时，不应小于 240mm。

(8) 电梯井应独立设置，井内严禁敷设可燃气体和甲、乙、丙类液体管道，不应敷设与电梯无关的电缆、电线等。电梯井的井壁除设置电梯门、安全逃生门和通气孔洞外，不应设置其他开口。电梯层门的耐火极限不应低于 1.00h。

(9) 通向机房的通道、楼梯和门的宽度不应小于 1200mm，门的高度不应小于 2000mm。楼梯的坡度应小于或等于 45°。去电梯机房应通过楼梯到达，也可经过一段屋顶到达，但不应经过垂直爬梯。

(10) 机房地面应平整、坚固、防滑和不起尘。机房地面允许有不同高度，当高差大于 0.5m 时，应设防护栏杆和钢梯。

(11) 机房顶部应设起吊钢梁或吊钩，其中心位置宜与电梯井纵横轴的交点对中。吊钩承受的荷载对于额定载重量 3000kg 以下的电梯不应小于 2000kg；对于额定载重量大于 3000kg 的电梯，应不少于 3000kg。

(12) 层门尺寸指门套装修后的净尺寸，土建层门的洞口尺寸应大于层门尺寸，留出装修的余量，一般宽度为层门两边各加 100mm，高度为层门加 70～100mm。

(13) 地坑深度超过 900mm 时，需根据要求设置固定金属梯或金属爬梯。金属梯或金属爬梯不得凸入电梯运行空间，且不应影响电梯运行部件的运行。地坑深度超过 2500mm 时，应设带锁的检修门，检修门的高度应大于 1400mm，宽度应大于 600mm。检修门应向外开启。

(14) 同一井道安装有多台电梯时，不同电梯之间应设置护栏，高度应高于地坑底面 2.5m。

例 6-14　(2021) 关于消防电梯的设计要求，错误的是（　　）。
A　消防电梯墙体的耐火极限不低于 2h
B　消防电梯基坑应设置排水设施
C　消防电梯前室的门可安装防火卷帘
D　消防电梯前室内部装修应采用不燃材料

解析： 参见《建筑设计防火规范》GB 50016—2014（2018 年版）第 7.3.5 条，除设置在仓库连廊、冷库穿堂或谷物筒仓工作塔内的消防电梯外，消防电梯应设置前室，并应符合下列规定：4　前室或合用前室的门应采用乙级防火门，不应设置卷帘（选项 C 错误）。第 7.3.6 条，消防电梯井、机房与相邻电梯井、机房之间应设置耐火极限不低于 2.00h 的防火隔墙（选项 A 正确），隔墙上的门应采用甲级防火门。第 7.3.7 条，消防电梯的井底应设置排水设施（选项 B 正确），排水井的容量不应小于 2m³，排水泵的排水量不应小于 10L/s。消防电梯间前室的门口宜设置挡水设施。另据《建筑内部装修设计防火规范》GB 50222—2017 第 4.0.5 条，疏散楼梯间和前室的顶棚、墙面和地面均应采用 A 级装修材料（选项 D 正确）。

答案：C

(二) 自动扶梯和自动人行道

自动扶梯和自动人行道由电动机械牵引，梯级踏步连同扶手同步运行，机房装置在地面以下。自动扶梯可以正逆运行，既可提升又可以下降。在机械停止运转时，可作为普通梯使用。

1. 设置原则

（1）自动扶梯和自动人行道不应作为安全出口。
（2）四级及以上旅馆建筑的公共部分宜设置自动扶梯。
（3）展览建筑的主要展览空间在二层或二层以上时应设置自动扶梯。
（4）大型和中型商店的营业区宜设自动扶梯和自动人行道。

2. 布置规定

（1）出入口畅通区的宽度从扶手带端部算起不应小于 2.5m，人员密集的公共场所其畅通区宽度不宜小于 3.5m。
（2）扶梯与楼层地板开口部位之间应设防护栏杆或栏板。
（3）栏板应平整、光滑和无突出物；扶手带顶面距自动扶梯前缘、自动人行道踏板面或胶带面的垂直高度不应小于 0.9m。
（4）扶手带中心线与平行墙面或楼板开口边缘间的距离：当相邻平行交叉设置时，两梯（道）之间扶手带中心线的水平距离不应小于 0.5m，否则应采取措施防止障碍物引起人员伤害。
（5）自动扶梯的梯级、自动人行道的踏板或胶带上空，垂直净高不应小于 2.3m。
（6）自动扶梯的倾斜角不宜超过 30°，额定速度不宜大于 0.75m/s；当提升高度不超过 6.0m，倾斜角小于等于 35°时，额定速度不宜大于 0.5m/s；当自动扶梯速度大于 0.65m/s 时，在其端部应有不小于 1.6m 的水平移动距离作为导向行程段。
（7）倾斜式自动人行道的倾斜角不应超过 12°，额定速度不应大于 0.75m/s。当踏板的宽度不大于 1.1m，并且在两端出入口踏板或胶带进入梳齿板之前的水平距离不小于 1.6m 时，自动人行道的最大额定速度可达到 0.9m/s。
（8）当自动扶梯和层间相通的自动人行道单向设置时，应就近布置相匹配的楼梯。
（9）设置自动扶梯或自动人行道所形成的上下层贯通空间，应符合现行国家标准《建筑设计防火规范》GB 50016 的有关规定。
（10）当自动扶梯或倾斜式自动人行道呈剪刀状相对布置时，以及与楼板、梁开口部位侧边交错部位，应在产生的锐角口前部 1.0m 范围内设置防夹、防剪的预警阻挡设施。
（11）自动扶梯和自动人行道宜根据负载状态（无人、少人、多数人、载满人）自动调节为低速或全速的运行方式。
（12）由其他材料可知：自动扶梯的梯级宽度为 600mm、800mm 和 1000mm；其中 1000mm 的用量最大。理论输送能力分别为每小时 4500 人、6750 人和 9000 人。自动扶梯和自动人行道在露天运行时，宜加设顶棚和围护。

第六节 屋 顶 构 造

一、屋顶的基本类型

（一）屋顶的构成

屋顶由屋顶面层和屋顶结构两部分组成。屋面工程应根据建筑物的性质、重要程度及使用功能，结合工程特点、气候条件等，按不同等级进行防水设防，合理采取保温、隔热措施。

(二) 屋顶应满足的要求

1. 承重要求

屋顶应能够承受雨雪、积灰、设备和上人所产生的荷载并顺利地将这些荷载传递给墙或柱。

2. 保温、隔热要求

屋面是建筑物最上层的围护结构，它应具有一定的热阻能力，以防止热量从屋面过分流失。

3. 防水要求

屋面积水（积雪）后应通过屋面设置的排水坡度、排水设备尽快将雨水排除；同时，应通过防水材料的设置使屋面具有一定的抗渗能力，避免造成雨水渗漏。

4. 美观要求

屋顶是建筑物的重要组成部分。屋顶的设计应兼顾技术和艺术两大方面。屋顶的形式、材料、颜色、构造均应是重点的内容。

(三) 屋顶的类型

(1) 屋顶的类型分为平屋顶、坡屋顶和特殊形式的屋顶（如：网架、悬索、壳体、折板、膜结构等）。

(2) 平屋顶按防水材料和防水构造的不同分为：卷材防水屋面、涂膜防水屋面、复合防水屋面、保温隔热屋面（保温屋面是具有保温层的屋面；隔热屋面是以通风、散热为主的屋面，包括蓄水隔热屋面、架空隔热屋面、种植隔热屋面三种做法）。

(3) 坡屋顶按面层材料与防水做法的不同分为：块瓦屋面、混凝土瓦屋面、波形瓦屋面、沥青瓦屋面、金属板屋面、玻璃采光顶等。

(四) 屋面的排水坡度

1. 排水坡度的表达方式

(1) 坡度：高度尺寸与水平尺寸的比值，常用"i"作标记，如：$i=5\%$，$i=25\%$等。这种表达方式多用于平屋面。

(2) 高跨比：高度尺寸与跨度尺寸的比值，如：高跨比为1/4等。这种表达方式多用于坡屋面。

(3) 角度：斜线与水平线之间的夹角。这种表达方式可以应用于平屋面及坡屋面。

2. 屋面的常用坡度

(1)《民用建筑设计统一标准》GB 50352—2019 中要求屋面排水坡度应根据屋顶结构形式、屋面基层类别、防水构造形式、材料性能及当地气候等条件确定，且应符合表6-79的规定，并应符合下列规定：

1) 屋面采用结构找坡时不应小于3%，采用建筑找坡时不应小于2%；

2) 瓦屋面坡度大于100%以及大风和抗震设防烈度大于7度的地区，应采取固定和防止瓦材滑落的措施；

3) 卷材防水屋面檐沟、天沟纵向坡度不应小于1%，金属屋面集水沟可无坡度；

4) 当种植屋面的坡度大于20%时，应采取固定和防止滑落的措施；

屋面的排水坡度   表6-79

屋面类别		屋面排水坡度（%）
平屋面	防水卷材屋面	≥2、<5
瓦屋面	块瓦	≥30
	波形瓦	≥20
	沥青瓦	≥20
金属屋面	压型金属板、金属夹芯板	≥5
	单层防水卷材金属屋面	≥2
种植屋面	种植屋面	≥2、<50
采光屋面	玻璃采光顶	≥5

5）当屋面坡度较大时，应采取固定加强和防止屋面系统各个构造层及材料滑落的措施。

（2）《屋面工程技术规范》GB 50345—2012 中对屋面常用坡度的规定为：

1）当采用材料找坡时，宜采用质量轻、吸水率低和有一定强度的材料，坡度宜为 2%；

2）混凝土结构层宜采用结构找坡，坡度不应小于 3%；

3）当采用混凝土架空隔热层时，屋面坡度不宜大于 5%；

4）蓄水隔热屋面的排水坡度不宜大于 0.5%；

5）倒置式屋面的坡度宜为 3%；

6）种植隔热层的屋面坡度大于 20% 时，其排水层、种植土等应采取防滑措施；

7）金属檐沟、天沟的纵向坡度宜为 0.5%；

8）烧结瓦、混凝土瓦屋面的坡度不应小于 30%；

9）沥青瓦屋面的坡度不应小于 20%。

（3）《屋面工程质量验收规范》GB 50207—2012 中对屋面常用坡度的规定为：

1）结构找坡的屋面坡度不应小于 3%；

2）材料找坡的屋面坡度宜为 2%；

3）檐沟、天沟纵向坡度不应小于 1%，沟底水落差不得超过 200mm。

（4）《民用建筑太阳能热水系统应用技术标准》GB 50364—2018 中指出：

1）平屋面：坡度小于 3% 的屋面；

2）坡屋面：坡度大于或等于 3% 的屋面。

（五）屋面的基本构造层次

《屋面工程技术规范》GB 50345—2012 规定：屋面的基本构造层次宜符合表 6-80 的要求，设计人员可根据建筑物的性质、使用功能、气候条件等因素进行组合。

屋面的基本构造层次   表6-80

屋面类型	基本构造层次（自上而下）
卷材、涂膜屋面	保护层、隔离层、防水层、找平层、保温层、找平层、找坡层、结构层
	保护层、保温层、防水层、找平层、找坡层、结构层

续表

屋面类型	基本构造层次（自上而下）
卷材、涂膜屋面	种植隔热层、保护层、耐根穿刺防水层、防水层、找平层、保温层、找平层、找坡层、结构层
	架空隔热层、防水层、找平层、保温层、找平层、找坡层、结构层
	蓄水隔热层、隔离层、防水层、找平层、保温层、找平层、找坡层、结构层
瓦屋面	块瓦、挂瓦条、顺水条、持钉层、防水层或防水垫层、保温层、结构层
	沥青瓦、持钉层、防水层或防水垫层、保温层、结构层
金属板屋面	压型金属板、防水垫层、保温层、承托网、支承结构
	上层压型金属板、防水垫层、保温层、底层压型金属板、支承结构
	金属面绝热夹芯板、支承结构
玻璃采光顶	玻璃面板、金属框架、支承结构
	玻璃面板、点支承装置、支承结构

注：1. 表中结构层包括混凝土基层和木基层；防水层包括卷材和涂膜防水层；保护层包括块体材料、水泥砂浆、细石混凝土保护层；
2. 有隔汽要求的屋面，应在保温层与结构层之间设隔汽层。

例 6-15 （2018）关于屋面的排水坡度，下列哪一条是错误的？
A 倒置式屋面坡度宜为 3%
B 蓄水隔热层的排水坡度不宜大于 0.5%
C 种植屋面坡度不宜大于 4%
D 架空隔热层的坡度不宜大于 5%

解析：《种植屋面工程技术规程》JGJ 155—2013 第 5.3.4 条规定：屋面坡度大于 50% 时，不宜做种植屋面；故选项 C 表述错误。《屋面工程技术规范》GB 50345—2012 第 4.4.6 条第 1 款规定：倒置式屋面的坡度宜为 3%；第 4.4.10 条第 3 款规定：蓄水隔热层的排水坡度不宜大于 0.5%；第 4.4.9 条第 2 款规定：当采用混凝土板架空隔热层时，屋面坡度不宜大于 5%；故其余三项表述无误。

答案： C

二、平屋顶的构造

（一）平屋顶构造层次的确定因素

平屋顶的构造层次及常用材料的选取，与以下几个方面的因素有关：

（1）屋面是上人屋面还是非上人屋面。上人屋面应选用耐霉变、拉伸强度高的防水材料；防水层应有保护层，保护层宜采用块材或细石混凝土。

（2）屋面的找坡方式是结构找坡还是材料找坡。材料找坡应设置找坡层，结构找坡可以取消找坡层。

（3）屋面所处房间是湿度大的房间还是正常湿度的房间。湿度大的房间应做隔汽层，一般湿度的房间则不做隔汽层。

(4) 屋面做法是正置式做法（防水层在保温层上部的做法）还是倒置式做法（保温层在防水层上部的做法）。

(5) 屋面所处地区是北方地区（以保温做法为主）还是南方地区（以通风散热做法为主）；地区不同，构造做法也不一样。

> **例 6-16**　(2013) 北方地区普通办公楼的不上人平屋面，采用材料找坡和正置式做法时，其构造层次顺序正确的是哪一项？
> 　A　保护层—防水层—找平层—保温层—找坡层—结构层
> 　B　保护层—防水层—保温层—隔汽层—找坡层—结构层
> 　C　保护层—保温层—防水层—找平层—找坡层—结构层
> 　D　保护层—防水层—保温层—找平层—找坡层—结构层
> **解析**：分析得知。不上人平屋面，采用材料找坡和正置式做法，其构造层次应为选项 A 所述。
> **答案**：A

(二) 正置式保温平屋面的构造

(1) 正置式保温平屋面是防水层在上、保温层在下的保温平屋面。保温层的作用是减少冬季室内热量过多散失的构造层。严寒和寒冷地区的屋面必须设置保温层。这种屋面的防水层可以选用防水卷材或防水涂膜。

(2) 卷材（涂膜）防水保温平屋面的基本构造层次①。

1) 正置式上人屋面

面层—隔离层—防水层—找平层—保温层—找平层—找坡层—结构层。

2) 正置式非上人屋面

保护层—防水层—找平层—保温层—找平层—找坡层—结构层。

(三) 平屋顶各构造层次的材料选择

综合《屋面工程技术规范》GB 50345—2012 和《屋面工程质量验收规范》GB 50207—2012 中对平屋面构造层次的规定为：

1. 承重层

平屋顶的承重结构多以钢筋混凝土板为主；可以现浇，也可以预制。层数低的建筑有时也可以选用钢筋加气混凝土板。

2. 保温层

保温层是减少围护结构热交换作用的构造层次。设置保温隔热层的屋面应进行热工验算，应采取防结露、防蒸汽渗透等技术措施，且应符合现行国家标准《建筑设计防火规范》GB 50016 的相关规定。

(1) 保温层设计应符合下列规定：

1) 保温层应选用吸水率低，导热系数小，并有一定强度的保温材料；

2) 保温层的厚度应根据所在地区现行节能设计标准，经计算确定；

---

① 有隔汽要求的屋面，应在保温层与结构层之间设置隔汽层。

3）保温层的含水率，应相当于该材料在当地自然风干状态下的平衡含水率；

4）屋面为停车场等高荷载情况时，应根据计算确定保温材料的强度；

5）纤维材料做保温层时，应采取防止压缩的措施；

6）屋面坡度较大时，保温层应采取防滑措施；

7）封闭式保温层或保温层干燥有困难的卷材屋面，宜采取排汽构造措施。

(2) 保温层的位置：

1）倒置式做法：保温层设置在防水层上部的做法，此时保温层的上面应做保护层；

2）正置式做法：保温层设置在防水层下部的做法，此时保温层的上面应做找平层。

(3) 保温层及保温材料：

《屋面工程技术规范》GB 50345—2012 中规定的保温层及保温材料见表 6-81。

保温层及其保温材料　　　　表 6-81

保温层	保温材料
块状材料保温层	聚苯乙烯泡沫塑料（XPS板、EPS板）、硬质聚氨酯泡沫塑料、膨胀珍珠岩制品、泡沫玻璃制品、加气混凝土砌块、泡沫混凝土砌块
纤维材料保温层	玻璃棉制品、岩棉制品、矿渣棉制品
整体材料保温层	喷涂硬泡聚氨酯、现浇泡沫混凝土

(4) 保温材料的构造要求：

1）屋面与天沟、檐沟、女儿墙、变形缝、伸出屋面的管道等热桥部位，当内表面温度低于室内空气露点温度时，均应作保温处理；

2）外墙保温材料应在女儿墙压顶处断开，压顶上部抹面及保温材料应为 A 级材料；无女儿墙但有挑檐板的屋面，外墙保温材料应在挑檐板下部断开。

(5) 保温层的施工环境温度规定：

1）干铺的保温材料可在负温度下施工；

2）用水泥砂浆粘贴的板状保温材料不宜低于 5℃；

3）喷涂硬泡聚氨酯宜为 15～35℃，空气相对湿度宜小于 85%，风速不宜大于三级；

4）现浇泡沫混凝土宜为 5～35℃。

(6) 屋面排汽构造：

倒置式保温屋面可不设置透汽孔或排汽槽。正置式屋面，当屋面保温层或找平层干燥有困难时，应做好屋面排汽设计，屋面排汽层的设计应符合下列规定：

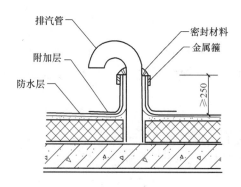

图 6-65 排汽屋面的构造

1）找平层设置的分格缝可以兼作排汽道，排汽道内可填充粒径较大的轻质骨料；

2）排汽道应纵横贯通，并与和大气连通的排汽管相通，排汽管的直径应不小于 40mm，排汽孔可设在檐口下或纵横排汽道的交叉处；

3）排汽道纵横间距宜为 6m，屋面面积每 36m² 宜设置一个排汽孔，排汽孔应作防水处理；

4）在保温层下也可铺设带支点的塑料板。屋面排汽构造如图 6-65 所示。

3. 隔汽层[①]

当严寒和寒冷地区屋面结构冷凝界面内侧实际具有的蒸汽渗透阻小于所需值，或其他地区室内湿气有可能透过屋面结构层时，应设置隔汽层。

（1）正置式屋面的隔汽层应设置在结构层上，保温层下；倒置式屋面不设隔汽层。

（2）隔汽层应选用气密性、水密性好的材料。

（3）隔汽层应沿周边墙面向上连续铺设，高出保温层上表面不得小于150mm。

（4）隔汽层采用卷材时宜空铺，卷材搭接缝应满粘，其搭接宽度不应小于80mm；隔汽层采用涂料时，应涂刷均匀。

4. 防水层

防水层是防止雨（雪）水渗透、渗漏的构造层次。

（1）防水等级和设防要求

屋面防水工程应根据建筑物的类别、重要程度、使用功能要求确定防水等级，并应按相应等级进行防水设防，对防水有特殊要求的建筑屋面，应进行专项防水设计。屋面防水等级和设防要求应符合表6-82的规定。

屋面防水等级和防水层设防　　　　　　　　　　　　　　表6-82

防水等级	建筑类别	设防要求
Ⅰ级	重要建筑和高层建筑	两道防水设防
Ⅱ级	一般建筑	一道防水设防

注：2004年版《屋面工程技术规范》GB 50345将防水等级分为4级：Ⅰ级适用于特别重要的建筑或对防水有特殊要求的建筑，防水层的合理使用年限为25年，采用三道或三道以上防水设防；Ⅱ级适用于重要的建筑和高层建筑，防水层的合理使用年限为15年，采用二道防水设防；Ⅲ级适用于一般的建筑，防水层的合理使用年限为10年，采用一道防水设防（可以采用三毡四油）；Ⅳ级适用于非永久性建筑，防水层的合理使用年限为5年，采用一道防水设防（可以采用二毡三油）。

（2）防水材料的选择

1）防水材料的选择与防水等级的关系应符合表6-83的规定。

防水材料的选择与防水等级的关系　　　　　　　　　　　表6-83

防水等级	防 水 做 法
Ⅰ级	卷材防水层和卷材防水层、卷材防水层与涂膜防水层、复合防水层
Ⅱ级	卷材防水层、涂膜防水层、复合防水层

2）防水卷材的选择和厚度确定

① 防水卷材可选用合成高分子防水卷材或高聚物改性沥青防水卷材，其外观质量和品种、规格应符合国家现行有关材料标准的规定；

[①] 2004年版《屋面工程技术规范》GB 50345规定隔汽层的设置原则是：在纬度40°以北地区且室内空气湿度大于75%，或其他地区室内空气湿度常年大于80%时，保温屋面应设置隔汽层；隔汽层应在保温层下部设置并沿墙面向上铺设，与屋面的防水层相连接，形成全封闭的整体；隔汽层可采用气密性、水密性好的单层卷材或防水涂料。

② 应根据当地历年最高气温、最低气温、屋面坡度和使用条件等因素，应选择耐热度、低温柔性相适应的卷材；

③ 根据地基变形程度、结构形式、当地年温差、日温差和振动等因素，选择拉伸性能相适应的卷材；

④ 应根据防水卷材的暴露程度，选择耐紫外线、耐根穿刺、耐老化、耐霉烂相适应的卷材；

⑤ 种植隔热屋面的防水层应选择耐根穿刺防水卷材；

⑥ 每道卷材防水层的最小厚度应符合表6-84的规定；

每道卷材防水层的最小厚度（mm） 表6-84

防水等级	合成高分子防水卷材	高聚物改性沥青防水卷材		
		聚酯胎、玻纤胎、聚乙烯胎	自粘聚酯胎	自粘无胎
Ⅰ级	1.2	3.0	2.0	1.5
Ⅱ级	1.5	4.0	3.0	2.0

⑦ 屋面坡度大于25%时，卷材应采取满粘和钉压固定措施；

⑧ 卷材的铺贴方式为：卷材宜平行屋脊铺贴，上下层卷材不得相互垂直铺贴。

3）防水涂料的选择和厚度的确定

① 防水涂料可按合成高分子防水涂料、聚合物水泥防水涂料和高聚物改性沥青防水涂料选用，其外观质量和品种、型号应符合国家现行有关材料标准的规定；

② 应根据当地历年最高气温、最低气温、屋面坡度和使用条件等因素，选择耐热性和低温柔性相适应的涂料；

③ 应根据地基变形程度、结构形式、当地年温差、日温差和振动等因素，选择拉伸性能相适应的涂料；

④ 应根据屋面涂膜的暴露程度，选择耐紫外线、耐老化相适应的涂料；

⑤ 屋面排水坡度大于25%时，应选择成膜时间较短的涂料；

⑥ 每道涂膜防水层的最小厚度应符合表6-85的规定；

每道涂膜防水层的最小厚度（mm） 表6-85

防水等级	合成高分子防水涂膜	聚合物水泥防水涂膜	高聚物改性沥青防水涂膜
Ⅰ级	1.5	1.5	2.0
Ⅱ级	2.0	2.0	3.0

⑦ 涂膜防水层的基层应坚实、平整、干净，应无孔隙、起砂和裂缝。基层的干燥程度应根据所选用的防水涂料特性确定；当采用溶剂型、热熔型和反应固化型防水涂料时，基层应干燥；

⑧ 防水涂料应多遍均匀涂布，涂膜总厚度应符合设计要求。

4）复合防水层的设计和厚度确定

① 选用的防水卷材和防水涂料应相容；

② 防水涂膜宜设置在卷材防水层的下面;
③ 挥发固化型防水涂料不得作为防水卷材粘结材料使用;
④ 水乳型或合成高分子类防水涂膜上面,不得采用热熔型防水卷材;
⑤ 水乳型或水泥基类防水涂料,应待涂膜实干后再采用冷粘铺贴卷材;
⑥ 复合防水层的最小厚度应符合表6-86的规定。

复合防水层的最小厚度(mm) 表6-86

防水等级	合成高分子防水卷材+合成高分子防水涂膜	自粘聚合物改性沥青防水卷材(无胎)+合成高分子防水涂膜	高聚物改性沥青防水卷材+高聚物改性沥青防水涂膜	聚乙烯丙纶卷材+聚合物水泥防水胶结材料
Ⅰ级	1.2+1.5	1.5+1.5	3.0+2.0	(0.7+1.3)×2
Ⅱ级	1.0+1.0	1.2+1.0	3.0+1.2	0.7+1.3

5) 下列情况不得作为屋面的一道防水设防
① 混凝土结构层;
② Ⅰ型喷涂硬泡聚氨酯保温层;
③ 装饰瓦以及不搭接瓦;
④ 隔汽层;
⑤ 细石混凝土层;
⑥ 卷材或涂膜厚度不符合规范规定的防水层。

6) 附加层设计应符合的规定
① 檐沟、天沟与屋面交接处,屋面平面与立面交接处,以及水落口、伸出屋面管道根部等部位,应设置卷材或涂膜附加层;
② 屋面找平层分格缝等部位,宜设置卷材空铺附加层,其空铺宽度不宜小于100mm;
③ 附加层最小厚度应符合表6-87的规定。

附加层最小厚度 表6-87

附加层材料	最小厚度(mm)
合成高分子防水卷材	1.2
高聚物改性沥青防水卷材(聚酯胎)	3.0
合成高分子防水涂料、聚合物水泥防水涂料	1.5
高聚物改性沥青防水涂料	2.0

注:涂膜附加层应加铺胎体增强材料。

7) 防水卷材接缝
防水卷材接缝应采用搭接缝,卷材搭接宽度应符合表6-88的规定。

卷材搭接宽度（mm） 表 6-88

卷材类别	搭接宽度（mm）	
合成高分子防水卷材	胶粘剂	80
	胶粘带	50
	单缝焊	60，有效焊接宽度不小于 25
	双缝焊	80，有效焊接宽度 10×2＋空腔宽
高聚物改性沥青防水卷材	胶粘剂	100
	自粘	80

① 接缝密封防水设计

屋面接缝应按密封材料的使用方式，分为位移接缝和非位移接缝。屋面接缝密封防水技术要求应符合表 6-89 的规定。接缝密封防水设计应保证密封部位不渗水，并应做到接缝密封防水与主体防水层相匹配。

屋面接缝密封防水技术要求 表 6-89

接缝种类	密封部位	密封材料
位移接缝	混凝土面层分格接缝	改性石油沥青密封材料、合成高分子密封材料
	块体面层分格缝	改性石油沥青密封材料、合成高分子密封材料
	采光顶玻璃接缝	硅酮耐候密封胶
	采光顶周边接缝	合成高分子密封材料
	采光顶隐框玻璃与金属框接缝	硅酮结构密封胶
	采光顶明框单元板块间接缝	硅酮耐候密封胶
非位移接缝	高聚物改性沥青卷材收头	改性石油沥青密封材料
	合成高分子卷材收头及接缝封边	合成高分子密封材料
	混凝土基层固定件周边接缝	改性石油沥青密封材料、合成高分子密封材料
	混凝土构件间接缝	改性石油沥青密封材料、合成高分子密封材料

② 位移接缝密封防水设计

a. 接缝宽度应按屋面接缝位移量计算确定；

b. 密封材料的嵌缝深度宜为接缝宽度的 50%～70%；

c. 接缝处的密封材料底部应设置背衬材料，背衬材料应大于接缝宽度 20%，嵌入深度应为密封材料的设计厚度；

d. 背衬材料应选择与密封材料不粘结或粘结力弱的材料，并应能适应基层的伸缩变形；同时，应具有施工时不变形、复原率高和耐久性好等性能。

8）胎体增强材料

① 胎体增强材料宜采用聚酯无纺布或化纤无纺布；

② 胎体增强材料长边搭接宽度不应小于 50mm，短边搭接宽度不应小于 70mm；

③ 上下层胎体增强材料的长边搭接缝应错开，且不得小于幅宽的 1/3；

④ 上下层胎体增强材料不得相互垂直铺设。

9）防水层施工环境温度

① 卷材防水层的施工环境温度应符合下列规定：

a. 热熔法和焊接法不宜低于 －10℃；

b. 冷粘法和热粘法不宜低于5℃；

c. 自粘法不宜低于10℃。

② 涂膜防水层的施工环境温度应符合下列规定：

a. 水乳型及反应型涂料宜为5～35℃；

b. 溶剂型涂料宜为−5～35℃；

c. 热熔型涂料不宜低于−10℃；

d. 聚合物水泥涂料宜为5～35℃。

5. 找平层

（1）卷材屋面、涂膜屋面的基层宜设找平层。找平层厚度和技术要求应符合表6-90的规定。

找平层厚度和技术要求　　　　　　　　　　　　　　表6-90

找平层分类	适用的基层	厚度（mm）	技术要求
水泥砂浆	整体现浇混凝土板	15～20	1:2.5 水泥砂浆
	整体材料保温层	20～25	
细石混凝土	装配式混凝土板	30～35	C20 混凝土，宜加钢筋网片
	板状材料保温层		C20 混凝土

（2）保温层上的找平层应留设分格缝，缝宽宜为5～20mm，纵横缝的间距不宜大于6m。

6. 找坡层

找坡层应采用轻质材料单独铺设，其位置可以在保温层的上部或下部。找坡层亦可与保温层合并设置。

找坡材料应分层铺设和适当压实，表面应平整。

7. 隔离层

隔离层是消除材料之间粘结力、机械咬合力等相互作用的构造层次。

块体材料、水泥砂浆或细石混凝土保护层与卷材、涂膜防水层之间，应设置隔离层。隔离层材料的适用范围和技术要求宜符合表6-91的规定。

隔离层材料的适用范围和技术要求　　　　表6-91

隔离层材料	适 用 范 围	技 术 要 求
塑料膜	块体材料、水泥砂浆保护层	0.4mm厚聚乙烯膜或3mm厚发泡聚乙烯膜
土工布	块体材料、水泥砂浆保护层	200g/m² 聚酯无纺布
卷材	块体材料、水泥砂浆保护层	石油沥青卷材一层
低强度等级砂浆	细石混凝土保护层	10mm黏土砂浆，石灰膏:砂:黏土=1:2.4:3.6
		10mm厚石灰砂浆，石灰膏:砂=1:4
		5mm厚掺有纤维的石灰砂浆

8. 保护层

保护层是对防水层或保温层等起防护作用的构造层次。

（1）上人屋面的保护层可采用块体材料、细石混凝土等材料，不上人屋面保护层可采用浅色涂料、铝箔、矿物粒料、水泥砂浆等材料。各种保护层材料的适用范围和技术要求应符合表6-92的规定。

保护层材料的适用范围和技术要求　　　　表6-92

保护层材料	适用范围	技术要求
浅色涂料	不上人屋面	丙烯酸系反射涂料
铝箔	不上人屋面	0.05mm厚铝箔反射膜
矿物粒料	不上人屋面	不透明的矿物粒料
水泥砂浆	不上人屋面	20mm厚1∶2.5或M15水泥砂浆
块体材料	上人屋面	地砖或30mmC20细石混凝土预制块
细石混凝土	上人屋面	40mm厚C20细石混凝土或50mm厚C20细石混凝土内配$\phi4@100$双向钢筋网片

（2）采用块体材料做保护层时，宜设分格缝，其纵横间距不宜大于10m，分格缝宽度宜为20mm，并应用密封材料嵌填。

（3）采用水泥砂浆做保护层时，表面应抹平压光，并应设表面分格缝，分格面积宜为$1m^2$。

（4）采用细石混凝土做保护层时，表面应抹平压光，并应设表面分格缝，其纵横间距不应大于6m，分隔缝宽度宜为10～20mm，并应用密封材料嵌填。

（5）采用浅色涂料做保护层时，应与防水层粘结牢固，厚薄应均匀，不得漏涂。

（6）块体材料、水泥砂浆、细石混凝土保护层与女儿墙或山墙之间，应预留宽度为30mm的缝隙，缝内宜填塞聚苯乙烯泡沫塑料，并应用密封材料嵌填。

（7）需经常维护的设施周围和屋面出入口至设施之间的人行道，应铺设块体材料或细石混凝土保护层。

（8）保护层的施工环境温度规定：

1）块体材料干铺不宜低于－5℃，湿铺不宜低于5℃；

2）水泥砂浆及细石混凝土宜为5～35℃；

3）浅色涂料不宜低于5℃。

例6-17　（2021）屋面防水附加层选用高聚物改性沥青防水涂料时，其最小厚度应为多少（　　）？

A　1.2mm　　　　B　1.5mm　　　　C　2.0mm　　　　D　3.0mm

解析：依据《屋面工程技术规范》GB 50345—2012第4.5.9条表4.5.9（即本教材表6-11）的规定，高聚物改性沥青防水涂料附加层最小厚度应为2.0mm（选项C正确）。

答案：C

（四）倒置式保温平屋面

综合《屋面工程技术规范》GB 50345—2012和《倒置式屋面工程技术规程》JGJ 230—2010中的相关规定：

（1）倒置式保温平屋面是保温层在上、防水层在下的平屋面；它的基本构造层次为：

保护层—保温层—防水层—找平层—找坡层—结构层。

（2）倒置式保温屋面的构造要求

1）倒置式屋面的防水等级应为Ⅰ级，防水层合理使用年限不得少于20年；

2）倒置式屋面，坡度不宜小于3%；

3）倒置式屋面的保温层使用年限不宜低于防水层的使用年限。保温层应采用吸水率低，且长期浸水不变质的保温材料；

4）板状保温材料的下部纵向边缘应设排水凹槽；

5）保温层与防水层所用材料应相容匹配；

6）保温层上面宜采用块体材料或细石混凝土作保护层；

7）檐沟、水落口部位应采用现浇混凝土堵头或砖砌堵头，并应做好保温层的排水处理。

（3）倒置式保温屋面的材料选择

1）找坡层

①宜采用结构找坡；

②当采用材料找坡时，找坡层最薄处的厚度不得小于30mm。

2）找平层

①防水层的下部应设置找平层；

②找平层可采用水泥砂浆或细石混凝土，厚度应为15～40mm；

③找平层应设分格缝，缝宽宜为10～20mm，纵横缝的间距不宜大于6m；缝中应用密封材料嵌填。

3）防水层

应选用耐腐蚀、耐霉烂，适应基层变形能力的防水材料，硬泡聚氨酯防水保温复合板可作为次防水层用于两道防水设防屋面。

4）保温层

可以选用挤塑聚苯板、硬泡聚氨酯板、硬泡聚氨酯防水保温复合板、喷涂硬泡聚氨酯及泡沫玻璃保温板等。设计厚度应按计算厚度增加25%取值，最小厚度不应小于25mm。

例6-18　（2014） 下列哪一种材料不能用作倒置式屋面的保温层？

A　闭孔泡沫玻璃　　　　　B　水泥珍珠岩板
C　挤塑聚苯板　　　　　　D　硬质聚氨酯泡沫板

解析：《倒置式屋面工程技术规程》JGJ 230—2010 第4.3.2条规定：倒置式屋面的保温材料可选用挤塑聚苯乙烯泡沫塑料板（选项C）、硬泡聚氨酯板（选项D）、硬泡聚氨酯防水保温复合板、喷涂硬泡聚氨酯及泡沫玻璃保温板（选项A）等。

答案：B

5）保护层

①可以选用卵石、混凝土板块、地砖、瓦材、水泥砂浆、金属板材、人造草皮、种植植物等材料；

②保护层的质量应保证当地30年一遇最大风力时保温板不会被刮起和保温板在积水状态下不会浮起；

③当采用板状材料、卵石作保护层时,在保护层与保温层之间应设置隔离层;

④当采用板状材料作上人屋面保护层时,板状材料应采用水泥砂浆坐浆平铺,板缝应采用砂浆勾缝处理;当屋面为非上人屋面时,板状材料可以平铺,厚度不应小于30mm;

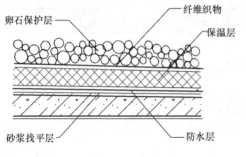

图 6-66 倒置式保温屋面的构造

⑤当采用卵石保护层时,其粒径宜为 40～80mm;

⑥保护层应设分格缝,面积分别为:水泥砂浆 $1m^2$,板状材料 $100m^2$,细石混凝土 $36m^2$;

⑦倒置式屋面一般不需设隔汽层。倒置式屋面可不设置透气孔或排气槽。

倒置式保温屋面的构造如图 6-66 所示。

(五) 隔热屋面的构造

隔热屋面是设置隔热层的屋面。隔热层的作用是减少太阳辐射热对室内作用的构造层次。隔热屋面的具体做法有以下三种,从发展趋势看,由于绿色环保及美化环境的要求,采用种植隔热方式将胜于架空隔热和蓄水隔热:

1. 种植隔热屋面

综合《屋面工程技术规范》GB 50345—2012、《屋面工程质量验收规范》GB 50207—2012 和《种植屋面工程技术规程》JGJ 155—2013 的相关规定:

种植屋面工程设计应遵循"防、排、蓄、植"并重和"安全、环保、节能、经济,因地制宜"的原则。

(1) 种植隔热屋面的类别

1) 简单式种植屋面:绿化面积占屋面总面积大于 80% 的叫简单式种植屋面;

2) 花园式种植屋面:绿化面积占屋面总面积大于 60% 的叫花园式种植屋面;

3) 容器式种植屋面:容器种植的土层厚度应满足植物生存的营养要求,不应小于 100mm。

(2) 种植隔热屋面的基本构造层次

1) 术语:过滤层是防止种植土流失,且便于水渗透的构造层;排(蓄)水层是能排出种植土中多余水分(或具有一定蓄水功能)的构造层;耐根穿刺防水层是具有防水和阻止植物根系穿刺功能的构造层;种植土是具有一定渗透性、蓄水能力和空间稳定性,可提供屋面植物生长所需养分的田园土、改良土和无机种植土的总称。

2) 种植隔热屋面(有保温层)的基本构造层次为:植被层—种植土层—过滤层—排(蓄)水层—保护层—耐根穿刺防水层—普通防水层—找平层—保温层—找平层—找坡层—结构层;

3) 种植隔热屋面(无保温层)的基本构造层次为:植被层—种植土层—过滤层—排(蓄)水层—保护层—耐根穿刺防水层—普通防水层—找平层—找坡层—结构层。

(3) 种植隔热屋面的一般规定

1) 不宜设计为倒置式屋面;

2) 结构层宜采用现浇钢筋混凝土;

3) 防水层应满足Ⅰ级防水等级设防要求;防水层应不少于两道防水设防,上道应为耐根穿刺防水材料；两道防水层的材料应相容并应相邻铺设；

4) 种植平屋面的排水坡度不宜小于2％；天沟、檐沟的排水坡度不宜小于1％；

5) 当屋面坡度小于10％时，可按种植平屋面的规定执行；

6) 当屋面坡度大于或等于20％时，种植坡屋面应设置挡墙或挡板防滑构造；亦可采用阶梯式或台地式种植；

7) 当屋面坡度大于50％时，不宜作种植屋面；

8) 种植坡屋面不宜采用土工布等软质保护层；屋面坡度大于20％时，保护层应采用细石混凝土；

9) 种植坡屋面满覆盖种植宜采用草坪地被植物；

10) 种植坡屋面在沿山墙和檐沟部位应设置安全防护栏杆；

11) 种植屋面结构应计算种植荷载作用，并宜设置植物浇灌设施，防水层应满足耐根穿刺要求。

(4) 种植屋面的构造要求

1) 种植屋面的女儿墙周边泛水部位和屋面檐口部位，应设置不小于300mm缓冲带，缓冲带可结合卵石带、园路或排水沟等设置；

2) 防水层的泛水高度应高出种植土不应小于250mm；地下建筑顶板防水层的泛水高度高出种植土不应小于500mm；

3) 竖向穿过屋面的管道，应在结构层内预埋套管，套管高出种植土不应小于250mm；

4) 坡屋面的种植檐口应设置种植土挡墙，挡墙的防水层应与檐沟防水层连成一体；挡土墙上应埋设排水管（孔）；

5) 种植屋面宜采用外排水方式，水落口宜结合缓冲带设置；

6) 屋面排水沟上可铺设盖板作为园路，侧墙应设置排水孔；

7) 硬质铺装应向水落口处找坡；当种植挡墙高于铺装时，挡墙应设置排水孔。

(5) 种植屋面的材料选择

1) 找坡层

① 当坡长小于4m时，宜采用水泥砂浆找坡；

② 当坡长为4～9m时，可采用加气混凝土、轻质陶粒混凝土、水泥膨胀珍珠岩和水泥蛭石等材料找坡，也可以采用结构找坡；

③ 当坡长大于9m时，应采用结构找坡。

2) 保温层

① 保温隔热材料的密度不宜大于$100kg/m^3$，压缩强度不得低于100kPa，100kPa压缩强度下，压缩比不得大于10％；

② 保温隔热材料可采用喷涂硬泡聚氨酯、硬泡聚氨酯板、挤塑聚苯乙烯泡沫塑料、保温板、硬质聚异氰脲酸酯泡沫保温板、酚醛硬泡保温板等轻质板状绝热材料。不得采用散状绝热材料。

3) 普通防水层

普通防水层可以选用改性沥青防水卷材（一道最小厚度为4.0mm）、高分子防水卷材（一道最小厚度为1.5mm）、自粘聚合物改性沥青防水卷材（一道最小厚度为3.0mm）、高分子防水涂料（一道最小厚度为 2.0mm）和喷涂聚脲防水涂料（一道最小厚度为 2.0mm）。

4) 耐根穿刺防水层

① 排（蓄）水材料不得作为耐根穿刺防水材料使用；

② 聚乙烯丙纶防水卷材和聚合物水泥胶结材料复合耐根穿刺防水材料，应采用双层卷材复合，作为一道耐根穿刺防水层；

③ 防水卷材搭接缝应采用与卷材相容的密封材料封严；内增强高分子耐根穿刺防水搭接缝应用密封胶封闭；

④ 耐根穿刺防水层上应设保护层，保护层应符合下列规定：

a. 简单式种植屋面和容器种植宜采用体积比为 1∶3，厚度为 15～20mm 的水泥砂浆作保护层；

b. 花园式种植屋面宜采用厚度不小于 40mm 的细石混凝土作保护层；

c. 地下建筑顶板种植应采用厚度不小于 70mm 的细石混凝土作保护层；

d. 采用水泥砂浆和细石混凝土作保护层时，保护层下面应铺设隔离层；

e. 采用土工布或聚酯无纺布作保护层时，单位面积质量不应小于 $300g/m^2$；

f. 采用聚乙烯丙纶复合防水卷材作保护层时，芯材厚度不应小于 0.4mm；

g. 采用高密度聚乙烯土工膜作保护层时，厚度不应小于 0.4mm。

5) 排（蓄）水材料

① 排（蓄）水材料可以选用凹凸形排（蓄）水板、网状交织排水板、级配碎石、卵石和陶粒；

② 级配碎石的粒径宜为 10～25mm，卵石的粒径宜为 25～40mm，铺设厚度均不宜小于 100mm；

③ 陶粒的粒径宜为 10～25mm，堆积密度不宜大于 $500kg/m^3$，铺设厚度不宜小于 100mm。

6) 过滤材料

过滤材料宜选用聚酯无纺布，单位面积质量不宜小于 $200g/m^2$。

7) 种植土

① 种植土应具有质量轻、养分适度、清洁无毒和安全环保等特性；

② 种植土的类型有田园土、改良土和无机种植土；

③ 改良土有机材料体积掺入量不宜大于 30%；有机质材料应充分腐熟灭菌；

④ 应根据植物种类确定种植土厚度，并应符合表 6-93 的规定。

种 植 土 厚 度（mm）　　　　　表 6-93

植物种类				
草坪、地被	小灌木	大灌木	小乔木	大乔木
≥100	≥300	≥500	≥600	≥900

8) 种植植物

① 不宜种植高大乔木、速生乔木；

② 不宜种植根系发达的植物和根状茎植物；

③ 高层建筑屋面和坡屋面宜种植草坪和地被植物。

9) 种植容器

① 容器材质的使用年限不应低于10年；

② 容器高度不应小于100mm。

2. 蓄水隔热屋面

综合《屋面工程技术规范》GB 50345—2012 和《屋面工程质量验收规范》GB 50207—2012 的相关规定：

(1) 蓄水隔热屋面的基本构造层次

1) 有保温层的蓄水屋面：蓄水隔热层—隔离层—防水层—找平层—保温层—找平层—找坡层—结构层；

2) 无保温层的蓄水屋面：蓄水隔热层—隔离层—防水层—找平层—找坡层—结构层。

(2) 蓄水隔热屋面的应用

蓄水隔热屋面不宜在严寒地区和寒冷地区、地震设防地区和振动较大的建筑物上采用。

(3) 蓄水隔热屋面的构造要求

1) 蓄水隔热屋面的坡度不宜大于0.5%；

2) 蓄水池应采用强度等级不低于C20，抗渗等级不低于P6的防水混凝土制作；蓄水池内宜采用20mm厚防水砂浆抹面；

3) 蓄水池的蓄水深度宜为150~200mm；

4) 蓄水池应设溢水口、排水管和给水管，排水管应与排水出口连通；

5) 蓄水隔热屋面应划分为若干蓄水区，每区的边长不宜大于10m，在变形缝的两侧应分成两个互不连通的蓄水区；长度超过40m的蓄水隔热屋面应分仓设置，分仓隔墙可采用现浇混凝土或砌体；

6) 蓄水池溢水口距分仓墙顶面的高度不得小于100mm；

7) 蓄水池应设置人行通道；

8) 蓄水隔热屋面隔热层与防水层之间应设置隔离层；

9) 蓄水池的所有孔洞均应预留，给水管、排水管和溢水管等，均应在蓄水池混凝土施工前安装完毕；

10) 蓄水池的防水混凝土应一次浇筑完毕，不得留施工缝；

11) 防水混凝土应用机械振捣密实，表面应抹平和压光；初凝后应覆盖养护，终凝后浇水养护不得少于14d；蓄水后不得断水。

3. 架空隔热屋面

综合《屋面工程技术规范》GB 50345—2012 和《屋面工程质量验收规范》GB 50207—2012 中的相关规定：

(1) 架空隔热屋面的基本构造层次

1) 有保温层的架空屋面：架空隔热层—防水层—找平层—保温层—找平层—找坡层—结构层；

2) 无保温层的架空屋面：架空隔热层—防水层—找平层—找坡层—结构层。

(2) 架空隔热屋面的应用

架空隔热层宜在屋顶有良好通风的建筑物上采用，不宜在寒冷地区和严寒地区采用。

（3）架空隔热屋面的构造要求

1）采用混凝土板架空隔热层时，混凝土板的强度等级不应低于C20，屋面坡度不宜大于5%。

2）支点砌块的强度等级，非上人屋面不应低于MU7.5，上人屋面不应低于MU10。

3）采用架空隔热层的屋面，架空隔热层的高度应按照屋面的宽度或坡度的大小变化确定；架空隔热层不得堵塞，架空隔热层的高度宜为180～300mm。架空板与女儿墙的距离不应小于250mm（《民用建筑热工设计规范》GB 50176—2016中规定：通风屋面的风道长度不宜大于10m，通风间层高度应大于0.3m，屋面基层应做保温隔热层，檐口处宜采用导风构造，通风平屋面风道口与女儿墙的距离不应小于0.6m）。

4）屋面宽度大于10m时，架空隔热层中部应设置通风屋脊，通风口处应设置通风篦子。

5）架空隔热层的进风口，宜设置在当地炎热季节最大频率风向的正风压区，出风口宜设置在负风压区。

6）架空隔热制品支座底面的卷材、涂膜防水层，应采取加强措施。

架空隔热屋面的构造如图6-67所示。

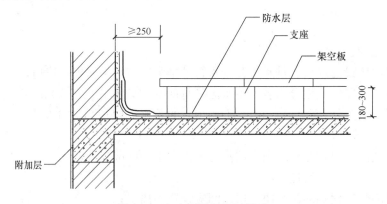

图6-67 架空隔热屋面的构造

例6-19 （2012） 关于架空隔热屋面的设计要求，下列表述中哪条是错误的？

A 不宜设女儿墙

B 屋面采用女儿墙时，架空板与女儿墙的距离不宜小于250mm

C 屋面坡度不宜大于5%

D 不宜在抗震设防8度区采用

解析：《屋面工程技术规范》GB 50345—2012 第4.4.9条中没有架空隔热屋面不宜在抗震设防8度区使用的规定。

答案：D

（六）屋面的排水设计

1.《屋面工程技术规范》 GB 50345—2012 的规定

（1）屋面排水方式的选择应根据建筑物的屋顶形式、气候条件、使用功能等因素确定。

(2) 屋面排水方式可分为有组织排水和无组织排水。有组织排水时，宜采用雨水收集系统。

(3) 高层建筑屋面宜采用内排水；多层建筑屋面宜采用有组织外排水；低层建筑及檐高小于10m的屋面，可采用无组织排水。多跨及汇水面积较大的屋面宜采用天沟排水，天沟找坡较长时，宜采用中间内排水和两端外排水。

(4) 屋面排水系统设计采用的雨水流量、暴雨强度、降雨历时、屋面汇水面积等参数，应符合现行国家标准《建筑给水排水设计标准》GB 50015 的有关规定。

(5) 屋面应适当划分排水区域，排水路线应简捷，排水应通畅。

(6) 采用重力式排水时，屋面每个汇水面积内，雨水排水立管不宜少于2根；水落口和水落管的位置，应根据建筑物的造型要求和屋面汇水情况等因素确定。

(7) 高跨屋面为无组织排水时，其低跨屋面受水冲刷的部位应加铺一层卷材，并应设40～50mm厚，300～500mm宽的C20细石混凝土保护层；高跨屋面为有组织排水时，水落管下应加设水簸箕。

(8) 暴雨强度较大地区的大型屋面，宜采用虹吸式屋面雨水排水系统。

(9) 严寒地区应采用内排水，寒冷地区宜采用内排水。

(10) 湿陷性黄土地区宜采用有组织排水，并应将雨雪水直接排至排水管网。

(11) 檐沟、天沟的过水断面，应根据屋面汇水面积的雨水流量经计算确定。钢筋混凝土檐沟、天沟净宽不应小于300mm；分水线处最小深度不应小于100mm；沟内纵向坡度应不小于1%，沟底水落差不得超过200mm。天沟、檐沟排水不得流经变形缝和防火墙。

(12) 金属檐沟、天沟的纵向坡度宜为0.5%。

(13) 坡屋面檐口宜采用有组织排水，檐沟和水落斗可采用金属或塑料成品。

2. 《民用建筑设计统一标准》 GB 50352—2019 的规定

(1) 屋面排水宜结合气候环境优先采用外排水，严寒地区、高层建筑、多跨及集水面积较大的屋面宜采用内排水，屋面雨水管的数量、管径应通过计算确定。

(2) 当上层屋面雨水管的雨水排至下层屋面时，应有防止水流冲刷屋面的设施。

(3) 屋面雨水排水系统宜设置溢流系统，溢流排水口的位置不得设在建筑出入口的上方。

(4) 当屋面采用虹吸式雨水排水系统时，应设溢流设施；集水沟的平面尺寸应满足汇水要求和雨水斗的安装要求，集水沟宽度不宜小于300mm，有效深度不宜小于250mm，集水沟分水线处最小深度不应小于100mm。

(5) 屋面雨水天沟、檐沟不得跨越变形缝和防火墙。

(6) 屋面雨水系统不得和阳台雨水系统共用管道；屋面雨水管应设在公共部位，不得在住宅套内穿越。

3. 其他技术资料相关的数据

(1) 年降雨量小于等于900mm的地区为少雨地区，年降雨量大于900mm的地区为多雨地区。每个水落口的汇水面积宜为150～200m²；有外檐天沟时，雨水管间距可按小于等于24m设置；无外檐天沟时，雨水管间距可按小于等于15m设置。屋面雨水管的内径应不小于100mm；面积小于25m² 的阳台雨水管的内径应不小于50mm。雨水管、雨水斗应首选UPVC材料（增强塑料）。雨水管距离墙面不应小于20mm，其排水口下端距散水坡的高度不应大于200mm。

(2) 积灰多的屋面应采用无组织排水。如采用有组织排水应有防堵措施。

(3) 年降雨量≥900mm的地区，相邻屋面高差≥3m的高处檐口应采用有组织排水。

(4) 进深超过12m的平屋面不宜采用单坡排水。

(5)《全国民用建筑工程设计技术措施 规划·建筑·景观》(2009年版) 第二部分中指出：

1) 每一汇水面积内的屋面或天沟一般不应少于两个水落口。当屋面面积不大且小于当地一个水落口的最大汇水面积，而采用两个水落口确有困难时，也可采用一个水落口加溢流口的方式。溢流口宜靠近水落口，溢流口底的高度一般高出该处屋面完成面150～250mm左右，并应挑出墙面不少于50mm。溢水口的位置应不致影响其下部的使用，如影响行人等。

2) 两个水落口的间距，一般不宜大于下列数值：有外檐天沟24m；无外檐天沟、内排水15m。

(七) 屋顶凸出物的处理

1. 烟道、通风道

烟道、通风道凸出屋面的高度应不小于600mm，并应做好泛水，防水卷材的高度不应小于250mm。

2. 出人孔

平屋顶的出人孔是为了检修而设置。开洞尺寸应不小于700mm×700mm。为了防止漏水，应将板边上翻或用120mm砖墙砌出，上盖木板，以遮风挡雨。防水卷材上卷（亦称为"泛水"）的高度不应小于250mm，并且泛水防水层的收头应压在出人孔的混凝土压顶圈之下。

屋面应设上人检修口；当屋面无楼梯通达，并低于10m时，可设外墙爬梯，并应有安全防护和防止儿童攀爬的措施；大型屋面及异形屋面的上屋面检修口宜多于2个。外墙爬梯多为铁质材料，宽度一般为600mm，底部距室外地面宜为2～3m。当屋面有大于2m的高差时，高低屋面之间亦应设置外墙爬梯，爬梯底部距低屋面应为600mm，爬梯距墙面为200mm。

3. 室外消防梯

《建筑设计防火规范》GB 50016—2014（2018年版）中规定：建筑高度大于10m的三级耐火等级建筑应设置通至屋顶的室外消防梯。室外消防梯不应面对老虎窗，宽度不应小于0.6m，且宜从离地面3m高度处设置。

4. 女儿墙

(1) 抗震要求

《非结构构件抗震设计规范》JGJ 339—2015中规定：

1) 女儿墙可以采用砖砌体（最小厚度240mm）、加气混凝土砌块（最小厚度190mm）和现浇钢筋混凝土（最小厚度160mm）制作。

2) 女儿墙的布置和构造，应符合下列规定：

① 不应采用无锚固的砖砌镂空女儿墙;

② 非出入口无锚固砌体女儿墙的最大高度:6～8度时不宜超过0.5m;超过0.5m时、人流出入口、通道处或9度时,出屋面砌体女儿墙应设置构造柱与主体结构锚固,构造柱间距宜取2.0～2.5m[①];

③ 砌体女儿墙顶部应采用现浇的通长钢筋混凝土压顶;

④ 女儿墙在变形缝处应留有足够的宽度,缝两侧的女儿墙自由端应予以加强[②];

⑤ 高层建筑的女儿墙,不得采用砌体女儿墙。

(2) 高度要求

上人女儿墙的最小高度应按多层建筑的临空防护高度取1.05m,高层建筑的临空防护高度取1.10m。

三、瓦屋面(坡屋面)的构造

(一)瓦屋面设计

总结《屋面工程技术规范》GB 50345—2012 和《屋面工程质量验收规范》GB 50207—2012 中对瓦屋面的规定,分述如下。

1. 瓦屋面的防水等级和设防要求

瓦屋面的防水等级和设防要求应符合表6-94的规定。

瓦屋面防水等级和防水做法　　　　表6-94

防 水 等 级	防 水 做 法
Ⅰ级	瓦+防水层
Ⅱ级	瓦+防水垫层

注:防水层厚度与平屋面的要求相同。

2. 瓦屋面的基本构造层次

瓦屋面的基本构造层次见表6-95所列。

瓦屋面的基本构造层次　　　　表6-95

屋面类型	基本构造层次(由上而下)
块瓦	块瓦—挂瓦条—顺水条—持钉层—防水层或防水垫层—保温层—结构层
沥青瓦	沥青瓦—持钉层—防水层或防水垫层—保温层—结构层

注:1. 表中结构层包括混凝土基层和木基层,防水层包括卷材和涂膜防水层;

2. 有隔汽要求的屋面,应在保温层与结构层之间设隔汽层。

3. 瓦屋面的设计

(1) 瓦屋面应根据瓦的类型(块瓦、混凝土瓦、沥青瓦、金属板)和基层种类采取相应的构造做法。

(2) 瓦屋面与山墙及屋面结构的交接处均应做不小于250mm高的泛水处理。

(3) 在大风及地震设防地区或屋面坡度大于100%时,应采取固定加强措施。

---

① 《砌体结构设计规范》GB 50003—2011 中规定女儿墙中的构造柱间距为4.00m。

② 本条同见《建筑抗震设计规范》GB 50011—2010(2016年版)第13.3.2条第5款。

(4) 严寒及寒冷地区的瓦（坡）屋面，檐口部位应采取防止冰雪融化下坠和冰坝形成等措施。

(5) 防水垫层宜采用自粘聚合物沥青防水垫层、聚合物改性沥青防水垫层，其最小厚度和搭接宽度应符合表 6-96 的规定。

防水垫层的最小厚度和搭接宽度 表 6-96

防水垫层品种	最小厚度（mm）	搭接宽度（mm）
自粘聚合物沥青防水垫层	1.0	80
聚合物改性沥青防水垫层	2.0	100

(6) 在满足屋面荷载的前提下，瓦屋面持钉层厚度应符合下列规定：

1) 持钉层为木板时，厚度不应小于 20mm；
2) 持钉层为人造板时，厚度不应小于 16mm；
3) 持钉层为细石混凝土时，厚度不应小于 35mm。

(7) 瓦屋面檐沟、天沟的防水层，可采用防水卷材或防水涂膜，也可采用金属板材。

4. 烧结瓦、混凝土瓦屋面的构造要点

(1) 烧结瓦、混凝土瓦屋面的坡度不应小于 30%。

(2) 采用的木质基层、顺水条、挂瓦条，均应作防腐、防火和防蛀处理；采用的金属顺水条、挂瓦条，均应作防锈蚀处理。

(3) 烧结瓦、混凝土瓦应采用干法挂瓦，瓦与屋面基层应固定牢靠。

(4) 烧结瓦和混凝土瓦铺装的有关尺寸应符合下列规定：

1) 瓦屋面檐口挑出墙面的长度不宜小于 300mm；
2) 脊瓦在两坡面瓦上的搭盖宽度，每边不应小于 40mm；
3) 脊瓦下端距坡面瓦的高度不宜大于 80mm；
4) 瓦头深入檐沟、天沟内的长度宜为 50~70mm；
5) 金属檐沟、天沟深入瓦内的宽度不应小于 150mm；
6) 瓦头挑出檐口的长度宜为 50~70mm；
7) 凸出屋面结构的侧面瓦伸入泛水的宽度不应小于 50mm。

5. 沥青瓦屋面的构造要点

(1) 沥青瓦屋面的坡度不应小于 20%。

(2) 沥青瓦应具有自粘胶带或相互搭接的连锁构造。矿物粒料或片料覆面沥青瓦的厚度不小于 2.6mm，金属箔面沥青瓦的厚度不小于 2.0mm。

(3) 沥青瓦的固定方式应以钉接为主、粘结为辅。每张瓦片上不得少于 4 个固定钉；在大风地区或屋面坡度大于 100% 时，每张瓦片不得少于 6 个固定钉。

(4) 天沟部位铺设的沥青瓦可采用搭接式、编织式、敞开式。搭接式、编织式铺设时，沥青瓦下应铺设不小于 1000mm 宽的附加层；敞开式铺设时，在防水层或防水垫层上应铺设厚度不小于 0.45mm 的防锈金属板材，沥青瓦与金属板材应用沥青基胶结材料粘结，其搭接宽度不应小于 100mm。

(5) 沥青瓦铺装的有关尺寸应符合下列规定：

1) 脊瓦在两坡面瓦上的搭盖宽度，每边不应小于 150mm；
2) 脊瓦与脊瓦的压盖面积不应小于脊瓦面积的 1/2；
3) 沥青瓦挑出檐口的长度宜为 10～20mm；
4) 金属泛水板与沥青瓦的搭盖宽度不应小于 100mm；
5) 金属泛水板与突出屋面墙体的搭接高度不应小于 250mm；
6) 金属滴水板伸入沥青瓦下的宽度不应小于 80mm。

6. 金属板屋面的构造要点

(1) 金属板屋面的防水等级和防水做法

金属板屋面的防水等级和防水做法应符合表 6-97 的规定。

金属板屋面防水等级和防水做法　　　　表 6-97

防 水 等 级	防 水 做 法
Ⅰ级	压型金属板＋防水垫层
Ⅱ级	压型金属板、金属面绝热夹芯板

注：1. 当防水等级为Ⅰ级时，压型铝合金板基板厚度不应小于 0.9mm，压型钢板基板厚度不应小于 0.6mm；
　　2. 当防水等级为Ⅰ级时，压型金属板应采用 360°咬口锁边连接方式；
　　3. 在Ⅰ级屋面防水做法中，仅作压型金属板时，应符合《金属压型板应用技术规范》的要求。

(2) 金属板屋面的基本构造层次

金属板屋面的基本构造层次应符合表 6-98 的规定。

金属板屋面的基本构造层次　　　　表 6-98

屋面类型	基本构造层次（自上而下）
金属板屋面	压型金属板—防水垫层—保温层—承托网—支承结构
	上层压型金属板—防水垫层—保温层—底层压型金属板—支承结构
	金属面绝热夹芯板—支承结构

金属板屋面的基本构造见图 6-68 和图 6-69。

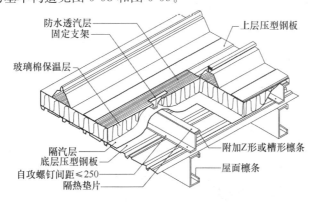

图 6-68　檩条露明式金属板屋面构造
[引自《全国民用建筑工程设计技术措施　规划·建筑·景观》(2009 年版)]

(3) 金属板屋面的构造要点

1) 压型金属板采用咬口锁边连接时，屋面的排水坡度不宜小于 5%；压型金属板采

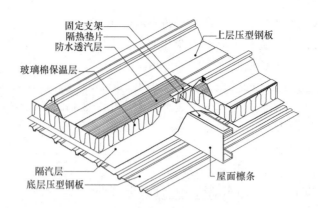

图 6-69 檩条暗藏式金属板屋面构造
［引自《全国民用建筑工程设计技术措施 规划·建筑·景观》(2009 年版)］

用紧固件连接时，屋面的排水坡度不宜小于 10%。

2）金属板屋面在保温层的下面宜设置隔汽层，在保温层的上面宜设置防水透汽膜。防水透汽膜是具有防风和防水透汽功能的膜状材料，包括纺粘聚乙烯和聚丙烯膜；防水透汽膜应铺设在屋面保温层外侧，可将外界水与空气气流阻挡在建筑外部，阻止冷风渗透，同时能将室内的潮气排到室外。

3）金属檐沟、天沟的伸缩缝间距不宜大于 30m；内檐沟及内天沟应设置溢流口或溢流系统，沟内宜按 0.5% 找坡。

4）金属板屋面铺装的有关尺寸应符合下列规定：

① 金属板檐口挑出墙面的长度不应小于 200mm；

② 金属板伸入檐沟、天沟内的长度不应小于 100mm；

③ 金属泛水板与突出屋面墙体的搭接高度不应小于 250mm；

④ 金属泛水板、变形缝盖板与金属板的搭盖宽度不应小于 200mm；

⑤ 金属屋脊盖板在两坡面金属板上的搭盖宽度不应小于 250mm；

⑥ 压型金属板的纵向搭接应位于檩条处，搭接端应与檩条有可靠的连接，搭接部位应设置防水密封胶带。压型金属板的纵向最小搭接长度应符合表 6-96 的规定。

压型金属板的纵向最小搭接长度（mm） 表 6-99

压型金属板		纵向最小搭接长度
高波压型金属板		350
低波压型金属板	屋面坡度≤10%	250
	屋面坡度＞10%	200

5）压型金属板的紧固件连接应采用带防水垫圈的自攻螺钉，固定点应设在波峰上，所有自攻螺钉外露的部位均应密封处理。

例 6-20 （2010）金属板材屋面檐口挑出墙面的长度不应小于（　　）。
A　120mm　　　　　　B　150mm
C　180mm　　　　　　D　200mm

解析:《屋面工程技术规范》GB 50345—2012 中第 4.9.15 条规定:金属板檐口挑出墙面的长度不应小于200mm。

答案: D

(4) 金属板屋面的下列部位应进行构造设计:

① 屋面系统的变形缝;② 高低跨处泛水;③ 屋面板缝、单元体构造缝;④ 檐沟、天沟、水落口;⑤ 屋面金属板材收头;⑥ 洞口、局部凸出体收头;⑦ 其他复杂的构造部位。

(5) 强风地区的金属屋面和异形金属屋面,应在边区、角区、檐口、屋脊及屋面形态变化处采取构造加强措施。

(二) 坡屋面设计

《坡屋面工程技术规范》GB 50693—2011 中的规定:

1. 坡屋面的基本规定和设计要求

(1) 坡屋面的类型、适用坡度和防水垫层

根据建筑物的高度、风力、环境等因素,确定坡屋面的类型、坡度和防水垫层,并应符合表 6-100 的规定。

坡屋面的类型、坡度和防水垫层　　　　表 6-100

坡度与垫层	屋面类型						
	沥青瓦屋面	块瓦屋面	波形瓦屋面	金属板屋面		防水卷材屋面	装配式轻型坡屋面
				压型金属板	夹芯板屋面		
适用坡度(%)	≥20	≥30	≥20	≥5	≥5	≥3	≥20
防水垫层	应选	应选	应选	一级应选 二级宜选	—	—	应选

注:防水垫层指的是坡屋面中通常铺设在瓦材或金属板下面的防水材料。

(2) 坡屋面的防水等级

坡屋面工程设计应根据建筑物的性质、重要程度、地域环境、使用功能要求以及依据屋面防水层设计的使用年限,分为一级防水和二级防水,并应符合表 6-101 的规定。

坡屋面的防水等级　　　　表 6-101

项　目	坡屋面防水等级	
	一　级	二　级
防水层设计使用年限	≥20年	≥10年

注:1. 大型公共建筑、医院、学校等重要建筑屋面的防水等级为一级,其他为二级;
　　2. 工业建筑屋面的防水等级按使用要求确定。

(3) 坡屋面的设计要求

1) 坡屋面采用沥青瓦、块瓦、波形瓦和一级设防的压型金属板时,应设置防水垫层。

2）保温隔热层铺设在装配式屋面板上时，宜设置隔汽层。

3）屋面坡度大于100%以及大风和抗震设防烈度为7度以上的地区，应采取加强瓦材固定等防止瓦材下滑的措施。

4）持钉层的厚度应符合表6-102的规定。

持 钉 层 的 厚 度   表 6-102

材 质	最小厚度（mm）	材 质	最小厚度（mm）
木板	20	结构用胶合板	9.5
胶合板或定向刨花板	11	细石混凝土	35

5）细石混凝土找平层、持钉层或保护层中的钢筋网应与屋脊、檐口预埋的钢筋连接。

6）夏热冬冷地区、夏热冬暖地区和温和地区坡屋面的节能措施宜采用通风屋面、热反射屋面、带铝箔的封闭空气间层或种植屋面等。

7）屋面坡度大于100%时，宜采用内保温隔热措施。

8）冬季最冷月平均气温低于-4℃的地区或檐口结冰严重的地区，檐口部位应增设一层防冰坝返水的自粘或免粘防水垫层。增设的防水垫层应从檐口向上延伸，并超过外墙中心线不少于1000mm。

9）严寒和寒冷地区的坡屋面檐口部位应采取防止冰雪融坠的安全措施。

10）钢筋混凝土檐沟的纵向坡度不宜小于1%。檐沟内应做防水。

11）坡屋面的排水设计应符合下列规定：

① 多雨地区（年降雨量大于900mm的地区）的坡屋面应采用有组织排水；

② 少雨地区（年降雨量小于等于900mm的地区）的坡屋面可采用无组织排水；

③ 高低跨屋面的水落管出水口处应采取防冲刷措施（通常做法是加设水簸箕）。

12）坡屋面有组织排水方式和水落管的数量应符合有关规定。

13）屋面设有太阳能热水器、太阳能光伏电池板、避雷装置和电视天线等附属设施时，应做好连接和防水密封措施。

14）采光天窗的设计应符合下列规定：

① 采用排水板时，应有防雨措施；

② 采光天窗与屋面连接处应作两道防水设防；

③ 应有结露水泄流措施；

④ 天窗采用的玻璃应符合相关安全的要求；

⑤ 采光天窗的抗风压性能、水密性、气密性等应符合相关标准的规定。

2. 坡屋面的材料选择

（1）防水垫层

1）沥青类防水垫层（自粘聚合物沥青防水垫层、聚合物改性沥青防水垫层、波形沥青通风防水垫层等）。

2）高分子类防水垫层（铝箔复合隔热防水垫层、塑料防水垫层、透气防水垫层和聚乙烯丙纶防水垫层等）。

3）防水卷材和防水涂料的复合防水垫层。

(2) 保温隔热材料

1) 坡屋面保温隔热材料可采用硬质聚苯乙烯泡沫塑料保温板、硬质聚氨酯泡沫塑料保温板、喷涂硬泡聚氨酯、岩棉、矿渣棉或玻璃棉等，不宜采用散状保温隔热材料。

2) 保温隔热材料的表观密度不应大于 250kg/m³。装配式轻型坡屋面宜采用轻质保温隔热材料，表观密度不应大于 70kg/m³。

(3) 瓦材

瓦材有沥青瓦（片状）、沥青波形瓦、树脂波形瓦（俗称：玻璃钢）、块瓦（烧结瓦、混凝土瓦）等。

(4) 金属板

1) 压型金属板：包括热镀锌钢板（厚度≥0.6mm）、镀铝锌钢板（厚度≥0.6mm）、铝合金板（厚度≥0.9mm）。

2) 有涂层的金属板：正面涂层不应低于两层，反面涂层应为一层或两层。涂层有聚酯、硅改性聚酯、高耐久性聚酯和聚偏氟乙烯。

3) 金属面绝热夹芯板。

(5) 防水卷材

防水卷材可以选用聚氯乙烯（PVC）防水卷材、三元乙丙橡胶（EPDM）防水卷材、热塑性聚烯烃（TPO）防水卷材、弹性体（SBS）改性沥青防水卷材、塑性体（APP）改性沥青防水卷材。

屋面防水层应采用耐候性防水卷材，选用的防水卷材人工气候老化试验辐照时间不应少于 2500h。

(6) 装配式轻型屋面材料

1) 钢结构应选用热浸镀锌薄壁型钢材冷弯成型。承重冷弯薄壁型钢应采用的热浸镀锌板的双面涂层重量不小于 180g/m²。

2) 木结构的材质、粘结剂及配件应符合《木结构设计标准》GB 50005 的规定。

3) 新建屋面、平改坡屋面的屋面板宜采用定向刨花板（简称 OSB 板）、结构胶合板、普通木板及人造复合板等材料；采用波形瓦时，可不设屋面板。

4) 木屋面板材的厚度：定向刨花板（简称 OSB 板）厚度大于等于 11mm，结构胶合板厚度大于等于 9.5mm；普通木板厚度大于等于 20mm。

5) 新建屋面、平改坡屋面的屋面瓦，宜采用沥青瓦、沥青波形瓦、树脂波形瓦等轻质瓦材。

(7) 顺水条和挂瓦条

1) 木质顺水条和挂瓦条应采用等级为Ⅰ级或Ⅱ级的木材，含水率不应大于 18%，并应作防腐防蛀处理。

2) 金属材质顺水条、挂瓦条应作防锈处理。

3) 顺水条的断面尺寸宜为 40mm×20mm，挂瓦条的断面尺寸宜为 30mm×30mm。

3. 坡屋面的设计

(1) 沥青瓦坡屋面

1) 构造层次：（由上至下）沥青瓦—持钉层—防水层或防水垫层—保温隔热层—屋

面板。

2) 沥青瓦分为平面沥青瓦和叠合沥青瓦两大类型。平面沥青瓦适用于防水等级为二级的坡屋面，叠合沥青瓦适用于防水等级为一级及二级的坡屋面。

3) 沥青瓦屋面的坡度不应小于20%。

4) 沥青瓦屋面的保温隔热层设置在屋面板上时，应采用不小于压缩强度150kPa的硬质保温隔热板材。

5) 沥青瓦屋面的屋面板宜为钢筋混凝土屋面板或木屋面板。

6) 铺设沥青瓦应采用固定钉固定，在屋面周边及泛水部位应采用满粘法固定。

7) 沥青瓦的施工环境温度宜为5～35℃。环境温度低于5℃时，应采取加强粘结措施。

沥青瓦屋面的构造如图6-70所示。

(2) 块瓦坡屋面

1) 块瓦屋面保温隔热层上铺设细石混凝土保护层作为持钉层时，防水垫层应铺设在持钉层上；构造层（由上至下）依次为：块瓦—挂瓦条—顺水条—防水垫层—持钉层—保温隔热层—屋面板。

2) 块瓦包括烧结瓦、混凝土瓦等，适用于防水等级为一级和二级的坡屋面。

3) 块瓦屋面坡度不应小于30%。

4) 块瓦屋面的屋面板可为钢筋混凝土板、木板或增强纤维板。

5) 块瓦屋面应采用干法挂瓦，固定牢靠，檐口部位应采取防风揭起的措施。

块瓦屋面的构造如图6-71所示。

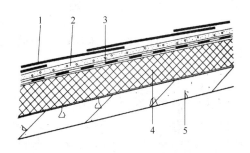

图6-70 沥青瓦屋面的构造
1—瓦材；2—持钉层；3—防水垫层；
4—保温隔热层；5—屋面板

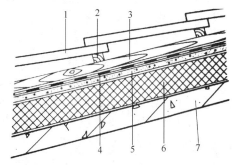

图6-71 块瓦屋面的构造
1—瓦材；2—挂瓦条；3—顺水条；4—防水垫层；
5—持钉层；6—保温隔热层；7—屋面板

(3) 波形瓦坡屋面

1) 构造层次（由上至下）：

①做法一：波形瓦—防水垫层—持钉层—保温隔热层—屋面板；

②做法二：波形瓦—防水垫层—屋面板—檩条（角钢固定件）—屋架。

2) 波形瓦屋面包括沥青波形瓦、树脂波形瓦等。适用于防水等级为二级的屋面。

3) 波形瓦屋面坡度不应小于20%。

4) 波形瓦屋面承重层为钢筋混凝土屋面板和木质屋面板时，宜设置外保温隔热层；不设屋面板的屋面，可设置内保温隔热层。

波形瓦屋面的构造如图 6-72 所示。

（4）金属板坡屋面

1) 构造层次（由上至下）：金属屋面板—固定支架—透气防水垫层—保温隔热层—承托网。

2) 金属板屋面的板材主要包括压型金属板和金属面绝热夹芯板。

3) 金属板屋面坡度不宜小于 5%。

4) 压型金属板屋面适用于防水等级为一级和二级的坡屋面，金属面绝热夹芯板屋面适用于防水等级为二级的坡屋面。

5) 防水等级为一级的压型金属板屋面不应采用明钉固定方式，应采用大于 180°咬边连接的固定方式；防水等级为二级的压型金属板屋面采用明钉或金属螺钉固定方式时，钉帽应有防水密封措施。

6) 金属面绝热夹芯板的四周接缝均应采用耐候丁基橡胶防水密封胶带密封。

7) 防水等级为一级的压型金属板屋面应采用防水垫层，防水等级为二级的压型金属板屋面宜采用防水垫层。

金属板屋面的构造如图 6-73 所示。

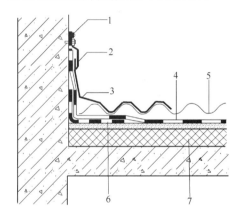
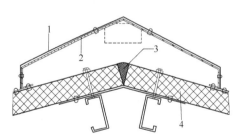

图 6-72 波形瓦屋面的构造
1—密封胶；2—金属压条；3—泛水；
4—防水垫层；5—波形瓦；6—防水
垫层附加层；7—保温隔热层

图 6-73 金属板屋面的构造
1—屋脊盖板；2—屋脊盖板支架；
3—聚苯乙烯泡沫条；
4—夹芯屋面板

（5）防水卷材坡屋面

1) 构造层次（由上至下）：防水卷材—保温隔热层—隔汽层—屋顶结构层。

2) 防水卷材屋面适用于防水等级为一级和二级的单层防水卷材的坡屋面。

3) 防水卷材屋面的坡度不应小于 3%。

4) 屋面板可采用压型钢板和现浇钢筋混凝土板等。

5) 防水卷材屋面采用的防水卷材主要包括：聚氯乙烯（PVC）防水卷材、三元乙丙橡胶（EPDM）防水卷材、热塑性聚烯烃（TPO）防水卷材、弹性体（SBS）改性沥青防水卷材、塑性体（APP）改性沥青防水卷材。

6) 保温隔热材料可采用硬质岩棉板、硬质矿渣棉板、硬质玻璃棉板、硬质泡沫聚氨酯塑料保温板及硬质聚苯乙烯保温板等板材。

7) 保温隔热层应设置在屋面板上。

8) 单层防水卷材和保温隔热材料构成的屋面系统，可采用机械固定法、满粘法或空铺压顶法铺设。

防水卷材坡屋面的构造如图 6-74 所示。

(6) 装配式轻型坡屋面

1) 构造层次（由上至下）：瓦材—防水垫层—屋面板。

2) 装配式轻型坡屋面适用于防水等级为一级和二级的新建屋面和平改坡屋面。

3) 装配式轻型坡屋面的坡度不应小于 20%。

4) 平改坡屋面应根据既有建筑物的进深、承载能力确定承重结构和选择屋面材料。

装配式轻型坡屋面的构造如图 6-75 所示。

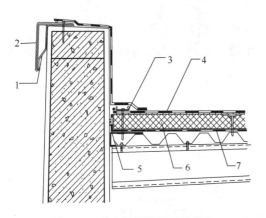 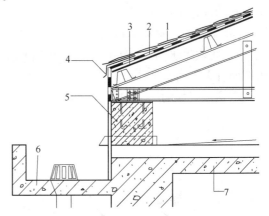

图 6-74 防水卷材坡屋面的构造
1—钢板连接件；2—复合钢板；3—固定件；
4—防水卷材；5—收边加强钢板；
6—保温隔热层；7—隔汽层

图 6-75 装配式轻型坡屋面的构造
1—轻质瓦；2—防水垫层；3—屋面板；4—金属泛水板；5—现浇钢筋混凝土卧梁；6—原有檐沟；
7—原有屋面

四、玻璃采光顶

综合《屋面工程技术规范》GB 50345—2012 和《屋面工程质量验收规范》GB 50207—2012 和《采光顶与金属屋面技术规程》JGJ 255—2012 的相关规定：

(一) 玻璃采光顶的建筑设计

玻璃采光顶应根据建筑物的屋面形式、使用功能和美观要求，选择结构类型、材料和细部构造（图 6-76）。

1. 玻璃采光顶的支承结构

(1) 框支承结构：框支承结构由玻璃面板、金属框架、支承结构三部分组成。

(2) 点支承结构：点支承结构由玻璃面板、点支承装置、支承结构三部分组成。

图 6-76 玻璃采光顶

(3) 玻璃支承结构：玻璃支承结构宜采用钢化或半钢化夹层玻璃支承。

2. 玻璃采光顶支承结构的材料

(1) 钢材

1) 采光顶的钢材宜采用于奥氏体不锈钢材，且铬镍总量不低于25%，含镍不少于8%；

2) 玻璃采光顶使用的钢索应采用钢绞线，且钢索的公称直径不宜小于12mm；

3) 采光顶内用钢结构支承时，钢结构表面应作防火处理；

4) 热轧钢型材有效截面部位的壁厚不应小于2.5mm；冷成型薄壁型钢截面厚度不应小于2.0mm。

(2) 铝合金型材

1) 铝合金型材应采用阳极氧化、电泳涂漆、粉末喷涂、氟碳喷涂等进行表面处理；

2) 铝合金型材有效截面部位的厚度不应小于2.5mm。

3. 玻璃采光顶的点支承装置

(1) 矩形玻璃面板宜采用四点支承，三角形玻璃面板宜采用三点支承。相邻支承点间的板边距离，不宜大于1.50m。点支承玻璃可采用钢爪支承装置或夹板支承装置。采用钢爪支承时，孔边至板边的距离不宜小于70mm。

(2) 点支承玻璃面板采用浮头式连接时，玻璃厚度不应小于6mm；采用沉头式连接时，玻璃厚度不应小于8mm。夹层玻璃和中空玻璃的单片厚度亦应符合相关规定。钢板夹持的点支承玻璃，单片厚度不应小于6mm。

(3) 点支承中空玻璃孔洞周边应采取多道密封。

4. 玻璃采光顶的玻璃

(1) 总体要求

1) 玻璃采光顶应采用安全玻璃，宜采用夹层玻璃或夹层中空玻璃；

2) 玻璃原片的单片厚度不宜小于6mm；

3) 夹层玻璃的原片厚度不宜小于5mm；

4) 上人的玻璃采光顶应采用夹层玻璃；

5) 点支承玻璃采光顶应采用钢化夹层玻璃；

6) 采光顶所有的玻璃应进行磨边倒角处理；

7) 不宜采用单片低辐射玻璃；

8) 玻璃采光顶用玻璃面板面积应不大于2.5m^2，长边边长宜不大于2m。

(2) 夹层玻璃的具体要求

1) 夹层玻璃宜为干法加工合成，夹层玻璃的两片玻璃厚度相差不宜大于2mm；

2) 夹层玻璃的胶片宜采用聚乙烯醇缩丁醛（PVB）胶片，聚乙烯醇缩丁醛胶片的厚度不应小于0.76mm；

3) 暴露在空气中的夹层玻璃边缘应进行密封处理。

(3) 夹层中空玻璃的具体要求

1) 中空玻璃气体层的厚度不应小于12mm；

2) 中空玻璃宜采用双道密封结构，并应采用硅酮结构密封胶；

3) 中空玻璃的夹层面应在中空玻璃的下表面；

4) 中空玻璃产地与使用地或与运输途经地的海拔高度相差超过1000m时，宜加装毛细管或呼吸管平衡内外气压差。

5. 玻璃采光顶的密封材料

(1) 密封材料采用橡胶材料时，宜采用三元乙丙橡胶、氯丁橡胶或丁基橡胶、硅橡胶。

(2) 玻璃采光顶中用于玻璃与金属构架、玻璃与玻璃、玻璃与玻璃肋之间的结构弹性连接采用中性硅酮结构密封胶。

(3) 中性硅酮结构密封胶的位移能力应充分满足工程接缝的变形要求。

(二) 玻璃采光顶的安全设计

(1) 玻璃采光顶的结构设计使用年限不应小于 25 年。当设计使用年限低于 15 年时，可采用聚碳酸酯板（又称为阳光板、PC 板）采光顶。

(2) 玻璃采光顶的外层材料应能耐冰雹冲击。面层玻璃不应破碎坠落伤人。

(3) 玻璃采光顶的玻璃组装采用镶嵌方式时，应采取防止玻璃整体脱落的措施。

(4) 玻璃采光顶的玻璃组装采用胶粘方式时，玻璃与金属框之间应采用与接触材料相容的硅酮结构密封胶粘结。粘结宽度不应小于 7mm；粘结厚度不应小于 6mm。

(5) 玻璃采光顶的玻璃采用点支承体系时，连接件的钢爪与玻璃之间应设置衬垫材料，衬垫材料的厚度不宜小于 1mm，面积不应小于支承装置与玻璃的结合面。

(6) 玻璃间的接缝宽度应满足玻璃和密封胶的变形要求，且不应小于 10mm；密封胶的嵌填深度宜为接缝宽度的 50%～70%，较深的密封槽口底部应采用聚乙烯发泡材料填塞。

(7) 当采光顶玻璃最高点到地面或楼面距离大于 3m 时，应采用夹层玻璃或夹层中空玻璃，且夹胶层位于下侧。

(8) 屋面玻璃必须使用安全玻璃。当屋面玻璃最高点离地面的高度大于 3m 时，必须使用夹层玻璃。用于屋面的夹层玻璃，其胶片厚度不应小于 0.76mm。

(三) 玻璃采光顶的节能设计

(1) 为实现节能，玻璃（聚碳酸酯板）采光顶的面积不应大于屋顶总面积的 20%。

(2) 玻璃采光顶宜采用夹层中空玻璃或夹层低辐射镀膜中空玻璃。明框支承采光顶宜采用隔热铝合金型材或隔热性钢材。

(3) 采光顶的热桥部位应进行隔热处理，在严寒和寒冷地区的采光顶应进行防结露设计，保证热桥部位不应出现结露现象。

(4) 采光顶宜进行遮阳设计。有遮阳要求的采光顶，可采用遮阳型低辐射镀膜夹层中空玻璃，必要时也可设置遮阳系统。

(四) 玻璃采光顶的防火设计

(1) 采光顶与外墙交界处、屋顶开口部位四周的保温层，应采用宽度不小于 500mm 的燃烧性能为 A 级保温材料设置水平防火隔离带。采光顶与防火分隔构件的缝隙，应进行防火封堵。

(2) 采光顶的同一玻璃面板不宜跨越两个防火分区。防火分区间设置通透隔断时，应采用防火玻璃或防火玻璃制品。

(3) 玻璃采光顶应考虑自然排烟或机械排烟措施且应实现与消防系统的联动。

（五）玻璃采光顶的排水设计

（1）应采用天沟排水，底板排水坡度宜大于1%。天沟过长时应设置变形缝；顺直天沟不宜大于30m，非顺直天沟不宜大于20m。

（2）采光顶采取无组织排水时，应在屋檐设置滴水构造。

（六）玻璃采光顶的构造要求

（1）采光顶应采用支承结构找坡，排水坡度不应小于3%。

（2）注胶式板缝的宽度不宜小于10mm。当建筑设计有要求时，可采用凹入式胶缝。胶缝材料宜采用硅酮建筑密封胶，也可以采用聚氨酯类密封胶。

（3）粘结密封材料之间或粘结密封材料与其他材料相互接触时，应选用相互不产生有害物理、化学反应的腐蚀措施。

（4）除不锈钢外，采光顶与不同种类金属材料直接接触处，应设置绝缘垫片或采取其他有效的防腐措施。

（5）玻璃采光顶的下列部位应进行构造设计：

1) 高低跨处泛水；
2) 采光板板缝、单元体构造缝；
3) 天沟、檐沟、水落口；
4) 采光顶周边交接部位；
5) 洞口、局部凸出体收头；
6) 其他复杂的构造部位。

（七）聚碳酸酯板采光顶

（1）聚碳酸酯板又称为阳光板、PC板，聚碳酸酯板采光顶的外观见图6-77。

图6-77 聚碳酸酯板采光顶

（2）构造要求

1) 聚碳酸酯板有单层实心板、多层板、中空平板、U形中空板、波浪板等多种类型；有透明、着色等多种板型；
2) 板的厚度：单层板3～10mm，双层板4mm、6mm、8mm、10mm；
3) 耐候性：不小于15年；
4) 燃烧性能：应达到B_1级；
5) 透光率：双层透明板不小于80%，三层透明板不小于72%；
6) 使用寿命：不得低于25年；
7) 耐温限度：-40～120℃；
8) 应采用支承结构找坡，坡度不应小于8%；
9) 聚碳酸酯板应可冷弯成型；
10) 中空平板的弯曲半径不宜小于板材厚度的175倍；U形中空板的最小弯曲半径不宜小于厚度的200倍；实心板的弯曲半径不宜小于板材厚度的100倍。

五、太阳能光伏系统

太阳能光伏系统是利用光伏效应将太阳辐射能直接转换成电能的发电系统。太阳能光伏系统可以安装在平屋面、坡屋面、阳台（平台）、墙面、幕墙等部位。《全国民用建筑工程设计技术措施　规划·建筑·景观》(2009年版)指出：光电采光板由上下两层4mm玻璃，中间为光伏电池组成的光伏电池系列，用铸膜树脂（EVA）热固而成，背面是接线盒和导线。光电采光板的尺寸一般为 500mm×500mm～2100mm×3500mm（图 6-78）。

图 6-78　太阳能光伏系统

光伏组件是由两片钢化玻璃，中间用 PVB 胶片复合太阳能电池片组成复合层。电池片之间由导线串、并联汇集引线端的整体构件。光伏组件所选用的玻璃应符合下列规定：

（1）面板玻璃应选用超白玻璃，超白玻璃的透光率不宜小于 90%。

（2）背板玻璃应选用均质钢化玻璃。

（3）面板玻璃应计算确定其厚度，宜为 3～6mm。

框支承的光伏组件宜采用半钢化玻璃；全钢化玻璃存在自爆的可能，为避免损坏过多，更换困难，故宜采用半钢化玻璃。点支承的光伏组件宜采用钢化玻璃，点支承处应力很大，钢化玻璃具有较高的强度；当然，在组件板块较小、荷载不大时，经过计算，可以采用半钢化玻璃。

光伏组件通常位于中空玻璃的上侧和外侧，以提高光电转换效率。在采光顶上应用时，下侧（内侧）玻璃宜采用夹层玻璃，以防止玻璃破碎后下坠伤人。

（一）光伏系统的构造

从光电采光板接线盒穿出的导线一般有两种构造：

（1）导线从接线盒穿出后，在施工现场直接与电源插头相连，这种构造适合于表面不通透的外立面，因为它仅外片玻璃是透明的。

（2）隐藏在框架之间的导线从装置的边缘穿出，这种构造适合于透明的外立面，从室内可以看到这种装置。

（二）具体规定

《建筑光伏系统应用技术标准》GB/T 51368—2019 中规定：

（1）建筑与光伏组件设计

1）建筑设计应为光伏发电系统的安装提供条件，并应在安装光伏组件的部位采取安全防护措施。

2）光伏组件不宜设置于易触摸到的地方，且应在显著位置设置高温和触电标识。

3）建筑光伏系统应采取防止光伏组件损坏、坠落的安全防护措施。

4）建筑光伏方阵不应跨越建筑变形缝。

（2）构造要求

1）光伏组件的安装不应影响所在部位的雨水排放。

2）多雪地区的建筑屋面安装光伏组件时，宜设置便于人工融雪、清扫的安全通道。

3) 光伏组件宜采用易于维修、更换的安装方式。

4) 当光伏组件平行于安装部位时，其与安装部位的间距应符合安装和通风散热的要求。

5) 屋面防水层上安装光伏组件时，应采取相应的防水措施。光伏组件的管线穿过屋面处应预埋防水套管，并应做防水密封处理。建筑屋面安装光伏发电系统不应影响屋面防水的周期性更新和维护。

6) 平屋面上安装光伏组件应符合下列规定：

① 光伏方阵应设置方便人工清洗、维护的设施与通道；

② 在平屋面防水层上安装光伏组件时，其支架基座下部应增设附加防水层；

③ 光伏组件周围屋面、检修通道、屋面出入口和光伏方阵之间的人行通道上部宜铺设屋面保护层。

7) 坡屋面上安装光伏组件应符合下列规定：

① 坡屋面的坡度宜与光伏组件在该地区年发电量最多的安装角度相同；

② 光伏组件宜采用平行于屋面、顺坡镶嵌或顺坡架空的安装方式；

③ 光伏瓦宜与屋顶普通瓦模数相匹配，不应影响屋面的正常排水功能。

8) 阳台或平台上安装光伏组件应符合下列规定：

① 安装在阳台或平台栏板上的光伏组件支架应与栏板主体结构上的预埋件牢固连接；

② 构成阳台或平台栏板的光伏组件，应符合刚度、强度、防护功能和电气安全要求，其高度应符合护栏高度的要求。

9) 墙面上安装光伏组件应符合下列规定：

① 光伏组件与墙面的连接不应影响墙体的保温构造和节能效果；

② 对设置在墙面的光伏组件的引线穿过墙面处，应预埋防水套管；穿墙管线不宜设在结构柱处；

③ 光伏组件镶嵌在墙面时，宜与墙面装饰材料、色彩、风格等协调处理；

④ 当光伏组件安装在窗面上时，应符合窗面采光等使用功能要求。

10) 建筑幕墙上安装光伏组件应符合下列规定：

① 由光伏幕墙构成的雨篷、檐口和采光顶，应符合建筑相应部位的刚度、强度、排水功能及防止空中坠物的安全性能的规定；

② 开缝式光伏幕墙或幕墙设有通风百叶时，线缆槽应垂直于建筑光伏构件，并应便于开启检查和维护更换；穿过围护结构的线缆槽，应采取相应的防渗水和防积水措施；

③ 光伏组件之间的缝宽应满足幕墙温度变形和主体结构位移的要求，并应在嵌缝材料受力和变形承受范围之内。

11) 光伏采光顶、透光光伏幕墙、光伏窗应采取隐藏线缆和线缆散热的措施，并应方便线路检修。

12) 光伏组件不宜设置为可开启窗扇。

13) 采用螺栓连接的光伏组件，应采取防松、防滑措施；采用挂接或插接的光伏组件，应采取防脱、防滑措施。

《采光顶与金属屋面技术规程》JGJ 255—2012 规定：光伏组件面板坡度宜按光伏系

统全年日照最多的倾角设计，宜满足冬至日全天有 3h 以上建筑日照时数的要求，并应避免景观环境或建筑自身对光伏组件的遮挡。

第七节　门窗选型与构造

一、门窗概述

（一）门窗的作用和一般要求

门和窗是房屋建筑中不承重的围护和分隔构件。门主要是供人们进出建筑物和房间，兼有通风和采光的作用。窗主要起采光、通风、观景以及立面造型的作用。根据不同情况，门窗应具有保温、隔热、隔声、防水、防火、装饰等功能。

《民用建筑设计统一标准》GB 50352—2019 中规定：

（1）门窗选用应根据建筑所在地区的气候条件、节能要求等因素综合确定，并应符合国家现行建筑门窗产品标准的规定。

（2）门窗的尺寸应符合模数，门窗的材料、功能和质量等应满足使用要求。门窗的配件应与门窗主体相匹配，并应满足相应技术要求。

（3）门窗应满足抗风压、水密性、气密性等要求，且应综合考虑安全、采光、节能、通风、防火、隔声等要求。

（4）门窗与墙体应连接牢固，不同材料的门窗与墙体连接处应采用相应的密封材料及构造做法。

（5）有卫生要求或经常有人员居住、活动房间的外门窗宜设置纱门、纱窗。

（二）建筑幕墙、门窗的性能分类及选用

《建筑外门窗气密、水密、抗风压性能检测方法》GB/T 7106—2019（替代 GB/T 7106—2008）删除了关于建筑外门窗气密、水密和抗风压性能分级的规定，而将现行标准《建筑幕墙、门窗通用技术条件》GB/T 31433 作为其规范性引用文件。现将《建筑幕墙、门窗通用技术条件》GB/T 31433—2015 中关于建筑幕墙、门窗各项性能分级的规定总结如下。

1. 一般要求

建筑幕墙、门窗面板、型材等主要构配件的设计使用年限不应低于 25 年。

2. 抗风压性能

幕墙、门窗抗风压性能以定级检测压力 p_3 为分级指标，分级应符合表 6-103 的规定。

抗风压性能分级　　　　表 6-103

分级	1	2	3	4	5	6	7	8	9
分级指标值 p_3（kPa）	$1.0 \leqslant p_3$ <1.5	$1.5 \leqslant p_3$ <2.0	$2.0 \leqslant p_3$ <2.5	$2.5 \leqslant p_3$ <3.0	$3.0 \leqslant p_3$ <3.5	$3.5 \leqslant p_3$ <4.0	$4.0 \leqslant p_3$ <4.5	$4.5 \leqslant p_3$ <5.0	$p_3 \geqslant 5.0$

注：第 9 级应在分级后同时注明具体分级指标值。

3. 耐火完整性

（1）门窗耐火完整性：在标准耐火试验条件下，建筑门窗某一面受火时，在一定时间内阻止火焰和热气穿透或在背火面出现火焰的能力。

(2) 外门窗的耐火完整性不应低于 30min（建筑对外门窗的耐火完整性要求见《建筑设计防火规范》GB 50016）。

4. 气密性能

门窗气密性能以单位缝长空气渗透量 q_1 或单位面积空气渗透量 q_2 为分级指标，门窗气密性能分级应符合表 6-104 的规定。幕墙气密性能以可开启部分单位缝长空气渗透量 q_L 和幕墙整体单位面积空气渗透量 q_A 为分级指标，幕墙气密性能分级应符合表 6-105 的规定。

门窗气密性能分级　　　　　　　　　　　表 6-104

分级	1	2	3	4	5	6	7	8
分级指标值 q_1 [$m^3/(m \cdot h)$]	$4.0 \geqslant q_1 > 3.5$	$3.5 \geqslant q_1 > 3.0$	$3.0 \geqslant q_1 > 2.5$	$2.5 \geqslant q_1 > 2.0$	$2.0 \geqslant q_1 > 1.5$	$1.5 \geqslant q_1 > 1.0$	$1.0 \geqslant q_1 > 0.5$	$q_1 \leqslant 0.5$
分级指标值 q_2 [$m^3/(m^2 \cdot h)$]	$12.0 \geqslant q_2 > 10.5$	$10.5 \geqslant q_2 > 9.0$	$9.0 \geqslant q_2 > 7.5$	$7.5 \geqslant q_2 > 6.0$	$6.0 \geqslant q_2 > 4.5$	$4.5 \geqslant q_2 > 3.0$	$3.0 \geqslant q_2 > 1.5$	$q_2 \leqslant 1.5$

注：第 8 级应在分级后同时注明具体分级指标值。

幕墙气密性能分级　　　　　　　　　　　表 6-105

分级代号		1	2	3	4
分级指标值 q_L [$m^3/(m \cdot h)$]	可开启部分	$4.0 \geqslant q_L > 2.5$	$2.5 \geqslant q_L > 1.5$	$1.5 \geqslant q_L > 0.5$	$q_L \leqslant 0.5$
分级指标值 q_A [$m^3/(m^2 \cdot h)$]	幕墙整体	$4.0 \geqslant q_A > 2.0$	$2.0 \geqslant q_A > 1.2$	$1.2 \geqslant q_A > 0.5$	$q_A \leqslant 0.5$

注：第 4 级应在分级后同时注明具体分级指标值。

5. 保温性能

门窗、幕墙保温性能以传热系数 K 为分级指标，其分级应分别符合表 6-106 和表 6-107 的规定。

门窗保温性能分级 [$W/(m^2 \cdot K)$]　　　　　　表 6-106

分级	1	2	3	4	5	6	7	8	9	10
分级指标值 K	$K \geqslant 5.0$	$5.0 > K \geqslant 4.0$	$4.0 > K \geqslant 3.5$	$3.5 > K \geqslant 3.0$	$3.0 > K \geqslant 2.5$	$2.5 > K \geqslant 2.0$	$2.0 > K \geqslant 1.6$	$1.6 > K \geqslant 1.3$	$1.3 > K \geqslant 1.1$	$K < 1.1$

注：第 10 级应在分级后同时注明具体分级指标值。

幕墙保温性能分级 [$W/(m^2 \cdot K)$]　　　　　　表 6-107

分级代号	1	2	3	4	5	6	7	8
分级指标值 K	$K \geqslant 5.0$	$5.0 > K \geqslant 4.0$	$4.0 > K \geqslant 3.0$	$3.0 > K \geqslant 2.5$	$2.5 > K \geqslant 2.0$	$2.0 > K \geqslant 1.5$	$1.5 > K \geqslant 1.0$	$K < 1.0$

注：第 8 级应在分级后同时注明具体分级指标值。

6. 水密性能

门窗、幕墙的水密性能以严重渗漏压力差值的前一级压力差值 Δp 为分级指标，其分级应分别符合表 6-108 和表 6-109 的规定。

门窗水密性能分级（Pa）　　　　　　　　　　　　　表 6-108

分级	1	2	3	4	5	6
分级指标值 Δp	$100 \leqslant \Delta p < 150$	$150 \leqslant \Delta p < 250$	$250 \leqslant \Delta p < 350$	$350 \leqslant \Delta p < 500$	$500 \leqslant \Delta p < 700$	$\Delta p \geqslant 700$

幕墙水密性能分级（Pa）　　　　　　　　　　　　　表 6-109

分级代号		1	2	3	4	5
分级指标值 Δp	固定部分	$500 \leqslant \Delta p < 700$	$700 \leqslant \Delta p < 1000$	$1000 \leqslant \Delta p < 1500$	$1500 \leqslant \Delta p < 2000$	$\Delta p \geqslant 2000$
	可开启部分	$200 \leqslant \Delta p < 350$	$350 \leqslant \Delta p < 500$	$500 \leqslant \Delta p < 700$	$700 \leqslant \Delta p < 1000$	$\Delta p \geqslant 1000$

7. 空气声隔声性能

幕墙、外门窗空气声隔声性能以"计权隔声量和交通噪声频谱修正量之和（$R_w + C_{tr}$）"为分级指标，内门窗空气声隔声性能以"计权隔声量和粉红噪声频谱修正量之和（$R_w + C$）"为分级指标，其分级应符合表 6-110 的规定。

幕墙、门窗空气声隔声性能分级（dB）　　　　　　　　表 6-110

分级	幕墙的分级指标值	外门窗的分级指标值	内门窗的分级指标值
1	$25 \leqslant R_w + C_{tr} < 30$	$20 \leqslant R_w + C_{tr} < 25$	$20 \leqslant R_w + C < 25$
2	$30 \leqslant R_w + C_{tr} < 35$	$25 \leqslant R_w + C_{tr} < 30$	$25 \leqslant R_w + C < 30$
3	$35 \leqslant R_w + C_{tr} < 40$	$30 \leqslant R_w + C_{tr} < 35$	$30 \leqslant R_w + C < 35$
4	$40 \leqslant R_w + C_{tr} < 45$	$35 \leqslant R_w + C_{tr} < 40$	$35 \leqslant R_w + C < 40$
5	$R_w + C_{tr} \geqslant 45$	$40 \leqslant R_w + C_{tr} < 45$	$40 \leqslant R_w + C < 45$
6	—	$R_w + C_{tr} \geqslant 45$	$R_w + C \geqslant 45$

8. 耐久性

（1）反复启闭性能：门的反复启闭次数不应小于 10 万次，窗、幕墙的开启部位启闭次数不应小于 1 万次。

（2）热循环性能：试验中试件不应出现幕墙设计不允许的功能障碍或损坏；试验前后气密、水密性能应满足设计要求，无设计要求时不可出现级别下降。

9. 门窗性能指标的特点

（1）气密性能指标"单位缝长和单位面积的空气渗透量"和保温性能指标"传热系数"是指标数值越小，性能越好，等级越高；而水密性、抗风压和隔声性能指标却是指标数值越大，性能越好，等级越高。

（2）抗风压强度：在其他条件相同的情况下，铝合金窗＞塑钢窗，推拉窗＞外开平开窗。

（3）在其他条件（玻璃品种、窗框面积比等）相同的情况下，单层铝合金窗的传热系数比钢窗、塑钢窗、木窗都大，也就是其绝热性能比钢窗、塑钢窗、木窗都差。

（4）门窗工程应对下列性能指标进行复验：建筑外窗的气密性能、水密性能和抗风压性能。

(三) 门窗的材料

按门窗框料材质分，常见的有木、钢、铝合金、塑料（含钢衬或铝衬）、不锈钢、玻璃钢，以及复合材料（如铝木、塑木）等多种材质的门窗。有节能要求的门窗宜选用塑料、断热金属型材（铝、钢）或复合型材（铝塑、铝木、钢木）等框料的门窗。

1. 木门窗

(1) 一般建筑不宜采用木门窗，潮湿房间不宜用木门窗。住宅类内门可采用钢框木门（纤维板门芯），以节约木材。

(2) 木门扇的宽度不宜大于 1.00m；若宽度大于 1.00m、高度大于 2.50m 时，应加大断面。门洞口宽度大于 1.20m 时，应分成双扇或大小扇。大于 5m² 的木门应采用钢框架斜撑的钢木组合门。

(3) 镶板门适用于内门或外门，胶合板门适用于内门，玻璃门适用于入口处的大门或大房间的内门，拼板门适用于外门。

(4) 镶板门的门芯板宜采用双层纤维板或胶合板。室外拼板门宜采用企口实心木板。

(5)《工业建筑防腐蚀设计标准》GB/T 50046—2018 规定：当生产过程中有碱性粉尘作用时，不应采用木门窗。

2. 铝合金门窗

(1) 铝合金门窗具有质轻、高强、密封性较好、使用中变形小、美观等特点，是目前常用的门窗之一，但不适用于强腐蚀环境。

(2)《铝合金门窗工程技术规范》JGJ 214—2010 规定：用于门的铝型材壁厚不应小于 2.0mm，用于窗的铝型材壁厚不应小于 1.4mm。

(3) 铝型材的表面应进行表面处理：采用阳极氧化镀膜时，氧化膜平均厚度不应小于 15μm；采用电泳喷漆镀膜时，透明漆的膜厚不应小于 16μm，有色漆的膜厚不应小于 21μm；采用粉末喷涂时，厚度不应小于 40μm；采用氟碳喷涂时，两层漆膜的平均厚度为 30μm，三层漆膜的平均厚度不应小于 40μm。

(4) 为保温和节能，铝合金门窗应采用断桥型材和中空玻璃等措施。

3. 塑料门窗

(1) 塑料门窗有钢塑、铝塑、纯塑料等。为延长寿命，亦可在塑料型材中加入型钢或铝材成为塑包钢断面。

(2) 塑料门窗具有美观、密闭性强、绝热性好、耐盐碱腐蚀、隔声、价格合理等优点，也是目前常用的门窗之一；尤其适用于沿海地区、潮湿房间、寒冷和严寒地区。

(3) 塑料门窗线性膨胀系数较大，在大洞口外窗中使用时，应采用分樘组合等措施，以防止变形。

4. 钢门窗

(1) 钢门窗是用钢质型材或板材制作框、扇结构的门窗。

(2) 彩板钢门窗有实腹和空腹等类型。自 2000 年起，禁止使用不符合建筑节能要求的 32 系列实腹钢窗和 25 系列、35 系列空腹钢窗。

(3) 钢门的框料与扇料有空腹与实腹两种。门框与门窗的组装方法有钢门框-钢门窗和钢门框-木门扇两种。钢门扇自重大，容易下沉，开关声响大，保温能力差，故应用较少。木门扇自重轻、保温、隔声较好；特别是高层建筑中采用钢筋混凝土板墙时，采用钢框-木门连接方便。

5. 复合材料门窗

（1）复合材料门窗有铝木、铝塑、钢木复合门窗等类型。

（2）铝塑复合门窗，又称为断桥铝门窗。采用断桥铝型材和中空玻璃制作。这种门窗具有隔热、节能、隔声、防爆、防尘、防水等功能。

二、门窗的设计

（一）门窗的保温设计

《民用建筑热工设计规范》GB 50176—2016 中规定：

（1）严寒、寒冷地区建筑应采用木窗、塑料窗、铝木复合门窗、铝塑复合门窗、钢塑复合门窗和断热铝合金门窗等保温性能好的门窗。严寒地区建筑采用断热金属门窗时，宜采用双层窗。夏热冬冷地区、温和A区建筑宜采用保温性能好的门窗。

（2）严寒地区、寒冷地区、夏热冬冷地区、温和A区的门窗、透光幕墙、采光顶周边与墙体、屋面板或其他围护结构连接处，应采取保温、密封构造；当采用非防潮型保温材料填塞时，缝隙应采用密封材料或密封胶密封。其他地区应采取密封构造。

（二）门窗洞口大小的设计

门窗设计宜采用以 3M 为基本模数的标准洞口系列。在混凝土砌块建筑中，门窗洞口尺寸可以 1M 为基本模数，并与砌块组合的尺寸相协调。

1. 门洞口大小的确定

门的数量和宽度应满足日常通行和安全疏散的要求。一个房间应该开几个门、每个建筑物门的总宽度，一般是按《建筑设计防火规范》GB 50016—2014（2018年版）规定的疏散"百人指标"计算确定的。

2. 窗洞口大小的确定

（1）窗地面积比

窗地面积比是指窗洞口面积与地面面积之比；对于侧面采光，应为参考平面以上的窗洞口面积。建筑师在进行方案设计时，可用窗地面积比估算开窗面积。主要建筑中，不同房间侧面采光时的窗地面积比最低值见表6-111。

窗地面积比最低值　　　　　　　　　　　　　　　　表 6-111

建筑类别	房间或部位名称	窗地面积比
住宅（居住建筑）	主要使用房间（卧室、书房、起居室等）	1/7
	楼梯间（设置采光窗时）	1/12
托儿所、幼儿园建筑	活动室、寝室	1/5
	多功能活动室	1/5
	办公室、保健观察室	1/5
	睡眠区、活动区	1/5
	卫生间	1/10
	楼梯间、走廊	1/10

续表

建筑类别	房间或部位名称	窗地面积比
图书馆建筑	阅览室、开架书库、行政办公、会议室、业务用房、咨询服务、研究室	1/5
	检索空间、陈列厅、特种阅览室、报告厅	1/6
	基本书库、走廊、楼梯间、卫生间	1/10
办公建筑	设计室、绘图室	1/3.5
	办公室、视屏工作室、会议室	1/5
	复印室、档案室	1/7
	走道、楼梯间、卫生间	1/12
中、小学校	普通教室、史地教室、美术教室、书法教室、语言教室、音乐教室、合班教室、阅览室	1/5
	科学教室、实验室	1/5
	计算机教室	1/5
	舞蹈教室、风雨操场	1/5
	办公室、保健室	1/5
	饮水处、厕所、淋浴	1/10
	走道、楼梯间	—

（2）窗墙面积比

窗墙面积比指的是窗洞口面积与所在房屋立面单元面积（房屋的开间与层高围成的面积）的比值。由于窗的单位面积散热量约为非透明围护结构散热量的2～3倍，限制窗墙面积比的目的是减少过多散热，满足节能指标要求。

（3）采光系数

窗地面积比是在有代表性的典型条件下计算出来的，适合于一般情况。如果实际情况与典型条件相差较大，估算的开窗面积和实际值就会有较大的误差。因此，《建筑采光设计标准》GB 50033—2013规定以采光系数作为采光标准的数量评价指标，而窗地面积比则作为采光方案设计时的估算。

采光系数是指全云漫射光照射下，室内给定平面上的某一点由天空漫射光所产生的照度与在全云天空漫射光照射下与室内某一点照度同一时间、同一地点、在室外无遮挡水平面上由天空漫射光所产生的室外照度的比值，用百分数表示。

现行《建筑采光设计标准》GB 50033中规定：

《建筑环境通用规范》GB 55016—2021中规定：

1）采光设计应根据建筑特点和使用功能确定采光等级。

2）采光设计应以采光系数为评价指标，采光等级与采光系数标准值应符合表6-112的规定。

采光等级与采光标准值 表6-112

采光等级	侧面采光		顶部采光	
	采光系数标准值（%）	室内天然光照度标准值（lx）	采光系数标准值（%）	室内天然光照度标准值（lx）
Ⅰ	5	750	5	750
Ⅱ	4	600	3	450
Ⅲ	3	450	2	300
Ⅳ	2	300	1	150
Ⅴ	1	150	0.5	75

注：表中所列采光系数标准值适用于我国Ⅲ类光气候区，其他光气候区的采光系数标准值应按本条第2款规定的光气候系数进行修正。

3）对天然采光需求较高的场所，应符合下列规定：
①卧室、起居室和一般病房的采光等级不应低于Ⅳ级的要求；
②普通教室的采光等级不应低于Ⅲ级的要求；
③普通教室侧面采光的采光均匀度不应低于0.5。

4）长时间工作或停留的场所应设置防止产生直接眩光、反射眩光、映像和光幕反射等现象的措施。

5）博物馆展厅室内顶棚、地面、墙面应选择无光泽的饰面材料；对光敏感展品或藏品的存放区域不应有直射阳光，采光口应有减少紫外辐射、调节和限制天然光照度值及减少曝光时间的措施。

6）主要功能房间采光窗的颜色透射指数不应低于80。

1）住宅建筑
① 住宅建筑的卧室、起居室（厅）、厨房应有直接采光；
② 住宅建筑的采光标准值不应低于表6-113的规定。

住宅建筑的采光标准值 表6-113

采光等级	场所名称	侧面采光	
		采光系数标准值（%）	室内天然光照度标准值（lx）
Ⅳ	厨房	2.0	300
Ⅴ	卫生间、过道、餐厅、楼梯间	1.0	150

2）办公建筑
办公建筑的采光标准值不应低于表6-114的规定。

办公建筑的采光标准值 表6-114

采光等级	场所名称	侧面采光	
		采光系数标准值（%）	室内天然光照度标准值（lx）
Ⅱ	设计室、绘图室	4.0	600
Ⅲ	办公室、会议室	3.0	450
Ⅳ	复印室、档案室	2.0	300
Ⅴ	走道、卫生间、楼梯间	1.0	150

3）教育建筑

教育建筑的采光标准值不应低于表 6-115 的规定。

教育建筑的采光标准值　　　　　表 6-115

采光等级	场所名称	侧面采光	
		采光系数标准值（%）	室内天然光照度标准值（lx）
Ⅲ	专用教室、实验室、阶梯教室、教师办公室	3.0	450
Ⅴ	走道、卫生间、楼梯间	1.0	150

4）采光系数标准值与窗地面积比的对应关系

① 采光系数标准值为 0.5% 时，相对于窗地面积比为 1/12；

② 采光系数标准值为 1.0% 时，相对于窗地面积比为 1/7；

③ 采光系数标准值为 2.0% 时，相对于窗地面积比为 1/5。

（4）建筑防烟排烟

1）采用自然通风方式的封闭楼梯间、防烟楼梯间，应在最高部位设置面积不小于 $1.0m^2$ 的可开启外窗或开口；当建筑高度大于 10m 时，尚应在楼梯间的外墙上每 5 层内设置总面积不小于 $2.0m^2$ 的可开启外窗或开口，且布置间隔不大于 3 层。

2）前室采用自然通风方式时，独立前室、消防电梯前室可开启外窗或开口的面积不应小于 $2.0m^2$，共用前室、合用前室不应小于 $3.0m^2$。

3）采用自然通风方式的避难层（间）应设有不同朝向的可开启外窗，其有效面积不应小于该避难层（间）地面面积的 2%，且每个朝向的面积不应小于 $2.0m^2$。

4）设置机械加压送风系统的封闭楼梯间、防烟楼梯间，尚应在其顶部设置不小于 $1m^2$ 的固定窗。靠外墙的防烟楼梯间，尚应在其外墙上每 5 层内设置总面积不小于 $2m^2$ 的固定窗。

（5）通风

1）建筑物应根据使用功能和室内环境要求设置与室外空气直接流通的外窗或洞口；当不能设置外窗和洞口时，应另设置通风设施。

2）采用直接自然通风的空间，通风开口有效面积应符合下列规定：

① 生活、工作房间的通风开口有效面积不应小于该房间地面面积的 1/20；

② 厨房的通风开口有效面积不应小于该房间地板面积的 1/10，并不得小于 $0.6m^2$；

③ 进出风开口的位置应避免设在通风不良区域，且应避免进出风开口气流短路。

3）严寒地区居住建筑中的厨房、厕所、卫生间应设自然通风道或通风换气设施。

4）厨房、卫生间门的下方应设进风固定百叶或留进风缝隙。

5）自然通风道或通风换气装置的位置不应设于门附近。

6）无外窗的浴室、厕所、卫生间应设机械通风换气设施。

7）建筑内的公共卫生间宜设置机械排风系统。

(三）门窗的开启方式、选用和布置

1. 门的开启方式、选用和布置

（1）门的开启方式

门的开启方式常见的有：平开门、推拉门、折叠门、转门、卷帘门、弹簧门、自动门、折叠平开门、折叠推拉门、提升推拉门、推拉下悬门、内平开下悬门等多种形式。

（2）门的选用

1）门应开启方便、坚固耐用。

2）手动开启的大门扇应有制动装置，推拉门应有防脱轨的措施。

3）双面弹簧门应在可视高度部分装透明安全玻璃；双向弹簧门扇下缘300mm范围内应双面装金属踢脚板，门扇应双面装推手。

4）推拉门、旋转门、电动门、卷帘门、吊门、折叠门不应作为疏散门。

5）开向疏散走道及楼梯间的门扇开启后，不应影响走道及楼梯平台的疏散宽度。

6）全玻璃门应选用安全玻璃或采取防护措施，并应设防撞提示标志。

7）门的开启不应跨越变形缝。

8）当设有门斗时，门扇同时开启时两道门的间距不应小于0.8m；当有无障碍要求时，应符合现行国家标准《无障碍设计规范》GB 50763—2012的规定。

9）房间湿度大的门不宜选用纤维板或胶合板门。

10）宿舍居室及辅助用房的门洞宽度不应小于0.90m，阳台门和居室内附设的卫生间，其门洞宽度不应小于0.70m。设亮子的门洞口高度不应低于2.40m，不设亮子的门洞洞口高度不应低于2.00m。

11）《住宅设计规范》GB 50096—2011中规定各部位（房间）门洞的最小尺寸应符合表6-116的规定。

门洞最小尺寸   表6-116

类别	洞口宽度（m）	洞口高度（m）	类别	洞口宽度（m）	洞口高度（m）
共用外门	1.20	2.00	厨房门	0.80	2.00
户（套）门	1.00	2.00	卫生间门	0.70	2.00
起居室（厅）门	0.90	2.00	阳台门（单扇）	0.70	2.00
卧室门	0.90	2.00			

注：1. 表中门洞高度不包括门上亮子高度，宽度以平开门为准；

2. 洞口两侧地面有高差时，以高地面为起算高度。

12）《中小学校设计规范》GB 50099—2011中规定：

① 教学用房的门：

a. 除音乐教室外，各类教室的门均宜设置上亮窗；

b. 除心理咨询室外，教学用房的门扇均宜附设观察窗；

c. 疏散通道上的门不得使用弹簧门、旋转门、推拉门、大玻璃门等不利于疏散通畅、安全的门；

d. 各教学用房的门均应向疏散方向开启，开启的门扇不得挤占走道的疏散通道；

e. 每间教学用房的疏散门均不应少于2个，疏散门的宽度应通过计算确定。每樘疏散门的通行净宽度不应小于0.90m。当教室处于袋形走道尽端时，若教室内任何一处距教室门不超过15m，且门的通行净宽度不小于1.50m时，可设1个门。

② 建筑物出入口门：在寒冷或风沙大的地区，教学用建筑物出入口的门应设挡风间

或双道门。

13)《托儿所、幼儿园建筑设计规范》JGJ 39—2016（2019年版）中规定：

① 活动室、寝室、多功能活动室等幼儿使用的房间应设双扇平开门，门净宽不应小于1.20m。

② 严寒地区托儿所、幼儿园建筑的外门应设门斗，寒冷地区宜设门斗。

③ 幼儿出入的门应符合下列规定：

a. 当使用玻璃材料时，应采用安全玻璃；

b. 距离地面0.60m处宜加设幼儿专用拉手；

c. 门的双面均应平滑、无棱角；

d. 门下不应设门槛；平开门距离楼地面1.20m以下部分应设防止夹手设施；

e. 不应设置旋转门、弹簧门、推拉门，不宜设金属门；

f. 生活用房开向疏散走道的门均应向人员疏散方向开启，开启的门扇不应妨碍走道疏散通行；

g. 门上应设观察窗，观察窗应安装安全玻璃。

14)《老年人照料设施建筑设计标准》JGJ 450—2018中规定：

老年人使用的门，开启净宽应符合下列规定：

① 老年人用房的门不应小于0.80m，有条件时，不宜小于0.90m；

② 护理型床位居室的门不应小于1.10m；

③ 建筑主要出入口的门不应小于1.10m；

④ 含有2个或多个门扇的门，至少应有1个门扇的开启净宽不小于0.80m；

⑤ 老年人的居室门、居室卫生间门、公用卫生间厕位门、盥洗室门、浴室门等，均应选用内外均可开启的锁具及方便老年人使用的把手，且宜设应急观察装置。

15) 办公用房门洞口宽度不应小于1.00m，洞口高度不应低于2.00m。

16) 旅馆客房入口门洞宽度不应小于0.90m，高度不应低于2.10m，客房内卫生间门洞口宽度不应低于0.75m，高度不应低于2.10m。

17) 商店营业厅出入口、安全门的净宽度不应小于1.40m，并不应设置门槛。

18)《建筑设计防火规范》GB 50016—2014（2018年版）指出建筑内的疏散门应符合下列规定：

① 民用建筑和厂房的疏散门，应采用向疏散方向开启的平开门，不应采用推拉门、卷帘门、吊门、转门和折叠门。除甲、乙类生产车间外，人数不超过60人且每樘门的平均疏散人数不超过30人的房间，其疏散门的开启方向不限。

② 仓库的疏散门应采用向疏散方向开启的平开门，但丙、丁、戊类仓库首层靠墙的外侧可采用推拉门或卷帘门。

19) 民用建筑物内设置的变电所的门应符合下列规定：

① 当变电所内设置值班室时，值班室应设置直接通向室外或疏散走道（安全出口）的疏散门。

② 当变电所设置2个及以上疏散门时，疏散门之间的距离不应小于5.0m，且不应大于40.0m。

③ 变压器室、配电室、电容器室的出入口门应向外开启。同一个防火分区内的变电

所，其内部相通的门应为不燃材料制作的双向弹簧门。当变压器室、配电室、电容器室长度大于7.0m时，至少应设2个出入口门。

④ 变电所地面或门槛宜高出所在楼层楼地面不小于0.1m。如果设在地下层，其地面或门槛宜高出所在楼层楼地面不小于0.15m。变电所的电缆夹层、电缆沟和电缆室应采取防水、排水措施。

20）民用建筑物内设置的柴油发电机房的门应符合下列规定：

① 当发电机间、控制及配电室长度大于7.0m时，至少应设2个出入口门。其中一个门及通道的大小应满足运输机组的需要，否则应预留运输条件。

② 发电机间的门应向外开启。发电机间与控制及配电室之间的门和观察窗应采取防火措施，门应开向发电机间。

21）《锅炉房设计标准》GB 50041—2020 中规定：锅炉房通向室外的门应向室外开启，锅炉房内的辅助间或生活间直通锅炉间的门应向锅炉间内开启。

22）民用建筑内电气竖井每层设置的检修门应开向公共走道。

23）自动门质量应从外观、静音、安全和寿命四个方面进行综合评定。自动门质量的优劣首先取决于感应器控制装置和驱动装置设备机组（即机电）的质量，其次是门体制作安装是否精良。

（3）门的布置

1）两个相邻并经常开启的门，应有防止风吹碰撞的措施。

2）向外开启的平开外门，应有防止风吹碰撞的措施。

3）经常出入的外门和玻璃幕墙下的外门，宜设雨篷。楼梯间外门雨篷下如设吸顶灯，应注意不要被门扇碰碎。高层建筑、公共建筑底层入口均应设挑檐或雨篷、门斗，以防上层落物伤人。

2. 窗的开启方式、选用和布置

（1）窗的开启方式

窗的开启方式常见的有：固定窗、平开窗、推拉窗、推拉下悬窗、内平开下悬窗、折叠平开窗、折叠推拉窗、外开上悬窗、立转窗、水平旋转窗等多种形式。窗扇的开启形式应方便使用、安全和易于维修、清洗。

（2）窗的选用

1）7层和7层以上的建筑不应采用平开窗，可以采用推拉窗、内侧内平开窗或外翻窗。高层建筑不应采用外平开窗。当采用推拉窗或外开窗时，应有加强牢固窗扇、防脱落的措施。

2）内、外走廊墙上的间接采光窗，均应考虑窗扇开启时不致碰人及不影响疏散宽度。公共走道的窗扇开启时不得影响人员通行，其底面距走道地面高度不应低于2.0m。

3）住宅底层外窗和屋顶的窗，其窗台高度低于2.00m的应采取防护措施。住宅等建筑首层窗外不宜设置凸出墙面的护栏，宜在窗洞内设置方便从内开启的护栏或防盗卷帘（此时的首层窗不能采用外开窗，而应采用推拉或内开窗）。

4）中、小学校等需儿童擦窗的外窗应采用内平开下悬式或内平开窗[①]。

[①] 此内平开窗宜采用长脚铰链等五金配件，使开启扇能180°开启，并使之紧贴窗面或与未开启窗重叠，不占据室内空间。

5) 托儿所、幼儿园建筑窗的设计应符合下列规定：

① 活动室、多功能活动室的窗台面距地面高度不宜大于0.60m；

② 当窗台面距楼地面高度低于0.90m时，应采取防护措施，防护高度应从可踏部位顶面起算，不应低于0.90m；

③ 窗距离楼地面的高度小于或等于1.80m的部分，不应设内悬窗和内平开窗扇；

④ 外窗开启扇均应设纱窗。

6) 有空调的建筑外窗应设可开启窗扇，其数量为5%。

7) 可开启的高侧窗或天窗应设手动或电动机械开窗机。

8) 窗及内门门上的亮子宜能开启，以利于室内通风。

9) 平开窗的开启扇，其净宽不宜大于0.6m，净高不宜大于1.4m；推拉窗的开启扇，其净宽不宜大于0.9m，净高不宜大于1.5m。

10) 天窗的设置应符合下列规定：

① 天窗应采用防破碎伤人的透光材料；

② 天窗应有防冷凝水产生或引泄冷凝水的措施，多雪地区应考虑积雪对天窗的影响；

③ 天窗应设置方便开启、清洗、维修的设施。

(3) 窗口自然排烟有效面积计算方法

根据《建筑防烟排烟系统技术标准》GB 51251—2017，自然排烟窗（口）开启的有效面积应符合下列规定：

1) 当采用开窗角大于70°的悬窗时，其面积应按窗的面积计算；当开窗角小于或等于70°时，其面积应按窗最大开启时的水平投影面积计算。

2) 当采用开窗角大于70°的平开窗时，其面积应按窗的面积计算；当开窗角小于或等于70°时，其面积应按窗最大开启时的竖向投影面积计算。

3) 当采用推拉窗时，其面积应按开启的最大窗口面积计算。

4) 当采用百叶窗时，其面积应按窗的有效开口面积计算。

5) 当平推窗设置在顶部时，其面积可按窗的1/2周长与平推距离乘积计算，且不应大于窗面积。

6) 当平推窗设置在外墙时，其面积可按窗的1/4周长与平推距离乘积计算，且不应大于窗面积。

7) 开启窗作为排烟窗，应沿火灾气流的方向开启；上悬窗不宜作为排烟使用。

(4) 窗的布置

1) 楼梯间外窗应结合各层休息平台的位置布置。

2) 楼梯间外窗如做内开扇时，开启后不得在人的高度内凸出墙面。

3) 需防止太阳光直射的窗及厕浴等需隐蔽的窗，宜采用翻窗，并用半透明玻璃。

4) 中小学教学用房二层及二层以上的临空外窗的开启扇不得外开。各教室前端侧窗窗端墙的长度不应小于1.00m（前端侧窗窗端墙长度达到1.00m时，可避免黑板眩光）。窗间墙宽度不应大于1.20m（过宽的窗间墙会形成从相邻窗进入的光线都无法照射的暗角；暗角处的课桌面亮度过低，会导致学生视读困难）。

(5) 窗台

1)《民用建筑设计统一标准》GB 50352—2019 中规定：

① 公共建筑和居住建筑临空外窗的窗台距楼地面净高分别不得低于 0.8m 和 0.9m，否则应设置防护设施，防护设施的高度由地面起算分别不应低于 0.8m 和 0.9m。

② 当凸窗窗台高度低于或等于 0.45m 时，其防护高度从窗台面起算不应低于 0.9m；当凸窗窗台高度高于 0.45m 时，其防护高度从窗台面起算不应低于 0.6m。

2)《铁路旅客车站建筑设计规范》GB 50226—2007（2011 年版）中规定：售票用房售票窗台面至售票厅地面的高度宜为 1.1m。

3) 窗楣、悬挑外窗台等有排水要求的部位应做滴水线（槽），滴水线（槽）应整齐顺直、内高外低，滴水槽的宽度和深度均不应小于 10mm。

4) 室外窗台应低于室内窗台面，外窗台向外流水坡度不应小于 2%（此数据为《塑料门窗工程技术规程》JGJ 103—2008 中规定的），根据实践经验建议不小于 5%。

另据《建筑外墙防水工程技术规程》JGJ/T 235—2011 规定，门窗框与墙体间的缝隙宜采用聚合物水泥防水砂浆或发泡聚氨酯填充；外墙防水层应延伸至门窗框，防水层与门窗框间应预留凹槽，并应嵌填密封材料；门窗上楣的外口应做滴水线；外窗台应设置不小于 5% 的外排水坡度。

5) 外墙外保温墙体上的窗洞口，宜安装室外披水窗台板。

例 6-21 （2007）窗台高度低于规定要求的"低窗台"，其安全防护构造措施以下哪条有误？

A 公建窗台高度<0.8m，住宅窗台高度<0.9m 时，应设防护栏杆

B 相当于护栏高度的固定窗扇，应有安全横挡窗框并用夹层玻璃

C 室内外高差≤0.6m 的首层低窗台可不加护栏等

D 楼上低窗台高度<0.5m，防护高度距楼地面≥0.9m

解析：《民用建筑设计统一标准》GB 50352—2019 第 6.11.6 条第 3 款：公共建筑临空外窗的窗台距楼地面净高不得低于 0.8m，否则应设置防护设施，防护设施的高度由地面起算不应低于 0.8m。

第 4 款：居住建筑临空外窗的窗台距楼地面净高不得低于 0.9m，否则应设置防护设施，防护设施的高度由地面起算不应低于 0.9m。

《全国民用建筑工程设计技术措施 规划·建筑·景观》（2009 年版）第 10.5.2 条：低于规定窗台高度 h 的窗台（以下简称低窗台），应采取防护措施（如：采用护栏或在窗下部设置相当于栏杆高度的防护固定窗，且在防护高度设置横挡窗框），其防护高度 h 应满足不低于 0.80m（住宅为 0.90m）的要求（不包括设有宽窗台的凸窗等）。

第 3 款：当室内外高差不大于 0.60m 时，首层的低窗台可不加防护措施。

依据上述规定可知选项 A、B、C 正确；而选项 D 没有区分公共建筑和居住建筑的不同高度要求，所以 D 项有误。

答案：D

3. 门窗玻璃

（1）门窗玻璃常用种类

门窗常用的玻璃种类有平板玻璃、中空玻璃、真空玻璃、钢化玻璃、夹层玻璃、夹丝玻璃、着色玻璃、镀膜玻璃、压花玻璃等。门窗玻璃的厚度一般采用 3mm、4mm、5mm，与分块大小有关。

（2）安全玻璃的选用

安全玻璃是指符合现行国家标准的钢化玻璃、夹层玻璃及由钢化玻璃或夹层玻璃组合加工而成的其他玻璃制品，如安全中空玻璃等。单片半钢化玻璃（热增强玻璃）、单片夹丝玻璃不属于安全玻璃。

1）《塑料门窗工程技术规程》JGJ 103—2008 和《铝合金门窗工程技术规范》JGJ 214—2010 中规定，建筑物中下列部位的塑料门窗和铝合金门窗应使用安全玻璃：

① 7 层及 7 层以上建筑物外开窗（塑料门窗和铝合金门窗）；

② 面积大于 1.5m² 的窗玻璃（塑料门窗和铝合金门窗）；

③ 距离可踏面高度 900mm 以下的窗玻璃（塑料门窗）；

④ 与水平面夹角不大于 75°的倾斜窗，包括天窗、采光顶等在内的顶棚（塑料门窗）；

⑤ 玻璃底边离最终装修面小于 500mm 的落地窗（铝合金门窗）；

⑥ 倾斜安装的铝合金窗；

⑦ 人员流动性大的公共场所，易于受到人员和物体碰撞的铝合金门窗。

2）《建筑玻璃应用技术规程》JGJ 113—2015 中规定：

① 活动门玻璃、固定门玻璃和落地窗玻璃的选用应符合下列规定：

a. 有框玻璃应使用符合该规程表 7.1.1-1 规定的安全玻璃；

b. 无框玻璃应使用公称厚度不小于 12mm 的钢化玻璃。

② 室内隔断应使用安全玻璃，且最大使用面积应符合该规程表 7.1.1-1 的规定。

（3）热工玻璃的选用

有保温要求的门窗、玻璃幕墙、采光顶采用的玻璃系统应为中空玻璃、Low-E 中空玻璃、充惰性气体 Low-E 中空玻璃等保温性能良好的玻璃，保温要求高时还可采用三玻两腔、真空玻璃等。传热系数较低的中空玻璃宜采用"暖边"（中空玻璃间隔条）。

（4）双层玻璃窗采用不同厚度的玻璃，是为了改善隔声性能。

三、门窗的安装构造

(一) 门窗的构造组成和安装方式

1. 门窗的构造组成

（1）门窗一般由门窗框、门窗扇、五金零件和各种附件组成。

（2）门窗框是门窗扇与墙的联系构件。五金零件一般有铰链（合页）、插销、门窗锁、拉手、门碰头等。附件有贴脸板、筒子板、压缝条、披水板、窗台板、窗帘盒等。门还可在其上方设置一小窗，称为亮子、亮窗或腰头窗，为辅助采光和通风之用，开启方式有平开、固定及上、中、下悬等。

2. 门窗框安装方式

门窗框的安装根据施工方式的不同，可分先立口和后塞口两种。

(1) 立口

也称立樘子，是指在砌体墙中安装门窗框时，砌筑墙体之前先将门窗框立好，在砌筑的同时将门窗框的连接件砌在墙体中。这种安装方式的优点是门窗框和墙体结合紧密；缺点是门窗安装和墙体砌筑交叉施工，影响墙体施工的速度，因此这种安装方式现在已基本不使用。

(2) 塞口

也称塞樘子，是指在墙体施工时不立门窗框，只预留洞口；待主体完工后再将门窗框塞进洞口内安装固定。目前，门窗框安装基本都采用塞口的安装方式。

3. 预留洞口与门、窗框的伸缩缝间隙

门窗洞口与门窗框之间预留安装缝隙的大小取决于墙体饰面层的种类、门窗类别，以及是否设置附框等因素。

《塑料门窗工程技术规程》JGJ 103—2008 中规定：门、窗的构造尺寸应考虑预留洞口与待安装门、窗框的伸缩缝间隙及墙体饰面材料的厚度。伸缩缝间隙应符合表 6-117 的规定。

洞口与门、窗框伸缩缝间隙（mm）　　　　表 6-117

墙体饰面层材料	洞口与门、窗框的伸缩缝间隙
清水墙及附框	10
墙体外饰面抹水泥砂浆或贴陶瓷锦砖	15～20
墙体外饰面贴釉面瓷砖	20～25
墙体外饰面贴大理石或花岗石板	40～50
外保温墙体	保温层厚度+10

注：窗下框与洞口的间隙可根据设计要求选定。

(二) 各种材料门窗的安装构造

《住宅装饰装修工程施工规范》GB 50327—2001、《建筑装饰装修工程质量验收标准》GB 50210—2018 及相关施工手册指出：

1. 一般规定

(1) 安装门窗必须采用预留洞口的方法，严禁采用边安装边砌口或先安装后砌口。

(2) 门窗固定可采用焊接、膨胀螺栓或射钉等方式，但砖墙严禁用射钉固定。

(3) 安装过程中应及时清理门窗表面的水泥砂浆、密封膏等，以保护表面质量。

(4) 《全国民用建筑工程设计技术措施　规划・建筑・景观》（2009 年版）第二部分中指出门窗框安装要点有：

1) 轻质砌块墙上的门垛或大洞口的窗垛应采取加强措施，如做钢筋混凝土抱框。

2) 有外保温或外饰面材料较厚时，外窗宜采用增加钢附框的安装方式。钢附框应采用壁厚不小 1.5mm 的碳素结构钢和低合金结构钢制成，附框内、外表面均应进行防锈处理。

3) 门窗框上固定片的固定方法：

① 混凝土墙洞口应采用射钉或膨胀螺钉固定；

② 实心砖墙洞口应采用膨胀螺钉固定，不得固定在砖缝处，严禁采用射钉固定；

③ 轻质砌块、空心砖或加气混凝土材料洞口可在预埋混凝土块上用射钉或膨胀螺钉固定；

④ 设有预埋件的洞口应采用焊接的方法固定，也可先在预埋件上按紧固件规格打基孔，然后用紧固件固定。

4) 外门窗框与墙洞口之间的缝隙，应采用泡沫塑料棒衬缝后，用弹性高效保温材料填充，如现场发泡聚氨酯等；并采用耐候防水密封胶嵌缝，不得采用普通水泥砂浆填缝。

2. 铝合金门窗的安装

(1) 铝合金门窗的安装有固定片连接或固定片与附框同时连接两种做法。

(2) 安装做法有干法施工和湿法施工两种。干法施工指的是金属附框及安装片的安装应在洞口及墙体抹灰湿作业前完成，而铝合金门窗框安装应在洞口及墙体抹灰湿作业后进行，安装缝隙至少应留出 40mm；湿法施工指的是安装片和铝合金门窗框安装应在洞口及墙体抹灰前完成，安装缝隙不应小于 20mm。

(3) 金属附框宽度应大于 30mm。

(4) 固定片宜用 HPB300 钢材，厚度不应小于 1.5mm，宽度不应小于 20mm，表面应作防腐处理。

(5) 固定片安装：距角部的距离不应大于 150mm，其余部位中心距不应大于 500mm。固定片的固定点距墙体边缘不应小于 50mm。

(6) 铝合金门窗框与洞口周边墙体间缝隙不得用水泥砂浆填塞，应采用保温、防潮且无腐蚀性的弹性材料（如聚氨酯泡沫填缝胶）填嵌密实；表面应用密封胶密封。

(7) 铝合金门窗与墙体的连接应为弹性连接，是为了使建筑物在一般振动、沉陷变形时不致损坏门窗；建筑物受热胀冷缩变形时，不致损坏门窗；让门窗框不直接与混凝土、水泥砂浆接触，以免碱腐蚀。

(8) 铝合金门窗横向及竖向组合时，应采取套插、搭接，形成曲面组合，搭接长度宜为 10mm，并用密封膏密封。

(9) 砌块墙不得使用射钉直接固定门窗。

3. 塑料门窗的安装

(1) 可采用在墙上留预埋件方式安装，窗的连接件用尼龙胀管螺栓连接，安装缝隙 15mm 左右。

(2) 门窗框与洞口的间隙用泡沫塑料条或油毡卷条填塞，然后用密封膏封严。

(3)《塑料门窗工程技术规程》JGJ 103—2008 中规定：

1) 安装要求

① 混凝土墙洞口应采用射钉或膨胀螺钉固定；

② 砖墙洞口或空心砖洞口应用膨胀螺钉固定，并不得固定在砖缝处；

③ 轻质砌块或加气混凝土洞口可在预埋混凝土块上用射钉或膨胀螺钉固定；

④ 设有预埋铁件的洞口应采用焊接方法固定，也可先在预埋件上按紧固件规格打基孔，然后用紧固件固定。

2) 固定片的有关问题

固定片的位置应距墙角、中竖框、中横框 150~200mm；固定片之间的间距应小于等于 600mm；不得将固定片直接装在中竖框、中横框的挡头上。

(4)《塑料门窗设计及组装技术规程》JGJ 362—2016 中规定：

1) 外开窗扇的宽度不宜大于 600mm、高度不宜大于 1200mm，开启角度不应大于 85°。

2) 门窗的热工性能设计宜符合下列规定：

① 宜根据门窗的传热系数值选用型材系统，框与扇间直用三道密封；

② 宜用多腔体结构和框架密封性能好的型材系统；

③ 中空玻璃空气层厚度不宜小于 9mm（注意比较：玻璃幕墙中空玻璃空气层厚度不宜小于 9mm，采光顶中空玻璃空气层厚度不宜小于 12mm）；

④ 严寒、寒冷地区宜用低辐射镀膜中空玻璃或三层玻璃的中空玻璃；

⑤ 严寒地区可采用双重窗或双层扇窗；

⑥ 有遮阳性能要求的地区，宜采用下列遮阳配套措施：

a. 采用门窗外遮阳系统；

b. 采用遮阳百叶；

c. 采用符合遮阳性能规定的玻璃；

d. 采用内置遮阳中空玻璃系统。

3) 隔声性能可采取下列措施：

① 采用密封性能好的型材系统；

② 增加中空玻璃的玻璃层数、玻璃总厚度、空气层厚度；

③ 采用夹层玻璃或真空玻璃；

④ 中空玻璃充惰性气体。

例 6-22 （2021）塑料门窗安装固定点的间距最大为（　）mm。

A 600　　　　B 700　　　　C 800　　　　D 900

解析： 依据《塑料门窗工程技术规程》JGJ 103—2008 第 6.2.7 条第 3 款，门窗在安装时应确保门窗框上下边位置及内外朝向准确，安装应符合下列要求：固定片或膨胀螺钉的位置应距门窗端角、中竖梃、中横梃 150～200mm，固定片或膨胀螺钉之间的间距应符合设计要求，并不得大于 600mm（选项 A 正确）。不得将固定片直接装在中横梃、中竖梃的端头上。平开门安装铰链的相应位置宜安装固定片或采用直接固定法固定。

答案： A

---

4. 木门窗的安装

《住宅装饰装修工程施工规范》GB 50327—2001 中规定：

(1) 木门窗的安装应符合下列规定：

1) 门窗框与砖石砌体、混凝土或抹灰层接触部位以及固定用木砖等均应进行防腐处理。

2) 门窗框安装前应校正方正，加钉必要拉条，避免变形。安装门窗框时，每边固定点不得少于两处，其间距不得大于 1.2m。

3) 门窗框需镶贴脸时，门窗框应凸出墙面，凸出的厚度应等于抹灰层或装饰面层的厚度。

4) 木门窗五金配件的安装应符合下列规定：

① 合页距门窗扇上下端宜取立梃高度的 1/10，并应避开上、下冒头。

② 五金配件安装应用木螺钉固定。硬木应钻 2/3 深度的孔，孔径应略小于木螺钉直径。

③ 门锁不宜安装在冒头与立梃的结合处。夹板门在安装门锁处，须在门扇局部附加实木框料，并应避开边梃与中梃结合处安装；门锁安装处也不应有边梃的指接接头。

④ 窗拉手距地面宜为 1.5~1.6m，门拉手距地面宜为 0.9~1.05m。

(2) 木门窗玻璃的安装应符合下列规定：

1) 玻璃安装前应检查框内尺寸，将裁口内的污垢清除干净。

2) 安装长边大于 1.5m 或短边大于 1m 的玻璃，应用橡胶垫并用压条和螺钉固定。

3) 安装木框、扇玻璃，可用钉子固定，钉距不得大于 300mm，且每边不少于两个；用木压条固定时，应先刷底油后安装，并不得将玻璃压得过紧。

4) 安装玻璃隔墙时，玻璃在上框面应留有适量缝隙，防止木框变形，损坏玻璃。

5) 使用密封膏时，接缝处的表面应清洁、干燥。

(三) 门窗的五金

窗的五金零件有铰链、插销、窗钩、拉手、铁三角等。

门的五金零件和窗相似，有铰链、拉手、插销、铁三角等，但规格尺寸较大；此外，还有门锁、门轧头、插销、弹簧合页等。门的合页形式由其开启方式决定，如自关门用自动回位弹簧合页（图 6-79）、双向开启弹簧门用双向弹簧合页（图 6-80）。

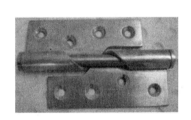

图 6-79　自动关门合页
（自动回位弹簧合页）

图 6-80　双向弹簧合页

《全国民用建筑工程设计技术措施　规划·建筑·景观》（2009 年版）第二部分中指出：

(1) 弹簧门有单向、双向开启。宜采用地弹簧或油压闭门器等五金件，以使其关闭平缓。双向弹簧门门扇应在可视高度部分装透明安全玻璃，以免进出时相互碰撞。

(2) 用于公共场所需控制人员进入的疏散门（如只能出不能进），应安装无需使用任何工具即能易于把门打开的逃生装置（如逃生推杠装置、逃生压杆装置）、显著标识及使用提示。

(四) 门窗的附件

(1) 压缝条：10~15mm 见方的小木条，用于填补窗安装于墙中产生的缝隙，以保证室内的正常温度。

（2）贴脸板：用来遮挡靠墙里皮安装门窗框产生的缝隙。

（3）筒子板：在门窗洞口的四周墙面，用木板包钉镶嵌，称为筒子板。

（4）披水条（板）：内开玻璃窗为防止雨水流入室内而设置的挡水条（板）。

（5）窗台板：在窗下槛内侧设窗台板，板厚30～40mm，挑出墙面30～40mm；窗台板可以采用木板、水磨石板或大理石板。

（6）窗帘盒：悬挂窗帘时，为掩蔽窗帘棍和窗帘上部的拴环而设。窗帘盒三面用25mm×（100～150mm）的木板镶成。窗帘棍有木、铜、钢、铝等材料。一般用角钢或钢板伸入墙内。

四、建筑遮阳

（一）建筑遮阳的作用

建筑遮阳是设置在建筑物的透光围护结构（包括门窗、玻璃幕墙、采光顶等）之上，用来遮挡或调节进入室内的太阳辐射的建筑构件或安置设施；其作用是遮挡直射阳光，减少进入室内的太阳辐射，防止室内过热，避免眩光和防止物品受到阳光照射产生变质、褪色和损坏。建筑遮阳同时会降低室内天然采光的照度并影响自然通风。

（二）建筑遮阳系数

1.《民用建筑热工设计规范》GB 50176—2016中所定义的遮阳系数

（1）建筑遮阳系数：在照射时间内，同一窗口（或透光围护结构部件外表面）在有建筑外遮阳和没有建筑外遮阳的两种情况下，接收到的两个不同太阳辐射量的比值。

（2）透光围护结构遮阳系数：在照射时间内，透过透光围护结构部件（如窗户）直接进入室内的太阳辐射量与透光围护结构外表面（如窗户）接收到的太阳辐射量的比值。

（3）综合遮阳系数：建筑遮阳系数和透光围护结构遮阳系数的乘积。

2.《建筑遮阳工程技术规范》JGJ 237—2011中所定义的遮阳系数

（1）遮阳系数（SC）：在给定条件下，玻璃、外窗或玻璃幕墙的太阳能总透射比，与相同条件下相同面积的标准玻璃（3mm透明玻璃）的太阳能总透射比的比值[①]。

（2）外遮阳系数（SD）：建筑透明外围护结构相同，有外遮阳时进入室内的太阳辐射热量与无外遮阳时进入室内太阳辐射热量的比值。

（3）外窗综合遮阳系数（SC_w）：考虑窗本身和窗口的建筑外遮阳装置综合遮阳效果的一个系数，其值为窗本身的遮阳系数（SC）与窗口的建筑外遮阳系数（SD）的乘积。

3. 遮阳系数与遮阳效果的关系

遮阳系数越小，遮阳效果越好；遮阳系数越大，遮阳效果越差。

（三）建筑遮阳的基本形式和设计选用

1. 建筑遮阳的类型

建筑遮阳可分为固定遮阳装置、活动遮阳装置、外遮阳装置、内遮阳装置和中间遮阳装置。

---

① 太阳能总透射比：通过窗户传入室内的太阳辐射与入射太阳辐射的比值。

(1) 固定遮阳装置：固定在建筑物上，不能调节尺寸、形状或遮光状态的遮阳装置。

(2) 活动遮阳装置：固定在建筑物上，能够调节尺寸、形状或遮光状态的遮阳装置。

(3) 外遮阳装置：安设在建筑物室外侧的遮阳装置。

(4) 内遮阳装置：在建筑物室内侧的遮阳装置。

(5) 中间遮阳装置：位于两层透明围护结构之间的遮阳装置。

2. 建筑外遮阳的基本形式

(1) 水平遮阳：位于建筑门窗洞口上部，水平伸出的板状建筑遮阳构件。水平遮阳构件可设计成实体式或百叶式。百叶遮阳是由若干相同形状和材质的板条，按一定间距平行排列而成的面状百叶系统，并将其与门窗洞口面平行设在门窗洞口外侧的建筑遮阳构件。

(2) 垂直遮阳：位于建筑门窗洞口两侧，垂直伸出的板状建筑遮阳构件。

(3) 组合遮阳：在门窗洞口的上部设水平遮阳、两侧设垂直遮阳的组合式建筑遮阳构件。

(4) 挡板遮阳：门窗洞口前方设置的与门窗洞口面平行的板状建筑遮阳构件。

3. 建筑遮阳的设计与选用

(1)《民用建筑热工设计规范》GB 50176—2016 中规定：

1) 向阳面的窗、玻璃门、玻璃幕墙、采光顶应设置固定遮阳或活动遮阳。固定遮阳设计可考虑阳台、走廊、雨篷等建筑构件的遮阳作用；设计时应进行夏季太阳直射轨迹分析，根据分析结果确定固定遮阳的形状和安装位置。活动遮阳宜设置在室外侧。

北回归线以南地区，各朝向门窗洞口均宜设计建筑遮阳；北回归线以北的夏热冬暖、夏热冬冷地区，除北向外的门窗洞口宜设计建筑遮阳；寒冷 B 区，东、西向和水平朝向的门窗洞口宜设计建筑遮阳；严寒地区、寒冷 A 区、温和地区建筑可不考虑建筑遮阳。

2) 建筑门窗洞口的遮阳宜优先选用活动式建筑遮阳。

3) 当采用固定式建筑遮阳时，南向宜采用水平遮阳；东北、西北及北回归线以南地区的北向宜采用垂直遮阳；东南、西南朝向窗口宜采用组合遮阳；东、西朝向窗口宜采用挡板遮阳。

4) 当为冬季有采暖需求房间的门窗设计建筑遮阳时，应采用活动式建筑遮阳、活动式中间遮阳，或采用遮阳系数冬季大、夏季小的固定式建筑遮阳。

5) 建筑遮阳应与建筑立面、门窗洞口构造一体化设计。

(2)《建筑遮阳工程技术规范》JGJ 237—2011 中规定：

1) 建筑遮阳设计，应根据当地的地理位置、气候特征、建筑类型、建筑功能、建筑造型、透明围护结构朝向等因素，选择适宜的遮阳形式，并宜选择外遮阳。

2) 遮阳设计应兼顾采光、视野、通风，隔热和散热功能，严寒、寒冷地区应不影响建筑冬季的阳光入射。

3) 建筑不同部位、不同朝向遮阳设计的优先次序可根据其所受太阳辐射照度，依次选择屋顶水平天窗（采光顶），西向、东向、南向窗；北回归线以南地区必要时还宜对北向窗进行遮阳。

4) 遮阳设计应进行夏季和冬季的阳光阴影分析，以确定遮阳装置的类型。建筑外遮阳的类型可按下列原则选用：

① 南向、北向宜采用水平式遮阳或综合式遮阳；

② 东西向宜采用垂直或挡板式遮阳；

③ 东南向、西南向宜采用综合式遮阳。

5）采用内遮阳和中间遮阳时，遮阳装置面向室外侧宜采用能反射太阳辐射的材料，并可根据太阳辐射情况调节其角度和位置。

6）外遮阳设计应与建筑立面设计相结合，进行一体化设计。遮阳装置应构造简洁、经济实用、耐久美观，便于维修和清洁，并应与建筑物整体及周围环境相协调。

7）遮阳设计宜与太阳能热水系统和太阳能光伏系统结合，进行太阳能利用与建筑一体化设计。

8）建筑遮阳构件宜呈百叶或网格状。实体遮阳构件宜与建筑窗口、墙面和屋面之间留有间隙。

五、特殊门窗

按特殊功能分，常见的有防火门（窗）、隔声门（窗）、隔声通风门（窗）、避光通风门（窗）、通风防雨百叶门（窗）、防射线门（窗）、保温门（窗）、人防密闭门、人防防密门、防盗门（窗）等特种门窗。

与之有关的国标图集有《防火门窗》12J609、《特种门窗（一）》17J610—1（变压器室钢门窗、变配电所钢大门、冷库门、保温门、隔声门窗）和《特种门窗（二）》17J610—2（防射线门窗、快速软质卷帘门、气密门、防洪闸门窗、隧道防护门、会展门、电磁屏蔽门窗）。

（一）防火门窗

1. 《建筑设计防火规范》GB 50016—2014（2018年版）的规定

（1）执行标准：甲、乙、丙级防火门和防火窗应符合现行国家标准《防火门》GB 12955 和《防火窗》GB 16809 的有关规定。

（2）防火门的类别：防火门有隔热防火门（A类）、部分隔热防火门（B类）和非隔热防火门（C类）。隔热防火门（A类）的耐火极限有 A3.00、A2.00、A1.50（甲级）、A1.00（乙级）、A0.50（丙级）五种。

（3）防火窗的类别：防火窗有隔热防火窗（A类）和非隔热防火窗（C类）。隔热防火窗（A类）的耐火极限有 A3.00、A2.00、A1.50（甲级）、A1.00（乙级）、A0.50（丙级）五种。

（4）应用

1）甲级防火门主要应用于防火墙上和规范规定的其他部位；乙级防火门主要应用于疏散走道、防烟前室、防烟楼梯间、封闭楼梯间和规范规定的其他部位；丙级防火门主要应用于竖向井道的检查口（底部通常留有 100mm 门槛）。

2）当主机房建筑面积≥140m² 时，计算机房内墙上的门窗应为甲级防火门窗，门应外开。

3）通风、空气调节机房和变配电室开向建筑内的门应采用甲级防火门，消防控制室和其他设备房开向建筑内的门应采用乙级防火门。

4）舞台上部与观众厅闷顶之间的隔墙可采用耐火极限不低于 1.5h 的防火隔墙，隔墙上的门应采用乙级防火门。

5) 建筑内的下列部位应采用耐火极限不低于 2.00h 的防火隔墙与其他部位分隔，墙上的门、窗应采用乙级防火门、窗；确有困难时，可采用防火卷帘，但应符合《建筑设计防火规范》GB 50016—2014（2018 年版）第 6.5.3 条的规定：

① 甲、乙类生产部位和建筑内使用丙类液体的部位；
② 厂房内有明火和高温的部位；
③ 甲、乙、丙类厂房（仓库）内布置有不同火灾危险性类别的房间；
④ 民用建筑内的附属库房，剧场后台的辅助用房；
⑤ 除居住建筑中套内的厨房外，宿舍、公寓建筑中的公共厨房和其他建筑内的厨房；
⑥ 附设在住宅建筑内的机动车库。

6) 人民防空地下室封闭楼梯间和防烟楼梯间的门应采用不低于乙级的防火门。

7) 民用建筑物内设置的变电所直接通向疏散走道（安全出口）的疏散门，以及变电所直接通向非变电所区域的门，应为甲级防火门；变电所直接通向室外的疏散门，应为不低于丙级的防火门。

8) 民用建筑物内电气竖井井壁、楼板及封堵材料的耐火极限应根据建筑本体的耐火极限设置，检修门应采用不低于丙级的防火门。

9) 民用建筑物内燃气管道竖井的底部和顶部应直接与大气相通；管道竖井的墙体应为耐火极限不低于 1.0h 的不燃烧体，井壁上的检查门应采用丙级防火门。

(5) 特点

防火门应单向开启，并应向疏散方向开启。位于走道和楼梯间等处的防火门应在门扇上设置不小于 200cm² 的防火玻璃小窗。安装在防火门上的合页（铰链），不得使用双向弹簧。双扇防火门应设盖缝板。

(6) 设置规定

1) 设置在建筑内经常有人通行处的防火门宜采用常开防火门。常开防火门应能在火灾时自行关闭，并应具有信号反馈的功能。

2) 除允许设置常开防火门的位置外，其他位置的防火门均应采用常闭防火门。常闭防火门应在其明显位置设置"保持防火门关闭"等提示标识。

3) 除管井检修门和住宅的户门外，防火门应具有自行关闭功能。双扇防火门应具有按顺序自行关闭的功能（如单扇门应安装闭门器；双扇或多扇门应安装闭门器、顺序器）。

4) 除本规范第 6.4.11 条第 4 款（强条：人员密集场所内平时需要控制人员随意出入的疏散门和设置门禁系统的住宅、宿舍、公寓建筑的外门，应保证火灾时不需使用钥匙等任何工具即能从内部易于打开，并应在显著位置设置具有使用提示的标识）的规定外，防火门应能在其内外两侧手动开启。

5) 设置在建筑变形缝附近时，防火门应设置在楼层较多的一侧，并应保证防火门开启时门扇不跨越变形缝。

6) 防火门关闭后应具有防烟性能。

7) 设置在防火墙、防火隔墙上的防火窗，应采用不可开启的窗扇或具有火灾时能自行关闭的功能。

2.《防火门》GB 12955—2008 中对防火门的规定

(1) 材质：有木质防火门、钢质防火门、钢木质防火门和其他材质防火门。

(2) 功能

1) 隔热防火门（A 类）：在规定的时间内，能同时满足耐火完整性和隔热性要求的防火门。

2) 部分隔热防火门（B 类）：在规定大于或等于 0.50h 的时间内，能同时满足耐火完整性和隔热性要求；在大于 0.50h 后所规定的时间内，能满足耐火完整性要求的防火门。

3) 非隔热防火门（C 类）：在规定的时间内，能满足耐火完整性要求的防火门。

(3) 等级（表 6-118）

防火门按耐火性能的分类　　　　　　　　表 6-118

名称	耐火性能	代号
隔热防火门（A 类）	耐火隔热性≥0.50h 耐火完整性≥0.50h	A0.50（丙级）
	耐火隔热性≥1.00h 耐火完整性≥1.00h	A1.00（乙级）
	耐火隔热性≥1.50h 耐火完整性≥1.50h	A1.50（甲级）
	耐火隔热性≥2.00h 耐火完整性≥2.00h	A2.00
	耐火隔热性≥3.00h 耐火完整性≥3.00h	A3.00

(4) 防火锁

1) 防火门安装的门锁应是防火锁。

2) 在门扇的有锁芯机构处，防火锁均应有执手或推杠机构，不允许以圆形或球形旋钮代替执手（特殊部位使用除外，如管道井门等）。

(5) 防火合页（铰链）

防火门用合页（铰链）板厚应不少于 3mm，其耐火性能应符合规范《防火门》GB 12955 附录 B 的规定。

3.《防火窗》GB 16809—2008 中对防火窗的规定

(1) 功能和开启方式

1) 固定式防火窗：无可开启窗扇的防火窗；

2) 活动式防火窗：有可开启窗扇且装配有窗扇启闭控制装置的防火窗；

3) 隔热防火窗（A 类）：在规定时间内，能同时满足耐火完整性和隔热性要求的防火窗；

4) 非隔热防火窗（C 类）：在规定时间内，能满足耐火完整性要求的防火窗。

(2) 等级

防火窗按耐火性能的分类见表 6-119。

防火窗的耐火性能　　　　　表 6-119

防火性能分类	耐火等级代号	耐火性能
隔热防火窗（A类）	A0.50（丙级）	耐火隔热性≥0.50h且耐火完整性≥0.50h
	A1.00（乙级）	耐火隔热性≥1.00h且耐火完整性≥1.00h
	A1.50（甲级）	耐火隔热性≥1.50h且耐火完整性≥1.50h
	A2.00	耐火隔热性≥2.00h且耐火完整性≥2.00h
	A3.00	耐火隔热性≥3.00h且耐火完整性≥3.00h

（3）构造要求

1）防火窗安装的五金件应满足功能要求并便于更换；

2）防火窗上镶嵌的玻璃应是防火玻璃；

3）防火窗的气密等级不应低于3级。

4. 《全国民用建筑工程设计技术措施　规划·建筑·景观》（2009年版）的规定

（1）防火门应为向疏散方向开启的平开门，且具自闭功能，并在关闭后应能从任何一侧手动开启。如单扇门应安装闭门器；双扇或多扇门应安装闭门器、顺序器；双扇门之间应有盖缝板。

（2）供人员经常通行的防火门宜采用常开防火门。常开防火门应具有自动关闭、信号反馈的功能，以确保火灾发生时，由消防控制中心控制，门能自动关闭。

（3）防火门内外两侧应能手动开启（除人员密集场所平时需要控制人员随意出入的疏散用门或设有门禁系统的居住建筑外门外）。住宅户门兼具防火功能者，应具自闭装置，开启方向不限。

（4）防火门上必须使用具有相应防火等级的五金配件，且经消防部门认可的产品。

（5）门控五金

1）主要的门控五金包括地弹簧、闭门器、门锁组件、紧急开门（逃生）装置等。

① 地弹簧：安装在平开门扇下，可单、双向开门，通常使用温度在 -15 ~ 40℃，由金属弹簧、液压阻尼组合作用的装置。选用时应根据门扇宽度和重量，使用频率等要求进行选择。

② 闭门器：安装在平开门扇上部，单向开门，通常使用温度在 -15 ~ 40℃，由金属弹簧、液压阻尼组合作用的装置。选用时应根据门扇宽度和重量，使用频率等要求进行选择。

③ 紧急开门（逃生）装置：是一种门上用的带扶手的通天插销，通过对扶手一推或一压就能使插销缩回，供紧急疏散用的专用五金装置。

2）门控五金分为美标门控五金件、欧标门控五金件和中国标准门控五金件三大类。

3）由于检测方法不同，美标、欧标、国标之间，门控五金件的开启次数不能直接对比。美标、欧标高档和中档门控五金件中，紧急开门（逃生）装置的开启测试次数较地弹簧、闭门器、门锁等其他配件少。

（二）商店橱窗

商店建筑设置外向橱窗时应符合《商店建筑设计规范》JGJ 48—2014 的规定，具体内容如下：

(1) 橱窗的平台高度宜至少比室内和室外地面高 0.20m。
(2) 橱窗应满足防晒、防眩光、防盗等要求。
(3) 采暖地区的封闭橱窗可不采暖，其内壁应采取保温构造。
(4) 采暖地区的封闭橱窗的外表面应采取防雾构造。

(三) 保温门窗

1. 保温门窗适用范围及类型

保温门窗适用于有恒温、恒湿要求的内门；如空调房间及室温控制在 0℃ 以上并有保温要求的工房及库房等。

保温门的类型有木质平开保温门、铝质平开保温门、钢质平开保温门、钢质自由保温门、钢质提升保温门、钢质推拉保温门等。

2. 门扇材料

(1) 保温门常用的保温材料有聚氨酯和聚苯乙烯泡沫塑料等。
(2) 木质保温门采用木门框及木骨架，胶合板面板；钢质保温门采用轻钢龙骨骨架或型钢骨架，面板可采用 1.5mm 镀锌钢板、不锈钢板、铝合金板等；由项目设计确定。
(3) 铝质保温门采用铝质内门框外包铝型材门框料。门框同样是采用铝制内框外包铝型材门扇边料。
(4) 密封条采用三元乙丙或橡塑制品。

(四) 隔声门窗

1. 隔声门窗适用范围

(1) 产生高噪声的工业厂房及辅助建筑：通风机房、冷冻机房、空调机房、柴油发电机房、印刷车间等。
(2) 对声学环境要求比较高的厅堂：礼堂、会议厅、报告厅、影剧院、体育馆、播音室、录音室、演播室等。

2. 选用要点

(1) 钢质隔声门分为一般隔声门窗和防火隔声门窗两种。钢质防火隔声门窗适用于既有隔声要求又有防火要求的场所。
(2) 门洞尺寸：门洞宽 900～3300mm，门洞高 2100～3600mm。
(3) 隔声量：当采用无门槛做法时，设置一道密封条，其隔声量≤30dB；当采用有门槛做法时，设置两道密封条，其隔声量≤40dB。隔声门的隔声量应在选购时由专业生产厂家提供。

3. 门窗材料

(1) 隔声门窗为镀锌钢板钢质平开门和固定窗。门扇骨架采用 2mm 厚镀锌冷轧钢板，面板采用 1～1.5mm 厚镀锌钢板。
(2) 一般门扇内填充用玻璃布包中级玻璃棉纤维或是岩棉制品，其体积密度控制为 80～100kg/m³。
(3) 密封条：采用三元乙丙橡胶制品。
(4) 双层玻璃窗采用不同厚度的玻璃，是为了改善隔声性能。

第八节 建筑工业化的有关问题

一、建筑工业化
(一) 建筑工业化的含义

由于各国的社会制度、经济能力、资源条件、自然状况和传统习惯等不同,各国建筑工业化所走的道路也有所差异,对建筑工业化理解也不尽相同。

1974年联合国经济事务部对建筑工业化的含义作了如下解释,即:在建筑上应用现代工业的组织和生产方法,用机械化进行大批量生产和流水作业。传统建筑生产方式是采用手工劳动来建造房屋,劳动强度大、工效低、工期长,质量也难以保证。建筑工业化生产方式,可以加快建设速度,降低劳动强度,提高生产效率和施工质量。建筑工业化通常包含以下四点基本内容:

1. 设计标准化

设计标准化包括采用构件定型和房屋定型两大部分。构件定型又叫通用体系,它主要是将房屋的主要构配件按模数配套生产,从而提高构配件之间的互换性。房屋定型又叫专用体系,它主要是将各类不同的房屋进行定型,做成标准设计。

2. 构件工厂化

构件工厂化是建立完整的预制加工企业,形成施工现场的技术后方,提高建筑物的施工速度。目前建筑业的预制加工企业有混凝土预制构件厂、混凝土搅拌厂、门窗加工厂、模板工厂、钢筋加工厂等。

3. 施工机械化

施工机械化是建筑工业化的核心。施工机械应注意标准化、通用化、系列化,既注意发展大型机械,也注意发展中小型机械。

4. 管理科学化

现代工业生产的组织管理是一门科学,它包括采用指示图表法和网络法,并广泛采用信息技术。

(二) 实现建筑工业化的途径

实现建筑工业化,当前主要有两大途径,即发展预制装配式建筑体系和现场施工作业工业化。

1. 发展预制装配式建筑体系

这条途径是在加工厂生产预制构件,用各种车辆将构件运到施工现场,在现场用各种机械安装。这种方法的优点是生产效率高、构件质量好、受季节影响小、可以均衡生产。缺点是生产基地一次性投资大,在建设量不稳定的情况下,预制厂的生产能力不能充分发挥。这条途径包括以下工业化建筑类型:

(1) 砌块建筑

这是装配式建筑的初级阶段,它具有适应性强、生产工艺简单、技术效果良好、造价低等特点。砌块按其重量大小可以分为大型砌块(350kg以上)、中型砌块(20~350kg)和小型砌块(20kg以下)。砌块应注意就地取材和采用工业废料,如粉煤灰、煤矸石、炉渣等。我国的南方和北方广大地区均采用砌块来建造民用和工业房屋。

(2) 大板建筑

这是装配式建筑的主导做法。大板建筑是大墙板、大楼板、大屋顶板组成的建筑的简称；除基础以外，地上的全部构件均为预制构件，通过装配整体式节点连接而建成。大板建筑的构件有内墙板、外墙板、楼板、楼梯、挑檐板和其他构件，在施工现场进行拼装，形成不同的建筑。我国的大板建筑从1958年开始试点，1966年以后批量发展。北方地区以北京、沈阳等地的大板住宅，南方地区以南宁的空心大板住宅效果最好。

(3) 框架建筑

这种建筑的特点是采用钢筋混凝土的柱、梁、板制作承重骨架，外墙及内部隔墙采用加气混凝土、镀锌薄钢板、铝板等轻质板材建造的建筑。它具有自重轻、抗震性能好、布局灵活、容易获得大开间等优点，它可以用于各类建筑中。

(4) 盒子结构

这是装配化程度最高的一种形式。它以"间"为单位进行预制，分为六面体、五面体、四面体盒子。可以采用钢筋混凝土、铝、木材、塑料等制作。

2. 发展全现浇及工具式模板现浇与预制相结合的体系

这条途径的承重墙、板采用大块模板、台模、滑升模板、隧道模等现场浇筑，而一些非承重构件仍采用预制方法。这种做法的优点是所需生产基地一次性投资比装配化道路少、适应性大、节省运输费用、结构整体性好。缺点是耗用工期比全装配方法长。这条途径包括以下几种建筑类型：

(1) 大模板建筑

不少国家在现场施工时采用大模板。我国1974年起在沈阳、北京等地也逐步推广大模板建造住宅。这种做法的特点是内墙现浇，外墙采用预制板、砌砖墙和浇筑混凝土。它的特点是造价低、抗震性能好。缺点是用钢量大、模板消耗较大。上海市曾推广"一模三板"："一模"即用大模板现场浇筑内墙，"三板"是预制外墙板、轻质隔墙板、整间大楼板。

(2) 滑升模板

这种做法的特点是在浇筑混凝土的同时提升模板。采用滑升模板可以建造烟囱、水塔等构筑物，也可以建造高层住宅。它的优点是减轻劳动强度、加快施工进度、提高工程质量、降低工程造价。缺点是需要配置成套设备，一次性投资较大。

(3) 隧道模

这是一种特制的三面模板，拼装起来后，可以浇筑墙体和楼板，使之成为一个整体。采用隧道模可以建造住宅或公共建筑。

(4) 升板升层

这种做法的特点是先立柱子，然后在地坪上浇筑楼板、屋顶板，通过特制的提升设备进行提升。只提升楼板的叫"升板"；在提升楼板的同时，连墙体一起提升的叫"升层"。升板升层的优点是节省施工用地，少用建筑机械。

(三) 新型建筑工业化

我国的建筑工业化从20世纪50年代中期开始，迄今已走过六十多年的曲折发展历程。在提倡可持续发展和发展绿色建筑的背景下，以及信息技术在建筑中的广泛应用，原来的建筑工业化的内涵和特征已经发生了较大变化。为区别于以前的建筑工业化，我国提出了新型建筑工业化的概念。

2013年1月1日,《国务院办公厅关于转发发展改革委住房城乡建设部绿色建筑行动方案的通知》(国办发〔2013〕1号)发布,要求各省、自治区、直辖市人民政府,国务院各部委、各直属机构结合本地区、本部门实际,认真贯彻落实改革委、住房城乡建设部《绿色建筑行动方案》。《绿色建筑行动方案》中将"推动建筑工业化"作为"重点任务"提出,内容如下:"推动建筑工业化:住房城乡建设等部门要加快建立促进建筑工业化的设计、施工、部品生产等环节的标准体系,推动结构件、部品、部件的标准化,丰富标准件的种类,提高通用性和可置换性。推广适合工业化生产的预制装配式混凝土、钢结构等建筑体系,加快发展建设工程的预制和装配技术,提高建筑工业化技术集成水平。支持集设计、生产、施工于一体的工业化基地建设,开展工业化建筑示范试点。积极推行住宅全装修,鼓励新建住宅一次装修到位或菜单式装修,促进个性化装修和产业化装修相统一"。

2015年8月,住房和城乡建设部发布《工业化建筑评价标准》GB/T 51129—2015(已废止,并被《装配式建筑评价标准》GB/T 51129—2017所替代),该《标准》第2.0.1条将"工业化建筑"定义为"采用以标准化设计、工厂化生产、装配化施工、一体化装修和信息化管理等为主要特征的工业化生产方式建造的建筑"。这一定义明确了新型工业化建筑具有设计标准化、生产工厂化、施工装配化、装修一体化、管理信息化的基本特征。

当前我国新发布了一系列建筑工业化方面的标准和规程,主要有《装配式建筑评价标准》GB/T 51129—2017、《装配式混凝土建筑技术标准》GB/T 51231—2016、《装配式钢结构建筑技术标准》GB/T 51232—2016、《装配式木结构建筑技术标准》GB/T 51233—2016、《装配式住宅建筑设计标准》JGJ/T 398—2017、《装配式混凝土结构技术规程》JGJ 1—2014、《工业化住宅建筑外窗系统技术规程》CECS 437:2016等。

二、建筑模数协调标准

《建筑模数协调标准》GB/T 50002—2013是为了实现建筑设计、制造、施工安装的互相协调;合理地对建筑各部位尺寸进行分割,确定各部位的尺寸和边界条件;优选某种类型的标准化方式,使得标准化部件的种类最优;有利于部件的互换性;有利于建筑部件的定位和安装,协调建筑部件与功能空间之间的尺寸关系而制定的标准。它包括以下主要内容:

(一) 基本模数和导出模数

1. 基本模数
基本模数的数值为100mm,用M表示(即1M=100mm)。整个建筑物和建筑物的一部分以及建筑部件的模数化尺寸,应是基本模数的倍数。

2. 导出模数
导出模数应分为扩大模数和分模数,其基数应符合下列规定:
(1) 扩大模数的基数应为2M、3M、6M、9M、12M等。
(2) 分模数的基数应为M/10、M/5、M/2。

(二) 模数数列

(1) 建筑物的开间或柱距,进深或跨度,梁、板、隔墙和门窗洞口宽度等分部件的截面尺寸,宜采用水平基本模数和水平扩大模数数列,且水平扩大模数数列宜采用 $n×2M$、$n×3M$(n 为自然数)。

(2) 建筑物的高度、层高和门窗洞口高度宜采用竖向基本模数和竖向扩大模数数列,且竖向扩大模数数列宜采用 nM(n 为自然数)。

(3) 构造节点和分部件[①]的接口尺寸等宜采用分模数数列,且分模数数列宜采用 $M/10$、$M/5$、$M/2$。

(三) 优先尺寸

1. 部件尺寸在设计、加工和安装过程中关系的相关规定

(1) 部件的标志尺寸应符合模数数列的规定,应根据部件安装的互换性确定,并应采用优先尺寸系列。

(2) 部件的制作尺寸应由标志尺寸和安装公差决定。

(3) 部件的实际尺寸与制作尺寸之间应满足制作公差的要求。

2. 部件优先尺寸确定的相关规定

(1) 部件的优先尺寸应由部件中通用性强的尺寸系列确定,并应指定其中若干尺寸作为优先尺寸系列。

(2) 部件基准面之间的尺寸应选用优先尺寸。

(3) 优先尺寸可分解和组合,分解和组合后的尺寸可作为优先尺寸。

(4) 承重墙和外围护墙厚度的优先尺寸系列宜根据基本模数的倍数或 1M 与 M/2 的组合确定,宜为 150mm、200mm、250mm、300mm。

(5) 内隔墙和管道井墙厚度的优先尺寸系列宜根据分模数或 1M 与分模数的组合确定,宜为 50mm、100mm、150mm。

(6) 层高和室内净高的优先尺寸系列宜为 $n×M$(n 为自然数)。

(7) 柱、梁截面的优先尺寸系列宜根据 1M 的倍数与 M/2 的组合确定(如 200mm、250mm、300mm、350mm 等)。

(8) 门窗洞口的水平、垂直方向定位优先尺寸系列宜为 $n×M$(n 为自然数)。

三、装配式建筑构造

(一)《装配式混凝土建筑技术标准》GB/T 51231—2016 的规定

1. 术语

(1) 装配式建筑:结构系统、外围护系统、设备与管线系统、内装系统的主要部分采用预制部品部件集成的建筑。

(2) 装配式混凝土建筑:建筑的结构系统由混凝土部件(预制构件)构成的装配式建筑。

---

① 分部件指的是独立单位的建筑制品,是部件的组成单元,在长、宽、高三个方向有规定尺寸。在一个及以上方向的协调尺寸符合模数的分部件称为模数分部件。

2. 建筑集成设计

(1) 模数协调

1) 装配式混凝土建筑设计应符合现行国家标准《建筑模数协调标准》GB/T 50002 的有关规定；

2) 装配式混凝土建筑的开间与柱距、进深与跨度、门窗洞口宽度等宜采用水平扩大模数数列 $2nM$、$3nM$（n 为自然数）；

3) 装配式混凝土建筑的层高和门窗洞口高度等宜采用竖向扩大模数数列 nM；

4) 梁、柱、墙等部件的截面尺寸宜采用竖向扩大模数数列 nM；

5) 构造节点和部件的接口尺寸宜采用分模数数列 $nM/2$、$nM/5$、$nM/10$。

(2) 标准化设计

装配式混凝土建筑立面设计应符合下列规定：

1) 外墙、阳台板、空调板、外窗、遮阳设施及装饰等部品部件宜进行标准化设计；

2) 预制混凝土外墙的装饰面层宜采用清水混凝土、装饰混凝土、免抹灰涂料和反打面砖等耐久性强的建筑材料。

> **例 6-23** （2021）装配式混凝土建筑的层高和门窗洞口高度等宜采用的竖向扩大模数数列是（ ）（M=100，n 为自然数）。
>
> A　$3nM$　　　　B　$2nM$　　　　C　nM　　　　D　$nM/2$
>
> **解析**：依据《装配式混凝土建筑技术标准》GB/T 51231—2016 第 4.2.3 条，装配式混凝土建筑的层高和门窗洞口高度等宜采用竖向扩大模数数列 nM（选项 C 正确）。
>
> **答案：C**

3. 外挂墙板结构设计

(1) 外挂墙板板间接缝宽度应根据计算确定且不宜小于 10mm；当计算缝宽大于 30mm 时，宜调整外挂墙板的形式或连接方式。

(2) 外挂墙板与主体结构采用点支承连接时，节点构造应符合下列规定：

1) 连接点数量和位置应根据外挂墙板的形状和尺寸确定，连接点不应少于 4 个，承重连接点不应多于 2 个。

2) 在外力作用下，外挂墙板相对主体结构在墙板平面内应能水平滑动或转动。

3) 连接件的滑动孔尺寸应根据穿孔螺栓直径、变形能力需求和施工允许偏差等因素确定。

(3) 外挂墙板与主体结构采用线支承连接时（图 6-81），节点构造应符合下列规定：

1) 外挂墙板顶部与梁连接，且固定连接区段应避开梁端 1.5 倍梁高长度范围。

2) 外挂墙板与梁的结合面应采用粗糙面并设置键槽；接缝处应设置连接钢筋，连接钢筋数量应经过计算确定且钢筋直径不宜小于 10mm，间距不宜大于 200mm；连接钢筋在外挂墙板和楼面梁后浇混凝土中的锚固应符合现行国家标准《混凝土结构设计规范》GB 50010 的有关规定。

3) 外挂墙板的底端应设置不少于 2 个仅对墙板有平面外约束的连接节点。

4) 外挂墙板的侧边不应与主体结构连接。

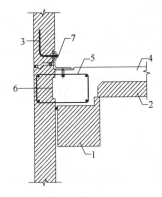

图 6-81　外挂墙板线
支承连接示意

（引自《装配式混凝土建筑技术标准》GB/T 51231—2016）

1—预制梁；2—预制板；
3—预制外挂墙板；4—后浇混凝土；5—连接钢筋；
6—剪力键槽；7—面外限位连接件

4. 外围护系统设计

（1）一般规定

1）外墙系统应根据不同的建筑类型及结构形式选择适宜的系统类型；外墙系统中外墙板可采用内嵌式、外挂式、嵌挂结合等形式，并宜分层悬挂或承托。外墙系统可选用预制外墙、现场组装骨架外墙、建筑幕墙等类型。

2）外墙板与主体结构的连接部位应采用柔性连接方式，连接节点应具有适应主体结构变形的能力。

3）外墙板接缝应符合下列规定：

① 接缝处应根据当地气候条件合理选用构造防水、材料防水相结合的防排水设计；

② 接缝宽度及接缝材料应根据外墙板材料、立面分格、结构层间位移、温度变形等因素综合确定；所选用的接缝材料及构造应满足防水、防渗、抗裂、耐久等要求；接缝材料应与外墙板具有相容性；外墙板在正常使用下，接缝处的弹性密封材料不应破坏；

③ 接缝处以及与主体结构的连接处应设置防止形成热桥的构造措施。

（2）预制外墙

1）露明的金属支撑件及外墙板内侧与主体结构的调整间隙，应采用燃烧性能等级为A级的材料进行封堵。封堵构造的耐火极限不得低于墙体的耐火极限，封堵材料在耐火极限内不得开裂、脱落。

2）防火性能应按非承重外墙的要求执行，当夹芯保温材料的燃烧性能等级为B_1或B_2级时，内、外叶墙板应采用不燃材料且厚度均不应小于50mm。

3）预制外墙接缝应符合下列规定：

① 接缝位置宜与建筑立面分格相对应；

② 竖缝宜采用平口或槽口构造，水平缝宜采用企口构造；

③ 当板缝空腔需设置导水管排水时，板缝内侧应增设密封构造；

④ 宜避免接缝跨越防火分区；当接缝跨越防火分区时，接缝室内侧应采用耐火材料封堵。

4）蒸压加气混凝土外墙板的性能、连接构造、板缝构造、内外面层做法等要求应符合现行行业标准《蒸压加气混凝土制品应用技术标准》JGJ/T 17的相关规定，并符合下列规定：

① 可采用拼装大板、横条板、竖条板的构造形式；

② 当外围护系统需同时满足保温、隔热要求时，板厚应满足保温或隔热要求的较大值；

③ 可根据技术条件选择钩头螺栓法、滑动螺栓法、内置锚法、摇摆型工法等安装方式；

④ 外墙室外侧板面及有防潮要求的外墙室内侧板面，应用专用防水界面剂进行封闭

处理。

(3) 建筑幕墙

1) 装配式混凝土建筑应根据建筑物的使用要求、建筑造型，合理选择幕墙形式，宜采用单元式幕墙系统。

2) 幕墙应根据面板材料的不同，选择相应的幕墙结构、配套材料和构造方式等。

3) 幕墙与主体结构的连接设计应符合下列规定：

① 应具有适应主体结构层间变形的能力；

② 主体结构中连接幕墙的预埋件、锚固件应能承受幕墙传递的荷载和作用，连接件与主体结构的锚固承载力设计值应大于连接件本身的承载力设计值。

(4) 外门窗

1) 外门窗应采用在工厂生产的标准化系列部品，并应采用带有批水板等的外门窗配套系列部品。

2) 预制外墙中外门窗宜采用企口或预埋件等方法固定，外门窗可采用预装法或后装法设计，并满足下列要求：

① 采用预装法时，外门窗框应在工厂与预制外墙整体成型；

② 采用后装法时，预制外墙的门窗洞口应设置预埋件。

5. 内装系统

(1) 轻质隔墙系统设计应符合下列规定：

1) 宜结合室内管线的敷设进行构造设计，避免管线安装和维修更换对墙体造成破坏；

2) 应满足不同功能房间的隔声要求；

3) 应在吊挂空调、画框等部位设置加强板或采取其他可靠加固措施。

(2) 轻质隔墙系统的墙板接缝处应进行密封处理，隔墙端部与结构系统应有可靠连接。

6. 施工安装

外墙板接缝防水施工应符合下列规定：

(1) 防水施工前，应将板缝空腔清理干净。

(2) 应按设计要求填塞背衬材料。

(3) 密封材料嵌填应饱满、密实、均匀、顺直、表面平滑，其厚度应满足设计要求。

(二)《装配式混凝土结构技术规程》JGJ 1—2014 的规定

1. 术语

(1) 装配式混凝土结构：由预制混凝土构件通过可靠的连接方式装配而成的混凝土结构，包括装配整体式混凝土结构、全装配混凝土结构等。在建筑工程中，简称装配式建筑；在结构工程中，简称装配式结构。

(2) 装配整体式混凝土结构：由预制混凝土构件通过可靠的方式进行连接并与现场后浇混凝土、水泥基灌浆料形成整体的装配式混凝土结构。简称装配整体式结构。

2. 材料

(1) 外墙板接缝处的密封材料应符合下列规定：

1) 密封胶应与混凝土具有相容性，以及规定的抗剪切和伸缩变形能力；密封胶尚应具有防霉、防水、防火、耐候等性能。

2) 夹芯外墙板接缝处填充用保温材料的燃烧性能应满足国家标准《建筑材料及制品燃烧性能分级》GB 8624—2012 中 A 级的要求。

(2) 夹芯外墙板中的保温材料,其导热系数不宜大于 0.040W/(m·K),体积比吸水率不宜大于 0.3%,燃烧性能不应低于国家标准《建筑材料及制品燃烧性能分级》GB 8624—2012 中 B_2 级的要求。

3. 建筑设计

(1) 外墙饰面宜采用耐久、不易污染的材料。采用反打一次成型的外墙饰面材料,其规格尺寸、材质类别、连接构造等应进行工艺试验验证。

(2) 预制外墙板的接缝应满足保温、防火、隔声的要求。

(3) 预制外墙板的接缝及门窗洞口等防水薄弱部位宜采用材料防水和构造防水相结合的做法,并应符合下列规定:

1) 墙板水平接缝宜采用高低缝或企口缝构造;

2) 墙板竖缝可采用平口或槽口构造;

3) 当板缝空腔需设置导水管排水时,板缝内侧应增设气密条密封构造。

(4) 门窗应采用标准化部件,并宜采用缺口、预留副框或预埋件等方法与墙体可靠连接。

(5) 女儿墙板内侧在要求的泛水高度处应设凹槽、挑檐或其他泛水收头等构造。

4. 外挂墙板设计

(1) 一般规定

1) 外挂墙板应采用合理的连接节点并与主体结构可靠连接;有抗震设防要求时,外挂墙板及其与主体结构的连接节点,应进行抗震设计。

2) 外挂墙板与主体结构宜采用柔性连接,连接节点应具有足够的承载力和适应主体结构变形的能力,并应采取可靠的防腐、防锈和防火措施。

(2) 外挂墙板和连接设计

1) 外挂墙板的高度不宜大于一个层高,厚度不宜小于 100mm。

2) 门窗洞口周边、角部应配置加强钢筋。

3) 外挂墙板最外层钢筋的混凝土保护层厚度除有专门要求外,应符合下列规定:

① 对石材或面砖饰面,不应小于 15mm;

② 对清水混凝土,不应小于 20mm;

③ 对露骨料装饰面,应从最凹处混凝土表面计起,且不应小于 20mm。

4) 外挂墙板间接缝的构造应符合下列规定:

① 接缝构造应满足防水、防火、隔声等建筑功能要求;

② 接缝宽度应满足主体结构的层间位移、密封材料的变形能力、施工误差、温差引起的变形等要求,且不应小于 15mm。

(三)《装配式住宅建筑设计标准》JGJ/T 398—2017 的规定

1. 建筑设计模数协调

(1) 装配式住宅的建筑结构体宜采用扩大模数 $2nM$、$3nM$ 模数数列。

(2) 装配式住宅的建筑内装体宜采用基本模数或分模数,分模数宜为 M/2、M/5。

(3) 装配式住宅层高和门窗洞口高度宜采用竖向基本模数和竖向扩大模数数列,竖向扩大模数数列宜采用 nM。

2. 围护结构

(1) 一般规定

1) 装配式住宅外墙宜合理选用装配式预制钢筋混凝土墙、轻型板材外墙；

2) 钢结构住宅的外墙板宜采用复合结构和轻质板材，宜选用下列新型外墙系统：①蒸压加气混凝土类材料外墙；②轻质混凝土空心类材料外墙；③轻钢龙骨复合类材料外墙；④水泥基复合类材料外墙。

(2) 外墙与门窗

1) 装配式住宅当采用钢筋混凝土结构预制夹心保温外墙时，其穿透保温材料的连接件应有防止形成热桥的措施。

2) 装配式住宅外墙板的接缝等防水薄弱部位，应采用材料防水、构造防水和结构防水相结合的做法。

3) 装配式住宅外墙外饰面宜在工厂加工完成，不宜采用现场后贴面砖或外挂石材的做法。

4) 装配式住宅门窗应与外墙可靠连接，满足抗风压、气密性及水密性要求，并宜采用带有批水板等的集成化门窗配套系列部品。

(四)《预制混凝土外挂墙板应用技术标准》JGJ/T 458—2018 的规定

1. 术语

(1) 预制混凝土外挂墙板：应用于外挂墙板系统中的非结构预制混凝土墙板构件，简称外挂墙板。

(2) 夹芯保温外挂墙板：由内叶墙板、外叶墙板、夹芯保温层和拉结件组成的预制混凝土外挂墙板，简称夹芯保温墙板。内叶墙板和外叶墙板在平面外协同受力时，称为组合夹芯保温墙板；内叶墙板和外叶墙板单独受力时，称为非组合夹芯保温墙板；内叶墙板和外叶墙板受力介于二者之间时，称为部分组合夹芯保温墙板。

2. 构造设计

(1) 外挂墙板的构造设计应考虑其与屋面板、外门窗、阳台板、空调板及装饰件等的连接构造节点，满足气密、水密、防火、防水、热工、隔声等性能要求。

(2) 外挂墙板的接缝应符合下列规定：

1) 接缝宽度应考虑主体结构的层间位移、密封材料的变形能力及施工安装误差等因素；接缝宽度不应小于 15mm，且不宜大于 35mm；当计算接缝宽度大于 35mm 时，宜调整外挂墙板的板型或节点连接形式，也可采用具有更高位移能力的弹性密封胶。

2) 密封胶厚度不宜小于 8mm，且不宜小于缝宽的一半。

3) 密封胶内侧宜设置背衬材料填充。

(3) 外挂墙板接缝应采用不少于一道材料防水和构造防水相结合的防水构造；受热带风暴和台风袭击地区的外挂墙板接缝应采用不少于两道材料防水和构造防水相结合的防水构造，其他地区的高层建筑宜采用不少于两道材料防水和构造防水相结合的防水构造。

(4) 外挂墙板水平缝和垂直缝防水构造应符合下列规定：

1) 水平缝和垂直缝均应采用带空腔的防水构造。

2) 水平缝宜采用内高外低的企口构造形式（图 6-82）。

3）受热带风暴和台风袭击地区的外挂墙板垂直缝应采用槽口构造形式（图 6-83）。

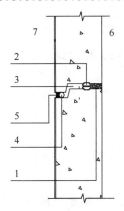

图 6-82 外挂墙板水平缝企口构造示意
1—防火封堵材料；2—气密条；3—空腔；
4—背衬材料；5—密封胶；6—室内；7—室外

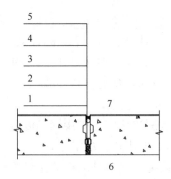

图 6-83 外挂墙板垂直缝槽口构造示意
1—防火封堵材料；2—气密条；
3—空腔；4—背衬材料；5—密封胶；
6—室内；7—室外

4）其他地区的外挂墙板垂直缝宜采用槽口构造形式，多层建筑外挂墙板的垂直缝也可采用平口构造形式。

(5) 外挂墙板系统的排水构造应符合下列规定：

1）建筑首层底部应设置排水孔等排水措施。

2）受热带风暴和台风袭击地区的建筑以及其他地区的高层建筑宜在十字交叉缝上部的垂直缝中设置导水管等排水措施，且导水管竖向间距不宜超过 3 层。

3）当垂直缝下方因门窗等开口部位被隔断时，应在开口部位上部垂直处设置导水管等排水措施。

4）仅设置一道材料防水且接缝设置排水措施时，接缝内侧应设置气密条。

(6) 导水管应采用专用单向排水管（图 6-84），管内径不宜小于 10mm，外径不应大于接缝宽度，在密封胶表面的外露长度不应小于 5mm。

(7) 外挂墙板系统内侧可采用密封胶作为第二道材料防水，当有充足试验依据时，也可采用气密条作为第二道材料防水。

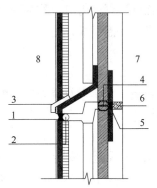

图 6-84 导水管构造示意
1—密封胶；2—背衬材料；
3—导水管；4—气密条；
5—十字缝部位密封胶；
6—耐火封堵材料；
7—室内；8—室外

(8) 当外挂墙板接缝内侧采用气密条时，十字缝部位各 300mm 宽度范围内的气密条接缝内侧应采用耐候密封胶进行密封处理。

(9) 当外挂墙板内侧房间有防水要求时，宜在外挂墙板室内一侧设置内衬墙，并对内衬墙内侧进行防水处理。

(10) 当女儿墙采用外挂墙板时，应采用与下部外挂墙板构件相同的接缝密封构造。女儿墙板内侧在泛水高度处宜设置凹槽或挑檐等防水构造。

(11) 外挂墙板的防火设计应符合现行国家标准《建筑设计防火规范》GB 50016 的有

关规定，并应符合下列规定：

1) 外挂墙板与主体结构之间的接缝应采用防火封堵材料进行封堵，防火封堵材料的耐火极限不应低于现行国家标准《建筑设计防火规范》GB 50016 中楼板的耐火极限要求。

2) 外挂墙板之间的接缝应在室内侧采用 A 级不燃材料进行封堵。

3) 夹心保温墙板外门窗洞口周边应采取防火构造措施。

4) 外挂墙板节点连接处的防火封堵措施不应降低节点连接件的承载力、耐久性，且不应影响节点的变形能力。

5) 外挂墙板与主体结构之间的接缝防火封堵材料应满足建筑隔声设计要求。

(12) 外挂墙板装饰面层采用面砖时，面砖的背面应设置燕尾槽。

(13) 外挂墙板装饰面层采用石材时，石材背面应采用不锈钢锚固卡钩与混凝土进行机械锚固。石材厚度不宜小于 25mm，单块尺寸不宜大于 1200mm×1200mm 或等效面积。

(五)《装配式内装修技术标准》JGJ/T 491—2021 的规定

1. 总则

(1) 本标准适用于新建建筑装配式内装修的设计、生产运输、施工安装、质量验收及使用维护。

(2) 装配式内装修应以提高工程质量及安全水平、提升劳动生产效率、减少人工、节约资源能源、减少施工污染和建筑垃圾为根本理念，并应满足标准化设计、工厂化生产、装配化施工、信息化管理和智能化应用的要求。

2. 术语

(1) 装配式内装修：遵循管线与结构分离的原则，运用集成化设计方法，统筹隔墙和墙面系统、吊顶系统、楼地面系统、厨房系统、卫生间系统、收纳系统、内门窗系统、设备和管线系统等，将工厂化生产的部品部件以干式工法为主进行施工安装的装修建造模式。

(2) 管线与结构分离：建筑结构体中不埋设设备及管线，采取设备及管线与建筑结构体相分离的方式。

(3) 干式工法：现场采用干作业施工工艺的建造方法。

3. 设计

(1) 装配式内装修设计应遵循模数化的原则，并应符合现行国家标准《建筑模数协调标准》GB/T 50002 的规定，住宅应符合现行行业标准《工业化住宅尺寸协调标准》JGJ/T 445 的规定，并应符合下列规定：

1) 装配式内装修宜与功能空间采用同一模数网格；

2) 装配式内装修的隔墙、固定橱柜、设备、管井等部品部件，宜采用分模数 M/2 模数网格；

3) 构造节点和部品部件接口等宜采用分模数 M/2、M/5、M/10 模数网格。

(2) 装配式隔墙应选用非砌筑免抹灰的轻质墙体，可选用龙骨隔墙、条板隔墙或其他干式工法施工的隔墙。

(3) 隔墙与墙面系统的构造应连接稳固、便于安装，并应与开关、插座、设备管线等的设计相协调；不同设备管线安装于隔墙或墙面系统时，应采取必要的加固、隔声、减振或防火封堵措施。

（4）龙骨隔墙应符合下列规定：

1）隔墙的构造组成和厚度应根据防火、隔声、空腔内设备管线安装等方面的要求确定；

2）隔墙内的防火、保温、隔声填充材料宜选用岩棉、玻璃棉等不燃材料；

3）有防水、防潮要求的房间隔墙应采取相关措施，墙面板宜采用耐水饰面一体化集成板，门与板交界处、板缝之间应做防水处理；

4）隔墙上需固定或吊挂重物时，应采用可靠的加固措施；

5）龙骨的布置应满足墙体强度的要求，必要时龙骨强度应进行验算，并采取相应的加强措施；

6）门窗洞口、墙体转角连接处等部位的龙骨应进行加强处理。

（5）条板隔墙应符合下列规定：

1）应根据使用功能和使用部位需求，确定墙体的材料和厚度；

2）应与设备管线的安装敷设相结合，避免墙体表面的剔凿；

3）当条板隔墙需吊挂重物和设备时，应根据板材性能采取必要的加固措施。

（6）装配式墙面应符合下列规定：

1）宜采用集成饰面层的墙面，饰面层宜在工厂内完成；

2）应与基层墙体有可靠连接；

3）墙面悬挂较重物体时，应采用专用连接件与基层墙体连接固定。

（7）装配式吊顶系统可采用明龙骨、暗龙骨或无龙骨吊顶、软膜天花或其他干式工法施工的吊顶。

（8）应根据房间的功能和装饰要求选择装饰面层材料和构造做法，宜选用带饰面的成品材料。

（9）吊顶系统宜与新风、排风、给水、喷淋、烟感、灯具等设备和管线进行集成设计。

（10）吊顶系统与设备管线应各自设置吊件，并应满足荷载计算要求。

（11）重量较大的灯具应安装在楼板或承重结构构件上，不得直接安装在吊顶上，并应满足荷载计算要求。

（12）吊顶系统内敷设设备管线时，应在管线密集和接口集中的位置设置检修口。

（13）吊顶系统与墙或梁交接处，应设伸缩缝隙或收口线脚。

（14）吊顶系统主龙骨不应被设备管线、风口、灯具、检修口等切断。

（15）装配式楼地面系统可采用架空楼地面、非架空干铺楼地面或其他干式工法施工的楼地面。

（16）架空楼地面设计应符合下列规定：

1）架空楼地面与墙体交界处应设置伸缩缝，并宜采取美化遮盖措施；

2）宜在架空空间内分舱设置防水、防虫构造，并应采取防潮、防霉、易清扫、易维护的措施。

（17）非架空干铺楼地面的基层应平整，当采用地面辐射供暖、供冷系统复合脆性面材地面时，应保证绝热层的强度。

（18）装配式内装修接口连接部位处理应符合下列规定：
1）隔墙与地面相接部位宜设踢脚或墙裙，方便清洁和维护；
2）隔墙与吊顶的连接部位宜采用收边线角或凹槽等方式进行处理；
3）门窗与墙体的连接宜采用配套的连接件，连接应牢固；门窗框材与轻质隔墙之间的缝隙应填充密实，并宜采用门窗套进行收边；
4）楼地面、墙面、吊顶不同材料交接处宜采用收边条进行处理。

4. 施工安装

（1）龙骨隔墙的施工安装应符合下列规定：
1）天、地龙骨及边框龙骨应与结构体连接牢固，竖向龙骨应按设计要求布置龙骨间距；
2）墙面板宜沿竖向铺设，当采用双层面板安装时，内外层面板的接缝应错开；
3）板材接缝应做处理，固定墙面板材的钉眼应做防锈处理。
（2）条板隔墙的施工安装应符合下列规定：
1）应减少在施工现场对条板隔墙进行开槽、打孔；
2）板材拼缝位置应采取相应的防开裂措施。
（3）墙面的施工安装应符合下列规定：
1）应与基层墙体进行可靠连接；
2）墙面与门窗套、强弱电箱及电气面板等交接处应做接缝处理；
3）墙面上的开关面板、插座面板等开洞部位应定位准确，不应安装后二次开洞。
（4）吊顶系统的施工安装应符合下列规定：
1）吊顶饰面板上的灯具、烟感器、喷淋头、风口等应按设计文件的规定进行安装，安装位置应准确，交接处应严密；
2）当吊件与设备位置冲突时，应调整吊点位置、构造或增设吊杆；
3）当安装免吊杆吊顶时，吊顶板应与边龙骨搭接牢固。
（5）当采用地面辐射供暖系统时，应在辐射区与非辐射区、建筑物墙面与地面等交界处设置侧面或水平绝热层，防止热量渗出。
（6）门窗应安装牢固，安装孔应与预制埋件对应准确，固定方法应符合设计要求。
（7）门窗框与墙体（或基层板）之间的缝隙应采用弹性材料填嵌饱满，并用密封胶密封。
（8）部品与墙体、楼板等结构主体连接的部位应按设计要求前置安装加固板或预埋件并验收合格。
（9）部品安装前应对有防水、防潮要求的部位及基层做防水、防潮处理，部品内部隐蔽管线部件安装应在连接处做密封处理。

第九节　建筑装饰装修构造

一、建筑内部装修设计防火

《建筑内部装修设计防火规范》GB 50222—2017 中规定：

(一) 建筑内部装修材料的分类和分级

1. 分类

装修材料按其使用部位和功能,可划分为顶棚装修材料、墙面装修材料、地面装修材料、隔断装修材料、固定家具、装饰织物、其他装修装饰材料七类①。

2. 分级

(1) 装修材料按其燃烧性能应划分为四级,并应符合表6-120的规定。

装修材料燃烧性能等级　　表6-120

等　　级	装修材料燃烧性能
A	不燃性
B_1	难燃性
B_2	可燃性
B_3	易燃性

(2) 装修材料的燃烧性能等级应按现行国家标准《建筑材料及制品燃烧性能分级》GB 8624 的有关规定,经检测确定。

(3) 安装在金属龙骨上燃烧性能达到 B_1 级的纸面石膏板、矿棉吸声板,可作为 A 级装修材料使用。

(4) 单位面积质量小于 $300g/m^2$ 的纸质、布质壁纸,当直接粘贴在 A 级基材上时,可作为 B_1 级装修材料使用。

(5) 施涂于 A 级基材上的无机装修涂料,可作为 A 级装修材料使用;施涂于 A 级基材上,湿涂覆比小于 $1.5kg/m^2$,且涂层干膜厚度不大于 1.0mm 的有机装修涂料,可作为 B_1 级装修材料使用。

(6) 当使用多层装修材料时,各层装修材料的燃烧性能等级均应符合本规范的规定。复合型装修材料的燃烧性能等级应进行整体检测确定。

(7) 常用建筑内部装修材料燃烧性能等级划分举例见第二十三章表23-48。聚氨酯自流平、环氧树脂自流平楼(地)面材料的燃烧性能等级是 B_1 级。

(二) 特别场所

(1) 建筑内部装修不应擅自减少、改动、拆除、遮挡消防设施、疏散指示标志、安全出口、疏散出口、疏散走道和防火分区、防烟分区等。

(2) 建筑内部消火栓箱门不应被装饰物遮掩,消火栓箱门四周的装修材料颜色应与消火栓箱门的颜色有明显区别或在消火栓箱门表面设置发光标志。

(3) 疏散走道和安全出口的顶棚、墙面不应采用影响人员安全疏散的镜面反光材料。

(4) 地上建筑的水平疏散走道和安全出口的门厅,其顶棚应采用 A 级装修材料,其他部位应采用不低于 B_1 级的装修材料;地下民用建筑的疏散走道和安全出口的门厅,其顶棚、墙面和地面均应采用 A 级装修材料。

(5) 疏散楼梯间和前室的顶棚、墙面和地面均应采用 A 级装修材料。

(6) 建筑物内设有上下层相连通的中庭、走马廊、开敞楼梯、自动扶梯时,其连通部

---

① 其他装修装饰材料系指楼梯扶手、挂镜线、踢脚板、窗帘盒、暖气罩等。

位的顶棚、墙面应采用 A 级装修材料，其他部位应采用不低于 B_1 级的装修材料。

（7）无窗房间内部装修材料的燃烧性能等级除 A 级外，应在规定的基础上提高一级。

（8）消防水泵房、机械加压送风排烟机房、固定灭火系统钢瓶间、配电室、变压器室、发电机房、储油间、通风和空调机房等，其内部所有装修均应采用 A 级装修材料。

（9）消防控制室等重要房间，其顶棚和墙面应采用 A 级装修材料，地面及其他装修应采用不低于 B_1 级的装修材料。

（10）建筑物内的厨房，其顶棚、墙面、地面均应采用 A 级装修材料。

（11）经常使用明火器具的餐厅、科研实验室，其装修材料的燃烧性能等级除 A 级外，应在规定的基础上提高一级。

（12）民用建筑内的库房或贮藏间，其内部所有装修除应符合相应场所规定外，且应采用不低于 B_1 级的装修材料。

（13）展览性场所装修设计应符合下列规定：

1）展台材料应采用不低于 B_1 级的装修材料；

2）在展厅设置电加热设备的餐饮操作区内，与电加热设备贴邻的墙面、操作台均应采用 A 级装修材料；

3）展台与卤钨灯等高温照明灯具贴邻部位的材料应采用 A 级装修材料。

（14）住宅建筑装修设计尚应符合下列规定：

1）不应改动住宅内部烟道、风道；

2）厨房内的固定橱柜宜采用不低于 B_1 级的装修材料；

3）卫生间顶棚宜采用 A 级装修材料；

4）阳台装修宜采用不低于 B_1 级的装修材料。

（15）照明灯具及电气设备、线路的高温部位，当靠近非 A 级装修材料或构件时，应采取隔热、散热等防火保护措施，与窗帘、帷幕、幕布、软包等装修材料的距离不应小于 500mm；灯饰应采用不低于 B_1 级的材料。

（16）建筑内部的配电箱、控制面板、接线盒、开关、插座等不应直接安装在低于 B_1 级的装修材料上；用于顶棚和墙面装修的木质类板材，当内部含有电器、电线等物体时，应采用不低于 B_1 级的材料。

（17）当室内顶棚、墙面、地面和隔断装修材料内部安装电加热供暖系统时，室内采用的装修材料和绝热材料的燃烧性能等级应为 A 级。当室内顶棚、墙面、地面和隔断装修材料内部安装水暖（或蒸汽）供暖系统时，其顶棚采用的装修材料和绝热材料的燃烧性能应为 A 级，其他部位的装修材料和绝热材料的燃烧性能不应低于 B_1 级，且尚应符合本规范有关公共场所的规定。

（18）建筑内部不宜设置采用 B_3 级装饰材料制成的壁挂、布艺等，当需要设置时，不应靠近电气线路、火源或热源，或采取隔离措施。

（三）民用建筑

1. 单层、多层民用建筑

（1）单层、多层民用建筑内部各部位装修材料的燃烧性能等级，不应低于表 6-121 的规定。

单层、多层民用建筑内部各部位装修材料的燃烧性能等级　　　表 6-121

序号	建筑物及场所	建筑规模、性质	顶棚	墙面	地面	隔断	固定家具	窗帘	帷幕	其他装修装饰材料
1	候机楼的候机大厅、贵宾候机室、售票厅、商店、餐饮场所等	—	A	A	B_1	B_1	B_1	B_1	—	B_1
2	汽车站、火车站、轮船客运站的候车（船）室、商店、餐饮场所等	建筑面积＞10000m²	A	A	B_1	B_1	B_1	B_1	—	B_2
		建筑面积≤10000m²	A	B_1	B_1	B_1	B_1	B_1	—	B_2
3	观众厅、会议厅、多功能厅、等候厅等	每个厅建筑面积＞400m²	A	A	B_1	B_1	B_1	B_1	B_1	B_1
		每个厅建筑面积≤400m²	A	B_1	B_1	B_1	B_2	B_1	B_2	B_2
4	体育馆	＞3000 座位	A	A	B_1	B_1	B_1	B_1	B_1	B_2
		≤3000 座位	A	B_1	B_1	B_1	B_2	B_2	B_2	B_2
5	商店的营业厅	每层建筑面积＞1500m² 或总建筑面积＞3000m²	A	B_1	B_1	B_1	B_1	B_1	—	B_2
		每层建筑面积≤1500m² 或总建筑面积≤3000m²	A	B_1	B_2	B_2	B_2	B_1	—	—
6	宾馆、饭店的客房及公共活动用房等	设置送回风道（管）的集中空气调节系统	A	B_1	B_1	B_2	B_2	B_2	—	B_2
		其他	B_1	B_1	B_2	B_2	B_2	B_2	—	—
7	养老院、托儿所、幼儿园的居住及活动场所	—	A	A	B_1	B_1	B_2	B_1	—	B_2
8	医院的病房区、诊疗区、手术区	—	A	A	B_1	B_1	B_2	B_1	—	B_2
9	教学场所、教学实验场所	—	A	B_1	B_2	B_2	B_2	B_2	—	B_2
10	纪念馆、展览馆、博物馆、图书馆、档案馆、资料馆等的公众活动场所	—	A	B_1	B_1	B_2	B_2	B_1	—	B_2
11	存放文物、纪念展览物品、重要图书、档案、资料的场所	—	A	A	B_1	B_2	B_1	B_1	—	B_2
12	歌舞娱乐游艺场所	—	A	B_1	B_1	B_1	B_1	B_1	B_1	B_1
13	A、B 级电子信息系统机房及装有重要机器、仪器的房间	—	A	A	B_1	B_1	B_1	B_1	B_1	B_1
14	餐饮场所	营业面积＞100m²	A	B_1	B_1	B_1	B_2	B_1	—	B_2
		营业面积≤100m²	B_1	B_1	B_2	B_2	B_2	B_2	—	B_2
15	办公场所	设置送回风道（管）的集中空气调节系统	A	B_1	B_1	B_2	B_2	B_2	—	B_2
		其他	B_1	B_2	B_2	B_2	B_2	—	—	—

续表

序号	建筑物及场所	建筑规模、性质	装修材料燃烧性能等级							
			顶棚	墙面	地面	隔断	固定家具	装饰织物		其他装修装饰材料
								窗帘	帷幕	
16	其他公共场所	—	B_1	B_1	B_2	B_2	B_2	—	—	—
17	住宅	—	B_1	B_1	B_1	B_1	B_2	B_2	—	B_2

(2) 除上述"（二）特别场所"规定的场所和表 6-121 中序号为 11～13 规定的部位外，单层、多层民用建筑内面积小于 100m² 的房间，当采用耐火极限不低于 2.00h 的防火隔墙和甲级防火门、窗与其他部位分隔时，其装修材料的燃烧性能等级可在表 6-121 的基础上降低一级。

(3) 除上述"（二）特别场所"规定的场所和表 6-121 中序号为 11～13 规定的部位外，当单层、多层民用建筑需做内部装修的空间内装有自动灭火系统时，除顶棚外，其内部装修材料的燃烧性能等级可在表 6-121 规定的基础上降低一级；当同时装有火灾自动报警装置和自动灭火系统时，其装修材料的燃烧性能等级可在表 6-121 规定的基础上降低一级。

(4) 单层、多层、高层和地下民用建筑观众厅内部装饰织物（窗帘和帷幕）的燃烧性能等级均要求不应低于 B_1（观众厅、会议厅、多功能厅、等候厅等属人员密集场所，考虑到这类建筑物的窗帘和幕布火灾危险性较大，均要求采用 B_1 级材料的窗帘和幕布，比其他建筑物要求略高一些）。

2. 高层民用建筑

(1) 高层民用建筑内部各部位装修材料的燃烧性能等级，不应低于表 6-122 的规定。

高层民用建筑内部各部位装修材料的燃烧性能等级　　表 6-122

序号	建筑物及场所	建筑规模、性质	装修材料燃烧性能等级								
			顶棚	墙面	地面	隔断	固定家具	装饰织物			其他装修装饰材料
								窗帘	帷幕	家具包布	
1	候机楼的候机大厅、贵宾候机室、售票厅、商店、餐饮场所等	—	A	A	B_1	B_1	B_1	B_1	—	—	B_1
2	汽车站、火车站、轮船客运站的候车（船）室、商店、餐饮场所等	建筑面积>10000m²	A	A	B_1	B_1	B_1	—	—	—	B_2
		建筑面积≤10000m²	A	B_1	B_1	B_1	B_1	—	—	—	B_2
3	观众厅、会议厅、多功能厅、等候厅等	每个厅建筑面积>400m²	A	A	B_1	B_1	B_1	B_1	B_1	—	B_1
		每个厅建筑面积≤400m²	A	B_1	B_1	B_1	B_1	B_1	B_1	—	B_1

续表

序号	建筑物及场所	建筑规模、性质	装修材料燃烧性能等级									
			顶棚	墙面	地面	隔断	固定家具	装饰织物				其他装修装饰材料
								窗帘	帷幕	床罩	家具包布	
4	商店的营业厅	每层建筑面积>1500m² 或总建筑面积>3000m²	A	B_1	B_1	B_1	B_1	B_1	B_1	—	B_2	B_1
		每层建筑面积≤1500m² 或总建筑面积≤3000m²	A	B_1	B_1	B_1	B_1	B_2	B_1	—	B_2	B_2
5	宾馆、饭店的客房及公共活动用房等	一类建筑	A	B_1	B_1	B_1	B_2	B_1	—	B_1	B_2	B_1
		二类建筑	A	B_1	B_1	B_1	B_2	B_2	B_2	B_2	B_2	B_2
6	养老院、托儿所、幼儿园的居住及活动场所	—	A	A	B_1	B_1	B_2	B_1	—	B_2	B_2	B_1
7	医院的病房区、诊疗区、手术区	—	A	A	B_1	B_1	B_2	B_1	—	B_2	B_2	B_1
8	教学场所、教学实验场所	—	A	B_1	B_2	B_2	B_2	B_2	—	—	B_1	B_2
9	纪念馆、展览馆、博物馆、图书馆、档案馆、资料馆等的公众活动场所	一类建筑	A	B_1	B_1	B_1	B_2	B_1	—	—	B_1	B_2
		二类建筑	A	B_1	B_1	B_1	B_2	B_2	—	—	B_2	B_2
10	存放文物、纪念展览物品、重要图书、档案、资料的场所	—	A	A	B_1	B_1	B_2	B_1	—	—	B_1	B_2
11	歌舞娱乐游艺场所	—	A	B_1	B_1	B_1	B_1	B_1	B_1	B_1	B_1	B_1
12	A、B级电子信息系统机房及装有重要机器、仪器的房间	—	A	A	B_1	B_1	B_1	B_1	—	B_1	B_1	B_1
13	餐饮场所	—	A	B_1	B_1	B_2	B_1	—	—	B_1	B_2	B_2
14	办公场所	一类建筑	A	B_1	B_1	B_2	B_1	B_1	—	—	B_1	B_1
		二类建筑	A	B_1	B_1	B_1	B_2	B_2	—	—	B_2	B_2

续表

序号	建筑物及场所	建筑规模、性质	装修材料燃烧性能等级									
			顶棚	墙面	地面	隔断	固定家具	装饰织物				其他装修装饰材料
								窗帘	帷幕	库罩	家具包布	
15	电信楼、财贸金融楼、邮政楼、广播电视楼、电力调度楼、防灾指挥调度楼	一类建筑	A	A	B_1	B_1	B_1	B_1	B_1	—	B_2	B_1
		二类建筑	A	B_1	B_2	B_2	B_2	B_1	B_2	—	B_2	B_2
16	其他公共场所	—	A	B_1	B_1	B_1	B_2	B_2	B_2	B_2	B_2	B_2
17	住宅	—	A	B_1	B_1	B_1	B_2	B_1	—	B_1	B_2	B_1

（2）除上述"（二）特别场所"规定的场所和表6-122中序号为10～12规定的部位外，高层民用建筑的裙房内面积小于500m²的房间，当设有自动灭火系统，并且采用耐火极限不低于2.00h的防火隔墙和甲级防火门、窗与其他部位分隔时，顶棚、墙面、地面装修材料的燃烧性能等级可在表6-122规定的基础上降低一级。

（3）除上述"（二）特别场所"规定的场所和表6-122中序号为10～12规定的部位外，以及大于400m²的观众厅、会议厅和100m以上的高层民用建筑外，当设有火灾自动报警装置和自动灭火系统时，除顶棚外，其内部装修材料的燃烧性能等级可在表6-122规定的基础上降低一级。

（4）电视塔等特殊高层建筑的内部装修，装饰织物应采用不低于B_1级的材料，其他均应采用A级装修材料。

3. 地下民用建筑

（1）地下民用建筑内部各部位装修材料的燃烧性能等级，不应低于本规范表6-123的规定。

地下民用建筑内部各部位装修材料的燃烧性能等级 表6-123

序号	建筑物及场所	装修材料燃烧性能等级						
		顶棚	墙面	地面	隔断	固定家具	装饰织物	其他装修装饰材料
1	观众厅、会议厅、多功能厅、等候厅等，商店的营业厅	A	A	A	B_1	B_1	B_1	B_2
2	宾馆、饭店的客房及公共活动用房等	A	B_1	B_1	B_1	B_1	B_1	B_2
3	医院的诊疗区、手术区	A	A	B_1	B_1	B_1	B_1	B_2
4	教学场所、教学实验场所	A	A	B_1	B_2	B_2	B_1	B_2
5	纪念馆、展览馆、博物馆、图书馆、档案馆、资料馆等的公众活动场所	A	A	B_1	B_1	B_1	B_1	B_1
6	存放文物、纪念展览物品、重要图书、档案、资料的场所	A	A	A	A	A	B_1	B_1

续表

序号	建筑物及场所	装修材料燃烧性能等级						
		顶棚	墙面	地面	隔断	固定家具	装饰织物	其他装修装饰材料
7	歌舞娱乐游艺场所	A	A	B_1	B_1	B_1	B_1	B_1
8	A、B级电子信息系统机房及装有重要机器、仪器的房间	A	A	B_1	B_1	B_1	B_1	B_1
9	餐饮场所	A	A	A	B_1	B_1	B_1	B_2
10	办公场所	A	B_1	B_1	B_1	B_1	B_2	B_2
11	其他公共场所	A	B_1	B_1	B_2	B_2	B_2	B_2
12	汽车库、修车库	A	A	B_1	A	A	—	—

注：地下民用建筑系指单层、多层、高层民用建筑的地下部分、单独建造在地下的民用建筑，以及平战结合的地下人防工程。

（2）除上述"（二）特别场所"规定的场所和表6-123中序号为6～8规定的部位外，单独建造的地下民用建筑的地上部分，其门厅、休息室、办公室等内部装修材料的燃烧性能等级可在表6-123的基础上降低一级。

二、装饰装修工程做法要求汇总

《住宅装饰装修工程施工规范》GB 50327—2001、《建筑装饰装修工程质量验收标准》GB 50210—2018及相关施工手册指出：

（一）抹灰工程

1. 砂浆种类

《抹灰砂浆技术规程》JGJ/T 220—2010中规定：大面积涂抹于建筑物墙面、顶棚、柱面的砂浆，包括水泥抹灰砂浆、水泥粉煤灰抹灰砂浆、水泥石灰抹灰砂浆、掺塑化剂水泥抹灰砂浆、聚合物水泥抹灰砂浆及石膏抹灰砂浆等，又称为抹灰砂浆。

（1）水泥抹灰砂浆：以水泥为胶凝材料，加入细骨料和水，按一定比例配制而成的抹灰砂浆。

（2）水泥粉煤灰抹灰砂浆：以水泥、粉煤灰为胶凝材料，加入细骨料和水，按一定比例配制而成的抹灰砂浆。

（3）水泥石灰抹灰砂浆：以水泥为胶凝材料，加入石灰膏、细骨料和水按一定比例配制而成的抹灰砂浆。

（4）掺塑化剂水泥抹灰砂浆：以水泥（或添加粉煤灰）为胶凝材料，加入细骨料、水和适量塑化剂，按一定比例配制而成的抹灰砂浆。

（5）聚合物水泥抹灰砂浆：以水泥为胶凝材料，加入细骨料、水和适量聚合物，按一定比例配制而成的抹灰砂浆。包括普通聚合物水泥抹灰砂浆（无折压比要求）、柔性聚合物水泥抹灰砂浆（折压比小于等于3）及防水聚合物水泥抹灰砂浆。

（6）石膏抹灰砂浆：以半水石膏或Ⅱ型无水石膏单独或两者混合后为胶凝材料，加入细骨料、水和多种外加剂，按一定比例配制而成的抹灰砂浆。

(7) 预拌抹灰砂浆：专业生产厂生产的用于抹灰工程的砂浆。

(8) 界面砂浆：提高抹灰砂浆层与基层粘结强度的砂浆。

2. 一般规定

(1) 一般抹灰工程用砂浆宜选用预拌砂浆。现场搅拌的抹灰砂浆应采用机械搅拌。

(2) 抹灰砂浆强度不宜比基体材料强度高出两个及以上强度等级，并应符合下列规定：

1) 对于无粘贴饰面砖的外墙，底层抹灰砂浆宜比基体材料高一个强度等级或等于基体材料强度；

2) 对于无粘贴饰面砖的内墙，底层抹灰砂浆宜比基体材料低一个强度等级；

3) 对于有粘贴饰面砖的内墙和外墙，中层抹灰砂浆宜比基体材料高一个强度等级且不低于M15，并宜选用水泥抹灰砂浆；

4) 孔洞填补和窗台、阳台抹面等宜采用M15或M20水泥抹灰砂浆。

(3) 配制强度等级不大于M20的抹灰砂浆，宜用32.5级通用硅酸盐水泥或砌筑水泥；配制强度等级大于M20的抹灰砂浆，宜用42.5级通用硅酸盐水泥。通用硅酸盐水泥宜采用散装的。

(4) 用通用硅酸盐水泥拌制抹灰砂浆时，可掺入适量的石灰膏、粉煤灰、粒化高炉矿渣粉、沸石粉等，不应掺入消石灰粉。用砌筑水泥拌制抹灰砂浆时，不得再掺加粉煤灰等矿物掺合料。

(5) 拌制抹灰砂浆，可根据需要掺入改善砂浆性能的添加剂。

3. 应用范围

(1) 抹灰砂浆的选用应以表6-124的规定为准。

抹灰砂浆的选用　　　　　　　　　　表6-124

使用部位或基体种类	抹灰砂浆的品种
内墙	水泥抹灰砂浆、水泥石灰抹灰砂浆、水泥粉煤灰抹灰砂浆、掺塑化剂水泥抹灰砂浆、聚合物水泥抹灰砂浆、石膏抹灰砂浆
外墙、门窗洞口外侧壁	水泥抹灰砂浆、水泥粉煤灰抹灰砂浆
温（湿）度较高的车间和房屋、地下室、屋檐、勒脚等	水泥抹灰砂浆、水泥粉煤灰抹灰砂浆
混凝土板和墙	水泥抹灰砂浆、水泥石灰抹灰砂浆、聚合物水泥抹灰砂浆、石膏抹灰砂浆
混凝土顶棚、条板	聚合物水泥抹灰砂浆、石膏抹灰砂浆
加气混凝土砌块、板	水泥石灰抹灰砂浆、水泥粉煤灰抹灰砂浆、掺塑化剂水泥抹灰砂浆、聚合物水泥抹灰砂浆、石膏抹灰砂浆

(2) 当要求抹灰层具有防水、防潮功能时，应采用防水砂浆。

(3) 含石灰的砂浆类型，如石灰砂浆、纸筋灰、麻刀灰，不宜用于潮湿环境。

4. 施工要求

(1) 抹灰层平均厚度宜符合的规定

1) 内墙：内墙抹灰的平均厚度不宜大于20mm，高级抹灰的平均厚度不宜大于25mm。

2) 外墙：墙面抹灰的平均厚度不宜大于20mm，勒脚抹灰的平均厚度不宜大于

25mm。

3）顶棚：现浇混凝土抹灰的平均厚度不宜大于5mm，条板、预制混凝土抹灰的平均厚度不宜大于10mm。

4）蒸压加气混凝土砌块基层抹灰平均厚度宜控制在15mm以内，当采用聚合物水泥砂浆抹灰时，平均厚度宜控制在5mm以内，采用石膏砂浆抹灰时，平均厚度宜控制在10mm以内。

5）抹灰工程应分层进行。当抹灰总厚度大于或等于35mm时，应采取加强措施。不同材料基体交接处表面的抹灰，应采取防止开裂的加强措施；当采用加强网时，加强网与各基体的搭接宽度不应小于100mm。

（2）施工要点

1）抹灰工程分为普通抹灰和高级抹灰两种。普通抹灰要求分层抹平、表面压光；高级抹灰要求阴阳角找方、分层抹平、表面压光。工程中无特殊要求时，均按普通抹灰处理。

2）抹灰应分层进行。抹灰分层构造中的底层主要起与基层粘结作用，兼起初步找平作用；中层主要起找平作用；面层主要起装饰作用。水泥抹灰砂浆每层厚度宜为5～7mm，水泥石灰抹灰砂浆每层厚度宜为7～9mm，并应待前一层达到六七成干后再涂抹后一层。

3）水泥砂浆不得抹在石灰砂浆层上，罩面石膏灰不得涂抹在水泥砂浆上。

4）强度高的水泥抹灰砂浆不应涂抹在强度低的水泥抹灰砂浆基层上。

5）当抹灰层厚度大于35mm时，应采取与基体粘结的加强措施。

6）不同材料的基体交接处应设加强网，加强网与各基体的搭接宽度不应小于100 mm。

7）水刷石、水磨石、干粘石、斩假石、假面砖、拉毛灰、拉条灰、洒毛灰（甩疙瘩）、喷砂、喷涂、滚涂、弹涂、仿石、彩色抹灰等均属于装饰性抹灰。

8）各层抹灰砂浆在凝固硬化前，应防止暴晒、淋雨、水冲、撞击、振动。水泥抹灰砂浆、水泥粉煤灰抹灰砂浆和掺塑化剂水泥抹灰砂浆宜在潮湿的条件下养护。

9）抹灰前基层表面的尘土、污垢和油渍等应清除干净，并应洒水润湿或进行界面处理。

10）抹灰工程的质量关键是粘结牢固，无开裂、空鼓与脱落；如果粘结不牢，出现空鼓、开裂、脱落等缺陷，会降低对墙体的保护作用且影响装饰效果。经调研分析，抹灰层之所以出现开裂、空鼓和脱落等质量问题，主要原因是基体表面清理不干净，如基体表面的尘埃及疏松物、隔离剂和油渍等影响抹灰粘结牢固的物质未彻底清除干净；基体表面光滑，抹灰前未作毛化处理；抹灰前基体表面浇水不透，抹灰后砂浆中的水分很快被基体吸收，使砂浆中的水泥未充分水化生成水泥石，影响砂浆粘结力；砂浆质量不好，使用不当；一次抹灰过厚，干缩率较大等，都会影响抹灰层与基体的粘结牢固。

11）干粘石不能用于外墙勒脚。

（3）细部构造

1）水泥砂浆护角：《建筑装饰装修工程质量验收标准》GB 50210—2018中规定，室内墙面、柱面和门洞口的阳角做法应符合设计要求；设计无要求时，应采用不低于M20的水泥砂浆做护角，其高度不应低于2m，每侧宽度不应小于50mm。《抹灰砂浆技术规程》JGJ/T 220—2010中规定：墙、柱间的阳角应在墙、柱抹灰前，用M20以上的水泥砂浆做护角；自地面开始，护角高度不宜小于1.8m，每侧宽度宜为50mm。

2）滴水线（槽）：有排水要求的部位（如女儿墙压顶抹面的前部、窗台挑出部分抹面的前部）应做滴水线（槽）；滴水线（槽）应整齐顺直，滴水线应内高外低，滴水槽宽度和深度均不应小于10mm。

3）分格缝：为方便施工操作，外墙大面积抹灰应设分格缝，同时结合建筑装饰设计的需要；分格缝的设置应符合设计规定，宽度和深度应均匀一致，表面应光滑密实，棱角应完整。

（二）玻璃工程

1. 门窗玻璃安装工程

《建筑装饰装修工程质量验收标准》GB 50210—2018及《住宅装饰装修工程施工规范》GB 50327—2001相关施工手册指出：

(1) 玻璃的安装方法应符合设计要求。固定玻璃的钉子或钢丝卡的数量、规格应保证玻璃安装牢固。

(2) 镶钉木压条接触玻璃处应与裁口边缘平齐。木压条应互相紧密连接，并应与裁口边缘紧贴，割角应整齐。

(3) 密封条与玻璃、玻璃槽口的接触应紧密、平整。密封胶与玻璃、玻璃槽口的边缘应粘结牢固、接缝平齐。

(4) 带密封条的玻璃压条，其密封条应与玻璃贴紧，压条与型材之间应无明显缝隙。

(5) 玻璃表面应洁净，不得有腻子、密封胶和涂料等污渍。中空玻璃内外表面均应洁净，玻璃中空层内不得有灰尘和水蒸气。为防止门窗的框、扇型材胀缩、变形时导致玻璃破碎，门窗玻璃不应直接接触型材。

(6) 腻子及密封胶应填抹饱满、粘结牢固；腻子及密封胶边缘与裁口应平齐。固定玻璃的卡子不应在腻子表面显露。

(7) 密封条不得卷边、脱槽，密封条接缝应粘接。

(8) 安装磨砂玻璃和压花玻璃时，磨砂玻璃的磨砂面应向室内，压花玻璃的花纹宜向室外。

(9) 为保护镀膜玻璃上的镀膜层及发挥镀膜层的作用，单面镀膜玻璃的镀膜层应朝向室内。双层玻璃的单面镀膜玻璃应在最外层，镀膜层应朝向室内。

(10) 木门窗玻璃的安装应符合下列规定：

1）玻璃安装前应检查框内尺寸，将裁口内的污垢清除干净。

2）安装长边大于1.5m或短边大于1m的玻璃，应用橡胶垫并用压条和螺钉固定。

3）安装木框、扇玻璃，可用钉子固定，钉距不得大于300mm，且每边不少于两个；用木压条固定时，应先刷底油后安装，并不得将玻璃压得过紧。

4）安装玻璃隔墙时，玻璃在上框面应留有适量缝隙，防止木框变形，损坏玻璃。

5）使用密封膏时，接缝处的表面应清洁、干燥。

(11) 铝合金、塑料门窗玻璃的安装应符合下列规定：

1) 安装玻璃前，应清出槽口内的杂物。

2) 使用密封膏前，接缝处的表面应清洁、干燥。

3) 玻璃不得与玻璃槽直接接触，并应在玻璃四边垫上不同厚度的垫块，边框上的垫块应用胶粘剂固定。

4) 镀膜玻璃应安装在玻璃的最外层，单面镀膜玻璃应朝向室内。

5) 铝合金窗用橡胶压条刷胶（硅酮系列密封胶）固定玻璃。

2. 建筑玻璃防人体冲击的规定

《建筑玻璃应用技术规程》JGJ 113—2015 指出：

(1) 一般规定

1) 安全玻璃的最大许用面积见表 6-125。

安全玻璃的最大许用面积　　　　　　　　　　表 6-125

玻璃种类	公称厚度（mm）	最大许用面积（m²）
钢化玻璃	4	2.0
	5	2.0
	6	3.0
	8	4.0
	10	5.0
	12	6.0
夹层玻璃	6.38　6.76　7.52	3.0
	8.38　8.76　9.52	5.0
	10.38　10.76　11.52	7.0
	12.38　12.76　13.52	8.0

注：夹层玻璃中的胶片为聚乙烯醇缩丁醛，代号为PVB。厚度有0.38mm、0.76mm和1.52mm三种。

2) 有框平板玻璃、超白浮法玻璃、真空玻璃和夹丝玻璃的最大许用面积见表 6-126。

有框平板玻璃、超白浮法玻璃和真空玻璃的最大许用面积表　　　表 6-126

玻璃种类	公称厚度（mm）	最大许用面积（m²）
平板玻璃 超白浮法玻璃 真空玻璃	3	0.1
	4	0.3
	5	0.5
	6	0.9
	8	1.8
	10	2.7
	12	4.5

3) 安全玻璃暴露边不得存在锋利的边缘和尖锐的角部。

(2) 玻璃的选择

1) 活动门玻璃、固定门玻璃和落地窗玻璃的选用应符合下列规定：

① 有框玻璃应使用安全玻璃,并应符合表 6-125 的规定;

② 无框玻璃应使用公称厚度不小于 12mm 的钢化玻璃。

2) 室内隔断应选用安全玻璃,且最大使用面积应符合表 6-125 的规定。

3) 人群集中的公共场所和运动场所中装配的室内隔断玻璃应符合下列规定:

① 有框玻璃应使用符合表 6-125,且公称厚度不小于 5mm 的钢化玻璃或公称厚度不小于 6.38mm 的夹层玻璃;

② 无框玻璃应使用符合表 6-125,且公称厚度不小于 10mm 的钢化玻璃。

4) 浴室用玻璃应符合下列规定:

① 浴室内有框玻璃应使用符合表 6-125,且公称厚度不小于 8mm 的钢化玻璃;

② 浴室内无框玻璃应使用符合表 6-125,且公称厚度不小于 12mm 的钢化玻璃。

5) 室内栏板用玻璃应符合下列规定:

① 设有立柱和扶手,栏板玻璃作为镶嵌面板安装在护栏系统中,护栏玻璃应使用符合表 6-125 规定的夹层玻璃;

② 栏板玻璃固定在结构上且直接承受人体荷载的护栏系统,其栏板玻璃应符合下列规定:

a. 当栏板玻璃最低点离一侧楼地面高度不大于 5m 时,应使用公称厚度不小于 16.76mm 的钢化夹层玻璃;

b. 当栏板玻璃最低点离一侧楼地面高度大于 5m 时,不得采用此类护栏系统。

6) 室内饰面用玻璃应符合下列规定:

① 室内饰面玻璃可采用平板玻璃、釉面玻璃、镜面玻璃、钢化玻璃和夹层玻璃等;其许用面积应分别符合表 6-125 和表 6-126 的规定;

② 当室内饰面玻璃最高点离楼地面高度在 3m 或 3m 以上时,应使用夹层玻璃;

③ 室内饰面玻璃边部应进行精磨和倒角处理,自由边应进行抛光处理;

④ 室内消防通道墙面不应采用饰面玻璃;

⑤ 室内饰面玻璃可采用点式幕墙和隐框幕墙安装方式。龙骨应与室内墙体或结构楼板、梁牢固连接。龙骨和结构胶应通过结构计算确定。

(3) 保护措施

1) 安装在易于受到人体或物体碰撞部位的建筑玻璃,应采取保护措施。

2) 根据易发生碰撞的建筑玻璃的具体部位,可采取在视线高度设醒目标志或设置护栏等防碰撞措施。碰撞后可能发生高处人体或玻璃坠落时,应采用可靠护栏。

例 6-24 (2021) 使用 6mm 厚钢化玻璃,其最大使用面积不应超过( )。
A 1.5m²   B 3.0m²   C 4.0m²   D 5.0m²

解析:依据《建筑玻璃应用技术规程》JGJ 113—2015 第 7.1.1 条,安全玻璃的最大许用面积应符合表 7.1.1-1(即本教材表 6-125)的规定;查表可知 6mm 厚钢化玻璃的最大许用面积为 3.0m²,故选项 B 正确。

答案:B

3. 百叶窗玻璃

(1) 当荷载标准值不大于 1.00kPa 时,百叶窗使用的平板玻璃最大许用跨度应符合

表 6-127 的规定。

百叶窗使用的平板玻璃最大许用跨度 表 6-127

公称厚度(mm)	玻璃宽度 a		
	$a \leqslant 100$	$100 < a \leqslant 150$	$150 < a \leqslant 225$
4	500	600	不允许使用
5	600	750	750
6	750	900	900

(2) 当荷载标准值大于 1.00kPa 时,百叶窗使用的平板玻璃最大许用跨度应进行验算。

(3) 安装在易受人体冲击位置时,百叶窗玻璃除满足(1)、(2)条的规定外,还应满足"建筑玻璃防人体冲击"的规定。

4. 屋面玻璃

(1) 两边支承的屋面玻璃或雨篷玻璃,应支撑在玻璃的长边。

(2) 屋面玻璃或雨篷玻璃必须使用夹层玻璃或夹层中空玻璃,其胶片厚度不应小于 0.76mm。

(3) 当夹层玻璃采用 PVB 胶片且有裸露边时,其自由边应作封边处理。

(4) 上人屋面玻璃应按地板玻璃进行设计。

(5) 不上人屋面的活荷载除应满足现行国家标准《建筑结构荷载规范》GB 50009 和《工程结构通用规范》GB 55001 的规定外,还应符合下列规定:

1) 与水平夹角小于 30°的屋面玻璃,在玻璃板中心点直径为 150mm 的区域内,应能承受垂直于玻璃为 1.10kN 的活荷载标准值。

2) 与水平夹角大于或等于 30°的屋面玻璃,在玻璃板中心点直径为 150mm 的区域内,应能承受垂直于玻璃为 0.50kN 的活荷载标准值。

(6) 当屋面玻璃采用中空玻璃时,集中活荷载应只作用于中空玻璃上片玻璃。

5. 地板玻璃

(1) 地板玻璃宜采用隐框支承或点支承,点支承地板玻璃的连接件宜采用沉头式或背栓式连接件。

(2) 地板玻璃必须采用夹层玻璃,点支承地板玻璃必须采用钢化夹层玻璃。钢化玻璃必须进行匀质处理。

(3) 楼梯踏板玻璃表面应做防滑处理。

(4) 地板玻璃的孔、板边缘应进行机械磨边和倒棱,磨边宜细磨,倒棱宽度不宜小于 1mm。

(5) 地板夹层玻璃的单片厚度相差不宜大于 3mm,且夹层胶片厚度不应小于 0.76mm。

(6) 框支承地板玻璃单片厚度不宜小于 8mm,点支承地板玻璃单片厚度不宜小于 10mm。

(7) 地板玻璃之间的接缝不应小于 6mm,采用的密封胶的位移能力应大于玻璃板缝位移量计算值。

(8) 地板玻璃及其连接应能适应主体结构的变形。

(9) 地板玻璃板面挠度不应大于其跨度的 1/200。

6. 水下用玻璃

(1) 水下用玻璃应选用夹层玻璃。

(2) 承受水压时,水下用玻璃板的挠度不得大于其跨度的 1/200;安装跨度的挠度不得超过其跨度的 1/500。

(3) 用于室外的水下玻璃除应考虑水压作用,尚应考虑风压作用与水压作用的组合效应。

7. U 型玻璃墙设计

(1) 用于建筑外围护结构的 U 型玻璃应进行钢化处理。

(2) 对 U 型玻璃墙体有热工或隔声性能要求时,应采用双排 U 型玻璃构造,可在双排 U 型玻璃之间设置保温材料。双排 U 型玻璃可以采用对缝布置,也可采用错缝布置。

(3) 采用 U 型玻璃构造曲形墙体时,对底宽 260mm 的 U 型玻璃,墙体的半径不应小于 2000mm;对底宽 330mm 的 U 型玻璃,墙体的半径不应小于 3200mm;对底宽 500mm 的 U 型玻璃,墙体的半径不应小于 7500mm。

(4) 当 U 型玻璃墙高度超过 4.50m 时,应考虑其结构稳定性,并应采取相应措施。

8. 安全玻璃

《安全玻璃生产规程 第 1 部分:建筑用安全玻璃生产规程》JC/T 2070—2011 指出:安全玻璃产品分为钢化玻璃、夹层玻璃、防火玻璃。防火玻璃分为单片防火玻璃和隔热型复合防火玻璃。

《全国民用建筑工程设计技术措施 规划·建筑·景观》(2009 年版)第二部分指出:安全玻璃是指符合现行国家标准的钢化玻璃、夹层玻璃及由钢化玻璃或夹层玻璃组合加工而成的其他玻璃制品,如安全中空玻璃等。单片半钢化玻璃(热增强玻璃)、单片夹丝玻璃不属于安全玻璃。

9. 防火玻璃

《建筑用安全玻璃 第 1 部分:防火玻璃》GB 15763.1—2009 规定:

(1) 按结构可分为复合防火玻璃(FFB)和单片防火玻璃(DFB)。复合防火玻璃是指由两层或两层以上玻璃复合而成或由一层玻璃和有机材料复合而成,并满足相应耐火性能要求的特种玻璃。单片防火玻璃是由单层玻璃构成,并满足相应耐火性能要求的特种玻璃。

(2) 按耐火性能可分为隔热型防火玻璃(A 类,耐火性能同时满足耐火完整性、耐火隔热性要求)和非隔热型防火玻璃(C 类,耐火性能仅能满足耐火完整性要求)。防火玻璃耐火极限可分为 5 个等级:0.50h、1.00h、1.50h、2.00h、3.00h。

(3) 防火玻璃原片可选用镀膜或非镀膜的浮法玻璃、钢化玻璃;复合防火玻璃原片还可选用单片防火玻璃。

(4)《全国民用建筑工程设计技术措施 规划·建筑·景观》(2009 年版)第二部分中也指出:复合防火玻璃是由两层或两层以上玻璃复合而成,或由一层玻璃和有机材料复合而成，并满足相应耐火要求的特种玻璃。如防火夹层玻璃、薄涂型防火玻璃、防火夹丝玻璃、防火中空玻璃；单片防火玻璃如铯钾、硼硅酸盐、铝硅酸盐、微晶防火玻璃等。

(三) 顶棚工程

顶棚是指各层楼板或屋面承重结构的下表面装修，顶棚的作用主要是封闭管线、装饰美化、满足声学要求等诸多方面。顶棚装修应根据建筑空间的使用要求选择恰当的形式、材料和做法，应保证安全，满足各种设备管线和设施的安装要求；对某些有特殊要求的房间，还要求顶棚具有隔声、防水、保温、隔热等功能。按照饰面层与基层构造关系的不同，顶棚装修可分为直接式顶棚与悬吊式顶棚两种类型。

1. 直接式顶棚

直接式顶棚是在楼板或屋面板等结构构件底面直接进行抹灰、涂刷、粘贴、裱糊等饰面装修的顶棚。

（1）板底下直接刷白水泥浆

这种做法适用于饮用水箱等房间，板底不需找平，只需将板底清理干净，然后直接刷白水泥浆。

（2）板底下直接刷涂料

这种做法适用于板底平整者（光模混凝土板底），其构造顺序是先在板底刮 2mm 厚耐水腻子，然后直接刷涂料。

（3）板底下找平刷涂料

这种做法适用于板底不太平整者（非光模混凝土板底），其构造顺序是先在板底刷素水泥浆一道甩毛（内掺建筑胶），再抹 5～10mm 厚 1∶0.5∶3 水泥石灰膏砂浆中间层，面层抹 2mm 厚纸筋灰、刮 2mm 耐水腻子，最后刷涂料。

（4）板底镶贴装饰材料

这种做法的镶贴材料有壁纸、壁布、矿棉板等。其构造顺序是用 2mm 耐水腻子找平，然后刷防潮漆一道，最后直接粘贴面层材料。

2. 吊顶

悬吊式顶棚简称吊顶；是指顶棚面层悬吊在楼板或屋面板下方的装修做法。吊顶有平式、复式、浮式、格栅吊顶和发光顶棚等多种形式。

室外吊顶应根据建筑性质、高度及工程所在地的地理、气候和环境等条件合理选择吊顶的材料及形式。吊顶构造应满足安全、防火、抗震、抗风、耐候、防腐蚀等相关标准的要求。室外吊顶应有抗风揭的加强措施。

室内吊顶应根据使用空间功能特点、高度、环境等条件合理选择吊顶的材料及形式。吊顶构造应满足安全、防火、抗震、防潮、防腐蚀、吸声等相关标准的要求。

室外吊顶与室内吊顶的交界处应有保温或隔热措施，且应符合国家现行建筑节能标准的相关规定。

吊顶是由承力构件（吊杆、吊筋）、龙骨骨架、面板及配件等组成的系统，其构造组成包括基层和面层两大部分，见图 6-85。吊顶基层由吊杆、吊筋等承力构件、龙骨系统和配件等组成，有木质基层（木吊杆和木龙骨）和金属基层（钢丝、钢筋、全牙吊杆和轻钢龙骨或铝合金龙骨）两大类。吊顶面层安装在龙骨系统下方或镶嵌在龙骨系统中；面层材料有植物类、矿物类和金属类；构造做法有传统的抹灰类（如板条抹灰、苇箔抹灰、钢板网抹灰等）、现代的板材类（方板式、条板式等）和开敞类（格栅式、格片式等）。

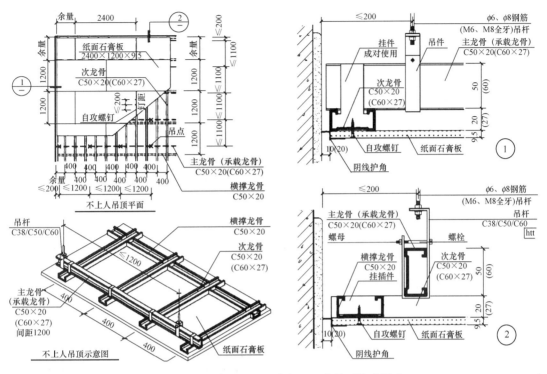

图 6-85 轻钢龙骨纸面石膏板不上人吊顶构造图示
(引自国标图集《内装修 室内吊顶》12J502-1)

吊顶按承受荷载能力的不同可分为上人吊顶和不上人吊顶两种：上人吊顶是指主龙骨能承受不小于 800N 荷载，次龙骨能承受不小于 300N 荷载的可上人检修的吊顶系统；一般采用双层龙骨构造。不上人吊顶是指主龙骨承受小于 800N 荷载的吊顶系统。

《公共建筑吊顶工程技术规程》JGJ 345—2014 和《建筑室内吊顶工程技术规程》CECS 255：2009 规定如下：

(1) 一般规定

1) 吊顶材料及制品的燃烧性能等级不应低于 B_1 级。

2) 吊杆可以采用镀锌钢丝、钢筋、全牙吊杆或镀锌低碳退火钢丝等材料。

3) 龙骨可以采用轻钢龙骨和铝合金龙骨（铝合金型材的表面应采用阳极氧化、电泳涂漆、粉末喷涂或氟碳漆喷涂进行处理）。

4) 面板可以采用石膏板（纸面石膏板、装饰纸面石膏板、装饰石膏板、嵌装式纸面石膏板、吸声用穿孔石膏板）、水泥木屑板、无石棉纤维增强水泥板、无石棉纤维增强硅酸钙板、矿物棉装饰吸声板或金属及金属复合材料吊顶板。

5) 集成吊顶：由装饰模块、功能模块及构配件组成的，在工厂预制的、可自由组合的多功能一体化吊顶。装饰模块是具有装饰功能的吊顶板模块。功能模块是具有采暖、通风、照明等器具的模块。

(2) 吊顶设计

1) 防火设计应符合现行国家标准《建筑设计防火规范》GB 50016 及《建筑内部装修

设计防火规范》GB 50222 的规定。有防火要求的石膏板厚度应大于 12mm，并应使用耐火石膏板。

2）大空间、大跨度的建筑结构以及人员密集的疏散通道和门厅在设防烈度为 8~9 度时，其吊杆、吊顶的龙骨系统应考虑地震作用，进行专门设计，造型及间距应满足安全要求。

3）<u>重型设备和有振动荷载的设备严禁安装在吊顶工程的龙骨上</u>[①]。

4）吊顶内不得敷设可燃气体管道。

5）在潮湿地区或高湿度区域，宜使用硅酸钙板、纤维增强水泥板、装饰石膏板等面板。当采用纸面石膏板时，可选用单层厚度不小于 12mm 或双层 9.5mm 的耐水石膏板。

6）吊杆、龙骨的尺寸与间距应符合下列规定：

① <u>不上人吊顶的吊杆应采用不小于直径 4mm 的镀锌钢丝、6mm 钢筋、M6 全牙吊杆或直径不小于 2mm 的镀锌低碳退火钢丝，吊顶系统应直接连接到房间顶部结构受力部位上；吊杆的间距不应大于 1200mm，主龙骨的间距不应大于 1200mm；</u>

② <u>上人吊顶的吊杆应采用不小于直径 8mm 的钢筋或 M8 全牙吊杆；主龙骨应选用 U 形或 C 形、高度在 50mm 及以上型号的上人龙骨；吊杆的间距不应大于 1200mm，主龙骨的间距不应大于 1200mm，主龙骨壁厚应大于 1.2mm。</u>

7）<u>当吊杆长度大于 1500mm 时，应设置反支撑</u>。反支撑间距不宜大于 3600mm，距墙不应大于 1800mm。反支撑应相邻对向设置。当吊杆长度大于 2500mm 时，应设置钢结构转换层。

8）<u>当吊杆与管道等设备相遇、吊顶造型复杂或内部空间较高时，应调整、增设吊杆或增加钢结构转换层。吊杆不得直接吊挂在设备或设备的支架上。</u>

9）当需要设置永久性马道时，马道应单独吊挂在建筑承重结构上。

10）龙骨的排布宜与空调通风系统的风口、灯具、喷淋头、检修孔、监测、升降投影仪等设备设施的排布位置错开，不宜切断主龙骨。

11）当采用整体面层及金属板类吊顶时，重量不大于 1kg 的筒灯、石英射灯、烟感器、扬声器等设施可直接安装在面板上；重量不大于 3kg 的灯具等设施可安装在 U 形或 C 形龙骨上，并应有可靠的固定措施。

12）矿物棉板类吊顶，灯具、风口等设备不应直接安装在矿棉板或玻璃纤维板上。

13）安装有大功率、高热量照明灯具的吊顶系统应设有散热、排热风口。

14）潮湿房间，吊顶面板应采用防潮的材料。公用浴室、游泳馆等的吊顶内应有凝结水的排放措施。当吊顶内的管线可能产生冰冻或结露时，应采取防冻或防结露措施。

15）吊顶吊杆不应与吊顶内配电线路及管道的吊杆混用。

16）吊顶内安装有震颤的设备时，设备下皮距主龙骨上皮不应小于 50mm。

17）透光玻璃纤维板吊顶中光源与玻璃纤维板之间的间距不宜小于 200mm。

---

① 条文说明：龙骨的设置主要是为了固定饰面材料，如把电扇和大型吊灯固定在龙骨上，可能会造成吊顶破坏或设备脱落伤人事故。为了保证吊顶工程的使用安全，特制定本条并作为强制性条文。条文里的"重型设备"指重量不小于 3kg 的灯具。

(3) 安装施工

吊顶施工中各专业工种应加强配合，做好专业交接，合理安排工序，保护好已完成工序的半成品及成品。不应在面板安装完毕后裁切龙骨。需要切断次龙骨时，须在设备周边用横撑龙骨加强。

1) 整体面层吊顶工程

① 整体面层吊顶工程的施工应符合下列规定：

a. 边龙骨应安装在房间四周围护结构上，下边缘应与标准线平齐，选用膨胀螺栓等固定，间距不宜大于500mm，端头不宜大于50mm。

b. 吊顶工程应根据施工图纸，在室内顶部结构下确定主龙骨吊点间距及位置；主龙骨端头吊点距主龙骨边端不应大于300mm，端排吊点距侧墙间距不应大于200mm；吊点横纵应在直线上，当不能避开灯具、设备及管道时，应调整吊点位置或增加吊点或采用钢结构转换层。

c. 吊杆与室内顶部结构的连接应牢固、安全；吊杆应与结构中的预埋件焊接或与后置紧固件连接。

d. 主龙骨中间部分应适当起拱；当设计无要求，且房间面积不大于50m²时，起拱高度应为房间短向跨度的1‰～3‰；房间面积大于50m²时，起拱高度应为房间短向跨度的3‰～5‰。

e. 次龙骨间距应准确、均衡，按石膏板模数确定，应保证石膏板两端固定于次龙骨上。石膏板长边接缝处应增加横撑龙骨，横撑龙骨应用挂插件与通长次龙骨固定。当采用3000mm×1200mm的纸面石膏板时，次龙骨间距可为300mm、400mm、500mm或600mm，横撑龙骨间距选用300mm、400mm或600mm。当采用2400mm×1200m的纸面石膏板时，次龙骨间距可选用300mm、400mm、600mm，横撑龙骨间距可选用300mm、400mm、600mm。穿孔石膏板的次龙骨和横撑龙骨间距应根据孔型的模数确定。安装次龙骨及横撑龙骨时应检查设备开洞、检修孔及人孔的位置。次龙骨应紧贴主龙骨安装。固定板材的次龙骨间距不得大于600mm，在潮湿地区和场所，间距宜为300～400mm。

f. 面板安装时，自攻螺钉间距和自攻螺钉与板边距离应符合下列规定：纸面石膏板四周自攻螺钉间距不应大于200mm；板中沿次龙骨或横撑龙骨方向自攻螺钉间距不应大于300mm；螺钉距板面纸包封的板边宜为10～15mm；螺钉距板面切割的板边应为15～20mm；穿孔石膏板、石膏板、硅酸钙板、水泥纤维板自攻钉钉距和自攻螺钉到板边距离应按设计要求。

② 双层纸面石膏板施工时，面层纸面石膏板的板缝应与基层板的板缝错开，且石膏板的长短边应各错开不小于一根龙骨的间距。

2) 板块面层及格栅吊顶工程

① 矿棉板类板块面层吊顶工程的施工应符合下列规定：

a. 吊顶工程应根据施工图纸，在室内顶部结构下确定主龙骨吊点间距及位置；当选用U形或C形龙骨作为主龙骨时，端吊点距主龙骨顶端不应大于300mm，端排吊点距侧墙间距不应大于150mm；当选用T形龙骨作为主龙骨时，端吊点距主龙骨顶端不应大于150mm，端排吊点距侧墙间距不应大于一块面板宽度；吊点横纵应在直线上，当不能避开灯具、设备及管道时，应调整吊点位置或增加吊点或采用钢结构转换层。

b. 吊杆与室内顶部结构的连接应牢固、安全；吊杆应与结构中的预埋件焊接或与后置紧固件连接。

c. 主龙骨中间部分应适当起拱，起拱高度应符合设计要求。

② 金属面板类及格栅吊顶工程的施工应符合下列规定：

a. 当采用单层龙骨时，龙骨与龙骨间距不宜大于 1200mm，龙骨至板端不应大于 150mm。

b. 当采用双层龙骨时，龙骨与龙骨间距不应大于 1200mm，边部上层龙骨与平行的墙面间距不应大于 300mm。

③ 板块面层吊顶工程安装的允许偏差应检验"表面平整度""接缝直线度"和"接缝高低差"三个项目，其中"接缝高低差"的允许偏差值最小。

3. 顶棚装修的其他要求

(1) 钢筋混凝土顶棚不宜做抹灰层，宜采用表面喷浆、刮浆、喷涂或其他便于施工又牢固的装饰做法。当必须抹灰时，混凝土底板应做好界面处理，且抹灰要薄。

(2) 管线较多的吊顶应符合下列规定：

1) 合理安排各种设备管线或设施，并应符合国家现行防火、安全及相关专业标准的规定。

2) 上人吊顶应满足人行及检修荷载的要求，并应留有检修空间，根据需要应设置检修道（马道）和便于进出吊顶的人孔。

3) 不上人吊顶宜采用便于拆卸的装配式吊顶板或在需要的位置设检修孔。

(3) 永久性马道应设护栏栏杆，其宽度宜不小于 500mm，上空高度应为 1.80m，以满足维修人员通过的要求，栏杆高度不应低于 0.90m。除采用加强措施外的栏杆上不应悬挂任何设施或器具，沿栏杆应设低眩光或无眩光的照明。

(4) 大型及中型公用浴室、游泳馆的顶棚饰面应采用防水、防潮材料；应有排除凝结水的措施，如设置较大的坡度，使顶棚凝结水能顺坡沿墙流下。

(5) 吊顶内的上、下水管道应做好保温、隔汽处理，防止产生凝结水。

(6) 吊顶内空间较大、设施较多的吊顶，宜设排风设施。排风机排出的潮湿气体严禁排入吊顶内；应将排风管直接和排风竖管相连，使潮湿气体不经过顶棚内部空间。

(7) 吊顶内严禁敷设可燃气体管道。

(8) 吊顶上安装的照明灯具的高温部位，当靠近非 A 级装修材料时应采取隔热、散热等防火保护措施。灯饰所用材料的燃烧性能等级不应低于 B_1 级。

(9) 吊顶内的配电线路、电气设施的安装应满足建筑电气的相关规范的要求。开关、插座和照明灯具均不应直接安装在低于 B_1 级的装修材料上。

(10) 玻璃吊顶应选用安全玻璃（如夹层玻璃）。玻璃吊顶若兼有人工采光要求时，应采用冷光源。任何空间均不得选用普通玻璃作为顶棚材料使用。

(11) 顶棚装修中不应采用石棉制品（如石棉水泥板等）。

(12) 人防工程的顶棚严禁抹灰，应在清水板底喷燃烧性能等级为 A 级的涂料。

(13) 石膏板为 A 级装修材料，而纸面石膏板、矿棉板均为 B_1 级装修材料，且不宜用于潮湿房间。

(14) 吊杆距主龙骨端部距离不得大于 300mm。当吊杆长度大于 1500mm 时，应设置反支撑。当吊杆与设备相遇时，应调整并增设吊杆或采用型钢支架。

（15）上人吊顶、重型吊顶或顶棚上、下挂置有周期性振动设施者，应在钢筋混凝土顶板内预留钢筋或预埋件与吊杆连接。不上人的轻型吊顶及翻建工程吊顶可采用后置连接件（如射钉、膨胀螺栓）。无论预埋或后置连接件，其安全度均应作结构验算。

（16）吊顶与主体结构的吊挂应有安全构造措施，重物或有振动等的设备应直接吊挂在建筑承重结构上，并应进行结构计算，满足现行相关标准的要求；当吊杆长度大于1.5m时，宜设钢结构支撑架或反支撑。

（17）吊顶系统不得吊挂在吊顶内的设备管线或设施上。

（18）潮湿房间或环境的吊顶，应采用防水或防潮材料和防结露、滴水及排放冷凝水的措施；钢筋混凝土顶板宜采用现浇板。

（19）《全国民用建筑工程设计技术措施 规划·建筑·景观》（2009年版）第二部分中指出：一般上人吊顶的吊杆用$\phi 8$圆钢；不上人吊顶的吊杆用$\phi 6$圆钢（或直径不小于2mm的镀锌低碳退火钢丝），其中距一般为1200mm。吊杆长度宜不大于1500mm；当吊杆长度大于1500mm时，宜设反支撑；反支撑间距不宜大于3600mm，距墙不宜大于1800mm。

1）吊杆与结构板的固定方式：上人者为预埋式或与预埋件焊接式，不上人者可用射钉或胀锚螺栓固定；吊杆不得直接吊挂在设备或设备支架上。

2）体育馆、剧院、展厅等大型吊顶由于管线设备多而重，且有检修马道等设施，故吊顶的吊杆及其支承结构需经计算确定。

（20）与室内吊顶有关的国标图集有：《工程做法》05J909、《内装修 室内吊顶》12J502-2。

> **例6-25 （2014）** 关于吊顶的做法，错误的是哪一项？
> A 不上人的轻型吊顶采用射钉与顶板连接
> B 大型公共浴室顶棚面设计坡度排放凝结水
> C 吊顶内的上、下水管道做保温隔汽处理
> D 室内潮湿气体透过吊顶内空间收集排放
>
> **解析**：《建筑室内吊顶工程技术规程》CECS 255：2009 第4.2.11条规定：排风机排出的潮湿气体严禁排入吊顶内。另《全国民用建筑工程设计技术措施 规划·建筑·景观》（2009年版）第二部分第6.4.1条中指出：吊顶内空间较大、设施较多的吊顶，宜设排风设施。排风机排出的潮湿气体严禁排入吊顶内，应将排风管直接和排风竖管相连，使潮湿气体不经过顶棚内部空间。所以选项D"室内潮湿气体透过吊顶内空间收集排放"是不正确的，可以通过抽风机、开窗等手段进行排放。
>
> **答案**：D

（四）饰面板（砖）工程

《住宅装饰装修工程施工规范》GB 50327—2018、《建筑装饰装修工程质量验收标准》GB 50210—2018及相关施工手册指出：

1. 饰面板安装

饰面板指的是天然石材与人造石材的饰面板材。天然石材有花岗石、大理石等；人造

石材有水磨石、人造大理石、人造花岗石等。这里重点介绍天然饰面石材的相关内容。

（1）天然饰面石材的指标

1）天然饰面石材的材质分为火成岩（花岗石）、沉积岩（大理石）和砂岩。按其坚硬程度和释放有害物质的多少，应用的部位也不尽相同。花岗石可用于室内和室外的部位；大理石只可用于室内，不宜用于室外；砂岩只能用于室内。

2）天然饰面石材的放射性应符合《建筑材料放射性核素限量》GB/T 6566—2010 中的规定。依据装饰装修材料中天然放射性核素镭-226、钍-232、钾-40 的放射性比活度大小，将装饰装修材料划分为 A 级、B 级、C 级，具体要求见表 6-128。

放射性物质比活度分级　　　　　表 6-128

级别	比活度	使用范围
A	内照射指数 $I_{Ra}\leqslant 1.0$ 和外照射指数 $I_r\leqslant 1.3$	产销和使用范围不受限制
B	内照射指数 $I_{Ra}\leqslant 1.3$ 和外照射指数 $I_r\leqslant 1.9$	不可用于Ⅰ类民用建筑的内饰面，可以用于Ⅱ类民用建筑物、工业建筑内饰面及其他一切建筑的外饰面
C	外照射指数 $I_r\leqslant 2.8$	只可用于建筑物外饰面及室外其他用途

注：1. Ⅰ类民用建筑包括：住宅、老年公寓、托儿所、医院和学校、办公楼、宾馆等；
　　2. Ⅱ类民用建筑包括：商场、文化娱乐场所、书店、图书馆、展览馆、体育馆和公共交通等候室、餐厅、理发店等。

3）天然饰面石材面板的厚度：天然花岗石弯曲强度标准值不小于 8.0MPa，吸水率小于等于 0.6%，厚度应不小于 25mm；天然大理石弯曲强度标准值不小于 7.0MPa，吸水率小于等于 0.5%，厚度应不小于 35mm；其他石材也不应小于 35mm。

4）当天然饰面石材的弯曲强度的标准值小于等于 0.8 或大于等于 4.0 时，单块面积不宜大于 1.0m²；其他石材单块面积不宜大于 1.5m²。

5）在严寒和寒冷地区，幕墙用天然饰面石材面板的抗冻系数不应小于 0.8。

6）对于处在大气污染较严重或处在酸雨环境下的天然饰面石材，应进行保护处理。

（2）饰面石材的安装

1）湿法安装（石材湿挂，图 6-86）

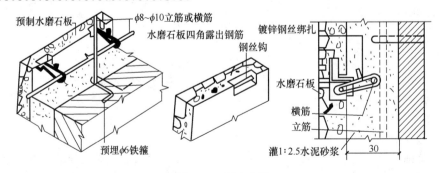

图 6-86　湿法安装

湿法安装也称湿挂法，是用钢筋绑扎石材，背后填充水泥砂浆。这种做法易使石材表面出现返碱、湿渍、锈斑等变色现象,在外墙做法中不宜使用。即使在内墙采用,也应预先对石材做防碱封闭处理,以确保石材不被污染。石板与基体之间的灌注材料应饱满、密实。

① 天然饰面石材和人造饰面石材均可以采用湿法安装;

② 栓接钢筋网的锚固件(ϕ6 钢筋)宜在结构施工时埋设;

③ 在每块石材的上下、左右打眼,总数量不得少于 4 个;用防锈金属丝(多用铜丝)栓固在钢筋网上;

④ 栓接石材的钢筋网(双向 ϕ8~ϕ10,间距 400mm),应用金属丝与锚固件连接牢固。

⑤ 石材与墙面应留有 30mm 的缝隙,缝隙内应分层灌注 1:2.5 的水泥砂浆,每层灌注高度为 150~200mm,且不得大于板高的 1/3,插捣密实。

2)干法安装(石材干挂,图 6-87)

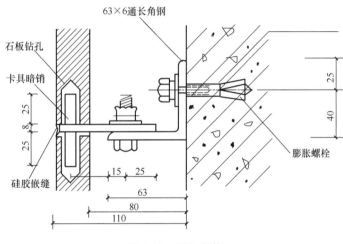

图 6-87 干法安装

干法安装也称干挂法,是用金属挂件和高强度锚栓将石板材安装于建筑外侧的金属龙骨。根据挂件形式可分为缝挂式和背挂式。干挂法可避免湿挂法的弊病,被广泛用于外墙装饰;这种做法要求墙体预留埋件,因此比较适用于钢筋混凝土墙体。若墙体为砌块填充墙,宜在层间适当位置增加现浇钢筋混凝土带,使埋件的间距减小,有利于龙骨受力的合理分布。石材的连接方法详见幕墙部分。

① 干法安装主要用于天然饰面石材;

② 最小石材厚度应为 25mm;

③ 干法安装分为钢销式安装、通槽式安装和短槽式安装三种做法;

④ 干法安装与结构连接、连接板连接必须采用螺栓连接;

⑤ 做法的详细要求见"石材幕墙"部分。

3)石材粘结

《建筑装饰室内石材工程技术规程》CECS 422:2015 中规定:

① 石材墙柱面面板的安装方法可根据设计效果和使用部位选择干挂法、干粘法和湿贴法;

② 干粘法是指采用非水性胶粘剂粘贴石材形成饰面的一种施工方法；湿贴法是指采用水性胶粘剂粘贴石材形成饰面的一种施工方法；干挂法是指采用金属挂件将石材牢固悬挂在结构体上形成饰面的一种施工方法；

③ 高度不超过6m的石材墙面可采用湿贴法安装，高度不超过8m的石材墙面可采用干粘法安装；

④ 石材墙柱面设计为采用干挂法安装方法时，石材厚度应符合下列规定：a. 细面天然石材饰面板厚度不应小于20mm，粗糙面天然石材饰面板厚度不应小于23mm；b. 中密度石灰石或石英砂岩板厚度不应小于25mm；c. 人造石材饰面板厚度不应小于18mm。

《天然石材装饰工程技术规程》JCG/T 60001—2007 中规定：当石材板材单件重量大于40kg，或单块板材面积超过1m²或室内建筑高度在3.5m以上时，墙面和柱面应设计成干挂安装法（也就是不得采用粘贴法）。

《全国民用建筑工程设计技术措施　规划·建筑·景观》（2009年版）第二部分中指出：

① 墙体外装修石材的安装方法有湿挂法、干挂法和胶粘法，其中胶粘法是采用胶粘剂将石材粘贴在墙体基层上；这种做法适用于厚度为5～8mm的超薄天然石材，石材尺寸不宜大于600mm×800mm；

② 内墙面装修中石材墙面常用的石材有花岗石、大理石、微晶石、预制水磨石等，其固定方法有粘贴法、湿挂法、干挂法等；10mm厚的薄型饰面石材板，可用胶粘剂粘贴；厚度不超过20mm的饰面石材板用大力胶粘贴。

2. 饰面砖安装

铺贴于建筑物的墙、柱和其他构件表面的覆面陶瓷薄片，称为墙面砖。使用墙面砖的目的是保护墙、柱及建筑构件，使其免遭大气侵蚀、机械损害和使用中的污染，提高建筑物的艺术和卫生效果。

饰面砖的种类很多，按其物理性质可以分为：全陶质面砖（吸水率小于10%）、陶胎釉面砖（吸水率3%～5%）、全瓷质面砖（又称为通体砖，吸水率小于1%）。用于室内的釉面砖吸水率不受限制，用于室外的釉面砖吸水率应尽量减小。北京地区外墙面不得采用全陶质瓷砖。

（1）饰面砖应镶贴在湿润、干净的基层上。

（2）饰面砖镶贴前应先选砖预排，以使拼缝均匀。在同一墙面上的横竖排列，不宜有一行以上的非整砖。非整砖行应排在次要部位或阴角处。

（3）饰面砖的镶贴形式和接缝宽度应符合设计要求。如设计无要求时可做样板，以决定镶贴形式和接缝宽度。

（4）釉面砖和外墙面砖，镶贴前应将砖的背面清理干净，并浸水两小时以上，待表面晾干后方可使用。冬期施工宜在掺入2%盐的温水中浸泡两小时，晾干后方可使用。

（5）釉面砖和外墙面砖也可采用胶粘剂或聚合物水泥浆镶贴，砂浆厚度为6～10mm；采用聚合物水泥浆时，其配合比由试验确定。

（6）镶贴饰面砖基层表面，如遇有突出的管线、灯具、卫生设备的支承等，应用整砖套割吻合，不得用非整砖拼凑镶贴。

（7）镶贴饰面砖前必须找准标高，垫好底尺，确定水平位置及垂直竖向标志，挂线镶贴，做到表面平整，不显接茬，接缝平直，宽度符合设计要求。

（8）镶贴釉面砖和外墙面砖墙裙、浴盆、水池等上口和阴阳角处应使用配件砖。

（9）釉面砖和外墙面砖的接缝，应符合下列规定：

1）室外接缝应用水泥浆或水泥砂浆勾缝。

2）室内接缝宜用与釉面砖相同颜色的石膏灰或水泥浆嵌缝。潮湿的房间不得用石膏灰嵌缝。

（10）镶贴陶瓷、玻璃锦砖尚应符合下列规定：

1）宜用水泥浆或聚合物水泥浆镶贴。

2）镶贴应自上而下进行，每段施工时应自下而上进行，整间或独立部位宜一次完成，一次不能完成者，可将茬口留在施工缝或阴角处。

3）镶贴时应位置准确，仔细拍实，使其表面平整，待稳固后，将纸面湿润、揭净。

4）接缝宽度的调整应在水泥浆初凝前进行，干后用与面层同颜色的水泥浆将缝嵌平。

5）嵌缝后，应及时将面层残存的水泥浆清洗干净，并做好成品保护。

（11）《外墙饰面砖工程施工及验收规程》JGJ 126—2015 中规定：

1）外墙饰面砖指的是用于建筑外墙外表面装饰装修的无机薄型块状材料。包括陶瓷砖、陶瓷马赛克和薄型陶瓷砖。

2）材料

① 外墙饰面砖

a. 外墙饰面砖宜采用背面有燕尾槽的产品，燕尾槽深度不宜小于 0.5mm；

b. 用于二层（或高度 8m）以上外保温粘贴的外墙饰面砖单块面积不应大于 15000mm^2，厚度不应大于 7mm；

c. 外墙饰面砖工程中采用的陶瓷砖应根据不同气候分区，采用下列不同措施：

(a) 吸水率

a) Ⅰ、Ⅵ、Ⅶ区吸水率不应大于 3％；

b) Ⅱ区吸水率不应大于 6％；

c) Ⅲ、Ⅳ、Ⅴ区和冰冻期一个月以上的地区吸水率不宜大于 6％。

(b) 冻融循环次数[①]

a) Ⅰ、Ⅵ、Ⅶ区冻融循环 50 次不得破坏；

b) Ⅱ区冻融循环 40 次不得破坏。

② 找平、粘结、填缝材料

a. 找平材料：外墙基体找平材料宜采用预拌水泥抹灰砂浆。Ⅲ、Ⅳ、Ⅴ区应采用水泥防水砂浆；

b. 粘结材料：应采用水泥基粘结材料；

c. 填缝材料：外墙外保温系统粘结外墙饰面砖所用填缝材料的横向变形不得小于 1.5mm；

d. 伸缩缝材料：应采用耐候密封胶。

[①] 冻融循环应以低温环境为 $-30℃±2℃$，保持 2h 后放入不低于 $10℃$ 的清水中融化 2h 为一次循环。

3）设计

① 基体

a. 基体的粘结强度不应小于0.4MPa，当基体的粘结强度小于0.4MPa时，应进行加强处理；

b. 加气混凝土、轻质墙板、外墙外保温系统等基体，当采用外墙饰面砖时，应有可靠的加强及粘结质量保证措施。

② 饰面砖接缝的宽度不应小于5mm，缝深不宜大于3mm，也可为平缝。

③ 墙面阴阳角处宜采用异形角砖。

④ 窗台、檐口、装饰线等墙面凹凸部位应采用防水和排水构造。

⑤ 在水平阳角处，顶面排水坡度不应小于3%；应采用顶面饰面砖压立面饰面砖、立面最低一排饰面砖压底平面饰面砖的做法，并应设置滴水构造。

（五）涂饰工程

《建筑涂饰工程施工及验收规程》JGJ/T 29—2015 中规定：

1. 材料

建筑内外墙涂饰材料有以下类型：

（1）合成树脂乳液内、外墙涂料

1）以合成树脂乳液为基料，与颜料、体质颜料及各种助剂配制而成。

2）常用的品种有苯-丙乳液、丙烯酸酯乳液、硅-丙乳液、醋-丙乳液等。

（2）合成树脂乳液砂壁状涂料

1）以合成树脂乳液为主要粘结料，以砂料和天然石粉为骨料。

2）具有仿石质感涂层的涂料。

（3）弹性建筑涂料

1）以合成树脂乳液为基料，与颜料、填料及助剂配制而成。

2）施涂一定厚度（干膜厚度大于或等于$150\mu m$）后，具有弥盖因基材伸缩（运动）产生细小裂纹的有弹性的功能性涂料。

（4）复层涂料

复层涂料由底涂层、主涂层（中间涂层）、面涂层组成。

1）底涂层：用于封闭基层和增加主涂层（中间涂层）涂料的附着力，可以采用乳液型或溶剂型涂料。

2）主涂层（中间涂层）：用于形成凹凸状或平面状的装饰面，厚度（凸起厚度）为1mm以上，可以采用聚合物水泥、硅酸盐、合成树脂乳液、反应固化型合成树脂乳液为粘结料配置的厚质涂料。

3）面涂层：用于装饰面着色，提高耐候性、耐沾污性和防水性等功能，可采用乳液型或溶剂型涂料。

（5）外墙无机涂料

以碱金属硅酸盐及硅溶胶等无机高分子为主要成膜物质，加入适量固化剂、填料、颜料及助剂配制而成，属于单组分涂料。

（6）溶剂型涂料

1）以合成树脂溶液为基料配制的薄质涂料。

2) 常用的品种有丙烯酸酯树脂（包括固态丙烯酸树脂）、氯化橡胶树脂、硅-丙树脂、聚氨酯树脂等。

（7）水性氟涂料

水性氟涂料以主要成膜物质分为以下3种：

1) PVDF（水性含聚偏二氟乙烯涂料）。

2) FEVE（水性氟烯烃/乙烯基醚（脂）共聚树脂氟涂料）。

3) 含氟丙烯酸类为水性含氟丙烯酸/丙烯酸酯类单体共聚树脂氟涂料。

（8）建筑用反射隔热涂料

以合成树脂乳液为基料，以水为分散介质，加入颜料（主要是红外反射颜料）、填料和助剂，经一定工艺过程制成的涂料。别称反射隔热乳胶漆。

（9）水性多彩建筑涂料

将水性着色胶体颗粒分散于水性乳胶漆中制成的建筑涂料。

（10）交联型氟树脂涂料

以含反应性官能团的氟树脂为主要成膜物，加颜料、填料、溶剂、助剂等为主剂，以脂肪族多异氰酸酯树脂为固化剂的双组分常温固化型涂料。

（11）水性复合岩片仿花岗岩涂料

以彩色复合岩片和石材微粒等为骨料，以合成树脂乳液为主要成膜物质，通过喷涂等施工工艺在建筑物表面形成具有花岗岩质感涂层的建筑涂料。

2. 内墙涂料的选用

《全国民用建筑工程设计技术措施 规划·建筑·景观》（2009年版）第二部分中指出，涂料品种繁多，常用的有：

（1）树脂溶剂型涂料：涂层质量高，但由于有机溶剂具有毒性且易挥发，不利于施工，不利于环保，应限制使用。

（2）树脂水性涂料：无毒、挥发物少、涂层耐擦洗，用途很广，是室内外装修涂层的主要材料。

（3）无机水性涂料：包括水泥类、石膏类、水玻璃类涂料；该种涂料价格低，但粘结力、耐久性、装饰性均较差。

3. 基层要求

（1）基层应牢固不开裂、不掉粉、不起砂、不空鼓、无剥离、无石灰爆裂点和无附着力不良的旧涂层等。

（2）基层应表面平整而不光滑、立面垂直、阴阳角方正和无缺棱掉角，分格缝（线）应深浅一致、横平竖直。

（3）基层表面无灰尘、无浮浆、无油迹、无锈斑、无霉点、无盐类析出物等。

（4）混凝土或抹灰基层在用溶剂型腻子找平或直接涂刷溶剂型涂料时，含水率不得大于8%；在用乳液型腻子找平或直接涂刷乳液型涂料时，含水率不得大于10%，木材基层的含水率不得大于12%。

（5）基层pH值不得大于10。

4. 涂饰施工的基本要求

（1）涂饰装修的施工应按基层处理—底涂层—中涂层—面涂层的顺序进行。

(2) 外墙涂饰应遵循自上而下、先细部后大面的方法进行，材料的涂饰施工分段应以墙面分格缝（线）、墙面阴阳角或落水管为分界线。

(3) 涂饰施工温度：水性产品的环境温度和基层表面温度应保证在5℃以上，溶剂型产品应按产品的使用要求进行。

(4) 涂饰施工湿度：施工时空气相对湿度宜小于85%，当遇大雾、大风、下雨时，应停止外墙涂饰施工。

5. 特殊功能涂料

钢结构防火涂料的分类：

(1) 按涂装厚度可分为厚涂型、薄涂型和超薄型三类：

1) 厚涂型：属隔热型，以无机轻体材料制成，涂层厚度7～45mm。

2) 薄涂型：属膨胀型，以合成树脂、发泡剂等有机材料制成，涂层厚度3～7mm，受火时能膨胀发泡形成耐火隔热层，以延缓钢材的温升。

3) 超薄型：属膨胀型，涂层厚度不大于3mm，特点类似于薄涂型；在受火时膨胀发泡的速度比薄涂型钢结构防火涂料更快，膨胀倍数更高；相关标准见《钢结构防火涂料》GB 14907—2018。

(2) 按防火机理可分为膨胀型和非膨胀型两类：

1) 膨胀型钢结构防火涂料：涂层在高温时膨胀发泡，形成耐火隔热保护层的钢结构防火涂料；涂层厚度不应小于1.5mm；干燥时间（表干）应≤12h。

2) 非膨胀型钢结构防火涂料：涂层在高温时不膨胀发泡，其自身成为耐火隔热保护层的钢结构防火涂料；涂层厚度不应小于15mm；干燥时间（表干）应≤24h。

（六）裱糊工程

《住宅装饰装修工程施工规范》GB 50327—2001、《建筑装饰装修工程质量验收标准》GB 50210—2018及相关施工手册指出：

1. 壁纸、壁布的类型

裱糊工程中应用的壁纸、壁布有以下类型，它们是纸基壁纸、织物复合壁纸、金属壁纸、复合纸质壁纸、玻璃纤维壁布、锦缎壁布、天然草编壁纸、植绒壁纸、珍木皮壁纸、功能性壁纸等。

功能性壁纸指的是防尘抗静电壁纸、防污灭菌壁纸、保健壁纸、防蚊蝇壁纸、防霉防潮壁纸、吸声壁纸、阻燃壁纸。

2. 裱糊工程应用的胶粘剂

粘贴壁纸、壁布所采用的胶粘剂，主要有：改性树脂胶、聚乙烯醇树脂溶液胶、聚醋酸乙烯乳胶液、醋酸乙烯—乙烯共聚乳液胶、可溶性胶粉、乙—脲混合型胶粘剂等。

3. 裱糊工程的选用

(1) 宾馆、饭店、娱乐场所及防火要求较高的建筑，应选用氧指数≥32%的B_1级阻燃型壁纸或壁布。

(2) 一般公共场所更换壁纸比较勤，对强度要求高，可选用易施工、耐碰撞的布基壁纸。

(3) 经常更换壁纸的宾馆、饭店应选用易撕性网格布基壁纸。

(4) 太阳光照度大的场合和部位应选用日晒牢度高的壁纸。

4. 裱糊工程的施工要点

(1) 墙面要求平整、光滑、干净、阴阳角线顺直方正，含水率不大于8%，粘贴高档壁纸应刷一道白色壁纸底漆。

(2) 纸基壁纸在裱糊前应进行浸水处理，布基壁纸不浸水。

(3) 壁纸对花应精确，阴角处接缝应搭接，阳角处应包角，且不得有接缝。

(4) 壁纸粘贴后不得有气泡、空鼓、翘边、裂缝、皱折、边角、接缝处要用强力乳胶粘牢、压实。

(5) 及时清除壁纸上的污物和余胶。

(6) 壁纸、壁布裱糊前，混凝土或抹灰基层含水率不得大于8%；木材基层的含水率不得大于12%。

(7) 聚氯乙烯塑料壁纸裱糊前应先将壁纸用水润湿数分钟。墙面裱糊时，应在基层表面涂刷胶粘剂；顶棚裱糊时，基层和壁纸背面均应涂刷胶粘剂。

（七）地面辐射供暖供冷的有关问题

《辐射供暖供冷技术规程》JGJ 142—2012中指出：

1. 一般规定

(1) 低温热水供暖：低温热水地面辐射供暖系统的供水温度不应大于60℃，供水、回水温度差不宜大于10℃且不宜小于5℃。民用建筑供水温度宜采用35～45℃。

(2) 加热电缆供暖

1) 当辐射间距等于50mm，且加热电缆连续供暖时，加热电缆的线功率不宜大于17W/m；当辐射间距大于50mm时，加热电缆的线功率不宜大于20W/m。

2) 当面层采用带龙骨的架空木地板时，应采取散热措施。加热电缆的线功率不宜大于17W/m，且功率密度不宜大于80W/m²。

3) 加热电缆布置应考虑家具位置的影响。

2. 地面构造

(1) 辐射供暖地面的构造做法可分为混凝土填充式供暖地面、预制沟槽保温板式供暖地面和预制轻薄供暖板供暖地面三种方式。

1) 混凝土填充式供暖地面

混凝土填充式供暖地面的构造做法详图6-88。

2) 预制沟槽保温板式供暖地面

预制沟槽保温板式供暖地面的构造做法详见图6-89。

3) 预制轻薄供暖板供暖地面

预制轻薄供暖板供暖地面的构造做法

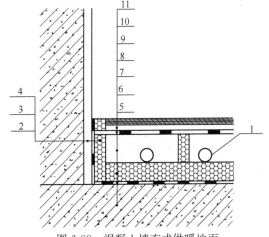

图6-88 混凝土填充式供暖地面
1—加热管；2—侧面绝热层；3—抹灰层；4—外墙；
5—楼板或与土壤相邻地面；6—防潮层；7—泡沫塑料绝热层
（发泡水泥绝热层）；8—豆石混凝土填充层（水泥砂浆填充找平层）；9—隔离层（对潮湿房间）；10—找平层；
11—装饰面层

详图 6-90。

(2) 辐射供暖地面的构造层次（全部或部分）：楼板或与土壤相邻的地面—防潮层（对与土壤相邻地面）—绝热层—加热部件—填充层—隔离层（对潮湿房间）—找平层—面层。

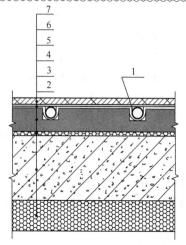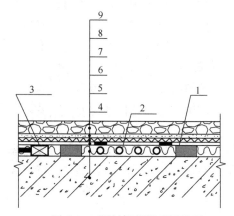

图 6-89　预制沟槽保温板式供暖地面
1—加热管；2—泡沫塑料绝热层；3—楼板；
4—可发性聚乙烯（EPE）垫层；5—预制沟槽
保温板；6—均热层；7—木地板面层

图 6-90　预制轻薄供暖板地面
1—木龙骨；2—加热管；3—二次分水器；4—楼板；
5—供暖板；6—隔离层（对潮湿房间）；7—金属层；
8—找平层；9—地砖或石材面层

(3) 辐射供暖地面的构造要求与材料选择

1）防潮层

绝热层与土壤之间应设置防潮层。防潮层可以选用防水卷材。

2）绝热层

① 当与土壤接触的底层地面作为辐射地面时，应设置绝热层，绝热层材料宜选用发泡水泥，厚度宜为 35～45mm；设置绝热层时，绝热层与土壤之间应设置防潮层；

② 混凝土填充式地面辐射供暖系统绝热层可选用泡沫塑料绝热板和发泡水泥绝热材料；

③ 采用预制沟槽保温板或供暖保温板时，与供暖房间相邻的楼板，可不设绝热层；

④ 直接与室外空气或不供暖房间相邻的地板时，绝热层宜设在楼板下，绝热材料宜采用泡沫塑料绝热板，厚度宜为 30～40mm。

3）加热部件

加热电缆应敷设于填充层中间，不应与绝热层直接接触。

4）均热层

① 加热部件为加热电缆时，应采用设有均热层的保温板，加热电缆不应与均热层直接接触；加热部件为加热管时，宜采用铺设有均热层的保温板；

② 直接铺设木地板面层时，应采用铺设有均热层的保温板，且在保温板和加热管或加热电缆之上再铺设一层均热层；

③ 均热层材料的导热系数不应小于 237W/(m·K)；

④ 加热电缆铺设地砖、石材等面层时，均热层应采用喷涂有机聚合物的、具有耐砂

浆性的防腐材料。

5) 填充层

① 豆石混凝土填充层上部应根据面层的需要铺设找平层；豆石混凝土的强度等级宜为C15，豆石粒径宜为5~12mm，热水加热管填充层的最小厚度为50mm，加热电缆填充层的最小厚度为40mm；

② 没有防水要求的房间，水泥砂浆填充层可同时作为面层找平层。水泥砂浆填充层应符合下列规定：

a. 应选用中粗砂水泥，且含泥量不应大于5%；

b. 宜选用硅酸盐水泥或矿渣硅酸盐水泥；

c. 强度等级不应低于M10，体积配合比不应小于1:3；

d. 热水加热管填充层的最小厚度为40mm，加热电缆填充层的最小厚度为35mm。

6) 隔离层

潮湿房间的混凝土填充式供暖地面的填充层上、预制沟槽板或预制轻薄板供暖地面的面层下，应设置隔离层；隔离层宜采用防水卷材。

7) 面层

① 地面辐射供暖面层宜采用热阻小于0.05 $(m^2 \cdot K)/W$ 的材料；

② 整体面层：整体面层宜采用水泥混凝土、水泥砂浆等材料，并应在填充层上铺设；

③ 块材面层：块材面层可以采用缸砖、陶瓷地砖、花岗石、人造石板块、塑料板等板材，并应在垫层上铺设；

④ 木板面层：木板面层宜采用实木复合地板、浸渍纸层压木质地板等，并应在填充层上铺设。

（八）室内环境污染的控制

《建筑环境通用规范》GB 55016—2021中规定：

1. 一般规定

(1) 室内空气污染物控制应按下列顺序采取控制措施：

1) 控制建筑选址场地的土壤氡浓度对室内空气质量的影响；

2) 控制建筑空间布局有利于污染物排放；

3) 控制建筑主体、节能工程材料、装饰装修材料的有害物质释放量满足限值；

4) 采取自然通风措施改善室内空气质量；

5) 设置机械通风空调系统，必要时设置空气净化装置进行空气污染物控制。

(2) 工程竣工验收时，室内空气污染物浓度限量应符合表6-129的规定。

室内空气污染物浓度限量　　　　表6-129

污染物	Ⅰ类民用建筑工程	Ⅱ类民用建筑工程
氡（Bq/m^3）	≤150	≤150
甲醛（mg/m^3）	≤0.07	≤0.08
氨（mg/m^3）	≤0.15	≤0.20
苯（mg/m^3）	≤0.06	≤0.09

续表

污染物	Ⅰ类民用建筑工程	Ⅱ类民用建筑工程
甲苯（mg/m³）	≤0.15	≤0.20
二甲苯（mg/m³）	≤0.20	≤0.20
TVOC（mg/m³）	≤0.45	≤0.50

注：Ⅰ类民用建筑：住宅、医院、老年人照料房屋设施、幼儿园、学校教室、学生宿舍、军人宿舍等民用建筑；Ⅱ类民用建筑：办公楼、商店、旅馆、文化娱乐场所、书店、图书馆、展览馆、体育馆、公共交通等候室、餐厅、理发店等民用建筑。

(3) 装饰装修时，严禁在室内使用有机溶剂清洗施工用具。

2. 材料控制

(1) 建筑工程所使用的砂、石、砖、实心砌块、水泥、混凝土、混凝土预制构件等无机非金属建筑主体材料，其放射性限量应符合本规范的规定。

(2) 建筑工程所使用的石材、建筑卫生陶瓷、石膏制品、无机粉状粘结材料等无机非金属装饰装修材料，其放射性限量应分类符合本规范的规定。

(3) Ⅰ类民用建筑工程室内装饰装修采用的无机非金属装饰装修材料放射性限量应符合本规范 A 类的规定。

(4) 建筑工程中所使用的混凝土外加剂，氨的释放量不应大于0.10%，氨释放量测定方法应按国家现行有关标准的规定执行。

(5) 室内装饰装修中所使用的木地板及其他木质材料，严禁采用沥青、煤焦油类防腐、防潮处理剂。

(6) 室内装饰装修时，严禁使用苯、工业苯、石油苯、重质苯及混苯等含苯稀释剂和溶剂。

3. 检测与验收

(1) 建筑材料进场检验应符合下列规定：

1) 无机非金属建筑主体材料和建筑装饰装修材料进场时，应查验其放射性指标检测报告；

2) 室内装饰装修中所采用的人造木板及其制品进场时，应查验其游离甲醛释放量检测报告；

3) 室内装饰装修中所采用的水性涂料、水性处理剂进场时，应查验其同批次产品的游离甲醛含量检测报告；溶剂型涂料进场时，施工单位应查验其同批次产品的 VOC、苯、甲苯+二甲苯、乙苯含量检测报告，其中聚氨酯类的应有游离二异氰酸酯（TDI+HDI）的含量检测报告；

4) 室内装饰装修中所采用的水性胶粘剂进场时，应查验其同批次产品的游离甲醛含量和 VOC 检测报告；溶剂型、本体型胶粘剂进场时，应查验其同批次产品的苯、甲苯+二甲苯、VOC 含量检测报告，其中聚氨酯类的应有游离甲苯二异氰酸酯（TDI）的含量检测报告；

(2) 竣工交付使用前，必须进行室内空气污染物检测，其限量应符合表6-129的规定。室内空气污染物浓度限量不合格的工程，严禁交付投入使用。

《民用建筑工程室内环境污染控制标准》GB 50325—2020 中规定：

(1)民用建筑室内装饰装修时,不应采用聚乙烯醇缩甲醛类胶粘剂。

(2)Ⅰ类民用建筑室内装饰装修粘贴塑料地板时,不应采用溶剂型胶粘剂。Ⅱ类民用建筑中地下室及不与室外直接自然通风的房间粘贴塑料地板时,不宜采用溶剂型胶粘剂。

(3)民用建筑工程中,外墙采用内保温系统时,应选用环保性能好的保温材料,表面应封闭严密,且不应在室内装饰装修工程中采用脲醛树脂泡沫材料作为保温、隔热和吸声材料。

(4)轻质隔墙、涂饰工程、裱糊与软包、门窗、饰面板、吊顶等装饰装修施工时,应注意防潮,避免覆盖局部潮湿区域。

三、住宅室内装饰装修及防水要求

(一)住宅装饰装修要求

《住宅室内装饰装修设计规范》JGJ 367—2015 中规定:

1. 基本规定

(1)住宅共用部分的装饰装修设计不得影响消防设施和安全疏散设施的正常使用,不得降低安全疏散能力。

(2)住宅室内装饰装修设计不得拆除室内原有的安全防护设施,且更换的防护设施不得降低安全防护的要求。

2. 套内空间

(1)玻璃隔断、玻璃隔板、落地玻璃门窗及玻璃饰面等应选用安全玻璃。

(2)顶棚不宜采用玻璃饰面;当局部采用时,应选用安全玻璃。顶棚上悬挂自重3kg以上或有振动荷载的设施应采取与建筑主体连接的构造措施。

(3)(墙面)踢脚板厚度不宜超出门套贴脸的厚度。

(4)地面装饰装修的规定:

1)用水房间门口的地面防水层应向外延展宽度不小于500mm;向两侧延展宽度不小于200mm,并宜设置门槛。门槛应高出用水房间地面5~15mm。

2)用水房间的地面不宜采用大于300mm×300mm的块状材料,铺贴后不应影响排水坡度。

3)铺贴条形地板时,宜将长边垂直于主要采光窗方向。

(5)套内空间新增隔断、隔墙应采用轻质、隔声性能较好的材料。

(6)老年人卧室应符合下列规定:

1)墙面阳角宜做成圆角或钝角;

2)地面宜采用木地板,严寒和寒冷地区不宜采用陶瓷地砖;

3)宜采用内外均可开启的平开门,不宜设弹簧门;当采用玻璃门时,应采用安全玻璃;当采用推拉门时,地埋轨不应高出装修地面面层。

(7)儿童卧室不宜在儿童可触摸、易碰撞的部位做外凸造型,且不应有尖锐的棱状、角状造型。

(8)厨房

1)封闭式厨房宜设计推拉门。

2)厨房装饰装修不应破坏墙面防潮层和地面防水层,并应符合下列规定:

① 墙面应设防潮层，当厨房布置在非用水房间的下部时，顶棚应设防潮层；

② 地面防水层应沿墙基上翻 0.30m；洗涤池处墙面防水层高度宜距装修地面 1.40～1.50m，长度宜超出洗涤池两端各 400mm。

3）当厨房内设置地漏时，地面应设不小于 1%的坡度坡向地漏。

（9）卫生间

1）老年人、残疾人使用的卫生间宜采用可内外双向开启的门。

2）地面应有坡度并坡向地漏，非洗浴区地面排水坡度不宜小于 0.5%，洗浴区地面排水坡度不宜小于 1.5%。

3）设置淋浴间时应符合下列规定：

① 淋浴间宜设推拉门或外开门，门洞净宽不宜小于 600mm；淋浴间内花洒的两旁宜小于 800mm，前后距离不宜小于 800mm，隔断高度不得低于 2.00m；

② 淋浴间的挡水高度宜为 25～40mm；

③ 淋浴间采用的玻璃隔断应采用安全玻璃。

4）卫生间装饰装修防水应符合下列规定：

① 地面防水应沿墙基上翻 300mm；

② 墙面防水层应覆盖由地面向墙基上翻 300mm 的防水层；洗浴区墙面防水层高度不得低于 1.80m，非洗浴区墙面防水层高度不得低于 1.20m；当采用轻质墙体时，墙面应做通高防水层；

③ 卫生间地面宜比相邻房间地面低 5～15mm。

5）卫生间木门套及与墙体接触的侧面应采取防腐措施。门套下部的基层宜采用防水、防腐材料。门槛宽度不宜小于门套宽度，且门套线宜压在门槛上。

（10）套内楼梯

1）老年人使用的楼梯不应采用无踢面或突缘大于 10mm 的直角形踏步，踏面应防滑。

2）套内楼梯踏步临空处，应设置高度不小于 20mm，宽度不小于 80mm 的挡台。

（11）阳台

1）阳台的装饰装修不应改变为防止儿童攀爬的防护构造措施。对于栏杆、栏板上设置的装饰物，应采取防坠落措施。

2）靠近阳台栏杆处不应设计可踩踏的地柜或装饰物。

3）阳台地面应符合下列规定：

① 阳台地面应采用防滑、防水、硬质、易清洁的材料，开敞阳台的地面材料还应具有抗冻、耐晒、耐风化的性能；

② 开敞阳台的地面标高宜比相邻室内空间低 15～20mm。

（12）门窗

1）厨房、餐厅、阳台的推拉门宜采用透明的安全玻璃门；

2）当紧邻窗户的位置设有地台或其他可踩踏的固定物体时，应重新设计防护设施。

3. 共用部分

（1）共用部分的顶棚

1）顶棚装修材料应采用防火等级为 A 级、环保、防水、防潮、防锈蚀、不易变形且尺寸便于施工的材料；

2) 顶棚不宜采用玻璃吊顶，当局部设置时，应采用安全玻璃。

(2) 共用部分的墙面应采用难燃、环保、易清洁、防水性能好的装修材料。

(3) 共用部分的地面应采用难燃、环保、防滑、易清洁、耐磨的装修材料。

4. 地下室和半地下室

(1) 装饰装修不应扩大地下室和半地下室面积或增加层高，不得破坏原建筑基础构件和移除基础构件周边的覆土。

(2) 地下室和半地下室的装饰装修应采取防水、排水、除湿、防潮、防滑、采光、通风等构造措施。

5. 无障碍设计

(1) 无障碍住宅的家具、陈设品、设施布置后，应留有符合现行国家标准《无障碍设计规范》GB 50763—2012 中规定的通往套内入口、起居室（厅）、餐厅、卫生间、储藏室及阳台的连续通道，且通道地面应平整、防滑、反光小，并不宜采用醒目的厚地毯。

(2) 无障碍住宅不宜设计地面高差，当存在大于 15mm 的高差时，应设缓坡。

(3) 在套内无障碍通道的墙面、柱面的 0.60～2.00m 高度内，不应设置凸出墙面 100mm 以上的装饰物。墙面、柱面的阳角宜做成圆角或钝角，并应在高度 0.40m 以下设护角。

（二）住宅室内防水工程要求

《住宅室内防水工程技术规范》JGJ 298—2013 中规定：

1. 基本规定

(1) 住宅室内防水工程应遵循防排结合、刚柔相济、因地制宜、经济合理、安全环保、综合治理的原则。

(2) 住宅室内防水工程宜根据不同的设防部位，按柔性防水涂料、防水卷材、刚性防水材料的顺序，选用适宜的防水材料，且相邻材料之间应具有相容性。

(3) 密封材料宜采用与主体防水层相匹配的材料。

(4) 住宅室内防水工程完成后，楼、地面和独立水容器的防水性能应通过蓄水试验进行检验。

(5) 住宅室内外排水系统应保持畅通。

(6) 住宅室内防水工程应积极采用通过技术评估或鉴定，并经工程实践证明质量可靠的新材料、新技术、新工艺。

2. 防水材料

(1) 防水涂料

1) 室内防水工程宜使用聚氨酯防水涂料、聚合物乳液防水涂料、聚合物水泥防水涂料和水乳型沥青防水涂料等水性或反应型防水涂料；不得使用溶剂型防水涂料。

2) 对于室内长期浸水的部位，不宜使用遇水产生溶胀的防水涂料。

3) 用于附加层的胎体材料宜选用 30～50g/m² 的聚酯纤维无纺布、聚丙烯纤维无纺布或耐碱玻璃纤维网格布。

4) 防水涂膜的厚度一般为 1.2～2.0mm。

(2) 防水卷材

1) 室内防水工程可选用自粘聚合物改性沥青防水卷材、聚乙烯丙纶复合防水卷材（聚乙烯丙纶复合防水卷材是采用与其相配套的聚合物水泥防水粘结料共同组成的复合防水层）。

2) 防水卷材宜采用冷粘法施工，胶粘剂应与卷材相容，并应与基层粘结牢靠。

3) 防水卷材胶粘剂应具有良好的耐水性、耐腐蚀性和耐霉变性且有害物质应符合规范的规定。

4) 卷材防水层厚度为：自粘聚合物改性沥青防水卷材无胎基时应$\geq$1.5mm，聚酯胎基时应$\geq$2.0mm；聚乙烯丙纶复合防水卷材的厚度为卷材$\geq$0.7mm（芯材$\geq$0.5mm），胶粘料$\geq$1.3mm。

(3) 防水砂浆

防水砂浆应使用掺外加剂的防水砂浆、聚合物水泥防水砂浆及符合要求的商品砂浆。

(4) 防水混凝土

1) 防水混凝土中的水泥宜采用硅酸盐水泥、普通硅酸盐水泥；不得使用过期或受潮结块的水泥，不得将不同品种或不同强度等级的水泥混合使用。

2) 防水混凝土的化学外加剂、矿物掺合料、砂、石及拌合用水应符合相关规定。

(5) 密封材料

室内防水工程的密封材料宜采用丙烯酸建筑密封胶、聚氨酯建筑密封胶或硅酮建筑密封胶。

(6) 防潮材料

1) 墙面、顶棚的防潮部位宜采用防水砂浆、聚合物水泥防水涂料或防水卷材作防潮层。

2) 防潮层的厚度：防水砂浆宜为10～20mm；防水涂料宜为1.0～1.2mm；防水卷材宜为1.2～2.0mm。

3. 防水设计

(1) 一般规定

1) 住宅卫生间、厨房、浴室、设有配水点的封闭阳台、独立水容器等均应进行防水设计。

2) 住宅室内防水设计应包括下列内容：防水构造设计，防水、密封材料的名称、规格型号、主要性能指标，排水系统设计，细部构造防水、密封措施。

(2) 功能房间防水设计

1) 卫生间、浴室的楼、地面应设置防水层，墙面、顶棚应设置防潮层，门口应有阻止积水外溢的措施。

2) 厨房的楼、地面应设置防水层，墙面宜设置防潮层；厨房布置在无用水点房间的下层时，顶棚应设置防潮层。

3) 设有配水点的封闭阳台，墙面应设防水层，顶棚宜防潮，楼、地面应有排水措施，并应设置防水层。

4) 独立水容器应有整体的防水构造；现场浇筑的独立水容器应采用刚柔结合的防水

设计。

5）采用地面辐射采暖的无地下室住宅、底层无配水点的房间地面,应在绝热层下部设置防潮层。

6）排水立管不应穿越下层住户的居室;当厨房设有地漏时,地漏的排水支管不应穿过楼板进入下层住户的居室。

4. 技术措施

(1) 住宅室内防水应包括楼、地面防水、排水,室内墙体防水和独立水容器防水、防渗。

(2) 楼、地面防水设计应符合下列规定:

1）对于无地下室的住宅,地面宜采用强度等级为C15的混凝土作为刚性垫层,且厚度不宜小于60mm。楼面基层宜为现浇钢筋混凝土楼板;当为预制钢筋混凝土条板时,板缝间应采用防水砂浆堵严抹平,并应沿通缝涂刷宽度不小于300mm的防水涂料形成防水涂膜带。

2）混凝土找坡层最薄处的厚度不应小于30mm;砂浆找坡层最薄处的厚度不应小于20mm。找平层兼找坡层时,应采用强度等级为C20的细石混凝土;需设填充层铺设管道时,宜与找坡层合并,填充材料宜选用轻骨料混凝土。

3）装饰层宜采用不透水材料和构造,主要排水坡度应为0.5%～1.0%,粗糙面层排水坡度不应小于1.0%。

4）防水层应符合下列规定:

① 对于有排水的楼、地面,应低于相邻房间楼、地面20mm或做挡水门槛;当需进行无障碍设计时,应低于相邻房间面层15mm,并应以斜坡过渡;

② 当防水层需要采取保护措施时,可采用20mm厚1∶3水泥砂浆做保护层。

(3) 墙面防水设计应符合下列规定:

1）卫生间、浴室和设有配水点的封闭阳台等墙面应设置防水层;防水层高度宜距楼、地面面层1.2m。

2）当卫生间有非封闭式洗浴设施时,花洒所在及其邻近墙面防水层高度不应小于1.8m。

(4) 有防水设防的功能房间,除应设置防水层的墙面外,其余部分墙面和顶棚均应设置防潮层。

5. 细部构造

(1) 楼、地面的防水层在门口处应水平延展,且向外延展的长度不应小于500mm,向两侧延展的宽度不应小于200mm（图6-91）。

(2) 穿越楼板的管道应设置防水套管,高度应高出装饰层完成面20mm以上;套管与管道间应采用防水密封材料嵌填压实（图6-92）。

(3) 地面防水隔离层翻边

1）《建筑地面设计规范》GB 50037—2013中规定:地漏四周、排水地沟及地面与墙、柱连接处的隔离层,应增加层数或局部采取加强措施。地面与墙、柱连接处隔离层应翻边,其高度不宜小于150mm。

2）《住宅室内防水工程技术规范》JGJ 298—2013中规定:当墙面设置防潮层时,

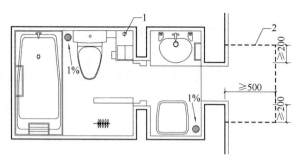

图 6-91　楼、地面门口处防水层延展示意
(引自《住宅室内防水工程技术规范》JGJ 298—2013)
1—穿越楼板的管道及其防水套管；2—门口处防水层延展范围

楼、地面防水层应沿墙面上翻，且至少应高出饰面层 200mm。当卫生间、厨房采用轻质隔墙时，应做全防水墙面，其四周根部除门洞外，应做 C20 细石混凝土坎台，并应至少高出相连房间的楼、地面饰面层 200mm（图 6-93）。

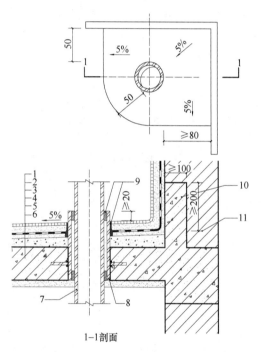

图 6-92　管道穿越楼板的防水构造
(引自《住宅室内防水工程技术规范》JGJ 298—2013)
1—楼、地面面层；2—粘结层；3—防水层；4—找平层；
5—垫层或找坡层；6—钢筋混凝土楼板；7—排水立管；
8—防水套管；9—密封膏；10—C20 细石混凝土翻边；
11—装饰层完成面高度

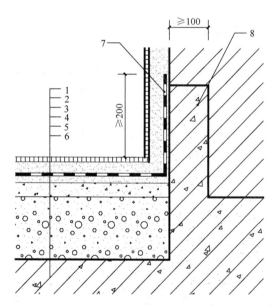

图 6-93　防潮墙面的底部构造
(引自《住宅室内防水工程技术规范》JGJ 298—2013)
1—楼、地面面层；2—粘结层；3—防水层；
4—找平层；5—垫层或找坡层；6—钢筋混凝
土楼板；7—防水层翻起高度；8—C20 细石混
凝土翻边

3)《住宅室内装饰装修设计规范》JGJ 367—2015 中规定：厨房地面防水层应沿墙基上翻 0.30m；卫生间地面防水层应沿墙基上翻 300mm。

第十节 幕 墙 构 造

一、幕墙的定义
由支承结构体系与面板组成的、可相对主体结构有一定位移能力、不分担主体结构所受外力作用的建筑外围护结构或装饰性结构。

二、幕墙的基本规定
1. 《民用建筑设计统一标准》 GB 50352—2019 的规定
(1) 建筑幕墙应综合考虑建筑物所在地的地理、气候、环境及使用功能、高度等因素，合理选择幕墙的形式。

(2) 建筑幕墙应根据不同的面板材料，合理选择幕墙的结构形式、配套材料、构造方式等。

(3) 建筑幕墙应满足抗风压、水密性、气密性、保温、隔热、隔声、防火、防雷、耐撞击、光学等性能要求，且应符合国家现行有关标准的规定。

(4) 建筑幕墙设置的防护设施应符合本标准"窗的设置"的有关规定。

(5) 建筑幕墙工程宜有安装清洗装置的条件。

2. 《建筑幕墙》 GB/T 21086—2007 的规定
除了开放式幕墙的水密性能、气密性能可不作要求外，各种幕墙的抗风压性能、水密性能、气密性能、热工性能、空气声隔声性能、平面内变形和抗震性能、耐撞击性能、光学性能、承重力性能等应符合有关规范或设计要求。

三、幕墙的分类
(1) 按结构形式分：构件式幕墙、单元式幕墙、点支承式幕墙、全玻式幕墙、双层幕墙。其中单元式玻璃幕墙是将面板和金属框架（横梁、立柱）在工厂组装为幕墙单元，以幕墙单元形式在现场完成安装施工的框支承玻璃幕墙；单元板块的吊挂件、支撑件应具备可调整范围，并应采用不锈钢螺栓将吊挂件与立柱固定牢固，固定螺栓不得少于2个。

(2) 按面层材料分：玻璃幕墙（框支承玻璃幕墙、全玻幕墙、点支承玻璃幕墙）、石材幕墙、金属板幕墙、人造板幕墙、光电幕墙。

(3) 按面层构造分：封闭式幕墙、开放式幕墙。

四、玻璃幕墙概述
1. 玻璃幕墙的类型
玻璃幕墙分为框支承玻璃幕墙、全玻幕墙、点支承玻璃幕墙三大类型。框支承玻璃幕墙按幕墙形式可分为明框式、隐框式、半隐框式，按幕墙安装施工方法可分为单元式、构件式等。

2. 玻璃幕墙的材料
《全国民用建筑工程设计技术措施 规划·建筑·景观》（2009年版）第二部分指出：建筑幕墙、采光顶常用材料主要分饰面材料、骨架材料、密封材料、五金件等。

(1) 玻璃

1) 玻璃类型：有钢化玻璃、夹层玻璃、中空玻璃、浮法玻璃、防火玻璃、着色玻璃、镀膜玻璃等类型。

2) 安全玻璃：玻璃幕墙应采用安全玻璃，安全玻璃宜采用钢化玻璃、夹层玻璃等。

3) 中空玻璃

① 幕墙采用中空玻璃时，中空玻璃气体层厚度≥9mm，胶层应双道密封；

② 一道（内道）密封应采用丁基密封胶。隐框、半隐框及点支承玻璃幕墙用中空玻璃的二道（外道）密封应采用硅酮结构密封胶；明框玻璃幕墙用中空玻璃的二道密封宜采用聚硫类中空玻璃密封胶，也可采用硅酮结构密封胶。

4) 镀膜玻璃

① 离线法生产的镀膜玻璃应采用真空磁控阴极溅射法生产工艺；

② 在线法生产的镀膜玻璃应采用热喷涂法生产工艺。

5) 防火玻璃

① 防火玻璃按结构分为：复合防火玻璃（FFB）和单片防火玻璃（DFB）；

② 单片防火玻璃的厚度一般为：5mm、6mm、8mm、10mm、12mm、15mm、19mm；

③ 防火玻璃按耐火性能分为：隔热型防火玻璃（A类），即同时满足耐火完整性、耐火隔热性要求的防火玻璃；非隔热型防火玻璃（B类），即仅满足耐火完整性要求的防火玻璃。防火玻璃按耐火极限分为5个等级：0.50h、1.00h、1.50h、2.00h、3.00h。

6) 低辐射（Low-E）玻璃

低辐射玻璃，即Low-E玻璃（Low Emissivity Glass）；它是一种镀膜玻璃，是在玻璃表面镀上多层金属或其他化合物组成的膜系产品。其镀膜层具有对可见光高透过及对中远红外线高反射的特性，使其与普通玻璃及传统的建筑用镀膜玻璃相比，具有优异的保温隔热效果和良好的透光性。

(2) 框材：可采用型钢、铝合金型材等。

(3) 密封材料

1) 隐框和半隐框玻璃幕墙，其玻璃与铝型材的粘结必须采用中性硅酮结构密封胶。硅酮结构密封胶是幕墙中用于板材与金属构架、板材与板材、板材与玻璃肋之间的结构用硅酮粘结材料，简称硅酮结构胶。

2) 全玻幕墙和点支承幕墙采用镀膜玻璃时，不应采用酸性硅酮结构密封胶粘结。

3) 采用胶缝传力的全玻璃幕墙，胶缝应采用硅酮结构密封胶。

4) 除全玻幕墙外，不应在现场打注硅酮结构密封胶。

5) 非承重胶缝应采用硅酮建筑密封胶；硅酮建筑密封胶是幕墙嵌缝用的硅酮密封材料，又称耐候胶。

6) 开启扇的周边缝隙宜采用氯丁橡胶、三元乙丙橡胶或硅橡胶材料的密封。

7) 幕墙玻璃之间的拼接胶缝宽度应能满足玻璃和胶的变形要求，并不宜小于10mm。

(4) 其他材料

其他材料包括：五金件、填充材料（聚乙烯泡沫棒）、双面胶带、保温材料（岩棉等）。

玻璃幕墙中与铝合金型材接触的五金件应采用不锈钢材或铝制品，否则应加设绝缘垫片或采取其他防腐蚀措施。除不锈钢外，其他钢材应进行表面热浸镀锌或其他满足设计要求的防腐处理。

3. 玻璃幕墙的建筑设计

《玻璃幕墙工程技术规范》JGJ 102—2003 中规定：

（1）一般规定

1）玻璃幕墙应根据建筑物的使用功能、立面设计，经综合技术经济分析，选择其形式、构造和材料。

2）玻璃幕墙应与建筑物整体及周围环境相协调。

3）玻璃幕墙立面的分格宜与室内空间组合相适应，不宜妨碍室内功能和视觉。在确定玻璃板块尺寸时，应有效提高玻璃原片的利用率，同时应适应钢化、镀膜、夹层等生产设备的加工能力。

4）幕墙中的玻璃板块应便于更换。

5）幕墙开启窗的设置，应满足使用功能和立面效果要求，并应启闭方便，避免设置在梁、柱、隔墙等位置。开启扇的开启角度不宜大于 30°，开启距离不宜大于 300mm，开启方式以上悬式为主。

6）玻璃幕墙应便于维护和清洁。高度超过 40m 的幕墙工程宜设置清洗设备。

（2）性能和检测要求

1）玻璃幕墙的抗风压、气密、水密、保温、隔声等性能分级，应符合现行国家标准《建筑幕墙、门窗通用技术条件》GB/T 31433 的规定。《建筑幕墙》GB/T 21086—2007 规定：开放式建筑幕墙的抗风压性能、热工性能、空气声隔声性能应符合设计要求，而水密性能、气密性能可不作要求。

2）有采暖、通风、空气调节要求时，玻璃幕墙的气密性能不应低于 3 级。

3）有保温要求的玻璃幕墙应采用中空玻璃，必要时采用隔热铝合金型材；有隔热要求的玻璃幕墙宜设计适宜的遮阳装置或采用遮阳型玻璃。

4）玻璃幕墙应采用反射比不大于 0.30 的幕墙玻璃，对有采光功能要求的玻璃幕墙，其采光折减系数不宜低于 0.20。

5）玻璃幕墙性能检测项目应包括抗风压性能、气密性能和水密性能，必要时可增加平面内变形性能及其他性能检测。

（3）构造设计

1）玻璃幕墙的构造设计，应满足安全、实用、美观的原则，并应便于制作、安装、维修保养和局部更换。

2）明框玻璃幕墙的接缝部位、单元式玻璃幕墙的组件对插部位以及幕墙开启部位，宜按雨幕原理进行构造设计。对可能渗入雨水和形成冷凝水的部位，应采取导排构造措施。

3）玻璃幕墙的非承重胶缝应采用硅酮建筑密封胶。开启扇的周边缝隙宜采用氯丁橡胶、三元乙丙橡胶或硅橡胶密封条制品密封。

4）有雨篷、压顶及其他突出玻璃幕墙墙面的建筑构造时，应完善其结合部位的防、排水构造设计。

5）玻璃幕墙应选用具有防潮性能的保温材料或采取隔气、防潮构造措施。

6）单元式玻璃幕墙，单元间采用对插式组合构件时，纵横缝相交处应采取防渗漏封口构造措施。

7) 幕墙的连接部位，应采取措施防止产生摩擦噪声。构件式幕墙的立柱与横梁连接处应避免刚性接触，可设置柔性垫片或预留1～2mm的间隙，间隙内填胶；隐框幕墙采用挂钩式连接固定玻璃组件时，挂钩接触面宜设置柔性垫片（条文说明：为了适应热胀冷缩和防止产生噪声，构件式玻璃幕墙的立柱与横梁连接处应避免刚性接触；隐框幕墙采用挂钩式连接固定玻璃组件时，在挂钩接触面宜设置柔性垫片，以避免刚性接触产生噪声，并可利用垫片起弹性缓冲作用）。

8) 除不锈钢外，玻璃幕墙中不同金属材料接触处，应合理设置绝缘垫片或采取其他防腐蚀措施。

9) 幕墙玻璃之间的拼接胶缝宽度应能满足玻璃和胶的变形要求，并不宜小于10mm。

10) 幕墙玻璃表面周边与建筑内、外装饰物之间的缝隙不宜小于5mm，可采用柔性材料嵌缝。全玻幕墙玻璃尚应符合本规范的有关规定。

11) 明框幕墙玻璃下边缘与下边框槽底之间应采用硬橡胶垫块衬托，垫块数量应为2个，厚度不应小于5mm，每块长度不应小于100mm。

> **例6-26** （2012）幕墙用铝合金材料与其他材料接触处，一般应设置绝缘垫片或隔离材料，但与以下哪种材料接触时可以不设置？
> A 水泥砂浆　　　　　　　B 玻璃、胶条
> C 混凝土构件　　　　　　D 铝合金以外的金属
> **解析：** 玻璃、胶条与铝合金接触处，可以不设绝缘垫片或隔离材料。铝合金材料与水泥砂浆、混凝土构件及铝合金以外的金属接触处均应设绝缘垫片或隔离材料。《玻璃幕墙工程技术规范》JGJ 102—2003 第4.3.8条规定：除不锈钢外，玻璃幕墙中不同金属材料接触处，应合理设置绝缘垫片或采取其他防腐蚀措施。
> **答案：** B

(4) 安全规定
1) 框支承玻璃幕墙，宜采用安全玻璃。
2) 点支承玻璃幕墙的面板玻璃应采用钢化玻璃。
3) 采用玻璃肋支承的点支承玻璃幕墙，其玻璃肋应采用钢化夹层玻璃。
4) 人员流动密度大、青少年或幼儿活动的公共场所以及使用中容易受到撞击的部位，其玻璃幕墙应采用安全玻璃；对使用中容易受到撞击的部位，尚应设置明显的警示标志。
5) 当幕墙在室内无实体窗下墙时，应设防撞栏杆。
6) 玻璃幕墙的防火设计应符合现行国家标准《建筑设计防火规范》GB 50016的有关规定。
7) 建筑幕墙应在每层楼板外沿处采取符合《建筑设计防火规范》GB 50016第6.2.5条和第6.2.6条规定的防火措施，幕墙与每层楼板、隔墙处的缝隙应采用防火封堵材料封堵，如图6-94所示。

6.2.5 除本规范另有规定外，建筑外墙上、下层开口之间应设置高度不小于1.2m的实体墙或挑出宽度不小于1.0m、长度不小于开口宽度的防火挑檐；当室内设置自动喷水灭火系统时，上、下层开口之间的实体墙高度不应小于0.8m。当上、下层开口之间设置实体墙确有困难时，可设置防火玻璃墙，但高层建筑的防火玻璃墙的耐火完整性不应低于

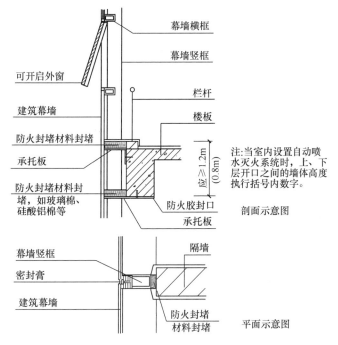

图 6-94 建筑幕墙防火封堵构造图示
[引自国标图集《建筑设计防火规范图示》13J811-1 改（2015 年修改版）]

1.00h，多层建筑的防火玻璃墙的耐火完整性不应低于 0.50h。外窗的耐火完整性不应低于防火玻璃墙的耐火完整性要求。

住宅建筑外墙上相邻户开口之间的墙体宽度不应小于 1.0m；小于 1.0m 时，应在开口之间设置突出外墙不小于 0.6m 的隔板。

实体墙、防火挑檐和隔板的耐火极限和燃烧性能，均不应低于相应耐火等级建筑外墙的要求。

8) 玻璃幕墙的防火封堵构造系统，在正常使用条件下，应具有伸缩变形能力、密封性和耐久性；在遇火状态下，应在规定的耐火时限内，不发生开裂或脱落，保持相对稳定性。

9) 玻璃幕墙防火封堵构造系统的填充料及其保护性面层材料，应采用耐火极限符合设计要求的不燃烧材料或难燃烧材料。

10) 无窗槛墙的玻璃幕墙，应在每层楼板外沿设置耐火极限不低于 1.0h、高度不低于 0.8m 的不燃烧实体裙墙或防火玻璃裙墙。

11) 玻璃幕墙与各层楼板、隔墙外沿间的缝隙，当采用岩棉或矿棉封堵时，其厚度不应小于 100mm，并应填充密实；楼层间水平防烟带的岩棉或矿棉宜采用厚度不小于 1.5mm 的镀锌钢板承托；承托板与主体结构、幕墙结构及承托板之间的缝隙宜填充防火密封材料（如防火胶等）。当建筑要求防火分区间设置通透隔断时，可采用防火玻璃，其耐火极限应符合设计要求。

12) 同一幕墙玻璃单元，不宜跨越建筑物的两个防火分区。

13) 玻璃幕墙的防雷设计应符合国家现行标准《建筑物防雷设计规范》GB 50057—2010 和《民用建筑电气设计标准》GB 51348—2019 的有关规定。幕墙的金属框架应与主体结构的防雷体系可靠连接,连接部位应清除非导电保护层。

14)单元式幕墙的单元组件、隐框幕墙的装配组件均应在工厂加工组装。

15)有防火要求的幕墙玻璃,应根据建筑防火等级要求,采用相应的防火玻璃。

(5)节能要求

1)有保温要求的玻璃幕墙应采用中空玻璃,必要时采用隔热铝合金型材;有隔热要求的玻璃幕墙宜设计适宜的遮阳装置或采用遮阳型玻璃。

2)有保温要求的门窗、玻璃幕墙、采光顶采用的玻璃系统应为中空玻璃、Low-E中空玻璃、充惰性气体Low-E中空玻璃等保温性能良好的玻璃,保温要求高时还可采用三玻两腔、真空玻璃等。传热系数较低的中空玻璃宜采用"暖边"中空玻璃间隔条。

3)严寒地区、寒冷地区、夏热冬冷地区、温和A区的玻璃幕墙应采用有断热构造的玻璃幕墙系统,非透光的玻璃幕墙部分、金属幕墙、石材幕墙和其他人造板材幕墙等幕墙面板背后应采用高效保温材料保温。幕墙与围护结构平壁间(除结构连接部位外)不应形成热桥,并宜对跨越室内外的金属构件或连接部位采取隔断热桥措施。

4)严寒地区、寒冷地区、夏热冬冷地区、温和A区的门窗、透光幕墙、采光顶周边与墙体、屋面板或其他围护结构连接处应采取保温、密封构造;当采用非防潮型保温材料填塞时,缝隙应采用密封材料或密封胶密封。其他地区应采取密封构造。

5)严寒地区、寒冷地区可采用空气内循环的双层幕墙,夏热冬冷地区不宜采用双层幕墙。

6)对遮阳要求高的门窗、玻璃幕墙、采光顶隔热宜采用着色玻璃、遮阳型单片Low-E玻璃、着色中空玻璃、热反射中空玻璃、遮阳型Low-E中空玻璃等遮阳型的玻璃系统。

7)向阳面的窗、玻璃门、玻璃幕墙、采光顶应设置固定遮阳或活动遮阳。固定遮阳设计可考虑阳台、走廊、雨篷等建筑构件的遮阳作用;设计时应进行夏季太阳直射轨迹分析,根据分析结果确定固定遮阳的形状和安装位置。活动遮阳宜设置在室外侧。

8)对于非透光的建筑幕墙,应在幕墙面板的背后设置保温材料,保温材料层的热阻应满足墙体的保温要求,且不应小于1.0 $(m^2 \cdot K)/W$。

五、框支承玻璃幕墙的构造

框支承玻璃幕墙由玻璃、横梁和立柱组成(图6-95)。框支承玻璃幕墙适用于多层和建筑高度不超过100m的高层建筑。

1. 玻璃

框支承玻璃幕墙单片玻璃的厚度不应小于6mm,夹层玻璃的单片厚度不宜小于5mm。夹层玻璃和中空玻璃的单片玻璃厚度相差不宜大于3mm。幕墙玻璃应尽量减少光污染。若选用热反射玻璃,其反射率不宜大于20%。

2. 横梁

横梁可采用铝合金型材或钢型材,铝合金型材的表面处理可采用阳极氧化、电泳喷涂、粉末喷涂、氟碳喷涂。钢型材宜采用高耐候钢,碳素钢型材应热浸镀锌或采取其他有效防腐措施,焊缝应涂防锈涂料;处于严重腐蚀条件下的钢型材,应预留腐蚀厚度。

3. 立柱

(1)立柱可采用铝合金型材或钢型材。铝合金型材的表面处理与横梁相同;钢型材宜采用高耐候钢,碳素钢型材应采用热浸锌或采取其他有效防腐措施。处于腐蚀严重环境下的钢型材,应预留腐蚀厚度。

(2) 上、下立柱之间应留有不小于15mm的缝隙,闭口型材可采用长度不小于250mm的芯柱连接,芯柱与立柱应紧密配合。芯柱与上柱或下柱之间应采用机械连接的方法加以固定。开口型材上柱与下柱之间可采用等强型材机械连接。

(3) 多层或高层建筑中跨层通长布置立柱时,立柱与主体结构的连接支承点每层不宜少于一个;在混凝土实体墙面上,连接支承点宜加密。

每层设两个支承点时,上支承点宜采用圆孔,下支承点宜采用长圆孔。

(4) 在楼层内单独布置立柱时,其上、下端均宜与主体结构铰接,宜采用上端悬挂方式;当柱支承点可能产生较大位移时,应采用与位移相适应的支承装置。

图6-95 框支承玻璃幕墙

(5) 横梁可通过角码、螺钉或螺栓与立柱连接。角码应能承受横梁的剪力,其厚度不应小于3mm;角码与立柱之间的连接螺钉或螺栓应满足抗剪和抗扭承载力要求。

(6) 立柱与主体结构之间每个受力连接部位的连接螺栓不应少于2个,且连接螺栓直径不宜小于10mm。

(7) 角码和立柱采用不同金属材料时,应采用绝缘垫片分隔或采取其他有效措施防止双金属腐蚀。

4. 预埋件

玻璃幕墙立柱与主体混凝土结构应通过预埋件连接,预埋件应在主体结构混凝土施工时埋入,预埋件的位置应准确;当没有条件采用预埋件连接时,应采用其他可靠的连接措施,并通过试验确定其承载力。

六、全玻璃幕墙的构造

全玻璃幕墙由面板、玻璃肋和胶缝三部分组成(图6-96)。多用于首层大厅或大堂,与主体结构的连接有下部支承式与上部悬挂式两种方式(图6-97)。

1. 一般规定

(1) 玻璃高度大于表6-130限值的全玻幕墙应悬挂在主体结构上。

下端支承全玻幕墙的最大高度　　　　　　　　　　表6-130

玻璃厚度(mm)	10,12	15	19
最大高度(m)	4	5	6

(2) 全玻幕墙的周边收口槽壁与玻璃面板或玻璃肋的空隙均不宜小于8mm,吊挂玻璃下端与下槽底的空隙尚应满足玻璃伸长变形的要求;玻璃与下槽底应采用弹性垫块支承

或填塞，垫块长度不宜小于100mm，厚度不宜小于10mm；槽壁与玻璃间应采用硅酮建筑密封胶密封。

图6-96 全玻璃墙

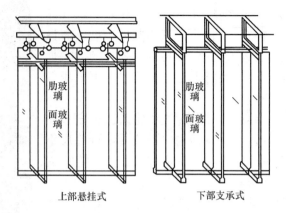

图6-97 玻璃固定形式

（3）吊挂全玻幕墙的主体结构或结构构件应有足够的刚度，采用钢桁架或钢梁作为受力构件时，其挠度限值 $d_{f,1min}$ 宜取其跨度的1/250。

（4）吊挂式全玻幕墙的吊夹与主体结构间应设置刚性水平传力结构。

（5）玻璃自重不宜由结构胶缝单独承受。

（6）全玻幕墙的板面不得与其他刚性材料直接接触。板面与装修面或结构面之间的空隙不应小于8mm，且应采用密封胶密封。

2. 面板

（1）面板玻璃的厚度不宜小于10mm；夹层玻璃单片厚度不应小于8mm。

（2）面板玻璃通过胶缝与玻璃肋相联结时，面板可作为支承于玻璃肋的单向简支板设计。

（3）通过胶缝与玻璃肋连接的面板，在风荷载标准值作用下，其挠度限值宜取其跨度的1/60；点支承面板的挠度限值宜取其支承点间较大边长的1/60。

3. 玻璃肋

（1）全玻幕墙玻璃肋的截面厚度不应小于12mm，截面高度不应小于100mm。

（2）在风荷载标准值作用下，玻璃肋的挠度限值宜取其计算跨度的1/200。

（3）采用金属件连接的玻璃肋，其连接金属件的厚度不应小于6mm。连接螺栓宜采用不锈钢螺栓，其直径不应小于8mm。

连接接头应能承受截面的弯矩设计值和剪力设计值。接头应进行螺栓受剪和玻璃孔壁承压计算，玻璃验算应取侧面强度设计值。

（4）夹层玻璃肋的等效截面厚度可取两片玻璃厚度之和。

（5）高度大于8m的玻璃肋宜考虑平面外的稳定验算；高度大于12m的玻璃肋，应进行平面外稳定验算，必要时应采取防止侧向失稳的构造措施。

4. 胶缝

（1）采用胶缝传力的全玻幕墙，其胶缝必须采用硅酮结构密封胶。

（2）当胶缝宽度不满足结构的要求时，可采取附加玻璃板条或不锈钢条等措施，加大胶缝宽度。

七、点支承玻璃幕墙的构造

点支承玻璃幕墙由玻璃面板、支承装置和支承结构三部分组成（图 6-98）。这种幕墙的通透性好，最适于用在建筑的大堂、餐厅等视野开阔的部位；但由于技术原因，开窗较为困难。

图 6-98　点支承玻璃幕墙

1. 玻璃面板

（1）四边形玻璃面板可采用四点支承，有依据时也可采用六点支承；三角形玻璃面板可采用三点支承。玻璃面板支承孔边与板边的距离不宜小于70mm。

（2）采用浮头式连接件的幕墙玻璃厚度不应小于6mm；采用沉头式连接件的幕墙玻璃厚度不应小于8mm。

安装连接件的夹层玻璃和中空玻璃，其单片厚度也应符合上述要求。

（3）玻璃之间的空隙宽度不应小于10mm，且应采用硅酮建筑密封胶嵌缝。

（4）点支承玻璃支承孔周边应进行可靠的密封。当点支承玻璃为中空玻璃时，其支承孔周边应采取多道密封措施。

（5）点支承玻璃幕墙应采用钢化玻璃及其制品；玻璃肋支承的点支承玻璃幕墙，其玻璃肋应采用钢化夹层玻璃。

例 6-27　（2005）点支承玻璃幕墙设计的下列规定中，哪一条是错误的？
　A　点支承玻璃幕墙的面板玻璃应采用钢化玻璃
　B　采用浮头式连接的幕墙玻璃厚度不应小于6mm
　C　采用沉头式连接的幕墙玻璃厚度不应小于8mm
　D　面板玻璃之间的空隙宽度不应小于8mm且应采用硅酮结构密封胶嵌缝

> 解析：据《玻璃幕墙工程技术规范》JGJ 102—2003 第 8.1.3 条，面板玻璃之间的空隙宽度不应小于 10mm，且应采用硅酮建筑密封胶密封。
> 答案：D

2. 支承装置

（1）支承装置应符合现行行业标准《建筑玻璃点支承装置》JG/T 138—2010 的规定。

（2）支承头应能适应玻璃面板在支承点处的转动变形。

（3）支承头的钢材与玻璃之间宜设置弹性材料的衬垫或衬套，衬垫和衬套的厚度不宜小于 1mm。

（4）除承受玻璃面板所传递的荷载或作用外，支承装置不应兼作其他用途。

3. 支承结构

（1）点支承玻璃幕墙的五种支承结构示意见图 6-99。

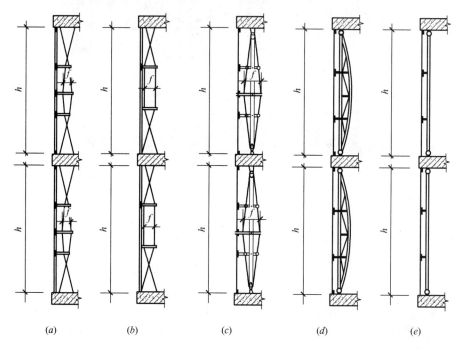

(a)　　　　(b)　　　　(c)　　　　(d)　　　　(e)

图 6-99　五种支承结构示意

(a) 拉索式；(b) 拉杆式；(c) 自平衡索桁架式；(d) 桁架式；(e) 立柱式

（2）不同支承体系的特点及适用范围见表 6-131。

不同支承体系的特点及适用范围（mm）　　　表 6-131

分类 项目	拉索点支承 玻璃幕墙	拉杆点支承 玻璃幕墙	自平衡桁架 点支承玻璃幕墙	桁架点支承 玻璃幕墙	立柱点支承 玻璃幕墙
特　点	轻盈、纤细、强度高，能实现较大跨度	轻巧、光亮，有极好的视觉效果	杆件受力合理，外形新颖，有较好的观赏性	有较大的刚度和强度，适合高大空间，综合性能好	对主体结构要求不高，整体效果简洁明快

续表

分类 项目	拉索点支承 玻璃幕墙	拉杆点支承 玻璃幕墙	自平衡索桁架 点支承玻璃幕墙	桁架点支承 玻璃幕墙	立柱点支承 玻璃幕墙
适用范围	拉索间距 $b=1200\sim3500$ 层高 $h=3000\sim12000$ 拉索矢高 $f=h/(10\sim15)$	拉杆间距 $b=1200\sim3000$ 层高 $h=3000\sim9000$ 拉杆矢高 $f=h/(10\sim15)$	自平衡间距 $b=1200\sim3500$ 层高 $h\leqslant15000$ 自平衡索桁架矢高 $f=h/(5\sim9)$	桁架间距 $b=3000\sim15000$ 层高 $h=6000\sim40000$ 桁架矢高 $f=h/(10\sim20)$	立柱间距 $b=1200\sim3500$ 层高 $h\leqslant8000$

(3) 点支承式玻璃幕墙的节点构造见图 6-100。

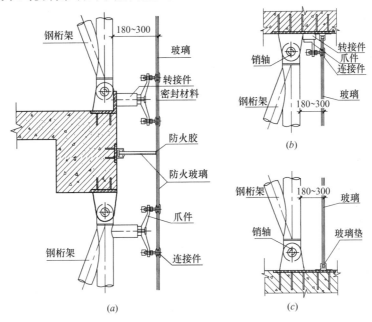

图 6-100 点支承式玻璃幕墙节点构造详图
(a) 层间垂直节点；(b) 上封口节点；(c) 下封口节点

八、玻璃幕墙工程质量检验

《玻璃幕墙工程质量检验标准》JGJ/T 139—2020 中规定：

1. 防火检验

(1) 一般规定

玻璃幕墙工程防火构造应按防火分区总数抽查 5%，并不得少于 3 处。

(2) 幕墙防火构造的检验

1) 幕墙与楼板、墙、柱之间应按设计要求设置横向、竖向连续的防火隔断。

2) 无窗槛墙的玻璃幕墙，应在每层楼板处板外沿设置耐火极限不低于 1h、高度不低于 1.2m 的不燃烧实体墙或防火玻璃墙；当室内设置自动喷水灭火系统时，该部分墙体的高度不应小于 0.8m。

3) 同一玻璃板块不宜跨越两个防火分区。

（3）幕墙防火节点的检验

1）防火材料应安装牢固、无遗漏，并应严密、无缝隙。

2）镀锌钢衬板不得与铝合金型材直接接触，衬板安装固定后，应进行密封处理。

3）防火层与幕墙和主体结构间的缝隙必须用防火密封材料严密封闭。

（4）防火材料铺设的检验

1）防火材料的种类、材质、耐火等级和铺设厚度，应满足设计要求。

2）承托板厚度、承托板之间及承托板与幕墙结构、窗槛墙或防火裙墙之间的缝隙填充，应符合设计的规定。

3）防火材料铺设应饱满、均匀、无遗漏，厚度应满足设计要求。

4）防火材料不得与幕墙玻璃直接接触，防火材料朝玻璃面处宜采用装饰材料覆盖。

2. 安装质量检验

（1）玻璃幕墙外观质量的检验

1）钢化玻璃表面不得有爆边、裂纹、缺角。

2）镀膜玻璃膜面应无明显变色、脱落现象。

3）采用离线法工艺的中空玻璃或真空玻璃的镀膜面应朝向中空气体层或真空层。

4）型材表面应清洁，无明显擦伤、划伤；铝合金型材及玻璃表面不应有铝屑、毛刺、油斑、脱膜及其他污垢。

（2）明框玻璃幕墙安装质量的检验

1）每块玻璃下部应设不少于两块压模成型的氯丁橡胶支承垫块，垫块的宽度应与槽口宽度相同，垫块的长度和宽度尺寸应符合现行行业标准《玻璃幕墙工程技术规范》JGJ 102的规定并满足设计要求。

2）密封胶条镶嵌应平整、密实、无变色，密封胶条长度宜比边框内槽口长1.5%～2.0%，其断口应留在四角；拼角处应粘结牢固。

3）不得采用自攻螺钉固定承受水平荷载的玻璃压条。压条的固定方式、固定点数量应满足设计要求。

（3）明框玻璃幕墙拼缝质量的检验

1）金属装饰压板应满足设计要求，表面应平整，色彩应一致，不得有变形、波纹和凹凸不平，接缝应均匀严密，截面受力部分的厚度不应小于2.0mm，且不宜小于压板宽度的1/35。

2）框支承幕墙玻璃之间的拼接胶缝的宽度应满足设计要求。硅酮建筑密封胶的施工厚度不应小于3.5mm，较深的密封槽口底部可采用聚乙烯发泡材料填塞。

3）明框拼缝外露框料或压板应横平竖直、线条通顺，并应满足设计要求。

4）当压板有防水要求时，防水构造应满足设计要求；排水孔的形状、位置、数量应满足设计要求，且排水通畅。

（4）隐框玻璃幕墙组件安装质量的检验

1）玻璃板块组件应安装牢固，固定点距离应满足设计要求且不宜大于300mm，不得采用自攻螺钉固定玻璃板块。

2）隐框玻璃板块在安装后，幕墙平面度允许偏差应为2.5mm，相邻两玻璃之间的接缝高低差不应大于1mm。

3）隐框、半隐框幕墙的胶缝必须采用硅酮结构密封胶，全玻幕墙的粘结胶缝厚度不应小于6mm。

4）隐框玻璃板块下部应设置支承玻璃的托条，托条长度不应小于100mm、厚度不应小于2mm，托条上宜设置衬垫。中空玻璃的托条应能托住外片玻璃。

5）隐框、半隐框幕墙中空玻璃的二道密封用硅酮结构密封胶应能承受外侧面板传递的荷载和作用，二道密封胶缝的有效粘结宽度应满足设计要求。

（5）全玻幕墙、点支承玻璃幕墙安装质量的检验

1）全玻幕墙玻璃与主体结构连接处应嵌入安装槽口内，玻璃与槽口的配合尺寸应符合现行行业标准《玻璃幕墙工程技术规范》JGJ 102的规定并满足设计要求。

2）全玻幕墙玻璃与槽口间的空隙应有支承垫块和定位垫块。不得用硬性材料填充固定。

3）全玻幕墙玻璃肋的宽度、厚度应满足设计要求，硅酮结构密封胶的宽度、厚度应满足设计要求，并应嵌填平顺、密实、无气泡、不渗漏。

4）全玻幕墙单片玻璃高度超过现行行业标准《玻璃幕墙工程技术规范》JGJ 102规定的限值时，应使用吊夹或采用点支承方式使玻璃悬挂。

5）点支承玻璃幕墙应使用钢化玻璃，不得使用普通平板玻璃。玻璃开孔的中心位置距边缘距离应符合现行行业标准《玻璃幕墙工程技术规范》JGJ 102的规定并满足设计要求。

6）点支承玻璃幕墙玻璃面板间的接缝宽度不应小于10mm，有密封要求时应采用硅酮建筑密封胶嵌缝。

（6）玻璃幕墙与周边密封质量的检验

1）玻璃幕墙四周与主体结构之间的缝隙，应采用防火保温材料严密填塞，水泥砂浆不得与铝合金型材直接接触，不得采用干硬性材料填塞。内外表面应采用密封胶连续封闭，接缝应严密不渗漏，密封胶不应污染周围相邻表面。

2）幕墙转角、上下、侧边、封口及与周边墙体的连接构造应牢固并满足密封防水要求，外表应整齐美观。

（7）玻璃幕墙保温、隔热构造安装质量的检验

1）幕墙安装内衬板时，内衬板四周宜套装弹性橡胶密封条，内衬板应与构件接缝严密。

2）玻璃幕墙内的保温材料宜具有防潮性能，其热阻应符合幕墙热工设计的要求。保温材料与面板内表面的间隙应满足设计要求，且宜设置透气孔。在严寒、寒冷和夏热冬冷地区，保温层靠近室内的一侧应设置完整、密封的隔汽层，穿透保温层、隔汽层的支承连接部位应采取密封措施。

九、双层幕墙的构造

综合《双层幕墙》07J 103—8标准图的相关内容：

1. 双层幕墙的组成和类型

双层幕墙是双层结构的新型幕墙，它由外层幕墙和内层幕墙两部分组成。外层幕墙通常采用点支承玻璃幕墙、明框玻璃幕墙或隐框玻璃幕墙；内层幕墙通常采用明框玻璃幕墙、隐框玻璃幕墙或铝合金门窗。

双层幕墙通常可分为内循环、外循环和开放式三大类型，是一种新型的建筑幕墙系统。具有通风换气等功能，保温、隔热和隔声效果非常明显。双层幕墙有利于建筑围护结构的隔声、保温隔热，但应根据建筑的防火要求选择双层幕墙的形式。外通风双层幕墙内层幕墙或门窗宜采用中空玻璃，内通风双层幕墙外层幕墙宜采用中空玻璃。

2. 双层幕墙的构造要点

（1）内循环双层幕墙

外层幕墙封闭，内层幕墙与室内有进气口和出气口连接，使得双层幕墙通道内的空气与室内空气进行循环。外层幕墙采用隔热型材，玻璃通常采用中空玻璃或Low-E中空玻璃；内层幕墙玻璃可采用单片玻璃，空气腔厚度通常为150~300mm。根据防火设计要求进行水平或垂直方向的防火分隔，可以满足防火规范要求。

内循环双层幕墙的特点：

1) 热工性能优越。夏季可降低空腔内空气的温度，增加舒适性；冬季可将幕墙空气腔封闭，增加保温效果。

2) 隔声效果好。由于双层幕墙的面密度高，所以空气声隔声性能优良，也不容易发生"串声"。

3) 防结露效果明显。由于外层幕墙采用隔热型材和中空玻璃，外层幕墙内侧一般不结露。

4) 便于清洁。由于双层幕墙的外层幕墙封闭，空气腔内空气与室内空气循环，便于清洁和维修保养。

5) 防火达标。双层幕墙在水平方向和垂直方向进行分隔，符合防火规范的规定。

（2）外循环双层幕墙

内层幕墙封闭，外层幕墙与室外有进气口和出气口连接，使得双层幕墙通道内的空气可与室外空气进行循环。内层幕墙应采用隔热型材，可设开启扇，玻璃通常采用中空玻璃或Low-E中空玻璃；外层幕墙设进风口、出风口且可开关，玻璃通常采用单片玻璃，空气腔宽度通常为500mm以上。

外循环双层幕墙通常可分为整体式、廊道式、通道式和箱体式4种类型。

外循环双层幕墙同样具有防结露、通风换气好、隔声优越、便于清洁的优点。

例6-28 （2013）下列幕墙形式不属于外循环双层幕墙的是哪一项？
A 开放式　　　B 箱体式　　　C 通道式　　　D 廊道式
解析：查找国标图集《双层幕墙》07J 103—8得知，双层幕墙包括内循环、外循环和开放式三种，而外循环双层幕墙通常可分为4种形式：整体式、廊道式、通道式和箱体式。开放式不属于外循环双层幕墙形式。
答案：A

（3）开放式双层幕墙

外层幕墙仅具有装饰功能，通常采用单片幕墙玻璃且与室外永久连通，不封闭。

开放式双层幕墙特点：

1) 其主要功能是建筑立面的装饰性，建筑立面的防火、保温和隔声等性能都由内层围护结构完成，往往用于旧建筑的改造。

2）有遮阳作用，其效果依设计选材而定。

3）改善通风效果，恶劣天气不影响开窗换气。

3. 双层幕墙的技术要求

（1）抗风压性能。双层幕墙的抗风压性能应根据幕墙所受的风荷载标准值确定，且不应小于$1kN/m^2$，并应符合《建筑结构荷载规范》GB 50009—2012和《工程结构通用规范》GB 55001的规定。

（2）热工性能。双层幕墙的热工性能优良，提高热工性能的关键是玻璃的选用。一般选用中空玻璃或Low-E玻璃效果较好。采用加大空腔厚度只能带来热工性能的下降。

（3）遮阳性能。在双层幕墙的空气腔中设置固定式或活动式遮阳可提高遮阳效果。

（4）光学性能。双层幕墙的总反射比应不大于0.30。

（5）声学性能。增加双层幕墙每层玻璃的厚度对提高隔声效果较为明显，增加空气腔厚度对提高隔声性能作用不大。

（6）防结露性能。严寒地区不宜设计使用外循环双层幕墙，因为外循环的外层玻璃一般多用单层玻璃和普通铝型材，容易在空腔内产生结露。

（7）防雷性能。双层幕墙系统应与主体结构的防雷体系有可靠的连接。双层幕墙设计应符合《建筑物防雷设计规范》GB 50057—2010和《民用建筑电气设计标准》GB 51348—2019的规定。

十、金属幕墙与石材幕墙的构造

1. 材料

（1）石材

1）幕墙石材宜选用火成岩，石材吸水率应小于0.8%。

2）花岗石板材的弯曲强度应经法定检测机构检测确定，其弯曲强度不应小于8.0MPa。

3）石板的表面处理方法应根据环境和用途决定。

4）为满足等强度计算的要求，火烧石板的厚度应比抛光石板厚3mm。

5）石材表面应采用机械进行加工，加工后的表面应用高压水冲洗或用水和刷子清理，严禁用溶剂型的化学清洁剂清洗石材。

（2）金属材料

1）幕墙采用的不锈钢宜采用奥式体不锈钢材。

2）钢结构幕墙高度超过40m时，钢构件宜采用高耐候结构钢，并应在其表面涂刷防腐涂料。

3）钢构件采用冷弯薄壁型钢时，其壁厚不得小于3.5mm。

4）铝合金幕墙应根据幕墙面积、使用年限及性能要求，分别选用铝合金单板（简称单层铝板）、铝塑复合板、铝合金蜂窝板（简称蜂窝铝板）；铝合金板材应达到国家相关标准及设计的要求。表面的处理方式有阳极氧化镀膜、电泳喷涂、静电粉末喷涂、氟碳树脂喷涂等方法。

5）根据防腐、装饰及建筑物的耐久年限的要求，对铝合金板材（单层铝板、铝塑复合板、蜂窝铝板）表面进行氟碳树脂处理时，应符合下列规定：

氟碳树脂（PVDF）含量不应低于75%。海边及严重酸雨地区，可采用三道或四道氟碳树脂涂层，其厚度应大于40μm；其他地区，可采用两道氟碳树脂涂层，其厚度应大于25μm。

氟碳树脂涂层应无起泡、裂纹、剥落等现象。

6）单层铝板应符合现行国家标准的规定，幕墙和屋顶用单层铝板，厚度不应小于2.5mm。铝合金单板最大分格尺寸（宽×高）为（2990mm×600mm）。

7）铝塑复合板应符合下列规定：

铝塑复合板的上、下两层铝合金板的厚度均应为0.5mm，中间夹以3~6mm低密度的聚乙烯（PE）材料，其性能应符合现行国家标准《建筑幕墙用铝塑复合板》GB/T 17748—2016规定的外墙板的技术要求；铝合金板与夹心层的剥离强度标准值应大于7N/mm；用于幕墙和屋顶的铝塑复合板不应小于4mm。

幕墙选用普通型聚乙烯铝塑复合板时，必须符合国家现行建筑设计防火规范的有关规定。

8）蜂窝铝板应符合下列规定：

应根据幕墙的使用功能和耐久年限的要求，分别选用厚度为10mm、12mm、15mm、20mm和25mm的蜂窝铝板。

厚度为10mm的蜂窝铝板应由1mm厚的正面铝合金板、0.5~0.8mm厚的背面铝合金板及铝蜂窝粘结而成。厚度在10mm以上的蜂窝铝板，其正、背面铝合金板厚度均应为1mm。以上关于蜂窝铝板规格的说明也同样适合于牛皮纸蜂窝或玻璃钢蜂窝。

（3）建筑密封材料

1）幕墙采用的橡胶制品宜采用三元乙丙橡胶、氯丁橡胶。密封胶条应为挤出成型，橡胶块应为压模成型。

2）幕墙采用的密封胶条应符合国家标准的规定。

3）幕墙应采用中性硅酮耐候密封胶。

（4）硅酮结构密封胶

1）幕墙应采用中性硅酮结构密封胶；硅酮结构密封胶分单组分和双组分，其性能应符合现行国家标准《建筑用硅酮结构密封胶》GB 16776—2005的规定。

2）同一幕墙工程应采用同一品牌的单组分或双组分的硅酮结构密封胶，并应有保质年限的质量证书。用于石材幕墙的硅酮结构密封胶还应有证明无污染的试验报告。

3）同一幕墙工程应采用同一品牌的硅酮结构密封胶和硅酮耐候密封胶配套使用。

4）硅酮结构密封胶和硅酮耐候密封胶应在有效期内使用。

2. 构造

（1）一般规定

1）金属与石材幕墙的设计应根据建筑物的使用功能、建筑设计立面要求和技术经济能力，选择金属或石材幕墙的立面构成、结构形式和材料品质。

2）金属与石材幕墙的色调、构图和线型等立面构成，应与建筑物立面其他部位协调。

3）石材幕墙中的单块石材板面面积不宜大于1.5m²。

4）金属与石材幕墙设计应保障幕墙维护和清洗的方便与安全。

(2) 幕墙性能

1) 幕墙的性能应包括：风压变形性能、雨水渗漏性能、空气渗透性能、平面内变形性能、保温性能、隔声性能和耐撞击性能。

2) 幕墙的性能等级应根据建筑物所在地的地理位置、气候条件、建筑物的高度、体型及周围环境进行确定。

3) 幕墙在风荷载标准值除以阵风系数后的风荷载值作用下，不应发生雨水渗漏。其雨水渗漏性能应符合设计要求。

4) 有热工性能要求时，幕墙的空气渗透性能应符合设计要求。

(3) 幕墙构造的基本要求

1) 幕墙的防雨水渗漏设计应符合下列规定：

幕墙构架的立柱与横梁的截面形式宜按等压原理设计。

单元幕墙或明框幕墙应有泄水孔。有霜冻的地区，应采用室内排水装置；无霜冻地区，排水装置可设在室外，但应有防风装置。石材幕墙的外表面不宜有排水管。

采用无硅酮耐候密封胶设计时，必须有可靠的防风雨措施。

2) 幕墙中不同的金属材料接触处，除不锈钢外均应设置耐热的环氧树脂玻璃纤维布或尼龙12（俗称聚十二内酰胺，PA12）垫片。

3) 幕墙的保温材料可与金属板、石板结合在一起，但应与主体结构外表面有50mm以上的空气层。

4) 上下用钢销支撑的石材幕墙，应在石板的两个侧面或在石板背面的中心区另采取安全措施，并应考虑维修方便。

5) 上下通槽式或上下短槽式的石材幕墙，均宜有安全措施，并应考虑维修方便。

6) 小单元幕墙的每一块金属板构件、石板构件都应是独立的，且应安装和拆卸方便，同时不应影响上下、左右的构件。

7) 单元幕墙的连接处、吊挂处，其铝合金型材的厚度均应通过计算确定，并不得小于5mm。

(4) 石材幕墙的构造

1) 用于石材幕墙的石板，花岗石的厚度不应小于25mm（大理石和其他石材均不应小于35mm）。

2) 钢销式石材幕墙可在非抗震设计或6度、7度抗震设计幕墙中应用，幕墙高度不宜大于20m，石板面积不宜大于$1.0m^2$。钢销和连接板应采用不锈钢。连接板截面尺寸不宜小于40mm×4mm。

3) 单元石板幕墙的加工组装应符合下列规定：

① 有防火要求的全石板幕墙单元，应将石板、防火板、防火材料按设计要求组装在铝合金框架上。

② 有可视部分的混合幕墙单元，应将玻璃板、石板、防火板及防火材料按设计要求组装在铝合金框架上。

③ 幕墙单元内石板之间可采用铝合金T形连接件连接；T形连接件的厚度应根据石板的尺寸及重量经计算后确定，且其最小厚度不应小于4.0mm。

幕墙单元内，边部石板与金属框架的连接，可采用铝合金L形连接件，其厚度应根据石板尺寸及重量经计算后确定，且其最小厚度不应小于4.0mm。

4）石板经切割或开槽等工序后均应将石屑用水冲干净，石板与不锈钢挂件间应采用环氧树脂型石材专用结构胶粘结。

5）已加工好的石板应立即存放于通风良好的仓库内，其角度不应小于85°。

6）石材幕墙石板的安装方式可采用钢销式、通槽式、短槽式和背栓式。

7）可维护性要求：石材幕墙的面板宜采用便于各板块独立安装和拆卸的支承固定系统，不宜采用T型挂装系统。

8）干挂石材幕墙主要挂件类型、特点及应用：

① 干挂石材幕墙是以金属挂件和高强度锚栓把石板材牢固安装于建筑外侧的以金属构架为支承系统的外墙外饰面系统，幕墙支承系统不承担主体结构荷载。石材幕墙根据各地的气候特点做成外墙外保温体系或不保温体系。

② 挂件以插板和背栓为主，基本构造分为缝挂式和背挂式两大类。插板有多种形式，如T型、L型、Y型、R型和SE组合型。背栓有固定型和可调整型。各种不同挂件及其组合适用于不同面积、不同部位及高度的幕墙上（表6-132）。

③ 缝挂式插板有T型、L型、SE组合型等，但相邻板材共用一个挂件（T型），可拆装性较差，石材破坏率高。以往常用的销钉式因石材局部受压大、易损坏，已被淘汰，目前只限于安装柱子外的弧形石板。SE组合型是较好的缝挂方式。

④ 背挂式是采用Y型、R型挂件在石材背面固定，板与板之间没有联系，排除了热胀冷缩的相互影响，安装牢固，抗震性能好，更适合于异形石材板块，是目前先进可靠的施工方式。

⑤ 背栓连接与背挂有相同的优点，它可以在工厂预先将挂件安装于石材板材上，成为小单元幕墙，在工地可直接安装，更为便捷。小单元式石材幕墙在国外已大量采用。可调型背栓是通过调整石材挂件上的调节螺栓，进一步提高幕墙的平整度，价格相对较高。

例6-29 （2011）幕墙的外围护材料采用石材与铝合金单板时，下列数据哪一项正确？

A 石材最大单块面积应≤1.8m²
B 石材常用厚度应为18mm
C 铝合金单板最大单块面积宜≤1.8m²
D 铝合金单板最小厚度为1.8mm

解析： 查阅《金属与石材幕墙工程技术规范》JGJ 133—2001可知：第4.1.3条规定，石材单块最大面积不宜大于1.5m²（A项错误）；第5.5.1条规定，用于石材幕墙的石板厚度不应小于25mm（B项错误）；第3.3.10条规定，铝合金单板最小厚度为2.5mm（D项错误）；C项，对铝合金单板的最大单块面积没有具体要求。

答案： C

(5) 金属幕墙的构造

1）金属板材的品种、规格及色泽应符合设计要求；铝合金板材表面氟碳树脂涂层厚

干挂石材幕墙主要挂件类型 表6-132

名称	挂件图例	干挂形式	适用范围	名称	挂件图例	干挂形式	适用范围
T型			适用于小面积内外墙	SE型	S型 / E型		适用于大面积内外墙
L型			适用于幕墙上下收口处	固定背栓			适用于大面积内外墙
Y型			适用于大面积外墙	可调挂件	R型 / SE型 / 背栓		适用于高层大面积内外墙
R型			适用于大面积外墙				

注：引自国标图集《外装修（一）》06J 505-1。

度应符合设计要求。

2) 单层铝板的加工应符合下列规定：

① 单层铝板折弯加工时，折弯外圆弧半径不应小于板厚的1.5倍。

② 单层铝板加劲肋的固定可采用电栓钉，但应确保铝板外表面不应变形、褪色，固定应牢固。

③ 单层铝板的固定耳子应符合设计要求。固定耳子可采用焊接、铆接或在铝板上直接冲压而成，并应位置准确，调整方便，固定牢固。

④ 单层铝板构件四周边应采用铆接、螺栓或胶粘与机械连接相结合的形式固定，并应做到构件刚性好，固定牢固。

3) 铝塑复合板的加工应符合下列规定：

① 在切割铝塑复合板内层铝板和聚乙烯塑料时，应保留不小于0.3mm厚的聚乙烯塑料，并不得划伤外层铝板的内表面。

② 打孔、切口等外露的聚乙烯塑料及角缝，应采用中性硅酮耐候密封胶密封。

③ 在加工过程中铝塑复合板严禁与水接触。

④ 固定方式是通过铆钉固定在轻钢龙骨上。

4) 蜂窝铝板的加工应符合下列规定：

① 应根据组装要求决定切口的尺寸和形状，在切除铝芯时，不得划伤蜂窝铝板外层铝板的内表面；各部位外层铝板上，应保留0.3~0.5mm的铝芯。

② 直角构件的加工，折角应弯成圆弧状，角缝应采用硅酮耐候密封胶密封。

③ 大圆弧角构件的加工，圆弧部位应填充防火材料。

④ 边缘的加工，应将外层铝板折合180°，并将铝芯包封。

⑤ 固定方式以龙骨安装为主。

5) 金属幕墙的女儿墙部分，应用单层铝板或不锈钢板加工成向内倾斜的盖顶。

6) 金属幕墙的吊挂件、安装件应符合下列规定：

单元金属幕墙使用的吊挂件、支撑件，宜采用铝合金件或不锈钢件，并应具备可调整范围；单元幕墙的吊挂件与预埋件的连接应采用穿透螺栓；铝合金立柱的连接部位的局部壁厚不得小于 5mm。

（6）幕墙的防火与防雷设计

1) 金属与石材幕墙的防火除应符合国家现行建筑设计防火规范的有关规定外，还应符合下列规定：

① 防火层应采取隔离措施，并应根据防火材料的耐火极限，决定防火层的厚度和宽度，且应在楼板处形成防火带。

② 幕墙的防火层必须采用经防腐处理，且厚度不小于 1.5mm 的耐热钢板，不得采用铝板。

③ 防火层的密封材料应采用防火密封胶；防火密封胶应有法定检测机构的防火检验报告。

2) 金属与石材幕墙的防雷设计除应符合现行国家标准《建筑物防雷设计规范》GB 50057 的有关规定外，还应符合下列规定：

① 在幕墙结构中应自上而下地安装防雷装置，并应与主体结构的防雷装置可靠连接。

② 导线应在材料表面的保护膜除掉部位进行连接。

③ 幕墙的防雷装置设计及安装应经建筑设计单位认可。

第十一节 变形缝构造

一、变形缝概述

受气温变化、地基不均匀沉降以及地震等因素的影响，建筑物结构内部产生附加应力和变形。如处理不当，将会使建筑物产生裂缝甚至倒塌，影响使用与安全。为了解决上述问题，一般采用以下两种解决办法：

（1）加强建筑物的整体性，使之具有足够的强度和刚度来克服这些破坏应力，不产生破裂。

（2）预先在这些变形敏感部位将结构断开，预留一定的缝隙；以保证各部分建筑物在这些缝隙处有足够的变形空间而不造成建筑物的破损。

这种为防止建筑物在外界因素作用下，结构内部产生附加变形和应力，导致建筑物开裂、碰撞甚至破坏而预留的构造缝被称为建筑变形缝，包括伸缩缝、沉降缝和防震缝。

1) 为适应温度变化而设置的变形缝，称为**伸缩缝**或**温度缝**。

2) 为适应地基不均匀沉降引起的破坏而设置的变形缝，称为**沉降缝**。

3) 为适应地震破坏而设置的变形缝，称为**防震缝**或**抗震缝**。

（3）变形缝的设置应符合下列规定：

1) 变形缝应按设缝的性质和条件设计，使其在产生位移或变形时不受阻，且不破坏建筑物。

2）根据建筑使用要求，变形缝应分别采取防水、防火、保温、隔声、防老化、防腐蚀、防虫害和防脱落等构造措施。

3）变形缝不应穿过厕所、卫生间、盥洗室和浴室等用水的房间，也不应穿过配电间等严禁有漏水的房间。

二、变形缝的设置要求

（一）伸缩缝

当建筑物长度超过一定限度、建筑平面变化较多或结构类型较多时，建筑物会因热胀冷缩变形较大而产生开裂。为预防这种情况的发生，应沿建筑物长度方向每隔一定距离设置伸缩缝。伸缩缝的特点是建筑物地面以上部分全部断开，基础不断开，缝宽一般为20～30mm。

1.《砌体结构设计规范》GB 50003—2011 的规定

（1）正常使用条件下，应在墙体中设置伸缩缝。伸缩缝应设在因温度和收缩变形引起应力集中、砌体产生裂缝可能性最大处。

（2）房屋顶层墙体，宜根据情况采取下列措施：

1）屋面应设置保温、隔热层。

2）屋面保温（隔热）层或屋面刚性面层及砂浆找平层应设置分隔缝，分隔缝间距不宜大于6m，其缝宽不小于30mm，并与女儿墙隔开。

3）采用装配式有檩体系钢筋混凝土屋盖和瓦材屋盖。

2.《高层建筑混凝土结构技术规程》JGJ 3—2010 的规定

（1）高层建筑混凝土结构伸缩缝的最大间距宜符合表6-133的规定。

高层建筑混凝土结构伸缩缝的最大间距　　　　表6-133

结构体系	施工方法	最大间距（m）
框架结构	现浇	55
剪力墙结构	现浇	45

注：1. 框架-剪力墙的伸缩缝间距可根据结构的具体布置情况取表中框架结构与剪力墙结构之间的数值；
　　2. 当屋面无保温或隔热措施、混凝土的收缩较大或室内结构因施工外露时间较长时，伸缩缝间距应适当减小；
　　3. 位于气候干燥地区、夏季炎热且暴雨频繁地区的结构，伸缩缝的间距宜适当减小。

（2）当采用有效的构造措施和施工措施减小温度和混凝土收缩对结构的影响时，可适当放宽伸缩缝的间距。这些措施可包括但不限于下列方面：

1）顶层、底层、山墙和纵墙端开间等受温度变化影响较大的部位提高配筋率。

2）顶层加强保温隔热措施，外墙设置外保温层。

3）每30～40m间距留出施工后浇带，带宽800～1000mm；钢筋采用搭接接头；后浇带混凝土宜在45d后浇筑。

4）采用收缩小的水泥、减少水泥用量、在混凝土中加入适宜的外加剂。

5）提高每层楼板的构造配筋率或采用部分预应力结构。

(二)沉降缝

《建筑地基基础设计规范》GB 50007—2011 对沉降缝设置的相关规定如下:

(1) 建筑物的下列部位,宜设置沉降缝:

1) 建筑平面的转折部位。

2) 高度差异或荷载差异处。

3) 长高比过大的砌体承重结构或钢筋混凝土框架结构的适当部位。

4) 地基土的压缩性有显著差异处。

5) 建筑结构或基础类型不同处。

6) 分期建造房屋的交界处。

(2) 沉降缝应有足够的宽度,沉降缝宽度可按表 6-134 选用。沉降缝的构造特点是基础及上部结构全部断开。

房屋沉降缝的宽度　　表 6-134

房屋层数	沉降缝宽度 (mm)
2~3	50~80
4~5	80~120
5层以上	不小于 120

(3) 当采用以下措施时,高层建筑的高层部分与裙房之间可连接为整体而不设沉降缝:

1) 采用桩基,桩支承在基岩上;或采取减少沉降的有效措施并经计算,沉降差在允许范围内。

2) 主楼与裙房采用不同的基础形式,并宜先施工主楼,后施工裙房,调整土压力使后期沉降基本接近。

3) 地基承载力较高、沉降计算较为可靠时,主楼与裙房的标高预留沉降差;先施工主楼,后施工裙房,使最后两者标高基本一致。

在 2)、3) 的两种情况下,施工时应在主楼与裙房之间先留出后浇带,待沉降基本稳定后再连为整体。设计中应考虑后期沉降差的不利影响。

(三)防震缝

1. 《建筑抗震设计规范》GB 50011—2010 (2016年版) 的规定

(1) 体型复杂、平立面不规则的建筑,应根据不规则程度、地基基础条件和技术经济等因素的比较分析,确定是否设置防震缝,并分别符合下列要求:

1) 当在适当部位设置防震缝时,宜形成多个较规则的抗侧力结构单元;防震缝应根据抗震设防烈度、结构材料种类、结构类型、结构单元的高度和高差以及可能的地震扭转效应的情况,留有足够的宽度;其两侧的上部结构应完全分开。

2) 当设置伸缩缝和沉降缝时,其宽度应符合防震缝的要求。

(2) 多层砌体房屋应优先采用横墙承重或纵横墙共同承重的结构体系。不应采用砌体墙和混凝土墙混合承重的结构体系。有下列情况之一时宜设置防震缝,缝两侧均应设置墙体;缝宽应根据烈度和房屋高度确定,可采用 70~100mm。

1) 房屋立面高差在 6m 以上。

2) 房屋有错层,且楼板高差大于层高的 1/4。

3) 各部分结构刚度、质量截然不同。

(3) 钢筋混凝土房屋需要设置防震缝时,防震缝宽度应分别符合下列要求:

1) 框架结构(包括设置少量抗震墙的框架结构)房屋的防震缝宽度:当高度不超过

15m 时，不应小于 100mm；高度超过 15m 时，6 度、7 度、8 度和 9 度分别每增加高度 5m、4m、3m 和 2m，宜加宽 20mm。

2) 框架-抗震墙结构房屋的防震缝宽度不应小于"1) 框架结构"规定数值的 70%；抗震墙结构房屋的防震缝宽度不应小于"1) 框架结构"规定数值的 50%，且均不宜小于 100mm。

3) 防震缝两侧结构类型不同时，宜按需要较宽防震缝的结构类型和较低房屋高度确定缝宽。

2. 《建筑机电工程抗震设计规范》 GB 50981—2014 的规定

（1）（室内给水排水）管道不应穿过抗震缝。当给水管道必须穿越抗震缝时宜靠近建筑物的下部穿越，且应在抗震缝两边各装一个柔性管接头或在通过抗震缝处安装门形弯头或设置伸缩节。

（2）供暖、空气调节水管道不应穿过抗震缝。当必须穿越时，应在抗震缝两边各装一个柔性管接头或在通过抗震缝处安装门形弯头或设伸缩节。

（3）通风、空气调节风道不应穿过抗震缝。当必须穿越时，应在抗震缝两侧各装一个柔性软接头。

（4）电气管路不宜穿越抗震缝，当必须穿越时应符合下列规定：

1) 采用金属导管、刚性塑料导管敷设时宜靠近建筑物下部穿越，且在抗震缝两侧应各设置一个柔性管接头。

2) 电缆梯架、电缆槽盒、母线槽在抗震缝两侧应设置伸缩节。

3) 抗震缝的两端应设置抗震支撑节点并与结构可靠连接。

（5）燃气管道布置应符合下列规定：

1) 燃气管道不应穿过抗震缝。

2) 燃气水平干管不宜跨越建筑物的沉降缝。

例 6-30 （2004、2005）在设防烈度为 8 度的地区，主楼为框剪结构，高 60m，裙房为框架结构，高 21m，主楼与裙房间设防震缝，缝宽至少为下列何值？

A 80m　　　　B 140mm　　　　C 185mm　　　　D 260mm

解析：《建筑抗震设计规范》GB 50011—2010（2016 年版）第 6.1.4 条规定：防震缝两侧结构类型不同时，宜按需要较宽防震缝的结构类型和较低房屋高度确定缝宽的原则，本题中需较宽防震缝的结构类型是框架结构，较低房屋也是框架结构（21m）。所以应以框架结构确定缝宽，即以建筑物高度 15m 为基数，缝宽取 100mm；建筑物高度在 8 度设防时每增加 3m，缝宽增加 20mm。故 21m 高的建筑应取 140mm。

答案：B

三、变形缝构造

变形缝最好设置在平面图形有变化处，以利隐蔽处理。变形缝的材料及构造应根据其部位和需要分别采取防火、防水、保温、防虫害等保护措施，并保证在产生位移或变形时不受阻挡和不被破坏。建筑物的外围护结构的变形缝，应依据建筑热工要求做保温构造。

(一) 变形缝防火构造

《建筑设计防火规范》GB 50016—2014（2018年版）中规定：

(1) 变形缝内的填充材料和变形缝的构造基层应采用不燃材料。

(2) 电线、电缆、可燃气体和甲、乙、丙类液体的管道不宜穿过建筑内的变形缝；确需穿过时，应在穿过处加设不燃材料制作的套管或采取其他防变形措施，并应采用防火封堵材料封堵。

(二) 地下工程变形缝构造

《地下工程防水技术规范》GB 50108—2008 中规定：

1. 地下工程混凝土结构变形缝

地下工程变形缝是防水工程的重点和难点。

(1) 一般规定

1) 变形缝应满足密封防水、适应变形、施工方便、检修容易等要求。

2) 用于伸缩的变形缝宜少设；可根据不同的工程结构类别、工程地质情况，采用后浇带、加强带、诱导缝等替代措施。

3) 变形缝处混凝土结构的厚度不应小于300mm。

4) 《人民防空地下室设计规范》GB 50038—2005 规定，防空地下室结构变形缝的设置应符合下列规定：

① 在防护单元内不宜设置沉降缝、伸缩缝；

② 上部地面建筑需设置伸缩缝、防震缝时，防空地下室可不设置；

③ 室外出入口与主体结构连接处，宜设置沉降缝；

④ 钢筋混凝土结构设置伸缩缝最大间距应按国家现行有关标准执行。

(2) 设计要点

1) 用于沉降的变形缝最大允许沉降差值不应大于30mm。

2) 变形缝的宽度宜为 20～30mm。

3) 变形缝的防水措施可根据工程开挖方法和防水等级确定。变形缝的几种复合防水构造形式，见图 6-101～图 6-103。

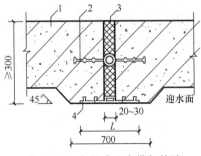

图 6-101 中埋式止水带与外贴
防水层复合使用

外贴式止水带 $L \geq 300$
外贴防水卷材 $L \geq 400$
外涂防水涂层 $L \geq 400$
1—混凝土结构；2—中埋式止水带；
3—填缝材料；4—外贴止水带

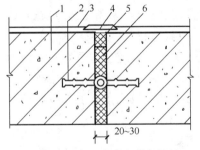

图 6-102 中埋式止水带与嵌缝
材料复合使用

1—混凝土结构；2—中埋式止水带；
3—防水层；4—隔离层；5—密封
材料；6—填缝材料

4）环境温度高于50℃处的变形缝，中埋式止水带可采用金属制作（图6-104）。

5）变形缝止水带材料：止水带一般分为刚性（金属）止水带和柔性（橡胶或塑料）止水带两类。目前，由于生产塑料及橡塑止水带的挤出成型工艺问题，造成外观尺寸误差较大，其物理力学性能不如橡胶止水带。橡胶止水带的材质以氯丁橡胶、三元乙丙橡胶为主；其质量稳定、适应能力强，国内外采用较普遍。

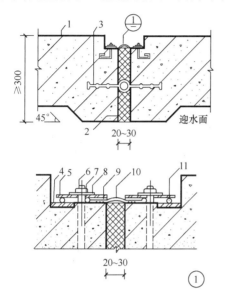

图6-103 中埋式止水带与可卸式止水带复合使用
1—混凝土结构；2—填缝材料；3—中埋式止水带；
4—预埋钢板；5—紧固件压板；6—预埋螺栓；
7—螺母；8—垫圈；9—紧固件压块；
10—Ω型止水带；11—紧固件圆钢

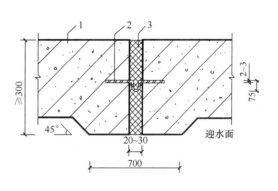

图6-104 中埋式金属止水带
1—混凝土结构；2—金属止水带；
3—填缝材料

2. 后浇带

(1) 一般规定

1）后浇带宜用于不允许留设变形缝的工程部位。

2）后浇带应在其两侧混凝土龄期达到42d（6周）后再施工，高层建筑的后浇带施工应按规定时间进行。

3）后浇带应采用补偿收缩混凝土浇筑，其抗渗和抗压强度等级不应低于两侧混凝土。

(2) 设计要点

1）后浇带应设在受力和变形较小的部位，其间距和位置应按结构设计要求确定，通常宜为30～60m，宽度宜为700～1000mm。

2）后浇带两侧可做成平直缝或阶梯缝，其防水构造形式宜采用图6-105～图6-107。

3）采用掺膨胀剂的补偿收缩混凝土，水中养护14d后的限制膨胀率不应小于0.015%；膨胀剂的掺量应根据不同部位的限制膨胀率设定值经试验确定。

4）后浇带混凝土应一次浇筑，不得留设施工缝；混凝土浇筑后应及时养护，养护时间不得少于28d。

5）后浇带需超前止水时，后浇带部位的混凝土应局部加厚，并应增设外贴式或中埋式止水带（图6-108）。

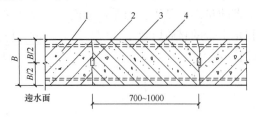

图6-105　后浇带防水构造（一）
1—先浇混凝土；2—遇水膨胀止水条（胶）；
3—结构主筋；4—后浇补偿收缩混凝土

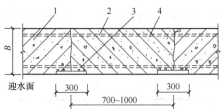

图6-106　后浇带防水构造（二）
1—先浇混凝土；2—结构主筋；3—外贴式
止水带；4—后浇补偿收缩混凝土

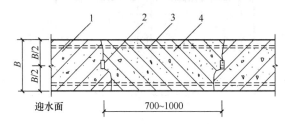

图6-107　后浇带防水构造（三）
1—先浇混凝土；2—遇水膨胀止水条（胶）；
3—结构主筋；4—后浇补偿收缩混凝土

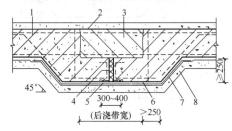

图6-108　后浇带超前止水构造
1—混凝土结构；2—钢丝网片；3—后浇带；4—填
缝材料；5—外贴式止水带；6—细石混凝土保护层；
7—卷材防水层；8—垫层混凝土

3. 膨润土防水材料防水层

变形缝、后浇带等接缝部位应设置宽度不小于500mm的加强层，加强层应设置在防水层与结构外表面之间。

4. 地下工程种植顶板

变形缝应作为种植分区边界，不得跨缝种植。

例6-31　（2021）关于地下建筑变形缝的说法，正确的是（　　）。

A　沉降变形缝最大允许沉降差值应≤50mm

B　变形缝的宽度宜为40mm

C　变形缝中埋式止水带应采用金属制作

D　防空地下室防护单元内不宜设置变形缝

解析： 参见《地下工程防水技术规范》GB 50108—2008第5.1.4条，用于沉降的变形缝最大允许沉降差值不应大于30mm（A项错误）。第5.1.5条，变形缝的宽度宜为20～30mm（B项错误）。第5.1.7条，环境温度高于50℃处的变形缝，中埋式止水带可采用金属制作（C项错误）。另据《人民防空地下室设计规范》GB 50038—2005第4.11.4条，防空地下室结构变形缝的设置应符合下列规定：1 在防护单元内不宜设置沉降缝、伸缩缝（D项正确）；2 上部地面建筑需设置伸缩缝、防震缝时，防空地下室可不设置；3 室外出入口与主体结构连接处，宜设置沉降缝；4 钢筋混凝土结构设置伸缩缝最大间距应按国家现行有关标准执行。

答案： D

(三) 墙体变形缝构造

基层墙体变形缝处应做好防水和保温构造处理。

1.《建筑外墙防水工程技术规程》JGJ/T 235—2011 的规定

变形缝部位应增设合成高分子防水卷材附加层,卷材两端应满粘于墙体,满粘的宽度不应小于150mm,并应钉压固定;卷材收头应用密封材料密封;见图6-109。

2.《建筑抗震设计规范》GB 50011—2010 (2016年版) 的规定

女儿墙在变形缝处应留有足够的宽度,缝两侧的女儿墙自由端应予以加强。

3.《装配式混凝土建筑技术标准》GB/T 51231—2016 的规定

外挂墙板不应跨越主体结构的变形缝。主体结构变形缝两侧外挂墙板的构造缝应能适应主体结构的变形要求,宜采用柔性连接设计或滑动型连接设计,并采取易于修复的构造措施。

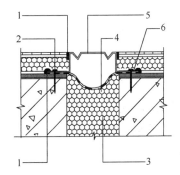

图6-109 变形缝防水构造
(引自《建筑外墙防水工程技术规程》JGJ/T 235—2011)
1—密封材料;2—锚栓;3—衬垫材料;
4—合成高分子防水卷材(两端粘结);
5—不锈钢板;6—压条

(四) 地面和路面变形缝构造

1. 地面变形缝

变形缝不应穿过需要进行防水处理的房间。变形缝不宜穿过主机房(《数据中心设计规范》GB 50174—2017)。变形缝应进行防火、隔声处理;接触室外空气及上、下与不采暖房间相邻的楼面伸缩缝,还应进行保温隔热处理。

《建筑地面设计规范》GB 50037—2013 中规定:

(1) 地面变形缝的设置要求

1) 底层地面的沉降缝和楼层地面的沉降缝、伸缩缝及防震缝的设置均应与结构相应的缝隙位置一致,且应贯通地面的各构造层,并做盖缝处理。

2) 变形缝应设在排水坡的分水线上,不得通过有液体流经或聚集的部位。

3) 变形缝的构造应能使其产生位移和变形时,不受阻、不被破坏,且不破坏地面;变形缝的材料,应按不同要求分别选用具有防火、防水、保温、防油渗、防腐蚀、防虫害的材料。

4) 有空气洁净度等级要求的地面不宜设变形缝,空气洁净度等级为 N1~N5 级的房间地面不应设变形缝[①]。

(2) 地面垫层的施工缝

1) 底层地面的混凝土垫层,应设置纵向缩缝(平行于施工方向的缩缝)、横向缩缝(垂直于施工方向的缩缝),并应符合下列要求:

① 纵向缩缝应采用平头缝或企口缝 [图6-110(a)、图6-110(b)],其间距宜为 3~6m。

---

① 空气洁净度等级指标分为 N1~N9 共9个等级,可查阅《洁净厂房设计规范》GB 50073—2013。

② 纵向缩缝采用企口缝时，垫层的构造厚度不宜小于150mm，企口拆模时的混凝土抗压强度不宜低于3MPa。

③ 横向缩缝宜采用假缝[图6-110(c)]，其间距宜为6~12m；高温季节施工的地面假缝间距宜为6m。假缝的宽度宜为5~12mm；高度宜为垫层厚度的1/3；缝内应填水泥砂浆或膨胀型砂浆。

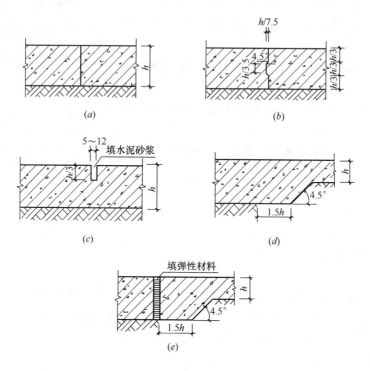

图6-110 混凝土垫层缩缝
(a)平头缝；(b)企口缝；(c)假缝；(d)连续式变截面；(e)间断式变截面
h—混凝土垫层厚度

④ 当纵向缩缝为企口缝时，横向缩缝应做假缝。

⑤ 在不同混凝土垫层厚度的交界处，当相邻垫层的厚度比大于1、小于或等于1.4时，可采取连续式变截面[图6-110(d)]；当厚度比大于1.4时，可设置间断式变截面[图6-110(e)]。

⑥ 大面积混凝土垫层应分区段浇筑。当结构设置变形缝时，应结合变形缝位置、不同类型的建筑地面连接处和设备基础的位置进行划分，并应与设置的纵向、横向缩缝的间距一致。

2) 平头缝和企口缝的缝间应紧密相贴，不得设置隔离材料。

3) 室外地面的混凝土垫层宜设伸缝，间距宜为30m，缝宽宜为20~30mm，缝内应填耐候性密封材料，沿缝两侧的混凝土边缘应局部加强。

4) 大面积密集堆料的地面，其混凝土垫层的纵向缩缝、横向缩缝，应采用平头缝，间距宜为6m。当混凝土垫层下存在软弱层时，建筑地面与主体结构四周宜设沉降缝。

5) 设置防冻胀层的地面采用混凝土垫层时,纵向缩缝和横向缩缝均应采用平头缝,其间距不宜大于3m。

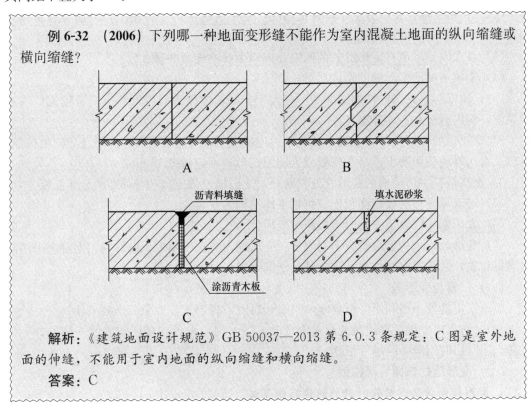

例6-32 (2006) 下列哪一种地面变形缝不能作为室内混凝土地面的纵向缩缝或横向缩缝?

解析:《建筑地面设计规范》GB 50037—2013 第 6.0.3 条规定:C 图是室外地面的伸缝,不能用于室内地面的纵向缩缝和横向缩缝。

答案:C

(3) 面层的分格缝

直接铺设在混凝土垫层上的面层,除沥青类面层、块材类面层外,应设分格缝,并应符合下列要求:

1) 细石混凝土面层的分格缝,应与垫层的缩缝对齐。

2) 水磨石、水泥砂浆、聚合物砂浆等面层的分格缝,除应与垫层的缩缝对齐外,还应根据具体设计要求缩小间距;主梁两侧和柱周围宜分别设分格缝。

3) 防油渗面层分格缝的宽度宜为 15~20mm,其深度宜等于面层厚度;分格缝的嵌缝材料,下层宜采用防油渗胶泥,上层宜采用膨胀水泥砂浆封缝。

2. 路面变形缝

现浇混凝土路面的纵、横向缩缝间距应不大于6m,缝宽一般为5mm。沿长度方向每4格(24m)设伸缩缝一道,缝宽 20~30mm,内填弹性材料。路面宽度达到 8m 时,应在路面中间设伸缩缝一道。

(五)屋面变形缝构造

平屋面上的变形缝,可在缝的两侧砌筑 120mm 半砖墙,高度应高出屋面面层至少 250mm。寒冷地区应在缝中填塞保温材料(以聚苯乙烯泡沫塑料为佳),上部覆盖混凝土板或镀锌铁皮以遮挡雨水。

综合《民用建筑设计统一标准》GB 50352—2019、《屋面工程技术规范》GB 50345—2012、《屋面工程质量验收规范》GB 50207—2012 和《种植屋面工程技术规程》JGJ

155—2013等规范的相关规定：

(1) 天沟、檐沟排水不得流经变形缝和防火墙。

(2)（种植屋面）变形缝上不应种植植物，变形缝墙应高于种植土，可铺设盖板作为园路。

(3) 蓄水隔热屋面在变形缝的两侧应分成两个互不连通的蓄水区。

(4) 金属板屋面变形缝的构造要点：

1) 金属檐沟、天沟的伸缩缝间距不宜大于30m；内檐沟及内天沟应设置溢流口或溢流系统，沟内宜按0.5%找坡。

2) 金属板的伸缩变形除应满足咬口锁边连接或紧固件连接的要求外，还应满足檩条、檐口及天沟等的使用要求，且金属板最大伸缩变形量不应超过100mm。

3) 金属板在主体结构的变形缝处宜断开，变形缝上部应加扣带伸缩的金属盖板。

(5) 玻璃采光顶的玻璃面板不应跨越主体结构的变形缝。

(6) 太阳能光伏系统安装时不应跨越变形缝。

(7) 变形缝防水构造应符合下列规定：变形缝内应预填不燃保温材料，上部应采用防水卷材封盖，并放置衬垫材料，再在其上干铺一层卷材。

(六) 门窗与变形缝

(1) 变形缝处不得利用门框盖缝，门扇开启时不得跨缝，以免变形时卡住。

(2)（防火门）设置在建筑变形缝附近时，防火门应设置在楼层较多的一侧，并应保证防火门开启时门扇不跨越变形缝。

(七) 变形缝处饰面装修构造

1. 变形缝两侧基层装修材料的燃烧性能等级

建筑内部变形缝（包括沉降缝、伸缩缝、抗震缝等）两侧基层的表面装修应采用不低于B_1级的装修材料。

2. 吊顶

(1)《公共建筑吊顶工程技术规程》JGJ 345—2014中规定：

1) 大面积或狭长形的整体面层吊顶、密拼缝处理的板块面层吊顶同标高面积大于100m²时，或单向长度方向大于15m时应设置伸缩缝。当吊顶遇建筑伸缩缝时，应设计与建筑变形量相适应的吊顶变形构造做法。

2) 整体面层吊顶的伸缩缝施工应符合下列规定：

① 吊顶的伸缩缝应符合设计要求；当设计未明确且吊顶面积大于100m²或长度方向大于15m时，宜设置伸缩缝。

② 吊顶伸缩缝的两侧应设置通长次龙骨。

③ 伸缩缝的上部应采用超细玻璃棉等不燃材料将龙骨间的间隙填满。

3) 板块面层吊顶的伸缩缝应符合下列规定：

① 当吊顶为单层龙骨构造时，根据伸缩缝与龙骨或条板间关系，应分别断开龙骨或条板。

② 当吊顶为双层龙骨构造时，设置伸缩缝时应完全断开变形缝两侧的吊顶。

(2)《全国民用建筑工程设计技术措施 规划·建筑·景观》（2009年版）第二部分中指出：

1) 在建筑物变形缝处吊顶也应设缝,其宽度亦应与变形缝一致。
2) 变形缝处主次龙骨应断开,吊顶饰面板断开,但可搭接。
3) 变形缝应考虑防火、隔声、保温、防水等要求。

3. 饰面砖安装

(1) 外墙饰面砖粘结应设置伸缩缝;伸缩缝间距不宜大于 6m,伸缩缝宽度宜为 20mm。

(2) 外墙饰面砖伸缩缝应采用耐候密封胶嵌缝。

(3) 墙体变形缝两侧粘贴的外墙饰面砖之间的距离不应小于变形缝的宽度。

(八) 幕墙变形缝构造

1. 玻璃幕墙变形缝构造

玻璃幕墙的单元板块不应跨越主体建筑的变形缝,其与主体建筑变形缝相对应的构造缝的设计,应能够适应主体建筑变形的要求。

2. 金属和石材幕墙变形缝构造

幕墙的钢框架结构应设温度变形缝。主体结构的防震缝、伸缩缝、沉降缝等部位的幕墙设计应保证外墙面的功能性和完整性。

(九) 建筑变形缝装置

1. 建筑变形缝装置的概念

建筑变形缝装置是指在建筑变形缝部位,由专业厂家制造并指导安装的、既满足建筑结构使用功能又能起到装饰作用的产品。该装置主要由铝合金型材基座、金属或橡胶盖板以及连接基座和盖板的金属滑杆组成。

2. 建筑变形缝装置的种类和构造特征 (表 6-135)。

建筑变形缝装置的种类和构造特征　　　　　　表 6-135

使用部位	构造特征							
	金属盖板型	金属卡锁型	橡胶嵌平型	防震型	承重型	阻火带	止水带	保温层
楼面	✓	✓	单列双列	✓	✓	—	✓	—
内墙、顶棚	✓	✓	—	✓	—	✓	—	—
外墙	✓	✓	橡胶	✓	—	—	✓	✓
屋面	✓	—	✓	✓	—	—	✓	✓

(1) 金属盖板型

简称"盖板型",由基座、不锈钢或铝合金盖板、连接基座及盖板的滑杆组成,基座固定在建筑变形缝两侧,滑杆呈 45°安装;在地震力作用下滑动变形,使盖板保持在变形缝的中心位置。

(2) 金属卡锁型

简称"卡锁型",盖板是由两侧的⌐形基座卡住。在地震力作用下,盖板在卡槽内位移变形并复位。

(3) 橡胶嵌平型

简称"嵌平型",其中窄的变形缝用单根橡胶条嵌镶在两侧的基座上,称为"单列";宽的变形缝用橡胶条+金属盖板+橡胶条的组合体嵌镶在两侧的基座上,称为"双列"。用于外墙时,橡胶条的形状可采用WW形。

(4) 防震型

防震型变形缝装置的特点是连接基座和盖板的金属滑杆带有弹簧复位功能,楼面金属盖板两侧呈45°盘形\＿／,基座也呈同角度￣\＿￣形。在地震力作用下,盖板被挤出上移,但在弹簧作用下可恢复原位;内、外墙及顶棚可采用橡胶条盖板,同样设有弹簧复位功能。

(5) 承重型

有一定荷载要求的盖板型楼面变形缝装置,其基座和盖板断面加厚,可承受1t叉车的通过荷载。

第十二节　老年人照料设施建筑和无障碍设计的构造措施

一、老年人照料设施建筑的构造要点

《老年人照料设施建筑设计标准》JGJ 450—2018,自2018年10月1日起实施。老年人照料设施是指为老年人提供集中照料服务的设施,是老年人全日照料设施和老年人日间照料设施的统称,属于公共建筑。

(一) 总则

(1) 为适应我国老年人照料设施建设发展的需要,提高老年人照料设施建筑设计质量,符合安全、健康、卫生、适用、经济、环保等基本要求,制定本标准。

(2) 本标准适用于新建、改建和扩建的设计总床位数或老年人总数不少于20床(人)的老年人照料设施建筑设计。

(二) 强制性条文

以下各条为强制性条文,必须严格执行。

(1) 道路系统应保证救护车辆能停靠在建筑的主要出入口处,且应与建筑的紧急送医通道相连。

(2) 老年人照料设施的老年人居室和老年人休息室不应设置在地下室、半地下室。

(3) 二层及以上楼层、地下室、半地下室设置老年人用房时应设电梯,电梯应为无障碍电梯,且至少1台能容纳担架。

(4) 老年人使用的楼梯严禁采用弧形楼梯和螺旋楼梯。

(5) 老年人照料设施的老年人居室和老年人休息室不应与电梯井道、有噪声振动的设备机房等相邻布置。

(6) 散热器、热水辐射供暖分集水器必须有防止烫伤的保护措施。

(三) 场地设计

老年人全日照料设施应为老年人设室外活动场地;老年人日间照料设施宜为老年人设室外活动场地。老年人使用的室外活动场地位置应避免与车辆交通空间交叉,且应保证能获得日照,宜选择在向阳、避风处。室外活动场地地面应平整防滑、排水畅通;当有坡度时,坡度不应大于2.5%。

(四) 建筑设计

1. 生活用房

(1) 居室内应留有轮椅回转空间,主要通道的净宽不应小于1.05m,床边留有护理、急救操作空间,相邻床位的长边间距不应小于0.80m。居室门窗应采取安全防护措施及方便老年人辨识的措施。

(2) 护理型床位的居室应相邻设居室卫生间,居室及居室卫生间应设满足老年人盥洗、便溺需求的设施,可设洗浴等设施;非护理型床位的居室宜相邻设居室卫生间。居室卫生间与相邻房间室内地坪不宜有高差;当有不可避免的高差时,不应大于15mm,且应以斜坡过渡。

2. 管理服务用房

(1) 厨房应满足卫生防疫等要求,且应避免厨房工作时对老年人用房的干扰。

(2) 洗衣房平面布置应洁污分区,并应满足洗衣、消毒、叠衣、存放等需求;墙面、地面应易于清洁、不渗漏;宜附设晾晒场地。

3. 交通空间

(1) 老年人使用的出入口和门厅应符合下列规定:

1) 宜采用平坡出入口,平坡出入口的地面坡度不应大于1/20,有条件时不宜大于1/30;

2) 出入口严禁采用旋转门;

3) 出入口的地面、台阶、踏步、坡道等均应采用防滑材料铺装,应有防止积水的措施,严寒、寒冷地区宜采取防结冰措施;

4) 出入口附近应设助行器和轮椅停放区。

(2) 电梯应作为楼层间供老年人使用的主要垂直交通工具,且应符合下列规定:

1) 电梯的数量应综合设施类型、层数、每层面积、设计床位数或老年人数、用房功能与规模、电梯主要技术参数等因素确定;为老年人居室使用的电梯,每台电梯服务的设计床位数不应大于120床;

2) 电梯的位置应明显易找,且宜结合老年人用房和建筑出入口位置均衡设置。

(3) 老年人使用的楼梯应符合下列规定:

1) 梯段通行净宽不应小于1.20m,各级踏步应均匀一致,楼梯缓步平台内不应设置踏步;

2) 踏步前缘不应突出,踏面下方不应透空;

3) 应采用防滑材料饰面,所有踏步上的防滑条、警示条等附着物均不应突出踏面。

4. 建筑细部

(1) 老年人照料设施建筑的主要老年人用房采光窗宜符合表6-136的窗地面积比规定。

主要老年人用房的窗地面积比　　　　　　　　表6-136

房间名称	窗地面积比 (A_c/A_d)
单元起居厅、老年人集中使用的餐厅、居室、休息室、文娱与健身用房、康复与医疗用房	≥1:6
公用卫生间、盥洗室	≥1:9

注:A_c—窗洞口面积;A_d—地面面积。

(2) 老年人用房东西向开窗时，宜采取有效的遮阳措施。

(3) 老年人使用的门，开启净宽应符合下列规定：

1) 老年人用房的门不应小于 0.80m；有条件时，不宜小于 0.90m；

2) 护理型床位居室的门不应小于 1.10m；

3) 建筑主要出入口的门不应小于 1.10m；

4) 含有 2 个或多个门扇的门，至少应有 1 个门扇的开启净宽不小于 0.80m。

(4) 老年人用房的阳台、上人平台应符合下列规定：

1) 相邻居室的阳台宜相连通；

2) 严寒及寒冷地区、多风沙地区的老年人用房阳台宜封闭，其有效通风换气面积不应小于窗面积的 30%；

3) 阳台、上人平台宜设衣物晾晒装置；

4) 开敞式阳台、上人平台的栏杆、栏板应采取防坠落措施，且距地面 0.35m 高度范围内不宜留空。

(五) 专门要求

1. 无障碍设计

(1) 老年人照料设施内供老年人使用的场地及用房均应进行无障碍设计，并应符合国家现行有关标准的规定。

(2) 经过无障碍设计的场地和建筑空间均应满足轮椅进入的要求，通行净宽不应小于 0.80m，且应留有轮椅回转空间。

(3) 老年人使用的室内外交通空间，当地面有高差时，应设轮椅坡道连接，且坡度不应大于 1/12。当轮椅坡道的高度大于 0.10m 时，应同时设无障碍台阶。

(4) 交通空间的主要位置两侧应设连续扶手。

(5) 无障碍设施的地面防滑等级及防滑安全程度应符合规定。

2. 室内装修

(1) 老年人照料设施的室内装修设计宜与建筑设计结合，实行一体化设计。室内部品与家具布置应安全稳固，适合老年人生理特点和使用需求。

(2) 室内装饰材料的选择，应符合国家现行有关标准的规定。室内环境污染浓度限量应符合表 6-137 的规定。

老年人照料设施室内环境污染物浓度限量　　　　　表 6-137

污染物名称（单位）	浓度限量
氡（Bq/m³）	≤200
游离甲醛（mg/m³）	≤0.08
苯（mg/m³）	≤0.09
氨（mg/m³）	≤0.2
TVOC（mg/m³）	≤0.5

3. 安全疏散与紧急救助

(1) 老年人照料设施的人员疏散应符合现行国家标准《建筑设计防火规范》GB 50016—2014（2018 年版）的规定。

(2) 每个照料单元的用房均不应跨越防火分区。

(3) 全部老年人用房与救护车辆停靠的建筑物出入口之间的通道,应满足紧急送医需求。紧急送医通道的设置应满足担架抬行和轮椅推行的要求,且应连续、便捷、畅通。

(4) 老年人的居室门、居室卫生间门、公用卫生间厕位门、盥洗室门、浴室门等,均应选用内外均可开启的锁具及方便老年人使用的把手,且宜设应急观察装置。

4. 卫生控制

老年人照料设施的建筑和场地的设计应便于保持清洁、卫生,空间布局应有利于防止传染病传播。老年人全日照料设施设有生活用房的建筑间距应满足卫生间距要求,且不宜小于12m。

5. 噪声控制与声环境设计

(1) 老年人照料设施应位于现行国家标准《声环境质量标准》GB 3096 规定的 0 类、1 类或 2 类声环境功能区。

(2) 当供老年人使用的室外活动场地位于 2 类声环境功能区时,宜采取隔声降噪措施。

(3) 老年人用房室内允许噪声级应符合表 6-138 的规定。

老年人用房室内允许噪声级　　　　　表 6-138

房间类别		允许噪声级（等效连续 A 声级,dB）	
		昼间	夜间
生活用房	居室	≤40	≤30
	休息室	≤40	
文娱与健身用房		≤45	
康复与医疗用房		≤40	

(4) 房间之间的隔墙或楼板、房间与走廊之间的隔墙的空气声隔声性能,应符合表 6-139 的规定。

房间之间的隔墙和楼板的空气声隔声标准　　　　　表 6-139

构件名称	空气声隔声评价量（R_w+C）
Ⅰ类房间与Ⅰ类房间之间的隔墙、楼板	≥50dB
Ⅰ类房间与Ⅱ类房间之间的隔墙、楼板	≥50dB
Ⅱ类房间与Ⅱ类房间之间的隔墙、楼板	≥45dB
Ⅱ类房间与Ⅲ类房间之间的隔墙、楼板	≥45dB
Ⅰ类房间与走廊之间的隔墙	≥50dB
Ⅱ类房间与走廊之间的隔墙	≥45dB

注：Ⅰ类房间——居室、休息室；
　　Ⅱ类房间——单元起居厅、老年人集中使用的餐厅、卫生间、文娱与健身用房、康复与医疗用房等；
　　Ⅲ类房间——设备用房、洗衣房、电梯间及井道等。

(5) 居室、休息室楼板的计权规范化撞击声压级应小于 65dB。

(六) 防火设计

《建筑设计防火规范》GB 50016—2014（2018年版）局部修订的条文，自2018年10月1日起实施。经此次修改的原条文同时废止。此次局部修订工作，修订完善了老年人照料设施建筑设计的基本防火技术要求，其主要内容如下：

(1) 明确了老年人照料设施的范围。

(2) 明确了老年人照料设施的允许建筑高度或层数及组合建造时的分隔要求。

(3) 明确了老年人生活用房、公共活动用房等的设置要求。

(4) 适当强化了老年人照料设施的安全疏散、避难与消防设施设置要求。

新修订条文中有关老年人照料设施的建筑构件、楼梯、电梯、消防电梯、门窗等防火构造的部分已收入前文各节之中，其他有关条文如下：

1. 建筑分类和耐火等级

(1) 独立建造的高层老年人照料设施属于一类高层民用建筑。

(2) 除木结构建筑外，老年人照料设施的耐火等级不应低于三级。

(3) 二级耐火等级建筑内采用不燃材料的吊顶，其耐火极限不限。

三级耐火等级的医疗建筑、中小学校的教学建筑、老年人照料设施及托儿所、幼儿园的儿童用房和儿童游乐厅等儿童活动场所的吊顶，应采用不燃材料；当采用难燃材料时，其耐火极限不应低于0.25h。

二级和三级耐火等级建筑内门厅、走道的吊顶应采用不燃材料。

2. 防火分区和层数

独立建造的一、二级耐火等级老年人照料设施的建筑高度不宜大于32m，不应大于54m；独立建造的三级耐火等级老年人照料设施，不应超过2层。

3. 建筑保温和外墙装饰

6.7.3 建筑外墙采用保温材料与两侧墙体构成无空腔复合保温结构体时，该结构体的耐火极限应符合本规范的有关规定；当保温材料的燃烧性能为 B_1、B_2 级时，保温材料两侧的墙体应采用不燃材料且厚度均不应小于50mm。

除本规范第6.7.3条规定的情况外，下列老年人照料设施的内、外墙体和屋面保温材料应采用燃烧性能为A级的保温材料：

(1) 独立建造的老年人照料设施。

(2) 与其他建筑组合建造且老年人照料设施部分的总建筑面积大于500m² 的老年人照料设施。

二、建筑物的无障碍设计

《建筑与市政工程无障碍通用规范》GB 55019—2021中规定：

本规范为强制性工程建设规范，全部条文必须严格执行。现行工程建设标准中有关规定与本规范不一致的，以本规范的规定为准。

(一) 总则

(1) 新建、改建和扩建的市政和建筑工程的无障碍设施的建设和运行维护必须执行本规范。

(2) 无障碍设施的建设和运行维护应遵循下列基本原则：

1）满足残疾人、老年人等有需求的人使用，消除他们在社会生活上的障碍；

2）保证安全性和便利性，兼顾经济、绿色和美观；

3）保证系统性及无障碍设施之间有效衔接；

4）从设计、选型、验收、调试和运行维护等环节保障无障碍通行设施、无障碍服务设施和无障碍信息交流设施的安全、功能和性能；

5）无障碍信息交流设施的建设与信息技术发展水平相适应；

6）各级文物保护单位根据需要在不破坏文物的前提下进行无障碍环境建设。

（二）无障碍通行设施

1. 一般规定

（1）城市开敞空间、建筑场地、建筑内部及其之间应提供连贯的无障碍通行流线。

（2）无障碍通行流线上的标识物、垃圾桶、座椅、灯柱、隔离墩、地灯和地面布线（线槽）等设施均不应妨碍行动障碍者的独立通行。固定在无障碍通道、轮椅坡道、楼梯的墙或柱面上的物体，凸出部分大于100mm且底面距地面高度小于2.00m时，其底面距地面高度不应大于600mm，且应保证有效通行净宽。

（3）无障碍通行流线在临近地形险要地段处应设置安全防护设施，必要时应同时设置安全警示线。

（4）无障碍通行设施的地面应坚固、平整、防滑、不积水。

2. 无障碍通道

（1）无障碍通道上有地面高差时，应设置轮椅坡道或缘石坡道。

（2）无障碍通道的通行净宽不应小于1.20m，人员密集的公共场所的通行净宽不应小于1.80m。

（3）无障碍通道上的门洞口应满足轮椅通行，各类检票口、结算口等应设轮椅通道，通行净宽不应小于900mm。

（4）无障碍通道上有井盖、箅子时，井盖、箅子孔洞的宽度或直径不应大于13mm，条状孔洞应垂直于通行方向。

（5）自动扶梯、楼梯的下部和其他室内外低矮空间可以进入时，应在净高不大于2.00m处采取安全阻挡措施。

3. 轮椅坡道

(1) 轮椅坡道的坡度和坡段提升高度应符合下列规定：

1）横向坡度不应大于1∶50，纵向坡度不应大于1∶12，当条件受限且坡段起止点的高差不大于150mm时，纵向坡度不应大于1∶10；

2）每段坡道的提升高度不应大于750mm。

(2) 轮椅坡道的通行净宽不应小于1.20m。

(3) 轮椅坡道的起点终点和休息平台的通行净宽不应小于坡道的通行净宽，水平长度不应小于1.50m，门扇开启和物体不应占用此范围空间。

(4) 轮椅坡道的高度大于300mm且纵向坡度大于1∶20时，应在两侧设置扶手，坡道与休息平台的扶手应保持连贯。

(5) 设置扶手的轮椅坡道的临空侧应采取安全阻挡措施。

4. 无障碍出入口

(1) 无障碍出入口应为下列 3 种出入口之一：

1) 地面坡度不大于 1∶20 的平坡出入口；

2) 同时设置台阶和轮椅坡道的出入口；

3) 同时设置台阶和升降平台的出入口。

(2) 除平坡出入口外，无障碍出入口的门前应设置平台；在门完全开启的状态下，平台的净深度不应小于 1.50m；无障碍出入口的上方应设置雨篷。

(3) 设置出入口闸机时，至少有一台开启后的通行净宽不应小于 900mm，或者在紧邻闸机处设置供乘轮椅者通行的出入口，通行净宽不应小于 900mm。

5. 门

(1) 满足无障碍要求的门应可以被清晰辨认，并应保证方便开关和安全通过。

(2) 在无障碍通道上不应使用旋转门。

(3) 满足无障碍要求的门不应设挡块和门槛，门口有高差时，高度不应大于 15mm，并应以斜面过渡，斜面的纵向坡度不应大于 1∶10。

(4) 满足无障碍要求的手动门应符合下列规定：

1) 新建和扩建建筑的门开启后的通行净宽不应小于 900mm，既有建筑改造或改建的门开启后的通行净宽不应小于 800mm；

2) 平开门的门扇外侧和里侧均应设置扶手，扶手应保证单手握拳操作，操作部分距地面高度应为 0.85～1.00m；

3) 除防火门外，门开启所需的力度不应大于 25N。

(5) 满足无障碍要求的自动门应符合下列规定：

1) 开启后的通行净宽不应小于 1.00m；

2) 当设置手动启闭装置时，可操作部件的中心距地面高度应为 0.85～1.00m。

(6) 全玻璃门应符合下列规定：

1) 应选用安全玻璃或采取防护措施，并应采取醒目的防撞提示措施；

2) 开启扇左右两侧为玻璃隔断时，门应与玻璃隔断在视觉上显著区分开，玻璃隔断并应采取醒目的防撞提示措施；

3) 防撞提示应横跨玻璃门或隔断，距地面高度应为 0.85～1.50m。

(7) 连续设置多道门时，两道门之间的距离除去门扇摆动的空间后的净间距不应小于 1.50m。

(8) 满足无障碍要求的安装有闭门器的门，从闭门器最大受控角度到完全关闭前 10° 的闭门时间不应小于 3s。

(9) 满足无障碍要求的双向开启的门应在可视高度部分安装观察窗，通视部分的下沿距地面高度不应大于 850mm。

6. 无障碍电梯和升降平台

(1) 无障碍电梯的候梯厅应符合下列规定：

1) 电梯门前应设直径不小于 1.50m 的轮椅回转空间，公共建筑的候梯厅深度不应小于 1.80m；

2) 呼叫按钮的中心距地面高度应为 0.85～1.10m，且距内转角处侧墙距离不应小于

400mm，按钮应设置盲文标志；

3）呼叫按钮前应设置提示盲道；

4）应设置电梯运行显示装置和抵达音响。

(2) 无障碍电梯的轿厢的规格应依据建筑类型和使用要求选用。满足乘轮椅者使用的最小轿厢规格，深度不应小于1.40m，宽度不应小于1.10m。同时满足乘轮椅者使用和容纳担架的轿厢，如采用宽轿厢，深度不应小于1.50m，宽度不应小于1.60m；如采用深轿厢，深度不应小于2.10m，宽度不应小于1.10m。轿厢内部设施应满足无障碍要求。

(3) 无障碍电梯的电梯门应符合下列规定：

1）应为水平滑动式门；

2）新建和扩建建筑的电梯门开启后的通行净宽不应小于900mm，既有建筑改造或改建的电梯门开启后的通行净宽不应小于800mm；

3）完全开启时间应保持不小于3s。

(4) 公共建筑内设有电梯时，至少应设置1部无障碍电梯。

(5) 升降平台应符合下列规定：

1）深度不应小于1.20m，宽度不应小于900mm，应设扶手、安全挡板和呼叫控制按钮，呼叫控制按钮的高度应符合本规范第2.6.1条的有关规定；

2）应采用防止误入的安全防护措施；

3）传送装置应设置可靠的安全防护装置。

7. 楼梯和台阶

(1) 视觉障碍者主要使用的楼梯和台阶应符合下列规定：

1）距踏步起点和终点250～300mm处应设置提示盲道，提示盲道的长度应与梯段的宽度相对应；

2）上行和下行的第一阶踏步应在颜色或材质上与平台有明显区别；

3）不应采用无踢面和直角形突缘的踏步；

4）踏步防滑条、警示条等附着物均不应突出踏面。

(2) 行动障碍者和视觉障碍者主要使用的三级及三级以上的台阶和楼梯应在两侧设置扶手。

8. 扶手

(1) 满足无障碍要求的单层扶手的高度应为850～900mm；设置双层扶手时，上层扶手高度应为850～900mm，下层扶手高度应为650～700mm。

(2) 行动障碍者和视觉障碍者主要使用的楼梯、台阶和轮椅坡道的扶手应在全长范围内保持连贯。

(3) 行动障碍者和视觉障碍者主要使用的楼梯和台阶、轮椅坡道的扶手起点和终点处应水平延伸，延伸长度不应小于300mm；扶手末端应向墙面或向下延伸，延伸长度不应小于100mm。

(4) 扶手应固定且安装牢固，形状和截面尺寸应易于抓握，截面的内侧边缘与墙面的净距离不应小于40mm。

(5) 扶手应与背景有明显的颜色或亮度对比。

9. 无障碍机动车停车位和上/落客区

(1) 应将通行方便、路线短的停车位设为无障碍机动车停车位。

(2) 无障碍机动车停车位一侧,应设宽度不小于1.20m的轮椅通道。轮椅通道与其所服务的停车位不应有高差,和人行通道有高差处应设置缘石坡道,且应与无障碍通道衔接。

(3) 无障碍机动车停车位的地面坡度不应大于1:50。

(4) 无障碍机动车停车位的地面应设置停车线、轮椅通道线和无障碍标志,并应设置引导标识。

(5) 总停车数在100辆以下时应至少设置1个无障碍机动车停车位,100辆以上时应设置不少于总停车数1%的无障碍机动车停车位;城市广场、公共绿地、城市道路等场所的停车位应设置不少于总停车数2%的无障碍机动车停车位。

(6) 无障碍小汽(客)车上客和落客区的尺寸不应小于2.40m×7.00m,和人行通道有高差处应设置缘石坡道,且应与无障碍通道衔接。

10. 缘石坡道

(1) 各种路口、出入口和人行横道处,有高差时应设置缘石坡道。

(2) 缘石坡道的坡口与车行道之间应无高差。

(3) 缘石坡道距坡道下口路缘石250~300mm处应设置提示盲道,提示盲道的长度应与缘石坡道的宽度相对应。

(4) 缘石坡道的坡度应符合下列规定:

1) 全宽式单面坡缘石坡道的坡度不应大于1:20;

2) 其他形式缘石坡道的正面和侧面的坡度不应大于1:12。

(5) 缘石坡道的宽度应符合下列规定:

1) 全宽式单面坡缘石坡道的坡道宽度应与人行道宽度相同;

2) 三面坡缘石坡道的正面坡道宽度不应小于1.20m;

3) 其他形式的缘石坡道的坡口宽度均不应小于1.50m。

(6) 缘石坡道顶端处应留有过渡空间,过渡空间的宽度不应小于900mm。

(7) 缘石坡道上下坡处不应设置雨水箅子。设置阻车桩时,阻车桩的净间距不应小于900mm。

11. 盲道

(1) 盲道的铺设应保证视觉障碍者安全行走和辨别方向。

(2) 盲道铺设应避开障碍物,任何设施不得占用盲道。

(3) 需要安全警示和提示处应设置提示盲道,其长度应与需安全警示和提示的范围相对应。行进盲道的起点、终点、转弯处,应设置提示盲道,其宽度不应小于300mm,且不应小于行进盲道的宽度。

(4) 盲道应与相邻人行道铺面的颜色或材质形成差异。

(三) 无障碍服务设施

1. 一般规定

(1) 通往无障碍服务设施的通道应为无障碍通道。

(2) 具有内部使用空间的无障碍服务设施的入口和室内空间应方便乘轮椅者进入和使用,内部应设轮椅回转空间,轮椅需要通行的区域通行净宽不应小于900mm。

(3) 具有内部使用空间的无障碍服务设施的门在紧急情况下应能从外面打开。

(4) 具有内部使用空间的无障碍服务设施应设置易于识别和使用的救助呼叫装置。

(5) 无障碍服务设施的地面应坚固、平整、防滑、不积水。

(6) 无障碍服务设施内供使用者操控的照明、设备、设施的开关和调控面板应易于识别，距地面高度应为 0.85~1.10m。

(7) 无障碍服务设施内安装的部件应符合下列规定：

1) 应安装牢固；

2) 安全抓杆直径应为 30~40mm，内侧与墙面的净距离不应小于 40mm；

3) 低位挂衣钩、低位毛巾架、低位搁物架距地面高度不应大于 1.20m。

2. 公共卫生间（厕所）和无障碍厕所

(1) 满足无障碍要求的公共卫生间（厕所）应符合下列规定：

1) 女卫生间（厕所）应设置无障碍厕位和无障碍洗手盆，男卫生间（厕所）应设置无障碍厕位、无障碍小便器和无障碍洗手盆；

2) 内部应留有直径不小于 1.50m 的轮椅回转空间。

(2) 无障碍厕位应符合下列规定：

1) 应方便乘轮椅者到达和进出，尺寸不应小于 1.80m×1.50m；

2) 如采用向内开启的平开门，应在开启后厕位内留有直径不小于 1.50m 的轮椅回转空间，并应采用门外可紧急开启的门闩；

3) 应设置无障碍坐便器。

(3) 无障碍厕所应符合下列规定：

1) 位置应靠近公共卫生间（厕所），面积不应小于 4.00m²，内部应留有直径不小于 1.50m 的轮椅回转空间；

2) 内部应设置无障碍坐便器、无障碍洗手盆、多功能台、低位挂衣钩和救助呼叫装置；

3) 应设置水平滑动式门或向外开启的平开门。

(4) 公共建筑中的男、女公共卫生间（厕所），每层应至少分别设置 1 个满足无障碍要求的公共卫生间（厕所），或在男、女公共卫生间（厕所）附近至少设置 1 个独立的无障碍厕所。

3. 公共浴室和更衣室

(1) 满足无障碍要求的公共浴室应符合下列规定：

1) 应设置至少 1 个无障碍淋浴间或盆浴间和 1 个无障碍洗手盆；

2) 无障碍淋浴间的短边宽度不应小于 1.50m，淋浴间前应设一块不小于 1500mm×800mm 的净空间，和淋浴间入口平行的一边的长度不应小于 1.50m；

3) 淋浴间入口应采用活动门帘。

(2) 无障碍更衣室应符合下列规定：

1) 乘轮椅者使用的储物柜前应设直径不小于 1.50m 的轮椅回转空间；

2) 乘轮椅者使用的座椅的高度应为 400~450mm。

4. 无障碍客房和无障碍住房、居室

(1) 乘轮椅者上下床用的床侧通道宽度不应小于 1.20m。

(2) 窗户可开启扇的执手或启闭开关距地面高度应为 0.85~1.00m，手动开关窗户操作所需的力度不应大于 25N。

5. 轮椅席位

轮椅席位应符合下列规定：

1）每个轮椅席位的净尺寸深度不应小于 1.30m，宽度不应小于 800mm；

2）观众席为 100 座及以下时应至少设置 1 个轮椅席位；101～400 座时应至少设置 2 个轮椅席位；400 座以上时，每增加 200 个座位应至少增设 1 个轮椅席位；

3）在轮椅席位旁或邻近的坐席处应设置 1∶1 的陪护席位；

4）轮椅席位的地面坡度不应大于 1∶50。

6. 低位服务设施

（1）低位服务设施前应留有轮椅回转空间。

（2）低位服务设施的上表面距地面高度应为 700～850mm，台面的下部应留出不小于宽 750mm、高 650mm、距地面高度 250mm 范围内进深不小于 450mm、其他部分进深不小于 250mm 的容膝容脚空间。

（四）无障碍信息交流设施

（1）无障碍标识应纳入室内外环境的标识系统，应连续并清楚地指明无障碍设施的位置和方向。

（2）无障碍标志的安装位置和高度应保证从站立和座位的视觉角度都能够看见，并且不应被其他任何物品遮挡。

（3）无障碍设施处均应设置无障碍标识。

（4）对需要安全警示处，应同时提供包括视觉标识和听觉标识的警示标识。

（5）语音信息密集的公共场所和以声音为主要传播手段的公共服务应提供文字信息的辅助服务。

（6）在以视觉信息为主的公共服务中，应提供听觉信息的辅助服务。

《无障碍设计规范》GB 50763—2012 中对无障碍的构造要求作了如下规定：

（一）缘石坡道

缘石坡道指的是位于人行道口或人行横道两端，为了避免人行道路缘石带来的通行障碍，方便行人进入人行道的一种坡道。

（1）缘石坡道的坡面应平整、防滑。

（2）宜优先选用全宽式单面坡缘石坡道。

（二）盲道

1. 盲道的一般规定

（1）盲道分为行进盲道和提示盲道。

（2）盲道的纹路应凸出路面 4mm 高。

（3）盲道铺设应连续，应避开树木（穴）、电线杆、拉线等障碍物，其他设施不得占用盲道。

（4）盲道的颜色宜采用中黄色。

（5）盲道型材表面应防滑。

2. 行进盲道的规定

（1）行进盲道应与人行道的走向一致。

(2) 行进盲道的宽度宜为 250～500mm。

(3) 行进盲道宜在距围墙、花台、绿化带 250～500mm 处设置。

(4) 行进盲道宜在距树池边缘 250～500mm 处设置；如无树池，行进盲道与路缘石上沿不应小于 500mm；行进盲道比路缘石上沿低时，距路缘石不应小于 250mm；盲道应避开非机动车停放的位置。

(5) 行进盲道的触感条规格应符合表 6-140 的规定。

3. 提示盲道的规定

提示盲道的触感圆点规格应符合表 6-141 的规定。

行进盲道的触感条规格　表 6-140

部　位	尺寸要求（mm）
面　宽	25
底　宽	35
高　度	4
中心距	62～75

提示盲道的触感圆点规格　表 6-141

部　位	尺寸要求（mm）
表面直径	25
底面直径	35
圆点高度	4
圆点中心距	50

（三）无障碍出入口

1. 无障碍出入口的规定

(1) 出入口的地面应平整、防滑。

(2) 同时设置台阶和升降平台的出入口宜只用于受场地限制无法改造的工程，并应符合"无障碍电梯、升降平台"的有关规定。

(3) 建筑物出入口的门厅、过厅如设置两道门，门扇同时开启时两道门的间距不应小于 1.50m。

2. 无障碍出入口的轮椅坡道及平坡出入口的坡度

(1) 平坡出入口地面的坡度不应大于 1∶20，当场地条件比较好时，不宜大于 1∶30。

(2) 同时设置台阶和轮椅坡道的出入口，坡度应符合"轮椅坡道"的有关规定。

（四）轮椅坡道

(1) 轮椅坡道宜设计成直线形、直角形或折返形。

(2) 轮椅坡道的最大高度和水平长度应符合表 6-142 的规定。

轮椅坡道的最大高度和水平长度　表 6-142

坡度	1∶20	1∶16	1∶12	1∶10	1∶8
最大高度（m）	1.20	0.90	0.75	0.60	0.30
水平长度（m）	24.00	14.40	9.00	6.00	2.40

注：其他坡度可用插入法进行计算。

(3) 轮椅坡道的坡面应平整、防滑、无反光。

例 6-33　（2021）可用于轮椅坡道面层的是（　　）。
A　镜面金属板　　　　　　　B　设防滑条的水泥面
C　设礓磋的混凝土面　　　　D　毛面花岗石

> 解析：依据《无障碍设计规范》GB 50763—2012 第3.4.5条，轮椅坡道的坡面应平整、防滑、无反光。A项镜面易打滑且反光，故错误。B项表面有突出的防滑条，C项表面呈锯齿状，均不够平整，故错误。只有毛面花岗石面层平整、防滑且无反光，D项正确。
>
> 答案：D

（五）无障碍通道、门

（1）无障碍通道应连续，其地面应平整、防滑、反光小或无反光，并不宜设置厚地毯。

（2）不应采用力度大的弹簧门，并不宜采用弹簧门、玻璃门；当采用玻璃门时，应有醒目的提示标志。

（3）在门扇内外应留有直径不小于1.50m的轮椅回转空间。

（4）在单扇平开门、推拉门、折叠门的门把手一侧的墙面，应设宽度不小于400mm的墙面。

（5）平开门、推拉门、折叠门的门扇应设距地900mm的把手，宜设视线观察玻璃，并宜在距地350mm范围内安装护门板。

（6）宜与周围墙面有一定的色彩反差，方便识别。

（六）无障碍楼梯、台阶

1. 无障碍楼梯的规定

（1）宜采用直线形楼梯。

（2）公共建筑楼梯的踏步宽度不应小于280mm，踏步高度不应大于160mm。

（3）宜在两侧均做扶手。

（4）如采用栏杆式楼梯，在栏杆下方宜设置安全阻挡措施。

（5）踏面应平整防滑或在踏步前缘设防滑条。

（6）踏面和踢面的颜色宜有区分和对比。

2. 台阶的无障碍规定

（1）公共建筑的室内外台阶踏步宽度不宜小于300mm，踏步高度不宜大于150mm，并不应小于100mm。

（2）踏步应防滑。

（七）无障碍电梯、升降平台

1. 无障碍电梯候梯厅的规定

（1）候梯厅深度不应小于1.50m，公共建筑及设置病床的候梯厅深度不宜小于1.80m。

（2）电梯门洞的净宽度不宜小于900mm。

（3）电梯入口处宜设提示盲道。

2. 无障碍电梯轿厢的规定

（1）在轿厢三面壁上应设高850～900mm扶手，应符合"扶手"的有关规定。

（2）轿厢正面高900mm处至顶部应安装镜子或采用有镜面效果的材料。

（3）轿厢的规格应依据建筑性质和使用要求的不同而选用。最小规格：深度不应小于

1.40m，宽度不应小于1.10m；中型规格：深度不应小于1.60m，宽度不应小于1.40m；医疗建筑与老人建筑宜采用病床专用电梯。

（八）扶手

（1）扶手应安装坚固，形状易于抓握。圆形扶手直径应为35～50mm，矩形扶手截面宽度应为35～50mm。

（2）扶手的材质宜选用防滑、热惰性指标好的材料。

（九）公共厕所、无障碍厕所

1. 无障碍厕位的规定

（1）无障碍厕位应方便乘轮椅者到达和进出，尺寸宜为2.00m×1.50m，并不应小于1.80m×1.50m。

（2）无障碍厕位的门宜向外开启，如向内开启，需在开启后厕位内留有直径不小于1.50m的轮椅回转空间，门的通行净宽不应小于800mm，平开门外侧应设高900mm的横扶把手，在关闭的门扇里侧设高900mm的关门拉手，并应采用门外可紧急开启的插销。

（3）厕位内应设坐便器，厕位两侧距地面700mm处应设长度不小于700mm的水平安全抓杆，另一侧应设高度为1.40m的垂直安全抓杆。

2. 无障碍厕所的要求

（1）位置宜靠近公共厕所，应方便乘轮椅者进入和进行回转，回转直径不小于1.50m。

（2）当采用平开门，门扇宜向外开启，如向内开启，需在开启后留有直径不小于1.50m的轮椅回转空间，门的通行净宽度不应小于800mm，平开门应设高900mm的横扶把手，在门扇里侧应采用门外可紧急开启的门锁。

（3）地面应防滑、不积水。

（十）公共浴室

公共浴室无障碍设计的规定：

（1）公共浴室的入口和室内空间应方便乘轮椅者进入和使用，浴室内部应能保证轮椅进行回转，回转直径不小于1.50m。

（2）无障碍浴室地面应防滑、不积水。

（十一）无障碍客房

（1）房间内应有空间保证轮椅进行回转，回转直径不小于1.50m。

（2）无障碍客房的门应符合"门"的有关规定。

（3）无障碍客房卫生间内应保证轮椅进行回转，回转直径不小于1.50m，卫生器具应设置安全抓杆，其地面、门、内部设施均应符合相关的规定。

（十二）无障碍住房及宿舍

（1）户门及户内门开启后的净宽应符合"门"的有关规定。

（2）通往卧室、起居室（厅）、厨房、卫生间、储藏室及阳台的通道应为无障碍通道，并应按规定设置扶手。

（3）浴盆、淋浴、坐便器、洗手盆及安全抓杆等应符合相关规定。

（十三）轮椅席位
（1）观众厅内通往轮椅席位的通道宽度不应小于1.20m。
（2）轮椅席位的地面应平整、防滑，在边缘处应安装栏杆或栏板。

（十四）低位服务设施
（1）设置低位服务设施的范围包括问讯台、服务窗口、电话台、安检验证台、行李托运台、借阅台、各种业务台、饮水机等。
（2）低位服务设施前应有轮椅回转空间，回转直径应不小于1.50m。
（3）挂式电话离地不应高于900mm。

第十三节 绿色建筑构造

《绿色建筑评价标准》GB/T 50378—2019 中规定：

一、总则
（1）本标准适用于民用建筑绿色性能的评价。
（2）绿色建筑评价应遵循因地制宜的原则，结合建筑所在地域的气候、环境、资源、经济和文化等特点，对建筑全寿命期内的安全耐久、健康舒适、生活便利、资源节约、环境宜居等性能进行综合评价。

二、术语
（1）绿色建筑：在全寿命期内，节约资源、保护环境、减少污染，为人们提供健康、适用、高效的使用空间，最大限度地实现人与自然和谐共生的高质量建筑。
（2）绿色性能：涉及建筑安全耐久、健康舒适、生活便利、资源节约（节地、节能、节水、节材）和环境宜居等方面的综合性能。
（3）绿色建材：在全寿命期内可减少对资源的消耗、减轻对生态环境的影响，具有节能、减排、安全、健康、便利和可循环特征的建材产品。

三、基本规定

1. 一般规定
（1）绿色建筑评价应以单栋建筑或建筑群为评价对象。评价对象应落实并深化上位法定规划及相关专项规划提出的绿色发展要求；涉及系统性、整体性的指标，应基于建筑所属工程项目的总体进行评价。
（2）绿色建筑评价应在建筑工程竣工后进行。在建筑工程施工图设计完成后，可进行预评价。

2. 评价与等级划分
（1）绿色建筑评价指标体系应由安全耐久、健康舒适、生活便利、资源节约、环境宜居5类指标组成，且每类指标均包括控制项和评分项；评价指标体系还统一设置加分项。
（2）控制项的评定结果应为达标或不达标；评分项和加分项的评定结果应为分值。
（3）对于多功能的综合性单体建筑，应按本标准全部评价条文逐条对适用的区域进行评价，确定各评价条文的得分。

(4) 绿色建筑评价的分值设定应符合表 6-143 的规定。

绿色建筑评价分值 表 6-143

	控制项基础分值	评价指标评分项满分值					提高与创新加分项满分值
		安全耐久	健康舒适	生活便利	资源节约	环境宜居	
预评价分值	400	100	100	70	200	100	100
评价分值	400	100	100	100	200	100	100

注：预评价时，本标准第 6.2.10、6.2.11、6.2.12、6.2.13、9.2.8 条不得分。

(5) 绿色建筑评价的总得分应按下式进行计算：

$$Q = (Q_0 + Q_1 + Q_2 + Q_3 + Q_4 + Q_5 + Q_A)/10$$

式中 Q——总得分；

Q_0——控制项基础分值，当满足所有控制项的要求时取 400 分；

$Q_1 \sim Q_5$——分别为评价指标体系 5 类指标（安全耐久、健康舒适、生活便利、资源节约、环境宜居）评分项得分；

Q_A——提高与创新加分项得分。

(6) 绿色建筑划分应为基本级、一星级、二星级、三星级 4 个等级。

(7) 当满足全部控制项要求时，绿色建筑等级应为基本级。

(8) 绿色建筑星级等级应按下列规定确定：

1) 一星级、二星级、三星级 3 个等级的绿色建筑均应满足本标准全部控制项的要求，且每类指标的评分项得分不应小于其评分项满分值的 30%；

2) 一星级、二星级、三星级 3 个等级的绿色建筑均应进行全装修，全装修工程质量、选用材料及产品质量应符合国家现行有关标准的规定；

3) 当总得分分别达到 60 分、70 分、85 分且应满足表 6-144 的要求时，绿色建筑等级分别为一星级、二星级、三星级。

一星级、二星级、三星级绿色建筑的技术要求 表 6-144

	一星级	二星级	三星级
围护结构热工性能的提高比例，或建筑供暖空调负荷降低比例	围护结构提高 5%，或负荷降低 5%	围护结构提高 10%，或负荷降低 10%	围护结构提高 20%，或负荷降低 15%
严寒和寒冷地区住宅建筑外窗传热系数降低比例	5%	10%	20%
节水器具用水效率等级	3 级	2 级	
住宅建筑隔声性能	—	室外与卧室之间、分户墙（楼板）两侧卧室之间的空气声隔声性能以及卧室楼板的撞击声隔声性能达到低限标准限值和高要求标准限值的平均值	室外与卧室之间、分户墙（楼板）两侧卧室之间的空气声隔声性能以及卧室楼板的撞击声隔声性能达到高要求标准限值

续表

	一星级	二星级	三星级
室内主要空气污染物浓度降低比例	10%	20%	
外窗气密性能	符合国家现行相关节能设计标准的规定，且外窗洞口与外窗本体的结合部位应严密		

注：1. 围护结构热工性能的提高基准、严寒和寒冷地区住宅建筑外窗传热系数降低基准均为国家现行相关建筑节能设计标准的要求。
2. 住宅建筑隔声性能对应的标准为现行国家标准《民用建筑隔声设计规范》GB 50118。
3. 室内主要空气污染物包括氡、甲醛、苯、总挥发性有机物、氨、可吸入颗粒物等，其浓度降低基准为现行国家标准《室内空气质量标准》GB/T 18883 的有关要求。

四、提高与创新

1. 一般规定

（1）绿色建筑评价时，应按本章规定对提高与创新项进行评价。
（2）提高与创新项得分为加分项得分之和，当得分大于 100 分时，应取为 100 分。

2. 加分项

（1）采取措施进一步降低建筑供暖空调系统的能耗。
（2）采用适宜地区特色的建筑风貌设计，因地制宜传承地域建筑文化。
（3）合理选用废弃场地进行建设，或充分利用尚可使用的旧建筑。
（4）场地绿容率不低于 3.0。
（5）采用符合工业化建造要求的结构体系与建筑构件。
（6）应用建筑信息模型（BIM）技术。
（7）进行建筑碳排放计算分析，采取措施降低单位建筑面积碳排放强度。
（8）按照绿色施工的要求进行施工和管理。
（9）采用建设工程质量潜在缺陷保险产品。
（10）采取节约资源、保护生态环境、保障安全健康、智慧友好运行、传承历史文化等其他创新，并有明显效益。

习 题

6-1 （2019）关于水泥混凝土路面的说法，错误的是（　　）。
　　A 表面抗滑、耐磨、平整
　　B 应设置纵、横向接缝
　　C 路基湿度状况不佳时，应设置透水层
　　D 面层宜选用普通水泥混凝土

6-2 （2019）砌块路面不适用于哪种路面？
　　A 城市广场　　B 停车场　　C 支路　　D 次干路

6-3 （2019）抗渗等级为 P6 的防水混凝土，工程埋置深度 H 是（　　）。
　　A $H<10m$　　B $10m \leqslant H<20m$　　C $20m \leqslant H<30m$　　D $H \geqslant 30m$

6-4 （2019）确定防水卷材品种规格和层数的因素，不含下列哪项？
　　A 地下工程的防水等级　　B 地下水位高低与水压力
　　C 地下工程的施工工艺　　D 地下工程的埋置深度

6-5 (2019) 关于地下室背水面采用有机防水涂料的说法,错误的是（   ）。
　　A　可选用反应型涂料　　　　　　　B　不可选用水乳型涂料
　　C　与基层有较好粘结性　　　　　　D　应有较高的抗渗性

6-6 (2019) 地下工程防水混凝土结构施工时,如固定模板用的螺栓必须穿过混凝土结构,应采用（   ）。
　　A　钢质止水环　　　　　　　　　　B　橡胶止水带
　　C　硅酮密封胶　　　　　　　　　　D　遇水膨胀条

6-7 (2019) 关于地下室卷材防水层设置的说法,错误的是（   ）。
　　A　宜用于经常处于地下水环境的工程　　B　应铺设在混凝土结构的迎水面
　　C　不宜铺设在受振动作用的地下工程　　D　宜铺设在受侵蚀性介质作用的工程

6-8 (2019) 中小学教室侧窗窗间墙宽度不应大于1.20m,主要原因是（   ）。
　　A　墙体构造要求　　　　　　　　　B　立面设计考虑
　　C　防止形成暗角　　　　　　　　　D　建筑模数因素

6-9 (2019) 外墙窗台、挑板构件的上部向外找坡的坡度不应小于（   ）。
　　A　1%　　　　B　2%　　　　C　3%　　　　D　5%

6-10 (2019) 花园式种植屋面耐根穿刺防水层上保护层的做法,宜选用下列哪种?（   ）
　　A　20mm厚1:3水泥砂浆
　　B　40mm厚细石混凝土
　　C　0.4mm厚聚乙烯丙纶复合防水卷材
　　D　0.4mm厚高密度聚乙烯土工膜

6-11 (2019) 屋面采光顶玻璃面板面积不宜大于（   ）。
　　A　1.5m²　　　B　2.0m²　　　C　2.5m²　　　D　3.0m²

6-12 (2019) 建筑物屋顶结构为钢筋混凝土板时,其屋面保温材料的燃烧性能等级不应低于（   ）。
　　A　A_1级　　　B　A_2级　　　C　B_1级　　　D　B_2级

6-13 (2019) 关于压型金属屋面正弦波纹板的连接要求,错误的是（   ）。
　　A　横向搭接不应小于一个波
　　B　纵向搭接不应小于100mm
　　C　压型板伸入檐沟内的长度不应小于150mm
　　D　挑出墙面的长度不应小于200mm

6-14 (2019) 防水等级为一级的压型金属板屋面构造示意图（题6-14）中,防水垫层应选用哪种材料?

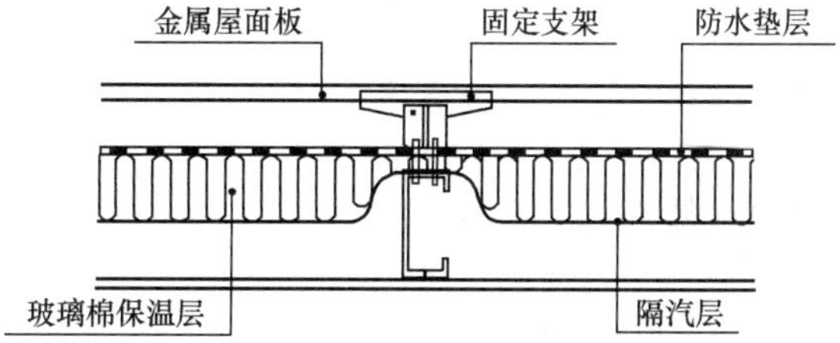

题6-14图

　　A　土工布　　　　　　　　　　　　B　高分子防水卷材
　　C　高聚物防水卷材　　　　　　　　D　防水透汽膜

6-15 (2019) 关于结构找坡屋面构造示意图（题6-15图）的相关说法,错误的是（   ）。
　　A　低女儿墙泛水处的防水层可直接铺贴至压顶下

B 压顶排水坡度不应小于 5%

C 结构找坡的坡度不应小于 2%

D 附加防水层在立面和平面的宽度均不应小于 250mm

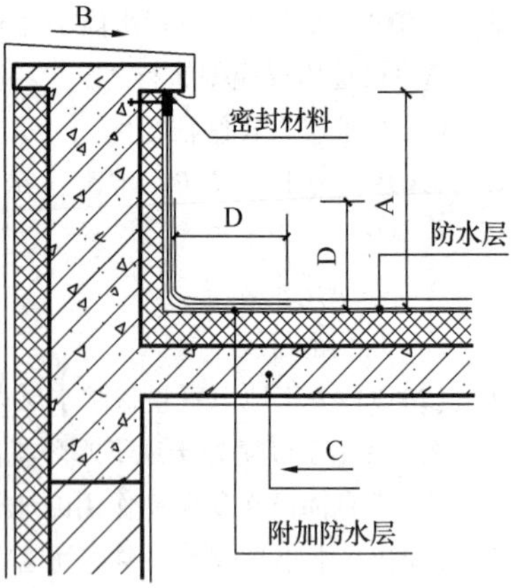

6-16 (2019) 从生态、环保的发展趋势看，哪种屋面隔热方式最优？

A 架空屋面　　　　　　　　B 蓄水屋面

C 种植屋面　　　　　　　　D 块瓦屋面

6-17 (2019) 关于钢筋混凝土屋面檐沟、天沟的设计要求，错误的是（　　）。

A 沟的净宽度不应小于 300mm

B 沟内分水线处最小深度不应小于 100mm

C 沟内纵向坡度不应小于 0.5%

D 沟底水落差不得超过 200mm

题 6-15 图

6-18 (2019) 种植屋面中防止种植土流失，且便于水渗透的构造层次称为（　　）。

A 排水层　　　B 蓄水层　　　C 隔离层　　　D 过滤层

6-19 (2019) 轻质条板隔墙下端与楼地面结合处留缝超过 40mm 时，宜选择下列哪种处理措施？

A 填入 1∶3 水泥砂浆　　　　B 填入干硬性细石混凝土

C 注填发泡聚氨酯　　　　　D 采用成品踢脚板盖缝

6-20 (2019) 钢结构采用外包金属网砂浆做防火保护时，下列说法错误的是（　　）。

A 砂浆的强度等级不宜低于 M5　　　B 砂浆的厚度不宜大于 25mm

C 金属丝网的网格不宜大于 20mm　　D 金属丝网的丝径不宜小于 0.6mm

6-21 (2019) 下列哪种材料不能用于挡烟垂壁？

A 轻钢龙骨纸面石膏板　　　　B 金属复合板

C 穿孔金属板　　　　　　　　D 夹层玻璃板

6-22 (2019) 关于住宅空气声隔声性能，要求最高的是（　　）。

A 户内卧室墙　　　　　　　B 卧室外墙

C 户（套）门　　　　　　　D 户内厨房分室墙

6-23 (2019) 关于轻集料混凝土空心砌块墙设计要点的说法，错误的是（　　）。

A 主要用于建筑物的框架填充外墙和内隔墙

B 用于内隔墙时强度等级不应小于 MU3.5

C 抹面材料应采用水泥砂浆

D 砌块墙体上不应直接挂贴石材、金属幕墙

6-24 (2019) 下列哪种材料构造适合于低频噪声的吸声降噪？

A 20～50mm 厚的成品吸声板

B 穿孔板共振吸声结构

C 50～80mm 厚吸声玻璃棉加防护面层

D 多孔吸声材料后留 50～100mm 厚的空腔

6-25 (2019) 轻钢龙骨纸面石膏板吊顶系统不包含（　　）。

A 龙骨　　　B 配件　　　C 饰面板　　　D 风管

6-26 (2019) 轻钢龙骨吊顶，当吊杆长度大于 1500mm 时应（　　）。

A 增加主龙骨高度　　　　　B 增加次龙骨宽度

C 设置反支撑　　　　　　　D 增加吊杆直径

718

6-27 (2019) 关于吊顶上或吊顶内设备及管道的安装做法，错误的是（　　）。
A 筒灯可固定在吊顶面层上
B 轻型灯具可安装在吊顶龙骨上
C 电扇可固定在吊顶的主龙骨上
D 通风管道应吊挂在建筑的主体结构上

6-28 (2019) 下列多层建筑的吊顶装修，可采用难燃性材料的场所是（　　）。
A 养老院　　　　　　　　　　　B 400m² 电影院观众厅
C 住宅　　　　　　　　　　　　D 幼儿园

6-29 (2019) 有防火要求的吊顶所用耐火石膏板的厚度应大于（　　）。
A 6mm　　　　B 9mm　　　　C 10mm　　　　D 12mm

6-30 (2019) 下列石材楼面装修构造示意图（题 6-30 图），其结合层的做法应是（　　）。
A 40mm 厚 C20 细石混凝土　　　　B 10mm 厚 1∶3 水泥砂浆
C 20mm 厚 1∶1 水泥砂浆　　　　　D 30mm 厚 1∶3 干硬性水泥砂浆

6-31 (2019) 题 6-31 图为地面混凝土垫层纵向企口缩缝示意图，垫层厚度 h 不宜小于（　　）。

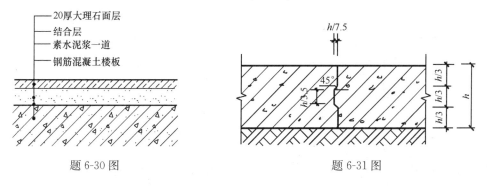

题 6-30 图　　　　　　　　　　　题 6-31 图

A 80mm　　　　B 100mm　　　　C 120mm　　　　D 150mm

6-32 (2019) 题 6-32 图为多层公共建筑室外阳台栏杆示意图，h_1、h_2 分别为何值时正确？

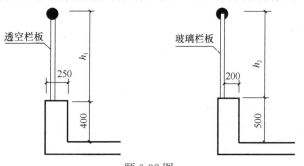

题 6-32 图

A $h_1 \geqslant 650mm$，$h_2 \geqslant 550mm$　　　　B $h_1 \geqslant 1050mm$，$h_2 \geqslant 450mm$
C $h_1 \geqslant 1050mm$，$h_2 \geqslant 550mm$　　　　D $h_1 \geqslant 650mm$，$h_2 \geqslant 1050mm$

6-33 (2019) 关于自动扶梯、自动人行道的说法，错误的是（　　）。
A 自动扶梯扶手带外侧距任何障碍物的距离不小于 300mm
B 栏板应平整、光滑且无突出物
C 自动扶梯倾斜角不应超过 30°
D 倾斜式自动人行道倾斜角不应超过 12°

6-34 (2019) 关于开放式外通风幕墙的内、外层玻璃构造,做法正确的是(   )。
A 外层为单层玻璃与非断热型材组成,内层为中空玻璃与断热型材组成
B 外层为中空玻璃与断热型材组成,内层为单层玻璃与非断热型材组成
C 内、外都是单层玻璃与非断热型材组成
D 内、外都是中空玻璃与断热型材组成

6-35 (2019) 下列石材幕墙的装饰层与外保温系统、基层墙体之间的防火构造示意图,错误的是(   )。

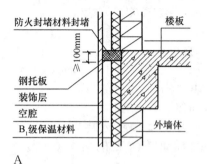

6-36 (2019) 按幕墙形式分类,以下哪个不属于框支承玻璃幕墙?
A 明框玻璃幕墙   B 隐框玻璃幕墙
C 半隐框玻璃幕墙   D 单元式玻璃幕墙

6-37 (2019) 幕墙主要连接部位在连接处设置柔性垫片,其主要目的是(   )。
A 防止结构变形   B 防止温度变形
C 避免形成热桥   D 避免摩擦噪声

6-38 (2019) 关于光伏结构以下哪个说法错误?
A 光伏面板一定要用超白玻璃   B 光伏面板的透光率大于或等于90%
C 面板厚度不宜大于6mm   D 背板可以采用半钢化玻璃

6-39 (2019) 以下哪种门在安装门锁处还需要另外加锁木?
A 镶板木门   B 夹板木门   C 铝合金门   D 彩钢板门

6-40 (2019) 关于钢质防火门,以下说法错误的是(   )。
A 门框、门扇面板及其加固件采用冷轧薄钢板
B 门扇、门框填充无毒无害防火隔热材料
C 安装在防火门上的合页用双向弹簧
D 门锁的耐火时间和防火门的相同

6-41 (2019) 对门控五金件系统配置的测试要求中,开启次数最低的是(   )。
A 门锁   B 闭门器

C 地弹簧　　　　　　　　　　　　D 紧急开门（逃生）装置

6-42 (2019) 以超薄石材为装饰面层，与相应基材复合而成的复合板中，下列哪种最具备"轻质高强"特性？
A 石材保温复合一体板　　　　　　B 石材-陶瓷复合板
C 石材-玻璃复合板　　　　　　　D 石材-铝蜂窝复合板

6-43 (2019) 下列对金属板幕墙的金属面板表面的处理方法，其处理层厚度最大的是（　　）。
A 静电粉末喷涂　　　　　　　　　B 氟碳喷涂
C 氧化着色　　　　　　　　　　　D 搪瓷涂层

6-44 (2019) 为显示大理石优美的纹理，一般采用的表面加工处理方法是（　　）。
A 抛光、哑光　　　　　　　　　　B 烧毛、喷砂
C 剁斧、锤凿　　　　　　　　　　D 自然劈开显示本色

6-45 (2019) 石材板采用湿作业法安装时，其背面应做什么处理？
A 防腐处理　　B 防碱处理　　C 防潮处理　　D 防酸处理

6-46 (2019) 石材幕墙单块石材最大面积不宜大于（　　）。
A 1.0m²　　　B 1.5m²　　　C 2.0m²　　　D 2.5m²

6-47 (2019) 楼面与顶棚的变形缝构造中，不含下列哪项？
A 盖板　　　　B 止水带　　　C 保温材料　　D 阻火带

6-48 (2019) 地下工程混凝土结构宜少设伸缩变形缝，根据不同的工程类别、地质情况而采用的替代措施中，不包括下列哪项？
A 诱导缝　　　B 施工缝　　　C 后浇带　　　D 加强带

6-49 (2018) 哪种材料不适于作为室外地面混凝土垫层的填缝材料？
A 沥青麻丝　　　　　　　　　　　B 沥青砂浆
C 橡胶沥青嵌缝油膏　　　　　　　D 木制嵌条

6-50 (2018) 题 6-50 图所示透水沥青路面的排水方式为（　　）。

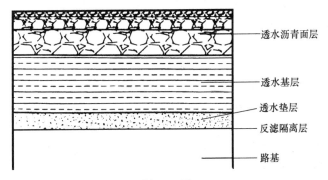

题 6-50 图

A 路表水进入表层面后排入邻近排水设施
B 路表水由面层进入基层后排入邻近排水设施
C 路表水由面层进入垫层后排入邻近排水设施
D 路表水进入路面后渗入路基

6-51 (2018) 车行透水路面基层所选材料，以下选项错误的是（　　）。
A 级配碎石　　　　　　　　　　　B 透水混凝土
C 灰土垫层　　　　　　　　　　　D 骨架空隙型水泥稳定碎石

6-52 (2018) 地下室水泥砂浆防水层的以下说法，错误的是（　　）。

721

A 属于刚性防水，宜采用多层抹压法施工
B 可用于地下室结构主体的迎水面或背水面
C 适用于受持续振动的地下室
D 适用于面积较小且防水要求不高的工程

6-53 (2018) 地下室窗井的防水做法，错误的是（   ）。
A 窗井底部高度高于最高地下水位时，宜与主体结构断开
B 窗井底部高度低于最高地下水位时，应与主体结构连成整体
C 窗井墙高出室外地面不得小于 300mm
D 窗井内的底板应比窗下缘低 300mm

6-54 (2018) 地下工程种植顶板的防排水构造，错误的是（   ）。
A 耐根穿刺防水层上方应设置细石混凝土保护层
B 耐根穿刺防水层与普通防水层之间应设置隔离层
C 保护层与防水层之间应设置隔离层
D 过滤层材料的搭接宽度不小于 200mm

6-55 (2018) 装配式建筑预制混凝土外墙板的构造要求，以下说法错误的是（   ）。
A 水平接缝用高低缝
B 水平接缝用企口缝
C 竖缝采用平口、槽口构造
D 最外层钢筋的混凝土保护层厚度不应小于 20mm

6-56 (2018) 关于砌体结构砌筑砂浆强度等级的说法，错误的是（   ）。
A 与墙体的高厚比有关   B 与建筑的高度、层数有关
C 与建筑的部位有关   D 与砌块强度无关

6-57 (2018) 用于非承重墙体的加气混凝土砌块，下列说法错误的是（   ）。
A 用于外墙时，厚度不应小于 250mm
B 应采用专用砂浆砌筑
C 强度低于 A3.5 时，应在墙底部做导墙
D 用作外墙时，应做饰面防护层

6-58 (2018) 抗震设防地区建筑墙身防潮层应采用（   ）。
A 水泥砂浆   B 防水砂浆   C 防水涂料   D 防水卷材

6-59 (2018) 多层砌体结构女儿墙抗震设防做法，错误的是（   ）。
A 女儿墙厚度大于 200mm
B 女儿墙高度大于 0.5m 时，设构造柱
C 女儿墙高度大于 1.5m 时，构造柱间距应增大
D 压顶厚度不小于 60mm

6-60 (2018) 关于外墙保温的做法，错误的是（   ）。
A 卫生间贴面砖的保温板与基层墙体应采用胶粘剂
B 保温层尺寸稳定性差或面层材料收缩值较大时，宜采用耐水腻子
C 无机保温板面层增强材料宜用耐碱玻璃纤维网布
D 厨房保温面板上采用耐水腻子

6-61 (2018) 图示防潮层做法，错误的是（   ）。

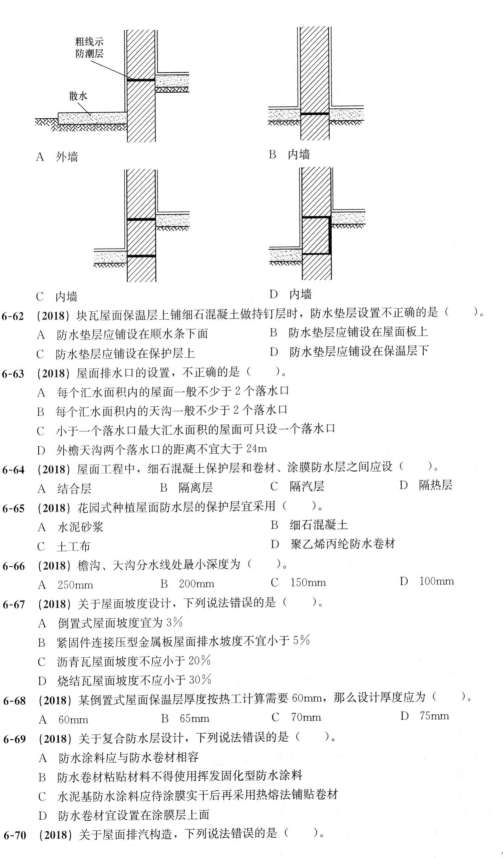

A 外墙 B 内墙

C 内墙 D 内墙

6-62 (2018) 块瓦屋面保温层上铺细石混凝土做持钉层时,防水垫层设置不正确的是（　　）。
A 防水垫层应铺设在顺水条下面　　B 防水垫层应铺设在屋面板上
C 防水垫层应铺设在保护层上　　　D 防水垫层应铺设在保温层下

6-63 (2018) 屋面排水口的设置,不正确的是（　　）。
A 每个汇水面积内的屋面一般不少于2个落水口
B 每个汇水面积内的天沟一般不少于2个落水口
C 小于一个落水口最大汇水面积的屋面可只设一个落水口
D 外檐天沟两个落水口的距离不宜大于24m

6-64 (2018) 屋面工程中,细石混凝土保护层和卷材、涂膜防水层之间应设（　　）。
A 结合层　　B 隔离层　　C 隔汽层　　D 隔热层

6-65 (2018) 花园式种植屋面防水层的保护层宜采用（　　）。
A 水泥砂浆　　　　　　　B 细石混凝土
C 土工布　　　　　　　　D 聚乙烯丙纶防水卷材

6-66 (2018) 檐沟、天沟分水线处最小深度为（　　）。
A 250mm　　B 200mm　　C 150mm　　D 100mm

6-67 (2018) 关于屋面坡度设计,下列说法错误的是（　　）。
A 倒置式屋面坡度宜为3%
B 紧固件连接压型金属板屋面排水坡度不宜小于5%
C 沥青瓦屋面坡度不应小于20%
D 烧结瓦屋面坡度不应小于30%

6-68 (2018) 某倒置式屋面保温层厚度按热工计算需要60mm,那么设计厚度应为（　　）。
A 60mm　　B 65mm　　C 70mm　　D 75mm

6-69 (2018) 关于复合防水层设计,下列说法错误的是（　　）。
A 防水涂料应与防水卷材相容
B 防水卷材粘贴材料不得使用挥发固化型防水涂料
C 水泥基防水涂料应待涂膜实干后再采用热熔法铺贴卷材
D 防水卷材宜设置在涂膜层上面

6-70 (2018) 关于屋面排汽构造,下列说法错误的是（　　）。

A 倒置式屋面宜设排汽孔 B 找平层设置的分格缝兼作排汽道
C 排汽道应纵横贯通或与排汽孔相通 D 面积为 36m² 的屋面宜设置一个排汽孔

6-71 (2018) 关于屋面位移接缝密封材料的防水设计，以下说法正确的是（　　）。
A 采光顶隐框玻璃和幕墙接缝应采用硅酮耐候密封胶
B 高聚物改性沥青卷材接头应采用高分子密封材料
C 接缝处的背衬材料应大于接缝宽度的 10%
D 背衬材料应选择与密封材料不粘结的材料

6-72 (2018) 关于装配式混凝土建筑轻质隔墙系统的设计，以下说法错误的是（　　）。
A 隔墙系统结合室内管线的敷设进行构造设计
B 隔墙系统应满足不同功能房间的隔声要求
C 隔墙端部与结构系统应采用刚性连接
D 隔墙的墙板接缝处应进行密封处理

6-73 (2018) 加气混凝土条板用于卫生间隔墙时，墙体防水层的高度为（　　）。
A 由地面通高至天花板 B 高于地面 1.8m
C 高于地面 1.5m D 高于地面 300mm

6-74 (2018) 医院病房与其他部分的隔墙，采用不燃烧墙体的耐火极限是（　　）。
A 0.5h B 1.0h C 1.5h D 2.0h

6-75 (2018) 产生低频噪声的设备机房，其墙体所采用的吸声降噪措施，正确的是（　　）。
A 20～50mm 厚成品吸声板 B 50～80mm 厚吸声玻璃棉
C 多孔材料背后加空气层 D 2～5mm 穿孔薄板共振吸声体

6-76 (2018) 关于轻集料混凝土空心砌体，错误的是（　　）。
A 潮湿房间的隔墙强度不小于 MU5.0 B 宜用水泥砂浆抹面
C 可用聚丙烯纤维抗裂砂浆抹面 D 不可直接挂贴石材

6-77 (2018) 关于轻质条板隔墙的构造设计，下列说法错误的是（　　）。
A 顶端为自由端的条板隔墙，应做压顶
B 门窗上部墙体高度大于 900mm 时，应配钢筋过梁
C 双层条板隔墙两侧条板竖缝错缝不应小于 200mm
D 抗震设防地区条板隔墙安装长度超 6m 时，应设置构造柱

6-78 (2018) 公共建筑吊顶吊杆长度大于 2500mm 时，应采用哪种加强措施？
A 加大吊杆直径 B 加大龙骨尺寸
C 做反支撑 D 做钢结构转换层

6-79 (2018) 关于防空地下室顶板的装修做法，错误的是（　　）。
A 抹灰顶棚 B 刮腻子顶棚 C 涂料顶棚 C 不可直接挂石材

6-80 (2018) 幼儿园建筑中，各部位材料的燃烧性能，错误的是（　　）。
A 吊顶 A 级 B 墙面 B_1 级 C 地面 B_1 级 D 隔断 B_1 级

6-81 (2018) 关于吊顶设计，下列说法正确的是（　　）。
A 吊顶采用石棉水泥板 B 人工采光玻璃吊顶采用冷光源
C 吊顶采用普通玻璃 D 照明灯具安装在 B_2 级材料上

6-82 (2018) 一类高层建筑物的吊顶可以采用哪种材料？
A 轻钢铝合金条板 B 纸面石膏板
C 矿棉吸声板 D 装饰石膏板

6-83 (2018) 吊杆的固定方式，错误的是（　　）。
A 上人吊顶吊杆采用预埋件安装

B 重型吊顶采用后置连接件
C 轻型吊顶采用膨胀螺栓
D 吊杆不得吊装在设备支架上

6-84 (2018) 住宅卫生间楼地面防水层向外延伸的长度为（　　）。
A 200mm　　B 300mm　　C 400mm　　D 500mm

6-85 (2018) 耐酸瓷砖、耐酸瓷板楼面面层的灰缝采用树脂胶泥时，结合层宜选用（　　）。
A 干硬性水泥砂浆　　　　　　B 石灰水泥砂浆
C 树脂石英粉胶泥　　　　　　D 聚合物水泥砂浆

6-86 (2018) 以下关于预防夏热冬冷地区结露现象的说法，错误的是（　　）。
A 底层500mm高处做地垄墙架空层　　B 采用导热系数大的地面材料
C 地面构造热阻不小于外墙的1/2　　　D 架空地面勒脚处采用通风箅子

6-87 (2018) 以下关于消防电梯，说法错误的是（　　）。
A 电梯层门的耐火极限不小于1小时　　B 内部装修采用难燃材料
C 电梯间前室门前宜设挡水设施　　　　D 控制面板采取防水措施

6-88 (2018) 自动人行道的最大倾斜角为（　　）。
A 12°　　B 15°　　C 18°　　D 20°

6-89 (2018) 以下关于玻璃幕墙，说法错误的是（　　）。
A 点支承玻璃肋采用钢化玻璃　　　　B 点支承面板玻璃采用钢化玻璃
C 框支承玻璃幕墙采用安全玻璃　　　D 商场玻璃幕墙采用安全玻璃

6-90 (2018) 装配式混凝土结构应采用下列哪种玻璃幕墙？
A 构件式玻璃幕墙　　　　　　B 点支承玻璃幕墙
C 单元式玻璃幕墙　　　　　　D 全玻璃幕墙

6-91 (2018) 以下关于全玻璃幕墙，说法错误的是（　　）。
A 玻璃板面和结构面的空隙应密封　　B 面板玻璃厚度不小于10mm
C 夹层玻璃单片厚度不小于6mm　　　D 玻璃肋截面不小于12mm

6-92 (2018) 关于幕墙的防渗构造，以下说法错误的是（　　）。
A 单元式幕墙设泄水孔　　　　B 排水装置设在室外，应设有防风装置
C 幕墙横梁截面采用等压原理设计　　D 石材幕墙的排水管位于室外

6-93 (2018) 石材幕墙不宜采用（　　）。
A T型挂装系统　　　　　　　B ES型组合挂装
C 背栓式　　　　　　　　　　D 通槽、短槽式

6-94 (2018) 关于玻璃幕墙密封胶，以下说法错误的是（　　）。
A 隐框玻璃幕墙中玻璃与铝型材采用中性硅酮胶
B 镀膜点支承幕墙采用酸性硅酮耐候密封胶
C 全玻璃幕墙可采用酸性硅酮耐候密封胶
D 玻璃幕墙的耐候密封采用中性硅酮类耐候密封胶

6-95 (2018) 无保温层的釉面砖外墙，门窗洞口与门窗框间隙为（　　）。
A 10～15mm　　B 15～20mm　　C 20～25mm　　D 30～35mm

6-96 (2018) 关于门的五金件，下列说法错误的是（　　）。
A 办公楼走道上的防火门只装闭门器
B 双向弹簧门可采用油压闭门器
C 控制人员进出的疏散门上安装逃生推杠
D 单向弹簧门可以采用地弹簧

6-97 **(2018)** 适用于胶粘法的石材厚度宜为（　　）。
   A 5～8mm   B 9～12mm   C 13～15mm   D 16～20mm

6-98 **(2018)** 关于室内饰面玻璃，下列说法错误的是（　　）。
   A 室内消防通道墙面不宜采用饰面玻璃
   B 室内饰面玻璃可以采用点式幕墙安装
   C 饰面玻璃距楼地面高度大于 3m，应采用钢化玻璃
   D 室内饰面玻璃可采用隐框幕墙安装

6-99 **(2018)** 食品库房不应采用以下哪种地面？
   A 沥青砂浆   B 水泥基自流平
   C 细石混凝土   D 水磨石

参考答案及解析

6-1　**解析**：参见《城市道路工程设计规范》CJJ 37—2012（2016 年版）第 12.3.4 条，水泥混凝土路面设计应符合下列规定：3 水泥混凝土面层应满足强度和耐久性的要求，表面应抗滑、耐磨、平整（A 项正确），面层宜选用设接缝的普通水泥混凝土（D 项正确）；4 当水泥混凝土路面总厚度小于最小防冻厚度，或路基湿度状况不佳时，需设置垫层（C 项错误）；5 水泥混凝土路面应设置纵、横向接缝（B 项正确）。
　　答案：C

6-2　**解析**：砌块路面适用于支路、城市广场、停车场。参见《城市道路工程设计规范》CJJ 37—2012（2016 年版）第 12.3.2 条，路面面层类型的选用应符合题 6-2 解表的规定。

路面面层类型及适用范围　　题 6-2 解表

面层类型	适用范围
沥青混凝土	快速路、主干路、次干路、支路、城市广场、停车场
水泥混凝土	快速路、主干路、次干路、支路、城市广场、停车场
贯入式沥青碎石、上拌下贯式沥青碎石、沥青表面处治和稀浆封层	支路、停车场
砌块路面	支路、城市广场、停车场

　　答案：D

6-3　**解析**：参见《地下工程防水技术规范》GB 50108—2008 第 4.1.4 条，防水混凝土的设计抗渗等级，应符题 6-3 解表的规定。

防水混凝土设计抗渗等级　　题 6-3 解表

工程埋置深度 H（m）	设计抗渗等级
$H<10$	P6
$10 \leqslant H<20$	P8
$20 \leqslant H<30$	P10
$H \geqslant 30$	P12

　　答案：A

6-4　**解析**：参见《地下工程防水技术规范》GB 50108—2008 第 4.3.4 条，防水卷材的品种规格和层数，应根据地下工程防水等级（A 项正确）、地下水位高低及水压力作用状况（B 项正确）、结构构造形式和施工工艺等（C 项正确）因素确定。

答案：D

6-5 解析：参见《地下工程防水技术规范》GB 50108—2008：第 4.4.1 条涂料防水层应包括无机防水涂料和有机防水涂料。无机防水涂料可选用掺外加剂、掺合料的水泥基防水涂料、水泥基渗透结晶型防水涂料。有机防水涂料可选用反应型、水乳型、聚合物水泥等涂料（A 项正确、B 项错误）。

第 4.4.2 条无机防水涂料宜用于结构主体的背水面，有机防水涂料宜用于地下工程主体结构的迎水面，用于背水面的有机防水涂料应具有较高的抗渗性（D 项正确），且与基层有较好的粘结性（C 项正确）。

答案：B

6-6 解析：参见《地下工程防水技术规范》GB 50108—2008 第 4.1.28 条，防水混凝土结构内部设置的各种钢筋或绑扎铁丝，不得接触模板。用于固定模板的螺栓必须穿过混凝土结构时，可采用工具式螺栓或螺栓加堵头，螺栓上应加焊方形止水环（A 项正确）。拆模后应将留下的凹槽用密封材料封堵密实，并应用聚合物水泥砂浆抹平（题 6-6 解图）。

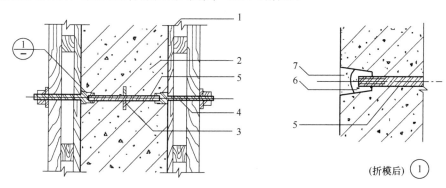

题 6-6 解图 固定模板用螺栓的防水构造
1—模板；2—结构混凝土；3—止水环；4—工具式螺栓；5—固定模板用螺栓；6—密封材料；
7—聚合物水泥砂浆

答案：A

6-7 解析：参见《地下工程防水技术规范》GB 50108—2008 第 4.3.1 条，卷材防水层宜用于经常处在地下水环境（A 项正确），且受侵蚀性介质作用（D 项正确）或受振动作用的地下工程（C 项错误）。第 4.3.2 条，卷材防水层应铺设在混凝土结构的迎水面（B 项正确）。

答案：C

6-8 解析：参见《中小学校设计规范》GB 50099—2011 第 5.1.8 条，各教室前端侧窗窗端墙的长度不应小于 1.00m。窗间墙宽度不应大于 1.20m。条文说明第 5.1.8 条，前端侧窗窗端墙长度达到 1.00m 时可避免黑板眩光。过宽的窗间墙会形成从相邻窗进入的光线都无法照射的暗角。暗角处的课桌面亮度过低，学生视读困难（C 项正确）。

答案：C

6-9 解析：参见《建筑外墙防水工程技术规程》JGJ/T 235—2011 第 5.3.1 条，门窗框与墙体间的缝隙宜采用聚合物水泥防水砂浆或发泡聚氨酯填充；外墙防水层应延伸至门窗框，防水层与门窗框间应预留凹槽，并应嵌填密封材料；门窗上楣的外口应做滴水线；外窗台应设置不小于 5% 的外排水坡度（D 项正确）。

答案：D

6-10 解析：参见《种植屋面工程技术规程》JGJ 155—2013 第 5.1.12.2 款：耐根穿刺防水层上应设置

保护层，花园式种植屋面宜采用厚度不小于40mm的细石混凝土作保护层。

答案：B

6-11 解析：参见《建筑玻璃采光顶技术要求》JG/T 231—2018第5.3条，玻璃采光顶用玻璃面板的面积应不大于2.5m²，长边边长宜不大于2m。

答案：C

6-12 解析：依据《建筑设计防火规范》GB 50016—2014（2018年版）条文说明"附录 各类建筑构件的燃烧性能和耐火极限""附表1 各类非木结构构件的燃烧性能和耐火极限"可知：除圆孔空心板和预应力槽形屋面板之外，钢筋混凝土楼板、梁板和屋面板的耐火极限不小于1.2h；故屋面外保温材料的燃烧性能不应低于 B_2 级，因此选D。

答案：D

6-13 解析：参见《采光顶与金属屋面技术规程》JGJ 255—2012第7.4.7条，梯形板、正弦波纹板连接应符合下列要求：1 横向搭接不应小于一个波（A项正确），纵向搭接不应小于200mm（B项错误）；2 挑出墙面的长度不应小于200mm（D项正确）；3 压型板伸入檐沟内的长度不应小于150mm（C项正确）；4 压型板与泛水的搭接宽度不应小于200mm。

答案：B

6-14 解析：参见《屋面工程技术规范》GB 50345—2012第4.9.5条，金属板屋面在保温层的下面宜设置隔汽层，在保温层的上面宜设置防水透汽膜。

答案：D

6-15 解析：参见《屋面工程技术规范》GB 50345—2012：第4.3.1条，混凝土结构层宜采用结构找坡，坡度不应小于3%（C项错误）；当采用材料找坡时，宜采用质量轻、吸水率低和有一定强度的材料，坡度宜为2%。

第4.11.14条，女儿墙的防水构造应符合下列规定：1 女儿墙压顶可采用混凝土或金属制品；压顶向内排水，坡度不应小于5%（B项正确），压顶内侧下端应作滴水处理；2 女儿墙泛水处的防水层下应增设附加层，附加层在平面和立面的宽度均不应小于250mm（D项正确）；3 低女儿墙泛水处的防水层可直接铺贴或涂刷至压顶下（A项正确），卷材收头应用金属压条钉压固定，并应用密封材料封严；涂膜收头应用防水涂料多遍涂刷。

答案：C

6-16 解析：参见《屋面工程技术规范》GB 50345—2012条文说明第4.4.7条，屋面隔热是指在炎热地区防止夏季室外热量通过屋面传入室内的措施。在我国南方一些省份，夏季时间较长、气温较高，随着人们生活的不断改善，对住房的隔热要求也逐渐提高，采取了种植、架空、蓄水等屋面隔热措施。屋面隔热层设计应根据地域、气候、屋面形式、建筑环境、使用功能等条件，经技术经济比较确定。这是因为同样类型的建筑在不同地区所采用的隔热方式也有很大区别，不能随意套用标准图或其他做法。从发展趋势看，由于绿色环保及美化环境的要求，采用种植屋面隔热方式将胜于架空隔热和蓄水隔热。

答案：C

6-17 解析：参见《屋面工程技术规范》GB 50345—2012第4.2.11条，檐沟、天沟的过水断面，应根据屋面汇水面积的雨水流量经计算确定。钢筋混凝土檐沟、天沟净宽不应小于300mm（A项正确），分水线处最小深度不应小于100mm（B项正确）；沟内纵向坡度不应小于1%（C项错误），沟底水落差不得超过200mm（D项正确）；檐沟、天沟排水不得流经变形缝和防火墙。

答案：C

6-18 解析：参见《种植屋面工程技术规程》JGJ 155—2013第2.0.8条，过滤层是防止种植土流失，且便于水渗透的构造层（D项正确）。第2.0.7条，排（蓄）水层是能排出种植土中多余水分（或具有一定蓄水功能）的构造层。

另据《屋面工程技术规范》GB 50345—2012 第 2.0.5 条，隔离层是消除相邻两种材料之间粘结力、机械咬合力、化学反应等不利影响的构造层。

答案：D

6-19 解析：参见《建筑轻质条板隔墙技术规程》JGJ/T 157—2014 第 4.3.4 条，条板隔墙下端与楼地面结合处宜预留安装空隙，且预留空隙在 40mm 及以下的宜填入 1∶3 水泥砂浆，40mm 以上的宜填入干硬性细石混凝土（B 项正确），撤除木楔后的遗留空隙应采用相同强度等级的砂浆或细石混凝土填塞、捣实。

答案：B

6-20 解析：参见《建筑钢结构防火技术规范》GB 51249—2017 第 4.1.6 条，钢结构采用外包混凝土、金属网抹砂浆或砌筑砌体保护时，应符合下列规定：1 当采用外包混凝土时，混凝土的强度等级不宜低于 C20；2 当采用外包金属网抹砂浆时，砂浆的强度等级不宜低于 M5（A 项正确）；金属丝网的网格不宜大于 20mm（C 项正确），丝径不宜小于 0.6mm（D 项正确）；砂浆最小厚度不宜小于 25mm（B 项错误）；3 当采用砌筑砌体时，砌块的强度等级不宜低于 MU10。

答案：B

6-21 解析：参见《挡烟垂壁》XF 533—2012 第 5.1.1.2 款：挡烟垂壁的挡烟部件表面不应有裂纹、压坑、缺角、孔洞（C 项错误）及明显的凹凸、毛刺等缺陷。第 5.1.2.1 款：挡烟垂壁应采用不燃材料制作。

查阅《建筑内部装修设计防火规范》GB 50222—2017 条文说明第 3.0.2 条"表 1 常用建筑内部装修材料燃烧性能等级划分举例"，可知 B、C、D 项材料的燃烧性能等级均为 A 级（不燃），另该规范第 3.0.4 条规定：安装在金属龙骨上燃烧性能达到 B_1 级的纸面石膏板、矿棉吸声板，可作为 A 级装修材料使用，因此 A 项也为 A 级材料。四个选项都满足不燃材料的要求，但 C 项穿孔金属板不满足挡烟要求。

答案：C

6-22 解析：各选项的空气声隔声要求分别是不小于：35、45、25、30（dB），B 项最高。参见《民用建筑隔声设计规范》GB 50118—2010 第 4.2.6 条，外墙、户（套）门和户内分室墙的空气声隔声性能，应符合题 6-22 解表的规定。

外墙、户（套）门和户内分室墙的空气声隔声标准　　题 6-22 解表

构件名称	空气声隔声单值评价量+频谱修正量（dB）	
外墙	计权隔声量+交通噪声频谱修正量 R_w+C_{tr}	≥45
户（套）门	计权隔声量+粉红噪声频谱修正量 R_w+C	≥25
户内卧室墙	计权隔声量+粉红噪声频谱修正量 R_w+C	≥35
户内其他分室墙	计权隔声量+粉红噪声频谱修正量 R_w+C	≥30

答案：B

6-23 解析：参见《全国民用建筑工程设计技术措施　规划·建筑·景观》（2009 年版）第二部分第

4.1.7条,轻集料混凝土空心砌块墙的设计要点:

1 主要用于建筑物的框架填充外墙和内隔墙(A项正确)。

2 用于外墙或较潮湿房间隔墙时,强度等级不应小于MU5.0;用于一般内墙时,强度等级不应小于MU3.5(B项正确)。

3 抹面材料应与砌块基材特性相适应,以减少抹面层龟裂的可能。宜根据砌块强度等级选用与之相对应的专用抹面砂浆或聚丙烯纤维抗裂砂浆,忌用水泥砂浆抹面(C项错误)。

4 砌块墙体上不应直接挂贴石材、金属幕墙(D项正确)。

答案:C

6-24 解析:参见《全国民用建筑工程设计技术措施 规划·建筑·景观》(2009年版)第二部分第4.5.7条,空调机房、通风机房、柴油发电机房、泵房及制冷机房应采取吸声降噪措施:

1 中高频噪声的吸收降噪设计一般采用20~50mm厚的成品吸声板;

2 吸声要求较高的部位可采用50~80mm厚的吸声玻璃棉等多孔吸声材料并加适当的防护面层;

3 宽频带噪声的吸声设计可在多孔材料后留50~100mm厚的空腔或80~150mm厚的吸声层;

4 低频噪声的吸声降噪设计可采用穿孔板共振吸声结构,其板厚通常为2~5mm、孔径为3~6mm、穿孔率宜小于5%。

题目的4个选项中,只有B项是针对低频噪声的吸声降噪措施,故应选B。

答案:B

6-25 解析:参见《公共建筑吊顶工程技术规程》JGJ 345—2014第2.0.1条,吊顶系统是由承力构件、龙骨骨架、面板及配件等组成的系统。其中不包括风管,故应选D。

答案:D

6-26 解析:参见《建筑装饰装修工程质量验收标准》GB 50210—2018第7.1.11条,吊杆距主龙骨端部距离不得大于300mm。当吊杆长度大于1500mm时,应设置反支撑(C项正确)。当吊杆与设备相遇时,应调整并增设吊杆或采用型钢支架。

答案:C

6-27 解析:参见《公共建筑吊顶工程技术规程》JGJ 345—2014第4.1.8条(强条),重型设备和有振动荷载的设备严禁安装在吊顶工程的龙骨上(C项错误)。第4.2.4条,当吊杆与管道等设备相遇、吊顶造型复杂或内部空间较高时,应调整、增设吊杆或增加钢结构转换层。吊杆不得直接吊挂在设备或设备的支架上(D项正确)。第4.2.8条,当采用整体面层及金属板类吊顶时,重量不大于1kg的筒灯、石英射灯、烟感器、扬声器等设施可直接安装在面板上(A项正确);重量不大于3kg的灯具等设施可安装在U型或C型龙骨上,并应有可靠的固定措施(B项正确)。

答案:C

6-28 解析:参见《建筑内部装修设计防火规范》GB 50222—2017第3.0.2条,装修材料按其燃烧性能应划分为四级,并应符合表6-120的规定。第5.1.1条(强条),单、多层民用建筑内部各部位装修材料的燃烧性能等级,不应低于表6-121的规定。

在单层、多层民用建筑中,吊顶可采用不低于B_1级(难燃性)装修材料的建筑类型有宾馆、饭店的客房及公共活动用房等〔设置送回风道(管)的集中空气调节系统的除外〕、营业面积≤100m²的餐饮场所、办公场所〔设置送回风道(管)的集中空气调节系统的除外〕,以及住宅;所以C项正确。

答案:C

6-29 解析:参见《公共建筑吊顶工程技术规程》JGJ 345—2014第4.1.3.2款:吊顶的防火设计应符合现行国家标准《建筑设计防火规范》GB 50016及《建筑内部装修设计防火规范》GB 50222的

规定。有防火要求的石膏板厚度应大于 12mm，并应使用耐火石膏板（D 项正确）。

答案：D

6-30 解析：参见《建筑地面设计规范》GB 50037—2013 附录 A 第 A.0.2 条，结合层材料及厚度，应符合题 6-30 解表的规定。

结合层材料及厚度（节选）　　　　　题 6-30 解表

面层材料	结合层材料	厚度（mm）
大理石、花岗石板	1∶2 水泥砂浆 或 1∶3 干硬性水泥砂浆	20～30

答案：D

6-31 解析：参见《建筑地面设计规范》GB 50037—2013 第 6.0.3 条，底层地面的混凝土垫层，应设置纵向缩缝和横向缩缝，并应符合下列要求：1 纵向缩缝应采用平头缝或企口缝（题 6-31 解图），其间距宜为 3～6m；2 纵向缩缝采用企口缝时，垫层的厚度不宜小于 150mm（D 项正确），企口拆模时的混凝土抗压强度不宜低于 3MPa。

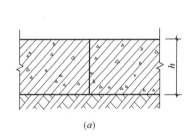 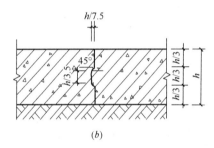

题 6-31 解图　混凝土垫层缩缝
(a) 平头缝；(b) 企口缝
h—混凝土垫层厚度

答案：D

6-32 解析：参见《民用建筑设计统一标准》GB 50352—2019 第 6.7.3 条，阳台、外廊、室内回廊、内天井、上人屋面及室外楼梯等临空处应设置防护栏杆，并应符合下列规定：

2　当临空高度在 24.0m 以下时，栏杆高度不应低于 1.05m；当临空高度在 24.0m 及以上时，栏杆高度不应低于 1.1m。上人屋面和交通、商业、旅馆、医院、学校等建筑临开敞中庭的栏杆高度不应小于 1.2m。

3　栏杆高度应从所在楼地面或屋面至栏杆扶手顶面垂直高度计算，当底面有宽度大于或等于 0.22m，且高度低于或等于 0.45m 的可踏部位时，应从可踏部位顶面起算。

答案：C

6-33 解析：参见《民用建筑设计统一标准》GB 50352—2019 第 6.9.2 条，自动扶梯、自动人行道应符合下列规定：

4　栏板应平整、光滑和无突出物（B 项正确）；扶手带顶面距自动扶梯前缘、自动人行道踏板面或胶带面的垂直高度不应小于 0.9m。

5　扶手带中心线与平行墙面或楼板开口边缘间的距离；当相邻平行交叉设置时，两梯（道）之间扶手带中心线的水平距离不应小于 0.5m（A 项错误），否则应采取措施防止障碍物引起人员伤害。

7　自动扶梯的倾斜角不宜超过 30°（C 项正确），额定速度不宜大于 0.75m/s。

8　倾斜式自动人行道的倾斜角不应超过 12°（D 项正确），额定速度不应大于 0.75m/s。

答案：A

6-34 解析：参见国标图集《双层幕墙》07J 103-8"5 双层幕墙分类及特征"：作为一种新型的建筑幕墙系统，双层幕墙与其他传统幕墙体系相比，最大的特点在于其独特的双层幕墙结构，具有环境舒适、通风换气的功能，保温隔热和隔声效果非常明显。

"5.3 开放式"：外层幕墙仅具有装饰功能，通常采用单片幕墙玻璃（B、D项错误）且与室外永久连通，不封闭。开放式双层幕墙的特点：1）其主要功能是建筑立面的装饰性，建筑立面的防火、保温和隔声等性能都由内层围护结构完成（B、C项错误），往往用于旧建筑的改造；2）有遮阳作用，其效果依设计选材而定；3）改善通风效果，恶劣天气不影响开窗换气。所以选项 A 正确。

答案：A

6-35 解析：A、C、D 项做法中保温材料为 B_1 级，按照《建筑设计防火规范》GB 50016—2014（2018年版）第 6.7.7.2 款的规定，应在保温系统中每层设置高度不应小于 300mm 的水平防火隔离带，故 A 项错误，C、D 项正确。B 项做法的保温材料为 A 级，只需要按该规范第 6.7.9 条设置防火封堵材料封堵即可；故 B 项正确。

答案：A

6-36 解析：参见《玻璃幕墙工程技术规范》JGJ 102—2003 第 2.1.5 条，框支承玻璃幕墙按幕墙形式可分为明框、隐框和半隐框玻璃幕墙，按幕墙安装施工方法可分为单元式和构件式玻璃幕墙。因单元式玻璃幕墙是按安装施工方法分类，故应选 D。

答案：D

6-37 解析：参见《玻璃幕墙工程技术规范》JGJ 102—2003 第 4.3.7 条，幕墙的连接部位，应采取措施防止产生摩擦噪声（D项正确）。构件式幕墙的立柱与横梁连接处应避免刚性接触，可设置柔性垫片或预留 1~2mm 的间隙，间隙内填胶；隐框幕墙采用挂钩式连接固定玻璃组件时，挂钩接触面宜设置柔性垫片。

条文说明第 4.3.7 条，为了适应热胀冷缩和防止产生噪声，构件式玻璃幕墙的立柱与横梁连接处应避免刚性接触；隐框幕墙采用挂钩式连接固定玻璃组件时，在挂钩接触面宜设置柔性垫片，以避免刚性接触产生噪声，并可利用垫片起弹性缓冲作用。

答案：D

6-38 解析：参见《建筑玻璃应用技术规程》JGJ 113—2015 第 4.1.13 条，光伏构件所选用的玻璃应符合下列规定：1 面板玻璃应选用超白玻璃，超白玻璃的透光率不宜小于 90%（A、B 项正确）。2 背板玻璃应选用均质钢化玻璃（D项错误）。3 面板玻璃应计算确定其厚度，宜在 3~6mm 选取（C 项正确）。

答案：D

6-39 解析：参见国标图集《木门窗》16J 601 第 5.2 条，夹板门在安装门锁处，需在门扇局部附加实木框料（B 项正确），并应避开边梃与中梃结合处安装。

答案：B

6-40 解析：参见《防火门》GB 12955—2008 第 5.2.1.1 条，防火门的门扇内若填充材料，应填充对人体无毒无害的防火隔热材料（B 项正确）。第 5.2.4.1 条第 a）款，防火门框、门扇面板应采用性能不低于冷轧薄钢板的钢质材料，冷轧薄钢板应符合 GB/T 708 的规定（A 项正确）。第 5.3.1.1 条，防火门安装的门锁应是防火锁。附录 A 第 A.1.2.1 条，防火锁的耐火时间应不小于其安装使用的防火门的耐火时间（D 项正确）。

答案：C

6-41 解析：主要的门控五金包括地弹簧、闭门器、门锁组件、紧急开门（逃生）装置等，分为美标门控五金件、欧标门控五金件和中国标准门控五金件三大类。由于检测方法不同，美标、欧标、国标之间，门控五金件的开启次数不能直接对比。美标、欧标高档和中档门控五金件中，紧急开门（逃生）装置的开启次数测试较其他配件少，因此应选 D。

答案：D

6-42 解析：参见《全国民用建筑工程设计技术措施 建筑产品选用技术（建筑·装修）》（2009 年版）第 3.2.4 条第 4 款，石材—铝蜂窝复合板：

1) 以超薄石材为面材，铝板或不锈钢板中间夹铝蜂窝板为基材，复合成的装饰板；特点是质量轻，并有弯曲弹性变形（D 项正确），适合于高层建筑和对重量有要求的装饰工程。

答案：D

6-43 解析：参见《建筑幕墙》GB/T 21086—2007 第 5.3.2.1 款，铝合金型材和板材的表面处理层的厚度应满足题 6-43 表 1 的要求（注意表格中厚度的单位，1mm＝1000μm，搪瓷瓷层厚度 0.12～0.45mm，相当于 120～450μm），由下表可知搪瓷瓷层厚度最大。

铝合金型材表面处理要求 题 6-43 表 1

表面处理方法	膜层级别（涂层种类）	厚度 t（μm）		检测方法
		平均膜厚	局部膜厚	
阳极氧化	AA15	$t \geqslant 15$	$t \geqslant 12$	测厚仪
电泳涂漆	阳极氧化膜	B	$t \geqslant 10$	$t \geqslant 8$	测厚仪
	漆膜	B	—	$t \geqslant 7$	测厚仪
	复合膜	B	—	$t \geqslant 16$	测厚仪
粉末喷涂	—	$40 \leqslant t \leqslant 120$		测厚仪
氟碳喷涂	二涂	$t \geqslant 30$	$t \geqslant 25$	测厚仪
	三涂	$t \geqslant 40$	$t \geqslant 35$	测厚仪

第 8.2.1.7 款，搪瓷涂层钢板的内外表层应上底釉，外表面搪瓷瓷层厚度要求如题 6-43 表 2。

搪瓷涂层钢板外表搪瓷瓷层厚度 题 6-43 表 2

瓷层		瓷层厚度最大值（mm）	检测方法
底釉		0.08～0.15	测厚仪
底釉＋层面釉	干法涂搪	0.12～0.30（总厚度）	测厚仪
	湿法涂搪	0.30～0.45（总厚度）	测厚仪

答案：D

6-44 解析：选项 A 抛光和哑光工艺均显示出了石材的全部颜色和纹理特征。而 B、C、D 项则使大理石表面不平滑且无光泽，故不能显示其优美的纹理。

答案：A

6-45 解析：参见《建筑装饰装修工程质量验收标准》GB 50210—2018 第 9.2.7 条，采用湿作业法施工的石板安装工程，石板应进行防碱封闭处理。石板与基体之间的灌注材料应饱满、密实。

答案：B

6-46 解析：参见《金属与石材幕墙工程技术规范》JGJ 133—2001 第 4.1.3 条，石材幕墙中的单块石材板面面积不宜大于 1.5m²。

答案：B

6-47 解析：参见国标图集《变形缝建筑构造》14J 936 第 4.2 条，建筑变形缝装置的种类和构造特征见题 6-47 解表。查表可知，楼面与内墙、顶棚的变形缝装置不包含保温层；故应选 C。

题 6-47 解表　建筑变形缝装置的种类和构造特征

使用部位	构造特征							
	金属盖板型	金属卡锁型	橡胶嵌平型	防震型	承重型	阻火带	止水带	保温层
楼面	✓	✓	单列双列	✓	✓	—	✓	—
内墙、顶棚	✓	✓	—	✓	—	—	✓	—
外墙	✓	✓	橡胶	✓	—	—	✓	✓
屋面	✓	—	✓	✓	—	✓	✓	✓

答案：C

6-48 解析：参见《地下工程防水技术规范》GB 50108—2008 第 5.1.2 条，用于伸缩的变形缝宜少设，可根据不同的工程结构类别、工程地质情况采用后浇带、加强带、诱导缝等替代措施（A、C、D 项正确）。

答案：B

6-49 解析：参见《建筑地面设计规范》GB 50037—2013 第 6.0.5 条，室外地面的混凝土垫层宜设伸缝，间距宜为 30m，缝宽宜为 20～30mm，缝内应填耐候弹性密封材料，沿缝两侧的混凝土边缘应局部加强。D 项木质嵌条不具备弹性、密封性和耐候性，故错误。

答案：D

6-50 解析：参见《透水沥青路面技术规程》CJJ/T 190—2012 第 4.2.2 条，透水沥青路面结构类型可采用下列分类方式：

3　透水沥青路面Ⅲ型（题 6-50 解图）：路表水进入路面后渗入路基。

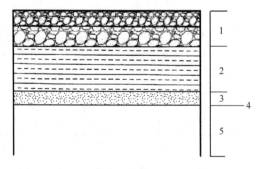

图 6-50 解图　透水沥青路面Ⅲ型结构示意图
1—透水沥青面层；2—透水基层；3—透水垫层；4—反滤隔离层；5—路基

答案：D

6-51 解析：参见《透水沥青路面技术规程》CJJ/T 190—2012 第 4.1.2 条，透水基层可选用排水式沥青稳定碎石、级配碎石（A 项正确）、大粒径透水性沥青混合料、骨架空隙型水泥稳定碎石（D 项正确）和透水水泥混凝土（B 项正确）。

答案：C

6-52 解析：参见《地下工程防水技术规范》GB 50108—2008 第 4.2.1 条，防水砂浆应包括聚合物水泥防水砂浆、掺外加剂或掺合料的防水砂浆，宜采用多层抹压法施工（A 项正确）。第 4.2.2 条，水泥砂浆防水层可用于地下工程主体结构的迎水面或背水面（B 项正确），不应用于受持续振动（C 项错误）或温度高于 80℃的地下工程防水。

答案：C

6-53 解析：参见《地下工程防水技术规范》GB 50108—2008 第 5.7.2 条，窗井的底部在最高地下水位以上时，窗井的底板和墙应做防水处理，并宜与主体结构断开（A 项正确）。第 5.7.3 条，窗井或窗井的一部分在最高地下水位以下时，窗井应与主体结构连成整体（B 项正确），其防水层也应连成整体，并应在窗井内设置集水井。第 5.7.5 条，窗井内的底板应比窗下缘低 300mm（D 项正确）。窗井墙高出地面不得小于 500mm（C 项错误）。窗井外地面应做散水，散水与墙面间应采用密封材料嵌填。

答案：C

6-54 解析：参见《地下工程防水技术规范》GB 50108—2008 第 4.8.9 条，地下工程种植顶板的防排水构造应符合下列要求：1 耐根穿刺防水层应铺设在普通防水层上面（B 项错误）。2 耐根穿刺防水层表面应设置保护层，保护层与防水层之间应设置隔离层（C 项正确）。4 排（蓄）水层上应设置过滤层，过滤层材料的搭接宽度不应小于 200mm（D 项正确）。

另参见《种植屋面工程技术规程》JGJ 155—2013 第 5.1.12 条第 3 款，耐根穿刺防水层上应设置保护层，保护层应符合下列规定：地下建筑顶板种植应采用厚度不小于 70mm 的细石混凝土作保护层（A 项正确）。

答案：B

6-55 解析：外挂墙板最外层钢筋的混凝土保护层厚度与饰面材料有关，对清水混凝土和露骨料装饰面不应小于 20mm，而对石材和面砖饰面则不应小于 15mm。参见《装配式混凝土结构技术规程》JGJ 1—2014 第 5.3.4 条，预制外墙板的接缝及门窗洞口等防水薄弱部位宜采用材料防水和构造防水相结合的做法，并应符合下列规定：1 墙板水平接缝宜采用高低缝（A 项正确）或企口缝（B 项正确）构造；2 墙板竖缝可采用平口或槽口构造（C 项正确）。第 10.3.4 条，外挂墙板最外层钢筋的混凝土保护层厚度除有专门要求外，应符合下列规定：1 对石材或面砖饰面，不应小于 15mm（D 项错误）；2 对清水混凝土，不应小于 20mm；3 对露骨料装饰面，应从最凹处混凝土表面计起，且不应小于 20mm。

答案：D

6-56 解析：砌体的强度与块材和砌筑砂浆的强度等级都有关，并随块材或砂浆的强度提高而提高；承重砌体砌筑砂浆的强度等级不应大于块材的强度等级（D 项错误）。

参见《砌体结构设计规范》GB 50003—2011 第 4.3.5 条、第 6.1.1 条和附录 B 的第 B.0.2 条可知，砌筑砂浆的强度等级还与墙体的高厚比，建筑的高度、层数，以及建筑的部位有关。

答案：D

6-57 解析：参见《全国民用建筑工程设计技术措施 规划·建筑·景观》（2009 年版）第二部分第 4.1.6 条，蒸压加气混凝土砌块墙的设计要点：

2 蒸压加气混凝土砌块墙主要用于建筑物的框架填充墙和非承重内隔墙，以及多层横墙承重的建筑。用于外墙时，厚度不应小于 200mm（A 项错误）；用于内隔墙时，厚度不应小于 75mm。

4 加气混凝土砌块应采用专用砂浆砌筑（B 项正确）。

5 加气混凝土砌块用作外墙时，应做饰面防护层（D 项正确）。

7 强度低于 A3.5 的加气混凝土砌块非承重墙与楼地面交接处应在墙底部做导墙（C 项正

确）。导墙可采用烧结砖或多孔砖砌筑，高度应不小于200mm。

答案：A

6-58 解析：选项A"水泥砂浆"，墙身防潮层需要使用防水砂浆，防水砂浆的种类包括掺和外加剂、掺合料的防水砂浆和聚合物水泥防水砂浆，因此可排除A。选项C"防水涂料"和选项D"防水卷材"，其本质均为柔性防水材料，在抗震设防区不能选择C、D做防潮层。故应选B。

答案：B

6-59 解析：参见《全国民用建筑工程设计技术措施 规划·建筑·景观》（2009年版）第二部分第4.4.1条，多层砌体结构建筑墙体的抗震要求：砌筑女儿墙厚度宜不小于200mm（A项正确）。设防烈度为6度、7度、8度地区无锚固的女儿墙高度不应超过0.5m，超过时应加设构造柱（B项正确）及厚度不小于60mm的钢筋混凝土压顶圈梁（D项正确）。构造柱应伸至女儿墙顶，与现浇混凝土压顶整浇在一起。当女儿墙高度大于等于0.5m或小于等于1.5m时，构造柱间距不应大于3.0m；当女儿墙高度大于1.5m时，构造柱间距应随之减小（C项错误）。

答案：C

6-60 解析：参见《外墙内保温工程技术规程》JGJ/T 261—2011第5.1.5条，内保温系统各构造层组成材料的选择，应符合下列规定：

1 保温板及复合板与基层墙体的粘结，可采用胶粘剂或粘结石膏。当用于厨房、卫生间等潮湿环境或饰面层为面砖时，应采用胶粘剂（A项正确）。

3 无机保温板或保温砂浆的抹面层的增强材料宜采用耐碱玻璃纤维网布（C项正确）。有机保温材料的抹面层为抹面胶浆时，其增强材料可选用涂塑中碱玻璃纤维网布；当抹面层为粉刷石膏时，其增强材料可选用中碱玻璃纤维网布。

4 当内保温工程用于厨房、卫生间等潮湿环境采用腻子时，应选用耐水型腻子（D项正确）；在低收缩性面板上刮涂腻子时，可选普通型腻子；保温层尺寸稳定性差或面层材料收缩值大时，宜选用弹性腻子（B项错误），不得选用普通型腻子。

答案：B

6-61 解析：当墙体两侧的室内地面有高差时，除按要求做好水平防潮层外，还应在高差范围内墙身的高地坪一侧（和土壤直接接触的一侧）做好垂直防潮层。参见《民用建筑设计统一标准》GB 50352—2019第6.10.3条，墙身防潮、防渗及防水等应符合下列规定：1 砌筑墙体应在室外地面以上、位于室内地面垫层处设置连续的水平防潮层；室内相邻地面有高差时，应在高差处墙身贴邻土壤一侧加设防潮层（C项错误）。

答案：C

6-62 解析：参见《坡屋面工程技术规范》GB 50693—2011第7.2.1条第1款，块瓦屋面应符合下列规定：保温隔热层上铺设细石混凝土保护层做持钉层时，防水垫层应铺设在持钉层上（C项正确），构造层依次为块瓦、挂瓦条、顺水条（A项正确）、防水垫层、持钉层（C项正确）、保温隔热层（D项错误）、屋面板（题6-62解图）。

答案：D

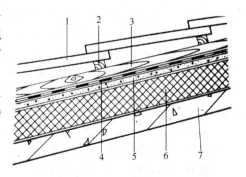

题6-62解图 块瓦屋面构造
1—瓦材；2—挂瓦条；3—顺水条；4—防水垫层；
5—持钉层；6—保温隔热层；7—屋面板

6-63 解析：参见《全国民用建筑工程设计技术措施 规划·建筑·景观》（2009年版）第二部分第7.3.3条，每一汇水面积内的屋面或天沟一般不应少于两个水落口（A、B项正确）。当屋面面积不大且小于当地一个水落口的最大汇水面积，而采用两个水落口确有困难时，也可采用一个水落口加溢流口的方式（C项错误）。溢流口宜靠近水落口，溢流口底的高度一般高出该处屋面完成面 150～250mm，并应挑出墙面不少于 50mm。溢水口的位置应不致影响其下部的使用，如影响行人等。第 7.3.5 条，两个水落口的间距，一般不宜大于下列数值：有外檐天沟 24m（D项正确）；无外檐天沟、内排水 15m。

答案：C

6-64 解析：参见《屋面工程技术规范》GB 50345—2012 第 4.7.8 条，块体材料、水泥砂浆、细石混凝土保护层与卷材、涂膜防水层之间，应设置隔离层。

答案：B

6-65 解析：参见《种植屋面工程技术规程》JGJ 155—2013 第 5.1.12 条第 2 款，耐根穿刺防水层上应设置保护层，保护层应符合下列规定：花园式种植屋面宜采用厚度不小于 40mm 的细石混凝土作保护层。

答案：B

6-66 解析：参见《屋面工程技术规范》GB 50345—2012 第 4.2.11 条，檐沟、天沟的过水断面，应根据屋面汇水面积的雨水流量经计算确定。钢筋混凝土檐沟、天沟净宽不应小于 300mm，分水线处最小深度不应小于 100mm（D项正确）；沟内纵向坡度不应小于 1%，沟底水落差不得超过 200mm；檐沟、天沟排水不得流经变形缝和防火墙。

答案：D

6-67 解析：参见《屋面工程技术规范》GB 50345—2012 第 4.4.6 条第 1 款，倒置式屋面保温层设计应符合下列规定：倒置式屋面的坡度宜为 3%（A项正确）。第 4.9.7 条，压型金属板采用咬口锁边连接时，屋面的排水坡度不宜小于 5%；压型金属板采用紧固件连接时，屋面的排水坡度不宜小于 10%（B项错误）。第 4.8.13 条，沥青瓦屋面的坡度不应小于 20%（C项正确）。第 4.8.9 条，烧结瓦、混凝土瓦屋面的坡度不应小于 30%（D项正确）。

答案：B

6-68 解析：参见《倒置式屋面工程技术规程》JGJ 230—2010 第 5.2.5 条，倒置式屋面保温层的设计厚度应按计算厚度增加 25% 取值，且最小厚度不得小于 25mm。因此本题设计厚度应为：60＋（60×0.25）＝75（mm）。

答案：D

6-69 解析：参见《屋面工程技术规范》GB 50345—2012 第 4.5.4 条，复合防水层设计应符合下列规定：1 选用的防水卷材与防水涂料应相容（A项正确）；2 防水涂膜宜设置在防水卷材的下面（D项正确）；3 挥发固化型防水涂料不得作为防水卷材粘结材料使用（B项正确）；5 水乳型或水泥基类防水涂料，应待涂膜实干后再采用冷粘铺贴卷材（C项错误）。

答案：C

6-70 解析：《倒置式屋面工程技术规程》JGJ 230—2010 第 5.1.6 条，倒置式屋面可不设置透汽孔或排汽槽（A项错误）。《屋面工程技术规范》GB 50345—2012 第 4.4.5 条，屋面排汽构造设计应符合下列规定：1 找平层设置的分格缝可兼作排汽道（B项正确），排汽道的宽度宜为 40mm；2 排汽道应纵横贯通，并应与大气连通的排汽孔相通（C项正确），排汽孔可设在檐口下或纵横排汽道的交叉处；3 排汽道纵横间距宜为 6m，屋面面积每 36m² 宜设置一个排汽孔（D项正确），排汽孔应作防水处理。

答案：A

6-71 解析：参见《屋面工程技术规范》GB 50345—2012 第 4.6.1 条，屋面接缝应按密封材料的使用方式，分为位移接缝和非位移接缝。屋面接缝密封防水技术要求应符合题 6-71 解表的规定（A、B项错误）。

屋面接缝密封防水技术要求			题 6-71 解表
接缝种类	密封部位	密封材料	
位移接缝	混凝土面层分格接缝	改性石油沥青密封材料、合成高分子密封材料	
	块体面层分格缝	改性石油沥青密封材料、合成高分子密封材料	
	采光顶玻璃接缝	硅酮耐候密封胶	
	采光顶周边接缝	合成高分子密封材料	
	采光顶隐框玻璃与金属框接缝	硅酮结构密封胶	
	采光顶明框单元板块间接缝	硅酮耐候密封胶	
非位移接缝	高聚物改性沥青卷材收头	改性石油沥青密封材料	
	合成高分子卷材收头及接缝封边	合成高分子密封材料	
	混凝土基层固定件周边接缝	改性石油沥青密封材料、合成高分子密封材料	
	混凝土构件间接缝	改性石油沥青密封材料、合成高分子密封材料	

第4.6.4条，位移接缝密封防水设计应符合下列规定：4 接缝处的密封材料底部应设置背衬材料，背衬材料应大于接缝宽度20%（C项错误），嵌入深度应为密封材料的设计厚度；5 背衬材料应选择与密封材料不粘结或粘结力弱的材料（D项正确），并应能适应基层的伸缩变形，同时应具有施工时不变形、复原率高和耐久性好等性能。

答案：D

6-72 **解析**：参见《装配式混凝土建筑技术标准》GB/T 51231—2016 第 8.2.4 条，轻质隔墙系统设计应符合下列规定：1 宜结合室内管线的敷设进行构造设计（A项正确），避免管线安装和维修更换对墙体造成破坏；2 应满足不同功能房间的隔声要求（B项正确）；第 8.3.3 条，轻质隔墙系统的墙板接缝处应进行密封处理（D项正确）；隔墙端部与结构系统应有可靠连接（C项错误）。

答案：C

6-73 **解析**：参见《建筑轻质条板隔墙技术规程》JGJ/T 157—2014 第 4.2.10 条，当条板隔墙用于厨房、卫生间及有防潮、防水要求的环境时，应采取防潮、防水处理构造措施。对于附着水池、水箱、洗手盆等设施的条板隔墙，墙面应作防水处理，且防水高度不宜低于 1.8m（B项正确）。

答案：B

6-74 **解析**：参见《综合医院建筑设计规范》GB 51039—2014 第 5.24.2 条第 5 款，防火分区内的病房、产房、手术部、精密贵重医疗设备用房等，均应采用耐火极限不低于 2.00h 的不燃烧体与其他部分隔开（D项正确）。

答案：D

6-75 **解析**：参见《全国民用建筑工程设计技术措施 规划·建筑·景观》（2009年版）第二部分第 4.5.7 条，空调机房、通风机房、柴油发电机房、泵房及制冷机房应采取吸声降噪措施：1 中高频噪声的吸声降噪设计一般采用 20～50mm 厚的成品吸声板；2 吸声要求较高的部位可采用 50～80mm 厚的吸声玻璃棉等多孔吸声材料并加适当的防护面层；3 宽频带噪声的吸声设计可在多孔材料后留 50～100mm 厚的空腔或 80～150mm 厚的吸声层；4 低频噪声的吸声降噪设计可采用穿孔板共振吸声结构。其板厚通常为 2～5mm、孔径为 3～6mm、穿孔率宜小于

5%（D项正确）。

答案：D

6-76 解析：参见《全国民用建筑工程设计技术措施 规划·建筑·景观》（2009年版）第二部分第4.1.7条，轻集料混凝土空心砌块墙的设计要点：2 用于外墙或较潮湿房间隔墙时，强度等级不应小于MU5.0（A项正确）；用于一般内墙时，强度等级不应小于MU3.5。3 抹面材料应与砌块基材特性相适应，以减少抹面层龟裂的可能。宜根据砌块强度等级选用与之相对应的专用抹面砂浆或聚丙烯纤维抗裂砂浆（C项正确），忌用水泥砂浆抹面（B项错误）。4 砌块墙体上不应直接挂贴石材、金属幕墙（D项正确）。

答案：B

6-77 解析：参见《建筑轻质条板隔墙技术规程》JGJ/T 157—2014第4.2.15条，顶端为自由端的条板隔墙，应做压顶（A项正确）。第4.2.5条，对于双层条板隔墙，两侧墙面的竖向接缝错开距离不应小于200mm（C项正确），两板间应采取连接、加强固定措施。第4.3.2条，当抗震设防地区的条板隔墙安装长度超过6m时，应设置构造柱（D项正确），并应采取加固措施。第4.3.11条，当门、窗框板上部墙体高度大于600mm（B项错误）或门窗洞口宽度超过1.5m时，应采用配有钢筋的过梁板或采取其他加固措施，过梁板两端搭接处不应小于100mm。

答案：B

6-78 解析：参见《公共建筑吊顶工程技术规程》JGJ 345—2014第4.2.3条，当吊杆长度大于1500mm时，应设置反支撑。反支撑间距不宜大于3600mm，距墙不应大于1800mm。反支撑应相邻对向设置。当吊杆长度大于2500mm时，应设置钢结构转换层（D项正确）。

答案：D

6-79 解析：参见《人民防空地下室设计规范》GB 50038—2005第3.9.3条，防空地下室的顶板不应抹灰（A项错误）。平时设置吊顶时，应采用轻质、坚固的龙骨，吊顶饰面材料应方便拆卸。密闭通道、防毒通道、洗消间、简易洗消间、滤毒室、扩散室等战时易染毒的房间、通道，其墙面、顶面、地面均应平整光洁，易于清洗。

答案：A

6-80 解析：参见《建筑内部装修设计防火规范》GB 50222—2017第5.1.1条，单层、多层民用建筑内部各部位装修材料的燃烧性能等级，不应低于题6-80解表的规定。

单层、多层民用建筑内部各部位装修材料的
燃烧性能等级（节选） 题6-80解表

序号	建筑物及场所	建筑规模、性质	装修材料燃烧性能等级						
			顶棚	墙面	地面	隔断	固定家具	装饰织物		其他装修装饰材料
								窗帘	帷幕	
7	养老院、托儿所、幼儿园的居住及活动场所	—	A	A	B_1	B_1	B_2	B_1	—	B_2

答案：B

6-81 解析：参见《全国民用建筑工程设计技术措施 规划·建筑·景观》（2009年版）第二部分第6.4.1条，顶棚分类及一般要求：16 吊顶内的配电线路、电气设施的安装应满足建筑电气的相关规范的要求。开关、插座和照明灯具不应直接安装在低于B_1级的材料上（D项错误）。17 玻璃吊顶应选用夹层玻璃（安全玻璃）（C项错误）。玻璃吊顶若兼有人工采光要求时，应采用冷光源（B项正确）。任何空间，普通玻璃均不应作为顶棚材料使用。18 顶棚装修中不应采用石棉制品（如石棉水泥板等）（A项错误）。

答案：B

6-82 解析：各类高层民用建筑顶棚装修材料的燃烧性能等级均不应低于A级，参见《建筑内部装修设计防火规范》GB 50222—2017第5.2.1条。另查阅《建筑内部装修设计防火规范》GB 50222—2017规范条文说明第3.0.2条附表1，可知A、B、C、D各选项材料的燃烧性能等级分别为：A、B_1、B_1、B_1（题6-82解表）。

常用建筑内部装修材料燃烧性能等级划分举例（节选） 题6-82解表

材料类别	级别	材料举例
各部位材料	A	花岗石、大理石、水磨石、水泥制品、混凝土制品、石膏板、石灰制品、黏土制品、玻璃、瓷砖、马赛克、钢铁、铝、铜合金、天然石材、金属复合板、纤维石膏板、玻镁板、硅酸钙板等
顶棚材料	B_1	纸面石膏板、纤维石膏板、水泥刨花板、矿棉板、玻璃棉装饰吸声板、珍珠岩装饰吸声板、难燃胶合板、难燃中密度纤维板、岩棉装饰板、难燃木材、铝箔复合材料、难燃酚醛胶合板、铝箔玻璃钢复合材料、复合铝箔玻璃棉板等

答案：A

6-83 解析：参见《全国民用建筑工程设计技术措施 规划·建筑·景观》（2009年版）第二部分第6.4.1条，顶棚分类及一般要求：6 上人吊顶、重型吊顶或顶棚上、下挂置有周期性振动设施者，应在钢筋混凝土顶板中预留钢筋或预埋件（A项正确，B项错误）与吊杆连接；不上人的轻型吊顶及翻建工程吊顶可采用后置连接件（如射钉、膨胀螺栓）（C项正确）。

另参见《公共建筑吊顶工程技术规程》JGJ 345—2014第4.2.4条，当吊杆与管道等设备相遇、吊顶造型复杂或内部空间较高时，应调整、增设吊杆或增加钢结构转换层。吊杆不得直接吊挂在设备或设备的支架上（D项正确）。

答案：B

6-84 解析：参见《住宅室内防水工程技术规范》JGJ 298—2013第5.4.1条，楼、地面的防水层在门口处应水平延展，且向外延展的长度不应小于500mm，向两侧延展的宽度不应小于200mm。

答案：D

6-85 解析：参见《建筑地面设计规范》GB 50037—2013第3.6.7条第2款，采用块材面层，其结合层和灰缝材料的选择应符合下列要求：当耐酸瓷砖、耐酸瓷板面层的灰缝采用树脂胶泥时，结合层宜采用呋喃胶泥、环氧树脂胶泥、水玻璃砂浆、聚酯砂浆或聚合物水泥砂浆（D项正确）。

答案：D

6-86 解析：参见《全国民用建筑工程设计技术措施 规划·建筑·景观》（2009年版）第二部分第6.2.15条，楼地面热工设计，1 一般要求，3）夏热冬冷和夏热冬暖地区的建筑，其底层地面为减少梅雨季节的结露，宜采取下列措施：①地面构造层热阻不小于外墙热阻的1/2（C项正确）；②地面面层材料的导热系数要小（B项错误），使其温度易于适应室温变化；③外墙勒脚部位设置可开启的小窗加强通风，降低空气温度；④在底层增设500～600mm高地垄墙架空层（A项正确），架空层彼此连通，并在勒脚处设通风孔及箅子（D项正确），加强通风，降低空气温度；燃气管道不得穿越此空间。

答案：B

6-87 解析：参见《建筑设计防火规范》GB 50016—2014（2018年版）第6.2.9条，建筑内的电梯井等竖井应符合下列规定：5 电梯层门的耐火极限不应低于1.00h（A项正确），并应符合现行国家标准《电梯层门耐火试验 完整性、隔热性和热通量测定法》GB/T 27903规定的完整性和隔热性要求。第7.3.7条，消防电梯的井底应设置排水设施，排水井的容量不应小于$2m^3$，排水泵的排水量不应小于 10L/s。消防电梯间前室的门口宜设置挡水设施（C 项正确）。第 7.3.8 条，消防电梯应符合下列规定：4 电梯的动力与控制电缆、电线、控制面板应采取防水措施（D 项正确）；6 电梯轿厢的内部装修应采用不燃材料（B 项错误）。

答案：B

6-88 解析：参见《民用建筑设计统一标准》GB 50352—2019 第 6.9.2 条第 8 款，自动扶梯、自动人行道应符合下列规定：倾斜式自动人行道的倾斜角不应超过 12°（A 项正确），额定速度不应大于 0.75m/s。

答案：A

6-89 解析：参见《玻璃幕墙工程技术规范》JGJ 102—2003 第 4.4.1 条，框支承玻璃幕墙，宜采用安全玻璃（C 项正确）。第 4.4.2 条，点支承玻璃幕墙的面板玻璃应采用钢化玻璃（B 项正确）。第 4.4.3 条，采用玻璃肋支承的点支承玻璃幕墙，其玻璃肋应采用钢化夹层玻璃（A 项错误）。第 4.4.4 条，人员流动密度大、青少年或幼儿活动的公共场所以及使用中容易受到撞击的部位，其玻璃幕墙应采用安全玻璃（D 项正确）；对使用中容易受到撞击的部位，尚应设置明显的警示标志。

答案：A

6-90 解析：参见《装配式混凝土建筑技术标准》GB/T 51231—2016 第 6.4.1 条，装配式混凝土建筑应根据建筑物的使用要求、建筑造型，合理选择幕墙形式，宜采用单元式幕墙系统（C 项正确）。

答案：C

6-91 解析：参见《玻璃幕墙工程技术规范》JGJ 102—2003 第 7.1.6 条，全玻幕墙的板面不得与其他刚性材料直接接触。板面与装修面或结构面之间的空隙不应小于 8mm，且应采用密封胶密封（A 项正确）。第 7.2.1 条，面板玻璃的厚度不宜小于 10mm（B 项正确）；夹层玻璃单片厚度不应小于 8mm（C 项错误）。第 7.3.1 条，全玻幕墙玻璃肋的截面厚度不应小于 12mm（D 项正确），截面高度不应小于 100mm。

答案：C

6-92 解析：参见《金属与石材幕墙工程技术规范》JGJ 133—2001 第 4.3.1 条，幕墙的防雨水渗漏设计应符合下列规定：1 幕墙构架的立柱与横梁的截面形式宜按等压原理设计（C 项正确）。2 单元幕墙或明框幕墙应有泄水孔（A 项正确），有霜冻的地区，应采用室内排水装置；无霜冻地区，排水装置可设在室外，但应有防风装置（B 项正确）。石材幕墙的外表面不宜有排水管（D 项错误）。

答案：D

6-93 解析：参见《建筑幕墙》GB/T 21086—2007 第 7.6 条，可维护性要求：石材幕墙的面板宜采用便于各板块独立安装和拆卸的支承固定系统，不宜采用 T 型挂装系统（A 项正确）。

答案：A

6-94 解析：参见《玻璃幕墙工程技术规范》JGJ 102—2003 第 3.1.4 条，隐框和半隐框玻璃幕墙，其玻璃与铝型材的粘结必须采用中性硅酮结构密封胶（A 项正确）；全玻幕墙和点支承幕墙采用镀膜玻璃时，不应采用酸性硅酮结构密封胶粘结（B 项错误）。第 3.5.4 条，玻璃幕墙的耐候密封应采用硅酮建筑密封胶（D 项正确）；点支承幕墙和全玻幕墙使用非镀膜玻璃时，其耐候密封可采用酸性硅酮建筑密封胶（C 项正确），其性能应符合国家现行标准《幕墙玻璃接缝用密封胶》JG/T 882 的规定。夹层玻璃板缝间的密封，宜采用中性硅酮建筑密封胶。

答案：B

6-95 解析：（无保温层的）墙体外饰面贴釉面瓷砖时，洞口与门、窗框伸缩缝间隙应为 20～25mm（C 项正确）。参见《塑料门窗工程技术规程》JGJ 103—2008 表 5.1.5（题 6-95 解表）。

741

洞口与门、窗框伸缩缝间隙（mm） 题 6-95 解表

墙体饰面层材料	洞口与门、窗框的伸缩缝间隙
清水墙及附框	10
墙体外饰面抹水泥砂浆或贴陶瓷锦砖	15～20
墙体外饰面贴釉面瓷砖	20～25
墙体外饰面贴大理石或花岗石板	40～50
外保温墙体	保温层厚度+10

答案：C

6-96 解析：参见《全国民用建筑工程设计技术措施 规划·建筑·景观》（2009 年版）第 10.3.5 条，弹簧门有单向、双向开启。宜采用地弹簧或油压闭门器等五金件，以使关闭平缓（B、D 项正确）。第 10.7.2 条，防火门的开启要求：防火门应为向疏散方向开启的平开门，且具自闭功能，并在关闭后应能从任何一侧手动开启。如单扇门应安装闭门器；双扇或多扇门应安装闭门器、顺序器（A 项错误），双扇门之间应有盖缝板。第 10.3.14 条，用于公共场所需控制人员进入的疏散门（如只能出、不能进），应安装无需使用任何工具即能易于把门打开的逃生装置（如逃生推杠装置、逃生压杆装置）、显著标识及使用提示（C 项正确）。

答案：A

6-97 解析：参见《全国民用建筑工程设计技术措施 规划·建筑·景观》（2009 年版）第二部分第 4.7.4.3 条石材的安装方法第 3) 款：胶粘法即采用胶粘剂将石材粘贴在墙体基层上；这种做法适用于厚度 5～8mm 的超薄天然石材，石材尺寸不宜大于 600mm×800mm。

答案：A

6-98 解析：参见《建筑玻璃应用技术规程》JGJ 113—2015 第 7.2.7 条，室内饰面用玻璃应符合下列规定：2 当室内饰面玻璃最高点离楼地面高度在 3m 或 3m 以上时，应使用夹层玻璃（C 项错误）；4 室内消防通道墙面不宜采用饰面玻璃（A 项正确）；5 室内饰面玻璃可采用点式幕墙和隐框幕墙安装方式（B、D 项正确）。

答案：C

6-99 解析：参见《建筑地面设计规范》GB 50037—2013 第 3.8.7 条，生产和储存食品、食料或药物的场所，在食品、食料或药物有可能直接与地面接触的地段，地面面层严禁采用有毒的材料（A 项"不应采用沥青砂浆"正确）。当此场所生产和储存吸味较强的食物时，地面面层严禁采用散发异味的材料。

答案：A